Peter Nuhn
Naturstoffchemie

Naturstoff-chemie

Mikrobielle, pflanzliche und tierische Naturstoffe

Prof. Dr. Peter Nuhn
Institut für Pharmazeutische Chemie
der Martin-Luther-Universität
Halle/Saale

3., völlig neu bearbeitete Auflage

mit 411 Abbildungen, 414 Formelbildern
und 85 Tabellen

S. Hirzel Verlag Stuttgart · Leipzig 1997

Anschrift des Autors:
Prof. Dr. Peter Nuhn
Institut für Pharmazeutische Chemie
Martin-Luther-Universität
Weinbergweg 15
06120 Halle/Saale

Die Deutsche Bibliothek – CIP-Einheitsaufnahme

Nuhn, Peter:
Naturstoffchemie : mikrobielle, pflanzliche und tierische
Naturstoffe ; mit 85 Tabellen / von Peter Nuhn. – 3., völlig neu
bearb. Aufl. – Stuttgart ; Leipzig : Hirzel, 1997
   ISBN 3-7776-0613-8

Jede Verwertung des Werkes außerhalb der Grenzen des Urheberrechtsgesetzes ist unzulässig und strafbar. Dies gilt insbesondere für Übersetzung, Nachdruck, Mikroverfilmung oder vergleichbare Verfahren sowie für die Speicherung in Datenverarbeitungsanlagen.

© 1997 S. Hirzel Verlag
Birkenwaldstraße 44, 70191 Stuttgart
Printed in Germany
Satz: Mitterweger Werksatz GmbH, Plankstadt
Druck: Gulde-Druck, Tübingen
Umschlaggestaltung: Atelier Schäfer, Esslingen

Vorwort zur dritten Auflage

Ich freue mich, daß die „Naturstoffchemie" so gut aufgenommen wurde, daß eine 3. Auflage erforderlich wurde. Das Buch ist weiterhin bewußt als Brücke zwischen Chemie und Biochemie konzipiert. Aufgrund der Dynamik auf dem Gebiet der Naturstoffe war eine Überarbeitung notwendig, die allerdings nicht zu einer seitenmäßigen Erweiterung führen sollte. Stark verändert wurde das erste Kapitel (Einleitung). So wurde auf die Abschnitte über Methoden der Isolierung und Strukturaufklärung verzichtet, da es sich meist um Methoden handelt, die nicht für Naturstoffe spezifisch sind. Neu gestaltet wurden die Abschnitte über „Verbreitung und strukturelle Vielfalt der Naturstoffe", „Synthesen" und „Biologische Wirkungen von Naturstoffen". Bei der Auswahl neuer Naturstoffe standen vor allem originelle Wirkstoffe biogener Herkunft im Vordergrund.
Die Entwicklung auf dem Gebiet der Naturstoffchemie der letzten Jahre ist u. a. dadurch gekennzeichnet, daß aufgrund der breiten Anwendung der Klonierungstechniken zahlreiche Enzyme des „Sekundärstoffwechsels" näher charakterisiert werden konnten und damit tiefere Einblicke in den Ablauf der Biosynthesen ermöglicht wurden. Diese Entwicklungstendenz wurde z.B. in den Ausführungen über Polyketide darzustellen versucht.
Ich danke meiner Frau für ihr Verständnis meinem „Hobby" gegenüber und meinen Mitarbeitern Frau Munk und Frau Schilder für technische Hilfe. Herrn Prof. Dr. Wiese, Halle, danke ich für die Bearbeitung einiger Abbildungen. Die Formeln wurden von meiner Mitarbeiterin Frau Elsner am Computer gezeichnet, wofür ich mich ganz herzlich auch an dieser Stelle bedanke. Mein besonderer Dank gilt dem S. Hirzel Verlag Stuttgart/Leipzig für sein Interesse an diesem Titel und die gute Ausstattung des Buches.

Halle/Saale, im Herbst 1996   Peter Nuhn

Vorwort zur ersten Auflage

Dieses Buch soll Grundkenntnisse über Struktur, chemische und physikochemische Eigenschaften der universellen Grundbausteine der Organismen (Aminosäuren, Peptide, Proteine, Kohlenhydrate, Nucleinsäuren und deren Bausteine, Lipide) sowie der wichtigsten biogenen biologisch aktiven Verbindungen (Regulationsstoffe, Coenzyme, Vitamine, Antibiotika, Alkaloide) vermitteln. Grundlagen der Organischen Chemie, einschließlich der Stereochemie, werden vorausgesetzt. „Sekundäre" Naturstoffe pflanzlicher und mikrobieller Herkunft wurden auf ausgewählte Darstellungen in den Kapiteln Isoprenoide Verbindungen, Aromatische Verbindungen, Alkaloide und Antibiotika beschränkt, um den Umfang des Buches nicht noch mehr anwachsen zu lassen. Es wurden insbesondere Verbindungen mit bemerkenswerter biologischer Aktivität ausgewählt. Es ist dem Autor klar, daß diese Auswahl häufig etwas willkürlich erscheinen muß. Biosynthese und biogener Abbau der Naturstoffe werden in sehr kurz gefaßten Übersichten dargestellt. Hierzu sei auf die zahlreichen Lehrbücher der Biochemie verwiesen.

Bio-, partial- und totalsynthetisch abgewandelte Derivate oder Analoga vieler Naturstoffe haben eine große Bedeutung für das Studium der biologischen und physikalischen Eigenschaften vor allem der Biopolymere sowie für Untersuchungen von Struktur-Wirkungs-Beziehungen biologisch aktiver Verbindungen mit dem Ziel der Entwicklung praktisch anwendbarer Wirkstoffe erlangt. Die wichtigsten Methoden der strukturellen Abwandlung der Naturstoffe wurden daher – meist in besonderen Abschnitten – zusammengefaßt. An vielen Stellen mußte auch auf körperfremde biologisch aktive Verbindungen (Xenobiotica) hingewiesen werden, um einige aktuelle Probleme der Wirkstofforschung (Entwicklung von Pharmaka, Phytopharmaka, Schädlingsbekämpfungsmitteln) sowie der Umweltforschung (Mutagene, Carcinogene) aufzuzeigen, soweit sie in Zusammenhang mit den betreffenden Stoffklassen zu bringen waren. Durch die Einbeziehung synthetischer Abwandlungsprodukte der Naturstoffe und verschiedener Xenobiotica geht das Buch über den Inhalt der klassischen Naturstoffchemie hinaus, was der Untertitel „Bioorganische Chemie" zum Ausdruck bringen soll. Bioorganische Chemie wurde dabei etwa im Sinne von Ovchinnikov (vgl. z. B. Bioorg. Chim. [Moskau] **3** (1977), 1301) aufgefaßt. Amerikanische Autoren (z. B. Kaiser und Kézdy, Hrsg. der Reihe *„Progress in Bioorganic Chemistry"*, New York: Wiley, ab 1971) verstehen dagegen unter Bioorganischer Chemie eine Art Enzymologie.

Die Empfehlungen der International Union of Pure and Applied Chemistry (IUPAC) und der International Union of Biochemistry (IUB) zur Nomenklatur von biogenen und davon abgeleiteten synthetischen Verbindungen (IUPAC-IUB-Commission on Biochemical Nomenclature) wurden weitgehend befolgt.

Das Buch entstand aus einem Vorlesungsmanuskript über „Naturstoffchemie" für Studenten der Biologie und Biochemie, richtet sich aber auch an biologisch interessierte Chemie- und Pharmaziestudenten sowie chemisch interessierte Mediziner. Es ist bewußt als zusammenfassende Einführung gedacht, und soll und kann keineswegs die zahlreichen Darstellungen bestimmter Verbindungsklassen ersetzen.

Ein Literaturverzeichnis im Anhang soll den Zugang zu dieser weiterführenden Literatur erleichtern. Die Anordnung der Literaturzitate zu den einzelnen Kapiteln (vor allem Monographien und Übersichtsartikel) erfolgte etwa in der Reihenfolge der in den Kapiteln behandelten Themen.

Für die Durchsicht einzelner Kapitel sowie für zahlreiche Anregungen und wertvolle Diskussionen danke ich den Herren Prof. Dr. Ermisch, Prof. Dr. Jakubke, Dr. habil. Pischel, Prof. Dr. Schreiber, Prof. Dr. Thieme und Prof. Dr. Wagner.

Leipzig
Peter Nuhn

Inhaltsverzeichnis

Vorwort		5

1 Einleitung		**19**

1.1	**Entwicklung der Naturstoffchemie**	19
1.2	**Verbreitung und strukturelle Vielfalt der Naturstoffe**	23
1.3	**Synthesen**	35
1.3.1	Biosynthesen	35
1.3.2	Chemische Synthesen	43
1.3.3	Biotechnologische Verfahren	50
1.3.4	Bioorganische Photochemie	52
1.4	**Biologische Wirkungen von Naturstoffen**	56
1.4.1	Wirkstoffgruppen	56
1.4.2	Gifte	65
1.4.3	Biogene Arzneistoffe	74
1.4.4	Molekulare Angriffspunkte biogener Wirkstoffe	77
1.5	**Molekulare Evolution**	80
1.5.1	Präbiotische Synthesen	80
1.5.2	Biochemische Evolution	83

I Grundbausteine der Organismen	**87**

2 Aminosäuren, Peptide und Proteine		**89**

2.1	**Aminosäuren**	89
2.1.1	Struktur	89
2.1.2	Nomenklatur	92
2.1.3	Vorkommen	92
2.1.4	Synthesen	94
2.1.4.1	Biosynthesen	94
2.1.4.2	Chemische Synthesen	95
2.2	**Peptide und Proteine**	97
2.2.1	Peptidbindung	97
2.2.2	Nomenklatur	98
2.3	**Chemische Eigenschaften und Analytik**	100
2.3.1	Reaktionen funktioneller Gruppen der Aminosäuren	100
2.3.1.1	Reaktionen der Aminogruppe	100

2.3.1.2	Reaktionen der Carboxylgruppe	103
2.3.1.3	Reaktionen weiterer funktioneller Gruppen	104
2.3.1.4	Oxidative Veränderungen von Aminosäuren	108
2.3.2	Spaltung der Peptidbindung	109
2.3.2.1	Nicht-enzymatische Methoden	110
2.3.2.2	Enzymatische Methoden	111
2.3.3	Analytik	112
2.4	**Strukturebenen der Proteine**	113
2.4.1	Primärstruktur	114
2.4.1.1	Aminosäureanalyse	114
2.4.1.2	Endgruppenbestimmung	115
2.4.1.3	Sequenzanalyse	116
2.4.2	Sekundärstrukturen	118
2.4.2.1	Helixstrukturen	120
2.4.2.2	Faltblattstrukturen	121
2.4.3	Tertiär- und Quartärstrukturen	122
2.5	**Physikalisch-chemische Eigenschaften**	126
2.5.1	Ampholytcharakter	126
2.5.2	Löslichkeit	128
2.5.3	Hydratation	129
2.5.4	Denaturierung	129
2.5.5	Spektroskopie	130
2.6	**Enzyme**	132
2.7	**Metalloproteine**	137
2.8	**Biologisch aktive Peptide und Proteine**	140
2.9	**Chemische Modifizierung von Proteinen**	145
2.10	**Peptidsynthesen**	151
2.10.1	Totalsynthese von Peptiden	151
2.10.1.1	Allgemeine Probleme	151
2.10.1.2	Schutzgruppen	153
2.10.1.3	Aktivierung der Carboxylgruppe, Methoden zur Knüpfung der Peptidbindung	156
2.10.1.4	Taktik und Strategie	158
2.10.1.5	Synthese von cyclischen Peptiden	163

3 Kohlenhydrate 165

3.1	**Monosaccharide**	165
3.1.1	Struktur und Vorkommen	165
3.1.1.1	Nomenklatur	165
3.1.1.2	Struktur der Monosaccharide in Lösung	167
3.1.1.3	Vorkommen	170
3.1.2	Physikalisch-chemische Eigenschaften der Monosaccharide	177
3.1.3	Reaktionen der Monosaccharide	179
3.1.3.1	Einwirkung von Basen und Säuren	180
3.1.3.2	Ester	182
3.1.3.3	Acetale und Ketale	186

3.1.3.4	Ether	187
3.1.3.5	Intramolekulare Ether (Anhydrozucker) und Acetale (Zuckeranhydride)	187
3.1.3.6	Glykoside	188
3.1.3.7	C-Glykosyl-Verbindungen	194
3.1.3.8	Oxidationsprodukte	195
3.1.3.9	Reduktionsprodukte	198
3.1.3.10	Nachweis und Bestimmung der Kohlenhydrate	200
3.1.4	Synthesen	201
3.1.4.1	Biosynthesen	201
3.1.4.2	Abiogene Synthese	203
3.2	**Oligo- und Polysaccharide**	206
3.2.1	Bindungstypen	206
3.2.2	Isolierung	208
3.2.3	Methoden der Strukturaufklärung	208
3.2.3.1	Fragmentierung nativer Polysaccharide	208
3.2.3.1.1	Chemische Methoden	208
3.2.3.1.2	Enzymatische Methoden	209
3.2.3.2	Fragmentierung selektiv modifizierter Polysaccharide	211
3.2.3.2.1	Methylierung	211
3.2.3.2.2	Periodatoxidation	211
3.2.3.2.3	Substitutionen in 2- und 6-Stellung von Glykopyranosiden	213
3.2.4	Oligosaccharide	215
3.2.5	Polysaccharide	217
3.2.5.1	Nomenklatur	219
3.2.5.2	Eigenschaften	219
3.2.5.2.1	Chemisches Verhalten	219
3.2.5.2.2	Physikalisch-chemische Eigenschaften	223
3.2.5.3	Homopolysaccharide	226
3.2.5.3.1	Glucane	227
3.2.5.3.2	Galaktane	234
3.2.5.3.3	Fructane	236
3.2.5.4	Heteropolysaccharide	236
3.2.5.4.1	Glykane	236
3.2.5.4.2	Glykuronane	237
3.2.5.4.3	Glykanoglykuronane	239
3.2.5.5	Komplexe Polysaccharide	240
3.2.5.5.1	Kohlenhydrat-Protein-Verbindungen	240
3.2.5.5.2	Strukturelemente der bakteriellen Zellwand	245
3.2.6	Synthesen	252
3.2.6.1	Biosynthesen	252
3.2.6.2	Chemische Synthesen	254

4 Nucleoside, Nucleotide und Nucleinsäuren — 257

4.1	**Bausteine der Nucleinsäuren**	257
4.1.1	Nucleoside	257
4.1.1.1	Struktur	257
4.1.1.2	Nucleosidsynthesen	260
4.1.2	Mononucleotide	262

4.1.2.1	Struktur	262
4.1.2.2	Biosynthesen und Abbau	264
4.1.2.3	Mononucleotidsynthesen	267
4.1.3	Physikalisch-chemische Eigenschaften	268
4.1.4	Chemische Reaktivität	271
4.1.4.1	Einwirkung elektrophiler Reagenzien	272
4.1.4.2	Einwirkung nucleophiler Reagenzien	274
4.1.4.3	Einwirkung von Radikalen und energiereicher Strahlung	276
4.1.4.4	Hydrolytische Spaltung der N-glykosidischen Bindung	277
4.1.5	Oligo- und Polynucleotide	278
4.1.5.1	Allgemeine Struktur und Nomenklatur	278
4.1.5.2	Oligo- und Polynucleotidsynthesen	280
4.2	**Nucleinsäuren**	285
4.2.1	Einführung	285
4.2.2	Vorkommen und Primärstruktur der Nucleinsäuren	286
4.2.2.1	Desoxyribonucleinsäuren	286
4.2.2.2	Ribonucleinsäuren	287
4.2.2.3	Virale Nucleinsäuren	290
4.2.3	Methoden der Sequenzanalyse	291
4.2.3.1	Sequenzanalyse der RNA	294
4.2.3.2	Sequenzanalyse der DNA	296
4.2.4	Sekundär- und Tertiärstrukturen	299
4.2.4.1	DNA-Doppelhelix	300
4.2.4.2	Ribonucleinsäuren	304
4.2.5	Physikalisch-chemische Eigenschaften	307
4.3	**Biosynthese der Nucleinsäuren und Proteine**	311

5 Lipide und Membranen — 323

5.1	**Allgemeine Einführung**	323
5.2	**Fettsäuren**	324
5.2.1	Strukturen und Biosynthese	324
5.2.2	Hemmer der Fettsäurebiosynthese	332
5.2.3	Physikalisch-chemische Eigenschaften	333
5.2.4	Chemisches Verhalten	334
5.3	**Einfache Lipide**	338
5.3.1	Wachse	338
5.3.2	Fette	340
5.4	**Komplexe Lipide**	343
5.4.1	Phospholipide	343
5.4.1.1	Glycerophospholipide	344
5.4.1.1.1	Stereochemie	344
5.4.1.1.2	Strukturen	345
5.4.1.1.3	Synthesen	350
5.4.1.2	Sphingophospholipide	352
5.4.2	Glykolipide	353
5.4.2.1	Glyceroglykolipide	254

5.4.2.2	Sphingoglykolipide	354
5.4.2.3	Glykolipide von Mykobakterien und Corynebakterien	357
5.5	**Membranen**	358
5.5.1	Phospholipid-Aggregate	358
5.5.2	Die biologische Membran	363

II Essentielle, biologisch aktive Verbindungen 369

6 Vitamine, Coenzyme und Tetrapyrrole 371

6.1	**Allgemeine Einführung**	371
6.2	**Fettlösliche Vitamine**	376
6.2.1	Vitamin A – Sehpigmente	376
6.2.2	Vitamin D	380
6.2.3	Chinone mit isoprenoider Seitenkette	384
6.2.3.1	Benzochinon-Derivate	385
6.2.3.2	Naphthochinon-Derivate	389
6.3	**Wasserlösliche Vitamine**	392
6.3.1	Vitamin C	392
6.3.2	Thiaminpyrophosphat	395
6.3.3	Liponsäure	401
6.3.4	Pteridin- und Benzopteridin-Derivate	401
6.3.4.1	Heterocyclische Grundkörper	401
6.3.4.2	Folsäure	404
6.3.4.3	Vitamin B_2	409
6.3.5	Vitamin B_6 – Pyridoxalphosphat	412
6.3.6	Pantothensäure – Coenzym A	415
6.3.7	Nicotinsäureamid – Pyridinnucleotide	417
6.3.8	Biotin	420
6.3.9	Pyrrolochinolinchinone	422
6.4	**Tetrapyrrole**	423
6.4.1	Allgemeiner Aufbau der cyclischen Tetrapyrrole	423
6.4.2	Nomenklatur	424
6.4.3	Synthesen	426
6.4.4	Metall-Komplexe (Metalloporphyrine)	430
6.4.5	Eisen-Porphyrin-Komplexe	431
6.4.5.1	Allgemeine Struktur	431
6.4.5.2	Sauerstoffübertragende Hämoproteine	432
6.4.5.3	Elektronenübertragende Hämoproteine	437
6.4.6	Chlorophylle	440
6.4.7	Corrinoide (Vitamin B_{12})	443
6.4.8	Offenkettige Tetrapyrrole	447

7 Interzelluläre Regulationsstoffe 451

7.1	**Einleitung**	451

7.2	**Hormone der Wirbeltiere**	452
7.2.1	Allgemeine Einführung	452
7.2.2	Peptidhormone	456
7.2.2.1	Hypothalamus-Neurohormone	456
7.2.2.2	Hypophysenvorderlappen-Hormone	460
7.2.2.3	Pankreas-Hormone	464
7.2.2.4	Blutdruckregulierende Hormone	469
7.2.2.5	Gastrointestinale Hormone	473
7.2.2.6	Calcitrope/Osteotrope Hormone	475
7.2.2.7	Schilddrüsen-Hormone	475
7.2.3	Steroidhormone	477
7.2.4	Arachidonsäure-Metabolite	486
7.3	**Hormone der Wirbellosen**	497
7.4	**Pheromone**	499
7.5	**Regulationsstoffe der Pflanzen**	503
7.5.1	Regulationsstoffe niederer Pflanzen	503
7.5.2	Regulationsstoffe höherer Pflanzen	504
7.5.2.1	Auxine	505
7.5.2.2	Cytokinine	506
7.5.2.3	Gibberelline	507
7.5.2.4	Brassinosteroide	508
7.5.2.5	Abscisinsäure	509
7.5.2.6	Ethen	509

III Sekundäre Naturstoffe   511

8 Isoprenoide Verbindungen: Terpene und Steroide   513

8.1	**Allgemeine Einführung**	513
8.1.1	Ausgangsstoffe der Biosynthese	514
8.1.2	Bildung acyclischer Precursoren	516
8.1.3	Intramolekulare Cycloadditionen	518
8.1.4	Umlagerung von Carbokationen	521
8.1.5	Naturstoffe, die die Synthese isoprenoider Verbindungen hemmen	524
8.2	**Terpene**	525
8.2.1	Monoterpene	525
8.2.2	Sesquiterpene	534
8.2.3	Diterpene	537
8.2.4	Sesterterpene	541
8.2.5	Triterpene	542
8.2.6	Tetraterpene	550
8.2.7	Polyterpene	554
8.3	**Steroide**	555
8.3.1	Nomenklatur	555
8.3.2	Stereochemie	556
8.3.3	Natürlich vorkommende Steroide	558

8.3.3.1	Sterole	558
8.3.3.2	Gallensäuren	562
8.3.3.3	Cardenolide und Bufadienolide	565
8.3.3.3.1	Cardenolide	568
8.3.3.3.2	Bufadienolide	570
8.3.3.4	Steroidsaponine	572
8.3.3.5	Steroidalkaloide	574
8.3.4	Steroidsynthesen	577
8.3.4.1	Partialsynthesen	577
8.3.4.1.1	Chemische Umwandlungen	578
8.3.4.1.2	Mikrobiologische Umwandlungen	582
8.3.4.2	Totalsynthesen	583

9 Aromatische Verbindungen 589

9.1	**Allgemeine Einführung**	589
9.1.1	Oxidative Kupplung von Phenolen	589
9.1.2	Shikimisäureweg	590
9.1.3	Polyketidweg	591
9.2	**Phenylpropan-Derivate**	595
9.2.1	Einfache Phenylpropan-Derivate	595
9.2.2	Cumarine	596
9.2.3	Lignane	598
9.2.4	Lignin	599
9.3	**Flavanoide**	602
9.4	**Gerbstoffe**	608
9.4.1	Catechingerbstoffe	608
9.4.2	Hydrolysierbare Gerbstoffe	609
9.5	**Polyketide**	611
9.5.1	Anthracen-Derivate	613
9.5.2	Ergochrome	615
9.5.3	Aflatoxine	615
9.6	**Cannabinoide**	616
9.7	**Melanine**	617

10 Alkaloide 621

10.1	**Allgemeine Einführung**	621
10.2	**Biogene Amine, Protoalkaloide**	627
10.2.1	Phenylethylamine	628
10.2.2	Indolylalkylamine	629
10.2.3	Inhaltsstoffe des Fliegenpilzes	631
10.2.4	Colchicin-Gruppe	631
10.3	**Pyrrolidin-, Piperidin- und Pyridin-Alkaloide**	633
10.4	**Tropan-Alkaloide**	637

10.5	**Pyrrolizidin- und Chinolizidin-Alkaloide**	539
10.6	**Isochinolin-Alkaloide**	641
10.6.1	Synthesen	641
10.6.1.1	Biosynthesen	641
10.6.1.2	Chemische Synthesen	645
10.6.2	Benzylisochinolin-Typ	646
10.6.3	Pavin-Typ	647
10.6.4	Protoberberin-Typ	647
10.6.5	Phthalidisochinolin-Typ	649
10.6.6	Thebain-Morphin-Typ	650
10.6.7	Aporphin-Typ	653
10.6.8	Bisbenzylisochinolin-Alkaloide	653
10.6.9	Ipecacuanha-Alkaloide	654
10.7	**Indol-Alkaloide**	655
10.7.1	Synthesen	657
10.7.1.1	Biosynthesen	657
10.7.1.2	Chemische Synthesen	658
10.7.2	Yohimban-Typ	660
10.7.3	Aspidosperman-Typ	662
10.7.4	Catharanthus-Alkaloide	663
10.7.5	Strychnos-Typ	664
10.7.6	Pyridocarbazol-Alkaloide	666
10.7.7	Pyrrolidinoindol-Alkaloide	667
10.7.8	Ergolin-Alkaloide	667
10.7.9	Tremorgene Indol-Alkaloide	670
10.8	**Chinolin-Alkaloide**	671
10.8.1	China-Alkaloide	671
10.8.2	Camptothecin	674
10.9	**Chinazolin-Alkaloide**	674
10.10	**Betalaine**	676

11 Antibiotika 677

11.1	**Allgemeine Einführung**	677
11.2	**Antibiotika, die sich vom Aminosäurestoffwechsel ableiten**	681
11.2.1	Aminosäure-Antagonisten	681
11.2.2	Chloramphenicol	682
11.2.3	Mitomycin-Gruppe	684
11.2.4	ß-Lactam-Antibiotika	684
11.2.5	Peptid-Antibiotika	695
11.3	**Aminoglykosid-Antibiotika**	701
11.3.1	Streptomycin-Typ	702
11.3.2	Neomycin-Typ	703
11.3.3	Kanamycin-Typ	703
11.3.4	Aminoglykoside anderer Strukturen	704
11.4	**Nucleosid-Antibiotika**	705

11.5	Antibiotika aus isoprenoiden Vorstufen	709
11.6	**Polyketid-Antibiotika**	709
11.6.1	Glutarimid-Antibiotika	709
11.6.2	Griseofulvin	710
11.6.3	Tetracycline	710
11.6.4	Antibiotika der Anthracyclin-Gruppe	713
11.6.5	Cytochalasane	714
11.6.6	Polyether-Antibiotika	715
11.6.7	Makrolid-Antibiotika	720
11.7	**Ansamycine**	724

Anhang 727

Regeln und Regelvorschläge der IUPAC-IUB-Kommission für Biochemische Nomenklatur (CBN) für die Nomenklatur von Naturstoffen	729
Abkürzungsverzeichnis	732
Literatur	735
Stichwortverzeichnis	749

1 Einleitung

1.1 Entwicklung der Naturstoffchemie

Als Gegenstand der „Organischen" Chemie wurden ursprünglich die Stoffe verstanden, aus denen Pflanzen und Tiere bestanden, die also als Produkte des Lebens zu betrachten sind. Der komplizierte Aufbau dieser Naturstoffe und der noch unzureichende Entwicklungsstand der Chemie führten zur Annahme einer „Lebenskraft" für die Bildung organischer Verbindungen, die im Gegensatz zu den in der anorganischen Natur wirkenden Kräften stehen sollte. Die Lehre von der „Lebenskraft" (Vitalismus) wurde noch 1827 von *Berzelius* vertreten. Dieser idealistischen Auffassung wurde 1828 durch die erfolgreiche Synthese des Harnstoffs durch *Wöhler* der Todesstoß versetzt. *Wöhler* bewies damit, daß eine Substanz eindeutig „organischen Ursprungs" aus anorganischen Stoffen synthetisiert werden kann. Wichtige Etappen der Naturstoffchemie gibt die Tabelle 1-1 wieder.

Inzwischen hat sich die Organische Chemie allgemein als Chemie der Kohlenstoffverbindungen entwickelt. Die Naturstoffchemie, als Spezielle Organische Chemie oder Deskriptive Biochemie, beschäftigt sich mit der Isolierung, Strukturaufklärung, Synthese und den chemischen Eigenschaften der in den Organismen (Mikroorganismen, Pflanzen, Tiere) vorkommenden Verbindungen, während die Dynamische Biochemie das Studium der Stoffwechselprozesse und ihrer Regulation zum Inhalt hat.

Die Naturstoffchemie entwickelte sich zunächst im Schoße der Pharmakognosie, d.h. der Drogenkunde. Aus vielen pflanzlichen Drogen wurden die Inhaltsstoffe, insbesondere Alkaloide, isoliert und mit der Untersuchung ihrer Struktur begonnen. Als erstes Alkaloid konnte 1805 das Morphin aus dem Opium isoliert werden (*Sertürner*). Zahlreiche pharmakologisch stark wirkende Alkaloide dienten dann als Leitbilder für die Entwicklung synthetischer Arzneimittel. *Wallach* (Nobelpreis 1910) trennte die Komponenten zahlreicher ätherischer Öle auf, überführte die Einzelkomponenten durch Anlagerung von Halogenwasserstoffen, Halogenen oder Nitrosylchlorid in kristallisierbare Verbindungen und leistete damit einen wesentlichen Beitrag zur Entwicklung der Terpenchemie. *Liebig* dehnte die Untersuchungen in der Mitte des 19. Jahrhunderts auch auf Naturstoffe tierischer Herkunft aus (Entwicklung der „Physiologischen" Chemie in Deutschland).

Tab. 1-1: Wichtige Etappen der Naturstoffchemie.

1805	Isolierung des ersten Alkaloids. *Sertürner:* Morphin aus Opium
1811	Lecithin aus Eidotter (*Vauquelin*).
1815	Entdeckung der Enzyme des Darms (*Marcet*).
1828	Synthese der ersten Substanz biogener Herkunft. *Wöhler:* Harnstoffsynthese
1831	Isolierung von Caroten (*Wackenroder*).
1886	Erste Alkaloidsynthese. *Ladenburg:* Coniin
1887	Beginn der Arbeiten über Zuckersynthesen (*E. Fischer* und *Tafel*)
1901	Beginn der Peptidsynthesen (*E. Fischer*). 1907 Synthese eines raz. Oligopeptides aus 18 Aminosäuren
1903	Entdeckung des ersten Hormones (*Takamine* und *Aldrich:* Adrenalin). Technische Synthese des Adrenalins (*Stolz*). Einführung der Säulenchromatographie. *Tswett:* Trennung der Blattfarbstoffe
1904	Einführung des Begriffs Coenzym. *Harden* und *Young:* Kozymase
1905	Totalsynthese des raz. Camphers (*Komppa*).
1906	Einführung des Begriffs Hormon (*Starling*). Beginn der Untersuchungen über Chlorophyll (*Willstätter*).
1917	Erste Ergebnisse mit Synthesen unter physiologischen Bedingungen. *Robinson:* Tropin
1926	Beginn der Arbeiten zur Konstitutionsaufklärung des Lignins (*Freudenberg*). Isolierung der ersten Vitamine. *Jansen* und *Donath:* Vitamin B_1, *Windaus, Pohl* und *Hess:* Vitamin D Erste Kristallisation eines Proteins. *Abel:* Insulin
1927	Einführung der Selendehydrierung zur Strukturaufklärung der Steroide (*Diels*). Konstitutionsformel des Hämins (*H. Fischer*). Synthese 1929
1928	Beobachtung der antibiotischen Wirkung des Penicillins (*Fleming*).
1929	Isolierung des ersten Steroidhormones. *Butenandt* und *Doisy:* Estron
1932	Strukturermittlung des Cholesterols (*Windaus* und *Wieland*). Entdeckung des ersten Flavoenzyms (*Warburg*).
1934	Erste Röntgenbeugungsbilder von Proteinen. *Bernal:* Insulin und Pepsin
1935	Tabakmosaikvirus wird in Kristallen erhalten und als Nucleoprotein erkannt (*Stanley*).
1944	Totalsynthese des Alkaloids Chinin (*Woodward*).
1947	Synthese der Muskeladenylsäure (*Todd* und *Baddiley*).
1952	Erste Sequenzanalyse eines Proteins. *Sanger:* Insulin
1953	Totalsynthese der Saccharose (*Lemieux*).
1954	Erste Synthese eines Peptidhormons. *Du Vigneaud:* Oxytocin
1956	Entdeckung der Mevalonsäure, der Schlüsselsubstanz der isoprenoiden Verbindungen Strukturaufklärung des Vitamin B_{12}, *Hodgkin-Crowfoot:* Röntgenstrukturanalyse
1958	Röntgenstrukturanalyse des Myoglobin (*Kendrew*).
1959	Strukturaufklärung der Ribonuclease (*Moore* and *Stein*). Entdeckung der DNA-Doppelhelixstruktur (*Watson* und *Crick*).
1960–1972	Totalsynthese des Vitamin B_{12} (Arbeitskreise um *Woodward* und *Eschenmoser*).
1965	Erste Sequenzanalyse einer Nucleinsäure. *Holley:* tRNA[Ala] aus Hefe
1970	Erstmalige künstliche Herstellung der DNA-Sequenz einer Aminosäure-tRNA (*Khorana* und Mitarbeiter)
1976	Erste vollständige Sequenzanalyse einer Virus-RNA, *Fiers:* RNA des Bakteriophagen MS 2 (Molmasse ca. $1{,}2 \times 10^6$).
1977	Erste vollständige Sequenzanalyse einer Virus-DNA, *Sanger:* DNA des Bakteriophagen φX, 174.

Die stürmische Entwicklung der Produktivkräfte in der zweiten Hälfte des 19. Jahrhunderts vor allem in Deutschland brachte neue Impulse auch für die Entwicklung der Naturstoffchemie. So beschäftigte sich *A. v. Bayer* (Nobelpreis 1905) auf der Suche nach synthetischen Farbstoffen mit der Struktur des Indigo, des schon sehr lange bekannten blauen Farbstoffes der Indigosträucher (*Indigofera*), der aus dem nativen Glykosid (Indican) nach Glykosidspaltung und Oxidation des entstehenden Indoxyls gebildet wird.

Einer der größten Naturstoffchemiker war *E. Fischer* (Nobelpreis 1902), der sich auf die Aufklärung der Struktur organischer Naturstoffe konzentrierte und auch komplizierter gebaute und nicht kristallisierende Verbindungen in seine Untersuchungen einbezog. *E. Fischer*s großes Verdienst ist die Aufklärung des grundsätzlichen Aufbaus der Kohlenhydrate und Proteine.

Bis zum Ausbruch des 2. Weltkrieges wurden dann vor allem mit der Untersuchung der wichtigen Naturstoffgruppen der Steroide (*Windaus*, Nobelpreis 1928; *H. Wieland*, Nobelpreis 1927), Carotenoide (*Karrer*, Nobelpreis 1937), Porphinfarbstoffe (*Willstätter*, Nobelpreis 1915; *H. Fischer*, Nobelpreis 1930), Vitamine (u. a. *Karrer, Windaus, Williams, Kuhn*; Nobelpreis 1938; *Szent-Györgyi, Wagner-Jauregg*) und Hormone (u. a. *Butenandt*, Nobelpreis 1939; *Kendall, Reichstein*) die Grundlagen für unser heutiges Wissen auf dem Gebiet der Naturstoffe geschaffen. Erst mit der Isolierung des Penicillins (1940: *Chain, Florey, Fleming*: zus. Nobelpreis 1945) traten Mikroorganismen als hauptsächliche Lieferanten der Antibiotika in den Mittelpunkt der Forschung. Nach dem 2. Weltkrieg wurden vor allem in den USA, der ehemaligen Sowjetunion und in Japan systematisch Mikroorganismen (Pilze, Bakterien) auf das Vorkommen antibiotisch wirksamer Substanzen untersucht.

Die Entwicklung der Naturstoffchemie nach dem 2. Weltkrieg ist gekennzeichnet durch den zunehmenden Einsatz außerordentlich leistungsfähiger physikalischer Methoden zur Trennung und Strukturaufklärung sowie durch noch engere Wechselbeziehungen zu biologisch orientierten Fachgebieten (Pharmakologie, Toxikologie, Biochemie, Molekularbiologie). Von besonderer Bedeutung für die Isolierung von Naturstoffen auch aus Gemischen nahe verwandter Verbindungen war die rasche Entwicklung chromatographischer Methoden. Hochempfindliche Methoden der Strukturaufklärung, wie z. B. die Massenspektrometrie, erlaubten die Strukturaufklärung auch beim Vorliegen nur sehr geringer Mengen. Während vor dieser Entwicklungsphase durch die sehr aufwendigen chemischen Methoden der Strukturaufklärung trotz großen experimentellen Geschicks die Strukturaufklärung komplizierter Naturstoffe oft eine Lebensaufgabe war – so veröffentlichte *Leuchs* zur Strukturaufklärung des Alkaloids Strychnin ca. 150 Arbeiten – können heute neu isolierte Naturstoffe oft schon anhand weniger chemischer Reaktionen und einiger Spektren innerhalb kürzester Zeit in ihrer Struktur aufgeklärt werden.

Von enormer Bedeutung für die Aufklärung komplizierter neuartiger Strukturtypen war die Entwicklung der Röntgenfeinstrukturanalyse (*Ber-*

Tab. 1-2: Beispiele für Inhaltsstoffe von Meeresorganismen.

Organismengruppe	Gattung/Art	Inhaltsstoff
■ Blaugrünalgen (Cyanobakterien)	Anabeana, Oscillatoria	Anatoxine (S. 69)
	Lyngbya majuscula	Lyngbyatoxin (S. 655)
■ Rotalgen (Rodophycaceae)	Digenea simplex, Centroceras cavulatum	Kainsäure
■ Schwämme (Porifera)	Petronia ficiformis	Zytotoxische Polyacetylene (S. 30)
	Stelleta	Stellettamid A (S. 64)
	Luffariella variabilis	Sesterterpene wie Manoalid (Phospholipase A2-Hemmer [S. 542])
	Cryptotethya crypta	Spongothymidin, Spongouridin
■ Weichtiere (Mollusca)	Aequorea (Meduse)	Aequorin (S. 53) (biolumineszierend)
■ Moostiere (Bryozoa)	Bugula neritina	Bryostatine
■ Stachelhäuter (Echinodermata)	Gymnocrium richeri	Gymnochrome (Farbstoffe, S. 27)
	Seescheide Lissoclinum vareau	Varacin (S. 31)
	Halichondria okadai	Okadainsäure (Polyether-Antibiotikum [S. 67])
	Krustenanemonen Palythoa sp.	Palytoxin (S. 26)
	Muscheln, prod. von Dinoflagellaten	Domoinsäure (S. 68)
	Dinoflagellaten Gymnodium breve	Bevetoxine, Saxitoxin, Dinophysistoxine, Maitotoxin
■ Korallen		Prostaglandine
■ Fische	Tetraodontidae (Kugelfisch)	Tetrodotoxin (S. 675)

nal, Crowfoot-Hodgkin, Nobelpreis 1964; *Perutz, Kendrew:* zus. Nobelpreis 1962), die durch ihren Beitrag an der Strukturaufklärung des Penicillins (1941–1945) ihren ersten großen Erfolg erzielen konnte. Röntgenstrukturanalytische Daten führten 1959 auch zur Aufklärung der Doppelhelixstruktur der Desoxyribonucleinsäure durch *Watson* und *Crick* (zus. mit *Wilkins* Nobelpreis 1962). Damit wurde der Weg frei für die Entwicklung der Molekularbiologie, die ihrerseits wieder bereichernd auf die Weiterentwicklung von Methoden zur Synthese und Feinstrukturaufklärung der Polynucleotide und Polypeptide beigetragen hat. Die Methoden zur Synthese und Fragmentierung dieser Biopolymere schlossen auch den gezielten Einsatz synthetisierender und spaltender Enzyme ein. Diese Entwicklung gipfelte in der Aufklärung des genetischen Codes, der Struktur des Myoglobins, etlicher Enzyme und der Immunoglobuline sowie dem Einsatz der Gentechnik.

Außer von der Entwicklung auf dem Gebiet der Biopolymeren wurde die Entwicklung der Naturstoffchemie in den letzten Jahrzehnten vor allem von der Suche nach weiteren Wirkstoffen pflanzlicher und tierischer Herkunft bestimmt. Hier soll nur die Entwicklung auf dem Gebiet der Regulationsstoffe von niederen Organismen (Pheromone, Insektenhormone), Pflanzen (Phytohormone) und Tieren (Eicosanoide, Hypothalamus-Neurohormone, Differenzierungsfaktoren) sowie die gezielte Suche nach krebserregenden oder zytostatisch wirkenden Stoffen erwähnt werden (vgl. Kap. 1.4).

Auf der Suche nach neuen biologisch interessanten Wirkstoffen wurden Drogen der nichteuropäischen Volksmedizin mehr oder weniger systematisch untersucht (Ethnopharmakolgie, S. 75) und auch Organismen bisher kaum bearbeiteter ökologischer Gruppen einbezogen. So wurde in den siebziger Jahren eine starke Aktivität auf der Suche nach Naturstoffen in Meeresorganismen entwickelt (Tab. 1-2).

Überraschungen brachte auch die Untersuchung der unter extremen Bedingungen (hohe Temperatur, Salzkonzentration) lebenden Archaebakterien, die von anderen Organismengruppen abweichende biochemische Leistungen (z.B. Methanproduktion, ATP-Synthese, S. 26, 379) und Strukturen (z.B. Etherlipide der Membran, S. 350; von anderen Bakterien abweichende Struktur der Zellwand, bisher unbekannte Coenzyme, S. 26) aufweisen.

1.2 Verbreitung und strukturelle Vielfalt der Naturstoffe

Hinsichtlich der Verbreitung können im wesentlichen zwei Gruppen von Naturstoffen unterschieden werden. Die eine Gruppe kommt ubiquitär, also sowohl in Tieren und Pflanzen als auch in Mikroorganismen vor. Es handelt sich um die sogenannten primären Naturstoffe, die im Rahmen des Primär- oder Grundstoffwechsels gebildet werden, der bei allen Organismen im wesentlichen gleich ist. Zu den „primären" Naturstoffen gehören bestimmte Carbonsäuren, Proteine und Nucleinsäuren sowie deren Bausteine, Kohlenhydrate und Lipide. Hierbei handelt es sich um universelle Funktionstypen, bei denen allerdings strukturelle Details von Organismus zu Organismus variieren können.

Die andere Gruppe umfaßt Verbindungen, die nur in bestimmten Organismengruppen oder gar nur in wenigen Arten aufgefunden werden. Diese **„sekundären" Naturstoffe** werden im Rahmen des Sekundärstoffwechsels gebildet. Zu diesen sekundären Naturstoffen gehören aromatische Verbindungen, Terpene, Steroide, Alkaloide und Antibiotika.

Zwischen dem Primär- und Sekundärstoffwechsel bestehen enge Wechselbeziehungen, eine scharfe Trennung ist kaum möglich. Durch die Klonierungstechniken konnten in den letzten Jahren zahlreiche Enzyme des Sekundärstoffwechsels näher charakterisiert werden.

Die Einteilung in primäre und sekundäre Naturstoffe geht auf den Physiologen *A. Kossel* zurück. Die Verbreitung der sekundären Naturstoffe ist auffallend, so werden sie vorzugsweise von Pflanzen und Mikroorganismen, dagegen nur selten von höher entwickelten Tieren gebildet. Über $4/5$ aller gegenwärtig bekannten organischen Naturstoffe wurden aus Pflanzen isoliert. Bemerkenswert ist, daß mit dem sogenannten A-Faktor [2-Isocapryloyl-(3R)-hydroxymethyl-γ-butyrolacton] eine Art „mikrobielles Hormon" gefunden wurde, das in *Streptomyces*-Arten den Sekundärstoffwechsel und die Morphogenese kontrolliert.

A-Faktor

Die ungleiche Verteilung der Naturstoffe wird auf das unterschiedliche Exkretionsverhalten der Organismen zurückgeführt. Der tierische Organismus ist in der Lage, Abfall- oder Nebenprodukte des Stoffwechsels wie auch körperfremde Substanzen (z. B. Arzneistoffe) direkt oder nach einer Biotransformation aktiv auszuscheiden. Damit fehlen dem Tier in der Regel die Voraussetzungen für die Synthese sekundärer Naturstoffe. Sekundäre Naturstoffe finden sich daher beim Tier nur in spezialisierten Organen (Abwehr-, Duft-, Hautdrüsen) oder abgelagert in Haaren, Federn oder Schuppen. Dagegen haben die Pflanzen im Verlaufe der Evolution eine sog. metabolische Exkretion entwickelt, in deren Verlauf aus Überschuß- oder Abbauprodukten des Primärstoffwechsels „sekundäre" Naturstoffe gebildet werden, die dann außerhalb der stoffwechselaktiven Bereiche, z. B. in den Vakuolen, gespeichert werden.

Die Biosynthese eines sekundären Naturstoffes muß in dem Organismus, in dem er gefunden wurde, nicht vollständig abgelaufen sein. So nehmen Tiere durch Fressen entsprechender Weidepflanzen sekundäre Naturstoffe pflanzlicher Herkunft auf. In Pflanzen wurden sekundäre Naturstoffe gefunden, die von Pilzen gebildet wurden, und in Meerestieren fand man solche, die von Flagellaten produziert wurden (Beispiele S. 22).

Unter den sekundären Naturstoffen der Pflanzen finden sich neben Verbindungen, die ausgesprochen verstreut verbreitet sind, Verbindungsgruppen, die nur in relativ wenig Pflanzenfamilien vorkommen und sich deshalb für chemotaxonomische Untersuchungen eignen. Zu ersterer Gruppe gehören das Phenylglykosid Arbutin, verschiedene Anthrachinon-Derivate (Chrysophanol), Pyrrolizidin-Alkaloide, cyanogene Glykoside sowie Cardenolide und Bufadienolide.

Die sekundären Naturstoffe scheinen für die produzierenden Organismen nicht von allgemeiner Bedeutung zu sein. Als Energiespeicher spielen sie in der Regel keine Rolle. Bestimmte Substanzgruppen können aber durchaus für die entsprechenden Organismen vorteilhafte Funktionen übernehmen und damit bei der Evolution eine Rolle spielen. Zu derartigen Verbindungen gehören:

- Farbstoffe (Carotenoide, Flavonoide, Anthocyanine, Betalaine) und Duftstoffe (ätherische Öle) der Blüten, die Insekten anlocken, also als Attraktantien wirken
- Zahlreiche Polysaccharide (Cellulose, Chitin, Peptidoglykane), die als Zellwandbestandteile (Bakterien, Pflanzen) oder Exogerüste (Insekten, Krebse, Pflanzen) mechanischen Schutz gewähren
- Terpene, Steroide oder Stoffwechselprodukte der Fettsäuren, die als Hormone oder Pheromone zur Regulation innerhalb des Organismus oder zwischen den Organismen (Sexualverhalten, Kommunikation) beitragen (vgl. Kap. 7)
- Verschiedene Toxine, die Tiere zur Abwehr oder zum Angriff einsetzen bzw. Pflanzen ungenießbar machen oder antimikrobielle Abwehrstoffe, die von Pflanzen nach einer Infektion gebildet werden (vgl. Kap. 1.4).

Die von lebenden Organismen produzierten Substanzen umfassen eine bei weitem noch nicht erschöpfend bekannte **Vielfalt von Strukturtypen** hinsichtlich Größe der Moleküle, Struktur und elementare Zusammensetzung.

Zu den Naturstoffen, also Verbindungen biogenen Ursprungs, gehören bereits sehr **einfach gebaute Verbindungen.** So sei daran erinnert, daß vor Eingriff des Menschen in die Natur der überwiegende Anteil von **O₂** und **CO₂** biogenen Ursprungs war. Selbst bei diesen kleinsten „Naturstoffen" gibt es noch Überraschungen. So konnte erst vor kurzem festgestellt werden, daß **Stickstoffmonoxid** im Säugetierorganismus aus der Aminosäure Arginin gebildet wird (Abb. 1-1) und dort sogar als Hormon wirkt. NO aktiviert die Guanylat-Cyclase durch Bindung an das Fe-Atom der prosthe-

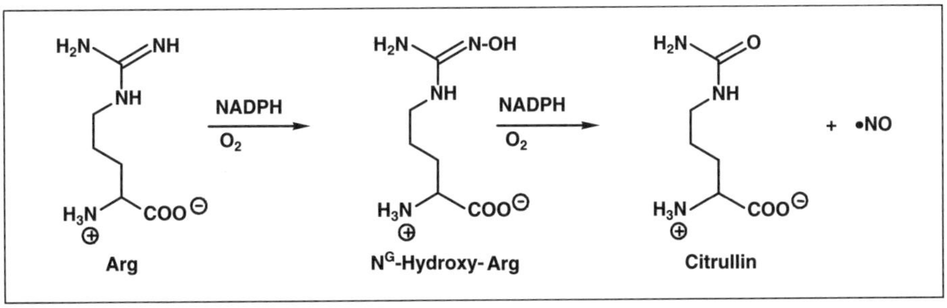

Abb. 1-1 Bildung von NO aus Arginin, katalysiert durch NO-Synthetase.

tischen Gruppe (Häm). Schon seit langem sind synthetische Arzneistoffe zur Behandlung der *Angina pectoris* bekannt, die – wie man heute erst weiß – *in vivo* NO bilden (sog. NO-Generatoren wie Glyceroltrinitrat).

Auch eine weitere gasförmige Substanz, Kohlenmonoxid, wird heute als Regulationsstoff diskutiert. **CO** wird durch das Enzym Hämoxygenase gebildet. Ähnlich wie beim NO wird eine Beeinflussung der intrazellulären Guanylat-Cyclase vermutet.

Auch sehr einfach gebaute Kohlenwasserstoffe wie **Methan** (Abb. 1-2) oder **Ethen,** das sogar als Phytohormon wirkt (S. 509), können biogenen Ursprungs sein. Die Bildung von Methan (Biogas) ist von biotechnologischer Bedeutung. An der Methanogenese sind einige ungewöhnliche Coenzyme (vgl. Abb. 1-2) beteiligt.

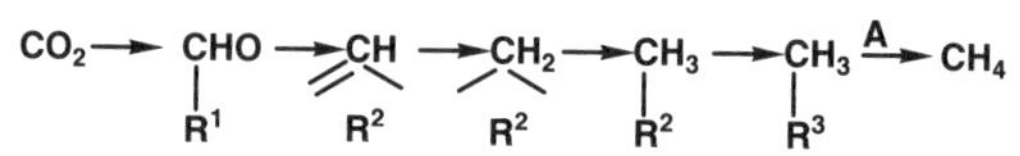

$$CO_2 \rightarrow \underset{R^1}{CHO} \rightarrow \underset{R^2}{CH} \rightarrow \underset{R^2}{CH_2} \rightarrow \underset{R^2}{CH_3} \rightarrow \underset{R^3}{CH_3} \xrightarrow{A} CH_4$$

Abb. 1-2 Bildung von Methan durch methanogene Archaebakterien (*Methanobacterium thermoautotrophicum*) durch stufenweise Reduktion von CO_2. R^1: Methanofuran (S. 422); R^2: Tetrahydromethanopterin (S. 409); R^3: Coenzym M ($HS-CH_2CH_2SO_3^-$); A: Coenzym F420 (S. 26), Coenzym F430 (S. 431) u.a. Faktoren.

Die meisten Naturstoffe sind carbocyclischer oder heterocyclischer Struktur. Die Ringgröße und -anzahl kann dabei außerordentlich variabel sein. Die Ringgröße geht von Dreiring-Systemen (Cyclopropan, Oxiran, Aziridin) bis zu Makrocyclen beträchtlicher Größe. Als Beispiele sollen nur C-Ringe mit 14 Gliedern (Cembren, S. 519) und Lactonringe mit 42 Gliedern (Makrolid-Antibiotikum Desertomycin) erwähnt werden. Von Interesse ist, daß auch sog. Mittlere Ringe vorkommen, die nur schwer totalsynthetisch zugänglich sind. Beispiele hierfür sind vielgliedrige terpenoide Carbocyclen wie Humulane und Cembranoide, als Heterocyclen Spermidinalkaloide, Esperamycine sowie verschiedene Cyclopeptidalkaloide.

Die Grenze zwischen niedermolekularen und makromolekularen (Biopolymeren) Verbindungen ist bei Naturstoffen fließend. So wurden einige, biosynthetisch den Polyketiden zuzuordnende Polyether-Antibiotika ungewöhnlich hoher Molmasse entdeckt. Das **Palytoxin** (Abb. 1-3) besitzt mit der Summenformel $C_{129}H_{223}N_3O_{54}$ eine Molmasse von 2678. Palytoxin weist 64 asymmetrische C-Atome auf. Die Totalsynthese ist 1989 beschrieben worden. Inzwischen wurde mit dem **Maitotoxin** ein noch größeres Polyether-Antibiotikum aufgefunden (Molmasse 3422), das 32 aneinandergereihte sechs- oder siebengliedrige Etherringe besitzt. Bemerkenswert an diesen Verbindungen ist, daß bei ihnen im Unterschied zu den eigentlichen Biopolymeren keine sich wiederholenden Strukturelemente auftreten.

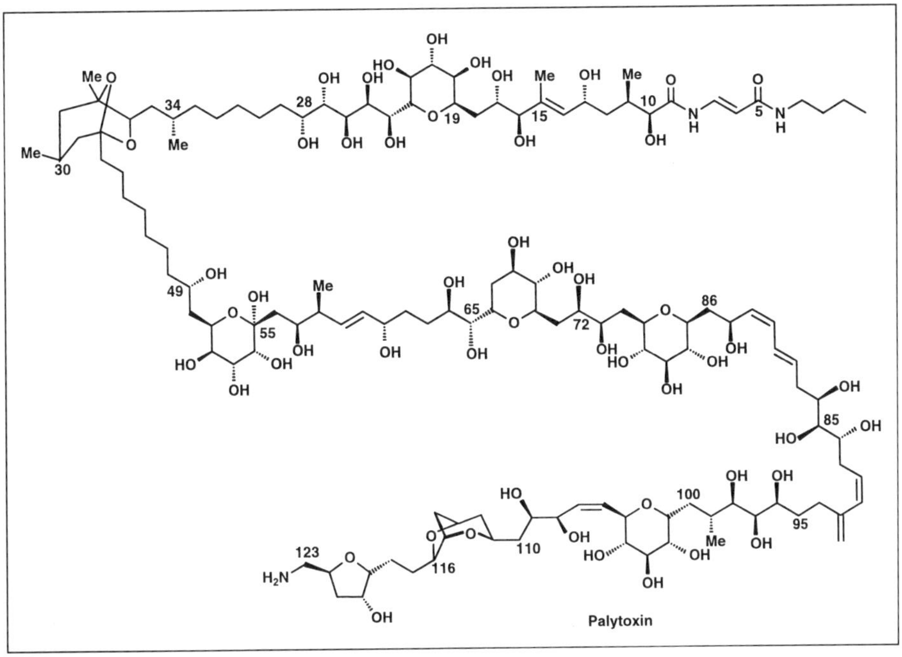

Abb. 1-3 Strukturformel von Palytoxin.

Die **Biopolymere** sind im allgemeinen aus sich wiederholenden monomeren Einheiten aufgebaut (Abb. 1-4) und werden in eigenen Kapiteln behandelt. Noch nicht lange bekannt sind **Polyhydroxyalkansäuren (PHA)** wie Poly [(3R)-hydroxybuttersäure]. Sie wurden zunächst als Speichersubstanzen von *Bacillus megaterium* aufgefunden, später aber auch in anderen Prokaryoten und in Eukaryoten. Diese neue Klasse von Biopolymeren ähnelt in ihren thermoplastischen Eigenschaften dem Polypropylen und ist als biologisch leicht abbaubares Polymer von Interesse.

Polypeptide und Proteine können durch Bindungen zwischen Aminosäureresten (vgl. Abb. 2-30, S. 149), Polysaccharide durch zusätzliche Glykosidierungen (vgl. z.B. Dextran, S. 234) vernetzt werden. Vernetzungen kommen ferner in gemischten Biopolymeren (z.B. Peptidoglykane der bakteriellen Zellwand, S. 246) vor. Nicht in das allgemeine Strukturschema der Biopolymeren passen die Lignine (S. 599).

Sehr viele Naturstoffe sind chiral, wobei die **Chiralität** in der Regel durch ein oder mehrere chirale C-Atome hervorgerufen wird. Eine **helikale Chiralität** besitzen die **Gymnochrome** (Gymnochrom A, Abb. 1-5) – ungewöhnliche Farbstoffe der Echinodermen *Gymnocrinus richeri*. **Gossypol** (vgl. S. 534) besitzt als Biaryl eine Chiralitätsachse und zeigt **Atropisomerie.** Eine stereoselektive Oxidation kann *in vivo* zu optisch aktiven Sulfoxiden führen (vgl. Biotinsulfoxid, S. 421). Eine Chiralität am N-Atom tritt beispielsweise beim N-Atom des Chinuclidinringes der China-Alkaloide auf.

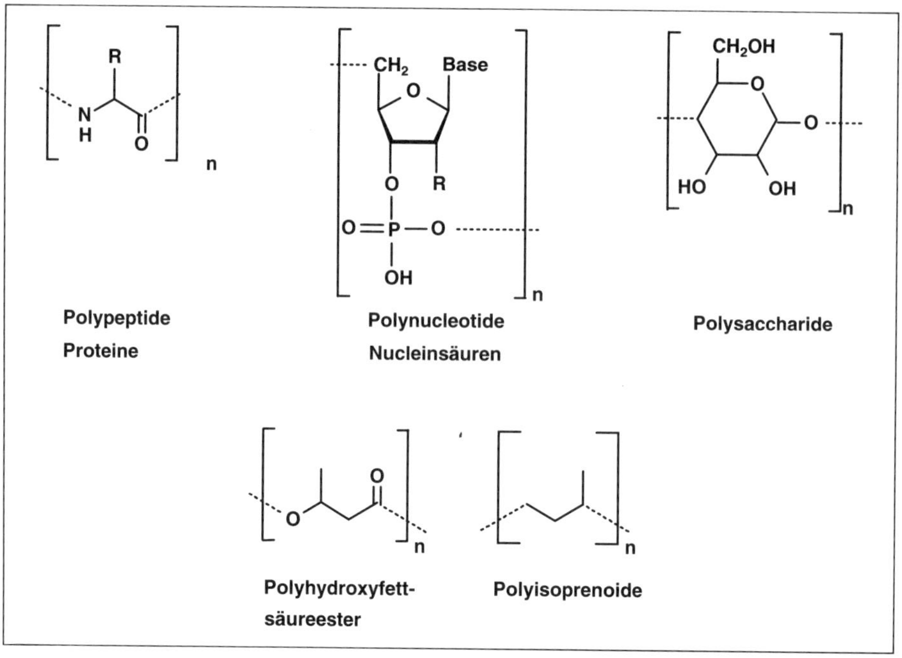

Abb. 1-4 Grundstrukturen der Biopolymeren.

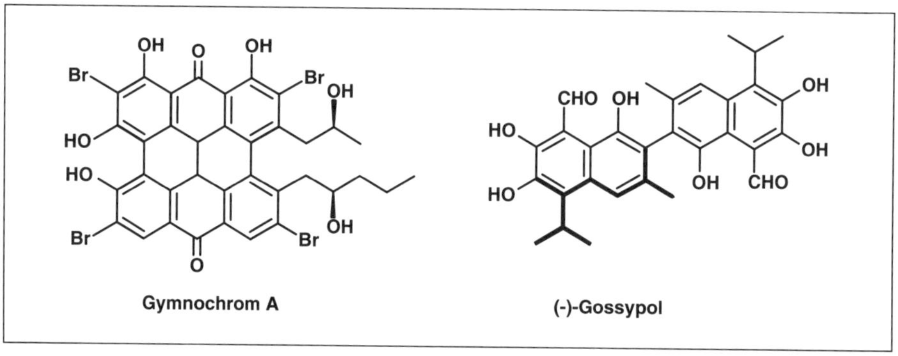

Abb. 1-5 Naturstoffe mit ungewöhnlicher Chiralität.

Im allgemeinen sind Naturstoffe aus den Elementen C, H, O, N und S aufgebaut. Im Folgenden sollen einige für Naturstoffe außergewöhnliche Strukturelemente aufgeführt werden.

Eine der überraschendsten Strukturen der letzten Jahre wird durch die **Calicheamicine** repräsentiert – Antibiotika mit einer *cis*-**Endiin-Struktur**, deren zytostatische Wirkung auf eine *Bergman*-Cyclisierung (*cis*-Endiin → 1,4-benzoides Diradikal) zurückgeführt wird (Abb. 1-6). Die Diradikale führen dann zur DNA-Spaltung (vgl. S. 277).

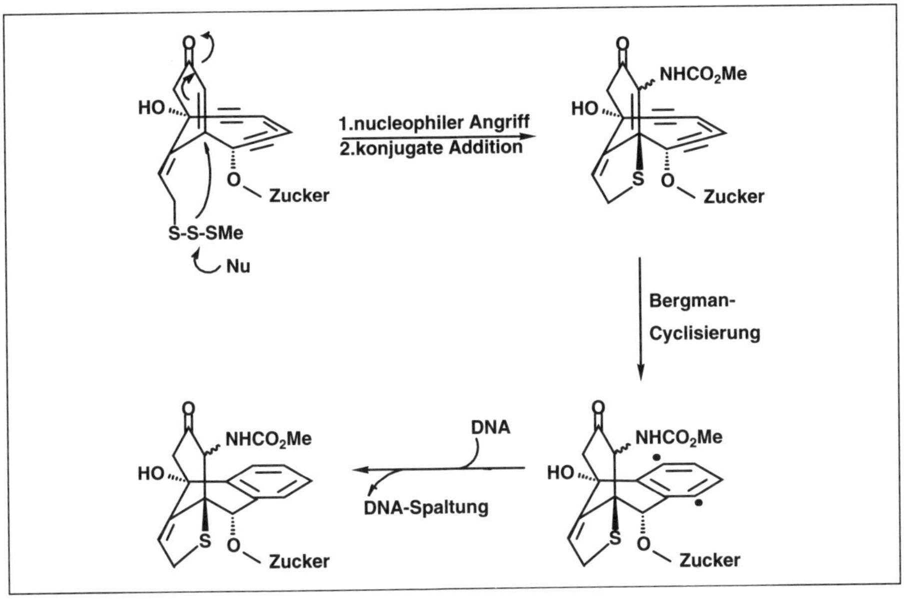

Abb. 1-6 Angenommener Mechanismus für die molekulare Wirkung von Calicheamicin γ^1_1.

Den Calicheamicinen (produziert von *Micromonospora echinospora ssp. calichensis*) nahe verwandt sind die **Esperamycine** (von *Actinomadura verrucosospora*) und **Dynemicin A** (von *Micromonospora chersina*). Ebenfalls von einem Endiin leitet sich der Chromophor des Antibiotikums **Neocarzinostatin** ab. Neocarzinostatin wird von *Streptomyces carzinostaticus* gebildet und enthält außer diesem Chromophor noch ein Apoprotein aus 113 Aminosäuren. Neocarzinostatin ist stark antitumorwirksam. Die Wirkung geht auf den Chromophor zurück, der ohne Proteinanteil extrem labil gegen Wärme, Licht und pH-Werte > 6 ist. Biosynthetisch gehören die Calicheamicine und Neocarzinostatin zu den Polyketiden (Kap. 11.6).

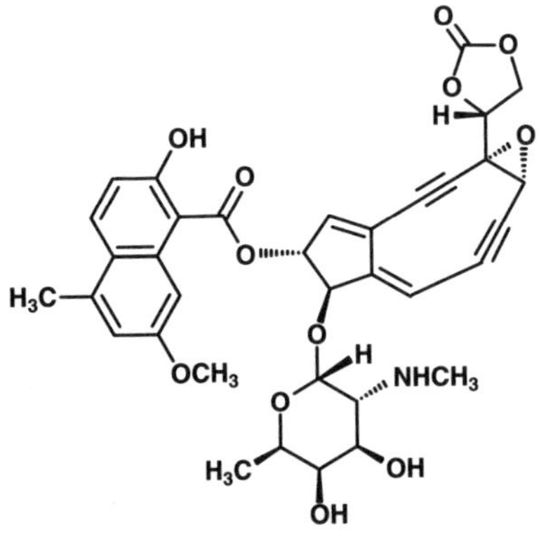

Neocarzinostatin

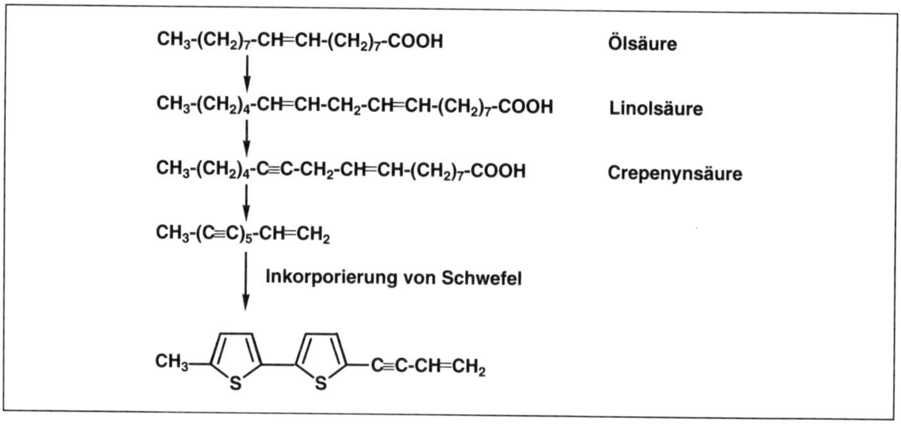

Abb. 1-7 Bildung von Polyacetylenen und Dithiophenen in *Asteraceen*.

Polyacetylene (Polyine) sind in *Asteraceen* weit verbreitet und werden in dieser Pflanzenfamilie aus ungesättigten Fettsäuren gebildet. Polyacetylene dienen auch als Ausgangssubstanzen für die Bildung von Di- und Trithiophenen (Abb. 1-7). Zytotoxische Polyacetylene (z. B. 1) kommen im Schwamm *Petronia ficiformis* vor.

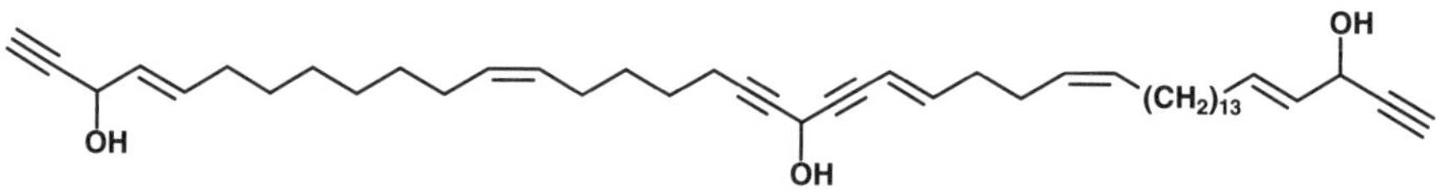

Trotz ihrer Labilität konnten zahlreiche **Peroxy-Verbindungen** (Abb. 1-8) in der Natur gefunden werden. Hydroperoxyfettsäuren entstehen bei der Autoxidation ungesättigter Fettsäuren (vgl. Arachidonsäuremetabolismus, S. 493). 1,2-Dioxetane sind relativ selten. α-Peroxylactone werden bei der Biolumineszenz als Intermediate gebildet (S. 52). Bicyclische Peroxy-Verbindungen liegen in zahlreichen marinen Naturstoffen sowie

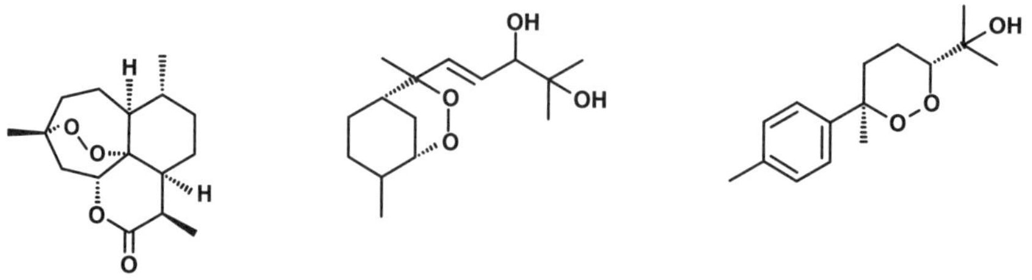

Abb. 1-8 Biogene Peroxy-Verbindungen.

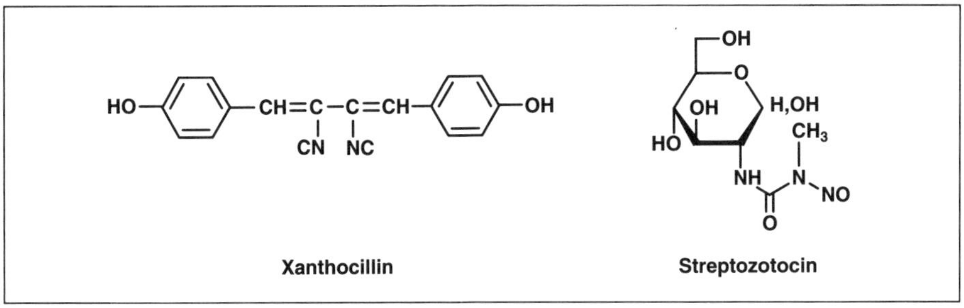

Xanthocillin   **Streptozotocin**

Abb. 1-9 N-haltige Naturstoffe ungewöhnlicher Struktur.

einigen Inhaltsstoffen von *Asteraceen* mit Antimalariawirkung wie **Artemisinin** (Qinghaosu, Arteannuin) aus *Artemisia annua* sowie **Yingzhaosu A** und **Yingzhaosu C** aus *Artabotrys uncinatus* vor. Eine der ersten Verbindungen dieser Art war das **Ascaridol** aus Chenopodiumöl (S. 530).

Zu den für Naturstoffe überraschenden N-haltigen Strukturelementen (Abb. 1-9) gehören **Nitrogruppen** (vgl. S. 42), **Isonitrilgruppen** (**Xanthocillin**, ein Antibiotikum aus *Penicillium notatum*) oder **N-Nitroso-Verbindungen** (**Streptozotocin**, ein Antibiotikum aus *Streptomyces achromogenes*).

Schwefelhaltige Verbindungen als Bestandteile von Naturstoffen sind weit verbreitet als Thiole, Disulfide, Sulfoniumverbindungen (S. 509) oder weitere, sich von der Aminosäure Cystein ableitende Verbindungen (z.B. Thiazolidine und Thiazine bei den β-Lactam-Antibiotika; Thiazolinrest des Bacitracin; Thiazolrest des Thiamin oder Benzthiazolrest des Luciferin) sowie Schwefelsäureester. Thiole sind starke Duftstoffe, beispielsweise der Grapefrucht (Menthen-8-thiol, S. 65) oder der schwarzen Johannisbeere. Ungewöhnliche schwefelhaltige Heterocyclen (Abb. 1-10) liegen bei Alka-

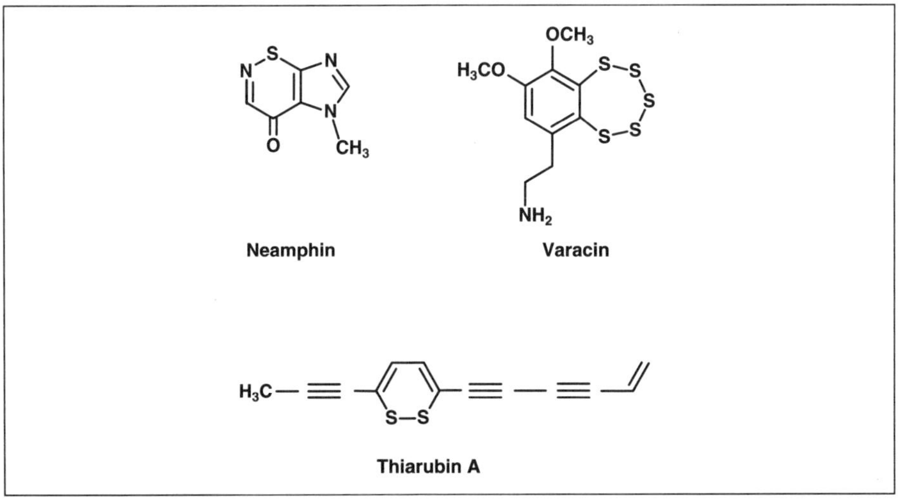

Neamphin   **Varacin**

Thiarubin A

Abb. 1-10 S-haltige Naturstoffe ungewöhnlicher Struktur.

loiden wie **Neamphin** (aus *Neamphius huxleyi* von Papua Neuguinea) oder **Varacin** (aus der Seescheide *Lissoclinum vareau*) vor. Thiophenderivate und Dithiin-haltige Polyacetylene (z. B. **Thiarubin A**) sind in *Asteraceen* (*Aspilia*-Arten) enthalten. Thiarubin A ist gegen Eingeweidewürmer wirksam. 1,2-Dithiine werden als Zwischenprodukte bei der Biosynthese von Thiophenen angenommen (vgl. Abb. 1-8). In thermophilen Archaebakterien ist durch GC-MS ein 4,7-Diisobutyl-1,2,3,5,6-pentathiepan entdeckt worden.

Eine interessante Schwefelchemie (Abb. 1-11) leitet sich vom **Alliin** (S-Allyl-L-cystein), dem Inhaltsstoff des Knoblauchs (*Allium sativum*) ab. Ähnliche Inhaltsstoffe sind auch im Bärlauch (*Allium ursinum*) enthalten.

Zahlreiche Naturstoffe sind halogeniert und polyhalogeniert. Obwohl Fluor, in Mineralien fest gebunden, das häufigste Halogen auf der Erde ist, tritt es in biogenen Verbindungen nur sehr selten auf. Organisch gebundenes Fluor findet sich in einigen tropischen und subtropischen Pflanzen sowie in *Actinomyceten*. Die verbreitetsten Fluorverbindungen sind Fluoressigsäure (z. B. als toxischer Inhaltsstoff der südafrikanischen Pflanze *Dichapetalum cymosum*) und davon biosynthetisch abgeleitete Verbindungen (ω-fluorierte Fettsäuren, 2-Fluorocitrat, 4-Fluorothreonin). Eine ungewöhnliche Struktur besitzt das Antibiotikum **Nucleocidin** (4′-Fluoro-5′-O-sulfamoyl-adenosin, Abb. 1-12).

Polyhalogenierte Verbindungen treten gehäuft in verschiedenen marinen Organismen auf. Als Beispiele seien ein insektizid wirkendes Monoterpen (2a) aus der Rotalge *Plocamium telfairiae* und ein bromiertes Pyrrolderivat

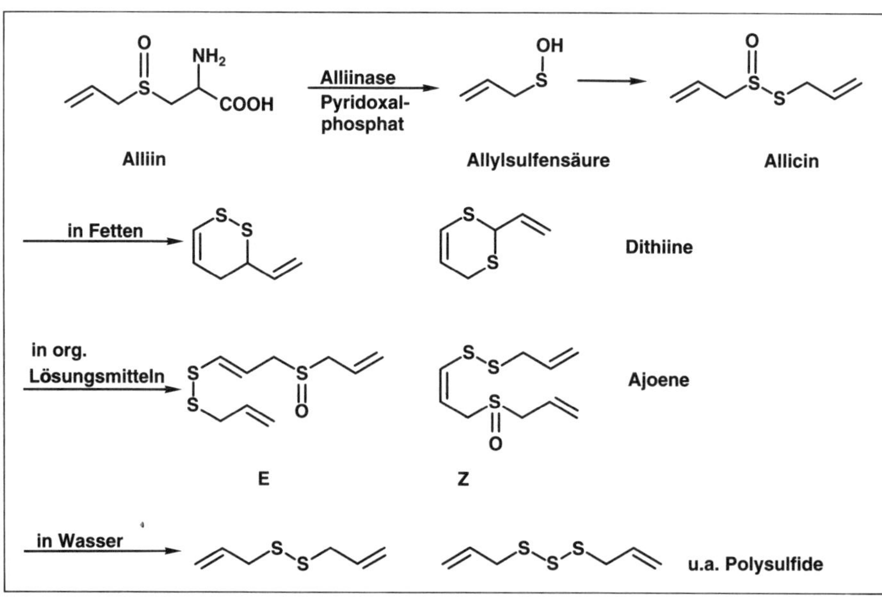

Abb. 1-11 Inhaltsstoffe von Knoblauchpräparaten: Bildung von Alliin durch die Alliinase-Reaktion und weitere *in-vitro*-Umsetzungen des Allicins in Abhängigkeit von der Polarität des Mediums.

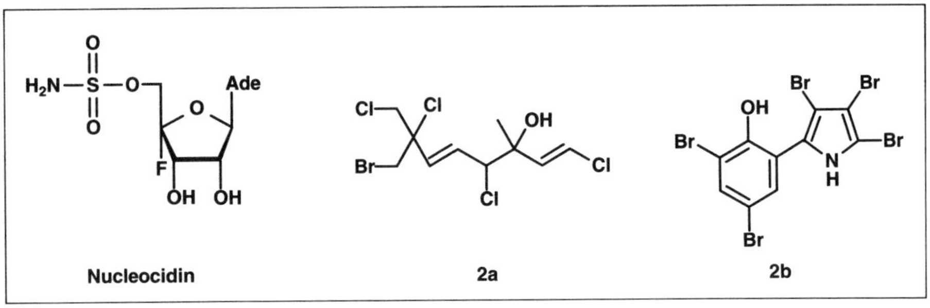

Abb. 1-12 Halogenierte Verbindungen ungewöhnlicher Struktur.

(2b: Pentabrompseudilin), produziert von *Alteromonas luteoviolacens*, angeführt (Abb. 1-12). Ein Dichloracetylrest liegt im Antibiotikum Chloramphenicol vor. Zu den iodierten Verbindungen gehören die Schilddrüsenhormone (S. 475).

Während Phosphorsäureester organischer Verbindungen lange bekannt sind, war das Vorkommen von **Phosphonsäuren** eine Überraschung. Das Antibiotikum **Fosfomycin** (Phosphonomycin), das von *Streptomyces fradiae*, *viridochromogenes* und *wedmorensis* produziert wird, ist eine Propylenoxid-phosphonsäure (Abb. 1-13). Biosynthetisch eng damit verwandt ist **Bialaphos**, ein Phosphinothricinyl-L-alanyl-L-alanin. Bialaphos wird von *Streptomyces hygroscopicus* produziert und wirkt als Herbizid. Bekannt sind auch Phosphonolipide (S. 350).

Auch weitere **elementorganische Verbindungen** konnten inzwischen gefunden werden. Arsenverbindungen wie **Arsenobetain** und etliche Trimethylarsinoylriboside konnten aus Meeresorganismen isoliert werden. **Selenocystein** wurde als Bestandteil der Glutathion-Peroxidase und einiger mikrobieller Enzyme erkannt. Als Co-organische Verbindung erwies sich das **Coenzym B$_{12}$** (S. 445).

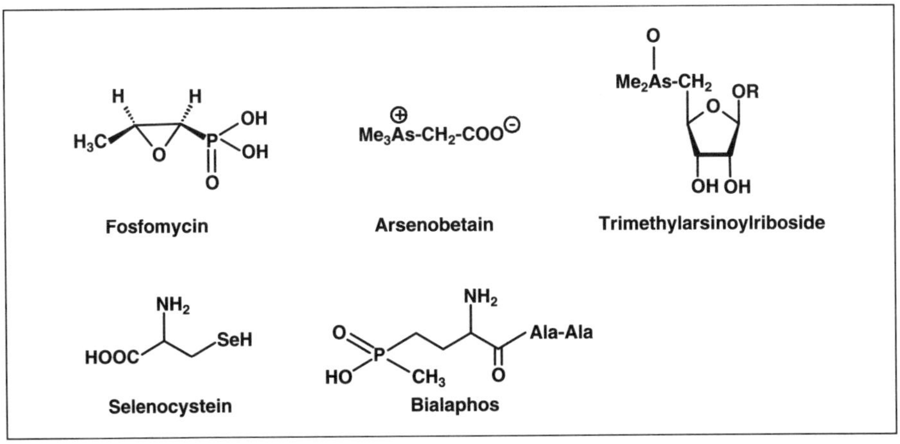

Abb. 1-13 Elementorganische Verbindungen biogener Herkunft.

Zahlreiche Naturstoffe liegen als **Metallkomplexe** vor. Zweiwertige Metalle wie Fe, Zn, Ni, Cu, Co sind essentielle Cofaktoren einiger Proteine (**Metalloproteine:** Kap. 2.8.2). Als Liganden dienen bei den Proteinen insbesondere Carboxylgruppen (saure Aminosäuren), Imidazolreste (Histidin) oder Thiolgruppen (Cystein) sowie Coenzyme. Zu den metallhaltigen Coenzymen zählen Tetrapyrrole (Kap. 6.4.4), Pyrrolochinolinchinone (Kap. 6.3.9), Fe-S-Cluster (in Kap. 2.8.2) oder der molybdänhaltige Cofaktor der Xanthinoxidase (S. 139).

Eisen ist außer in bestimmten Enzymen (Oxidoreduktasen) und in Hämoglobin auch in verschiedenen Eisentransport- und -speicherfaktoren enthalten. Dazu gehören Ferritin und Hämosiderin (S. 139).

Siderochrome sind rotbraune Eisentransportfaktoren von Mikroorganismen; **Sideramine** sind Wuchsstoffe, **Sideromycine** wirken antibiotisch. Chemisch werden zwei Typen unterschieden. Bei Typ I, der vor allem in Pilzen gefunden wird, handelt es sich um Eisen(III)-Hydroxamsäure-Komplexe, wobei als Hydroxamsäure-Komponente z.B. δ-N-Acyl-δ-N-hydroxy-ornithin fungiert. Beim Typ II, der vorwiegend in Bakterien vorkommt, dient 2,3-Dihydroxybenzoesäure, die amidartig an Aminogruppen von Lysin-, Glycin- oder Serinresten gebunden ist, als Ligand.

Die Anreicherung von Metallen in Meerestieren (z.B. Manteltieren) und Pilzen ist ebenfalls auf Komplexierung zurückzuführen. Als Liganden dienen vor allem Polyketide mit phenolischen Hydroxygruppen.

Einige Antibiotika wie **Aplasmomycin** sind borhaltig.

Wichtige Komplexbildner für ein- und zweiwertige Metalle sind die sog. Ionophoren-Antibiotika, zu denen z.B. die Polyether-Antibiotika gehören (Kap. 11.6.6).

Eine besondere Rolle spielt Ca^{2+} bei der intrazellulären Regulation (Ca^{2+} als second messenger), bei der Regulation von extrazellulären Proteinen (Aktivierung von Blutgerinnungsfaktoren) und beim Knochenaufbau. Als Bindungsstellen dienen saure Aminosäuren (vgl. Vitamin-K-abhängige Bildung von γ-Glutaminsäureresten, S. 391) und phosphorylierte Serin- oder Threoninreste.

Aplasmomycin

1.3 Synthesen

1.3.1 Biosynthesen

Biochemische Reaktionen verlaufen selbstverständlich nach denselben Gesetzen wie In-vitro-Synthesen im chemischen Labor. Trotzdem muß auf einige grundsätzliche Unterschiede hingewiesen werden, die häufig dazu geführt haben, daß *in vivo* andere Wege beschritten werden, als sie der Synthesechemiker im Labor auswählen würde. Im wesentlichen handelt es sich dabei um folgende Besonderheiten:

- Die freie Energie: Wichtigster Träger der freien Energie ist das Adenosintriphosphat (ATP), das bei phototrophen Organismen aus Lichtenergie (Photosynthese), bei chemotrophen Organismen durch oxidativen Abbau von Nahrungsstoffen (Fette, Kohlenhydrate) gebildet wird. Chemisch handelt es sich beim ATP um ein energiereiches Säureanhydrid (S. 312).
- Das Milieu: Biochemische Reaktionen verlaufen in Gegenwart von Wasser und in einem sehr engen pH- und Temperaturbereich. Lediglich einige *Archaebakterien* (Azidophile, Thermophile, Halophile) weichen bei den Reaktionsbedingungen etwas ab, was für biotechnologische Fragestellungen von erheblichem Interesse ist.
- Die Katalyse: Nahezu alle *in vivo* ablaufenden Reaktionen sind enzymkatalysiert und verlaufen deshalb mit hoher Regio- und Stereospezifität.
- Die Komplexität: Biochemische Reaktionen verlaufen auf engstem Raum nach- und/oder nebeneinander, was besondere Formen miteinander gekoppelter Reaktionen ergeben hat. Ein derartiger *metabolic channel* wird dadurch erreicht, daß Enzymaktivitäten einer Reaktionskette in räumlicher Nähe lokalisiert und immobilisiert sind (z. B. an biologischen Membranen), bi- und multifunktionelle Enzyme vorkommen und Enzyme zu Enzymkomplexen zusammengefaßt sind (z. B. Fettsäure-Synthase, Polyketid- Synthase, Aromatase). Die außerordentliche Komplexität biologischer Systeme wird ferner durch Rückkoppelungsschleifen hervorgerufen, die die Anpassungsfähigkeit der Systeme an veränderte Bedingungen erlauben.

Als besonders erfolgreich zur Aufklärung der Biosynthese hat sich die **Indikator- oder Tracermethode** (*v. Hevesy, Paneth*, 1913) erwiesen. Diese Methode beruht darauf, daß man dem Organismus spezifisch isotop markierte Verbindungen verabreicht und deren Umwandlung verfolgt. Besondere Bedeutung haben dabei die stabilen Isotope ^2H, ^{15}N und ^{13}C sowie die radioaktiven Isotope ^3H, ^{14}C, ^{32}S und ^{35}P. Die radioaktiven Isotope können mittels spezieller Zählrohre, die stabilen Isotope massenspektrometrisch sowie NMR-spektroskopisch (z. B. zweidimensionale ^{13}C-NMR) nachgewiesen werden. Zur Lokalisation des radioaktiven Isotops sind spezifische Abbaureaktionen erforderlich, meist nach Verdünnen der isolierten Substanz mit nichtmarkierter Verbindung. Abbildung 1-14 gibt hier ein Beispiel.

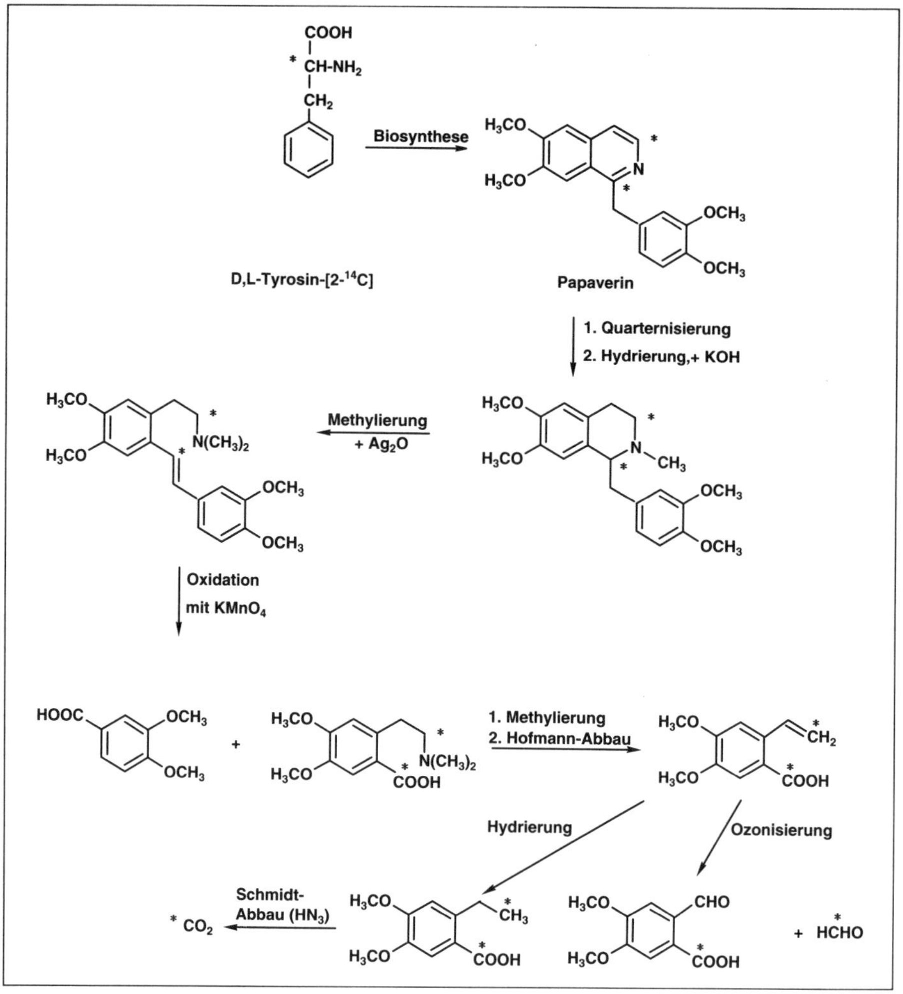

Abb. 1-14 Abbaureaktionen von markiertem Papaverin zur Lokalisation des ^{14}C.

Im Folgenden soll auf einige charakteristische **Verläufe biochemischer Reaktionen** eingegangen werden. **C-C-Bindungen** werden meist durch Elektrophil-Nucleophil-Reaktionen, seltener durch radikalische Reaktionen (vgl. Phenolkopplung, S. 589; Synthese der Prostaglandine, S. 487) geknüpft. Die wichtigsten Elektrophil-Nucleophil-Reaktionen (Akzeptor-Donator-Reaktionen) sind in Abbildung 1-15 zusammengefaßt.

Als nucleophile Abgangsgruppe dient vor allem das sehr energiearme Pyrophosphat (vgl. S. 515). Die Aktivierung des Carbonyls von Carboxylgruppen findet durch Bildung von Thioestern (S. 415) oder gemischten Anhydriden (z. B. bei der Peptidsynthese, S. 157) statt.

Die Aufklärung der Biosynthese wurde nicht selten durch **intramolekulare Umlagerungen** während der Biosynthese erschwert, so in Form von

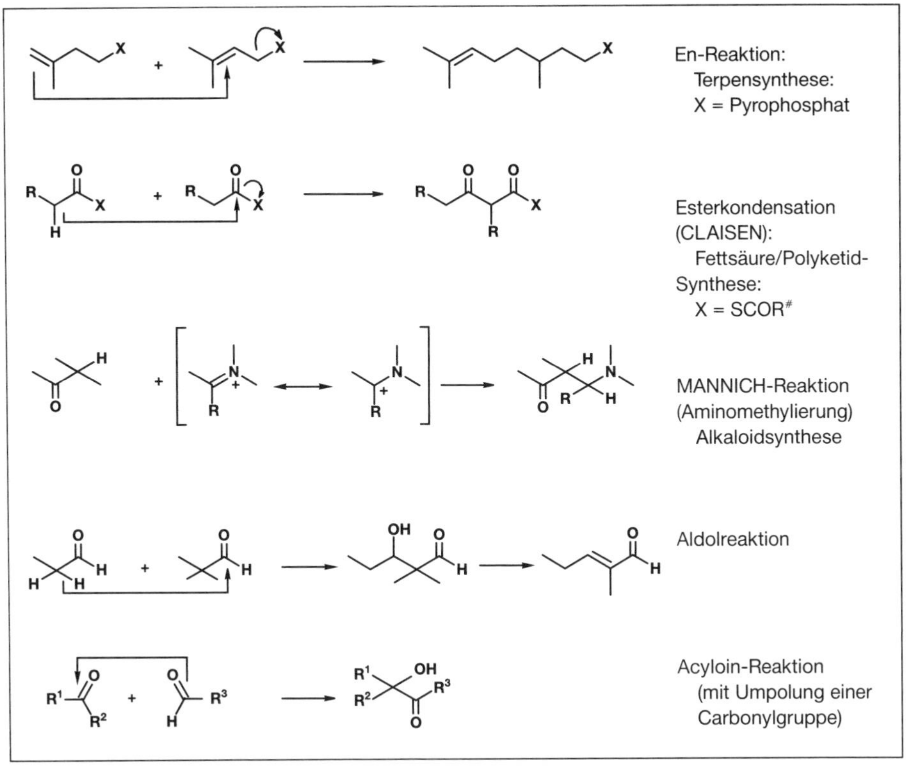

Abb. 1-15 Elektrophil-Nucleophil-Reaktionen zur Bildung von C-C-Bindungen während der Biosynthese.

Methyl- (z. B. bei der Biosynthese der Methylsterole, S. 545) oder Phenyl-Migrationen (z. B. bei der Bildung der Isoflavone aus den Flavonen, S. 606).

Benzolderivate werden durch **Aromatisierung** von Cyclohexadienen in Gegenwart von Dehydrogenasen bzw. Dehydratasen synthetisiert (vgl. S. 479). Als Beispiel sei die Bildung der Protocatechusäure angeführt (Abb. 1-16). Die Vorstufen entstehen aus Intermediaten des Kohlenhydrat- und Fettsäurestoffwechsels (Abb. 1-17). Abbildung 1-18 zeigt ein Beispiel für die Ankondensation weiterer Ringe.

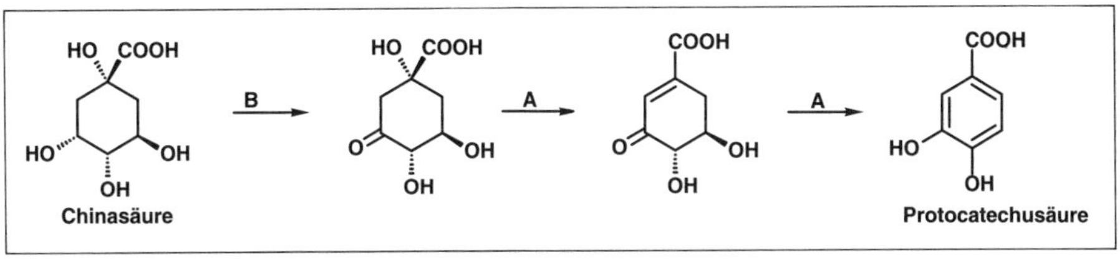

Abb. 1-16 Bildung von Protocatechusäure in Mikroorganismen durch aufeinanderfolgende Einwirkung von Dehydratasen (A) und Dehydrogenasen (B).

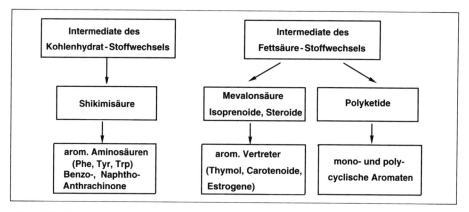

Abb. 1-17 Biosynthetische Bildung aromatischer Verbindungen.

Die Bildung von **C-N-Bindungen** spielt vor allem bei der Aminosäure- (S. 94) und Alkaloidbiosynthese (S. 622) eine Rolle und wird dort ausführlicher behandelt.

Von besonderer biochemischer Bedeutung innerhalb der Bildung von **C-O-Bindungen** sind Anlagerungen von Sauerstoff an organische Substrate (beteiligte Enzyme: Oxygenasen), wobei ein oder zwei Sauerstoffatome in das Produkt inkorporiert werden können (Mono- bzw. Dioxygenasen). Das andere Sauerstoffatom wird dann zu Wasser reduziert.

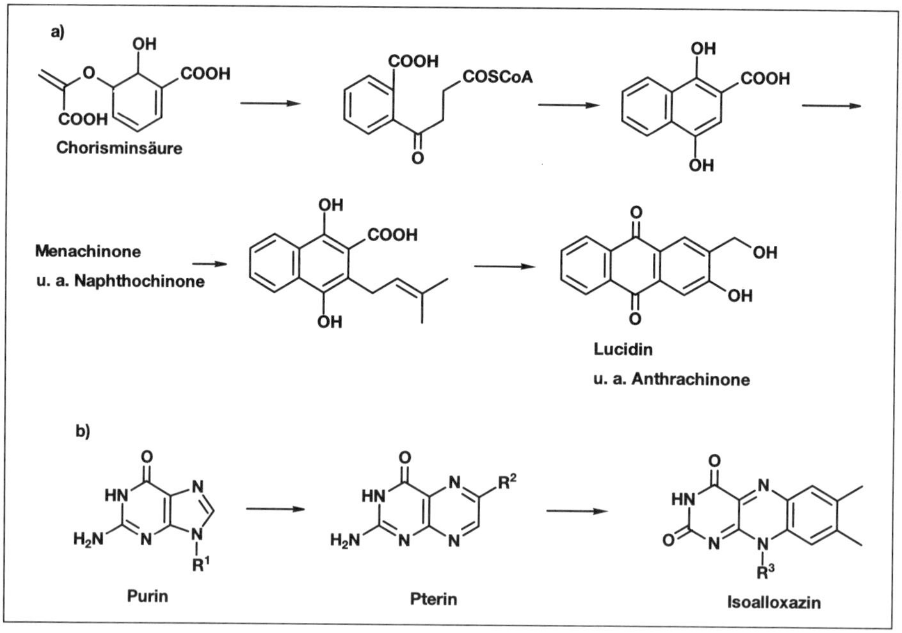

Abb. 1-18 Ankondensation von Ringen.

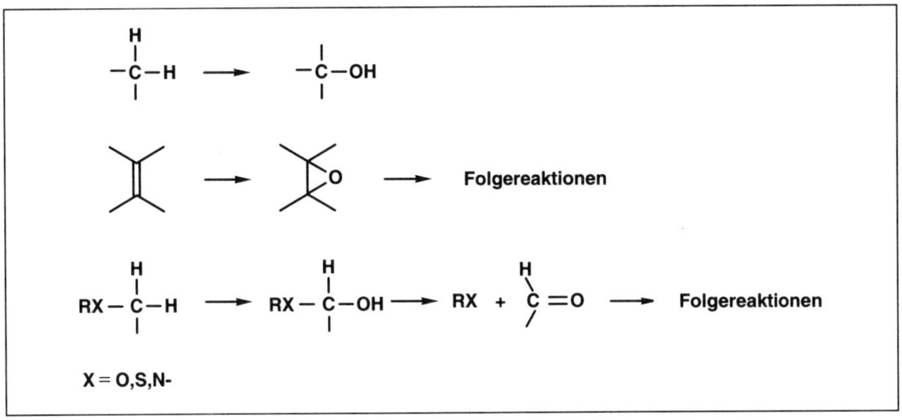

Abb. 1-19 Monooxygenase-Reaktionen.

Eine Schlüsselrolle bei der Anlagerung von einem Sauerstoffatom unter Hydroxylierung oder Epoxidation spielt das Monooxygenasesystem der Leber, bestehend aus Cytochrom P450 (S. 438) und Cytochrom-P450-Reduktase (Abb. 1-19). Dieses Monooxygenasesystem ist auch hauptverantwortlich für die Metabolisierung (Biotransformation) von Fremdstoffen (Xenobiotika), zu denen auch die Arzneistoffe gehören. Über Hydroxylierungen verlaufen auch die oxidativen Desalkylierungen an N-, O- oder S-Atomen, wobei als Zwischenstufen hydrolytisch leicht spaltbare N-Alkylole (Carbinolamine) oder Hemiacetale gebildet werden (Abb. 1-19).

Die Einführung von 2 Sauerstoffatomen (Abb. 1-20) führt primär zur Bildung von Peroxiden. Die Anlagerung von Sauerstoff unter Bildung von Hydroperoxiden ist meist mit einer Allylverschiebung verbunden. Das ist z. B. bei der nichtenzymatischen (S. 335) oder enzymatischen (S. 487) Autoxidation der mehrfach ungesättigten Fettsäuren der Fall. Cyclische Peroxide (vgl. Abb. 1-8) werden durch 1,2- oder 1,4-Cycloaddition von Sauerstoff gebildet. Die 1,2-Cycloaddition führt zu 1,2-Dioxetanen, die bei der Biolumineszenz (S. 52) eine Rolle spielen. 1,4-Cycloadditionen an

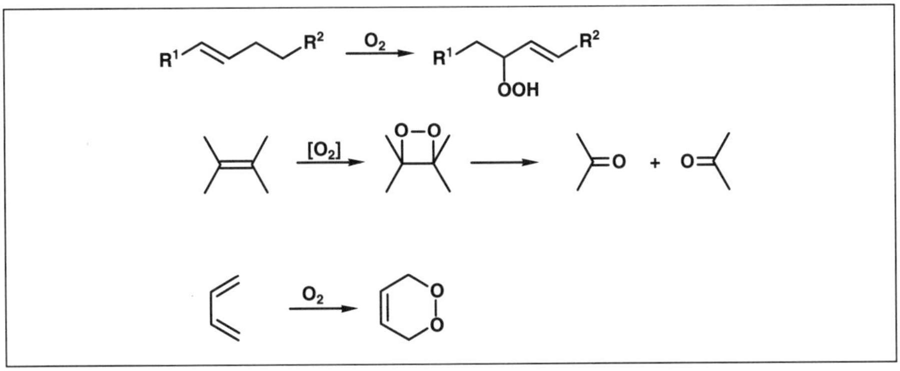

Abb. 1-20 Dioxygenase-Reaktionen.

konjugierte Doppelbindungen treten vor allem bei isoprenoiden Verbindungen auf (z. B. Autoxidation von Ergosterol oder Bildung von Ascaridol, S. 530). Cyclische Peroxide (Endoperoxide) entstehen auch bei der Prostaglandinbiosynthese (S. 488).

Eine potentielle Gefahr für zahlreiche biochemische Prozesse sind Oxidationen, die durch reaktive Sauerstoffspezies wie Singulett-Sauerstoff ($^1O_2$), Hyperoxid-Anionradikal ($O_2^{\bullet}$), Wasserstoffperoxid (H_2O_2) oder Hydroxyl-Radikal ($OH^{\bullet}$) ausgelöst werden (Abb. 1-21). Zu den natürlichen Antioxidantien, die derartige radikalbildende pathologische Prozesse unterdrücken können, gehören neben Thiolen (Glutathion) das wasserlösliche Vitamin C (Kap. 6.3.1), die lipidlöslichen Vitamine E (Kap. 6.2.3.1) und A bzw. dessen Provitamine (Kap. 6.6.2.1), Harnsäure und die Flavonoide (Kap. 9.3).

Nur Pflanzen sind Schwefel-autotroph, also in der Lage, aus anorganischen Schwefelverbindungen (Sulfat, Sulfit) primär Verbindungen mit **C-S-Bindungen** (Cystein, Methionin) zu bilden (sog. Sulfatassimilation). Es erfolgt eine stufenweise Reduktion des zunächst als Phosphosulfat (ener-

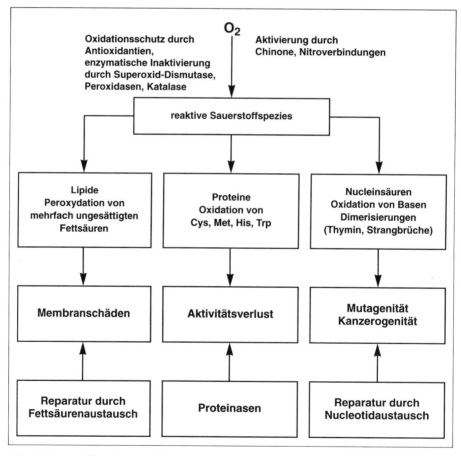

Abb. 1-21 Angriffspunkte reaktiver Sauerstoffspezies.

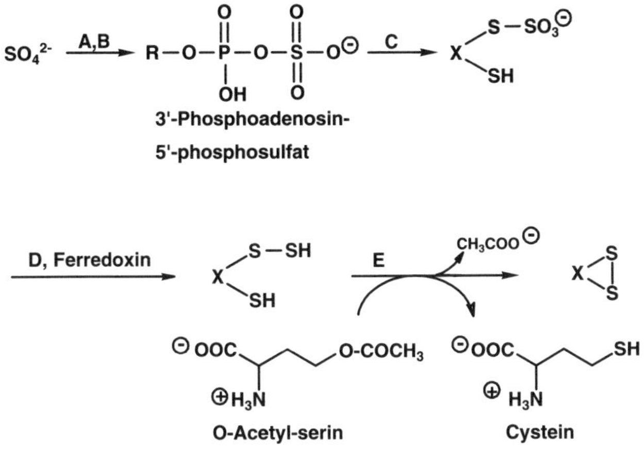

Abb. 1-22 Sulfatreduktion in Pflanzen. **A:** ATP-Sulfurylase; **B:** Adenosin-5'-phosphosulfat-Kinase; **C:** Sulfat-Transferase; **D:** Thiosulfon-Reduktase; **E:** Cystein-Synthase; **X:** Trägerprotein.

giereiches Anhydrid) gebundenen Sulfats durch den Sulfatreduktase-Komplex (Abb. 1-22).

Die wichtigsten **Elektronencarrier** (Abb. 1-23) sind bei Oxidationen NADH (S. 418) und FADH$_2$ (S. 410), bei Reduktionen NADPH.

Beim **Konfigurationswechsel** von Substituenten (Razemisierungen, Epimerisierungen) werden die in Abbildung 1-24 aufgeführten sp^2-hybridisierten Zwischenstufen durchlaufen (vgl. dazu auch S. 638).

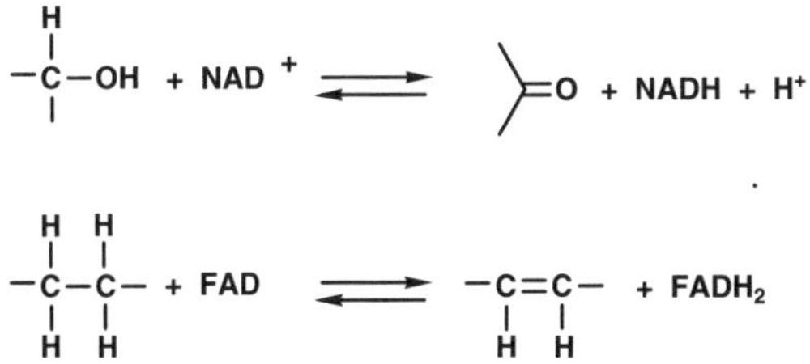

Abb. 1-23 Elektronencarrier.

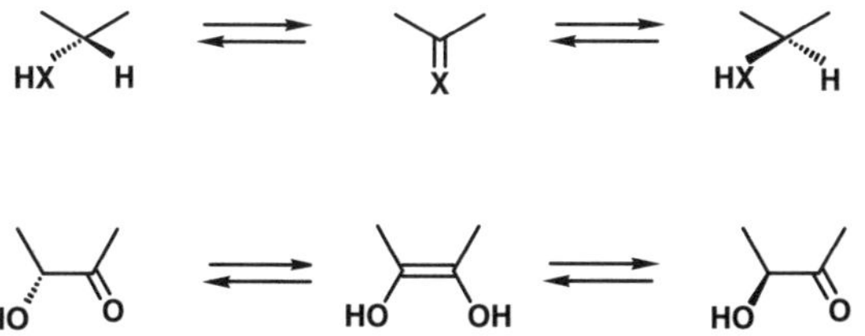

Abb. 1-24 Ablauf eines Konfigurationswechsels bei biochemischen Reaktionen über sp^2- hybridisierte Zwischenstufen.

Tabelle 1-3 gibt einen Überblick über übertragbare Gruppen und ihre *In-vivo*-Aktivierung.

Tab. 1-3: Überträger aktivierter Gruppen.

Reaktionstypen	Gruppe	Carrier (Verweis)
■ Acylierungen	Acylreste	Thioester: Coenzym A Liponsäureamid
■ Phosphorylierungen	Phosphat Nucleotid Phosphatidyl	Anhydride: ATP Nucleosidtriphosphate Cytidin-diphosphatdiacylglycerol
■ Sulfurierungen	Sulfat	Anhydrid: PAdoPS
■ Glykosidierungen	Glucose	Uridindiphosphatglucose
■ Carboxylierungen	CO_2	Biotin
■ Aminierungen	Ammoniak	Pyridoxalphosphat-imine von Aminosäuren
■ Methylierungen	Methyl C_1-Einheiten	S-Adenosylmethionin Tetrahydrofolsäure

Bei der Biosynthese der Biopolymeren (vgl. Abb. 1-4) handelt es sich vorzugsweise um eine Polykondensation (Polypeptide, Polynucleotide, Polysaccharide).

Einführung von Aminogruppen
Aminogruppen stammen meist von den proteinogenen Aminosäuren und werden in Gegenwart von Aminotransferasen übertragen (Abb. 1-25a). Aromatische Aminogruppen kommen von der Amidgruppe des Glutamin (Abb. 1-25b) und werden durch den Arylamin-Synthetase-Komplex (Cofaktoren: Glutamin, NAD^+) eingeführt.

Einführung von Nitrogruppen
Nitrogruppen kommen in Naturstoffen nur selten vor. **3-Nitropropansäure** wird von *Penicillium atrovenetum* produziert. Aromatische Nitrogruppen liegen z. B. bei **Chloramphenicol** (S. 682) und der **Aristolochiasäure** (Abb. 1-42, S. 71) vor. Nitrogruppen werden biosynthetisch durch stufenweise Oxidation von Aminogruppen gebildet.

Halogenierungen
Die Einführung von Fluor in organische Verbindungen soll *(Mead, Segal)* über einen Eliminierungs-Additions-Mechanismus an einem Pyridoxalphosphat-Enamin (vgl. dazu Abb. 6-28, S. 414) erfolgen (Abb. 1-26a). Chlorierungen, Bromierungen und Iodierungen erfolgen biosynthetisch über die **Haloperoxidase-Reaktion** (Abb. 1-26b). Die Spezifität der Halo-

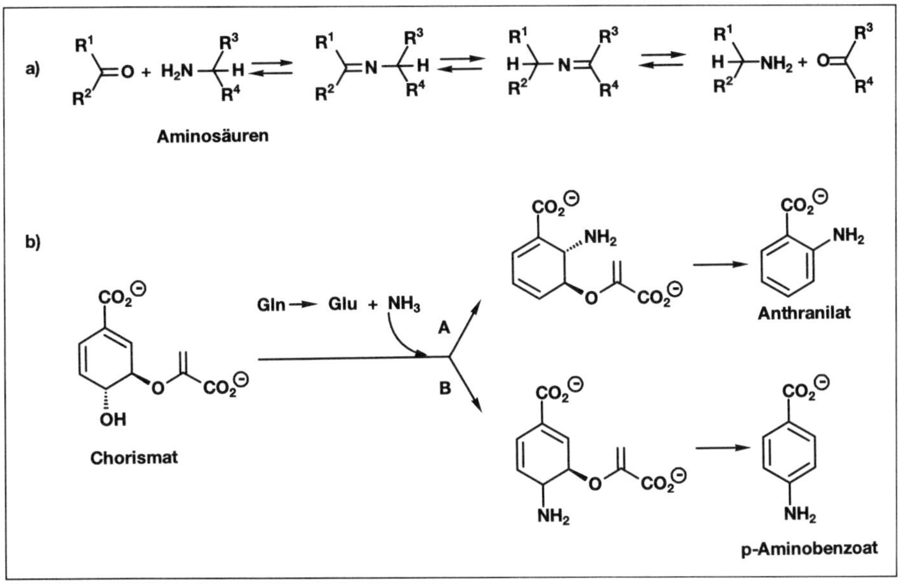

Abb. 1-25 Biosynthetische Einführung von Aminogruppen (vgl. dazu auch Abb. 6-28).
a) Anthranilat-Synthase; b) 4-Amino-4-desoxychorismat-Synthase

peroxidase (Chloro-, Bromo-, Iodoperoxidase) hängt vom jeweiligen Redox-Potential ab. Das primär gebildete Haloniumion wird in Abhängigkeit von den vorhandenen Nucleophilen (OH^-, Cl^-, Br^-) zu Halohydrinen oder Dihaliden umgesetzt. Substrate sind Alkene, Alkine, β-Diketone oder Phenole.

Substitutionen an Aromaten
Im Unterschied zur *In-vitro*-Synthese erfolgt die Bildung substituierter Aromaten biochemisch vorzugsweise durch Angriff nucleophiler Gruppen an intermediär gebildeten chinoiden Strukturen (Abb. 1-27, S. 45). Eine Ausnahme machen Halogenierungen (vgl. Haloperoxidase-Reaktion).

1.3.2 Chemische Synthesen

In der Zeit der „klassischen" Naturstoffchemie, der Zeit bis zur breiten Einführung physikalischer Methoden der Strukturaufklärung, war die Totalsynthese unmittelbarer Bestandteil der Strukturaufklärung. In vielen Fällen war die Strukturaufklärung ganzer Naturstoffklassen nur nach der Synthese entsprechender Vergleichssubstanzen möglich gewesen (*H. Fischer:* Synthese der Porphyrin-Isomere). Wesentliche Erfolge nach 1945 waren ohne Zweifel die Totalsynthese des Vitamin A (*Isler*, 1949), Cortison (*Woodward, Robinson*, 1951), des Morphins (*Gates*, 1956), Penicillin V (*Sheehan*, 1957), des Chlorophylls (*Woodward*, 1960, Nobel-

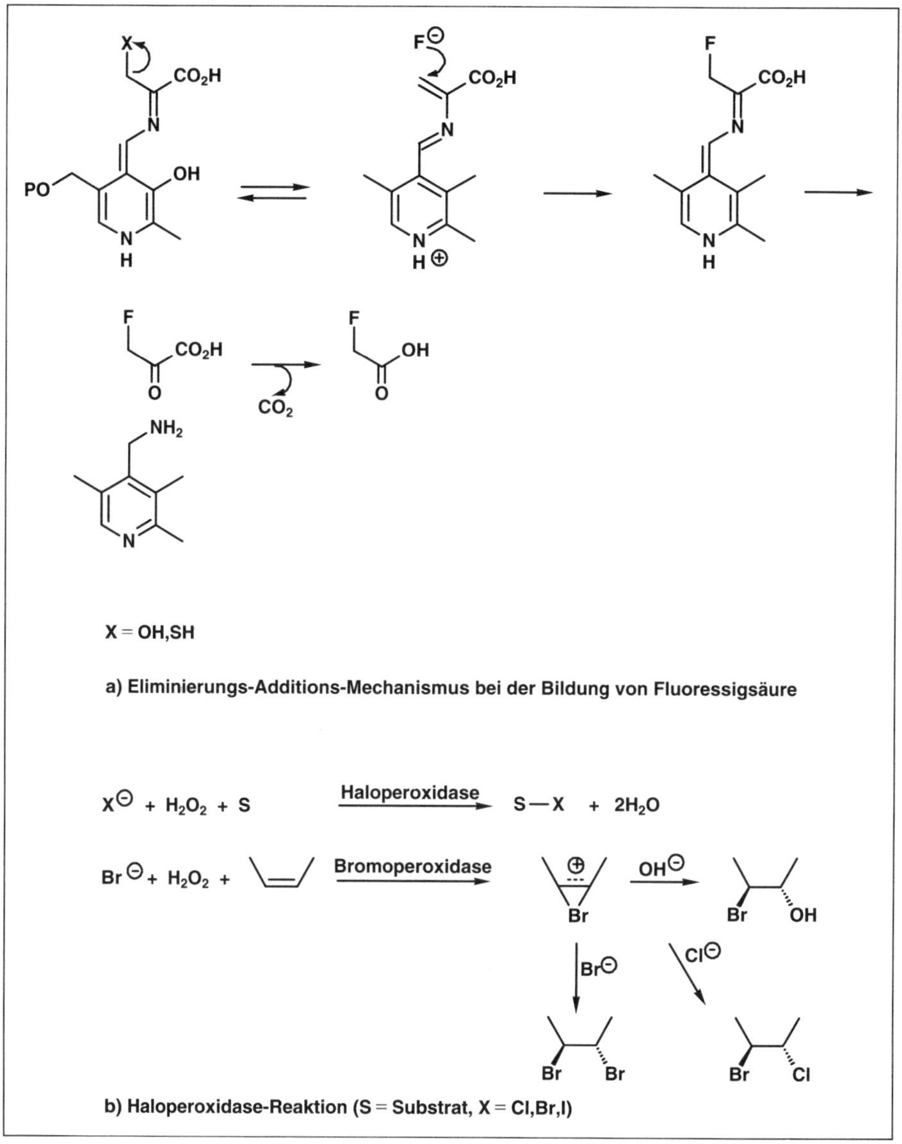

Abb. 1-26 Biochemische Halogenierungen. a) Eliminierungs-Additions-Mechanismus bei der Bildung von Fluoressigsäure; b) Haloperoxidase-Reaktion.

preis 1965) und des Insektenwachstumshormons JH-I sowie der Prostaglandine (*Corey*, 1968).

Einen Höhepunkt der Synthesetätigkeit bildete die erfolgreiche Totalsynthese des Vitamin B_{12}. Hier spielten vor allem stereochemische Probleme eine Rolle (S. 428). An dieser Synthese waren unter der Leitung von *Woodward* in New York und *Eschenmoser* in Zürich ca. 100 Chemiker

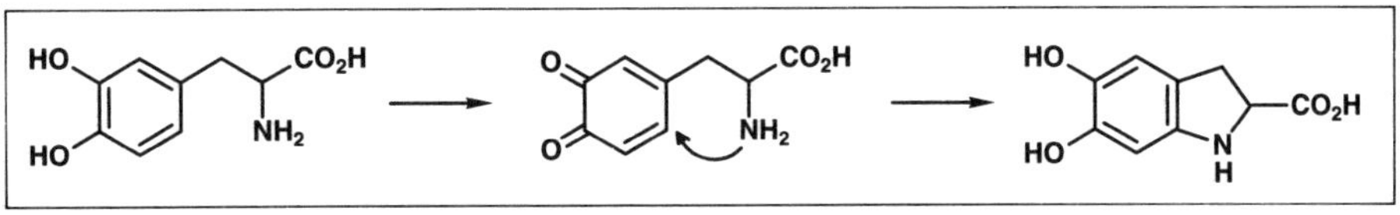

Abb. 1-27 Substitutionen an Aromaten über chinoide Zwischenstufen.

aus 19 Ländern 11 Jahre beschäftigt. Obwohl diese Synthese wie auch die vieler anderer komplizierter Naturstoffe keinen kommerziellen Wert hat – Vitamin B_{12} läßt sich wesentlich billiger biotechnologisch produzieren – hat sie wesentlich zur Weiterentwicklung der organischen Chemie beigetragen. So wurden in Zusammenhang mit der Vitamin-B_{12}-Synthese u. a. die *Woodward-Hofmann*-Regeln über die Erhaltung der Orbitalsymmetrie aufgestellt.

In den letzten Jahren standen vor allem Totalsynthesen von Polyketiden, insbesondere Polyether-Antibiotika, im Mittelpunkt, die die Entwicklung hocheffizienter und selektiver Katalysatoren förderten (Entwicklung von „Chemzymen"). Einer der letzten Höhepunkte war die Totalsynthese des Palytoxins (siehe Abbildung 1-3, S. 27), eines Polyether-Antibiotikums mit 64 stereogenen Zentren, so daß theoretisch 10^{19} stereoisomere Formen möglich wären.

Von wesentlicher Bedeutung für die Weiterentwicklung der Synthesechemie war dabei die von *Corey* (Nobelpreis 1990) erstmals für die Synthese des Sesquiterpens Longifolen (1961, 1964) entwickelte Netzwerkanalyse nach dem Konzept der **Retrosynthese.** Ein Beispiel für einen retrosynthetischen (antithetischen) Synthesebaum zeigt die Abbildung 1-28. Streng logisch und systematisch wird von dem Zielmolekül ausgegangen und die Komplexität schrittweise durch Zerlegen in Substrukturen (Bausteine, Synthone) verringert. Dabei wird u. a. berücksichtigt, daß sich anellierte Ringsysteme einfacher aufbauen lassen als überbrückte, so daß zunächst nach Stellen gesucht wird, die den meisten bicyclischen Systemen angehören („maximally bridging bonds"). *Wipke* hat diese Synthesebäume weiter zum „Computer-Assistent Design of Complex Organic Synthesis" ausgebaut.

Die Entwicklung von **Synthesen nicht-razemischer chiraler Verbindungen** spielte in den letzten Jahren eine besondere Rolle. An dieser Entwicklung haben *Corey, Seebach* und japanische Chemiker einen herausragenden Anteil. Bei der chemischen Synthese nicht-razemischer chiraler Verbindungen können mehrere Varianten (S = Substrat; P = Produkt; R = Reagens; K = Katalysator; * = chirale Komponente) unterschieden werden:

1. Substrat-kontrollierte asymmetrische Synthese:
   $S\text{-}X^* \xrightarrow{R} P^*\text{-}X^*$ (Chiralität der stereogenen Gruppe X^* bleibt erhalten);

2. Auxiliar (chirale Hilfsgruppe oder Steuersubstanz)-kontrollierte asymmetrische Synthese:
   $S \xrightarrow{A^*} S\text{-}A^* \xrightarrow{R} P^*\text{-}A^* \rightarrow P^* + A^*$

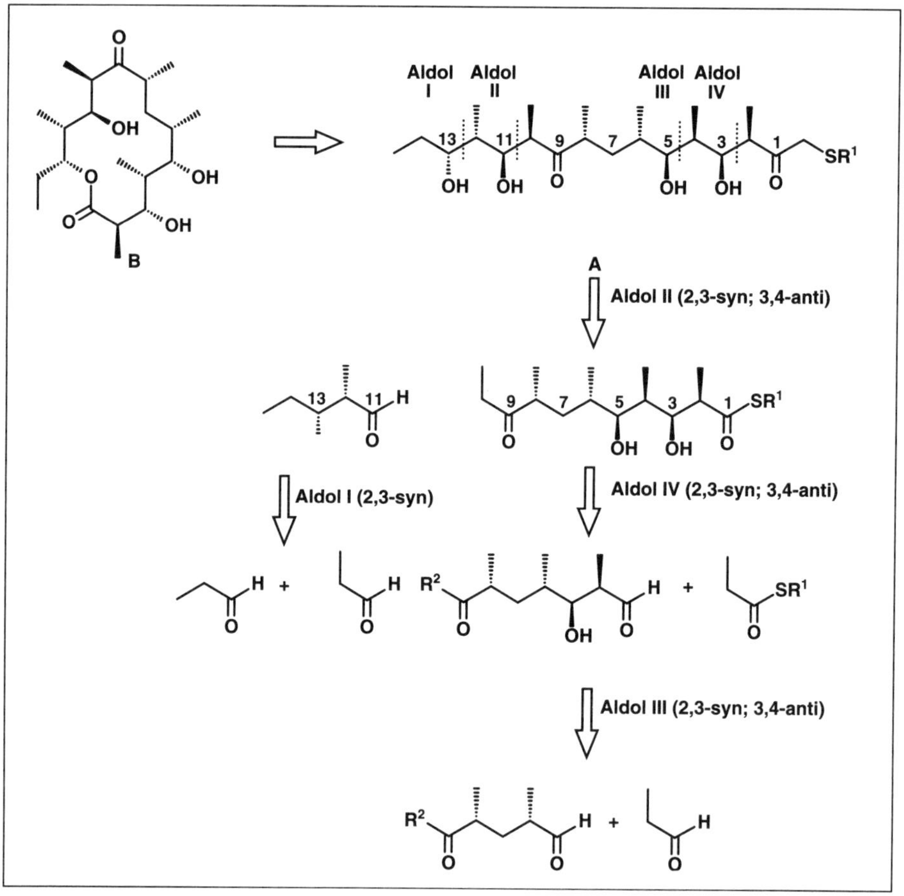

Abb. 1-28 Retrosynthese der Secosäure (A) des Macrolid-Antibiotikums 6-Desoxyerythronolid b (B) auf der Basis von 4 asymmetrischen Aldolreaktionen. (Nach *S. Masamune* u. a., Angew. Chem. **97** (1985), 1-31).

3. Reagens-kontrollierte asymmetrische Synthese:
$$S \xrightarrow{R^*} P^*$$

4. Katalysator (Enzym)-kontrollierte asymmetrische Synthese:
$$S \xrightarrow{K^*/E^*} P^*$$

Als billige chirale Bausteine (homo-chirale Synthone = Chirone) für die Varianten 1 und 2 bieten sich Naturstoffe (chiral pool) wie α-Hydroxycarbonsäuren (Milch-, Äpfel-, Wein-, Mandelsäure), Aminosäuren, Terpene, Monosaccharide (D-Glucose, D- Fructose u. a.) und deren Derivate (Alditole, Ascorbinsäure) an, sowohl als verbleibender Baustein als auch zur Induktion der Asymmetrie (Abb. 1-29). Weitere Beispiele sind auf den Seiten 584 zu finden.

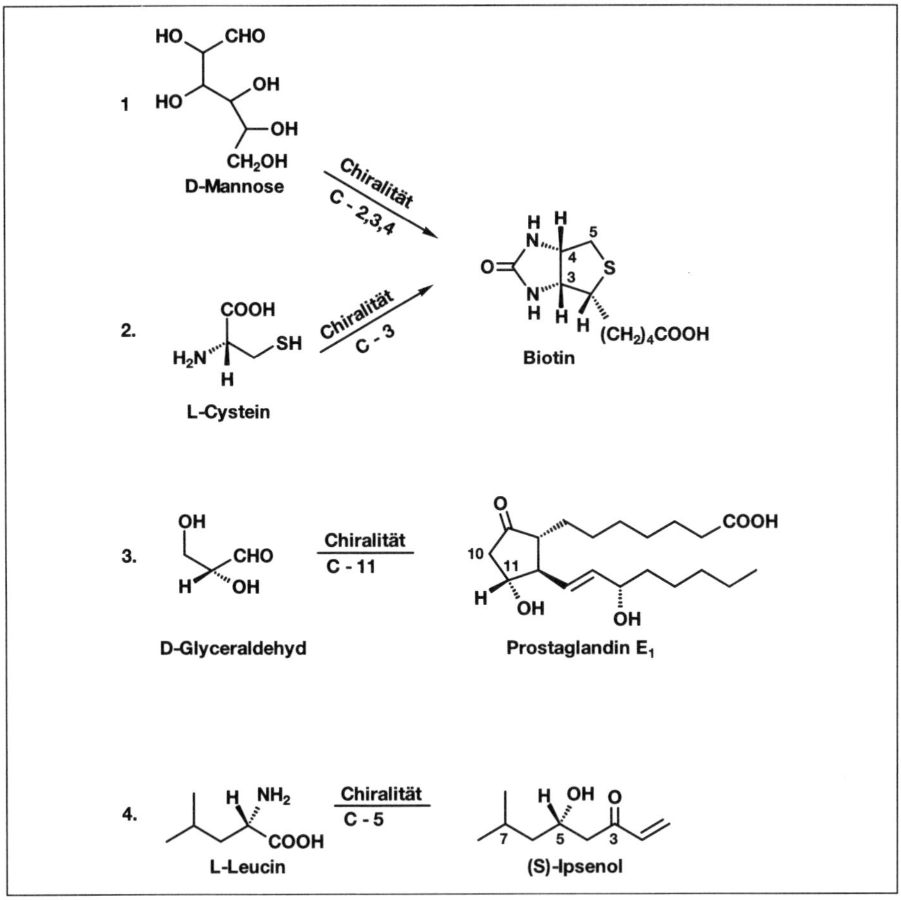

Abb. 1-29 Beispiele für chirale Synthesen aus dem „chiral pool".

Chirale Katalysatoren – vergleichbar den Enzymen – werden beispielsweise bei asymmetrischen Hydrierungen oder Aldoladditionen (S. 203) eingesetzt. So gelang es mittels eines eigens für diesen Syntheseschritt entwickelten chiralen Katalysators (Rhodium mit einem chiralen Phosphinliganden) L-Dopa durch enantioselektive Hydrierung aus **3** in hoher Enantiomerenreinheit zu erhalten. Die chirale Information wird in diesem Falle durch kleine Mengen des zugesetzten chiralen Katalysators übertragen.

In anderen Fällen wird die chirale Information innerhalb eines Moleküls übertragen (diastereoselektive Synthese, Varianten 1 und 2, Beispiel

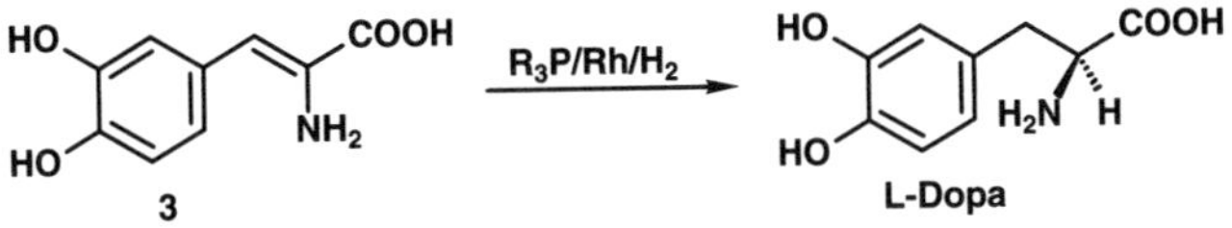

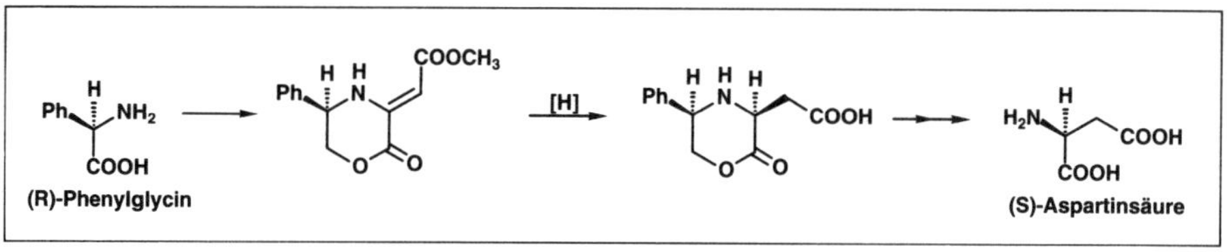

Abb. 1-30 Diastereoselektive Synthese von (S)-Aspartinsäure durch Hydrierung eines (R)-Phenylglycinderivates mit einem achiralen Katalysator.

Abb. 1-30), wobei das ursprüngliche Chiralitätszentrum im Endprodukt nicht mehr enthalten sein muß (Variante 2). Bei dieser taktischen Variante werden äquimolare Mengen an chiralem Hilfsstoff benötigt.

Die Abbildung 1-28 informiert über die Strategie zur asymmetrischen Synthese der Secosäure des Makrolid-Antibiotikums 6-Desoxyerythronolid B. Die zur Synthese erforderlichen 4 enantioselektiven Aldoladditionen – bei der Aldoladdition (vgl. Abb. 1-15) werden jeweils zwei neue Chiralitätszentren gebildet – konnten mittels eines chiralen Enolats realisiert werden, wobei jeweils Produkte mit hoher 2,3-*syn*-Stereoselektivität entstanden:

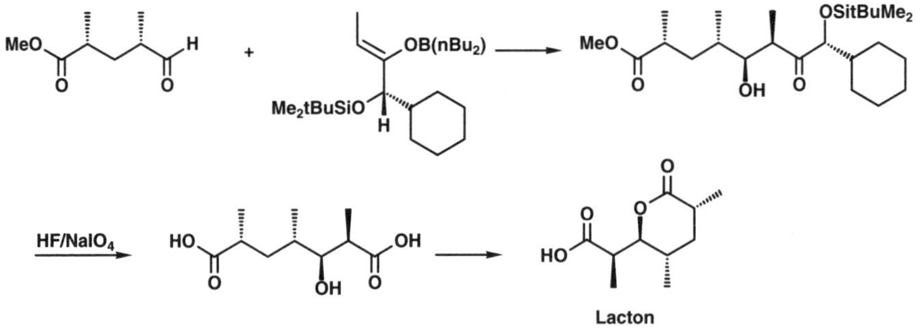

Bei der *Diels-Alder*-Synthese können bis zu 4 Chiralitätszentren in einem Schritt erhalten werden. Hohe Stereoselektivitäten werden mit Hilfe chiraler Dienophile erzielt, wobei die chirale Induktion dann besonders hoch ist, wenn das Chiralitätszentrum des Reaktanden möglichst nahe am Reaktionszentrum gelegen ist. Als Beispiel sei die stereoselektive *Diels-Alder*-Synthese als Teilschritt zur Totalsynthese der Shikimisäure herausgegriffen (Abb. 1-31).

Als fast eigenständige Syntheserichtung hat sich die **biomimetische Synthese** (*biogenetic type synthesis*) entwickelt, die eine Nachahmung der Biosynthese anstrebt. Als biomimetisch werden heute auch Synthesen bezeichnet, die unter nicht-physiologischen Bedingungen ablaufen. Die ersten realisierten biomimetischen Synthesen gehen auf *Robinson* (1917, Nobel-

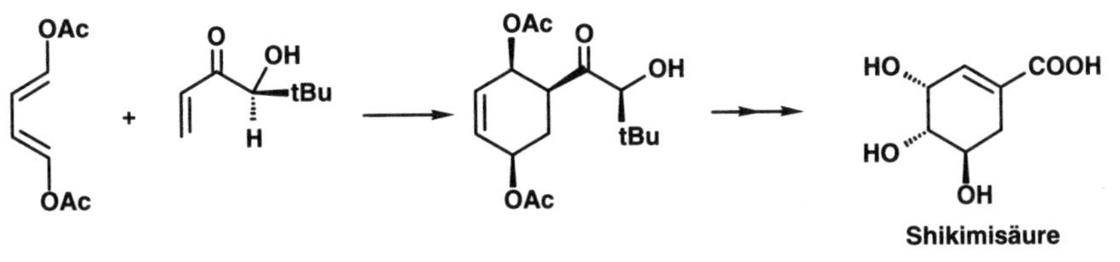

Abb. 1-31 Stereoselektive *Diels-Alder*-Synthese von Shikimisäure (aus Angew. Chem. **97** (1995) 1-31).

preis 1947) und *Schöpf* (1935) zurück, die Alkaloidgrundkörper auf der Basis der *Mannich*-Reaktion synthetisierten (S. 622). Weitere biomimetische Synthesen sind auf den Seiten 494, 716, 521, 592, 637, 645 und 659 zu finden.

Charakteristisch für viele Biosynthesen ist, daß es sich um eine Abfolge von Reaktionsschritten handelt, ohne daß Intermediate gefaßt werden können („Eintopfreaktionen"). Derartige **sequentielle Transformationen (Tandem- oder Kaskaden-Reaktionen)** sind eine echte Herausforderung für die organische Synthesechemie. Starter kann ein Kation (Elektrophil), Anion (Nucleophil) oder Radikal sein. Bei den biomimetischen sequentiellen Transformationen handelt es sich um:

- Reaktionen mit kationischem Primärschritt; Beispiele:
  - Cyclotetramerisierung von Porphobilinogen zu Uroporphyrinogen (S. 428),
  - biomimetische Cyclisierung von Polyenen wie des Squalenoxids zu Lanosterol (S. 520),
  - Cyclisierung von Polyepoxiden zu Polyether-Antibiotika (Synthese von Verbindungen des Monensin-Typs, S. 716).
- Reaktionen mit anionischem Primärschritt. Das sind meist Laborsynthesen, die mit einer Deprotonierung einer CH-Gruppe starten (Bildung eines Carbanions). Dazu gehören vor allem aufeinanderfolgende *Michael*-Reaktionen zur Synthese polycyclischer Systeme oder *Mannich*-Reaktionen.

Ein anderer Schwerpunkt der synthetischen Tätigkeit der letzten Jahrzehnte lag auf dem Gebiet der Biopolymere. Bei der gezielten Synthese von Polypeptiden und Polynucleotiden wurden neue Methoden der Kondensation (Carbodiimide) und spezielle Schutzgruppen entwickelt. Voraussetzung für die Einführung automatisierter Synthesen war die Erzielung maximaler Ausbeuten. Höhepunkt war die Totalsynthese des Insulins und die aller 64 Trinucleotide (1966: *Khorana* und Mitarb.), die zur Aufklärung des genetischen Codes führte. Bei den Polynucleotidsynthesen war der Einsatz von Enzymen von entscheidender Bedeutung für den Erfolg.

Trotz dieser großen Errungenschaften auf synthetischem Gebiet ist es in vielen Fällen nach wie vor billiger, Naturstoffe aus natürlichen Quellen zu isolieren, wie das industriell bei den meisten Antibiotika (Chloramphenicol ist hier eine Ausnahme), beim Vitamin B_{12}, vielen Alkaloiden, den herzwirksamen Glykosiden und anderen als Pharmaka eingesetzten Verbindungen der Fall ist.

Als **„nachwachsende Rohstoffe"** für die chemische Industrie gewinnen Naturstoffe zunehmend an Bedeutung. Etwa 96 % der jährlich nachwachsenden Biomasse in einer Größenordnung von etwa 200 Milliarden Tonnen bestehen aus Kohlenhydraten. Von dieser gewaltigen Menge werden vom Menschen gegenwärtig nur etwa 3 % als Rohstoffe genutzt, nämlich etwa 2.000 Mill. Tonnen Holz, 1.800 Mill. Tonnen Getreide und 2.000 Mill. Tonnen weitere Produkte (Ölfrüchte, Zuckerrohr, Rüben, Früchte, Gemüse) pro Jahr. Im Vergleich dazu beträgt der Verbrauch an fossilen Rohstoffen jährlich etwa 3.250 Mill. Tonnen Erdöl, 3.430 Mill. Tonnen Kohle und 1.900 Mill. Tonnen Erdgas. Nur etwa 7 % dieser insgesamt 7,3 Milliarden Tonnen Öläquivalente werden von der chemischen Industrie weiterverarbeitet (Veredelung), nämlich Öle und Fette zur Herstellung von Textil-, Papier- und Lederhilfsmitteln, Waschrohstoffen, Detergentien, Lackrohstoffen, Stärke zur Herstellung von Hilfsmitteln zur Papierbereitung, Verpackungsmaterialien und in der Arzneimittelproduktion sowie als Kohlenstoffquelle für biotechnologische Prozesse, Cellulose zur Herstellung von Fasern und Füllstoffen sowie weitere Kohlenhydrate als Kohlenstoffquelle für biotechnologische Prozesse und zur Herstellung von Urethanen.

1.3.3 Biotechnologische Verfahren

Mikroorganismen werden zur Lebens- und Genußmittelbereitung (Milchverarbeitung, Backwaren, alkoholhaltige Getränke, Essig) bereits seit Jahrtausenden vom Menschen genutzt. Erst in den letzten Jahren hat sich aber aufgrund der Fortschritte in Biochemie, Molekularbiologie, Genetik und anderen naturwissenschaftlichen Disziplinen und nicht zuletzt in der Meß-, Regel- und Verfahrenstechnik der Einsatz von lebenden Organismen oder anderen biologischen Systemen zur Stoffproduktion und Stoffumwandlung zu einem ökonomisch äußerst bedeutsamen Industriezweig entwickelt. Biotechnologische Verfahren zur Produktion oder Stoffumwandlung können wie folgt eingeteilt werden:

- **Pflanzen** als Produzenten von „nachwachsenden Rohstoffen", Nahrungsmitteln und Arzneistoffen sowie anderen Wirkstoffen (Kap. 1.4). Wenig erfolgreich war bisher der Einsatz von Kulturen pflanzlicher Zellen, wobei offenbar die Zelle durch die Vereinzelung entdifferenziert und die Produktion von sekundären Naturstoffen stark reduziert wird.
- **Tierische Materialien** zur Gewinnung von Arzneistoffen spielen nur eine begrenzte Rolle (z. B. noch zur Gewinnung von Insulin). Tierische Zellkulturen dienen zur Gewinnung von Interferonen und monoklonalen Antikörpern (Hybridomzellen).
- **Mikroorganismen** dienen vor allem zur Produktion von Arzneistoffen (Antibiotika, Vitamin B_{12}, Mutterkornalkaloide), Polysachariden (Dex-

tran) sowie zur Biomasseproduktion (z. B. aus Erdöl). Die für die technische Fermentation eingesetzten Mikroorganismen sind Hochleistungsstämme, die durch geeignete genetische Manipulationen (durch Einsatz von Mutagenen) erhalten werden. Die Fermentation erfolgt in Oberflächen- oder der billigeren Submerskultur, die kontinuierlich oder diskontinuierlich betrieben werden können. Spezielle mikrobiologische Verfahren sind:
- **mikrobiologische Transformationen** zur Stoffumwandlung (z. B. Partialsynthesen bei den Steroiden, S. 582) sowie zum Stoffabbau (Abwasserbehandlung, Umweltschutz);
- der Zusatz von anderen Precursoren zur Fermentationslösung (**precursor-directed biosynthesis**) zur Produktion von chemisch abgewandelten Metaboliten (Beispiel: Synthese von Penicillin V, S. 690);
- die Gewinnung von chemisch veränderten Metaboliten durch Hemmung von Teilschritten der Biosynthese durch den Einsatz von Mutanten, bei denen das entsprechende Enzym ausgefallen ist (**Mutasynthese**: Gewinnung von Anthracyclinen, Makroliden, Polyethern, Aminoglykosiden, Ansamycinen und anderen Antibiotika) oder durch den Einsatz von Enzyminhibitoren (**Hybrid-Biosynthese**);
- der Einsatz gentechnisch manipulierter Mikroorganismen (**gentechnische Verfahren**, S. 319, 467), nachdem es gelungen war, Mikroorganismen auch für die Produktion von Substanzen (Proteinen) einzusetzen, deren genetische Information zur Biosynthese gar nicht im Genom des natürlichen Mikroorganismus vorhanden ist. Auf diese Weise kann z. B. die Produktion menschlicher Proteine durch Mikroorganismen wie *Escherichia coli* in Fermentern erfolgen, was bereits in der pharmazeutischen Industrie zur Produktion von Humaninsulin, Wachstumshormon, Interferonen oder Impfstoffen praktiziert wird.

■ **Enzyme** werden zu Stoffumwandlungen, z. B. bei Steroidsynthesen, eingesetzt. Für kontinuierliche Prozeßführungen wird mit immobilisierten Enzymen gearbeitet, die adsorptiv oder kovalent an Träger gebunden sind oder in eine polymere Matrix oder Mikrokapsel eingebettet sind. Neu ist der Einsatz rekombinanter Enzyme für stereoselektive Reaktionsschritte (z. B. von Ketol-Isomerasen, Abb. 1-32).

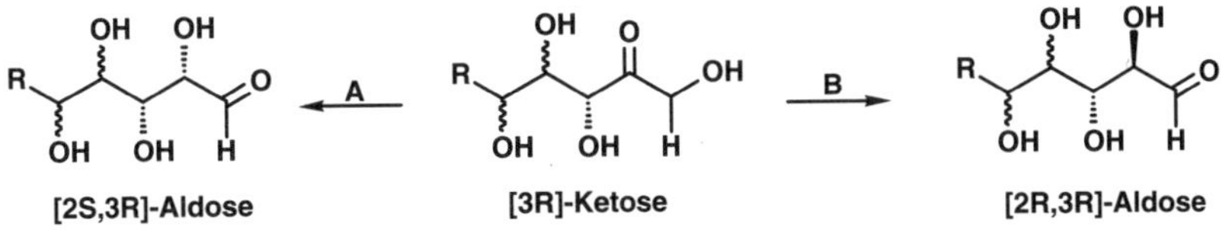

Abb. 1-32 Einsatz rekombinanter Keto-Isomerasen (Fucose-Isomerase: A; Rhamnose-Isomerase: B) für stereoselektive Isomerisierungen.

1.3.4 Bioorganische Photochemie

Photochemische Reaktionen sind für verschiedene biochemische Prozesse von grundlegender Bedeutung:

- Umwandlung von Licht in andere Energieformen und zur Energiegewinnung
- Photorezeption (Sehvorgang)
- Biolumineszenz
- lichtinduzierte Strukturveränderungen, die biologische Wirkungen auslösen.

Von grundsätzlicher Bedeutung für die Entstehung und Entwicklung des Lebens sowie die Grundlage der **Photosynthese** ist die **Photolyse des Wassers:**

$$2\,H_2O \xrightarrow{h\nu} O_2 + 2\,H_2.$$

Der Sauerstoff wird von den photosynthetisch aktiven Pflanzen an die Atmosphäre abgegeben und liefert damit die Basis für die Atmung der Tiere. Der Wasserstoff wird chemisch an NADP gebunden. Eine Gruppe von *Archaebakterien,* die *Halobakterien,* wandelt **Licht in elektrische Energie** um, wobei Retinal-Protein-Pigmente in der sog. Purpurmembran (S. 379) als Sensoren wirken.

Photochemische Grundlage des **Sehvorganges** der Tiere ist die lichtinduzierte *cis- trans*-Isomerisierung von Retinal. In der Pflanze sind andere **Photorezeptoren** entdeckt worden. Der am besten untersuchte Photorezeptor der **Photomorphogenese** (die Beeinflussung bestimmter Entwicklungsstadien der Pflanze durch Lichteinwirkung) ist das Phytochrom (S. 449). Als weitere Photorezeptoren werden Flavine (S. 405) und Carotenoide diskutiert.

Von **Biolumineszenz** spricht man, wenn Licht als Folge einer Enzymkatalysierten Reaktion ausgestrahlt wird. Biolumineszenz ist für das Leuchten vieler niederer Organismen (Bakterien, Pilze, Hohltiere, Würmer, Insekten) verantwortlich. Biolumineszierend sind vor allem niedere Salzwassertiere. Die für die Biolumineszenz verantwortlichen Substanzen bezeichnet man als **Luciferine.**

Als Luciferin wird allgemein die reduzierte Form einer Verbindung bezeichnet, die in Gegenwart des Enzyms Luciferase zu einem aktivierten Oxyluciferin oxidiert wird, das dann unter Lichtabgabe ein Oxyluciferin bildet.

$$\text{Luciferin} \xrightarrow{O_2,\ \text{Luciferase}} \text{Oxyluciferin}^x \rightarrow \text{Oxyluciferin} + h\nu$$

Als Zwischenprodukte werden 1,2-Dioxetane (α-Peroxylactone) angenommen (Abb. 1-33). Unter den Luciferinen bekannter Struktur können zwei Strukturtypen unterschieden werden. Bei dem Luciferin unserer Leuchtkäfer (Glüh- oder Johanniswürmchen, Fam.: *Lampyridae*) handelt es sich um ein Benzothiazolderivat (**4**), dessen Carboxylgruppe mit ATP aktiviert wird und das unter Abgabe von Licht und CO_2 in Gegenwart von Sauerstoff und Luciferase zu dem Oxyluciferin **4a** oxidiert wird. Die Luciferine des Seestiefmütterchens (*Renilla*) und der Muschelkrebse (*Cypridina*) sind dagegen Imidazolopyrazine (**5**), die in die Oxyluciferine **5a** übergehen. Ein ähnliches Oxyluciferin wird auch von der Meduse *Aequorea* gebildet. Die Lumineszenz dieses Aequorins ist Ca^{2+}-abhängig. **Aequorin** kann zur Bestimmung der intrazellulären Ca^{2+}-Konzentration eingesetzt werden. Analytisch wird die Biolumineszenz auch als Bestimmungsmethode bei Immunoassays ausgenutzt.

Grundlage der Biolumineszenz der Bakterien ist die Oxidation eines langkettigen Aldehyds (Tetradecanal) zur entsprechenden Carbonsäure.

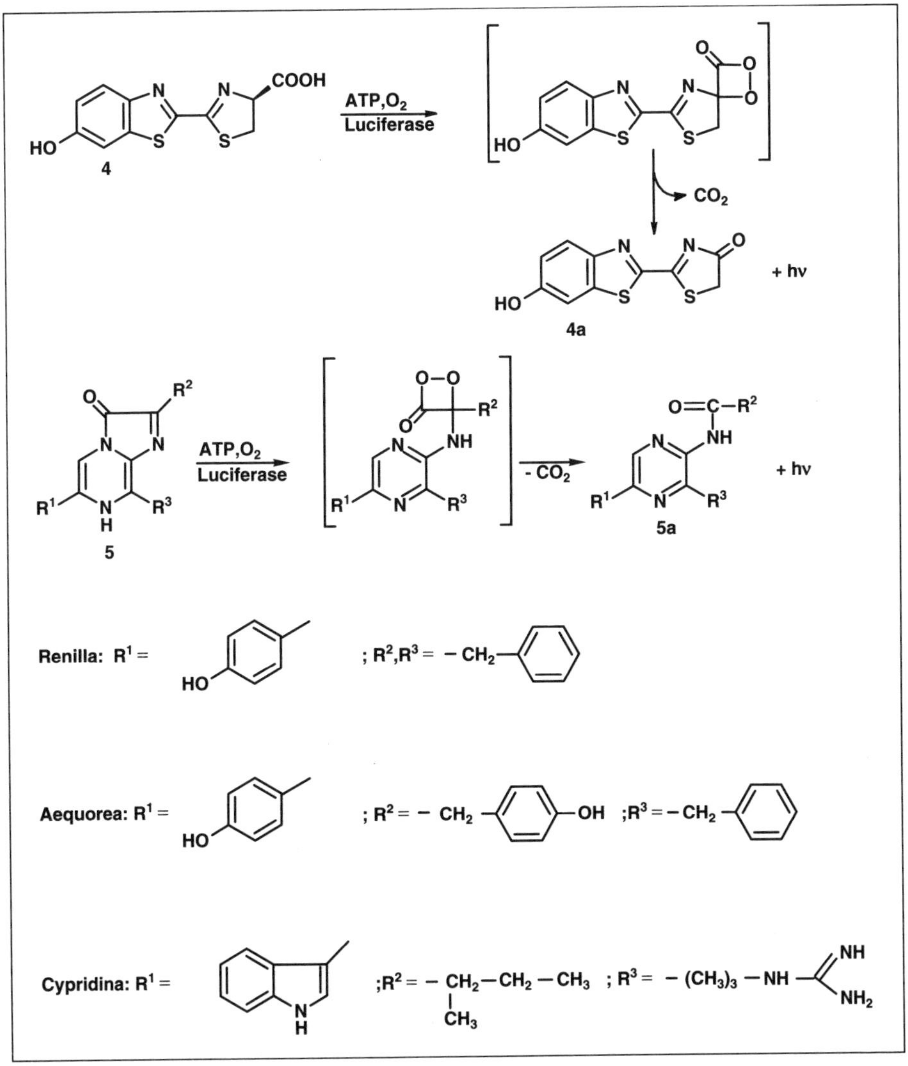

Abb. 1-33 Luciferine bekannter Struktur.

Die Aktivierung des molekularen Sauerstoffs erfolgt über ein Hydroperoxid des reduzierten Coenzyms FMN.

$$\text{R}^1\text{-CHO} \quad \text{R}^2\text{-COOH}$$

Durch UV-Licht oder andere energiereiche Strahlung werden an Nucleinsäuren **Strukturveränderungen** hervorgerufen, die zu Mutationen führen können (Kap. 4.4.1). In der Haut wird durch UV-Licht aus 7-Dehydrocholesterol unter Öffnung des Ringes B das Vitamin D gebildet (S. 380). Auch bei der Bildung der Melanine (S. 617) spielen lichtinduzierte Reaktionen eine Rolle. Bei einer Reihe von Verbindungen kann eine Lichteinwirkung bereits während der Isolierung zu Strukturveränderungen führen. Stark lichtempfindliche Substanzen sind das Coenzym B_{12} (S. 445), die Pteridine (S. 404), Pyrethrine (S. 531) oder das Colchicin (S. 631). Speziell synthetisierte lichtempfindliche Verbindungen können für Struktur- oder Funktionsaufklärungen von Biopolymeren herangezogen werden (*photoaffinity labeling*).

Bei der **Photoallergie** wird das Allergen durch Lichteinwirkung gebildet. Zu den photoallergischen Kontaktekzemen kommt es erst nach Reexposition, während andere phototoxische Effekte schon beim Primärkontakt auftreten können. Als Photosensibilisatoren wirken meist Verbindungen exogener Herkunft (Pflanzeninhaltsstoffe, Arzneistoffe, Kosmetika, Lichtschutzfilter), in Ausnahmefällen auch endogener Herkunft, z.B. bei den Porphyrien, bei denen es durch einen meist genetisch bedingten Enzymdefekt zu Ablagerungen von Uroporphyrin oder Koproporphyrin (S. 425) in der Haut kommt. Photosensibilisierend wirkt vor allem UV-A (320 bis 400 nm). Eine **Phototoxizität** äußert sich klinisch in Erythemen, bis hin zu Ödemen und Blasenbildung, Pigmentierungsstörungen oder Ablösungen der Nägel vom Nagelbett (Photoonycholyse durch Tetracycline). Photosensibilisierend wirken u.a. Verbindungen mit chinoider Struktur (Anthracyclin-, Tetracyclin-Antibiotika). Phototoxisch sind zahlreiche pflanzliche Inhaltsstoffe, so Vertreter der Acetylene, Furocumarine, Furochromone, Betacarbolin- oder Furochinolon-Alkaloide (Tab. 1-4). Auch das Naphthodianthron **Hypericin**, das im Johanniskraut (*Hypericum*) vorkommt, löst Photodermatosen aus. Vergiftungen dieser Art sind bei Weidetieren (Schafen) nicht selten.

Von besonderem Interesse sind Furocumarine (S. 597). Furocumarine kommen u.a. in Doldengewächsen (*Apiaceen*) vor. Eine unangenehme Dermatitis kann z.B. der Kontakt mit Blättern des Riesenbärenklaus (*Heracleum mantegazzeanum*) hervorrufen. 9-Methoxypsoralen wird zur sog. Photochemotherapie der Psoriasis eingesetzt. Grundlage ist eine durch Strahlen bestimmter Wellenlänge ausgelöste photochemische Reaktion des Furocumarins mit Bestandteilen der Nucleinsäure, insbesondere

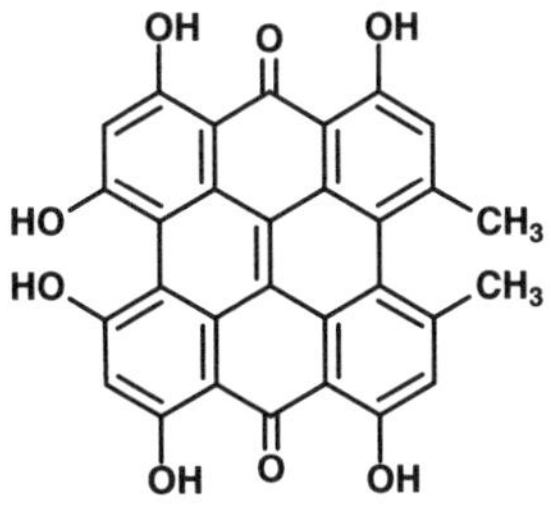

Hypericin

Thyminresten. **Psoralen** kann beispielsweise mit zwei Thyminresten unter Quervernetzung der DNA reagieren (Abb. 1-34).

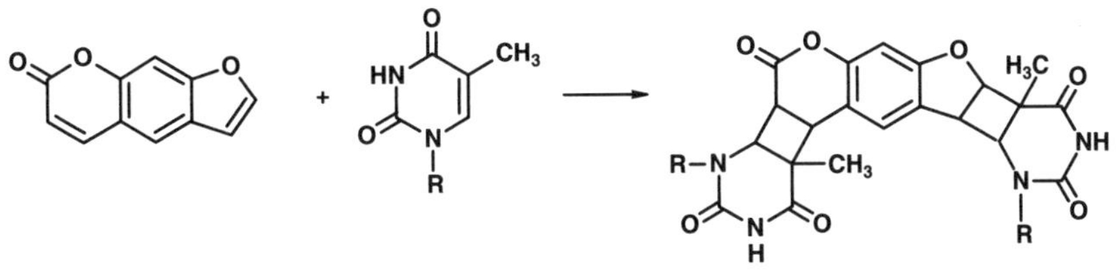

Psoralen-DNA-Addukt

Abb. 1-34 Photochemische Reaktion von Psoralen mit Thymin.

Tab. 1-4: Phototoxische Pflanzeninhaltsstoffe.

Phototoxische Substanzen	Vorkommen (Familien)
Acetylene (Polyine) Beispiel: 1-Phenyl-hepta-1,2,3-triin	Apiaceen, Araliaceen, Asteraceen, Euphorbiaceen, Fabaceen, Rutaceen, Solanaceen
Betacarbolin-Alkaloide Beispiel: Harman	Cyperaceen, Fabaceen, Polygonaceen, Rubiaceen
Furochinolin-Alkaloide Beispiel: Dictamnin	Rutaceen
Furochromone Beispiel: Khellin	Rutaceen
Furocumarine Beispiel: Psoralen	Apiaceen, Asteraceen, Fabaceen, Moraceen, Orchidaceen, Rutaceen, Solanaceen
Lignane Beispiel: Nordihydroguaiaretsäure	Apiaceen, Araliaceen, Asteraceen, Polygonaceen, Rutaceen, Solanaceen, Zygophyllaceen
Naphthodianthrone Beispiel: Hypericin	Hypericaceen

1.4 Biologische Wirkungen von Naturstoffen

1.4.1 Wirkstoffgruppen

Die enorme Variabilität der Biosynthesen, insbesondere des Sekundärstoffwechsels, hat auch zu Verbindungen geführt, die auf biologische Systeme durch Beeinflussung von Stoffwechsel- und Regulationsvorgängen einwirken. Auf biologisch aktive Verbindungen, die in den Organismen, in denen sie gebildet werden (**endogene Wirkstoffe**), wichtige Regulationsfunktionen wahrnehmen (interzelluläre Regulation zwischen Zellen eines Organismus: **Hormone**) sowie auf chemische Signalstoffe zwischen Organismen einer Art (**Pheromone**) wird in Kapitel 7 eingegangen.

Die biogenen Wirkstoffe können nach verschiedenen Gesichtspunkten eingeteilt werden:

- Nach ihrer Herkunft
- Nach der Art ihrer Wirkung.

Biogene Wirkstoffe werden von Mikroorganismen, Pflanzen und Tieren gebildet (Tab. 1-5, 1-6, 1-7). Die umfangreichste und vielseitigste Gruppe bilden die Wirkstoffe pflanzlicher Herkunft. Allerdings ist dabei zu beachten, daß in den zurückliegenden Jahren Mikroorganismen fast ausschließlich auf die Produktion von Antibiotika hin geprüft wurden.

Tab. 1-5: Biogene Arzneistoffe/Wirkstoffe pflanzlicher Herkunft (vgl. auch Tab. 1-4, 1-9, 1-10).

Gruppe	Arzneistoff* Wirkstoff	Herkunft	Wirkung
■ Biogene, Amine, Protoalkaloide	Mescalin	Anhalonium lewinii (Kaktus)	Halluzinogen
	Ephedrin*	Ephedra vulgaris	Indirektes Sympathomimetikum
	Colchicin	Colchicum autumnale (Herbstzeitlose)	Mitosegift
■ Alkaloide	Lobelin	Lobelia inflata (Campanulaceae)	Gift
	Piperin	Piper nigrum (schwarzer Pfeffer)	Geschmacksstoff
	Arecolin	Areca catechu	Blockade der muscarinartigen Acetylcholinrezeptoren
	Coniin	Conium maculatum (Gefl. Schierling)	Gift

Tab. 1-5: Biogene Arzneistoffe/Wirkstoffe pflanzlicher Herkunft (vgl. auch Tab. 1-4, 1-9, 1-10). (Fortsetzung)

Gruppe	Arzneistoff* Wirkstoff	Herkunft	Wirkung
	Nicotin	Nicotiana tabacum (Tabak)	Blockade der nicotinartigen Acetylcholinrezeptoren
	Atropin*	Atropa belladonna (Tollkirsche) Hyoscyamus niger (Bilsenkraut) Datura stramonium (Stechapfel)	Parasympatholytikum
	Scopolamin*	Datura stramonium Duboisia-, Scopolia-Arten	Parasympatholytikum
	Cocain	Erythroxylon coca (Cocastrauch)	Lokalanästhetikum, Suchtmittel
	Pyrrolizidinalkaloide	Pflanzen der Asteraceae (Senecio u. a.)	Hepatotoxine Kanzerogene
	Spartein*	Cytisus scoparius (Besenginster)	Antiarrhythmikum
	Papaverin*	Papaver somniferum (Schlafmohn)	Spasmolytikum
	Morphin*	Papaver somniferum	Analgetikum, Suchtmittel
	Tubocurarin*	Chondrodendron sp.	Muskelrelaxans
	Emetin	Cephaelis ipecacuanha (Brechwurz)	Amöbizid, brechenerregend
	Yohimbin*	Corynanthe yohimbe (Rubiaceae)	α_2-Rezeptorenblocker
	Reserpin*	Rauwolfia serpentina (Apocynaceae)	Blutdrucksenkend, sedativ
	Ajmalin*	Rauwolfia serpentina	Antiarrhythmisch
	Vincamin*	Vinca minor (Immergrün)	Durchblutungsfördernd
	Vinblastin* Vincristin*	Catharanthus roseus	Mitosegifte Antitumormittel
	Strychnin	Strychnos sp. (Brechnuß)	Gift
	Ellipticin	Ochrosia, Aspidosperma sp.	Antitumormittel
	Physostigmin*	Physostigma venenosum (Kalabarbohne)	Hemmer der Acetylcholinesterase
	Chinin*	Cinchona sp. (Chinarinde)	Antimalariamittel
	Chinidin*	Cinchona sp.	Antiarrhythmikum
	Camptothecin	Camptotheca acuminata (Nyssaceae)	Antitumormittel

Tab. 1-5: Biogene Arzneistoffe/Wirkstoffe pflanzlicher Herkunft (vgl. auch Tab. 1-4, 1-9, 1-10). (Fortsetzung)

Gruppe	Arzneistoff* Wirkstoff	Herkunft	Wirkung
■ Isoprenoide	Pyrethrine	Chrysanthemum cinerariafolium (Asteraceae)	Blockade von Chloridkanälen, Insektizide
	Azadirachtin	Azadirachta indica (Meliaceae)	Insektizid
	Phorbol	Croton tiglium	Kokarzinogen
	Forskolin	Coelus forskholi	aktiviert Adenylat-Cyclase
	Taxol*	Taxus brefifolia	Antitumormittel
	Artemisinin	Artemisia annua	Antimalariamittel
	Gossypol	Gossypium	Enzymhemmer
	Santonin	Artemisia cina (Zitwerblüten)	Toxisch für Spulwürmer
	Picrotoxin	Anamirta cocculus (Menispermaceae)	Zentral stark erregend
	Tigliane	Euphorbia sp. (Wolfsmilch)	Hautreizend
■ Steroide	Herzwirksame Glykoside*	Digitalis sp. Nerium oleander Urginea maritima Convallaria majalis Thevetia peruviana	Hemmer der Na/K-ATPase
■ Polyketide	Cannabinoide	Cannabis sativa (Hanf)	Suchtmittel
■ Aromatische Verbindungen	Podophyllotoxin	Podophyllum peltatum (Berberidaceae)	Antitumormittel
	Kadsurenon	Piper futokadsura	PAF-Antagonist
	Psoralen*	Asteraceen	Photochemotherapie
	Rutin*	Ruta graveolens (Rutaceae)	Venenmittel

Die Wirkstoffe mit * werden als Arzneistoffe genutzt.

Tab. 1-6: Biogene Arzneistoffe/Wirkstoffe von Bakterien und Pilzen (mit Ausnahme der Antibiotika: Kap. 11).

Gruppe	Arzneistoff Wirkstoff	Herkunft	Wirkung
■ Biogene Amine, Protoalkaloide	Psilocin, Psilocybin	Pilze der Gattung Psilocybe, Stropharia, Conocybe (Strophariaceae)	Halluzinogene
	Muscarin	Amanita muscaria (Fliegenpilz)	Blockade der muscarinartigen Acetylcholinrezeptoren
■ Alkaloide	Mutterkornalkaloide	Claviceps purpurea (Mutterkorn)	Sympatholytika
	Cytochalasane	Aspergillus, Penicillium u. a.	Toxine, hemmen die Zellteilung
■ Isoprenoide	Mevastatin, Lovastatin	Penicillium citrinum, Monascus ruber	Hemmer der Cholesterolsynthese
■ Polyketide	Trichothecene	Fungi imperfecti	Hemmer der Proteinsynthese
	Aflatoxine	Aspergillus flavus	Leberkarzinogene
	Rapamycin	Streptomyces hygroscopicus	Immunsuppressivum
	FK 506	Streptomyces tsukubaensis	Immunsuppressivum
	Patulin	Penicillium, Aspergillus sp.	Mykotoxin
	Citreoviridin	Penicillium	Mykotoxin
	Ochratoxine	Aspergillus, Penicillium sp.	Mykotoxin
■ Peptide	Cyclosporin A	Tolypocladium inflatum	Immunsuppressivum
	Leupeptin	Streptomyces sp.	Proteasehemmer
	Bestatin	Streptoverticillium olvoreticuli	Proteasehemmer
	Pepstatin	Streptomyces testaceus	Peptidasehemmer
	Phallotoxine, Amatoxine	Amanita phalloides (Knollenblätterpilz)	Pilzgifte
	Cortinarine	Cortinarius (Schleierlinge)	Pilzgifte

Tab. 1-7: Wirkstoffe/Toxine tierischer Herkunft (marine Naturstoffe vgl. Tab. 1-1, Hormone: Kap. 7.2 bis 7.4).

Gruppe	Wirkstoff	Herkunft	Wirkung
■ Alkaloide	β-Carboline	Säugetiere	Bindung an Benzodiazepinrezeptoren
	Pumiliotoxine	Dentrobates (Frösche)	Blockade von Kationenkanälen
	Histrionicotoxine	Dentrobates histrionicus	Blockade des nicotinartigen Acetylcholinrezeptors
	Krötengifte	Bufo	Blutdrucksteigernd, gefäßverengend
	Pyrrolizidin-Alkaloide	Insekten	
■ Isoprenoide	Cantharidin	Käfer der Fam. Meloidae, u. a. Lytta (Span. Fliege)	Lokal reizend
■ Peptide	Schlangengifte		Kardio-, neurotoxisch
	Skorpiongifte		Kardio-, neurotoxisch

Interessant ist, daß einige tierische Wirkstoffe eigentlich pflanzlicher Herkunft sind (Abb. 1-35), d. h. mit der Nahrung aufgenommen und dann im eigenen Organismus transformiert wurden. Dazu gehören schwefelhaltige Verbindungen wie Isopropyldisulfid und 2,5-Dimethylthiophen, die Grashüpfer (*Romalea guttata*) nach dem Fraß von *Allium*-Pflanzen (vgl. Abb. 1-11) bilden, Pyrrolizidin-Alkaloide wie Danaidon, das Insekten aus pflanzlichen Alkaloiden bilden und das die Insekten vor Fraß schützt, oder das Monoterpen Verbenon, das bei einigen Bienen (*Ips*) als Aggregationspheromon dient, aber von *Pinus sylvestris* stammt.

Biogene Wirkstoffe beeinflussen ganz entscheidend die Wechselwirkungen zwischen den Organismen (Abb. 1-36) und bilden damit die Grundlage der **Chemoökologie**.

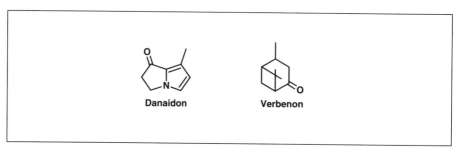

Abb. 1-35 Tierische Wirkstoffe pflanzlicher Herkunft.

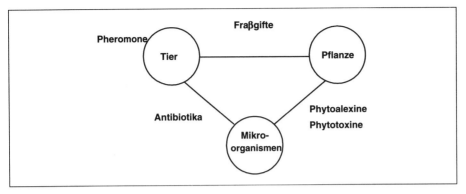

Abb. 1-36 Wechselwirkung zwischen Organismen, vermittelt durch biogene Wirkstoffe.

Substanzen, die von Organismen einer Art gebildet und abgegeben werden und sich auf Wachstum, Verhalten oder Fortpflanzung einer anderen Art auswirken, werden als **Allelochimica** bezeichnet (*Whittaker, Feeny*). Allelochemische Effekte können mit Vorteilen für den „Sender" (**Allomone**) oder den „Empfänger" (**Kairomone**) verbunden sein (*Brown*). Allelochimica, die schädigend auf Biosysteme einwirken, werden als **Gifte** (Toxine) bezeichnet.

Von Mikroorganismen produzierte und Wachstum und Vermehrung anderer Mikroorganismen unterdrückende Verbindungen werden als **Antibiotika** (Kap. 11) zusammengefaßt. Als **Phytoalexine** (Abb. 1-37) werden antimikrobielle, insbesondere fungizide Wirkstoffe bezeichnet, die von höheren Pflanzen nach einer Infektion gebildet werden.

Phytoalexine sind meist spezifisch für bestimmte Pflanzenfamilien. So werden von *Fabaceen* Isoflavonoide (**Phaseolin, Pisatin**), von *Solanaceen* Sesquiterpene (Rishitin der Kartoffel, *Solanum tuberosum*), von *Orchidaceen* Dihydronaphthalene und von *Asteraceen* Polyacetylene (S. 30) als Phytoalexine gebildet. Schwefelhaltige Phytoalexine werden von *Brassicaceen* produziert (z. B. **Cyclobrassininsulfoxid** von *Brassica juncea*). In verholzten Pflanzen sind es meist Phenole und Terpenoide, die als Phytoalexine wirken.

In den letzten Jahren sind einige phytopathogene Toxine (**Phytotoxine**, Abb. 1-38) mikrobieller Herkunft bekannt geworden, die für die entsprechenden Krankheitssymptome bei der Pflanze verantwortlich sind. Ein Beispiel ist das von dem Pilz *Helminthosporium saccharum* gebildete **Helminthosporosid A,** das bei der sog. Augenfleckenkrankheit des Zuckerrohrs gebildet wird. Weitere Beispiele sind das **Fusicoccin** (produziert von *Fusicoccum amygdali* und verantwortlich für das Welken vieler höherer

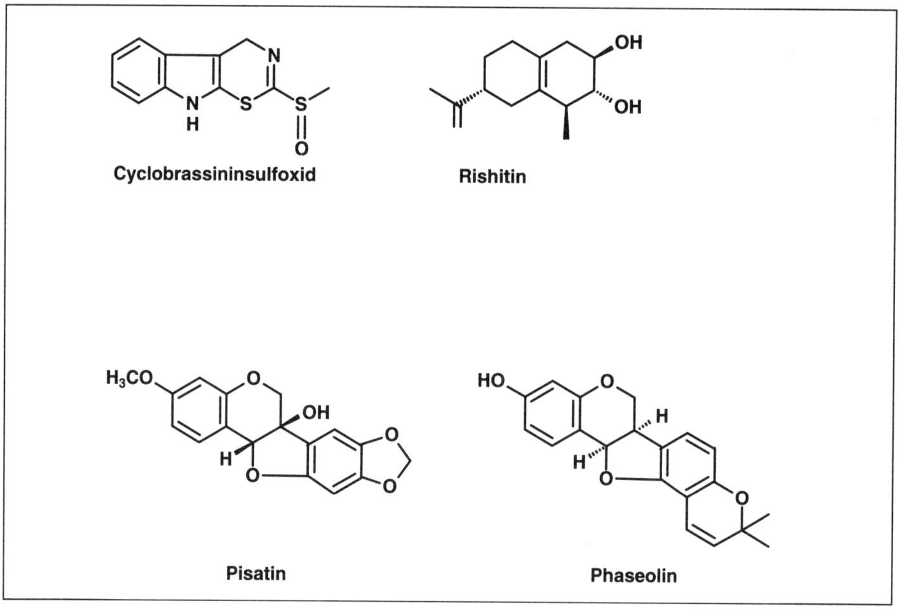

Abb. 1-37 Phytoalexine.

Pflanzen, wirkt also nicht Wirts-spezifisch) oder **2,4,8-Trihydroxytetralon** (gebildet von *Mycosphaerella fijiensis* und verantwortlich für die „Blacksigatoka"-Krankheit der Bananen). Zu den Phytotoxinen gehören ferner die Ophioboline (S. 541) und verschiedene Sesquiterpenlactone (S. 534).

Zu den **biogenen Pestiziden** (Schädlingsbekämpfungsmittel) mit praktischer Bedeutung gehören vor allem Mittel gegen Pilze (Fungizide), Insekten (Insektizide) und unerwünschte Pflanzen (Herbizide). Eine fungizid wirkende Verbindung mit Tensid-Eigenschaften (quartäre Ammoniumstruktur und langkettiger lipophiler Substituent) stellt das aus einem japanischen Schwamm (Gattung *Stelletta*) isolierte **Stellettamid A** dar.

Innerhalb der **Insektizide** pflanzlicher Herkunft sind vor allem die Pyrethrine und die davon abgeleiteten Pyrethroide (S. 531) von Bedeutung. Sie machen inzwischen etwa ein Drittel aller weltweit eingesetzten Insektizide aus. Seit langem sind nicotinhaltige Pflanzenschutzmittel in Gebrauch. Pflanzen haben auch Stoffe entwickelt, die sie vor Fraß durch Insekten schützen. Derartige „*insect antifeedants*" verhindern nur das Fressen, töten die Insekten aber nicht direkt. Als wirksames „antifeedant" ist gegenwärtig bereits das **Azadirachtin** auf dem internationalen Markt. Azadirachtin ist ein Triterpen, das von dem indischen Niembaum *Azadirachta indica (Meliaceae)* gebildet wird. Azadirachtin ist säure- und lichtempfindlich. Peptidtoxine aus *Bacillus thuringiensis* werden gegen Raupen eingesetzt.

Pflanzenschutzmittel biogener Herkunft werden ansonsten bisher nur wenig in der Landwirtschaft verwendet. In Japan werden verschiedene

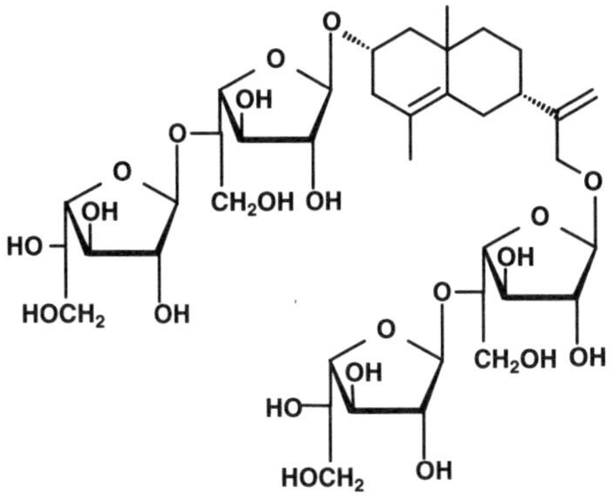

Helminthosporosid A

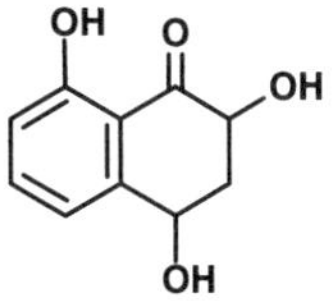

2,4,8 - Trihydroxytetralon

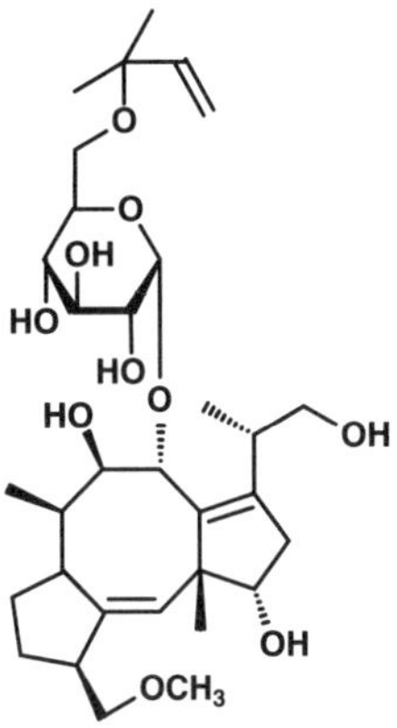

Fusicoccin

Abb. 1-38 Phytotoxine.

Polyoxine (vgl. Kap. 11.6.6) im Reis- und Obstanbau und das Antibiotikum **Kasugamycin** als antifungales Pflanzenschutzmittel eingesetzt. Unter den biogenen **Herbiziden** sind neben den Phytohormonen (Kap. 7.5) und verschiedenen Photosynthesehemmern (S. 443) das Bialaphos (Abb. 1-13, S. 33) zu erwähnen, das die Glutamin-Synthase der Pflanzen hemmt.

Bei Insekten können toxische Verbindungen wie Pyrrolizidin-Alkaloide oder herzwirksame Glykoside die Larven vor Fraß schützen. So sind über 50 Insektenspezies bekannt, die herzwirksame Glykoside speichern, die sie mit ihrer Futterpflanze aufgenommen haben.

Von besonderem Interesse sind natürlich Naturstoffe, die erwünschte (Arzneistoffe, Rauschmittel) oder unerwünschte **Wirkungen** (Vergiftun-

Stellettamid A

Azadirachtin

gen, Krebsentstehung, Allergien) **am Menschen** auslösen. Hierzu liegen in der Menschheit regional stark differierende Erfahrungen seit Jahrtausenden vor.

Aus dem Erfahrungsschatz der Menschheit stammt auch die Anwendung biogener Wirkstoffe als **Rauschmittel.** Bei uns „legale" Rauschmittel sind Alkohol, Tabak und die verschiedenen koffeinhaltigen Drogen (Kaffee, Tee, Cola). Das „klassische" Rauschmittel ist das Opium. Opium ist bereits im Altertum wegen seiner schmerzlindernden und betäubenden Wirkung bekannt gewesen. Psychotrop wirksamster Bestandteil ist das Morphin (S. 650). Ein partialsynthetisches Morphin-Derivat, das Heroin (Diacetylmorphin), ist wichtigster Vertreter der sog. harten Drogen, deren Gebrauch schon nach relativ kurzer Anwendung eine starke Abhängigkeit und schwere psychische Schäden auslöst.

Aus Südamerika (Peru) stammt das Cocain (S. 639), der Wirkstoff der Cocablätter. Vorwiegend in islamischen Ländern sind verschiedene Drogen des Hanfs (Haschisch, Marihuana) verbreitet. Wirksamster Inhaltsstoff ist das Tetrahydrocannabinol (S. 616). In den Industrieländern dienen die Hanfdrogen häufig als „Einstiegsdrogen". Das stärkste derzeit bekannte Halluzinogen ist das LSD (Lysergsäurediethylamid, S. 669), ein partialsynthetisches Derivat der Mutterkornalkaloide. Weitere natürliche Halluzinogene sind die Inhaltsstoffe der mexikanischen Rauschpilze Psilocybin und Psilocin, das O-Methyl-bufotenin der Kröten und das Phenylethylamin Mescalin des Peyotl, einer mexikanischen Kaktusart.

Eine besondere Art der biologischen Wirkung ist die Reaktion mit Geruchs- und Geschmacksrezeptoren (**Aroma-, Geschmacksstoffe**). Zu den typischen Aromastoffen gehören die ätherischen Öle (S. 513), die vor allem Terpene und Phenylpropan-Derivate enthalten. Von den Stoffen, die typische Aromaempfindungen auslösen (Abb. 1-39), seien erwähnt: Benzaldehyd (durch Freisetzung aus cyanogenen Glykosiden, S. 191) für das Bittermandelaroma, Vanillin für das Vanillearoma, 1-(p-Hydroxyphenyl)-3-butanon („Himbeerketon") für das himbeerartige, Citral (S. 527) für das zitronenartige, 1-p-Menthen-8-thiol für das grapefruitar-

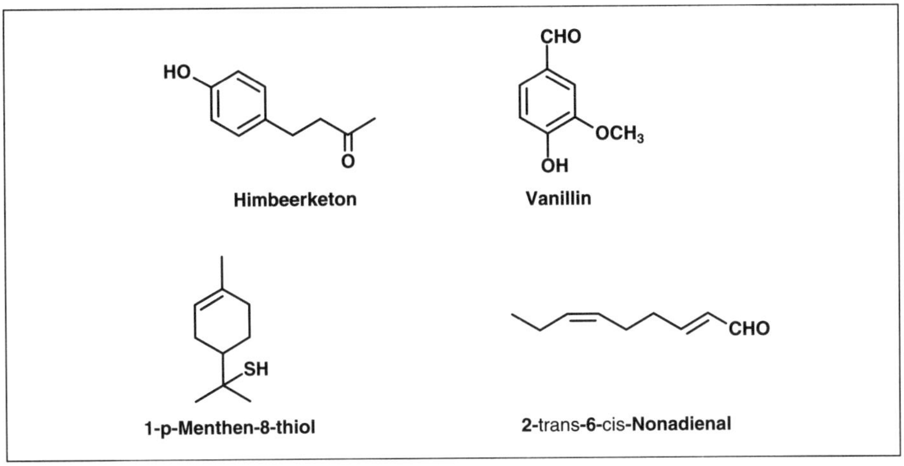

Abb. 1-39 Aromastoffe.

tige Aroma und 2-*trans*-6-*cis*-Nonadienal (gebildet in der angeschnittenen Gurke durch enzymatische Oxidation aus Linolsäure) für das Gurkenaroma. Der Geruchsschwellenwert für 1-p-Menthen-8-thiol liegt bei 0,00000002 mg/l. Auch weitere schwefelhaltige Verbindungen sind wichtige Aromastoffe, wie sie z. B. beim Zerschneiden von Zwiebel oder Knoblauch (Abb. 1-11) gebildet werden. S-haltige Verbindungen (2-Furfurylthiol, Dimethylsulfid) sind auch am Aroma des Röstkaffees beteiligt.

Von den Geschmacksstoffen sind besonders die süß (vgl. S. 216) oder bitter schmeckenden Stoffe von Interesse. Zu den natürlichen **Bitterstoffen** gehören die Cucurbitacine (S. 545), Chloramphenicol (S. 682), Alkaloide der Chinarinde (S. 671), Sesquiterpenlactone wie Cynaropikrin (Hauptbitterstoff der Artischocke, *Cynara scolymus*, eine *Asteraceae*) oder Cnicin (ein Bitterstoff des Benediktenkrautes, *Cnicus benedictus*, *Asteraceae*), die Simarubalide (wie Quassin und andere Bitterstoffe des Quassiaholzes von *Quassia amara*, *Simaroubaceae*), verschiedene Iridoide (Loganin, Gentiopikrosid), die in Bitterkleegewächsen (*Menyanthaceae*: z. B. *Menyanthes trifoliata*) oder Enziangewächsen (*Gentianaceae*, *Gentiana*-Arten) vorkommen. Bitterstoffe haben als Bittertonika und Cholagoga eine Bedeutung, meist in Form von Drogen (Enzianwurzel: von *Gentiana*-Arten; Bitterklee: von *Menyanthes trifoliata*) oder Drogenzubereitungen.

1.4.2 Gifte

Im engeren Sinne wird der Begriff Gift nur bei Schädigungen der Säugetiere (des Menschen) verwendet. Die Einordnung einer Substanz als Gift ist von der Dosierung abhängig, da bei entsprechend hoher Dosierung nahezu jede Substanz toxisch wirkt.

In Tabelle 1-8 sind mittlere letale Dosen (LD$_{50}$) für einige biogene Gifte mit NaCN als Vergleich aufgeführt.

Tab. 1-8: LD$_{50}$ in µg/kg Maus (nach *Habermehl*, Naturwissenschaften 56 (1969), 615; erweitert).

Verbindung	LD$_{50}$
Botulinustoxin	0,00003
Tetanustoxin	0,0001
Palytoxin	0,01
Diphtherietoxin	0,3
Cobratoxin	0,3
Palytoxin	0,45
Batrachotoxin	2
Tetrodotoxin	8
Maitotoxin	50
Seeanemonentoxin ATXII	300
Bufotoxin	400
Curare	500
Strychnin	500
Muscarin	1 100
Samandarin	1 500
Pumiliotoxin A	2 500
NaCN	10 000

Bei den tierischen Giften werden primäre Gifte (engl: *venoms*), die von Tieren (z. B. Schlangen, Skorpione) in eigens dafür entwickelten Organen produziert werden, von sekundären Giften (engl.: *poisons*) unterschieden, die mit der Nahrung zugeführt werden. So werden z. B. einige in Muscheln vorkommende Gifte von *Dinoflagellaten* produziert (S. 22). Die meisten stark wirkenden tierischen Gifte sind für den Menschen Neuro- und Kardiotoxine. Zu den **Jagdgiften** gehören vor allem die Curare-Alkaloide (Calebassen-Curare S. 666, Tubo-Curare S. 654) in Südamerika und herzwirksame Glykoside in Afrika (sog. APS-Gifte der Pflanzengattungen *Acokanthera*, *Parquetina* und *Strophanthus*).

Von den unerwünschten Wirkungen von Naturstoffen soll hier nur auf Vergiftungen, Krebsentstehung und Auslösung von Allergien eingegangen werden.

Toxikologisch von besonderer Bedeutung durch mögliche Kontaminationen von verdorbenen Lebensmitteln sind die **Mykotoxine** (Abb. 1-40). Darunter werden toxische Stoffwechselprodukte von Schimmelpilzen, insbesondere *Ascomyceten*, verstanden. Zu den Mykotoxinen gehören Polyketide (Tetraketide: Patulin; Dekaketide: Aflatoxine, Sterigmatocystine; konjugierte Polyketide: Citreoviridin, Cytochalasane), Terpene (Trichothecene) sowie Alkaloide (Ergoline, Tremorogene). Die Aflatoxine (S. 615) sind sehr starke Lebergifte, die Trichothecene (S. 537) wirken zytotoxisch

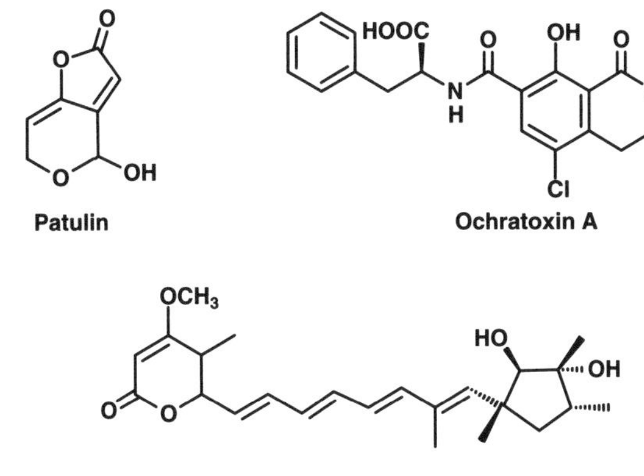

Abb. 1-40 Mykotoxine.

vor allem auf Blutzellen. Beide können in verdorbenen Getreideprodukten enthalten sein.

Patulin, ein α,β-ungesättigtes Lacton, wird von *Penicillium*- und *Aspergillus*-Arten gebildet und kann in verdorbenen Getreideprodukten sowie in Apfelsaft aus verdorbenen Äpfeln enthalten sein. Patulin wirkt als starkes Elektrophil gegenüber nucleophilen Gruppen von Proteinen und Nucleinsäuren. **Citreoviridin**, ein Produkt von *Penicillium*-Arten, kann in Fleischprodukten und Reis vorkommen und wirkt vor allem kardiotoxisch. Die **Ochratoxine**, insbesondere Ochratoxin A, werden ebenfalls von *Aspergillus*- und *Penicillium*-Arten produziert. Kontaminierte Lebensmittel können zu Nieren- und Leberschäden führen. Durch verdorbenes Futter entwickelten sich bei Schweinen Nephropathien.

In den letzten Jahren sind zahlreiche **Vergiftungen durch Meeresorganismen** bekannt geworden, die zum Teil tödlich endeten. Zu diesen Giften gehört das aus Pufferfischen isolierte, aber eigentlich von Bakterien gebildete Tetrodotoxin (S. 675), das von *Cyanobakterien* und *Dinoflagellaten* gebildete Saxitoxin (S. 267) und verschiedene **Muschelgifte** (Abb. 1-41). Einige sehr stark wirkende Toxine mariner Organismen gehören zur Gruppe der **Polyether** (vgl. Kap. 11.6.6). In Europa werden Vergiftungen durch Muscheln (Miesmuscheln) vor allem durch die eigentlich von *Dinoflagellaten* gebildete **Okaidinsäure** ausgelöst. Die Vergiftungen äußern sich durch starke Diarrhoen. **Brevetoxin B** wird von der Feueralge *Ptychodiscus brevis* gebildet, die an den Küsten Floridas und des Golfes von Mexiko vorkommt und für Fischsterben verantwortlich ist. Auch die zu den Polyethern gehörenden und der Okaidinsäure nahe verwandten **Dinophysistoxine** (gebildet von der Feueralge *Dinophysis fortii*) und das **Maitotoxin** (vgl. S. 26) sind Fisch- und Muschelgifte. Maitotoxin wird von der Dinoflagellate *Gambierdiscus toxicus* gebildet, die im pazifischen Ozean wächst. In den schleimigen Sekreten von Krustenanemonen (*Palythoa tuberculosa*,

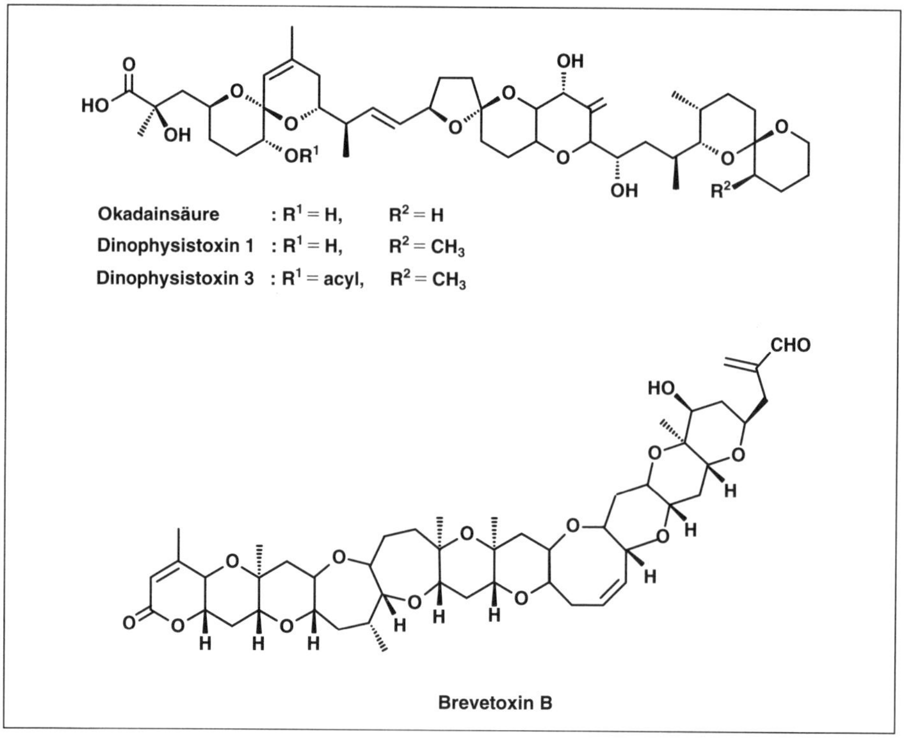

Okadainsäure	: R¹ = H,	R² = H
Dinophysistoxin 1	: R¹ = H,	R² = CH₃
Dinophysistoxin 3	: R¹ = acyl,	R² = CH₃

Brevetoxin B

Abb. 1-41 Muschelgifte: toxische Polyether-Antibiotika.

P. toxica, P. mammilosa) ist das **Palytoxin** (Abb. 1-3, S. 27) enthalten, das durch Porenbildung in der Membran zu Herz-Kreislauf- und Nervenschädigungen führt. Zu den Muschelgiften zählt auch die **Domoinsäure,** die durch Angriff an zentralen Glutaminsäurerezeptoren zu neurologischen Störungen führt. Chemisch ist Domoinsäure eine nicht-proteinogene Aminosäure.

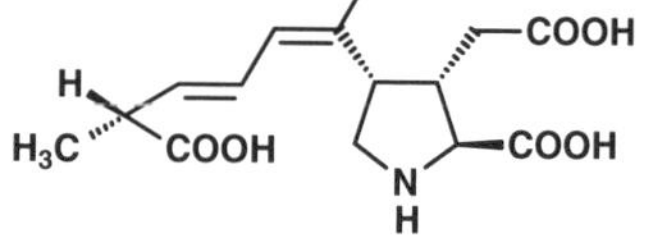

Domoinsäure

In der „Wasserblüte", Massenpopulationen von Mikroorganismen (vor allem Blau- und Feueralgen) zu bestimmten Jahreszeiten in Süß- und Meerwasser, sind einige Toxine enthalten, die zu Hauterscheinungen bei Badenden sowie zum Massensterben von Fischen führen können. Für die Dermatiden soll vor allem Lyngbyatoxin A (S. 655) verantwortlich sein.

Die Blaualgen *(= Cyanobakterien) Anabaena* und *Oscillatoria*, die auch in unseren Binnengewässern und in der Ostsee vorkommen, bilden die Neurotoxine **Anatoxin A** und **Anatoxin A(S)**.

Anatoxin A Anatoxin A(S)

Toxine anderer chemischer Struktur wie die tremorgenen Indolalkaloide (Mykotoxine, S. 670) sowie die Corynetoxine (Bakterientoxine, S. 708) führen zu Verlusten bei Weidetieren. Die wichtigsten **Gifte der höheren Pilze** (aus der Klasse der Ständerpilze, *Basidiomyceten*) sind das am Acetylcholin-Rezeptor angreifende Muscarin (S. 631), die psychotropen Tryptamin-Derivate Psilocybin und Psilocin der mexikanischen Kultpilze sowie die ebenfalls psychotrop wirkenden Isoxazole (S. 631) der Fliegen- und Pantherpilze und die parenchymtoxischen Peptidwirkstoffe der Knollenblätterpilze (S. 141). Bei dem nephrotoxischen Orellanin der Haarschleierlinge handelt es sich um ein 3,3',4,4'-Tetrahydroxy-2,2'-bipyridyl-bis-N-oxid. In der Frühjahrslorchel (*Gyromitra esculenta*) kann als Gift Monomethylhydrazin in Form von N-Methyl-N-formylhydrazonen niedermolekularer Aldehyde (Gyromitrin: Acetaldehyd-hydrazon) vorliegen.

Unter den Naturstoffen gibt es auch Verbindungen, die als **Mutagene und Kanzerogene** wirken, also krebsauslösend sind. Zu den stärksten Kanzerogenen gehören die **Aflatoxine** (S. 615). Kanzerogen wirken auch die mikrobiellen Stoffwechselprodukte **Sterigmatocystin** und die **Actinomycine**. Viele Vertreter der **Pyrrolizidin-Alkaloide** (S. 639, vgl. Tab. 1-9) wirken hepatotoxisch, mutagen, teratogen und kanzerogen. Das betrifft vor allem Alkaloide aus den Pflanzenfamilien der *Asteraceen* und *Boraginaceen*.

In Abbildung 1-42 sind einige weitere Kanzerogene pflanzlicher Herkunft zusammengestellt. Die von der Osterluzei (*Aristolochia clematis*) produzierte **Aristolochiasäure** ist eine aromatische Nitroverbindung, deren kanzerogene Wirkung auf die Bildung von **Nitro-Anionradikalen** zurückgeführt wird. **Safrol** (im ätherischen Öl des Sassafrasöls), **β-Asaron** (im ätherischen Öl von Kalmus) und **Ptaquilosid** (Sesquiterpenlacton des Adlerfarns) bilden **aktivierte Hydroxyallylverbindungen,** die mit Nucleinsäure reagieren können (vgl. S. 73). Mutagene Effekte können verschiedene Furocumarine (S. 597) auslösen. Im Unterschied zu diesen direkt an der Nucleinsäure angreifenden, genotoxischen Kanzerogenen, wirken die **Phorbolester** (S. 539) epigenetisch als Kokanzerogene.

Tab. 1-9: Pflanzen, die Pyrrolizidin-Alkaloide enthalten[1].

Deutscher Name	Stammpflanze	Droge
■ Beinwell	Symphytum officinale	Symphyti Herba, S. Folium[2] S. Radix[4]
■ Boretsch	Borago Brachyglottis Cineraria	2) 3) 3)
■ Färberkraut	Alkanna	3)
■ Feuerkraut	Erechthites	3)
■ Huflattich	Tussilago farfara	Farfarae Folium[4]
■ Hundszunge	Cynoglossum	Cynoglossi Herba[2]
■ Kreuzkraut	Senecio	Senecionis Herba[2]
■ Kunigundenkraut	Eupatorium außer E. perfoliatum	3)
■ Ochsenzunge	Anchusa	3)
■ Pestwurz	Petasites	Petasitidis Folium[2], P. Rhizoma[4]
■ Sonnenwendkraut	Heliotropium	3)
■ Steinsame	Lithospermum	3)

[1] Laut Bundesinstitut für Arzneimittel und Medizinprodukte Maximaldosen für die tägliche Exposition: 100 µg bei externer Anwendung; 1 µg bei innerer Anwendung; 10 µg bei der Anwendung von Huflattichblättern als Teeaufguß.
[2] Therapeutische Anwendung wird für nicht vertretbar gehalten.
[3] Keine Abgabe mehr im Handverkauf erlaubt.
[4] Einige Anwendungsgebiete anerkannt.

Grundlage der genotoxischen Wirkung ist ein direkter Angriff an der Nucleinsäure. Dieser genotoxische Effekt kommt in vielen Fällen durch eine kovalente Bindung des Kanzerogens an nucleophile Gruppen der Nucleinsäure zustande. Häufig wird der Naturstoff erst *in vivo* durch Biotransformation (besser **Biotoxifikation**) in das eigentlich wirksame Elektrophil umgewandelt. Derartige **reaktive Intermediate** spielen auch bei anderen toxischen Wirkungen eine Rolle (Abb. 1-43). So wird eine Allergie (Überempfindlichkeitsreaktion) erst durch eine kovalente Bindung einer niedermolekularen Verbindung (Hapten) an ein körpereigenes Protein ausgelöst.

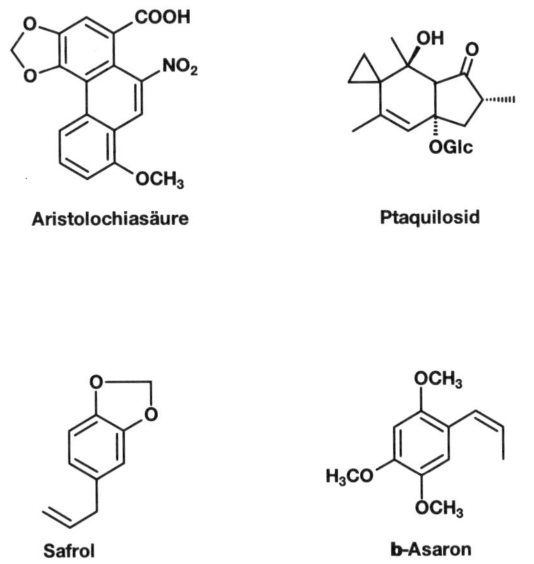

Biologische Wirkungen von Naturstoffen

[Strukturen: Aristolochiasäure, Ptaquilosid, Safrol, b-Asaron]

Abb. 1-42 Strukturen einiger Kanzerogene pflanzlicher Herkunft.

Einige reaktive Gruppen (Elektrophile), die zu kovalenten Bindungen im Organismus von Tieren führen können, sind in Abbildung 1-44 zusammengefaßt. α,β-ungesättigte Carbonylverbindungen (Sesquiterpenlactone, γ-Hydroxybutenolide, 3(2H)-Furanone) neigen z. B. zu *Michael*-Reaktionen.

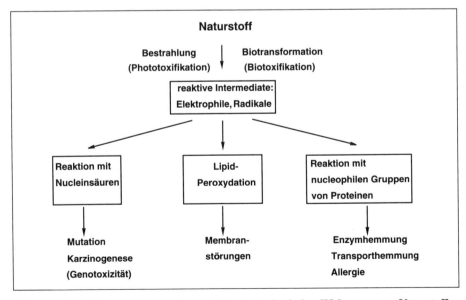

Abb. 1-43 Möglichkeiten der Auslösung biologischer/toxischer Wirkungen von Naturstoffen aufgrund kovalenter Bindungen.

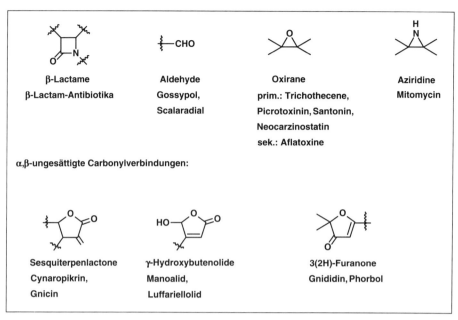

Abb. 1-44 Elektrophile Gruppen von Naturstoffen, die kovalente Bindungen eingehen können.

Die Abbildung 1-45 gibt einige Beispiele, wie eine kovalente Bindung von Kanzerogenen an Nucleinsäuren nach Biotoxifikation zustande kommt. Reaktive Intermediate sind dabei **Hydroxyallylverbindungen** (Pyrrolizidin-Alkaloide, aber auch gebildet von β-Asaron, Ptaquilosid oder Safrol) und **Oxirane** (Aflatoxine, auch gebildet von Furocumarinen).

Von den Allergie-auslösenden Substanzen (**Allergene**) sind die Penicilline am besten untersucht. Hier ist die reaktive Gruppe (β-Lactam, S. 688) bereits im Molekül vorhanden. Relativ weit verbreitet sind Kontaktdermatiden, die durch Pflanzen ausgelöst werden (Tab. 1-10). Zu den reaktiven Intermediaten gehören **α,β-ungesättigte Carbonylverbindungen,** die mit nucleophilen Gruppen von Proteinen in Form einer *Michael*-Reaktion reagieren können. Beispiele dafür sind α-Methylen-γ-butyrolactone (S. 534), γ-Hydroxybutenolide (S. 542) oder Cumarine (S. 596). Kontaktallergene sind auch Verbindungen, die ein **o- oder p-Chinon** als elektrophile Gruppierung besitzen oder *in vivo* bilden können. Zu dieser Gruppe gehören z. B. Kaffeesäureester oder Alkylbrenzcatechine wie die **Urushiole** der *Toxicodendron*-Arten (bei uns gelegentlich als Ziersträucher aus der Familie der *Anacardiaceen*) oder das p-Chinon des **Primin** (2-Methoxy-6-pentyl-p-benzochinon). Primin ist für die Kontaktdermatitis verantwortlich, die beim Umgang mit Primelpflanzen (*Primula*-Arten, *Primulaceae*) auftreten kann. Abbildung 1-46 zeigt drei Beispiele, wie eine kovalente Bindung niedermolekularer Stoffe an Proteine erfolgen kann. Die Biotoxifikation kann auch durch Bestrahlung ausgelöst werden (Photoallergie, Phototoxizität).

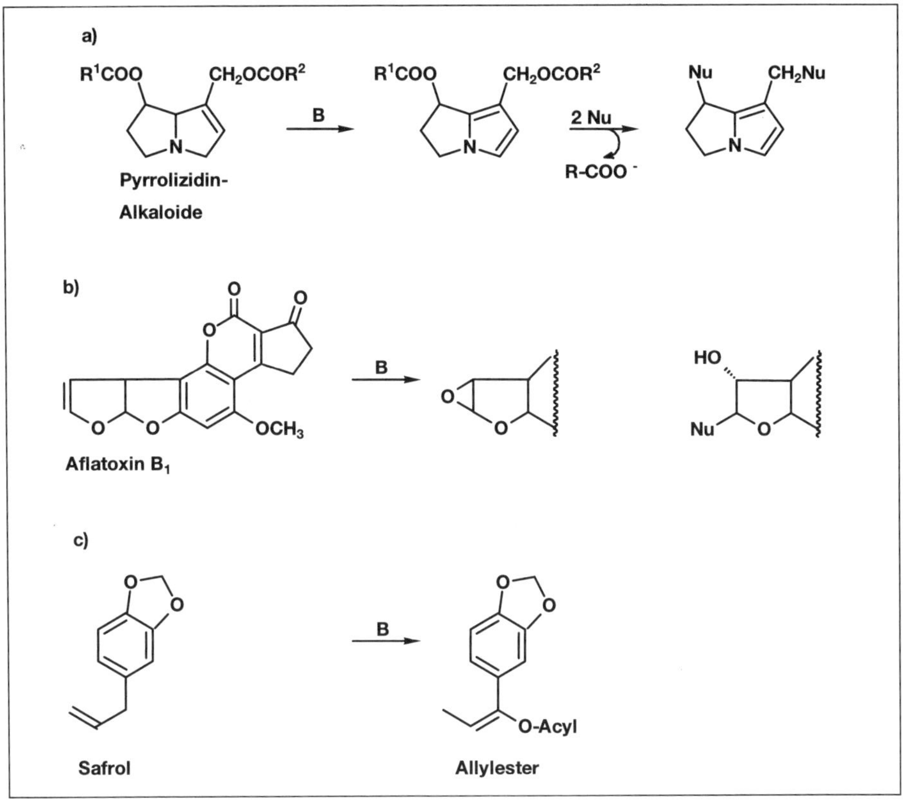

Abb. 1-45 Biotoxifikation zu Kanzerogenen.

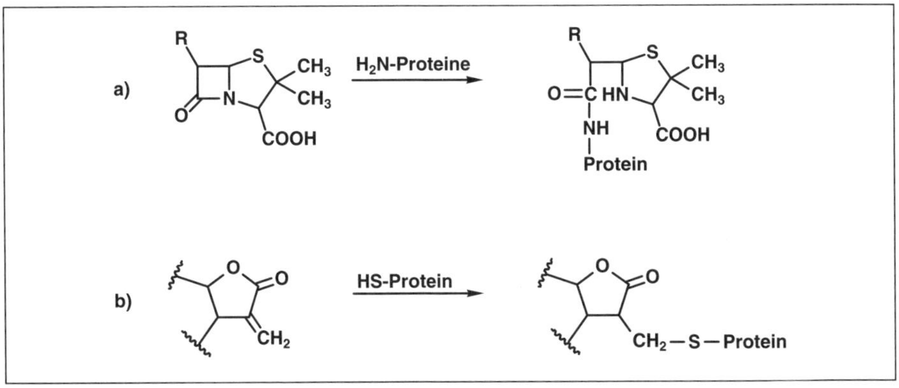

Abb. 1-46 Kovalente Bindung niedermolekularer Verbindungen an Aminosäurereste. a) Reaktion von β-Lactamen (Penicilline) mit Aminogruppen; b) Reaktion mit α-Methylen-γ-butyrolactonen mit Thiolgruppen; c) in Abb. 9-23: Reaktion von o-Chinonen (oxidativ aus Brenzcatechinen) mit Thiolgruppe (Cys) am gut untersuchten Beispiel des Dopamin (R = CH_2-CH_2-NH_2) unter Bildung von Cystein-Konjugaten (Tetrahydrobenzothiazin).

Tab. 1-10: **Beispiele für pflanzliche Inhaltsstoffe, die nach Bindung an körpereigene Proteine eine Kontaktallergie auslösen können.**

Gruppe	Pflanzliche Inhaltsstoffe	Allergie-auslösende Pflanzen
■ Sesquiterpenlactone mit α-Methylen-γ-lacton-Struktur[1]	Anthecotulid	Anthemis cotula (Stink. Hundskamille)
	Helenalin, Carabron Cnicin	Arnica chamissonis Cnicus benedictus (Benediktenkraut)
	Grossheimin, Cynaropikrin	Cynara scolymus (Artischocke)
	α-Peroxyachifolid	Achillea millefolium (Schafgarbe)
	Dehydrocostuslacton Costunolid u. a.	Laurus nobilis (Echter Lorbeer)
■ Cumarine	Herniarin	Chamomilla recutita (Echte Kamille)
■ Kaffeesäureester	3-Methyl-2-butenyl-kaffeat	Propolis (Kittharz der Bienen)

[1] Sesquiterpenlactone mit exocyclischer Methylengruppe kommen vor allem in Asteraceen (Compositen) und Apiaceen (Umbelliferen), daneben in Amaranthaceen, Aristolochiaceen, Frullaniaceen, Lauraceen, Menispermaceen, Polygonaceen, Winteraceen vor.

1.4.3 Biogene Arzneistoffe

Die am längsten bekannten **Arzneimittel** sind biogener Herkunft. Während zunächst das vorwiegend pflanzliche Material (pflanzliche Drogen: getrocknete Blätter, Blüten, Früchte, Samen, Wurzeln u. a.) direkt oder in Form von Gesamtauszügen (Tees, Extrakte) verwendet wurde, ging die Entwicklung bei den stark wirksamen Verbindungen in die Richtung des Einsatzes der besser dosierbaren isolierten Wirkstoffe. Dagegen werden Zubereitungen aus Drogen höherer Pflanzen, die milde, in ihrer Wirkung nicht immer eindeutig und zuverlässig charakterisierbare Wirkstoffgemische enthalten, im Rahmen der sog. Phytotherapie wieder zunehmend eingesetzt. Zu diesen **Phytotherapeutika** gehören u. a. Zubereitungen des Baldrians (S. 533) und Flavonoid-haltige Drogen (S. 605). Wesentliches Problem der Phytotherapeutika ist eine zuverlässige Standardisierung.

Zu den **stark wirksamen biogenen Arzneistoffen,** die heute in der Therapie eine größere Rolle spielen, gehören die Antibiotika (Kap. 11) und Ergolin-Alkaloide (Kap. 10.7.8) sowie von den „sekundären" Naturstoffen aus höheren Pflanzen die herzwirksamen Glykoside (Cardenolide, Bufadienolide) und zahlreiche Alkaloide (Morphin, Codein, Papaverin, Rauwolfia-Alkaloide, China-Alkaloide, Tropa-Alkaloide, Spartein, Pilocarpin, Tubocurarin).

Nach wie vor erfolgreich scheint die **Ethnopharmakologie** zu sein. Die systematische Untersuchung von Arzneipflanzen der traditionellen Volksmedizin vor allem außereuropäischer Länder hat u. a. zur Entdeckung der Curare-Alkaloide (aus südamerikanischen Pfeilgiften), der Rauwolfia-Alkaloide (aus der indischen *Rauwolfia*-Wurzel), des Forskolin aus einer indischen Arzneipflanze, der als PAF-Antagonisten wirkenden Ginkgolide (aus dem chinesischen Ginkgobaum) oder in neuester Zeit dem gegen Malaria wirkenden Artemisinin (aus einer chinesischen *Artemisia*-Art) geführt. Breit angelegt war ein Suchprogramm auf interessante **Inhaltsstoffe mariner Organismen.** Neben zahlreichen Verbindungen mit außergewöhnlichen Strukturelementen (vgl. S. 22) wurden auch einige neuartige Wirkstoffe wie Manoalid entdeckt.

Von größtem Interesse sind biogene, **zytostatisch wirksame Wirkstoffe,** die als Mittel zur Krebsbehandlung eingesetzt werden könnten. Zu diesen Verbindungen gehören

- aus der Gruppe der mikrobiellen Stoffwechselprodukte:
  Anthracyclin-Antibiotika, Mitomycin, Bleomycin, Neocarzinostatin,
- aus der Gruppe der pflanzlichen Stoffwechselprodukte:
  Catharanthus-Alkaloide, Colchicin, Maytansinoide, Podophyllotoxine, Camptothecin, Taxol.

Wie schwierig die Entwicklung neuer Arzneistoffe ist, belegen die Ergebnisse des langfristigen Programms zur Suche nach tumorhemmenden Substanzen in Pflanzen unter der Regie des National Cancer Institute der USA (NCI-Programm von 1956 bis 1982), in dessen Rahmen über 32.000 Pflanzen gesammelt und untersucht wurden, von denen 2.591 biologisch aktive Inhaltsstoffe hatten. Lediglich 15 isolierte Reinsubstanzen aber kamen in die klinische Testung, von denen dann Camptothecin (S. 674) und Taxol (1993 als Arzneistoff zugelassen, S. 540) übrigblieben.

Das Sesquiterpen **Fumagillin,** gebildet von *Aspergillus-fumigatus*-Kulturen, hemmt die Angiogenese (Gefäßneubildung) und ist deshalb als Leitstruktur für die Entwicklung von
Arzneistoffen zur Krebsbehandlung von Interesse.

Fumagillin

Außerordentlich wertvoll war die Entdeckung **immunsuppressiv wirksamer Verbindungen** (Abb. 1-47), ohne die die Erfolge der Organtransplantationen nicht möglich gewesen wären. Eine der wichtigsten Entdeckungen war das Peptid-Antibiotikum **Cyclosporin A,** das heute das am meisten eingesetzte Immunsuppressivum ist. Cyclosporin A ist ein cyclisches Peptid, das von dem Pilz *Tolypocladium inflatum* produziert wird. Es ist hydrophob, enthält 7 N-methylierte Aminosäuren und einen Alkenylrest in der Seitenkette, der für die Wirkung essentiell sein soll. Inzwischen sind mit dem **FK 506** (Tacrolimus) und **Rapamycin** (Sirolimus) weitere stark immunsuppressiv wirkende Naturstoffe aufgefunden worden, die ähnlich dem Cyclosporin an cytosolische Proteine binden und wirken. Diese Rezeptorproteine werden als **Immunophiline** bezeichnet, der Cyclosporin-A-Rezeptor als **Cyclophilin.** Die Immunophiline besitzen Rotamase-Aktivität (S. 125), die aber mit der immunsuppressiven Wirkung nicht korreliert.

Bei den biogenen Wirkstoffen schloß sich an die Etappe der Isolierung und Strukturaufklärung unmittelbar die der partial- oder totalsynthetischen Variation der natürlichen Ausgangsverbindung mit dem Ziel an, zu wirksameren oder spezifischer wirksamen, stabileren, weniger toxischen, verträglicheren oder billiger herstellbaren Wirkstoffen zu gelangen, die als

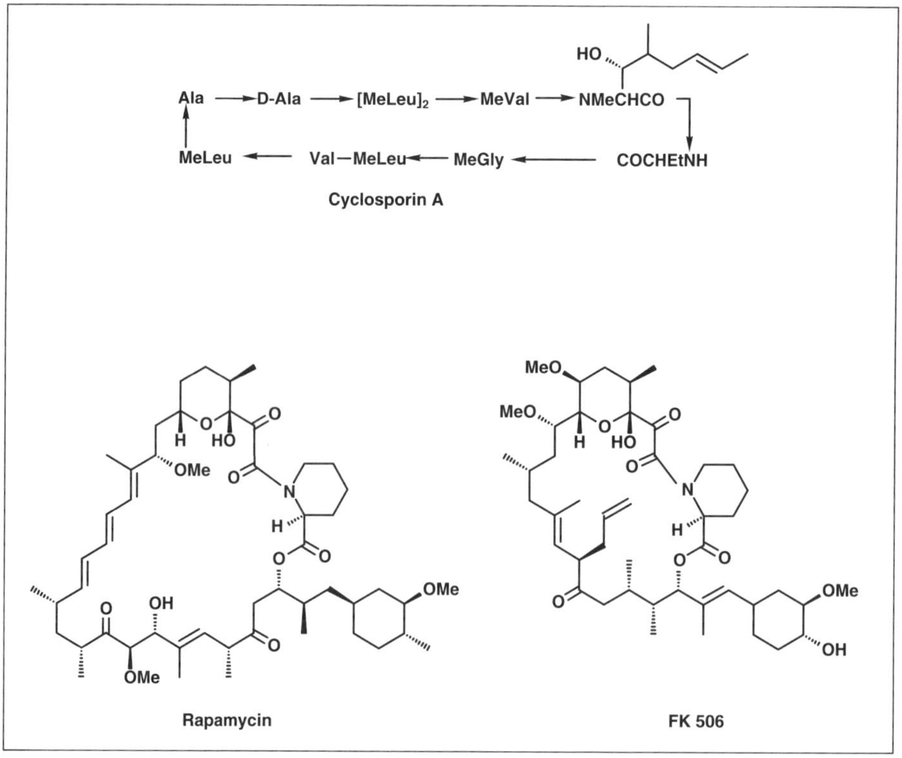

Abb. 1-47 Immunsuppressiv wirkende Verbindungen mikrobieller Herkunft.

Arzneistoffe einsetzbar sind. Tabelle 1-11 gibt einige Beispiele, wie Ergebnisse derartiger Struktur-Wirkungs-Beziehungen, ausgehend von natürlichen Vorbildern (**Leitsubstanzen**) zur Entwicklung ganzer Arzneistoffklassen geführt haben. In der Regel wurden zunächst nur einzelne funktionelle Gruppen chemisch modifiziert, und erst später – oft im Zusammenhang mit Versuchen zur Totalsynthese – wurde auch das Grundgerüst verändert.

Tab. 1-11: Biogene Wirkstoffe als Leitstrukturen für die Entwicklung von Arzneistoffen (Hormone vgl. Kap. 7).

Biogener Wirkstoff (Leitsubstanz)	Partialsynth. Derivate	Totalsynth. Abwandlungsprodukte
■ Cocain*	Eucain*	Procain u. a. Lokalanästhetika
■ Chinin	Euchinin*	Chlorochin u. a. Antimalariamittel
■ Morphin	Oxycodon, Codein u. a.	Analgetika
■ Papaverin	Ethaverin*	Muskulotrope Spasmolytika
■ Tubocurarin		Muskelrelaxantien
■ Physostigmin		Neostigmin u. a. Antiglaukommittel
■ Atropin	Ipratropium, Tropinbenzilat	u. a. Parasympatholytika
■ Secale-Alkaloide	Dihydroalkaloide Bromocriptin, Lisurid	
■ Podophyllotoxin*	Etoposid, Teniposid	
■ Anthracycline		Mitoxantron
■ Taxol	Taxotere*, Docetaxel*	
■ Artemisinin*	Artemether*, Artesunat*	
■ Benzylpenicillin	Ampicillin u. a.	Aztreonam

*gegenwärtig ohne therapeutische Bedeutung.

1.4.4 Molekulare Angriffspunkte biogener Wirkstoffe

Zahlreiche Wirkstoffe biogener Herkunft haben wesentlich zur Aufklärung biochemischer und molekularbiologischer Prozesse beigetragen und damit die Grundlage für eine gezielte Arzneistoffentwicklung gelegt. **Biochemische Angriffspunkte** biogener Wirkstoffe sind:

a) **Die biologische Membran** (vgl. S. 363)
  ■ **Erhöhung der Membranpermeabilität** infolge Destrukturierung der Membran durch oberflächenaktive Verbindungen (Saponine, Polymyxine, Gramicidin S, Tyrocidin A, das Bienengift Mellitin, Alame-

thicin oder Stellettamid A) oder durch Porenbildner/Carrier (Polyen-Antibiotika, lineare Gramicidine, Alamethicin, Tetralactone [Nactine], ionophore Antibiotika [Depsipeptide: Valinomycin, Enniatin; Polyether-Antibiotika, Palytoxin], Siderophore/Sideromycine)
- **Hemmung von Ionenkanälen,** die in allen eukaryotischen Zellen vorhanden sind und deren Öffnung bzw. Verschluß elektrisch (spannungsabhängige Ionenkanäle) oder durch Hormone/Neurotransmitter (Liganden-abhängige Ionenkanäle) reguliert wird. Im einzelnen muß unterschieden werden zwischen einem Angriff an **Kationenkanälen** und einem Angriff an **Anionenkanälen.** Bei den Kationenkanälen sind dies:
- der **Acetylcholin-abhängige Natriumkanal** (nicotinerger Acetylcholinrezeptor: Nicotin, Anatoxin A, Curare-Alkaloide, Histrionicotoxine, Pumiliotoxine, Tetanustoxin, Botulinustoxin)
- die **spannungsabhängigen Natriumkanäle** (mit unterschiedlichen Bindungsstellen) wie bei den wasserlöslichen heterocyclischen Guanidinen (Tetrodotoxin, Saxitoxin), µ-Conotoxinen; lipidlöslichen Neurotoxinen (Veratridin, Aconitin, Batrachotoxin); Polypeptidtoxinen (Skorpiongifte, Seeanemonentoxin); lipidlöslichen Polyethertoxinen (Brevetoxine) oder den Pyrethrinen
- die **Kaliumkanäle** wie bei Apamin, einem Polypeptid der Honigbienen, Peptidtoxinen von Skorpionen (Charybdotoxin und Leiurotoxin von *Leiurus quinquestriatus*, Noxiustoxin von *Noxius centruroides*), Proteintoxinen von Schlangen (Dendrotoxine)
- die **Calciumkanäle** (Ryanodin)
- die **(Na^+/K^+)ATPase** (Herzglykoside).

Bei einem Angriff an den **Anionenkanälen** sind dies beispielsweise die Liganden-vermittelten Chloridkanäle (Avermectine).
b) **Die Hemmung der Biosynthese von Zellwänden** durch Hemmung der Zellwandsynthese von Bakterien (vgl. S. 248) oder Hemmung der Zellwandsynthese von Pilzen (Chitin-Synthese-Hemmer: Polyoxine, Nikkomycine).
c) **Die Hemmung der Kernteilung (Mitose):** Sog. Spindelgifte wie Colchicin, Griseofulvin, Cytochalasane, Taxol, Vinca-Alkaloide (Vinblastin, Vincristin), Maytanoside.
d) **Die Nucleinsäuren**
- durch kovalente Reaktion mit der DNA (Mitomycin C, Bleomycin, Neocarzinostatin, Calicheamicine, Furanochromane wie Psoralen, Aflatoxine);
- durch nicht-kovalente Bindung an DNA (Netropsin, Distamycin, die interkalierenden Verbindungen wie Actinomycin D, Anthracyclin-Antibiotika, Ellipticin);
- durch Hemmung von Enzymen der DNA-Replikation (Topoisomerase-Hemmer: Podophyllotoxin, Etoposid, Camptothecin, Novobiocin);
- durch Hemmung der RNA-Polymerase (Actinomycin D, α-Amanitin, Cordycepin, Ansamycine wie Rifampicin, Streptovaricine).

e) **Die ribosomale Proteinsynthese** durch Angriff an den
- 70S-Ribosomen der Prokaryoten (Chloramphenicol, Aminoglykosid-Antibiotika, Spectinomycin, Tetracycline, Makrolid-Antibiotika) oder den
- 80S-Ribosomen der Eukaryoten (Cycloheximid, Trichothecene, Ricin).

f) **Die Hemmung von speziellen Enzymen (Enzyminhibitoren)** wie
- Glykosidasen (Acarbose, Nojirimycin A, B)
- Proteasen (Bestatin, Phosphoramidon, Pepstatin, Leupeptin)
- Acetylcholinesterase (Physostigmin, Anatoxin)
- Acetyl-CoA-Carboxylase (Soraphen)
- Squalensynthase (Saragossasäure)
- Phospholipase A_2 (Manoalid)
- HMG-CoA-Reduktase (Mevastatin, Lovastatin)
- β-Lactamase (Clavulansäure)
- Vitamin-K-Epoxid-Reduktase (Dicumarol)
- Lipoxygenase (Nordihydroguajaretsäure)
- Phosphoprotein-Phosphatase (Okadainsäure)
- Protein-Kinase C (Polymyxin).

Verbindungen, die an der Biosynthese von Zellwänden, Proteinen und Nucleinsäuren angreifen, sind bei ausreichender Selektivität gegenüber den Infektionserregern potentielle Chemotherapeutika. Beeinflussungen der Ionenpermeabilität der biologischen Membran führen zur Neuro- und Kardiotoxizität. Stark neurotoxisch sind auch einige nicht-proteinogene Aminosäuren wie die **Kainsäure** (produziert von den Rotalgen *Digenea simplex* und *Centroceras cavulatum*) und die **Quisqualsäure** (gebildet von dem Kletterstrauch *Quisqualis indica, Combretaceae*), die an L-Glutaminsäurerezeptoren des ZNS angreifen.

Pflanzen-spezifische Angriffspunkte haben die **Herbizide** (Unkrautkontrollmittel). Die wichtigsten Angriffspunkte sind die Biosynthese der an der Photosynthese beteiligten Farbstoffe (sog. Bleichherbizide, funktionell z. B. Hemmer der Carotenoidbiosynthese: Pyridazinone wie Norflurazon, Pyrrolidinone wie Fluorochloridone, Furanone wie Diflunon, Triazolene wie Tetcyclacis), der Shikimisäureweg (Glyphosat, S. 591) oder die Fettsäurebiosynthese (Kap. 5.2.2).

1.5 Molekulare Evolution

Nach *Darwin* ist die Evolution das Ergebnis von Selektionsprozessen, bei denen bestimmte biologische Funktionen optimiert werden. Auf der stofflichen Ebene setzt das aber eine Präformation voraus, die in der ersten Phase der Entstehung des Lebens präbiotisch gewesen sein muß, dann aber zunehmend durch biotische, zunächst nicht-enzymatische, dann zunehmend enzymatische Prozesse erfolgen mußte. Die enzymatischen Prozesse wiederum mußten genetisch fixiert werden. Die Optimierung der biologischen Funktion setzte dann Rückkopplungsmechanismen und Mutationsschritte, also Veränderungen dieser genetischen Fixierung voraus. Die Entwicklung des Lebens ist damit ein komplexes Gleichgewicht zwischen Erhaltung (Konservierung) und Veränderung (Mutation). Erst die Unvollkommenheit der Übertragungsmechanismen (Erhaltungsmechanismen) erlaubt die Entwicklung des Lebens, die biologische Evolution; Störung also als Quelle der Weiterentwicklung. Die durch Mutation hervorgerufene Vielfalt liefert die Auswahlmöglichkeiten für die Selektion.

1.5.1 Präbiotische Synthesen

Seit dem Erscheinen (1924) des aufsehenerregenden Buches von *Oparin* über „*Die Entstehung des Lebens auf der Erde*" haben sich immer mehr Forschungsgruppen mit der Frage der präbiotischen Synthese der Grundbausteine der Organismen beschäftigt. Heute gibt es aufgrund experimenteller Befunde und theoretischer Überlegungen allgemeine Übereinstimmung darüber, daß die Grundbausteine der Biopolymeren, also die einfachsten Aminosäuren, Kohlenhydrate und die Nucleinsäurebasen präbiotischen Ursprungs sind. Ganz wesentlich haben dazu die klassischen Experimente von *Stanley Miller* beigetragen, der eine Mischung von Methan, Ammoniak, Kohlendioxid, Wasser und Wasserstoff bestrahlt hat und im Reaktionsgemisch die Aminosäuren Alanin, β-Alanin, Aspartinsäure und α-Aminobuttersäure nachweisen konnte. Daneben waren einfache organische Säuren wie Ameisen-, Essig-, Propion-, Milch- und Bernsteinsäure nachweisbar, die im Zellstoffwechsel eine große Rolle spielen.

Als wichtiger Ausgangsstoff für die abiogene Synthese N-haltiger Verbindungen wird dabei HCN angenommen (Abb. 1-48). *Miller* nimmt als Zwischenprodukte für die Bildung der Aminosäuren Cyanhydrine an, deren Ausgangsstoffe (Aldehyde, HCN) in seinem System nachweisbar sind. HCN wird auch als Ausgangsstoff für die abiogene Synthese der Nucleinsäurebasen angesehen. So entsteht durch UV-Bestrahlung einer verdünnten HCN-Lösung Adenin neben anderen Purinen. Adenin und Guanin werden auch durch Reaktion von HCN mit 4-Amino-5-cyanoimidazol gebildet, das in wäßrigen Lösungen aus HCN und NH_3 entsteht.

Durch Experimente mit der sog. Uratmosphäre, die als wasserstoffreich und damit im Unterschied zur gegenwärtigen als reduzierend angesehen wird, konnte inzwischen die Bildung von 15 der 20 an der Bildung der Proteine beteiligten Aminosäuren sowie 4 der 5 Nucleinsäurebasen nachge-

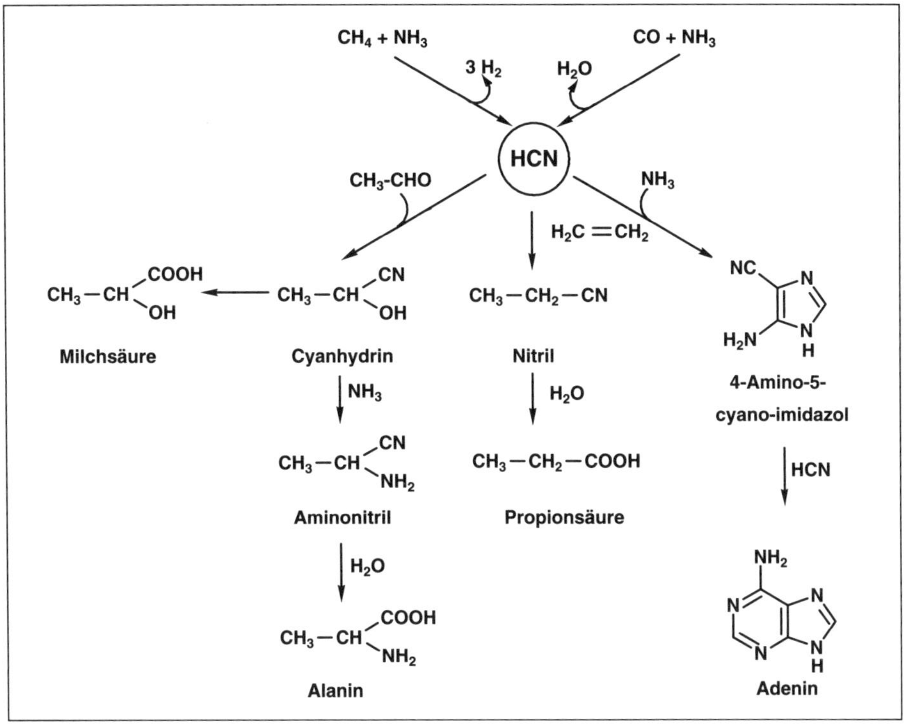

Abb. 1-48 Abiogene Synthesen.

wiesen werden. Ebenso konnte prinzipiell die Bildung von Monosacchariden (S. 203), Nucleosiden und Nucleotiden, Fettsäuren und Porphyrinen beobachtet werden.

Die Synthese der lebenswichtigen Biopolymere erfordert den Ablauf einer Kondensationsreaktion. Eine derartige Kondensation könnte unter weitgehend wasserarmen Bedingungen durch Erhitzen in der Nähe von Vulkanen sowie in verdünnter wäßriger Lösung in der sog. Ursuppe erfolgt sein. So konnte *Fox* durch Erhitzen trockener Aminosäuremischungen auf 150 bis 200 °C ein proteinähnliches Polymer erhalten, das er als **Proteinoid** bezeichnete. Diese Proteinoide haben eine Molmasse von mehreren Tausend, geben eine positive *Biuret*-Reaktion, lassen sich wieder zu Aminosäuren hydrolysieren und werden durch proteolytische Enzyme angegriffen. Bemerkenswert ist ferner, daß sie schwach katalytisch wirksam sind.

Die Kondensation kann ferner durch Kondensationsreagentien wie Dicyandiamid erreicht werden (Abb. 1-49). Auch die ähnlich gebauten Carbodiimide (S. 157) bewirken Kondensationsreaktionen wie die Umsetzung von Glucose mit Phosphorsäure zu Glucose-1-phosphat oder die Umsetzung von Adenosin mit Phosphorsäure zu Adenosinmonophosphat. Als Kondensationsreagentien kommen neben weiteren Verbindungen auch Polyphosphate in Frage. Ein Polyphosphat (ATP) wird auch von der lebenden Zelle als Kondensationsmittel genutzt.

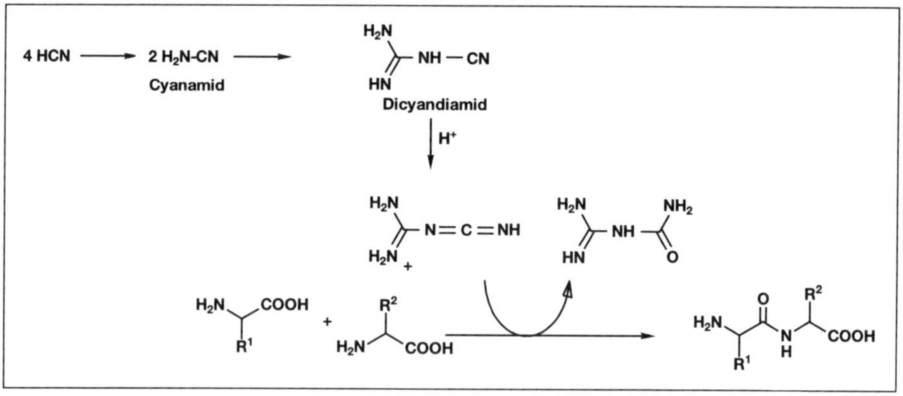

Abb. 1-49 Abiogene Kondensationen.

Der Übergang von der abiotischen chemischen Evolution zu den ersten Organismen muß über sich selbst replizierende Makromoleküle gegangen sein. Als derartige „Urmoleküle" kommen DNA, RNA oder Proteine in Frage. Der DNA fehlt die katalytische Aktivität, den Proteinen die Matrizenfunktion. Spektakulär war daher die Entdeckung (*Cech, Altman*, Nobelpreis 1989), daß RNA als ihre eigenen Enzyme fungieren können (**Ribozyme**). Aus diesem Grund wurde die Hypothese aufgestellt, daß RNA die gesuchten Urmoleküle sein könnten, die sowohl Matrize als auch Katalysator sind. Das erste Leben müßte also eine „RNA-Welt" gewesen sein. Das Problem ist, daß die Entstehung von RNA unter abiotischen Bedingungen bisher nur schwer erklärbar ist.

Sowohl bei den Aminosäuren als Bestandteilen der Proteine als auch bei den Monosacchariden als Bestandteilen der Nucleinsäuren und Polysaccharide handelt es sich um chirale Verbindungen, von denen jeweils nur ein bestimmter optischer Antipode natürlich vorkommt. Die Herkunft der optischen Aktivität ist noch weitgehend spekulativ, obwohl es auch hierfür einleuchtende Hypothesen gibt (*Kuhn*), die davon ausgehen, daß die optische Aktivität im Verlaufe der Evolution durch Selektion entstanden ist.

Der Bildung nieder- und hochmolekularer präformierter Verbindungen mußte sich ein Prozeß der Selbstorganisation unter Bildung individueller offener Systeme, sog. protobionts, anschließen, die sich dann durch eine präbiotische Selektion zu ersten primitiven Organismen entwickelt haben müssen. Ausgehend von der Thermodynamik offener Systeme wurde von *Eigen* (Nobelpreis 1967) eine Theorie der Selbstorganisation und damit eine physikalisch-mathematische Grundlage der *Darwin*schen Evolutionstheorie geliefert. Wesentliche Beiträge zur irreversiblen Thermodynamik und ihrer Anwendung auf biologische Phänomene wurden von *Prigogine* (Nobelpreis 1977) geliefert.

1.5.2 Biochemische Evolution

Zur Klassifikation der Organismen wird der Grad der Ähnlichkeit in ihren anatomischen und morphologischen Merkmalen herangezogen. Eine anatomische oder morphologische Evolution muß sich aber letzten Endes auch auf der molekularen Ebene widerspiegeln, was die Grundlage einer chemischen oder besser **biochemischen Taxonomie** ist. Für die Verfolgung der biochemischen Evolution ist es wichtig, zwischen homologen, isologen und analogen Verbindungen zu unterscheiden.

> Nach *Florkin* versteht man unter **Homologie** eine gemeinsame Abstammung auf biomolekularer Ebene (gleiche Biosynthese), unter **Isologie** eine chemische Verwandtschaft und unter **Analogie** eine ähnliche biochemische Aktivität der Biomoleküle in verschiedenen Gruppen von Organismen. Diese Begriffe werden allerdings nicht immer in diesem Sinne gebraucht.

Analoge Verbindungen sind z. B. die verschiedenen sauerstoffübertragenden Chromoproteine (S. 114) oder die Luciferine (S. 53). Ein Hinweis auf gleiche evolutionäre Herkunft, also auf Homologie, ist eine enge chemische Verwandtschaft. Solche isologen Verbindungen müssen jedoch nicht unbedingt homolog sein. Insbesondere bei niedermolekularen sekundären Naturstoffen, die häufig für chemotaxonomische Untersuchungen von Pflanzen herangezogen werden, wird eine chemische Ähnlichkeit oft durch völlig verschiedene Stoffwechselwege hervorgerufen. So werden z. B. Anthrachinonderivate (Kap. 9.5.1) von Pilzen nach dem Polyketidweg, von höheren Pflanzen dagegen nach dem Shikimisäureweg synthetisiert. Für Schlußfolgerungen über eine phylogenetische Verwandtschaft der diese Verbindungen produzierenden Organismen ist also nicht nur die Kenntnis der Struktur der Inhaltsstoffe, sondern auch die der Biosynthese erforderlich. Auf der anderen Seite ist es auch möglich, daß bestimmte Formen der gleichen Spezies sich in ihren biosynthetischen Leistungen unterscheiden können. So sind bei Mikroorganismen oft nur ganz bestimmte Rassen einer Spezies Antibiotika-produzierend. Vom Baum *Eucalyptus dives* sind z. B. drei chemische Rassen bekannt, deren ätherisches Öl entweder Piperiton, α-Phellandren oder Cineol enthält.

Mutationen (Veränderungen der Strukturgene) und Selektionen sind wesentliche Voraussetzungen der Evolution. Zur Aufklärung von Veränderungen in der Evolution sind die Nucleinsäuren und Proteine daher besonders geeignet. Eine Punktmutation am Strukturgen kann beim Protein zum Austausch einer Aminosäure durch eine andere führen (Substitution). Spontane Mutationen am Menschen sollen anhand von Untersuchungen am Hämoglobin mit einer Häufigkeit von ca. 10^{-3} pro Protein und Individuum eintreten. Für die Aufklärung evolutionärer Veränderungen geeignete Proteine müssen sich über einen möglichst großen Bereich innerhalb des taxonomischen Systems verfolgen lassen. Sie dürfen ferner ihre Funktion im Verlaufe der Phylogenese nicht verändert haben (sog. orthologe

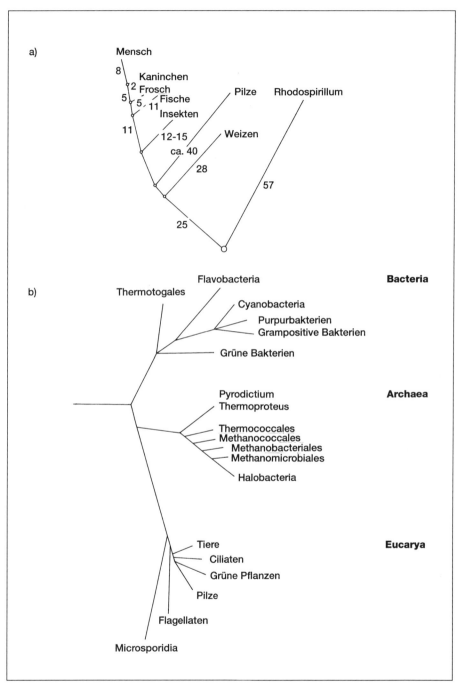

Abb. 1-50 Phylogenetische Stammbäume. a) Stammbaum auf der Grundlage einer Protein-Sequenzanalyse (Cytochrom c, nach *Dayhoff*; die Zahlen geben die Anzahl der veränderten Aminosäuren pro 100 an); **b)** Stammbaum auf der Grundlage einer RNA-Sequenzanalyse (16S-rRNA, nach *Woese* u. Mitarb.).

Proteine). Cytochrom c (Kap. 6.4.5.3) ist z. B. so ein orthologes Protein, das sowohl aus Wirbeltieren als auch aus niederen Tieren, Pflanzen und Mikroorganismen isoliert wurde. Die Anzahl der angenommenen Punktmutationen (bezogen auf 100 Reste und 100 Mill. Jahre) reicht von 90 (Fibrinopeptide), 37 (Wachstumshormon), 32 (Immunoglobuline), 14 (Hämoglobinketten), 4 (Insulin), 3 (Cytochrom c) bis zu 0,06 (Histon IV). Einige Proteine, wie die im Chromatin (S. 286) vorkommenden Histone scheinen derart optimal an ihre Funktion angepaßt zu sein, daß Änderungen in der Struktur kaum ohne Funktionsverlust möglich sind.

Diese Vergleiche ließen erkennen, daß homologe Proteine in ihrer Primärstruktur um so ähnlicher sind, je näher verwandt die sie bildenden Organismen sind. Für einzelne Proteine wurden phylogenetische Stammbäume aufgebaut (Abb. 1-50), die mit seltenen Ausnahmen mit den nach klassischen Methoden aufgestellten Stammbäumen der Organismen übereinstimmen. Beim Cytochrom c sind immerhin ein Drittel aller Aminosäuren unverändert geblieben. Zwei Drittel aller Substitutionen traten an der Oberfläche des Proteins auf, während die im Inneren befindlichen Aminosäuren im wesentlichen unverändert blieben. Damit steht auch in Übereinstimmung, daß eine relativ hohe Substitutionsrate bei den polaren Aminosäuren vorliegt, während apolare Aminosäuren kaum und dann meist konservativ, d. h. innerhalb der apolaren Aminosäuren ausgetauscht werden.

Für taxonomische Zuordnungen werden heute vor allem Sequenzvergleiche der 16S-rRNA herangezogen (*Woese* u. Mitarb.).

I
Grundbausteine der Organismen

2 Aminosäuren, Peptide und Proteine

2.1 Aminosäuren

Aminosäuren spielen als Bestandteile der Peptide und Proteine sowie als Ausgangsprodukte für die Biosynthese einer Vielzahl stickstoffhaltiger Naturstoffe eine zentrale Rolle im Stoffwechsel der Organismen.

2.1.1 Struktur

Bei den natürlich vorkommenden Aminosäuren handelt es sich mit wenigen Ausnahmen um Carbonsäuren mit der Aminogruppe in α-Stellung (α-Aminosäuren). Die wichtigsten Aminosäuren sind in Tabelle 2-1 zusammengefaßt. Die natürlich vorkommenden ω-Aminosäuren (β-Aminopropionsäure = β-Alanin, β-Aminoisobuttersäure, γ-Aminobuttersäure) werden aus α-Aminosäuren durch Decarboxylierung gebildet.

Tab. 2-1: Proteinogene Aminosäuren, die im genetischen Code verankert sind.

Name	Abkürzung*		Struktur
Aliphatische Aminosäuren:			
Glycin	Gly	G	$CH_2(NH_2)COOH$
Alanin	Ala	A	$H_3C-CH(NH_2)COOH$
Valin	Val	V	$H_3C-CH(CH_3)-CH(NH_2)COOH$
Leucin	Leu	L	$H_3C-CH(CH_3)-CH_2-CH(NH_2)COOH$
Isoleucin	Ile	I	$H_3C-CH_2-CH(CH_3)-CH(NH_2)COOH$
Aliphatische Aminosäuren mit zusätzlichen funktionellen Gruppen:			
Serin	Ser	S	$HOCH_2-CH(NH_2)COOH$
Threonin	Thr	T	$HOCH_2-CH_2-CH(NH_2)COOH$
Cystein	Cys	C	$HSCH_2-CH(NH_2)COOH$
Methionin	Met	M	$H_3CS-CH_2-CH_2-CH(NH_2)COOH$
Aspartinsäure (Asparaginsäure)	Asp	D	$HOOC-CH_2-CH(NH_2)COOH$

Tab. 2-1: Proteinogene Aminosäuren, die im genetischen Code verankert sind. (Fortsetzung)

Name	Abkürzung*		Struktur
Asparagin	Asn	N	$H_2NOC\text{-}CH_2\text{-}CH(NH_2)COOH$
Glutaminsäure	Glu	E	$HOOC\text{-}CH_2\text{-}CH_2\text{-}CH(NH_2)COOH$
Glutamin	Gln	Q	$H_2NOC\text{-}CH_2\text{-}CH_2\text{-}CH(NH_2)COOH$
Lysin	Lys	K	$H_2N\text{-}(CH_2)_4\text{-}CH(NH_2)COOH$
Arginin	Arg	R	$H_2N\text{-}(C=NH)\text{-}NH\text{-}(CH_2)_3\text{-}CH(NH_2)COOH$

■ **Aromatische Aminosäuren:**

Phenylalanin	Phe	F	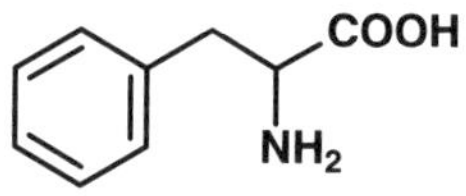 (Struktur)
Tyrosin	Tyr	Y	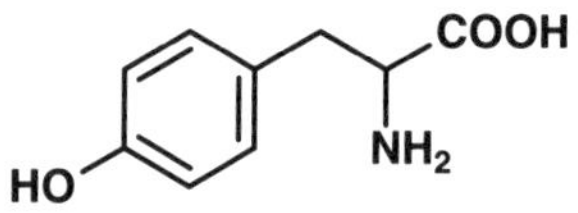 (Struktur)
Tryptophan	Trp	W	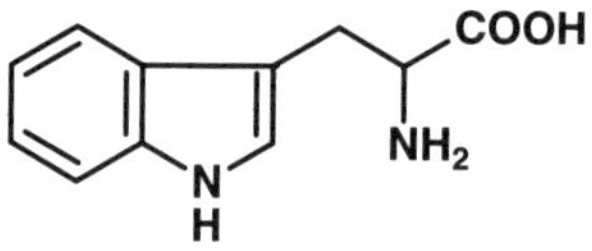 (Struktur)

■ **Heterocyclische Aminosäuren:**

Prolin	Pro	P	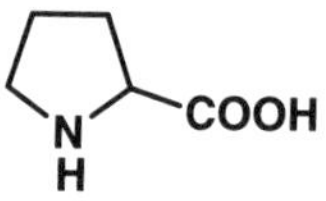 (Struktur)
Histidin	His	H	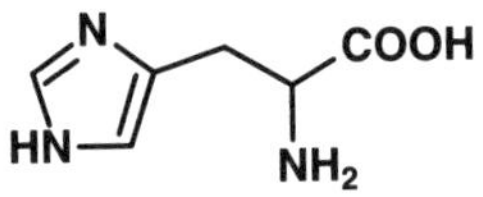 (Struktur)

*Drei- und Ein-Buchstaben-Symbole nach IUPAC-IUB. Der Einsatz der Ein-Buchstaben-Symbole soll auf die vergleichende Darstellung langer Sequenzen in Tabellen beschränkt bleiben.
Ng, Sg für glykosidierte Aminosäuren, *Q für Pyroglutaminsäure.

Stereochemie

Durch die α-Stellung der Aminogruppe sind die Aminosäuren bis auf das erste Glied (Glycin) chiral. Die natürlich vorkommenden Aminosäuren gehören fast alle der L-Reihe an. In Peptiden von Mikroorganismen kommen daneben auch D-Aminosäuren vor (Peptid-Antibiotika, Bestandteile der bakteriellen Zellwand). Als Precursoren für die Biosynthese dieser Peptide wirken jedoch nicht diese D-Aminosäuren, sondern die entsprechenden L-Aminosäuren. Die D-Aminosäuren werden in den Mikroorganismen enzymatisch (Razemasen) aus den L-Aminosäuren gebildet (vgl. Abb. 6-28, S. 414). Charakteristisch ist, daß die Biosynthese der D-Aminosäuren-enthaltenden Peptide nicht durch eine RNA gesteuert wird (vgl. S. 696).

$$
\begin{array}{cc}
\text{COOH} & \text{COOH} \\
| & | \\
H_2N-C-H & H-C-NH_2 \\
| & | \\
R & R \\
\text{L-Reihe} & \text{D-Reihe}
\end{array}
$$

L-Aminosäuren können razemisieren, wobei die Razemisierungsgeschwindigkeit vom pH-Wert, der Temperatur und anderen Faktoren wie der Anwesenheit von Metallionen abhängt. Ein besonderes Problem stellt die Razemisierung während der chemischen Peptidsynthese dar. So kann die Abspaltung eines Protons und damit die Razemisierung durch elektronenziehende Substituenten an der Aminogruppe wie Acylgruppen, die als Schutzgruppen eingesetzt werden, erleichtert werden. Die Carbanionen der bei der Peptidsynthese häufig eingesetzten N-Alkoxycarbonylaminosäuren sind dagegen durch Mesomerie stabilisiert, so daß eine Razemisierung schwerer erfolgt. N-Acylaminosäuren (**1**) können darüber hinaus über die Bildung von Azlactonen (Oxazolinonen, **2**) razemisiert werden.

Eine Razemisierung der L-Aminosäuren kann nicht nur in wäßriger Lösung, sondern auch im festen Zustand erfolgen. Diese zeit- und temperaturabhängige Razemisierung kann zur Bestimmung des Alters von Fossilien bzw. bei bekanntem Alter zur Ermittlung der durchschnittlichen Temperatur herangezogen werden. Die Altersbestimmung anhand des Razemisierungsgrades der Aminosäuren kann auch dann eingesetzt werden, wenn das Material für eine Altersbestimmung mit Hilfe der ^{14}C-Methode zu alt ist (40.000 Jahre).

2.1.2 Nomenklatur

Die meisten Aminosäuren haben Trivialnamen (Tab. 2-1). Zur Bezeichnung der Aminosäuren in Peptiden und Proteinen dienen nach den *IUPAC-IUB*-Empfehlungen Drei-Buchstaben-Symbole (ein Großbuchstabe gefolgt von zwei Kleinbuchstaben), die meist aus den ersten drei Buchstaben des Trivialnamens gebildet werden. Zur Vereinfachung kann bei den L-Aminosäuren eine Konfigurationsangabe unterbleiben.

Höhere Homologe der verbreitetsten Aminosäuren werden durch ein dem Trivialnamen der Bezugsaminosäure vorgestelltes *Homo-* (z. B. Homoserin, Hse), niedere Homologe durch das Präfix *Nor-* (z. B. Norleucin, Nle) bezeichnet. Zur Bezeichnung von unverzweigten Aminosäuren ohne eingeführte Trivialnamen beginnt das Drei-Buchstaben-Symbol mit A bei Monoamino- und A_2 (D sollte nicht gebraucht werden) bei Diaminosäuren. Es folgt der auf zwei Kleinbuchstaben abgekürzte Name der entsprechenden Carbonsäure (z. B. A_2pm^3 für 2,2'-Diaminopimelinsäure, S. 247). Die Angabe zusätzlicher Substituenten geht aus den nachfolgenden Beispielen hervor: für 5-Hydroxylysin 5Hyl oder Lys(5OH); für 4-Hydroxyprolin 4Hyp oder Pro(4OH); für N-Methylglycin (= Sarcosin) MeGly oder Sar; für N-Methylvalin MeVal; für N-Acetylglycin AcGly; für Alaninmethylester Ala-OMe.

2.1.3 Vorkommen

Grundbausteine der Proteine sind die 20 der im genetischen Code verankerten Aminosäuren der Tabelle 2-1, die auch als proteinogene Aminosäuren bezeichnet werden. Eine 21. proteinogene Aminosäure ist **Selenocystein** (vgl. Abb. 1-13, S. 33). Darüber hinaus kommen in allen Organismen noch einige weitere Aminosäuren als Bestandteile von Proteinen oder als Stoffwechselzwischenprodukte vor. Zu letzteren gehören z. B. die Aminosäuren **Ornithin** (vgl. Abb. 2-3) oder **Homoserin.**

Die Aminosäurereste der Proteine können in einigen Fällen durch Hydroxylierung (Vorkommen von 4-Hydroxyprolin und 5-Hydroxylysin in Kollagenen, S. 149), N-Methylierung oder Iodierung (s. Biosynthese der Schilddrüsenhormone, Abb. 7-9, S. 476) nachträglich verändert werden. In Mollusken wurden einige halogenierte Aminosäuren gefunden.

Säurelabile Aminotricarbonsäuren sind die in ribosomalen Proteinen vorkommende β-Carboxyasparaginsäure (Asa) und die in Proteinen des Calciumstoffwechsels (z. B. Prothrombin) vorkommende γ-Carboxyglutaminsäure (Gla, vgl. S. 391).

$$\begin{matrix} HOOC & & COOH \\ & \diagdown CH-(CH_2)_n-CH \diagup & \\ HOOC \diagup & & \diagdown NH_2 \end{matrix} \quad \begin{matrix} n = 0 : Asa \\ n = 1 : Gla \end{matrix}$$

Neben proteinogenen Aminosäuren konnten mit Hilfe der modernen analytischen Verfahren aus Pflanzen und Mikroorganismen über 400 **nicht-proteinogene Aminosäuren** (Abb. 2-1) isoliert werden. Viele von ihnen leiten sich durch Hydroxylierung oder Methylierung von den proteingebundenen Aminosäuren ab oder sind Homologe dieser. Solche Aminosäuren sind z. B. in den Peptid-Antibiotika oder verschiedenen Toxinen (z. B. Toxine des Knollenblätterpilzes) enthalten. Etliche wirken als Aminosäure-Antagonisten (Azaserin und D-Cycloserin). Auf das Vorkommen von D-Aminosäuren in den Zellwänden der Bakterien und als Bestandteile einiger Antibiotika wurde bereits hingewiesen. In höheren Pflanzen werden ungewöhnliche Aminosäuren vor allem in Zeiten besonderer Stoffwechselaktivitäten gebildet. Zahlreiche nicht-proteinogene Aminosäuren wurden aus Pflanzen aus der Familie der *Fabaceen* isoliert. Einige dieser seltenen Aminosäuren der höheren Pflanzen wirken toxisch. Dazu gehören das aus *Canavalia*-Arten (*Fabaceae*) isolierte **Canavanin,** das aus *Mimosa*-Arten isolierte **Mimosin** oder das in *Sapindaceen* vorkommende **2-Methylencyclopropylglycin.** Diese Aminosäuren wirken als Antagonisten der ihnen strukturell nahe verwandten Aminosäuren Arginin, Phenylalanin bzw. Tyrosin und Leucin.

Zu den nicht-proteinogenen Aminosäuren gehören auch ungesättigte Aminosäuren und Aminosäuren mit Cyclopropan- und Cyclobutanring. **1-Aminocyclopropancarbonsäure** tritt als Zwischenprodukt der Ethensynthese aus S-Adenosylmethionin auf (S. 509) und wurde auch aus Preiselbeeren und anderen Früchten isoliert. Der in höheren Pflanzen vorkommenden **Azetidin-2-carbonsäure** werden Transportfunktionen für Eisen zugeschrieben. Ungewöhnliche Aminosäuren sind auch verschiedene Inhaltsstoffe des Fliegenpilzes wie Ibotensäure oder Muscazon (Abb. 10-5, S. 631).

Eine natürlich vorkommende Aminosäure mit Sulfoxidgruppe ist das Allylcysteinsulfoxid (**Alliin**), der Hauptinhaltsstoff des Knoblauchs

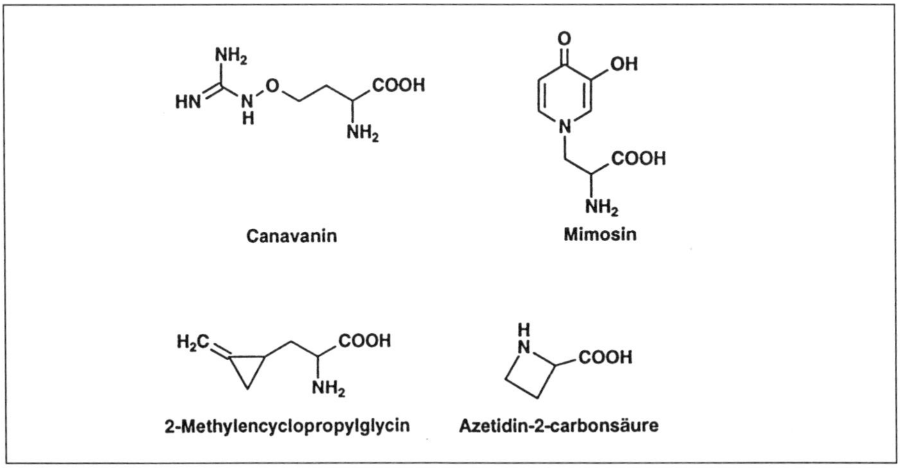

Abb. 2-1 Beispiele für nicht-proteinogene Aminosäuren

(Abb. 1-11, S. 32). In der Küchenzwiebel ist das dem Alliin isomere **2-Propencysteinsulfoxid** enthalten.

Eine ungewöhnliche Aminosäure liegt im **Bestatin** vor. Bestatin [2S,3R(3-Amino-2-hydroxy-4-phenylbutanoyl)-L-leucin] ist ein von *Streptomyces olivoreticuli* produziertes Dipeptid, das als Proteaseinhibitor und Immunmodulator wirkt.

2.1.4 Synthesen

2.1.4.1 Biosynthesen

Nur Mikroorganismen und Pflanzen können alle benötigten Aminosäuren selbst synthetisieren. **Essentielle Aminosäuren,** die Tieren und Menschen mit der Nahrung zugeführt werden müssen, sind die Aminosäuren Valin, Leucin, Isoleucin, Threonin, Methionin, Lysin, Phenylalanin und Tryptophan. Bei verschiedenen Tieren (Insekten, Fische) sind daneben noch die Aminosäuren Arginin und Histidin essentiell.

Die Untersuchungen über die Biosynthese der Aminosäuren wurden vorzugsweise an Mikroorganismen vorgenommen. Die α-Aminogruppe der Aminosäuren wird – ausgehend von einer 2-Oxosäure – meist durch Übertragung der Aminogruppe von einer anderen Aminosäure (Transaminierung in Gegenwart Pyridoxalphosphat-haltiger Enzyme, Kap. 6.3.5), bei Mikroorganismen auch durch Ammoniak eingeführt (Abb. 2-2).

Das C-Grundgerüst der Aminosäuren stammt vor allem von Komponenten des Citronensäurecyclus (Oxalessigsäure, 2-Oxoglutarsäure, Fumarsäure) oder Produkten des Kohlenhydratstoffwechsels (Erythrose-4-phosphat, Phosphoenolpyruvat, Phosphoglycersäure, Ribose-5-phosphat).

Viele Aminosäuren haben ähnliche Biosynthesewege. So werden Glutaminsäure, Aspartinsäure und Alanin durch Transaminierung aus den entsprechenden 2-Oxocarbonsäuren (2-Oxoglutarsäure, Oxalessigsäure bzw. Brenztraubensäure, vgl. Abb. 2-2) gebildet. Dieser Syntheseweg trifft auch für die verzweigten Aminosäuren Valin, Leucin und Isoleucin zu. Während

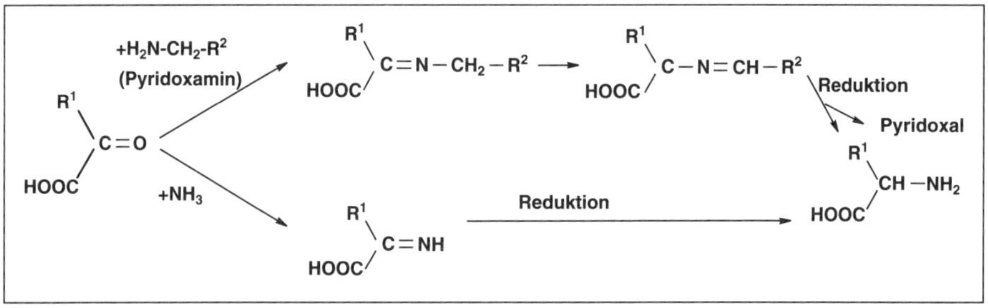

Abb. 2-2 Einführung der α-Aminogruppe in Aminosäuren. R^1 = Aminosäurerest; R^2 = 3-Hydroxy-5-hydroxymethyl-2-methyl-pyrid-4-yl, Aminogruppe stammt von anderer Aminosäure, s. Abb. 6-28).

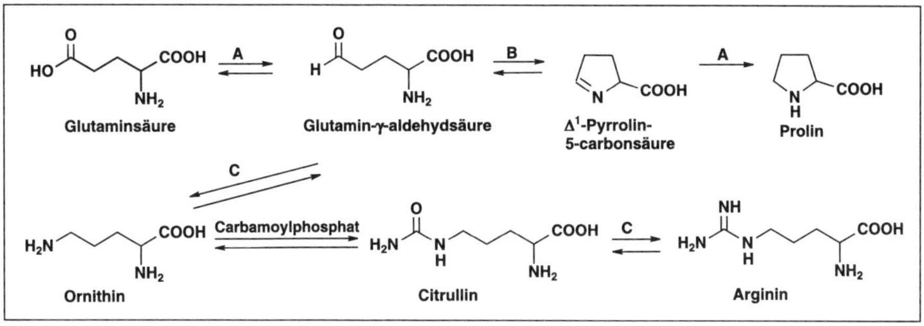

Abb. 2-3 Von Glutaminsäure ausgehende Aminosäuresynthesen. A: Reduktion; B: Cyclisierung; C: Transaminierung.

der Biosynthese der entsprechenden 2-Oxosäuren tritt eine Alkylwanderung ein. Glutaminsäure und Aspartinsäure dienen als Ausgangsprodukte für die Synthese weiterer Aminosäuren (Abb. 2-3).

Die aromatischen Aminosäuren Phenylalanin, Tyrosin und Tryptophan entstehen nach dem Shikimisäureweg (Abb. 9-2 und 9-3, S. 589, 590). Die Biosynthese des Histidins geht aus von 1-(5-Phosphoribosyl)-adenosinmonophosphat. Das C-Atom 2 und das N-1 des Imidazolringes vom Histidin stammen vom Purinylrest, alle anderen C-Atome von der Ribose.

2.1.4.2 Chemische Synthesen

Aminosäuren werden heute in großem Maßstab industriell produziert. Bereits seit langem dient Mononatriumglutamat als Speisewürze. Einige Aminosäuren werden zur Aufwertung von Nahrungs- und Futtermitteln eingesetzt, so u. a. Methionin und Lysin in der Tierproduktion. Medizinisch dienen Aminosäuren u. a. zur Bereitung von Nährlösungen (Infusionen).

Eine Gewinnung der Aminosäuren aus den Proteinhydrolysaten (S. 114) lohnt sich nur dann, wenn das betreffende, leicht zu beschaffende Protein besonders reich an einer bestimmten Aminosäure ist oder wenn sich eine Aminosäure besonders gut isolieren läßt, wie das z. B. bei der Glutaminsäure der Fall ist, die im sauren Milieu sehr schwer in Wasser löslich ist. Aufgrund ihrer schweren Löslichkeit lassen sich auch Cystin und Tyrosin aus Proteinhydrolysaten gewinnen. Aus Gelatinehydrolysaten wird vor allem Hydroxyprolin isoliert.

Die meisten Aminosäuren werden mikrobiologisch mit Wildtypen und vor allem mit Mutanten gewonnen (Fermentation). Daneben werden Aminosäuren auch mit Hilfe immobilisierter Mikroorganismen (z. B. L-Aspartinsäure in Japan) oder isolierter mikrobieller Enzyme produziert.

Durch Totalsynthese werden Glycin, die D,L-Aminosäuren sowie die L-Aminosäuren Alanin, Methionin, Phenylalanin, Serin, Tryptophan und Tyrosin in beträchtlichen Mengen produziert. Im Unterschied zu den aus Proteinhydrolysaten und durch mikrobiologische Verfahren gewonnenen

Aminosäuren fallen bei der Totalsynthese die Razemate an, so daß die synthetischen Verfahren eine Razemattrennung einschließen. Die Razemattrennung kann über die Bildung diastereomerer Salze, durch enzymatische Methoden, in ausgewählten Fällen durch bestimmte Kristallisationstechniken (u. a. Animpfen mit der optisch aktiven Form) sowie chromatographisch an optisch aktiven Adsorbentien erfolgen. Als diastereomere Salze haben sich die Salze der freien Aminosäuren mit optisch aktiven Säuren (z. B. Camphersäure, Weinsäure) und die der acylierten Aminosäuren mit optisch aktiven Basen (z. B. Brucin, Strychnin) bewährt. Unter den enzymatischen Methoden hat vor allem der Einsatz von Aminoacylasen Bedeutung erlangt, die Razemate acylierter Aminosäuren (R^1=CH_3, CH_2Cl) stereospezifisch hydrolysieren:

$$R^1-\underset{O}{\overset{}{C}}-\underset{\Uparrow}{\overset{H}{N}}-\underset{R^2}{\overset{}{CH}}-COOH$$

Aminoacylasen

Zur Erhöhung der Ausbeute wird der als Nebenprodukt mit anfallende Antipode durch Razemisierung wieder in die D,L-Form überführt. Für die Totalsynthese razemischer Aminosäuren sind zahlreiche Verfahren ausgearbeitet worden, von denen hier nur die wichtigsten ausgewählt werden können.
Eine Gruppe von Synthesen geht von α-Halogencarbonsäuren aus. Der nucleophile Austausch des Halogenatoms kann unmittelbar mit Ammoniak oder besser noch mit Phthalimid-Kalium (*Gabriel*-Synthese) vorgenommen werden. Ausgehend von Brommalonsäureester kann gleichzeitig noch die Seitenkette eingeführt werden.
Bei der *Strecker*schen Synthese wird von einem Aldehyd mit der gewünschten Seitenkette der Aminosäure ausgegangen. Die Aldehydgruppe dient zur Einführung von Amino- und Carboxylgruppe. Das als Zwischenprodukt anfallende α-Aminonitril wird durch Umsetzen des Aldehyds mit Ammoniak und Cyanwasserstoff erhalten.

$$\underset{R}{\overset{}{CHO}} \xrightarrow{NH_3} \underset{R}{\overset{}{H_2N-CHOH}} \xrightarrow{HCN} \underset{R}{\overset{}{H_2N-CH-CN}} \xrightarrow{H^{\oplus}} \underset{R}{\overset{}{H_2N-CH-COOH}}$$

Razemische Glutaminsäure wird z. B. durch katalytische Hydroformylierung von Acrylnitril und anschließende *Strecker*-Synthese technisch gewonnen:

$$NC-CH=CH_2 \xrightarrow{CO_2/H_2} NC-CH_2-CH_2-CH=O \xrightarrow[2.\ H^{\oplus}]{1.\ NH_3/HCN} HOOC-CH_2-CH_2-CH\begin{smallmatrix}NH_2\\COOH\end{smallmatrix}$$

Die *Erlenmeyer*-Synthese geht von der Aminosäure Glycin aus. Die Seitenkette wird in einer *Knoevenagel*-Kondensation durch Reaktion eines Aldehyds mit der aktiven Methylengruppe des aus N-Acylglycin (Acetyl, Benzoyl) erhaltenen Azlactons eingeführt.

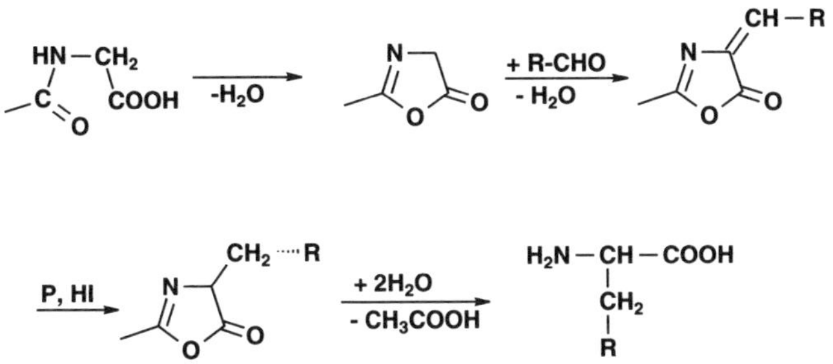

Razemisches Lysin läßt sich aus dem in der chemischen Grundindustrie in großen Mengen bei der Kunstfaserproduktion anfallenden Caprolactam herstellen:

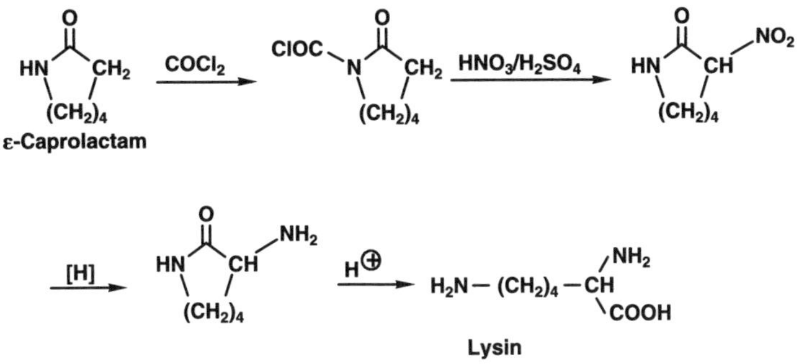

2.2 Peptide und Proteine

2.2.1 Peptidbindung

> Peptide und Proteine entstehen durch wiederholte amidartige Verknüpfung der α-Aminogruppe einer Aminosäure mit der Carboxylgruppe einer anderen Aminosäure. Das Rückgrat *(back bone)* einer derartigen Peptidkette wird also durch die sich wiederholende Gruppierung -NH-CO-CHR- gebildet. Lediglich die α-Aminogruppe der ersten Aminosäure (N-terminale Aminosäure) und die Carboxylgruppe der letzten Aminosäure (C-terminale Aminosäure) liegen fast immer in freier Form vor.

Die Eigenschaften der Peptide werden weitgehend durch die Amidgruppen bestimmt. Bei der Amidgruppe steht das Elektronenpaar am N-Atom in Konjugation zur Carbonylgruppe. Die dadurch ermöglichte Mesomerie bedingt den partiellen Doppelbindungscharakter der Amidgruppe. Das äußert sich im Bindungsabstand zwischen C- und N-Atom, der 0,132 nm beträgt, also in der Nähe des Bindungsabstandes einer C=N-Bindung (0,125 nm; N-C-Einfachbindung: 0,147 nm) liegt. Der partielle Doppelbindungscharakter bedingt auch eine Behinderung der freien Drehbarkeit um die C-N-Achse der Amidgruppe. Im allgemeinen ist die *trans*-Form stabiler als die *cis*-Form. Die Energiedifferenz ist größer als 8 kJ/mol. Eine Ausnahme machen Peptidbindungen, die von N-substituierten Aminosäuren (Prolin, Hydroxyprolin) ausgehen. Hier besitzen beide Formen etwa gleiche Stabilität. Bei den meisten Peptiden und Proteinen liegt die Amidgruppe in der *trans*-Form vor. Bei Prolinresten kann enzymatisch eine Umlagerung *cis-trans* erfolgen (vgl. S. 125).

Bei homodeten Peptiden ist eine Cyclisierung zu kleineren Ringsystemen nur möglich, wenn alle oder zumindest ein Teil der Peptidgruppen in der *cis*-Form vorliegen. Bei cyclischen Dipeptiden (2,5-Dioxopiperazine) liegen alle Peptidbindungen in der *cis*-Form vor. Cyclische Tetrapeptide enthalten 2 *cis*- und 2 *trans*-Peptidgruppen.

An der Bildung der natürlich vorkommenden Peptide und Proteine sind die 20 der durch den genetischen Code programmierten Aminosäuren beteiligt. Deren unterschiedliche Reste R bedingen die Variabilität der Peptide und Proteine. Bei einer Peptidkette aus 100 Aminosäuren ergeben sich bereits 20^{100} Möglichkeiten der Verknüpfung.

2.2.2 Nomenklatur

Nach der Anzahl der Aminosäureeinheiten lassen sich die Peptide in Oligopeptide (2 bis 10 Aminosäuren), Polypeptide und Proteine einteilen. Die Grenze zwischen den Polypeptiden und den die Dialysemembranen nicht mehr passierenden Proteinen liegt bei einer Molmasse von ca. 10.000 (ca. 80 bis 90 Aminosäuren). Titin, ein Muskelprotein, enthält mehr als 30.000 Aminosäuren.

Peptide, deren Rückgrat nur von Aminosäuren gebildet wird, werden als **homöomere Peptide** bezeichnet. **Heteromere Peptide** sind aus Aminosäuren und Pseudoaminosäuren aufgebaut. Zu den heteromeren Peptiden gehören z. B. die **Depsipeptide,** die neben Aminosäuren Hydroxycarbonsäuren enthalten. Cyclische Depsipeptide werden auch als **Peptolide** bezeichnet. Nach der Art der Bindungen in den Peptiden werden homodete und heterodete Peptide unterschieden. **Homodete Peptide** enthalten nur Amidbindungen, **heterodete Peptide** daneben auch andere Bindungen. Eine besondere Bedeutung besitzt dabei die Disulfidbrücke.

Val-Orn-Leu-*D*-Phe-Pro-Val-Orn-Leu-*D*-Phe-Pro
monocyclisch (Gramicidin S)

H-Amt-Leu-*D*-Glu-Ile-Lys-*D*-Orn-Ile-*D*-Phe-His-Asp-*D*-Asp
teilcyclisch, homodet-homöomer (Bacitracin)

H-Cys-Tyr-Ile-Gln-Asn-Cys-Pro-Leu-Gly-NH$_2$
teilcyclisch, heterodet-homöomer (Oxytocin)

Poly (Ala) oder (Ala)$_n$	Homopolymer
Poly(*DL*- Ala, Lys) oder (*DL*-Ala, Lys)$_n$	Lineares Copolymer mit statistischer Verteilung
Poly(*DL*- Ala, Lys) oder (*DL*-Ala, Lys)$_n$	Lineares Copolymer mit alternierender Verteilung
Poly(Glu-Lys$_2$-Tyr) oder (Glu-Lys$_2$-Tyr)$_n$	Lineares Copolymer mit sich wiederholdender Sequenz (sequentielles Polypeptid)
Poly(Glu^{56})-poly(Lys^{44}) oder (Glu^{56})$_n$-(Lys^{44})$_m$	Blockpolymer
Poly(Ala)-poly(Tyr)-poly(*DL*-Ala, Lys) oder (Ala)$_n$-(Tyr)$_m$(*DL*-Ala, Lys)$_n$	Propfpolymer

Abb. 2-4 Beispiele zur Peptid-Nomenklatur.

Lineare Peptide sind unverzweigt. Verzweigtkettige Peptide können durch Reaktionen der Seitenketten gebildet werden. Innerhalb der cyclischen Peptide unterscheidet man teilcyclische und mono-, di- bis polycyclische Peptide, von denen in Abbildung 2-4 einige Beispiele aufgeführt sind. Ein polycyclisches Peptid ist die Ribonuclease S (S. 164).

Die natürlichen Polypeptide und Proteine sind Biopolymere, die alle 20 oder doch zumindestens zahlreiche proteinogene Aminosäuren in einer bestimmten Reihenfolge (Sequenz) enthalten.

Synthetisch sind Polymere zugänglich, die aus einer oder nur wenigen Aminosäuren aufgebaut sind.

> Als Homopolymere bezeichnet man Polymere einer einzigen Aminosäure. Copolymere enthalten zwei oder mehr Grundbausteine. Die Monomere können statistisch (statistische Copolymere) oder regelmäßig verteilt sein (alternierende Copolymere, sequentielle Polypeptide). Blockpolymere sind lineare Polymere, die zwei oder mehr Blöcke, d.h. distinkte Bereiche innerhalb des Polymers, enthalten. Bei Pfropfpolymeren sitzen die Blöcke an funktionellen Gruppen der Seitenketten der Aminosäuren. Pfropfpolymere sind also verzweigt.

Beispiele für die Nomenklatur synthetischer Polypeptide (nach *IUPAC-IUB*) sind in Abbildung 2-4 zu finden.

Konjugierte Proteine (Proteide) enthalten außer Aminosäuren noch andere Bausteine, die an die Seitenketten der Aminosäuren gebunden sind (Kap. 2.8).

2.3 Chemische Eigenschaften und Analytik

2.3.1 Reaktionen funktioneller Gruppen der Aminosäuren

Aminosäuren sind polyfunktionelle Verbindungen, die als reaktionsfähige Gruppen außer der α-Amino- und der Carboxylgruppe noch Substituenten in der Seitenkette enthalten können. Zahlreiche Aminosäurederivate dienen als Ausgangsprodukte für die Peptidsynthese (vgl. Kap. 2.10). Viele Reaktionen der Aminosäuren lassen sich zum Nachweis und zur Bestimmung der Aminosäuren und ihrer Derivate (Peptide, Proteine) sowie zur chemischen Modifizierung von Proteinen (Kap. 2.9) ausnutzen.

2.3.1.1 Reaktionen der Aminogruppe

Die α-Aminogruppe der Aminosäuren sowie die ε-Aminogruppe des Lysins geben die typischen Reaktionen der primären aliphatischen Amine. Mit salpetriger Säure werden die Aminosäuren zu den entsprechenden Hydroxycarbonsäuren umgesetzt. Der dabei entstehende Stickstoff läßt sich volumetrisch erfassen. Diese Reaktion ist Grundlage der Aminogruppenbestimmung nach *Van Slyke*.

$$H_2N-CH(R)-COOH + HONO \longrightarrow HO-CH(R)-COOH + N_2 + H_2O$$

Eine große Bedeutung haben die Reaktionen der Aminogruppe mit Carbonylverbindungen. In Form einer Additionsreaktion lassen sich die Aminogruppen mit Aldehyden unter Bildung *Schiff*scher Basen (Azomethine) umsetzen. Im Unterschied zu den Aminen sind die *Schiff*schen Basen kaum basisch (vgl. Titrationskurve 2, Abb. 2-17, S. 126). *Schiff*sche Basen sind nicht sehr stabil und bilden protonenkatalysiert leicht wieder die Ausgangsprodukte. Als *Schiff*sche Basen sind nativ zahlreiche Verbindungen an die Aminogruppe der Lysinreste von Proteinen gebunden (z. B. Retinal S. 378, Pyridoxal S. 413). Ein „Lysinaldehyd" (Allysin) entsteht relativ leicht durch Oxidation der endständigen Aminomethylgruppe zur Aldehydgruppe. Davon abgeleitete *Schiff*sche Basen sind als Zwischenprodukte an der Biosynthese der Kollagenfasern beteiligt (S. 149).

Wesentlich instabiler als die Additionsprodukte der Amine mit Aldehyden sind die Reaktionsprodukte mit 1,2-Diketonen, die unter Abspaltung der Carboxylgruppe der Aminosäuren ablaufen. Ein Spezialfall dieser Reaktion ist die **Ninhydrin-Reaktion** (Abb. 2-5) der Aminosäuren. Ninhydrin (hydratisiertes Triketohydrinden) bildet zunächst eine leicht decarboxylierende *Schiff*sche Base. Nach Abspaltung des Aminosäurerestes als um ein C-Atom verkürzter Aldehyd unter Beteiligung eines zweiten Moleküls Ninhydrin entsteht ein indigoider, blauvioletter Farbstoff (λ_{max} = 570 nm), der zur quantitativen Bestimmung sowie zum Nachweis der Aminosäuren herangezogen werden kann. Eine andere Struktur besitzen die Reaktionsprodukte des Ninhydrins mit Prolin und – bei Umsetzen in stark saurer Lösung – mit Tryptophan.

Der Angriff der nucleophilen Aminogruppe an einer aktivierten Carboxylgruppe führt zur Ausbildung eines Amides. Diese Reaktion ist Grundlage der Peptidsynthese (Kap. 2.10).

Die ε-Aminogruppe der Lysinreste eines Proteins läßt sich unspezifisch acylieren – eine Reaktion, die häufig zur chemischen Modifizierung eines Proteins herangezogen wird.

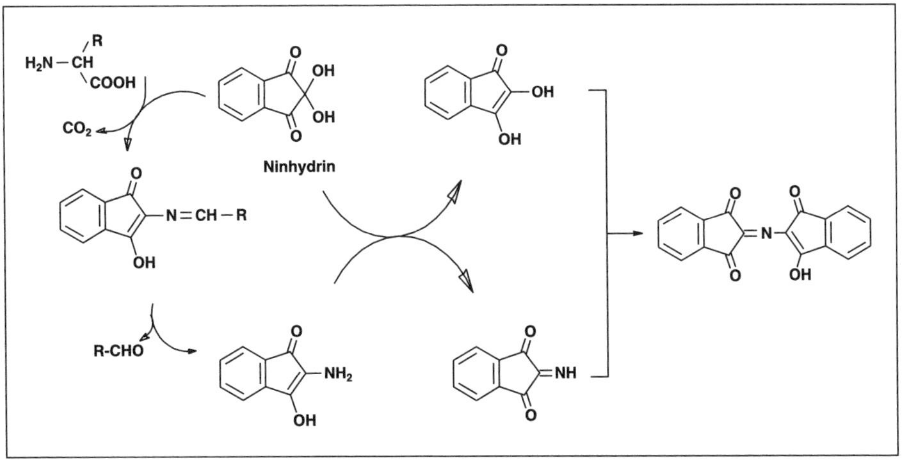

Abb. 2-5 Ninhydrin-Reaktion.

Die Umsetzung der endständigen Aminogruppe eines Proteins mit einem Isothiocyanat ist Grundlage der Sequenzanalyse eines Proteins nach *Edman* (S. 117).

Die Anwesenheit der stark nucleophilen Aminogruppe neben einer Carbonylgruppe ist Anlaß für zahlreiche Cyclisierungen. Durch Angriff der nicht protonierten Aminogruppe an der Carbonylgruppe von Aminosäureestern werden **2,5-Dioxopiperazine** gebildet. Dioxopiperazine wurden erstmals durch *E. Fischer* synthetisiert. Sie reagieren nicht mit Ninhydrin. Einige der natürlich vorkommenden Dioxopiperazine besitzen antibiotische Wirkung.

Ein intramolekularer Angriff der α-ständigen Aminogruppe endständiger Glutaminsäurereste an der γ-Carboxylgruppe führt zu Derivaten des Pyrrolid-5-carbonsäure-2-on (Pyroglutaminsäure, Pyr, pGlu). Endständige Pyroglutaminsäurereste wurden u. a. in verschiedenen Hormonen (Thyroliberin, Gastrin, Caerulin, Eledoisin, Physalaemin) gefunden.

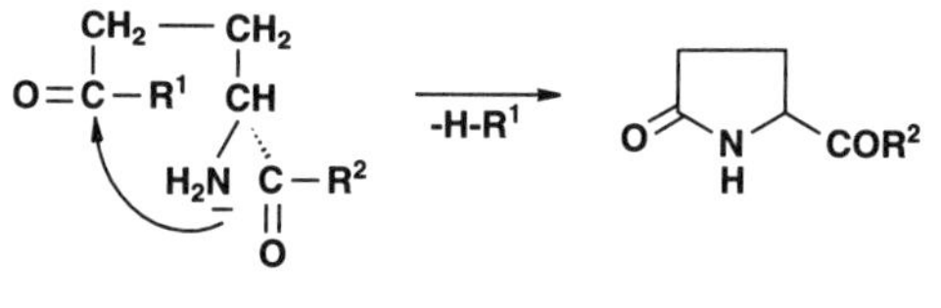

R^1 = NH_2, O-Alkyl(Ester)   pGlu
R^2 = Proteinrest

Durch intramolekulare Cyclisierung von N-Benzyloxycarbonylaminosäurehalogeniden entstehen Aminosäure-N-carbonsäure-Anhydride (Oxazolidin-2,5-dione, **3**), die nach ihrem Entdecker auch als *Leuchs*sche Anhydride bezeichnet werden.

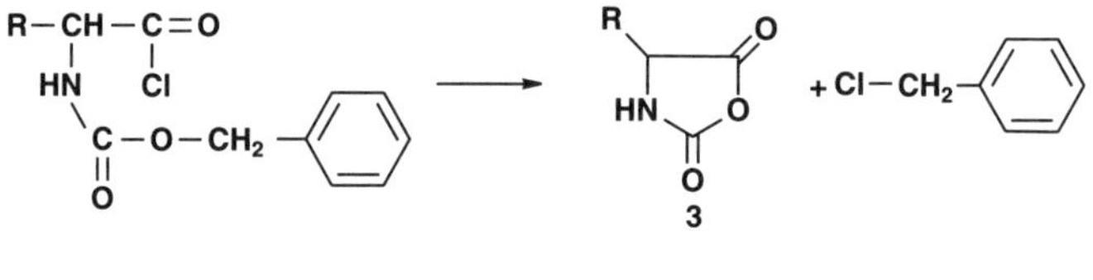

Durch besonders reaktionsfähige Verbindungen lassen sich die Aminogruppen arylieren. Eine besondere Bedeutung hat die Umsetzung mit 2,4-Dinitro-fluorbenzol erlangt. Diese Umsetzung ist Grundlage der Endgruppenbestimmung nach *Sanger* (S. 115). An den ε-Aminogruppen der Lysinreste dinitrophenylierte Proteine dienen für immunologische Untersuchungen (Dinitrophenylrest als Hapten).

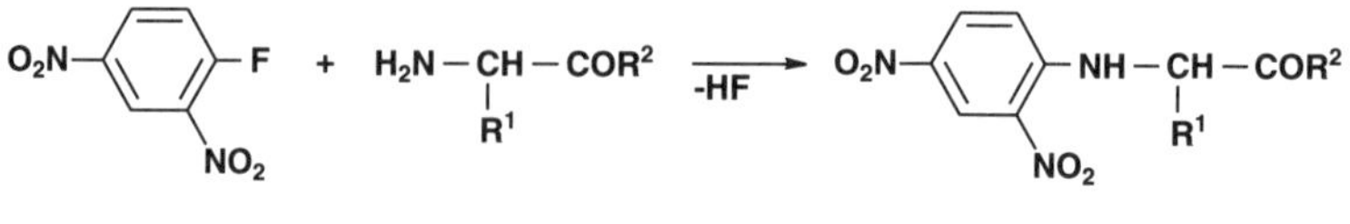

Die Arylierung mit 2,4,6-Trinitrobenzolsulfonsäure (*Habeeb*, 1966) oder Naphtho-1,2-chinon-4-sulfonsäure (Aminosäurereagens nach *Folin*) erfolgt über die Bildung von *Meisenheimer*-Komplexen unter Abspaltung von Hydrogensulfit. Mit 2,4,6-Trinitrobenzolsulfonsäure lassen sich Lysinreste in Proteinen inaktivieren.

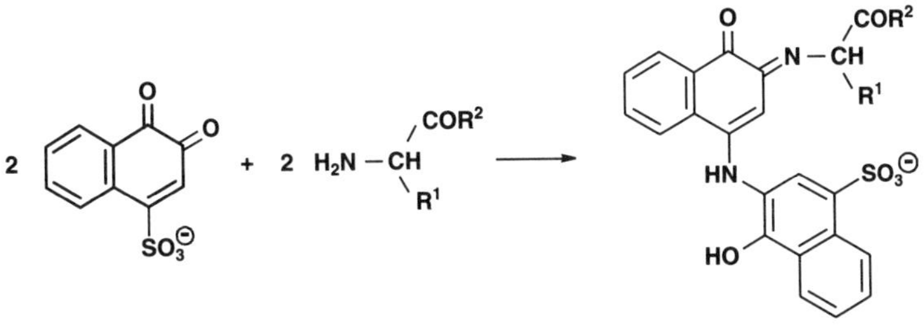

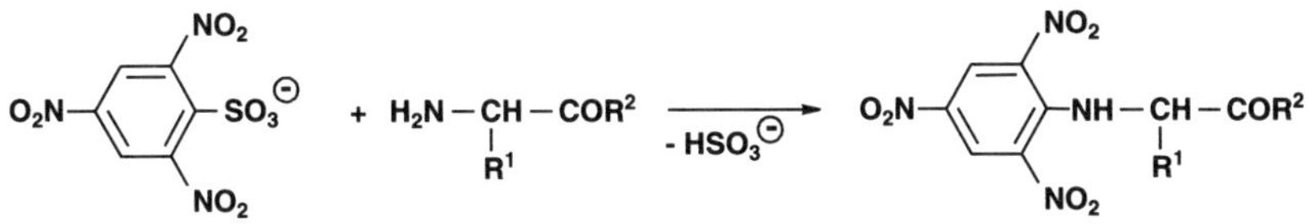

2.3.1.2 Reaktionen der Carboxylgruppe

Aminosäuren lassen sich wie andere Carbonsäuren verestern. Bei der Veresterung mit Alkohol in Gegenwart von HCl werden die stabilen protonierten Aminosäureester gebildet. Im Unterschied zu diesen Hydrochloriden sind die freien Aminosäureester oft nicht stabil. So werden z. B. bei der Destillation 2,5-Dioxopiperazine gebildet. An der Aminogruppe geschützte Alkanolester können als Ausgangsprodukte für die Synthese der entsprechenden Hydrazide und Azide eingesetzt werden.

Aktivierte Ester, Azide, Anhydride und in sehr begrenztem Umfange auch Halogenide der an der Aminogruppe geschützten Aminosäuren werden als aktivierte Carboxylderivate bei der Peptidsynthese (S. 156) eingesetzt.

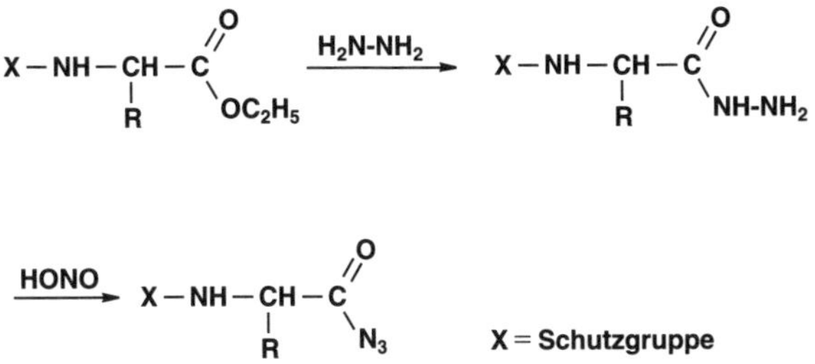

2.3.1.3 Reaktionen weiterer funktioneller Gruppen

Schwefelhaltige Gruppen

Die Mercaptogruppe des Cysteins läßt sich oxidieren und alkylieren. Durch milde Oxidationsmittel erfolgt eine Oxidation zum Disulfid (**Cystin**). Stärkere Oxidationsmittel wie Perameisensäure oxidieren zum Cystinmonosulfon bzw. noch weiter zur Cysteinsäure.

$$2R-SH \longrightarrow R-S-S-R \longrightarrow R-\overset{\overset{O}{\|}}{\underset{\underset{O}{\|}}{S}}-S-R \longrightarrow 2R-\overset{\overset{O}{\|}}{\underset{\underset{O}{\|}}{S}}-OH$$

Die Oxidaton der Methylthiogruppe des Methionins führt zum Sulfoxid und weiter zum Sulfon. Die Disulfidbindung des Cystins läßt sich durch Thiole wieder reduzieren. Dabei kommt es zu einem Disulfidaustausch.

$$R^1-S-S-R^1 + R^2-SH \rightleftharpoons R^1-S-S-R^2 + R^1-SH$$

$$R^1-S-S-R^2 + R^2-SH \rightleftharpoons R^2-S-S-R^2 + R^1-SH$$

Auf dieser Reaktion beruht die Aufspaltung der Disulfidbrücken von Proteinen durch einen Überschuß an Mercaptoethanol (HS-CH$_2$-CH$_2$-OH), Thioglycolsäure (HS-CH$_2$-COOH) oder 2,3-Dihydroxy-1,4-dimercaptobutan (Dithiothreitol bzw. Dithioerythritol, *Clelands*-Reagens; HS-CH$_2$-*CHOH-CHOH*-CH$_2$-SH).

Zur Aufspaltung aller Disulfidbrücken ist meist eine Zerstörung der Tertiärstruktur des Proteins durch denaturierende Agentien wie Harnstoff erforderlich. Ein Disulfidaustausch kann auch durch Reaktion eines Disulfids mit einem Cysteinrest desselben Proteins erfolgen.

Mercaptogrupppen lassen sich durch Umsetzen mit quecksilberorganischen Verbindungen oder durch Alkylierung blockieren (Abb. 2-6). Bei der chemischen Modifizierung von Proteinen dienen zur Alkylierung vorzugsweise Halogenessigsäurederivate. Maleinimide reagieren mit Mercaptogruppen unter Addition. Zur Blockierung von Cysteinresten in Proteinen dient vorzugsweise 5,5'-Dithiobis(2-nitrobenzoat) (DTNB).

Die Mercaptogruppe von Cystein kann nucleophil an α,β-ungesättigten Carbonylverbindungen (vgl. Abb. 1-45, S. 73) und Chinonen angreifen, die z. B. aus Catecholaminen entstehen. Die Reaktion kann bis zur Entstehung von Tetrahydrobenzothiazinen gehen (vgl. Abb. 9-23, S. 619).

Beta-ständige Substituenten können unter Eliminierung und Bildung von Dehydroaminosäuren abgespalten werden (vgl. Eliminierung von

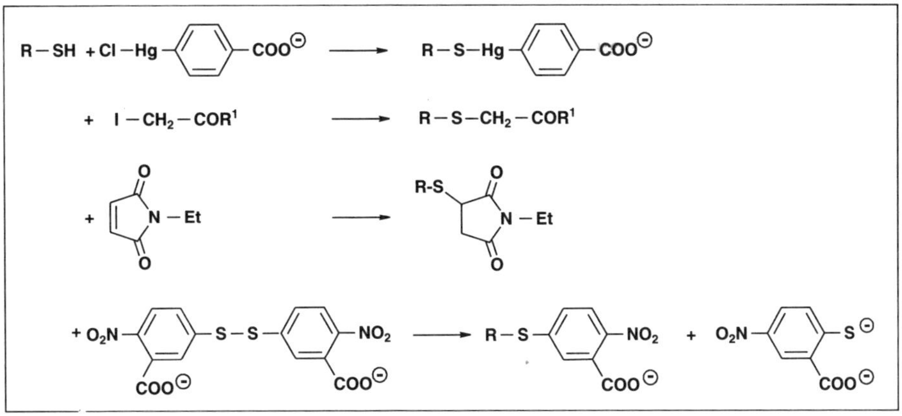

Abb. 2-6 Reagentien zur Blockade von Mercaptogruppen.

Zuckerresten bei Kohlenhydrat-Protein- Verbindungen, S. 240). Dehydroaminosäuren und Dehydropeptide kommen in Pilzen und anderen Pflanzen vor. Über sie soll auch die Biosynthese der Penicilline, Cephalosporine und Peptidalkaloide erfolgen.

Die Methylthiogruppe des Methionins ist der Hauptlieferant für Methylgruppen bei zahlreichen Biosynthesen. Die Aktivierung erfolgt durch Bildung des S-Adenosylmethionin. Diese Sulfoniumverbindung ist auch Precursor für die Biosynthese des Phytohormons Ethen in der Pflanze (S. 509). Durch Überführen der Methylthiogruppe in eine Sulfoniumgruppe läßt sich die Peptidbindung nach Methioninresten spezifisch spalten (S. 110), was gegenwärtig große Bedeutung für die Abspaltung gentechnologisch produzierter Peptide hat. Dazu wird an das Gen des zu synthetisierenden Peptids noch ein Met-kodierendes Triplett (vgl. Tab. 4-11, S. 317) gebunden.

Guanidinrest des Arginins

Der *Sakaguchi*-Nachweis der Proteine beruht auf der Reaktion des Guanidinrestes in alkalischer Lösung mit α-Naphthol in Gegenwart von Hypobromit. Es wird ein roter Farbstoff der Struktur **4** gebildet.

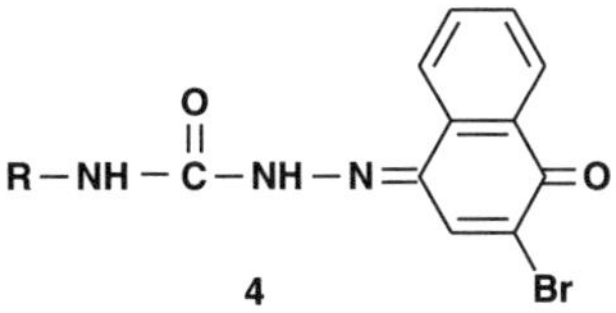

Der Guanidinrest des Arginins reagiert ferner mit stark elektrophilen Reagentien wie 1,2- und 1,3-Dicarbonylverbindungen (z. B. Butan-2,3-dion, Phenylglyoxal) unter Bildung heterocyclischer Kondensationsprodukte.

Indolrest des Tryptophans

Die Reaktionen des Tryptophans gehen auf die Reaktivität des Wasserstoffatoms in 2-Stellung des Indolrestes zurück. Ein elektrophiler Angriff (E^+) erfolgt entweder direkt am C-2 oder in der nucleophileren 3-Stellung. Anschließend erfolgt dann eine intramolekulare Wanderung. Als elektrophile Reagentien können z.B. Aldehyde reagieren. Der bekannteste Nachweis des Tryptophans beruht auf der Umsetzung mit Glyoxalsäure in Gegenwart von konzentrierter Schwefelsäure (*Hopkins, Cole*). Der Farbstoff absorbiert bei 545 nm.

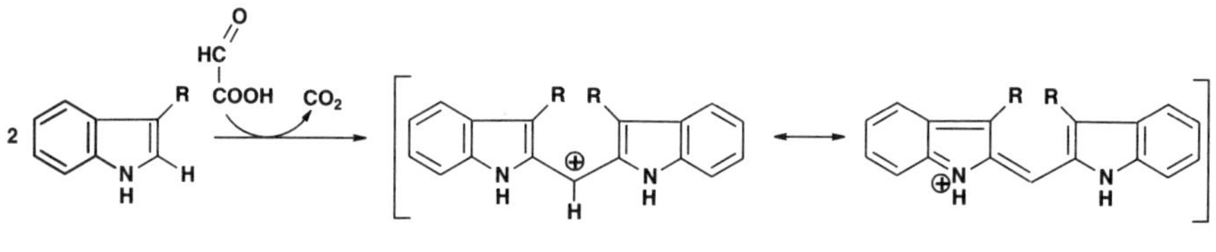

Ein ähnlich gebauter Farbstoff (**5**) wird durch Reaktion mit 4-Dimethylaminobenzaldehyd gebildet. Diese Reaktion kann auch für die quantitative Bestimmung herangezogen werden.

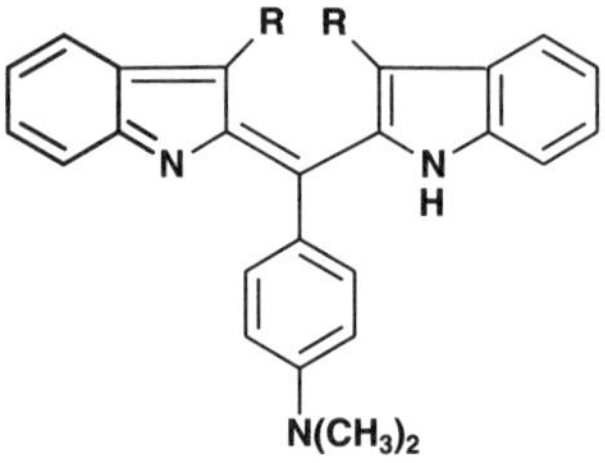

Zur selektiven Modifizierung und quantitativen Bestimmung von Tryptophanresten dient die Umsetzung mit 2-Hydroxy-5-nitrobenzylbromid (*Koshlands*-Reagens). Als Hauptprodukt der Umsetzung dieses Reagens mit Tryptophan konnte die Verbindung **6** nachgewiesen werden. Etwas langsamer als Tryptophanreste reagieren Mercaptogruppen.

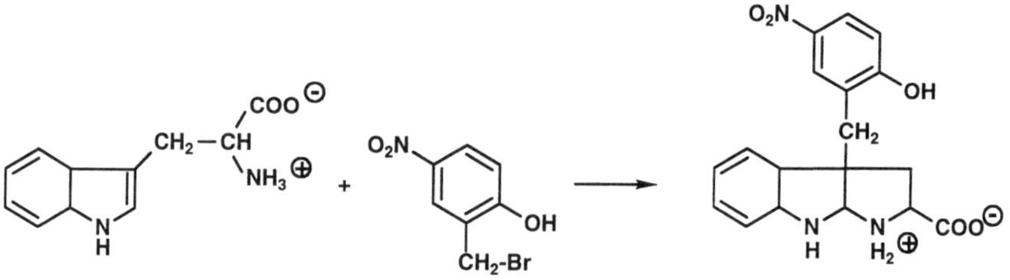

Für die Modifizierung von Tryptophan und Cystein unter milden, schwach sauren Bedingungen können auch Sulfenylhalogenide herangezogen werden. Am gebräuchlichsten ist 2-Nitrophenylsulfenylchlorid (**7**), das mit Tryptophan einen Farbstoff (**8**) ergibt, der bei 365 nm absorbiert und für die quantitative Bestimmung geeignet ist.

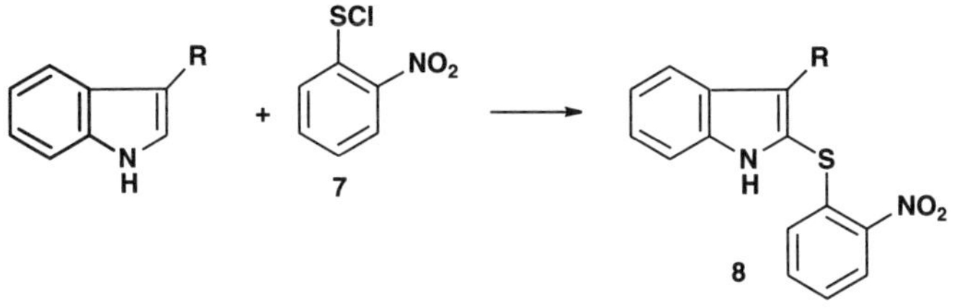

Tryptophanreste in Proteinen lassen sich spezifisch mit Dimethyl-(2-hydroxy-5-nitrobenzyl)-sulfonium-bromid (**9**) inaktivieren.

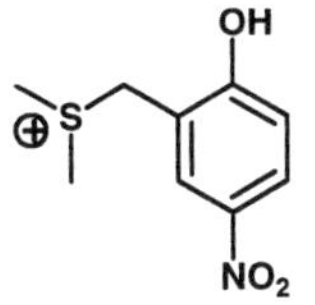

Tryptophanreste sind leicht oxidativ angreifbar. Als Oxidationsprodukte werden je nach Oxidationsmittel Oxindolalanine (**10**) bzw. Dioxindolylalanine (**11**) oder Kynureninderivate (vgl. S. 672) gebildet.

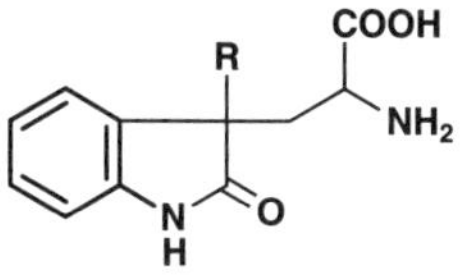

Mit Peressigsäure bei 0 °C wird ein Pyrrolidinoindolenin (**12**) gebildet (vgl. Alkaloide, S. 667). Auf einer Oxidation beruht auch die Umsetzung von Tryptophanresten mit N-Bromsuccinimid zu Spirolactonen (S. 111). Unter den Bedingungen der säurekatalysierten Hydrolyse von Peptiden werden Tryptophanreste zerstört. Der Indolring der Tryptophanreste ist ein π-Überschuß-System, das als Donator Charge-Transfer-Komplexe eingehen kann.

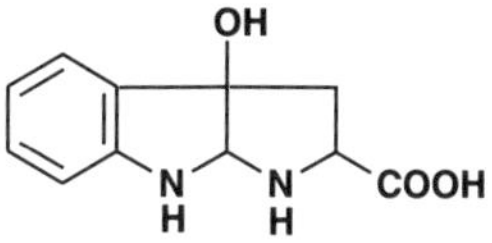

Elektrophile Substitutionen an aromatischen bzw. heteroaromatischen Seitenresten

Elektrophil substituierbar sind vor allem die Tyrosin- und Histidinreste. Bei der Behandlung von Proteinen mit konzentrierter Salpetersäure erfolgt eine Gelbfärbung (Xanthoprotein-Reaktion), die auf eine Nitrierung von Tyrosin- und Phenylalaninresten zurückzuführen ist. Zur spezifischen Inaktivierung von Tyrosinresten in Proteinen erfolgt eine Nitrierung mit Tetranitromethan.

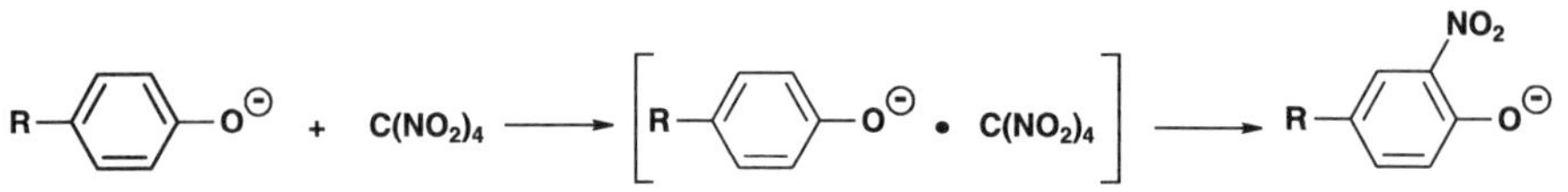

$$R-\text{C}_6H_4-O^\ominus + C(NO_2)_4 \longrightarrow [R-\text{C}_6H_4-O^\ominus \cdot C(NO_2)_4] \longrightarrow R-\text{C}_6H_3(NO_2)-O^\ominus$$

Stark elektrophile Reagentien sind die Diazoniumsalze, die u. a. zur chemischen Modifizierung von Proteinen eingesetzt werden können. Auf der Bildung von Azofarbstoffen durch Umsetzen der Aminosäuren Tyrosin und Histidin mit diazotierter Sulfanilsäure beruht die Proteinfärbung nach *Pauly*.

Auch die Iodierung des Tyrosins ist eine elektrophile Reaktion. Zur radioaktiven Markierung von Proteinen mit ^{125}I oder ^{131}I wird das tyrosinhaltige Protein mit dem entsprechenden Iodid in Gegenwart von Chloramin T als Oxidationsmittel umgesetzt.

2.3.1.4 Oxidative Veränderungen von Aminosäuren

Von großer biologischer Bedeutung ist die Einwirkung von Radikalen, die durch Bestrahlung oder in Gegenwart von Schwermetallionen wie Fe^{2+}, Cu^{2+} oder Mn^{2+} entstehen können, auf Nucleinsäuren (Kap. 4.1.4.3), Lipide (Kap. 5.2.3) und Proteine. In Anwesenheit von Sauerstoff bilden Aminosäuren durch Einwirkung von Radikalen α-Ketonsäuren bzw. Aldehyde (Abb. 2-7). Primärschritt ist eine Wasserstoffabstraktion in α-Posi-

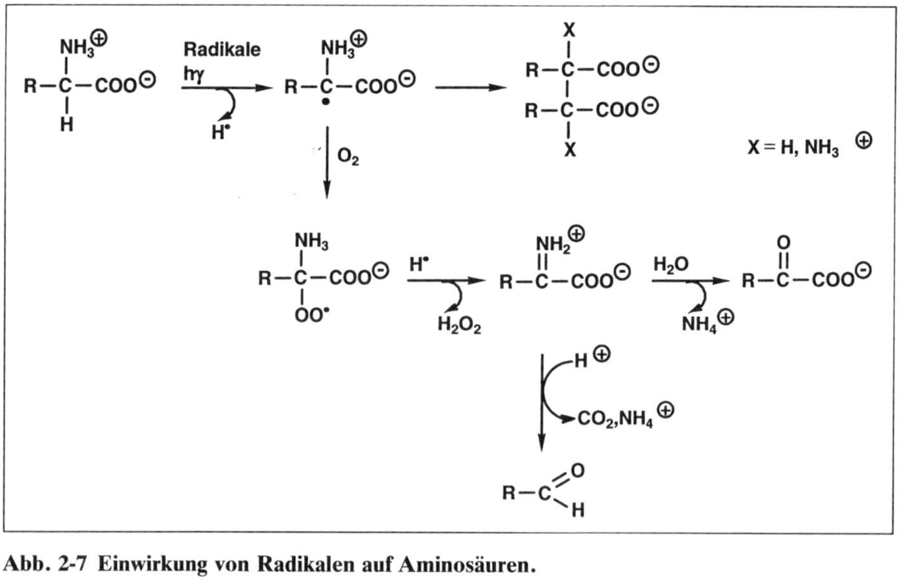

Abb. 2-7 Einwirkung von Radikalen auf Aminosäuren.

tion. In Abwesenheit von Sauerstoff werden Dicarbonsäuren gebildet. Tryptophan bildet Formylkynurenin als Hauptprodukt, Tyrosin Dihydroxyphenylalanin. Die wichtigsten Oxidationsprodukte der Aminosäuren gehen aus Abbildung 2-8 hervor.

2.3.2 Spaltung der Peptidbindung

Spaltungen von Peptidbindungen führen zum Abbau der Peptide und Proteine. Auf der hydrolytischen Spaltung beruht die Wirkung der proteolytischen Enzyme (Peptidasen) z. B. beim Verdauungsvorgang. Eine chemi-

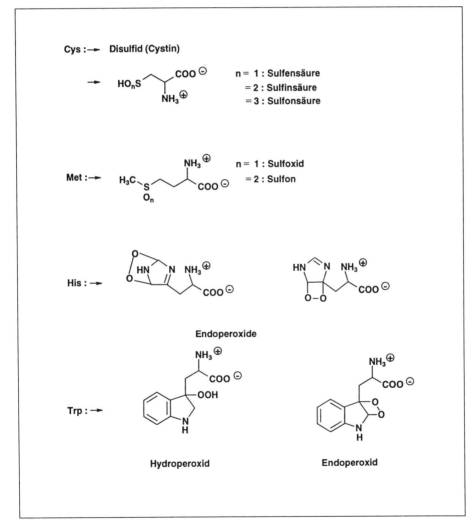

Abb. 2-8 Oxidationsprodukte von Aminosäuren.

sche oder enzymatische Spaltung eines Proteins ist Voraussetzung für die Aufklärung seiner Primärstruktur (Kap. 2.4.1).

2.3.2.1 Nicht-enzymatische Methoden

Die Amidgruppe ist gegenüber Alkali relativ beständig. Längeres Erhitzen z. B. mit 6N Ba(OH)$_2$-Lösung im Autoklaven führt zu vollständig razemisierten Aminosäuren. Eine wesentlich größere Bedeutung hat dagegen die säurekatalysierte Hydrolyse. Die einzelnen Peptidbindungen unterscheiden sich etwas hinsichtlich ihrer Stabilität in Abhängigkeit vom Rest R der an der Bindung beteiligten Aminosäuren. Zuerst werden Peptide gespalten, an denen Aspartinsäure, Asparagin, Serin oder Threonin beteiligt sind. Am schwersten lassen sich dagegen die Peptidbindungen von Isoleucin, Leucin oder Valin spalten. Die säurekatalysierte Hydrolyse läßt sich also partiell, aber dennoch recht unspezifisch durchführen. Die Bedingungen lassen sich aber so auswählen, daß hauptsächlich Oligopeptide entstehen. Bei der säurekatalysierten Hydrolyse der Proteine wird Tryptophan meist zerstört.

Für eine selektive Spaltung der Peptide wurden spezielle chemische Methoden entwickelt. So wird durch Bromcyan im sauren Milieu bei Raumtemperatur die Peptidbindung hinter Methionin spezifisch gespalten. Bromcyan reagiert zunächst mit dem Schwefelatom der Methylthiogruppe unter Bildung einer Sulfoniumverbindung. Die durch Abspaltung von CH$_3$SCN und Cyclisierung entstandene Iminoverbindung **13** wird dann leicht hydrolytisch gespalten. Bei höherer Temperatur reagiert in ähnlicher Weise wie Bromcyan auch Iodacetamid (I-CH$_2$-CONH$_2$) mit Methionin.

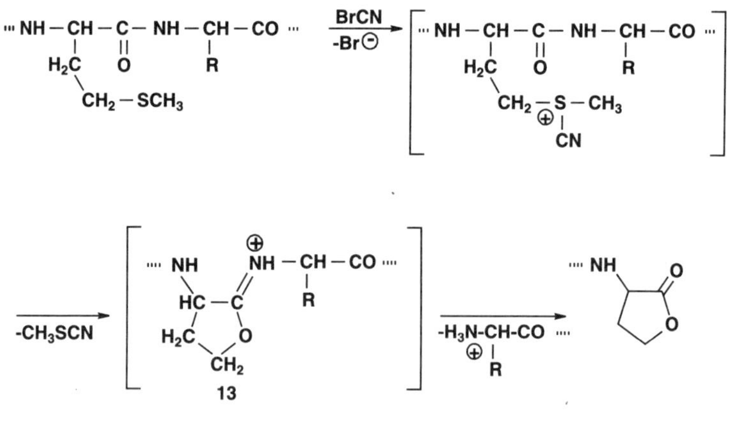

Durch oxidative Bromierung mittels N-Brom-succinimid lassen sich die Peptidbindungen hinter Tryptophan und langsamer hinter Tyrosin und Histidin spalten. Auch hier erfolgt die Lockerung der Bindung zwischen den Aminosäuren über eine durch Cyclisierung entstandene Iminoverbindung (**14**).

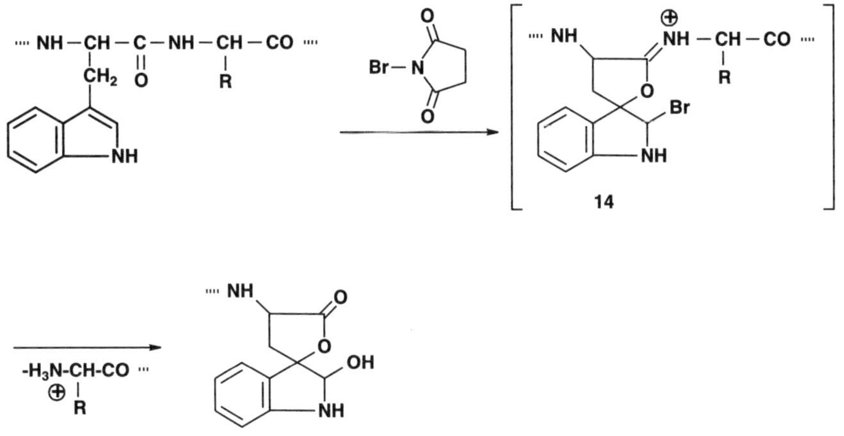

2.3.2.2 Enzymatische Methoden

Enzymatisch können entweder terminale Peptidgruppen (Exopeptidasen) oder Peptidgruppen im Inneren der Peptidkette (Endopeptidasen) hydrolytisch gespalten werden.

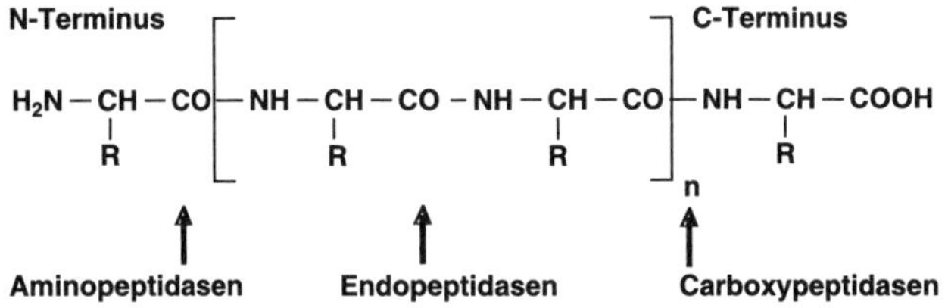

Die Exopeptidasen haben Bedeutung für den schrittweisen Abbau eines Peptids, der entweder am N-Terminus (Aminopeptidasen wie Leucinaminopeptidase) oder am C-Terminus (Carboxypeptidasen A und B) erfolgen kann. Der Abbau durch Endopeptidasen führt zu Bruchstücken. Pepsin, Papain und Subtilisin sind relativ unspezifische Endopeptidasen. Zum selektiven Abbau der Proteine dienen vor allem Trypsin, Chymotrypsin sowie Thermolysin. Trypsin spaltet die meisten Peptidbindungen nach den basischen Aminosäuren Arginin und Lysin. Durch Chymotrypsin werden vorzugsweise die Peptidbindungen nach den aromatischen Aminosäuren Tyrosin, Tryptophan, Phenylalanin, daneben aber auch von Leucin und anderen Aminosäuren gespalten. Das bakterielle Enzym Thermolysin spaltet die Amidbindungen von Leucin und Isoleucin.

2.3.3 Analytik

Allgemeine Nachweismethoden für Proteine (Tab. 2-2) beruhen auf der Denaturierung, die z. B. durch Erhitzen (Hitzekoagulation zum Nachweis von Eiweiß im Harn) oder durch Zusatz von Säuren erreicht werden kann. Die Messung der durch Sulfosalicylsäure hervorgerufenen Trübung einer Proteinlösung wird in der klinischen Chemie für eine sehr empfindliche, aber relativ wenig spezifische Bestimmung herangezogen.

Tab. 2-2: Nachweis- und Bestimmungsmethoden von Proteinen.

Methode	Reagens	Angriffspunkt	Einsatz
■ *Kjeldahl*	Konz. H_2SO_4	Stickstoffbestimmung als NH_3	Proteinbestimmung
■ Biuret	$CuSO_4$ in alkalischer Lösung	Peptidbindung	Proteinbestimmung
■ Säurefällung	z. B. Sulfosalicylsäure	Denaturierung	Empfindl. Nachweis und Bestimmung
■ Färbetechnik	Saure oder basische Farbstoffe	Salzbildung mit basischen oder sauren Gruppen	Nachweis auf Elektropherogrammen
■ UV-Spektrophotometrie		Aromatische Aminosäuren	Bestimmung
■ *Hopkin-Cole*	Glyoxalsäure in Schwefelsäure	Tryptophan (S. 106)	Nachweis
■ *Sakaguchi*	α-Naphthol und Hypobromit	Arginin (S. 105)	Nachweis
■ Xanthoprotein-Reaktion	HNO_3	Tyrosin, Phenylalanin (S. 108)	Nachweis
■ *Pauly*	Diazotierte Sulfanilsäure	Tyrosin, Histidin (S. 108)	Nachweis
■ *Lowry*	Cu-Phosphomolybdat	Komplexe mit Tryptophan, Tyrosin, Cystein	Nachweis

Eine allgemein anwendbare Bestimmungsmethode ist die Stickstoffbestimmung nach *Kjeldahl,* bei der der in den Proteinen enthaltene Stickstoff zu NH_3 „mineralisiert" wird. Unter Einsatz von Umrechnungsfaktoren entsprechend dem unterschiedlichen N-Gehalt kann auf den Proteingehalt geschlossen werden.

Von allen Proteinen wird die *Biuret*-Reaktion gegeben. Die Bestimmung beruht auf der Messung des in alkalischer Lösung mit $CuSO_4$ sich bildenden Komplexes.

Zum Anfärben der Proteine auf Elektropherogrammen dienen saure (z. B. Amidoschwarz) oder basische (z. B. Methylenblau) Farbstoffe, die mit entsprechenden Gruppen der Proteine Salzbildung eingehen. Der nicht gebundene Farbstoff wird wieder ausgewaschen. Weitere Nachweisreaktionen beruhen auf spezifischen Reaktionen bestimmter Aminosäuren (Tab. 2-2).

Zur quantitativen Bestimmung bestimmter funktioneller Gruppen der Seitenketten der Proteine (vgl. auch Aminosäureanalyse, Kap. 2.4.1.1) eignen sich die Reaktion mit Ninhydrin (S. 101) bzw. Trinitrobenzolsulfonsäure (S. 103) für Aminogruppen, die Reaktion nach *Sakaguchi* (S. 105) für Guanidinreste, die Reaktion mit 4-Dimethyl-aminobenzaldehyd (S. 106) bzw. 2-Hydroxy-4-nitrobenzylbromid (S. 106) für Indolreste oder die Reaktion mit Mercuribenzoat (S. 105) für die Mercaptogruppen.

Zur Analytik von Peptidgemischen, wie sie z. B. bei Isolierungen oder der Synthese anfallen, sind heute die Kapillarzonenelektrophorese und die Flüssigkeitschromatographie in Kombination mit der Massenspektrometrie (Elektro- und Ionenspray-Ionisierung) als Detektion (LC-MS) die leistungsfähigsten Methoden.

2.4 Strukturebenen der Proteine

Bei den Proteinen werden mehrere Strukturebenen unterschieden. Unter **Primärstruktur** wird die Reihenfolge (Sequenz) der Aminosäurereste der Peptidkette verstanden. Diese Definition schließt andere kovalente Bindungen als die Amidbindungen nicht mit ein, erfaßt also keine Disulfidbindungen.

Durch Wechselwirkung der Amidgruppen und der Seitenreste der Aminosäuren werden bestimmte Konformationen bevorzugt. Die Mikrokonformation bestimmter Teile der Polypeptidkette wird als **Sekundärstruktur** bezeichnet. Die Sekundärstruktur ist die lokale räumliche Anordnung der Atome der Polypeptidhauptkette. Die Definition erfaßt nicht die Konformation der Seitenketten und Wechselwirkungen mit anderen Segmenten.

Unter **Tertiärstruktur** wird die Makrokonformation der gesamten Polypeptidkette verstanden. Durch Bildung von Assoziaten kommt es zur Ausbildung der **Quartärstruktur** eines Proteins. Die Quartärstruktur umschreibt die räumliche Anordnung von Untereinheiten und deren Wechselwirkungen.

Einige Proteine enthalten kovalent oder nicht-kovalent gebunden noch nicht-aminosäurehaltige Bausteine. Diese Proteine werden als **konjugierte Proteine** oder **Proteide** bezeichnet (Tab. 2-3).

Tab. 2-3: Konjugierte Proteine.

Gruppe	Nichtprotein-Bestandteil	Bindung	Verweis
■ Phosphoproteine	Phosphorsäure	Kovalent an Hydroxy-, Carboxyl- oder Imidazolreste	S. 146
■ Metalloproteine	Metalle	Ionenbeziehungen, Komplexbildung	Kap. 7
■ Glykoproteine	Kohlenhydrate	N- oder O-glykosidisch	Kap. 3.2.4.5.1
■ Nucleoproteine	Nucleinsäuren	Ionenbeziehungen	S. 286
■ Lipoproteine	Lipide	Nicht-kovalent	
■ Chromoproteine	verschiedene Chromophore	Verschieden	Sehpigmente (S. 376) Flavoproteine (S. 410) Hämoglobine (S. 433) Cytochrome (S. 437) Carotenoide (S. 552) Phycobiliproteine (S. 449)

2.4.1 Primärstruktur

2.4.1.1 Aminosäureanalyse

Für eine qualitative und quantitative Ermittlung der Aminosäurezusammensetzung ist die vollständige Hydrolyse des Proteins erforderlich. Die Hydrolyse erfolgt säurekatalysiert, wobei wegen der unterschiedlichen Stabilität der einzelnen Amidbindungen verschieden lange Hydrolysierzeiten gewählt werden (z.B. 24, 48, 72 Stunden). Unter diesen Bedingungen erfolgt gleichzeitig eine Umwandlung von Asparagin in Aspartinsäure und Glutamin in Glutaminsäure sowie eine vollständige Zerstörung von Tryptophan und teilweise Zerstörung von Serin und Threonin.

Die Auftrennung des nach der Hydrolyse anfallenden Aminosäuregemisches erfolgt für quantitative Bestimmungen durch Ionenaustauschchromatographie (*Moore* und *Stein*, 1948) oder nach Derivatisierung durch Gaschromatographie. Zur quantitativen Bestimmung im automatischen Aminosäureanalysator (Abb. 2-9) dient die Ninhydrin-Methode. Die kolorimetrische Bestimmung erfolgt bei 440 und 570 nm.

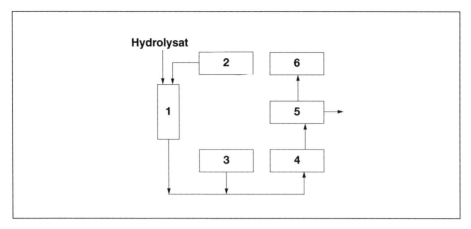

Abb. 2-9 Schematischer Aufbau eines automatischen Aminosäureanalysators. 1: Austauschersäule; 2: Vorratsgefäß und Pumpe für Puffer; 3: Vorratsgefäß und Pumpe für Ninhydrinlösung; 4: Reaktionsgefäß; 5: Spektrophotometer mit Durchflußküvette; 6: Registriereinrichtung.

2.4.1.2 Endgruppenbestimmung

Die Lokalisation der einzelnen Aminosäuren in der Peptidkette beginnt mit der Identifizierung der endständigen Aminosäuren. Allgemein ist es dabei erforderlich, die endständigen Aminosäuren chemisch so zu charakterisieren, daß sie nach vollständiger Hydrolyse des Peptides chromatographisch von den anderen Aminosäuren unterschieden werden können.

Zur Identifizierung der N-terminalen Aminosäure setzt man deren nucleophile, α-ständige Aminogruppe zu leicht identifizierbaren Aryl- oder Arylsulfonyl-Derivaten um (Abb. 2-10). Die erste bedeutende Methode war die von *Sanger* (1945) entwickelte Dinitrophenyl-Methode (DNP-Methode). Die endständige Aminosäure wird mit 2,4-Dinitrofluorbenzol in die entsprechende DNP-Aminosäure übergeführt (S. 102), die nach vollständiger Hydrolyse des Peptides chromatographisch identifiziert werden kann. Eine etwa 100fache Empfindlichkeit kann mit der Dansyl-Methode (*Gray* und *Hartley*, 1963) erreicht werden. Die durch Umsetzen des Peptides mit 1-Dimethylaminonaphtalen-5-sulfonsäurechlorid (Dansylchlorid) und anschließende Hydrolyse der Peptidgruppen erhaltenen Dansyl-Aminosäuren fluoreszieren bereits in geringsten Konzentrationen.

Das wichtigste chemische Verfahren zur Bestimmung der C-terminalen Endgruppe ist die Methode nach *Akabori*. Nach dieser Methode wird das Peptid mit wasserfreiem Hydrazin umgesetzt. Dabei werden alle Peptidbindungen unter Bildung der entsprechenden Säurehydrazide gespalten, die sich als *Schiff*sche Basen abtrennen lassen. Lediglich die C-terminale Aminosäure bleibt unverändert (Abb. 2-10).

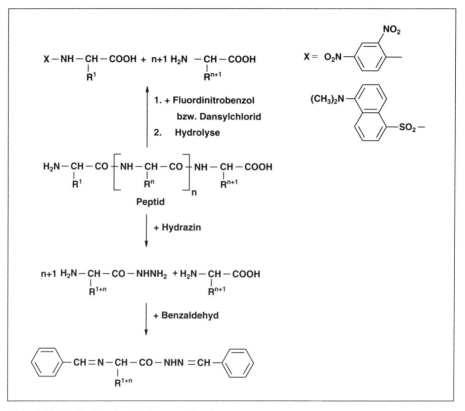

Abb. 2-10 Methoden der Endgruppenbestimmung.

2.4.1.3 Sequenzanalyse

Die erste Aufklärung der Primärstruktur eines Proteins gelang *Sanger* 1955. Nach 10jähriger Arbeit konnte er mit Hilfe der DNP-Methode die vollständige Primärstruktur des Rinderinsulins angeben. Die Sequenzanalyse erfolgte durch wiederholte Endgruppenbestimmung der einzelnen bei der säurekatalysierten und später auch enzymatischen Hydrolyse anfallenden Oligopeptide, deren Sequenzen sich gegenseitig überlappten. Die Gesamtfrequenz ergab sich durch mosaikartiges Zusammensetzen der erhaltenen Informationen.

1950 veröffentlichte *Edman* das Grundprinzip des nach ihm benannten schrittweisen Abbaus eines Peptides. Beim *Edman*-Abbau (Abb. 2-11) wird die endständige Aminosäure mit Phenylisothiocyanat zu einem Phenylthioharnstoff-Derivat umgesetzt. Dieser Phenylthioharnstoff cyclisiert in Gegenwart von Säure zu einem Thiazolinon-Derivat (**15**) unter gleichzeitiger Spaltung der Amidgruppierung. Das dabei mit anfallende Restpeptid steht dann für eine erneute Umsetzung mit Phenylisothiocyanat zur Verfügung. In wäßrigem Milieu wird das instabile Thiazolinon-Derivat über eine

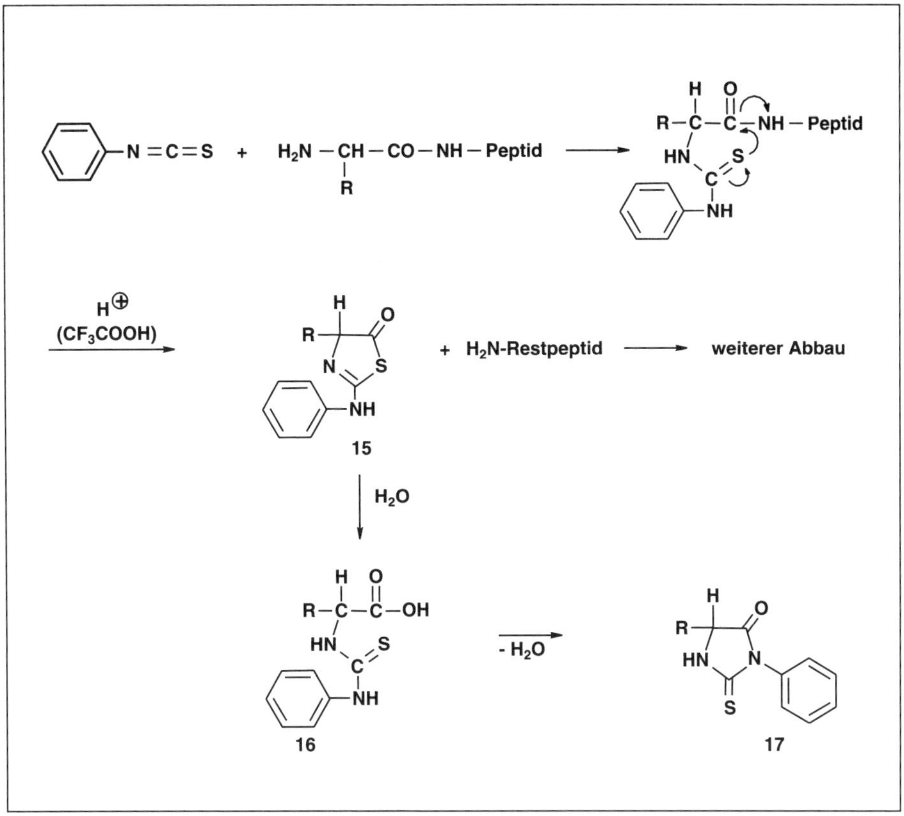

Abb. 2-11 *Edman*-Abbau von Polypeptiden.

offenkettige Phenylthiocarbamoylaminosäure (**16**) zu einem 3-Phenyl-2-thio-imidazolin-4-on (3-Phenyl-2-thio-hydantoin-aminosäure, PTH-Aminosäure, **17**) umamidiert, das identifiziert wird (Abb. 2-11).

Diese Umsetzung bot die Möglichkeit, eine Aminosäure nach der anderen vom Peptid abzuspalten, zu isolieren und zu identifizieren. Voraussetzung eines derartigen wiederholten Abbauvorganges ist natürlich, daß bei der Bildung und Abspaltung des Aminosäurederivates die Peptidgruppen des Restpeptides unversehrt bleiben.

1967 wurde von *Edman* und *Begg* der erste automatische Proteinsequentor beschrieben, durch den der Substanzbedarf und der Zeitaufwand für eine Sequenzanalyse wesentlich reduziert werden konnten. Entscheidend für die Anzahl der möglichen Abbauschritte ist die maximal erreichbare Ausbeute pro Schritt. Bei einer durchschnittlichen Ausbeute von 98% konnten *Edman* und *Begg* vom Myoglobin des Buckelwales die Sequenz der ersten 60 N-terminalen Aminosäuren aufklären. Die Ausbeuten werden jedoch progressiv mit fortschreitendem Abbau geringer, so daß längere Peptidketten vorher selektiv chemisch oder enzymatisch gespalten werden müssen. In der Regel werden Proteinsequenzen von maximal 20 bis 40 Aminosäuren analysiert. Aus den sich überlappenden Partialsequenzen muß dann auf die Gesamtsequenz des Peptides geschlossen werden. Für die Ermittlung der Sequenz einer Kette des IgM aus 576 Aminosäuren mußten dazu fast 600 Peptidfragmente untersucht werden. Für die Sequenzanalyse eines Proteins mit ca. 200 Aminosäuren wurden bereits mehrere Jahre benötigt.

In den letzten Jahren sind die Methoden der Proteinsequenzierung in beeindruckender Weise so weit optimiert worden, daß für die automatische Gasphasensequenzierung nach *Edman* und die Sequenzierung durch Kopplung HPLC-Ionenspray-Massenspektrometrie Proteinmengen im picomolaren Bereich, in einzelnen Fällen sogar schon im femtomolaren Bereich ausreichend waren. Inzwischen sind die Methoden zur Sequenzanalyse von DNA so weit perfektioniert, daß es bei längeren Proteinen zur Ermittlung der Primärstruktur häufig einfacher ist, das entsprechende Strukturgen des Proteins zu isolieren, dessen Nucleotidsequenz zu ermitteln und daraus die Aminosäuresequenz des Proteins abzuleiten. Auf diese Weise wurde z. B. die Primärstruktur der Interferone bestimmt.

2.4.2 Sekundärstrukturen

Während die CO-NH-Bindung aufgrund ihres partiellen Doppelbindungscharakters im wesentlichen planar ist, können die C-C- und die N-C-Bindung im Prinzip frei um ihre Achse rotieren. Diese Drehbarkeit ermöglicht eine Vielzahl von Konformationen einer Peptidkette. Der Rotationswinkel um die C-C-Bindung wird als Psi (Ψ), der um die N-C-Bindung als Phi (Φ) und der um die N-C-Bindung als Omega (Ω) bezeichnet. Ψ und Φ sind 0, wenn die beiden planaren Amidgruppen in einer Ebene liegen. Bei einem Protein mit 170 Aminosäuren sind damit Konformationen in der Größenordnung von 10^{80} möglich. Aus sterischen Gründen sind jedoch nicht alle Winkeleinstellungen möglich. Darüber hinaus können durch nichtkovalente Bindungen, insbesondere Wasserstoffbrücken, bestimmte Anordnungen stabilisiert werden.

Eine Polypeptidkette kann daher außer in einer ungeordneten Struktur (statistisches Knäuel, random coiled structure) noch in räumlich geordneten Konformatioen vorliegen.

Aus Röntgenbeugungsuntersuchungen und Modellbetrachtungen entwickelten *Pauling* (Nobelpreis 1954) und *Corey* als geordnete Strukturen mit maximaler Stabilisierung durch Wasserstoffbrücken das Helixmodell und die Faltblattstruktur.

Ramachandran und sein Arbeitskreis haben alle möglichen Konformationen eines Peptides durchgerechnet. Die *Ramachandran*-Diagramme (Abb. 2-12), die durch Auftragen von ψ gegen ϕ erhalten werden, lassen Bereiche erkennen, in denen unter Berücksichtigung noch tolerierbarer Abstände zwischen nicht miteinander verbundenen Atomen sich die wichtigsten geordneten Strukturen befinden.

Nur eine einzige Wasserstoffbrücke wird von der Haarnadelbiegung gebildet, die Knickstellen – meist an der Oberfläche der Proteine – bilden.

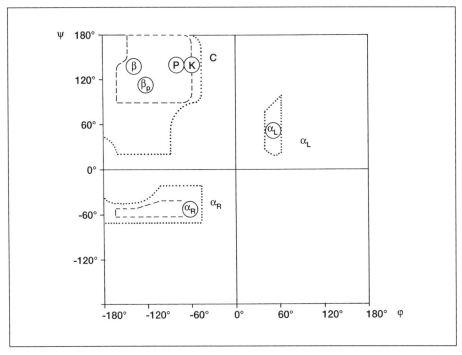

Abb. 2-12 *Ramachandran*-Diagramm. α_R: rechtsgängige α-Helix; α_L: linksgängige α-Helix; P: Polyprolin-Helix; β: antiparalleles Faltblatt; β_p: paralleles Faltblatt; K: Kollagen-Tripelhelix.

Haarnadelbiegung

In manchen Proteinen liegen etwa 75 % der Aminosäuren in Form dieser Sekundärstrukturen vor. In ihrer reinen Form treten die Sekundärstrukturen nur bei den fibrillären Proteinen auf, deren wichtigste Vertreter die Skleroproteine (Kap. 2.7) sind. Vollständige Analysen der räumlichen Struktur sind ausschließlich röntgenographisch an kristallinen Proteinen möglich. Allein die Röntgenstrukturanalyse liefert die Information, welcher Sekundärstruktur eine bestimmte Aminosäure angehört. Relativ genaue Hinweise auf das Vorliegen bestimmter Sekundärstrukturen in gelösten Proteinen lassen sich jedoch durch chiroptische Methoden gewinnen.

Unter Berücksichtigung der benachbarten Aminosäuren wurden statistische Methoden entwickelt, um die Sekundärstruktur in ihrer Sequenz bekannter Proteine vorauszusagen. Diese und durch Hinzuziehen weiterer physikalischer Daten verbesserte Methoden haben sich jedoch nur als relativ treffsicher bei der Voraussage von Helixstrukturen erwiesen.

2.4.2.1 Helixstrukturen

Die Spiralstruktur der Helix (Abb. 2-13) kommt dadurch zustande, daß die Winkel Φ und Ψ das gleiche Vorzeichen und für jedes C-Atom bei einem Helixtyp jeweils den gleichen Wert besitzen. Eine Helix wird durch die Zahl n_r charakterisiert, wobei n die Zahl der Aminosäureeinheiten pro Spiralgang und r die Anzahl der Atome des durch die Wasserstoffbrücke gebildeten Ringes ist. Die intrachenaren Wasserstoffbrücken werden z.B. zwischen der 1. und 3. ($3,0_{10}$-Helix) oder 1. und 5. Peptidbindung ($4,4_{16}$-Helix) ausgebildet. Die Höhe h der Spirale pro Windung ergibt sich aus $n \times d$, dem Anstieg der Spirale pro Aminosäurerest. Diese Steighöhe pro Windung beträgt bei der $3,6_{13}$-Helix 0,54 nm. Eine Helix kann sowohl von Peptiden aus L- als auch von solchen aus D-Aminosäuren, nicht dagegen von Peptiden mit D- und L-Aminosäuren gebildet werden.

Die Seitenketten der Aminosäuren stehen nach außen, radial zur Achse der Schraube. Eine Helix kann rechts- oder linksgängig sein. Am verbreitetsten ist die linksgängige α-Helix ($3,6_{13}$-Helix). Polypeptide aus L-Aminosäuren bilden rechtsgängige, solche aus D-Aminosäuren linksgängige α-Helices. Die Tendenz zur α-Helix-Bildung hängt wesentlich von der Seitenkette der Aminosäure ab. Nach *Scheraga* lassen sich die Aminosäuren in

- helixbildende (Val, Gln, Ile, His, Ala, Trp, Met, Leu, Glu),
- indifferente (Lys, Tyr, Asp, Thr, Arg, Cys, Phe) und
- helixbrechende Aminosäuren (Gly, Ser, Pro, Asn)

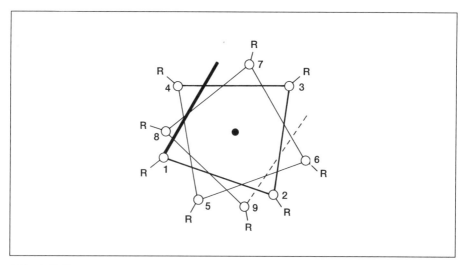

Abb. 2-13 Helixdarstellungen. Aufsicht auf eine α-Helix. C_α-Atome, die Striche zwischen ihnen stellen die Peptidbindungen dar; R Seitenketten.

einteilen. Insbesondere durch Prolin wird eine α-Helix-Struktur durch einen Knick in der Peptidkette unterbrochen.

In den fibrillären Proteinen der Kollagengruppe, Proteinen des Bindegewebes der Säugetiere, sind die Polypeptidketten in Form einer **Tripelhelix** angeordnet. Diese Helix gehört wie die Doppelhelix der Nucleinsäuren zu den mehrsträngigen oder **Superhelices.** Bei der Tripelhelix winden sich drei linksgängige Polypeptidketten um eine gemeinsame Achse und bilden eine rechtsgängige Superhelix (Abb. 2-14). Wie bei der einsträngigen Helix ragen die Seitenketten der Aminosäuren der Tripelhelix nach außen. Aus Abbildung 2-14 ist ersichtlich, daß für die Aminosäure im Inneren der Tripelhelix (jede 3. Position der Kollagen-Tripelhelix) kein Platz für Seitenketten ist. Diese Position muß also von Glycin eingenommen werden. Entsprechend enthält auch das Kollagen ca. 33 % Glycin.

2.4.2.2 Faltblattstrukturen

Bei der Faltblattstruktur (pleated sheet, ß-Konformation) werden die Polypeptidketten durch senkrecht zu den Ketten stehende Wasserstoffbrücken zusammengehalten. Die Winkel Φ und Ψ besitzen entgegengesetzte Vorzeichen. Die Ebenen der Peptidgruppen sind daher faltblattartig angeord-

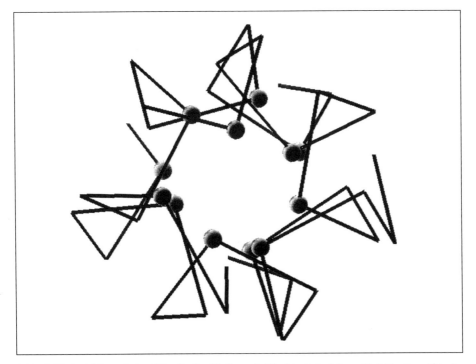

Abb. 2-14 Aufsicht auf eine Tripelhelix (Kollagen). Markiert sind die mittelständigen Glycinreste.

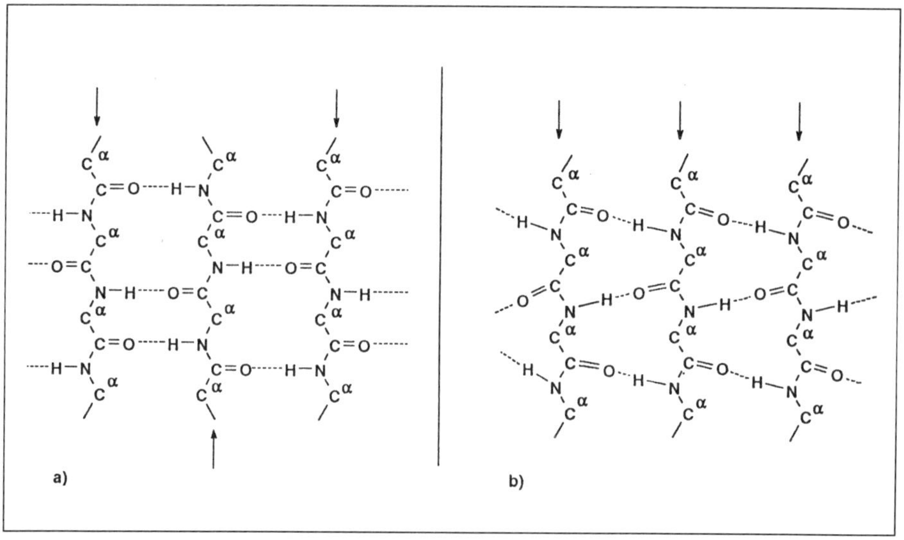

Abb. 2-15 Parallele (b) und antiparallele (a) Faltblattstruktur (nach *Pauling* und *Corey*).

net. Die Ketten können parallel oder antiparallel nebeneinander angeordnet sein (Abb. 2-15). Die Faltblattstrukturen sind nicht flach, sondern rechtsgängig verdrillt. Bemerkenswert ist, daß die Aminosäuren bevorzugt Faltblattstrukturen ausbilden, die eine geringe Tendenz zur Helixbildung zeigen (Gly, Ser, Asp). Faltblattstrukturen können innerhalb einer Polypeptidkette oder auch zwischen verschiedenen Polypeptidketten ausgebildet werden.

2.4.3 Tertiär- und Quartärstrukturen

> Die native, biologisch aktive dreidimensionale Struktur einer Peptidkette bezeichnet man als Tertiärstruktur. Die Zusammenlagerung mehrerer Polypeptidketten zu Assoziaten führt zur Ausbildung der Quartärstruktur eines Proteins.

Nach der „thermodynamischen Hypothese" soll die dreidimensionale Struktur eines nativen globulären Proteins in seinem normalen physiologischen Milieu (Lösungsmittel, pH-Wert, Ionenstärke, Temperatur, Gegenwart anderer Komponenten) die Konformation des gesamten Systems mit der niedrigsten *Gibbs*schen Freien Energie sein. Erstaunlich ist allerdings, daß die Konformationsstabilität der globulären Proteine relativ niedrig ist (5 bis 15 kcal/mol). Die durch Faltung der Peptidkette gebildete dreidimensionale Struktur eines Proteins wird von der Gesamtheit der Wechselwirkungen der Aminosäurereste, also von der Aminosäuresequenz determiniert. Die Aufstellung dieser Hypothese geht im wesentlichen auf Untersuchungen der Rückfaltung von Proteinen nach völliger Denaturierung zurück (*Anfinsen*, Nobelpreis 1972). Die kritische Kettenlänge zur Erreichung einer Tertiärstruktur soll bei ca. 40 Aminosäuren liegen. Nach ihrer äußeren Gestalt lassen sich die Proteine in faserförmige (fibrilläre) und kugel- oder ellipsoidförmige (globuläre) Proteine einteilen.

Fibrilläre Proteine haben vor allem in Wirbeltieren Stütz- und Schutzfunktionen zu erfüllen (Skleroproteine oder Gerüsteiweiße). Der hohe Ordnungsgrad unter Bevorzugung der Längsrichtung (Faserbildner) bedingt die geringe Löslichkeit dieser Proteine. Das wird noch dadurch verstärkt, daß in vielen Fällen die Polypeptidketten durch Disulfidbrücken (Keratine), Amidgruppen der Seitenketten (Fibrin) oder verschiedene Strukturen, die von Lysinresten ausgehen (vgl. Abb. 2-30, S. 149), quervernetzt sind. Die typischen Skleroproteine (Kollagengruppe, Keratine) sind enzymatisch sehr schwer abbaubar. Die meisten Skleroproteine weichen in ihrer Aminosäurezusammensetzung deutlich von anderen Proteinen ab. So können die Keratine bis zu 20 % Cystein (Keratin der Haare) enthalten. Kollagen ist besonders reich an Glycin (27 %), Prolin (15 %) und Hydroxyprolin (14 %) und das Fibroin der Seide besteht hauptsächlich aus Glycin, Alanin und Serin. Nach der vorherrschenden Sekundärstruktur bzw. ihren röntgenographischen Identitätsperioden lassen sich die Skleroproteine in drei Gruppen (Tab. 2-4) einteilen.

Tab. 2-4: Sekundärstrukturen fibrillärer Proteine.

Proteine	Identitätsperiode	Sekundärstruktur
■ Kollagen-Gruppe	0,28–0,29 nm	Tripelhelix
■ α-Keratin, Myosin, Fibrinogen, Epidermin	0,51–0,54 nm	α-Helix, z. T. als Superhelix
■ β-Keratin, Seiden-Fibroin	0,65–0,70 nm	Faltblattstruktur

Die meisten Proteine, darunter alle Enzyme, gehören zu den **globulären Proteinen**. Die Polypeptidketten der globulären Proteine werden sich in wäßriger Lösung so anordnen, daß möglichst viel Wechselbeziehungen zwischen hydrophoben Aminosäureresten eingegangen werden können. Die großen apolaren Gruppen der Aminosäuren Valin, Leucin, Isoleucin, Prolin und Phenylalanin werden sich also bevorzugt im Inneren des Moleküls, die polaren Gruppen aber außen anordnen. Bei den meisten globulären Proteinen haben etwa 40 % der Aminosäurereste hydrophobe Seitenketten. Bei den globulären Proteinen erfolgt also zunächst eine intramolekulare Stabilisierung durch Faltung der Polypeptidkette. Wegen ihrer heterogenen Aminosäuresequenz können Abschnitte mit geordneten Strukturen (Supersekundärstrukturen, Abb. 2-16) und solche mit ungeordneten Strukturen abwechseln.

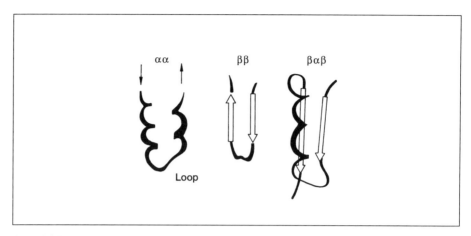

Abb. 2-16 Supersekundärstrukturen.

Zumindest zu Beginn der Faltung zur Erreichung der biologisch aktiven dreidimensionalen Struktur scheint der hydrophobe Faktor eine entscheidende Rolle zu spielen, d. h. der Kontakt der hydrophoben Aminosäuren mit Wassermolekülen muß möglichst eingeschränkt werden.

Im Verlaufe der Biosynthese eines Proteins erfolgt die Faltung allerdings kontrolliert in Gegenwart anderer Proteine. Zu den Proteinen, die die Faltung der Proteine *in vivo* beeinflussen, gehören die Chaperonine sowie die Peptidyl-Prolyl-*cis-trans*-Isomerase und die Protein-Disulfid-Isomerase.

Die **Chaperonine** („Anstandsdamen") sind Proteine, die die Faltung anderer Proteine in die biologisch aktive Form unter ATP-Verbrauch unterstützen. Die Chaperonine gehören zu den sog. **Streß-Proteinen** (früher **Hitzeschock-Proteine**), die vermehrt von einer Zelle unter Streßbedingungen (Erwärmung) gebildet werden und offenbar zelluläre Proteine vor einer Denaturierung schützen sollen.

Das am besten untersuchte Streß-Protein ist **hsp 70** (Hitzeschock-Protein der relativen Molmasse 70 Kilodalton). Das Protein **hsp 90** ist in der Säugetierzelle an Steroidhormonrezeptoren (z. B. Progesteronrezeptor) gebunden und wird erst durch die Anlagerung des Steroidhormons abgelöst.

Aufgrund der von anderen Aminosäuren abweichenden Struktur des Prolins können in eine Polypeptidkette in der Peptidbindung *cis*- und *trans*-Isomere (**18, 19**) existieren, was wesentliche Auswirkungen auf die Faltung der Kette hat. Diese *cis-trans*-Isomerisierung der Peptidbindung des Prolins wird durch die **Peptidyl-Prolin-*cis-trans*-Isomerase** (Rotamase) katalysiert.

Strukturebenen der Proteine

18 →[Rotamase]→ **19**

Protein-Disulfid-Isomerasen sind für die richtige Lage der Disulfidbrücken verantwortlich, die eine wesentliche Rolle bei der Fixierung einer bestimmten Tertiärstruktur des Proteins besitzen. Das ist vor allem bei Proteinen mit mehreren Cysteinresten von Bedeutung.

Das erste globuläre Protein, das in seiner Struktur durch Röntgenstrukturanalyse aufgeklärt wurde, war das Myoglobin (*Perutz* und *Kendrew*, 1959, zusammen Nobelpreis 1962).

Die native Konformation eines globulären Proteins kann sich weiter durch Zusammenlagern mehrerer Moleküle sowie durch Metallionen oder prosthetische Gruppen stabilisieren. Die Assoziation unter Ausbildung der Quartärstruktur kann durch Zusammenlagerung von gleichen oder aber in ihrer Größe bzw. Funktion verschiedenen Proteinmolekülen (**Untereinheiten,** Subunits) eintreten. Häufig versteht man unter einer Untereinheit auch ein Dissoziationsprodukt eines Proteins, das aus mindestens zwei Polypeptidketten besteht. Proteine mit gleichen Untereinheiten werden auch als **heteropolymere,** solche aus gleichen, meist geradzahligen Untereinheiten als **homopolymere Proteine** bezeichnet. Dazu gehören vor allem die allosterischen Enzyme, daneben aber auch verschiedene aus Haptomer- und Effektomerprotein bestehende Toxine.

Im allgemeinen bestehen alle Proteine mit einer Molmasse über 100.000 aus Untereinheiten. In diese Gruppe gehört die Mehrzahl der Proteine. Die Anzahl der Untereinheiten kann zwischen 2 und über 2.000 (Tabakmosaikvirus-Protein: 2.130) schwanken. Durch geeignete Dissoziationsbedingungen läßt sich häufig die Quartärstruktur ohne Zerstörung der Tertiärstruktur abbauen.

Die isolierten Untereinheiten sind meist inaktiv. Durch Rekombination können die Untereinheiten aber wieder spontan zur biologisch aktiven Quartärstruktur assoziieren. Es sind zahlreiche Beispiele bekannt, daß auch Untereinheiten verschiedener Oligomere zu biologisch aktiven **Hybriden** vereinigt werden können. Die Wirkung solcher Hybride wurde besonders eingehend bei verschiedenen Hormonen untersucht (S. 461, 308).

2.5 Physikalisch-chemische Eigenschaften

2.5.1 Ampholytcharakter

Die Aminosäuren sind Ampholyte. Sie liegen daher im kristallinen Zustand als Zwitterionen vor. In wäßriger Lösung hängt ihre Ladung vom pH-Wert ab. Am isoelektrischen Punkt sind gleiche Mengen Anionen und Kationen vorhanden, d. h. die Aminosäure liegt als Zwitterion vor.

Die Titrationskurve des Glycins (Abb. 2-17, Kurve 1) läßt erkennen, daß die Aminosäuren schwache Elektrolyte sind, die zwei verschiedene Pufferbereiche besitzen. Die Basizität der Aminogruppe kann durch Umsetzen mit Formaldehyd stark zurückgedrängt werden (Abb. 2-17, Kurve 2). Das ist Grundlage der Formoltitration der Aminosäuren.

Nach ihrem Dissoziationsverhalten kann man zwischen neutralen, sauren (zusätzliche Carboxylgruppen: Asp, Glu) und basischen Aminosäuren (zusätzliche Aminogruppen, Guanidinreste: Lys, Arg) unterscheiden (vgl. pK-Werte, Tab. 2-5). Die unterschiedliche Ladung der einzelnen Aminosäuren bei einem bestimmten pH-Wert ist Ursache für ihre unterschiedliche Wanderung im elektrischen Feld. Das wird bei der Elektrophorese ausgenutzt.

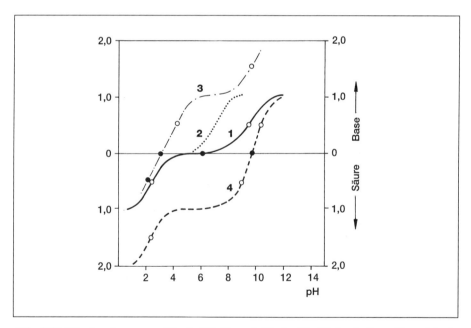

Abb. 2-17 Titrationskurve von Glycin (1), Formyl-Glycin (2), Glutaminsäure (3) und Lysin (4). • pI-Wert; ○ pK-Wert.

Tab. 2-5: **Dissoziationskonstanten (pK), isoelektrische Punkte (pI) und Löslichkeit der Aminosäuren.**

Amino-säuren	pI	pK der sauren Gruppen	pK der basischen Gruppen	Löslichkeit in Wasser bei 25 °C [g/100 ml]
Asp	2,8	1,88 (α) 3,65 (β)	9,60	0,5
Glu	3,2	2,19 (α) 4,25 (γ)	9,67	0,8
Cys	5,0	2,01	8,71	
Asn	5,4	2,02	8,80	3,11
Phe	5,5	1,83	9,13	2,97
Thr	5,6	2,15	9,12	20,5
Gln	5,7	2,17	9,13	3,6
Tyr	5,7	2,20	9,11 10,07 (OH)	0,05
Ser	5,7	2,21	9,15	5,0
Met	5,7	2,28	9,21	3,35
Trp	5,9	2,38	9,39	1,14
Ile	5,9	2,26	9,62	4,12
Val	6,0	2,32	9,62	8,85
Ala	6,0	2,34	9,69	16,54
Gly	6,0	2,34	9,60	24,99
Leu	6,0	2,36	9,60	2,19
Pro	6,3	1,99	10,60	162,3
His	7,6	1,78	8,79 5,97 (Imidazol)	4,29
Orn	9,7	1,94	8,65 10,76 (δ-NH_2)	
Lys	9,7	2,2	8,90 10,28 (ε-NH_2)	sehr gut
Arg	10,9	2,18	9,09 13,2 (Guanidin)	sehr gut

Die Ladung eines Proteins wird durch dessen Gehalt an sauren und basischen Gruppen und den pH-Wert der Lösung bestimmt. Der isoelektrische

Punkt der Proteine kann daher beträchtlich schwanken (Tab. 2-6). Die Proteine wirken wie die Aminosäuren als Puffer und lassen sich elektrophoretisch trennen.

Tab. 2-6: Isoelektrischer Punkt (pI) einiger Proteine.

Protein	pI
Thymohiston	10,8
Serumalbumin	4,7–4,9
γ_1-Globulin (Mensch)	5,8
Fibrinogen	5,5–5,8
Keratin	3,7–5,0
Gelatine	4,7–5,0
Insulin	5,35
Pepsin	ca. 1,0

2.5.2 Löslichkeit

Aminosäuren sind als Zwitterionen relativ gut in Wasser, aber schlecht in organischen Lösungsmitteln löslich (vgl. Tab. 2-3). Die Löslichkeit der Aminosäuren und Proteine ist am isoelektrischen Punkt am geringsten. Nach ihren Seitenresten lassen sich die Aminosäuren in polare und apolare Aminosäuren einteilen. Ausgesprochen apolare Aminosäuren sind Valin, Leucin, Isoleucin, Prolin und Phenylalanin. Zu den polaren Aminosäuren gehören neutrale (Serin, Threonin) sowie die sauren und basischen Aminosäuren.

Die Proteine werden nach ihrer Löslichkeit in Albumine, Globuline und Histone eingeteilt (Tab. 2-7). Daneben unterscheidet man noch die stark basischen Protamine, die aufgrund ihrer Molmasse (ca. 5.000) zu den Polypeptiden gerechnet werden müssen, sowie eine kleinere Gruppe von pflanzlichen Proteinen, die Gluteline, Gliadine und Prolamine, die vorwiegend in Getreidekörnern vorkommen. Die Löslichkeit eines Proteins wird durch den pH-Wert und die Salzkonzentration beeinflußt.

Tab. 2-7: Einteilung der globulären Proteine nach ihrer Löslichkeit.

Gruppe	Löslichkeit	Beispiele
■ Albumine	Leicht löslich in dest. Wasser oder Salzlösungen, Fällung durch Sättigen der Lösung mit $(NH_4)_2SO_4$	Albumin des Blutplasmas, Ovalbumin
■ Globuline	Nicht löslich in dest. Wasser, aber in verd. Salzlösung, Fällung durch Halbsättigen mit $(NH_4)_2SO_4$	Immunoglobuline, Thyroglobulin
■ Histone	Basische Proteine (viel Arg), Löslich in Wasser und Säuren	

2.5.3 Hydratation

Die Polypeptidketten der Proteine sind in ihrer natürlichen wäßrigen Umgebung so angeordnet, daß die polaren Aminosäuren an der Oberfläche sitzen (vgl. Tertiärstruktur, Kap. 2.4.3). Die polaren Gruppen, darunter vor allem die ionogenen, treten in Wechselbeziehungen mit dem Wasser, wobei jede Aminosäure durchschnittlich 3 Moleküle Wasser bindet. Die inneren (hydrophoben) Aminosäuren sind im allgemeinen nicht hydratisiert (solvatisiert). Es bilden sich verschiedene Hydratschichten um das Proteinmolekül, deren Wassermoleküle unterschiedlich stark gebunden sind. Dieses gebundene Wasser unterscheidet sich in seinen thermodynamischen Eigenschaften von dem normalen „freien" Wasser der Umgebung. Die unterschiedliche Beweglichkeit des gebundenen und „freien" Wassers läßt sich anhand der Relaxationszeiten NMR-spektroskopisch verfolgen. Man rechnet durchschnittlich mit einer Hydrathülle von 0,2 bis 0,6 g Wasser pro g Protein. Diese Hydrathülle bleibt auch im kristallinen Zustand erhalten. Durch hohe Salz- oder Wasserstoffionenkonzentration wird die Hydrathülle teilweise abgebaut, da die Elektrolyte selbst Wasser binden. Es kommt zum Ausfällen der Proteine infolge der Aggregation (Aussalzeffekt). Auch die durch Ionenbeziehungen zusammengehaltenen Nucleoproteine enthalten nur wenig Wasser.

2.5.4 Denaturierung

Unter einer Denaturierung versteht man einen Abbau der nativen Struktur des Proteins, der erkennbar ist an Veränderungen der biologischen Aktivität, der optischen Eigenschaften (Lichtstreuung, chiroptische Parameter, IR-Banden) sowie des hydrodynamischen Verhaltens. Bei der reversiblen Denaturierung werden nicht-kovalente Bindungen gelöst, bei der irreversiblen Denaturierung daneben auch kovalente Bindungen (Disulfidbrücken). Durch die Lösung der nicht-kovalenten Bindungen wird das Protein mehr oder weniger vollständig in die random- coiled-Struktur übergeführt. Die Denaturierung kann physikalisch oder chemisch erfolgen. Physikalisch läßt sich eine Denaturierung z. B. durch Hitze erzielen. Durch Aggregation der denaturierten Proteinmoleküle kann die Hitzedenaturierung irreversibel werden (Hitzekoagulation). Chemisch lassen sich die nicht-kovalenten Bindungen durch Veränderung des pH-Wertes (Lösen von Ionenbeziehungen, insbesondere durch Säure), Zugabe von Verbindungen, die selbst starke Wasserstoffbrücken ausbilden (Lösen von Wasserstoffbrücken der Proteine z. B. durch Harnstoff oder Guanidin in hohen Konzentrationen) oder Zugabe von organischen Lösungsmitteln (Lösen von hydrophoben Wechselwirkungen durch Aceton oder Alkohole) denaturieren. Von großer praktischer Bedeutung sind ferner Detergentien wie Natrium-Dodecylsulfat (SDS).

Die bei der reversiblen Denaturierung erfolgende Konformationsänderung der globulären Proteine entspricht einem Übergang von einer geord-

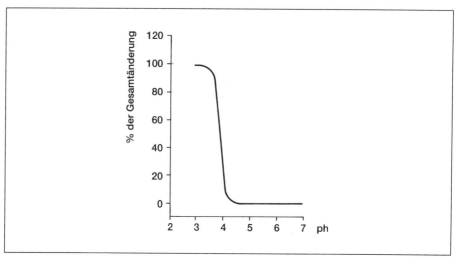

Abb. 2-18 Durch Veränderung des pH-Wertes ausgelöste sprunghafte Veränderung der reduzierten Viskosität und der molaren Elliptizität bei 220 nm eines Proteins (nach *Schlechter, Epstein, Anfinsen*).

neten in eine weniger geordnete Phase. Dieser Phasenübergang (vgl. auch S. 360, 308), der durch Änderung der Temperatur, des pH-Wertes oder des Druckes ausgelöst wird, kann durch Verfolgen spektroskopischer Parameter, aber auch der Viskosität, der spezifischen Wärme oder anderer physikalischer Parameter verfolgt werden (Abb. 2-18).

2.5.5 Spektroskopie

Die Elektronenspektren ergeben nur bei den aromatischen Aminosäuren Absorptionsmaxima im allgemein auswertbaren Bereich. Für Proteinbestimmungen haben nur die Absorptionsmaxima des Tryptophans und Tyrosins Bedeutung. Abbildung 2-19 läßt erkennen, daß das Absorptionsspektrum des Tyrosins pH-abhängig ist. Der Extinktionskoeffizient des Phenylalanins ist gegenüber dem des Tyrosins und Tryptophans außerordentlich gering, so daß dessen Extinktion keinen nennenswerten Beitrag liefert.

Längerwellige Absorptionen bei Proteinen sind auf die Anwesenheit bestimmter prosthetischer Gruppen zurückzuführen. Bei Proteinen wird die Extinktion bei 280 nm und einer Konzentration von 1 mg/ml angegeben.

Die Peptidbindung absorbiert bei 190 nm. Auf sie gehen die zwischen 190 bis 220 nm auftretenden Anomalien in den CD- bzw. ORD-Kurven der Polypeptide und Proteine zurück. Diese Absorptionen hängen sehr stark von der räumlichen Anordnung der Peptidbindungen ab und können daher zur Ermittlung der Sekundärstruktur herangezogen werden (Abb. 2-20). Daneben treten bei höheren Wellenlängen wesentlich schwächere *Cotton*-Effekte auf, die auf die Aminosäuren Tyrosin, Tryptophan, Phenylalanin und Cystin zurückzuführen sind.

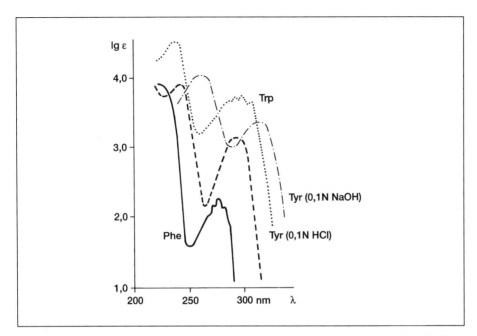

Abb. 2-19 UV-Spektren einiger aromatischer Aminosäuren (Tryptophan, Phenylalanin, Tyrosin in 0,1 N NaOH und 0,1 N HCl).

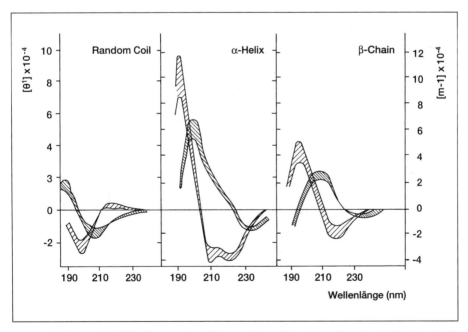

Abb. 2-20 CD- und ORD-Kurven eines Homopolypeptides als statistisches Knäuel sowie in der α-Helix- und Faltblattstruktur (nach *J. H. Perrin, P. A. Hart*, J. pharmac. Sci. 59 (1970), 431).

2.6 Enzyme

> Enzyme sind Biokatalysatoren, die die Geschwindigkeit einer chemischen Reaktion beschleunigen, ohne die Lage des Gleichgewichtes zu beeinflussen.

Im Unterschied zu den Katalysatoren sind Enzyme regulierbar (Abb. 2-21) und wesentlich regio- und stereospezifischer. Die Wechselzahl, d.h. die Anzahl Mole umgesetztes Substrat pro aktives Zentrum des Enzyms, kann bis zu 10^5 s^{-1} betragen. Die große Spezifität der Enzyme gegenüber einem bestimmten Substrat veranlaßte *E. Fischer* 1894 zu seinem bekannten Schlüssel-Schloß-Vergleich. Die Untersuchung der Enzyme und ihrer Wirkmechanismen gehört wegen der grundsätzlichen Bedeutung für die Aufklärung der Organisation des Lebens und in zunehmendem Maße auch wegen der Bedeutung vieler Enzyme für industrielle Stoffumwandlungen zu den wichtigsten Teilgebieten der Biochemie. Unter den chemischen Methoden, die zur Untersuchung von Enzymmechanismen herangezogen werden, sind der Einsatz von Substrat- oder Coenzym-Analoga und die chemische Modifizierung von Aminosäuren im aktiven Zentrum von besonderer Bedeutung.

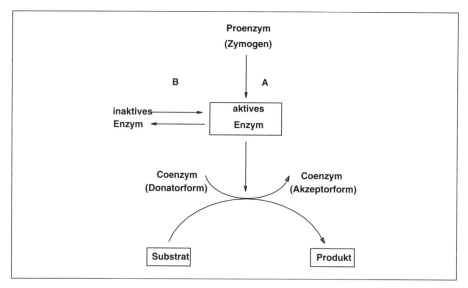

Abb. 2-21 Schematische Darstellung der Enzymregulation. A: limitierte Proteolyse: B: Aktivierung durch Phosphorylierung/Dephosphorylierung; C: Regulation der Enzymaktivität durch allosterische Effekte, Aktivatoren oder Inhibitoren.

Klassifizierung

Die Enzyme werden nach ihrer Funktion in verschiedene Klassen eingeteilt (Abb. 2-22). Das von der Enzymkommission (E.C.) der IUB aufgestellte Klassifizierungssystem sieht für jedes Enzym eine vierziffrige Code-Nummer, die durch Punkte abgetrennt ist, vor. Diese Code-Nummer enthält die Hauptklasse, die Unterklasse, die Unter-Unterklasse sowie die Serie, der das Enzym angehört. Neben dieser eindeutigen Kennzeichnung durch die Code-Nummer sind für die Enzyme noch Trivialnamen mit dem Suffix-*ase* gebräuchlich. Die meisten Namen enthalten Hinweise auf das Substrat, das Cosubstrat sowie der Art der katalysierten Reaktion (Hauptgruppe des Klassifizierungssystems).

> Die Einteilung in die 6 Hauptklassen Oxidoreduktasen, Transferasen, Hydrolasen, Lyasen, Isomerasen und Ligasen erfolgt nach der katalysierten Reaktion.

1. **Oxidoreduktasen** katalysieren Redox-Reaktionen und lassen sich allgemein als Donor:Akzeptor-Oxidoreduktasen (Reduktasen oder Dehydrogenasen) bezeichnen. Die weitere Unterteilung der Oxidoreduktasen erfolgt nach dem Donor (z.B. Hydroxy-, Carbonyl-, Aminogruppe, Doppelbindung) und innerhalb dieser Subklasse nach der Art des Akzeptors. Als Akzeptoren dienen NAD(P) (S. 418), Cytochrome (Hämoproteine, S. 437), molekularer Sauerstoff (derartige Oxidoreduktasen werden auch als Oxidasen bezeichnet), ein Disulfid (oxidiertes Glutathion, Lipoylproteine, S. 401), ein Chinon (Quinoproteine, als Coenzym PQQ, S. 422, oder Ubichinon, S. 385), eine N-haltige Gruppe (z.B. Nitrat), ein Eisen-

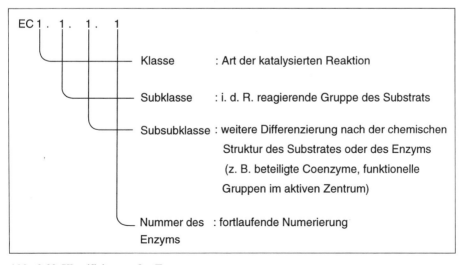

Abb. 2-22 Klassifizierung der Enzyme.

Schwefel-Protein (S. 138) oder ein Flavin (Flavoproteine, S. 410). Zu den Elektronentransfer-Proteinen gehören noch weitere Metalloproteine (Eisen-, Molybdän-, Nickel-, Vanadium-Proteine, S. 137). Oxidoreduktasen können zu ganzen Redox-Ketten gekoppelt sein (vgl. Kap. 6.4.5.4).

2. Transferasen katalysieren die Übertragung einer Gruppe (Y, vgl. Tab. 1-3, S. 42) von einer Verbindung auf eine andere:
$X - Y + Z = X + Z - Y$.

In vielen Fällen ist der Donor ein Cofaktor (Coenzym). Die Unterteilung erfolgt nach der zu übertragenen Gruppe in Methyl-, Hydroxymethyl- und Formyl-, Carboxyl- und Carbamoyl-Transferasen, Transferasen zur Übertragung von Aldehyd- oder Ketoresten, Acyl-, Glykosyl- sowie Alkyl- und Aryl-Transferasen. Letztere ermöglichen z. B. die Biosynthese der isoprenoiden Verbindungen. Die Funktion der Transaminasen, die Pyridoxalphosphat-abhängig (S. 414) Aminogruppen auf Carbonylgruppen übertragen, kann formal auch als oxidative Desaminierung des Donors oder reduktive Aminierung des Akzeptors angesehen werden.

3. Hydrolasen katalysieren die hydrolytische Spaltung von C-O, C-N, C-C und weiteren Bindungen. Ihre Einteilung erfolgt zunächst nach der zu hydrolysierenden Bindung (Esterasen, Glykosidasen, Ether-Hydrolasen, Peptidasen u. a.). Die Peptidasen werden nach ihrer Struktur im aktiven Zentrum in folgende vier Gruppen eingeteilt:

- Peptidasen mit einem aktiven Serinrest (serine-type endopeptidases).
  Die Serin-Hydrolasen sind charakterisiert durch eine ungewöhnlich starke Nucleophilie der Hydroxygruppe eines Serinrestes. Diese starke Nucleophilie wird durch einen benachbarten Histidin- und Aspartatrest hervorgerufen (Bildung einer sog. katalytischen Triade, Abb. 2-23). Die Spaltung des Substrates erfolgt durch einen nucleophilen Angriff der Hydroxygruppe des Serins unter Bildung eines Serinesters als Intermediat. Solche Acyl-Enzyme lassen sich bei tiefen Temperaturen (zwischen −20 und −70 °C) röntgenographisch erfassen. Die Deacylierung des Serinrestes erfolgt dann säurekatalysiert durch den Asp-His-Komplex. Im Unterschied zu anderen Serinresten reagiert die Hydroxygruppe mit aktivierten Phosphorsäureestern wie Diisopropylfluorophosphat (DFP). Durch die Phosphorylierung kommt es zu einer spezifischen Inaktivierung der Serin-Hydrolasen.
  Zur Gruppe der Serin-Hydrolasen gehören zahlreiche Proteasen der Tiere (Chymotrypsin, Trypsin, Thrombin, Plasmin) und Bakterien (Subtilopeptidase), aber auch Esterasen wie die Acetylcholinesterase.

- Peptidasen mit einem aktiven Cysteinrest (cysteine-type endopeptidases).
  Bei den Cysteinproteasen wird intermediär ein Thioester gebildet. Auch hier wird die Nucleophilie durch einen benachbarten Histidinrest verstärkt. Eine spezifische Hemmung dieser Enzyme erfolgt durch thiolbindende Reagenzien (S. 104). Zu den Cysteinproteasen gehören das Cathepsin B sowie die pflanzlichen Endopeptidasen Papain und Ficin.

- Peptidasen mit einem bivalenten Metallion (metalloendopeptidases).
  Eine spezifische Hemmung dieser Metallohydrolasen erfolgt durch Chelatbildner wie EDTA oder 1,10-Phenanthrolin. Von Bedeutung sind vor allem Zinkproteasen wie die Carboxypeptidase oder das Angiotensin-umwandelnde

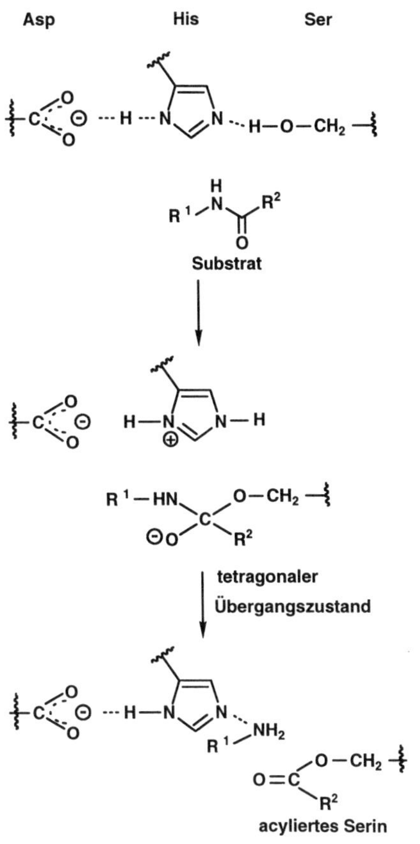

Abb. 2-23 Katalytische Triade der Serin-Hydrolasen.

Enzym (ACE). Durch das Zinkion, komplex gebunden an zwei Histidin- und einen Glutamatrest, wird ein Wassermolekül aktiviert, das als nucleophiles Reagens wirkt.

- Peptidasen mit einem Wirkungsoptimum bei sehr niedrigem pH-Wert (saure Proteasen oder Aspartat-Proteasen).
  Hierbei handelt es sich um Enzyme, die im sauren Bereich aktiv sind. Wichtigster Vertreter ist das Pepsin, das im katalytischen Zentrum zwei Aspartatreste besitzt. Zu den Aspartatproteasen gehören ferner Cathepsin D und Renin. Spezifische Hemmer von Peptidasen sind Abbildung 2-24 zu entnehmen.

4. **Lyasen** spalten C-C, C-O, C-N und weitere Bindungen durch Elimination oder addieren funktionelle Gruppen an Doppelbindungen.

5. **Isomerasen** katalysieren geometrische oder strukturelle Veränderungen innerhalb eines Moleküls. Nach der Art der Isomerisierung werden Razemasen, Epimerasen, *cis-trans*-Isomerasen, Isomerasen, Tautomerasen, Mutasen und Cycloisomerasen unterschieden.

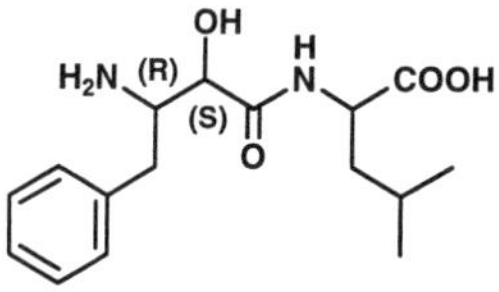

Bestatin
(von *Streptoverticillium olvoreticuli*)
Hemmer von Aminopeptidasen

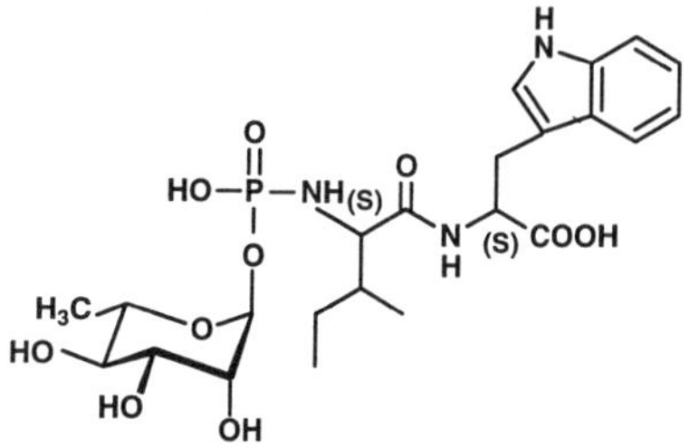

Phosphoramidon
(von *Streptomyces spec.*)
Hemmer von Metalloproteinasen

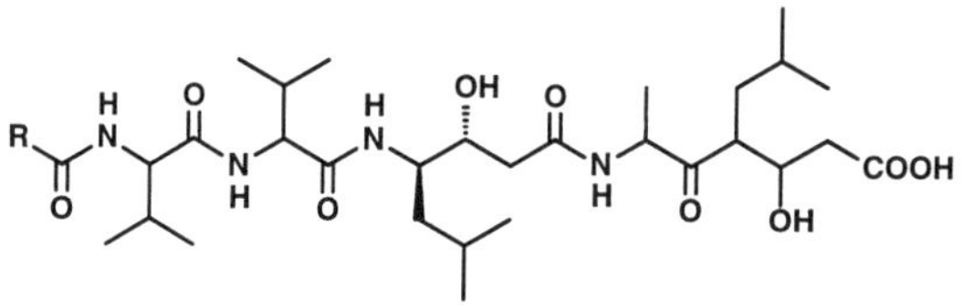

Statin
Pepstatin: $R = CH_3(CH_2)_n$; n = 0 - 3
(von *Streptomyces testaceus*)
Hemmer von Carboxypeptidasen

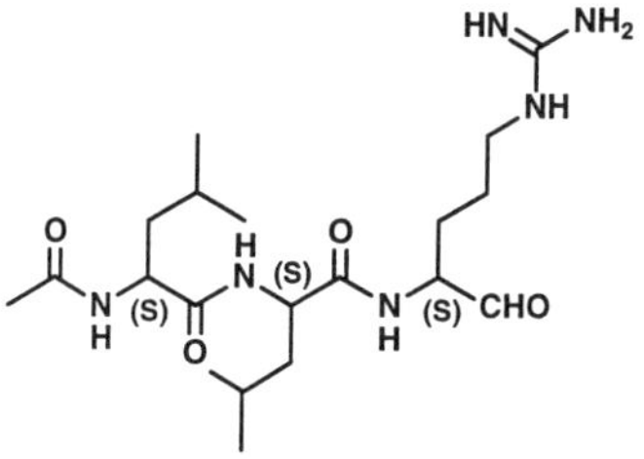

Leupeptin
(*von Streptomyces spec.*)
Hemmer von Serin- und Thiolproteasen

Abb. 2-24 Mikrobielle Hemmer von Peptidasen.

6. **Ligasen** katalysieren die Bindung zweier Moleküle unter Hydrolyse einer Pyrophosphatbindung (ATP oder analoges Triphosphat) und werden auch als Synthetasen oder Synthasen bezeichnet.

In vielen Fällen benötigen Enzyme noch Cofaktoren wie Metalle (Kap. 2.7) oder niedermolekulare organische Verbindungen (Coenzyme, Kap. 6) für ihre Aktivität. Coenzyme sind vor allem Bestandteile von

- Oxidoreduktasen: Nicotinamidnucleotide (NAD$^+$, NADP$^+$), Flavinnucleotide (FMN, FAD), Porphyrin-Komplexe (Häme: Cytochrome), Tetrahydrobiopterin (Sapropterin) oder Chinone (Ubichinon);
- Transferasen: Coenzym A, Pyridoxalphosphat, Tetrahydrofolsäure, Adenosylmethionin, Adenosintriphosphat;
- Lyasen: Thiaminpyrophosphat;
- Ligasen: Biotin, Cobamide (Coenzym B$_{12}$);

Hydrolasen enthalten keine Coenzyme.

Es ist verständlich, daß die große Spezifität der Enzyme die Chemiker außerordentlich gereizt hat, diese so hochproduktiven Katalysatoren auch für industrielle Stoffumwandlungen einzusetzen. Enzyme finden heute Verwendung zur Herstellung von Waschmitteln (Proteasen, Lipase, Amylase) und Lederwaren (Proteasen, Lipase), Katalase und Amylase in der Textilindustrie sowie vor allem in der Lebensmittelindustrie. Amylase, Amyloglucosidase, Xylanasen werden bei der Brotherstellung, in der Getränkeindustrie und bei der Stärkebearbeitung verwendet, Proteasen, Lipasen, Esterasen und Galaktosidasen bei der Milchbereitung, Glucose-Isomerasen zur Herstellung von Stärkesirup. Meist immobilisierte (trägergebundene) Enzyme haben Bedeutung bei der Gewinnung und Razemattrennung von Aminosäuren (Penicillin-Amylase) sowie zur Herstellung partialsynthetischer Penicilline (Herstellung von 6-Aminopenicillansäure).

2.7 Metalloproteine

Zahlreiche Proteine, darunter viele Enzyme, enthalten Metalle, die für die biologische Aktivität essentiell sind (Tab. 2-8). Die Metalle sind mehr oder weniger stark komplex gebunden. Viele dieser Metalloproteine haben recht ungewöhnliche physikalische Eigenschaften (Elektronenspektren, magnetische Eigenschaften), die auf eine veränderte Geometrie (außergewöhnliche Bindungslängen und -winkel) dieser Komplexe zurückgeführt werden.

Als Liganden dienen Aminosäuren (Cystein, Histidin, saure Aminosäuren) oder Coenzyme wie Porphyrinderivate (Kap. 6.4.4).

Die **Eisen-Proteine** werden unterteilt in Hämproteine (S. 431), Eisen-Schwefel-Proteine und weitere eisenhaltige Proteine. Von besonderem Interesse sind **Eisen-Schwefel-Proteine** (Abk. Fe-S-Proteine), die sog. labilen Schwefel enthalten. Zu diesen Eisen-Schwefel-Proteinen gehören die einfachen Fe-S-Proteine wie die Ferredoxine (Fd) und Rubredoxine (Rd) sowie die komplexen Fe-S-Proteine, die zusätzlich noch Flavine oder Molybdän (Nitrogenase) enthalten.

Ferredoxine sind Proteine mit einer geraden Anzahl von Eisen- und „labilen" Schwefelatomen (2,4,6 oder 8 Atome). Sie dienen in Pflanzen und Bakterien als Elektronenüberträger, z. B. bei der Stickstoffixierung (Nitrogenase-Komplex) oder der Photosynthese (S. 443). Die Ferredoxine

Tab. 2-8: Metalloproteine.

Metalle	Metalloproteine	Funktion
■ Fe	Häm-Proteine: Hämoglobin, Myoglobin Peroxidasen, Cytochrome, Cytochrom-Oxidase Nicht-Häm-Proteine: Hämerythrin Ferritin, Hämosiderin Transferrin Ferredoxine Nitrogenase	O_2-Transport Enzyme (Redoxidasen) O_2-Transport bei Invertebraten Fe-Speicher Fe-Transport Elektronenüberträger Enzym (N_2-Fixierung)
■ Cu	Hämocyanin, Cytocyanin Caeruloplasmin, Heptaocuprein Superoxid-Dismutase (Cuprein) Plastocyanin Azurin Tyrosinase Lysin-Oxidase	O_2-Transport bei Invertebraten Cu-Transport und -Speicher Enzym Elektronenüberträger in Pflanzen Elektronenüberträger in Bakterien Enzym (Phenoloxidation) Enzym (führt zur Quervernetzung von Kollagen)
■ Zn	Carboxypeptidase, Thermolysin, Carboanhydrase, Alkohol- Dehydrogenase, Phosphoglyceraldehyd- Dehydrogenase	Enzyme
■ Co	Vit.-B_{12}-enthaltene Enzyme (Kap. 6.4.7), β-Hydroxybutyral- Dehydrogenase	Enzyme
■ Mo	Nitrogenase (auch Fe), Nitrat- Reduktase, Xanthin-Oxidase, Aldehyd-Oxidase	Enzyme
■ Mn	Photosyntheseenzyme, Malat- Enzym Isocitrat-Dehydrogenase Concanavalin A (auch Ca)	Enzyme Lectin

haben ein niedriges Redoxpotential (-0,3 bis 0,5 V bei pH 7) und ein charakteristisches EPR-Spektrum. Ferredoxine scheinen phylogenetisch sehr alte Strukturen zu sein. Sie werden nach der Anzahl der Eisenatome pro Cluster in 2-, 3- und 4-Eisen-Cluster-Proteine eingeteilt (Abb. 2-25). Bei den Fe_4S_4-Ferredoxinen liegt die (-Cys-S-Fe)$_4S_4$-Gruppe cubanartig vor. Die biologische Aktivität wird durch die Reduktion eines Fe(III)- zu einem Fe(II)-Atom erklärt.

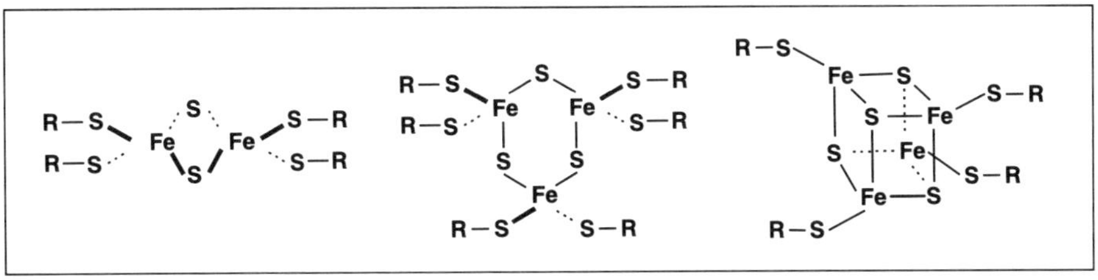

Abb. 2-25 2-, 3- und 4-Eisen-Schwefel-Cluster von Ferredoxinen.

Der **Nitrogenase-Komplex** ist für die Stickstoffixierung, also die Reduktion von elementarem Luftstickstoff zu Ammonium, verantwortlich. Die so durch Mikroorganismen fixierte Stickstoffmenge beträgt etwa 2×10^{11} kg pro Jahr. Der Nitrogenase-Komplex besteht aus einer Reduktase, die die Elektronen liefert (meist reduziertes Ferredoxin), und der Nitrogenase, die mit Hilfe dieser Elektronen N_2 zu NH_4^+ reduziert. Beides sind Eisen-Schwefel-Proteine; die Nitrogenase enthält zusätzlich noch weitere Metalle (FeMo-, FeV-, FeFe-Nitrogenasen). Für die FeMo-Nitrogenase aus *Azotobacter vinelandii* und *Clostridium pasteurianum* wurde durch Röntgenstrukturanalyse ein 4-Eisen-Cluster ermittelt.

Zu den Nicht-Häm-Fe-Proteinen gehören ferner Lipoxygenasen sowie einige Speicher- oder Transportproteine wie Ferritin und Transferrin. **Ferritin** ist wasserlöslich und kristallisierbar und kommt in Leber, Milz und Knochenmark von Säugetieren vor, wurde aber auch in Invertebraten und Pflanzen gefunden. Es enthält 17 bis 23 % Eisen, das im Inneren des Proteins in Form von Micellen angeordnet ist. Das eisenfreie Apoferritin besitzt eine Molmasse von ca. 400.000. **Hämosiderin** ist wasserunlöslich und enthält etwas mehr Eisen (30 bis 40 %). Es kommt in den Zellen des retikuloendothelialen Systems vor.

Ein spezifisches Eisen-Transport-Protein des Blutplasmas ist das **Transferrin** (auch Siderophilin). Ein Transferrin-Molekül kann 2 Atome Eisen als Fe(III) binden.

Zu den elektronenübertragenden Metalloproteinen (Elektronentransfer-Proteine) gehören ferner **Kupfer-Proteine.** Es werden mehrere Typen unterschieden. Beim Typ 1 handelt es sich um kräftig blaue Cu(II)-Komplexe mit Schwefel als Liganden. Zu Typ 1 gehören die Azurine, Pseudoazurine, Plastocyanine oder Amicyanine. Beim Typ 2 dienen Sauerstoff- oder Stickstoffatome als Liganden. Vertreter dieser Gruppe, zu denen Superoxid-Dismutase, Dopamin-β-Monooxygenase und Amino-Oxidasen gehören, sind nicht blau, aber EPR-aktiv. Typ 3 ist nicht EPR-aktiv. Ein Vertreter ist die Tyrosinase (Catechol-Oxidase).

Zu den **Molybdän-Proteinen** gehören Eisen-Molybdän-Proteine (Nitrogenase, s. o.) sowie Enzyme mit Pterinen als Coenzyme (Xanthin-Oxidase). Ein **Nickel-Protein** mit dem Coenzym F420 spielt bei der Methanbildung eine Rolle (vgl. Abb. 1-2, S. 26). Ein **Vanadium-Protein** ist die Bromperoxidase von Meeresalgen.

Die biologische Funktion der **Metallothioneine** ist noch unklar. Diese in allen Organismengruppen aufgefundenen Proteine sind sehr Cystein-reich und können große Mengen Metalle (Zink, Cadmium, Kupfer, Quecksilber, Silber u.a.) binden. Metallothioneine der Säuger bestehen aus einer Polypeptidkette aus 61 Aminosäuren, darunter 20 Cysteinresten, die 7 Metallionen binden können.

Zu den **Zn**-haltigen Proteinen gehören über 300 Enzyme (z.B. Carboxypeptidase A, Angiotensin-converting Enzym, Alkohol-Dehydrogenase, alkalische Phosphatase, Carboanhydrase, RNA-Polymerase) sowie Transkriptionsfaktoren von Eukaryoten (sog. Zinkfinger, S. 314). Das Zinkion ist meist an eine Mischung von N-(His) und O-Liganden (γ-Carboxylgruppe von Glu) gebunden. Nur relativ selten erfolgt die Bindung an ein S-Atom (Cys, vgl. Zinkfinger). Die Koordinationssphäre wird mit Wassermolekülen aufgefüllt.

Das verbreitetste **Ca**-bindende Motiv besteht aus zwei Helices (E- und F-Helix des Proteins), die durch eine Schleife (loop) verbunden sind und deshalb auch als EF-Hand bezeichnet werden. An das Calciumion sind 6 oder 7 Sauerstoffatome als Liganden gebunden, die von den Carboxylgruppen von Glu und Asp kommen. EF-Hände liegen z.B. im Calmodulin oder Troponin C vor, die durch Calciumionen reguliert werden.

2.8 Biologisch aktive Peptide und Proteine

Proteine haben eine Vielzahl lebensnotwendiger Funktionen zu erfüllen. An erster Stelle ist hier ihre Funktion als Biokatalysatoren (Enzyme, Kap. 2.6) zu nennen. Proteine wirken ferner als intra- und interzelluläre Regulationsstoffe. Zu ersteren gehören z.B. Proteine, die die Aktivität der DNA regulieren (s. Transkriptionsfaktoren). Auf interzelluläre Regulationsstoffe (Hormone) wird in Kap. 7 eingegangen. Die Immunoglobuline dienen bei Wirbeltieren zur Abwehr körperfremder Stoffe. Zahlreiche Proteine ermöglichen den Transport und die Speicherung von Metallen (Kap. 2.7) oder Sauerstoff (Kap. 4.5.2). Integrale Membranproteine dienen der interzellulären Informationsübertragung und dem Transport durch die biologische Membran.

Die von der Zelle nach außen abgegebenen Proteine (extrazelluläre Proteine wie Enzyme, Hormone) werden unmittelbar nach der Biosynthese an den Ribosomen durch ein sog. Protein-**Processing** (Abb. 2-26) enzymatisch verkürzt. Die zunächst bei den Präproteinen vorhandenen sog. Extensions- oder Signalpeptide aus ca. 20 Aminosäuren werden für den Transport durch die biologische Membran benötigt. Durch weiteren proteolytischen Abbau werden aus den meist noch biologisch unwirksamen Proproteinen (Proenzyme = Zymogene; Prohormone) die eigentlich funktionsfähigen Proteine gebildet.

Peptide und Proteine können auf andere Organismen toxische Wirkungen ausüben wie tierische (Schlangen-, Bienengift), mikrobielle (z.B. Peptid-Antibiotika) oder pflanzliche **Toxine** (Pilzgifte, Lectine, Peptid-Anti-

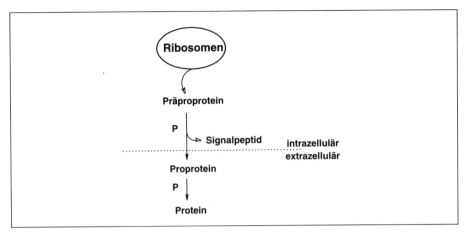

Abb. 2-26 Reifung extrazellulärer Proteine durch limitierte Proteolyse (Processing).

biotika). Auf antibiotisch wirkende mikrobielle Peptide (Peptidantibiotika) wird in Kap. 11.2 eingegangen.

Die **Schlangengifte** enthalten neben Enzymen (z. B. Phospholipase A_2) Peptide mit neurotoxischen und cardiotoxischen Wirkungen. Die Ähnlichkeit der Sequenz der Neuro- und Cardiotoxine läßt vermuten, daß sich beide Gruppen aus einem gemeinsamen Vorläuferprotein entwickelt haben. Chemisch verwandt mit den Cardiotoxinen der Schlangen sind die Gifte der Skorpione.

Das **Bienengift** enthält verschiedene Enzyme (Hyaluronidase, Phospholipase A_2) sowie als Hauptbestandteil das basische Polypeptid **Melittin.** Die Primärstruktur des Melittins läßt erkennen, daß vier von fünf basischen Aminosäuren am C-terminalen Ende und die meisten Aminosäuren mit hydrophoben Seitenketten zentral bzw. am N-terminalen Ende lokalisiert sind. Durch diese ungleichmäßige Verteilung der Aminosäuren besitzt Melittin den Charakter einer oberflächenaktiven Verbindung, die Erythrozyten hämolysieren kann. Im Bienengift ist ferner das cyclische Oligopeptid **Apamin** enthalten, das selektiv Ca-aktivierte Kaliumkanäle an der Säugetierzelle blockiert.

```
  ┌─────────────────────────────────────────────────┐
  Cys - Asn - Cys - Lys - Ala - Pro - Glu - Thr - Ala - Leu - Cys - Ala - Arg - Arg - Cys - Gln - Gln - His - NH₂
   1        └──────────────────────────────────────────────────┘                                    18
                                        Apamin
```

Bei den **Giften des grünen Knollenblätterpilzes** (*Amanita phalloides*) handelt es sich um abnorm gebaute bicyclische Oligopeptide, deren Biosynthese anders als die der normalen Peptide erfolgt. Aus *Amanita phalloides* wurden, insbesondere durch die Arbeitsgruppen um *H.* und *Th. Wie-*

land, zahlreiche Giftstoffe, biologisch inerte Cyclopeptide und ein gegen das Gift Phalloidin wirkendes Cyclodecapeptid (**Antamanid**) isoliert. Die relativ lipophilen Cyclopeptide lassen sich durch Gelchromatographie an Sephadex LH-20^R auftrennen. Die Toxine (Abb. 2-27) können in zwei Gruppen aufgeteilt werden, die sich hinsichtlich ihrer biologischen Wirkung und ihrer chemischen Struktur unterscheiden.

Die eine Gruppe stellt die nach relativ kurzer Zeit (bei Mäusen nach 2 bis 3 Stunden) wirkenden **Phallotoxine** dar, die andere Gruppe die erst nach Tagen wirkenden **Amatoxine** (bei Mäusen in 2 bis 6 Tagen). Zu dieser Gruppe gehört auch die toxischste Verbindung, das α-Amanitin. α-Amanitin dringt in die Leberzellen ein und hemmt dort die DNA-abhängige RNA-Polymerase. Amatoxine und Phallotoxine sind kochfest und recht stabil. Die Toxine werden auch durch Trocknen der Pilze nicht zerstört und gehen nicht in das Kochwasser über. Als Antidot wird Silibinin eingesetzt. Amatoxine kommen auch in weiteren *Amanita*-Arten sowie in einigen *Lepiota*- und *Galerina*-Arten vor.

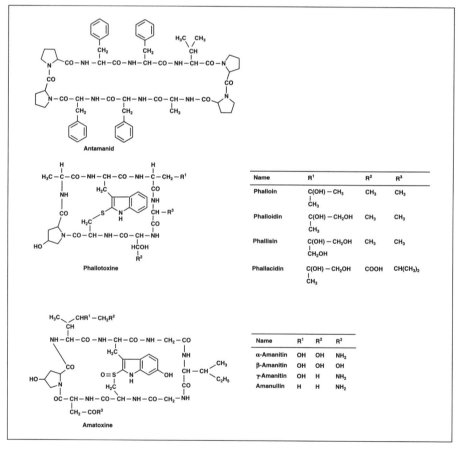

Abb. 2-27 Toxine des grünen Knollenblätterpilzes.

Chemisch handelt es sich bei den Toxinen um bicyclische Hepta-(Phallotoxine) bzw. Octapeptide (Amatoxine). Charakteristisch ist eine Sulfidbrücke, die durch Kupplung der Mercaptogruppe des Cysteins mit dem Indolrest des Tryptophans gebildet wird. Bei den Amatoxinen ist das S-Atom zum Sulfoxid oxidiert. Wesentlich für die Wirkung der Amatoxine ist die Anwesenheit von γ-hydroxyliertem Isoleucin. Amanullin z. B. ist ungiftig.

Die **bakteriellen Toxine** werden in Endo- und Exotoxine eingeteilt. Die **Endotoxine** entfalten ihre toxische Wirkung erst nach dem Absterben oder der Autolyse der Bakterien. Es handelt sich bei ihnen um die Lipopolysaccharide der äußeren Zellwand gramnegativer Bakterien. Für die toxische Wirkung ist die Lipid-A-Komponente verantwortlich.

Im Unterschied zu den Endotoxinen werden die **Exotoxine** (auch Entero- oder Ektotoxine) von den Bakterien in die Umgebung (Kulturmedium, Gewebe) abgegeben. Es handelt sich um toxische Proteine, die vor allem von grampositiven Bakterien produziert werden. Häufig entstehen die eigentlichen Toxine erst nach der Einwirkung proteolytischer Enzyme auf Protoxine (z. B. bei den Typen A, B und E der Botulinustoxine von *Clostridium botulinum*). Zu den Exotoxinen gehören u. a. das Tetanustoxin (Molmasse 150.000) von *Clostridium tetani*, das Diphtherietoxin (Molmasse 62.000) von *Corynebacterium diphtheriae* oder die Endotoxine (Molmasse 25.000 bis 30.000) von *Staphylococcus aureus*.

Diphtherietoxin besteht aus nur einer Polypeptidkette, die durch proteolytische Enzyme leicht in zwei Fragmente (A: 24.000; B: 38.000; A für aktiv, B für bindend) gespalten wird. Diphtherietoxin hemmt die Proteinsynthese in der Zelle.

Eine interessante Struktur besitzt das Cholera-Enterotoxin. Das Protein (Molmasse 84.000) besteht aus drei verschiedenen Peptidketten (α, β, γ) und weist die Zusammensetzung $\alpha\beta\gamma_n$ (n = 4 bis 6) auf. Die Peptidketten α und γ sind über eine Disulfidbrücke zur Untereinheit A verbunden, die β-Ketten nicht-kovalent zur Untereinheit B. Die Zusammensetzung der Untereinheit B hängt vom pH-Wert, von der Ionenstärke oder der Temperatur ab. Für die Auslösung der Cholerasymptome, die über eine Aktivierung der Adenylat-Cyclase erfolgt, ist die α-Kette verantwortlich. Die Untereinheit B ist das Haptomer (auch als Choleragenoid bezeichnet). Die Bindung des Choleratoxins erfolgt auch an Rezeptoren verschiedener Glykoprotein-Hormone. In diesem Zusammenhang ist bemerkenswert, daß die β-Kette des Cholera-Enterotoxins (103 Aminosäuren) bei den ersten 42 N-terminalen Aminosäuren Gemeinsamkeiten mit der α-Kette von Glykoprotein-Hormonen aufweist.

Durch Behandeln der Exotoxine mit Formaldehyd geht die toxische, nicht aber die immunogene Wirkung verloren. Derartige Toxoide werden deshalb als Impfstoffe eingesetzt.

Lectine sind Proteine vorwiegend pflanzlicher Herkunft, die speziell bestimmte Kohlenhydrate in freier Form oder als Glykosid binden können, aber weder eine gegen diese Kohlenhydrate gerichtete enzymatische Aktivität aufweisen, noch immunologischer Herkunft sind (Tab. 2-9). Da die meisten Lectine Erythrozyten agglutinieren, wurden sie früher auch als Phytohämagglutinine bezeichnet. In höheren Pflanzen sind Hunderte von Lectinen gefunden worden, die sich in ihrer Struktur, ihrer Spezifität gegenüber bestimmten Kohlenhydraten und ihrer biologischen Aktivität unterscheiden.

Tab. 2-9: Spezifität einiger Lectine.

Zuckerspezifität	Blutgruppen-spezifität	Herkunft des Lectins
α-D-Man, α-D-Glc (GlcNAc)	–	**Canavalia ensiformis*** (Schwert- oder Madagaskarbohne) **Pisum sativum** (Erbse) **Lens culinaris** (Linse)
α-L-Fuc	0	**Tetragonolobus purpureus** (Spargelerbse) **Ulex europaeus** (Stechginster)
β-D-Gal	–	**Ricinus communis** **Phaseolus vulgaris** (Gartenbohne) **Arachis hypogaea** (Erdnuß)
α-D-Gal α-D-GalNAc	B A	**Bandeiraea simplicifolia** **Glycine max** (Sojabohne) **Phaseolus lunatus** (Limabohne) **Helix pomatia** (Weinbergschnecke) **Dolichos biflorus** (Helmbohne)
α-Neu L-Rha	– B	**Limulus polyphemus** (Pfeilschwanzkrebs) **Streptomyces 27 S5**
*Name des Lectins: Concanavalin A		

Lectinhaltig sind viele *Fabaceen* wie Bohne, Erbse, Linse, Erdnuß, Sojabohne oder Paternostererbse (Abrin). Die Lectine sind hier vor allem in den Samen lokalisiert. Agglutinierende Proteine kommen jedoch auch in Pilzen, Schnecken, Fischeiern und Amphibien vor.

Das erste Lectin, dessen Sequenz und räumliche Struktur aufgeklärt werden konnte, ist das **Concanavalin A.** Unter physiologischen Bedingungen existiert Concanavalin A als Tetramer, bei einem pH < 6 vorzugsweise als Dimer. Jede Untereinheit besteht aus 237 Aminosäuren, besitzt eine Molmasse von 25.500 und enthält je ein Mn^{2+}-Ion und eine bindende Stelle für Kohlenhydrate. Aus Röntgenfeinstrukturuntersuchungen bei einer Auflösung von 0,2 nm und chiroptischen Messungen ist bekannt, daß jede Untereinheit zwei Regionen mit Faltblattstrukturen besitzt, die mehr als die Hälfte der gesamten Aminosäuren enthalten.

Die meisten Lectine sind Glykoproteine mit ein oder meist mehreren Polypeptidketten. Charakteristisch ist der hohe Anteil an Aspartinsäure, Asparagin, Serin und Threonin. Einige Lectine enthalten Metallionen.

Zu den Lectinen gehören auch die toxischen Glykoproteine **Ricin** (aus den Samen des Rizinus, *Ricinus communis*) und **Abrin** (aus der Paternostererbse, *Abrus prectorius*). Das Ricin besteht aus zwei Untereinheiten (A: Molmasse 30.000 und B: Molmasse 35.000), die über eine Disulfidbrücke miteinander verbunden sind. Die als Haptomer bezeichnete Untereinheit B ist für die Anlagerung an bestimmte galaktosehaltige Glykosidreste an der Zelloberfläche verantwortlich. Dadurch wird es der Untereinheit A (Effektomer) ermöglicht, in die Zelle einzudringen und dort die Proteinsynthese zu blockieren. Glykoproteine mit Kohlenhydraterkennungskomponente (carbohydrate recognition domain, CRD) sind auch im tierischen Organismus vorhanden. Lecitincharakter haben z.B. die Zelladhäsionsmoleküle (**Selektine, Adhäsine**).

2.9 Chemische Modifizierung von Proteinen

Unter einer chemischen Modifizierung versteht man Substitutionen an den Seitenketten der Aminosäuren von Proteinen. Die wichtigsten *in vivo*, nach der Translation stattfindenden chemischen Modifizierungen sind in Tabelle 2-10 zusammengefaßt.

Tab. 2-10: *In vivo* stattfindende chemische Modifizierungen von Proteinen.

Art der Modifizierung	Betroffene Aminosäuren	Beispiele
■ Phosphorylierung	Ser, Tyr, His	S. 146
■ Glykosidierung	Ser, Thr, Asn	S. 241
■ Quervernetzungen	Lys, Gln Lys	quervernetztes Fibrin, S. 148 Kollagen, S. 149
■ Einführung lipophiler Ankergruppen	Cys	Membranproteine

■ Kovalente Bindung von Cofaktoren, Coenzymen	Lys
	
	Cys
		Aldimine: Pyridoxalphosphat,
		          Retinal
		Amide: Biotin,
		         Liponsäure
		Michael-Addition:
		Cytochrom c

■ Phenolkupplung, Iodierung	Tyr	Schilddrüsenhormone
■ Veränderungen am N-Terminus	beliebig Gln	Acetylierung Bildung von Pyroglutaminsäure, S. 102

Tab. 2-10: *In vivo* stattfindende chemische Modifizierungen von Proteinen. (Fortsetzung).

Art der Modifizierung	Betroffene Aminosäuren	Beispiele
• Veränderungen am C-Terminus	-X-Gly	Amidierung, S. 148
• Bildung von Allergenen	Lys, Cys	Bindung von Aldehyden, aktivierten Säuren, α, β-ungesättigten Carbonylen
• Hydroxylierung	Pro	Kollagen, S. 149
• γ-Carboxylierung	Glu	Vitamin-K-abhängig, bei Blutgerinnungsfaktoren, S. 391
• Nα- oder Nω-Carboxylierung	Lys, Phe, Ala, Ornithin	Bildung von N-(Carboxyalkyl)-aminosäuren (Opine) durch reduktive Kondensation der Aminogruppe mit α-Ketonsäuren

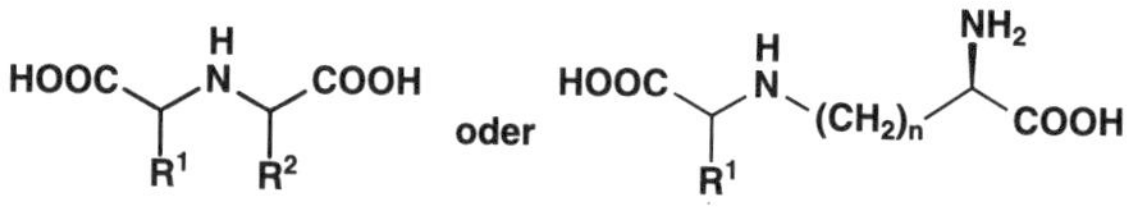

N-(Carboxyalkyl)aminosäuren

Bei den **Phosphoproteinen** lassen sich drei verschiedene Bindungstypen unterscheiden (Abb. 2-28):

- Eine esterartige Bindung von Phosphorsäure oder Pyrophosphorsäure an Hydroxygruppen, insbesondere des Serins
- Eine amidartige Bindung der Phosphorsäure an die Imidazolreste des Histidins
- Gemischte Anhydride zwischen der Phosphorsäure und Carboxylgruppen der Seitenreste.

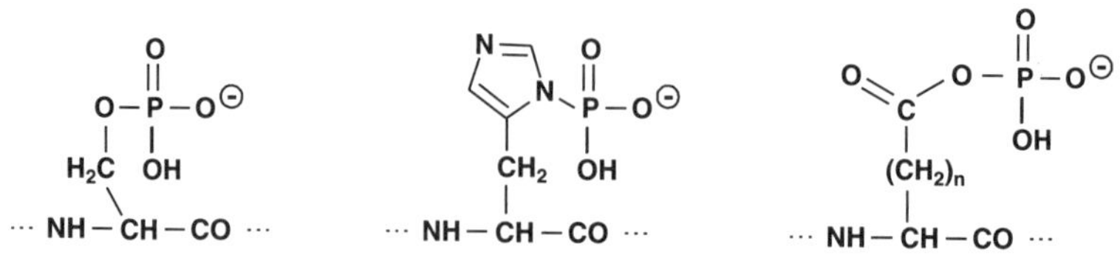

Abb. 2-28 Bindungstypen bei Phosphoproteinen.

Die Bindungen sind relativ leicht spaltbar. Die Serinester werden im Alkalischen leicht unter β-Eliminierung gespalten.

$$\cdots CO-NH-\underset{\underset{H_2C}{|}}{\overset{\overset{O-P-O^{\ominus}}{\overset{\|}{O}}}{|}}CH-CO-NH\cdots \xrightarrow{OH^{\ominus}} \cdots CO-NH-\underset{\underset{CH_2}{\|}}{C}-CO-NH\cdots \longrightarrow$$

$$-COO^{\ominus} + NH_3 + O=\underset{\underset{CH_3}{|}}{C}-COO^{\ominus} + H_2N\cdots$$

Von besonderer Bedeutung sind die **Phosphoenzyme**. Zu dieser Gruppe gehören vorwiegend Phosphoryl-Transfer-Enzyme, bei denen intermediär Phosphorsäure kovalent an das aktive Zentrum gebunden wird. Durch die Phosphorylierung wird eine Ladung in das Protein eingeführt, was von Einfluß auf die Konformation und die biologische Aktivität von Proteinen ist. Phosphorylierungs-Dephosphorylierungs-Reaktionen von Proteinen spielen bei der Regulation intrazellulärer Proteine (Abb. 2-29) eine wesentliche Rolle.

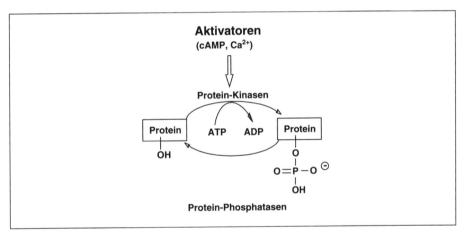

Abb. 2-29 Regulation der Proteinaktivität durch Phosphorylierung-Dephosphorylierung.

Die meisten membrangebundenen und sekretorischen Proteine liegen als **Glykoproteine** (vgl. S. 240) vor.

Veränderungen am C- und N-Terminus, die zu einer erhöhten Stabilität gegenüber Peptidasen führen, finden wir bei zahlreichen Peptidhormonen. Besonders verbreitet ist die **Amidierung** des C-Terminus (-Gly-NH$_2$: Oxytocin, Vasopressin, Gonadoliberin; -Ala-NH$_2$: Corticoliberin; -Leu-NH$_2$: Somatoliberin; -Pro-NH$_2$: Calcitonin, Thyroliberin; -Met-NH$_2$: Substanz P). Die Amidierung erfordert einen C-terminalen Glycinrest:

-Pro-Gly $\xrightarrow{O_2}$ -Pro-NH$_2$ + Glyoxylat.

Es handelt sich wahrscheinlich primär um eine Dehydrierung (-NH-CH$_2$- → -N=CH-), wobei das Aldimin dann hydrolytisch gespalten wird.

Bei einigen Proteinen dienen posttranslationäre Modifizierungen zur Bildung von **Quervernetzungen** (Abb. 2-30). Bei der Blutgerinnung erfolgt die Bildung des quervernetzten Fibrins durch eine Isopeptidbindung aus der ε-Aminogruppe eines Lysin- und der Amidgruppe eines Glutaminrestes. Die Quervernetzung erfolgt durch den Blutgerinnungsfaktor XIIIa, der funktionell als Transglutaminase wirkt:

$$\text{Fibrinogen} \xrightarrow{\text{Thrombin}} \text{polymerisiertes Fibrin} \xrightarrow{\text{XIII a}} \text{quervernetztes Fibrin}$$

Faktor XIIIa katalysiert auch die Vernetzung anderer Proteine und wird daher auch als „connective tissue factor" bezeichnet.

Quervernetzungen stabilisieren auch die Proteine der tierischen Bindegewebe (Kollagen, Elastin). Im terminalen Bereich werden dabei primär Lysinreste zu Aldehyden oxidiert (Abb. 2-30), die dann in Form einer Aldolreaktion reagieren können oder *Schiff*sche Basen bilden, die cyclisieren können.

Chemische Modifizierungen *in vitro* haben das Ziel

- die Ladung des Proteins zu verändern,
- den Angriff von Proteasen zu verzögern (Verlängerung der Wirkungsdauer),
- das Protein bestimmten physikalischen Meßmethoden zugänglich zu machen (Fluoreszenz-, Photoaffinitäts-, Spinmarker, Radiolabel),
- lipophile Ankergruppen für den Einbau in Membranen einzuführen,
- Immobilisierungen zu erreichen, u.a. auch für die Affinitätschromatographie,
- Erkennungsgruppen einzuführen (Ankupplung u.a. von Haptenen, Antikörpern, Lectinen),
- für Struktur-Wirkungs-Untersuchungen essentielle Aminosäuren spezifisch zu blockieren.

Schon lange genutzte chemische Modifizierungen sind der Einsatz von Formaldehyd beim Gerben oder zum Desinfizieren und zur Impfstoffbereitung die Umwandlung von Toxinen durch Behandeln mit Formaldehyd in Toxoide, die dadurch ihre Toxizität, nicht aber ihren Antigencharakter verlieren.

Durch die Substitution an den Seitenketten können die physikalischen und biologischen Eigenschaften der Proteine verändert werden. Bei vielen chemischen Modifizierungen kommt es durch Reaktion an basischen

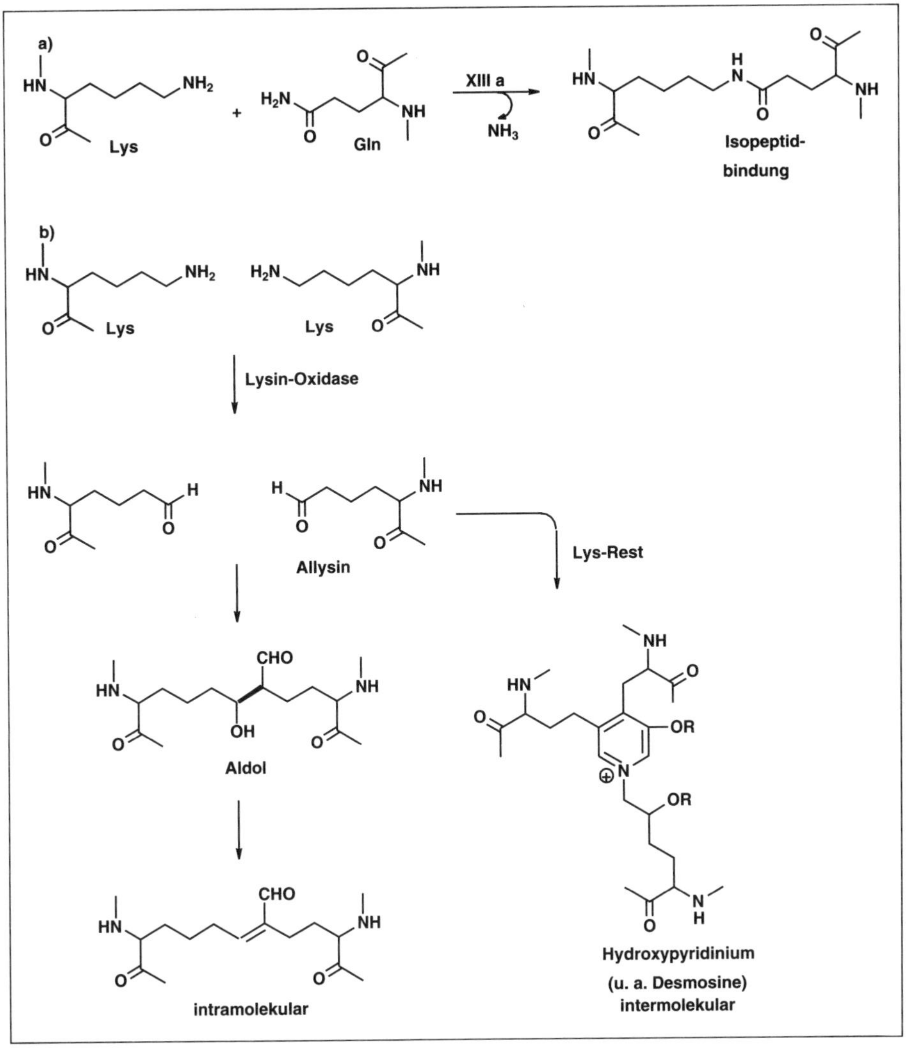

Abb. 2-30 Biogene Quervernetzungen von Proteinen. a) Fibrin; b) Kollagen u.a. Bindegewebsproteine.

(Aminogruppen) oder sauren (Carboxylgruppen) Aminosäureresten zu Veränderungen der Ladung des Moleküls, die wiederum meist zur Verminderung der Löslichkeit und zu einer Beeinflussung der Konformation und Aggregation des Proteins führen können. Solche Ladungsveränderungen treten z.B. durch Acylierung der besonders reaktionsfähigen ε-Aminogruppen der Lysinreste auf. Die entstehenden Amide sind im Unterschied zu den Aminen nicht mehr basisch. Durch Umsetzen mit Bernsteinsäureanhydrid lassen sich die basischen Aminogruppen in saure Carboxylgruppen umwandeln.

Zur Einführung von Thiolgruppen in Proteine dient die Umsetzung von Aminogruppen mit N-Succinimidyl-3-(2-pyridyldithio)propionat oder 2-Iminothiolan.

Die Löslichkeit der Proteine wird durch Einführung hydrophober Reste herabgesetzt und gleichzeitig die Neigung zur Aggregation erhöht. In vielen Fällen ist man an einer Herabsetzung der Löslichkeit unter Erhalt der biologischen Aktivität interessiert, z. B. bei der Herstellung trägergebundener Enzyme.

Die Substitutionen können auch die biologische Aktivität der Proteine verändern. Eine spezifische Blockierung bestimmter Aminosäurereste des aktiven Zentrums (SH-, OH-Gruppen von Enzymen und anderen Proteinen) kann Aufklärung über den molekularen Mechanismus am aktiven Zentrum liefern. Zur spezifischen Blockade von Cys-Resten dient vorzugsweise 5,5'-Dithiobis(2-nitrobenzoat) (S. 104). Unter bestimmten Bedingungen kann die Umsetzung mit Iodacetat (S. 105) relativ spezifisch für Histidin gestaltet werden. Weniger spezifisch sind dagegen Reaktionen, die die Aminogruppen eingehen (Acylierungen, Alkylierungen). Mit diesen Reagenzien reagieren meist auch Cystein, Histidin, Tyrosin, Serin und Threonin. Eine reversible Blockierung der ε-Aminogruppe des Lysins kann durch Umsetzen mit Maleinsäureanhydrid erfolgen. Zur relativ spezifischen Blockierung von Tyrosinresten ist die Umsetzung mit Tetranitromethan geeignet, die zu 3-Nitrotyrosinresten führt. Tryptophanreste können mit Dimethyl-(2-hydroxy-5-nitrobenzyl)-sulfonium-bromid (S. 107) spezifisch blockiert werden.

Besondere Einsatzgebiete eröffnen **bifunktionelle Reagenzien**, die intra- oder intermolekular reaktive Gruppen der Aminosäuren miteinander verbinden können. Der Einsatz solcher Reagenzien kann die Tertiärstruktur stabilisieren, Hinweise auf den Abstand zwischen den reaktiven Gruppen oder Modelle für das Studium von Protein-Protein-Wechselwirkungen liefern. Ein seit langem eingesetztes bifunktionelles Reagens ist das Glutaraldehyd (**20**), das zu Quervernetzungen führt. Glutaraldehyd liegt im Sauren als Polymer des cyclischen Hemiacetals (**21**), im Neutralen in der polymeren Form **22** vor, die durch Aldolreaktion gebildet wird. Aldehydgruppen von **22** können mit Aminogruppen des Proteins *Schiff*sche Basen bilden.

2.10 Peptidsynthesen

Die Biosynthese der Peptide findet unter Beteiligung von Nucleinsäuren statt und wird deshalb erst in Kap. 4.3 abgehandelt.

Eine Ausnahme stellen die durch Mikroorganismen synthetisierten Peptide und Cyclopeptide mit nichtproteinogenen Aminosäuren dar (z. B. D-Aminosäuren, N-alkylierte Aminosäuren). Deren Biosynthese erfolgt ohne Codierung durch Nucleinsäuren an Enzymkomplexen, die den Polyketid-Synthetasen ähneln. Diese Peptid-Synthetasen enthalten eine Aktivierungs-Domäne (ATP-abhängig), eine Kondensations-Domäne und eine Acyl-Carrier-Domäne sowie gegebenenfalls eine Domäne mit Razemase-Aktivität (beim Einbau von D-Aminosäuren).

Hier soll nur auf die Totalsynthese von Peptiden eingegangen werden. Bei der Protein-Semisynthese geht man von natürlichen Proteinen bzw. von deren Fragmenten aus, die z. B. durch Kettenverlängerungen zu Proteinen neuartiger Strukturen umgewandelt werden.

Peptide können heute totalsynthetisch (chemische Synthese) oder gentechnisch (S. 319) erhalten werden. Meist werden kürzere Peptide durch chemische Synthese, Proteine dagegen gentechnisch gewonnen, da längere Peptide eindeutiger Sequenz nur sehr aufwendig herstellbar sind. Eine chemische Synthese ist aber erforderlich, um Peptide mit Aminosäuren zu erhalten, die nicht genetisch codiert sind (z. B. D-Aminosäuren) oder zum Einbau von ^{13}C-Aminosäuren (z. B. in das katalytische Zentrum von Enzymen für NMR-Untersuchungen). Synthetische Peptide dienen für Untersuchungen der Beziehungen zwischen Struktur und Wirkung und der gezielten Entwicklung von Peptidwirkstoffen (protein design), in der Immunologie zur Antikörperbildung und Epitop-Charakterisierung.

2.10.1 Totalsynthese von Peptiden

2.10.1.1 Allgemeine Probleme

Ziel der Peptidsynthese ist die wiederholte Knüpfung einer Amidbindung aus der α-Aminogruppe einer Aminosäure mit der Carboxylgruppe einer anderen Aminosäure. Die Bildung der Amidgruppe wird durch einen nucleophilen Angriff der Aminogruppe am C-Atom der Carbonylgruppe der anderen Aminosäure eingeleitet und verläuft nach einem Additions-Eliminierungs-Mechanismus.

Der elektrophile Charakter des C-Atoms der Carbonylgruppe wird wesentlich beeinflußt durch den Substituenten X. So ist die Reaktivität der Carboxylgruppe und noch ausgeprägter der Carboxylatgruppe zu gering, da die für die Reaktivität verantwortliche Polarität der Carbonylgruppe ganz (Carboxylat) oder weitestgehend ausgeglichen wird. Die umzusetzende Carboxylgruppe ist also durch geeignete Substituenten zu aktivieren.

Bei der Biosynthese der Proteine wird die Reihenfolge der Aminosäuren der Polypeptidkette durch den in der DNA verankerten genetischen Code

$$\text{R}^1-\overset{\text{H}}{\underset{\text{H}}{\text{N}}}| \;+\; \overset{\text{O}^{\ominus}}{\underset{\text{X}}{\text{C}}}-\text{R}^2 \;\longrightarrow\; \left[\text{R}^1-\overset{\text{H}}{\underset{\oplus\;\;\;\text{H}}{\underset{|}{\text{N}}}}-\overset{\text{O}^{\ominus}}{\underset{\text{X}}{\underset{|}{\text{C}}}}-\text{R}^2 \;\rightleftharpoons\; \underset{\text{H}}{\overset{\text{R}^1}{\text{N}}}-\overset{\text{O}-\text{H}}{\underset{\text{X}}{\underset{|}{\text{C}}}}-\text{R}^2 \right]$$

$$\longrightarrow \; \underset{\text{H}}{\overset{\text{R}^1}{\text{N}}}-\overset{\text{O}}{\underset{\text{R}^2}{\text{C}}} \;+\; \text{HX}$$

(vgl. Proteinbiosynthese) festgelegt. Das große Problem der chemischen Peptidsynthese ist es nun, diese Eindeutigkeit in der Reihenfolge der einzelnen Aminosäuren dadurch zu erreichen, daß alle Substituenten, die nicht an der oben angeführten Reaktion teilnehmen, durch geeignete Schutzgruppen blockiert werden.

Diese Schutzgruppen (Tab. 2-11) für Carboxyl-, α-Aminogruppen und die funktionellen Gruppen der Seitenreste müssen so ausgewählt werden, daß sie

- unter den Bedingungen der Aktivierung der Carboxylgruppe und der Synthese der Amidbindung erhalten bleiben,
- ohne Razemisierung der Aminosäuren eingeführt werden können und auch unter den Synthesebedingungen nicht zu Razemisierungen Anlaß geben und
- nach beendeter Synthese leicht und selektiv ohne Angriff der Amidbindungen wieder entfernt werden können.

Tab. 2-11: Schutzgruppen für die Peptidsynthese.

Zu schützende Gruppe	Schutzgruppe	Abkürzung	Entfernung
—COOH	—COOCH$_3$–COOC$_2$H$_5$	OMe, OEt	Alkalische Hydrolyse
	—COOC(CH$_3$)$_3$	OBu^t	Säurekatalysierte Hydrolyse
	—COO—CH$_2$—C$_6$H$_5$	OBzl	Katalytische Hydrierung
—NH$_2$	C$_6$H$_5$—CH$_2$OCO—NH—	Z, Cbz	Katalytische Hydrierung, HF, HBr/Eisessig
	(CH$_3$)$_3$C—OCO—NH—	Boc	CF$_3$COOH
	(C$_6$H$_5$)$_2$—C(CH$_3$)$_2$—OCO—NH—	Bpoc	Milde säurekatalysierte Hydrolyse

Tab. 2-11: Schutzgruppen für die Peptidsynthese. (Fortsetzung)

Zu schützende Gruppe	Schutzgruppe	Abkürzung	Entfernung
	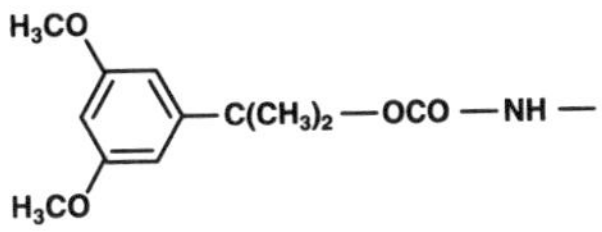 H₃CO-C₆H₃(OCH₃)-C(CH₃)₂-OCO-NH-	Ddz	Milde säurekatalysierte Hydrolyse
	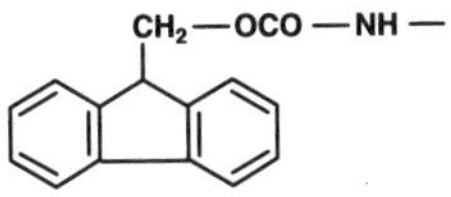 Fluorenyl-CH₂-OCO-NH-	Fmoc	Milde alkalische Hydrolyse
	CF₃-CO-NH-	CF₃CO-	Milde alkalische Hydrolyse
	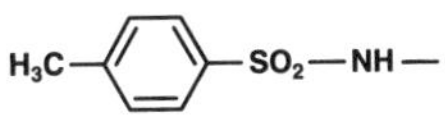 H₃C-C₆H₄-SO₂-NH-	Tos	Na/NH₃
-NH-C(=NH)-NH₂	-NH-C(=NH)-NH-NO₂		Katalytische Hydrierung, elektrochemische Reduktion
-SH	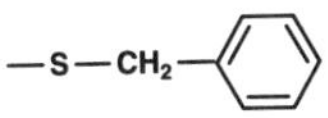 -S-CH₂-C₆H₅	SBzl	Na/NH₃

Selektiv abgespalten werden müssen die Schutzgruppen, die nur zum vorübergehenden Schutz einer α-Amino- oder Carboxylgruppe dienen. Eine Peptidsynthese verläuft im allgemeinen in drei Stufen:

1. Einführung der Schutzgruppen
2. Aktivierung und Kupplungsreaktion
3. Abspaltung der Schutzgruppen.

2.10.1.2 Schutzgruppen

Schutzgruppen für Aminogruppen

Die von *Bergmann* und *Zervas* 1932 eingeführte und zu Ehren von *Zervas* mit Z abgekürzte Benzyloxycarbonylgruppe (**23**, früher Carbobenzoxygruppe, Cbz) ist nach wie vor die gebräuchlichste Schutzgruppe. Ihre Synthese erfolgt durch Umsetzen der Aminkomponente mit Chlorkohlensäurebenzylester, der aus Benzylalkohol und Phosgen erhältlich ist.

Die Benzyloxycarbonylgruppe kann als Urethan relativ leicht wieder entfernt werden. Besondere Bedeutung hat die Entfernung durch katalytische Hydrierung oder durch säurekatalysierte Hydrolyse. Unter alkalischen Bedingungen, wie sie z. B. für die Entfernung von Carboxylschutzgruppen (Methyl-, Ethylester) erforderlich sind, sind die Urethane stabil.

Noch leichter durch säurekatalysierte Hydrolyse als die Benzyloxycarbonylgruppe ist die tert.-Butyloxycarbonylgruppe (Boc) abspaltbar. Diese Gruppe kann bereits unter Bedingungen abgespalten werden, unter denen die Benzyloxycarbonylgruppe noch erhalten bleibt. Auf diese Weise kann z. B. Z an der permanent zu schützenden ε-Aminogruppe des Lysins verbleiben, während Boc als temporäre Gruppe nach jedem Reaktionsschritt von den Aminogruppen entfernt werden kann. Beide Alkyloxycarbonylgruppen haben den Vorteil, daß praktisch keine Razemisierung auftritt.

Die von *Weygand* 1952 eingeführte Trifluoracetylgruppe kann infolge des starken -I-Effektes der Fluoratome bereits unter sehr milden Bedingungen alkalisch abgespalten werden.

Durch schwache Säuren (z. B. verd. Trifluoressigsäure) lassen sich die Diphenylisopropyloxycarbonyl-(Bpoc) und die Dimethoxydimethylbenzyloxycarbonylgruppe (Ddz), durch schwache Basen die Fluoren-9-ylmethyloxycarbonylgruppe (Fmoc) abspalten.

Die p-Toluolsulfonylgruppe (Tosylgruppe, Tos) ist leicht durch Umsetzen der Aminkomponente mit p-Toluolsulfonsäurechlorid einzuführen. Sie läßt sich allerdings relativ schwer wieder entfernen (Natrium in flüssigem Ammoniak, *Du Vigneaud*, 1937) und dient höchstens noch zum Schutz der ε-Aminogruppe des Lysins.

N-Carbonsäureanhydride (Oxazolidindione, *Leuchs*sche Anhydride, **24**) entstehen aus den Säurechloriden der N-Alkoxycarbonyl-aminosäuren (**25**) bzw. bei der Umsetzung von Aminosäuren mit Phosgen. Sie besitzen sowohl eine geschützte Aminogruppe als auch eine aktivierte Carboxylgruppe. N-Carbonsäureanhydride wurden von *Leuchs* bereits zur Synthese von Polyaminosäuren eingeführt und von *Hirschmann* in größerem Umfange zur Synthese der Fragmente der Ribonuclease eingesetzt (1967).

Schutzgruppen für Carboxylgruppen

Die Hauptaufgabe dieser Schutzgruppen besteht nicht so sehr im eigentlichen Schutz der Carboxylgruppe, sondern darin, durch Substitution an der Carboxylgruppe die Zwitterionenstruktur der an der Aminogruppe umzusetzenden Aminosäure aufzuheben und dadurch die Reaktion zu ermöglichen. Als einfachste „Schutzgruppe" kann daher schon die Salzbildung an der Carboxylgruppe bezeichnet werden.

Als Schutzgruppen kommen nur Substituenten in Frage, die nicht zu einer Aktivierung der Carboxylgruppe führen, auf der anderen Seite aber auch relativ leicht wieder abgespalten werden können. Praktische Bedeutung haben daher nur verschiedene Ester erhalten (vgl. Tab. 2-11).

Unter den Bedingungen der Peptidsynthese dürfen die Carboxylschutzgruppen nicht zu einer Acylierung führen, da es sonst zu unerwünschten Nebenreaktionen (Selbstkondensation) kommt. Bei der *backing-off*-Methode werden Carboxyschutzgruppen eingesetzt, die unter den Bedingungen der Kupplungsreaktion (z. B. mittels der Methode der gemischten Anhydride) nicht acylierend wirken, danach aber unter anderen Bedingungen unmittelbar oder nach chemischer Umwandlung mit Aminogruppen reagieren können. So läßt sich z. B. ein geschützter Hydrazidrest (Y = Cbz oder Boc) nach Abspaltung des Restes Y in einen sehr reaktiven Azidrest umwandeln:

$$R\text{-}CO\text{-}NHNH\text{-}Y \rightarrow R\text{-}CO\text{-}NHNH_2 \rightarrow R\text{-}CO\text{-}N_3.$$

Schutzgruppen funktioneller Gruppen der Seitenketten
Diese Schutzgruppen sollen meist einen permanenten Schutz während der gesamten Peptidsynthese gewähren.

Die stark basische Guanidinogruppe des Arginins läßt sich bereits durch Protonierung schützen. Der basische Charakter der Guanidinogruppe kann durch Überführung in die Nitroguanidinogruppe reduziert werden.

Der Imidazolrest des Histidins wird gewöhnlich nicht geschützt, bereitet jedoch wegen seiner Basizität und Acylierbarkeit häufig Schwierigkeiten. Ebenso werden die Hydroxygruppen des Serins und Threonins meist nicht geschützt.

Von besonderer Bedeutung ist der Schutz der Mercaptogruppe des Cysteins. Diese Gruppe ist stark nucleophil und leicht zu oxidieren. Schutzgruppe der Wahl ist die Benzylthiogruppe (*Du Vigneaud*, 1930), die durch Natrium in flüssigem Ammoniak abgespalten werden kann. Diese drastische Methode führt jedoch auch zu teilweiser Aufspaltung von Peptidbindungen. Insbesondere durch die Probleme, die durch die Synthese polycyclischer heterodeter Peptide auftraten, wurden über 40 Schutzgruppen für die Mercaptogruppe in die Peptidsynthese eingeführt, so die Trityl-, Benzhydryl-, Benzoyl- oder Acetaminomethylgruppe (R-S-CH$_2$-NH-CO-CH$_3$).

2.10.1.3 Aktivierung der Carboxylgruppe, Methoden zur Knüpfung der Peptidbindung

Unter den Methoden, die eine razemisierungsarme Aktivierung der Carboxylgruppe und Knüpfung der Peptidbindung ermöglichen, hat sich besonders der Einsatz von Aziden, aktivierten Estern, gemischten Anhydriden und die Carbodiimid-Methode bewährt.

Azid-Methode
Die Azid-Methode ist die älteste Methode, die eine razemisierungsarme Peptidsynthese ermöglicht (*Curtius*, 1902). Säureazide sind relativ leicht über die Hydrazide erhältlich und werden deshalb häufig eingesetzt. Nachteilig ist, daß Säureazide thermisch nicht so stabil wie z. B. aktivierte Ester sind und zu Nebenreaktionen führen können. So lagern sich Säureazide leicht unter Stickstoffabspaltung zu Isocyanaten um, die wiederum mit den Aminosäuren reagieren können. Da mit wachsender Kettenlänge des Peptides die Umsetzungsgeschwindigkeit des Esters mit dem Hydrazin immer geringer wird, wird in diesen Fällen mit einem vorher eingeführten, geschützten Hydrazidrest gearbeitet (*backing-off*-Verfahren).

Aktivierte Ester
Die Reaktivität der Carbonylgruppe einer Estergruppierung läßt sich durch elektronenziehende bzw. leicht polarisierbare Gruppen in der Alkohol- oder Phenolkomponente des Esters bedeutend erhöhen. Die aktivierten Ester können dann durch Aminolyse leicht in die entsprechenden Amide überführt werden. Diese Kupplungsmethode wurde mit den Thiophenylestern durch *Th. Wieland* 1951 in die Peptidsynthese eingeführt. Bedeutung in der Peptidsynthese haben neben S- und Se-Arylestern

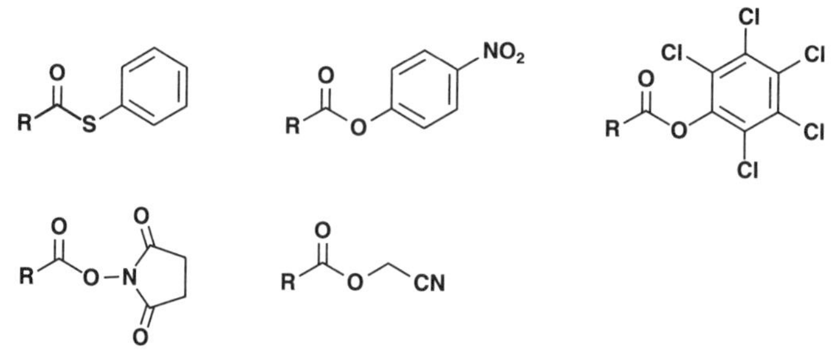

Abb. 2-31 Aktivierte Ester zur Peptidsynthese.

verschiedene O-Arylester (z. B. 4-Nitrophenylester, Np, oder Pentachlorphenyl-ester), O-Alkylester (Cyanomethylester) oder Hydroxylaminderivate (N-Hydroxy-succinimidester) erlangt (Abb. 2-31). Der Vorteil des Einsatzes aktivierter Ester besteht darin, daß diese aktivierten Carboxylderivate isoliert und gereinigt werden können und kaum mit schwach nucleophilen Gruppen wie den Hydroxygruppen reagieren.

Methode der gemischten Anhydride
Gemischte Anhydride (z. B. 26) lassen sich durch Umsetzen der Carbonsäuren mit Chlorameisensäureester in Gegenwart eines tertiären Amins darstellen. Der Angriff der Aminkomponente (H_2N-R^2) erfolgt an dem C-Atom des Anhydrids, das die geringste Elektronendichte besitzt und sterisch am wenigsten gehindert ist. Der Vorteil dieser sowohl bei der Peptidsynthese als auch bei der chemischen Modifizierung von Proteinen viel angewandten Methode (*Th. Wieland, Boissonnas, Vaughan*, 1951) ist die Entstehung leicht entfernbarer Nebenprodukte.

Carbodiimid-Methode
Die Carbodiimid-Methode wurde von *Sheehan* und *Hess* 1955 in die Peptidsynthese eingeführt. Mit dem Reaktionsmechanismus beschäftigte sich eingehend *Khorana*. Danach bildet sich zunächst aus dem Carbodiimid (**27**) und der Carbonsäure ein reaktionsfähiger O-Acyl-isoharnstoff (**28**), der entweder direkt mit der Aminkomponente reagiert oder zunächst mit einem weiteren Molekül Carbonsäure ein symmetrisches Anhydrid bildet, das dann mit dem Amin zum Amid reagiert. Nach beiden Wegen wird als Nebenprodukt der entsprechende Harnstoff (**29**) gebildet. Unerwünscht ist die Umlagerung des O-Acyl-isoharnstoffs zum Acyl-harnstoff (**30**), der nicht mehr acylierend wirkt. Die Abtrennung der Nebenprodukte **29** und **30** bereitet oft Schwierigkeiten. Ein Nachteil dieser Methode ist ferner, daß Aktivierungs- und Reaktionsschritt nicht getrennt werden können.

Zum Einsatz bei der Peptidsynthese kommen meist Dicyclohexylcarbodiimid (DCC). Für die Umsetzungen in wäßrigen Lösungsmitteln, z. B. für die chemische Modifizierung von Proteinen, werden wasserlösliche Carbodiimide wie N-Ethyl-N'-3-dimethyl-amino-propyl-carbodiimid-hydrochlorid oder N-Cyclohexyl-N'-[2-(N-methyl-morpholino)ethyl]-carbodiimid-p-

$$R^1-N=C=N-R^2$$
$$27$$

$$R^1-\underset{\underset{R^3-\underset{O}{\overset{\|}{C}}-O}{|}}{\overset{H}{N}}-\overset{}{\underset{}{C}}=N-R^2$$
$$28$$

$$\xrightarrow{} R^1-\underset{\underset{R^3-\underset{O}{\overset{\|}{C}}}{|}}{N}-\underset{\underset{O}{\|}}{C}-NH-R^2$$
$$30$$

R^3-COOH ↓

$$R^3-\underset{O}{\overset{\|}{C}}-O-\underset{O}{\overset{\|}{C}}-R^3 \xrightarrow{R^4-NH_2} R^3-\underset{O}{\overset{\|}{C}}-\underset{H}{\overset{}{N}}-R^4 \; + \; R^1-\underset{H}{\overset{}{N}}-\underset{O}{\overset{\|}{C}}-\underset{H}{\overset{}{N}}-R^2$$
$$29$$

(mit R^4-NH_2 von 28)

toluolsulfonat verwendet. Durch gleichzeitigen Zusatz von Dicyclohexylcarbodiimid und sog. Additiven läßt sich oft der Razemisierungsgrad herabsetzen und die Ausbeute erhöhen. Als Additiv wirken z. B. N-Hydroxysuccinimid und 1-Hydroxybenzotriazol.

2.10.1.4 Taktik und Strategie

Unter Taktik der Peptidsynthese versteht man die Auswahl der optimalen Schutzgruppen und Kupplungsmethoden. Temporäre Schutzgruppen dienen zum vorübergehenden Schutz einer α-Amino- bzw. Carboxylgruppe. Sie müssen nach jedem Kupplungsschritt wieder selektiv entfernt werden. Daneben muß es Schutzgruppen geben, die die funktionellen Gruppen während der ganzen Peptidsynthese blockieren und erst am Ende entfernt werden. Diese permanenten Schutzgruppen, z. B. für die ε-Aminogruppe des Lysins, müssen aber ebenfalls unter Bedingungen zu entfernen sein, die eine Razemisierung oder Spaltung der Peptidbindung ausschließen. So können z. B. säurelabile Gruppen als temporäre Schutzgruppen für die α-Aminogruppe und säurestabile Gruppen für den permanenten Schutz von ε-Aminogruppen eingesetzt werden. Bei der Orthogonaltechnik werden Schutzgruppen eingesetzt, die selektiv unter jeweils anderen Bedingungen (z. B. durch milde säurekatalysierte oder alkalische Hydrolyse, durch milde Reduktion oder photolytisch) abgespalten werden können. Die Wahl der Schutzgruppen stellt das wichtigste Problem für eine erfolgreiche Peptidsynthese dar.

In einigen Fällen ist es auch möglich, daß eine Carboxylschutzgruppe nach chemischer Veränderung gleich zur Kupplung mit der Aminokomponente eingesetzt werden kann. Als Schutzgruppe für dieses *backing-off*-Verfahren sind verschiedene Ester sowie an der Aminogruppe geschützte Hydrazide (S. 156) geeignet.

Tab. 2-12: **Wichtigste Strategien zur Synthese von Peptiden (nach *Wünsch*).**

Strategie	Charakteristika	Vorteile	Nachteile
1. Konventionelle Synthese mit globaler Schutzgruppen-Technik			
1.1 *Bodanszky*-Strategie	Stufenweiser Aufbau	Eindeutiger Verlauf der Synthese, Möglichkeit der Reinigung nach jedem Schritt	Sehr aufwendig, nicht automatisierbar, durch Schutzgruppen Verringerung der Löslichkeit mit steigender Peptidkette
1.2 *Schwyzer-Wünsch*-Strategie	Fragment-Kondensation	Wie 1.1	Wie 1.1, günstigere Gesamtausbeute
2. Konventionelle Synthese mit Minimum an Schutzgruppen *Hirschmann*-Strategie	Fragment-Kondensation	Bessere Löslichkeit der Fragmente als nach 1., wie 1.1	Nicht so nebenproduktfrei wie nach 1., Beschränkung auf Azid-Methode
3. Synthese unter Einsatz polymerer Träger			
3.1 *Merrifield*-Strategie	Verwendung unlöslicher Träger (solid phase), stufenweiser Aufbau ohne Fragment-Kondensation	Abtrennung des wachsenden Peptids durch Filtration, dadurch automatisierbar	Da Ausbeute < 100 % Bildung von Fehl- und Rumpfsequenzen ohne Möglichkeit der Reinigung, Probleme bei Abspaltung vom Träger
3.2 *Bayer*-Strategie	Verwendung hochmolekularer löslicher Träger (liquid phase)	Im Unterschied zu 3.1 Umsetzung in homogener Phase, Trennung durch Ultrafiltration oder Kristallisation	Wie 3.1
4. Synthese unter Einsatz polymerer Reagenzien *Katchalski-Wieland-Frankel*-Strategie		Physikalische Abtrennung des Peptids wie bei 3., Möglichkeit der Reinigung des Peptids wie bei 1.1	Grenzen aufgrund sterischer Behinderung

Unter den für die Peptidsynthese entwickelten Strategien kann man zunächst zwischen dem

- stufenweisen Aufbau der Peptidkette und der
- Fragmentkondensation nach stufenweisem Aufbau dieser Fragmente

unterscheiden.

Die Synthese erfolgt dabei – im Unterschied zur Biosynthese – fast ausschließlich vom C-terminalen Ende her. Die Synthese kann in homogener (konventionelle Synthese) oder in heterogener Phase (z. B. *Merrifield*-Strategie) durchgeführt werden. Eine Übersicht über die wichtigsten Strategien gibt die Tabelle 2-12.

Abbildung 2-32 zeigt in einer gebräuchlichen schematischen Darstellung eine stufenweise Synthese und eine Fragmentkondensation am Beispiel der Synthese des Peptidhormons Oxytocin (*Du Vigneaud:* 1955 Nobelpreis). Um Nebenreaktionen an den funktionellen Gruppen der Seitenketten weitestgehend einzuschränken, sieht die globale Schutzgruppentechnik einen möglichst umfassenden Schutz vor (Maximalschutztaktik).

Bei der konventionellen Synthese nach dieser Technik treten mit steigender Kettenlänge der Peptide Probleme auf, die vor allem dadurch hervorgerufen werden, daß sich die Löslichkeit der Peptide durch die Schutzgruppen immer weiter verringert und die raumfordernde Peptidkette die weitere Reaktion sterisch behindert. Aus diesem Grunde ist auch die Gesamtausbeute nach der Fragmentkondensation höher als nach der stufenweisen Synthese. Die Grenzen beider Methoden liegen daher beim stufenweisen

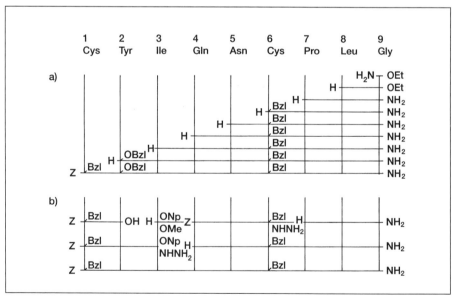

Abb. 2-32 Schematische Darstellung des geschützten acyclischen Oxytocin. a) durch stufenweise Synthese (nach *Bodanszky* und *Du Vigneaud*); b) durch Fragmentkondensation nach der Variante 3+(3+3) (nach *Boissonnas*).

Aufbau bei ca. 20 bis 30 Aminosäuren und bei der Fragmentkondensation bei ca. 40 bis 50 Aminosäuren. Bei der schrittweisen Synthese kommt erschwerend hinzu, daß die Unterschiede zwischen analytisch erfaßbaren Eigenschaften der Peptide der einzelnen Reaktionsstufen mit steigender Kettenlänge immer geringer werden. Die schrittweise Methode wird daher vor allem zur Synthese der für die Fragmentkondensation erforderlichen Partialsequenzen herangezogen.

Zur Synthese von Polypeptiden hat *Hirschmann* seine Taktik des minimalen Schutzes der funktionellen Gruppen der Seitenketten entwickelt, durch die die Löslichkeit der Fragmente erhöht werden sollte. Es gelang nach dieser Methode, das erste Enzym, die Ribonuclease S, durch Fragmentkondensation zu synthetisieren. Die Synthese der Fragmente erfolgte weitgehend unter Einsatz der Aminosäure-N-Carbonsäure-Anhydride sowie der N-Hydroxysuccinimid-Ester. Die Verknüpfung der Fragmente erfolgte nach der Azid-Methode. Geschützt wurden lediglich die ε-Aminogruppe des Lysins und die Mercaptogruppe des Cysteins. Der sparsame Einsatz der Schutzgruppen und die Beschränkung auf die Azid-Methode bieten allerdings die Möglichkeit für störende Nebenreaktionen.

Der Nachteil der konventionellen Methode besteht darin, daß sich die Synthese nicht automatisieren läßt und daß nach jedem Reaktionsschritt eine aufwendige Trennung des geschützten Peptides von Ausgangs- und Nebenprodukten erfolgen muß.

Diese Probleme lassen sich umgehen, wenn der Aufbau des Peptides an einem hochmolekularen unlöslichen (Solid-Phase-Methode, Festkörpersynthese) oder löslichen (Liquid-Phase-Methode, Flüssigphasensynthese) Träger vorgenommen wird.

Die **Festkörpersynthese** wurde 1963 von *Merrifield* (Nobelpreis 1984) in die Peptidsynthese eingeführt. Nach der *Merrifield*-**Strategie** wird die erste Aminosäure kovalent an einen Träger gebunden. An diese Aminosäure werden dann schrittweise in heterogener Phase die weiteren Aminosäuren gekuppelt (Abb. 2-33). Die Kupplung erfolgt gewöhnlich in Lösungsmitteln mit hoher Dielektrizitätskonstante wie Dimethylformamid oder Methylenchlorid mit Carbodiimid oder nach der Methode der aktivierten Ester. Nach jedem Reaktionsschritt wird das am Träger gebundene Peptid abfiltriert und gewaschen. Zum Schluß wird das fertige Peptid vom Träger gelöst. Als günstigster Träger hat sich ein mit Divinylbenzol quervernetztes Polystyrol erwiesen, das am Benzolrest chlormethyliert war. Die Bindung der Aminosäure an den so aktivierten Träger kann durch längeres Kochen mit der Acylaminosäure in Gegenwart von Triethylamin erfolgen. Danach wird die Schutzgruppe von der Aminosäure abgespalten.

Außer dieser Chlormethylgruppe wurden weitere Ankergruppen für die kovalente Bindung der ersten Aminosäure an den Träger entwickelt, die vor allem ein vorzeitiges Ablösen des Peptids vom Träger während der Abspaltung der Schutzgruppen ausschließen sollen. Nach der eigentlichen Peptidsynthese wird das fertige Peptid durch Behandeln mit starken Säuren (HBr in Trifluoressigsäure, HF) vom Träger gelöst.

Die Voraussetzung für eine als erfolgreich zu bezeichnende Synthese

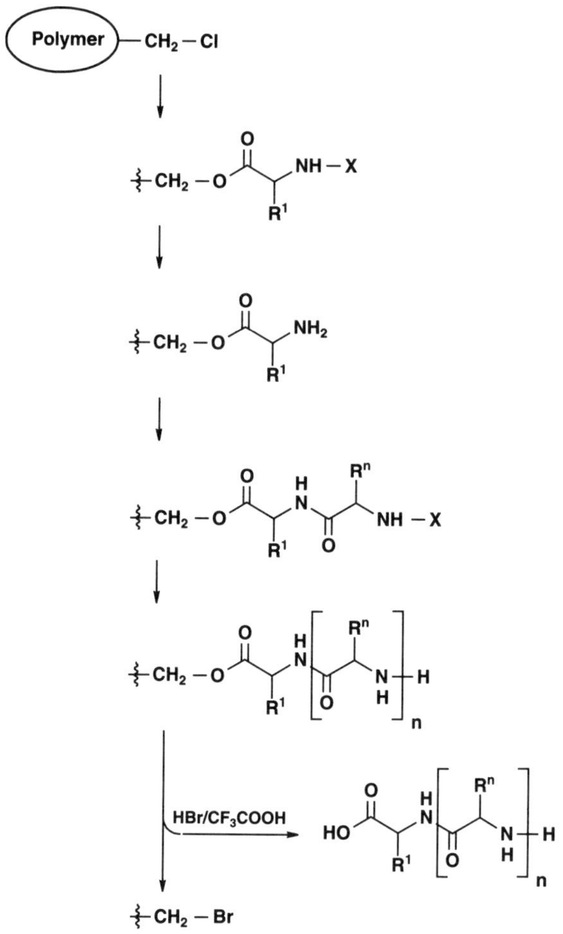

Abb. 2-33 Schematische Darstellung der *Merrifield*-Synthese.

nach dieser Methode ist eine möglichst quantitative Kupplungsreaktion. Bei einer nicht 100 %igen Umsetzung am polymeren Träger und nicht vollständigen Deblockierungs-Reaktionen kommt es zur Bildung von Rumpf- und Fehlsequenzen. Die Gesamtausbeute hängt daher stark von der Einzelausbeute nach jedem Reaktionsschritt ab. Bei einem Polypeptid aus 124 Aminosäuren (Ribonuclease) würde z. B. bei einer Kupplungsrate von 95 % die Ausbeute an gewünschtem Peptid bei 0,0002 % liegen, bei einer Kupplungsrate von 99,5 % bei 29 %. Die *Merrifield*-Synthese wird daher meist zur Synthese von Oligopeptiden (bis Decapeptide) eingesetzt, für die nicht zu hohe Anforderungen an die Reinheit gestellt werden. Moderne Peptidsynthesizer erlauben bei Kupplungsraten von 99 % und mehr pro Synthesestufe eine akzeptable Verknüpfung von bis zu 50 Aminosäuren.

Die hohe Umsetzungsrate wird u. a. durch einen großen Überschuß an zu kuppelnder Komponente erreicht. Die breite Anwendung der *Merrifield*-Synthese setzte die Entwicklung hochleistungsfähiger Methoden zur Trennung (HPLC) und Peptidanalytik (Kapillarzonenelektrophorese, LC-MS) voraus.

Im Unterschied zur *Merrifield*-Synthese werden bei der **Flüssigphasensynthese** lösliche hochmolekulare Träger eingesetzt (*Semjakin, Bayer*). *Bayer* arbeitet meist mit Polyethylenglycolen als Träger, an deren Hydroxygruppe die Carboxylgruppe der C-terminalen Aminosäure gebunden wird. Die restlichen Hydroxygruppen des Polymers können blockiert werden. Zur Kupplung wird meist Dicyclohexylcarbodiimid eingesetzt. Die Entfernung überschüssiger Komponenten erfolgt durch Ultrafiltration oder auch Kristallisation des Polymer-Peptidesters. Neben polymeren Trägern für das aufzubauende Peptid wurden in die Peptidsynthese auch unlösliche polymere Reagenzien eingeführt. Zum Einsatz kamen z. B. polymere aktive Ester oder Carbodiimide. Der Nachteil der Flüssigphasenmethode ist die schlechtere Automatisierbarkeit.

Für den Aufbau von sog. Peptidbibliotheken, die Hunderttausende von Peptiden umfassen können, wird die **multiple Peptidsynthese** eingesetzt. Bei der multiplen Peptidsynthese (MPS, auch simultane multiple Peptidsynthese) werden gleichzeitig an polymeren Trägern zahlreiche Peptide unterschiedlicher Länge und Sequenz synthetisiert. Diese Synthesen erfolgen vorteilhaft im „Teebeutel" (*tea-bag*-Methode), einem Polypropylenbeutel, in dem sich der polymere Träger befindet. Multiple Synthesen werden für ein Screening auf biologische Aktivität vor allem in der Peptidhormon- und Inhibitorforschung sowie zur Epitopkartierung in der Immunchemie eingesetzt.

2.10.1.5 Synthese von cyclischen Peptiden

Die Synthese cyclischer Peptide erfordert nach dem Aufbau des entsprechenden linearen Peptides noch eine Cyclisierungsreaktion.

Bei der Synthese homodeter Peptide kommt es darauf an, daß die Reaktion der α-Aminogruppe mit der Carboxylgruppe intramolekular und nicht intermolekular unter Bildung längerer Peptide erfolgt. Die intramolekulare Reaktion wird durch hohe Verdünnung (10^{-3}, 10^{-4}) begünstigt. Die Aktivierung der Carboxylgruppe und die eigentliche Cyclisierung werden daher getrennt durchgeführt. Zur Aktivierung dienen meist die aktivierten Ester oder die Azide.

Wesentlich größere Bedeutung hat die Ausbildung der Disulfidbrücken zur Synthese heterodeter Peptide. Zunächst werden am linearen Peptid die Schutzgruppen an den Mercaptogruppen der Cysteinreste abgespalten. Die Cyclisierung erfolgt dann in ca. 10^{-3}M-Lösung durch Oxidation der Mercaptogruppen zum entsprechenden Disulfid. Als Oxidationsmittel dienen Luftsauerstoff, Hexacyanoferrat (III), Iod oder Diiodethan.

Relativ einfach noch ist die Bildung der Disulfidbrücke bei Peptiden mit nur zwei Cysteinresten (Synthese des Oxytocin). Nach Abspaltung der

Schutzgruppen werden die Mercaptogruppen oxidiert. Das gewünschte Disulfid entsteht dabei in der letzten Stufe der Oxytocin-Synthese in ca. 20 bis 40 % Ausbeute neben Dimeren und Polymeren (intermolekulare Reaktion). Wesentlich komplizierter kann dagegen die Cyclisierung heterodeter Peptide mit mehreren Disulfidbrücken sein. Bei Proteinen, die aus einer Peptidkette bestehen und mehrere Disulfidbrücken enthalten, wird die richtige oxidative Verknüpfung der Cysteinreste im wesentlichen von der nativen Konformation der Peptidkette bestimmt. Grundlegende Untersuchungen dazu wurden von *Anfinsen* an der Rinderpankreas-Ribonuclease durchgeführt. Dieses Enzym verfügt über 8 Cysteinreste, die über 4 Disulfidbrücken miteinander verbunden sind. Die reduktive Spaltung dieser 4 Disulfidbrücken unter völliger Denaturierung des Enzyms und die anschließende Oxidation ergaben ein regeneriertes Produkt mit voller Aktivität. Das bedeutet, daß von den theoretisch möglichen 105 Paarungsmöglichkeiten der 8 Mercaptogruppen zu den 4 Disulfidbrücken nur eine realisiert wird.

Im Unterschied zur Ribonuclease besteht jedoch das Insulin (S. 465) aus zwei Ketten, die über zwei Disulfidbrücken miteinander verbunden sind. Die A-Kette enthält zusätzlich noch eine weitere Disulfidbrücke. In diesem Falle erfolgt die Oxidation der 6 Mercaptogruppen statistisch. Neben Insulinisomeren mit falscher Stellung der Disulfidbrücken entstehen intramolekulare Disulfide der A- sowie der B-Kette.

Bei der getrennten Biosynthese der A- und B-Kette durch Gentechnologie werden die zunächst anfallenden Thiole (Cys-Reste) in die stabilen S-Sulfonate ($-S-SO_3$) umgewandelt, die dann wieder zu Thiolen reduziert und durch Luftsauerstoff in ca. 60 % Ausbeute zum Rohinsulin über Disulfidbrücken verknüpft werden können.

Bei der Biosynthese wird die für die richtige Verknüpfung der Mercaptogruppen erforderliche Lage dadurch erreicht, daß die beiden Ketten über ein Zwischenglied miteinander verbunden sind (vgl. S. 465).

3 Kohlenhydrate

3.1 Monosaccharide

3.1.1 Struktur und Vorkommen

3.1.1.1 Nomenklatur

> Monosaccharide sind Oxidationsprodukte mehrwertiger Alkohole. Durch Oxidation einer primären Hydroxygruppe kommt man formal zu Polyhydroxyaldehyden, den **Aldosen,** durch Oxidation einer sekundären Hydroxygruppe zu Polyhydroxyketonen, den **Ketosen.**

Nach der Anzahl der C-Atome teilt man die Monosaccharide in Triosen, Tetrosen, Pentosen, Hexosen und Heptosen ein. Die einfachsten Monosaccharide sind die Aldotriose Glyceraldehyd und die Ketotriose Dihydroxyaceton (Abb. 3-1). Für die Triosen, Tetrosen, Pentosen und Hexosen sind Trivialnamen gebräuchlich (Abb. 3-2).

Die Monosaccharide besitzen mit Ausnahme des Dihydroxyacetons Chiralitätszentren. Es sind also jeweils verschiedene optische Isomere möglich. Die Bezeichnung der Konfiguration geht auf die grundlegenden Untersuchungen von *E. Fischer* zur Struktur der Monosaccharide zurück. Nach der Projektion von *Fischer* wird das Monosaccharid so gezeichnet, daß die C-C-Bindungen der übereinander angeordneten C-Atome hinter

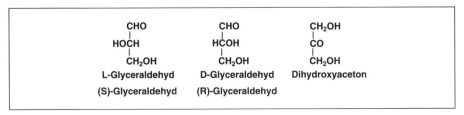

Abb. 3-1 Einfachste Monosaccharide.

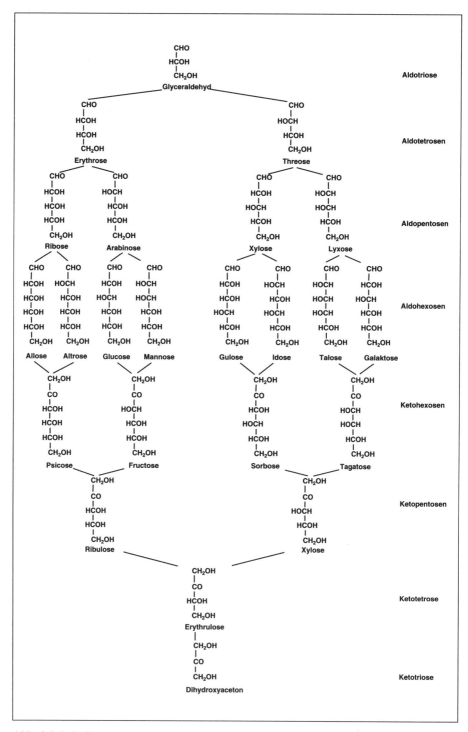

Abb. 3-2 D-Reihe der Monosaccharide.

die Zeichenebene zeigen, die rechts und links angeordneten Substituenten aber vor der Zeichenebene liegen. Das Atom mit der höchsten Oxidationsstufe steht oben. Die Zuordnung zur D- oder L-Reihe richtet sich nach der Stellung der Hydroxygruppe an dem von der Carbonylgruppe am entferntesten stehenden chiralen C-Atom. Die Bezeichnung der relativen Konfiguration der einzelnen Hydroxygruppen leitet sich von den Trivialnamen der Monosaccharide ab. In Abhängigkeit von der Anzahl der chiralen C-Atome sind folgende Präfixe gebräuchlich:

1: *glycero*
2: *erythro, threo*
3: *ribo, arabino, xylo, lyxo*
4: *allo, altro, gluco, manno, gulo, ido, galacto, talo.*

Bei Monosacchariden mit mehr als 4 chiralen C-Atomen (z. B. Heptosen, Octosen) werden zwei oder mehr Präfixe zur Bezeichnung der Konfiguration herangezogen. Das zuerst stehende Präfix dient zur Bezeichnung des Restes, der für die Konfigurationsreihe (D oder L) entscheidend ist, also am unteren Ende steht. Zur Bezeichnung der Ketosen dient das Suffix -ul. Davor erfolgt bei dem systematischen Namen die Angabe der Konfiguration. Beispiele für die systematische Bezeichnung der Monosaccharide sind in der Tabelle 3-1 und der Abbildung 3-3 zu finden.

Tab. 3-1: Systematische Namen einiger weit verbreiteter Monosaccharide.

Trivialname	Systematischer Name	Abkürzung
■ Ribose	*ribo*-Pentose	Rib
■ Glucose	*gluco*-Hexose	Glc
■ Galaktose	*galacto*-Hexose	Gal
■ Mannose	*manno*-Hexose	Man
■ Fructose	*arabino*-2-Hexulose	Fru
■ Ribulose	*erythro*-2-Pentulose	Rub

3.1.1.2 Struktur der Monosaccharide in Lösung

Monosaccharide zeigen in einigen Fällen ein von Aldehyden oder Ketonen abweichendes Verhalten. So besitzen die Carbonylbanden im IR-Spektrum nur eine geringe Intensität, und einige typische Reaktionen der Aldehyde treten nicht auf (Addition von $NaHSO_3$, Reaktion mit fuchsinschwefliger Säure). Die Ursache hierfür ist in einem intramolekularen nucleophilen Angriff einer in sterisch günstiger Stellung stehenden Hydroxygruppe an der Carbonylgruppe unter Bildung eines Halbacetals zu suchen (*Tollens*).

Dieses Gleichgewicht zwischen offenkettiger und cyclischer Form wird als **oxo-cyclo-Tautomerie** bezeichnet. Das sp^2-hybridisierte C-Atom der Carbonylgruppe geht dabei in ein sp^3-hybridisiertes C-Atom über, das ein neues Chiralitätszentrum bildet. Die zur entstandenen Halbacetalgruppierung gehörende Hydroxygruppe wird anomere oder glykosidische Hydroxygruppe genannt. Die beiden Diastereomeren (Anomere) werden als α-

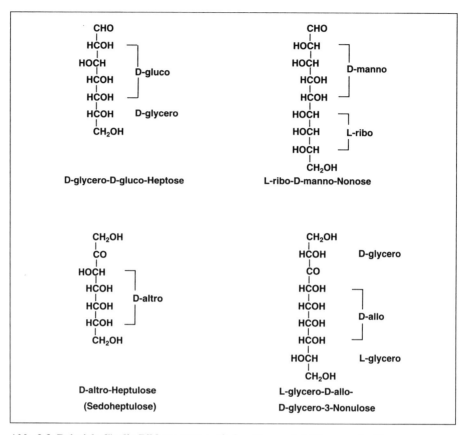

Abb. 3-3 Beispiele für die Bildung systematischer Namen bei Monosacchariden.

und β-Form bezeichnet, deren Umwandlung über die offenkettige Form als **Anomerisierung**. Die Verbindung, bei der die anomere Hydroxygruppe und die für die Zuordnung zur D- oder L-Reihe nach *Fischer* herangezogene Hydroxygruppe die gleiche Konfiguration besitzen, wird als α-Form, die andere als β-Form bezeichnet. Je nach der sich ausbildenden Ringgröße unterscheidet man **Pyranosen** (Derivate am C-1: Pyranosyl- bzw. Pyranoside) und **Furanosen** (Furanosyl- bzw. Furanoside).

UV-spektroskopische Messungen zeigten, daß in neutraler wäßriger Lösung die Konzentration der Monosaccharide mit acyclischer Struktur und freier Carbonylgruppe sehr gering ist. Kristallin liegen die Zucker aus-

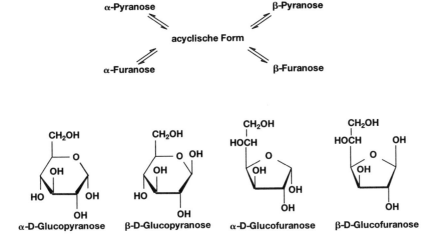

schließlich als Halbacetale vor. D-Glucose z. B. kristallisiert aus wäßrigem Ethanol als α-D-Glucopyranose.

Das in wäßriger Lösung beim Lösen eines Zuckers zu beobachtende Gleichgewicht, dessen Grundlage die Anomerisierung und gegebenenfalls ein Ringwechsel ist, wird als **Mutarotation** bezeichnet. Da sich die spezifische Drehung der Anomeren unterscheidet (D-Glucose: α-Pyranose: $[α]_D$ 111 °; β-Pyranose: $[α]_D$ 19 °), kann die Einstellung dieses Gleichgewichtes polarimetrisch verfolgt werden. Der bei der Glucose auftretende Endwert von 52 ° entspricht einem Anteil von 64 % β-Pyranose und 36 % α-Pyranose. Beim Auftreten von mehr als zwei Komponenten spricht man von einer komplexen Mutarotation, wie sie z.B. bei der Ribose (20 % α-Pyranose, 56 % β-Pyranose, 6 % α-Furanose, 18 % β-Furanose), Galaktose oder Arabinose auftritt. Diese Gleichgewichtsreaktion wird sowohl durch Säuren als auch durch Basen katalysiert.

In Lösung werden bestimmte Konformationen bevorzugt, die sich besonders gut mit Hilfe der NMR-Spektroskopie ermitteln lassen. Bei den Pyranosen werden die Sesselformen, die als C1- und 1C-Konformation (*Reeves*) bezeichnet werden, gegenüber den flexiblen Formen (z.B. der Wannenform) bevorzugt. Gebräuchlich für die Bezeichnung der Konformation ist auch die Angabe der Ringatome, die ober- und unterhalb der Ringebene stehen. Die C1-Konformation wird dann als $^4C_1$, die 1C-Konformation als $^1C_4$ angegeben. Die wichtigsten physikalischen Methoden zur

Untersuchung der Konfiguration und Konformation sind die Röntgenstrukturanalyse, die NMR-Spektroskopie und chiroptische Methoden.

Die Mehrzahl der Pyranosen liegt in der C1-Konformation vor, bei der sich z. B. im Falle der *gluco*-Konfiguration sowohl alle Hydroxygruppen als auch die CH_2OH-Gruppe in der bevorzugten äquatorialen Lage befinden. Die Konformation der Zucker wird daneben aber noch von weiteren Faktoren beeinflußt. So bevorzugen polare Gruppen wie Alkoxy-, Acyloxygruppen oder Halogene, nicht aber Hydroxygruppen, die axiale Orientierung, was als **anomerer Effekt** bezeichnet wird. Er ist ein Spezialfall eines stereoelektronischen Effekts. Der anomere Effekt sinkt in der Reihenfolge $Br > Cl > OCOR > OCH_3 > OH$.

Der Furanosering bildet keine so stabilen Konformationen, da hier die Substituenten nicht völlig gestaffelt angeordnet sein können. Man unterscheidet je 10 Briefumschlag- und Twist-Formen, deren trennende Energieschwellen relativ klein sind. Bei der Briefumschlag-Form (envelope conformation) liegen 4 Atome in der Ringebene, während sich bei der Twist-Form drei Atome in der Ringebene befinden. Es werden wiederum die Atome angegeben, die sich ober- und unterhalb der Ringebene befinden, z. B. ^1E, E_4, $^0T_4$ oder $^3T_4$. Bei kristallographischen Angaben sind noch die Bezeichnungen *endo*, wenn sich das Atom auf derselben Seite des Ringes befindet wie das C-5 und *exo*, wenn es auf der entgegengesetzten Seite liegt, gebräuchlich.

3.1.1.3 Vorkommen

Am verbreitetsten sind Aldohexosen und -pentosen und aus dieser Gruppe wiederum die D-Glucose. **D-Glucose** spielt eine zentrale Rolle im Kohlenhydratstoffwechsel der Organismen und ist deren wichtigster Energielieferant. Die Glucosekonzentration des menschlichen Blutes beträgt ca. 0,1 %. Dieser Wert darf nicht wesentlich unterschritten werden, da es sonst zum hypoglykämischen Schock kommt. Die Regulation obliegt den Peptidhormonen Insulin und Glucagon. In freier Form kommt die D-Glucose in hoher Konzentration in verschiedenen Früchten vor (Traubenzucker). Als Baustein der Reservepolysaccharide Stärke und Glykogen und des Gerüstpolysaccharides Cellulose stellt die D-Glucose die verbreitetste organische Substanz auf der Erde dar.

Die anderen Aldosen kommen nur selten in freier Form vor. **Galaktose** ist der einzige Zucker, der in Form von Derivaten in beiden enantiomeren Formen in größeren Mengen natürlich vorkommt. D-Galaktose ist Bestandteil einiger Oligosaccharide (Lactose, Melobiose, Raffinose), verschiedener Glykoside (Cerebroside) und Polysaccharide (Pektinsubstanzen, Galaktane). Sie kann leicht durch Hydrolyse von Milchzucker erhalten werden. L-Galaktose ist in Polysacchariden enthalten (Agar, verschiedene Schleime). In einigen Polysacchariden kommen sogar beide Enantiomere vor (Agarose).

Die anderen Aldohexosen sind Bausteine von Polysacchariden. Von den Aldopentosen spielt die **D-Ribose** als Bestandteil der Ribonucleinsäuren eine besondere Rolle. **D-Xylose** und **L-Arabinose**, die vor allem in Polysacchariden vorkommen, sind in Pflanzen relativ weit verbreitet.

Von den Ketosen hat nur die **D-Fructose** eine größere Bedeutung. Sie kommt frei in einigen Früchten (Äpfel) vor und ist Bestandteil des weitverbreiteten Disaccharides Saccharose sowie der Fructane. Zusammen mit der D-Glucose ist D-Fructose im Honig als Invertzucker enthalten.

Einige weitere Ketosen wie die D-Seduheptulose, D-Ribulose und D-Xylulose (s. Abb. 3-1) spielen als Zwischensubstrate im Kohlenhydratstoffwechsel eine Rolle.

Verzweigtkettige Zucker

Die bisher erwähnten Monosaccharide sind in der C-Kette unverzweigt. Daneben kommen in Mikroorganismen und Pflanzen als glykosidische Bestandteile von Antibiotika, phenolischen Verbindungen oder als Zellwandbestandteile auch verzweigtkettige Zucker vor (Abb. 3-4). Dazu gehören Methyl-verzweigte (z. B. Cladinose und Mycarose der Makrolid-Antibiotika, Garosamin des Aminoglykosid-Antibiotikums Sisomycin) oder Hydroxymethyl- bzw. Formyl-verzweigte Zucker (D-Apiose des Flavonglykosids Apiin der Petersilie, L-Streptose des Antibiotikums Streptomycin) und Zucker mit Hydroxyethyl- oder Glycoloyl-Verzweigungen. Die Biosynthese dieser verzweigtkettigen Zucker erfolgt ausgehend von den unverzweigten Monosacchariden durch C_1- oder C_2-Übertragung bzw. Umlagerung. Verzweigtkettige Zucker sind auch in der Formose (S. 203) enthalten.

Desoxyzucker

Als Desoxyzucker werden Monosaccharide bezeichnet, denen eine oder seltener auch mehrere Hydroxygruppen fehlen.

Bei den natürlich vorkommenden Desoxyzuckern handelt es sich meist um Desoxyaldosen. Die Desoxyzucker kommen in der Regel nicht frei, sondern glykosidisch gebunden vor. Zahlreiche Desoxyzucker wurden von *Reichstein* und Mitarb. als Bestandteile der herzwirksamen Glykoside aufgefunden.

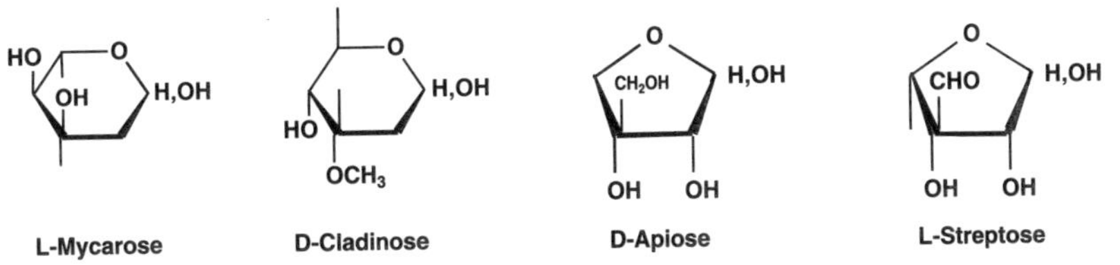

Abb. 3-4 Verzweigtkettige Zucker.

Tab. 3-2: Natürlich vorkommende Desoxyzucker (* = Bestandteile der herzwirksamen Glykoside).

Trivialname	Stellung der C-Atome					
	1	2	3	4	5	6
2-Desoxyribose	CHO	CH$_2$	H-C-OH	H-C-OH	CH$_2$OH	
L-Rhamnose*	CHO	H-C-OH	H-C-OH	HO-C-H	HO-C-H	CH$_3$
L-Fucose	CHO	HO-C-H	H-C-OH	H-C-OH	HO-C-H	CH$_3$
D-Quinovose	CHO	H-C-OH	HO-C-H	H-C-OH	H-C-OH	CH$_3$
D-Antiarose	CHO	H-C-OH	H-C-OH	HO-C-H	H-C-OH	CH$_3$
D-Digitalose*	CHO	H-C-OH	CH$_3$O-C-H	HO-C-H	H-C-OH	CH$_3$
L-Thevetose*	CHO	HO-C-H	H-C-OCH$_3$	HO-C-H	HO-C-H	CH$_3$
L-Acotriose	CHO	H-C-OH	H-C-OCH$_3$	HO-C-H	HO-C-H	CH$_3$
L-Acovenose*	CHO	H-C-OH	H-C-OCH$_3$	H-C-OH	HO-C-H	CH$_3$
D-Digitoxose*	CHO	CH$_2$	H-C-OH	H-C-OH	H-C-OH	CH$_3$
D-Biovinose*	CHO	CH$_2$	H-C-OH	HO-C-H	H-C-OH	CH$_3$
D-Cymarose*	CHO	CH$_2$	H-C-OCH$_3$	H-C-OH	H-C-OH	CH$_3$
D-Diginose*	CHO	CH$_2$	CH$_3$O-C-H	HO-C-H	H-C-OH	CH$_3$
D-Sarmentose*	CHO	CH$_2$	H-C-OCH$_3$	HO-C-H	H-C-OH	CH$_3$
L-Oleandrose*	CHO	CH$_2$	H-C-OCH$_3$	HO-C-H	HO-C-H	CH$_3$
D-Tyvelose	CHO	HO-C-H	CH$_2$	H-C-OH	H-C-OH	CH$_3$
D-Abequose	CHO	H-C-OH	CH$_2$	HO-C-H	H-C-OH	CH$_3$
D-Paratose	CHO	H-C-OH	CH$_2$	H-C-OH	H-C-OH	CH$_3$
L-Colitose	CHO	HO-C-H	CH$_2$	H-C-OH	HO-C-H	CH$_3$
L-Ascarylose	CHO	H-C-OH	CH$_2$	HO-C-H	HO-C-H	CH$_3$

Den Monosacchariden kann sowohl die primäre als auch eine sekundäre Hydroxygruppe fehlen (Tab. 3-2). Zur ersten Gruppe gehören die **6-Desoxyzucker,** die auch als **Methylosen** oder Methylpentosen bezeichnet werden. Der häufigste 6-Desoxyzucker ist die **L-Rhamnose** (6-Desoxy-L-mannose), die glykosidisch gebunden in zahlreichen Heterosiden und Heteropolysacchariden enthalten ist. **L-Fucose** (6-Desoxy-L-galaktose) ist u. a. in den Blutgruppensubstanzen enthalten. Neben den Methylosen kommen auch deren Methylether natürlich vor. Ein Vertreter dieser Gruppe ist die in den herzwirksamen Glykosiden enthaltene **D-Digitalose** (6-Desoxy-3-O-methyl-D-galaktose).

Der wichtigste Desoxyzucker mit einer fehlenden sekundären Hydroxygruppe ist als Bestandteil der Desoxyribonucleinsäuren die **2-Desoxy-D-ribose** (2-Desoxy-D-*erythro*-pentose). Bei den 2-Desoxyzuckern fehlt die zur glykosidischen Hydroxygruppe benachbarte Hydroxygruppe. 2-Desoxyzucker und ihre Derivate sind deshalb chemisch reaktionsfähiger als normale Zucker. Die Glykoside werden leichter gespalten, die freien Zucker in der Hitze durch Säure rascher zersetzt. Auch die Mutarotation verläuft schneller.

Neben diesen Monodesoxyzuckern wurden noch zahlreiche **Didesoxyzucker** gefunden. In herzwirksamen Glykosiden vorkommende 2,6-Didesoxyaldohexosen bzw. deren Methylether sind die **D-Digitoxose, D-Cymarose, D-Diginose** und **L-Oleandrose**. Wesentlich seltener sind 3- oder 4-Desoxyzucker. Einige **3,6-Didesoxyaldohexosen (Tyvelose, Abequose, Paratose, Colitose, Ascarylose)** wurden als Bestandteile der Lipopolysaccharide der Mikroorganismen gefunden.

Desoxyzucker werden synthetisch meist durch Wasseranlagerung an Doppelbindungen gewonnen. So läßt sich 2-Desoxy-D-glucose aus D-Glucal gewinnen. Die wichtigste Synthese der 2-Desoxy-D-ribose geht aus von 3-O-Mesyl-D-glucose, die in alkalischer Lösung Formiat (C_1) und Mesylat abspaltet (Abb. 3-5).

Zum Nachweis und auch zur quantitativen Bestimmung der herzwirksamen Glykoside (Kap. 8.3.3.3) wird die Farbreaktion mit Xanthydrol herangezogen, die auf der Anwesenheit von 2-Desoxyzuckern (z. B. Digitoxose bei Digitoxin) beruht.

Aminozucker

Aminozucker leiten sich von den normalen Zuckern durch den Ersatz einer oder seltener auch mehrerer alkoholischer Hydroxygruppen durch Aminogruppen ab. Aminozucker kommen glykosidisch gebunden als Bestandteile zahlreicher Antibiotika (Tab. 3-3) bzw. in Form ihrer nicht mehr basisch reagierenden N-Acetyl- oder seltener N-Sulfuryl-Derivate als Bestandteile von Polysacchariden und vor allem Kohlenhydrat-Protein-Verbindungen vor. Aus diesen Derivaten können sie nach Hydrolyse mit Salzsäure in Form ihrer meist gut kristallisierenden Hydrochloride isoliert werden.

Die verbreitetsten Aminozucker (Abb. 3-6) sind **D-Glucosamin** (2-Amino-2-desoxy-D-glucose, GlcN), **D-Galaktosamin** (2-Amino-2-desoxy-D-galaktose, GalN) und **D-Mannosamin** (2-Amino-2-desoxy-D-mannose, ManN). **N-Acetyl-D-glucosamin** (GlcNAc) ist der monomere Baustein des Gerüstpolysaccharides Chitin. Der Milchsäureether des N-Acetyl-D-glucosamins, die **N-Acetylmuramsäure** (N-Acetylmuraminsäure, MurAc, 2-Acetamido-3-O-(1-(S)-carboxyethyl)2-desoxy-D-glucose) ist Bestandteil der Zellwände grampositiver Bakterien. In höheren Pflanzen werden Aminozucker kaum gefunden.

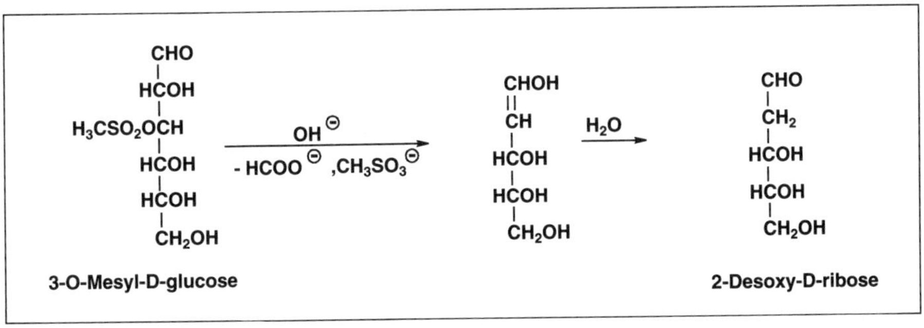

$$\begin{array}{c} CHO \\ | \\ HCOH \\ | \\ H_3CSO_2OCH \\ | \\ HCOH \\ | \\ HCOH \\ | \\ CH_2OH \end{array} \xrightarrow[-HCOO^\ominus, CH_3SO_3^\ominus]{OH^\ominus} \begin{array}{c} CHOH \\ || \\ CH \\ | \\ HCOH \\ | \\ HCOH \\ | \\ CH_2OH \end{array} \xrightarrow{H_2O} \begin{array}{c} CHO \\ | \\ CH_2 \\ | \\ HCOH \\ | \\ HCOH \\ | \\ CH_2OH \end{array}$$

3-O-Mesyl-D-glucose → 2-Desoxy-D-ribose

Abb. 3-5 Chemische Synthese von 2-Desoxy-D-ribose.

Tab. 3-3: In Antibiotika vorkommende Aminozucker.

Aminozucker	Antibiotikum	Stellung der C-Atome					
		1	2	3	4	5	6
2-Amino-2-desoxy-D-glucose (Paromamin)	Gentamycin A Paromomycine	CHO	H-C-NH$_2$	HO-C-H	H-C-OH	H-C-OH	CH$_2$OH
2-Desoxy-2-methylamino-L-glucose	Streptomycin	CHO	H$_3$CNH-C-H	H-C-OH	HO-C-H	H O-C-H	CH$_2$OH
3-Amino-3-desoxy-D-glucose (Kanosamin)	Kanamycin Tobramycin	CHO	H-C-OH	H$_2$N-C-H	H-C-OH	H-C-OH	CH$_2$OH
6-Amino-6-desoxy-D-glucose	Kanamycin	CHO	H-C-OH	HO-C-H	H-C-OH	H-C-OH	CH$_2$NH$_2$
2,6-Diamino-2,6-didesoxy-D-glucose (Neosamin C)	Neomycin C Paromomycin II	CHO	H-C-NH$_2$	HO-C-H	H-C-OH	H-C-OH	CH$_2$NH$_2$
3-Desoxy-3-dimethylamino-D-glucose (Mycaminose)	Carbomycin	CHO	H-C-OH	(CH$_3$)$_2$N-C-H	H-C-OH	H-C-OH	CH$_2$OH
3-Dimethylamino-3,4,6-tridesoxy-D-glucose (Desosamin, Picrocin)	Erythromycin Oleandomycin	CHO	H-C-OH	CH$_3$NH-C-H	CH$_2$	H-C-OH	CH$_3$
3-Amino-3,6-didesoxy-D-mannose (Mycosamin)	Nystatin Amphothericin	CHO	HO-C-H	H$_2$N-C-H	H-C-OH	H-C-OH	CH$_3$
2,6-Diamino-2,6-didesoxy-L-idose (Paromose, Neosamin B)	Neomycin B Paromomycin I	CHO	H-C-NH$_2$	HO-C-H	HO-C-H	HO-C-H	CH$_2$NH$_2$
3-Amino-2,3,6-tridesoxy-L-galaktose (Daunosamin)	Anthracyclinantibiotika	CHO	CH$_2$	H-C-NH$_2$	H-C-OH	HO-C-H	CH$_3$
2,6-Diamino-2,3,4,6-tetra-desoxyhexosen	Gentamycin C	CHO	H-C-NH$_2$	CH$_2$	CH$_2$	H-C-OH	CH(CH$_3$)NH$_2$ bzw. CH(CH$_3$)NHCH$_3$
2,6-Diamino-2,3,4,6-tetradesoxy-D-glycero-hex-4-enose	Sisomycin	CHO	H-C-NH$_2$	CH$_2$		HC═COH	CH$_2$NH$_2$
3-Desoxy-3-methylamino-D-xylose (Gentosamin)	Gentamycin	CHO	H-C-OH	CH$_3$NH-C-H	H-C-NH$_2$	CH$_2$OH	
3-Amino-3-desoxy-D-ribose	Puromycin	CHO	H-C-OH	H-C-NH$_2$	H-C-OH	CH$_2$OH	

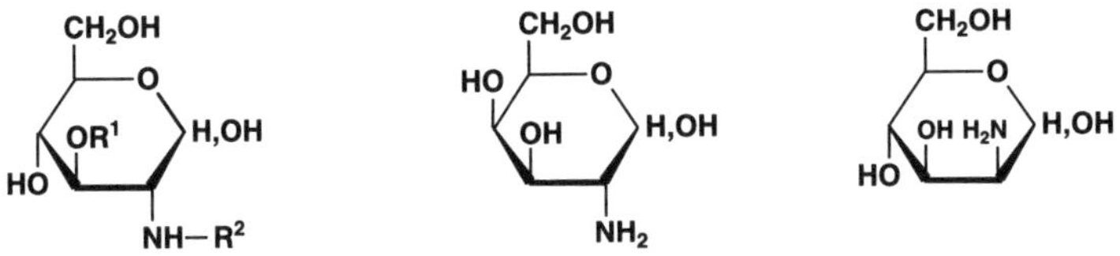

D-Glucosamin (R¹, R² = H)
N-Acetyl-D-glucosamin
(R¹ = H, R² = COCH₃)
Muraminsäure
[R¹ = CH(COOH)-CH₃, R² = H]

D-Galaktosamin

D-Mannosamin

Abb. 3-6 **Wichtigste Aminozucker.**

Die freien Aminozucker reagieren als aliphatische Amine relativ stark basisch und sind nicht sehr stabil. 2-Amino-2-desoxyaldohexosen werden sehr leicht unter Bildung N-freier Aldosen mit verkürzter Kette oxidiert. So wird z. B. aus D-Glucosamin D-Arabinose erhalten.

Beim Behandeln von Glucosaminglykosiden mit salpetriger Säure (Abb. 3-7) entsteht nicht die zu erwartende 2-Hydroxyverbindung, sondern ein 2,5-Anhydroderivat, das als **Chitose** bezeichnet wird. Dieses Umlagerungsprodukt wird durch intramolekularen Angriff des Ring-Sauerstoff-Atoms gebildet. Als Zwischenprodukte treten Carbokationen auf.

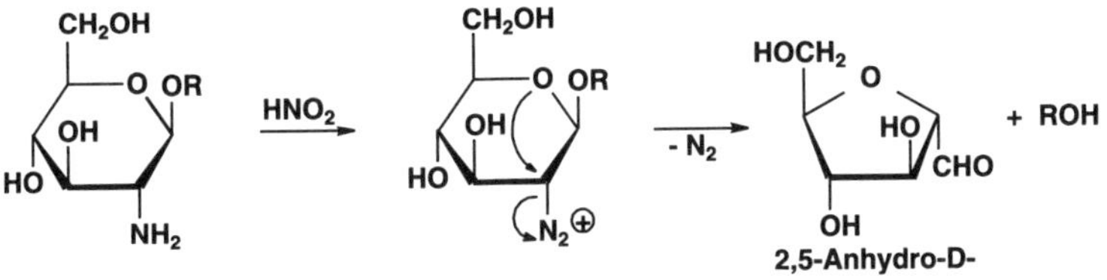

2,5-Anhydro-D-mannose (Chitose)

Abb. 3-7 **Reaktion von Glucosamin mit salpetriger Säure.**

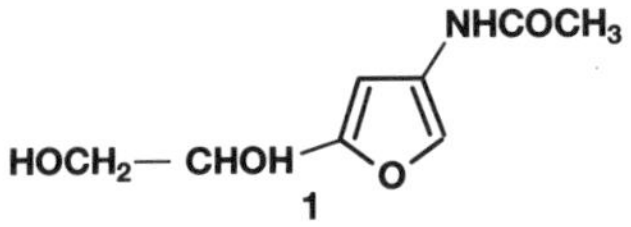

Acetylierte Derivate der Aminozucker zersetzen sich im alkalischen Milieu unter Bildung von Reaktionsprodukten, die mit 4-Dimethylaminobenzaldehyd in saurer Lösung eine violette Färbung ergeben (*Morgan-Elson*-Methode zur quantitativen Bestimmung). Eines der sich aus N-Acetyl-D-glucosamin bildenden und mit 4-Dimethylaminobenzaldehyd reagierenden Chromogene konnte als 3-Acetamido-5-(1,2-dihydroxy-ethyl)furan (**1**) identifiziert werden.

Sialinsäuren, Neuraminsäure

Grundkörper der Sialinsäuren ist die Neuraminsäure (Abk.: Neu, 5-Amino-3,5-didesoxy-D-*glycero-D-galacto*-2-nonulosonsäure).

Neuraminsäure (cyclische Form)

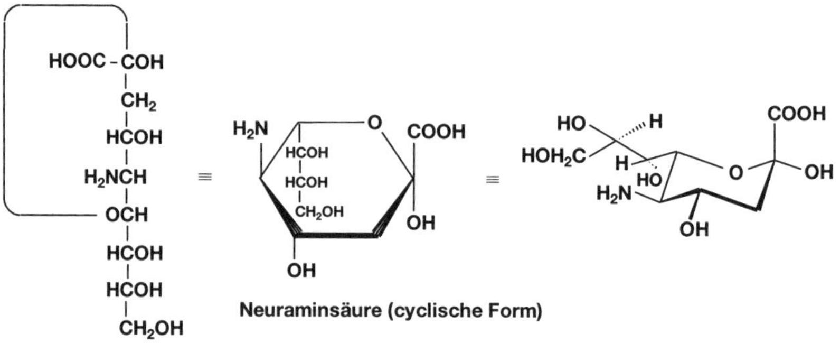

Die freie Neuraminsäure kommt nicht natürlich vor. Sie cyclisiert sofort durch intramolekularen Angriff der Aminogruppe an der Carbonylgruppe in 2-Stellung zur 4-Hydroxy-5-(1,2,3,4-tetrahydroxybutyl)1-pyrrolin-2-carbonsäure (**2**).

Neuraminsäure (acyclische Form) 2

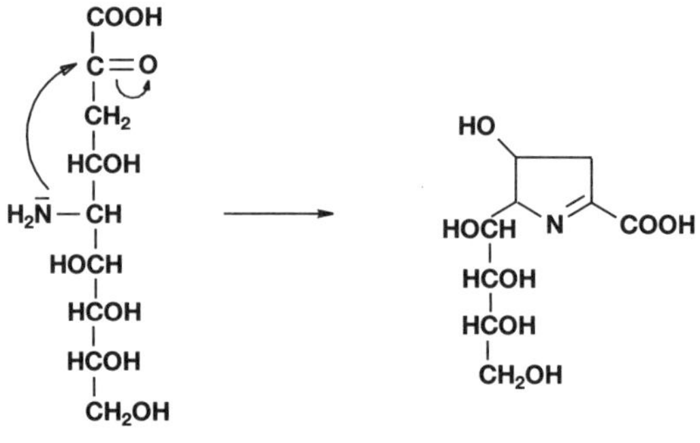

Acylierte Neuraminsäuren, die Sialinsäuren (Abk.: Sia), kommen als Bestandteile von Glykoproteinen und Glykolipiden (Ganglioside) in Tieren und einigen Mikroorganismen, nicht aber in Pflanzen vor. Im allgemeinen stehen die glykosidisch gebundenen Sialinsäuren am Ende der Oligosaccharidketten. Im Unterschied zu der freien N-Acetylneuraminsäure, die in der β-Form vorliegt, sind die Sialinsäuren α-glykosidisch gebunden.

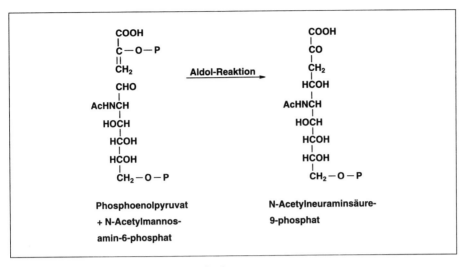

Abb. 3-8 Biosynthese der Acetylneuraminsäure.

Die Biosynthese der N-Acetylneuraminsäure (Abb. 3-8) geht aus von Phosphoenolpyruvat und N-Acetylmannosamin-6-phosphat. Die terminal gebundenen Sialinsäuren spielen eine große Rolle bei zahlreichen biologischen Vorgängen, insbesondere Wechselwirkungen zwischen Zellen sowie Zellen mit biologisch aktiven Molekülen. Sialinsäure findet sich z. B. an der Oberfläche von Zellen und verhindert durch ihre negative Ladung ein Zusammenklumpen der Erythrozyten und Thrombozyten. Sie spielt ferner eine Rolle bei Erkennungsvorgängen zwischen Zellen. Auffallend ist, daß bei Krebszellen membrangebundene Glykolipide gefunden wurden, denen diese endständigen Sialinsäurereste fehlen. Sialinsäuren finden sich ferner in den Rezeptoren für Viren an der Erythrozytenoberfläche sowie für biologisch aktive Moleküle (Serotoninrezeptor). Auch das Eindringen der Spermatozoen in die Eizelle ist an die Anwesenheit der Sialinsäure gebunden. Diese und andere biologische Funktionen gehen verloren, wenn die Sialinsäurereste enzymatisch mit Hilfe der Neuramidase abgespalten werden.

3.1.2 Physikalisch-chemische Eigenschaften der Monosaccharide

Optische Aktivität
Monosaccharide besitzen mehrere Chiralitätszentren, sie sind also optisch aktiv. Einige empirisch gefundene Zusammenhänge zwischen Struktur (Konfiguration) und optischem Drehvermögen sind in den *Hudson*schen **Regeln** zusammengefaßt worden.

*Hudson*sche Regeln

Regel 1: Das α-Anomer ist in der D-Reihe stärker rechtsdrehend als das β-Anomer.
Regel 2: Das Drehvermögen wird durch den Übergang von der cyclischen Halbacetalform des Monosaccharides zum Glykosid kaum beeinflußt.

Diese Regeln wurden auf der Basis der Isorotationsregeln aufgestellt. Das molare Drehvermögen eines Anomers ergibt sich danach aus dem Drehvermögen der Komponente A mit dem Chiralitätszentrum C-1 und dem der Komponente B mit den restlichen Chiralitätszentren, also $[M]_\alpha = +A+B$ und $[M]_\beta = -A+B$.

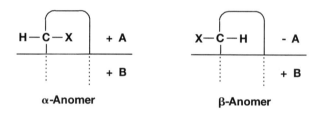

α-Anomer   β-Anomer

Die Differenz $[M]_\alpha - [M]_\beta = +A+B+A-B = 2A$ und damit nahezu unabhängig von der Konfiguration der übrigen C-Atome. Die *Hudson*schen Regeln spielten bei der Konfigurationsermittlung zahlreicher Zukkerderivate eine entscheidende Rolle. Die 1. Regel wird nicht von den natürlichen Pyrimidinnucleosiden erfüllt.

Die Monosaccharide zeigen im üblichen Meßbereich über 200 nm kein Absorptionsmaximum und dementsprechend auch keinen *Cotton*-Effekt. *Cotton*-Effekte treten aber bei Zuckerderivaten mit chromophoren Gruppen auf. Dazu zählen einige Monosaccharid-Metall-Komplexe. 1,2-Diole mit nicht zu großen Diederwinkeln zwischen den Hydroxygruppen bilden Komplexe mit $[Cu(NH_3)_4]^{2+}$ (*Reeves*). Hydroxygruppen in a/a-Stellung (180°) reagieren nicht.

Bei einem pH-Optimum von 5,5 werden von Monosacchariden Molybdat-Komplexe mit dem Ion $[HMoO_4]^-$ gebildet, mit deren Hilfe die absolute Konfiguration an den C-Atomen 2 und 3 von Zuckern bestimmt werden kann.

Chromophore Gruppen besitzen auch zahlreiche Glykoside wie die Pyrimidin- und Purinnucleoside (Kap. 4.1.3.5) oder die Flavonglykoside.

NMR-Spektroskopie
Eine wesentliche Rolle bei der Ermittlung der Konformation und Konfiguration der Monosaccharide und ihrer Derivate spielt die Protonenresonanzspektroskopie, vor allem aufgrund der Abhängigkeit der Kopplungs-

konstanten vom Diederwinkel der miteinander koppelnden Protonen (*Karplus*-Gleichung).

Abbildung 3-9 zeigt die Projektionsformeln der in C1-Konformation vorliegenden β- und α-D-Glucopyranosylreste, die durch die ^{1}H-NMR-Spektren leicht unterschieden und zugeordnet werden können. Bei Kohlenhydraten wurde auch erstmals beobachtet, daß äquatoriale Protonen im allgemeinen bei tieferem Feld absorbieren als axiale Protonen. Grundlegende ^{1}H-NMR-spektroskopische Untersuchungen wurden von *Lemieux* durchgeführt.

β-D-Glucopyranosyl	α-D-Glucopyranosyl
Diederwinkel N-C-1/H-C-2:	
180°	60°
Kopplungskonstante J:	
7-12 Hz	2-3 Hz

Abb. 3-9 ***Newman*-Projektion in Richtung C-2/C-1 von Glucopyranosiden in der C1-Konformation. β-D-Glucopyranosyl: Diederwinkel N-C-1/H-C-2: 180°, die Kopplungskonstante J: 7 bis 12 Hz. α-D-Glucopyranosyl: Diederwinkel: 60°, Kopplungskonstante: 2 bis 3 Hz.**

3.1.3 Reaktionen der Monosaccharide

Die Monosaccharide sind polyfunktionale Verbindungen, die durch die potentielle Aldehyd- (bzw. Keto-) Gruppe und die primären und sekundären Hydroxygruppen zahlreiche Reaktionen eingehen können (Tab. 3-4).

Tab. 3-4: Wichtigste Reaktionen der Monosaccharide.

Reagierende Gruppe	Reagens	Produkt
▪ Carbonyl	Hydroxylamin	Oxim
	Arylhydrazin	Osazon
	Alkohol	Halbacetal (intramolekular)
		Acetal (Glykosid)
	Thiol	Thioacetal
	Reduktionsmittel	Hydroxygruppe (Cyclitol)
	Oxidationsmittel	Carboxylgruppe

Tab. 3-4: **Wichtigste Reaktionen der Monosaccharide. (Fortsetzung).**

Reagierende Gruppe	Reagens	Produkt
■ Hydroxyl	Acylierungsmittel	Ester
■ Hydroxyl	Alkylierungsmittel	Ether
■ Vicinale Hydroxygruppen	Periodat	oxidative C-C-Spaltung (Aldehyd bzw. Ameisensäure)
■ prim. Hydroxyl	Oxidationsmittel	Carboxylgruppe

3.1.3.1 Einwirkung von Basen und Säuren

In wäßrigem alkalischen Milieu finden Umlagerungen der Monosaccharide statt, deren Grundlage die basenkatalysierte Ausbildung eines von der Carbonylgruppe ausgehenden Tautomeriegleichgewichtes ist (Abb. 3-10). Zwischenprodukt der Umlagerung ist ein instabiles Endiol mit einem sp^2-hybridisierten C-2-Atom.

Diese Umlagerung wurde eingehend am System Glyceraldehyd-Dihydroxyaceton von *Lobry de Bruyn* und *Van Eckenstein* untersucht. Die Umlagerung Glyceraldehyd ⇌ Dihydroxyaceton wird als **Lobry de Bruyn-Van Eckenstein-Umlagerung** bezeichnet. Man unterscheidet Isomerisierung und Epimerisierung.

> Unter **Isomerisierung** versteht man in der Kohlenhydratchemie die Umlagerung Aldose ⇌ Ketose (z.B. Glyceraldehyd ⇌ Dihydroxyaceton oder Glucose ⇌ Fructose). Als **Epimerisierung** wird die Veränderung der Konfiguration am zur Carbonylgruppe benachbarten C-Atom verstanden (C-2 der Aldosen).

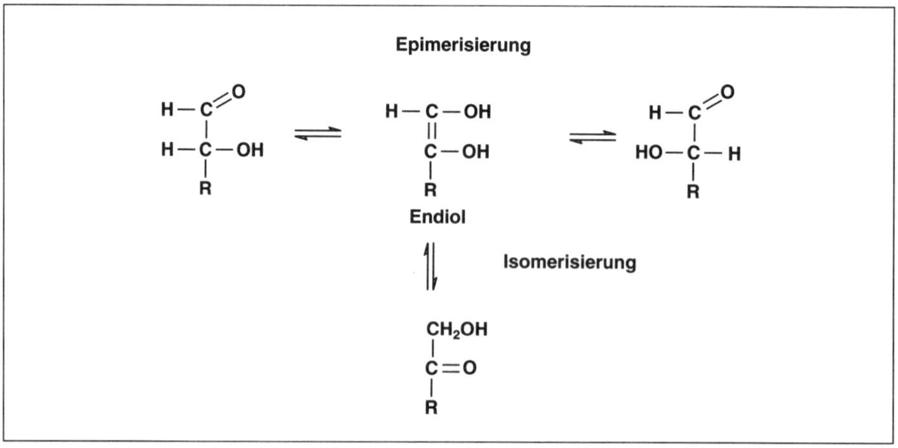

Abb. 3-10 Epimerisierung und Isomerisierung.

Epimere Zucker (Glucose-Mannose) geben das gleiche Osazon. Die **Osazone** spielten aufgrund ihrer scharfen und charakteristischen Schmelzpunkte eine große Rolle bei der Identifizierung und Strukturaufklärung der Monosaccharide (*E. Fischer*). Die Osazongruppierung liegt in einer durch Wasserstoffbrücken ermöglichten, intramolekularen cyclischen Struktur vor, die durch Mesomerie stabilisiert ist. Sie sind Derivate der acyclischen Form der Monosaccharide.

$$\begin{array}{c}\text{HC=O}\\|\\\text{HCOH}\\|\\\text{HOCH}\\|\\\text{R}\end{array} \xrightarrow{+\text{ Ph-NH-NH}_2} \begin{array}{c}\text{HC=N-NH-Ph}\\|\\\text{HCOH}\\|\\\text{HOCH}\\|\\\text{R}\end{array} \xrightarrow[-\text{Ph-NH}_2,-\text{NH}_3]{+\text{ 2 Ph-NH-NH}_2}$$

Phenylhydrazon

$$\begin{array}{c}\text{HC=N-NH-Ph}\\|\\\text{C=N-NH-Ph}\\|\\\text{HOCH}\\|\\\text{R}\end{array}$$

Osazon

Bei der Einwirkung von wäßrigem verdünnten Alkali auf D-Glucose konnten als Ergebnis von Isomerisierung und Epimerisierung 63,5 % Glucose, 2,5 % Mannose, 31 % Fructose und 3 % andere Produkte (u. a. Psicose) gefunden werden. In Gegenwart von Pyridin als Base findet vorwiegend die Umwandlung Glucose ⇆ Fructose statt.

Enzymatisch katalysierte Isomerisierungen und Epimerisierungen spielen im Kohlenhydratstoffwechsel eine große Rolle (Umlagerung Arabinose ⇆ Ribulose, Ribulose ⇆ Xylulose). Besonders leicht erfolgen Epimerisierungen in der Reihe der Aldonsäuren. Bei den enzymatischen „Epimerisierungen" handelt es sich meist um einen Konfigurationswechsel am C-4 (Glucose ⇆ Galaktose), weniger häufig um einen Wechsel am C-2 oder C-5. Bei etlichen Epimerasen wurde nachgewiesen, daß sie NAD^+ erfordern. Es handelt sich also wahrscheinlich bei diesen Epimerisierungen um Redox-Reaktionen, bei denen die in Frage kommende Hydroxygruppe zunächst zu einer Carbonylgruppe mit sp^2-hybridisiertem C-Atom oxidiert und anschließend stereospezifisch wieder reduziert wird (vgl. S. 202). Bei diesen Umsetzungen sind die Monosaccharide an Nucleosiddiphosphate gebunden (S. 252).

Unter der Einwirkung von starkem Alkali in der Hitze lagern sich die Aldosen zu **Saccharinsäuren** um. Dabei handelt es sich um eine intramolekulare Umlagerung, nach der Reaktionsprodukte mit der gleichen Anzahl von C-Atomen wie die Ausgangsverbindungen entstehen. Die D-Glucose ergibt neben anderen Produkten α-D-Glucosaccharinsäure. Die Saccharinsäuren sind 2-C-Methylaldonsäuren.

```
HC=O                    COOH
|                       |
HCOH                    C(CH₃)OH
|         OH⁻           |
HOCH      ──→           HCOH
|                       |
HCOH                    HCOH
|                       |
HCOH                    CH₂OH
|
CH₂OH                   Glucosaccharinsäure
```

Gegenüber verdünnten Mineralsäuren sind die Monosaccharide bei Raumtemperatur relativ beständig. Durch konz. Mineralsäuren kommt es zu Wasserabspaltungen unter Bildung von Furanderivaten. Aldopentosen ergeben Furfural, Aldohexosen 5-Hydroxymethyl-furfural und 6-Desoxyaldohexosen 5-Methylfurfural. Eine Unterscheidung von Pentosen und Hexosen beruht darauf, daß Furfural im Unterschied zu Hydroxymethylfurfural mit Wasserdämpfen flüchtig ist.

```
     OH HO                                O
R─CH    HC─C=O          H⁺         R       C=O
   |    |      H      ─────→         \    /  \
   CH───CH             -3H₂O          furan   H
   |    |
   OH   OH                          R = H; CH₂OH; CH₃
```

Die Bildung der Furfuralderivate erfolgt bei Ketosen noch leichter. Als Sekundärprodukte treten bei der Behandlung von Monosacchariden mit konz. Säuren noch Spaltprodukte wie Lävulinsäure und Ameisensäure auf.

3.1.3.2 Ester

Die Monosaccharide und ihre Derivate mit freien Hydroxygruppen lassen sich wie Alkohole verestern, wobei die verschiedenen Hydroxygruppen eine unterschiedliche Reaktivität aufweisen. Besonders reaktionsfähig ist die glykosidische Hydroxygruppe. Eine primäre alkoholische Hydroxygruppe ist reaktionsfähiger als die verschiedenen sekundären Hydroxygruppen, die sich je nach ihrer Konfiguration und Konformation geringfügig unterscheiden können.

Ester anorganischer Säuren
Von den Estern anorganischer Säuren haben die **Phosphorsäureester** (Phosphate) eine besondere Bedeutung für biochemische Prozesse. Bei den natürlich vorkommenden Phosphorsäuremonoestern, die Zwischenprodukte des Kohlenhydratstoffwechsels darstellen, sind die endständigen

Hydroxygruppen verestert. Beispiele dafür sind Glucose-1-phosphat, Glucose-6-phosphat, Fructose-6-phosphat, Fructose-1,6-bis(phosphat). Die Phosphorsäuremonoester verfügen noch über zwei dissoziierbare Wasserstoffatome.

Die Monosaccharid-phosphate sind stärker sauer (pK_1 = 0,84 bis 1,25; pK_2 = 5,7 bis 6,1) als die Orthophosphorsäure (pK_1 = 1,57; pK_2 = 6,82; pK_3 = 12). Sie sind als Monoalkylphosphate gegenüber Alkali stabil, da das sich im Alkalischen bildende Anion die Annäherung des nucleophilen Hydroxidions erschwert. Dagegen werden die neutralen Phosphorsäuretriester sehr leicht zu Diestern gespalten. Zuckerphosphorsäureester mit freier Aldehyd- oder Ketogruppe werden dagegen sowohl anaerob als auch aerob durch Alkali gespalten.

Gegenüber Säuren sind die Phosphorsäureester empfindlich. Die Spaltbarkeit hängt von der Stellung der Estergruppierung ab. Die Phosphorsäureester primärer Hydroxygruppen sind relativ stabil (z. B. Glucose-6-phosphat). Dagegen sind die Phosphorsäureester glykosidischer Hydroxygruppen (z. B. Glucose-1-phosphat) sehr labil. Die Stabilität der Aldose-1-phosphate wird in gleicher Weise wie die der Glykoside von der Struktur des Zuckers beeinflußt. Die Aldose-1-phosphate sind noch leichter spaltbar durch Säuren als die entsprechenden Pyrophosphate bzw. deren Ester („Zucker-Nucleotide").

Als Ausgangsstoffe für die Biosynthese von Glykosiden, Oligo- und Polysacchariden dienen die sog. Zucker-Nucleotide. Von besonderer Bedeutung sind ferner die Nucleotide, die Phosphorsäureester der Nucleoside. Neben den Estern der Orthophosphorsäure kommen noch Ester primärer Hydroxygruppen mit wasserärmeren Phosphorsäuren vor, die als Derivate von Säureanhydriden sehr reaktionsfähige, energiereiche Verbindungen darstellen (Diphosphate, Triphosphate, S. 312).

$$-CH_2-O-\overset{\overset{O}{\|}}{\underset{OH}{P}}-O-\overset{\overset{O}{\|}}{\underset{OH}{P}}-OH$$
Diphosphate

$$-CH_2-O-\overset{\overset{O}{\|}}{\underset{OH}{P}}-O-\overset{\overset{O}{\|}}{\underset{OH}{P}}-O-\overset{\overset{O}{\|}}{\underset{OH}{P}}-OH$$
Triphosphate

Die enzymatische Phosphorylierung erfolgt durch Phosphotransferasen (Kinasen), die die Phosphorylgruppe von Nucleosidtriphosphaten auf Akzeptoren wie Monosaccharide übertragen.

Ebenfalls sauer wie die Phosphorsäuremonoester reagieren die **Monoschwefelsäureester**. Schwefelsäureestergruppierungen sind z. B. in den sauren Mucopolysacchariden (S. 242), den Sulfatiden (S. 355) oder einigen Galaktanen der Algen (S. 236) enthalten. Auch diese Ester sind wegen ihres sauren Charakters gegenüber Alkali relativ beständig. Am C-1 (z. B. durch Glykosidierung) geschützte Schwefelsäureester können allerdings im Alkalischen Anhydrozucker (S. 188) bilden.

Ester organischer Carbonsäuren
Von den Estern organischer Säuren kommen natürlich vor allem Essigsäureester (z.B. in den herzwirksamen Glykosiden), Fettsäureester (z.B. in bestimmten Lipopolysacchariden) und Gallussäureester (hydrolysierbare Gerbstoffe) vor. Ester organischer Säuren haben eine große Bedeutung als Schutzgruppen sowie als Ausgangsstoffe für zahlreiche synthetische Abwandlungen von Zuckerderivaten.

Die **Essigsäureester** (Acetate, Ac) lassen sich durch Umsetzen der Monosaccharide bzw. ihrer Derivate mit Essigsäureanhydrid in Gegenwart von Pyridin erhalten. Die Abspaltung des Acetylrestes erfolgt leicht unter Einwirkung von wenig Alkali. Gebräuchlich ist vor allem eine Abspaltung durch Umesterung in Methanol unter Anwesenheit katalytischer Mengen von Na-Methylat.

Durch Acetylieren von D-Glucose wird die gut kristallisierende 1,2,3,4,6-Penta-O-acetyl-β-D-glucopyranose (3) erhalten, deren besonders reaktionsfähige Acetoxygruppe in 1-Stellung unter *Walden*-Umkehr durch ein Halogenid ausgetauscht werden kann. Mit HBr erhält man das für Glykosidsynthesen wichtige 2,3,4,6-Tetra-O-acetyl-α-D-glucopyranosylbromid (4).

Fettsäureester der Zucker haben Bedeutung als nicht-ionische Detergentien sowie bei einem höheren Veresterungsgrad potentiell als energiefreier Fettersatz (Olestra: Mischung von Saccharose-hexa-, -hepta- und -octa-fettsäureester).

Unter genau definierten Bedingungen lassen sich die einzelnen Hydroxygruppen der Zucker auch selektiv acylieren. Die Selektivität ist um so höher, je raumfordernder die Acylreste sind (Pivaloyl > Benzoyl > Acetyl).

Nachbargruppenbeteiligung
Bei zahlreichen Austausch- und Umlagerungsreaktionen in der Kohlenhydratchemie wurde festgestellt, daß sie unter Beteiligung von Nachbargruppen über cyclische Zwischenprodukte ablaufen. So bildet sich bei den unter S_N1-Bedingungen von Tetra-O-acetyl-α-D-glucopyranosylbromid (R^1 = CH_3) ausgehenden Glykosidsynthesen zunächst ein Acyloxoniumion (Dioxolanyliumion). Diese Acyloxoniumionen können als Salze mit nichtpolarisierbaren Anionen wie $SbCl_6^\ominus$ oder $BF_4^\ominus$ stabilisiert werden. Acyloxoniumionen sind ambidente Kationen, die mit nucleophilen Reagentien nach zwei verschiedenen Wegen reagieren können:

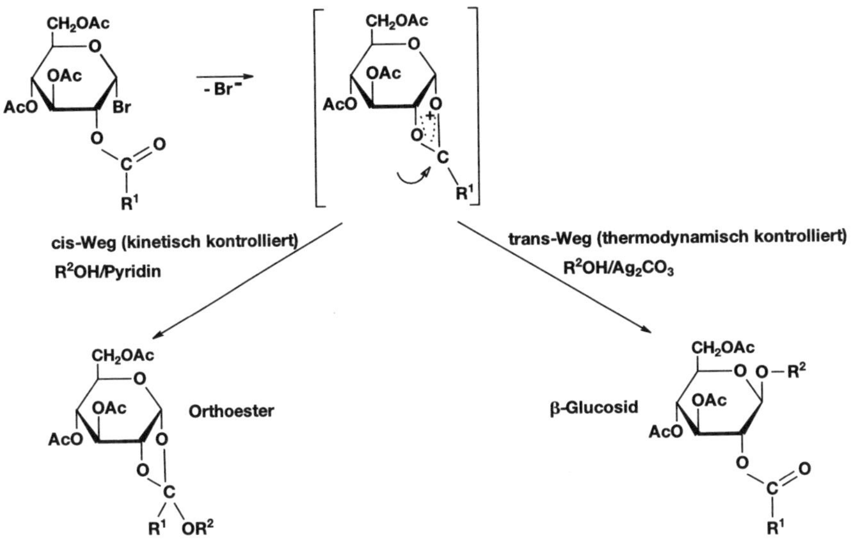

Der bei Glykosidsynthesen eingeschlagene *trans*-Weg ist der Grund für die bevorzugte Bildung von β-Glykosiden.

Bei partiell acylierten Monosaccharidderivaten kommt es relativ leicht zu einer Acylgruppenwanderung, bei der als Zwischenprodukte „saure" Orthoester gebildet werden. Analoge Wanderungen finden auch bei Estern anorganischer Säuren und Sulfonsäureestern statt.

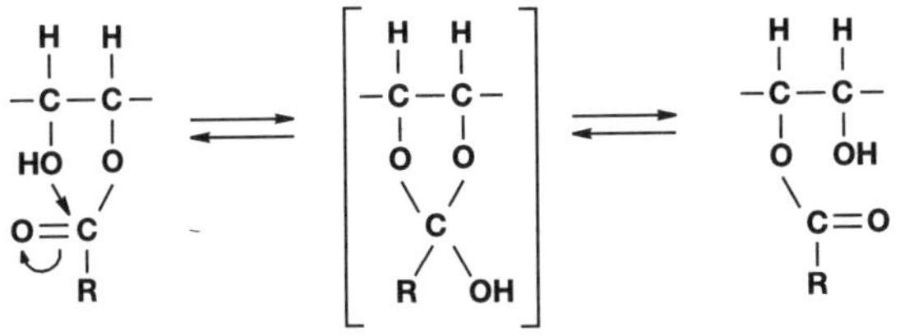

Sulfonsäureester
Sulfonsäureester haben eine besondere Bedeutung als Schutzgruppen und Ausgangsstoffe für zahlreiche Austauschreaktionen. Sulfonsäureester lassen sich relativ leicht durch Umsetzen der Alkoholkomponente mit Sulfonsäurechloriden in Gegenwart von Pyridin (*Schotten-Baumann*-Verfahren) erhalten. Eingesetzt werden vor allem in 4-Stellung substituierte Benzolsulfonsäureester wie die p-Toluolsulfonsäureester (Tosylrest, *Tos*) sowie Methansulfonsäureester (Mesylrest, *Mes*).

Im Unterschied zu den Estern organischer Carbonsäuren wird bei den Sulfonsäureestern wie auch bei den Schwefelsäureestern unter nucleophilem Angriff die Bindung -C-O- gespalten:

Diese Art der Spaltung läßt sich für die Synthese zahlreicher Zuckerderivate ausnutzen, so zur Synthese von Desoxy-, Amino- oder halogensubstituierten Zuckern (Abb. 3-11).

Abb. 3-11 Tosylgruppen zur Einführung verschiedener funktioneller Gruppen.

Tosylgruppen sind bei diesen Austauschreaktionen etwas reaktiver als Mesylgruppen. Bei Reaktionen an einem chiralen C-Atom (sekundäre Sulfonsäureester) erfolgt dabei in der Regel ein Konfigurationswechsel (*Walden*-Umkehr).

3.1.3.3 Acetale und Ketale

Kohlenhydrate mit *cis*-Diol-Gruppierung können mit Aldehyden bzw. Ketonen unter Wasseraustritt zu cyclischen Acetalen bzw. Ketalen reagieren. Die Kondensation mit Aceton wurde von *E. Fischer* 1895 in die Kohlenhydratchemie eingeführt. In Gegenwart von Säure läßt sich D-Glucose

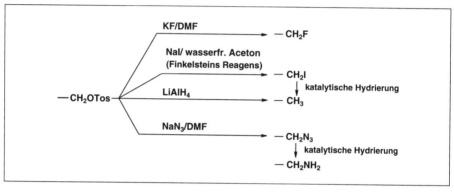

mit Aceton zu 1,2:5,6:Di-O-isopropyliden-α-D-glucofuranose (**5**) umsetzen. Die Isopropylidenverbindungen (Acetonzucker) sind leicht destillierbar und als Ketale stabil gegenüber Alkali. Sie werden dagegen leicht durch verdünnte Säure hydrolysiert.

Isopropyliden- sowie die durch Umsetzen mit Benzaldehyd erhältlichen Benzylidenverbindungen sind gebräuchliche Schutzgruppen in der Kohlenhydratchemie (vgl. Nucleosid-, Vitamin-C-Synthese).

3.1.3.4 Ether

Von den Ethern haben die **Methylether** die größte Bedeutung. Partiell methylierte Desoxyzucker kommen natürlich in zahlreichen pflanzlichen Glykosiden vor (S. 172). Von praktischer Bedeutung sind die Methylether der Monosaccharide für die Strukturaufklärung der Oligo- und Polysaccharide (Kap. 3.2.3.2.1). Da die Methylether unzersetzt flüchtig sind, eignen sie sich auch für gaschromatographische und massenspektrometrische Untersuchungen. Die Methylether der Monosaccharide sind in der Regel flüssig und schmecken bitter. Für Synthesen sind die Triphenylmethylether (Tritylether, Trt) als Schutzgruppen für primäre Hydroxygruppen wichtig. Zur Darstellung der **Tritylether** wird das Zuckerderivat mit primärer Hydroxygruppe in Gegenwart von Pyridin mit Tritylchlorid (Triphenylmethylchlorid) umgesetzt. Tritylchlorid liegt praktisch als Carbokation vor und ähnelt in seiner Reaktivität Säurechloriden. Sekundäre Hydroxygruppen reagieren wesentlich schwerer. Der Tritylrest läßt sich durch milde Säurehydrolyse oder hydrogenolytisch wieder abspalten.

$$-CH_2OH + Cl-\underset{Ph}{\underset{|}{\overset{Ph}{\overset{|}{C}}}}-Ph \xrightarrow{-HCl} -CH_2-O-\underset{Ph}{\underset{|}{\overset{Ph}{\overset{|}{C}}}}-Ph \xrightarrow{H^+, H_2O} -CH_2OH + HO-\underset{Ph}{\underset{|}{\overset{Ph}{\overset{|}{C}}}}-Ph$$

Als unzersetzt flüchtige Kohlenhydratderivate haben sich die **Trimethylsilylether** bewährt, die durch Umsetzen alkoholischer Hydroxygruppen mit Trimethylchlorsilan erhalten werden können.

$$H-\overset{|}{\underset{|}{C}}-OH + Cl-Si(CH_3)_3 \xrightarrow{-HCl} H-\overset{|}{\underset{|}{C}}-O-Si(CH_3)_3$$

3.1.3.5 Intramolekulare Ether (Anhydrozucker) und Acetale (Zuckeranhydride)

Intramolekulare Wasserabspaltung führt zur Bildung von Zuckeranhydriden (alkoholische und glykosidische Hydroxygruppe) bzw. Anhydrozuckern (zwei alkoholische Hydroxygruppen). Der bekannteste Vertreter der **Zuckeranhydride** ist die 1,6-Anhydro-D-glucopyranose, die auch als

Lävoglucosan wegen ihrer optischen Drehung bezeichnet wird. 1,6-Anhydro-D-glucopyranose entsteht bei der trockenen Destillation von Stärke oder Cellulose. Das günstigste Herstellungsverfahren ist die Umsetzung von Tetraacetylglucosylbromid (**4**) mit Trimethylamin und die anschließende Behandlung des quartären Ammoniumsalzes mit $Ba(OH)_2$.

4 **1,6-Anhydro-D-glucopyranose**

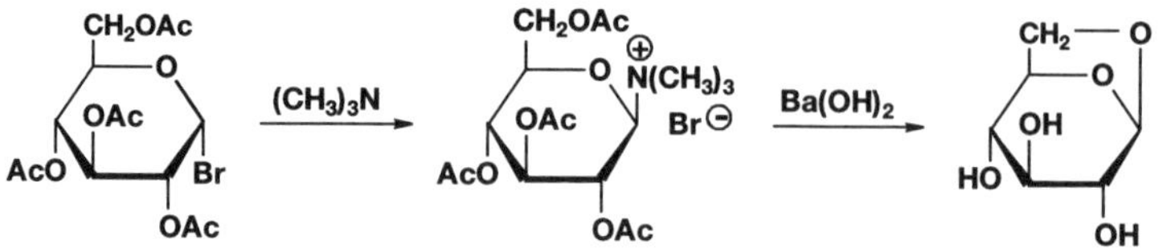

Bei den meisten **Anhydrozuckern** erfolgt der Wasseraustritt unter Bildung von Drei-(Ethylenoxide, Oxirane) oder Fünfringen (Tetrahydrofurane). Ausgangsstoffe für die Bildung der Anhydrozucker sind Halogenverbindungen oder noch besser die Sulfonsäureester. Wenn sich die Sulfonsäureestergruppe an einem chiralen C-Atom befindet, erfolgt *Walden*-Umkehr.

Die Bildung der in verschiedenen Galaktanen vorliegenden 3,6-Anhydro-L-galacto-pyranose-Resten erfolgt ausgehend von den sauren Schwefelsäureestern, die meist auch vergesellschaftet in diesen Polysacchariden vorkommen (S. 235).

L-Galaktose-6-sulfat-Rest **3,6-Anhydro-L-galaktose-Rest**

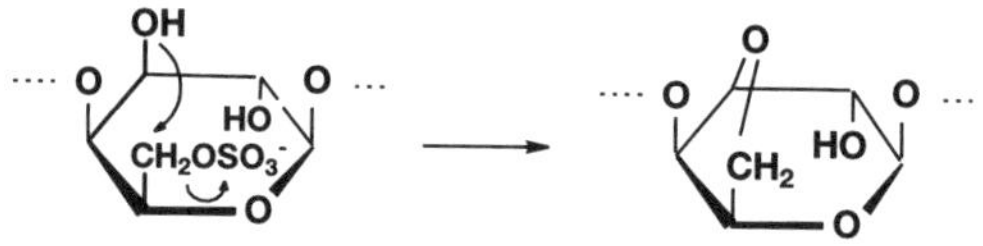

3.1.3.6 Glykoside

Glykoside sind Derivate der cyclischen Form der Zucker, bei denen die glykosidische Hydroxygruppe mit einer nucleophilen Gruppe eines anderen Moleküls unter Wasserabspaltung reagiert hat. Sie sind also gemischte Acetale. Als **Holoside** werden Glykoside bezeichnet, bei denen das nucleophile Reagens eine Hydroxygruppe eines anderen Zuckers ist (vgl. Oligo- und Polysaccharide). Bei den **Heterosiden** ist der Zucker glykosidisch mit einer Nicht-Kohlenhydrat-Komponente, dem Aglykon oder Genin, verbunden.

Tab. 3-5: Natürlich vorkommende Glykoside (Heteroside).

Gruppe	Glykosidierte Gruppierung des Aglykons	Aglykon	Beispiele
■ O-Glykoside	Alkoholische Hydroxygruppe	Steroide	Herzwirksame Glykoside
			Saponine
		Terpene	Saponine
		Hydroxyaminosäuren	Glykoproteine
		Hydroxynitrile	Cyanogene Glykoside
		Stoffwechselprodukte von Mikroorganismen	Aminoglykosid-Antibiotika
			Makrolid-Antibiotika
		Diglyceride, Ceramide	Glykolipide
	Enolische oder phenolische Hydroxygruppen	Phenole	Phenolglykoside (Arbutin, Phlorizin)
			Cumarylalkoholglucosid
			o-Cumarsäureglucosid
			Auronglykoside
			Hydroxyanthrachinonglykoside
		Flavonoide	Flavonolglykoside (Rutin)
			Anthocyane
■ S-Glykoside	Mercaptogruppe	Thiohydroxamsäureester	Senfölglykoside
■ N-Glykoside	Amidgruppe	Asparagin	Glykoproteine
	N-Atome von Heteroaromaten	Purine, Pyrimidine	Nucleoside
			Nucleosid-Antibiotika
		Benzimidazol	Vitamin B_{12}
		Nicotinsäureamid	Pyridinnucleotide

Je nachdem, ob das bindende Atom ein O-, S- oder N-Atom ist, spricht man von O-, S- oder N-Glykosiden. Der chemische Name eines Heterosids enthält folgende Angaben: Aglykon – Konfiguration am C-1 des Zuckers – D- oder L-Reihe – Name des Zuckers – Ringweite des Zuckers (also Methyl-α-D-glucofuranosid oder 4-Hydroxyphenyl-β-D-glucopyranosid).

Glykoside sind als Derivate von Acetalen im allgemeinen gegenüber Alkali relativ stabil. Eine Ausnahme machen Glykoside von Alkoholen, die in β-Stellung eine elektronenziehende Gruppe besitzen und dadurch zur β-Eliminierung neigen (S. 242) sowie Glykoside von Phenolen. Bei der alkalischen Spaltung von Phenolglucosiden entsteht als Spaltprodukt 1,6-Anhydro-glucopyranose.

Natürlich vorkommende Glykoside
Die Monosaccharide liegen natürlich fast ausschließlich glykosidisch gebunden in Form von Holosiden und Heterosiden (Tab. 3-5) vor. Glykosidiert sind dabei alkoholische oder phenolische Hydroxygruppen sowie N-Atome von Heterocyclen (Nucleoside) oder Amidgruppen (bestimmte Kohlenhydrat-Protein-Verbindungen). D-Zucker kommen in der Regel β-glykosidisch, L-Zucker (z.B. L-Arabinose) dagegen α-glykosidisch gebunden vor.

Bis auf die ubiquitär vorkommenden Glykolipide und die Kohlenhydrat-Protein-Verbindungen sind die meisten O-Heteroside sekundäre Stoffwechselprodukte höherer Pflanzen oder Mikroorganismen. Letztere enthalten meist seltenere Zuckerkomponenten wie Amino- oder Desoxyzucker.

In verschiedenen Pflanzenarten der *Brassicaceen, Capparaceen* und *Resedaceen* kommen Glykoside der 1-Thio-D-glucose vor. Diese sog. **Senfölglykoside** (**Glucosinolate**) werden relativ leicht durch in der Pflanze anwesende Enzyme gespalten. Durch eine Art *Lossen*-Umlagerung (eigentlich Umlagerung Hydroxamsäure → Isocyanat) wird dabei ein Isothiocyanat (Senföl) gebildet. Allylsenföl, das aus dem Glykosid **Sinigrin** entsteht, bewirkt den scharfen Geschmack des Senfs (Stammpflanze: *Brassica nigra*). Entstehen bei der enzymatischen Hydrolyse Isothiocyanate mit einer Hydroxygruppe in β-Stellung, dann cyclisieren diese sofort zu Oxazolidin-2-thionen (Abb. 3-12).

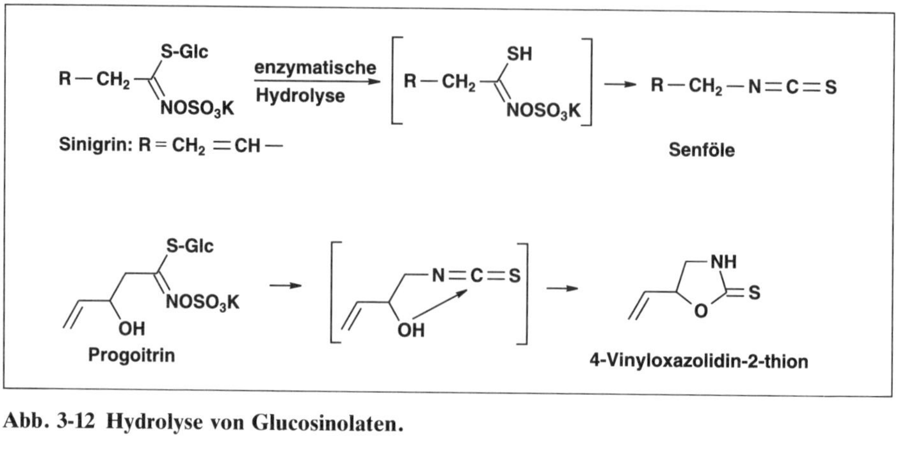

Abb. 3-12 Hydrolyse von Glucosinolaten.

Weit verbreitet in höheren Pflanzen sind die **cyanogenen Glykoside**, deren Aglykone, die Cyanhydrine, *in vivo* aus Aminosäuren gebildet werden (Abb. 3-13). Aus den cyanogenen Glykosiden entstehen durch enzymatische Spaltung Cyanhydrine, die sehr schnell in Blausäure und die entsprechende Verbindung mit Carbonylgruppe zerfallen. In den vegetativen Pflanzenteilen vieler *Rosaceen* kommt **Prunasin**, in den Samen **Amygdalin** vor, die bei der Hydrolyse Benzaldehyd bilden. Bittere Mandeln enthalten etwa 3 bis 5% Amygdalin. Die in *Leguminosen* weit verbreiteten Glykoside **Linamarin** und **Lotaustralin** sind Beispiele für Cyanogene mit aliphatischen Aglykonen.

Als Phenolglykoside erwiesen sich auch die *Periodic Leaf Movement Factors* (PLMFs), die als **Turgorine** Blattbewegungen durch Turgoränderungen hervorrufen. Weit verbreitet und sehr wirksam ist 4-O-(β-D-Glucopyranoyl-6′-sulfat)-gallussäure (PLMF 1).

Hydrolytische Spaltung
Glykoside können säurekatalysiert und enzymatisch gespalten werden. Die säurekatalysierte Hydrolyse wird ähnlich wie die Spaltung von Acetalen und Ethern durch eine Protonierung des glykosidischen O-Atoms eingeleitet. Von der konjugierten Säure wird dann im langsamsten Reaktionsschritt der glykosidierte Rest abgespalten (Abb. 3-14). Die Reaktionsgeschwindigkeit der säurekatalysierten Hydrolyse hängt von der Struktur des Zuckers, der des Aglykons und von der Konfiguration ab. Äquatoriale Glykosidreste werden schneller gespalten als axiale. Daher werden β-D-Glucopyranoside schneller gepalten als α-D-Glucopyranoside. Weiter konnte ermittelt werden, daß die Spaltgeschwindigkeiten von Pyranosiden < Fura-

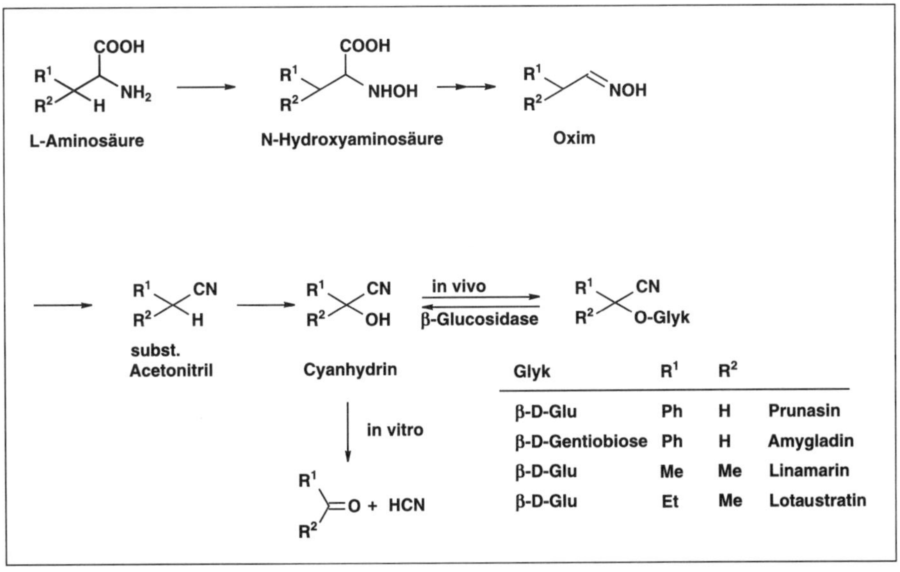

Glyk	R^1	R^2	
β-D-Glu	Ph	H	Prunasin
β-D-Gentiobiose	Ph	H	Amygladin
β-D-Glu	Me	Me	Linamarin
β-D-Glu	Et	Me	Lotaustratin

Abb. 3-13 Biosynthese und Spaltung cyanogener Glykoside.

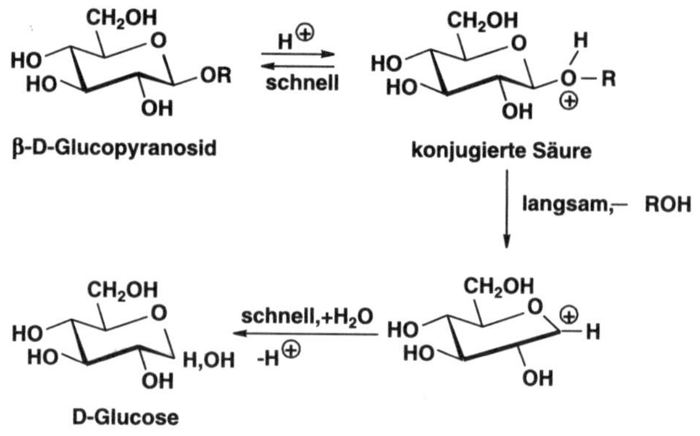

Abb. 3-14 Angenommener Reaktionsmechanismus für die säurekatalysierte Hydrolyse von Glykosiden.

nosiden, Hexopyranosiden < Pentopyranosiden, Glucosiden < Galaktosiden, Glucosiden < Fructopyranosiden < Fructofuranosiden ist. Extrem labil gegenüber der Einwirkung von Säure sind 2-Desoxyglykoside, während die Glykoside von 2-Aminozuckern, nicht aber von 2-Acetamidozuckern, außerordentlich stabil gegenüber Säure sind.

Glykosidsynthesen
Die Glykosidsynthesen beruhen darauf, daß ein Substituent am C-1 der Aldosen gegen den einzuführenden Rest (Aglykon bei den Heterosiden, Hydroxygruppe von Kohlenhydraten bei den Holosiden) nucleophil ausgetauscht wird. Der Bindungsbruch zwischen dem C-1 und dem zu ersetzenden Rest wird um so leichter möglich sein, je energieärmer der sich ablösende Rest ist.

Das Hydroxidion, das bei einer direkten Glykosidierung eines unsubstituierten Monosaccharides substituiert werden müßte, ist so energiereich, daß eine anionische Verdrängung im Verlauf einer Substitutionsreaktion nicht möglich ist. In saurer Lösung verläuft dagegen die nucleophile Reaktion über die protonierte Hydroxygruppe ab. Aus dem durch Protonierung gebildeten Oxoniumsalz wird das energiearme Wasser abgespalten. Diese Reaktion ist Grundlage der Glykosidsynthese nach *E. Fischer,* der die Monosaccharide in Gegenwart von HCl mit dem entsprechenden Alkohol umsetzte. Die Umsetzung von D-Glucose mit Methanol ergibt nach dieser Methode Gemische der α- und β-Anomeren von Methyl-D-glucopyranosid und Methyl-D-glucofuranosid. Die Methode hat heute nur noch Bedeutung zur Synthese der sonst schwer zugänglichen α-D-Glucopyranoside, die sich aus den anfallenden Gemischen abtrennen lassen.

Vorteilhafter ist der Austausch der glykosidischen Hydroxygruppe durch einen energiearmen Rest. Derartig aktivierte Monosaccharidderivate sind bei der **Biosynthese** von Glykosiden die Aldose-1-phosphate bzw. deren

Derivate, die „Zucker-Nucleotide" (vgl. Synthese von Oligo- und Polysacchariden, S. 253). Das sich ablösende Phosphat hat eine sehr niedrige Energie, da die negative Ladung über einen größeren Raum delokalisiert ist.

Die chemische Synthese der leichter zugänglichen β-Glykoside erfolgt unter Konfigurationsumkehr am C-1 (vgl. S. 185). Als aktivierte Zuckerderivate (Abb. 3-15) dienen die Acylhalogenzucker (Halogenosen) bei der *Koenigs-Knorr*-Synthese, Trichloracetamidate oder in Gegenwart von *Lewis*-Säuren intermediär anfallende Acyloxoniumionen (Trimethylsilyltrifluormethansulfonat-Methode). Abschließend werden die Acetylreste entfernt.

Spezielle Methoden sind für die Synthese von Nucleosiden (Kap. 4.1.1.2) sowie Oligo- und Polysacchariden (Kap. 3.2.5.2) erarbeitet worden.

Nach der Umsetzung von aromatischen Aminen mit D-Glucose erhielt *Amadori* anstelle der zu erwartenden N-Glykoside (N-Arylglucosylamine) N-haltige Verbindungen, die er als *Schiff*sche Basen ansah. Diese Produkte konnten *Kuhn* und *Weygand* als N-Aryl-Derivate von 1-Amino-1-desoxy-2-ketosen identifizieren. Sie entstehen bei der Behandlung von N-Aryl-aldosylaminen durch Erwärmen bzw. säure- oder basenkatalysiert.

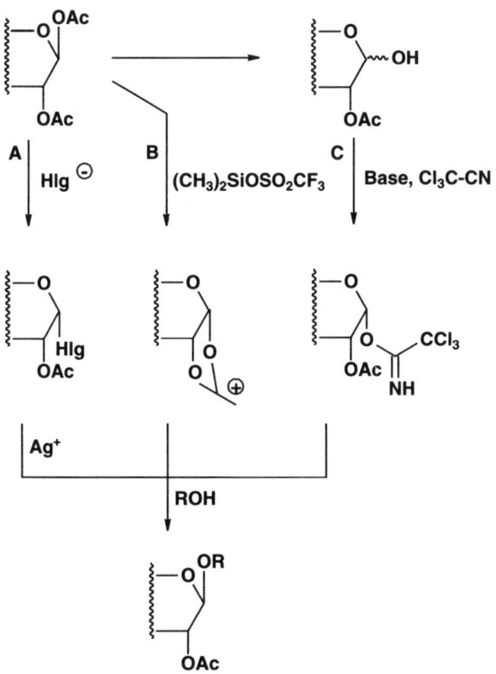

Abb. 3-15 Glykosidierungsmethoden. A: *Koenigs-Knorr*-**Methode; B: Trichloracetimidat-Methode; C: Trimethylsilyltrifluormethansulfonat-Methode.**

> Die Umlagerung N-substituierter Aldosylamine in N-substituierte 1-Amino-1-desoxy-2-ketosen wird allgemein als *Amadori*-**Umlagerung** bezeichnet.

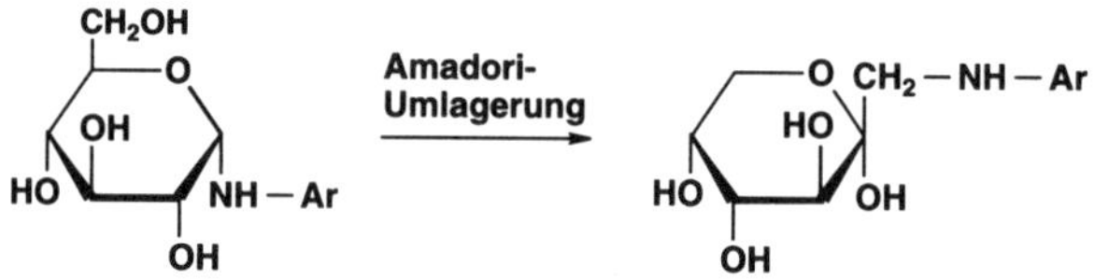

N-Aryl-α-D-glucopyranosylamin → (Amadori-Umlagerung) → N-Aryl-1-amino-1-desoxy-D-fructopyranose

Die *Amadori*-Umlagerung erfolgt in ähnlicher Weise wie die Isomerisierung (S. 180) über ein Enol. Im Unterschied zur Isomerisierung ist die *Amadori*-Umlagerung irreversibel.

Eine *Amadori*-Umlagerung spielt auch bei der **Maillard-Reaktion** eine Rolle, die auf der Reaktion von reduzierenden Zuckern mit Aminosäuren beruht. Die sog. Ketose-Aminosäuren (**6**) bilden weiter 1,2- und 2,3-Dicarbonylverbindungen, die wiederum mit Aminen reagieren können. Eine ähnliche Reaktion findet auch mit Dihydroxyaceton statt, das als künstliche hautbräunende Substanz aus kosmetischen Gründen verwendet wird. Die bei der *Maillard*-Reaktion gebildeten braunen, hochmolekularen Melanoide sind auch verantwortlich für die Braunfärbung des Fleisches beim Braten.

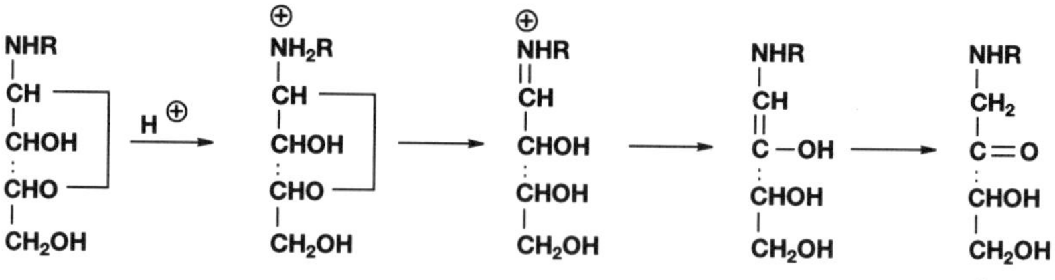

3.1.3.7 C-Glykosyl-Verbindungen

Bei den C-Glykosyl-Verbindungen ist das C-1 einer Aldose unmittelbar mit einem C-Atom des „Aglykons" verbunden. In der Natur kommen C-Glykosyl-Verbindungen von aromatischen (Anthracen-Derivate, z. B. Barbaloin; Flavone, z. B. Vitexin, Orientin) und heterocyclischen Ringsystemen (Pseudouridin, Showdomycin, S. 707) vor.

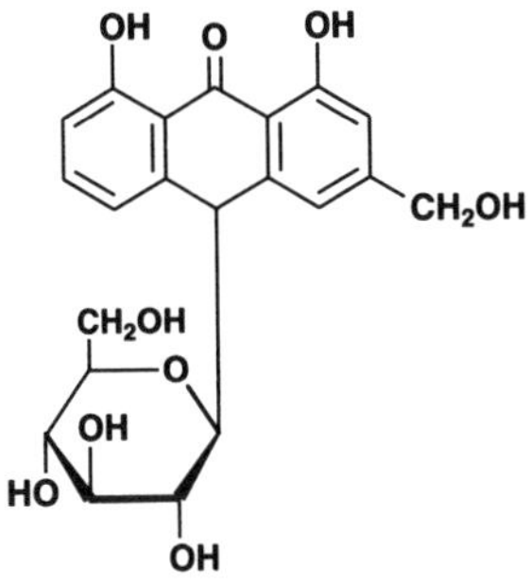

Barbaloin

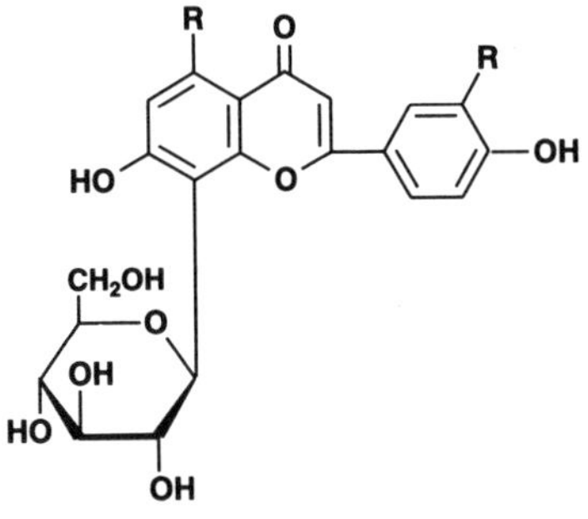

Vitexin (R = H)
Orientin (R = OH)

Die erste in ihrer Struktur aufgeklärte Verbindung dieser Reihe war das aus Aloe isolierte Barbaloin. Der Glykosylrest kann von diesen „Aglykonen" nur schwer entfernt werden. Während z. B. Flavonoid-O-glykoside innerhalb kurzer Zeit in wäßrig-alkoholischer Lösung von 2N HCl bei 100 °C gespalten werden, bleiben die entsprechenden C-Glykosyl-Verbindungen (z. B. Vitexin oder Orientin) unter diesen Bedingungen stabil.

Pseudouridin (Abk. ψ) ist ein 5-β-D-Ribofuranosyluracil. Der Strukturbeweis wurde durch Überführen in 5-Hydroxymethyluracil nach alternierender Periodatoxidation und Reduktion der entstandenen Aldehyde mit Borhydrid geführt. Pseudouridin lagert sich säurekatalysiert relativ leicht um. Es entsteht ein Gemisch der beiden Anomeren des 5-Ribofuranosyl- und 5-Ribopyranosyl-uracils.

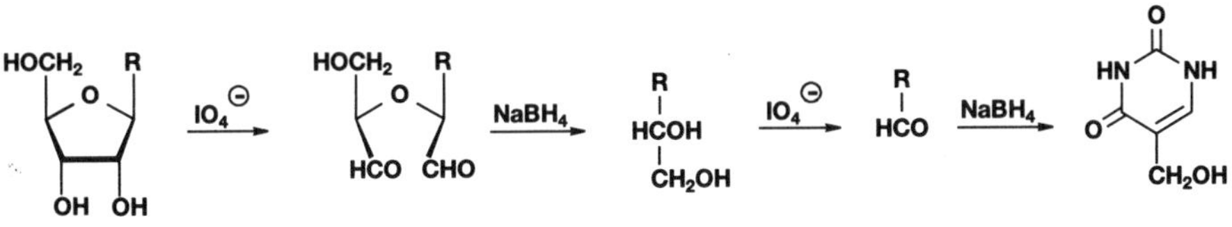

Pseudouridin   **5-Hydroxymethyluracil**

3.1.3.8 Oxidationsprodukte

Die Monosaccharide enthalten als oxidierbare Gruppen die Aldehydgruppe sowie primäre und sekundäre Hydroxygruppen. Die wichtigsten Oxidationsprodukte, die ohne Spaltung einer C-C-Bindung entstehen, sind die Aldonsäuren, Uronsäuren und Aldarsäuren (Abb. 3-16). Die Oxidation der Kohlenhydrate mit Periodat verläuft unter Spaltung von C-C-Bindungen (S. 211).

Aldonsäuren
Durch Oxidation der Aldehydgruppe von Monosacchariden mit milden Oxidationsmitteln wie Bromwasser werden Aldonsäuren erhalten. Die freien Aldonsäuren bilden durch nucleophilen Angriff einer Hydroxy-

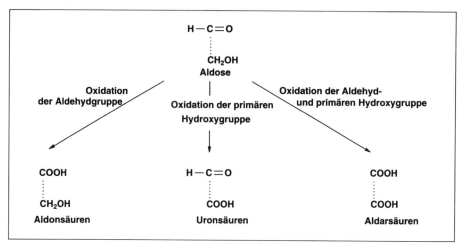

Abb. 3-16 Oxidationsprodukte der Aldosen.

gruppe sehr leicht Lactone. Das Gleichgewicht liegt weitgehend auf der Seite der Lactone, bei der D-Gluconsäure (Abk.: GlcA) auf der Seite des Glucono-1,4-lactons. Die Lactonbildung erfolgt in wäßriger Lösung sehr schnell, so daß die Isolierung der freien Aldonsäuren Schwierigkeiten bereitet.

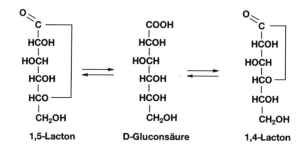

Aldonsäuren kommen frei oder gebunden nur selten natürlich vor. Verschiedene Pilze und Bakterien enthalten Glucose-Oxidasen, die D-Glucose zu D-Gluconsäure oxidieren können. Diese enzymatische Reaktion wird zum Nachweis und zur Bestimmung der D-Glucose herangezogen. Ascorbinsäure (Kap. 6.3.1) ist ein Derivat einer Ketoaldonsäure.

Uronsäuren

Uronsäuren entstehen rein formal durch Oxidation der endständigen Hydroxygruppe zu einer Carboxylgruppe. Die Oxidation der primären Hydroxygruppe ist jedoch nur möglich, wenn zuvor die Aldehydgruppe geschützt wird. Bei der Biosynthese erfolgt der Schutz durch Veresterung mit UDP.

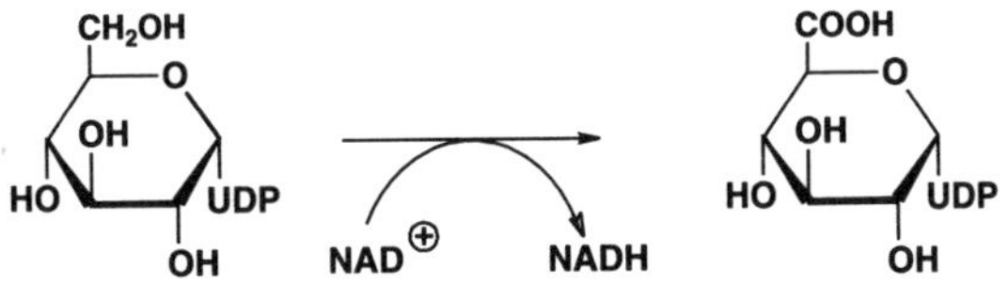

Als Ausgangsstoffe für chemische Synthesen kommen Glykoside, Acetate, Acetale und Ketale mit freier primärer Hydroxygruppe in Frage. Als Oxidationsmittel werden Permanganat oder Stickstoffoxid eingesetzt.

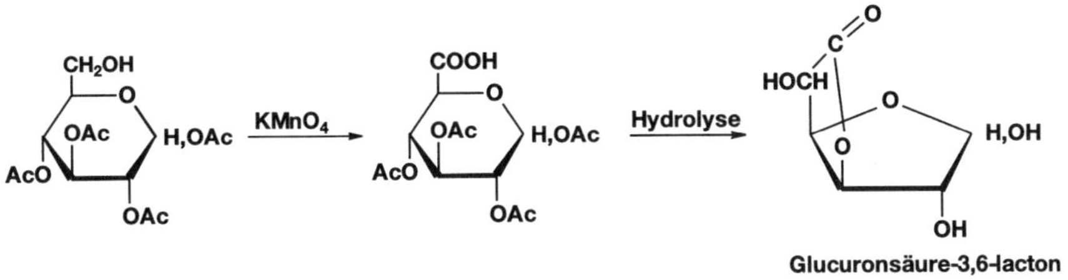

Glucuronsäure-3,6-lacton

Uronsäuren liegen als Pyranosen oder Furanosen vor. Sie können sehr leicht am C-5 epimerisieren. Wenn es sterisch möglich ist, bilden die Uronsäuren Lactone. So wird Glucuronsäure meist als 3,6-Lacton (Glucuron) isoliert.

Uronsäuren sind Bestandteile von Polysacchariden (Glykuronane, saure Mucopolysaccharide). Eine Isolierung aus Polysacchariden ist schwierig, da die glykosidische Bindung der Uronsäuren sehr stabil ist und in 4-Stellung glykosidierte Uronsäurederivate zur β-Eliminierung neigen.

Die **Glucuronsäure** (Abk.: GlcUA) dient im Organismus der Säugetiere als Konjugationspartner für körperfremde und körpereigene Substanzen. Als Konjugation in diesem Sinne wird die Umsetzung einer Fremdsubstanz mit geeigneten funktionellen Gruppen mit einer körpereigenen Substanz zu einem hydrophilen, durch die Niere ausscheidbaren Produkt verstanden. Die Konjugation mit Glucuronsäure stellt die weitestverbreitete Art der Biotransformation dar. Die Reaktion geht aus von UDP-Glucuronsäure (Abb. 3-17). Die entsprechenden Glykoside (Glucuronide) entstehen durch nucleophilen Angriff einer Hydroxygruppe (Alkohole, Phenole), Mercaptogruppe (Thiole) oder Aminogruppe (aromatische Amine) am C-1. Mit Carboxylgruppen vor allem aromatischer Säuren entstehen Ester (**7**). Auf diese Weise werden z. B. die Estrogene ausgeschieden.

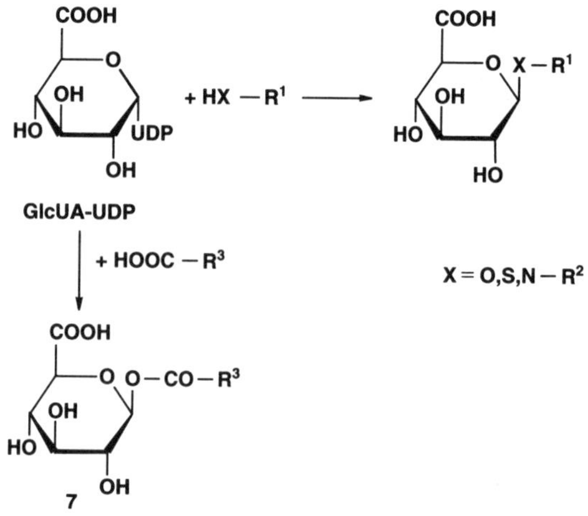

Abb. 3-17 Bildung von Glucuroniden *in vivo*.

3.1.3.9 Reduktionsprodukte

Alditole (Zuckeralkohole)

Durch Reduktion der Carbonylgruppe der Monosaccharide werden die Alditole (Zuckeralkohole) erhalten. Die Reduktion wird zweckmäßig im neutralen Medium durchgeführt, z. B. mit Amalgamen oder katalytisch, da im Alkalischen vor der Reduktion Umlagerungen der Monosaccharide stattfinden können. Bei den Ketosen werden durch die Ausbildung eines neuen Chiralitätszentrums zwei isomere Alkohole gebildet. Die Anzahl der möglichen Isomere der Alditole ist gegenüber der der Aldosen geringer, da z. B. aus D-Glucose und L-Glucose der gleiche Alkohol entsteht.

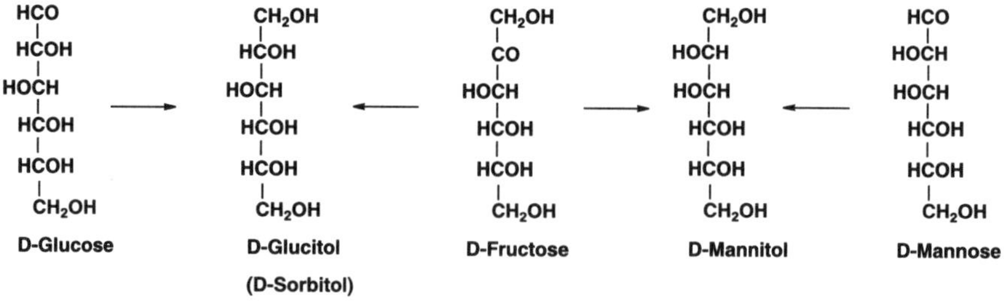

Alditole schmecken süß. Die alkoholischen Hydroxygruppen geben die gleichen Reaktionen wie die der Monosaccharide. Sie lassen sich z. B. verestern und verethern.

D-Glucitol (D-Sorbitol) ist in größerer Menge in den Früchten der Vogelbeere (*Sorbus aucuparia, Rosaceae*) enthalten. Glucitol wird durch

Reduktion von D-Glucose synthetisch hergestellt und dient aufgrund seines süßen Geschmackes als Diabetikerzucker sowie als Ausgangsprodukt für die Vitamin-C-Synthese. **D-Mannitol** kommt in Pilzen, Algen und höheren Pflanzen (Manna-Esche) vor.

Cyclitole
Eng verwandt sowohl hinsichtlich ihrer physikalischen und chemischen Eigenschaften als auch in bezug auf ihre Biosynthese mit den Alditolen sind die Cyclitole. Darunter werden Cycloalkane verstanden, die mehr als drei Hydroxygruppen enthalten. Am verbreitetsten sind die Hexahydroxycyclohexane (**Inositole**) und von diesen wiederum das *myo*-Inositol (*meso*-Inositol). Bis auf ein Paar (1D-*chiro*- und 1L-*chiro*-Inositol) sind alle anderen Inositole *meso*-Formen.

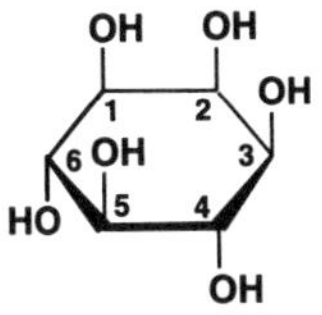

myo-Inositol
(1,2,3,5/4,6)-Inositol

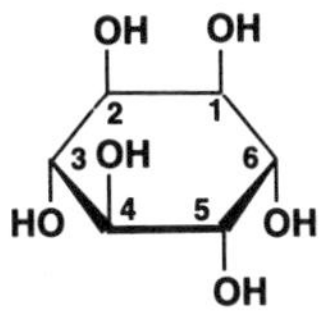

1 D-chiro-Inositol
1,2,4/3,5,6)-Inositol
(+)-Inositol

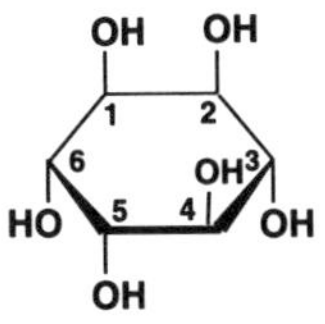

1 L-chiro-Inositol
(1,2,4/3,5,6)-Inositol
(−)-Inositol

Myo-**Inositol** kommt frei und gebunden in tierischen Organen, u. a. als Phosphatidylinositol, vor. In der Pflanze dient der Hexakis-phosphorsäureester (**Phytinsäure**) als Phosphatreserve. *Myo*-Inositol ist für Hefen und andere Mikroorganismen ein Wuchsstoff. Der Vitamincharakter beim Menschen ist umstritten. Die Biosynthese des *myo*-Inositol-1-phosphats geht aus von Glucose-6-phosphat.

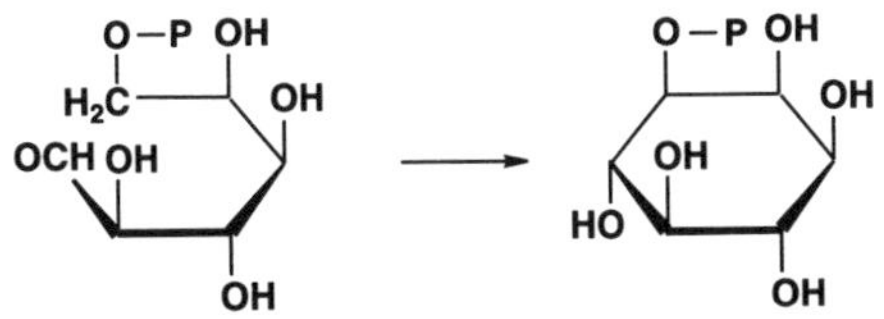

Glucose-6-phosphat → myo-Inositol-1-phosphat

Die **Inosamine** leiten sich von den Inositolen durch den Austausch einer oder mehrerer Hydroxygruppen durch Aminogruppen ab (Aminodesoxyinositole). Sie sind Bestandteile der Aminoglykosid-Antibiotika (S. 701).

(+)-**Quercitol** ([1L-1,3,4/2,5]-Cyclohexanpentol) erhielt seinen Namen durch das Vorkommen in der Eiche (*Quercus*). Hydroxygruppen bzw.

andere Gruppen (Aminogruppen) ober- oder unterhalb der Ebene des Ringes werden durch einen Schrägstrich abgetrennt. Von größerer Bedeutung sind auch Cyclitolcarbonsäuren wie die in Pflanzen weit verbreitete **(-)-Chinasäure** (1L-1[OH],3,4/5-Tetrahydroxycyclohexancarbonsäure, vgl. Kap. 9.1.2).

3.1.3.10 Nachweis und Bestimmung der Kohlenhydrate

Zur Identifizierung werden die in freier Form oder nach enzymatischer bzw. säurekatalysierter Hydrolyse von Holosiden oder Heterosiden vorliegenden Monosaccharide chromatographisch getrennt (Papier-, Dünnschichtchromatographie). Die Methylether, die bei der Methylierungsanalyse anfallen (S. 211), und Trimethylsilylether (S. 187) eignen sich für eine gaschromatographische Trennung und anschließende Identifizierung durch Massenspektrometrie.

Reduktion von Metallionen
Als relativ unspezifischer Nachweis ist die Reduktion einiger Schwermetallionen, meist in Form ihrer Komplexe, im alkalischen Milieu geeignet (Tab. 3-6).

Tab. 3-6: Zuckernachweis durch Reduktion von Metallionen.

Metall	Reagens	Name der Probe
$Cu(II) \rightarrow Cu(I)$	$CuSO_4$/Tartrat, $OH^{\ominus}$	*Fehling*-Probe
	$CuSO_4/OH^{\ominus}$	*Trommer*-Probe
	$CuSO_4$/Citrat, $OH^{\ominus}$	*Benedict*-Probe
$Ag(I) \rightarrow Ag$	$[Ag(NH_3)_2]^{\oplus}$	*Tollens*-Probe
$Bi(III) \rightarrow Bi$	$Bi(III)$Tartrat, $OH^{\ominus}$	*Nylander*-Probe
$Fe(III) \rightarrow Fe(II)$	$K_3[Fe(CN)_6]$	*Hagedorn-Jensen*-Probe

Die Aldosen werden wie Aldehyde zu Säuren und weiteren Oxidationsprodukten durch Spaltung von C-C-Bindungen oxidiert. Durch Isomerisierung im alkalischen Milieu werden auch Ketosen erfaßt. Diese Reduktionsproben werden insbesondere zum Nachweis von Glucose in Körperflüssigkeiten eingesetzt. Einige eignen sich auch bei Einhaltung bestimmter Bedingungen zur quantitativen Bestimmung der Glucose (Bestimmung nach *Hagedorn-Jensen, Fehling*).

Farbreaktionen, die über die Bildung von Furfuralderivaten ablaufen
Zahlreiche Farbreaktionen beruhen auf der Umsetzung der bei der Behandlung der Zucker mit Säure entstehenden Furfuralderivate (Tab. 3-7).

Tab. 3-7: **Farbreaktionen von Zuckern über Furfuralderivate.**

Reaktive Partner der Furfurale	Reagens	Probe
■ Aktive Methylengruppen	Anthron/H_2SO_4	Anthron-Reaktion
■ Phenole	Orcinol/HCl, Fe^{3+}	*Bial*-Reaktion
	α-Naphthol/H_2SO_4	*Molisch*-Reaktion
■ SH-Verbindungen	Cystein/H_2SO_4	*Dische*-Reaktion
■ Arom. Amine	Anilinphthalat	

Einige dieser Reaktionen konnten für bestimmte Monosaccharide spezifisch gestaltet werden. Die Farbreaktionen dienen insbesondere zur Bestimmung von Monosacchariden, die durch säurekatalysierte Hydrolyse aus Glykosiden, z.B. Kohlenhydrat-Protein-Verbindungen, in Freiheit gesetzt werden.

Furfural reagiert in Gegenwart von Säure mit der aktiven Methylengruppe des Anthrons unter Wasseraustritt, wobei ein blaugrüner Farbstoff, wahrscheinlich der Struktur **8**, entsteht.

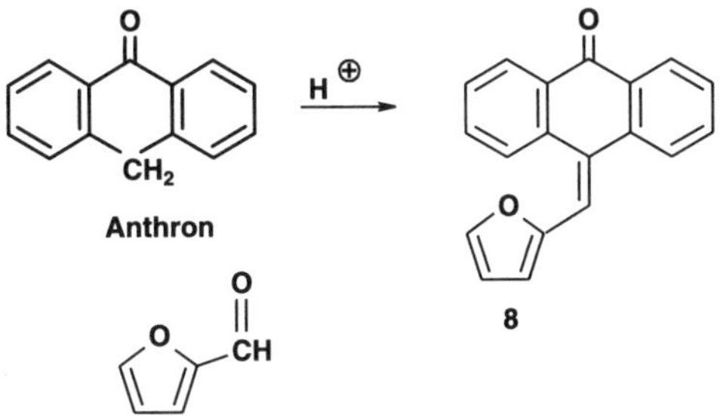

Die Farbreaktion mit Phenolen ist ein Spezialfall der allgemeinen Reaktion Aldehyd-Phenol-Säure, die zu Diphenylmethanfarbstoffen führt.

Die Reaktion mit primären Aminen dient insbesondere zum Nachweis von Zuckern auf dem Papier- oder Dünnschichtchromatogramm. Der histochemische Nachweis der Zucker beruht meist auf einer Oxidation des Zuckers zu einem Aldehyd, z.B. mit Hilfe von Periodat (S. 211), und dessen Nachweis mit fuchsinschwefliger Säure (*Schiffs*reagens) oder anderen Aldehydreagentien.

3.1.4 Synthesen

3.1.4.1 Biosynthesen

Der Kohlenhydratstoffwechsel nimmt im Gesamtstoffwechsel der Zelle eine zentrale Stellung ein. Im Mittelpunkt steht die D-Glucose, aus der durch Isomerisierungen und Epimerisierungen die anderen Hexosen (Abb. 3-18) gebildet werden.

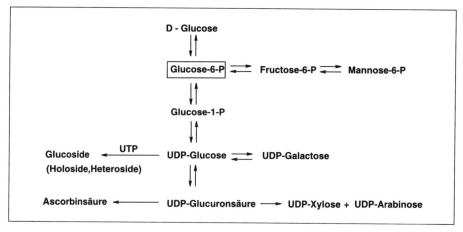

Abb. 3-18 Biogenetische Umwandlung der Hexosen.

Die Biosynthese der Glucose erfolgt in allen Organismen ausgehend von Intermediaten des Citrat-Cyclus (Abb. 3-19). Hierbei handelt es sich um die sog. Gluconeogenese, da Glucose natürlich auch aus Polysacchariden (z. B. Glykogen) oder anderen Zuckern entstehen kann. Die Umkehrung der Gluconeogenese ist die Glykolyse. Bei der Glykolyse wird Glucose

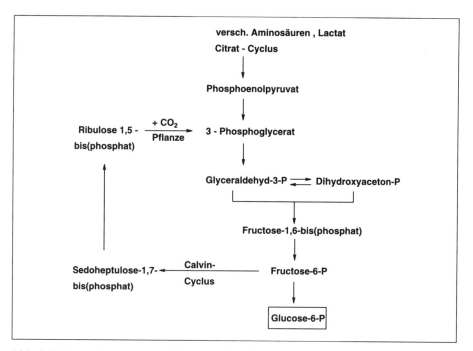

Abb. 3-19 Biosynthesewege von Glucose-6-phosphat.

anaerob über Glyceraldehyd-3-phosphat und Dihydroxyacetonphosphat zu Milchsäure abgebaut. Nur in autotrophen Organismen, also den photosynthetisierenden Pflanzen, findet eine Neubildung der Glucose durch Reduktion von CO_2 nach der Summenformel

$$6\,CO_2 + 6\,H_2O \rightarrow C_6H_{12}O_6 + 6\,O_2$$

statt. Substrat für die Fixierung des CO_2 ist D-Ribulose-1,5-bis(phosphat), das über den *Calvin*-Cyclus gebildet wird (Abb. 3-19).

```
    CH₂OP                          CH₂OP
    |                              |
    CO                             HOCH
    |                *             |
    HCOH       + CO₂    ⟶         C*OO⁻
    |                              |
    HCOH                           COO⁻
    |                              |
    CH₂OP                          HCOH
                                   |
                                   CH₂OP

 D-Ribulose-1,5-              2x3-Phosphoglycerat
   bis(phosphat)
```

Nach beiden Wegen erfolgt die Bildung der Hexose durch eine Aldolreaktion zwischen Glyceraldehyd-3-phosphat und Dihydroxyaceton-phosphat.

```
    CH₂OP                          CH₂OP
    |                              |
    CO                             CO
    |         Aldolreaktion        |
    CH₂OH         ⟶               HOCH
     +                             |
    CHO                            HCOH
    |                              |
    HCOH                           HCOH
    |                              |
    CH₂OP                          CH₂OP

 Dihydroxyaceton-phosphat      Fructose-1,6-bis(phosphat)
 + Glyceraldehyd-3-phosphat
```

3.1.4.2 Abiogene Synthese

Von Bedeutung für das Verständnis der abiogenen Synthese von Kohlenhydraten ist die **Formose-Reaktion.** *Butlerow* stellte bereits 1861 fest, daß bei der Einwirkung von Alkali auf Formaldehydlösung ein Zuckergemisch entsteht, das später als Formose bezeichnet wurde. In diesem Gemisch konnte *E. Fischer* D,L-Glucose und Arabinose nachweisen. Primärreaktion der Formose-Reaktion (Abb. 3-20) ist die Selbstreaktion von Formaldehyd zu Glycolaldehyd. Die eigentliche Formosebildung stellt einen Spezialfall einer basisch katalysierten Aldolreaktion dar. Durch gleichzeitig auftretende Isomerisierungen und Epimerisierungen wird ein Gemisch gerad- und verzweigtkettiger Monosaccharide der verschiedensten Konfigurationen erhalten.

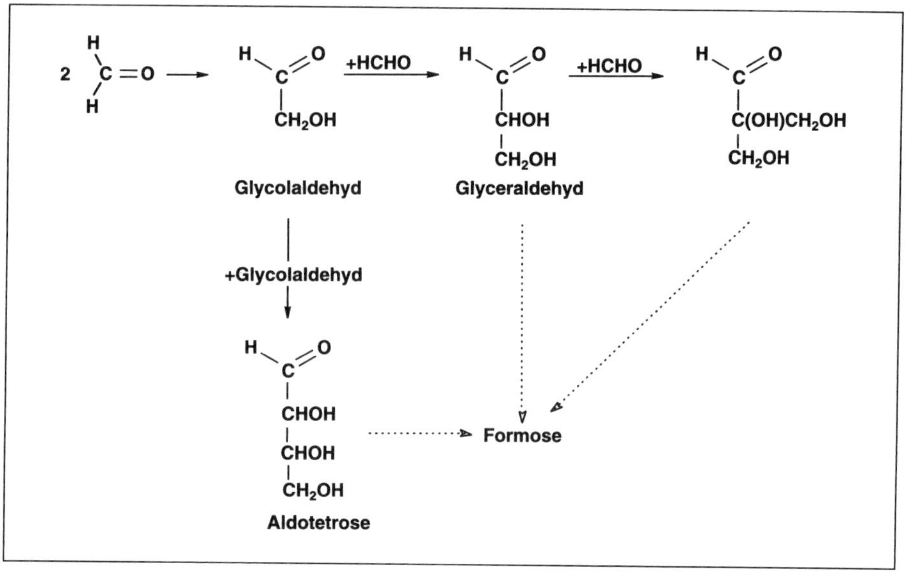

Abb. 3-20 Formose-Reaktion.

Geht man bei der Aldolreaktion von größeren Bausteinen aus, dann läßt sich die Zahl der möglichen Isomeren einschränken. So wird bei der Umsetzung von D-Glyceraldehyd mit Dihydroxyaceton in 0,01 M Bariumhydroxidlösung neben einem verzweigten Zucker eine Mischung von D-Fructose und D-Sorbose erhalten. Die Hydroxygruppen an den neugebildeten Chiralitätszentren (C-3 und C-4 der Ketohexosen) sind in beiden Fällen *trans*-ständig angeordnet.

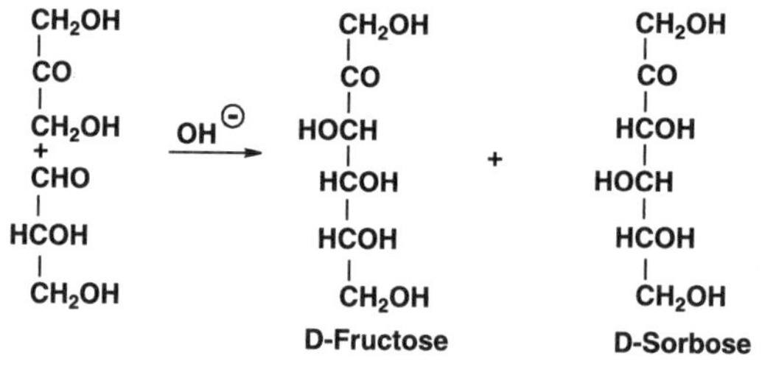

Auf die zahlreichen Methoden, die zur Verlängerung oder Verkürzung der C-Kette von Monosacchariden ausgearbeitet wurden, soll hier nicht eingegangen werden, da sie keine allzu große Bedeutung mehr haben. In den letzten Jahren stieg das Interesse stark an Synthesen in der Kohlenhydratreihe. Von wesentlicher Bedeutung war dabei die Entwicklung von enantio- und diastereoselektiven Synthesen zur Epoxidation (Abb. 3-21) und zur stereoselektiven Epoxidöffnung (Abb. 3-22) sowie der Einsatz der relativ billigen Monosaccharide und ihrer Derivate als Chirone.

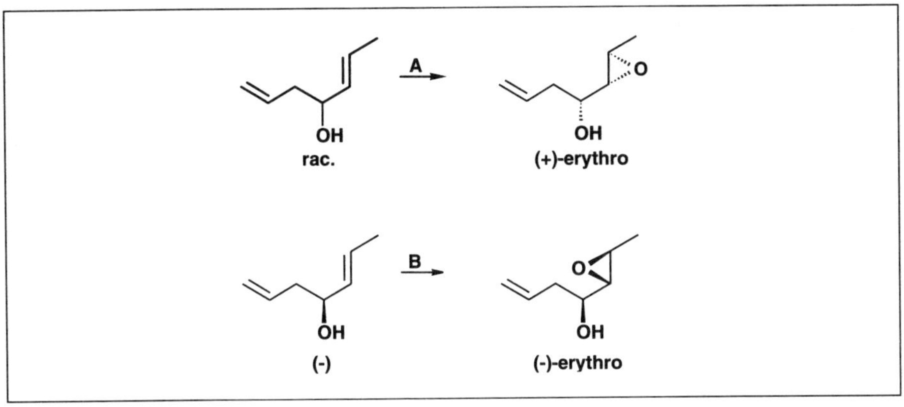

Abb. 3-21 Stereoselektive Epoxidation mit chiralen Hilfsstoffen. (Nach: J. Org. Chem. 48 (1983), 5093). A: Ti(O-iPr)$_4$; (−)-Diisopropyltartrat; tBu-hydroperoxid, CH$_2$Cl$_2$, −20°C; B: Ti(O-iPr)$_4$; (+)-Diethyltartrat; tBu-hydroperoxid, CH$_2$Cl$_2$, −20°C.

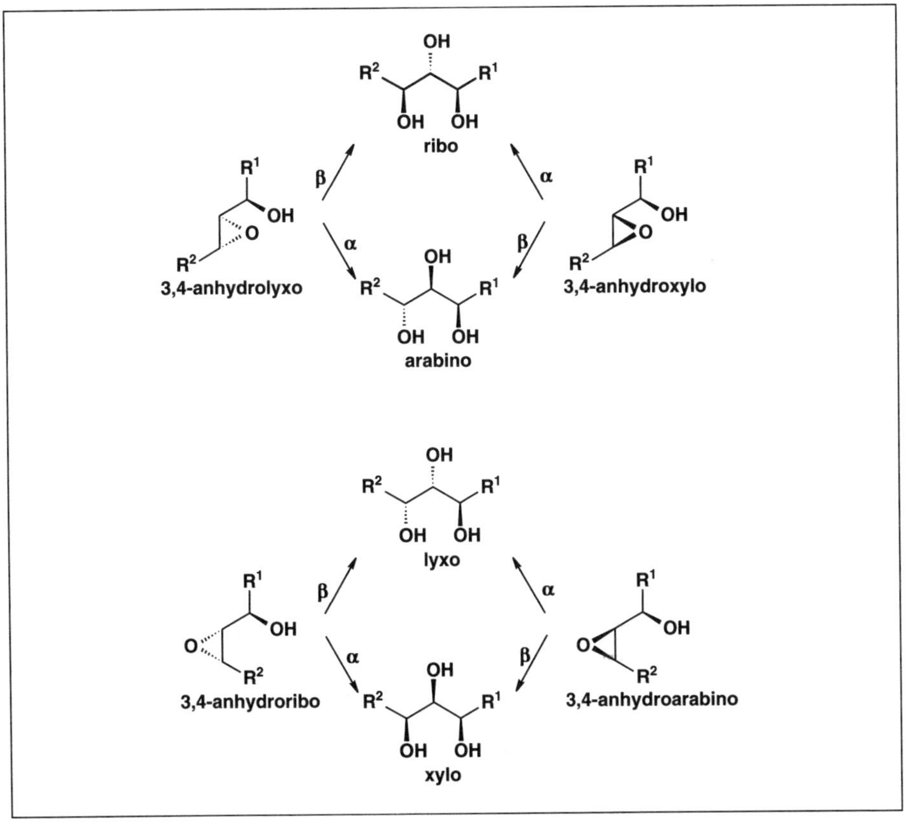

Abb. 3-22 Stereoselektive Öffnung von Epoxiden zur Synthese von 2,3,4-Triolsystemen. (Nach: J. Org. Chem. 48 (1983), 5083).

3.2 Oligo- und Polysaccharide

3.2.1 Bindungstypen

Oligo- und Polysaccharide sind Holoside. Nach der Anzahl der glykosidisch miteinander verbundenen Monosaccharideinheiten unterscheidet man Oligosaccharide (2 bis ca. 7 Monomere) und Polysaccharide. Im Unterschied zu den hochmolekularen Polysacchariden entsprechen die Oligosaccharide in ihren Eigenschaften noch weitgehend denen der Monosaccharide.

Die Mannigfaltigkeit der Oligo- und vor allem Polysaccharide wird außer durch die verschiedene Struktur der am Aufbau beteiligten Monosaccharide durch die unterschiedliche Verknüpfung dieser Monomeren hervorgerufen. Diese Verknüpfung kann sich durch die Konfiguration am glykosidischen C-Atom der einen Komponente (α- oder β-Stellung) sowie durch die Stellung der an der Glykosidbildung beteiligten Hydroxygruppe der anderen Komponente (z. B. Hydroxygruppe in Position 2, 3, 4 oder 6)

Tab. 3-8: Wichtigste Bindungstypen von Disacchariden aus zwei Molekülen D-Glucose.

Typ	Formel	Systematischer Name (Trivialname)
■ Dicarbonyl-bindung	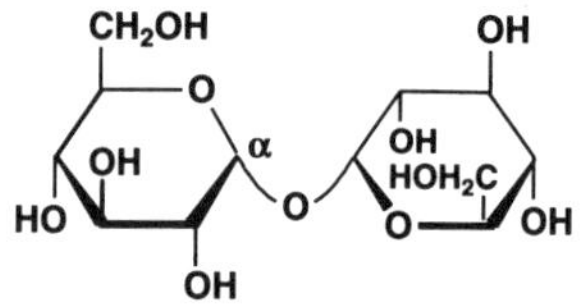	α-D-Glucopyranosyl-α-D-gluco-pyranosid (Trehalose)
■ α(1 → 4)	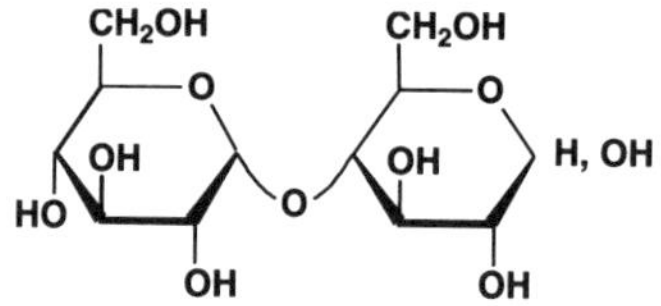	4(α-D-Glucopyranosyl)-D-gluco-pyranose (Maltose)
■ β(1 → 4)	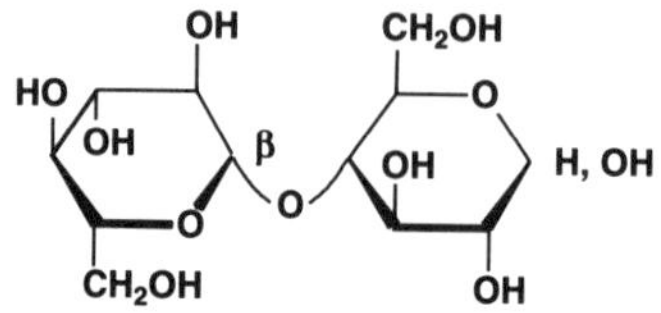	4(β-D-Glucopyranosyl)-D-gluco-pyranose (Cellobiose)

Tab. 3-8: Wichtigste Bindungstypen von Disacchariden aus zwei Molekülen D-Glucose. (Fortsetzung)

Typ	Formel	Systematischer Name (Trivialname)
■ α(1 → 6)	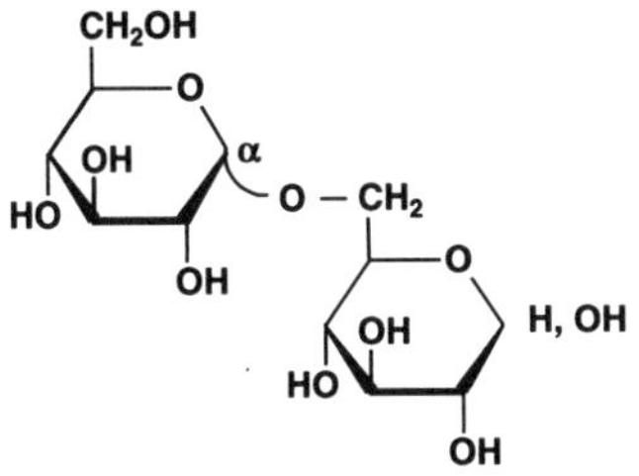	6(α-D-Glucopyranosyl)-D-gluco-pyranose (Isomaltose, Brachiose)
■ β(1 → 6)	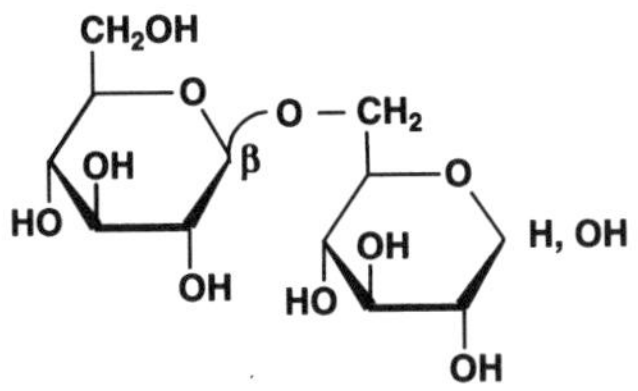	6(β-D-Glucopyranosyl)-D-gluco-pyranose (Gentiobiose)

unterscheiden. Tabelle 3-8 zeigt die wichtigsten Bindungstypen am Beispiel der Disaccharide aus zwei Molekülen Glucose.

Die zur Glykosidbildung führende Kondensationsreaktion kann zwischen zwei glykosidischen Hydroxygruppen (Dicarbonylbindung) oder zwischen einer glykosidischen und einer alkoholischen Hydroxygruppe (Monocarbonylbindung) erfolgen. Der erste Bindungstyp hat nur bei Oligosacchariden Bedeutung. Verbindungen dieses Typs besitzen keine glykosidische Hydroxygruppe mehr und wirken daher auch nicht mehr reduzierend. Außer der in der Tabelle 3-8 aufgeführten Trehalose gehört hierher vor allem der Rohrzucker (Saccharose). Da beide glykosidische Hydroxygruppen substituiert sind, endet beim systematischen Namen auch die Bezeichnung mit -id. Zur Bezeichnung der durch Monocarbonylbindung entstandenen Oligosaccharide werden die an der glykosidischen Hydroxygruppe substituierten Monosaccharide mit der Endung -osyl dem reduzierenden Monosaccharid mit der Endung -ose vorangestellt.

Am häufigsten ist an der Glykosidbindung die Hydroxygruppe in 4-Stellung beteiligt. Weniger häufig ist eine (1→6), (1→3) oder gar (1→2)-Verknüpfung. Zu Verzweigungen kommt es, wenn zwei alkoholische Hydroxygruppen glykosidiert sind. Verzweigungen treten bei vielen Polysacchariden auf.

3.2.2 Isolierung

Die Isolierung muß unter Bedingungen erfolgen, die Spaltungen weitgehend ausschließen (pH 5–7,5). Bei der Isolierung von Polysacchariden aus pflanzlichen Materialien läßt sich eine Kontamination mit Stärke durch Behandeln mit Amylase (ohne Aktivitäten von anderen Glykosidasen) und mit Proteinen durch Proteasen vermeiden. Als Extraktionsmittel dienen wäßrige Lösungen. Wasserunlösliche Polysaccharide müssen durch geeignete Extraktionsmittel wie Dimethylsulfoxid, verdünnte Alkalilaugen, Methylmorpholin-N-oxid und für Cellulose Cadoxen (1,2-Diaminoethan: Wasser:CdO_2; 31:72:10) in Lösung gebracht werden. Die Auftrennung erfolgt dann meist durch Gelchromatographie an Sephadex, Sepharose oder Biogel, bei Polysacchariden mit Ladungsträgern auch durch Ionenaustausch-Chromatographie.

3.2.3 Methoden der Strukturaufklärung

Die Aufklärung der Primärstruktur der Polysaccharide und analog auch der Oligosaccharide umfaßt die Analyse der am Aufbau beteiligten Monosaccharide, die Ermittlung des Bindungstyps (Konfiguration und Verknüpfungsstelle) sowie die Analyse der Sequenz der am Aufbau beteiligten Zuckerreste. Vor allem bei der Strukturaufklärung der komplexen Polysaccharide spielen immunochemische Methoden eine Rolle. Die klassischen Methoden der Strukturaufklärung beruhen auf einer unspezifischen oder meist mehr oder weniger spezifischen Fragmentierung des Polysaccharides. Die Fragmentierung kann chemisch oder enzymatisch und am nativen oder selektiv modifizierten Polysaccharid erfolgen.

3.2.3.1 Fragmentierung nativer Polysaccharide

3.2.3.1.1 Chemische Methoden

Oligo- und Polysaccharide sind als Glykoside säurekatalysiert hydrolysierbar. Diese Hydrolyse gehört zu den wichtigsten Fragmentierungsmethoden. Durch alkalische Hydrolyse werden dagegen nur die Glykoside von Phenolen und Enolen gespalten, so daß diese Reaktion für die Strukturaufklärung keine Bedeutung hat. Im Alkalischen werden aber reduzierende Endgruppen verändert und vorhandene Ester gespalten. Bei Uronsäuren und den Glykosiden von Serin und Threonin treten im Alkalischen β-Eliminierungen auf.

Die **säurekatalysierte Hydrolyse** kann mit Mineralsäuren, organischen Säuren oder Ionenaustauschern (Polystyrolsulfonsäuren) durchgeführt werden. Einige Zucker werden allerdings bereits unter Bedingungen, die für eine vollständige Hydrolyse erforderlich sind, zersetzt, so z. B. 3,6-Anhydrozucker oder Sialinsäure. Außerdem ist es möglich, daß säurekatalysiert bereits abgespaltene Monosaccharide wieder zu Disacchariden in anderer Kombination oder Verknüpfung reagieren. Die durch die Spaltung erhaltenen Mono- und Oligosaccharide müssen dann chromatographisch aufgetrennt und identifiziert werden. Aufgrund der unterschiedlichen Stabilität der glykosidischen Bindung gelingt es in einigen Fällen auch, native Polysaccharide säurekatalysiert selektiv zu spalten und so anhand der auftretenden Fragmente Informationen über die Verknüpfung zu erhalten. Es wurde allerdings festgestellt, daß die bei niedermolekularen Glykosiden erhaltenen Ergebnisse der Stabilitätsuntersuchungen nicht immer auf Polysaccharide übertragen werden können. (1→6)-Bindungen lassen sich säurekatalytisch schwerer als z. B. (1→4)-Bindungen lösen.

Zu einer bevorzugten Spaltung dieser (1→6)-Bindungen kommt es bei der **Acetolyse.** Die Spaltung erfolgt hierbei mit Schwefelsäure in Gegenwart von Essigsäureanhydrid und führt zu acetylierten Oligosacchariden.

Die reduzierenden Endgruppen der Oligo- und Polysaccharide können durch **Methanolyse** in die Methylglykoside bzw. durch **Mercaptolyse** in die Thioacetale umgewandelt und so geschützt werden.

Die unter den Bedingungen der säurekatalysierten Hydrolyse instabilen 3,6-Anhydrozucker lassen sich mit Methanol in das Dimethylacetal oder mit Ethanthiol in das Diethylthioacetal überführen. Auf diese Weise konnten die Disaccharidderivate **9** als Spaltprodukte der Agarose isoliert und so der Nachweis für die Anwesenheit der 3,6-Anhydro-L-galaktose geführt werden.

3.2.3.1.2 *Enzymatische Methoden*

Zur enzymatischen Fragmentierung werden Glykosid-Hydrolasen eingesetzt (Tab. 3-9). Diese Enzyme können spezifisch sein in bezug auf den Bindungstyp, den Partner, der an der Bindung mit der glykosidischen Hydroxygruppe und den Partner, der an der Bindung mit der alkoholischen Hydroxygruppe (z. B. Aglykon) beteiligt ist.

Ähnlich wie bei anderen Enzymen, die an Biopolymeren angreifen, kann zwischen Exo- und Endo-Hydrolasen unterschieden werden, je nachdem, ob der Abbau vom Rand oder von der Mitte des Moleküls erfolgt. Allgemein sind für die Strukturaufklärung von Polysacchariden Enzyme mit höherer Spezifität besser geeignet als solche mit sehr geringer Spezifität. Zum Beispiel ist nach einer Spaltung mit der β-D-Glucosidase des Emulsins nur sicher, daß β-D-gebundene Monosaccharide sich am nichtreduzierenden Ende befinden. Unklar ist der Bindungstyp [(1→2), (1→3), (1→4) oder (1→6)] und die relative Konfiguration des Zuckers (*gluco-*,

Tab. 3-9: Oligo- und polysaccharidspaltende Hydrolasen.

Enzym	Funktion	Vorkommen
α-Amylase	Endo-Hydrolase, spaltet stärkeähnliche Polysaccharide zu Maltose und D-Glucose	Gerstenmalz, Speichel, Pankreas, Mikroorganismen
β-Amylase	Exo-Hydrolase, spaltet vom nichtreduzierenden Ende stärkeähnlicher Polysaccharide Maltose ab	Pflanzen (z. B. Sojabohnen)
Glucoamylase	Exo-Hydrolase, spaltet vom nichtreduzierenden Ende stärkeähnlicher Polysaccharide D-Glucose ab	Mikroorganismen, Leber
Debranching enzymes	Spalten α(1→6)-Bindungen stärkeähnlicher Polysaccharide	R-Enzym (Kartoffeln) Pullulanase (Bakt.) Isoamylase (Mikro.) Glucosid-Transferase (Säugetiere, Hefe)
α-Glucosidase	Spaltet vom nicht-reduzierenden Ende von Oligosacchariden α-D-Glucose ab	Weit verbreitet, u. a. in Hefe, Darm
Dextranasen	meist Endo-Hydrolasen, spalten Dextrane zu Isomalto- und anderen Oligosacchariden	Mikroorganismen, (Bakterien, Schimmelpilze)
β(1→4)-Glucanasen (Cellulase)	Viele spalten Cellobiose-Reste vom nichtreduzierenden Ende	Meist von Schimmelpilzen
β(1→3)-Glucanasen		Pflanzen und Mikroorganismen
β-D-Glucosidasen	Spalten Oligosaccharide relativ unspezifisch	Im Emulsin der bitteren Mandeln

galacto- oder *xylo*-Reihe). Eine zu starke Spezifität, die sich z. B. auf ein bestimmtes Polysaccharid beschränkt, engt allerdings den Einsatz vieler Enzyme außerordentlich ein.

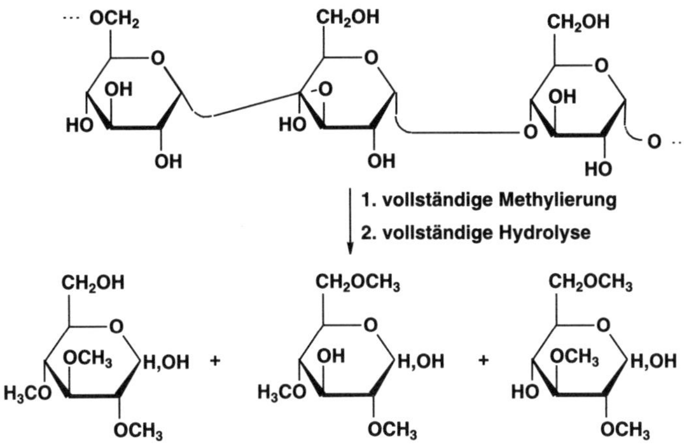

Abb. 3-23 Fragmentierung nach vollständiger Methylierung.

3.2.3.2 Fragmentierung selektiv modifizierter Polysaccharide

3.2.3.2.1 *Methylierung*

Diese sehr wichtige Methode beruht darauf, daß alle freien Hydroxygruppen des Oligo- oder Polysaccharides methyliert werden und anschließend das permethylierte Saccharid säurehydrolytisch gespalten wird. Die entstehenden, partiell methylierten Monosaccharide erlauben Rückschlüsse auf Ringgröße (Furanosid oder Pyranosid) und Verknüpfungstyp. Die Methode geht auf *Haworth* zurück. Die Permethylierung wird heute meist mit Methyliodid in Gegenwart von Silberoxid durchgeführt. Abbildung 3-23 zeigt die bei dem bereits weiter vorn als Beispiel benutzten Glucan anfallenden Methylierungsprodukte. Durch Spaltung mit Methanol und trockenem HCl fallen die Methylglykoside an. Die Trennung und Identifizierung der methylierten Zucker kann durch Flüssigchromatographie oder noch besser durch Gaschromatographie (Methylglykoside) in Verbindung mit der Massenspektrometrie erfolgen.

3.2.3.2.2 *Periodatoxidation*

Eine der aussagekräftigsten Methoden ist die Oxidation vicinaler Hydroxygruppen mit Periodat. Bei der Periodatoxidation werden 1,2-Diole bzw. 1-Amino-2-ole (Aminozucker) zu Dialdehyden oxidiert. Die mittelständige sekundäre Hydroxygruppe von 1,2,3-Triolen wird zu Ameisensäure oxidiert, die titriert werden kann und so bereits Informationen über die Anzahl von Zuckerresten mit 1,2,3-Triol-Gruppierung liefert. Abbildung 3-24 zeigt die Reaktionsprodukte eines Glucans mit $\alpha(1\rightarrow6)$, $\alpha(1\rightarrow3)$- und $\alpha(1\rightarrow4)$-Bindungen, wie sie z.B. im Dextran vorliegen. Die Aldehydgruppen der entstehenden Oxidationsprodukte liegen nicht in freier Form vor. Sie reagieren mit Hydroxygruppen zu Halbacetalen.

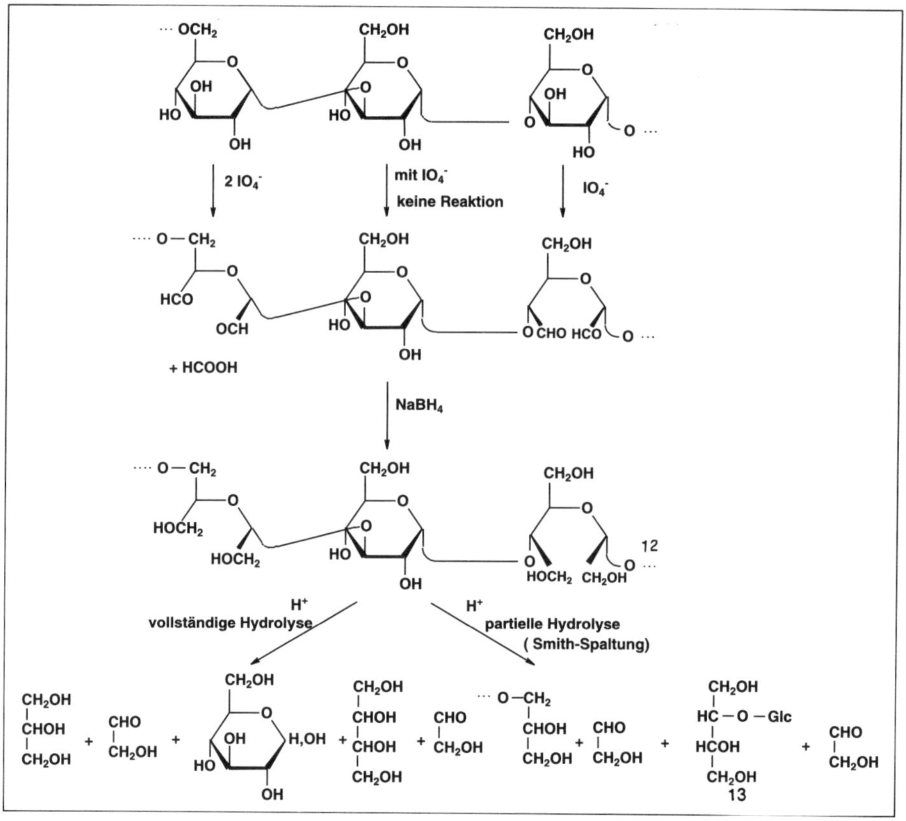

Abb. 3-24 Periodatoxidation von Polysacchariden.

Das oxidierte Polysaccharid wird dann nach verschiedenen Methoden fragmentiert und die entstehenden Produkte analysiert. Die *Barry*-Spaltung des periodatoxidierten Polysaccharids erfolgt durch Behandeln mit Phenylhydrazin in verdünnter Essigsäure. Es entstehen aus den oxidierten Monosaccharid-Resten Bis-phenylhydrazone (**11**). Aus den nichtoxidierten Monosacchariden werden Phenylosazone (**10**) gebildet.

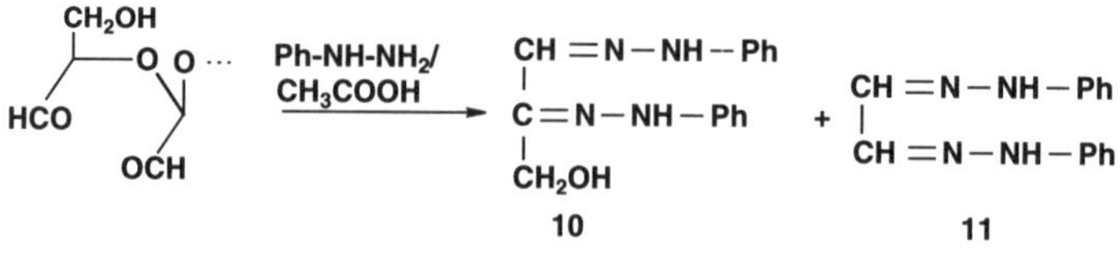

Da die Aldehydgruppen sehr reaktionsfreudig sind, ist es vorteilhaft, vor weiteren Umsetzungen diese Aldehyde zu Alkoholen zu reduzieren. Die entstehenden Polyalkohole (**12**, Abb. 3-24) lassen sich dann leicht säurekatalysiert spalten. Als Spaltprodukte werden neben Glucose Glycerol, Glycolaldehyd und Erythritol erhalten. Eine Modifizierung stellt die *Smith*-Spaltung dar, bei der die Polyalkohole (12) partiell hydrolysiert werden (verdünnte Säure bei Raumtemperatur). Es entstehen dabei aus den nichtoxidierten Zuckern Glucoside z. B. des Erythritols (13). Anhand dieser Spaltprodukte lassen sich Informationen über die Verknüpfungstypen und nach der Modifizierung von *Smith* über die Reihenfolge der Monosaccharideinheiten gewinnen.

3.2.3.2.3 Substitution in 2- und 6-Stellung von Glykopyranosiden

Meist genügen die Unterschiede bei der säurekatalysierten Hydrolyse nicht, um anhand der anfallenden Fragmente Aufschlüsse über die Verknüpfung der Monosaccharideinheiten zu erlangen. In vielen Fällen ist es möglich, die Stabilität der glykosidischen Bindung durch selektive Modifizierung bestimmter Monosaccharideinheiten zu beeinflussen.

Die Stabilität der Glykopyranoside gegenüber Säure wird vor allem durch die Substituenten in 2- und 6-Stellung beeinflußt. Sehr resistent gegenüber der säurekatalysierten Hydrolyse sind Bindungen von Uronsäure- und 2-Amino-2-desoxyzucker-Resten. 2-Amino-2-desoxyzucker liegen in den Polysacchariden meist in Form ihrer N-Acetyl-Derivate vor. Diese Acetylgruppen können mit Natrium- oder Bariumhydroxid bzw. Hydrazin entfernt werden.

Uronsäurehaltige Polysaccharide werden durch säurekatalysierte Hydrolyse oft nur bis zu Disacchariden, den Aldobiouronsäuren gespalten. In Gegenwart bestimmter bakterieller Enzyme erfolgt bei Polymeren mit einem Glykosylrest in β-Stellung zur Carboxylgruppe eine β-Eliminierung. Die anfallenden Spaltprodukte zeigen aufgrund der Doppelbindung ein

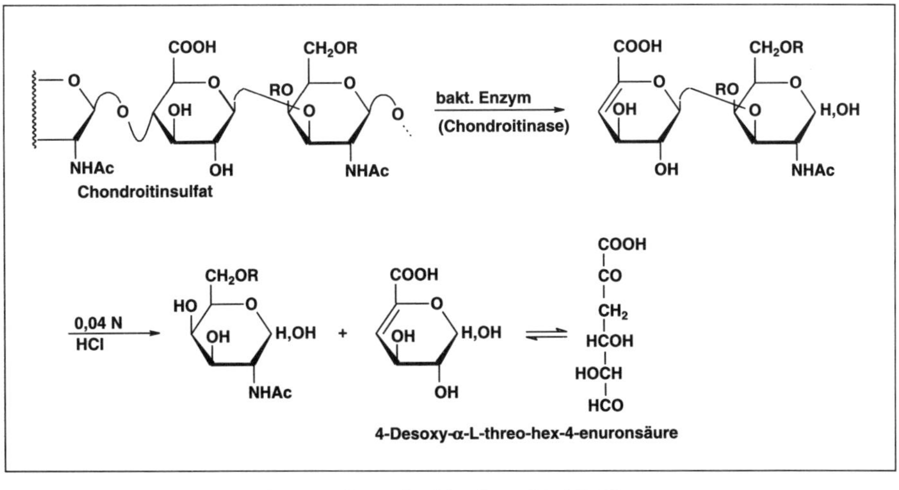

Abb. 3-25 Spaltung saurer Mucopolysaccharide (R = H, SO_3H).

Absorptionsmaximum zwischen 220 und 240 nm. Abbildung 3-25 zeigt die durch β-Eliminierung einiger saurer Mucopolysaccharide anfallenden Spaltprodukte.

Durch chemische Veränderung der Carboxylgruppen kann die Stabilität der Glykuronane beeinflußt werden. So konnte der Nachweis von D-Mannuron- und L-Guluronsäure in Alginsäure (S. 238) durch vollständige Methylierung, Reduktion der Estergruppierungen mit LiAlH$_4$ und nachfolgende Hydrolyse der jetzt leichter spaltbaren glykosidischen Bindung geführt werden (*Hirst* und *Rees*).

Eine andere Methode zum Abbau uronsäurehaltiger Polysaccharide beschrieb *Kochetkov*. Grundlage der selektiven Modifizierung ist die Umwandlung der Carboxylgruppe in eine Säureamidgruppe. Ein *Hofmann*-Abbau des Amids führt zu einem sehr instabilen Zwischenprodukt **14**, das sofort gespalten wird.

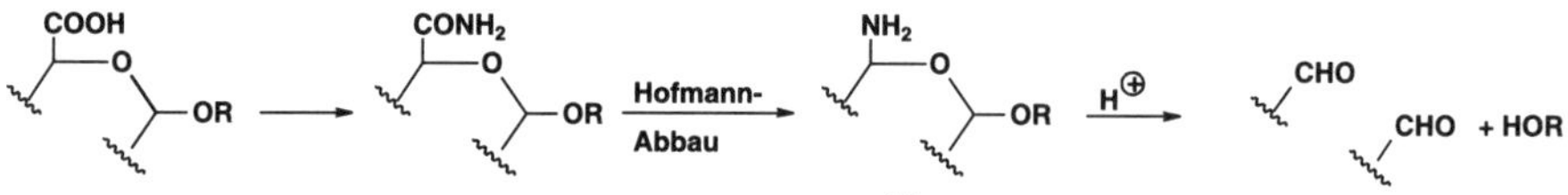

Die Bestimmung von Zahl und Länge der Seitenketten des Dextrans war möglich nach selektiver Modifizierung freier Hydroxygruppen (*Lindberg* und *Landström*). Die Modifizierung erfolgte durch Tosylierung der primären Hydroxygruppen und anschließenden nucleophilen Austausch des Tosylrestes durch Iodid. Durch Umsetzen dieser Iodalkylverbindung mit Natrium-p-toluolsulfinat wurde ein Sulfon (**15**) erhalten, dessen glykosidische Bindung sehr leicht unter β-Eliminierung gespalten wird.

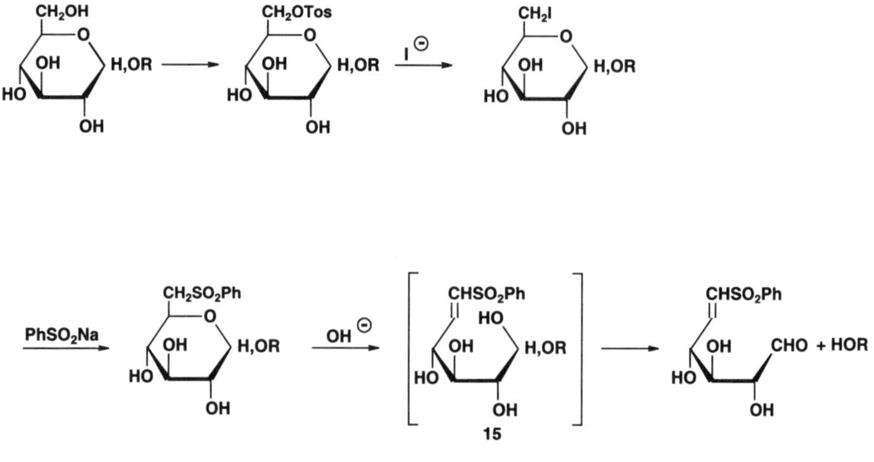

3.2.4 Oligosaccharide

Oligosaccharide wurden in freier Form vor allem aus Pflanzen, dagegen kaum aus tierischen Quellen isoliert. Die meisten Oligosaccharide wurden durch partielle Hydrolyse von Polysacchariden erhalten. Die in freier Form natürlich vorkommenden Oligosaccharide enthalten meist Hexosen, seltener Pentosen oder stickstoffhaltige Zucker (wie z. B. in der menschlichen Milch). Die wichtigsten Oligosaccharide sind in der Tabelle 3-10 aufgeführt.

Tab. 3-10: Wichtigste Oligosaccharide.

Trivialname	Chemische Bezeichnung
Saccharose (Rohrzucker, Sucrose)	β-D-Fructofuranosyl-α-D-glucopyranosid
Trehalose	α-D-Glucopyranosyl-α-D-glucopyranosid
Maltose	4-(α-D-Glucopyranosyl)-D-glucopyranose
Isomaltose (Brachiose)	6-(α-D-Glucopyranosyl)-D-glucopyranose
Cellobiose	4-(β-D-Glucopyranosyl)-D-glucopyranose
Gentiobiose	6-(β-D-Glucopyranosyl)-D-glucopyranose
Sophorose	2-(β-D-Glucopyranosyl)-D-glucopyranose
Lactose	4-(β-D-Galaktopyranosyl)-D-glucopyranose
Raffinose	α-D-Galaktopyranosyl-(1→6)-α-D-glucopyranosyl-(1→2)-β-D-fructofuranosid
allo-Lactose	6-(β-D-Galaktopyranosyl)-D-glucopyranose
Nigerose	3-(α-D-Glucopyranosyl)-D-glucopyranose
Kojobiose	2-(α-Glucopyranosyl)-D-glucopyranose
Melibiose	6-(α-D-Galaktopyranosyl)-D-glucopyranose
Gentianose	O-β-D-Fructofuranosyl-(2→1)-α-D-glucopyranosyl-(6→1)-β-D-glucopyranosid

Als tierische Quellen kommen vor allem Milch und Honig in Betracht. In der Kuhmilch ist fast ausschließlich Lactose enthalten, aus der menschlichen Milch sind außer Lactose noch *allo*-Lactose sowie stickstoffhaltige und fucosehaltige Oligosaccharide isoliert worden. Honig kann außer Saccharose und Maltose noch zahlreiche, von der Nahrungsquelle der Bienen abhängige Oligosaccharide enthalten. In zahlreichen Insekten kommt Trehalose vor. Die verbreitetsten nicht-reduzierenden Oligosaccharide sind Saccharose, Trehalose und Raffinose.

Saccharose (Rohrzucker, Sucrose) ist das häufigste Oligosaccharid, das aus sehr vielen Pflanzen, vor allem aus Früchten isoliert wurde. Den höchsten Saccharosegehalt weisen Zuchtformen des Zuckerrohres *(Saccharum officinarum:* 14 bis 16%) und der Zuckerrübe (*Beta vulgaris var. altissima:* 16 bis 20%) auf, die deshalb für die Saccharosegewinnung angebaut werden. Die Entdeckung von Saccharose in der Zuckerrübe geht auf *Marggraf* (1747) zurück. Saccharose ist der wichtigste natürliche Süßstoff.

Befriedigende Zusammenhänge zwischen chemischer Struktur und Geschmack konnten noch nicht entdeckt werden. Im allgemeinen hat sich herausgestellt, daß andere süßschmeckende Stoffe (Abb. 3-26) stärker lipophil waren als Saccharose. Das war der Anlaß, Hydroxygruppen durch Chloratome auszutauschen. Von diesen Chlorsaccharosen hat Sucralose die größte Bedeutung. Als **Süßstoffe** von Bedeutung sind Synthetika wie Aspartam (α-L-Aspartyl-L-phenylalanin-methylester), Saccharin, Cyclamat oder Oxathiazindioxide. Natürlich vorkommende süßschmeckende Substanzen finden wir bei Triterpenen (z. B. Glycyrrhizin), Proteinen (Thaumatin, Monellin), Dihydroisocumarinen (Phyllodulcin, Abb. 3-26) oder Dihydrochalconen.

Eine Lösung von Saccharose dreht den polarisierten Lichtstrahl nach rechts ($[\alpha]_D = +66{,}5°$). Durch säurekatalysierte Hydrolyse entsteht daraus eine äquimolare Mischung aus Glucose ($[\alpha]_D = +52{,}7°$) und Fructose ($[\alpha]_D = -92{,}4°$), die den polarisierten Lichtstrahl nach links dreht. Diese Mischung wird daher auch als Invertzucker bezeichnet. Sie ist Bestandteil des Kunsthonigs.

Ein durch Copolymerisation von Saccharose mit Epichlorhydrin erhaltenes hochmolekulares (Molmasse ca. 400.000) synthetisches Polymer mit verzweigter Struktur (Ficoll) wird wegen seiner guten Wasserlöslichkeit, des geringen osmotischen Druckes, der hohen Viskosität der Lösung und seiner Unfähigkeit, Membranen zu durchdringen, in der biologischen Forschung verwendet. Ficoll wird bei der Isolierung von Zellen eingesetzt oder dient zur Einengung wäßriger Lösungen durch Dialyse.

Trehalose kommt außer in Insekten in jungen Pilzen und anderen niederen Pflanzen vor. Bemerkenswert ist, daß Trehalose von Pilzen und Bakterien vermehrt in Austrocknungsphasen gebildet wird und offensichtlich für das Überleben der Zellen in wasserarmen Perioden (Anhydrobiosis),

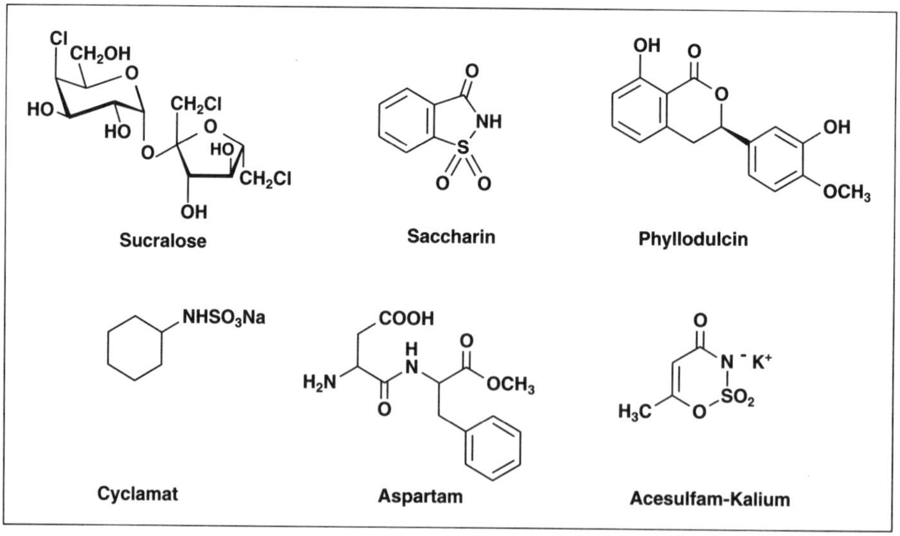

Abb. 3-26 Synthetische Süßstoffe.

wahrscheinlich durch eine Pseudohydratation der Membranbausteine, benötigt wird.

Das verbreitetste Trisaccharid ist die **Raffinose**. Raffinose kommt in zahlreichen höheren Pflanzen vor und kann aus Zuckerrübenmelasse gewonnen werden. Raffinose ergibt bei der säurekatalysierten Hydrolyse je ein Mol D-Glucose, D-Galaktose und D-Fructose, in schwächer saurem Milieu werden D-Fructose und Melibiose erhalten. Emulsin spaltet Raffinose in D-Galaktose und Saccharose.

Gentianose ist aus *Gentiana*-Arten isoliert worden. Durch säurekatalysierte Hydrolyse werden äquimolare Mengen D-Fructose und Gentiobiose, durch Spaltung mit Emulsin D-Glucose und Saccharose erhalten.

Das Disaccharid **Gentiobiose** kommt kaum in freier Form vor, ist aber glykosidisch gebunden in Amygdalin und anderen Glykosiden enthalten.

Milchzucker (Lactose) ist in der Kuhmilch zu 4 bis 5 %, in der Frauenmilch zu 5,5 bis 7,5 % enthalten. Lactose wird aus Molke gewonnen.

Ein Pseudotetrasaccharid ist die **Acarbose** (Abb. 3-27), die aus Kulturfiltraten von *Actinomyceten* gewonnen wurde und zu den natürlich vorkommenden Inhibitoren der Säugetier-α-Glucosidasen gehört. Acarbose enthält ein ungesättigtes Cyclitol. Da Kohlenhydrate im Darm nur in hydrolysierter Form resorbiert werden, führt Acarbose zu einer Senkung des Blutzuckerspiegels. Acarbose ist als oral wirksames Antidiabetikum zugelassen. In *Ascomyceten* wurden auch zahlreiche weitere **Glucosidase-Inhibitoren** gefunden, so z. B. die **Nojirimycine**, die zur Gruppe der Azazucker gehören.

3.2.5 Polysaccharide

Polysaccharide sind ubiquitär verbreitete Makromoleküle, die zahlreiche biologische Funktionen zu erfüllen haben. Viele Polysaccharide dienen als Reservestoffe von Tieren (Glykogen), Pflanzen (Stärke, Fructane) und Mikroorganismen.

Durch die Anreicherung von Stärke in Getreidekörnern oder Kartoffeln haben die pflanzlichen Reservepolysaccharide eine grundlegende Bedeutung für die menschliche Ernährung. Polysaccharide dienen ferner als Strukturelemente von Zellen oder Organismen. Sie bilden die Grundmatrix der Zellwände, die die Plasmamembran von Bakterien und Pflanzen-

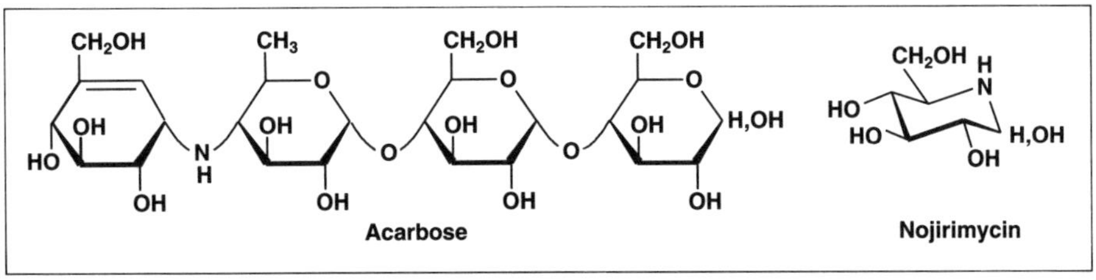

Abb. 3-27 Natürlich vorkommende Glucosidase-Inhibitoren.

zellen umgeben. Tierische Zellen dagegen besitzen keine Zellwände. Der wichtigste Zellwandbestandteil der Pflanze ist die Cellulose, die bei einigen Grünalgen (*Chlorophyta*) wie *Valonia*-Arten in sehr reiner Form als Cellulose I vorkommt. Neben der Cellulose enthalten die pflanzlichen Zellwände noch andere Polysaccharide wie Pektine und Hemicellulosen. In verschiedenen Algen wurden ferner Mannane sowie ein β(1→3)-Xylan als Strukturpolysaccharid aufgefunden. Die Zellwände der Pilze (*Fungi*) sowie das Exogerüst verschiedener niederer Tiere bestehen im wesentlichen aus Chitin. Die Zellwände der Bakterien werden von komplexen Polysacchariden gebildet.

Bestimmte Polysaccharidfragmente spielen eine besondere Rolle als immunologische Determinanten, so die Blutgruppensubstanzen, die Lipopolysaccharide gramnegativer Bakterien oder die Phagenrezeptoren und sind so für interzelluläre Wechselwirkungen von Bedeutung. Die wichtigsten Bausteine der Polysaccharide sind

- Hexosen: D-Glucose, D-Mannose, beide enantiomere Formen der Galaktose sowie D-Fructose
- Pentosen: L-Arabinose und D-Xylose
- 6-Desoxyzucker: L-Fucose und L-Rhamnose
- Aminozucker: D-Glucosamin und D-Galaktosamin
- Uronsäuren: D-Glucuron-, D-Galakturon-, D-Mannuron- und L-Iduronsäure.

Bis auf die Fructose- und Arabinosereste liegen alle Zucker in der Pyranoseform vor. Bei einigen Polysacchariden können die Hydroxygruppen verestert oder methyliert sein. Esterartig ist vor allem die Schwefelsäure gebunden.

Polysaccharide mit Aminozuckern kommen meist nur in Tieren vor. Dazu gehört als einziges Homopolysaccharid das Chitin sowie verschiedene Proteoglykane (s. Komplexe Polysaccharide). Die Aminogruppen dieser Polysaccharide sind acetyliert (Chitin) oder auch durch Schwefelsäure blockiert (Heparin).

Zahlreiche native oder chemisch modifizierte Polysaccharide besitzen als Zusätze zu Nahrungsmitteln, Pharmaka oder Kosmetika bzw. in der Textilindustrie industrielle Bedeutung. Sie werden meist aus pflanzlichen Materialien isoliert. Einige Polysaccharide werden auch mikrobiologisch gewonnen. Es handelt sich dabei um Polysaccharide, die von bestimmten Mikroorganismen aus niedermolekularen Substraten (Glucose, Fructose, Saccharose) gebildet und in die Fermentationsbrühe abgegeben werden. Zu diesen extrazellulären Polysacchariden mikrobieller Herkunft gehören u. a. Dextran, Levan, Pullulan oder Xanthan. Auch Alginsäuren, die sonst aus Braunalgen gewonnen werden (S. 238) und eine große kommerzielle Bedeutung besitzen, konnten mit Hilfe der Bakterien *Pseudomonas aeruginosa* und *Azotobacter vinelandii* produziert werden.

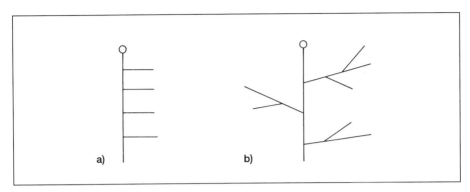

Abb. 3-28 Verzweigungstypen von Polysacchariden. a) kammartig; b) baumartig.

3.2.5.1 Nomenklatur

Die Polysaccharide können aus nur einem (Homopolysaccharide) bzw. aus zwei oder mehr Monosaccharidtypen (Heteropolysaccharide) bestehen. Nach der Bezeichnung der Monomeren spricht man von Glucanen, Glucuronanen, Mannanen, Fructanen bzw. Arabinoxylanen, Glucomannanen usw. Zur Bezeichnung der Verknüpfungstypen dient die in Tabelle 3-8, S. 206, angewandte Schreibweise.

In einem Polysaccharid können ein oder mehrere Bindungstypen vertreten sein. Bei Polysacchariden mit mehreren Bindungstypen können ausgehend von einer Hauptkette mit reduzierendem Terminus kammartige oder baumartige Verzweigungen auftreten (Abb. 3-28). Verzweigte Glykane werden auch als Isoglykane bezeichnet. Bei Heteropolysacchariden, an deren Bildung nur zwei Monosaccharidtypen beteiligt sind, kann ein Typ die Hauptkette und der andere die Seitenketten bilden. Komplexe Polysaccharide enthalten noch Proteine (vgl. Kohlenhydrat-Protein-Verbindungen, S. 240) oder Lipide (Lipopolysaccharide, S. 250) kovalent gebunden.

3.2.5.2 Eigenschaften

3.2.5.2.1 Chemisches Verhalten

Chemische Modifizierung

Chemisch modifizierte Polysaccharide haben schon längere Zeit als Ausgangsstoffe für synthetische Fasern, Sprengstoffe, bei der Textilfärbung oder in der Lebensmittelindustrie eine große praktische Bedeutung erlangt. In letzter Zeit haben wasserunlösliche Polysaccharidderivate neue Anwendungsgebiete in der biologischen Forschung erschlossen, so bei der Gelchromatographie, der Affinitätschromatographie, der Immunoadsorption oder zur Herstellung immobilisierter Enzyme.

In Abhängigkeit von den eingeführten Substituenten verändern sich die Eigenschaften der Polysaccharide: kleinere Substituenten erhöhen die Viskosität und Stabilität wäßriger Lösungen (Methyl-, Carboxymethylether), längere Substituenten (Stearoyl-, Palmitoylester) führen zu wasserunlöslichen, aber in organischen Lösungsmitteln löslichen Polymeren. Bei den meisten Polysaccharidderivaten handelt es sich um Ether oder Ester organischer oder anorganischer Säuren.

Die Umwandlung der Polysaccharide in die Methylether und deren anschließende hydrolytische Spaltung dienen zur Strukturaufklärung der Polysaccharide (Kap. 3.2.2, dort auch weitere Beispiele für chemische Modifizierungen).

Alkylether der Cellulose dienen als Verdickungsmittel oder Bindemittel für Klebstoffe. Sie werden durch Umsetzen der Alkalicellulose mit den entsprechenden Alkylhalogeniden dargestellt. Besondere Bedeutung haben Methyl- und Ethyl-Cellulose.

Hydroxyalkylether lassen sich durch Umsetzen von Polysacchariden mit Oxiranen darstellen. Die Oxirane reagieren allerdings nicht nur mit Hydroxygruppen der Monosacchariddervate, sondern auch mit denen der gebildeten Hydroxyalkylreste, so daß Polyoxyalkyl-Seitenketten, $-O-[-CH_2-CHR-O-]_n-H$, entstehen.

Bedeutung als Verdickungsmittel besitzen die O-(2-Hydroxyethyl)- und die lipophilere O-(2-Hydroxypropyl)-Cellulose. Durch Einführen saurer oder basischer Gruppen lassen sich Polysaccharide mit Ionenaustauscher-Eigenschaften herstellen. So wird O-Carboxymethyl-Cellulose durch Umsetzen von Alkalicellulose mit Chloressigsäure hergestellt:

$$\text{Cellulose-ONa} + \text{Cl-CH}_2\text{-COOH} \rightarrow \text{Cellulose-O-CH}_2\text{-COOH}.$$

Sie wird vor allem als Verdickungsmittel, Tapetenleim sowie in der Papier- und Textilindustrie eingesetzt. Als basische Gruppen dienen Aminoalkyl- und Alkylaminoalkylether (Polysaccharid-O-CH$_2$-CH$_2$-NR$_2$), die für die Trennung und Reinigung von Nucleinsäuren und Proteinen eingesetzt werden können. Der Diethylaminoethylrest läßt sich durch Umsetzen der Alkalicellulose mit Diethylaminoethylchlorid einführen. Als Ionenaustauscher dienen die O-(2-(Diethylaminoethyl)-Cellulose (*DEAE*-Cellulose), die *ECTEOLA*-Cellulose (Epichlorhydrin-Triethanolamin-Cellulose) sowie O-(2-Diethylaminoethyl)-Derivate quervernetzter Dextrane (*DEAE*-Sephadex). Letztere lassen sich durch zusätzliches Einführen von Hydroxypropylresten auch für den lipophilen Ionenaustausch einsetzen.

Von den **Estern** dient der Salpetersäureester der Cellulose schon seit langer Zeit als Explosivstoff (Nitro-Cellulose). Nitro-Cellulose wird ferner zur Herstellung von Nitrolacken eingesetzt.

Polysaccharide lassen sich relativ leicht acetylieren. Durch Überführung in die Acetate gelingt z. B. die Abtrennung der Agarose aus dem Agar (S. 234). Celluloseacetat dient als Ausgangsprodukt für die Herstellung von Chemiefasern, Folien, Filmen und Lacken. Amyloseacetat bildet helikale Strukturen an Wasser/Luft-Schichten.

Neben Agarose dienen für die Gelchromatographie vor allem quervernetzte Dextrane. Dazu werden partiell hydrolysierte Dextrane mit Epichlorhydrin umgesetzt. Ein Handelspräparat ist das Sephadex®, das mit verschiedenem Vernetzungsgrad geliefert wird. Das Gel kommt durch die

//Oligo- und Polysaccharide

Ausbildung eines dreidimensionalen Netzwerkes der durch Glycerolether-
brücken kovalent verknüpften Dextranketten zustande. Ein für die Gelfiltration in organischen Lösungsmitteln geeignetes Gel stellt der Hydroxy-
propylether dieses quervernetzten Dextrans dar (Sephadex LH-20®).

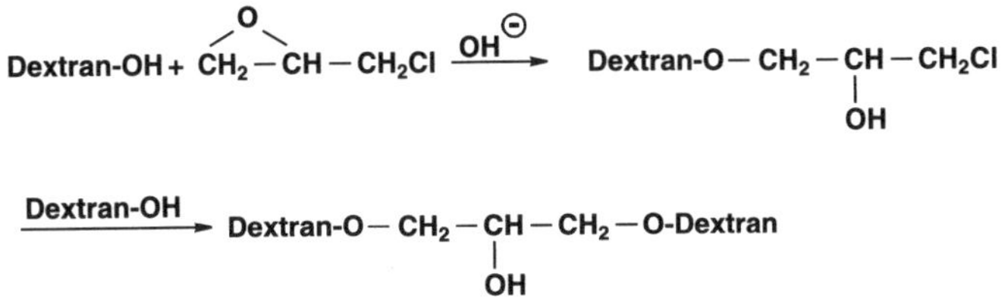

$$\text{Dextran-OH} + \overset{O}{\overset{\diagup \ \diagdown}{CH_2 - CH}} - CH_2Cl \xrightarrow{OH^{\ominus}} \text{Dextran-O} - CH_2 - \underset{\underset{OH}{|}}{CH} - CH_2Cl$$

$$\xrightarrow{\text{Dextran-OH}} \text{Dextran-O} - CH_2 - \underset{\underset{OH}{|}}{CH} - CH_2 - O\text{-Dextran}$$

Eine große Bedeutung bei der Isolierung biologisch aktiver Moleküle
hat die Affinitätschromatographie erlangt. Zur kovalenten Bindung der
Liganden muß der Polysaccharidträger in ein reaktionsfähiges Derivat
überführt werden. Diese Aktivierung kann durch Behandeln mit Bromcyan erfolgen. Dabei werden reaktionsfähige Iminokohlensäurediester
(**16**) gebildet, die dann mit Aminen reagieren können (Abb. 3-29).

Auf diese Weise erhält man durch Umsetzen mit 6-Aminohexansäure
oder 1,6-Diaminohexan Sepharose-Derivate, die für die Durchführung der
Affinitätschromatographie mit einem Liganden mit Amino- bzw. Carboxylgruppe in Gegenwart eines Carbodiimids umgesetzt werden können
(Abb. 3-30). Die bromcyanaktivierte Sepharose kann auch durch direkte
Umsetzung mit einem Protein (ε-Aminogruppen von Lysinresten) zur Darstellung immobilisierter Enzyme eingesetzt werden.

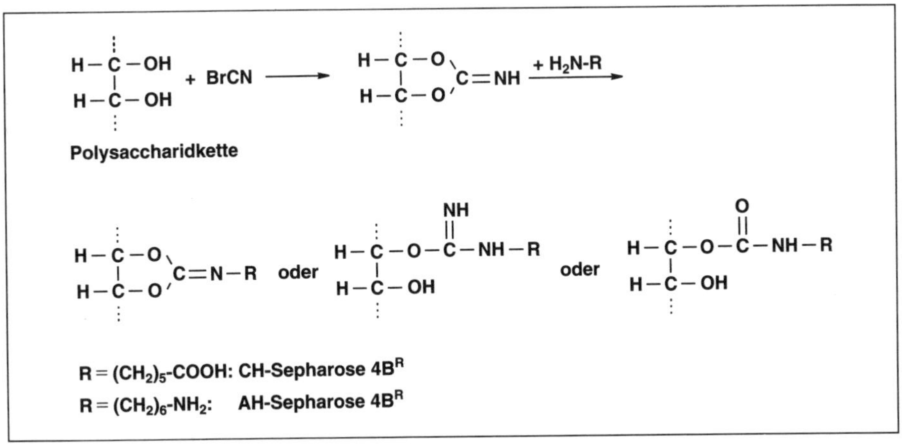

Abb. 3-29 Aktivierung von Trägergelen.

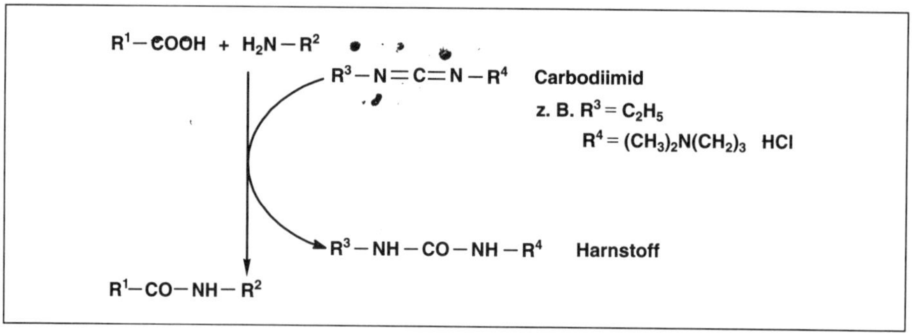

R¹–COOH + H₂N–R²
R³–N=C=N–R⁴
Carbodiimid
z. B. R³ = C₂H₅
R⁴ = (CH₃)₂N(CH₂)₃ HCl
R³–NH–CO–NH–R⁴
Harnstoff
R¹–CO–NH–R²

Abb. 3-30 Bindung von Liganden an CH-Sepharose 4B[R] (R^1 = Separose-Derivat) oder AH-Sepharose 4B[R] (R^2 = Sepharose-Derivat).

Polysaccharide sind wegen ihrer hydrophilen Eigenschaften recht gut geeignet für die Herstellung trägergebundener Enzyme. Auch hier müssen erst wieder reaktive Reste an das Polysaccharid gebunden werden. Zur kovalenten Bindung der Enzyme wird u.a. von den Iminokohlensäureestern sowie von Säureaziden, diazotierbaren Derivaten oder Triazinderivaten ausgegangen (Abb. 3-31). Die reaktiven Azide werden ausgehend von den Estern der Carboxylderivate der Polysaccharide über die Hydrazide dargestellt. Als diazotierbare Reste dienen z.B. 4-Aminobenzyl- oder -benzoyl-Reste, deren Diazoniumsalze mit dem Enzym reagieren können. Triazinylreste haben bereits länger Bedeutung für die kovalente Bindung

C–OH
OCH₃
NHNH₂
N₃
H₂N–R
NH–R
Cl
NH₂
HO
R

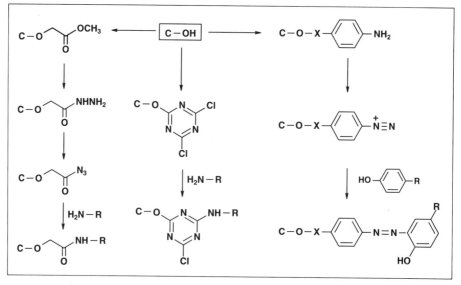

Abb. 3-31 Methoden der kovalenten Bindung von Enzymen an Cellulose-Derivate. C = Cellulose; R = Enzym; X = CH_2, CO.

von Farbstoffen an Cellulose. Zur Bindung von Proteinen wird das Polysaccharid zunächst mit Trichlor-s-triazin umgesetzt, dessen drei Chloratome sich in ihrer Reaktivität stark unterscheiden. Die kovalente Bindung des Proteins erfolgt dann durch nucleophilen Austausch des zweiten Chloratoms.

3.2.5.2.2 Physikalisch-chemische Eigenschaften

Sekundär- und Tertiärstruktur von Polysacchariden

Bei den Polysacchariden werden die gleichen Organisationsstufen unterschieden wie bei anderen Biopolymeren (Proteine, Nucleinsäuren). Die entscheidenden Kräfte für die Bildung geordneter Strukturen sind bei den Polysacchariden Wasserstoffbrücken sowie Dipolkräfte und Ionenbeziehungen, die von geladenen Gruppen der Polysaccharide ausgehen. Die Überstrukturen werden bei den Polysacchariden im allgemeinen durch intermolekulare Wechselwirkungen hervorgerufen. Voraussetzung für die Ausbildung übergeordneter Strukturen ist, daß in der Polysaccharidkette Abschnitte mit sich regelmäßig wiederholenden Sequenzen vorliegen. Eine Unterbrechung dieser regelmäßig gebauten Bereiche durch eine Verzweigung oder den Einbau eines anderen Zuckers führt zu einem Abbruch der geordneten Assoziation. Der Ordnungsgrad hängt weitgehend von der Anzahl und Stärke der Wasserstoffbrücken ab und damit von der Primärstruktur des Polysaccharides.

Der höchste Ordnungsgrad wird bei einer maximalen Ausbildung von Wasserstoffbrücken zwischen ideal gestreckten Polysaccharidketten erreicht. Solche Ketten liegen bei Polysacchariden mit β-D-*gluco*-Struktur vor (Cellulose, Chitin). Diese Polysaccharide bilden im festen Aggregatzustand Fasern (Bänder). Die Zuckerreste liegen bei diesen fibrillären Polysacchariden in der C1-Konformation vor (*Hermans*- oder *bent chain*-Konformation), bei der die Substituenten äquatorial angeordnet sind.

Im festen Aggregatzustand werden solche hochgeordneten Strukturen („Kristalle") nur von linearen Homo- und sequentiellen Heteropolysacchariden sowie regelmäßig verzweigten Homopolysacchariden gebildet. Können sich durch den Bindungstyp (z. B. α-D-*gluco*-Konfiguration, Verzweigung) oder die relative Konfiguration der Zuckerreste nur wenig zwischenmolekulare Bindungen ausbilden, dann entstehen Strukturen mit wesentlich geringerer Ordnung und kautschukähnlichen Eigenschaften. Hochverzweigte Polysaccharide „kristallisieren" nicht. Neben den bandartigen Strukturen von Cellulose, Chitin oder auch Mannanen wurden bei Polysacchariden im festen Zustand Helixstrukturen gefunden (s. Amylose). Zahlreiche Polysaccharide liegen im festen Aggregatzustand in mehreren Modifikationen vor (vgl. Cellulose, Amylose).

In Lösungen liegen die meisten Polysaccharide wahrscheinlich ungeordnet als statistische Knäuel (*random coil*) vor. Für einige Polysaccharide wurden jedoch auch helikale bzw. bandartige Sekundärstrukturen wahrscheinlich gemacht. Meistens kommt es bei diesen Polysacchariden gleichzeitig zu starken intermolekularen Wechselwirkungen, also zur Ausbildung höherer Ordnungszustände. So wurden zwei- oder mehrsträngige Assoziationen von Helices oder Bändern oder von Helices mit Bändern beschrieben (*Rees*).

Für Carrageenane und Agarose werden in Lösungen und Gelen Doppelhelices angenommen. Polysaccharide mit 3,6-Anhydro-D-galaktose sollen dreizählige rechtsgängige, solche mit 3,6-Anhydro-L-galaktose dreizählige linksgängige Helices ausbilden. Im Bereich dieser Helices wird die Beweglichkeit der Monosaccharidreste stark eingeschränkt, was u. a. durch die Abnahme der Spin-Spin-Relaxationszeit bei ^{13}C-NMR-Experimenten und die damit verbundene starke Verbreiterung der Signale nachweisbar ist. Verschiedene Einzelhelixkonformationen wurden in sauren Mucopolysacchariden nachgewiesen.

Bei Alginaten und Pektinen lagern sich in Lösung oder Gelen längere Kettensegmente unter Bildung gestreckter Bänder zusammen. Eine charakteristische Assoziationsform der in den Alginsäuren vorliegenden Polyguluronsäuresequenzen ist das sog. Eierkarton-Modell (*Rees*, vgl. Abb. 3-39, S. 239). Ähnlich scheint auch die Gelbildung von Pektinen mit niedrigem Methylestergehalt in Gegenwart von Kationen zu erfolgen.

Löslichkeit

> Ein Polysaccharid ist dann in Wasser löslich, wenn bestehende starke zwischenmolekulare Wechselwirkungen des Polysaccharides durch die Hydratation der Hydroxygruppen der Zuckerreste weitgehend unwirksam werden.

Bei hochgeordneten Strukturen wie dem β-D-Glucan Cellulose ist das nicht der Fall. Cellulose ist in Wasser praktisch unlöslich und quillt nur unerheblich. Der Zusammenhalt zwischen den Polysaccharidketten kann aber durch Substitution an den Hydroxygruppen verringert werden. Die Löslichkeit der Cellulose läßt sich durch den Substitutionsgrad beeinflussen. So wird methylierte Cellulose mit einem Substitutionsgrad von 1 bis 2 in Wasser löslich, da sich die Anzahl der intermolekularen Wasserstoffbrücken verringert.

Bei einem höheren Substitutionsgrad steigt die Löslichkeit in organischen Lösungsmitteln durch die Anwesenheit der hydrophoben Etherreste. Auch Salze können Wasserstoffbrücken zerstören und damit die Löslichkeit von Polysacchariden verbessern. In vielen Fällen kommt es bei Polysacchariden nur zu einer Hydratation in Bereichen mit schwächeren zwischenmolekularen Wechselwirkungen (**Quellung**).

In relativ konzentrierten Lösungen können vor allem bei linearen oder geringer verzweigten Polysacchariden dynamische Wechselbeziehungen zwischen den Ketten eintreten. Es entstehen stark viskose Lösungen. Die Viskosität steigt mit Vergrößerung der Molmasse, wie sich z. B. an Dextranen unterschiedlicher Molmasse nachweisen läßt.

Gelbildung

Charakteristisch für viele Polysaccharide ist, daß sie in Gegenwart von Wasser Gele bilden. Das in Lösung vorliegende Polysaccharid (Sol) geht dabei von einem *random coil* in eine netzwerkähnliche Struktur (Gel) über. Dieses Netzwerk wird durch permanente Wechselbeziehungen zwischen den Polysaccharidmolekülen gebildet. Das Gel besteht also aus amorphen Regionen mit Kettensegmenten in der *random-coil*-Konformation und Regionen, in denen Kettensegmente hochgeordnete Strukturen aufweisen (Abb. 3-32). Solche hochgeordneten Strukturen lassen sich z. B. durch Röntgendiffraktionsmessungen nachweisen.

Der Übergang Sol → Gel mit der Bildung bzw. Zerstörung der bindenden Bereiche erfolgt bei einer bestimmten Temperatur und ist vergleichbar mit den Phasenumwandlungen in den Lipidschichten oder bei der Denaturierung der Proteine. Besonders ausgeprägt ist bei den Sol-Gel-Übergängen eine **Hysterese.** Darunter versteht man, daß Hin- und Rückreaktion reproduzierbar bei einer unterschiedlichen Temperatur stattfinden. So „schmilzt" ein Agargel beim Erwärmen auf ca. 90 °C, bildet sich aber beim Abkühlen erst wieder bei ca. 40 °C.

Für die Struktur der bindenden Bereiche (*junction zones*) werden verschiedene Möglichkeiten diskutiert (*Rees*). Bei den Carrageenanen (Galaktan-Schwefelsäureestern) ist die Bildung von Doppelhelices in diesen Bereichen wahrscheinlich gemacht worden. Die Gelbildung dieser

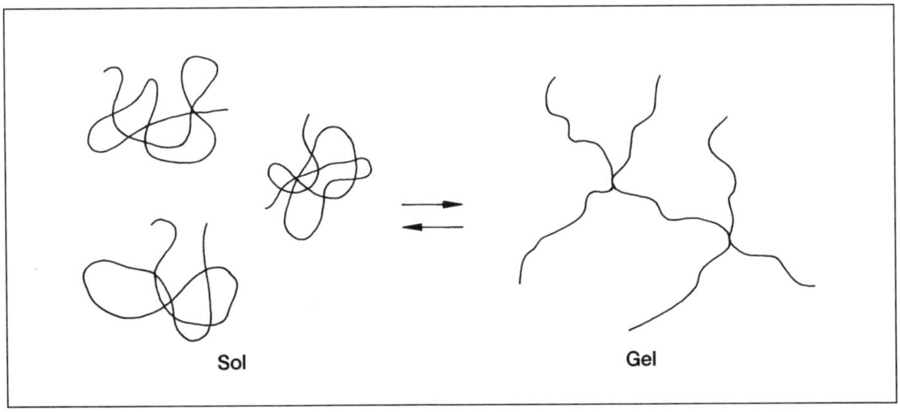

Abb. 3-32 Schematische Darstellung der Gelierung von Polysacchariden (nach *Rees*).

Polysaccharide erfordert die Anwesenheit von 3,6-Anhydrogalaktose-Resten. Wahrscheinlich spielt die Ausbildung von Helixstrukturen auch bei der Gelierung von Agar eine Rolle. In Gegenwart von Ca^{2+} bilden Algin- und Pektinsäuren (Glykuronane) Gele, deren bindende Zonen Mischkristalle (sog. Eierkarton-Modell, Abb. 3-39, S. 239) sein sollen. Mikrokristallite werden auch bei Pektin-Saccharose-Gelen diskutiert.

Gelbildende Polysaccharide kommen vor allem in der Wand junger Pflanzenzellen, in tierischen Flüssigkeiten und Bindegeweben sowie in der Bakterienkapsel vor. Alginsäuren, Pektine und Agar werden in der Lebensmittelindustrie eingesetzt. Im Laboratorium haben die Gelbildner Bedeutung für die Kultur von Mikroorganismen (Agargel), als Träger für die Elektrophorese sowie bei der Gelfiltration. Für die Gelfiltration werden insbesondere synthetische Gele eingesetzt wie die quervernetzten Dextrane (S. 234). Die bindenden Zonen kommen hier durch kovalente Bindungen zustande.

Molmassenbestimmung
Die Polysaccharide sind meist Gemische von Molekülen, deren Molmassen sich über einen relativ großen Bereich erstrecken. Aus diesem Grunde werden meist Durchschnittspolymerisationsgrade (DP) angegeben. Als Polymerisationsgrad wird der Quotient Molmasse des Polymers/Molmasse des monomeren Bausteins bezeichnet.

Die Molmassebestimmung kann physikalisch (z. B. durch Viskositätsbestimmung, Messung des osmotischen Druckes, der Lichtstreuung oder des Sedimentationsverhaltens) oder chemisch durch Endgruppenbestimmung erfolgen. Die Endgruppenbestimmung beruht auf einer quantitativen Erfassung der reduzierenden terminalen Zucker. Diese Bestimmung kann durch Methylierungsanalyse oder Periodatoxidation erfolgen.

3.2.5.3 Homopolysaccharide

Die wichtigsten Homopolysaccharide sind in der Tabelle 3-11 zusammengefaßt.

Tab. 3-11: Wichtige Homopolysaccharide.

Typ	Polysaccharid	Bindung	Vorkommen
β-D-Glucan	Cellulose	1→4	Ubiquitär in Pflanzen
	Laminaran	1→3, 1→6	Phaeophyta, insb. Laminaria-Arten
	Lichenan	1→3, 1→4	Cetraria islandica
	Pustulan	1→6	Flechte Umbilicaria pustulata
α-D-Glucan	Amylose	1→4	Ubiquitär in Pflanzen
	Amylopektin	1→4, 1→6	Ubiquitär in Pflanzen
	Glykogen	1→4, 1→6	Ubiquitär in Tieren
	Dextran	1→6, 1→3 1→4, 1→2	Leuconostoc-Arten

Tab. 3-11: Wichtige Homopolysaccharide. (Fortsetzung).

Typ	Polysaccharid	Bindung	Vorkommen
	Pullulan	1→4, 1→6	Pullularia pullulans
	Nigeran	1→3, 1→4	Aspergillus niger
	Isolichenan	1→3, 1→4	Cetraria islandica
β-D-Aminoglucan	Chitin	1→4	Insekten, Krebse, niedere Pflanzen (Pilze, Grünalgen)
β-D-Fructane*	Inulin	2→1	Asteraceae
	Levan	2→6	Bakterien, Poaceae
β-D-Mannane		1→4	Landpflanzen
Galaktane	Agarose	α-L (1→3)	Rhodophyta (Gracilaria, Gelidium)
		β-D (1→4)	
	Carrageenane	α-D (1→3)	Rhodophyta (Chondrus crispus, Gigartina stellata
α-L-Arabinane*		1→5, 1→3	In zahlreichen Pflanzen
β-D-Xylane		1→4	In Hemicellulosefraktion von Landpflanzen, Zellwandbestandteil von Rhodophyta

*als Furanoside

3.2.5.3.1 Glucane

Die verbreitetsten Polysaccharide sind die Glucane. Zu den β-D-Glucanen gehört vor allem die Cellulose (S. 228). **β-D(1→3)-Glucane** kommen in Pilzen, Algen und höheren Pflanzen vor. Am besten untersucht ist das **Laminaran** der Braunalge *Laminaria,* das noch durch β(1→6)-Bindungen verzweigt ist. (1→3)- und (1→4)-Bindungen enthält das **Lichenan** der Flechte *Cetraria islandica* (Isländisch Moos). Die getrockneten Thalli (*Cetrariae lichen, Lichen islandicus*) dieser Pflanze werden als Schleimdroge pharmazeutisch verwendet.

Ein β(1→2)-Glucan wird als extrazelluläres Polysaccharid von dem pflanzenpathogenen Mikroorganismus *Agrobacteria* produziert. Das β(1→6)-Glucan **Pustulan** wird von der Flechte *Umbilicaria pustulata* gebildet.

Die wichtigste Gruppe der **α-D-Glucane** sind die stärkeähnlichen Polysaccharide (Amylose, Amylopektin, Glykogen). Zu den α-D-Glucanen gehören ferner verschiedene extrazelluläre Polysaccharide von Mikroorganismen wie die Dextrane (S. 234) und das Pullulan. **Pullulan** wird von Kulturen von *Pullularia pullulans* produziert, hefeähnlichen Pilzen, die mit Saccharose als C-Quelle wachsen. Es enthält regulär verteilte (1→4)- und

(1→6)-Bindungen. Weitere α-D-Glucane sind das **Nigeran** sowie das neben dem Lichenan in *Cetraria islandica* vorkommende **Isolichenan.**

Cellulose
Als wichtigstes Gerüstpolysaccharid der höheren Pflanzen ist die Cellulose die verbreitetste organische Substanz. Jährlich werden von den Pflanzen etwa 10 Billionen Tonnen Kohlenstoff als Cellulose gebunden.

Eine nahezu reine Cellulose ist in verschiedenen Textilrohstoffen enthalten. Baumwolle besteht zu ca. 98 % des Trockengewichtes aus Cellulose. Einen hohen Prozentsatz an Cellulose enthalten auch Flachs, Hanf, Ramie und Jute. Die bedeutendste Cellulosequelle aber ist das Holz. Die verholzte Zellwand der höheren Pflanze enthält etwa 40 bis 50 % Cellulose. Der Rest besteht zu etwa ⅓ aus Hemicellulose und ⅔ aus Lignin.

Zur Entfernung der Nichtcellulosebestandteile des Holzes sind verschiedene Verfahren ausgearbeitet worden. Die nach industriellem Holzaufschluß (Sulfit-Verfahren, alkalischer Aufschluß, vgl. S. 601) erhaltene Cellulose wird als α-Cellulose bezeichnet. Sie enthält meist noch Hemicellulosen. Methylierte Cellulose ergibt als Spaltprodukt zu über 90 % 2,3,6-Tri-O-methyl-D-glucose. Säurekatalytisch läßt sich die Cellulose partiell zu Cellobiosen und anderen Oligosacchariden hydrolysieren. Aus diesen und anderen Untersuchungen ging hervor, daß Cellulose ein unverzweigtes β-D(1→4)-Glucopyran ist.

Cellulose wird enzymatisch durch Enzyme der Verdauungssäfte von Insekten und Mollusken gespalten. In Säugetieren sind dagegen keine Enzyme enthalten, die Cellulose zu spalten vermögen. Die Spaltung der Cellulose im Magen-Darm-Trakt der Wiederkäuer erfolgt durch die Cellulasen der dort vorkommenden Bakterien.

Cellulose ist aufgrund ihres hohen Ordnungs- und Polymerisationsgrades in Wasser praktisch unlöslich. Unter der Einwirkung von Alkalilauge quillt die Cellulose. Bei dieser Alkalicellulose ist das ursprünglich vorliegende Kristallgitter verändert. Durch mechanische Bearbeitung der gequollenen Cellulose erhält man die verschiedenen Verarbeitungsformen der Hydratcellulose wie Papier, Vulkanfiber oder Pergamentpapier.

Mit $[Cu(NH_3)_4](OH)_2$ (*Schweitzers* Reagens, Cuproxam) geht Cellulose unter Ausbildung von Kupfer-Chelat-Komplexen in Lösung. Aus diesen Komplexen kann durch Ausfällen Kupferseide oder Cellophan erhalten werden. Eine regenerierte Cellulose kann aus chemisch modifizierter Cellulose z. B. durch Verseifen von Celluloseacetat oder Behandeln von Cellulosexanthogenat mit Säure (Viskoseseide) gewonnen werden. Neuartige Lösemittelverfahren für Cellulose arbeiten z. B. mit N-Methylmorpholin-N-oxid.

Cellulose tritt in verschiedenen kristallinen Modifikationen auf. Cellulose I ist eine native Cellulose, wie sie in Baumwolle, Holz und vielen anderen pflanzlichen Quellen enthalten ist. Eine andere kristalline Modifikation, die Cellulose II, ist in der Hydratcellulose oder in den ausgefällten, regenerierten Cellulosen enthalten.

In der Elementarzelle der kristallinen Cellulose (Abb. 3-33) wird eine anti-parallele Anordnung der Ketten angenommen, da u. a. beide Enden der sog. Mikrofibrillen Silberionen reduzieren. Die beiden Ketten werden durch Wasserstoffbrücken zusammengehalten. Neben einer intramolekularen Wasserstoffbrücke zwischen dem Sauerstoffatom des Tetrahydropyranringes und der Hydroxygruppe am C-3 des nächsten Restes werden noch 7 intermolekulare Wasserstoffbrücken ausgebildet, deren genaue Lage noch nicht geklärt ist. Die Faserperiode (Identitätsperiode) beträgt 1,03 nm, was der Länge einer Cellobiose-Einheit entspricht.

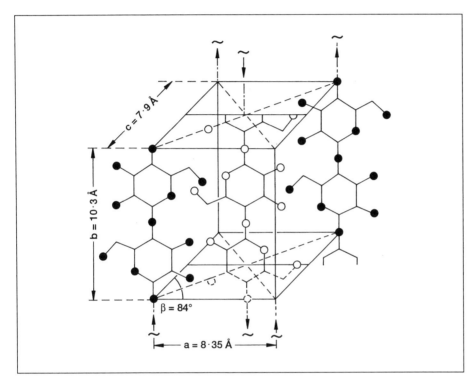

Abb. 3-33 Strukturmodell der Cellulose nach *Liang* und *Marchessault*.

Die Polysaccharidketten der Cellulose lagern sich zu Elementarfibrillen (auch Protofibrillen) von ca. 3,5 nm Durchmesser zusammen. Diese Elementarfibrillen könnten aus etwa 36 Polysaccharidketten gebildet werden. Aus den Elementarfibrillen werden dann Mikrofibrillen von ca. 5 bis 10 nm Durchmesser und 50 bis 60 nm Länge gebildet. Diese Mikrofibrillen lassen sich nach der Entfernung amorpher Begleitkohlenhydrate mit dem Elektronenmikroskop erkennen.

Bei der nativen Cellulose sind neben größeren hochgeordneten Abschnitten auch solche mit geringerer Ordnung (amorphe Bereiche) vorhanden (Abb. 3-34). Für native Cellulose wurde etwa 70% Kristallinität gemessen. In der sekundären Zellwand der Pflanzen sind die Cellulosefibrillen in eine Matrix aus anderen Polysacchariden (Hemicellulosen, Pektine) und Lignin eingebettet.

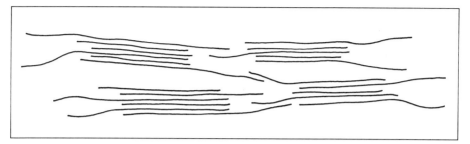

Abb. 3-34 Schematischer Aufbau der Cellulose-Mikrofibrillen.

Der durchschnittliche Polymerisationsgrad der nativen Cellulose liegt nach der Methode der chemischen Endgruppenbestimmung bei ca. 1.000. Die Ultrazentrifugation sowie Viskositäts- oder Trübungsmessungen ergaben Werte zwischen 5.000 und 10.000. Der Polymerisationsgrad hängt allerdings sehr von der Behandlung der Probe ab. Bei vielen Aufarbeitungsverfahren kommt es bereits zu einer deutlichen Erniedrigung des Polymerisationsgrades und zu Veränderungen des Ordnungsgrades.

Durch nasses Mahlen werden die Cellulosefasern zu Fibrillen aufgespalten. Trockenes Mahlen zerstört ebenfalls übergeordnete Strukturen und führt zu Kettenverkürzungen. Durch Behandeln der Cellulose mit 1 N Salzsäure tritt eine hydrolytische Spaltung bevorzugt in den weniger geordneten Bereichen ein. Vor allem die letztere Methode dient zur Darstellung der „mikrokristallinen" Cellulosen, die u. a. in der Arzneimitteltechnologie, z. B. bei der Tablettierung, eingesetzt werden.

Chitin

Chitin ist das zweithäufigste Polysaccharid nach Cellulose. Die globalen Reserven werden auf 10^6 bis 10^7 Tonnen geschätzt. Chitin ist das einzige Homopolysaccharid, das aus einem Aminozucker (N-Acetyl-D-glucosamin) aufgebaut ist. Chitin dient im Pflanzen- und Tierreich als Gerüstsubstanz. Bei Pilzen und Grünalgen ist es Bestandteil der Zellwand, bei Insekten und Krebsen Hauptbestandteil des Exogerüstes.

Chitin läßt sich am vorteilhaftesten aus Hummern- oder Krabbenschalen isolieren. Es ist in Wasser und auch in *Schweitzers* Reagens unlöslich, löst sich aber in konzentrierten Säuren. Aufgrund seiner sehr schweren Löslichkeit läßt sich Chitin sehr schlecht methylieren. Enzymatisch, z. B. durch *Aspergillus*-Auszüge oder die Verdauungsenzyme der Weinbergschnecke, entsteht als einziges Spaltprodukt N-Acetyl-D-glucosamin. Durch vollständige Hydrolyse wird ein äquimolares Gemisch von Glucosamin und Essigsäure erhalten. Die Acetylreste lassen sich durch partielle Hydrolyse unter teilweiser Aufspaltung der Polysaccharidkette abspalten. Es entsteht ein Polysaccharid mit freien Aminogruppen, das als **Chitosan** bezeichnet wird. Chitosan ist in verdünnten Säuren löslich und wirkt als Ionenaustauscher. Chitin wird bisher nur in geringem Maße kommerziell genutzt. In Japan dienen Chitinpräparate zur Abwasserbehandlung sowie zur Herstellung von Kosmetika.

Verschiedene synthetische Acylharnstoffe wie Diflubenzuron sowie Antibiotika der Polyoxin-Gruppe verhindern die Chitinbildung während der Häutungsvorgänge der Insekten und sind aus diesem Grunde als neuartige Insektizide interessant geworden.

Stärkeähnliche Polysaccharide

D-Glucose wird von den meisten höheren Pflanzen als Stärke gespeichert. Dieses Reservepolysaccharid wird in Form wasserunlöslicher Körner (Granula) abgelagert, deren Form charakteristisch für eine bestimmte Pflanzenart sein kann (z. B. Kartoffelstärke). In den Granula gibt es neben kristallinen auch amorphe Regionen. Die kristallinen Regionen sind gegenüber einer säurekatalysierten oder enzymatischen Hydrolyse widerstandsfähiger.

Stärke ist ein Gemisch zweier Polysaccharide, die sich durch ihre Löslichkeit in Wasser, ihre Molmasse und ihre Färbung mit Iodlösung unterscheiden. Stärke besteht zu 15 bis 25 % aus **Amylose** und 75 bis 85 % aus **Amylopektin.** Beide Fraktionen ergeben bei der säurekatalysierten Hydrolyse D-Glucose. Eine enzymatische Hydrolyse der Stärke durch α-Amylase, die nicht in der Lage ist, $\alpha(1\rightarrow6)$- und endgruppenbenachbarte $\alpha(1\rightarrow4)$-Bindungen zu lösen, führt zu den α-Dextrinen. Als **Dextrin** wird das aus Kartoffelstärke durch partielle säurekatalysierte Hydrolyse erhaltene Polysaccharidgemisch bezeichnet.

Amylose besteht im wesentlichen aus $\alpha(1\rightarrow4)$-verknüpften linearen D-Glucopyranoseresten. Daneben finden sich in wesentlich geringerer Menge auch β-glykosidische Bindungen in Verzweigungen.

Im Unterschied zu den $\beta(1\rightarrow4)$-Glucanen kommen die α-verknüpften Glucane nicht als Fibrillen vor. Modellbetrachtungen zeigen, daß durch die α-glykosidische Bindung eine schraubenförmige Anordnung der Glucosereste möglich wird. Die Amylose war das erste Biopolymer, für das eine Helixkonformation postuliert wurde (*Bear*, 1942). Tatsächlich konnte für die sog. V-Form der Amylose, die durch Fällen mit Alkoholen erhältlich ist, eine Helix mit 6 oder weniger häufig 7 Glucoseresten pro Windung wahrscheinlich gemacht werden (Abb. 3-35). Das Innere der Helix ist hydrophob. In die so gebildete röhrenartige Struktur können sich Moleküle passender Größe einlagern. Derartige Einschlußverbindungen kann z. B. Iod bilden. Der Farbe dieser Iodeinschlußverbindungen kommt durch Wechselwirkung der Elektronenhülle des Iods mit den Hydroxygruppen der Amylose zustande. Das Absorptionsmaximum dieser Komplexe hängt von der Anzahl der reagierenden Glucosereste ab (Tab. 3-12). Der Amylose-Iod-Komplex enthält 19,5 % Iod und ist kräftig blau gefärbt (λ_{max} = 660 nm). Er dient zum Nachweis von Stärke bzw. Iod.

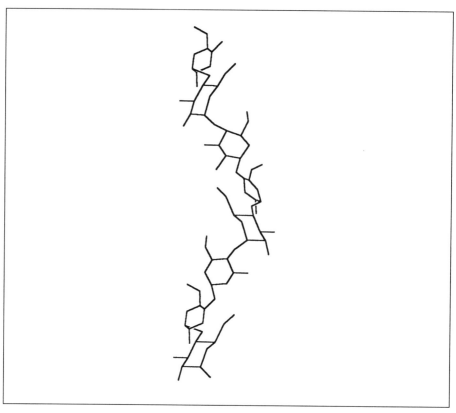

Abb. 3-35 Helikale Konformation der Amylose.

Tab. 3-12: Abhängigkeit des Absorptionsmaximums der Iod-Glucan-Komplexe von der Anzahl der Glucosereste.

Anzahl der Glucosereste	λ_{max}[nm]
12	490
30	537
> 80	610

Durch eine Amylase aus *Bacillus macerans* wird die Amylose zu ringförmigen Oligosacchariden (*Schardinger*-Dextrine) mit 6 bis 8 Monosaccharideinheiten abgebaut. Diese **Cyclodextrine** entstehen durch Verknüpfung der helikalen Windungen der Amylose. Die Cyclodextrine unterscheiden sich durch die Anzahl der Glucose-Einheiten und davon abhängig durch ihren äußeren und inneren Durchmesser (α: 6, 1,37 + 0,57 nm; β: 7, 1,53 + 0,78 nm; γ: 8, 1,69 + 0,95 nm). α-Cyclodextrin (Cyclohexaamylose, Abb. 3-36) bildet in wäßriger Lösung leicht Einschlußverbindungen mit hydrophilen und hydrophoben Verbindungen. Mit Cholesterol bilden β-Cyclodextrine Komplexe, was dazu genutzt werden kann, cholesterolarme

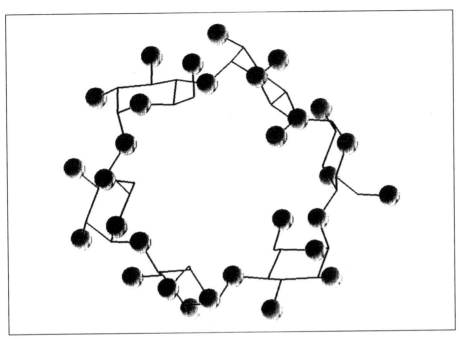

Abb. 3-36 Röntgenstrukturanalyse des α-Cyclodextrin (Cyclohexaamylose), Sauerstoffatome sind markiert.

Lebensmittel (z. B. Eigelb) herzustellen. Cyclodextrine sind weiterhin von Interesse, weil sie Hydrolysen zu katalysieren vermögen und so als Modell-Enzyme geeignet sind.

Amylopektin ist im Unterschied zur Amylose stark verzweigt und besitzt eine wesentlich höhere Molmasse (ca. 10^7). Die starke Verzweigung wird durch die 4 bis 6% α(1→6)-Bindungen hervorgerufen. Die α(1→4)-verknüpften Seitenketten bestehen aus 20 bis 25 Glucoseresten. Am wahrscheinlichsten ist eine baumartige Verzweigung (Abb. 3-37). Amylopektin ergibt in Wasser eine kolloidale, viskose Lösung (Stärkekleister). Es reagiert mit Iod unter Rotfärbung (λ_{max} = 549 nm). Dieser Iodkomplex enthält 0,5 bis 0,8% Iod.

Glykogen ist die Speicherform der D-Glucose im tierischen Organismus. Es ist in den meisten tierischen Zellen, besonders reichlich in der Leber, aber auch in den Zellen von Invertebraten und Protozoen enthalten. Die Glykogenfraktionen der einzelnen Zellen (z. B. Leber- und Muskelzellen) unterscheiden sich etwas. Glykogen entspricht in seiner Primärstruktur etwa dem Amylopektin. Allerdings ist es stärker verzweigt und die Seitenketten sind kürzer (10 bis 14 Glucoseeinheiten). Trotz der hohen Molmasse (1 bis 4 Mill.) ist Glykogen noch gut wasserlöslich. Im Maiskorn ist ein α-Glucan enthalten, das in seinen Eigenschaften dem Glykogen ähnelt, und das deshalb als **Phytoglykogen** bezeichnet wird.

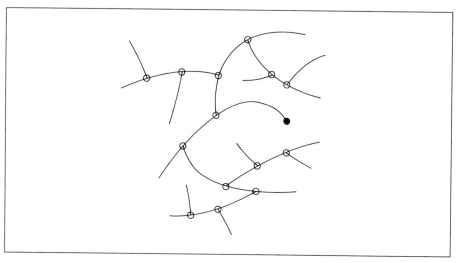

Abb. 3-37 Struktur des Amylopektins (nach *Meyer* und *Bernfeld*).

Dextrane

Zu den wichtigsten mikrobiellen extrazellulären Polysacchariden gehören die Dextrane, die von Bakterien, vor allem von *Leuconostoc*-Arten, mit Saccharose oder Raffinose als Substrat produziert und in die Kulturflüssigkeit abgegeben werden. Nach vollständiger Methylierung und anschließender Hydrolyse wird als Hauptprodukt 2,3,4-Trimethylglucose erhalten. Es handelt sich also beim Dextran um ein α(1→6)-verknüpftes Glucan, das außerdem α(1→4)-, α(1→3)- und weniger häufig α(1→2)-Verzweigungen enthält. Die Molmasse der Dextrane kann sehr hoch sein (bis 100 Mill.). Die Viskosität der Lösungen steigt mit wachsender Molmasse.

Hydrolytisch abgebaute Dextrane werden als Blutplasmaersatz (Plasmaexpander) eingesetzt. Im Gegensatz zu den Levanen (S. 236), ebenfalls mikrobiellen extrazellulären Polysacchariden, drehen die Dextrane in Lösung den polarisierten Lichtstrahl nach rechts. Die Dextrane der einzelnen *Leuconostoc*-Arten unterscheiden sich im Grad der Verzweigung und im Verzweigungstyp.

Der Dextranfilm, den die Bakterien des Mundraumes aus der mit der Nahrung zugeführten Saccharose bilden, spielt eine wesentliche Rolle bei der Ausbildung der Karies. Dieser Dextranfilm erleichtert die Kolonisation von kariogenen Bakterien und dient diesen außerdem als Nahrungsquelle. Die Bildung unlöslicher, hochmolekularer Dextrane kann verantwortlich für das Verstopfen von Filtern und Rohrleitungen in der zuckerverarbeitenden Industrie sein.

3.2.5.3.2 *Galaktane*

Ein Prototyp für Gelsysteme von Polysacchariden ist **Agar**. Agar-Lieferanten sind verschiedene Rotalgen (*Rhodophyta*), insbesondere *Gracilaria-*

und *Gelidium*-Arten. Agar ist ein Gemisch von Polysacchariden, das u. a. zur Bereitung von Kulturmedien für Mikroorganismen oder als Träger für die Gelelektrophorese eingesetzt wird. 1 bis 2 %ige Lösungen bilden bei Raumtemperatur stabile Gele.

Die Komponente mit der größten Quellungstendenz ist die **Agarose.** Sie läßt sich von den anderen Komponenten, insbesondere dem Agaropektin, durch Unterschiede in der Löslichkeit der Acetale trennen. Agarose ist ein lineares Polysaccharid, das alternierend 3-O-substituierte D-Galaktopyranose und 4-O-substituierte 3,6-Anhydro-L-galaktopyranose enthält, an die in geringer Menge Schwefelsäure esterartig gebunden ist.

Teilsequenz der Agarose

Agarosegels zeigen eine Porenstruktur, wobei die verbindenen Zonen durch die teilweise Ausbildung von Doppelhelix-Strukturen zustande kommen (Abb. 3-38).

Kommerzielle, für die Gelchromatographie von Proteinen, Nucleinsäuren, Viren oder hochmolekularen Polysacchariden geeignete Präparate sind unter dem Namen Sepharose® oder Sagarose® im Handel. Chemisch modifizierte Derivate dienen zur Affinitätschromatographie.

Ähnlich gebaut wie Agarose ist **Porphyran,** das ebenfalls von Rotalgen gebildet wird. Eine andere Gruppe von Polysacchariden der Rotalgen sind

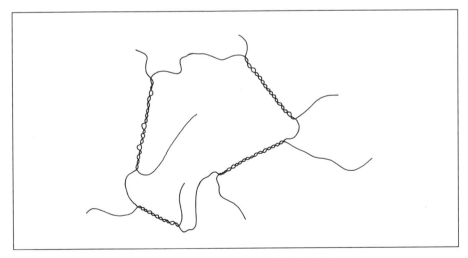

Abb. 3-38 Schematische Darstellung eines Agarosegels (nach *Rees*).

die **Carrageenane,** die u. a. von *Chondrus crispus* und *Gigartina stellata* gebildet werden. Sie besitzen ebenfalls Galaktostruktur, enthalten aber anstelle von 3,6-Anhydro-L-galaktose das entsprechende D-Isomer. Am besten untersucht sind ϰ- und λ-Carrageenan. ϰ-Carrageenan enthält hauptsächlich alternierend 3-O-substituiertes β-D-Galaktopyranose-4-sulfat und 4-O-substituierte 3,6-Anhydro-α-D-galaktopyranosereste, λ-Carrageenan 3-O-substituiertes β-D-Galaktopyranose-2-sulfat und 4-O-substituiertes α-D-Galaktopyranose-2,6-disulfat. Carrageenan wird in der Pharmakologie zur experimentellen Erzeugung eines Entzündungsmodells (Rattenpfotenödem-Modell) eingesetzt.

3.2.5.3.3 *Fructane*

Fructane sind als Reservepolysaccharide weit verbreitet in Pflanzen, insbesondere in *Poaceen* (Gramineen-Fructan oder **Phlein**) und *Asterales*. Fructane werden daneben auch von einigen Mikroorganismen (**Levane**) gebildet. Die bekannten Fructane bestehen aus β-D-Fructofuranoseresten, die durch (2→1)-(Inulingruppe) oder (2→6)-Bindung (Levangruppe) miteinander verknüpft sind. Daneben gibt es noch stark verzweigte Fructane mit beiden Bindungstypen.

Inulin kommt in *Asterales* vor und läßt sich leicht aus Dahlienknollen isolieren. Levane werden von *Poaceen* sowie von verschiedenen Bakterien (*Bacillus subtilis, Aerobacter levanicum*) produziert. Diese bakteriellen Levane besitzen sehr hohe Molmassen (< 1 Mill.). Der Fructangehalt der Gräser ist zur Zeit der Heuernte im Mai am höchsten.

3.2.5.4 Heteropolysaccharide

Sehr viel Polysaccharide der Pflanzen sind aus mehr als einem Monosaccharid aufgebaut. Sie lassen sich chemisch nach der Struktur des Monomers in Glykane, Glykuronane und Glykanoglykuronane einteilen.

3.2.5.4.1 *Glykane*

Eine in höheren Pflanzen sehr weit verbreitete Gruppe der Glykane sind die Glykanoxylane, die die Hauptkomponente der cellulosebegleitenden, alkalilöslichen Polysaccharide (Hemicellulosen) der verholzten Zellwand ausmachen. Die Glykanoxylane der *Liliatae* enthalten Seitenketten aus L-Arabinofuranose, manchmal auch aus D-Glucuronsäure. 20 bis 30% des Trockengewichtes des Strohs besteht aus diesen Arabinoxylanen. An das Xylangrundgerüst der *Magnoliatae* sind 4-O-Methyl-D-glucuronsäurereste gebunden. *Gymnospermen*-Xylane besitzen einen höheren Gehalt an 4-O-Methyl-D-glucuronsäure neben L-Arabinofuranoseresten. Sie werden von Glucomannanen begleitet. Glucomannane dienen in *Liliatae* als Reservekohlenhydrate. Xyloglykane, die in Pflanzensamen als Reservekohlenhydrate dienen, werden wegen ihrer Reaktion mit Iodlösung auch als **Amyloide** bezeichnet. Galaktomannane sind in den Samen von *Fabaceen* enthalten. Arabinogalaktane wurden aus Sojabohnen und Hölzern von *Pinadeen* isoliert.

Xanthan ist ein extrazelluläres Polysaccharid, das von dem Bakterium *Xanthomonas campestris* produziert wird. Es handelt sich um ein hochverzweigtes Heteropolysaccharid, an dessen Hauptkette, einem β-D-Glucan, Trisaccharid-Einheiten gebunden sind. Am terminalen Mannoserest der Seitenketten ist Brenztraubensäure ketalartig gebunden. Xanthan bildet eine fünfzählige Einzelhelix.

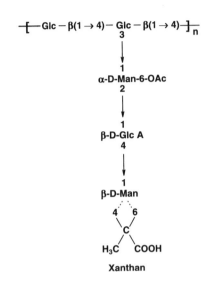

Xanthan

Für einige Glykane mikrobieller und pflanzlicher Herkunft wird eine immunstimulierende Wirkung beschrieben. Bei dem aus Zellkulturen von *Echinacea purpurea* produzierten immunstimulierenden Polysaccharid soll es sich um ein verzweigtes Fucogalaktoxyloglucan handeln.

3.2.5.4.2 Glykuronane

Glykuronane (auch Polyuronide) sind Polysaccharide, deren Ketten hauptsächlich aus Glykuronsäuren bestehen. Das ist nur bei der Pektin- und Alginsäure der Fall. Daneben gibt es aber zahlreiche Heteropolysaccharide (Glykanoglykuronane) und komplexe Polysaccharide (Mucopolysaccharide), die geringere Mengen an Uronsäuren enthalten.

Pektinsubstanzen

Als Pektinsubstanzen wird eine Gruppe komplizierter gebauter Polysaccharide bezeichnet, die vor allem in der primären Zellwand und der Interzellulärschicht sowie in den Säften von Landpflanzen, aber auch in bestimmten Algen vorkommen. Grundbaustein ist eine α(1→4)-verknüpfte D-Galaktopyranuronsäure. In diese Kette können neutrale Zucker wie L-Rhamnose eingebaut sein. An das Galakturonan sind Galaktane, Arabinane, Galaktoxylane oder Xylofucane gebunden.

⟶4) − D-GalUA(1 → 2)− L-Rha-α(1 −[→ 4) − D-GalUA-α(1]ₙ→ 4) − D-GalUA(1 ⟶

D-Galaktan oder L-Araban　　　　　　　D-Galaktoxylan oder
　　　　　　　　　　　　　　　　　　　D-Xylo-L-fucan

Schematischer Aufbau der Pektinsäuren

　　　Bei den **Pektinsäuren** liegen die Carboxylgruppen der Galakturonsäurereste in freier Form vor, bei den Pektinen sind sie mit Methanol verestert. In neutralem oder alkalischem Milieu depolymerisieren Pektinsubstanzen unter β-Eliminierung (S. 213). Die Pektinsäuren bilden in der Pflanze in Gegenwart von Ca- und Mg-Ionen einen unlöslichen, hochmolekularen Komplex, der als **Protopektin** bezeichnet wird und über dessen Struktur wenig bekannt ist. Durch enzymatische Methylierung, wie sie insbesondere in reifen Früchten stattfindet, entsteht daraus lösliches **Pektin.** Lösliches Pektin bildet in Gegenwart von Zuckern bei schwach saurem pH-Wert stabile Gele. Diese Pektine sind für die Gelierung von Fruchtsäften verantwortlich. Die Pektine finden daher in der Lebensmittelindustrie, z. B. bei der Marmeladenbereitung, Verwendung.

Alginsäure

Während in allen höheren Pflanzen als Bestandteile der Zellwand die galakturonsäurehaltigen Pektinsubstanzen vorkommen, enthalten Braunalgen (*Phaeophyta*) als Polyuronide der Zellwand die Alginsäuren.

Teilsequenz der Alginsäure

　　　Alginsäure besteht aus homopolymeren Blöcken von β(1→4)-verknüpfter D-Mannopyranuronsäure bzw. α(1→4)-verknüpfter L-Gulopyranuronsäure von verschiedener Länge und Blöcken mit alternierender Sequenz beider Uronsäuren. Alginsäure wird für kommerzielle Zwecke meist aus Braunalgen der Gattung *Laminaria* isoliert. Das lineare Glykuronan liegt in den Algen als Ca-Salz vor. Die Alkali- und Magnesiumsalze bilden hochviskose Lösungen. Beim Ansäuern fällt die Alginsäure als gelatinöser Niederschlag aus. Durch Zusammenlagern zweier Polyguluronsäuresegmente entstehen Hohlräume zwischen den beiden Ketten, in die gerade ein Calciumion hineinpaßt. Dieses Kation liegt als Chelatkomplex (Carboxylat- und Hydroxygruppen) vor. Abbildung 3-39 zeigt ein derartiges „Eierkarton"-Modell.

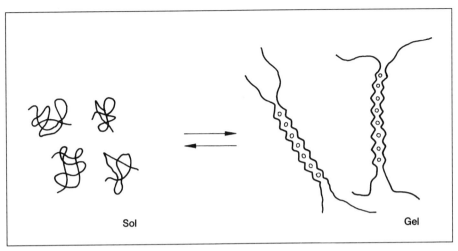

Abb. 3-39 „Eierkarton"-Modell für paarige Polyglucuronatabschnitte mit komplex gebundenen Calciumionen (nach *Rees*). o: Ca^{2+}.

Das Natriumsalz oder der 2-Hydroxypropylester der Alginsäure finden Verwendung als Verdickungsmittel in der Lebensmittelindustrie (z. B. für Eiscremes) sowie in der pharmazeutischen Technologie (Tablettensprengmittel).

3.2.5.4.3 *Glykanoglykuronane*

Polysaccharide dieser Gruppe sind hinsichtlich der Struktur ihrer Monomeren, der Bindungstypen sowie der Art der Verzweigungen sehr variabel aufgebaut.

Zu den Glykanoglykuronanen gehören die meisten **Gummen** und **Schleime** der Pflanzen. Als Schleime werden Polysaccharide bezeichnet, die meist in der Zellwand der Pflanze vorkommen und hochviskose, kolloidale Lösungen bilden. Die festen klebrigen Gummen werden dagegen erst nach Verletzung gebildet und ausgeschieden. Sie kommen vor allem in Bäumen der *Fabales* vor. Beide Gruppen können oft nicht scharf getrennt werden.

Die Gummen kommen natürlich als Ca- oder Mg-Salze vor. Einige Gummen wie **Arabisches Gummi** (*Acaciae gummi, Gummi arabicum*) oder **Tragant** (*Tragacantha*) werden als Verdickungsmittel und zur Stabilisierung von Emulsionen in der pharmazeutischen Technologie sowie in der Lebensmittelindustrie verwendet. In der Struktur am besten bekannt ist Arabisches Gummi, das von verschiedenen *Acacia*-Arten gebildet wird. Die salzfreie Arabinsäure ist ein Glykuronogalaktan, das zusätzlich noch L-Arabinose und L-Rhamnose enthält. Das Rückgrat wird von (1→3)- und (1→6)-verknüpften D-Galaktopyranosylresten gebildet, an die L-arabinofuranosyl- und manchmal auch L-rhamnopyranosylhaltige Seitenketten gebunden sind. In terminaler Nähe befinden sich D-Glucuronsäurereste und deren 4-O-Methylether.

Tragant wird von verschiedenen *Astragalus*-Arten Kleinasiens gebildet. Die Hauptkomponente ist die Tragacanthsäure, deren Hauptkette α(1→4)-verknüpfte D-Galakturonsäurereste enthält.

3.2.5.5 Komplexe Polysaccharide

3.2.5.5.1 *Kohlenhydrat-Protein-Verbindungen*

Kohlenhydrat-Protein-Verbindungen sind Makromoleküle, die aus einer oder mehreren Polypeptidketten bestehen, an die kovalent Oligo- oder Polysaccharide gebunden sind. Zu dieser Gruppe gehört eine Vielzahl von in Mikroorganismen, Pflanzen und Tieren weit verbreiteten Verbindungen, die je nach ihrem Kohlenhydratgehalt (von > 80 % bis < 1 %) in ihren physikalischen Eigenschaften Polysacchariden oder Proteinen entsprechen können.

In Tieren weit verbreitet sind sialinsäurehaltige Glykoproteine (Sialoglykoproteine), die vor allem Bestandteile von Schleimstoffen und des Glykocalyx der Zelloberfläche sind. Man teilt diese Verbindungsklasse in Proteoglykane (auch Proteopolysaccharide, Mucopolysaccharide oder Mucosubstanzen) und Glykoproteine ein. Proteoglykane und Glykoproteine enthalten – zumindest in ihren Subeinheiten – eine Polypeptidkette als Rückgrat, an die kovalent bei den

- Proteoglykanen unverzweigte Polysaccharidketten mit alternierenden Hexuronsäure- oder Hexose- und Aminohexoseresten und bei den
- Glykoproteinen Hetero-Oligosaccharide

gebunden sind, wobei bei vergleichbarer Proteingröße die Anzahl der Polysaccharidketten bei den Proteoglykanen größer ist als die Anzahl der Oligosaccharidreste bei den Glykoproteinen. Neben den Proteoglykanen und Glykoproteinen kommen noch Kohlenhydrat-Protein-Komplexe vor, bei denen beide Komponenten nicht kovalent, sondern ionogen gebunden sind.

Die Strukturaufklärung vieler Kohlenhydrat-Protein-Verbindungen ist durch deren Unlöslichkeit sowie durch die Anwesenheit geladener Gruppen sehr erschwert. Vor dem proteolytischen Abbau des Peptidanteils müssen vorhandene Sialinsäurereste enzymatisch abgespalten werden (Neuramidase). Probleme treten weiter bei der hydrolytischen Fragmentierung des Kohlenhydratanteils durch die Anwesenheit von Aminozuckern und Uronsäuren auf. Die bei der säurekatalysierten Hydrolyse anfallenden Spaltprodukte der Kohlenhydrat-Protein-Verbindungen können sekundär miteinander reagieren (*Maillard*-Reaktion von Kohlenhydraten mit Aminosäuren bzw. Bildung von Oligosacchariden durch säurekatalysierte Resynthese).

Bindungstypen

Die Kohlenhydrate sind an die Aminosäure Asparagin bzw. an die Hydroxyaminosäuren Serin, Threonin, 5-Hydroxy-lysin und in Kollagenen sowie pflanzlichen Zellwandglykoproteinen auch 4-Hydroxy-prolin gebunden. Verbreitet sind insbesondere folgende Bindungsarten, wobei nur bestimmte Monosaccharide direkt an die Aminosäure gebunden sind. In einem Makromolekül können mehrere dieser Bindungsarten (Abb. 3-40) vorhanden sein.

I β-N-glykosidische Bindung des Zuckers (Acetyl-N-Glucosamin) an Asparagin (Abk.: Ng):
Diese Bindungsart ist relativ stabil gegenüber Säure und Lauge. Sie tritt u. a. bei verschiedenen Plasmaproteinen (z. B. Immunoglobulinen), Thyroglobulin, einigen Enzymen, Keratansulfat, Eialbumin sowie bei strukturgebundenen Membranglykoproteinen auf. Bei der säurekatalysierten Hydrolyse wird Glucosamin, Ammoniak und Aspartinsäure erhalten.
II O-glykosidische Bindung des Zuckers an Hydroxyaminosäuren:
Verbreitet sind insbesondere die
IIa α-glykosidische Bindung von Acetyl-D-galaktosamin an Serin (R = H) oder Threonin (R = CH_2) (bei submaxillären Glykoproteinen, Immunoglobulinen und Zellmembranbestandteilen),
IIb β-glykosidische Bindung von D-Xylopyranose an Serin (Abk.: Sg) (bei Proteopolysacchariden wie Heparin oder Chondroitin).
IIc β-glykosidische Bindung von D-Galaktopyranose an 5-Hydroxy-L-lysin (bei Kollagenen).

Die O-glykosidische Bindung an Serin oder Threonin ist sehr leicht durch Alkali unter β-Eliminierung zu spalten, wobei ein 2-Aminoacryl- oder -crotonsäurerest in der Peptidkette entsteht (Abb. 3-41). Die gebildeten α,β-ungesättigten Aminosäuren lassen sich durch ihr Absorptionsmaximum bei 241 nm nachweisen. Die O-Glykoside des Hydroxylysins sind dagegen wesentlich stabiler gegen Alkali. Durch alkalikatalysierte β-Eliminierung unter reduzierenden Bedingungen und anschließende Hydrolyse

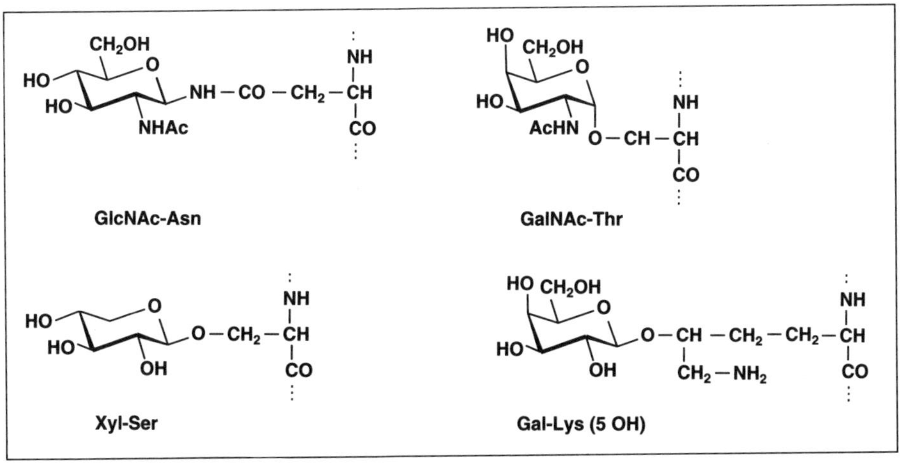

Abb. 3-40 Typen der Bindung von Zuckern an Aminosäuren.

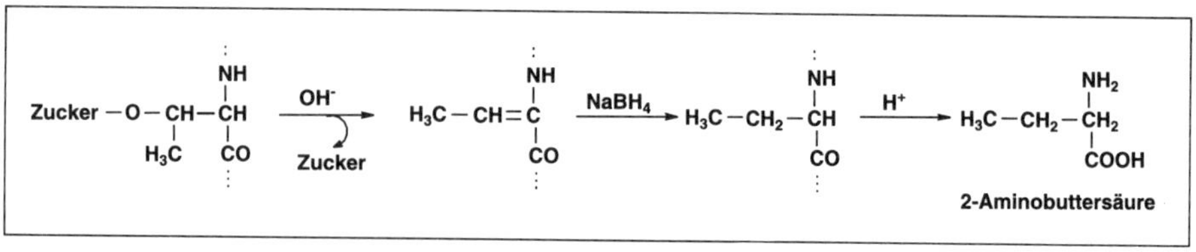

$$\text{Zucker}-O-\underset{\underset{H_3C}{|}}{CH}-\underset{\underset{CO}{|}}{CH}\overset{NH}{|}\xrightarrow[\text{Zucker}]{OH^-}H_3C-CH=\underset{\underset{CO}{|}}{C}\overset{NH}{|}\xrightarrow{NaBH_4}H_3C-CH_2-\underset{\underset{CO}{|}}{CH}\overset{NH}{|}\xrightarrow{H^+}H_3C-CH_2-\underset{COOH}{CH_2}\overset{NH_2}{|}$$

2-Aminobuttersäure

Abb. 3-41 Alkalikatalysierte β-Eliminierung von O-Glykosiden des Threonins unter reduzierenden Bedingungen.

läßt sich z. B. die O-glykosidische Bindung an Threonin nachweisen (Abb. 3-41). Intakte N-glykosidisch gebundene Reste lassen sich durch Behandeln mit wasserfreiem Hydrazin (4 h, 95 °C) unter Bildung der entsprechenden Glykanhydrazide ablösen.

Ein schneller Nachweis von Zuckerresten kann durch Periodatoxidation, nachfolgende Umsetzung mit Biotinhydrazid und Nachweis der so gebundenen Biotinreste mit einem Streptavidin-Phosphatase-Konjugat erfolgen.

Proteoglykane
Nach ihrer Reaktion werden die Proteoglykane in saure und neutrale Mucopolysaccharide eingeteilt. Beide Gruppen zeichnen sich durch ihre schleimige Beschaffenheit aus. Die **sauren Mucopolysaccharide** enthalten als Kohlenhydratkomponenten neben verschiedenen Hexosen acetylierte Aminozucker (D-Glucosamin, D-Galaktosamin) und Uronsäuren (D-Glucuron-, L-Iduronsäure, letztere wird durch Epimerisierung am C-5 der D-Glucuronsäure gebildet). Die saure Reaktion kommt durch die Carboxylgruppen der Uronsäuren und vor allem durch Schwefelsäurereste zustande, die an Hydroxygruppen oder auch Aminogruppen der Aminozucker gebunden sind. Die Anzahl der Glykosaminoglykan-Reste pro Proteinmolekül kann 1 bis > 100 betragen. Die Glykosaminoglykan-Reste sind im allgemeinen an Serin gebunden. Nach der Zusammensetzung der Glykosaminoglykan-Komponente können drei Typen von Peptidoglykanen unterschieden werden:

- [HexUA-GalN]$_n$ bei Chondroitinsulfat und Dermatansulfat
- [HexUA-GlcN]$_n$ bei Heparansulfat und Heparin
- [Gal-GlcN]$_n$ bei Keratansulfat.

Die wichtigsten sauren Mucopolysaccharide und deren Zusammensetzung sind der Abbildung 3-42 zu entnehmen, wobei die Struktur von Heparin und Keratan weniger eindeutig definierbar ist.

Bei den meisten Verbindungen liegen alternierend (1→3)- und (1→4)-Bindungen vor. Durch Röntgenbeugung konnten in den Fasern etlicher Mucopolysaccharide verschiedene Helixstrukturen nachgewiesen werden. Die sauren Mucopolysaccharide haben insbesondere als Matrixbildner des Bindegewebes Bedeutung. Sie bilden zusammen mit den unlöslichen Kollagenfibrillen ein dreidimensionales Netzwerk.

Hyaluronsäure läßt sich in reiner Form aus dem Glaskörper des Auges oder aus Nabelschnüren leicht gewinnen. Sie kann enzymatisch durch in

Chondroitin	[–GalNAc–β(1→4)–GlcUA–β(1→3)–]$_n$
Chondroitin-4-sulfat (Chondroitinsulfat A) / Chondroitin-6-sulfat (Chondroitinsulfat C)	[–GalNAc(4 bzw. 6 SO_3^-)–β(1→4)–GlcUA–β(1→3)–]$_n$
Dermatansulfat (Chondroitinsulfat B, β-Heparin)	[–GalNAc(4 SO_3^-)–β(1→4)–L-IdoUA–α(1→3)–]$_n$
Heparin	[–GlcNAc–α(1→4)–GlcUA–α(1→4)–GlcNAc–α(1→4)–L-IdoUA–α(1→4)–]$_n$
Heparinsulfat (α-Heparin)	[–GlcNAc(6 SO_3^-)–α(1→4)–GlcUA–α(1→4)–GlcNAc(6 SO_3^-)–α(1→4)–L-IdoUA–α(1→4)–]$_n$
Hyaluronsäure	[–GlcNAc–β(1→4)–GlcUA–β(1→3)–]$_n$
Keratansulfat	[–GalNAc(6 SO_3^-)–β(1→4)–GlcNAc(6 SO_3^-)–β(1→3)–]$_n$

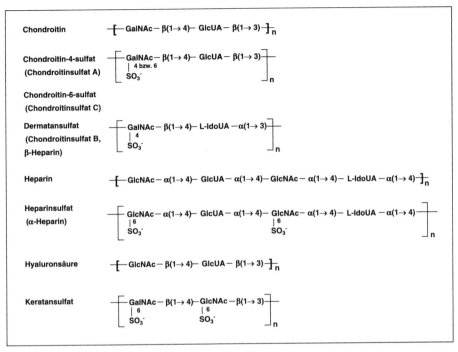

Abb. 3-42 Zusammensetzung der Glykankomponente von sauren Mucopolysacchariden. Alle Monosaccharide liegen in der Pyranoseform vor.

Bakterien, Blutegeln oder Spermatozoen vorkommende Hyaluronidasen gespalten werden, die an verschiedenen Stellen des Moleküls angreifen (Abb. 3-43). Die bakterielle Hyaluronidase spaltet im Unterschied zu den anderen Enzymen die glykosidische Bindung unter β-Eliminierung und Bildung eines Disaccharides mit Doppelbindung (**17**).

Heparinsulfat wird technisch aus Lungen von Schlachttieren gewonnen. Es ist relativ stark sauer und bildet salzartige Verbindungen mit Proteinen. Die stark saure Reaktion kommt durch die Schwefelsäure zustande, die

17

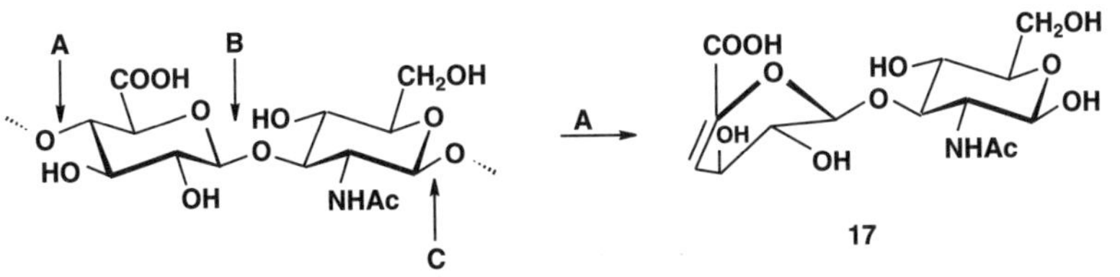

Abb. 3-43 Enzymatische Spaltung von Hyaluronsäure. A: Bakterielle Hyaluronidase; B: Blutegel-Hyaluronidase; C: Spermatozoen-Hyaluronidase.

esterartig an Hydroxygruppen, insbesondere in 6-Stellung oder amidartig an die Aminogruppe des Glucosaminrestes gebunden ist.

Bindung der Schwefelsäure an Glucosaminreste des Heparinsulfats

Die Schwefelsäureamidbindung wird sehr leicht hydrolytisch gespalten. Durch die dadurch frei werdenden Aminogruppen und die ferner vorhandenen Carboxylgruppen ist Heparin gegenüber Säuren sehr beständig. Von besonderem Interesse ist, daß Heparin spezifisch an Antithrombin III (AT III) bindet und dieses dadurch aktiviert. AT III ist ein Serin-Protease-Inhibitor (S. 134), der Thrombin und damit die Blutgerinnung hemmt. Heparin wird daher zur Prophylaxe und Therapie von thromboembolischen Erkrankungen eingesetzt. Therapeutisch verwendet werden heute auch partiell chemisch (HNO_2) oder enzymatisch (Heparinase von *Flavobacterium heparinum*) abgebaute niedermolekulare Heparine, die verbesserte pharmakokinetische Eigenschaften (verlängerte biologische Halbwertszeit) besitzen, deren Wirkungsmechanismus sich aber unterscheidet.

Die sog. **neutralen Mucopolysaccharide** enthalten weder Uronsäuren noch Schwefelsäure. Zu dieser Gruppe gehört u. a. der Bifidus-Faktor (der Wachstumsfaktor für *Lactobacillus bifidus* in der Frauenmilch). Auch die Blutgruppensubstanzen (S. 356) wurden den neutralen Mucopolysacchariden zugerechnet.

Terminale Kohlenhydratstrukturen an der Zelloberfläche (z. B. von Blutgruppensubstanzen) lassen sich mit pflanzlichen Glykoproteinen, den Lectinen, nachweisen, die spezifisch in der Art einer Antigen-Antikörper-Reaktion mit bestimmten Kohlenhydratstrukturen reagieren.

Glykoproteine

Glykoproteine wurden hauptsächlich in höheren Tieren, seltener in Pflanzen und Mikroorganismen gefunden. Zu den Glykoproteinen gehören die meisten Plasmaproteine, zahlreiche Enzyme und Proteohormone (Gonadotropine, Thyrotropin, Thyroglobulin), Milch- und Eiproteine sowie Lectine. Viele Glykoproteine sind Polymere von Subeinheiten. Charakteristisch ist, daß Glykoproteine weniger empfindlich gegenüber proteolytischen Enzymen und Denaturierung als andere Proteine sind.

Als Kohlenhydratkomponente enthalten die Glykoproteine vor allem D-Mannose und 2-Acetamino-2-desoxy-D-glucose. Einige häufig vorkommende Kohlenhydratsequenzen sind in Abbildung 3-44 zusammengefaßt.

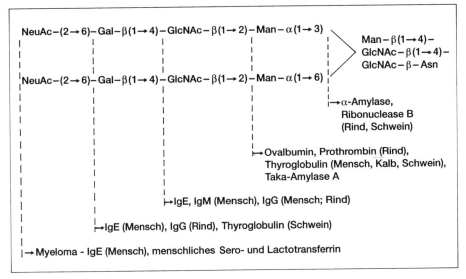

Abb. 3-44 Struktur von Kohlenhydratsequenzen einiger Glykoproteine.

Der Kohlenhydratgehalt der Immunoglobuline kann zwischen 2 bis 3 (IgG) und 10 bis 12 % (IgM) schwanken. Die Kohlenhydratkomponente spielt wahrscheinlich eine Rolle beim Transport der intrazellulär synthetisierten Immunoglobuline in den Extrazellulärraum.

Viele Glykoproteine enthalten mehr als eine Kohlenhydratkette. Diese Ketten können sich in ihrer Struktur und Bindungsstelle unterscheiden. So sind die Kohlenhydratreste der H-Ketten des IgG der Ratte zu ca. 65 % nach dem Bindungstyp I und 35 % nach dem Bindungstyp IIa gebunden.

Die meisten Glykoenzyme gehören zur Gruppe der Hydrolasen (z.B. Glucoamylase, Ribonuclease, Rinder-Pankreas-Desoxyribonuclease, Rattenleber-β-D-Glucosidouronase). Relativ einfach gebaute Glykoproteine (AFGP) wirken in Fischen der Arktis als „Frostschutzmittel".

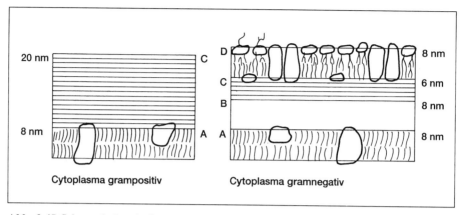

Abb. 3-45 Schematischer Aufbau der Bakterienzellwand. A: Zytoplasmamembran mit Proteineinlagerungen; B: periplasmatischer Raum; C: vernetztes Peptidoglykan, bei grampositiven Bakterien mit Teichonsäure; D: äußere Membran mit Porin-Poren aus trimeren Proteineinheiten und Lipopolysacchariden.

3.2.5.5.2 Strukturelemente der bakteriellen Zellwand

Die Plasmamembran (vgl. Kap. 5.2) ist bei den Bakterien von einer elastischen Zellwand umgeben. Aufgrund des unterschiedlichen Verhaltens dieser äußeren Zellwand bei der Gramfärbung lassen sich die Bakterien in zwei Gruppen einteilen. Bei den grampositiven Bakterien bleibt der Farbstoffkomplex von Kristallviolett mit Iodidkalium-Lösung nach dem Behandeln mit Alkohol bestehen, bei den gramnegativen Bakterien tritt dagegen keine Färbung ein. Das unterschiedliche Verhalten wird auf Unterschiede in der Maschenweite der Zellwandmatrix zurückgeführt, die bei grampositiven Bakterien < 1,88 nm beträgt, so daß der sperrige I_3^--Komplex des Kristallvioletts nicht mehr herausgelöst werden kann.

Den schematischen Aufbau der Zellwand grampositiver und gramnegativer Bakterien zeigt Abbildung 3-45. Die Zellwände gramnegativer Bakterien bestehen aus einer äußeren und einer inneren, membrannahen Schicht. Die äußere Schicht ist durch die Anwesenheit von Phospholipiden und Lipopolysacchariden lipophil. Die Zellwand grampositiver Bakterien ist dagegen hydrophiler.

Peptidoglykane

Die feste Matrix der bakteriellen Zellwand besteht aus einem Peptidoglykan, dem **Murein.** Die Peptidoglykane machen bei den grampositiven Bakterien etwa 50 %, bei den gramnegativen Bakterien dagegen nur etwa 10 % des Trockengewichtes der Zellwand aus.

Das Netzwerk des Peptidoglykans wird aus linearen Glykansträngen gebildet, die durch Peptidketten quervernetzt sind (Abb. 3-46). Das Glykan ist ein Blockpolymer aus β(1→4)-verknüpftem N-Acetylglucosamin und N-Acetyl-3-O-lactylglucosamin (N-Acetylmuraminsäure). Jeder Glykanstrang enthält 10 bis 50 derartiger Disaccharideinheiten. Die Zusam-

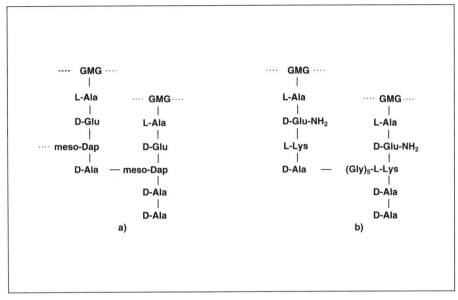

Abb. 3-46 Schematische Darstellung des Mureins der bakteriellen Zellwand. G: N-Acetylglucosamin; M: N-Acetylmuraminsäure; meso-Dap: meso-Diaminopimelinsäure. a) Murein eines gramnegativen Bakteriums (*E. coli*); b) Murein eines grampositiven Bakteriums (*Staphylococcus*).

mensetzung dieser Glykanstränge kann etwas variieren. Von taxonomischer Bedeutung ist z. B. das Vorkommen von N-Glycolylmuraminsäure bei *Mycobacterium* und *Nocardia*.

An die Carboxylgruppe der Muraminsäurereste ist amidartig ein Tetra- oder seltener Pentapeptid gebunden, bei dem D- und L-Aminosäuren alternieren. Unmittelbar an der Muraminsäure sitzt meist L-Alanin, am Ende des Oligopeptids D-Alanin. Nach der Art der Quervernetzung werden zwei Gruppen von Peptidoglykanen unterschieden. Bei der Gruppe A kommt die Quervernetzung durch eine Diaminosäure zustande, deren ω-Aminogruppe direkt (bei gramnegativen Bakterien) oder über eine weitere Peptidkette (grampositive Bakterien) mit dem D-Alaninrest der nächsten Einheit verbunden ist. Bei der Diaminosäure handelt es sich um L-Lysin oder 2,2′-Diaminopimelinsäure (A_2pm^3). Mit am besten untersucht sind die Peptidoglykane von *Staphylococcus-aureus*-Stämmen. Bei den Peptidoglykanen der Gruppe B kommt die Verzweigung durch D-Glutaminsäure zustande, deren α- und γ-Carboxylgruppe Peptidbindungen eingehen. Diese Peptidoglykane kommen bei Corynebakterien vor.

Die Teilsequenz MurAc-Ala-D-iGln (**Muramyldipeptid,** Abk.: MDP) ist für die Adjuvansaktivität bakterieller Zellwandpräparationen verantwortlich und wird als Immunstimulans getestet.

Enzymatisch werden die Glykanstränge durch die in zahlreichen tierischen und pflanzlichen Materialien vorkommenden Lysozyme gespalten. Bei der Biosynthese der bakteriellen Zellwand (Abb. 3-47) werden die

MDP

Bausteine zunächst im Zytoplasma gebildet. Der Transport durch die Zellmembran (Translokation) erfolgt durch Anbindung an einen lipophilen Carrier (Undecaprenol). Auf der Außenseite der Membran wird dann das Disaccharidpentapeptid in das wachsende Peptidoglykan-Netzwerk eingebaut.

Antibakterielle Wirkstoffe greifen an unterschiedlichen Stellen dieses komplexen Vorganges an:

- D-Cycloserin (S. 681) hemmt die Alanin-Razemase (**A**) und D-Alanyl-D-Alanyl-Synthase (**B**);
- Fosfomycin (S. 33) hemmt die Synthese der UDP-Muramylsäure (**C**);
- Das Nucleosid-Antibiotikum Tunicamycin und die Corynetoxine (S. 708) hemmen die Bildung der lipophilen Transportform (**D**); Tunicamycin ist ein Hemmer der Phospho-N-Acetylmuramylpentapeptid-Translokase;
- Bacitracin hemmt den Transfer des Disaccharidpentapeptids an das wachsende Peptidoglykan (**E**);
- Die Glykopeptid-Antibiotika vom Typ des Vancomycin und Teicoplanin (S. 698) hemmen die Anknüpfung des Disaccharidpentapeptids an das Peptidoglykan (Bindung an den D-Alanyl-D-Alanin-Rest, **F**);
- Die β-Lactam-Antibiotika (S. 684) hemmen die Quervernetzung des Peptidoglykans (**G**).

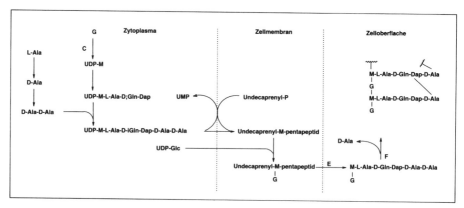

Abb. 3-47 Schematische Darstellung der Biosynthese der Zellwand gramnegativer Bakterien. Erläuterung der Reaktionsschritte A bis G vgl. Text.

Zellwände fehlen bei *Mycoplasma* und bei einigen Archaebakterien (*Thermoplasma, Methanoplasma*). Die Zellwände der Archaebakterien sind strukturell vielfältiger aufgebaut als die der Eubakterien. *Methanobacteriaceen* enthalten ein sog. Pseudomurein. Dieses Peptidoglykan unterscheidet sich vom Murein u. a. durch den Austausch der Muraminsäure gegen die sonst nicht natürlich vorkommende N-Acetyltalosaminuronsäure (**18**), an deren Carboxylgruppe die quervernetzende Peptidkette gebunden ist.

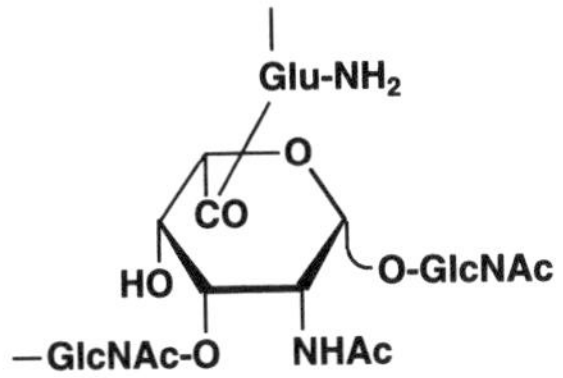

Teichonsäuren

Als Teichonsäuren (Abb. 3-48) werden Polymere bezeichnet, die in der Hauptkette Glycerol- oder Ribitolphosphat-Einheiten enthalten und an deren freien Hydroxygruppen esterartig D-Alanin und glykosidisch Zuckerreste (insbesondere bei den Ribitol-Teichonsäuren) gebunden sein können. Die Bindung des Alanins ist relativ alkalilabil und kann durch Behandeln mit verdünntem Ammoniak oder Hydroxylamin gelöst werden. Bei den Teichonsäuren von *Micrococcus*-Arten sind N-Acetyl-D-glucosamin-Reste unmittelbar in die polymere Kette eingebaut.

Die Teichonsäuren sind mit den N-terminalen Phosphorsäureresten an das Peptidoglykan gebunden. Sie können aufgrund der dissoziierbaren Phosphorsäurediester-Strukturen Kationen binden und spielen dadurch bei der Ionenpermeabilität und der Regulierung der Enzymaktivität membrangebundener Enzyme eine Rolle.

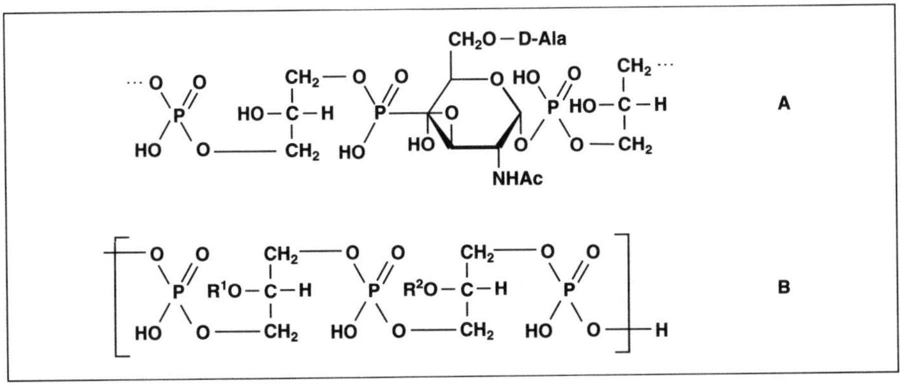

Abb. 3-48 Strukturen einiger Teichonsäuren. A: Teichonsäure von *Micrococcus*-Arten; B: Glycerol-Teichonsäure von *Bacillus stearothermophilus* (R^1 = α-D-Glucopyranosyl; R^2 = D-Ala).

Glycerol-Teichonsäuren können auch unmittelbar an die Membran gebunden sein (Lipoteichonsäuren). Teichuronsäuren enthalten uronsäurehaltige Polysaccharide.

Lipopolysaccharide

Die äußere Schicht der Zellwand von *Salmonella*-Arten und anderen gramnegativen Bakterien enthält Lipopolysaccharide, die die Oberflächeneigenschaften dieser Zellen, u. a. die serologische Klassifizierbarkeit, bedingen. Lipopolysaccharide können beim Menschen und bei Versuchstieren (Kaninchen) nach einer Injektion hohes Fieber auslösen (pyrogener Effekt). Lipopolysaccharide machen etwa 1 bis 5 % des Trockengewichtes gramnegativer Bakterien aus. Besonders gut untersucht sind die Lipopolysaccharide von *Salmonella*-Arten durch die Züchtung von Mutanten, deren Nachkommen genetisch einheitlich sind (*Westphal, Lüderitz*). Die Lipopolysaccharide sind die O-Antigene dieser Bakterien, daneben hochwirksame Endotoxine (Pyrogene) und Rezeptoren für Bakteriophagen.

Die Lipopolysaccharide der gramnegativen Bakterien lassen sich mit 45prozentigem wäßrigen Phenol bei 65 °C extrahieren (*Westphal*).

Bei den Lipopolysacchariden der *Salmonella*-Arten werden drei Bauelemente unterschieden: die aus sich wiederholenden Oligosaccharideinheiten bestehende O-spezifische Kette, das Kernpolysaccharid und das Lipid A, wobei das Kernpolysaccharid bei nahe verwandten Arten identisch sein kann.

Das Kernpolysaccharid enthält einige Kohlenhydrate, die ausschließlich in bakteriellen Lipopolysacchariden vorkommen. Die immunologische Spezifität ist auf die O-spezifische Kette zurückzuführen, deren Sequenz und Bindung spezifisch für jedes Lipopolysaccharid ist. Diese O-spezifische Kette besteht meist aus Oligosaccharidblöcken, die 3 bis 6 Monosaccharid-Einheiten enthalten. Die Wiederholungen liegen im allgemeinen zwischen 20 und 35. Es kommen sowohl neutrale (Hexosen, Pentosen, Desoxyzucker, methylierte Zucker) als auch geladene Monosaccharide (Aminohexosen und -pentosen, Hexuronsäuren, Hexosaminuronsäuren) vor, die zusätzlich noch Reste wie Aminosäure-, Phosphoryl-, Gylceryl-, Lactyl- oder Acetylgruppen enthalten können.

Am Ende des Kernpolysaccharids stehen Heptose-Reste (L-Glycero-D-mannoheptose). Der terminale Zucker ist eine Ketose, die **3-Desoxy-2-oxo-D-manno-octonsäure** (KDO), an die die Lipid-A-Komponente gebunden ist. Die Struktur und Verknüpfung der Heptose konnte durch deren Abbau zu D-Mannopyranose (Periodatoxidation der vicinalen Hydroxygruppen und nachfolgende Reduktion mit Borhydrid) aufgeklärt werden. Diese Ketose besitzt in ihrer chemischen Struktur eine gewisse Ähnlichkeit zur Neuraminsäure.

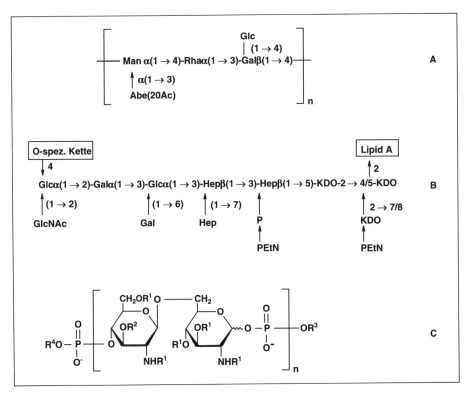

KDO ist glykosidisch an den endständigen D-Glucosaminrest der Lipid-A-Komponente gebunden. Diese Ketosidbindung kann durch milde säurekatalysierte Hydrolyse aufgespalten und auf diese Weise die Lipid-A-Komponente abgespalten werden. Die Lipid-A-Komponente enthält Disaccharidblöcke, die aus 2 Molekülen D-Glucosamin gebildet werden und über Phosphorsäurediesterbrücken miteinander verbunden sein können. Die Fettsäuren sind esterartig an die Hydroxygruppe oder amidartig (D-β-

Abb. 3-49 Struktur des Oligosaccharidblockes einer O-spezifischen Kette (A), eines Kernpolysaccharides (B) und einer Lipid-A-Komponente (C) von *Salmonella*. Hep = L-Glycero-α-mannoheptose; KDO = 2-Keto-3-desoxyoctonat; PEtN = Phosphoethanolamin. R^1 = D-3-Hydroxymyristoyl u. a. Fettsäurereste; R^2 = H, KDO des Kernpolysaccharids; R^3 = H, Phosphoethanolamin; R^4 = H, Amino-4-desoxy-L-arabinose.

Hydroxymyristinsäure) an die Aminogruppe der Glucosamin-Einheiten gebunden (Abb. 3-49). Die bakteriellen Lipopolysaccharide enthalten oft ganz spezifische langkettige und auch verzweigte Fettsäuren.

Von besonderem Interesse sind die Bestandteile der Zellwände der Mykobakterien (Ordnung *Actinomycetales*), zu denen zahlreiche Krankheitserreger, u. a. der Tuberkulose, gehören. Die Bakterien sind durch das Vorhandensein wachsartiger Lipopolysaccharid-Komplexe säurefest. Bei den Lipopolysacchariden sind Mykolsäuren (S. 331) esterartig an die primären Hydroxygruppen eines Arabinogalaktans gebunden, das wiederum über Phosphorsäure an ein Peptidoglykan gebunden ist.

Beim Wachs D des menschlichen Stammes von *M. tuberculosis* sind die Mykolsäuren mit den Hydroxygruppen eines Heteropolysaccharids verestert. Der an Hexosamin amidartig gebundene Peptidrest dieses Peptidolipopolysaccharides ist insbesondere für die Eignung abgetöteter Mykobakterien zur leichteren Immunisierung ansonsten schwer immunisierender Antigene verantwortlich (*Freund*sches Adjuvans).

Kapsel-Polysaccharide
Zur Gattung *Streptococcus* der *Eubacteriales* gehören zahlreiche Erreger von Entzündungen und Eiterungen. Nach ihren spezifischen Kapselpolysacchariden lassen sich die Streptokokken in verschiedene serologische Gruppen einteilen. Relativ gut untersucht sind die Kapselpolysaccharide von *Streptococcus pneumoniae* (auch *Diplococcus pneumoniae*), dem Erreger der Lungenentzündung des Menschen. Einige dieser Kapselpolysaccharide ähneln in ihrer Struktur den Teichonsäuren. Die Oligosaccharid-Einheiten sind hier über Glycerol- oder Ribitolphosphat miteinander verbunden. Ein Beispiel für diese Gruppe ist das S 34-Kapselpolysaccharid.

$$\longrightarrow 3)-\text{GalfAc-}\beta(1\rightarrow 3)-\text{Glcp-}\alpha(1\rightarrow 2)-\text{Galf-}\beta(1\rightarrow 3)-\text{Galp-}\alpha(1\rightarrow 2)-\text{Ribitol}-(5-O-\overset{\overset{O}{\|}}{\underset{O^{\ominus}}{P}}-O-$$

S34-Kapsel-Polysaccharid

(f = furanosyl; p = pyranosyl)

3.2.6 Synthesen

3.2.6.1 Biosynthesen

Die Biosynthese der Oligo- und Polysaccharide erfolgt durch Übertragung aktivierter Monosaccharidreste auf die wachsende Saccharidkette als Akzeptor. Dieser Transfer der Glykosylgruppe wird durch Enzyme katalysiert. Als aktivierte Formen der Monosaccharide (Donatoren) dienen Glykosylester von Nucleosidpyrophosphaten („Zucker-Nucleotide"), wie z. B. Uridindiphosphoglucose (UDPGlc). Die Bildung der Zuckernucleotide geht von Glucose-1-phosphat aus (Abb. 3-50).

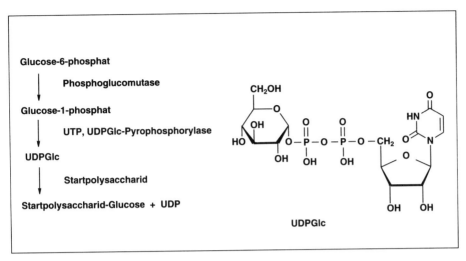

Abb. 3-50 Biosynthese von Polysacchariden.

Einige für die Synthese von Polysacchariden dienende Zuckernucleotide sind der Tabelle 3-13 zu entnehmen. Zucker-Nucleotide sind auch Glykosyldonatoren für die Biosynthese von Glykosiden, Glykolipiden und Kohlenhydrat-Protein-Verbindungen.

Tab. 3-13: Zuckernucleotide als Glykosyldonatoren.

Base	Glyk	Glykosyldonator für
■ Uracil	D-Glucose	Glykogen der Tiere, Saccharose
	2-Acetamido-2-desoxy-D-glucose	Chitin (Insekten)
	D-Galaktose	Glykopeptide
	Muramsäurepentapeptide	Peptidoglykane der Bakterien
■ Cytosin	L-Ribitol	Ribitol-Teichonsäuren
	Glycerol	Glycerol-Teichonsäuren
■ Adenin	D-Glucose	Glykogen der Bakterien, Stärke
■ Guanin	D-Glucose	Cellulose

Als Coenzyme bei der Glykosidierung wirken ferner **Glykosylphosphopolyprenole** mit. Deren Doppelbindungen liegen meist in *cis*-Konfiguration vor (Tab. 3-14). Phosphopolyprenole sind u.a. bei Bakterien an der Biosynthese des Peptidoglykans (Abb. 3-47, S. 248) und der Lipopolysaccharide, bei Eukaryoten an der N-Glykosidierung von Proteinen beteiligt. Bei Säugetieren spielt auch Retinolphosphat eine Rolle beim Glykosyltransfer. Wahrscheinlich bietet die Bildung lipophiler Intermediate die Möglichkeit der Passage durch die Membranen.

Tab. 3-14: **Strukturen einiger am Glykosyltransfer beteiligten Poly***cis***prenole.**

Vorkommen	Name	Abweichende Strukturelemente	n
Prokaryoten	Undecaprenol (Bactoprenol)	ω-di*trans*	10, 12
Eukaryoten	Ficaprenole	ω-tri*trans*	10–13
	Betulaprenole	ω-di*trans*	6–9
	Dolichole	2,3-dihydro-, meist ω-di*trans*	17–20

Die Glukanbiosynthese wird durch Cyclopeptide der **Echinocandin**-Familie gehemmt.

3.2.6.2 Chemische Synthesen

Im Verhältnis zu den anderen Biopolymeren, den Polypeptiden und Polynucleotiden, für die brauchbare *In-vitro*-Synthesen entwickelt wurden, tauchen bei der Synthese von Oligo- und Polysacchariden einige zusätzliche Probleme auf. Enzymatische Methoden, die sich z. B. bei der Polynucleotidsynthese so erfolgreich erwiesen haben, sind bei der Synthese von Polysacchariden kaum sinnvoll anwendbar, da die entsprechenden Polymerasen meist so spezifisch sind, daß keine Abweichungen von der nativen Struktur erreicht werden können. Bei der rein chemischen Synthese ist erschwerend, daß die monomeren Bausteine der Polysaccharide durch die vielen Hydroxygruppen polyfunktionell sind und zahlreiche stereochemische Probleme durch die Konfiguration und die konformative Beweglichkeit auftreten.

Eine Polykondensation ungeschützter Monosaccharide in Gegenwart von Katalysatoren wie HCl, HF, H_2SO_4, P_2O_5, PCl_3, PCl_5 u. a. führt zu stark verzweigten Polymeren mit nicht allzu hohem Polymerisationsgrad (n < 15). Ein höherer Polymerisationsgrad wurde mit Polyphosphorsäureestern als Kondensationsmittel erreicht. Solche in ihrer Struktur nicht genau definierten Polymere werden im Unterschied zu den natürlichen Polysacchariden als **Polyglykosen** bezeichnet.

Als aktivierte Monosaccharidderivate werden für die Synthese von Oligo- und Polysacchariden die Acylhalogenzucker bzw. aus diesen dargestellte Acyloxoniumionen und Zuckerderivate eingesetzt.

Die verbreitetste Methode zur Synthese niederer Oligosaccharide ist die *Koenigs-Knorr*-Synthese. Dabei werden Acetylglykosylbromide mit einem wegen des eindeutigen Verlaufes selektiv geschützten Zuckerderivat umgesetzt. So führt die Umsetzung von Hepta-O-acetyl-α-cellobiosylbromid (**19**) mit 1,2:3,4-Di-O-isopropyliden-D-galaktose (**20**) in Gegenwart von Silbercarbonat zu einem Derivat der 6-O-β-Cellobiosyl-D-galaktose (**21**).

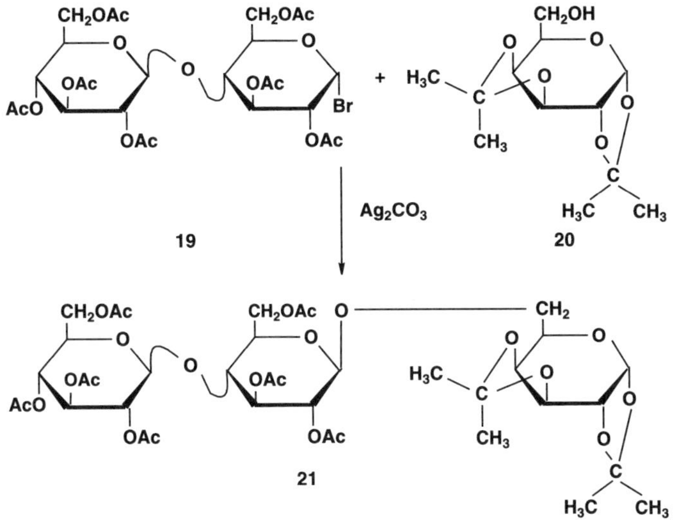

Der schrittweise Aufbau von Polysacchariden ist nach dieser Methode wegen der immer niedriger werdenden Ausbeuten und der sehr aufwendigen Umwandlung der zu verlängernden Oligosaccharide in entsprechende Acetobromzucker kaum möglich. Auch eine Polymerisierung von Acetohalogenosen mit freier Hydroxygruppe ist wegen der Instabilität dieser Verbindungen nicht möglich.

Inzwischen wurden mit dem Einsatz aktivierter Zuckerderivate wie der O-Glykosyltrichloracetamidate (vgl. Abb. 3-15, S. 193) oder durch direkte 1-O-Alkylierung weitere Methoden zur Synthese von Glykosiden und Oligosacchariden erschlossen.

Eine Polymerisation bis zu einem Polymerisationsgrad von 50 bis 60 ist ausgehend von Acyloxoniumsalzen gelungen. Dazu wurde zunächst 2,3,4-Tri-O-acetyl-6-O-trityl-α-D-glucopyranosylbromid (**22**) in ein *Fletcher*sches Nitril (**23**) umgewandelt, das mit Tritylperchlorat das Acyloxoniumsalz (**24**) bildet.

Als aktivierte Monosacchariddderivate wurden ferner ungeschützte und geschützte Zuckeranhydride eingesetzt. So führt die Behandlung von 1,6-Anhydro-2,3,4-tri-O-benzyl-β-D-glucopyranose in Dichlormethan bei −78 °C mit PF$_5$ als Katalysator zu einem polymeren Produkt mit einem Polymerisationsgrad von 97 bis 178.

4 Nucleoside, Nucleotide und Nucleinsäuren

4.1 Bausteine der Nucleinsäuren

4.1.1 Nucleoside

4.1.1.1 Struktur

> Als Nucleoside wurden ursprünglich nur die als Bestandteile der Nucleinsäuren vorkommenden N-Riboside und N-2'-Desoxyriboside von Pyrimidin- und Purinbasen bezeichnet. Im erweiterten Sinne versteht man heute unter Nucleosiden N-Glykoside heterocyclischer Systeme.

Zu den natürlichen Nucleosiden gehören außer den Nucleinsäurekomponenten die Nucleosid-Antibiotika (Kap. 11.4) sowie verschiedene Bausteine von Vitaminen und Coenzymen (Benzimidazolribosid des Vitamin B_{12}, Nicotinsäureamidribosid). Als Aglykone kommen in den Ribonucleinsäuren die Pyrimidinderivate **Uracil** und **Cytosin** sowie die Purinderivate **Adenin** und **Guanin** vor. In den Desoxyribonucleinsäuren tritt an die Stelle des Uracils das **Thymin** (Abb. 4-1). Zwischenprodukte der Biosynthese der Nucleotide sind Derivate der Pyrimidinbase **Orotsäure** sowie der Purinbasen **Hypoxanthin** und **Xanthin.**

Neben den sog. Hauptbasen Uracil bzw. Thymin, Cytosin, Adenin und Guanin kommen in den Nucleinsäuren noch zahlreiche seltene Basen (**Nebenbasen**) vor. Dabei handelt es sich vor allem um in 5-Stellung substituierte Pyrimidinderivate (z.B. 5-Methyl-cytosin, 5-Hydroxymethyl-uracil und -cytosin) sowie methylierte Derivate der Pyrimidine (3-Methyl-uracil und -cytosin) und der Purine (1-Methyl-, 7-Methyl-, N(6)-Methyl-adenin, 1-Methyl-, 7-Methyl-guanin, 1-Methyl-hypoxanthin). Die DNA-Methylierung soll eine wesentliche Rolle bei der Regulation der Genexpression spielen. Bei Prokaryoten werden vor allem Adenin- und Cytosinreste, bei Eukaryoten Cytosinreste methyliert. Einige 6-Alkylderivate der Purine wie das N(6)-Isopentenyladenin besitzen Cytokinin-Aktivität (Kap. 7.5.2.2). Bemerkenswert ist ferner das Vorkommen der C-Glykosylverbindung **Pseudouridin** (S. 195) sowie thionierter Pyrimidinderivate wie des 4-Thiouracil. Pseudouridin ist in der tRNA und rRNA enthalten. Besonders reich an Nebenbasen ist die tRNA.

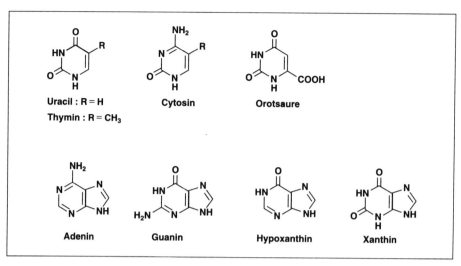

Abb. 4-1 Pyrimidin- und Purinbasen.

Sie enthält bis zu 10 % seltene Nucleoside mit den Basen 4-Thiouracil, Dihydrouracil oder cytokininaktive Basen. Diese Nebenbasen kommen an bestimmten Stellen des Moleküls vor (S. 289).

Die Purin- und Pyrimidinbasen sind N-β-D-glykosidisch an Ribose (Riboside als Bausteine der Ribonucleinsäure, RNA) bzw. 2-Desoxyribose (2-Desoxyriboside als Bausteine der Desoxyribonucleinsäure, DNA) gebunden. Der Zuckerrest steht bei den Pyrimidinen in 1-Stellung, bei den Purinen in 9-Stellung. Die Namen und Abkürzungen der Basen und Nucleoside gehen aus Tab. 4-1 hervor.

R^1 = H, R^2 = CH_3 :
1-β-D-2'-Desoxyribo-
furanosylthymin (Thymidin)

R^1 = OH, R^2 = H :
1-β-D-Ribofuranosyl-
uracil (Uridin)

R = OH : 9-β-D-2'-Desoxyribo-
furanosyladenin
(2-Desoxyadenosin)

R = OH : 9-β-D-Ribofuranosyl-
adenin (Adenosin)

Tab. 4-1: Namen und Abkürzungen (nach IUPAC-IUB) der wichtigsten Nucleinsäurebasen und Nucleoside.

Basen		Nucleoside (Riboside)*		
Name	**Abk.**	**Name**	**Abk.**	**
■ Adenin	Ade	Adenosin	Ado	A
■ Guanin	Gua	Guanosin	Guo	G
■ Xanthin	Xan	Xanthosin	Xao	X
■ Hypoxanthin	Hyp	Inosin	Ino	I
■ Unbekannte Purinbase	Pur	Purinnucleosid	Puo	R
■ Thymin	Thy	Ribosylthymin	Thd	T***
■ Cytosin	Cyt	Cytidin	Cyd	C
■ Uracil	Ura	Uridin	Urd	U
■ Orotsäure	Oro	Orotidin	Ord	O
		Pseudouridin	ψrd	ψ oder Q
		Dihydrouridin		D
■ Unbekannte Pyrimidinbase	Pyr	Pyrimidinnucleosid	Pyd	Y
■ Unbekannte Base	Base	Nucleosid	Nuc	N

*Desoxyriboside werden durch ein vorgesetztes d gekennzeichnet, also 2'-Desoxyadenosin = dAdo bzw. dA; Thymidin (2'-Desoxyribosylthymin) = dThd bzw. dT.
**Einbuchstabensymbole für Oligo- und Polynucleotide. Ein verbindender Strich bedeutet 3',5'-Phosphorsäurediesterbindung zwischen den Nucleosiden.
***Nicht Thymidin!

Die Strukturaufklärung der Nucleoside geht im wesentlichen auf Untersuchungen der Arbeitsgruppen um *Levene* zu Beginn der dreißiger Jahre und *Todd* (Nobelpreis 1957) Mitte der vierziger Jahre zurück. Basen und Zuckerkomponente konnten nach säurekatalysierter Hydrolyse (S. 277) identifiziert werden. Die relativ große Stabilität insbesondere der Pyrimidinnucleoside gegenüber der säurekatalysierten Hydrolyse schloß eine O-glykosidische Bindung des Zuckerrestes aus. Durch die erfolgreiche Desaminierung von Cytosin, Adenosin und Guanosin mit salpetriger Säure (S. 274) ohne Zerstörung der Nucleosidstruktur kam auch die exocyclische Aminogruppe für die Bindung des Zuckerrestes nicht in Frage. Der Substitutionsort an der heterocyclischen Base ergab sich durch Methylierung der Nucleoside und anschließende Isolierung der methylierten Basen nach säurekatalysierter Hydrolyse. Die Furanosidstruktur ging aus dem Verhalten gegenüber Periodat hervor. Der endgültige Strukturbeweis gelang *Todd* und Mitarbeitern durch die Synthese.

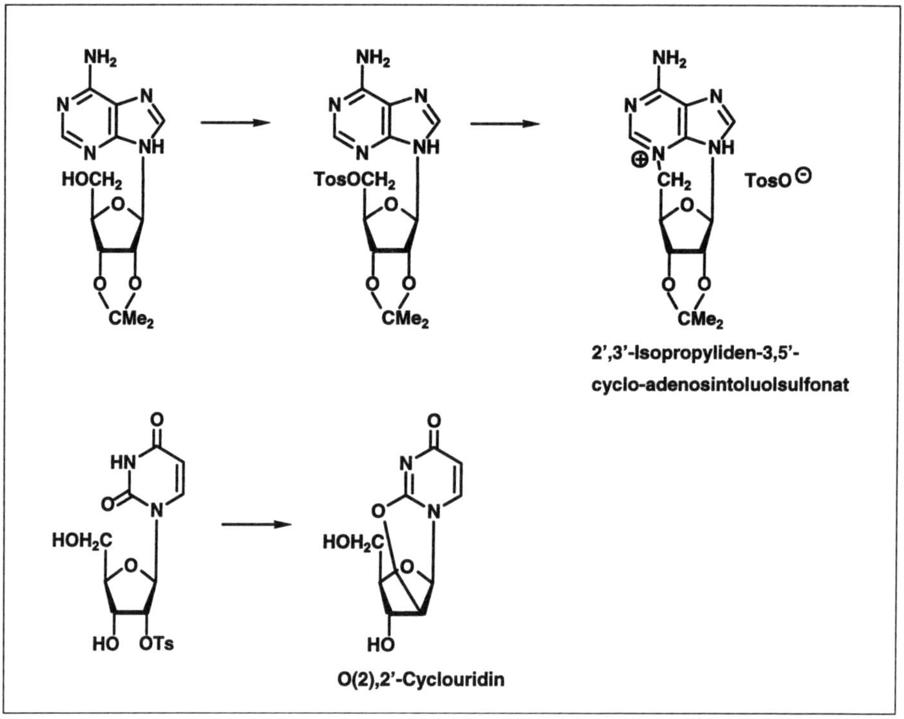

Abb. 4-2 Bildung von Cyclonucleosiden.

Die Zuordnung zur α- oder β-Reihe war erst später möglich anhand der Röntgenstrukturanalyse (1950) sowie durch die Bildung von Cyclonucleosiden (*Todd*, 1957). Die **Cyclonucleoside** (Abb. 4-2) können nur bei der in der β-Konfiguration vorliegenden Anordnung der Substituenten gebildet werden. Heute werden für die Konfigurationsbestimmung von Nucleosiden spektroskopische Methoden wie die NMR-Spektroskopie und vor allem chiroptische Methoden herangezogen.

4.1.1.2 Nucleosidsynthesen

Nucleoside entstehen rein formal durch eine Kondensationsreaktion zwischen der Hydroxygruppe am C-1 einer Aldose und dem entsprechenden Wasserstoffatom der Base. Als aktivierte Form des Zuckers werden fast ausschließlich Halogenosen eingesetzt, deren Hydroxygruppen durch Veresterung oder Veretherung geschützt sind. Diese Schutzgruppen (vgl. Tab. 4-4) müssen nach erfolgter Nucleosidsynthese wieder durch Verseifung oder Hydrogenolyse abgespalten werden. Meist eingesetzte Halogenosen sind 2,3,5-Tri-O-benzyl-ribofuranosylchlorid (**1**) für die Synthese von Ribosiden, 2,5-Di-O-toluyl-2-desoxyribofuranosylchlorid (**2**) für die Synthese von Desoxyribosiden und 2,3,5-Tri-O-benzyl-arabinofuranosylchlorid (**3**) für die Synthese der als Antimetabolite bedeutenden Arabinoside.

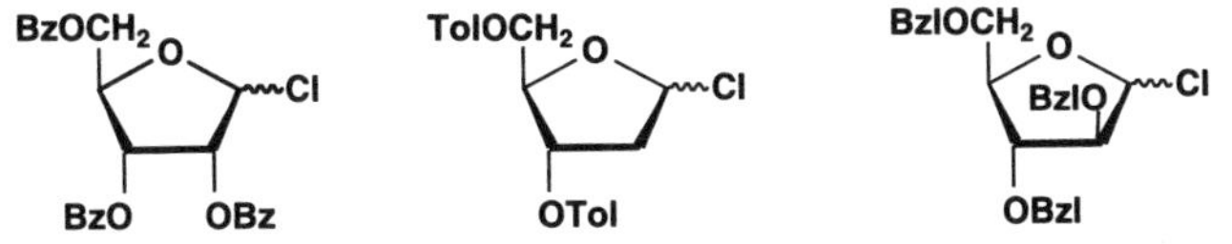

Bausteine der Nucleinsäuren

1: BzOCH₂-furanose-Cl with BzO, OBz (structure 1)
2: TolOCH₂-furanose-Cl with OTol (structure 2)
3: BzlOCH₂-furanose-Cl with BzlO, OBzl (structure 3)

Die Basen werden als Schwermetallsalze (Ag- oder Hg-Salze) bzw. als Ether (Alkyl- oder Trimethylsilylether) eingesetzt. Eine Aminogruppe als nucleophile Gruppe würde die Reaktion stören und muß deshalb geschützt werden, z.B. durch Benzoylierung. Der Benzoylrest muß nach erfolgter Nucleosidsynthese wieder abgespalten werden. Zur Synthese der Pyrimidinnucleoside werden meist Ether der Pyrimidine eingesetzt. Die besten Ausbeuten werden mit Trimethylsilylethern erhalten, die in Gegenwart von Katalysatoren wie $AgClO_4$ mit der Halogenose reagieren (Abb. 4-3).

Die Umsetzungen sowohl der Hg-Salze (Purinnucleoside) als auch der Ether erfolgen unter S_N1-Bedingungen, so daß beide Anomere des Nucleosids entstehen könnten. Das ist auch bei der Synthese der 2-Desoxyriboside der Fall. Bei der Synthese der Riboside fallen jedoch bevorzugt die β-Anomeren an. Das wird auf eine Beteiligung des Acyloxyrestes in 2-Stellung der Halogenose zurückgeführt (*trans*-Regel von *Baker*).

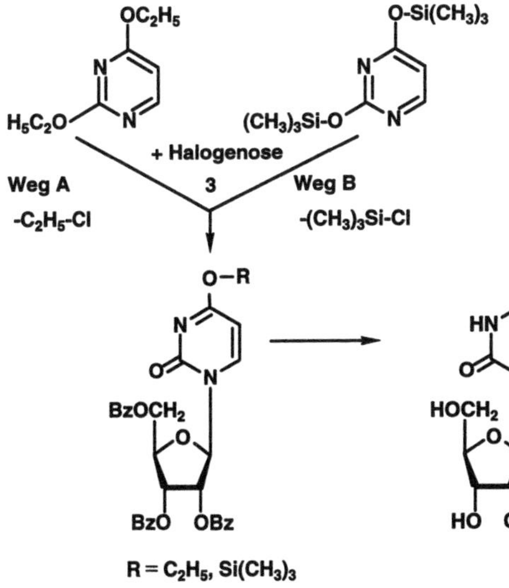

Abb. 4-3 Synthese des Pyrimidinnucleosids Uridin.

4.1.2 Mononucleotide

4.1.2.1 Struktur

Nucleotide sind die Phosphorsäureester der Nucleoside. Nach der Anzahl der Nucleosidkomponenten unterscheidet man Mono-, Di-, Tri-, Oligo- und Polynucleotide. Bei den Mononucleotiden sind eine oder mehrere Hydroxygruppen mit Phosphorsäure verestert. Riboside können die Phosphorsäure in 2-, 3- oder 5-Stellung, 2-Desoxyriboside nur in 3- oder 5-Stellung des Zuckerrestes tragen. Am längsten bekannt sind die 5'-Phosphate. Inosin-5'-phosphat (IMP, Inosinsäure) wurde bereits 1847 von *Liebig* aus Rindfleischextrakt isoliert, Adenosin-5'-phosphat (AMP, Adenylsäure) 1927 aus Muskelgewebe.

In schwach saurer oder alkalischer Lösung tritt eine intramolekulare Phosphatwanderung zwischen den Hydroxygruppen in 2'- und 3'-Stellung ein, die über ein Cyclophosphat verläuft.

3'-Phosphat ⇌ 2',3'-Phosphat ⇌ 2'-Phosphat

5'-Phosphate der Riboside können von 2'- bzw. 3'-Phosphaten durch ihre Reaktion mit Periodat unterschieden werden. Lediglich die 5'-Phosphate werden als *cis*-Diole oxidativ aufgespalten; 2'- und 3'-Phosphate reagieren nicht mit Periodat.

Die Monophosphate dissoziieren in zwei Stufen. Die pK_s-Werte liegen bei 1 und 6. Der pK_s-Wert der zweiten Dissoziationsstufe ist bei den 3'-Phosphaten etwas kleiner als bei den 2'- und 5'-Phosphaten. Dieser Unterschied reicht für eine Trennung dieser Nucleotide mittels Ionenaustauschchromatographie aus.

Wie andere Phosphorsäureester sind die Nucleotide gegenüber Alkali stabil. Sie werden aber relativ leicht durch Säuren gespalten.

Von großer biologischer Bedeutung sind **3',5'-Nucleotide**. Adenosin-3',5'-phosphat (cyclo-AMP, cAMP) und Guanosin-3',5'-phosphat (cGMP) spielen in der tierischen Zelle eine Rolle als second messenger (S. 455). cAMP wird im Organismus leicht abgebaut (Phosphodiesterasen) und ist nicht in der Lage, die Zellmembran zu passieren. Unter den membrangängigen cAMP-Derivaten ist besonders das an der 6-Amino- und 2'-Hydroxygruppe acylierte Dibutyryl-cAMP zu erwähnen. cAMP läßt sich durch Behandeln des Triethylammoniumsalzes von AMP mit Dicyclohexylcarbodiimid in Pyridin erhalten.

Adenosin-3'-phosphat-5'-phosphosulfat

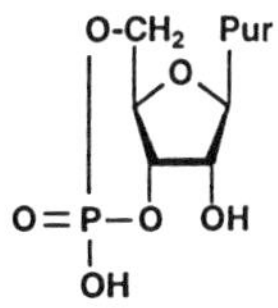

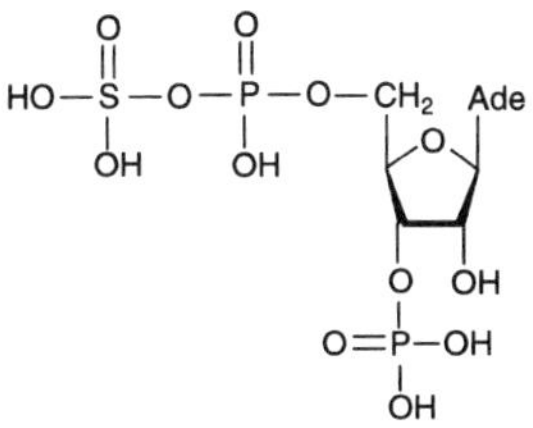

Adenosin-3',5'-bis(phosphat) und Adenosin-2',5'-bis(phosphat) sind Bestandteile der Coenzyme CoA bzw. NADP (vgl. Kap. 6).

Die 5'-Phosphate bilden mit Säuren Anhydride. Eine besondere Rolle spielen *in vivo* die **Anhydride** mit Phosphorsäure und Pyrophosphorsäure, die Di- und Triphosphate. Die Anhydridbindung ist sehr energiereich. **Adenosintriphosphat** (ATP) ist der wichtigste Energiespeicher und Phosphatüberträger (*Lohmann*). Im Neutralen beträgt die bei der hydrolytischen Spaltung der terminalen Phosphatgruppe freiwerdende Energie 28 bis 32 kJ/mol. Im Alkalischen liegt dieser Wert höher (pH 9: ca. 40 bis 44 kJ/mol). Vor kurzem wurden mit Diadenosin-pentaphosphat (Ap_5A) und Diadenosin-hexaphosphat (Ap_6A) zwei neuartige Nucleotide entdeckt, die in Konzentrationen von 10^{-9} M an der Blutdruckregulation beteiligt sein sollen.

Monophosphat (MP) | Diphosphat (Pyrophosphat) (DP) | Triphosphat (TP)

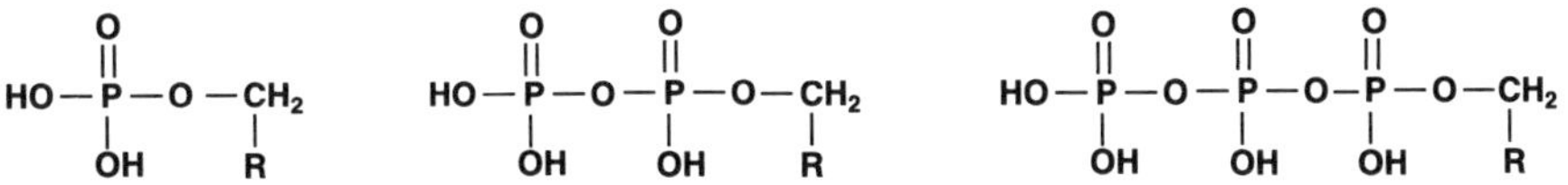

Durch Anhydridbildung werden in der Zelle auch andere Säuren aktiviert. Gemischte Anhydride mit Zucker-1-phosphaten, Schwefelsäure, Carbonsäuren oder Aminosäuren dienen zur Übertragung dieser Reste auf entsprechende Substrate. Die Anhydride der Zucker-1-phosphate (sog. Zucker-Nucleotide, S. 253) wie UDP-Galaktose oder -glucose sowie GDP-Mannose dienen als Glykosylüberträger, z.B. bei der Polysaccharidsynthese. CDP-Cholin überträgt den Cholinrest bei der Phospholipidsynthese. Der Schwefelsäurerest von Adenosin-3'-phosphat-5'-phosphosulfat (PAdoPS, sog. aktives Sulfat) wird auf Hydroxygruppen von Kohlenhydraten oder Phenolen übertragen. Carbonsäure-Phosphorsäureester-Anhydride sind wesentlich hydrolyseempfindlicher als Phosphorsäure-Phosphorsäure- und Phosphorsäure-Schwefelsäure-Anhydride. Gemischte Anhydride von Carbonsäuren mit AMP werden als Zwischenprodukte (Cosubstrate) bei der Übertragung von Acylresten auf das Coenzym A in Gegenwart von ATP gebildet (Abb. 4-4).

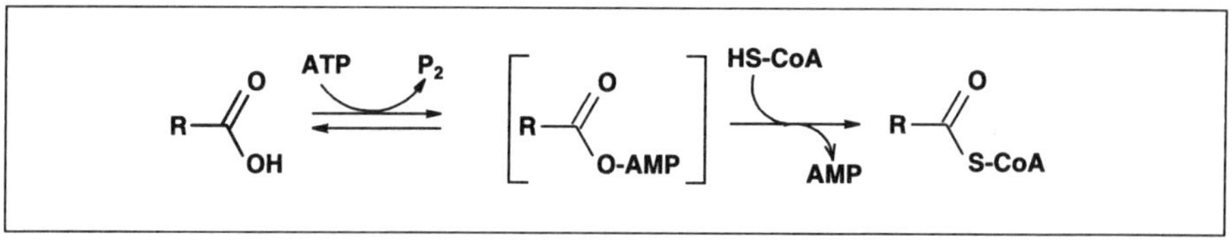

Abb. 4-4 Aktivierung von Carbonsäuren *in vivo* über die Bildung gemischter Anhydride. P_2 = Diphosphat.

4.1.2.2 Biosynthesen und Abbau

Die Biosynthese der Nucleotide verläuft bei Mikroorganismen, Pflanzen und Tieren auf ähnlichem Wege. Die *de-novo*-Synthesen gehen von acyclischen Vorstufen aus. Bei den **Pyrimidinnucleotiden** erfolgt zunächst der Aufbau des Pyrimidinringes und anschließend dessen Glykosidierung durch Reaktion mit 5-Phosphoribosyl-pyrophosphat. Erstes Pyrimidinnucleotid ist das Orotidin-5'-phosphat, aus dem durch Decarboxylierung UMP gebildet wird, von dem sich die anderen Pyrimidinnucleotide ableiten (Abb. 4-5).

Im Unterschied zu den Pyrimidinnucleotiden wird bei den **Purinnucleotiden** das heterocyclische Ringsystem unmittelbar am Riboserest aufge-

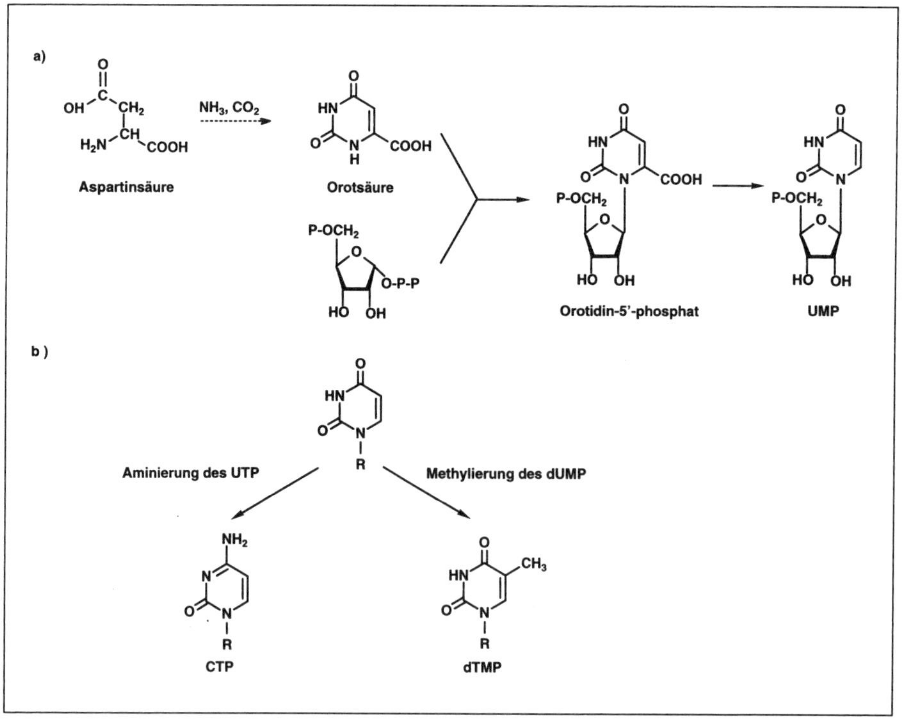

Abb. 4-5 Schematische Darstellung der Biosynthese (a) und Umwandlung (b) von Uridin (R = ribosyl-5'-triphosphat bzw. 2'-desoxyribosyl-5'-phosphat).

baut. Die Biosynthese geht aus von 5-Phosphoribosyl-pyrophosphat. Zunächst wird der Imidazolring gebildet (Abb. 4-6). Erstes Purinnucleotid ist Inosin-5'-phosphat, aus dem die anderen Purinnucleotide entstehen.

Die reduktive Umwandlung der Riboside in die 2-Desoxyriboside erfolgt auf der Stufe der Diphosphate (z. B. CDP → dCDP). Bei den Pyrimidinen werden die Triphosphate (UTP → CTP), bei den Purinen die Monophosphate aminiert (IMP → AMP, XMP → GMP). Uracil wird als Desoxyribosid-monophosphat in Gegenwart des Enzyms Thymidylatsynthase methyliert (dUMP → dTMP). Für den Einbau in die Nucleinsäuren werden die Triphosphate benötigt, die durch Phosphorylierung in Gegenwart von Kinasen gebildet werden.

Die Purinnucleotide werden im tierischen Organismus oxidativ abgebaut. **Harnsäure** ist das hauptsächliche Ausscheidungsprodukt des Purinabbaus bei Reptilien und Vögeln und das Endprodukt des Purinabbaus bei Primaten. Die übrigen Säugetiere bauen die Harnsäure weiter zum **Allantoin** ab (Abb. 4-7).

Bei einigen höheren Pflanzen ist Xanthin Ausgangsstoff für die Biosynthese der **Purin-Alkaloide**. **Coffein** (1,3,7-Trimethylxanthin), **Theophyl-**

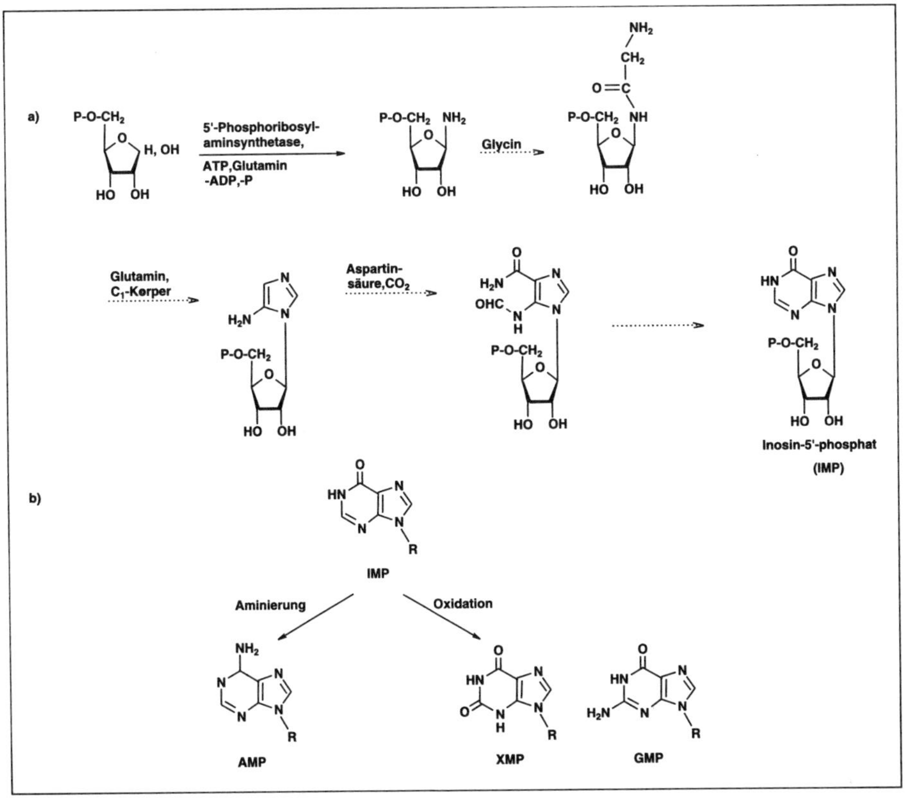

Abb. 4-6 Schematische Darstellung der Biosynthese (a) und Umwandlung (b) von Inosin-5'-phosphat (R = ribosyl-5'-phosphat).

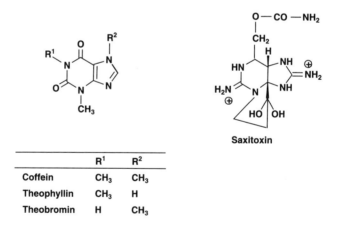

Abb. 4-7 Abbau der Purinnucleotide.

lin (1,3-Dimethylxanthin) und **Theobromin** (3,7-Dimethylxanthin) sind Methylierungsprodukte des Xanthins.

	R^1	R^2
Coffein	CH_3	CH_3
Theophyllin	CH_3	H
Theobromin	H	CH_3

Die Kaffeebohnen (Samen von *Coffea arabica*) enthalten ca. 1 % Coffein neben 3 bis 4 % Chlorogensäure. In den Teeblättern (Stammpflanze: *Camellia sinensis*) sind neben wenig Theophyllin 1 bis 5 % Coffein enthalten. In den Colanüssen, den Samen von *Cola nitida* und *acuminata*, kommen bis zu 2 % Coffein vor. Aus dem Extrakt der Nüsse werden die Cola-Getränke bereitet. Die Kakaosamen (Stammpflanze: *Theobroma cacao*) enthalten ca. 2 % Theobromin neben wenig Theophyllin und Coffein. Diese Drogen werden wegen der zentralerregenden Wirkung des in ihnen enthaltenen Coffeins in großen Mengen als Genußmittel verwendet. Bis zu 6 % Coffein ist in Guarana enthalten, ein Getränk aus den Samen von *Paullina cupana*. Theophyllin und Theobromin wirken diuretisch und erweitern die Gefäße der glatten Muskulatur. Ein Purinderivat ist auch das von Dinoflagellaten der Gattung *Gonyaulax* des Meeresplanktons produzierte, sekundär in Miesmuscheln vorkommende **Saxitoxin**. Saxitoxin greift am Natriumkanal an und blockiert die Bildung von Aktionspotentialen. Es enthält eine Halbketal-Struktur.

4.1.2.3 Mononucleotidsynthesen

Die **chemische Synthese** von Mononucleotiden erfolgt fast ausschließlich durch Phosphorylierung entsprechend geschützter Nucleoside, z. B. mit Dibenzylphosphorylchlorid. Die Benzylreste lassen sich durch katalytische Hydrierung relativ leicht abspalten. In einigen Fällen war dieses Phosphorylierungsreagens nicht geeignet, so für die Umsetzung von Isopropylidenguanosin oder von 3'-Hydroxygruppen von in 5'-Stellung geschützten Nucleosiden. Als Phosphorylierungsmittel wurden dazu Phosphorsäureester eingeführt, die durch ein Kondensationsmittel (z. B. DCC, S. 157) aktiviert werden müssen. Von besonderer Bedeutung ist das β-Cyanoethylphosphat, das durch Umsetzen von Cyanoethanol mit Phosphorylchlorid bzw. Phosphorsäure in Gegenwart von Trichloracetonitril erhalten werden kann.

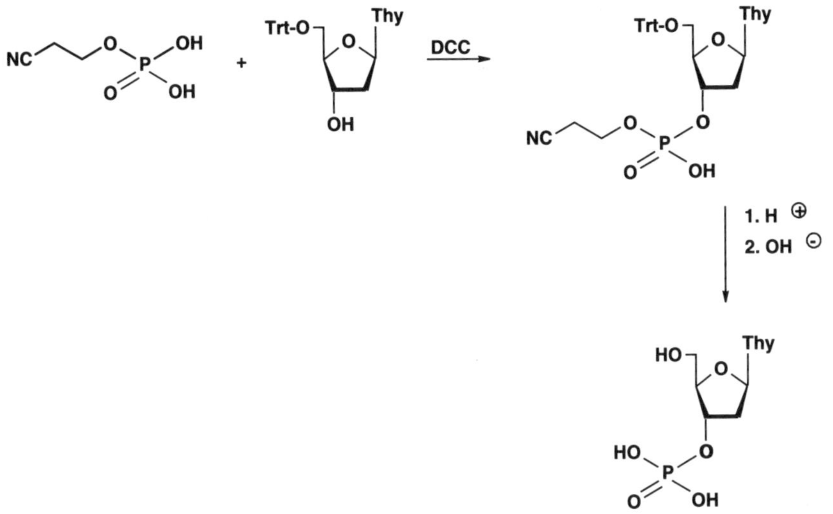

Thymidin-3'-phosphat

Die Synthese von 5'-Triphosphaten kann durch Umsetzen des 5'-Phosphomorpholids mit Tributylammoniumpyrophosphat in Gegenwart von DCC erfolgen (*Moffatt* und *Khorana*).

Im Unterschied zur chemischen Synthese werden bei der enzymatischen Synthese von Nucleotiden keine Schutzgruppen benötigt. Die enzymatische Synthese ist allerdings meist nur für die Herstellung geringer Mengen geeignet.

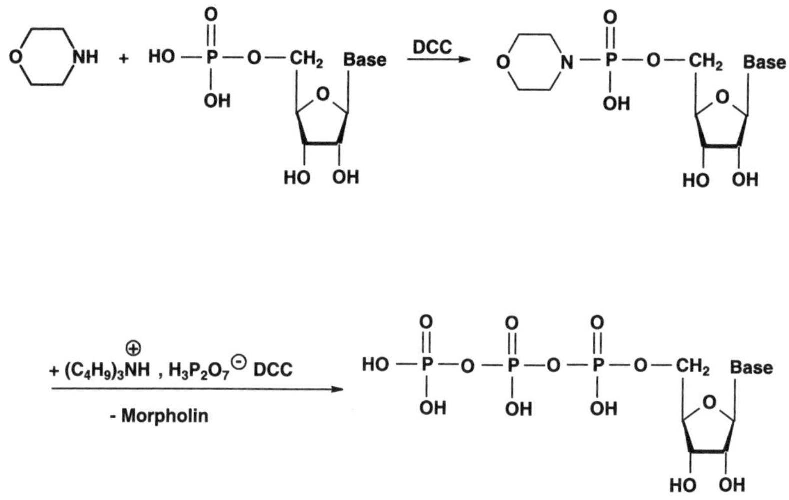

4.1.3 Physikalisch-chemische Eigenschaften

Die Pyrimidin- und Purinbasen sowie deren Nucleoside und Nucleotide können in verschiedenen tautomeren Formen vorliegen. Die Lage des Gleichgewichtes dieser Lactam-Lactim- bzw. Imino-Amino-**Tautomerie** ist von außerordentlicher Bedeutung für die Ausbildung von Wasserstoffbrücken und damit für die Struktur der Nucleinsäuren.

In wäßriger Lösung bei pH 7 sind die Lactam- und Aminoform eindeutig bevorzugt. Die anderen tautomeren Formen sind nach IR-, UV- und thermodynamischen Messungen unter 1 % vertreten. Bei thionierten Verbindungen wie 4-Thiouracil ist im Neutralen die Thionform gegenüber der Thiolform bevorzugt. Die experimentell gefundene Lage des Tautomeriegleichgewichtes wird auch durch Berechnungen der Resonanzenergien im Grundzustand bestätigt. Im ersten angeregten Zustand aber, der z. B. mit energiereicher Strahlung gebildet wird, sind Amino- und Iminoform etwa gleichberechtigt. Die Iminoform des Cytosins könnte somit Anlaß für eine andere Basenpaarung (S. 300) und damit für Mutationen sein.

Die Nucleinsäurebasen verfügen vor allem mit einer Amino- oder Lactamgruppe über Strukturelemente, die mit Säuren oder Basen reagieren können. Die **pK$_s$-Werte** der Aminogruppen liegen bei 2,5 bis 4,3, die der Lactamgruppe bei ca. 9,5 (Tab. 4-2). Durch den Glykosylrest wird der pK$_s$-Wert etwas verringert. Riboside besitzen einen etwas geringeren pK$_s$-Wert als Desoxyriboside. Nach Röntgenstrukturanalysen werden Adenosin am N-1, Guanosin am N-7, Cytidin am N-3 und Uridin am O(4) protoniert. Bei den Nucleotiden und Nucleinsäuren kommt zusätzlich noch die Dissoziation der Phosphorsäureestergruppen hinzu.

Tab. 4-2: pK$_s$-Werte der Basen, Nucleoside und Nucleotide.

Dissoziation im Sauren*		Dissoziation im Alkalischen		Phosphorsäureestergruppe der 5'-Phosphate	
Base	Nucleosid	Base	Nucleosid	pK$_1$	pK$_2$
Adenin 4,1	3,5–3,8	9,7**		0,9	6,1
Guanin 3,3	1,6–2,5	9,4***	9,2	0,7	6,1
Uracil		9,5***	9,2–9,3	1,0	6,4
Thymin		9,8***	9,8		
Cytosin 4,5	4,2–4,3	–	–	0,8	6,3

*Aminogruppe **Imidazol-NH ***Lactamgruppe

Die Unterschiede in den pK$_s$-Werten werden für die Trennung der Nucleinsäurebausteine ausgenutzt. Die wichtigsten Methoden sind die Elektrophorese und die Ionenaustauschchromatographie. Bei der elektrophoretischen Fraktionierung von Nucleotiden, Polynucleotiden und Nucleinsäuren ist der pH-Wert optimal, bei dem die Ladung der zu trennenden Komponenten unterschiedlich ist.

Die Purin- und Pyrimidinbasen sind heteroaromatische Ringsysteme, die im wesentlichen planar gebaut sind. Der Furanosering des Ribosid- bzw. 2-Desoxyribosidrestes liegt in flexiblen Briefumschlag- oder **Halbsessel-Konformationen** vor (vgl. Kap. 3.1.1.3). Röntgenstrukturanalysen haben ergeben, daß bei Nucleosiden Konformationen bevorzugt werden, bei denen die C-Atome 2' und 3' etwa 0,05 nm ober- bzw. unterhalb der Ebene der restlichen Ringatome stehen.

Bei den Nucleosiden ist die Rotation der Base um die N-glykosidische Bindung (C-1'/N) vor allem durch das Proton am C-2' behindert. Die beiden durch diese Rotationsbarriere ermöglichten Konformationen werden als *syn-* und *anti-***Konformation** bezeichnet (Abb. 4-8). Die Hauptnucleoside der Nucleinsäuren liegen im kristallinen Zustand sowie in Lösung in der *anti-*Konformation vor. Durch sperrige Substituenten in 8-Stellung der Purinnucleoside bzw. 6-Stellung der Pyrimidinnucleoside (z.B. bei Orotidin, 6-Methyluridin) wird die *syn-*Konformation erzwungen. Die 5'-Phosphate dieser Nucleoside sind aufgrund ihrer veränderten Konformation keine Substrate mehr für Nucleotid-Polymerasen. Hinweise auf die Kon-

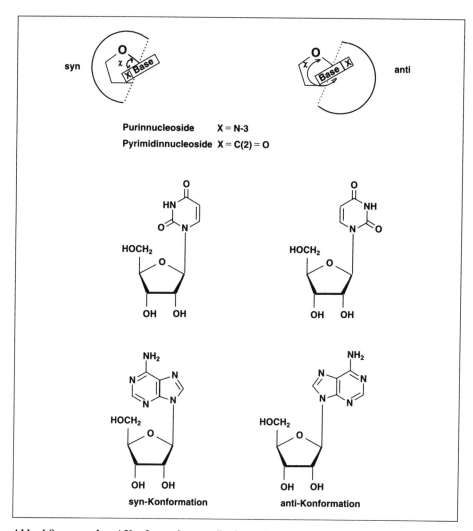

Abb. 4-8 *syn*- und *anti*-Konformation von Purin- und Pyrimidinnucleosiden.

formation der Nucleoside in Lösung liefern vor allem NMR-spektroskopische (u. a. durch Abschirmung bestimmter Protonen oder den Kern-*Overhauser*-Effekt) und chiroptische Untersuchungen.

Pyrimidine mit Lactamgruppierung zeigen in den **Elektronenspektren** oberhalb von 200 nm π → π*-Banden bei 210 bis 220 und 260 bis 270 nm. Säurezusatz verändert die Lage der Banden nicht, dagegen erfolgt bei den Pyrimidinbasen bei pH-Werten > 7 eine bathochrome Verschiebung der langwelligen Bande. Durch Substitution am N-Atom (Nucleoside) wird das Maximum leicht bathochrom verschoben, die pH-Abhängigkeit geht weitgehend verloren bzw. äußert sich nur noch in einer signifikanten Erniedrigung der Extinktion beim Übergang zu höheren pH-Werten. Während

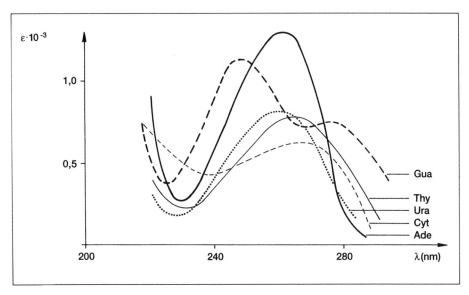

Abb. 4-9 Elektronenspektren der Purin- und Pyrimidinbasen in Wasser bei pH 7.

Adeninderivate ein langwelliges Maximum bei 260 nm besitzen, wird diese Bande bei den Guaninderivaten aufgespalten (Abb. 4-9). Die Elektronenspektroskopie dient vor allem zur Identifizierung und quantitativen Bestimmung von Nucleinsäurekomponenten, z. B. nach chromatographischer Fraktionierung.

Nucleoside und Nucleotide besitzen in der Zuckerkomponente mehrere Chiralitätszentren, sind also optisch aktiv. Gegenüber anderen Zuckerderivaten werden allerdings von den meisten Pyrimidinnucleosiden die *Hudson*schen Isorotationsregeln nicht befolgt. Verbindungen der β-D-Reihe drehen also im Unterschied zu den Purinnucleosiden und den meisten anderen Zuckerderivaten den polarisierten Lichtstrahl nach rechts, Verbindungen der α-D-Reihe nach links. Das Vorzeichen des langwelligen *Cotton*-Effektes der CD-Spektren hängt außer von der Konfiguration am C-1'(α- oder β-Reihe) auch von der Konformation um die glykosidische Bindung (*syn*- oder *anti*-Konformation) ab. Im allgemeinen geben in der β-D-Reihe Pyrimidinnucleoside positive und Purinnucleoside negative *Cotton*-Effekte.

4.1.4 Chemische Reaktivität

Das Verständnis der chemischen Reaktivität der Nucleinsäurebasen wird durch die Kenntnis der Elektronendichteverteilung erleichtert. Aus Abbildung 4-10 geht hervor, daß unter den substituierbaren C-Atomen bei den Pyrimidinderivaten das C-5 und bei den Purinderivaten das C-8 die höchste Elektronendichte aufweisen.

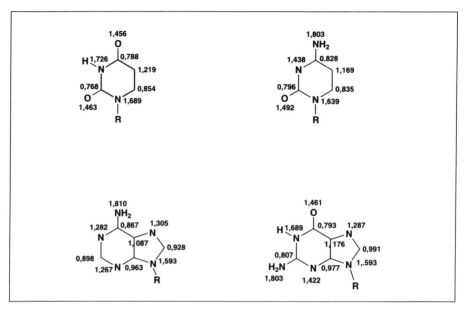

Abb. 4-10 Molekulardiagramme der Nucleinsäurebasen (MO-Berechnungen unter Benutzung gleichförmiger Parameter).

4.1.4.1 Einwirkung elektrophiler Reagenzien

Durch elektrophile Reagenzien können die Basen an C-Atomen sowie an cyclischen und exocyclischen N-Atomen angegriffen werden.

Obwohl Pyrimidin zu den π-Mangel-N-Heteroaromaten gehört, sind vor allem bei Anwesenheit elektronenspendender Amino- oder Hydroxygruppen elektrophile Substitutionen vorzugsweise am C-5 möglich. Besondere Bedeutung hat die Halogenierung, die z.B. zur Synthese von Nucleosid-Antimetaboliten dient. Die Bromierung erfolgt bereits unter sehr milden Bedingungen. 2'-Desoxyuridin läßt sich in Dioxanlösung mit Iod in Gegenwart von Salpetersäure iodieren. Eine elektrophile Substitution ist auch die biogene Bildung der 5-Hydroxymethyl-pyrimidine, die als Nebenbasen eine Rolle spielen. Der Hydroxymethylrest läßt sich *in vitro* durch Kochen der Pyrimidinnucleoside mit Formaldehyd in Gegenwart von 0,1 M Salzsäure einführen.

Auch bei Purinen wird die Reaktivität gegenüber elektrophilen Reagenzien durch Amino- oder Hydroxygruppen erhöht. Die Substitution erfolgt bevorzugt am C-8. Durch elektrophile Substitution lassen sich 8-Halogenverbindungen darstellen. In 8-Stellung erfolgt auch der Angriff von Diazoniumsalzen.

Pyrimidin- und Purinnucleoside sowie deren Derivate lassen sich relativ leicht alkylieren. In 1-Stellung substituierte Pyrimidine werden in 3-Stellung alkyliert, z.B. mit Diazomethan oder Dimethylsulfat in Gegenwart von Lauge. Von den Purinnucleosiden werden am leichtesten die Guaninderivate

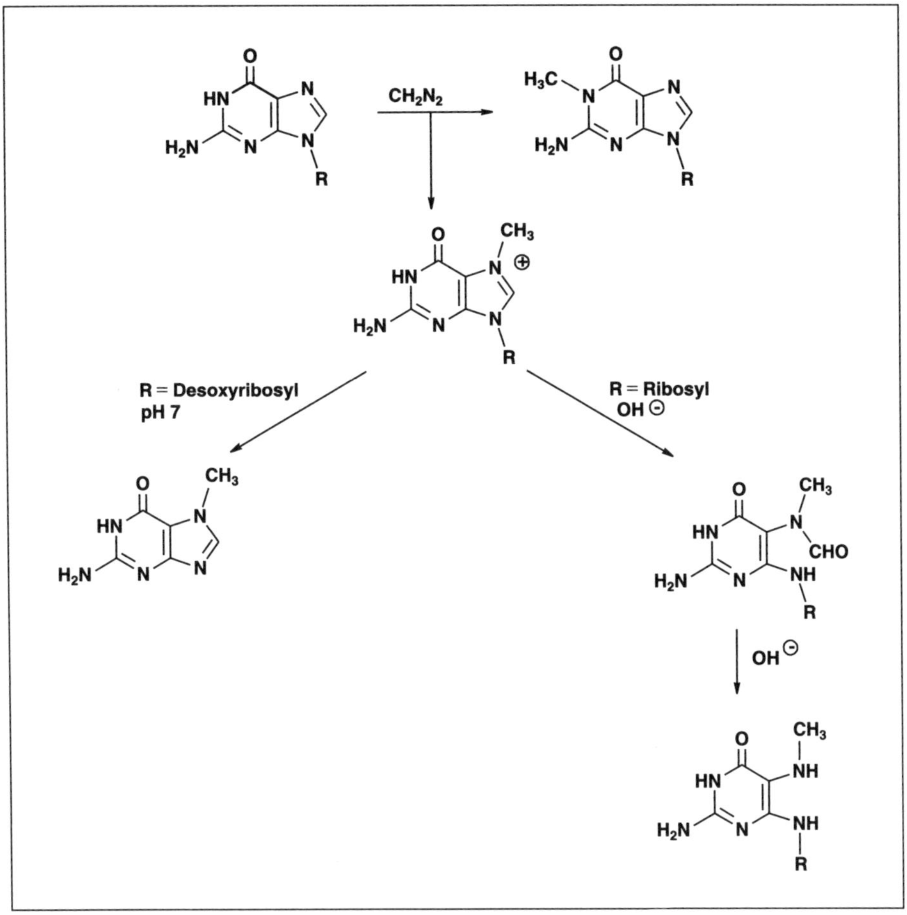

Abb. 4-11 Alkylierung von Guaninnucleosiden.

alkyliert. Die Alkylierung erfolgt beim Nucleosid in 3- und vor allem 7-Stellung. In der DNA werden die N-Atome, die an Wasserstoffbrücken beteiligt sind, weniger angegriffen. Hier erfolgt der Angriff bevorzugt am N-7 der Guanosinreste. Die durch Alkylierung am N-7 gebildete quartäre Verbindung (Abb. 4-11) ist recht unbeständig. Bei den Desoxyribosiden erfolgt die Spaltung am leichtesten an der N-glykosidischen Bindung. Bei den Ribosiden wird im Alkalischen der Imidazolring aufgespalten. Unter wesentlich härteren Bedingungen erfolgt eine Spaltung des Imidazolringes auch schon bei der nicht alkylierten Verbindung.

Alkylierende Verbindungen wie Diazomethan, Schwefelsäureester (Dimethylsulfat), Sulfonsäureester, Ethylenoxide (Oxirane), Aziridine oder Loste sind außerordentlich toxische Verbindungen. Sie wirken durch ihren Angriff an der DNA mutagen oder kanzerogen. Verschiedene Nitrosomethylderivate wie Nitrosomethylharnstoff sind potentielle Diazomethanbildner und führen ebenfalls zu Alkylierungen. Aus alkylierten Nucleinsäuren konnten neben 7-Alkylguanin (DNA, RNA) auch 3-Alkyladenin (DNA), 1-Alkyladenin (RNA) sowie 3-Alkylcytosin (RNA, DNA) isoliert werden. Ferner kommt es zu Alkylierungen der Phosphorsäurediestergruppierungen.

Zytotoxischer als die monofunktionellen Alkylantien sind bifunktionelle Verbindungen, die zu Quervernetzungen der Nucleinsäurekette bzw. mit Proteinen führen können. Zu diesen Verbindungen gehören Bis-Sulfonsäureester und vor allem Alkylhalogenide mit einem O-, S- oder N-Atom in β-Stellung (Loste).

Die **Einwirkung von Formaldehyd** kann zu einer Reaktion mit exocyclischen Aminogruppen, zur Hydroxymethylierung von H-N-Gruppen sowie unter drastischen Bedingungen zur Hydroxymethylierung in 5-Stellung des Pyrimidinringes führen. Eine Hydroxymethylierung am heterocyclischen Ring tritt bei Uracil-, Thymin- und Hypoxanthin-Derivaten auf. Sie erfolgt wie Alkylierungen in 3-Stellung der Pyrimidinbasen. Bei Cytosin, Guanosin und Adenosin erfolgt der elektrophile Angriff des Formaldehyds an der exocyclischen Aminogruppe, zunächst unter Bildung einer Hydroxymethylaminogruppe, die dann mit einem weiteren Mol Amin zu Verbindungen der Struktur **4** reagieren kann.

$$R-NH_2 + HCHO \rightleftharpoons R-NH-CH_2OH \xrightarrow{+R-NH_2} R-NH-CH_2-NH-R$$
$$\mathbf{4}$$

Die Reaktion mit Formaldehyd hat praktische Bedeutung bei der Inaktivierung infektiöser Virus-RNA sowie zur histochemischen Fixierung von Nucleinsäuren. Die Reaktion tritt praktisch nicht bei doppelsträngigen Nucleinsäuren ein, da hier die reagierenden Gruppen durch Wasserstoffbrücken blockiert sind und kann daher zur Untersuchung der Sekundärstruktur eines Polynucleotids herangezogen werden. Die Umsetzung von Nucleinsäuren mit anderen Aldehyden stellt eine Möglichkeit für die chemische Modifizierung von Nucleinsäuren dar.

Durch **Einwirkung von salpetriger Säure** auf die primären Aminogruppen der Nucleoside werden die entsprechenden Hydroxyverbindungen gebildet. Auf diese Weise lassen sich Cytosin- in Uracilreste, Adenin- in Hypoxanthinreste und Guanin- in Xanthinreste überführen. Die Austauschgeschwindigkeit sinkt in der Reihenfolge Guanosin > Adenosin > Cytidin sowie in Abhängigkeit von Substituenten im Zuckeranteil in der Reihenfolge Cytidin > Cytidin-5′-monophosphat > Poly(C).

4.1.4.2 Einwirkung nucleophiler Reagenzien

Stark nucleophile Reagenzien können zu einem Austausch von Substituenten (z. B. der Aminogruppe) sowie zu einer Öffnung des heterocyclischen Ringes führen. Eine Öffnung des Imidazolringes der Purinnucleoside tritt

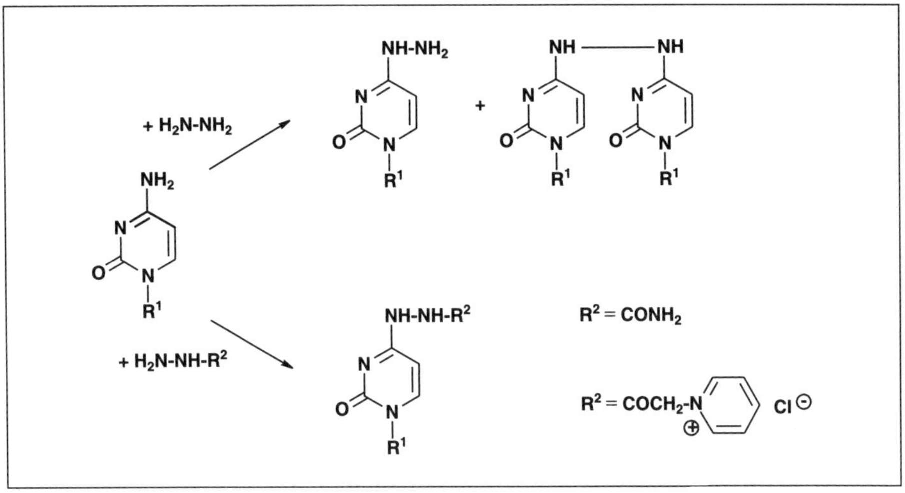

Abb. 4-12 Einwirkung von Hydrazinen auf Cytosin.

z. B. bei der Einwirkung von Alkali ein. Eine besondere Bedeutung hat die **Einwirkung von Hydrazin und Hydroxylamin** (Abb. 4-12). Im neutralen oder schwach sauren Milieu führt die Einwirkung von Hydrazin oder seiner Derivate bzw. Hydroxylamin zu einem Austausch der Aminogruppe des Cytosins durch nucleophile Substitution. Die Reaktion läßt sich unter Bedingungen durchführen, unter denen nur die Aminogruppe von Cytosinresten ausgetauscht wird. Die Umsetzung mit Hydrazin, Hydrazinderivaten oder Hydroxylamin kann zur selektiven chemischen Modifizierung von Cytosinresten in Nucleinsäuren herangezogen werden.

Bei der Einwirkung von Hydroxylamin auf Cytosin erfolgt zunächst eine nucleophile Substitution am C-6. C-5-Methyl- oder Hydroxymethylderivate reagieren langsamer. Ausgehend von Cytosin, Cytidin oder 2′-Desoxycytidin werden Bis-Hydroxylaminderivate gebildet.

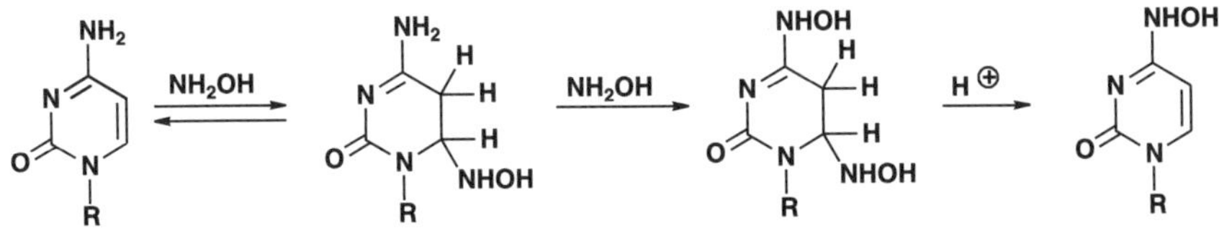

Im Alkalischen erfolgt dagegen unter der Einwirkung von Hydrazin bzw. Hydroxylamin eine Spaltung des Pyrimidinringes (Abb. 4-13). Eine erneute Cyclisierung führt zur Bildung von Pyrazol-3-onen (**5, 6**) bzw. Isoxazol-5-onen (**7, 8**). Bei längerer Einwirkung von Hydrazin bzw. Hydroxylamin auf die Ureido-Verbindungen **5** bzw. **7** werden Glykosylhydrazin bzw. -hydroxylamin gebildet. Die selektive Spaltung der Pyrimidinbasen kann zur Darstellung sog. **Apyrimidin-DNA** herangezogen werden. Die Pyrimidinbasen reagieren mit Hydrazin in der Reihenfolge Uracil > Cytosin > Thymin.

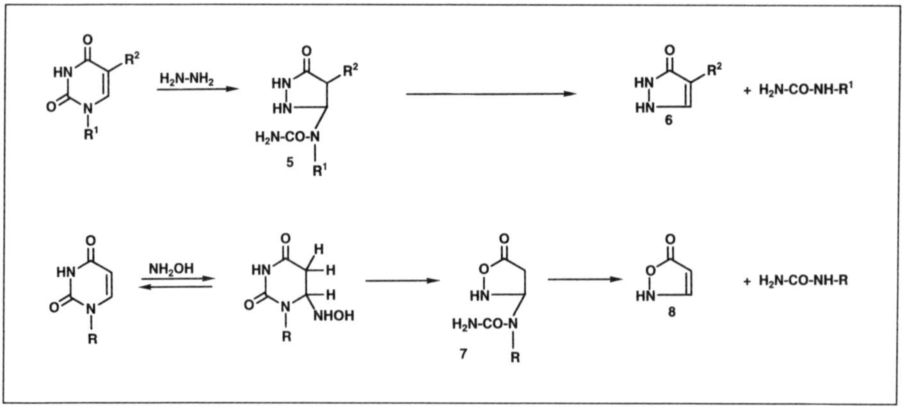

Abb. 4-13 Einwirkung von Hydrazin und Hydroxylamin auf Pyrimidine im Alkalischen.

4.1.4.3 Einwirkung von Radikalen und energiereicher Strahlung

Energiereiche Strahlung (UV-, ionisierende Strahlen) können zu Veränderungen der Nucleinsäuren führen. Bei entsprechender Dosierung wirken sie letal, was z. B. Grundlage einer Sterilisierungsmethode ist. Ultraviolette Strahlen werden experimentell bei Mikroorganismen zur Erzeugung von Mutanten eingesetzt. Hinweise auf die durch Strahlen hervorgerufenen Veränderungen an der DNA wurden durch *In-vitro*-Untersuchungen an DNA oder deren Bausteinen gewonnen. Es können Veränderungen an den Basen sowie am Zuckeranteil auftreten. Das Ausmaß der Strahlenschäden ist stark von der Anwesenheit von Sauerstoff abhängig.

Die wichtigsten strahleninduzierten **Veränderungen an den Basen** sind Abbildung 4-14 zu entnehmen. Es handelt sich um eine photochemische Addition an die Doppelbindung in 5,6-Stellung von Pyrimidinbasen, die Dimerisierung von Pyrimidinbasen zu Cyclobutanderivaten und die Öffnung des Imidazolringes bei Purinbasen. Bei Nucleinsäuren können dadurch falsche Basenpaarungen ausgelöst werden.

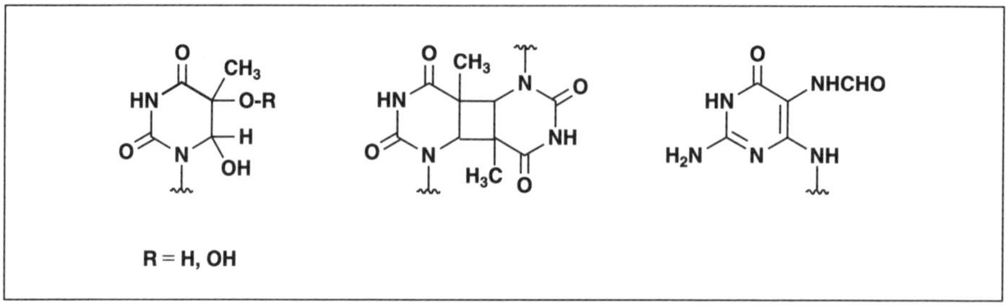

Abb. 4-14 Produkte strahleninduzierter Veränderungen an Nucleinsäurebasen.

Die **Veränderungen an der Desoxyribose** werden durch eine Wasserstoffabstraktion eingeleitet (Abb. 4-15). Die Wasserstoffabstraktion unter Bildung des 4′-Desoxyribonucleotid-Radikals wird auch durch die Antibiotika Bleomycin und das nahe verwandte Phleomycin ausgelöst. Wirksam sind bei diesen Antibiotika die Fe(II)-Komplexe, die Sauerstoff binden und aktivieren können. Die Antibiotika binden spezifisch an DNA. Der weitere Verlauf der DNA-Veränderung hängt davon ab, ob Sauerstoff vorhanden ist oder nicht. Folge ist in jedem Fall ein DNA-Strangbruch. Nach *Ames* sollen durch freie Radikale pro Tag und Zelle 10^4 bis 10^5 Basenmodifikationen erfolgen, für deren Beseitigung die Zelle aber über entsprechende Reparaturmechanismen verfügt (Herausschneiden der chemisch modifizierten Position und Neusynthese des Kettensegmentes).

4.1.4.4 Hydrolytische Spaltung der N-glykosidischen Bindung

Die Nucleoside werden als N-Glykoside säurekatalysiert gespalten, wenn auch wesentlich langsamer als O-Glykoside. Die Spaltgeschwindigkeit hängt sowohl von der Struktur der Base als auch von der Zuckerkomponente ab (Tab. 4-3). Purinnucleoside werden 100- bis 1000mal schneller als entsprechende Pyrimidinnucleoside hydrolysiert. Guaninderivate sind geringfügig labiler als Adeninderivate. Bei der DNA lassen sich daher Purinreste selektiv durch säurekatalysierte Hydrolyse entfernen (Bildung sog. **Apurinsäuren**). Die Stabilität der Purinnucleoside wird noch wesentlich verringert durch eine Alkylierung am N-7. N-7-Methyl-2′-desoxyguanosin-Derivate sind bereits bei pH 7 und 37 °C in relativ kurzer Zeit hydrolysierbar.

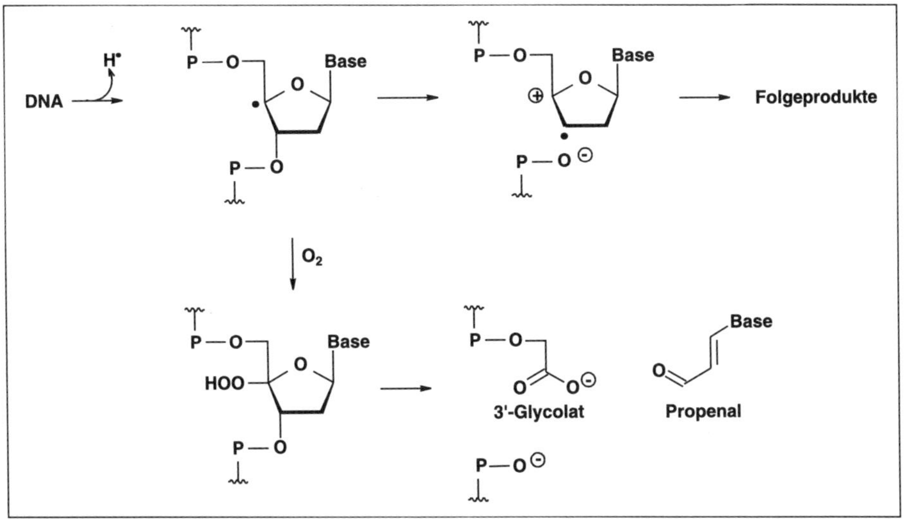

Abb. 4-15 Durch Wasserstoffabstraktion ausgelöster DNA-Strangbruch.

Tab. 4-3: Geschwindigkeitskonstanten der hydrolytischen Spaltung von Nucleosiden bei pH 1 und 37 °C (nach *Venner*).

Base	k (sec^{-1})	
	Riboside	2-Desoxyriboside
Uracil	10^{-9}	10^{-7}
Cytosin	10^{-9}	$1,1 \times 10^{-7}$
Adenin	$3,6 \times 10^{-7}$	$4,3 \times 10^{-4}$
Guanin	$9,4 \times 10^{-7}$	8,3

Pyrimidinnucleoside werden unter Bedingungen gespalten, die bereits zu einer weitgehenden Zersetzung des Zuckers führen. Die Stabilität der Pyrimidinnucleoside kann aber durch Hydrierung der Doppelbindung in 5,6-Stellung des heteroaromatischen Pyrimidinrestes wesentlich verringert werden. Derartige Hydrierungen können z. B. mit Rhodium- oder Palladiumkatalysatoren durchgeführt werden.

Desoxyriboside sind um den Faktor 10^2 bei den Pyrimidin- und 10^3 bei den Purinderivaten leichter spaltbar als die entsprechenden Riboside. Die leichte Spaltbarkeit der N-glykosidischen Bindung der DNA wird zum histochemischen Nachweis nach der *Feulgen*-Reaktion herangezogen. Bei der säurekatalysierten Spaltung anfallende Aldehyde werden dann mit *Schiffs*-Reagens nachgewiesen.

Durch Phosphorylierung wird die Hydrolyserate nur unbedeutend beeinflußt. Die Nucleotide sind meist etwas stabiler als die entsprechenden Nucleoside.

Die Basen lassen sich nach Öffnung des Tetrahydrofuranringes durch Periodatspaltung sehr leicht abspalten (S. 294).

4.1.5 Oligo- und Polynucleotide

4.1.5.1 Allgemeine Struktur und Nomenklatur

Die als Bausteine der Nucleinsäuren dienenden Oligonucleotide werden durch Verknüpfung der Phosphorsäureestergruppierung in 5'-Stellung der einen Nucleotidkomponente mit der 3'-Hydroxygruppe der benachbarten Nucleotidkomponente gebildet (vgl. pApUp).

Eine andere Gruppe von Dinucleotiden oder Dinucleotid-ähnlichen Verbindungen kommt in einigen Coenzymen vor. Bei den Coenzymen werden die Dinucleotide durch eine Anhydridbindung zwischen zwei 5'-Phosphaten gebildet. Beispiele dafür sind die Coenzyme Nicotinsäureamid-Adenin-Dinucleotid (NAD, S. 418) und Flavin-Adenin-Dinucleotid (FAD, S. 410). P^1,P^4-Di(adenosin-5')-tetranucleotid (Ap$_4$A) ist ein intrazellulärer Signalstoff. Er stimuliert die DNA-Synthese und wirkt als Alarmon bei Hitzeschock und oxidativem Streß der Zelle.

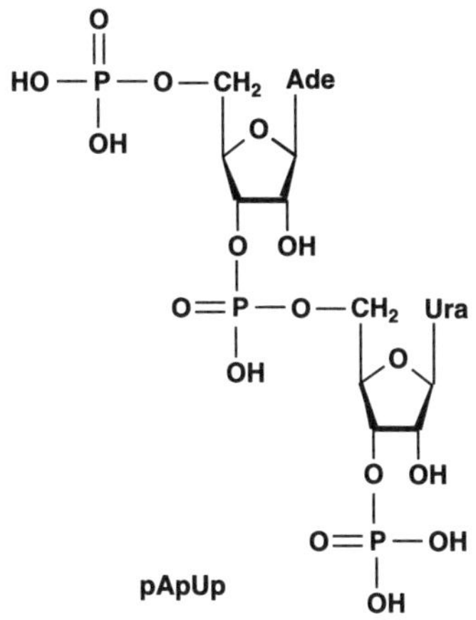

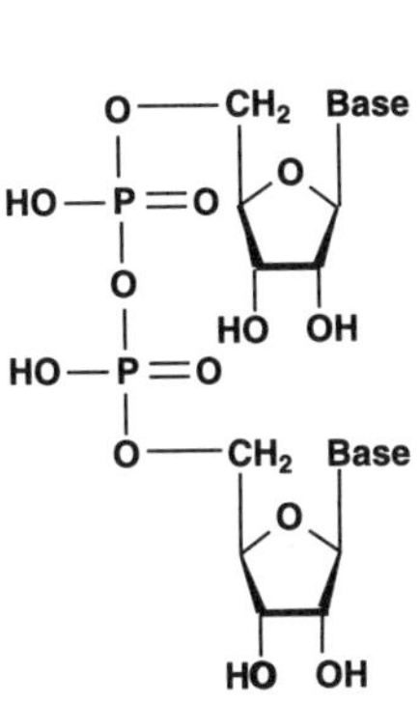

Teilstruktur von NAD

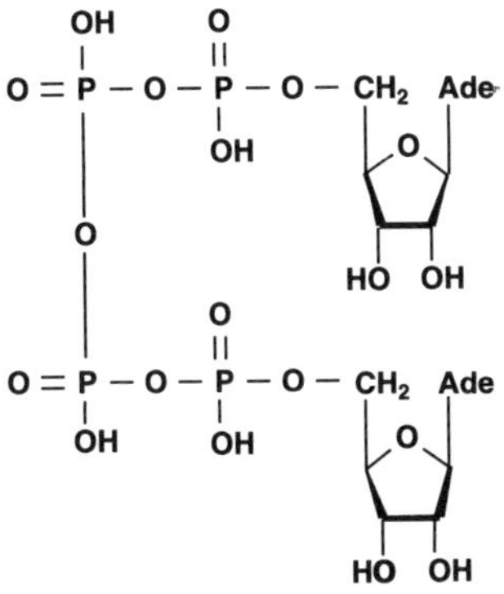

Diadenosintetraphosphat (Ap₄A)

Nomenklatur

Zur Kurzbezeichnung der Oligonucleotide dienen Ein-Buchstaben-Symbole (Tab. 4-1, S. 259). Die Phosphatgruppe wird mit p abgekürzt. Eine Phosphatgruppe in 5'-Stellung wird als p vor dem Großbuchstaben des Nucleosids, eine in 3'-Stellung als p nach dem Großbuchstaben angegeben. Bei längeren Sequenzen (Polynucleotide) wird das p durch einen Bindestrich ersetzt. Ein Komma zwischen den Großbuchstaben bedeutet, daß die Reihenfolge nicht genau bekannt ist. Die Nucleotide von Tripletts des genetischen Codes (S. 317) brauchen nicht durch Satzzeichen getrennt zu werden.

Synthetische Polynucleotide [Poly(N)] werden in analoger Weise wie Polypeptide bezeichnet. Beispiele nach IUPAC-IUB:

- Polyadenylat oder Poly(A) für ein lineares Polynucleotid aus Polyadenylsäure;

- Poly(Adenylat-Cytidylat) oder Poly(A-C) für ein lineares Polymer mit sich wiederholendem Block A-C;
- Poly(Adenylat,Cytidylat) oder Poly(A,C) für ein lineares Polymer mit statistischer Verteilung.

Die Anzahl der sich wiederholenden Einheiten wird durch einen Index angegeben, also $(A-C)_{50}$.

Zwei oder mehrere Polynucleotidketten,
- die nicht assoziiert sind, werden durch Plus getrennt, also Poly(dC) + Poly(dT);
- die nicht-kovalent verbunden sind, werden durch einen Punkt getrennt, also Poly(A).Poly(U) oder Poly(A).2Poly(U);
- bei denen Informationen über Bindungen fehlen, werden durch ein Komma getrennt, also Poly(A), Poly(A,U).

4.1.5.2 Oligo- und Polynucleotidsynthesen

Die *In-vitro*-Verknüpfung von Mononucleotiden bzw. Oligonucleotiden über eine 3′,5′-Phosphorsäurediester-Gruppierung zu Oligo- bzw. Polynucleotiden kann nicht-enzymatisch oder enzymatisch erfolgen.

Synthetische Oligo- und Polynucleotide haben die Aufklärung wesentlicher Probleme der Proteinbiosynthese, so der Kopier- und Übersetzungsvorgänge oder der Wirkungsweise beteiligter Enzyme ermöglicht. Die Aufklärung des genetischen Codes gelang z. B. erst nach der Synthese der 64 möglichen Trinucleotide der in der DNA vorkommenden Basen und deren Polymerisation zu Sequenz-Homopolymeren. Neben der Bearbeitung molekularbiologischer Probleme dienen Oligo- und Polynucleotide als Nucleinsäuremodelle zur Klärung physikochemischer Fragestellungen wie der Helix-Fadenknäuel-Übergänge sowie zum Studium des Wirkungsmechanismus von Pharmaka, die an der DNA angreifen. Synthetische Oligo- und Polynucleotide werden gegenwärtig in großem Umfange bei der Gentechnik (S. 320) benötigt. Synthetische Anti-Sense-Oligonucleotide könnten für eine „Gentherapie" Bedeutung erlangen (S. 316). Synthetische Polynucleotide sind ferner als Interferon-Induktoren interessant geworden. Der am besten untersuchte, aber leider zu toxische Interferon-Induktor ist das doppelsträngige Polyribonucleotid Poly(I).Poly(C).

Schutzgruppen
Bei der nicht-enzymatischen Synthese sind alle nicht umzusetzenden nucleophilen Gruppen durch Schutzgruppen zu blockieren. Diese Schutzgruppen müssen nach erfolgter Synthese wieder entfernt werden. Zu schützen sind primäre und sekundäre Hydroxygruppen der Zuckerreste, Aminogruppen der Basen sowie gegebenenfalls Phosphorsäuremonoestergruppen, um die Bildung von Pyrophosphaten oder Verzweigungen zu verhindern. In Tabelle 4-4 sind einige der gebräuchlichsten Schutzgruppen aufgeführt.

Tab. 4-4: **Schutzgruppen bei Nucleosid- und Nucleotidsynthesen.**

Zu schützende Gruppe	Schutzgruppe			
	Name	Abkürzung	Einführung	Entfernung
−CH$_2$OH	Trityl	tr	Triphenylmethylchlorid (Tritylchlorid)	Säurekatalysierte Hydrolyse
	Mono- bzw. Di-p-methoxytrityl	nmt dmt	Mono- bzw. Di-p-methoxytritylchlorid	Milde säurekatalysierte Hydrolyse
>CHOH	Acetyl	ac	Essigsäureanhydrid/Pyridin	Alkalische Hydrolyse
	Benzoyl	bz	Benzoylchlorid/Pyridin	Alkalische Hydrolyse
−CHOH | −CHOH	Isopropyliden	=CMe$_2$	Aceton/Orthoameisensäureester	Säurekatalysierte Hydrolyse
−NH$_2$ der Basen	Anisoyl	an	Anisoylchlorid/Pyridin	Alkalische Hydrolyse
=CHOH, −NH$_2$	Pivaloyl (Trimethylacetyl)	Piv	Pivaloylchlorid	Milde alkalische Hydrolyse (NH$_3$)
−O−PO$_3$H$_2$	Cyanoethyl	CNEt	β-Cyanoethylphosphat, DCC	Milde alkalische Hydrolyse

Hydroxygruppen werden durch Überführung in Ester, Ether oder Ketale bzw. Acetale geschützt. Als Schutzgruppen für primäre Hydroxygruppen dienen vor allem der Triphenylmethylrest (Tritylrest) bzw. die etwas leichter zu entfernenden Mono- oder Di-p-methoxytritylreste. Die vicinalen Hydroxygruppen der Riboside werden meist durch Überführung in die Ketale (Isopropylidenrest) geschützt. Zum Schutz der Phosphorsäuremonoester dienen Benzylreste bzw. leicht durch alkalische Hydrolyse zu entfernende β-substituierte Alkylreste wie die β-Cyanoethylgruppe.

Kondensationsmittel
Die Verknüpfung eines Phosphorsäuremonoesters (Mono- oder Oligonucleotid mit geschützten nucleophilen Gruppen) mit der gewünschten Hydroxygruppe der anderen Komponente ist eine Kondensationsreaktion, die nur nach Aktivierung des Phosphorsäuremonoesters erfolgt. Für die nicht-enzymatische Synthese wurden dafür sog. Kondensationsmittel entwickelt, die über eine Zwischenreaktion diese Aktivierung bewirken. Als Kondensationsmittel haben sich in der Nucleotidsynthese vor allem Carbodiimide (S. 157) wie das von *Khorana* und *Todd* eingeführte Dicyclohexylcarbodiimid (DCC) sowie sterisch gehinderte Sulfonsäurechloride wie Mesitylensulfonylchlorid (MS) oder Triisopropylbenzolsulfonsäurechlorid (TPS; *Khorana*) bewährt, die auch zur Peptid- und Phospholipidsynthese eingesetzt werden. Das eigentlich phosphorylierend wirkende Agens ist das entsprechende Metaphosphat:

$$R^1-O-P(=O)(=O) + HO-R^2 \longrightarrow R^1-O-\underset{OH}{\overset{O}{\underset{\|}{P}}}-O-R^2$$

Metaphosphat   **Internucleotidbindung**

Die Bildung des Metaphosphats erfolgt bei den Sulfonsäurechloriden wahrscheinlich über ein gemischtes Anhydrid bzw. in Anwesenheit von Pyridin über einen Pyridin-Komplex, beim Carbodiimid über ein Isoharnstoffderivat. DCC geht dabei in ein relativ schwer lösliches Harnstoffderivat über (S. 157), das gut abgetrennt werden kann.

Die Ausbeuten können weiter erhöht werden durch Einsatz von Gemischen aus TPS mit Tetrazol oder 1-Methylimidazol sowie der Trialkylbenzolsulfoazolide (X = Triazolid, Tetrazolid, 3-Nitro-1,2,4-triazolid u. a.).

Nicht-enzymatische Synthesen
Zur **Synthese der Internucleotidbindung** haben sich heute die in Abbildung 4-16 wiedergegebenen Methoden durchgesetzt.

Die Oligonucleotidsynthese findet heute vorwiegend am festen Träger (vgl. *Merrifield*-Synthese, S. 161) mit Hilfe von DNA-Syntheseautomaten statt. Innerhalb eines Synthesecyclus sind dann die folgenden Teilschritte programmiert, zwischen denen ein Spülen erforderlich ist:

Bausteine der Nucleinsäuren 283

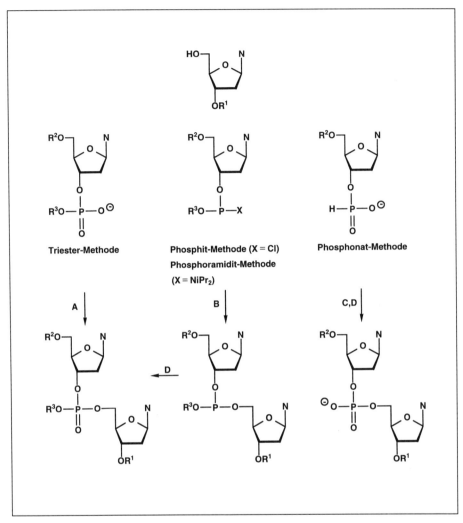

Abb. 4-16 Methoden der Oligonucleotidsynthese. A: Kondensationsmittel (Arylsulfonsäureazolide); B: Tetrazol als Katalysator (X=Cl) bzw. H⁺ (X = diisopropylamid; R^3 = β-cyanoethyl); C: Kondensationsmittel (z.B. Pivaloylchlorid); D: Oxidation.

1. Abspaltung der Schutzgruppe von der 5'-Hydroxyfunktion durch Säure;
2. Aktivierung der Nucleotidkomponente (z.B. durch Kondensationsmittel, Tetrazol);
3. Zugabe der aktivierten Nucleotidkomponente;
4. Oxidation im Falle der Phosphor(III)-Verbindungen.

Zweckmäßig ist nach Schritt 3 ein sog. „capping" zur Entfernung nicht umgesetzter 5'-Hydroxyverbindung. Die Ausbeuten können heute bis zu

99 % betragen. Inzwischen sind Synthesen von Oligonucleotiden bis zu 100 Monomeren möglich. Im allgemeinen werden aber Teilsequenzen synthetisiert, die dann zur gewünschten Gesamtsequenz zusammengesetzt werden. Die Oligonucleotidsynthese wird vor allem zur Gensynthese (S. 320) benötigt. Höhepunkte waren die Totalsynthese der Gene für das α-Interferon (514 Basenpaare, 1981) und den humanen t-Plasminogen-Aktivator (1610 Basenpaare, synthetisiert aus 101 Oligonucleotiden, 1988).

Unter den **Nucleinsäure-Modelle**n sind in letzter Zeit besonders die PNA (peptide nucleic acids) interessant geworden, bei denen das Desoxyribose-Rückgrat der DNA durch ein Polyamid ersetzt wurde. PNA sind nicht negativ geladen wie die Nucleinsäuren. PNA bilden stabile Hybride mit DNA.

Synthesen unter Einsatz von Enzymen
Der Einsatz Polynucleotid-synthetisierender Enzyme (S. 311) hat den Zugang zu Polynucleotiden erleichtert. Enzymatische Reaktionen haben den Vorteil, daß aufgrund der Spezifität der Enzyme auf Schutzgruppen verzichtet werden kann. Aus praktischen Gründen können aber meist nur Mengen unter 1 mg synthetisiert werden. Von Bedeutung sind vor allem die folgenden Verfahren.

1. **Einsatz polymerisierender Enzyme** zur Synthese von Sequenz-Polymeren:
Die von *Kornberg* zuerst aus *Escherichia coli* isolierte DNA-Polymerase I synthetisiert *in vivo* in Anwesenheit der Triphosphate aller vier Desoxyribonucleotide und eines Keims (Primer) einsträngiger DNA doppelsträngige DNA. Unter bestimmten Bedingungen kann die DNA-Polymerase auch die Synthese künstlicher Polydesoxyribonucleotide - allerdings mit wesentlich geringerer Geschwindigkeit – synthetisieren. Das erste künstliche DNA-Analogon, Poly(dA-dT), wurde 1960 von *Schachman* u. Mitarb. aus dATP und dTTP als Substrate erhalten. *Khorana* u. Mitarb. gelang es 1965, ausgehend von chemisch synthetisierten Di-, Tri- oder Tetranucleotiden, doppelsträngige Polydesoxyribonucleotide mit sich wiederholenden Oligonucleotideinheiten zu synthetisieren, wobei allerdings mit steigender Oligonucleotidsequenz die Reaktionsgeschwindigkeit ab- und die erforderliche Primer-Konzentration zunahm.

2. **Einsatz von Polynucleotid-Ligase** (DNA-Ligase) zur Synthese von Polydesoxyribonucleotiden mit definierter Sequenz:
Polynucleotid-Ligasen ermöglichen die Verknüpfung synthetisch hergestellter Oligonucleotid-Segmente. Durch Einsatz der T4-Polynucleotid-Ligase gelang *Khorana* u. Mitarb. 1970 die Totalsynthese des Gens für die Alanin-spezifische tRNA aus Hefe.

4.2 Nucleinsäuren

4.2.1 Einführung

Das Rückgrat der Nucleinsäuren wird aus den über 3',5'-Phosphorsäurediesterbrücken miteinander verbundenen Zuckerresten (Ribose bzw. Desoxyribose) gebildet, an denen die entsprechenden Basen sitzen.

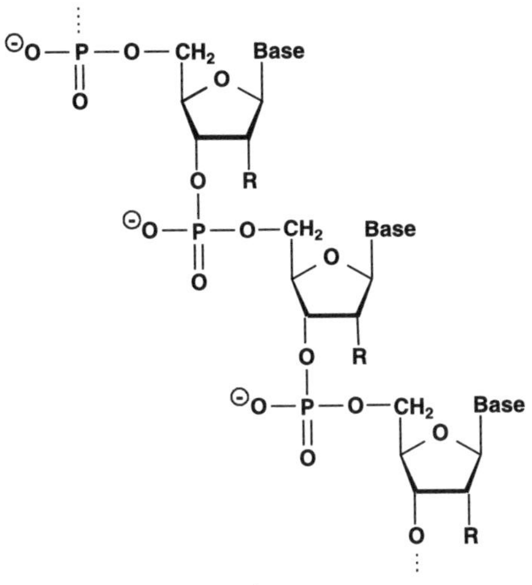

Desoxyribonucleinsäure (DNA, R = H)

Ribonucleinsäure (RNA, R = OH)

Durch säurekatalysierte Hydrolyse der Nucleinsäuren wird vorzugsweise die Phosphorsäureestergruppierung mit der primären Hydroxygruppe (5') gespalten. Primär entstehen also die 3'-Phosphate. Enzymatische Spaltung der Nucleinsäuren ergibt je nach dem Angriffspunkt der nucleinsäurespaltenden Enzyme (Nucleasen) 5' oder 3'-Phosphate.

Das größte Problem bei der Isolierung der Nucleinsäuren ist die Abtrennung von Proteinen ohne Denaturierung oder Spaltung der Nucleinsäuren. Zur ersten Deproteinierung wird das biologische Material mit Detergentien (Natrium-Dodecylsulfat) in Verbindung mit Phenol oder bestimmten Lösungsmitteln (Chloroform) behandelt. Die dadurch denaturierten Proteine werden dann durch Extraktion oder Präzipitation entfernt. Zur Fraktionierung der entproteinierten und meist wiederholt präzipitierten Nucleinsäuren dienen vor allem die präparative Ultrazentrifugation, die Ionenaustauschchromatographie und die Trägerelektrophorese.

Die quantitative Bestimmung der Nucleinsäuren erfolgt durch Elektronenspektroskopie im UV-Bereich (S. 270) bzw. verschiedene Farbreaktionen. Am weitesten verbreitet ist die Reaktion mit Resorcin (nach *Bial*) oder Diphenylamin (nach *Dische*). Auf Trägergelen können Nucleinsäuren mit Farbstoffen wie Toluidinblau oder Methylenblau angefärbt werden.

Die einzelnen Nucleinsäuren unterscheiden sich bezüglich ihrer chemischen Struktur durch

- den Zuckerrest (Ribo- oder Desoxyribonucleinsäuren),
- Besonderheiten der Primärstruktur (Vorkommen von Nebenbasen, ungewöhnliche terminale Sequenzen),
- die Länge der Polynucleotidkette (Unterschiede in den Molmassen) sowie in
- ihrer räumlichen Struktur (langgestreckt oder kugelförmig, einzel- oder doppelsträngig, acyclisch oder cyclisch, vgl. Sekundärstruktur).

4.2.2 Vorkommen und Primärstruktur der Nucleinsäuren

4.2.2.1 Desoxyribonucleinsäuren

Die Desoxyribonucleinsäure (DNA) kommt bei den Prokaryoten hauptsächlich in den Chromosomen, bei den Eukaryoten im Zellkern vor. Im Zellkern sind etwa 90 bis 95 % der DNA der eukaryotischen Zelle konzentriert. Neben dieser chromosomalen DNA kommt die DNA noch in Form der sog. Satelliten-DNA des Cytoplasmas, in Zellorganellen wie in den Chloroplasten der pflanzlichen Zellen oder den Mitochondrien der tierischen Zellen sowie als Plasmide der Bakterien vor.

Die **Plasmide** sind ringförmige DNA-Moleküle, die in den Bakterien als extrachromosomale Informationsträger dienen und u. a. an der Ausbildung der Resistenz gegen bestimmte Antibiotika beteiligt sind (vgl. S. 679). ie Satelliten-DNA unterscheidet sich von der chromosomalen DNA in ihrer Dichte. Die Unterschiede in der Dichte gehen vor allem auf Unterschiede im G/C-Gehalt zurück.

Die natürliche DNA ist an Basen (basische Proteine oder biogene Amine) assoziiert. So enthält das aus dem Zellkern der Eukaryoten isolierbare Material, das **Chromatin,** neben DNA noch basische Proteine, die Histone, sowie RNA und Nichthistonproteine. Die Histonmoleküle, von denen man heute die Typen H1, H2A, H2B, H3 und H4 unterscheidet, ordnen sich dabei um stark gefaltete (sog. supercoil) DNA-Abschnitte an (**Nucleosomen**). Das Histon-Rumpfteilchen der Nucleosomen besteht aus 8 Histonmolekülen (je 2 H3, H4, H2A und H2B). Um dieses Rumpfteilchen ist der DNA-Strang knapp zweimal herumgewickelt. Die Nucleosomen und die dazwischen liegenden Histon-freien DNA-Abschnitte bilden dann das Chromatin. Etwa 90 % des genetischen Materials ist durch die Proteine blockiert.

Die DNA der Spermatozoen und Phagen-Köpfe ist an Polyamine wie Spermin, Spermidin oder Putrescin gebunden.

An den Enden der eukaryotischen DNA der Chromosomen sind sich wiederholende einfache Sequenzen angeordnet, sog. **Telomere,** die für die Stabilität der Chromosomen essentiell sind und durch spezielle Telomerasen synthetisiert werden.

Über die Isolierung einer noch proteinhaltigen DNA, die als Nuclein bezeichnet wurde, berichtete 1871 *Miescher.* Aber erst 1944 konnte die DNA als Träger der genetischen Information erkannt werden (*Avery, Mac Leod* und *Mc Carty*).

Aufgrund der Schwierigkeiten, die bei der Sequenzanalyse der DNA zunächst auftraten, hatten Methoden, die Teilinformationen über die Struktur liefern, eine besondere Bedeutung. Dazu gehörten vor allem die **Analyse des Basenverhältnisses** und die **Nachbarschaftsanalyse.** Einen wesentlichen Beitrag zur Strukturaufklärung hat *Chargaff* durch die Analyse des Basenverhältnisses der 4 Hauptnucleotide von DNA verschiedener Herkunft geliefert. Die von ihm 1950 aufgestellten Regeln besagen, daß in der DNA Carbonyl- und Aminogruppen sowie Purin- und Pyrimidinreste mit gleicher Häufigkeit auftreten.

Das Basenverhältnis kann durch Hydrolyse der Nucleinsäuren, chromatographische Trennung und Bestimmung der Monomeren ermittelt werden. Bei sehr kleinen Nucleinsäuremengen kann für orientierende Angaben auch die Dichtebestimmung oder die Bestimmung der Phasenumwandlungstemperatur herangezogen werden, die beide vom G/C-Gehalt abhängen.

Bei der Nachbarschaftsanalyse (nearest-neighbour-frequency analysis) wird die Häufigkeit bestimmt, mit der ein Nucleotid einem anderen Nucleotid in 5′-Richtung benachbart ist.

4.2.2.2 Ribonucleinsäuren

Im Unterschied zu den Desoxyribonucleinsäuren sind die Ribonucleinsäuren (RNA) gegenüber Alkali labil. Diese ungewöhnliche Eigenschaft von Phosphorsäurediestern ist durch die 2′-Hydroxygruppe bedingt, die die Ausbildung von 2′,3′-Phosphaten ermöglicht.

An den 3′- und 5′-Enden der Ribonucleinsäuren können sich entweder Hydroxygruppen oder Phosphorsäuremonoestergruppen befinden, so daß folgende 4 Typen unterschieden werden können:

pNpN...pNpN
pNpN...pNpNp
NpN...pNpNp
NpN...pNpN.

In einigen Fällen kann am 5'-Terminus auch ein Di- oder Triphosphatrest (Virus-RNA) sitzen. Bis zu 25 % des Trockengewichtes einer Zelle kann aus Ribonucleinsäure bestehen. Bei den Ribonucleinsäuren können nach Vorkommen bzw. Funktion mehrere Hauptgruppen unterschieden werden: ribosomale (rRNA), Transfer-(tRNA), Messenger-(mRNA) und virale RNA.

Daneben findet sich noch Ribonucleinsäure im Zellkern (Kern- oder nucleare RNA, nRNA, ein Vorläufer der mRNA) sowie in den Mitochondrien bzw. Chloroplasten.

Ribosomale RNA (rRNA)
Etwa 50- bis 80 % der gesamten RNA der eukaryotischen Zelle sind in den Ribosomen lokalisiert.

Ribosomen sind Nucleinsäure-Protein-Komplexe, die etwa 50 bis 60 % RNA enthalten. Sie besitzen ein Partikelgewicht von $2,8 \cdot 10^6$ (70 S) bei den Bakterien bzw. $4,1 \cdot 10^6$ (80 S) bei den Säugetieren. Die Ribosomen können unter bestimmten Bedingungen in zwei ungleiche Untereinheiten dissoziieren mit Sedimentationskoeffizienten von 50 S und 30 S bei den Bakterien bzw. 60 und 40 S bei den Säugetieren. Die kleinere Untereinheit enthält eine (16 S bei den Bakterien, 18 S bei den Säugetieren), die größere zwei RNA-Komponenten (Bakterien: 23 S und 5 S; Säugetiere: 28 S und 5 S).

Die Basenzusammensetzung der RNA-Komponenten hängt von der Herkunft der rRNA ab. Das Verhältnis G + C/A + U schwankt bei den Tieren zwischen 0,5 bis 2,0, bei den Pflanzen zwischen 0,8 und 1,6. Der niedrigere Wert wurde bei niederen Pflanzen (Hefen, Algen), der höhere bei *Liliatae* (1,4 bis 1,6) und *Magnoliatae* (ca. 1,3 bis 1,4) gefunden. Im allgemeinen ist der G + C-Anteil bei höher entwickelten Organismen größer als bei niederen Arten. Bei den höchstentwickelten Organismen, also den *Liliatae* und Säugetieren ist der G + C-Anteil der großen ribosomalen Untereinheit höher als der der kleinen.

Transfer-RNA (tRNA)
Nächst der rRNA ist die Transfer-RNA mit ca. 15 % der Gesamt-RNA der Zelle am häufigsten. Ihren Namen hat sie aufgrund ihrer Funktion als Aminosäuretransporter bei der Proteinsynthese (Kap. 4.3) erhalten. Sie kommt in der löslichen Cytoplasmafraktion der Zellen vor und wurde deshalb auch als lösliche RNA (soluble RNA, sRNA) bezeichnet. Die tRNA besitzt die kleinste Molmasse der Nucleinsäuren. Sie ist deshalb auch die

Nucleinsäure, über deren Primär-, Sekundär- und auch Tertiärstruktur (vgl. Kap. 4.2.4.2) die detailliertesten Kenntnisse vorhanden sind. Für die Aufklärung der Primärstruktur der ersten tRNA erhielten *Khorana, Nirenberg* und *Holley* 1969 den Nobelpreis für Medizin.

Alle tRNA enthalten am 3'-Terminus die Sequenz -*C-C-A*. Am 5'-Terminus befindet sich ein G- oder C-Rest. Die Basenzusammensetzung der tRNA ist durch das Vorkommen von Nebenbasen charakterisiert. Die Nebenbasen sind häufig in bestimmten Regionen des Moleküls lokalisiert, so Dihydrouracil und Pseudouridin in nach ihnen benannten Schleifen. Sie unterscheiden sich durch ihre Lichtabsorption von den normalen Purin- und Pyrimidinbasen.

In einigen tRNA (von Mikroorganismen, Pflanzen und Tieren) wurde in der ersten Position des Anticodons das in seiner Struktur ungewöhnliche **Nucleosid „Q"** gefunden, bei dem es sich um ein Cyclopentenderivat handelt.

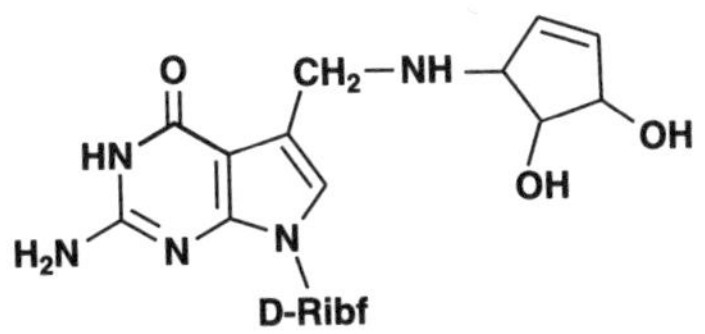

Nucleosid „Q"

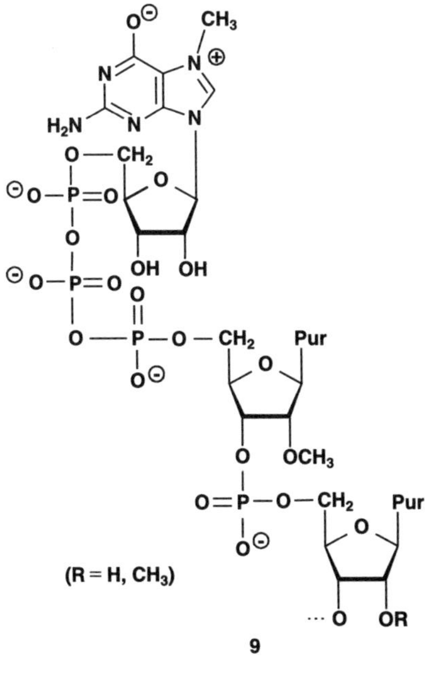

(R = H, CH$_3$)

9

Boten- oder Messenger-RNA (mRNA)
Die Messenger-RNA übernimmt die genetische Information von der DNA (Replikation) und wirkt als Matrize für die Proteinsynthese. Aufgrund ihrer Biosynthese (S. 313) entspricht ihre Basenzusammensetzung der der DNA. Lediglich Thymin wird durch Uracil ersetzt. Die Molmasse liegt zwischen 300.000 und 500.000. Die mRNA gehört zu den Ribonucleinsäuren mit der geringsten metabolischen Stabilität. Sie macht etwa 5 bis 10 % der Gesamt-RNA der Zelle aus.

Die mRNA eukaryotischer Zellen besitzt charakteristische Endgruppen. Am 3'-Ende befindet sich ein langer Schwanz von Polyadenylsäure, während am 5'-Ende ein 7-Methylguanosinrest über eine ungewöhnliche 5',5'-Triphosphatbrücke sowie 2'-O-methylierte Nucleoside (vgl. Struktur **9**) gebunden sind. Prokaryotische mRNA beginnt am 5'-Terminus mit pppNp.

4.2.2.3 Virale Nucleinsäuren

Viren sind Nucleinsäure-Protein-Komplexe, die sich in einer lebenden Zelle vermehren können. Sie werden definiert als Teilchen,

- die aus einem oder mehreren Molekülen von RNA oder DNA bestehen und meistens von Proteinen umhüllt sind,
- die imstande sind, den Enzymapparat des Wirts zum Zwecke ihrer intrazellulären Replikation auszunutzen, indem ihre Information die des Wirts verdrängt,
- die gelegentlich die Fähigkeit haben, ihr Genom in reversibler Weise in das des Wirts zu integrieren und dadurch kryptisch zu werden oder die Eigenschaften der Wirtszelle zu transformieren (*Fraenkel-Conrat*).

Die Viren können eingeteilt werden nach der Art der Nucleinsäure (DNA-, RNA-Viren, Tab. 4-5), nach den von ihnen befallenen Zellen, nach ihrer äußeren Form (z. B. kugel-, stäbchenförmig) oder ihrem physikochemischen Verhalten. Viren, die Bakterien befallen, werden als Phagen bezeichnet. Einige Viren enthalten Lipidhüllen (umhüllte Viren), deren Komponenten von der Wirtszelle stammen.

Das stäbchenförmige Tabakmosaikvirus (TMV, M ca. 40×10^6) ist z. B. ein Nucleoprotein-Komplex, an dessen einsträngiger RNA-Spirale (bestehend aus ca. 6.400 Nucleotiden) etwa 2100 Proteinmoleküle (M ca. 17.500) gebunden sind.

Die DNA der kleinsten Phagen ist einzelsträngig und cyclisch, die aller mittelgroßen und großen Viren doppelsträngig. Die RNA ist meist einzelsträngig. Reoviren und Insektenviren enthalten doppelsträngige RNA.

Tab. 4-5: Klassifizierung der Viren nach ihrer Nucleinsäure und dem Weg der Bildung ihrer mRNA (+ E-RNA) als Matrix für die Biosynthese der viralen Proteine (nach J. Darnell, H. Lodish, D. Baltimore: Molecular Cell Biology, Scientific American Books, New York 1990, S. 183).

Klasse	Virale Nucleinsäure	Informationsübertragung	Beispiele
I	dDNA	⟶ mRNA	Herpesviren[1], Adenoviren
II	eDNA → dDNA	⟶ mRNA	Parvoviren
III	dRNA	⟶ mRNA	Reoviren
IV	(+)-eRNA → (−)-eRNA	⟶ mRNA	Poliomyelitisvirus
V	(−)-eRNA	⟶ mRNA	Influenzaviren[1]
VI	(+)-eRNA → (−)-eDNA → dDNA → mRNA		Retroviren (HIV)[1]

[1] mit Lipidhülle
d = Doppelstrang; e = Einzelstrang

4.2.3 Methoden der Sequenzanalyse

Die Sequenzanalyse der Nucleinsäuren bereitete gegenüber der der Proteine eine Reihe zusätzlicher Probleme, so daß die erste Sequenzanalyse, die der alaninspezifischen tRNA aus Hefe (1965: *Holley* und Mitarb.), erst 12 Jahre nach der ersten Sequenzanalyse eines Proteins abgeschlossen werden konnte. Die Schwierigkeiten liegen darin begründet, daß die Nucleinsäuren im wesentlichen nur aus 4 verschiedenen Monomeren aufgebaut sind, die Molmassen insbesondere bei den DNA außerordentlich hoch sind und lange Zeit zumindest für die DNA spezifisch spaltende Enzyme unbekannt waren. Die Sequenzanalysen beschränkten sich zunächst auf die relativ niedermolekularen tRNA. Bis 1973 wurde die Primärstruktur von über 60 tRNA, vorwiegend aus niederen Organismen aufgeklärt. Inzwischen wurden die Sequenzen ganzer Genome aufgeklärt (Tab. 4-6). Während die Anzahl der Basenpaare (bp) bei sehr einfach gebauten Viren noch unter 4.000 (= 4 Kilobasenpaare, kbp) liegt, wird für das menschliche Genom mit etwa 3 Milliarden Basenpaaren gerechnet, die sich auf 23 Chromosomen verteilen (Tab. 4-7).

Im Rahmen des „Human Genome Project", das seit 1990 läuft, soll in etwa 15 Jahren die vollständige Identifizierung, Kartierung und DNA-Sequenzierung des menschlichen Genoms durchgeführt werden. Inzwischen ist die Grobkartierung der menschlichen Chromosomen und die vollständige Kartierung des Y-Geschlechtschromosoms des Mannes und des Chromosoms 21 gelungen. Auf letzterem befinden sich die für den Mongolismus und die erbliche *Alzheimer*-Krankheit verantwortlichen Gene. 26 Gene, die mit entsprechenden Erbkrankheiten assoziiert sind, konnten bereits kloniert werden.

Tab. 4-6: Wesentliche Erfolge in der Nucleinsäureforschung.

1871	Isolierung von DNA *(Miescher)*
1950	Basenstöchiometrie der DNA *(Chargaff)*
1953	α-Helix-Modell der DNA *(Watson, Crick)*
1961	Auklärung des genetischen Codes *(Mathaei, Nirenberg)*
1965	Entdeckung der Restriktionsenzyme *(Arbei)*
1968	Erste Polynucleotidsynthese *(Khorana)*
1976	Abgeschlossene Sequenzanalyse eines RNA-Virus-Genoms (Bakteriophage MS 2-RNA: 3 Gene mit insgesamt 3.569 Nucleotiden, *Fiers*)
1977	DNA-Sequenzierung *(Maxam, Gilbert, Sanger)*
1977	Expression von Somatostatin in *E. coli*, Beginn der Gentechnologie *(Hakura)*
1984	Abschluß der Sequenzanalyse des Epstein-Barr-Virus mit 172.282 Basenpaaren
1985	Entdeckung der Polymerase-Kettenreaktion *(Mullis, Smith)*
1990	Start des „Human Genome Project", der vollständigen Analyse der etwa 50.000 Gene (3 Milliarden Basenpaare) des menschlichen Genoms
1992	Erste Sequenzaufklärung eines ganzen intakten Chromosoms (315.357 Basenpaare des Chromosom III der Hefe *Saccharomyces cerevisiae*). Beteiligt waren 147 Wissenschaftler aus 35 Laboratorien.

Tab. 4-7: Anzahl der Basenpaare einiger Genome.

Basenpaare/Genom	Organismus
4.200	Levi-Viren (Phage Q_β)
14.000	Orthomyxo-Viren (Influenzaviren)
230.000	Cytomegalie-Virus
5.000.000	Escherichia coli (Bakterium)
14.000.000	Saccharomyces cerevisiae (Bäckerhefe)
100.000.000	Caenorhabditis (Fadenwurm)
	Arabidopsis (Ackerschmalwand: Pflanze)
165.000.000	Drosophila (Taufliege)
3.000.000.000	Mensch

Die beiden wichtigsten Datenbanken sind die Genbank in New-Mexico und die EMBLData Library in Heidelberg.

Ganz wesentliche Auswirkungen auf die Entwicklung der Molekularbiologie hatte die **Polymerase-Kettenreaktion** (polymerase chain reaction, PCR, *K. B. Mullis, M. Smith,* Nobelpreis 1993). Sie erlaubt es, eine DNA-Sequenz innerhalb kurzer Zeit milliardenfach zu vervielfältigen. Es ist

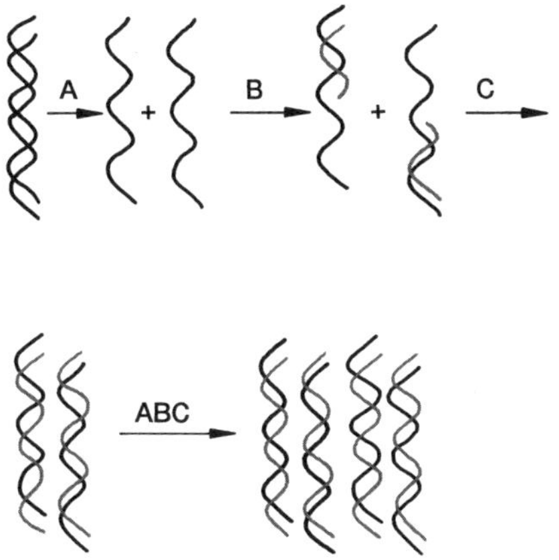

Nucleinsäuren 293

Abb. 4-17 Prinzip der Polymerase-Kettenreaktion. A: Denaturierung des Doppelstranges (Erwärmen); B: Zugabe und Hybridisierung der Startermoleküle; C: Polymerisation in Gegenwart der DNA-Polymerase (Verdoppelung).

praktisch ein Genkopierverfahren, bei dem geringste Mengen einer DNA als Ausgangsmaterial genügen. Der erste Schritt besteht darin, die beiden komplementären Stränge der Ausgangs-DNA, die das gewünschte Gen enthält, voneinander zu trennen: „aufzuschmelzen"). Das erfolgt durch Erwärmen. Nach Zusatz des Primers, der Nucleotide und der Polymerase (S. 313) erfolgt dann eine Synthese des komplementären Stranges. Damit sind aus einem Strang zwei geworden. Der Cyclus kann dann beliebig oft wiederholt werden, wobei sich die Anzahl der Kopien des Gens jeweils verdoppelt (Abb. 4-17). Die Methode läßt sich auch auf RNA übertragen. Dazu muß zunächst die RNA in eine Doppelstrang-DNA umgeschrieben werden, was mit Hilfe der reversen Transkriptase (S. 313) möglich ist. Mit Hilfe der Polymerase-Kettenreaktion konnten humangenetische Defekte (z. B. bei der Sichelzellanämie) diagnostiziert werden. Die Polymerase-Kettenreaktion wird in der Kriminalistik zur Anfertigung „genetischer Fingerabdrücke" sowie in der Paläontologie zur Untersuchung fossiler DNA-Proben eingesetzt. DNA findet sich allerdings in Überresten längst verstorbener Organismen nur als Genfragmente aus ca. 100 Basenpaaren zerstückelt. Untersucht wurden z. B. im Dauerfrostboden Sibiriens konservierte Mammuts aus der letzten Eiszeit und Kleintiere (Insekten), die in Bernstein eingeschlossen sind.

4.2.3.1 Sequenzanalyse der RNA

Bei der Sequenzanalyse von RNA wurde nach folgender Strategie vorgegangen:

1. Reinigung der RNA vor allem an Ionenaustauschern,
2. Ermittlung bzw. Markierung der terminalen Sequenzen (Endgruppenbestimmung),
3. Fragmentierung des Moleküls nach mehreren Methoden zu sich überlappenden Oligonucleotiden,
4. Isolierung der Oligonucleotide und Ermittlung von deren Sequenz,
5. Ermittlung der Gesamtsequenz aus den sich überlappenden Teilsequenzen.

Endgruppenbestimmung

Die Markierung und Ermittlung der Endgruppen erfolgt meist über die Einführung radioaktiver Isotope wie ^{32}P, ^{14}C oder ^{3}H. Eine Methode zur Markierung des 5'-Terminus beruht darauf, daß zunächst ein evtl. vorhandener Phosphatrest am 5'-Terminus enzymatisch entfernt und die freie primäre 5'-Hydroxygruppe anschließend mit radioaktiv markiertem ATP in Gegenwart des Enzyms Polynucleotid-5'-hydroxy-Kinase aus *Escherichia coli* phosphoryliert wird (Abb. 4-18). Eine weitere Möglichkeit besteht in der Umsetzung des 5'-Terminus mit ^{14}C-Methylphosphomorpholid (Abb. 4-18).

Für die Markierung des 3'-Terminus (Abb. 4-19) wird die vicinale Diolgruppierung zunächst mit Periodat zum entsprechenden Dialdehyd oxidiert. Dieser Dialdehyd läßt sich dann durch Reduktion mit tritiummarkiertem NaBH$_4$ oder Umsetzen mit ^{14}C-Semicarbazid relativ stabil markieren. Durch Überführen z. B. in die Dianilino-Verbindung (**24**), deren glykosidische Bindung außerordentlich labil ist, läßt sich diese Methode auch zum stufenweisen Abbau vom 3'-Terminus her heranziehen.

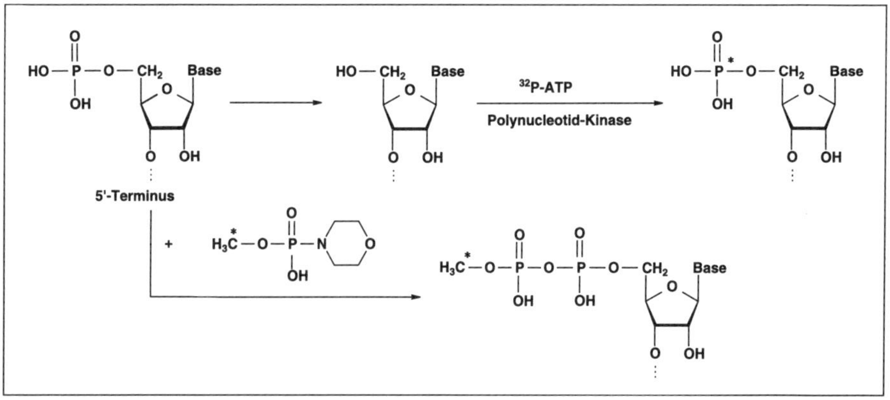

Abb. 4-18 Markierung des 5'-Terminus.

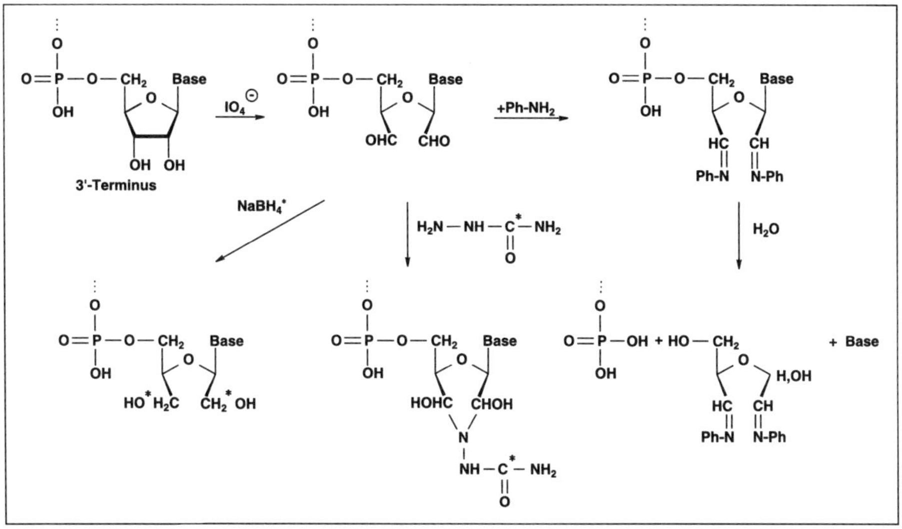

Abb. 4-19 Markierung des 3'-Terminus.

Fragmentierung

Zur Fragmentierung der Nucleinsäuren werden meist enzymatische Methoden herangezogen, da eine chemische Fragmentierung zu wenig spezifisch ist. Am verbreitetsten ist der Einsatz der Endonucleasen Ribonuclease I und Guanyloribonuclease oder anderer Enzyme vergleichbarer Spezifität. Internucleotidbindungen mit Basen, die in Doppelhelix-Strukturen eingebaut sind, werden langsamer gespalten als solche von einzelsträngigen Abschnitten. Die Auftrennung der Oligonucleotide erfolgt durch Ionenaustauschchromatographie oder in letzter Zeit bevorzugt in Form endständig radioaktiv markierter Fragmente durch Polyacrylamidgelelektrophorese mit autoradiographischer Auswertung.

Die enzymatische Fragmentierung kann durch chemische Veränderungen bestimmter Basen modifiziert werden. 7-Methylguanosinreste, die durch Methylierung mit Dimethylsulfat gebildet werden können, sind resistent gegenüber Guanyloribonuclease. Nach einer chemischen Modifizierung von Uracilresten durch Umsetzen mit Carbodiimid (**10**) erfolgt die Spaltung mit Ribonuclease I ausschließlich nach C-Resten. Mit Carbo-

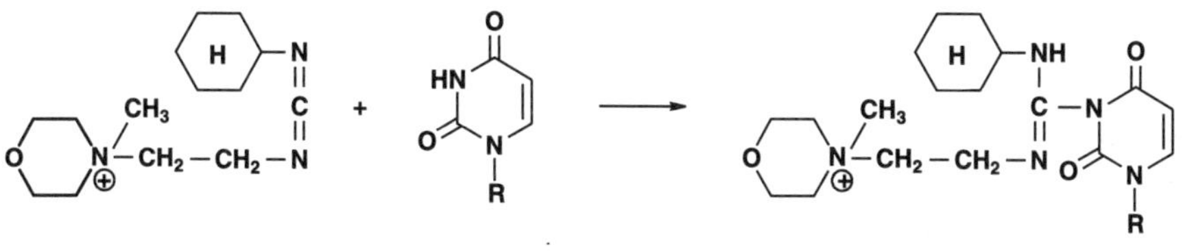

10

diimid reagieren außer Uracilresten auch andere Basen mit einem pK-Wert um 9, wie z. B. Guaninreste. Vorteilhaft ist, daß sich der die enzymatische Resistenz bedingende Rest unter relativ milden Bedingungen wieder entfernen läßt.

4.2.3.2 Sequenzanalyse der DNA

Relativ rasche und einfache Methoden der Sequenzanalyse der DNA konnten erst nach der Entdeckung der sog. Restriktionsenzyme entwickelt werden. **Restriktionsenzyme** sind in Bakterien weitverbreitete Sequenzspezifische DNA-Endonucleasen, die nur an doppelsträngiger DNA angreifen. Die Erkennungssequenzen der Restriktionsenzyme werden von 4 bis 6 Basenpaaren gebildet. Der Bruch des DNA-Doppelstrangs erfolgt innerhalb dieser Erkennungssequenzen, wie die nachfolgenden Beispiele für die Restriktionsenzyme Eco-RI (aus *Escherichia coli* Plasmid RI), Hae III (aus *Haemophilus aegypticus*) und Bam I (aus *Bacillus amyloliquefaciens*) zeigen:

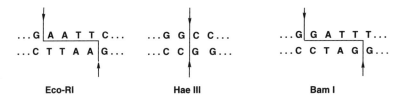

Je nach der Häufigkeit der Erkennungssequenz in der zu untersuchenden DNA wird die DNA durch das Restriktionsenzym in verschiedene Restriktionsfragmente gespalten. Die Reihenfolge der Restriktionsfragmente kann durch Einsatz mehrerer Restriktionsenzyme ermittelt werden (Aufstellung einer sog. Restriktionskarte).

Die beiden wesentlichen Methoden zur Sequenzanalyse der Restriktionsfragmente sind die Plus-Minus-Methode von *Sanger* und *Coulson* und die Dimethylsulfat-Hydrazin-Methode von *Maxam* und *Gilbert*.

Nach der **Plus-Minus-Methode** (Abb. 4-20) werden zunächst von der zu untersuchenden doppelsträngigen DNA ein vollständiger Einzelstrang als Template (Matrize, S. 313) sowie ein doppelsträngiges Restriktionsfragment zusammengegeben. Durch Denaturierung und anschließende Renaturierung lagert sich an den kompletten Einzelstrang der komplementäre Teil des Doppelstrang-Fragments an (Hybridisierung), der nun als Primer (S. 314) wirkt. Durch Zugabe von DNA-Polymerase und aller 4 Nucleotidphosphate, von denen eines ^{32}P-markiert ist, wird dieser Primer am 3'-Terminus zu einer Mischung verschieden langer, radioaktiv markierter Gegenstrangfragmente verlängert (Kopier-Verfahren). Nach dem Entfernen der überschüssigen Triphosphate werden die noch hybridisierten Gegenstrangfragmente im Minus-System wiederum in Gegenwart von DNA-Polymerase aber mit nur 3 Nucleosidtriphosphaten bis zu der Stelle verlängert, an der das fehlende Nucleosid vorkommt. Im Plus-System dagegen werden die gleichen Gegenstrangfragmente durch die Exonuclease-Aktivität der zugesetzten Polymerase (aus mit Bakteriophagen T4-infizierten *E. coli*) und unter Zusatz des im entsprechenden Minus-System fehlenden Nucleosidtriphosphats bis zu der Stelle abgebaut, an der das dem Plus-System zugesetzte, aber im Minussystem fehlende Nucleosid vorkommt. Die erhaltenen Desoxyribooligonucleotide werden dann nach Abtrennen des DNA-Templates elektrophoretisch aufgetrennt und durch Autoradiographie sichtbar gemacht (^{32}P-markiert!). Aus dem so erhaltenen Bandenmuster läßt sich die Position der Nucleotide ermitteln. Die Sequenz ergibt sich durch Kombination aller 4 möglichen Minus- und Plus-Systeme.

Schneller und exakter arbeitet die ebenfalls von *Sanger* entwickelte **Didesoxy- oder Kettenabbruchmethode**, bei der spezifische Analoga der normalen Desoxyribonucleosidtriphosphate zugegeben werden, die zum Kettenabbruch führen. Ein derartiges Analogon ist z. B. das Didesoxythymidintriphosphat (ddTTP). Durch Markierung mit vier verschiedenen, basenspezifischen Fluoreszenzfarbstoffen konnte die Auswertung wesentlich vereinfacht und automatisiert werden.

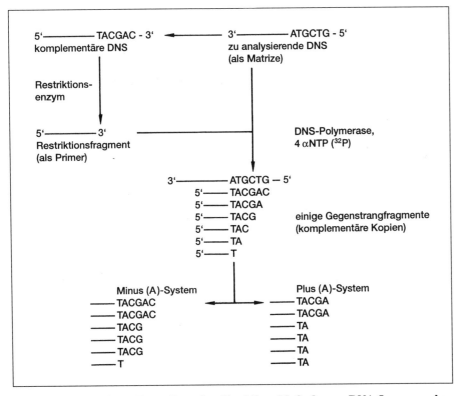

Abb. 4-20 Schematische Darstellung der Plus-Minus-Methode zur DNA-Sequenzanalyse (nach *Sanger* und *Coulson*).

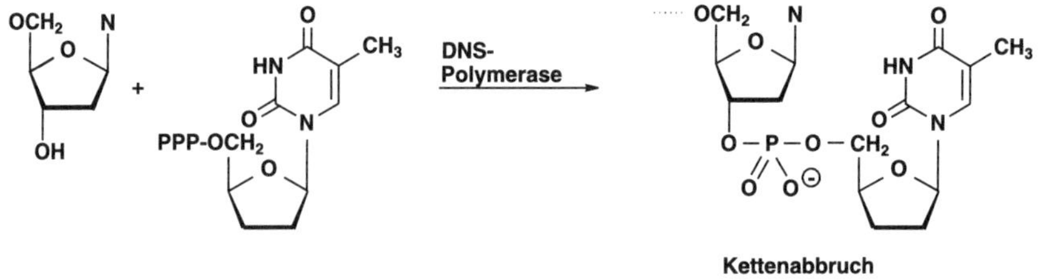

Die **Dimethylsulfat-Hydrazin-Methode** (Abb. 4-21) basiert auf chemischen Fragmentierungsmethoden, die entweder an Pyrimidin- oder Purinbasen angreifen. Durch Umsetzen mit Dimethylsulfat (S. 272) werden 7-Methylguanosin und 3-Methyladenosin gebildet. Es wird unter Bedingungen gearbeitet, unter denen etwa jede 50. bis 100. Base reagiert. Bei pH 7 und 90 °C erfolgt die Spaltung der modifizierten Guanosinreste schneller als die der Adenosinreste, mit 0,1 N HCl und bei 0 °C die der

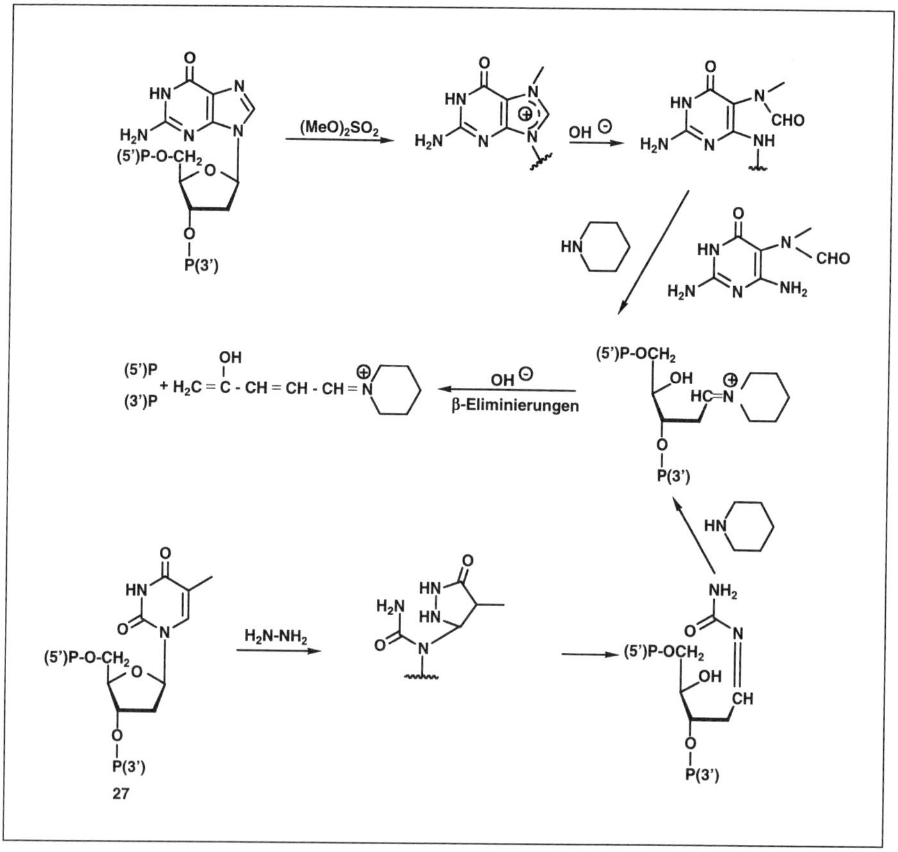

Abb. 4-21 Selektive Spaltung der DNA an Guanin- bzw. Thyminresten bei der DNA-Fragmentierungstechnik von *Gilbert* und *Maxam*.

Adenosinreste schneller als die der Guanosinreste (zur Spaltung vgl. S. 277). Von Hydrazin werden unter Bildung von Ureido-Verbindungen und Hydrazonen (vgl. S. 275) spezifisch die Pyrimidinbasen angegriffen. In Gegenwart von 1 M NaCl reagiert Cytosin vor Thymin. Die Abspaltung der modifizierten Basen und damit die Fragmentierung erfolgt mit Piperidin. Auch bei der Dimethylsulfat-Hydrazin-Methode wird von Restriktionsfragmenten ausgegangen, die am 5′-Terminus radioaktiv markiert werden. Die durch die beschriebene chemische Spaltung erhaltenen Fragmentierungsoligonucleotide werden elektrophoretisch aufgetrennt und die vom 5′-Terminus ausgehenden Fragmente autoradiographisch nachgewiesen. Die Länge des Fragmentes gibt die Information über die Position des modifizierten Nucleotids. Das erhaltene Bandenmuster der Oligonucleotide erlaubt die Aufklärung der Sequenz unter Berücksichtigung der unterschiedlichen Spezifität der chemischen Methoden.

4.2.4 Sekundär- und Tertiärstrukturen

Im Vergleich zu den Polypeptiden besitzen die Polynucleotide wesentlich mehr Bindungen, die durch mehr oder weniger eingeschränkte Rotation um ihre Achse die konformative Flexibilität der Polynucleotidkette beeinflussen können. Allein in der Internucleotidbindung bestimmen die 5 Torsionswinkel Φ', ω', ω, Φ und Ψ die Stereochemie der Kette (Abb. 4-22). Weitere Faktoren sind die konformative Flexibilität des Tetrahydrofuranringes (S. 170) sowie die Rotation um die glykosidische Bindung (S. 269). Energiekalkulationen sowie die Ergebnisse der Röntgendiffraktion an Nucleosiden und Nucleotiden ergaben, daß die Torsionswinkel Φ' $-240°$, ω' $-290°$, ω $-290°$, Φ $-180°$ und Ψ $-60°$ betragen (ohne Berücksichtigung der Wasserstoffbrücken zwischen den Basen).

Die Nucleinsäuren können als Einzel- oder Doppelstrang linear oder ringförmig vorliegen. Strukturumwandlungen der DNA werden durch Histone u. a. DNA-bindende Proteine sowie Enzyme wie Topoisomerasen und Helicasen kontrolliert. Strukturumwandlungen der Nucleinsäuren sind

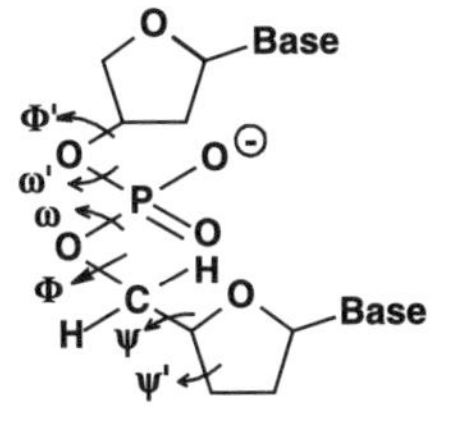

Abb. 4-22 Torsionswinkel der Polynucleotidkette.

ferner *in vitro* von äußeren Faktoren wie pH-Wert, Ionenstärke oder Temperatur abhängig (vgl. Kap. 4.2.5). DNA kommt vor allem doppelsträngig vor (Kap. 4.2.4.1). Einzelsträngig linear liegt DNA bei einigen Viren (Parvoviren), einzelsträngig ringförmig bei einigen Bakteriophagen vor. RNA liegt fast ausschließlich als Einzelstrang vor (Kap. 4.2.4.2). Doppelsträngige RNA wurde bei einigen RNA-Viren (S. 290), ringförmige RNA bei Viroiden gefunden. Viroide sind hüllproteinfreie RNA-Moleküle, die als Krankheitserreger für höhere Pflanzen wirken. Die RNA der Viroide besteht aus 250 bis 400 Nucleotiden, deren Einzelstrang kovalent zum Ring geschlossen wurde.

4.2.4.1 DNA-Doppelhelix

Das Doppelhelix-Modell (Abb. 4-23) der DNA wurde 1953 von *Watson* und *Crick* auf der Grundlage der Röntgenuntersuchungen von *Wilkins* und *Franklin* sowie der *Chargaff*schen Regeln aufgestellt (Nobelpreis 1962 für *Watson*, *Crick* und *Wilkins*).

In Zusammenhang mit der Aufstellung des Modells der DNA-Doppelhelix nahmen *Watson* und *Crick* als bindende Kräfte zwischen den beiden Polynucleotidsträngen Wasserstoffbrücken an. Aus Gründen des Raumbedarfs innerhalb der Doppelhelix kamen nur Wasserstoffbrücken zwischen einer Pyrimidin- und Purinbase in Frage. Entsprechende Basenpaarungen gingen aus Untersuchungen von *Chargaff* (1950) hervor, die zeigten, daß die Basen A und T sowie G und C in DNA verschiedener Herkunft in gleicher Menge vorliegen.

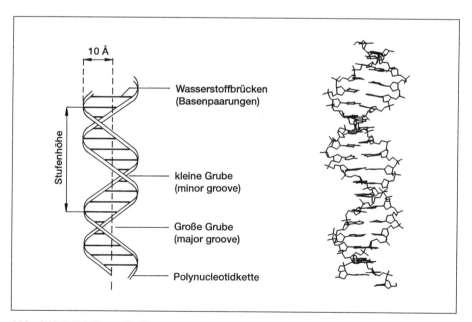

Abb. 4-23 DNA-Doppelhelix.

Die **Watson-Crick-Paarungen** (Abb. 4-24) postulieren für das Paar A/T zwei, für das Paar G/C drei Wasserstoffbrücken. Später wurde festgestellt, daß die Wechselwirkung G/C etwa 100mal stärker ist als die Wechselwirkung A/T bzw. A/U.

Die *Watson-Crick*-Paarungen sind jedoch nicht die einzig möglichen Strukturen. Weitere Paarungen sind unter Einbeziehung des N-7 vom Imidazolrest der Purine (*Hoogsteen*-Paarungen) sowie durch Drehung der

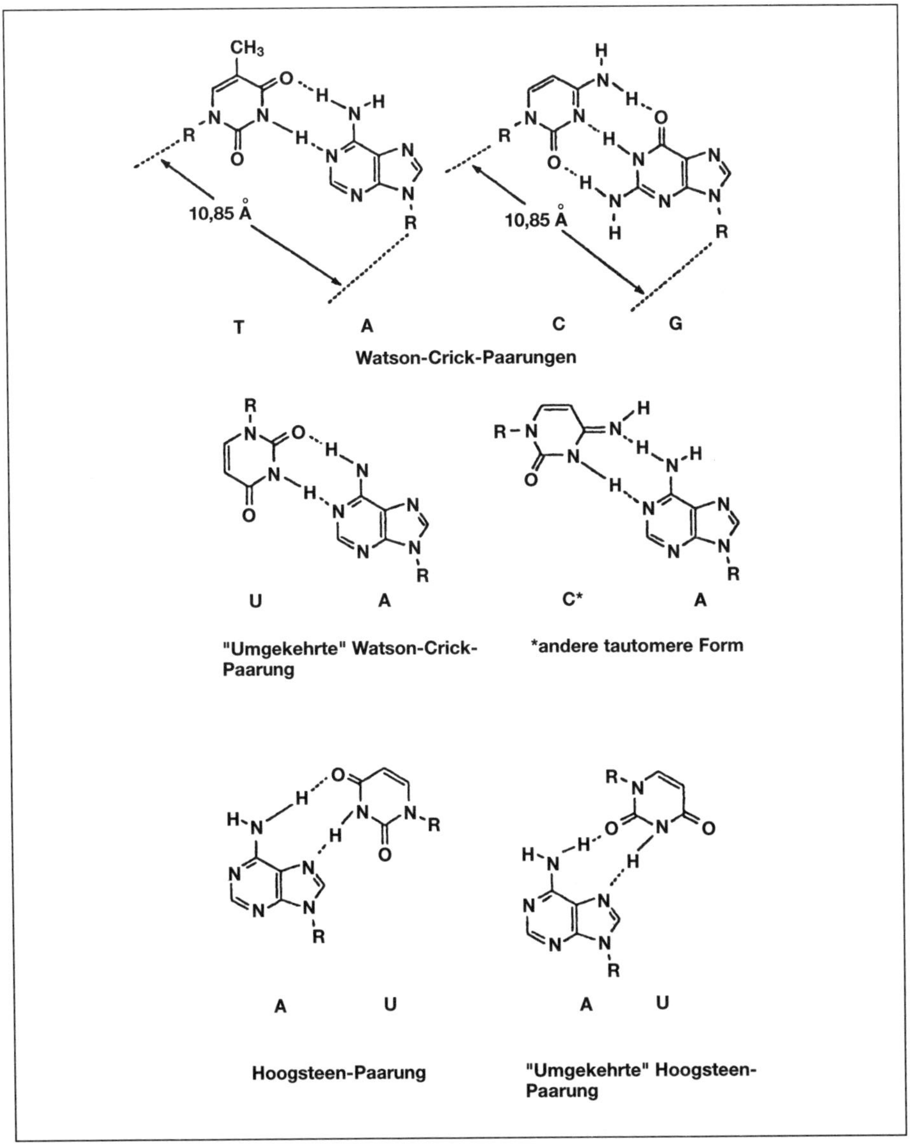

Abb. 4-24 Wichtigste Basenpaarungen.

Pyrimidinbase („umgekehrte" Paarungen) möglich (Abb. 4-24). Eine *Hoogsteen*-Paarung findet statt bei der Cokristallisation von Mischungen der Nucleoside von Adenin und Thymin. Eine umgekehrte *Hoogsteen*-Paarung tritt bei Komplexen ein, an deren Bildung 5-Bromuracil beteiligt ist. Für das Paar G/C wurde bisher nur eine *Watson-Crick*-Paarung nachgewiesen. Die Beteiligung anderer tautomerer Formen der Nucleotidbasen (A^x, C^x, G^x, vgl. Kap. 4.1.3.1) an Basenpaarungen wie A^x/C, A/C^x oder G/C^x dient zur Erklärung von Punktmutationen.

Neben den Basenpaarungen wird die Ausbildung der DNA-Doppelhelix noch durch die **Basenstapelungen** ermöglicht. Hinweise auf eine stapelförmige Anordnung der Nucleinsäurebasen ergaben sich durch drastische Viskositätserhöhungen von Mono- und Oligonucleotidlösungen unter bestimmten Bedingungen, z. B. bei einer konzentrierten wäßrigen GMP-Lösung bei pH 4 bis 5. Diese Viskositätserhöhungen wurden auf Wechselwirkungen zwischen den Basen zurückgeführt. Dieses Verhalten der Mono- und Oligonucleotide könnte bei der präbiotischen Evolution eine Rolle gespielt haben. Die Basenstapelung läßt sich durch verschiedene physikalische Methoden nachweisen, z. B. durch eine Verschiebung der NMR-Signale oder anhand der Dampfdruckerniedrigung. Am bedeutendsten sind aber die Auswirkungen auf die optischen Eigenschaften der Nucleinsäuren. So ist die optische Aktivität der Nucleinsäuren wesentlich gegenüber der der Nucleotide erhöht. Durch ORD-Messungen von Poly(A) konnte die Basenstapelung erstmals nachgewiesen werden (*Holcomb* und *Tinoco*, 1965).

Die Wechselwirkung zwischen den Basen wirkt sich ferner auf die UV-Absorption aus. Bei der Hydrolyse der Nucleinsäuren steigt die Absorption bei 260 nm. Die Summe der Absorption der Nucleotide ist größer als die Absorption der Nucleinsäure. Die Stapelung der Basen ruft also einen hypochromen Effekt hervor. Auf der anderen Seite steigt die Absorption beim Übergang geordneter in weniger geordnete Strukturen. Dieser hyperchrome Effekt wird zur Ermittlung der „Phasenübergangstemperatur" der Nucleinsäuren (Übergang von nativer in denaturierte Nucleinsäure, S. 307) herangezogen. Die Hyperchromizität, definiert als

$$\text{Hyperchromizität} = \frac{\text{Absorption der Monomeren}}{\text{Absorption der Nucleinsäure}} - 1,$$

beträgt bei der hoch geordneten DNA 60 bis 70 %, bei der weniger hoch geordneten RNA 25 bis 45 %. DNA läßt sich aus ihrer wäßrigen, stark viskosen Lösung mit organischen Lösungsmitteln wie Ethanol in Form von Fäden ausfällen. Diese fadenförmige DNA kann je nach ihrem Wassergehalt in zwei Konformationen, der A- und B-Form, vorliegen. Die kristalline A-Form enthält 70 bis 80 %, die semikristalline B-Form über 90 % Wasser. In dieser Form liegt die DNA in wäßriger Lösung vor, wie aus CD-Messungen und der Röntgenstreuung hervorgeht. Die Röntgenaufnahmen der B-Form zeigen Röntgenreflexe, die auf sich wiederholende Strukturelemente in Abständen von 0,34 bzw. 3,4 nm hinweisen. Aus den Untersuchungen von *Chargaff* ging wiederum hervor, daß Purin- und Pyrimidinbasen in gleicher Menge vorliegen. *Watson* und *Crick* entwickelten daraus ihr Doppelhelix-Modell, wonach die DNA aus zwei antiparallel angeordneten Polynucleotidketten mit komplementären Basen aufgebaut ist, die durch Wasserstoffbrücken zusammengehalten werden. Modellbetrachtungen zeigten, daß die Basenpaarung nur bei einer Doppelhelix möglich ist. Der Abstand der Basenpaare beträgt bei der B-Form 0,34 nm, die Stufenhöhe der Helix 3,4 nm (Abb. 4-23). Diese Hypothese von *Watson* und *Crick* konnte inzwischen vielfach bestätigt werden. Allerdings stammt die Energie, die die beiden Polynucleotidstränge zusammenhält, weniger aus den Wasserstoffbindungen, sondern hauptsächlich von der Basenstapelung. Die Basenpaare sind leicht zueinander gedreht (Tab. 4-8).

Tab. 4-8: Strukturparameter von Nucleinsäure-Helices.

Nucleinsäure	Basen/Steighöhe	Steighöhe der Helix (in mm)	Neigung der Basenpaare gegen die Helixachse
■ A-DNA	11	2,82	19°
■ B-DNA	10	3,4	−6°
■ C-DNA	9,3	3,07	−8°
■ D-DNA	8	2,4	−16°
■ Z-DNA	12	4,45	−7°
■ Doppelsträngige RNA	10−11	3,05	15°

Die DNA-Formen (A−D; A:11; B:10; C:9,3 Basenpaare/Windung) unterscheiden sich im wesentlichen durch die Konformation des Zuckerrestes. Entscheidend für den Übergang A-DNA → B-DNA soll die Hydratation der kleinen Furche sein.

In den Mitochondrien der tierischen Zellen finden sich zwei cyclische DNA-Formen. Die verbreitetste Form ist eine ringförmige Doppelhelix. Durch die Cyclisierung hat die DNA-Kette weniger Drehungen als eine

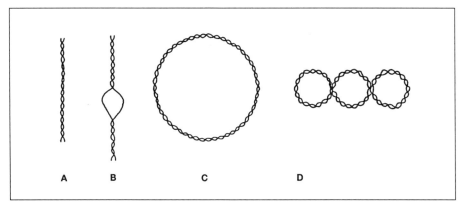

Abb. 4-25 Helikale DNA-Formen. A: lineare DNA; B: lineare DNA, partiell entwunden; C: zirkuläre DNA, entspannt; D: zirkuläre DNA, hyperspiralisiert.

Abb. 4-26 Dreidimensionale Aufnahme einer superspiralisierten DNA mit Hilfe der Rasterkraftmikroskopie (Scanning Force Microscopy). Aus: B. Samorì et al.: Dreidimensionale Abbildung der DNA-Superspiralisierung durch Rasterkraftmikroskopie. Angewandte Chemie 105; 1482 (1993).

offenkettige DNA. Es kommt daher bei der ringförmigen Doppelhelix zu zusätzlichen Verdrillungen (superspiralisiert, Abb. 4-25). Eine superspiralisierte DNA konnte mit Hilfe der Rasterkraftmikroskopie inzwischen unmittelbar sichtbar gemacht werden (Abb. 4-26). Daneben kommen noch sehr große, miteinander verschlungene Ringe vor (Catenanstruktur).

Bei den Plasmiden der Bakterien und der DNA der Chloroplasten handelt es sich ebenfalls um ringförmige DNA, die etwa gleich groß ist wie die der Mitochondrien.

4.2.4.2 Ribonucleinsäuren

Während die DNA durch die Ausbildung der Doppelhelix stäbchenförmige Moleküle bildet, liegt die RNA in geknäuelter Form vor, wie aus hydrodynamischen Untersuchungen hervorgeht. In dieser geknäuelten Form befinden sich die Basen jedoch nur selten ohne eine bevorzugte Orientierung zueinander. Eine amorphe Form tritt nur bei bestimmten synthetischen Polynucleotiden [z. B. Poly(U)] oder bei hohen Temperaturen (nach der Denaturierung) auf. Im allgemeinen bilden sich bei den Polyribonucleotiden Zustände verschiedenen Ordnungsgrades durch Wechselwirkungen zwischen den Basen heraus. Auf solche Wechselwirkungen kann man aus den optischen Eigenschaften schließen.

Einzelsträngige Helix-Strukturen

Unterhalb des Phasenübergangs (S. 307) liegen viele Polynucleotide wie Poly(A) in einer einfachen helikalen Struktur vor, die durch Wechselwirkungen zwischen benachbarten Basen möglich ist. Es kommt zu einer Basenstapelung ohne Basenpaarung mit Ringebenen senkrecht zur Helixachse. Diese Struktur ist wie die amorphe Form noch weitgehend flexibel. Die optischen Eigenschaften dieser einfachen Helix unterscheiden sich jedoch infolge der Basenstapelung von denen der amorphen Form.

Einzelsträngige Doppelhelix-Strukturen (Haarnadel-Strukturen)

Die größte Bedeutung für die Ausbildung bestimmter RNA-Konformationen haben Basenpaarungen innerhalb einer Polynucleotidkette. Durch Zurückfalten des Stranges kommt es zu Wechselwirkungen zwischen komplementären Basen. Es entstehen auf diese Weise partiell doppelhelikale Strukturen, die von Schleifen (Abb. 4-27) unterbrochen werden. Solche Strukturen werden charakterisiert durch die Zahl der Basen pro Schleife, die Zahl der ungepaarten Basen pro Schleife und die Zahl der ungepaarten Basen, die die Schleifen miteinander verbinden. Derartige Strukturen sind um so stabiler, je mehr Basenpaarungen möglich sind.

Am besten untersucht sind die tRNA. Alle in ihrer Primärstruktur aufgeklärten tRNA können trotz Unterschieden in der Sequenz und der Länge der Kette unter Berücksichtigung von *Watson-Crick*-Paarungen (anstelle von T tritt U) in einer „Kleeblatt"-Anordnung formuliert werden, wobei vier basengepaarte Bereiche und 3 bis 4 Schleifen unterschieden werden können (Abb. 4-28). Die genaue räumliche Struktur konnte jedoch erst durch Röntgenstrukturanalyse (Abb. 4-29) aufgeklärt werden, nachdem es 1968 gelungen war, die Phenylalanin-tRNA aus Hefe zu kristallisieren. Die erste Aufklärung der Tertiärstruktur einer tRNA (1973 und 1975, Röntgenstrukturanalyse mit einer Auflösung von 0,25 nm) sicherte eine T-förmige Gestalt des Moleküls. An der Ausbildung dieser Struktur sind nicht nur Wasserstoffbrücken zwischen den Basen, sondern auch die 2'-Hydroxygruppe und Phosphatgruppen beteiligt. Weiterhin wurde festgestellt, daß es durch die Anwesenheit eines G/U-Paares mit nur zwei Wasserstoffbrücken zu einer Deformation der Helix kommt.

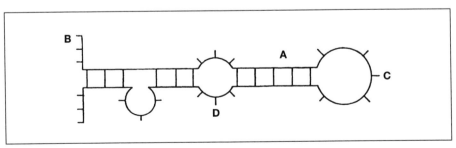

Abb. 4-27 RNA-Strukturelemente: A: Doppelstrang-Region; B: Einzelstrang-Region; C: Haarnadel-Schleife; D: interne Schlinge.

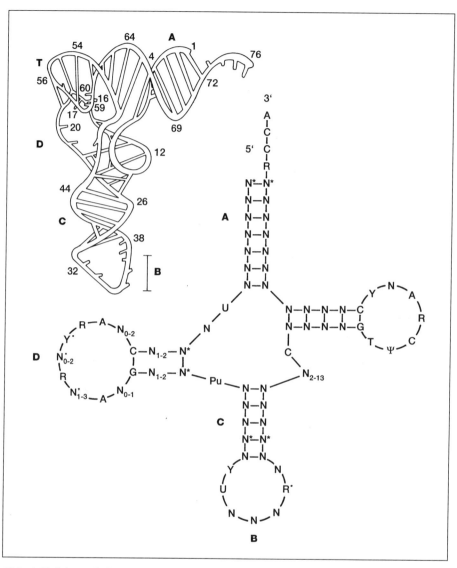

Abb. 4-28 Schematische Darstellung der Phenylalanin-tRNA. 1: 5-Terminus; 76: 3-Terminus; A: Akzeptor-Stiel; B: Anticodon-Schleife; C: Anticodon-Stiel; D: Dihydrouracil-Schleife; T: T-Schleife.

RNA-Doppelhelix

Einige tierische und pflanzliche Viren enthalten doppelsträngige RNA. Die zwei antiparallel angeordneten Ketten werden durch *Watson-Crick*-Basenpaarungen zusammengehalten. Die so gebildete Doppelhelix ist der A-Form der DNA-Doppelhelix sehr ähnlich (vgl. Tab. 4-8). Doppelhelices werden auch von synthetischen Polyribonucleotiden wie Poly(A)·Poly(U) oder Poly(I)·Poly(C) gebildet.

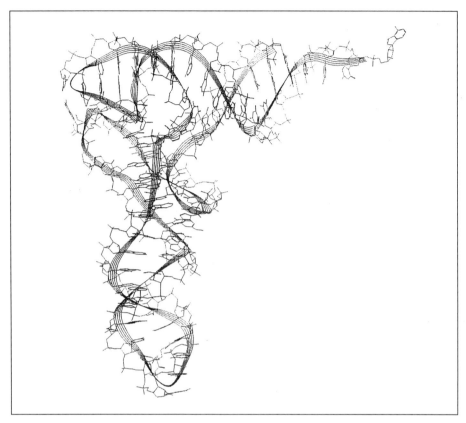

Abb. 4-29 Röntgenstruktur der Phenylalanin-tRNA aus Hefe (nach J. Mol. Biol. 124 (1978) 523).

4.2.5 Physikalisch-chemische Eigenschaften

Denaturierung

> Ähnlich wie bei den Proteinen wird eine Veränderung der nativen Sekundärstruktur der Nucleinsäuren als Denaturierung bezeichnet. Bei der Denaturierung geht die helikale Struktur in eine kompaktere Random-coil-Konformation, also eine weniger geordnete Struktur über. Dieser Übergang entspricht einem **Phasenübergang.** Man spricht deshalb auch von einem Schmelzen der Nucleinsäuren.

Der Phasenübergang kann ausgelöst werden durch Erhöhung der Temperatur, drastische Veränderung des pH-Wertes (> 11 oder < 4) oder Zusatz organischer Lösungsmittel (z.B. Alkohole, Dimethylformamid,

Phenole). Der Phasenübergang kann durch sprunghafte Veränderungen der hydrodynamischen (z. B. Abfall der Viskosität, Erhöhung der Dichte bei der Dichtegradientenzentrifugation) oder optischen Eigenschaften (z. B. Erniedrigung der optischen Aktivität, Erhöhung der UV-Absorption: hyperchromer Effekt) nachgewiesen werden (Abb. 4-30). So zeigt Poly(A) · Poly(U) eine hohe optische Aktivität. Durch Temperaturerhöhung sinkt die Drehung drastisch infolge des Zerbrechens der Helix. Dagegen weist Poly(U) (Helixgehalt praktisch Null) bei Raumtemperatur nur eine sehr geringe Drehung auf. Der Phasenübergang findet bei den höher geordneten DNA innerhalb von 5° statt. Die Phasenübergangstemperatur (auch Schmelztemperatur) ist u. a. abhängig von der Basenzusammensetzung der Nucleinsäure sowie von der Ionenstärke und dem pH-Wert der Lösung. Die Phasenübergangstemperatur ist dem G/C-Gehalt der DNA direkt proportional. Durch Interkalation wird sie nach höheren Werten verschoben. Die thermische Denaturierung ist durch die Möglichkeit der Schleifenbildung durch Basenpaarungen zwischen anderen Regionen der DNA nur teilweise reversibel.

Die Phasenübergangstemperatur der RNA-Doppelhelix liegt bei ähnlicher Basenzusammensetzung um etwa 10 % höher als die der DNA. Die doppelsträngigen cyclischen DNA der Viren können praktisch nicht denaturiert werden, da sie sofort wieder renaturieren. Der Phasenübergang der einzelsträngigen RNA zieht sich über einen größeren Temperaturbereich hin als der der doppelsträngigen DNA.

Die durch Denaturierung getrennten Nucleinsäurestränge können wieder rekombiniert werden. Die Rekombination von Mischungen denaturierter Nucleinsäuren erlaubt die Isolierung von DNA-DNA- oder DNA-RNA-Hybriden (**Hybridisierung**).

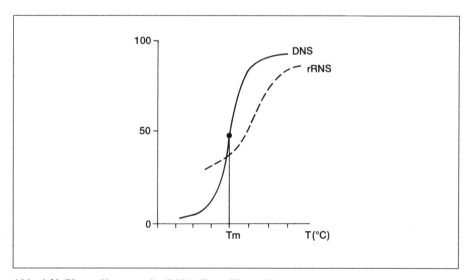

Abb. 4-30 Phasenübergang der DNA (T_m = Phasenübergangstemperatur).

Löslichkeit

Die Phosphorsäurediestergruppierungen der Nucleinsäuren ($pK_s = 1{,}0$) sind im physiologischen Bereich praktisch vollständig dissoziiert. Wegen ihres relativ stark sauren Charakters werden die Nucleinsäuren meist als Na-, K- oder NH_4-Salze isoliert.

Die Nucleinsäuren unterscheiden sich durch ihre Löslichkeit in Salzlösungen. Durch konzentrierte NaCl-Lösung wird hochmolekulare RNA, nicht aber DNA oder niedermolekulare RNA gefällt. Wie die Proteine werden die Nucleinsäuren auch durch organische Lösungsmittel ausgefällt. Sie bilden ferner mit mehrwertigen Metallionen schwerlösliche Niederschläge. Schwerlösliche, recht feste Komplexe werden von den Nucleinsäuren auch mit Proteinen eingegangen. Solche **Nucleinsäure-Protein-Komplexe** werden auch als Nucleoproteine bezeichnet. Desoxyribonucleoproteine (mit den basischen Histonen) sind das Chromatin des Zellkerns (S. 286). Ribosomen lassen sich als Ribonucleoproteine auffassen (S. 288). Auch die Viren (S. 290) sind Nucleinsäure-Protein-Komplexe. Die Zerstörung der Proteinkomplexe und die Abtrennung der Proteine sind Voraussetzungen für die Isolierung reiner Nucleinsäuren (S. 285). Wechselwirkungen zwischen Nucleinsäuren und Proteinen spielen auch bei der Wirkung der Enzyme während der Nucleinsäure- und Proteinsynthese eine entscheidende Rolle.

Molmassen

Nucleinsäuren sind Makromoleküle. Die Molmassen schwanken in einem sehr weiten Bereich (Tab. 4-9 und Tab. 4-7). Im allgemeinen haben die RNA niedrigere Molmassen als die DNA. Die kleinsten Moleküle sind die tRNA mit nur 75 bis 85 Nucleotideinheiten. Sehr große Molmassen besitzt die chromosomale DNA mit einer Nucleotidzahl von 10^7 und einer Länge von über 1 mm. Die DNA eines menschlichen Chromosomensatzes würde aneinandergereiht eine Länge von etwa einem Meter besitzen.

Die Molmassenbestimmung der Nucleinsäuren bereitet außerordentliche Schwierigkeiten, da die sehr großen DNA-Moleküle bereits beim Rühren und Pipettieren zerbrechen können und die RNA sehr schnell durch die

Tab. 4-9: Molmassen verschiedener Nucleinsäuren.

Nucleinsäuren	Molmassen
RNA	
▪ tRNA	$3 \cdot 10^4$
▪ mRNA	10^5; 10^6
▪ rRNA	$3{,}5 \cdot 10^4$; $6 \cdot 10^5$; $1{,}2 \cdot 10^6$
▪ Einzelsträngige RNA von Viren	10^6
DNA	
▪ DNA der kleinsten Viren	$1{,}7 \cdot 10^6$
▪ Mitochondriale DNA	10^7
▪ Doppelsträngige DNA der größten DNA-Viren	$1{,}75–1{,}92 \cdot 10^8$
▪ Chromosomale DNA	$2{,}5 \cdot 10^9$

RNasen zersetzt werden. Zur Molmassenbestimmung dienen vor allem die Sedimentation mit der Ultrazentrifuge oder Streulichtmessungen. Die Aussagen beider Methoden hängen aber u. a. sehr stark von der räumlichen Gestalt der Moleküle ab (DNA: stäbchenförmig; RNA: sphärisch). Die Molmassenbestimmung der langen DNA-Moleküle kann auch durch eine Längenmessung erfolgen. Bei kleineren Nucleinsäuren kann die Bestimmung der Endgruppen zur Molmassenbestimmung herangezogen werden (S. 294). Die Molmasse ergibt sich dann aus dem Verhältnis von Endgruppen, z. B. in Form von radioaktivem Phosphat, zur Gesamtnucleotidzahl (in Form des Gesamtphosphat).

Interkalation

Als Interkalation wird der Einschub von Xenobiotika zwischen die gestapelten Basenpaare bezeichnet.

Durch den Einschub kommt es zu einer Streckung des DNA-Moleküls ohne Zerstörung der Wasserstoffbrücken zwischen den Basenpaaren (Abb. 4-31). Dadurch werden die hydrodynamischen und optischen (λ und ε des Elektronenspektrums) Eigenschaften der DNA verändert. Die Phasenübergangstemperatur der Nucleinsäure steigt durch die Interkalation.

Strukturelle Voraussetzungen für ein Einschubreagens ist ein flaches, planares carbocyclisches oder heterocyclisches Ringsystem mit einer Fläche von mindestens 2,8 nm^2 und einer Höhe von 0,34 nm. Durch zusätzliche hydrophobe Bindungen zwischen diesem Ringsystem und Basen der DNA kommt es zu einer Stabilisierung der Helixstruktur der DNA, was

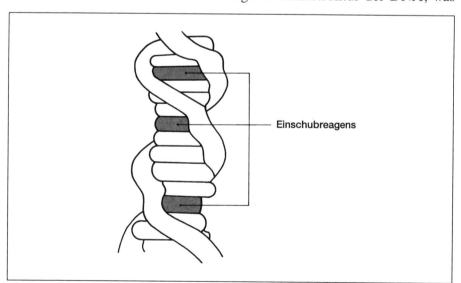

Abb. 4-31 Schematische Darstellung der Interkalation in die DNA-Doppelhelix.

deren teilweise Entfaltung während der Replikation erschwert. Substituenten wie Aminogruppen stabilisieren die Bindungen durch zusätzliche elektrostatische Wechselwirkungen mit den sauer reagierenden Phosphorsäurediestergruppierungen oder Wasserstoffbrücken.

Die wichtigsten Einschubreagenzien sind basisch substituierte Chinolin-, Acridin-, Phenanthridin-, Phenoxazon-, Anthrachinon- oder Fluorenon-Derivate sowie planare polycyclische Kohlenwasserstoffe. Bezüglich ihrer Wirkung gehören zu den Einschubreagenzien Antibiotika (Actinomycine, Anthracyclin-Antibiotika), Antimalariamittel (Chinin, Chlorochin, Mepacrin) sowie Verbindungen mit trypanozider (Acriflavin, Ethidiumbromid) oder antiviraler Wirkung (Tiloron). Das Verhältnis zwischen Einschubreagenz/Basenpaar schwankt zwischen 1/40 bei Chinin, 1/12,5 bis 1/5,5 bei Actinomycinen und 1/ca. 2 bei Chlorochin oder Mepacrin. Mepacrin wird bevorzugt an A-T-Paare gebunden, Actinomycin D an G-C-Paare. Die stärkste Bindung wurde bei den Aminoacridinen mit 24 bis 40 kJ/mol festgestellt.

4.3 Biosynthese der Nucleinsäuren und Proteine

Bei der Biosynthese der Nucleinsäuren und Proteine müssen zwei miteinander gekoppelte Prozesse unterschieden werden,

1. die eigentliche Synthesereaktion in Gegenwart entsprechender Enzyme und
2. die Einhaltung einer bestimmten Reihenfolge der Nucleotide bei den Nucleinsäuren bzw. der Aminosäuren bei den Proteinen.

Tab. 4-10: Polynucleotid-synthetisierende Enzyme.

Enzym	Substrat	Produkt
■ Polynucleotid-Phosphorylase aus Mikroorganismen (Polyribonucleotid-nucleotidyltransferase)	Ribonucleotid-5'-phosphate, Oligonucleotide als Primer	Polyribonucleotide mit statistischer Sequenz
■ DNA-abhängige DNA-Polymerase I (Kornberg-Enzym)	Alle Desoxyribonucleosidtriphosphate, Mg^{2+}, DNA als Primer und Template	DNA, Template-DNA bestimmt Sequenz
■ DNA-abhängige RNA-Polymerase	Alle 4 Ribonucleosidtriphosphate, Mg^{2+}, DNA als Template	Einzelsträngige RNA, DNA-Template bestimmt Sequenz
■ Polynucleotid-Ligase (Polynucleotid-Synthetase)	DNA-Segmente (z. B. DNA mit Einzelstrangbrüchen)	Doppelsträngige DNA ohne Brüche

Die Synthesereaktion beruht bei den Nucleinsäuren auf dem nucleophilen Angriff der durch das Enzym (Tab. 4-10) aktivierten Hydroxygruppe in 3′-Stellung am α-Phosphoratom des entsprechenden, sehr energiereichen 5′-Triphosphats. Die Aktivierung des anzuknüpfenden Mononucleotids erfolgt also durch die Säureanhydridbindung der entsprechenden Triphosphate. Die Synthese erfolgt damit in 5′-3′-Richtung im Unterschied zur chemischen Synthese.

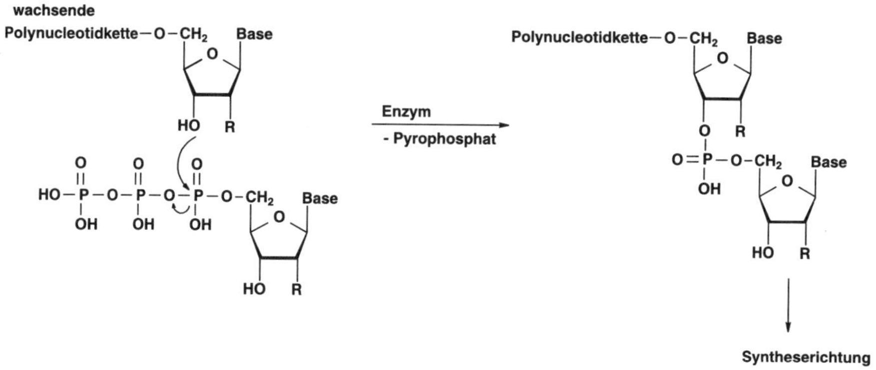

Bei der Proteinsynthese werden die Carboxylgruppen der Aminosäuren zunächst durch Überführung in ein gemischtes Anhydrid aktiviert. Das erfolgt mit ATP in Gegenwart der Enzyme Aminoacyl-tRNA-Synthetase.

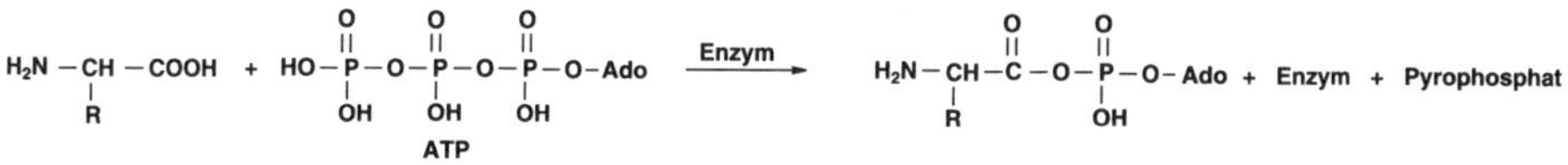

Das enzymgebundene gemischte Anhydrid reagiert dann mit der 3′-Hydroxygruppe des terminalen Adenosinrestes der aminosäurespezifischen tRNA. Es kann jedoch primär auch zunächst zu einer Reaktion mit der Hydroxygruppe in 2′-Stellung kommen, bevor die Bindung in 3′-Position erfolgt. Die neue Amidbindung wird durch Angriff der primären Aminogruppe der hinzutretenden Amino-tRNA an der Estergruppierung der Polypeptidyl-tRNA gebildet. Die Proteinsynthese erfolgt damit vom C- zum N-Terminus der Polypeptidkette.

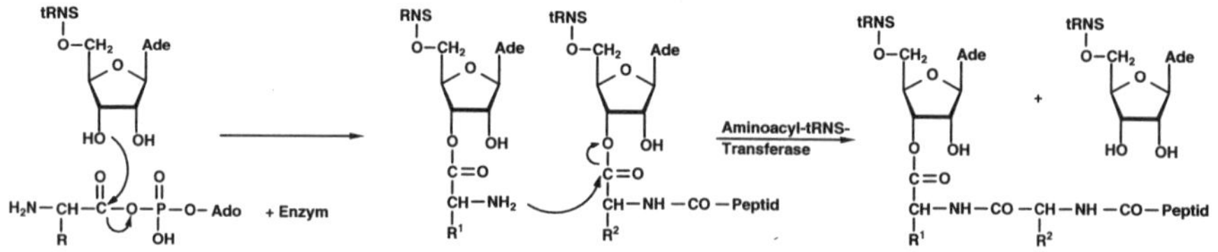

Nucleinsäure- und Proteinsynthese hängen nun dadurch eng zusammen, daß die DNA der gemeinsame Informationsträger für die Reihenfolge der monomeren Bausteine der Nucleinsäuren und Proteine ist. Damit stellt die DNA die molekulare Basis der Erbanlagen (Gene) dar. Die Weitergabe der in Form einer bestimmten Basensequenz in der DNA gespeicherten linearen Information erfolgt durch eine fehlerfreie Basenpaarung, wobei folgende Prozesse unterschieden werden können (Abb. 4-32):

1. DNA-Synthese durch Verdopplung der DNA-Moleküle (DNA-Replikation)
2. Weitergabe der Information von der DNA zur mRNA, die Transkription
3. Übertragung der Information von der RNA auf das Protein, die Translation.

Im Unterschied zu allen Zellen kann bei RNA-Viren die RNA Träger der genetischen Information sein. Mit Hilfe des Enzyms Transkriptionsrevertase (reverse Transkriptase, eine RNA-abhängige DNA-Polymerase) wird bei diesen Viren zunächst eine DNA ausgehend von der viralen RNA als Informationsträger synthetisiert.

Bei der **Replikation** dient jeweils ein Strang der doppelsträngigen Eltern-DNA als Matrize (Template) für die Synthese der Tochter-DNA. Dazu muß zunächst der helikale DNA-Doppelstrang in zwei Einzelstränge umgewandelt werden, was durch Helikasen und Topoisomerasen erfolgt. Die Sequenzen der doppelsträngigen Tochter-DNA sind durch die komplementäre Basenpaarung mit denen der Eltern-DNA homolog. Nach der Replikation stammt ein DNA-Strang der Tochter-DNA vom DNA-Eltern-Molekül, der andere ist neu synthetisiert (semikonservative Replikation). Das ist die molekulare Grundlage der *Mendel*schen Vererbungsgesetze.

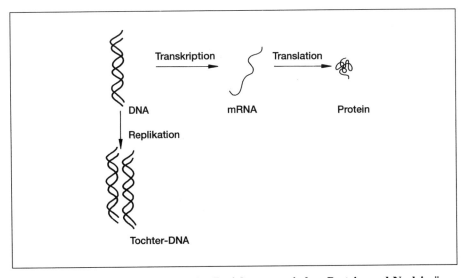

Abb. 4-32 Schematische Darstellung der Beziehungen zwischen Protein- und Nucleinsäuresynthese.

Für die DNA-Synthese sind außer der Matrize (Template) noch ein Nucleinsäurestrang als Starter (Primer) sowie das entsprechende Enzym (DNA-abhängige DNA-Polymerase) und natürlich die vier Nucleosidtriphosphate erforderlich. Die Replikation ist eine notwendige Voraussetzung für jede Zellteilung. Deren Hemmung wird also auch Zellteilungen verzögern.

Bei der **Transkription** dient ein DNA-Strang als Matrize für die Synthese der RNA. Die Synthese erfolgt in Gegenwart des Enzyms RNA-Nucleotidtransferase (DNA-abhängige RNA-Polymerase). Die Sequenz der RNA ist damit komplementär zu der des DNA-Stranges.

In den letzten Jahren ist man der Beantwortung der Frage näher gekommen, wie die Gene angeschaltet werden, d.h. wodurch die Transkription ausgelöst wird. Verantwortlich dafür sind spezielle Proteine, die **Transkriptionsfaktoren,** die sich an die abzulesende DNA-Sequenz anlagern. Zu diesen Transkriptionsfaktoren gehören die intrazellulären Hormonrezeptoren in ihrer hormonbeladenen Form (Abb. 4-33). Auch die Histone spielen eine Rolle bei der Genregulation.

Die spezifische Wechselwirkung der Transkriptionsfaktoren mit der DNA wird dabei offensichtlich durch mehrere Strukturtypen ermöglicht:

- Sog. Zinkfinger
- Leucin-Reißverschluß
- Helix-Knick-Helix-Motive.

Bei den **Zinkfingern** handelt es sich um Abschnitte aus jeweils 30 Aminosäuren, die durch ein Zinkion zu einer DNA-bindenen Domäne gefaltet sind (Abb. 4-34). Das Zinkion wird durch Aminosäuren gebunden (Cys_2His_2; Cys_4Cys_4 oder Cys_6). Zinkfinger-Proteine können bis über 30 solche Domänen enthalten. Die einzelnen Zinkfinger sind als Nucleotid-Leseköpfe durch flexible Zwischenstücke miteinander verbunden. Die Zinkfinger können mögliche Targetstrukturen für eine Metall-induzierte Genotoxizität sein.

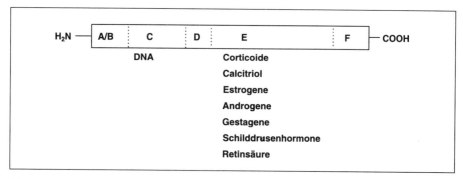

Abb. 4-33 Schematischer Aufbau der intrazellulären Hormonrezeptoren mit Hormon-bindender (E) und DNA-bindender Domäne (C) mit Zinkfinger-Motiven (vgl. Abb. 4-34).

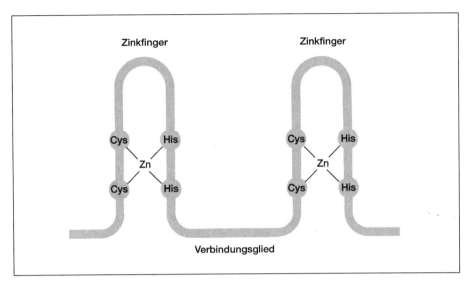

Abb. 4-34 Allgemeine Struktur von Zinkfinger-Proteinen.

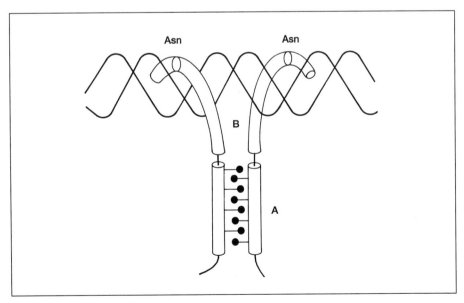

Abb. 4-35 Schematische Darstellung einer „Reißverschluß"-Region mit verzahnten Leucinresten (A) und DNA-bindender Region (B) mit Asparagin als helixabknickender Aminosäure.

Andere regulatorische Proteine werden durch eine Art Reißverschluß zu Dimeren in Form eines Y verbunden, deren Arme an bestimmte DNA-Abschnitte binden können (Abb. 4-35). Die Dimerenbildung kommt dadurch zustande, daß sich zwei Helices, bei denen jeweils jede siebte Position durch die hydrophobe Aminosäure Leucin eingenommen wird, reißverschlußartig (**Leucin-Reißverschluß**) zu einer superspiralisierten Helix verbinden. In den DNA-bindenden Armen sind basische Aminosäuren (Arg, Lys) lokalisiert, die damit eine Wechselwirkung mit sauren Gruppierungen der DNA erlauben.

Beide gegenläufigen und komplementären Stränge der DNA können abgelesen und zu RNA-Strängen kopiert werden. Von den beiden RNA-Strängen dient aber nur einer, der sog. Sense-Strang, als mRNA. Der andere Strang wird als Anti-Sense-RNA bezeichnet und entsprechend auch die DNA-Matrize als Sense- und Anti-Sense-DNA. Der Anti-Sense-Strang der DNA ist die Matrize der mRNA. Eine außerordentlich wichtige Entdeckung war, daß in Viren und Bakterien die Anti-Sense-RNA durch Anlagerung an die komplementäre mRNA (Sense-RNA) die Ablesung verhindert und damit zur Steuerung der Genaktivität dient. Zur Zeit wird versucht, die Ablesung bestimmter DNA- und RNA-Abschnitte dadurch zu verhindern, daß synthetische **Anti-Sense-Oligonucleotide** an die DNA (unter Bildung einer Tripelhelix) oder an die mRNA angelagert werden. Das könnte zu einer Art Umkehrgenetik (reverse genetics) führen, durch die bestimmte Gene ausgeschaltet werden könnten. Diese Oligonucleotid-Therapie könnte Bedeutung haben zur Behandlung genetischer, viraler und neoplastischer Erkrankungen des Menschen. Bisher sind über 4.500 Erkrankungen des Menschen bekannt, die genetisch bedingt sind. Für die Spezifität der Anlagerung sind Oligonucleotide mit 15 bis 18 Monomeren (das entspricht einer durchschnittlichen Molmasse von etwa 5.000) erforderlich. Um den Angriff von Nucleasen zu erschweren, wird bei diesen Anti-Sense-Nucleotiden das Phosphorsäurediester-Rückgrat verändert, z.B. durch Phosphorothioat- (**11**) oder Methylphosphonat-Gruppen (**12**). Die Methylphosphonat-Gruppen haben den Vorteil, daß die Oligonucleotid-Analoga nicht geladen und lipophil sind. Das größte Problem bei diesen „code blockers" stellt allerdings die Bioverfügbarkeit dar.

$$X = SH : 11$$
$$X = CH_3 : 12$$

Während der **Translation** muß die Sequenz der RNA, genauer der mRNA, in eine genau festgelegte Sequenz des Proteins übertragen werden. Da bei dieser Übersetzung von 4 Nucleotiden der mRNA 20 Aminosäuren der Proteine gegenüberstehen, muß jede Aminosäure durch mehr als ein Nucleotid codiert werden.

Tab. 4-11: Genetischer Code in der Darstellungsweise von *Crick*. (Die Angabe der Tripletts bezieht sich auf die mRNA in 5′ → 3′-Richtung.)

		zweiter Buchstabe				
		U	C	A	G	
erster Buchstabe	U	Phe Phe Leu Leu	Ser Ser Ser Ser	Tyr Tyr ocker amber	Cys Cys opal Trp	U C A G	dritter Buchstabe
	C	Leu Leu Leu Leu	Pro Pro Pro Pro	His His Gln Gln	Arg Arg Arg Arg	U C A G	
	A	Ile Ile Ile Met	Thr Thr Thr Thr	Asn Asn Lys Lys	Ser Ser Arg Arg	U C A G	
	G	Val Val Val Val	Ala Ala Ala Ala	Asp Asp Glu Glu	Gly Gly Gly Gly	U C A G	

Die Aufklärung des **genetischen Codes** gelang u.a. *Khorana, Nirenberg* und *Ochoa* mit Hilfe synthetischer Oligo- und Polynucleotide. Danach wird jede Aminosäure durch drei Nucleotide codiert; das ergibt $4^3 = 64$ Möglichkeiten (Tab. 4-11). Für den genetischen Code gelten folgende Grundprinzipien:

- 61 der 64 Tripletts dienen zur Codierung der 20 Aminosäuren, d.h. jede Aminosäure wird durch mehr als ein Triplett codiert. Man spricht deshalb von einem degenerierten Code.
- Die restlichen 3 Tripletts sind sog. Nonsens-Tripletts, die zur Terminierung des Translationsprozesses dienen (Terminator-Codons). Sie werden mit Trivialnamen nach der Farbe bestimmter Bakterienmutanten bezeichnet (amber, ocker, opal). UGA (TGA) codiert auch den Einbau von Selenocystein.
- Der genetische Code ist universal, d.h. die Translation erfolgt bei allen Organismen nach demselben Code.
- Die einzelnen Tripletts werden hintereinander, d.h. kommafrei und nicht überlappend angeordnet.

Dieses **„molekulargenetische Dogma"** ist inzwischen allerdings etwas modifiziert worden, nachdem sich herausgestellt hat, daß bei den Mitochondrien Abweichungen von der Universalität des genetischen Codes auftreten, bei Eukaryoten unterbrochene Gene und bei Bakteriophagen überlappende Gene vorkommen. Mit Hilfe der modernen DNA-Fragmentierungstechniken konnte festgestellt werden, daß abweichend vom Normalfall (Tab. 4-11) das Codon TGA in Säugetier- und Hefemitochondrien die Aminosäure Trp kodiert und das Codon ATA in Säugetiermitochondrien die Aminosäure Met.

Ort der Proteinsynthese sind die Ribosomen. Träger des genetischen Codes ist die mRNA. Den Transport der entsprechenden Aminosäuren zur mRNA übernimmt die aminosäurespezifische tRNA. Die Erkennung erfolgt wiederum durch antiparallele Basenpaarung zwischen dem Codon der mRNA und dem sog. Anticodon der tRNA (Abb. 4-36b). Bemerkenswert ist, daß im Triplett des Anticodons als 3. Bestandteil seltende Nucleoside mit modifiziertem Basen- oder Riboserest wie Inosin oder 2'-O-Methylguanosin vorkommen. Bei der Codon-Anticodon-Wechselwirkung spielen deshalb auch nichtklassische Basenpaare (sog. wobble-Paare nach *Crick*) eine Rolle. Inosin vermag sich z. B. mit U, C oder A zu paaren (vgl. Abb. 4-36b). Auf der anderen Seite ist auch die 3. Base bei den meisten Codons (Tab. 4-11) austauschbar, ohne daß dadurch die Zuordnung zu einer Aminosäure verändert wird.

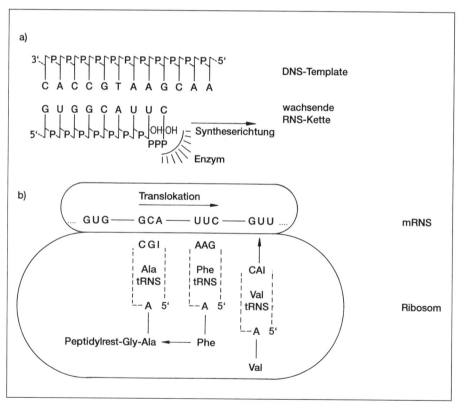

Abb. 4-36 Schematische Darstellung a) der RNA-Synthese (Transkription); Enzym = RNA-Nucleotid-Transferase; b) der Proteinsynthese (Translation) am Beispiel der Anknüpfung von Ala, Phe und Val an eine wachsende Peptidkette mit der nach a) synthetisierten mRNA.

Als einzelne Schritte werden bei der Proteinsynthese die Initiation, Elongation (Verlängerung) und Termination unterschieden. Während der Proteinsynthese bewegt sich die wachsende Polypeptidkette relativ zum Ribosom (Translokation), dabei werden der Code abgelesen, der die tRNA-Moleküle dirigiert und die Aminosäuren in der codierten Reihenfolge verbunden.

Chemische oder physikalische Faktoren, die die Funktion der Nucleinsäuren beeinflussen, stellen wesentliche Eingriffe in die Lebensprozesse dar, die entweder sofort zum Tode der Zelle (letaler Effekt), zu bleibenden DNA-Veränderungen (mutagener Effekt) oder zu einem Wachstumsstillstand (zytostatischer Effekt) führen. Letztere Wirkung kann bei der Bekämpfung von Viren (Virustatika), zur Hemmung des Wachstums von Krebszellen (Kanzerostatika) oder immunkompetenten Zellen (Immunsuppressiva) erwünscht sein. Natürlich vorkommende Kanzerogene (vgl. S. 69) sind u. a. die Aflatoxine und Pyrrolizidin-Alkaloide.

Die älteren Verfahren zur Erzeugung von Mutanten beruhen auf Bestrahlung (Kap. 4.1.4.3) oder dem Einsatz bestimmter Chemikalien (Mutagene, Kap. 4.1.4.1). Damit lassen sich natürlich nur zufällige Mutationen erzeugen. **Ortsspezifische Mutationen** (*M. Smith,* Nobelpreis 1993) sind jetzt möglich durch eine Kombination von Gentransfer mittels Plasmid und Polymerase-Kettenreaktion. Das wesentliche an diesem Verfahren ist, daß als Matrize ein künstlich hergestelltes Oligonucleotid eingeführt wird, das an einer bestimmten Position eine veränderte Information enthält.

Die **Eingriffe in die Nucleinsäure- oder Proteinsynthese** können vor allem hervorgerufen werden durch:

1. Chemische Veränderungen der Nucleinsäuren
   a) an der ruhenden Nucleinsäure durch physikalische Einflüsse (energiereiche Strahlung, Kap. 4.1.4.3.), chemische Reagenzien, die meist an den Nucleinsäurebasen angreifen (z. B. Alkylantien, Kap. 4.1.4.1)
   b) während der Replikation durch Einschub von Reagenzien zwischen die Basen (Interkalation, Kap. 4.2.5), Einbau falscher Basen (Antimetabolite), der zu anderer Basenpaarung führen kann;
2. Hemmung von Enzymsystemen, die bei der Nucleinsäuresynthese benötigt werden, durch natürlich vorkommende (Nucleosidantibiotika) oder synthetisch erhaltene Analoga der natürlichen Basen oder Nucleoside (Antimetabolite);
3. Hemmung der Proteinsynthese durch Beeinflussung verschiedener Vorgänge während der Translation durch zahlreiche Antibiotika (S. 681).

Mit Hilfe der **Gentechnik** läßt sich das genetische Programm einer Zelle durch Einbau fremden genetischen Materials verändern. Diese Methode hat bereits jetzt große Bedeutung bei der mikrobiologischen Produktion menschlicher, tierischer und viraler Proteine.

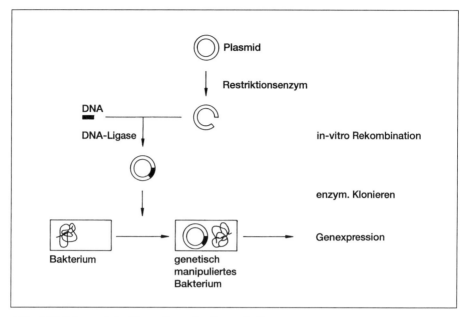

Abb. 4-37 Schematische Darstellung der Gentechnik.

Bei der Gentechnik (vgl. Abb. 4-37) müssen die folgenden Schritte unterschieden werden:
1. Gewinnung des codierten Gens für die Biosynthese des gewünschten Produkts (Proteins).
   Die Gewinnung dieser DNA kann auf drei Wegen erfolgen: durch chemische Synthese (Kap. 4.1.5.2), durch Isolierung des Genabschnitts oder durch enzymatische Synthese aus mRNA. Bei der Isolierung der DNA ist zu beachten, daß die Gene eukaryotischer Zellen im Unterschied zu denen von Prokaryoten neben codierenden Abschnitten (Exons) auch nichtcodierende Abschnitte (Introns) enthalten, die während der Genexpression herausgeschnitten werden. Für den Einbau in Bakterien werden aber Intron-freie Gene benötigt. Glücklicherweise enthalten die α- und β-Interferon-Gene keine Introns, so daß diese Proteine zu den ersten Gentechnikprodukten gehörten. Zur Zeit bemüht man sich um die Verwendung eukaryoter Zellen (Hefen) zur Genexpression. Die enzymatische Synthese der DNA aus mRNA erfolgt über die Bildung der komplementären DNA (cDNA) mit Hilfe des Enzyms reverse Transkriptase.
2. *In-vitro*-Rekombination der Nucleinsäuren:
   Die Einschleusung der nach 1. erhaltenen DNA in die Zelle erfolgt mittels geeigneter Vektoren, meist Resistenz-Plasmide. Dazu wird die ringförmige DNA der Plasmide zunächst mit Hilfe von Restriktionsenzymen (S. 296) aufgeschnitten und mit der neuen DNA kovalent mit Hilfe von DNA-Ligase verbunden (Bildung der sog. Rekombinanten-DNA).
3. Nach Einschleusen der so präparierten Plasmide, wobei außer diesem Strukturgen noch zusätzliche Sequenzen eingebaut werden (Signalsequenzen, Markierungsgene), in Wirtszellen (Bakterien, Zellen höherer Organismen) erfolgt die Vermehrung der Rekombinations-DNA, das sog. Klonieren.

4. Dem Klonieren folgt die Genexpression, d. h. die mRNS-(Transkription) und Proteinsynthese (Translation).

Die Gentechnik dient zur Herstellung sonst schwer zugänglicher Peptide und Proteine (Hormone, Antigene, Antikörper, Plasmaproteine). Zur Produktion von Humaninsulin wird bereits in 40.000 l-Fermentern gearbeitet, die pro Ansatz mehrere Kilogramm Humaninsulin ergeben. Von größter Bedeutung könnte die Übertragung von Genen für die Luftstickstoffbindung auf Kulturpflanzen sein.

5 Lipide und Membranen

5.1 Allgemeine Einführung

Zu den Grundbausteinen aller Zellen gehören außer den Proteinen, Nucleinsäuren und Kohlenhydraten noch die Lipide.

> Unter Lipiden sollen hier Derivate langkettiger aliphatischer Säuren, der Fettsäuren, verstanden werden. Im erweiterten Sinne werden als Lipide auch Verbindungen bezeichnet, die aus organischem Material durch unpolare Lösungsmittel extrahierbar sind.

Dadurch werden einerseits strukturell ganz andersartige Verbindungen wie Terpene und Steroide in diese Gruppe mit einbezogen, während andererseits zahlreiche Glykolipide aufgrund ihrer stark hydrophilen Gruppierungen relativ gut wasserlöslich sind.

Bei den einfachen oder neutralen Lipiden (Wachse, Fette) sind die das gemeinsame Strukturelement der Lipide bildenden Fettsäuren esterartig an Alkohole gebunden. Die komplexen Lipide (Lipoide) enthalten außer den Fettsäuren und der Alkoholkomponente noch weitere Bausteine wie Phosphorsäure bzw. deren Ester (Phospholipide) oder Kohlenhydrate (Glykolipide). Die wichtigsten Alkoholkomponenten der Lipide sind Glycerol (Glycerolipide), Aminoalkohole (Sphingolipide), Monosaccharide (Glykolipide), verschiedene Diole (Diollipide) und *myo*-Inositol. Vom Fettsäurestoffwechsel leiten sich die etherartig an Glycerol gebundenen Alkenylreste (Enolether des Hexadecanals oder Octadecanals, vgl. Plasmalogene) oder Alkylreste (Hexadecyl oder Octadecyl) ab. 1-O-Alkyl-2-acylglycerophosphocholine und 1,2-Di-O-alkylglycerophosphocholine sind in tierischen und bakteriellen Phospholipidfraktionen enthalten. Während die Proteine, Nucleinsäuren und Polysaccharide durch Kondensationsreaktionen aus ihren Monomeren gebildet werden, lagern sich niedermolekulare Lipide mit hydrophilen und hydrophoben Gruppen durch nicht-kovalente Bindungen zu Assoziaten zusammen. Diese bilden die Grundstruktur der biologischen Membranen.

Außer als Strukturbildner (komplexe Lipide) spielen Lipide vor allem als Reservestoffe (Fette, Wachse) eine Rolle. Daneben wirken verschiedene neutrale Lipide als Wärmeschutz bei Tieren sowie als wasserabstoßende Schicht bei Pflanzen (Wachse).

5.2 Fettsäuren

Die Fettsäuren bestimmen mit ihren Alkylresten die physikalischen und chemischen Eigenschaften der Lipide. Sie kommen in der Natur fast ausschließlich ester- oder amidartig gebunden vor.

5.2.1 Strukturen und Biosynthese

Die natürlichen Fettsäuren sind langkettige, meist unverzweigte, gesättigte oder ungesättigte Monocarbonsäuren. Die gerade Zahl der C-Atome erklärt sich aus der Biosynthese aus C_2-Einheiten, die durch den Multienzymkomplex **„Fettsäure-Synthase"** erfolgt.

Starter der normalen **Fettsäuresynthese** ist ein Acetylrest (Abb. 5-1). Die Verlängerung erfolgt durch eine Kondensation mit einem Malonylrest

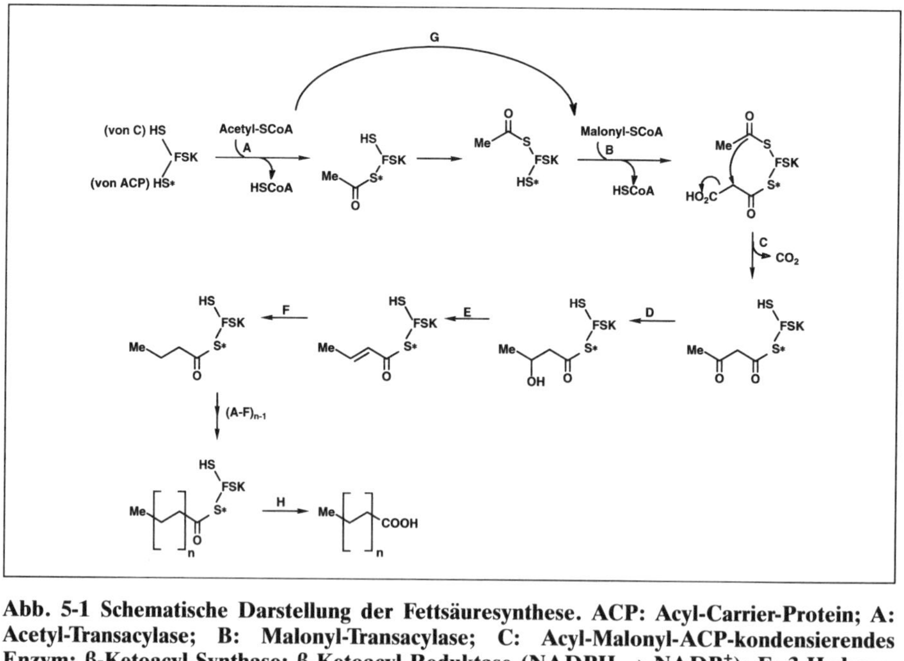

Abb. 5-1 Schematische Darstellung der Fettsäuresynthese. ACP: Acyl-Carrier-Protein; A: Acetyl-Transacylase; B: Malonyl-Transacylase; C: Acyl-Malonyl-ACP-kondensierendes Enzym; β-Ketoacyl-Synthase; β-Ketoacyl-Reduktase (NADPH → $NADP^+$); E: 3-Hydroxyacyl-Dehydratase; F: Enoyl-Reduktase (NADPH → $NADP^+$); G: Acetyl-CoA-Carboxylase/Biotin; H: Thioesterase.

unter Abspaltung von CO_2 (decarboxylierende Kondensation) durch eine β-Ketoacyl-Synthase. Anschließend wird die Carbonylgruppe in drei Schritten in eine CH_2-Gruppe umgewandelt:

1. **Reduktion der Carbonylgruppe** zur Hydroxygruppe durch die β-Ketoacyl-Reduktase unter NADPH-Verbrauch;
2. **Eliminierung von Wasser** durch die 3-Hydroxyacyl-Dehydratase unter Bildung der Doppelbindung;
3. **Reduktion der Doppelbindung** durch die Enoyl-Reduktase unter NADPH-Verbrauch.

Danach schließt sich der nächste Verlängerungsschritt des Cyclus an. Nach Erreichen der entsprechenden Länge wird der Fettsäurerest durch die Thioesterase abgelöst oder für weitere Synthesen auf CoA-SH übertragen. Die Verlängerungsreaktion findet unter Bindung des Fettsäurerestes an die Thiolgruppe des Acyl-Carrier-Proteins statt (SH-Gruppe eines Pantotheinrestes, vgl. S. 416).

Die einzelnen Enzymaktivitäten der Fettsäure-Synthase sind in drei Domänen lokalisiert (vgl. Abb. 5-2), wobei die Subeinheiten gegenläufig ausgerichtet sind.

Inzwischen werden drei Typen (I, II, III) von Fettsäure-Synthasen unterschieden, die sich unterschiedlich hemmen lassen (Kap. 5.2.2).

Fettsäuren lassen sich durch enzymatische oder alkalische Spaltung („Verseifung") von Lipiden erhalten. Industriell werden die Fette in Gegenwart geeigneter Katalysatoren (Sulfonsäuren, MgO) mit Wasser bei 100 bis 250 °C behandelt. Die Auftrennung des anfallenden Fettsäuregemisches kann durch fraktionierte Vakuumdestillation oder durch fraktionierte Kristallisation erfolgen. Zur Trennung eignen sich auch **Einschlußverbin-**

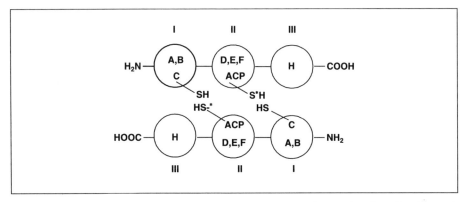

Abb. 5-2 Schematische Darstellung der Architektur einer tierischen Fettsäure-Synthase mit den Domänen I, II und III bei gegenläufiger Ausrichtung der Subeinheiten. A: Acetyl-Transacylase; B: Malonyl-Transacylase; C: Acyl-Malonyl-ACP-kondensierendes Enzym; β-Ketoacyl-Synthase; β-Ketoacyl-Reduktase (NADPH → $NADP^+$); E: 3-Hydroxyacyl-Dehydratase; F: Enoyl-Reduktase (NADPH → $NADP^+$); H: Thioesterase.

dungen der Fettsäuren mit Harnstoff oder Thioharnstoff. Das Fettsäuremolekül befindet sich dabei in einem durch Harnstoffmoleküle gebildeten Kanal. Die erforderliche Harnstoffmenge ist der Kettenlänge der Fettsäuremoleküle proportional. Auf diese Weise lassen sich unverzweigte und verzweigte, gesättigte und ungesättigte und n-Fettsäuren verschiedener Kettenlänge trennen. Von besonderer Bedeutung für die Trennung von Fettsäuregemischen sind chromatographische Methoden. Für Nachweis und Bestimmung auch geringer Mengen von Fettsäuren in einem Gemisch wird vor allem die Gaschromatographie herangezogen, wobei meist Fettsäureester eingesetzt werden.

Tab. 5-1: Gesättigte Fettsäuren.

Anzahl der C-Atome	Trivialname	Systematische Bezeichnung	Symbol
4	Buttersäure	n-Butansäure	
6	Capronsäure	n-Hexansäure	
8	Caprylsäure	n-Octansäure	
10	Caprinsäure	n-Decansäure	Dec
12	Laurinsäure	n-Dodecansäure	Lau
14	Myristinsäure	n-Tetradecansäure	Myr
16	Palmitinsäure	n-Hexadecansäure	Pam
18	Stearinsäure	n-Octadecansäure	Ste
20	Arachinsäure	n-Eicosansäure	Ach
22	Behensäure	n-Docosansäure	Beh
24	Lignocerinsäure	n-Tetracosansäure	Lig

Die wichtigsten **gesättigten Fettsäuren** sind in Tabelle 5-1 aufgeführt. Kurzkettige Fettsäuren sind u. a. im Palmöl und Kokosfett sowie in den tierischen Milchfetten enthalten. **Myristinsäure** hat ihren Namen nach dem Vorkommen in der Muskatnuß, dem Samen von *Myristica fragans*, erhalten. Sie ist verbreiteter Bestandteil tierischer und pflanzlicher Fette. Die am häufigsten anzutreffenden Fettsäuren sind die **Palmitin-** und **Stearinsäure**. Sie sind in allen tierischen Fetten sowie in Phospho- und Glykolipiden zu finden. **Arachinsäure** ist im Erdnußöl (*Arachidis Oleum* von *Arachis hypogaea*) sowie in Fischtranen enthalten. Gesättigte Fettsäuren mit mehr als 24 C-Atomen kommen in den Wachsen vor.

Die natürlich vorkommenden **ungesättigten Fettsäuren** (Tab. 5-2) sind durch zwei Besonderheiten charakterisiert:

- Die Doppelbindung ist *cis*-ständig angeordnet;
- Bei mehrfach ungesättigten Fettsäuren befindet sich zwischen jeder Doppelbindung eine CH_2-Gruppe (Divinylmethan-Rhythmus).

Die ungesättigten Fettsäuren besitzen die allgemeine Struktur $CH_3(CH_2)_m(CH=CH-CH_2)_n(CH_2)_oCOOH$, wobei $m = 1, 4, 5, 7$; $n = 1$ bis 6 und $o = 2$ bis 7 sein können.

Tab. 5-2: Ungesättigte Fettsäuren.

Anzahl der C-Atome	Trivialname	Systematische Bezeichnung	Symbole	
16	Palmitölsäure	cis-9-Hexadecensäure	16:1	Pam
18	Ölsäure	cis-9-Octadecensäure	18:1(9) 18:1(n-9)	Ole
18	Elaidinsäure	trans-9-Octadecensäure	trans-18:1(9)	
18	Vaccensäure	cis-11-Octadecensäure	18:1(11)	Vac
18	Linolsäure	all-cis-9,12-Octadecadiensäure	18:2(9, 12) 18:2(n-6)	Lin
18	α-Linolensäure	all-cis-9,12,15-Octadecatriensäure	18:3(9, 12, 15) 18:3(n-3)	αLnn
18	γ-Linolensäure	all-cis-6,9,12-Octadecatriensäure	18:3(6, 9, 12)	γLnn
20	Di-homo-γ-Linolensäure	all-cis-8,11,14-Eicosatriensäure	20:3(8, 11, 14)	
20	Arachidonsäure	all-cis-5,8,11,14-Eicosatetraensäure	20:4(5, 8, 11, 14) 20:4(n-6)	Δ_4Ach
22	Erucasäure	cis-13-Docosensäure	22:1(13)	
24	Nervonsäure	cis-15-Tetracosensäure	24:1(15)	Ner

Die größte Bedeutung haben ungesättigte Fettsäuren mit
- **n = 7** (Ölsäure-Reihe: Öl-, Eruca-, Nervonsäure),
- **n = 4** (Linolsäure-Reihe: Linol-, γ-Linolen-, homo-γ-Linolen-, Arachidonsäure, Docosahexaensäure) und
- **n = 2** (Linolensäure-Reihe: α-Linolensäure).

Nach der Position der Doppelbindung zum Methylende werden die Fettsäuren der Linolsäure-Reihe auch als **n-6-** oder ω-6-Fettsäuren und die der Linolensäure-Reihe als **n-3-** oder ω-3-**Fettsäuren** bezeichnet. In Gymnospermen kommen auch altertümliche Fettsäuren mit „5-cis-non-methylene-interrupted-polyene" (NMIP)-Struktur, $- = -(CH_2)_n - = -$ (n = 2,3) vor.

Die am meisten vorkommende ungesättigte Fettsäure ist die **Ölsäure**. Durch Einführung weiterer Doppelbindungen, katalysiert durch Desaturasen, entstehen die mehrfach ungesättigten Fettsäuren. Die Richtung dieser weiteren Dehydrierung ist bei Tier und Pflanze verschieden (Abb. 5-3). Beim Tier wird eine weitere Doppelbindung zwischen der vorhandenen und der Carboxylgruppe, bei der Pflanze zwischen der vorhandenen und der Methylgruppe eingeführt. Tiere können also keine weiteren Doppelbindungen zwischen die in 9-Stellung befindliche Doppelbindung der

Ölsäure und dem Methylende einführen. Sie sind aber in der Lage, ausgehend von **Linol-** und **α-Linolensäure** stärker ungesättigte Fettsäuren zu synthetisieren. Ihren Namen haben beide Säuren nach dem Vorkommen im Leinöl.

Fettsäuren mit *trans*-Doppelbindung, insbesondere *trans*-Hexadecensäure, werden in zum Teil beträchtlichen Mengen in gehärteten pflanzlichen Fetten gefunden. Pflanzenöle sowie Diät- und Halbfettmargarine enthalten kaum *trans*-**Fettsäuren.**

Linol- und α-Linolensäure sind für Tiere essentiell, müssen also mit der Nahrung zugeführt werden. Die **essentiellen, polyungesättigten Fettsäuren** (PUFA: polyunsaturated fatty acids) werden auch als Vitamin F bezeichnet. Wirksam sind nur die *cis*-Formen. Der Gehalt einiger Nahrungsfette an essentiellen Fettsäuren ist der Tab. 5-3 zu entnehmen. Bei einem Mangel treten pathologische Veränderungen der Haut sowie Wachstumsverzögerungen auf. Als wirksamste Fettsäure zur Beseitigung der durch einen Mangel an essentiellen Fettsäuren hevorgerufenen Symptome erwies sich die **Arachidonsäure,** die im tierischen Organismus durch Kettenverlängerung (enzymatisch durch Elongasen) und Dehydrierung aus Linolsäure gebildet wird (Abb. 5-3). Von Bedeutung scheint eine optimale Balance zwischen n-3- und n-6-Fettsäuren zu sein (optimal: 1:5). Ein Mangel an n-3-Fettsäuren scheint am fetalen Alkoholsyndrom beteiligt zu sein. Die essentielle Rolle der ungesättigten Fettsäuren ist zumindest teilweise darauf zurückzuführen, daß Arachidonsäure Ausgangsstoff für die Biosynthese der Eicosanoide (Kap. 7.2.5) ist. **Columbinsäure,** ein Isomer der Linolensäure mit *trans*-Konfiguration der Doppelbindung in 5-Stellung, kann viele Funktionen der essentiellen Fettsäuren erfüllen, nicht aber in Eicosanoide umgewandelt werden. Neben der Arachidonsäure kommt in Säugetieren noch in geringerer Menge die **Docosahexaensäure** (DHA, 22:6n-3) vor, die für die Entwicklung des ZNS von Bedeutung ist.

In Fischleberölen kommen viele hoch ungesättigte Fettsäuren vor. Bakterien enthalten nur einfach ungesättigte Fettsäuren. In einigen Pflanzen (insbesondere *Asteraceen*) sind **Fettsäuren mit Dreifachbindungen** enthalten (vgl. Abb. 1-7, S. 30).

Tab. 5-3: Durchschnittlicher Gehalt (in %) einiger Nahrungsfette an essentiellen Fettsäuren (18:2; 18:3).

Fett	18:2	18:3
■ Butter	3	Spuren
■ Schweineschmalz	7	Spuren
■ Rindertalg	2	Spuren
■ Olivenöl	7	Spuren
■ Rapsöl	18	8
■ Erdnußöl	30	2
■ Sojaöl	53	7
■ Leinöl	19	51

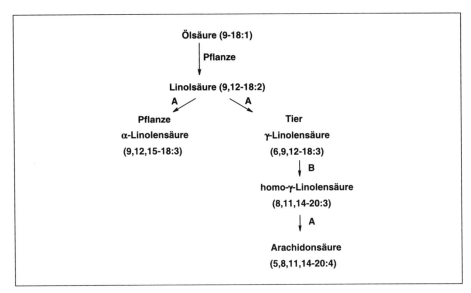

Abb. 5-3 Biosynthese mehrfach ungesättigter Fettsäuren. A: Desaturasen; B: Elongasen.

Aus mehrfach ungesättigten Fettsäuren werden die sog. **F-Säuren** (Furanfettsäuren) in einer Lipoxygenase-Reaktion gebildet (Abb. 5-4). F-Säuren werden nach Hungerperioden im Leberfett von Fischen gespeichert und spielen eine entscheidende Rolle im pflanzlichen Abwehrsystem. Ihre Bildung erfolgt in der Pflanze z. B. nach Pilzbefall oder mechanischen Verletzungen. Durch weitere Oxidation durch Lipoxygenasen werden **Dioxoene** gebildet, die mit Thiolgruppen reagieren können (Bindung von Glutathion) und in alkalischer Lösung **Cyclopentenolone** bilden, die auch im Lebertran nachweisbar sind. Die F-Säuren können also als Antioxidantien wirken. Aus mehrfach ungesättigten Fettsäuren werden auch Polyacetylene und Thiophene gebildet (vgl. Abb. 1-7, S. 30).

Die natürlichen Fettsäuren sind im allgemeinen unverzweigt. **Verzweigte Fettsäuren** sind in geringer Menge in Lipiden tierischer Herkunft sowie vor allem in bakteriellen Lipiden enthalten. Innerhalb der verzweigten Fettsäuren sind iso- und anteiso-Fettsäuren, also Fettsäuren mit Verzweigungen am Methylende, am häufigsten. Besonders reich an verzweigten Fettsäuren sind die Mykobakterien (Abb. 5-5).

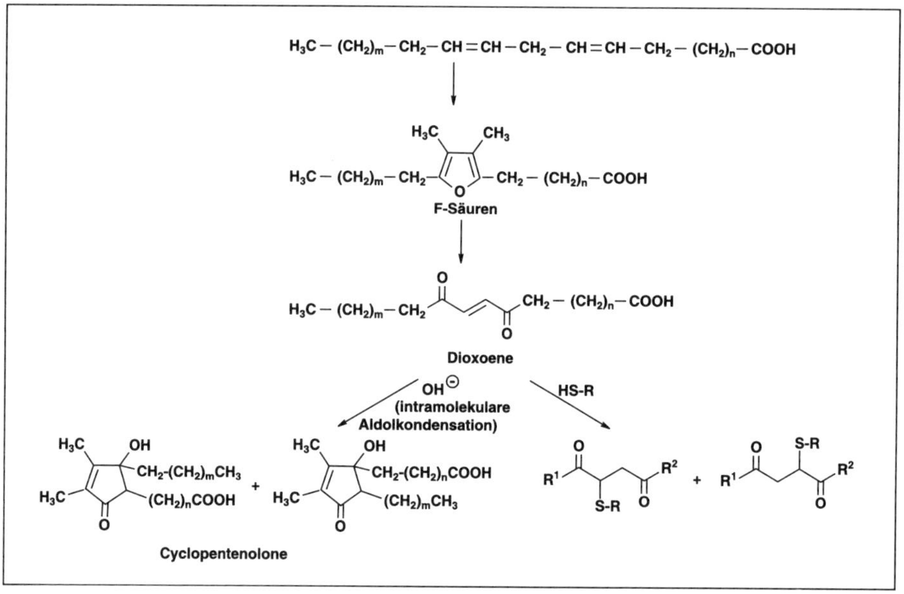

Abb. 5-4 Bildung und weitere Reaktionen der F-Säuren.

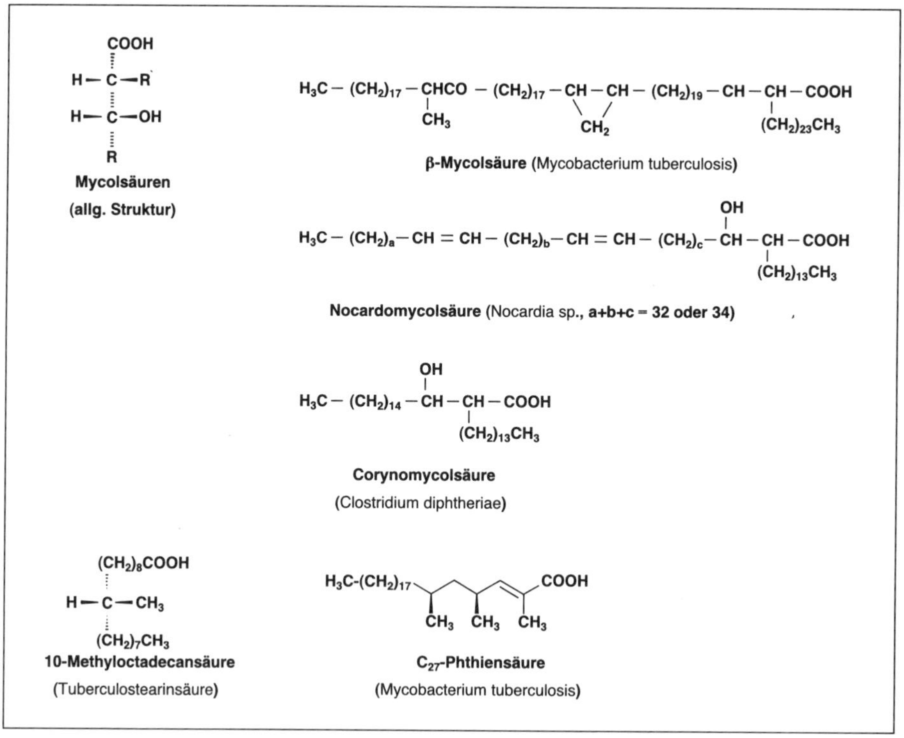

Abb. 5-5 Mykolsäuren und weitere verzweigte Fettsäuren von Mykobakterien und verwandten Actinomyceten.

Von besonderem Interesse sind dabei die **Mykolsäuren** (S. 252).

> Mykolsäuren sind gesättigte oder ungesättigte, α-verzweigte β-Hydroxyfettsäuren. Sie entstehen enzymatisch durch eine Art *Claisen*-Kondensation aus den „normalen" Fettsäuren.

Die Mykolsäuren der einzelnen Gattungen unterscheiden sich vor allem durch die Anzahl der C-Atome (*Corynebacteria*: C_{28}–C_{40}; *Nocardia*: C_{40}–C_{66}; *Mycobacterium*: C_{60}–C_{90}).

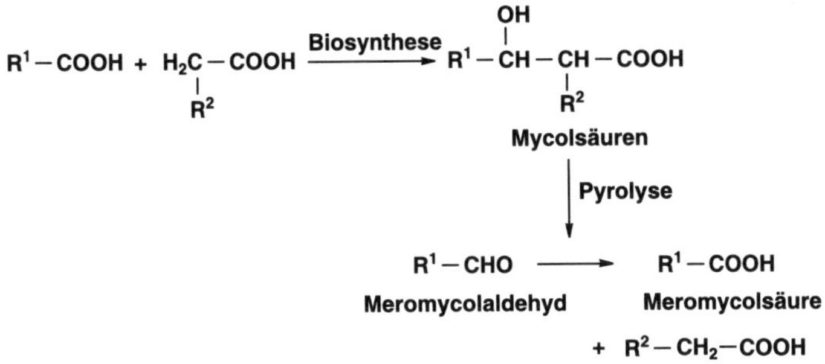

$$R^1-COOH + H_2C(R^2)-COOH \xrightarrow{\text{Biosynthese}} R^1-CH(OH)-CH(R^2)-COOH$$

Mycolsäuren

$$\downarrow \text{Pyrolyse}$$

$$R^1-CHO \longrightarrow R^1-COOH$$

Meromycolaldehyd   Meromycolsäure

$$+ R^2-CH_2-COOH$$

Im Chaulmoograöl, dem Samenöl von *Hydnocarpus*-Arten, sind Glycerolester von **Cyclopentensäuren (Hydnocarpus-, Chaulmoograsäure)** enthalten. Diese Säuren sind für *Mycobacterium tuberculosis* und *M. leprae* toxisch. Das fette Öl wird daher zur Lepra-Behandlung eingesetzt.

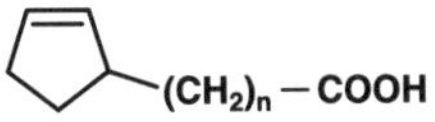

[Cyclopentenring]–$(CH_2)_n$–COOH

Hydnocarpussäure (n = 10)
Chaulmoograsäure (n = 12)

Hydroxyfettsäuren kommen in den Lipiden des Gehirns vor (s. Cerebroside, S. 353). Zu diesen Fettsäuren gehören die 2-Hydroxytetracosansäure (**Cerebronsäure**), 2-Hydroxyhexacosansäure, 2-Hydroxydocosansäure und 2-Hydroxy-15-tetracosensäure (**Oxynervonsäure**). Das Ricinusöl, das Samenöl von *Ricinus communis (Euphorbiaceae)*, besteht vor allem aus Glycerolestern der **Ricinolsäure** (12-Hydroxyölsäure), die für die laxierende Wirkung dieses Öles verantwortlich ist. Hydroxyfettsäuren sind ferner u. a. in bakteriellen Lipiden wie der Lipid-A-Komponente bakterieller Lipopolysaccharide (S. 250) sowie in den pflanzlichen Biopolymeren Cutin und Suberin (S. 601) enthalten.

H₃C—(CH₂)ₙ—CH(OH)—COOH   H₃C—(CH₂)₇—CH=CH—(CH₂)₁₂—CH(OH)—COOH
2-Hydroxydocosansäure (n = 19)   2-Hydroxy-15-tetracosensäure
2-Hydroxytetracosansäure   (Oxynervonsäure)
(Cerebronsäure, n = 21)
2-Hydroxyhexacosansäure (n = 23)

5.2.2 Hemmer der Fettsäurebiosynthese

Es sind zahlreiche natürliche und totalsynthetische Verbindungen bekannt, die an unterschiedlichen Stellen die Fettsäurebiosynthese hemmen. Die Acetyl-CoA-Synthase wird durch **Allicin** (Abb. 1-11, S. 32) gehemmt. Die Typen I und II der Fettsäure-Synthasen lassen sich ebenso wie die nahe verwandten Polyketid-Synthasen durch **Cerulenin** (Abb. 5-6), einem Produkt des Pilzes *Cephalosporium caerulens,* spezifisch hemmen. Die irreversible Hemmung kommt durch Reaktion einer Thiolgruppe der β-Ketoacyl-Synthase zustande. Das Antibiotikum **Thiolactomycin** hemmt die Acetyl-Transferase aller Typen der Fettsäure-Synthase. Ein spezifischer Hemmer der Acetyl-CoA-Carboxylase von Pilzen ist das von Mykobakterien produzierte **Soraphen** (Abb. 5-6).

Von den Synthetika sind es vor allem zahlreiche **Herbizide,** die mehr oder weniger selektiv die Fettsäurebiosynthese der Pflanzen hemmen. Cyclohexandione, Aryloxyhenoxypropanoate und Triazindione hemmen die Acetyl-CoA-Carboxylase. Die Linoleat-Desaturase wird durch Pyridazinone, die Fettsäure-Elongase durch Thiocarbamate gehemmt.

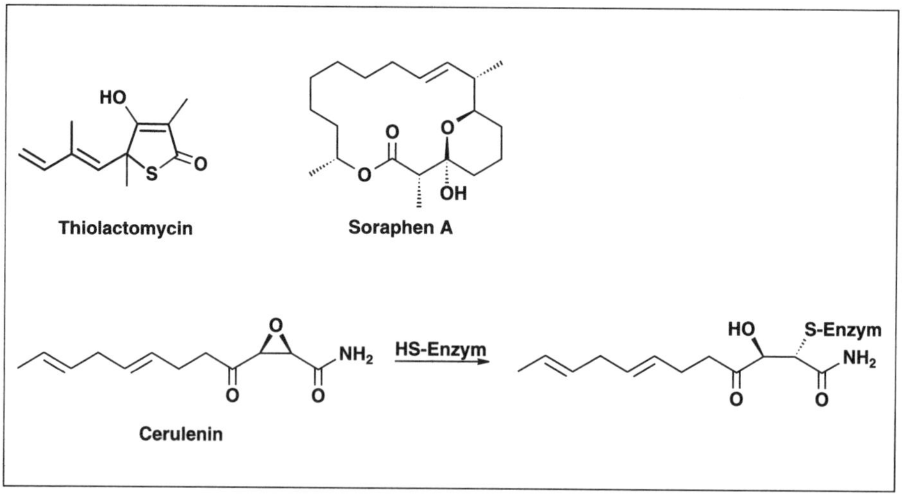

Abb. 5-6 Natürliche Hemmer der Fettsäure-Synthase.

5.2.3 Physikalisch-chemische Eigenschaften

Die physikalischen Eigenschaften der Fettsäuren und auch ihrer Derivate, der Lipide, hängen wesentlich von der **Konformation** der Alkylreste ab. Bei den gesättigten Fettsäuren sind die C-C-Bindungen in fester Phase gestaffelt angeordnet, so daß der Alkylrest die Form einer langgestreckten Kette annimmt.

Für die natürlich vorkommenden ungesättigten Fettsäuren ist charakteristisch, daß die Doppelbindungen *cis*-ständig angeordnet sind. Eine *trans*-ständige Doppelbindung wirkt sich nur wenig auf die Konformation der Alkylkette aus. Die Alkylkette bleibt langgestreckt. Von stärkerem Einfluß ist dagegen eine *cis*-ständige Doppelbindung, die eine gewinkelte Konformation bewirkt. Der unterschiedliche Raumbedarf von Fettsäuren mit *cis*- bzw. *trans*-ständigen Doppelbindungen konnte bei Phospholipid-Monoschichten auch experimentell bestätigt werden.

Der **kristalline Zustand** der Fettsäuren ist polymorph. Bei Kristallisation aus unpolaren Lösungsmitteln bildet sich die *A*- oder *B*-Modifikation, aus polaren Lösungsmitteln die *C*-Modifikation. Die *A*-Form ist triklinal, *B*- und *C*-Form sind orthorhombisch.

Der **Schmelzpunkt** der Fettsäuren hängt von der Anzahl der C-Atome und Doppelbindungen sowie von der Lage und Konfiguration der Doppelbindungen ab (Tab. 5-4). Allgemein besitzen die gesättigten Fettsäuren höhere Schmelzpunkte als die ungesättigten Fettsäuren und ungesättigte Fettsäuren mit *trans*-ständiger Doppelbindung höhere als die mit *cis*-ständiger Doppelbindung (Tab. 5-4). Sowohl die *cis*-Konfiguration als auch die Position der Doppelbindungen etwa in der Mitte des Moleküls und der Divinylmethanrhythmus der natürlich vorkommenden Fettsäuren führen zu einer Erniedrigung des Schmelzpunktes gegenüber vergleichbaren Isomeren. Die Unterschiede im Schmelzpunkt der Fettsäuren spiegeln sich auch in den Phasenübergängen der Lipide (vgl. S. 361) wider.

Tab. 5-4: Schmelzpunkte einiger Fettsäuren.

Fettsäure (Abkürzungssymbol)	Schmelzpunkt (°C)
16:0	63
18:0	69,5
20:0	76
18:1(9)	10–11
trans-18:1(9)	44,5–45,5
18:2(11, 14)	−8--9
18:2(9, 11)	4,5–5,5
18:2(11, 15)	19–20
	11

Die Alkalisalze der Fettsäuren (**Seifen**) bilden an der Grenze zwischen einer Wasser- und Lipidphase monomolekulare Schichten, wobei die hydrophile Carboxylatgruppe in die wäßrige Phase und der lipophile Alkylrest in die Lipidphase ragen. Diese Micellbildung (vgl. auch S. 359) ist für die Eignung der Seifen als Waschmittel verantwortlich. Mit zweiwertigen Kationen (Ca^{2+}) bilden sich schwerlösliche Salze.

5.2.4 Chemisches Verhalten

Fettsäuren mit *trans*-ständiger Anordnung der Doppelbindungen sind thermodynamisch stabiler als solche mit *cis*-ständiger Anordnung. **Cis-trans-Umlagerungen** lassen sich katalytisch z. B. mit Nitrit hervorrufen. Die Umlagerung der *cis*-ungesättigten Ölsäure in die entsprechende *trans*-Form, die als **Elaidinsäure** bezeichnet wird, läßt sich sehr gut am Schmelzpunkt verfolgen (Tab. 5-4). Dieser Vorgang wird unter dem Namen Elaidinprobe zum Nachweis ölsäurereicher Fette herangezogen, die durch Übergang in die Elaidinsäureester unter der Einwirkung von Nitrit bei Raumtemperatur erstarren.

Beim physiologischen Abbau der ungesättigten Fettsäuren im Organismus werden die *cis*-Doppelbindungen in *trans*-Doppelbindungen umgelagert, bevor die zum Abbau führende β-Oxidation einsetzt. *Cis-trans*-Umlagerungen finden auch während der partiellen Hydrierung ungesättigter Fette (Margarineproduktion) sowie bei der sog. Desodorierung von Margarinefetten (bei 200–270 °C im Vakuum) statt. Hydrierungen an Metall-Zeolith-Katalysatoren können die *cis-trans*-Umlagerung reduzieren.

Die Strukturaufklärung der Fettsäuren erfolgt heute meist durch Massenspektrometrie nach gaschromatographischer Auftrennung, und zwar in Form ihrer Methylester. Die Methylester unterliegen bei der Massenspektrometrie unter Abspaltung eines Olefins einer *McLafferty*-Umlagerung.

Die wichtigste chemische Methode zur Strukturaufklärung ungesättigter Fettsäuren ist die **Ozonspaltung** (Ozonolyse). Durch Behandlung mit Ozon bildet sich ein Ozonid (**1**), das dann durch oxidativen oder reduktiven Abbau gespalten werden kann. Die Spaltprodukte gestatten die Ermittlung der endständigen Doppelbindungen. Permanganat spaltet die Doppelbindungen oxidativ auf (vgl. S. 341).

Die mehrfach ungesättigten Fettsäuren verfügen über ein 1,4-*cis,cis*-Pentadien-System, das durch Wasserstoffabstraktion leicht resonanzstabilisierte Radikale bilden kann, was Auslöser der sog. **Lipidperoxidation** ist (Abb. 5-7). Als erste stabile Zwischenprodukte entstehen durch Anlage-

$$H_3C-(CH_2)_n-CH=CH-CH_2-CH=CH-(CH_2)_m-COOH$$

$$\downarrow O_3$$

[Ozonid-Zwischenprodukt 1 mit zwei Molozonid-Ringen]

reduktiver Abbau / oxidativer Abbau

$H_3C-(CH_2)_n-CHO + OHC-(CH_2)_m-COOH$ $\qquad$ $H_3C-(CH_2)_n-COOH + HOOC-(CH_2)_m-COOH$

rung von Sauerstoff Hydroperoxide (vgl. Abb. 7-18, S. 487). Weitere Reaktionen verlaufen unter C-C-Spaltungen unter Bildung von Aldehyden und anderen Verbindungen. Das Gemisch dieser Peroxidationsprodukte ist verantwortlich für den typischen Geruch ranziger Fette.

Der Peroxidationsvorgang kann durch die Anwesenheit konjugierter Doppelbindungen (nativ liegen die Doppelbindungen nicht konjugiert vor) und reaktiver Carbonylverbindungen nachgewiesen werden. Dazu gehört

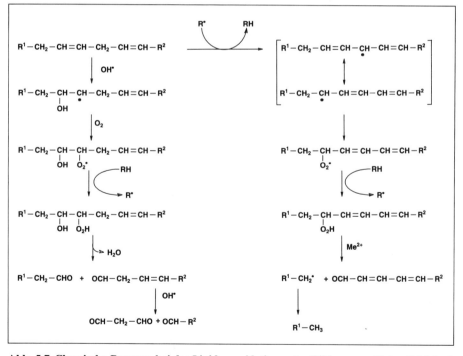

Abb. 5-7 Chemische Prozesse bei der Lipidperoxidation unter Bildung von Malondialdehyd, Aldehyden und Alkanen.

vor allem Malondialdehyd, der zu Quervernetzungen (Lipid-Lipid, Lipid-Protein, Protein-Protein) führen kann, und 4-Hydroxy-2,3-*trans*-nonenal (**2**). **2** ist wahrscheinlich das Lipidperoxidationsprodukt mit der stärksten Zytotoxizität. 4-Hydroxyalkenale sind hochreaktive Verbindungen, die z. B. mit Sulfhydrylgruppen von Glutathion oder Proteinen reagieren können.

Malondialdehyd kann mit Thiobarbitursäure nachgewiesen werden. Dabei entsteht ein roter Polymethinfarbstoff ($\lambda_{max} = 532$ nm).

Die primär bei der Lipidperoxidation gebildeten Peroxyl-Radikale der mehrfach ungesättigten Fettsäurereste (Abb. 5-7) werden normalerweise *in vivo* durch ein synergistisches Zusammenwirken von Glutathion mit den

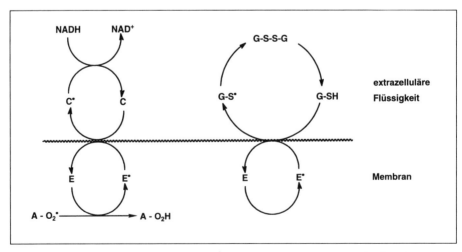

Abb. 5-8 Synergistisches Zusammenwirken von Glutathion (red.: G-SH; G-S•: Thiylradikal), Vitamin E (E) und Vitamin C (C) bei der Beseitigung von Peroxyl-Radikalen der mehrfach ungesättigten Fettsäuren (A-O$_2^•$).

Vitaminen E und C beseitigt (Abb. 5-8). Membranveränderungen durch Lipidperoxidation sollen im Verlaufe des Alterungsprozesses auftreten. Die Peroxidation von mehrfach ungesättigten Fettsäuren in den Partikeln von Lipoproteinen (LDL) soll auch eine wesentliche Rolle bei der Pathogenese der Atherosklerose spielen. Eine Begünstigung der Lipidperoxidation *in vivo* wird bei chronischer Ethanol-Einnahme diskutiert.

Phenole wirken als Radikalfänger und haben deshalb als Antioxidantien Verwendung gefunden. Von besonderer Bedeutung sind die Tocopherole, die Nordihydroguajaretsäure sowie die Synthetika Butylhydroxyanisol (BHA) und Butylhydroxytoluol (BHT).

Butylhydroxyanisol   **Butylhydroxytoluol**

Bei mehrfach ungesättigten Fettsäuren führt die Peroxidation zu hochmolekularen Polymerisaten. Fette Öle mit hohem Anteil an ungesättigten Fettsäuren (z. B. Leinöl) werden daher als „trocknende" Öle bezeichnet und dienen zur Bereitung von Ölfarben. Die Polymerisation wird durch zugesetzte Sikkative, die als Sauerstoffüberträger wirken, katalysiert.

Die **Fixation der biologischen Gewebe mit Osmiumtetroxid** beruht im wesentlichen auf der Reaktion der ungesättigten Fettsäurereste der Phospholipide biologischer Membranen. Unter Strukturerhaltung der Zellen bilden sich Os(VI)- sowie durch weitere Reduktion Os(IV)- und Os(III)-Verbindungen, die braun gefärbt sind und zu einer Kontrastierung des Gewebes im Elektronenmikroskop führen. Als Os(VI)-Verbindungen werden von den Doppelbindungen der Fettsäurereste herrührende cyclische Ester diskutiert (**2-4**).

Die ungesättigten Fettsäuren geben ferner die typischen Reaktionen der Olefine. An die Doppelbindung läßt sich in Gegenwart von Schwermetallkatalysatoren Wasserstoff anlagern. Durch die Hydrierung werden die flüssigen pflanzlichen Öle in streichfähige Fette umgewandelt, was Bedeutung für die Margarineherstellung hatte. Heute werden zur Margarineherstellung Pflanzenöle mit hohem Gehalt an essentiellen Fettsäuren verwendet.

Die Anlagerung von Halogenen an die Doppelbindung ist die Grundlage der Iodzahlbestimmung von Lipiden (S. 342).

Im alkalischen Milieu isomerisieren die natürlichen mehrfach ungesättigten Fettsäuren vom Divinylmethan-Typ zu Fettsäuren mit konjugierten Doppelbindungen. Letztere geben charakteristische Absorptionen im UV-Bereich (isomerisierte Linolsäure bei 233 und 268 nm, isomerisierte Linolensäure bei 233, 268 und 315 nm).

5.3 Einfache Lipide

Unter der Bezeichnung „Einfache Lipide" werden die Fettsäureester von Alkoholen zusammengefaßt. Die Alkoholkomponente wird entweder von Glycerol (Triacylglycerole: Fette) oder anderen Alkoholen (Wachse) gebildet.

5.3.1 Wachse

Als Wachse im erweiterten Sinne werden lipophile Substanzen von plastischer Konsistenz, sog. wachsartiger Beschaffenheit, bezeichnet. Im engeren Sinne allerdings versteht man unter einem Wachs nur die Fettsäureester von langkettigen oder cyclischen (Cholesterol) ein- oder zweiwertigen Alkoholen.

Die natürlich vorkommenden Wachse sind meist Gemische solcher Wachsester mit Paraffinen und freien Alkoholen. Die meisten Wachse können wahrscheinlich nicht wieder in den Stoffwechsel einbezogen werden. Bei bestimmten Meerestieren können Wachse allerdings auch als Hauptlipide die wichtigsten Reservestoffe darstellen. Viele Wachse besitzen spezielle Funktionen wie beispielsweise das Bienenwachs als Strukturbildner für die Waben oder die schützenden Wachse der pflanzlichen Kutikula und der Bakterien.

Die langkettigen Alkohole der Wachse sind unverzweigt oder verzweigt mit einer primären oder sekundären Hydroxygruppe. Bei den Säugetieren sind die Ester des Cholesterols am weitesten verbreitet. In einigen Wachsen kommen langkettige 1,2-Diole (z.B. im Wollwachs der Schafe) oder α,ω-Diole (im Carnauba-Wachs) vor.

Die verzweigten Alkohole gehören vor allem zur iso-(**5**) oder anteiso-Reihe (**6**).

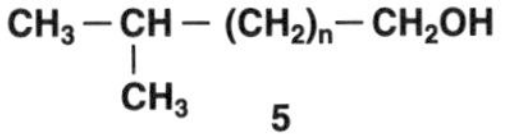

$CH_3-CH-(CH_2)_n-CH_2OH$ $CH_3-CH_2-CH-(CH_2)_n-CH_2OH$
       | |
      CH_3 5 CH_3 6

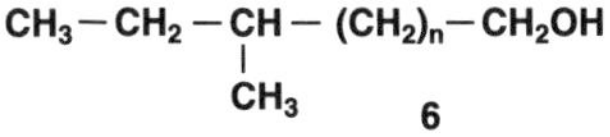

Die Anzahl der C-Atome ist bei den unverzweigten und iso-Alkoholen geradzahlig, bei den anteiso-Alkoholen aber meist ungeradzahlig. Sie schwankt innerhalb recht weiter Grenzen (14 bis 36). Als Säuren treten neben Laurin-, Myristin- oder Palmitinsäure auch langkettige Säuren wie Cerotinsäure (26:0), Montansäure (28:0) oder Melissinsäure (30:0) auf. Die Wachse enthalten im Unterschied zu anderen Lipiden fast ausschließlich gesättigte Fettsäuren mit längeren Ketten. Häufig besitzen Alkohol- und Säurekomponente die gleiche Anzahl von C-Atomen. So ist der Hauptbestandteil des sich in bestimmten Hohlräumen des Pottwals ansammelnden Walrates (*Cetaceum*) Palmitinsäurecetylester, $C_{16}H_{33}O$-CO-$C_{15}H_{31}$. Im Unterschied zu den Fetten sind die Wachse aufgrund ihrer längerkettigen Alkohol- und Fettsäurekomponente schwerer hydrolysierbar.

Bei einigen pflanzlichen Wachsen bilden gesättigte unverzweigte und verzweigte (iso- und anteiso-Reihe) Alkane den Hauptbestandteil, so bei den Wachsen der Tabak- und Kohlblätter. In tierischen Wachsen sind Paraffine nur in geringer Menge enthalten.

Die **Wachse der Mykobakterien** ergaben bei der Verseifung ein langkettiges, methoxyliertes Diol, das als **Phthiocerol** bezeichnet wird. Bei den Wachsen sind an die Hydroxygruppen esterartig mehrfach methylierte, optisch aktive Fettsäuren, die Mykocerosinsäuren, gebunden. Bei den Mykosiden ist eine Hydroxygruppe des Phenol-Phthiocerol wiederum verestert, die andere aber glykosidisch an Zucker gebunden.

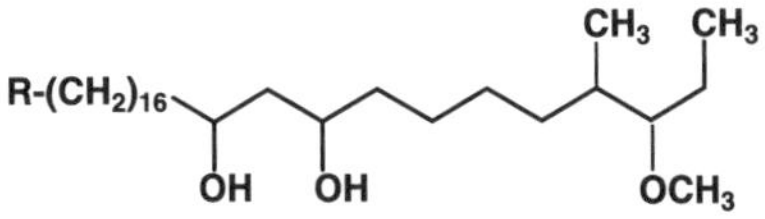

Phthiocerol : $R = CH_3-(CH_2)_{4\ oder\ 6}$

Phenol-Phthiocerol : $R = HO-\langle\ \rangle-$

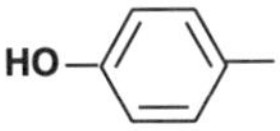

5.3.2 Fette

> Als Fette bzw. fette Öle werden die Trifettsäureester des Glycerols (Triacylglycerole, früher Triglyceride) bezeichnet.

Mono- oder Difettsäureester (Mono- oder Diacylglycerole) treten nur in geringer Menge als Zwischenprodukte des Fettstoffwechsels auf. Bei den Triacylglycerolen kann das Glycerol entweder nur mit einer Fettsäure (einfache Ester) oder mit verschiedenen Fettsäuren verestert sein (gemischte Ester). Die natürlichen Fette sind Mischungen gemischter Triacylglycerole, die mindestens 5, oft noch mehr Fettsäuren enthalten. Bei den gemischten Estern ist das C-2 chiral. Die natürlichen Fette sind aufgrund ihrer Biosynthese aus dem L-Glycerol-3-phosphat optisch aktiv (vgl. S. 351).

CH_2-O-Palmitoyl
$CH-O-$Palmitoyl
CH_2-O-Palmitoyl

einfaches Triacylglycerol
(Tripalmitoylglycerol,
früher als Tripalmitin
bezeichnet)

CH_2-O-Stearoyl
$CH-O-$Palmitoyl
CH_2-O-Oleoyl

gemischtes Triacylglycerol
(1-Stearoyl-2-palmitoyl-3-
oleoyl-glycerol)

Die Fette sind die Hauptenergiereserven der Organismen. Depotfette kommen vor allem in verschiedenen pflanzlichen Samen oder im adipösen Gewebe der Tiere vor. Letzteres kann über 80 % Fett enthalten. Eine Gewinnung der Fette aus diesen natürlichen Quellen erfolgt durch kaltes oder heißes Pressen, durch Ausschmelzen (tierisches Gewebe) oder durch Extraktion mit organischen Lösungsmitteln. Als weitere natürliche Quelle der Fette kommt die Milch der Säugetiere in Frage.

Aus den natürlichen Fetten lassen sich einzelne gemischte Triacylglycerole meist nicht isolieren, da deren Eigenschaften zu ähnlich sind. Die Strukturaufklärung erfolgt zunächst durch eine Identifizierung der in dem Fett enthaltenen Fettsäuren. Dazu müssen die Fettsäuren hydrolytisch abgespalten werden, was durch Lipasen oder im alkalischen Milieu (Verseifung der Fette) geschehen kann. Die Fettsäuren können nach dem Ansäuern mit Ether oder Kohlenwasserstoffen extrahiert werden. Selektiv werden die Fettsäurereste durch die Pankreaslipase entfernt, die spezifisch Fettsäurereste an primären Hydroxygruppen abspaltet. Das entstehende 2-Monoacylglycerol kann sich jedoch durch eine Acylgruppenwanderung über einen cyclischen Orthoester (vgl. S. 185) in das 1- bzw. 3-Monoacylglycerol umlagern, was die Strukturaufklärung erschwert.

Zur Ermittlung der Stellung der ungesättigten Fettsäuren werden die Doppelbindungen durch Permanganat oxidativ aufgespalten (*Hilditch*-Methode). Es entstehen dabei aus den esterartig gebundenen ungesättigten Fettsäuren Halbester kurzkettiger Dicarbonsäuren. Solche gemischten

Triacylglycerole lassen sich dann relativ gut abtrennen. Sie werden außerdem leichter als normale Ester durch Alkali gespalten.

$$\begin{array}{l}CH_2-O-CO-(CH_2)_x-CH_3 \\ | \\ CH-O-CO-(CH_2)_m-CH=CH-(CH_2)_n-CH_3 \\ | \\ CH_2-O-CO-(CH_2)_x-CH_3\end{array} \xrightarrow{KMnO_4} \begin{array}{l}CH_2-O-CO-(CH_2)_x-CH_3 \\ | \\ CH-O-CO-(CH_2)_m-COOH \\ | \\ CH_2-O-CO-(CH_2)_x-CH_3\end{array} + HOOC-(CH_2)_n-CH_3$$

Durch diese und weitere Methoden konnte festgestellt werden, daß kurzkettige oder ungesättigte Fettsäuren gewöhnlich in 2-Stellung, längerkettige Fettsäuren dagegen meist in 1- oder 3-Stellung stehen.

Nach der Anzahl der gesättigten *(S)* bzw. ungesättigten *(U)* Fettsäuren lassen sich die Triacylglycerole (*G* = Glycerol) in die Typen GS_3, GS_2U, GSU_2 und GU_3 einteilen.

Die Zusammensetzung der Fette hängt sehr stark von der Herkunft ab (vgl. Tab. 5-5).

Tab. 5-5: Fettsäurezusammensetzung einiger Fette (in % der Gesamtfettsäure).

Fett (Herkunft)	Fettsäuren				
	16:0	18:0	18:1	18:2	Weitere
■ Olivenöl (Olea europea sativa)	7–20	0–3	65–68	5–15	
■ Leinöl (Linum usitatissimum)	5–9	4–7	13–36	10–25	18:3: 30–67
■ Kokosfett (Cocus nucifera)	8–10	1–4	5–8	1–2	14:0: 13–18, 12:0: 44–51, 10:8: 5–10, 8:0: 5–9
■ Ricinusöl (Ricinus communis)		1–2	1–7		Hydroxysäuren: 88–95
■ Chaulmoograöl (Hydnocarpus Kurzi)			4–15		cyclische Säuren: 81
■ Schweineschmalz	25–30	12–16	41–51	3–8	
■ Rindertalg	25–30	21–26	39–42	2	
■ Kuhmilchfett	25–32	8–13	27–34		gesättigte Fettsäuren C_4–C_{12}: 10; 14:0: 8–13

Pflanzliche Fette sind reich an ungesättigten Fettsäuren, wobei die Ölsäure überwiegt. Zahlreiche Samenfette enthalten oft spezielle Fettsäuren in relativ großer Menge, so z.B. Pflanzen der Familie der *Lauraceen* Laurinsäure, der *Myristicaceen* Myristinsäure und der *Brassicaceen* Erucasäure. Charakteristisch ist das Vorkommen von Hydroxyfettsäuren (S. 331) im Rizinusöl.

Die Zusammensetzung der Fette hängt ferner vom Klima ab, in dem die Pflanze aufgewachsen ist. Pflanzen wärmerer Gegenden enthalten meist feste Fette, solche gemäßigter oder kalter Zonen vorwiegend fette Öle.

Bei den tierischen Fetten muß zwischen Depot- und Milchfetten unterschieden werden. Milchfette besitzen einen größeren Anteil an kurzkettigen Fettsäuren. Die Zusammensetzung der Depotfette ist von der Tierart, dem Organ und der Nahrungsquelle der Tiere abhängig. Bei Landtieren überwiegen Palmitin- und Stearinsäure (Rindertalg). Fette von Meerestieren enthalten viel ungesättigte Fettsäuren mit 16 bis 22 C-Atomen.

Tab. 5-6: Kennzahlen zur Charakterisierung oder Gütesicherung von Fetten.

Kennzahl	Zu erfassendes Strukturelement	Methode	Aussage
▪ Esterzahl (EZ)	–O–CO–	Verseifung der Ester	Charakterisierung
▪ Verseifungszahl (VZ)	–O–CO– und –COOH	Verseifung der Ester und Neutralisation freier Säure	Charakterisierung, evtl. Zersetzung bei zu hohem Wert
▪ Säurezahl (SZ)	–COOH	Neutralisation	Charakterisierung bzw. Nachweis beginnender Hydrolyse
▪ Iodzahl (IZ)	–CH=CH–	Addition von ICl oder Br_2	Menge an ungesättigten Fettsäuren
▪ Peroxidzahl (PZ)	–O–O–	Oxidation von $2I^{\ominus}$ zu I_2	Primärprodukte der Autoxidation
▪ Hydroxylzahl (OHZ)	–OH	Acetylierung	Menge an Hydroxyfettsäuren
▪ Reichert-Meissl-Zahl (RMZ)*	–COOH	Neutralisation nach Wasserdampf-destillation	Mit Wasserdampf flüchtige, wasserlösliche Säuren
▪ Polenske-Zahl (PoZ)*	–COOH	Neutralisation nach Wasserdampf-destillation	Mit Wasserdampf flüchtige, wasserunlösliche Säuren

*Vor allem zur Untersuchung von Milchfetten

Da bei den Fetten in der Regel keine genaue chemische Zusammensetzung angegeben werden kann, wurden zur Charakterisierung sowie zur Kennzeichnung und Gütesicherung in der Lebensmittelindustrie und Pharmazie sog. **Kennzahlen** eingeführt (Tab. 5-6). Normierte Vorschriften für die Durchführung dieser Bestimmungen sind z. B. in den Arzneibüchern enthalten.

5.4 Komplexe Lipide

> Als komplexe Lipide (Lipoide) werden Lipide bezeichnet, die aus einer lipophilen und einer hydrophilen Komponente bestehen und als Bestandteil der Membranen eine bedeutende Rolle in allen Zellen spielen.

Die lipophile Komponente wird von den Fettsäureresten gebildet, die ester- bzw. amidartig an Glycerol bzw. langkettige Aminoalkohole (Sphingosin) gebunden sind. Als hydrophile Gruppen (Kopfgruppen) treten Phosphorsäure bzw. deren Ester und Kohlenhydrate auf.

Zur Trennung der komplexen Lipide dient die Säulenchromatographie vorwiegend an Silicagel, in letzter Zeit zunehmend die HPLC mit UV-Detektion bei 200 bis 206 nm aufgrund der Doppelbindungen ungesättigter Reste.

Die komplexen Lipide lassen sich entweder nach dem die Fettsäurereste tragenden Grundkörper in Glycero- und Sphingolipide bzw. nach der hydrophilen Gruppe in Phospho- und Glykolipide einteilen.

Neben Glycerol und Sphingosin wurden noch zweiwertige Alkohole als Grundkörper von Lipiden aufgefunden wie Ethylenglykol, Propan-1,2-diol, Butan-1,4- und -2,3-diol sowie Pentan-1,5-diol. Diese sog. **Diol-Lipide** sind weitverbreitete Bestandteile der Lipidfraktionen und machen etwa 0,5 bis 1,5 % des Glycerolanteils aus. In größeren Mengen kommen sie in niederen Organismen vor. In ihren Eigenschaften ähneln die Diol-Lipide sehr denen der entsprechenden Glycerolipide.

5.4.1 Phospholipide

Bei den Phospholipiden ist eine primäre Hydroxygruppe der Alkoholkomponente (Glycerol, Sphingosin, Diole, *myo*-Inositol) mit Phosphorsäure oder Phosphorsäuremonoestern verestert. Die wichtigsten Esterkomponenten dieser Phosphorsäuremonoester sind Aminoethanol (Colamin), Cholin, Serin oder Glycerol.

In Abhängigkeit vom pH-Wert können die Phospholipide durch die Anwesenheit saurer ($-PO_3H_2$; $> PO_2H$; $-COOH$) und basischer Gruppen ($-N^+(CH_3)_3$, $-NH_2$) in verschiedenen ionogenen Formen vorliegen.

5.4.1.1 Glycerophospholipide

Als Grundbausteine der biologischen Membranen sind die Glycerophospholipide am weitesten verbreitet. Die Mehrzahl der Glycerophospholipide leitet sich von 1,2-Diacylglycerol (Diglycerid) ab. 1,2-Diacylglycerophosphat wird als Phosphatidsäure, der Rest als Phosphatidyl (Ptd) bezeichnet.

Tab. 5-7 Wichtigste Glycerophospholipide.

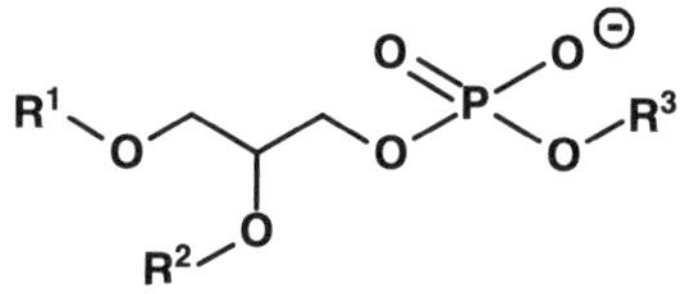

Glycerophospholipide	R^1, R^2	R^3
■ Phosphatidsäuren	Fettsäurereste	H
■ Phosphatidylcholine (Lecithine)	Fettsäurereste	Cholin
■ Phosphatidylethanolamine (Colaminkephaline)	Fettsäurereste	Ethanolamin (Colamin)
■ Phosphatidylserine (Serinkephaline)	Fettsäurereste	Serin
■ Phosphatidylinositole	Fettsäurereste	Inositol
■ Plasmalogene	R^1 = 1-Alkenylrest R^2 = Fettsäurerest	Ethanolamin u. a.
■ Cardiolipin	Fettsäurereste	Glycerol-Phosphatidyl

Die wichtigsten Glycerophospholipide sind in der Tabelle 5-7 zusammengestellt. Die Glycerophospholipide sind in Aceton unlöslich. Im Unterschied zu den Phosphatidylethanolaminen und Phosphatidylserinen lösen sich die Phosphatidylcholine in Alkohol.

5.4.1.1.1 *Stereochemie*

Die Glycerophospholipide besitzen mit dem mittleren C-Atom ein Chiralitätszentrum, sind also optisch aktiv.

Hinsichtlich der genauen Konfigurationsbezeichnung gibt es einige Probleme, da eine der Voraussetzungen der *Fischer*-Projektion, daß das C-Atom mit der höchsten Oxidationsstufe oben steht, nicht anwendbar ist.

Die Konfigurationszuordnung gelang *Baer* und *Fischer* am natürlich vorkommenden Glycerolphosphat, dem Ausgangsstoff für die Biosynthese der Glycerophospholipide. Die Oxidation und anschließende saure Hydrolyse ergab L-Glyceraldehyd. Das natürliche Glycerolphosphat wurde daher als L-α-Glycerinphosphat bezeichnet, was einem L-Glycerol-3-phosphat entspricht. Nach der IUPAC-Nomenklatur soll aber für die Zuordnung zur optischen Reihe die niedrigere Zahl herangezogen werden, so daß diese Verbindung besser als D-Glycerol-1-phosphat bezeichnet werden müßte. An diesem „Konfigurationswechsel" wird auch durch Anwendung des R/S-Systems nichts geändert. Aus diesem Grunde wird von der IUPAC-IUB-Kommission das *stereospecific-numbering*-System von *Hirschmann* vorgeschlagen. Die stereospezifische Numerierung (Abk.: sn) beruht auf der Anwendung der Ordnungszahlen für die C-Atome nach *Cahn* und *Ingold*. Wenn dabei die sekundäre Hydroxygruppe am C-2 des Glycerolphosphats in der *Fischer*-Projektion nach links zeigt, wird das C-Atom darüber als C-1 und das darunter als C-3 bezeichnet, so daß die Verbindung als *sn*-Glycerol-3-phosphat zu bezeichnen ist. Die entsprechende enantiomere Form wäre das *sn*-Glycerol-1-phosphat. Nach der *sn*-Nomenklatur sind keine formalen Veränderungen der Konfiguration mehr möglich, wenn die Bindung am C-2 nicht gelöst wird.

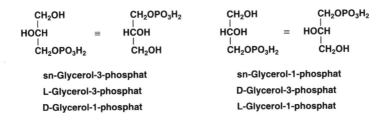

5.4.1.1.2 *Strukturen*

Phosphatidsäuren

Die Phosphatidsäuren sind die Ausgangsstoffe für die Biosynthese der Triacylglycerole und Glycerophospholipide. Sie machen etwa 1 bis 5 % der Gesamt-Phospholipide der Zellen aus. Phosphatidsäuren lassen sich vorteilhaft aus Kohl- und Spinatblättern bzw. dem Milchsaft der Kautschukpflanze isolieren. Bei den hier anfallenden Mengen handelt es sich um Artefakte, die durch die Einwirkung der in diesen Materialien anwesenden Phospholipase C, besonders auf Phosphatidylcholin, gebildet werden.

Phosphatidsäuren sind in Form ihrer Salze stabil, zersetzen sich aber in freier Form infolge ihres sauren Charakters relativ schnell unter Abspaltung von Acylresten und Wanderung des Phosphorsäurerestes.

Bei den meisten Glycerophospholipiden ist der Phosphorsäurerest nochmals mit Aminoalkoholen wie Cholin, Ethanolamin oder Serin bzw. Alkoholen wie Glycerol oder Inositol verestert.

Phosphatidylcholine

Phosphatidylcholine (Lecithine) sind die am häufigsten vorkommenden Phospholipide. In Bakterien kommt Phosphatidylcholin nicht vor. Besonders angereichert ist Phosphatidylcholin in Gehirn, Herzmuskel und Eidotter.

Für die Isolierung von Phosphatidylcholin werden vor allem Eidotter („Eilecithin"), Sojabohnen, Hirn und Lunge herangezogen. Zunächst wird mit Lösungsmittelgemischen (Chloroform/Methanol) eine Rohphospholipid-Fraktion extrahiert, die dann chromatographisch an Aluminiumoxid aufgetrennt werden kann. Neutralfette und Pigmente werden zuvor zweckmäßig durch Extraktion des natürlichen Materials mit Aceton entfernt. Wegen des Gehaltes an ungesättigten Fettsäuren müssen die natürlichen Phospholipide bereits während der Extraktion vor Autoxidation geschützt werden.

Eilecithin enthält ca. 75 % Phosphatidylcholin und ca. 15 % Phosphatidylethanolamin. Bei der Fettsäurekomponente überwiegen Palmitin- (35 bis 37 %) und Ölsäure (33 bis 37 %), gefolgt von Linolsäure (16 bis 17 %) und Stearinsäure (9 bis 15 %). Sojalecithin enthält neben Phosphatidylcholin (ca. 30 %) größere Mengen an Phosphatidylethanolamin (22 %), Phosphatidylinositol (18 %) und Glykolipiden (14 %). Es überwiegen Linolsäure (54 %), Palmitin- und Ölsäure (je 17 %) sowie Linolensäure (7 %). Die Sojabohne enthält 0,5 bis 0,6 % Lecithin. Lecithine werden als Emulgatoren u. a. in der Lebensmittel- und Kosmetikaindustrie sowie in der Pharmazie eingesetzt.

Die oberflächenaktiven Lipide (surfactant lipids) der Lungenalveolen bestehen überwiegend aus Dipalmitoylphosphatidylcholin.

Die Phosphatidylcholine liegen in einem sehr großen pH-Bereich als Zwitterionen vor.

Durch säurekatalysierte oder alkalische Hydrolyse entsteht aus den Phosphatidylcholinen α-Glycerolphosphat. Die α-Verbindung ist stets durch Wanderung des Phosphatrestes an die sekundäre Hydroxygruppe mit dem β-Isomeren verunreinigt.

Phosphatidylcholine werden enzymatisch durch Phospholipasen hydrolysiert. Phospholipase B spaltet Fettsäurereste in 1- oder 2-Stellung ab. Das so aus Phosphatidylcholin erhältliche *sn*-Glycerol-3-phosphocholin dient als Ausgangsstoff für Partialsynthesen (S. 352). Cholinabspaltende Enzyme (Phospholipase D) sind in Blütenpflanzen, cholinphosphatabspaltende Enzyme (Phospholipase C) in bestimmten Bakterien enthalten.

Durch die Einwirkung von Phospholipase D sind Phosphatidsäuren partialsynthetisch zugänglich.

Als **Lysophospholipide** werden Glycerophospholipide bezeichnet, bei denen ein Fettsäurerest entfernt ist. Im engeren Sinne versteht man allerdings unter Lysoverbindungen nur die Phospholipide mit freier sekundärer Hydroxygruppe, die z. B. durch Einwirkung der weit verbreiteten Phospholipase A_2 anfallen. Ihren Namen haben die Lysoverbindungen ihrer Fähigkeit zu verdanken, Erythrozyten zu hämolysieren. Zu den Lysolipiden gehört auch der PAF (S. 349).

Phosphatidylethanolamine
Vergesellschaftet mit Phosphatidylcholinen kommen in nahezu allen Geweben – in allerdings wesentlich geringerer Konzentration – Phosphatidylethanolamine (Colaminkephaline) vor.

Im Unterschied zu einem Tetraalkylammoniumhydroxid (Cholinhydroxid) ist ein primäres Amin (Ethanolamin) wesentlich schwächer basisch, so daß die Phosphatidylethanolamine nicht über einen so weiten pH-Bereich wie die Phosphatidylcholine als Zwitterionen vorliegen.

In Abhängigkeit vom pH-Wert können die **Phosphatidylserine** (Serinkephaline) in mehreren ionogenen Formen existieren. Phosphatidylserin ist bei Bakterien der Precursor für die Biosynthese von Phosphatidylethanolamin.

Phosphatidylinositole
Die Phosphatidylinositole sind stickstofffreie Glycerophospholipide, bei denen die Phosphorsäureestergruppierung der Phosphatidsäure mit *myo*-Inositol verestert ist. Sie sind in Wasser etwas löslich und bilden stabile Gele.

Aus dem Herzmuskel konnten Phosphatidyl-*myo*-inositole isoliert werden, die Fettsäuren, Glycerol, *myo*-Inositol und Phosphorsäure im Verhältnis 2:1:1:1 enthielten. Bei der alkalischen Hydrolyse dieser Phosphatidylinositole werden infolge einer Phosphatwanderung *myo*-Inositol-1- und -2-phosphat gebildet.

Im Gehirn kommen Phosphatidylinositole mit weiteren Phosphorsäureresten in 4- oder 4- und 5-Stellung des Inositols vor. Pflanzen und Mikroorganismen bilden komplexe Phosphatidylinositole, die noch Kohlenhydrate, Sphingosin, Amine oder Aminosäuren enthalten können, so z. B. die aus *Mycobacterium tuberculosis* isolierten Phosphatidylinositole mit einem oder mehreren D-Mannoseresten in 2-Stellung des *myo*-Inositols. Phosphatidylinositole stellen in den subzellulären Membranen etwa 2 bis 10 % der Gesamtlipide dar.

Phosphatidylglycerol-Derivate
Phosphatidylglycerol kommt in geringer Menge in den Chloroplasten der Pflanzen, in Bakterien und auch in Säugetieren vor. Bei der natürlichen Verbindung handelt es sich um 3-*sn*-Phosphatidyl-1'-*sn*-glycerol.

Phosphatidylglycerol ist der Grundkörper einiger weiterer Glycerolipide. Durch nochmalige Anknüpfung eines Phosphatidylrestes entstehen **Cardiolipine.** Cardiolipine sind in Bakterien und in den Mitochondrienmembranen der Eukaryoten enthalten. In den Mitochondrien der Herzmuskelzellen besteht etwa ⅓ der Lipidfraktion aus Cardiolipin.

Da die Cardiolipine nur Membranbestandteile der Bakterien und Mitochondrien sind, wurde die Hypothese aufgestellt, daß die Mitochondrien Abkömmlinge von Bakterien sind, die in einer frühen Stufe der phylogenetischen Entwicklung von der heterotrophen Zelle aufgenommen wurden. Diese Hypothese wird von weiteren biochemischen Befunden gestützt.

Bei weiteren Phosphatidylglycerol-Derivaten sind an eine Hydroxygruppe des Glycerolrestes esterartig Aminosäuren wie Alanin oder Lysin bzw. glykosidisch D-Glucosamin gebunden. Derartige Lipide kommen in Bakterien vor, die Aminosäureester hauptsächlich in grampositiven Bakterien.

Etherlipide
Eine besondere Gruppe bilden Lipide, bei denen der hydrophobe Rest durch eine Etherbrücke an das Glycerolgrundgerüst gebunden ist. Ausgangsstoff ist Acyl-dihydroxyaceton-phosphat, dessen Acylrest durch eine entsprechende Synthase gegen einen Alkylrest ausgetauscht wird. Die dazu erforderlichen Fettalkohole (C_{16}, C_{18}) entstehen durch enzymatische Reduktion von Acyl-CoA.

Am längsten bekannt in der Gruppe der Etherlipide sind die **Plasmalogene.** Bei diesen 1-Alk-1'-enyl-2-acylglycerophospholipiden liegt in 1-Stellung eine *cis*-Enolethergruppierung vor. Dieser Alkenylrest wird biosynthetisch durch Dehydrierung eines entsprechenden Alkylrestes gebildet. Chemisch handelt es sich um Ether der Enolform der entsprechenden Fettaldehyde (Hexa-, Octadecanal). Plasmalogene kommen in Pflanzen, Tieren und Mikroorganismen, vergesellschaftet mit den anderen Glycerophospholipiden, besonders reichlich in Gehirn und Muskeln vor.

In Analogie zu den Phosphatiden werden die Plasmalogene als Plasmenylserin oder Plasmenylethanolamin bezeichnet. Neben Phospholipiden wurden auch neutrale Plasmalogene (1-Alkenyl-2,3-diacylglycerole) isoliert.

Auf die Anwesenheit dieser Glycerophospholipide wurde zuerst 1924 von *Feulgen* hingewiesen, der bei der histochemischen Untersuchung des Zellkerns mit fuchsinschwefliger Säure eine auf Lipide zurückzuführende positive Reaktion beobachten konnte. Diese Plasmalreaktion ist auf die sehr leichte Spaltbarkeit der Enolethergruppierung bereits durch Säurespuren unter Freisetzung der Fettaldehyde zurückzuführen. Im neutralen oder alkalischen Medium sind die Enolether dagegen stabil. Zur Strukturaufklärung hat der negative Ausfall der Plasmalreaktion nach katalytischer Hydrierung beigetragen, bei der ein stabiler Glycerol-1-alkylether gebildet wird.

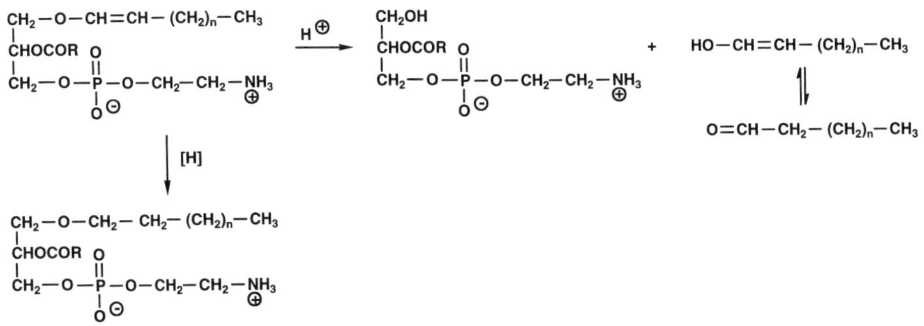

In Mikroorganismen (*Clostridium*) kommen Phospholipide auch als Glycerolacetale (**7**) vor.

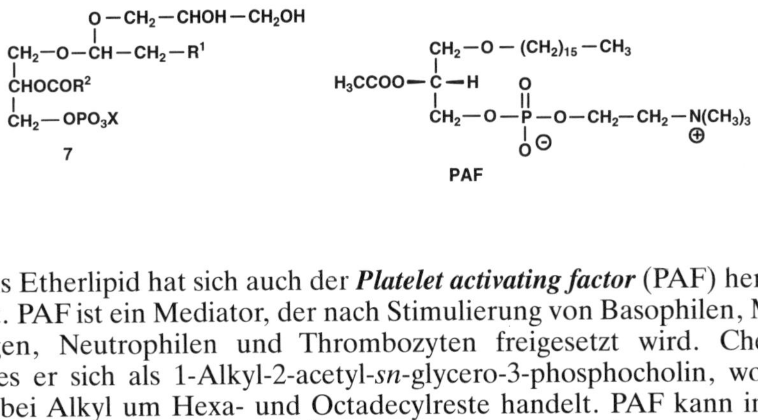

Als Etherlipid hat sich auch der ***Platelet activating factor*** (PAF) herausgestellt. PAF ist ein Mediator, der nach Stimulierung von Basophilen, Makrophagen, Neutrophilen und Thrombozyten freigesetzt wird. Chemisch erwies er sich als 1-Alkyl-2-acetyl-*sn*-glycero-3-phosphocholin, wobei es sich bei Alkyl um Hexa- und Octadecylreste handelt. PAF kann in einer Konzentration von 10^{-10} bis 10^{-11} M Thrombozyten aktivieren.

Fecapentaene sind Monoenolether des Glycerols, die aus Nahrungsfetten im Darm gebildet werden und unter Umständen krebserzeugend sein können.

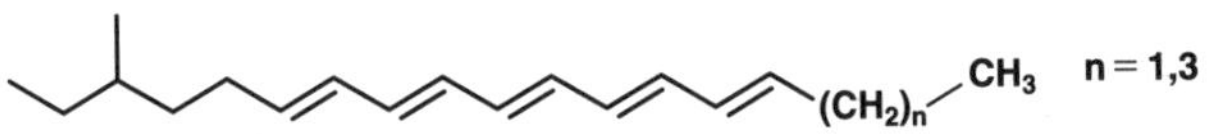

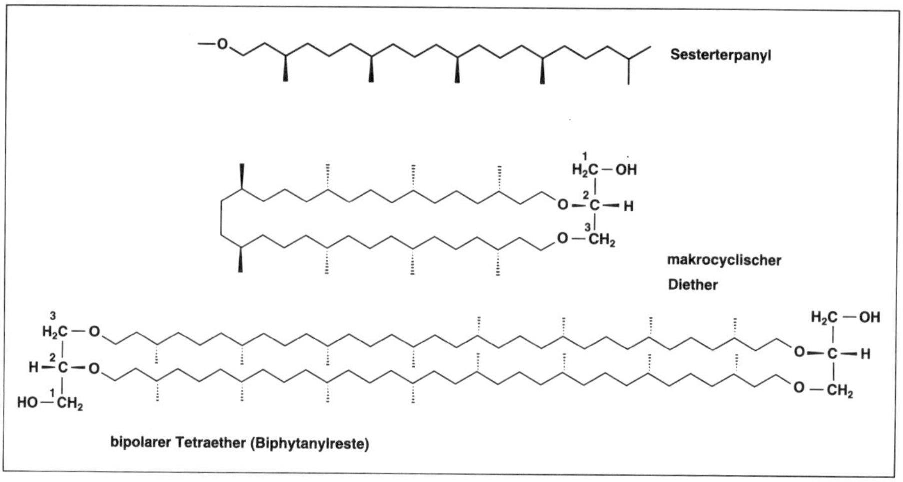

Abb. 5-9 Lipide von Archaebakterien.

Ungewöhnliche Etherlipide kommen in den Archaebakterien vor (Abb. 5-9). So enthält das thermoacidophile *Thermoplasma acidophilum* ein bipolares Tetraetherlipid, das die gesamte Membran durchzieht. Bei dem die beiden Glycerolreste verbindenden bifunktionellen hydrophoben Baustein handelt es sich um ein α,ω-Diol, entstanden durch Kopf-Kopf-Kondensation zweier Phytylreste. Es wurden auch α,ω-Diole mit einem oder mehreren Cyclopentanringen gefunden.

Phosphonolipide

Die bisher erwähnten Glycerophospholipide sind Ester der Orthophosphorsäure. Vor allem in niederen Tieren kommen jedoch auch Derivate von Phosphonsäuren vor. Im Unterschied zu den Phosphorsäureestern enthalten diese Phosphonolipide eine C-P-Bindung. Ein Phosphonolipid ist das aus *Ciliaten* (Wimpertierchen) isolierte Derivat der 2-Aminoethanphosphonsäure (**8**). Letztere wird auch als Ciliatin bezeichnet.

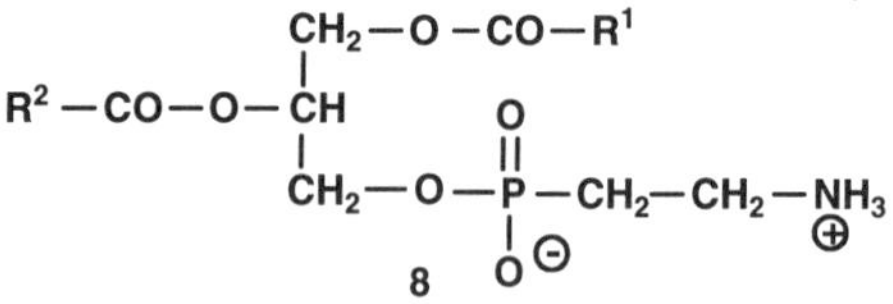

5.4.1.1.3 *Synthesen*

Biosynthesen

Die Biosynthese der Glycerolipide geht aus von L-Glycerol-3-phosphat. Die zur Acylierung erforderliche Aktivierung der Fettsäuren erfolgt durch Bindung an CoA. Die Kopfgruppe wird durch Bindung an Pyrimidin-

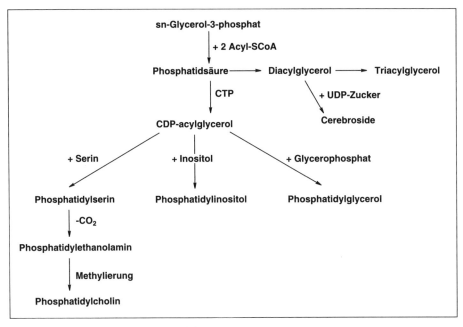

Abb. 5-10 Biosynthese der Glycerolipide.

nucleosiddiphosphate aktiviert. Eine Übersicht über die Reaktionswege gibt Abbildung 5-10.

Totalsynthesen
Phosphatidylcholine lassen sich relativ leicht durch Isolierung aus natürlichem Material wie Eigelb oder Sojabohnen gewinnen (S. 346). Diese Phosphatidylcholine biogener Herkunft sind in ihrer Fettsäurekomponente sehr heterogen. Die Zusammensetzung hängt außerdem von Umweltfaktoren, z. B. der Nahrung, ab. Phospholipide mit genau definierten Acylresten sind nur synthetisch zugänglich. Die Isolierung anderer Phospholipide in größerer Menge aus natürlichen Quellen ist außerordentlich schwierig. Glycerolipide mit definierter Zusammensetzung werden vor allem zur Bereitung von Modellmembranen benötigt, an denen durch Variation der Acylreste und der Kopfgruppe mit Hilfe physikalischer Methoden (z. B. Mikrokalorimetrie, NMR- und ESR-Spektroskopie) Informationen über dynamische Prozesse, Wechselwirkungen mit Ionen, biologisch aktiven Substanzen oder Proteinen gewonnen werden können (vgl. Kap. 5.5).

Als Ausgangsstoffe für die Synthese von Glycerophospholipiden kommen 1,2-Diacylglycerol, 1,2-Diacylglycerol-3-iodhydrin oder Phosphatidsäure in Frage.

Zur Synthese von Glycerophospholipiden aus 1,2-Diacylglycerol muß die primäre Hydroxygruppe phosphoryliert werden. Die günstigste Methode zur Darstellung von Phosphatidylcholin ist die Umsetzung mit 2-Bromethylphosphorsäuredichlorid und anschließende nucleophile Substitution des Bromatoms mit Trimethylamin. Zur Synthese von Phosphatidylethanolamin wird von 2-Aminoethylphosphorsäuredichloriden mit geschützter Aminogruppe (vgl. Schutzgruppen für Amine, S. 153) ausgegangen, die nach der Phosphorylierung zu entfernen sind. Da die für diese Umsetzungen benötigten Phosphorsäureesterdichloride über zwei reaktionsfähige Chloratome verfügen, entstehen Nebenprodukte, die chromatographisch abgetrennt werden müssen.

Andere Methoden zur Synthese von Glycerophospholipiden gehen von 1,2-Diacylglycerol-3-iodhydrin aus, dessen Iodatom mit dem Silbersalz von Phosphorsäurediestern umgesetzt werden kann. Durch die Einführung von Carbodiimiden (DCC) und Triisopropylbenzolsulfonsäurechlorid (TPS) als Kondensationsmittel (vgl. S. 282) wurden in zunehmendem Umfang auch Phosphatidsäuren als Ausgangsstoffe für die Synthese von Glycerophospholipiden herangezogen.

Partialsynthesen
Von den aus natürlichen Quellen isolierbaren Phosphatidylcholinen lassen sich durch Bariumhydroxid oder Phospholipase (S. 346) die Acylreste hydrolytisch abspalten. Das gebildete, optisch reine *sn*-Glycerophosphocholin kann dann am vorteilhaftesten als $CdCl_2$-Addukt in Gegenwart von Pyridin mit Fettsäurechloriden oder Fettsäureanhydriden neu zu Phosphatidylcholinen acyliert werden.

Zur Synthese von Phosphatidsäuren kann von *sn*-Glycerol-3-phosphat ausgegangen werden, das mit Fettsäureanhydriden in Gegenwart von Tetraethylammoniumsalz acyliert werden kann. Der Zusatz des Ammoniumsalzes soll die Bildung von 2,3-Cyclophosphaten verhindern.

5.4.1.2 Sphingophospholipide

> Grundkörper der Sphingolipide, an welche die Fettsäuren kovalent gebunden sind, sind langkettige Aminoalkohole, die als Sphingosin bezeichnet werden.

Sphingosin
Sphingosin wurde bereits 1880 durch hydrolytische Spaltung von Lipiden des menschlichen Gehirns erhalten. Gegenwärtig sind ca. 20 verschiedene natürliche Aminoalkohole dieser Gruppe bekannt, die u. a. durch gaschromatographische Isolierung der Trimethylsilylether und anschließende Identifizierung durch die Massenspektren in ihrer Struktur aufgeklärt werden konnten. Die Aminoalkohole leiten sich vom **Sphinganin** (D-*erythro*-2-Amino-octadecan-1,3-diol) ab. Als **Sphingoide** werden Homologe (z. B. Icosasphinganin oder Hexadecasphinganin), Stereoisomere sowie Hydroxy- und ungesättigte Derivate des Sphinganins bezeichnet.

Die Biosynthese geht aus von L-Serin und dem entsprechenden Fettaldehyd. Der in den Zoosphingolipiden verbreitetste Aminoalkohol 4-Sphingenin (früher Sphingosin) wird aus Hexadecanal (Palmitaldehyd) über Sphinganin (Dihydrosphingosin) gebildet.

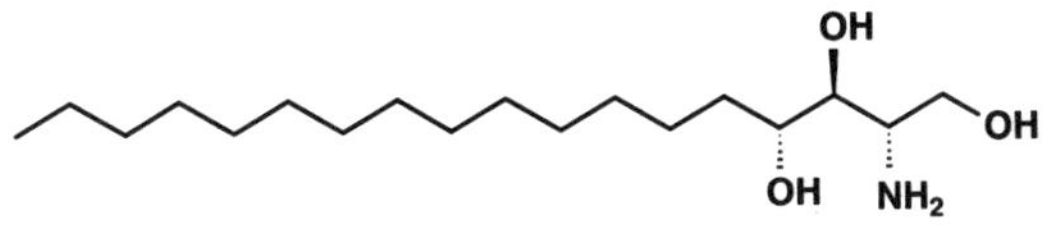

4-D-Hydroxysphinganin (Phytosphingosin)

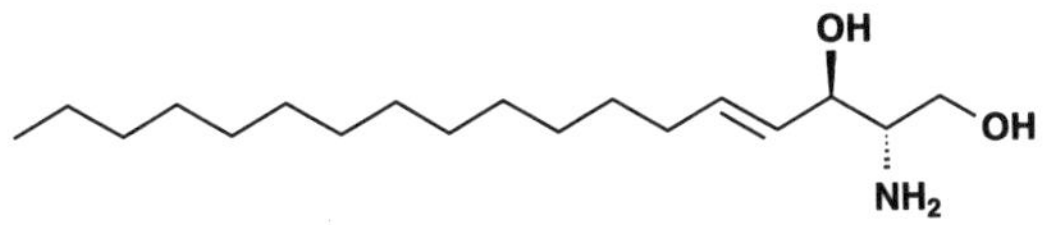

4-Sphingenin (Zoosphingosin)

Sphingoide kommen in Tieren, Pflanzen und Mikroorganismen nicht in freier Form vor. Bei allen Sphingolipiden ist die Fettsäure amidartig an die Aminogruppe gebunden. Diese nicht mehr basisch reagierenden Derivate werden als **Ceramid** (Cer) bezeichnet. Ceramide entstehen durch alkalische Hydrolyse von Sphingomyelinen oder säurekatalysierte Hydrolyse von Cerebrosiden. Als N-Acylreste enthalten die Ceramide meist C_{24}-Säuren wie Lignocerinsäure (24:0) und Nervonsäure (24:1) sowie die entsprechenden α-Hydroxysäuren Cerebronsäure und Oxynervonsäure (Formel S. 332).

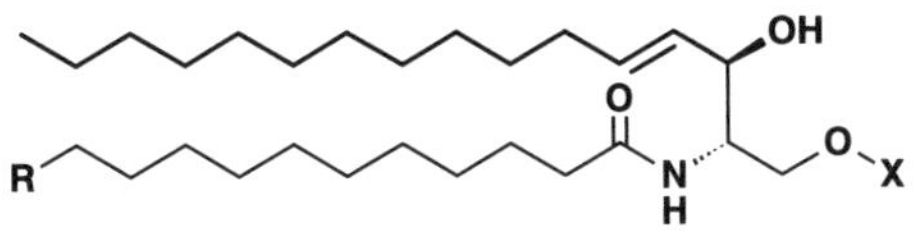

X = H: Ceramide
X = Glyk: Sphingoglykolipide
X = Phosphocholin: Sphingomyeline

Bis auf die Sphingomyeline gehören die meisten Sphingolipide zu den Glykolipiden. Die **Sphingomyeline** enthalten wie die Phosphatidylcholine einen esterartig über Phosphorsäure gebundenen Cholinrest. Im Unterschied zu jenen beträgt bei den Sphingomyelinen das Verhältnis N:P = 2:1. In relativ hoher Konzentration sind die Sphingomyeline im Blutplasma enthalten (8 bis 15 % der Gesamtlipide).

5.4.2 Glykolipide

Glykolipide enthalten kovalent gebundene Kohlenhydratreste. Die Kohlenhydrate sind glykosidisch an die primäre Hydroxygruppe der Alkoholkomponente gebunden (Glycerolglykolipide, Sphingoglykolipide). Bei einigen bakteriellen Glykolipiden (Cord-Faktor, Lipopolysaccharide) ist die Fettsäure auch direkt mit der primären Hydroxygruppe des Kohlenhydratrestes verestert.

Die Glykolipide der äußeren Zellmembran spielen neben den Glykoproteinen eine wesentliche Rolle bei der Wechselwirkung der Zellen untereinander und mit biologisch aktiven Molekülen (z. B. als Bestandteil von Rezeptoren).

5.4.2.1 Glyceroglykolipide

Mono- und Diglykosyl-diacylglycerole wurden zunächst aus höheren Pflanzen, später aber auch aus Mikroorganismen und tierischem Gewebe isoliert. In der Chloroplasten-Membran der höheren Pflanzen und der Algen sind neben Phosphatidylglycerol fast ausschließlich Monogalaktosyldiacylglycerole, deren Sulfonsäureester („Sulfolipide") sowie Digalaktosyl-diacylglycerole enthalten. In den Tabakblättern z. B. bestehen über 70 % der Gesamtlipide aus Mono- und Digalaktosyl-diacyl-glycerolen.

R^1 = Alkyl, Alkenyl
R^2 = H: Monogalaktosyl-
R^2 = β Gal: Digalaktosyl-
R^2 = SO_3H: "Sulfolipide"

Pflanzliche Glyceroglykolipide

Die Auftrennung der Glyceroglykolipide kann durch Dünnschichtchromatographie oder Gelchromatographie an Sephadex LH-20® erfolgen. Zur Synthese können Diacylglycerole nach der *Koenig-Knorr*-Reaktion (S. 193) glykosidiert werden.

Während die gramnegativen Bakterien vorwiegend die wasserlöslichen Lipopolysaccharide (S. 250) bilden, kommen in grampositiven Bakterien Glykolipide, vor allem Glyceroglykolipide, vor. Als Kohlenhydratkomponenten treten neben Galaktose auch Glucose und Mannose auf. Bakterien der Gattungen *Mycobacterium* und *Corynebacterium* bilden Glykolipide besonderer Strukturen (S. 252).

5.4.2.2 Sphingoglykolipide

Die meisten Sphingolipide gehören zur Gruppe der Glykolipide, bei denen die primäre Hydroxygruppe der Ceramide Mono- oder Oligosaccharide glykosidisch gebunden enthält. Die Sphingoglykolipide weisen durch Unterschiede in Kettenlänge, Grad der Ungesättigtheit und Anwesenheit von Hydroxygruppen im Fettsäurerest und im Alkylrest des Aminoalkohols sowie durch Anzahl und Art der Zuckerreste eine große strukturelle Mannigfaltigkeit auf, wobei insbesondere die Zucker bei den Zoosphingoglykolipiden weniger variiert werden als bei den entsprechenden Phytolipiden.

Im Unterschied zu anderen Lipiden sind die Sphingoglykolipide in Wasser löslich. Die Löslichkeit ist allerdings stark abhängig von der Anzahl der gebundenen hydrophilen Monosaccharidreste sowie der Anwesenheit anionischer Komponenten wie Schwefelsäure-, Phosphorsäure- oder Neuraminsäurereste (saure Sphingoglykolipide). Die Sphingoglykolipide lassen sich einteilen in:

- **Neutrale** Sphingoglykolipide:
  Mono- und Oligoglykosylsphingoide,
  Mono- und Oligoglykosylceramide
- **Saure** Sphingoglykolipide:
  Sulfoglykosylsphingolipide (früher als Sulfatide bezeichnet)
  Sialosylglykosylsphingolipide (Ganglioside).

Phyto- und Mucosphingoglykolipide enthalten auch esterartig gebundene Phosphorsäure.

1-Monoglykosylsphingoide werden als **Psychosin,** 1-β-Glykosylceramide als **Cerebroside** und Fucose enthaltende Sphingoglykolipide als **Fucolipide** bezeichnet.

Die Cerebroside des Gehirns sind meist D-Galaktopyranoside, die anderer Organe enthalten D-Glucopyranose, an die weitere Zucker gebunden sind. Bei den sauren Cerebrosiden des Gehirns ist in 3-Stellung Schwefelsäure esterartig gebunden („Sulfatide").

Die ersten Galaktocerebroside wurden bereits 1882 aus menschlichem Hirn isoliert und als **Phrenosin** (Cerebronsäure enthaltend) und **Kerasin**

Tab. 5-8: Wichtigste Oligoglykosylsphingoide.

Glykosphingolipid		Trivialname des Oligosaccharides	Abkürzung*
	Galα(1→4)-Galβ(1→4)-Glc-Cer	Globotriaose	$GbOse_3$
GalNAcβ(1→3)-Galα(1→4)-Galβ(1→4)-Glc-Cer		Globotetraose	$GbOse_4$
	Galα(1→3)-Galβ(1→4)-Glc-Cer	Isoglobotriaose	$iGbose_3$
GalNAcβ(1→3)-Galα(1→3)-Galβ(1→4)-Glc-Cer		Isoglobotetraose	$iGbOse_4$
	Galβ(1→4)-Galβ(1→4)-Glc-Cer	Mucotriaose	$McOse_3$
Galβ(1→3)-Galβ(1→4)-Galβ(1→4)-Glc-Cer		Mucotetraose	$McOse_4$
	GlcNAcβ(1→3)-Galβ(1→4)-Glc-Cer	Lactotriaose	$LcOse_3$
Galβ(1→3)-GlcNAcβ(1→3)-Galβ(1→4)-Glc-Cer		Lactotetraose	$LcOse_4$
Galβ(1→4)-GlcNAcβ(1→3)-Galβ(1→4)-Glc-Cer		Neolactotetraose	$nLcOse_4$
	GlcNAcβ(1→4)-Galβ(1→4)-Glc-Cer	Gangliotriaose	$GgOse_3$
Galβ(1→3)-GalNAcβ(1→4)-Galβ(1→4)-Glc-Cer		Gangliotetraose	$GgOse_4$
	Galα(1→4)-Gal-Cer	Galabiose	$GaOse_2$
	Gal(1→4)-Galα(1→4)-Gal-Cer	Galatriaose	$GaOse_3$
GalNAc(1→3)-Gal(1→4)-Galα(1→4)-Gal-Cer		N-Acetylgalaktosaminylgalatriaose	GalNac (1→3)-$GaOse_3$

*Die ersten zwei bzw. drei (i = Iso; n = Neo) Buchstaben sind die Abkürzungen für den Trivialnamen des Oligosaccharides. Ose_n = Anzahl (n) von Monosaccharideinheiten (Ose) im Oligosaccharid.

(Lignocerinsäure enthaltend) bezeichnet. Diese und weitere Galaktocerebroside wie **Nervon** (Nervonsäure) und **Oxynervon** (Oxynervonsäure) unterscheiden sich durch ihre Fettsäurereste (gesättigt oder ungesättigt, mit oder ohne α-Hydroxygruppe).

Neben den Monoglykosylceramiden kommen auch Di-, Tri- und Tetraglykosylceramide vor, von denen die wichtigsten in Tabelle 5-8 zusammengefaßt sind. Die an das Ceramid gebundenen Oligosaccharide werden als -biosen-, triaosen, -tetraosen ... (das *a* dient zur Unterscheidung von Triosen, Tetrosen ...) bezeichnet.

Zu den Oligoglykosylceramiden gehören verschiedene Bestandteile der äußeren Zellmembran, die die serologische Spezifität der Zellen bedingen, so u. a. die **Blutgruppensubstanzen** an den Oberflächen der Erythrozyten. Die Blutgruppensubstanzen enthalten als essentielle Komponente L-Fucose. Die charakteristischen terminalen Oligosaccharidreste, die die Zuordnung zu den Blutgruppen A, B und 0 bestimmen (A-, B- bzw. H-aktive Glykolipide), sind in der Tabelle 5-9 aufgeführt. Die einzelnen Glykolipide konnten noch in verschiedene Typen aufgetrennt werden (A^a–A^d, B_{Ia}, B_{II}, H_1–H_3), die sich in R unterscheiden. Beim Glykolipid A^a z. B. ist R = Gal-β(1→4)-Glc-Ceramid.

Tab. 5-9: Terminale Oligosaccharidreste von Blutgruppensubstanzen (nach *Morgan* und *Kabat*). R = (Glyk)$_n$-Ceramid.

Blutgruppe	Terminale Oligosaccharide
A	D-GalNAc-α(1→3) L-Fuc-α(1→2) > D-Gal-β(1→3)-D-GlcNAc-β(1→3)-R
B	D-Gal-α(1→3) L-Fuc-α(1→2) > D-Gal-β(1→3)-D-GlcNAc-β(1→3)-R
0	L-Fuc-α(1→2) − D-Gal-β(1→3)-D-GlcNAc-β(1→3)-R

Die Reingewinnung und Strukturaufklärung dieser Oligoglykosylceramide sowie der Ganglioside war erst durch die Einführung fortgeschrittener analytischer Methoden seit Anfang der sechziger Jahre möglich geworden.

Die **Ganglioside** sind durch die Anwesenheit endständig gebundener Sialinsäure (S. 176) charakterisiert. Sie sind relativ gut löslich in Wasser oder Alkohol, dagegen wenig löslich in unpolaren Lösungsmitteln. In Wasser werden hochmolekulare Komplexe gebildet, die eine semipermeable Membran nicht passieren können.

Die einzelnen Ganglioside des Säugetierhirns variieren im Fettsäurerest (meist Stearinsäure) und Kohlenhydratanteil (vorwiegend Galaktose und Glucose), wobei die chemische Zusammensetzung auch altersabhängig ist. Die Ganglioside sind hauptsächlich in den Membranen der Nervenzellen lokalisiert und bilden spezielle Biomembranen, die wahrscheinlich eine essentielle Rolle in der Funktion des Nervensystems spielen. Die Ganglioside sind durch die Anwesenheit der Carboxylgruppe der Neuraminsäure negativ geladen. Sie dienen an der Zelloberfläche als Rezeptoren für biologisch aktive Substanzen wie Serotonin, Thyrotropin, Enterotoxine (Choleratoxin) oder Interferone. Am besten untersucht ist das Rezeptorgangliosid für Serotonin, das die Struktur NeuAc($2\rightarrow4$)Galβ($1\rightarrow4$)GlcCer besitzt. Die meisten Ganglioside des ZNS zeigen einen wesentlich komplizierteren Aufbau des Oligosaccharidanteils, wobei allerdings die Neuraminsäure immer endständig steht. Es können eine oder auch mehrere Neuraminsäurereste (bei Verzweigungen) gebunden sein. Die Molmassen der Ganglioside liegen zwischen 1.500 und 3.000. Glykolipide wie die Ganglioside sollen auch eine wesentliche Rolle bei den Wechselwirkungen zwischen den Zellen (Erkennung, Adhäsion) spielen.

Die Sphingolipide werden im tierischen Organismus schrittweise enzymatisch abgebaut. Fehlen diese Enzyme infolge eines genetischen Defektes (Erbkrankheit), dann kommt es zu einer Ansammlung bestimmter Sphingolipide (Sphingolipidspeicherkrankheiten, Sphingolipidosen; vgl. Abb. 5-11). Die Anhäufung der Sphingolipide erfolgt vor allem im Gehirn oder in der Niere und führt in den betroffenen Organen zu Störungen.

5.4.2.3 Glykolipide von Mykobakterien und Corynebakterien

In Bakterien der Gattungen *Mycobacterium* (z.B. *M. tuberculosis*) und *Corynebacterium* (z.B. *C. diphtheriae*) wurden Fettsäureester von Mono- und Disacchariden gefunden, die eine toxische Wirkung entfalten. Dazu zählt der aus virulenten Stämmen von *M. tuberculosis* isolierte **Cord-Faktor**. Durch hydrolytischen Abbau konnte dieser Cord-Faktor als Dimycolsäureester der Trehalose identifiziert werden. Cord-Faktoren anderer Bakterienstämme unterscheiden sich durch die Struktur der Mycolsäure. Dieses Glykolipid ist für Säugetiere sehr toxisch. Bereits geringste Mengen hemmen die Enzyme der weißen Blutkörperchen.

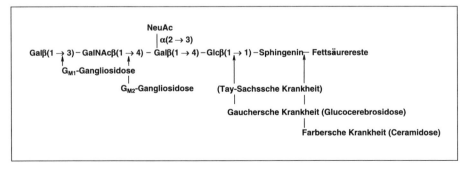

Abb. 5-11 Zustandekommen einiger Sphingolipidosen am Beispiel des Abbaus von Gangliosid G_{M1}.

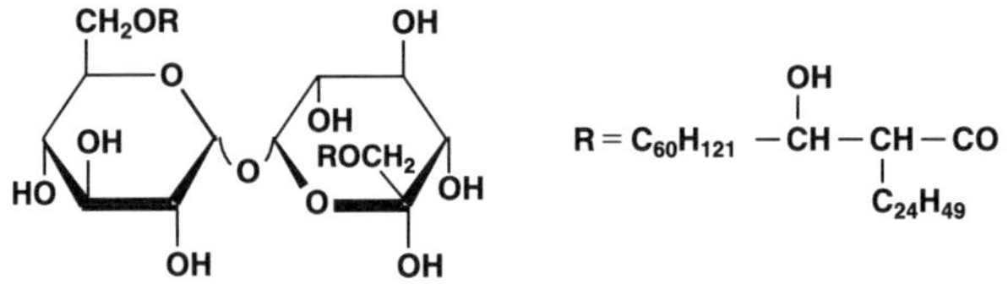

Cord-Faktor

$R = C_{60}H_{121}$ $-CH-CH-CO$
           | |
           OH $C_{24}H_{49}$

Glykolipide besonderer Strukturen bestimmen den serologischen Typ der Mykobakterien. Diese Mykoside werden in verschiedene Gruppen eingeteilt. Mykoside der Gruppe C sind Glykolipidopeptide. Bei den Mykosiden der Gruppe B ist der Zuckerrest (2-O-Methyl-D-rhamnose) glykosidisch an die phenolische Hydroxygruppe eines langkettigen, mehrwertigen Phenylalkylalkohols gebunden, dessen alkoholische Hydroxygruppe mit Fettsäuren verestert bzw. mit Methanol verethert sind.

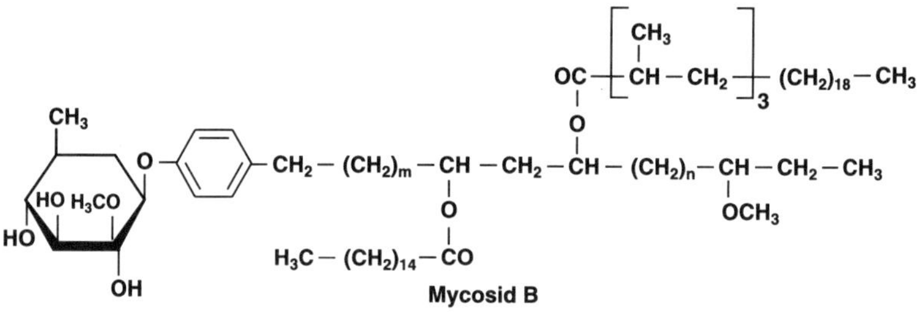

Mycosid B

5.5 Membranen

Eine wesentliche Voraussetzung für die Entstehung des Lebens war die Abgrenzung der lebenden, sich reproduzierenden Materie gegen die Umwelt. Diese Barrierewirkung hat die biologische Membran, die aber gleichzeitig auch einen Stoffaustausch (passiver Transport durch Diffusion oder erleichterter Transport mit Hilfe von Carriern) und Informationsaustausch (Träger der Erregbarkeit der Zelle; vgl. auch Hormonwirkung, Auslösung von Immunreaktionen) mit der Umgebung ermöglichen muß. Darüber hinaus ist die biologische Membran auch Träger von Enzymen. Das trifft besonders auf Membranen innerhalb der Zelle zu (Mitochondrienmembran).

5.5.1 Phospholipid-Aggregate

Strukturbestimmend für die meisten biologischen Membranen sind die Phospholipide, deren physikalische Eigenschaften die Funktion der Membranen weitgehend beeinflussen (*Chapman, Wallach, Van Deenen, Träuble*). Die Phospholipide bestehen ebenso wie die mit diesen oft als komplexe Lipide zusammengefaßten Glykolipide aus einer lipophilen Komponente (Kohlenwasserstoffkette der Fettsäurereste bzw. des Sphingosins) und einer hydrophilen Gruppierung (bei den Phospholipiden Phosphorsäurerest bzw. Phosphorsäureester von Aminoalkoholen, bei den Glykolipiden Kohlenhydrate, die mit Schwefelsäure verestert sein können).

Bei den hydrophilen Gruppierungen der Phospholipide handelt es sich also um polare Gruppen, die je nach Struktur der sauren oder basischen Gruppierungen und pH-Wert des umgebenden Lösungsmittels verschiedene Ladungen tragen können.

Die Anwesenheit hydratisierbarer polarer und unpolarer lipophiler Gruppierungen (amphiphile Struktur) der Phospholipide ist der Grund für ihre Oberflächenaktivität und ihre Tendenz, sich in Gegenwart von Wasser zu geordneten, übermolekularen Strukturen zusammenzulagern. In Gegenwart von Wasser haben die hydrophoben Regionen die Tendenz, dem Kontakt mit dem Wasser auszuweichen, hydrophobe Wechselwirkungen auszubilden. Die Membranlipide sind dadurch in der Lage, sich zu Aggregaten so zusammenzulagern, daß nur die hydrophilen Kopfgruppen mit der wäßrigen Phase in Berührung kommen. Die Aggregatbildung setzt ein, wenn die kritische Micellkonzentration (CMC) überschritten wird, die bei ca 10^{-10} mol/l liegt.

Abbildung 5-12 zeigt einige der wichtigsten mesomorphen Zustände, den sich an Luft-Wasser-Grenzschichten bildenden monomolekularen Film (monolayer), die Micelle, die lamellare Doppelschicht (bilayer) und

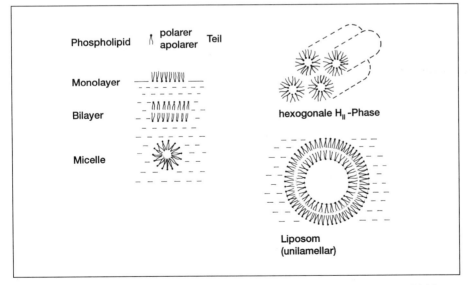

Abb. 5-12 Schematische Darstellung einiger mesomorpher Zustände amphiphiler Lipide.

geschlossene lamellare Vesikel (Liposomen) sowie die hexagonale Anordnung. Die Art der Überstruktur hängt von der Struktur der komplexen Lipide und den Präparationsbedingungen ab. Bezüglich der Struktur ist das Verhältnis zwischen apolarem und polarem Teil entscheidend (höhere Grenzflächenbeanspruchung im apolaren oder polaren Teil). Schematisch können die amphiphilen Strukturen danach in Zylinder (Grenzflächenbeanspruchung etwa 1 wie bei Phosphatidylcholin), Kegel mit größerem hydrophilen Bereich (Grenzflächenverhältnis < 0,7 wie beim Lysophosphatidylcholin) und Keile mit größerem lipophilen Bereich (Grenzflächenverhältnis > 1,3 wie beim Phosphatidylethanolamin) eingeteilt werden, die in der angegebenen Reihenfolge bilayer, Micellen oder hexagonale Strukturen bilden.

Von einigen Phospholipiden werden in Gegenwart von Calciumionen Nicht-bilayer-Strukturen (z. B. hexagonale H_{II}-Phase, inverse Micelle) gebildet. Derartige lokale Nicht-bilayer-Strukturen innerhalb der bilayer-Membran von Mischsystemen werden zur Erklärung verschiedener Membranphänomene wie Fusionen, Exo- und Endozytosen sowie Ionenpermeabilitäten herangezogen. Die Annahme der Existenz von Phasenseparationen innerhalb der Membran ist Grundlage des von *Cullis, De Kruijeff* u. Mitarbeiter aufgestellten „metamorphic mosaic"-Modells der biologischen Membran.

Für den Transport kleinerer Moleküle (z. B. Wasser) durch die Membran werden sog. *Kinken* verantwortlich gemacht (*Träuble*). Darunter versteht man die Ausbildung von Hohlräumen, die durch den Übergang der C-Atome der Alkylkette von der all-*trans*-Konformation in eine *gauche-trans-gauche* Konformation (gtg) zustande kommen (verschiedene Rotationsformere). Da diese Kinken entlang der Alkylkette beweglich sind, entstehen auf diese Weise wandernde Hohlräume.

Bei einer bestimmten Temperatur, der Phasenumwandlungstemperatur, gehen die Alkylketten geordneter Strukturen von der sog. Strecklage in eine beweglichere „Knautschlage" über. Dieser Phasenübergang besitzt den Charakter einer kristallin ⇆ flüssig-kristallinen Phasenumwandlung und läßt sich z. B. durch Mikrokalorimetrie oder *NMR*-Spektroskopie verfolgen.

Beim Übergang in die flüssig-kristalline Phase nimmt die Oberfläche aufgrund der größeren Beweglichkeit der lipophilen Reste um etwa 50 % zu.

Kristalline Phase		Flüssig-kristalline Phase
(Gelzustand)	Phasenübergang ⇌	(fluider Zustand)
Kohlenwasserstoffkette		Kohlenwasserstoffkette
in "Strecklage"		in "Knautschlage"

Die Phasenübergangstemperatur T_t (transition temperature) hängt außer vom Wassergehalt des Systems von der Länge der Kohlenstoffkette der Fettsäurereste, dem Grad der Ungesättigtheit der Fettsäuren und der Struktur der polaren Kopfgruppe ab (vgl. Tab. 5-10).

Tab. 5-10: **Hauptphasenübergänge (T_m) von 1,2-Diacylglycerophospholipiden im wassergesättigten Bereich (Werte nach *A. G. Lee*, in: Membrane fluidity in biology, Hrsg.: *R. C. Aloia*, Academic Press, New York 1983, S. 43).**

Acylrest	Kopfgruppe		T_m (°C)
14:0/14:0	PC		24
16:0/16:0	PC		42
		PE	63
		PS	55
18:0/18:0	PC		55
18:0/18:1	PC		5
18:0/18:2	PC		−16
18:0/18:3	PC		−13
PC: Phosphatidylcholin, PE: Phosphatidylethanolamin, PS: Phosphatidylserin; Acylrest: Anzahl der Atome: Anzahl der Doppelbindungen			

Im flüssig-kristallinen Zustand liegt eine weitgehend fluide Membran vor, bei der vor allem eine rasche laterale Diffusion (Transport in der Membranebene) stattfindet, daneben aber auch in gewissem Umfang ein flip-flop, d. h. ein Platzwechsel zwischen den beiden Hälften der Doppelschicht.

Neben der Temperatur wird der Phasenübergang auch von Ionen beeinflußt. Einwertige Kationen (Na^+, K^+) erniedrigen die Umwandlungstemperatur, d. h. sie machen die Membran fluider („Membranverflüssiger"); zweiwertige Kationen (Ca^{2+}, Mg^{2+}) erhöhen die Umwandlungstemperatur („Membranverfestiger"). Eine nur geringfügige Erhöhung des pH-Wertes vergrößert durch Dissoziation der Phosphatestergruppierung die Ladung pro Kopfgruppe und führt zu einer Erniedrigung der Umwandlungstemperatur.

Als Modellmembranen für biophysikalische Untersuchungen werden vorzugsweise black lipid membranes (BLM) (durch Beschichten über einem kleinen Loch einer Teflonscheibe) und Liposomen eingesetzt. Liposomen sind darüber hinaus auch als Applikationssysteme für Pharmaka von Bedeutung, da sich Pharmaka sowohl in die wäßrige Innenphase als auch zwischen die Lipidmoleküle inkorporieren lassen. Liposomen werden meist aus Mischungen von Phosphatidylcholinpräparaten und Cholesterol hergestellt.

Interessante Modelle sind **inverse Micellen**, die aus amphiphilen Molekülen in unpolaren organischen Lösungsmitteln in Anwesenheit geringer Wassermengen entstehen. In ihrem wäßrigen Innenraum können Enzyme inkorporiert werden. Inverse Micellen werden für enzymatische Reaktionen in organischen Lösungsmitteln herangezogen.

„Biomimetische Membranen", z. B. in Form von Liposomen, lassen sich auch aus anderen Amphiphilen als Phospholipide herstellen. Eine eigene Gruppe „biomimetischer" Membranmodelle sind die in den letzten Jahren entwickelten polymeren Modellmembranen. Dabei werden synthetische lipidanaloge Moleküle mit Methacryl-, Butadien- oder Diingruppen im hydrophoben oder hydrophilen Teil in Mono- oder Doppelschicht polyme-

Tab. 5-11: Zusammensetzung einiger biologischer Membranen (nach *Veerkamp* und *Guidotti*).

Herkunft	Protein [%]	Lipide Zusammensetzung*	Lipide Fettsäuren	Verhältnis Cholesterol/ Phospholipid	Kohlenhydrate [%]
■ Myelin	20**	80	C, PE, PC, S	18:0; 18:1: langkettige; α-Hydroxyfettsäuren	1,14	3
■ Menschliche Erythrozyten	55	35	PE, PC, S	16:0; 18:0; 18:1; 18:2; 20:4	0,67	8
■ Rattenleber	60	40	PC, PE, S	16:0; 18:0; 18:1; 18:2; 20:4	0,69	5–10
■ Chloroplasten (Spinat)	70	30	GG	16:0; 18:1; 18:2; 18:3		(6)
■ grampositive Bakterien***	50–75	8–30	GG, PG, PE****, Cardiolipin, Sphingolipide, PA	Auch verzweigte und cyclische, keine mehrfach gesättigten Fettsäuren	Ohne Cholesterol	(10)

* C = Cerebroside; PE = Phosphatidylethanolamin; PC = Phosphatidylcholin; S = Sphingomyelin; GG = Glyceroglykolipide; PG = Phosphatidylglycerol; PA = Phosphatidsäure
** keine Enzyme
*** grampositive Bakterien enthalten mehr PE sowie dessen N-Methyl- und N-Dimethylderivate und Lipopolysaccharide
**** kein PS mit Ausnahme von *Pseudomonadales* und *Rhisobiales*

risiert. Es entstehen mechanisch stabilere Membranmodelle, bei denen sich allerdings die Eigenschaften der Membran im polymerisierten Teil verändert haben. Das „membrane engineering" will Struktur und Funktion biologischer Membranen gezielt untersuchen.

5.5.2 Die biologische Membran

Die biologischen Membranen sind Mehrkomponentensysteme, die im allgemeinen aus Lipiden, Cholesterol und Proteinen bestehen. Die Zusammensetzung der einzelnen Membranen kann je nach ihrer Herkunft ziemlich schwanken (Tab. 5-11). Membranen, die hauptsächlich als „Barrieren" wirken, wie die als elektrische Isolatorschicht wirkende Myelinscheide der Nervenfasern, enthalten relativ viel Lipide. Dagegen sind in den vorwiegend „funktionellen" Membranen wie der Mitochondrienmembran als Träger zahlreicher Enzymsysteme mehr Proteine als Lipide vorhanden. Plasmamembranen enthalten ca. 50 % Proteine.

Weiterhin treten bei der biologischen Membran Unterschiede in der Zusammensetzung der zellinneren und äußeren Schicht auf. Die biologische Membran ist dadurch asymmetrisch. Nur in der äußeren Schicht befinden sich die Glykolipide und Glykoproteine, die mit ihren Kohlenhydratresten den Glykokalyx der Zellen bilden.

Lipide

Das Grundgerüst der biologischen Membranen stellt eine Phospholipid-Doppelschicht (bilayer) dar, in der die Lipide in lamellarer Phase und im flüssig-kristallinen, d.h. fluiden Zustand vorliegen. Beide Befunde waren die Grundlage für das **„fluid-mosaic"-Modell** der biologischen Membran (*Singer, Nicholson*, Abb. 5-13), nach dem die Proteine in einer im wesentlichen fluiden Lipidmatrix „schwimmen".

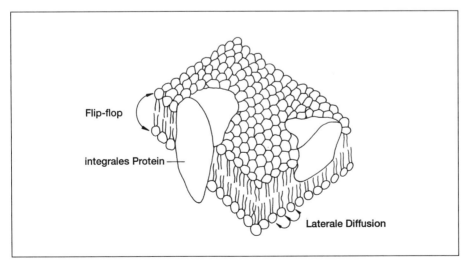

Abb. 5-13 Modell der biologischen Membran nach *Singer* und *Nicholson*.

Die Phospholipidzusammensetzung der Membranen einer Säugetierzelle ist je nach Herkunft der Membran unterschiedlich (Tab. 5-12).

Tab. 5-12: Phospholipidzusammensetzung der Membranen von Rattenleberzellen (% Gesamt-Phospholipid, nach *McMurray* und *Magee*).

Phospholipid	Innere Mitochondrienmembran	Kernmembran	Endoplasmatisches Reticulum	Golgimembran	Plasmamembran
▪ Phosphatidylcholin	45,4	61,4	60,9	45,3	34,9
▪ Sphingomyelin	2,5	3,2	3,7	12,3	17,7
▪ Phosphatidylethanolamin	25,3	22,7	18,6	17,9	18,5
▪ Phosphatidylinositol	5,9	8,6	8,9	8,7	7,3
▪ Phosphatidylserin	0,9	3,6	3,3	4,2	9,0
▪ Phosphatidylglycerol	2,1				4,8
▪ Diphosphatidylglycerol	17,4	0			0
▪ Phosphatidsäure	0,7	1,0			4,4
▪ Lysophosphatidylcholin		1,5	4,7	5,9	3,3
▪ Lysophosphatidylethanolamin		0	0	6,3	

Bakterien sind in der Lage, die Fettsäurezusammensetzung und damit den Phasenzustand der Membranen der Temperatur anzupassen. Im allgemeinen liegt die Phasenübergangstemperatur in der Nähe der Wachstumstemperatur. Bei Erhöhung der Wachstumstemperatur wird die Phasenübergangstemperatur durch Einbau rigiderer (längerkettig, gesättigt) oder fluiderer (kürzerkettig, ungesättigt) Fettsäuren reguliert. Ebenso enthalten Meerestiere, die bei niedrigeren Temperaturen leben, mehr ungesättigte Fettsäuren als solche, die bei höheren Temperaturen leben. In der Wachstums- und Vermehrungsphase liegen die biologischen Membranen im flüssig-kristallinen Zustand vor.

Cholesterol

Die einzelnen Membranen weisen Unterschiede im Cholesterol- bzw. allgemeiner Sterolgehalt auf (Tab. 5-11). Das Cholesterol/Phospholipid-Verhältnis ist von wesentlichem Einfluß auf die Fluidität der Biomembranen; je niedriger das Verhältnis, um so höher ist die Fluidität. Das Verhältnis Cholesterol/polare Lipide beträgt z. B. beim Myelin 1, bei der Plasmamembran 0,4 und bei intrazellulären Membranen unter 0,1. In den Bakterienmembranen fehlt Cholesterol völlig. Die membranstabilisierende Wirkung des Cholesterols wird in Bakterien von Hopanoiden (S. 545) oder membrandurchdringenden Carotenoiden, in den Archaebakterien von Lipiden mit isoprenoid verzweigten Alkyletherresten (S. 350) wahrgenommen.

Cholesterol führt oberhalb der Phasenübergangstemperatur der Lipidmatrix zu einer Einschränkung der Beweglichkeit der Fettsäurereste der Phospholipide und damit zu einer Erniedrigung der Permeabilität der Membran. Dieser „condensing effect" kommt wahrscheinlich dadurch zustande, daß beim Cholesterol die polare Hydroxygruppe nur einen kleinen Raumbedarf gegenüber dem stark raumfüllenden lipophilen Steroidrest hat, während die polaren, hydratisierten Kopfgruppen der Phospholipide ein wesentlich größeres Areal einnehmen.

Membranproteine
Das erste Modell einer proteinhaltigen biologischen Membran geht auf *Davson* und *Danielli* (1935) zurück. Bei den Membranproteinen unterscheidet man heute zwischen den nur lose angelagerten peripheren Proteinen und den die Lipid-Doppelschicht durchdringenden integralen Proteinen. Die **peripheren Proteine** lassen sich schon unter relativ milden Bedingungen, z. B. durch Veränderung der Ionenstärke, von der Membran lösen. Dagegen sind die **integralen Proteine** fest in der Membran verankert und nur unter drastischen Bedingungen (Einsatz von organischen Lösungsmitteln, Octylglucosid, Cholat, Octylpolyoxyethylen, Triton X-100), die mit einer Zerstörung der Membranstruktur verbunden sind, aus dem Membranverbund zu lösen. Die integralen Proteine sind in wäßrigen Puffern unlöslich und lipidfrei ohne biologische Aktivität. Zu den wenigen integralen Membranproteinen, deren Kristallisation bisher gelungen ist, gehört das photosynthetische Reaktionszentrum der Purpurbakterien. Die Proteinfraktion der Biomembranen besteht zu etwa 70 % aus integralen und 30 % aus peripheren Proteinen. Die integralen Proteine sind amphiphil, d. h. besitzen ausgeprägte hydrophobe Domänen, gebildet aus Anhäufungen hydrophober Aminosäuren. Diese hydrophoben Domänen erlauben durch Wechselwirkung mit den Phospholipiden die Verankerung in der bilayer.

Eine Differenzierung der integralen Membranproteine erfolgt nach der Zahl der Membrandurchdringungen. Monotopische Proteine sind in der Membran verankert, ohne sie zu durchdringen. Ditopische Proteine durchdringen die Membran einmal, polytopische mehr als einmal. Zu den monotopischen Proteinen gehören Rezeptoren von Wachstumsfaktoren und die vor kurzem durch Röntgenstrukturanalyse untersuchte Cyclooxygenase I (Prostaglandin H_2-Synthase-1). Zu den bitopischen Proteinen gehören die Spikeproteine der Virushüllen oder die HLA-Antigene der menschlichen Zellen. Sehr umfangreich ist die Gruppe der polytopischen Proteine. Der membrandurchdringende Teil der Proteine liegt als α-Helix aus vorwiegend hydrophoben Aminosäuren vor. Diese Helix wird aus ca. 20 Aminosäuren gebildet, was der Stärke der bilayer entspricht.

Eine der bedeutendsten Gruppen von integralen Membranproteinen stellen die transmembranalen Signalübertragungssysteme der Tiere dar, die extrazelluläre Signale wie Hormone, Neurotransmitter, Licht oder Geruchsstoffe in das Zellinnere weitergeben. Sie bestehen meist aus drei Komponenten: dem eigentlichen Rezeptormolekül, einem Effektor

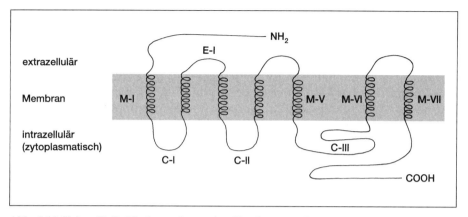

Abb. 5-14 Sieben-Helix-Motiv von integralen Membranproteinen.

(Ionenkanal oder Enzym wie Adenylat-Cyclase) und einem Guaninnucleotid-bindenden regulatorischen Protein, dem G-Protein. Nahezu alle G-Protein-gekoppelten Rezeptoren sind sehr ähnlich gebaut und bestehen aus einem sog. **Sieben-Helix-Motiv,** enthalten also sieben Transmembransegmente (7-TMS-Rezeptoren, Heptaspan, Abb. 5-14), die jeweils als Helices vorliegen.

In einigen Fällen (z. B. beim β_2-Adrenozeptor) sind intrazelluläre Abschnitte bei den 7-TMS-Rezeptoren noch durch zusätzliche Palmitoylreste, gebunden an Cystein, verankert (Abb. 5-15c). Eine in eukaryotischen Zellen weit verbreitete Form der **Verankerung** von Membranproteinen ist der Glykosylphosphatidylinositol(GPI)-Anker (Abb. 5-15a). Entsprechend verankerte Proteine können durch Phospholipase C abgespalten werden.

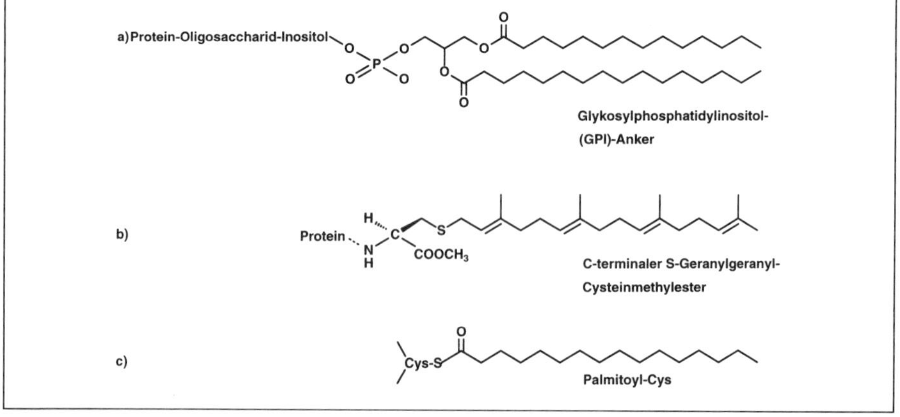

Abb. 5-15 Beispiele für lipophile Anker von Membranproteinen. a) Glykosylphosphatidylinositol-Anker; b) C-terminaler S-Geranylgeranyl-cysteinmethylester; c) Palmitoyl-Cystein.

Eine besondere Form der Hydrophobisierung von Proteinen in Eukaryoten stellen S-isoprenylierte Cysteinmethylester (Abb. 5-15b) am C-Terminus der Polypeptidkette dar, die durch Isoprenylierung von C-terminalen Sequenzen (-CXXX) mit Geranylgeranylpyrophosphat oder Farnesylpyrophosphat in Gegenwart der entsprechenden Transferasen, proteolytische Abspaltung der drei letzten Aminosäuren und anschließende Methylierung der Carboxylgruppe des isoprenylierten Cysteins mit S-Adenosylmethionin gebildet werden (Abb. 5-16). Die posttranslationäre Einführung von Farnesylresten in der Nähe des C-Terminus von *ras*-Proteinen, die zu einer Membranassoziation benötigt wird, scheint eine Rolle zu spielen bei der Transformation normaler in Krebszellen.

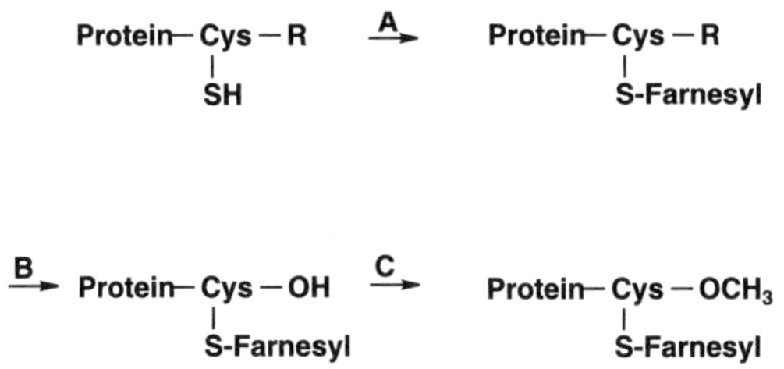

```
       Protein—Cys—R      A       Protein—Cys—R
              |           →              |
              SH                    S-Farnesyl


   B      Protein—Cys—OH    C       Protein—Cys—OCH₃
   →             |          →              |
             S-Farnesyl               S-Farnesyl
```

Abb. 5-16 Biogene Isoprenylierung von Proteinen. A: Farnesyl-Transferase; B: Protease (R = Oligopeptid); C: Methylase.

II

Essentielle, biologisch aktive Verbindungen

6 Vitamine, Coenzyme und Tetrapyrrole

6.1 Allgemeine Einführung

Zur Aufrechterhaltung des Lebens laufen im Organismus zahlreiche chemische Reaktionen ab. Diese biochemischen Prozesse erfordern die Anwesenheit von meist nur in geringer Konzentration vorliegenden Wirkstoffen. Zu diesen essentiellen Wirkstoffen gehören vor allem die Enzyme (Kap. 2.6.1), die Vitamine sowie interzelluläre Regulationsstoffe (Hormone).

Die Enzyme sind biologische Katalysatoren, die die hohe Spezifität und Geschwindigkeit der in den Zellen ablaufenden Reaktionen bewirken. Über 50 % der untersuchten Enzyme benötigen für ihre biologische Aktivität die Anwesenheit einer niedermolekularen, nicht-proteinartigen Verbindung, die als Coenzym oder auch prosthetische Gruppe bezeichnet wird. Die meisten Coenzyme werden im tierischen Organismus aus Vitaminen synthetisiert.

Bevor der Begriff der Vitamine erläutert wird, soll zunächst auf den wesentlichen Unterschied in der Ernährungsweise von Pflanze und Tier hingewiesen werden. Der überwiegende Teil der Pflanzen lebt autotroph, d. h. ernährt sich vorwiegend von anorganischen Stoffen, die am Standort gefunden werden. Im Unterschied zu den Pflanzen ernähren sich die Tiere heterotroph, also von organischen Verbindungen, die andere Organismen aufgebaut haben. Im Verlaufe der phylogenetischen Entwicklung sind bei der heterotrophen Ernährungsweise offensichtlich einige biosynthetische Leistungen verlorengegangen, so daß die tierische Zelle nicht mehr alle ihre Bausteine und Wirkstoffe selbst synthetisieren kann. Zu den Verbindungen, auf deren Zufuhr mit der Nahrung das Tier angewiesen ist, gehören die essentiellen Aminosäuren (S. 94), die essentiellen Fettsäuren (S. 328), die auch als Vitamin F bezeichnet werden, und zahlreiche, nur in sehr geringen Mengen erforderliche Verbindungen, die Vitamine.

Auf die Vitamine wurde man aufmerksam, als man sich zu Beginn des Jahrhunderts mit ernährungsbedingten Mangelerkrankungen des Menschen wie der in Indien auftretenden Beriberi und dem von den Seeleuten gefürchteten Skorbut beschäftigte und Mangelerkrankungen am Tier experimentell erzeugen konnte. *Funk,* auf den die Bezeichnung Vitamin zurückgeht, schrieb 1912: *„Die Krankheiten vom Typ der Beriberi und Skorbut haben ihren Ursprung nicht in einer Infektion oder Intoxikation, sondern in dem Mangel bestimmter Substanzen in der Nahrung, die unerläßlich* *für das Leben sind und bereits in unendlich kleinen Konzentrationen wirksam sind".*

Etwas später wurde festgestellt, daß auch Mikroorganismen, die sich als Testorganismen besser eigneten, auf die Zufuhr solcher essentieller Wirkstoffe angewiesen sind, die man hier als Wuchsstoffe (auch Bios) bezeichnete. Diese Wuchsstoffe erwiesen sich meist als identisch mit den Vitaminen des tierischen Organismus.

> Im allgemeinen werden als Vitamine im Pflanzen- und Tierreich verbreitete Stoffe bezeichnet, die in der Nahrung nur in kleinen Mengen vorhanden sind und für das Wachstum und die Erhaltung des tierischen Körpers unentbehrlich sind (*Hofmeister*).

Die synthetischen Leistungen der Tiere sind jedoch verschieden, so daß ein bestimmter Wirkstoff von der einen Tierart synthetisiert werden kann, von der anderen aber von außen zugeführt werden muß. Das ist bei Säugetieren z. B. der Fall bei der Nicotinsäure (S. 418) und dem Vitamin C. Während die meisten Säugetiere Vitamin C in ausreichender Menge selbst synthetisieren können, sind Mensch, Affe und Meerschweinchen auf eine Zufuhr mit der Nahrung angewiesen. Aus diesem Grund gab *Folkers* 1959 folgende Definition eines Vitamins: *„An organic substance of nutritional nature present in low concentration as a natural component of enzyme systems and catalyses required reactions and may be derived externally to the tissues or by intrinsic biosynthesis".*

Bei dieser Definition werden jedoch die essentiellen Wirkstoffe ausgelassen, die höchstwahrscheinlich nicht als Coenzyme wirken, also die Gruppe der fettlöslichen Vitamine. Letztere dienen als Vorstufen anderer biologisch aktiver Verbindungen wie der Sehpigmente (Vitamin A) oder der als Hormone wirkenden hydroxylierten Vitamin-D-Metabolite.

Tab. 6-1: **Vitamine der Säugetiere.**

Vitamine	Chem. Struktur	Funktion
■ Vitamin A	Diterpen-Derivat	Als Retinal Cofaktor der Sehpigmente; beeinflußt Wachstum, Fortpflanzungsfähigkeit und Funktion der Haut.
■ Vitamin D	9,10-Seco-Steroid	Fördert Calcium- und Phosphatresorption und die Entwicklung der Knochen; hydroxylierte Verbindungen wirken als Hormone: beeinflussen Calciumstoffwechsel und Knochenmetabolismus.
■ Vitamin E	Cyclisches Polyprenyl-Hydrochinon	Antioxidans; Mangel erzeugt bei Tieren Störungen der Geschlechtsfunktion und Muskeldystrophien.

Tab. 6-1: **Vitamine der Säugetiere.** (Fortsetzung)

Vitamine	Chem. Struktur	Funktion
■ Vitamin K	Naphthochinon-Derivat	Fördert Synthese von Proteinen, die an Blutgerinnungsvorgängen beteiligt sind.
■ Vitamin C	Endiol (Redukton)	Redox-System; Fehlen führt zu Skorbut.
■ Vitamin B_1	Thiazolium-Derivat	Als Thiaminpyrophosphat Coenzym von Decarboxylasen und Transferasen; bei Mangel Störungen im Kohlenhydratstoffwechsel sowie in Nerven- und Herzfunktion; Mangelerkrankung ist Beriberi.
■ Vitamin B_2	Isoalloxazin-Derivat	Als Flavinnucleotide (FMN, FAD) Bestandteil von Oxidoreduktasen (Flavoenzyme als Glieder der Atmungskette der Zelle).
■ Folsäure	Pteridin-Derivat	Als Tetrahydropteroylglutaminsäure wichtige Rolle im Stoffwechsel von C_1-Körpern; bei Mangel Störungen vor allem der Blutbildung.
■ Vitamin B_6	Pyridin-Derivate mit Alkohol-, Aldehyd- oder Aminogruppe	Als Pyridoxalphosphat Bestandteil zahlreicher Enzyme des Aminosäurestoffwechsels (z. B. Aminotransferasen, Decarboxylasen).
■ Pantothensäure	Hydroxycarbonsäure	Bestandteil des Coenzym A, das am Acyl-Transfer der Zelle beteiligt ist.
■ Nicotinsäureamid	Pyridin-Derivat	In Form der Pyridinnucleotide (NAD^+, $NADP^+$) Bestandteil von Oxidoreduktasen.
■ Biotin	Cyclisches Harnstoff-Derivat	Als Coenzym an der Übertragung von CO_2 beteiligt (Kohlendioxidligasen, Carboxyltransferasen).
■ Vitamin B_{12}	Co-Corrinoid-Komplex	Als Coenzym B_{12} Bestandteil von Transferasen, Ligasen, Mutasen; Mangel führt zu perniziöser Anämie.

Die Vitamine der Säugetiere sind in Tabelle 6-1 aufgeführt. Der Vitamincharakter einiger Verbindungen ist umstritten, so der Liponsäure, der Ubichinone (Vitamin Q), des Cholins, *myo*-Inositols, einiger Flavonoide oder des S-Methyl-methionins (Vitamin U).

Ein **Vitaminmangel** tritt bei der Bevölkerung der Industrieländer selten auf. Risikogruppen sind vor allem Schwangere, Kinder, alte Personen, Zigarettenraucher und Alkoholiker. In den Ländern der Dritten Welt ist

Tab. 6-2: **Wichtigste Vitamine: Tagesbedarf des Menschen und Vorkommen in einigen Lebensmitteln (IE = Internationale Einheit).**

Vitamin	Tagesbedarf ca.	1 IE entspricht		Gehalt in 100 g
A	1,5 mg	0,0003 mg Retinol bzw. 0,000344 mg Retinolacetat	Kalbsleber Butter Milch	100 000 IE 2 500 IE 250 IE
D	0,01–0,025 mg D_2	0,000025 mg	Eidotter Butter Milch	500 IE 300 IE 2 IE
E	10–25 mg α-T	1 mg raz. α-T	Weizenkeimöl Sojaöl	400 IE 100 IE
Ascorbinsäure	75–100 mg	0,05 mg	Zitronen Tomaten Kartoffeln	50 mg 20 mg 15 mg
B_6	2–4 mg		Leber Gemüse Kartoffeln	7 mg 4 mg 0,2 mg
B_{12}	0,0005–0,001 mg		Kalbsleber Milch Rindfleisch	0,24 mg 0,0007 mg 0,0002 mg
Biotin	0,1–0,25 mg		Hefe Gemüse	0,05 mg 0,01 mg
Folsäure	1,5 mg		Leber Spinat	25 mg 0,8 mg
Nicotinsäureamid	15 mg		Fleisch Kartoffeln Milch	10 mg 1 mg 0,2 mg
Pantothensäure	8–10 mg		Hefe Eigelb	25 mg 4 mg
Riboflavin	2–3 mg		Schwarzbrot Milch Fleisch	0,25 mg 0,2 mg 0,08 mg
Thiamin	1,5–2 mg	0,003 mg Hydrochlorid	Schweinefleisch Getreidekörner Eigelb Milch	1 mg 0,5 mg 0,3 mg 0,04 mg

dagegen ein Vitaminmangel sehr verbreitet, verbunden allerdings mit einem Mangel an Grundnahrungsmitteln. Beim Vitaminmangel werden drei Stadien unterschieden: eine suboptimale Vitaminversorgung (**Hypovitaminose**), ein manifester, subklinischer Mangel und ein schwerwiegender Mangel mit klinisch relevanten Ausfallerscheinungen (**Avitaminose**). **Hypervitaminosen** sind nur bei den lipidlöslichen Vitaminen A und D zu befürchten.

Die Vitamine wurden zunächst nach ihrer spezifischen Wirkung benannt (z. B. antihämorrhagisches Vitamin für Vitamin K, Epithelschutz- oder Wachstumsvitamin für Vitamin E, Antidermatitis-Faktor für Vitamin B_6, Antiperniciosa-Faktor für Vitamin B_{12} oder Antineuritisches Vitamin für Vitamin B_1). Das Alphabet zur Bezeichnung wurde seit 1930 benutzt, wobei sich das Vitamin B später als Komplex erwies, dessen einzelne Komponenten Indices erhielten.

Die einzelnen Vitamine unterscheiden sich grundlegend in ihrer chemischen Struktur (vgl. Tab. 6-1). Zur Einteilung der Vitamine wird deshalb meist aus praktischen Gründen die Löslichkeit herangezogen. Zur Gruppe der **fettlöslichen Vitamine,** die sich z. B. aus dem unverseifbaren Anteil der fetten Öle isolieren lassen, gehören die Vitamine A, D, E und K. Die übrigen Vitamine gehören zur Gruppe der **wasserlöslichen Vitamine.**

Die Bestimmung des **Vitamingehalt**es in natürlichen Quellen hat eine große Bedeutung für die Beurteilung der menschlichen und tierischen Nahrungsmittel (Tab. 6-2). Die Vitaminbestimmungen werden heute meist mit chemischen oder physikalischen Methoden durchgeführt. Biologische Methoden werden aufgrund ihrer zu hohen Kosten nur noch herangezogen, wenn andere Methoden nicht empfindlich oder spezifisch genug sind (z. B. zur Bestimmung von Vitaminen der B-Gruppe). Die Bestimmung erfolgt anhand der durch Trübung erkennbaren Wachstumsförderung bestimmter Testkeime (oft Defektmutanten) von Mikroorganismen.

Nicht-proteinartige Cofaktoren organischer Struktur der Enzyme bezeichnet man als Coenzyme. Im engeren Sinne werden als **Coenzyme** locker (nicht-kovalent) gebundene, z. B. durch Dialyse entfernbare Cofaktoren verstanden, während man fester (kovalent) gebundene als **prosthetische Gruppen** bezeichnet.

Die Coenzyme sind unmittelbar am katalytischen Prozeß beteiligt. Sie sind vor allem Bestandteile von

- Oxidoreduktasen: Nicotinsäureamidnucleotide, Flavinnucleotide, Chinone, Porphyrinkomplexe (Cytochrome);
- Transferasen: Coenzym A, Pyridoxalphosphat, Tetrahydropteroylglutaminsäure, Adenosylmethionin, Adenosintriphosphat;
- Lyasen: Thiaminpyrophosphat;
- Ligasen: Biotin, Cobamide (Coenzym B_{12}).

Bemerkenswert ist, daß die wesentlichen Typen von Coenzymen sich in allen Organismentypen wiederfinden, also offenbar optimale Lösungen für die Wahrnehmung bestimmter biochemischer Funktionen darstellen. Eine gewisse Ausnahme machen hier die Archaebakterien (vgl. z. B. Abb. 1-2, S. 26).

6.2 Fettlösliche Vitamine

6.2.1 Vitamin A – Sehpigmente

Die bedeutendste Quelle für Vitamin A sind die Fischleberöle (Lebertrane). Aus den unverseifbaren Anteilen von Meeresfischleberölen wurden zu Beginn der dreißiger Jahre Vitamin A_1 als Alkohol (**Retinol**, Axerophthol) isoliert (*Karrer*). Retinol kommt in freier Form oder verestert vor allem mit Palmitinsäure in tierischem Gewebe, besonders reichlich in der Leber, vor. In Süßwasserfischen ist 3-Dehydroretinol (Vitamin A_2) die Hauptkomponente. Es besitzt eine geringere biologische Aktivität. Vitamin A ist in der Nahrung normalerweise in ausreichender Menge vorhanden. In Pflanzen kommt Vitamin A nicht vor, Pflanzen enthalten aber die entsprechenden Provitamine, die Carotenoide. Das ergiebigste **Provitamin** ist das β-Caroten, aus dem durch Oxidation der mittelständigen Doppelbindung zwei Moleküle Retinol entstehen. Voraussetzung für eine Provitaminwirkung ist die Anwesenheit von mindestens einem β-Iononring.

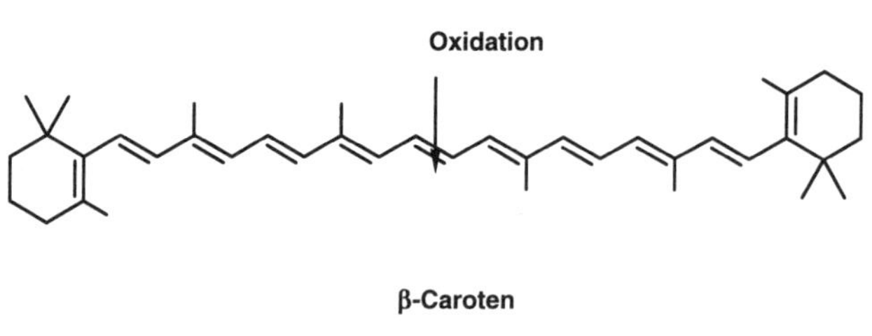

Oxidation

β-Caroten

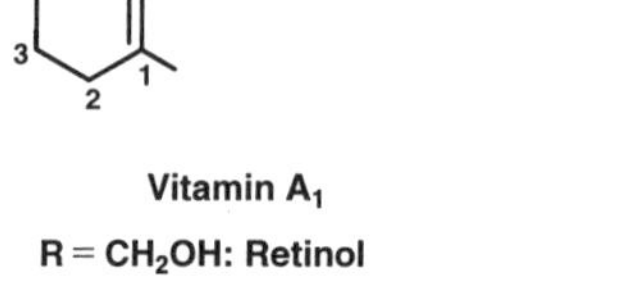

Vitamin A_1
R = CH_2OH: Retinol
R = CHO : Retinal
R = COOH: Retinoinsäure

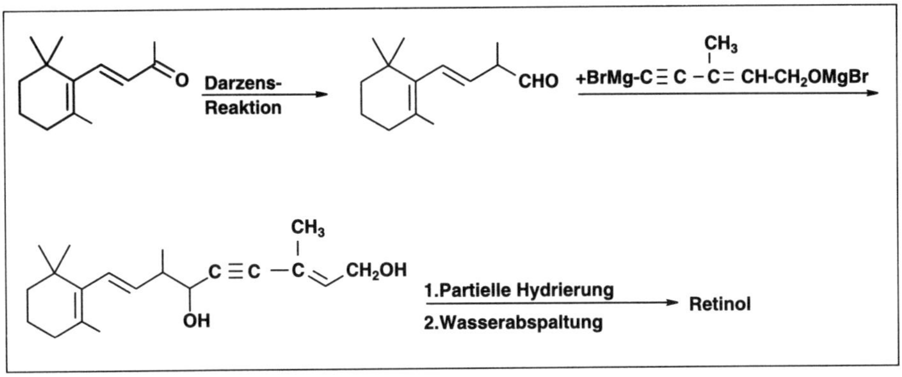

Abb. 6-1 Totalsynthese des Vitamin A.

Vitamin A wird heute synthetisch hergestellt. Eine industrielle Synthese (nach *Isler*) geht vom β-Ionon aus, das zunächst in einer *Darzens*-Reaktion zu einem Aldehyd (**1**) umgesetzt wird, der dann mit einer *Grignard*-Verbindung auf die gewünschte Anzahl C-Atome gebracht wird (Abb. 6-1). Industriell kann Retinol heute auch durch eine *Wittig*-Reaktion synthetisiert werden.

Vitamin A enthält vier Doppelbindungen in der Seitenkette, die in der *cis*- oder *trans*-Konfiguration vorliegen können. Am stabilsten ist die all-*trans*-Form. Unter den *cis*-Formen sind die 9-*cis*, 13-*cis* und 9,13-di-*cis*-Derivate am stabilsten. Bei der 11-*cis*-Verbindung kommt es zu einer sterischen Hinderung zwischen dem Wasserstoffatom am C-10 und der Methylgruppe am C-13 (11-*cis*-12-*s-trans*), so daß die Doppelbindung aus der Ebene der anderen herausgedrängt wird (11-*cis*-12-*s-cis*). Die 11-*cis*-Verbindung ist um ca. 4 bis 6 kJ/mol energiereicher als sterisch ungehinderte Isomere. 13-*cis*-Retinol (Neovitamin A) sowie 9-*cis*- und 9,13-di-*cis*-Retinol wurden in geringen Mengen in Fischleberölen gefunden.

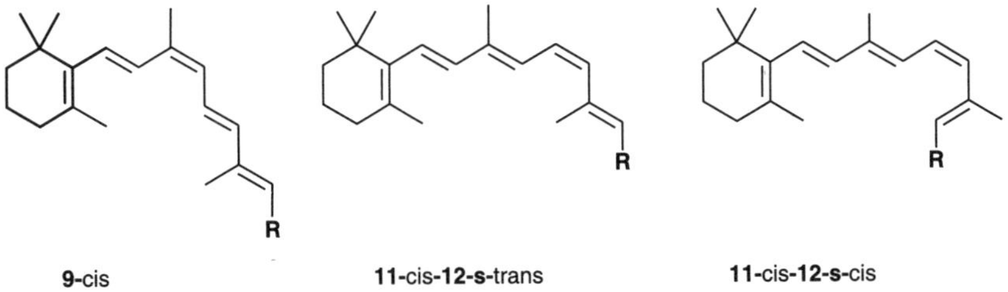

Durch die Doppelbindungen ist Vitamin A leicht oxidierbar. Die als Vitaminpräparate im Handel befindlichen Ester (Acetat, Palmitat) sind stabiler. Vitamin A ist ferner empfindlich gegenüber der Einwirkung von Säure. Durch ethanolische HCl kommt es zu einer Wasserabspaltung unter Bildung von Anhydrovitamin A.

Das all-*trans*-Retinol hat Absorptionsmaxima bei 310, 325 und 334 nm, die zur spektrophotometrischen Bestimmung z. B. in Lebertran herangezo-

Anhydrovitamin

gen werden können. Die wichtigste Bestimmungsmethode beruht auf der Blaufärbung mit Antimon(III)-chlorid (*Carr-Price*-Methode), wobei das konjugierte Doppelbindungssystem des Vitamin A als *Lewis*-Base reagiert. Carotenoide stören die Bestimmung.

Vitamin A wirkt beim Säugetier in zwei Richtungen:
1. Es ist von Bedeutung für die Fortpflanzungsfähigkeit und das Wachstum sowie für die Entwicklung verschiedener Zellarten, insbesondere der Epithelien. Ein Mangel führt u. a. zu Epithelschäden („Epithelschutzvitamin"). Hypervitaminosen, die beim Menschen kaum zu befürchten sind, führen zu Knochenschädigungen. Diese Wirkrichtung von Verbindungen der Vitamin-A-Gruppe (**Retinoide**) verläuft über eine spezifische Wechselwirkung mit intrazellulären Rezeptoren (**Retinoid-Rezeptor**), durch die eine Genexpression ausgelöst wird. Der Retinoid-Rezeptor bildet mit den Steroidhormon- und Schilddrüsenhormon-Rezeptoren eine Hormonrezeptor-Familie.

Lediglich diese erste Wirkrichtung weist die **Retinsäure** (Vitamin-A-Säure) auf, die durch Oxidation des Retinols gebildet wird. Derivate der Retinsäure sind die Hauptprodukte des Vitamin-A-Abbaus im Menschen. Retinsäure und synthetische Retinoide wie Etretinat sind zur Behandlung schwerer Hauterkrankungen wie Psoriasis getestet worden. Ihre Anwendung ist jedoch mit schweren Nebenwirkungen verbunden, Etretinat ist z. B. stark teratogen wirksam.

Etretinat

2. Vitamin A spielt eine **Rolle beim Sehvorgang**. Als Folge der Hypovitaminose tritt schon frühzeitig Nachtblindheit auf. Die Rolle des Vitamin A beim Sehvorgang wurde sehr eingehend vor allem von *Wald* und Mitarb. untersucht. Wirksame Form des Vitamin A ist das Retinal. Die Sehpigmente der Retina werden durch Reaktion des Retinal mit einer ε-Aminogruppe eines Lysinrestes von speziellen Proteinen, den **Opsinen,** unter Ausbildung einer *Schiff*schen Base gebildet. In den Augen der Vertebraten sind 4 verschiedene Sehpigmente verbreitet, die ausgehend von Retinal bzw. 3-Dehydroretinal gebildet werden. In jedem Auge kommen zwei

Arten von Rezeptoren vor: Stäbchen für das Sehen in der Dämmerung und Zapfen für das Sehen im Hellen und das Farbsehen. Die verschiedenen **Sehpigmente** unterscheiden sich deutlich in ihren Absorptionsmaxima (Tab. 6-3). Das langwellige Absorptionsmaxium des *all-trans*-Retinal liegt bei 383 nm, das des Dehydroretinal bei 400 nm.

Tab. 6-3: Photosensitive Pigmente.

Retinal	Protein	Pigment	λ_{max} [nm]
11-cis-Retinal	Stäbchen-Opsin	Rhodopsin	510
11-cis-Retinal	Zapfen-Opsin	Jodopsin	562
3-Dehydro-11-cis-Retinal	Stäbchen-Opsin	Porphyropsin	522
3-Dehydro-11-cis-Retinal	Zapfen-Opsin	Cyanopsin	620
9-cis-Retinal	Stäbchen-Opsin	Iso-Rhodopsin	487
9-cis-Retinal	Zapfen-Opsin	Iso-Jodopsin	515
3-Dehydro-9-cis-Retinal	Stäbchen-Opsin	Iso-Porphyropsin	507
3-Dehydro-9-cis-Retinal	Zapfen-Opsin	Iso-Cyanopsin	575
13-cis-Retinal	Bacterio-Opsin	Bacterio-Rhodopsin	560

Der durch das Licht ausgelöste Primärvorgang besteht aus einer Stereo-Isomerisierung des gebundenen Retinal-Anteils. Die dadurch hervorgerufene Konformationsänderung des Proteins löst den Sehvorgang aus. Die Isomerisierung beruht auf einer Umlagerung des *11-cis*-Retinals in das *all-trans*-Retinal. Im **Rhodopsin**-System, dem Sehpigment der Stäbchen von Säugetieren, spielen sich die in Abbildung 6-2 dargestellten Vorgänge ab.

Opsin

In der Retina des Menschen sind nur etwa 0,005 % der Gesamtmenge des Vitamin A enthalten. Unter physiologischen Bedingungen bilden die *9-cis*-Isomere die ebenfalls photosensitiven Isopigmente (Tab. 6-3).

Retinal-Protein-Pigmente wirken bei Tieren, die sehen können, als Lichtsensoren. Sie dienen aber bei bestimmten Bakterien, den auf Salzlösungen hoher Konzentration lebenden Halobakterien, auch als Licht-Energie-Wandler. Die aufgrund ihrer violetten Farbe als **Purpurmembran** bezeichnete Membranfraktion dieser Halobakterien enthält das Pigment **Bacteriorhodopsin,** bei dem 13-cis-Retinal an Bacterio-Opsin gebunden ist. Durch Lichteinwirkung kommt es zu einem Protonentransport durch die Membran. Das dadurch gebildete elektrochemische Potential wird zur

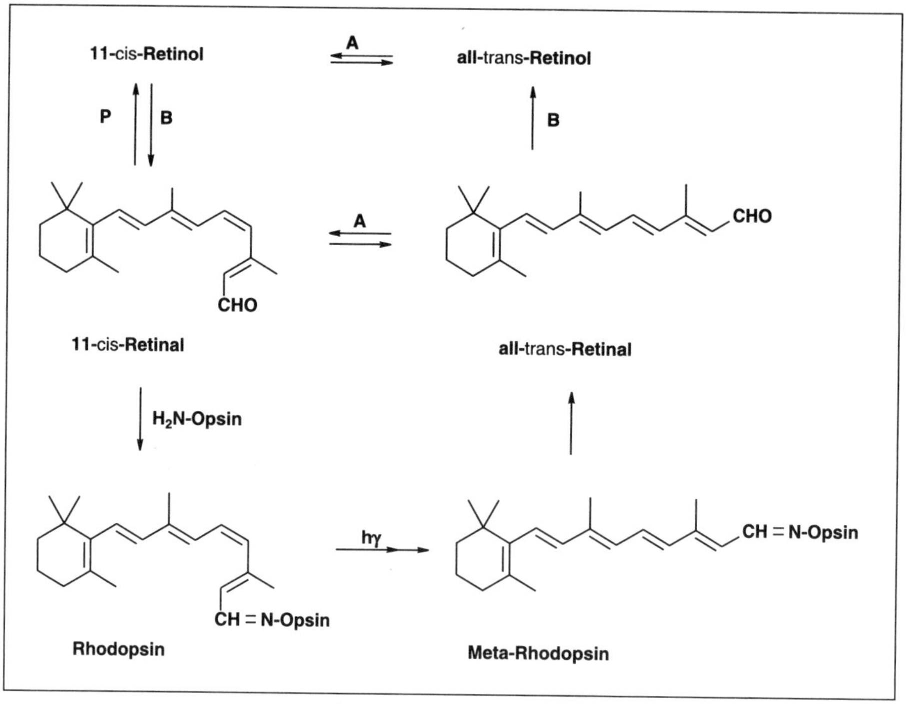

Abb. 6-2 Biochemische Vorgänge beim Sehvorgang. A: Isomerase; B: Alkohol-Dehydrogenase.

Energiegewinnung in der Zelle genutzt. Die Purpurmembran ist weiterhin bemerkenswert, weil die in ihr zu etwa 25 % enthaltenen Lipide anstelle von Fettsäuren etherartig gebunden den Diterpenalkohol Dihydrophytol enthalten (vgl. S. 350).

6.2.2 Vitamin D

Um 1920 wurde festgestellt, daß die Rachitis – eine Erkrankung der Kinder, die sich in einer ungenügenden Entwicklung und Verkalkung des Skeletts äußert – durch UV-Bestrahlung der Haut oder Verabreichung von Fischleberöl zu heilen ist. Die Strukturaufklärung des Vitamin D (Antirachitis-Faktor) wurde in den dreißiger Jahren durch die Gruppen um *Askew* und *Windaus* durchgeführt. Die Totalsynthese gelang 1960 (*Inhoffen*).

Die D-Vitamine entstehen durch photochemische Öffnung (Optimum: 282 nm) des Ringes B von 5,7-Dehydrosterolen, sind also 9,10-*seco*-Steroide. Die homoannularen Diene absorbieren bei 280 nm. Im tierischen Organismus ist 7-Dehydrocholesterol, das enzymatisch aus Cholesterol gebildet wird, das Provitamin. Weitere Provitamine sind Ergosterol und andere 5,7-Dehydrosterole. Durch Bestrahlung entsteht aus dem Provitamin zunächst ein Prävitamin mit 9,10-*seco*-5(10),6,8-Trien-Struktur, das thermisch und photochemisch weiter umgelagert wird (Abb. 6-3). Photochemische Seitenreaktionen führen zu **Tachysterol** und **Lumisterol**, Überbestrahlung zu **Toxisterol** und den **Suprasterolen** (*Windaus*). Die Lumisterole unterscheiden sich von den Provitaminen durch die Konfiguration am C-9 und C-10. Im Gegensatz zur Photoisomerisierung, die zu den Prävitaminen, Tachysterolen oder Lumisterolen führt, handelt es sich bei der Bildung der Überbestrahlungsprodukte um eine irreversible Photoisomerisierung. Die D-Vitamine können sehr leicht durch Licht oder Iod zu den 5,6-*trans*-Verbindungen isomerisiert werden.

Die einzelnen D-Vitamine unterscheiden sich durch die Seitenkette am C-17. Als Vitamin D_1 wurde eine Mischung aus Vitamin D_2 und Lumisterol$_2$

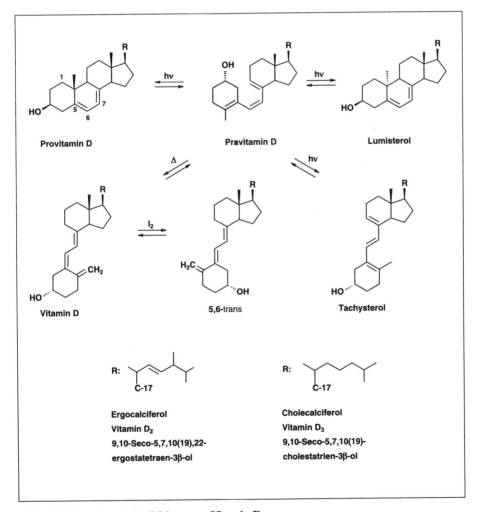

Abb. 6-3 **Photochemische Bildung von Vitamin D.**

bezeichnet. Vitamin D₂ (**Ergocalciferol,** Ercalciol) leitet sich vom Ergosterol, Vitamin D₃ (**Cholecalciferol,** INN: Colecalciferol, Calciol) vom Cholesterol ab.

Für die Strukturaufklärung waren u. a. die Ergebnisse des oxidativen Abbaus (*Windaus, Heilbron*) von entscheidender Bedeutung:

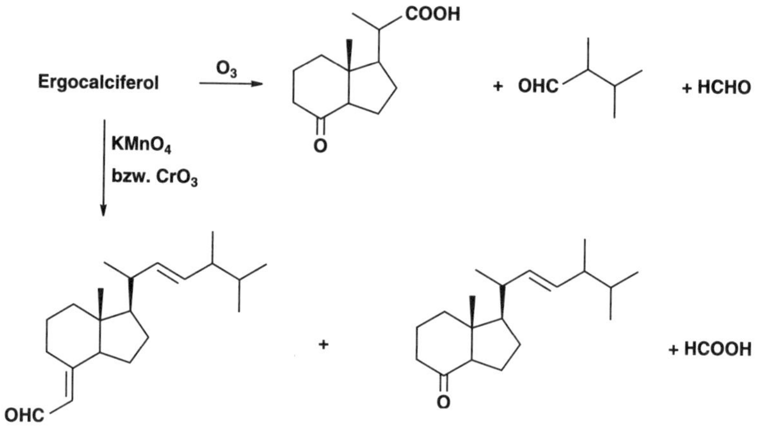

Der Vitamin-D-Bedarf wird beim Menschen zum größten Teil durch die photochemische Eigensynthese gedeckt. Pro cm² Hautoberfläche entstehen bei Sonnenbestrahlung durchschnittlich 10 IE/Stunde (1 IE = 0,025 µg Vitamin D). Chole- und Ergocalciferol haben etwa die gleiche Aktivität.

In relativ konzentrierten Lösungen läßt sich Vitamin D spektrophotometrisch bei 265 nm bestimmen. In Lebertran kann die Bestimmung nach dünnschichtchromatographischer Abtrennung vom Vitamin A mit Antimon(III)-chlorid (*Brockmann, Chen*) erfolgen.

Vitamin D wird im Organismus in biologisch aktive Formen umgewandelt (Abb. 6-4), die als Hormone wirken, ist also ein Prohormon. In der Leber findet durch eine Cytochrom P450-abhängige 25-Hydroxylase eine Hydroxylierung zum 25-Hydroxycholecalciferol (**Calcidiol,** Calcifediol), in der Niere eine weitere Hydroxylierung zum 1α,25-Dihydroxycholecalciferol (**Calcitriol**) sowie 24,25-Dihydroxycholecalciferol statt. Calcitriol sowie 24,25-Dihydroxycholecalciferol wirken als Hormone, die Niere fungiert damit als endokrine Drüse. Bei chronischen Nierenerkrankungen ist diese Funktion beeinträchtigt. Die B-*seco*-Steroidhormone reagieren wie die „klassischen" Steroidhormone mit intrazellulären Hormonrezeptoren und lösen dadurch eine Genexpression aus. Bemerkenswert ist, daß 1α,25-Dihydroxycholecalciferol-glykoside aus den Blättern von *Solanum malacoxylon* isoliert wurden.

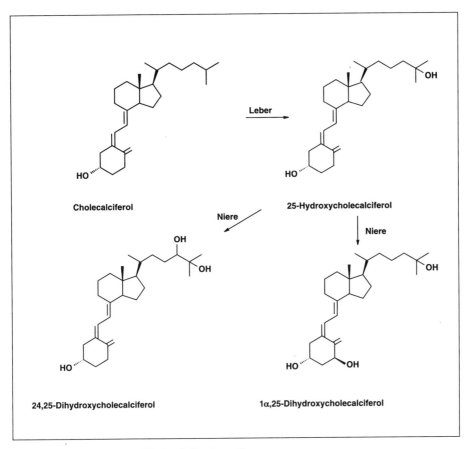

Abb. 6-4 Aktivierung des Cholecalciferols zu Hormonen.

Die Vitamin-D-Hormone besitzen zwei Wirkqualitäten:
1. Sie regulieren den Calcium- und Phosphatstoffwechsel, fördern den Verknöcherungsprozeß und die Entwicklung der Knochen, sind also **Calcitrope** und **Osteotrope Hormone**. Darauf sind auch die Symptome bei den typischen Hypovitaminosen, der Rachitis der Kinder bzw. der Osteomalazie der Erwachsenen zurückzuführen. Vitamin D wirkt wie Parathyrin (S. 475) hyperkalzämisch, während Calcitonin (S. 475) hypokalzämisch wirkt. Bei einer Überdosierung von Vitamin D (Hypervitaminose) besteht daher die Gefahr einer Hyperkalzämie (pathologisch 2,8 mmol Ca^{2+}/l), die bis zu einer Verkalkung der Niere und anderer Organe führen kann. Durch Vitamin D wird die Synthese spezieller Proteine (u. a. Ca-bindender Proteine) beeinflußt.
2. Vitamin-D-Hormone regulieren Prozesse der Zellproliferation und Zelldifferenzierung. Mit dem synthetisch erhaltenen **Calcipotriol** ist es weitgehend gelungen, die calcitrope Wirkung zu reduzieren, so daß ein Einsatz dieses Arzneistoffs gegen Psoriasis ermöglicht wurde.

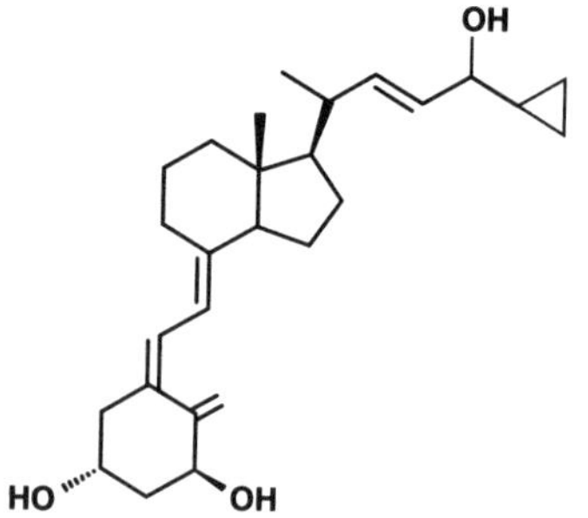

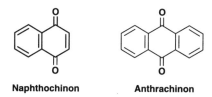

Calcipotriol

6.2.3 Chinone mit isoprenoider Seitenkette

In Mikroorganismen, Pflanzen und Tieren sind p-Chinone bzw. die entsprechenden Hydrochinone weit verbreitet. Dazu gehören Benzo-, Naphtho- und Anthrachinone.

Naphthochinon   Anthrachinon

Bei zahlreichen Vertretern dieser Substanzklasse, so den Anthrachinonen (S. 613) und vielen Naphthochinon-Derivaten, handelt es sich um typisch sekundäre Naturstoffe, die vor allem von Pflanzen oder Mikroorganismen gebildet werden. Dagegen spielen einige Chinone mit isoprenoider Seitenkette als Verbindungen mit Vitamincharakter (Vitamin E, Vitamin K) oder Coenzyme (Coenzym Q) eine essentielle Rolle in allen Zellen. Bei diesen Verbindungen können

- methylsubstituierte Benzo-1,4-chinone (Tocochinon, Plastochinon),
- methyl- und methoxysubstituierte Benzo-1,4-chinone (Ubichinon) und
- Naphtho-1,4-chinone (Menachinon, Phyllochinon)

unterschieden werden. Als isoprenoide Seitenketten treten Multiprenyl- und Phytylreste auf (Tab. 6-4).

Die Hydrochinone können unter Beteiligung des ersten Gliedes der isoprenoiden Seitenkette zu Chromenolen bzw. Chromanolen cyclisieren. Ein Chromanolderivat ist das Vitamin E.

Fettlösliche Vitamine

Tab. 6-4: Chinone mit isoprenoider Seitenkette (n = Anzahl der Isopren-Einheiten der Seitenkette).

Chinon	Isoprenoide Kette	Weitere Substituenten	Name	Abkürzung
■ Benzo-1,4-chinon	Multiprenyl	2,3,5-Trimethyl	Tocochinon-n	
■ Benzo-1,4-chinon	Multiprenyl	2,3-Dimethyl	Plastochinon-n	Pqn
■ Benzo-1,4-chinon	Multiprenyl	2,3-Dimethoxy-5-methyl	Ubichinon-n	Q-n
■ Naphtho-1,4-chinon	Multiprenyl	2-Methyl	Menachinon-n	Mkn
■ Naphtho-1,4-chinon	Phytyl	2-Methyl	Phyllochinon	K

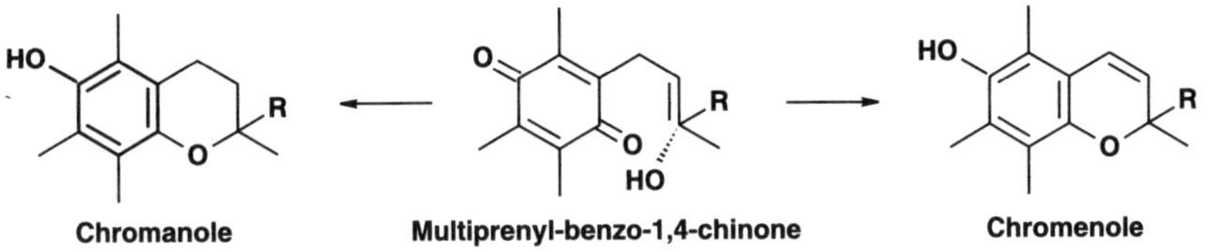

Chromanole ← Multiprenyl-benzo-1,4-chinone → Chromenole

Für die biochemische Funktion der Chinone mit isoprenoider Seitenkette spielt das Redox-Gleichgewicht Chinon ⇌ Hydrochinon eine entscheidende Rolle. Das als Zwischenprodukt auftretende Radikal (Semichinon) läßt sich durch Elektronenspinresonanz nachweisen. Die Normal-Redox-Potentiale sind bei den Benzo-1,4-chinonen etwas höher als bei den Naphtho-1,4-chinonen.

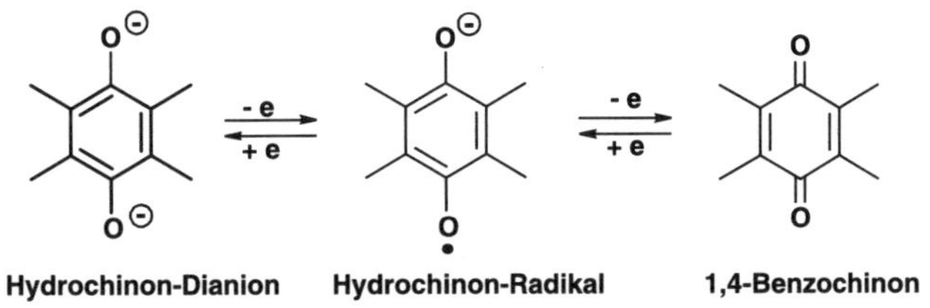

Hydrochinon-Dianion — Hydrochinon-Radikal — 1,4-Benzochinon

6.2.3.1 Benzochinon-Derivate

Ubichinone

Die Ubichinone oder **Coenzyme Q** wurden um 1958 entdeckt (*Morton* u. a.). Es sind in pflanzlichen und tierischen Zellen weit verbreitete 2,3-Dimethoxy-5-methyl-benzo-1,4-chinone, die sich durch die isoprenoide Seitenkette in 6-Stellung unterscheiden. Zur Bezeichnung wird die Anzahl der Isopren-Einheiten (vgl. Tab. 6-4), früher auch die der C-Atome der Seitenkette (Ubichinon-n, n = 4 bis 10) angegeben. Ubichinon-10 (Coenzym Q_{10}, Ubidecarenon) wurde in Tieren und höheren Pflanzen, die kürzerkettigen Ubichinone in niederen Tieren und Pflanzen (z. B. Ubichinon-8 in Plasmodien, Ubichinon-6 in Hefen) aufgefunden. In aeroben Bakterien kommen keine Ubichinone, sondern Menachinone vor. Andere Bakterien enthalten Ubichinone und Menachinone.

Die Ubichinone spielen eine Rolle beim Elektronentransport und bei der oxidativen Phosphorylierung. Sie kommen innerhalb der Zelle in den Mitochondrien vor.

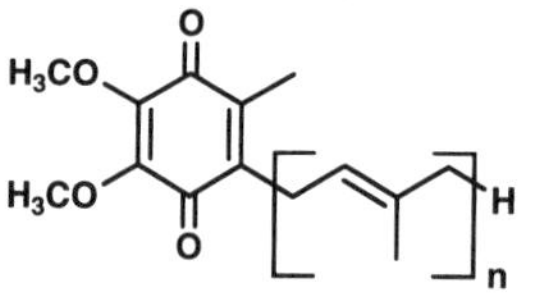

Ubichinone (n = 6-10)

Ebenfalls weit verbreitet wie die Ubichinone sind deren durch Cyclisierung entstandene Isomere, die **Ubichromenole,** deren Funktion noch unklar ist.

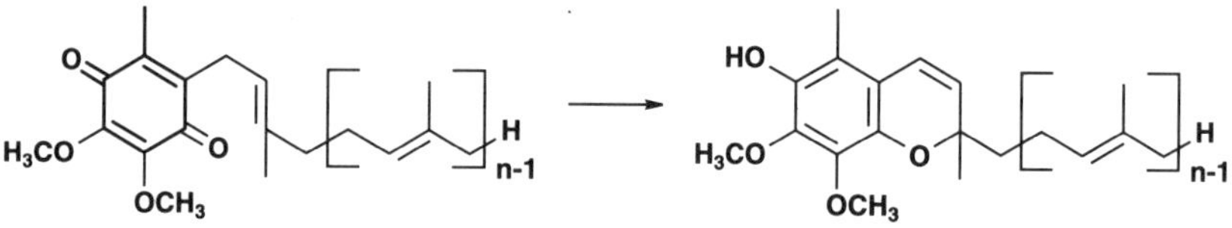

Ubichinone   Ubichromenole

Plastochinon

Plastochinon (auch PQ-9) ist ähnlich gebaut wie die Ubichinone. Es wurde aus den Chloroplasten der Pflanzen isoliert und spielt eine Rolle als Redoxsystem bei der Photosynthese. Nahe verwandt mit dem Plastochinon sind die **Plastochromenole** und **Plastochromanole.** Ein Vertreter der Plastochromenole ist das aus Tabak isolierte **Solanachromen** (n = 9).

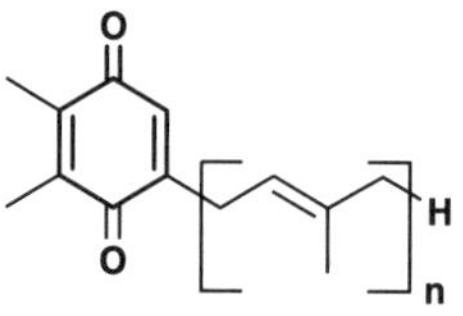

Plastochinon 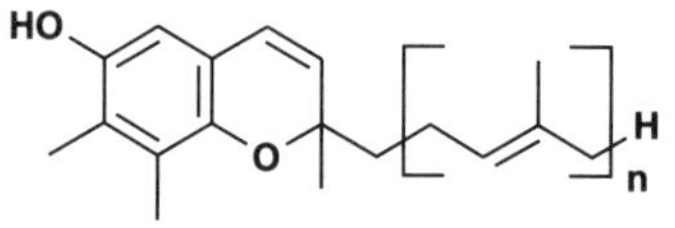   Plastochromenole

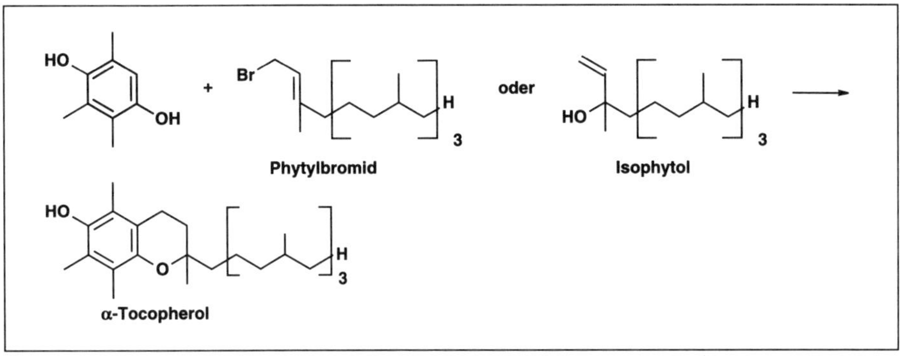

Abb. 6-5 Technische Synthese von α-Tocopherol.

Vitamin E

Zu Beginn der zwanziger Jahre wurde festgestellt, daß bei Tieren, die mit einer künstlichen Diät ernährt wurden, Störungen der Geschlechtsfunktion (*Evans*) sowie Muskeldystrophien auftraten. Der fehlende Faktor wurde als Antisterilitäts-Vitamin oder Vitamin E bezeichnet. Dieser Faktor war im unverseifbaren Anteil vieler fetter Öle, besonders reichlich im Weizenkeimöl, enthalten. Die Isolierung einer reinen Substanz (**α-Tocopherol**) gelang erst 1938 (*Evans, Emerson* und *Emerson*) als Allophansäureester (H_2N-CO-NH-COO-R), was gleichzeitig das Vorliegen einer Hydroxygruppe bewies. Der Strukturbeweis gelang *Karrer* und Mitarbeiter 1938 durch die Synthese aus Trimethylhydrochinon und Phytylbromid (Abb. 6-5). Für technische Synthesen wird auch synthetisches Isophytol eingesetzt.

Das natürliche (+)-α-Tocopherol besitzt die (2R,4′R,8′R)-Konfiguration und wird heute als RRR-α-Tocopherol bezeichnet. Bei der Synthese fällt bei Einsatz von natürlichem Phytol (als Phytylbromid) eine Mischung von (2R,4′R,8′R)- (RRR) und (2S,4′R,8′R)-α-Tocopherol (*2-epi*-α-Tocopherol) an. Diese Mischung wird als 2-*ambo*-α-Tocopherol bezeichnet. Bei der Totalsynthese mit Isophytol fällt ein all-*rac*-α-Tocopherol an.

Neben dem α-Tocopherol wurden etwas später noch weitere Tocopherole isoliert, die sich durch das Fehlen von Methylgruppen vom α-Tocopherol unterscheiden (Abb. 6-6). Die größte Aktivität besitzt jedoch das α-Tocopherol. γ-Tocopherol ist wirkungslos. Eine Verkürzung der isoprenoiden Kette führt zur Verminderung der Wirkung bzw. zum Wirkungsverlust.

Ab 1960 wurden aus Getreidepflanzen Verbindungen isoliert, deren isoprenoide Seitenkette im Unterschied zu den Tocopherolen (Tocole) isoliert stehende Doppelbindungen enthalten und die als **Tocotrienole** (γ-Tocotrienol = Plastochroman-3-ol) bezeichnet wurden. Bei den Tocotrienolen handelt es sich wahrscheinlich um Intermediate der Tocopherolbiosynthese.

Trotz zahlreicher Versuche ist die biologische Rolle des Vitamin E noch ungeklärt. Viele Vitamin-E-Mangelerscheinungen am Tier können durch Substanzen ganz anderer Struktur wie verschiedenen Antioxidantien oder Selen beseitigt werden. Beim Menschen waren bisher noch keine Mangelerscheinungen nachweisbar.

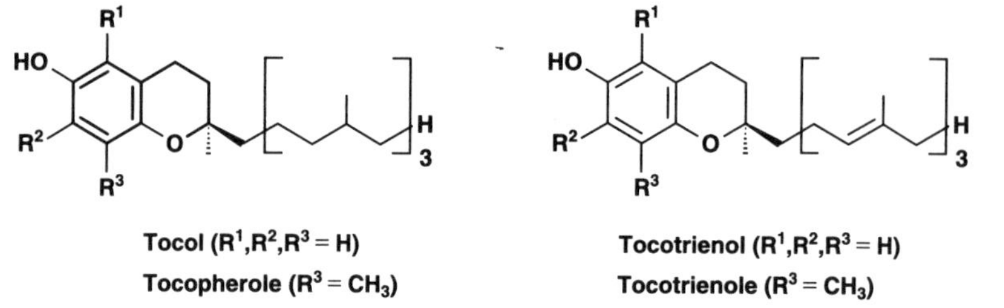

Abb. 6-6 Natürliche Verbindungen der Vitamin-E-Gruppe. Tocopherole, Tocotrienole: R^3 = Me; α: R^1, R^2 = Me; β: R^1 = Me, R^2 = H; γ: R^1 = H, R^2 = Me; δ: R^1, $R^"$ = H.

Eine wesentliche Rolle bei der biologischen Wirkung dürfte die leichte Oxidierbarkeit des durch hydrolytische Spaltung entstehenden Tocopherol-Hydrochinons spielen. Das Vitamin E wirkt als Antioxidans und schützt ungesättigte Lipide in biologischen Systemen vor Oxidation (Abb. 6-7). α-Tocopherol ist bevorzugt in den subzellulären Membranen lokalisiert. Pharmazeutisch werden die nicht mehr oxidationsempfindlichen Ester (Acetat) verwendet, die im Organismus durch Esterasen verseift werden. Die durch Oxidation entstehenden Tocopherolchinone kommen neben den Tocopherolen in Pflanzen vor.

Auf der leichten Oxidierbarkeit der Tocopherole beruhen auch die meisten Nachweis- und Bestimmungsmethoden. Mit Fe^{3+} oder Ce^{4+} tritt eine Oxidation zu einem 1,4-Benzochinon-Derivat ein, während Salpetersäure zu einem roten 1,2-Benzochinon (Tocopherolrot) oxidiert.

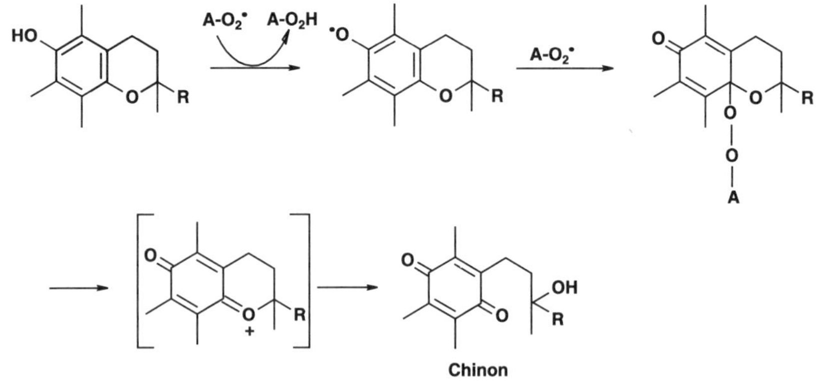

Abb. 6-7 Abfangen von Peroxylradikalen (gebildet z. B. von mehrfach ungesättigten Fettsäuren, S. 335) durch α-Tocopherol.

1,4-Benzochinon-Derivat α-Tocopherol 1,2-Benzochinon-Derivat (Tocopherolrot)

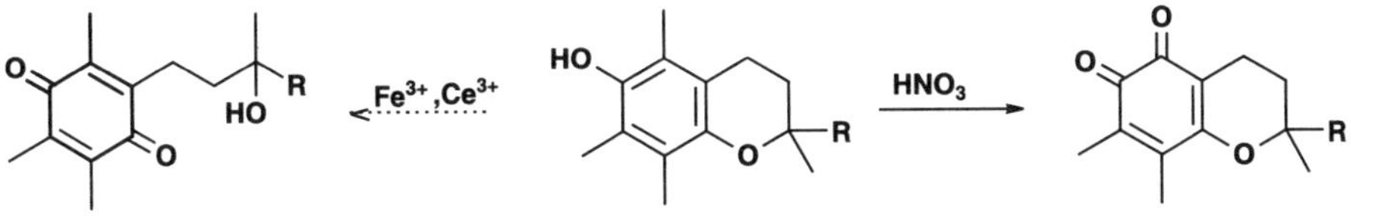

6.2.3.2 Naphthochinon-Derivate

Vitamin K

Als Vitamin K oder antihämorrhagisches Vitamin wurde ein Faktor bezeichnet, dessen Fehlen bei Tieren zu Störungen der Blutgerinnung führt (*Dam,* 1935). 1939 wurden dann zwei Substanzen mit Vitamin-K-Wirkung isoliert, das **Vitamin K_1 (Phyllochinon)** aus grünen Blättern (*Dam, McKee, Karrer, Fieser*) und das **Vitamin K_2** aus verdorbenem Fischmehl (*Doisy*). Beide K-Vitamine erwiesen sich als Naphthochinon-Derivate mit isoprenoider Seitenkette. Phyllochinon (2-Methyl-3-phytyl-naphtho-1,4-chinon) kommt in den Chloroplasten vor. Das Vitamin K_2 gehört zu den Naphthochinonen mikrobieller Herkunft, die heute als **Menachinone** bezeichnet werden. Die einzelnen Menachinone (MK-n) unterscheiden sich durch die Anzahl der Isopren-Einheiten (n) der Seitenkette. Die Doppelbindungen der Seitenkette sind isoliert und liegen in der *trans*-Konfiguration vor. Neben dem Hexaprenyl-Menachinon (Vitamin K_2, MK-6) wurde später aus verdorbenem Fischmehl noch das Heptaprenyl-Menachinon (MK-7) isoliert. Von Mikroorganismen werden weitere Menachinone produziert. Ab 1965 wurden aus Mikroorganismen auch verschiedene Desmethyl-Menachinone (DMK-n) isoliert, bei denen die Methylgruppe in 2-Stellung des Naphthochinons fehlt. Daneben kommen noch partiell hydrierte Menachinone (MK-n-H_2) vor.

Phyllochinon

Menachinone (MK-n, n = 4 - 13)

Desmethyl-Menachinone (DMK-n)

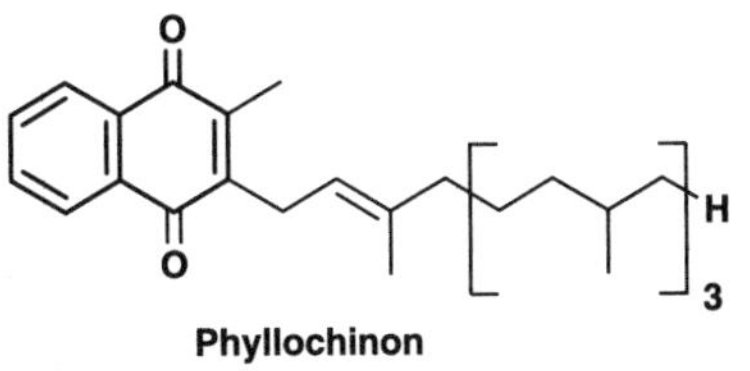

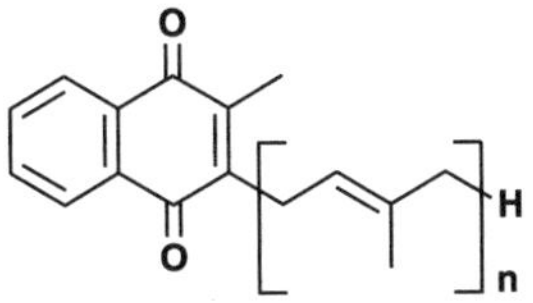

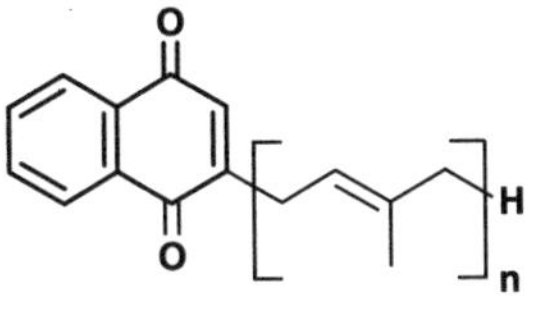

Die durch die Darmbakterien gebildeten Menachinone decken normalerweise den Vitamin-K-Bedarf des Menschen. Die Substanzen mit Vitamin-K-Aktivität der menschlichen Leber bestehen zu 50 % aus Phyllochinon, 30 % aus MK-10 und MK-11 und 20 % aus MK-7, MK-8 und MK-9, wobei der Anteil der einzelnen Komponenten in Abhängigkeit von der Nahrung variiert.

Die Polyprenyl-naphthochinone absorbieren bei 239, 242, 248, 260, 269 und weniger stark bei 325 nm.

Ähnlich wie die entsprechenden Benzochinon-Derivate können Multiprenyl-Naphthochinone zu Chroman-Derivaten cyclisieren. So geht Phyllochinon durch die Behandlung mit Zinn(II)-chlorid in die Verbindung **2** über, die als **Naphthotocopherol** bezeichnet wird.

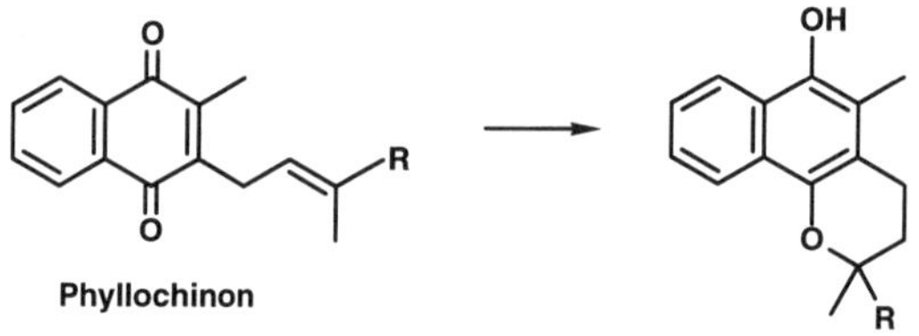

Phyllochinon → **2**

Die Menachinone werden in Mikroorganismen, ausgehend von Chorismat (vgl. Shikimisäureweg, S. 590) über Isochorismat, synthetisiert (Abb. 6-8).

Die biochemische Funktion der einzelnen Multiprenyl-Naphthochinone ist verschieden. In einigen Mikroorganismen wie grampositiven Bakterien und *Mycobacterium phlei* sind die Menachinone anstelle der Ubichinone normale Bestandteile der Elektronentransportkette. Phyllochinon ist als Redoxsystem unentbehrlicher Bestandteil des Photosyntheseprozesses.

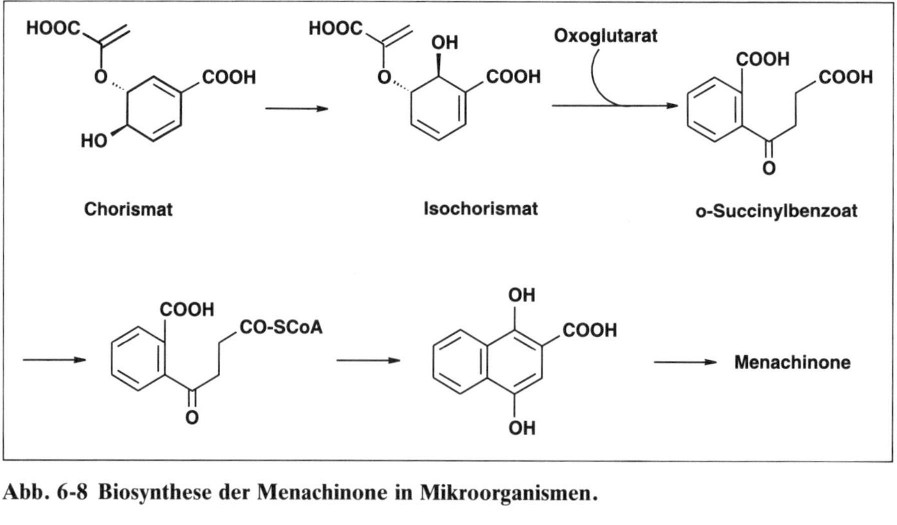

Chorismat → Isochorismat → o-Succinylbenzoat → → Menachinone

Abb. 6-8 Biosynthese der Menachinone in Mikroorganismen.

Ein eindeutiger Beweis für eine Beteiligung von Naphthochinonen am Elektronentransport gibt es bei Säugetieren noch nicht. Unter dem Einfluß von Vitamin K werden aber Proteine gebildet, die an der Blutgerinnung beteiligt sind (Prothrombin sowie die Faktoren VII, IX und X), so daß bei einem Mangel an Vitamin K die Blutgerinnung verzögert wird. Unter dem Einfluß von Vitamin K kommt es zu einer posttranslationären γ-Carboxylierung von Glutaminsäureresten von sekretorischen Proteinen durch eine Vitamin-K-abhängige Carboxylase (Abb. 6-9). Die Vitamin-K-abhängige γ-Carboxylierung beginnt mit einer Sauerstoff-abhängigen Abstraktion eines Wasserstoffatoms in γ-Position des Glu-Restes. Dabei wird das Hydrochinon in das entsprechende 2,3-Epoxid umgewandelt. Die abschließende Carboxylierung erfolgt mit CO_2 Vitamin-K-unabhängig.

γ-Carboxyglutaminsäurehaltige Proteine sind Phospholipid- und Calcium-bindend (vgl. S. 140), was Voraussetzung für die Aktivität der Gerinnungsproteine ist. Für die Vitamin-K-Aktivität ist der Multiprenylrest nicht erforderlich. Wirksamer als die natürlichen Multiprenyl-Naphthochinone sind Naphthochinone ohne isoprenoide Seitenkette, von denen das 2-Methyl-naphtho-1,4-chinon (**Menadion**, Vitamin K_3) die größte Bedeutung erlangt hat. *In vivo* kann daraus MK-4 entstehen. Da Hühner gegen Vit-

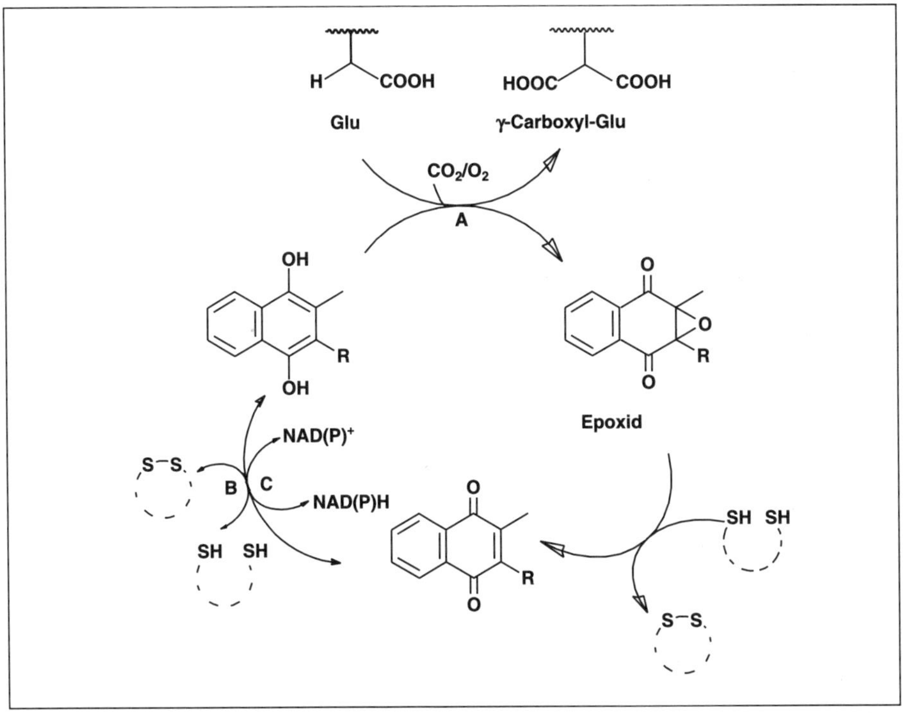

Abb. 6-9 **Rolle des Vitamin K bei der γ-Carboxylierung von Glutaminsäure.** A: Carboxylase/Epoxidase-System; B: Dithiol-abhängige Chinon-Reduktase (Vitamin-K-Reduktase); C: NAD(P)H-abhängige Chinon-Reduktase, auch bezeichnet als DT-Diaphorase.

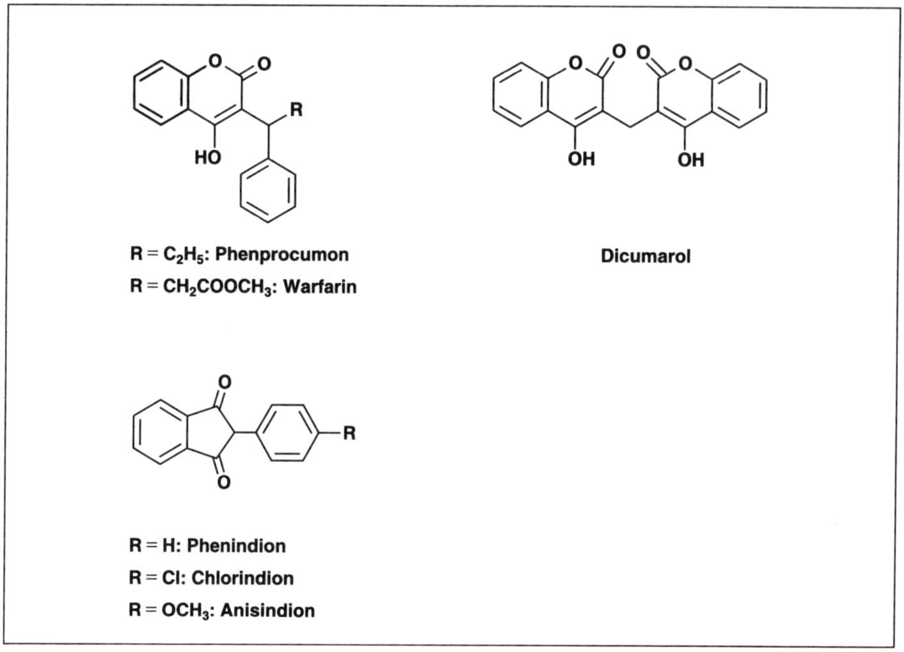

R = C₂H₅: Phenprocumon
R = CH₂COOCH₃: Warfarin

Dicumarol

R = H: Phenindion
R = Cl: Chlorindion
R = OCH₃: Anisindion

Abb. 6-10 Indirekte Antikoagulantien (Vitamin-K-Antagonisten).

amin-K-Mangel besonders empfindlich sind, werden Vitamin-K-Präparate dem Geflügelfutter zugesetzt.

Im Menschen wird Vitamin K durch β-Oxidation der isoprenoiden Seitenkette zur 4'- bzw. 6'-Carboxylsäure abgebaut.

Die Chinon-Reduktasen werden durch **indirekte Antikoagulantien** der Hydroxycumarin- (Dicumarol, Warfarin) und Indandion-Gruppe (Abb. 6-10) gehemmt. Dicumarol entsteht durch bakterielle Einwirkung auf die im Heu des Steinklees (*Mellilotus alba*) enthaltenen glykosidischen Vorstufen. Diese sog. indirekten Antikoagulantien werden als Arzneistoffe zur Prophylaxe von Thrombosen und Embolien eingesetzt. Einige Vitamin-K-Antagonisten wie das Warfarin dienen zur Bekämpfung schädlicher Nagetiere, also als Rodentizide.

6.3 Wasserlösliche Vitamine

6.3.1 Vitamin C

Schon seit Jahrhunderten war bekannt, daß der vor allem von Seeleuten gefürchtete Skorbut – eine Erkrankung, deren erste Anzeichen Entzündungen des Zahnfleisches sind – durch den Verzehr von frischer pflanzlicher Kost geheilt werden kann. Dieser Anti-Skorbut-Faktor konnte 1928 von *Szent-Györgyi* (Nobelpreis 1937) aus verschiedenen Pflanzensäften isoliert werden und wurde als **Ascorbinsäure** bezeichnet. 1933 erfolgte die Strukturaufklärung, 1934 wurde die Struktur durch die Synthese bestätigt (*Haworth, Reichstein*).

Ascorbinsäure ist das γ-Lacton der 2-Oxo-L-gulonsäure (Abb. 6-11). In wäßriger Lösung liegt die Ascorbinsäure vorwiegend in der durch intramolekulare Wasserstoffbrücken stabilisierten Endiol-Form vor. Diese Endiol-Struktur bedingt den sauren Charakter ($pK_1 = 4{,}1$; $pK_2 = 11{,}8$). Zwischen pH 6 und 8 liegt die Ascorbinsäure vorwiegend als Monoanion vor. Das Absorptionsspektrum ist stark pH-abhängig. Die Endiol-Form steht im prototropen Gleichgewicht mit zwei Oxo-Formen. Sie verfügt dadurch nur noch über zwei Chiralitätszentren (C-4 und C-5). Von den 4 möglichen Isomeren kommt nur der L-*threo*-Ascorbinsäure (auch L-*xylo*-Ascorbinsäure) eine physiologische Wirkung zu.

Die Ascorbinsäure kommt in vielen Pflanzen, vor allem in reifenden Früchten vor. Besonders reich an Ascorbinsäure sind die Hagebutten (250 bis 1400 mg/100 g). Eine Haupt-Vitamin-C-Quelle sind die Kartoffeln.

Die Ascorbinsäure kann als Endiol sehr leicht über eine radikalische Zwischenstufe (Semidehydroascorbinsäure) zur Dehydroascorbinsäure oxidiert werden. Die Ausbildung dieses Redox-Gleichgewichtes ist wahr-

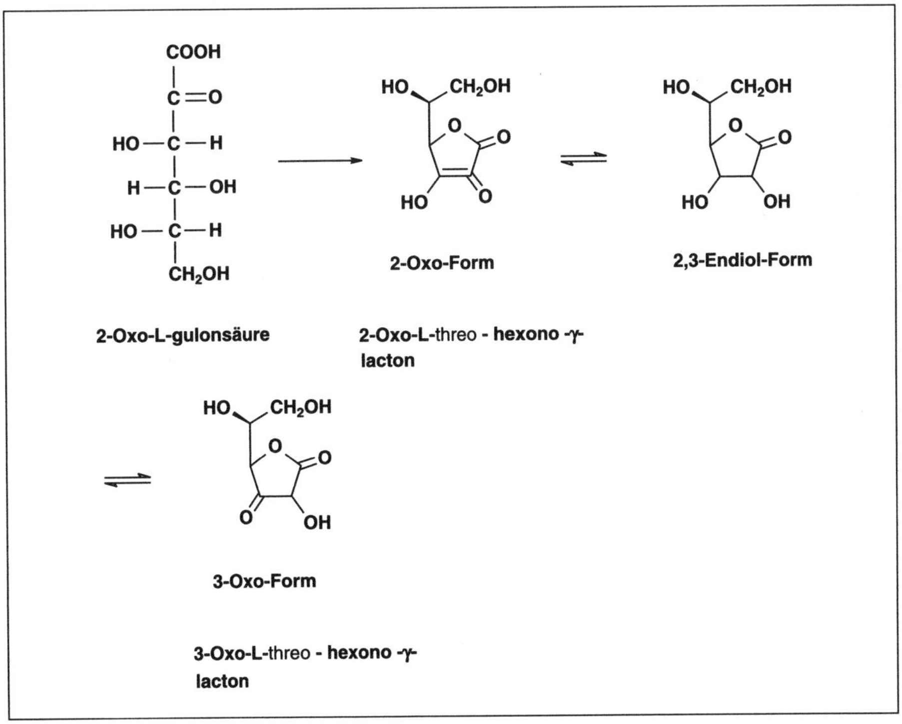

Abb. 6-11 Ascorbinsäure.

scheinlich auch für die physiologische Wirkung der Ascorbinsäure verantwortlich. Im Unterschied zur Ascorbinsäure ist die Dehydroascorbinsäure neutral. Ascorbinsäure absorbiert bei 245 nm (ε = 9400), Dehydroascorbinsäure bei 300 nm (ε = 1065). In wäßriger Lösung liegt die Dehydroascorbinsäure als hydratisiertes, intramolekulares Halbketal vor.

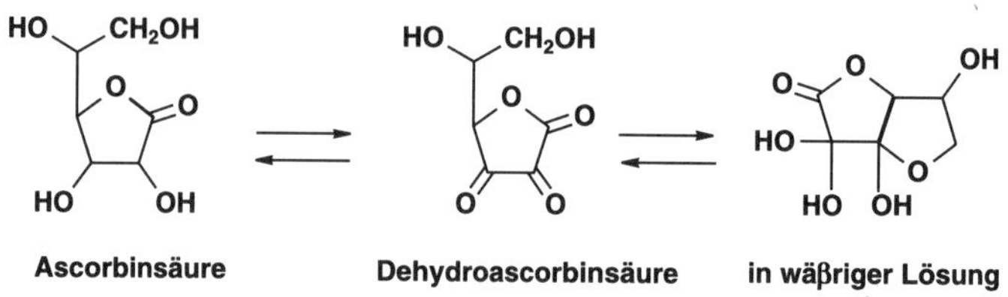

Ascorbinsäure — Dehydroascorbinsäure — in wäßriger Lösung

Ascorbinsäure ist *in vivo* ein Quencher des toxischen Singulett-Sauerstoffs. Ascorbinsäure spielt als Cofaktor eine Rolle bei der Hydroxylierung von Lysin- und Prolin-Resten im Verlaufe der Biosynthese des Kollagens. Die Störung beim Vitamin-C-Mangel wird als Hauptursache der Symptome des Skorbut angesehen. Ascorbinsäure ist auch Cofaktor der Cu-haltigen Dopamin-β-Monooxygenase (Dopamin → Noradrenalin).

In der Nahrungsmittelindustrie dient Ascorbinsäure als Antioxidans, z. B. um das Braunwerden und Geschmacksveränderungen von Konserven zu verhindern. Die Dehydroascorbinsäure ist aber auch in der Lage, mit Aminosäuren braune Produkte zu bilden. Diese Reaktion verläuft über eine Transaminierung unter Bildung eines Bis(2-desoxy-2-ascorbyl)amins (Abb. 6-12).

Vitamin C wird meist mit 2,6-Dichlorphenol-indophenol (*Tillman's* Reagens) bestimmt. Dieser Farbstoff wird durch Ascorbinsäure zur entsprechenden Leukoverbindung reduziert. Es stören Mercaptogruppen sowie andere in Pflanzen vorkommende α-Oxoendiole (**Reduktone**).

Die Ascorbinsäure ist am stabilsten bei pH 4. Sie kann aerob und anaerob relativ leicht zersetzt werden. In Lösung spielt die anaerobe Zersetzung eine größere Rolle. Während der Lactonring der Ascorbinsäure sehr stabil ist, wird er bei der Dehydroascorbinsäure im Neutralen und Alkalischen leicht hydrolytisch gespalten. Die so gebildete 2,3-Dioxo-L-gulonsäure ist Ausgangsprodukt für die aerobe Zersetzung.

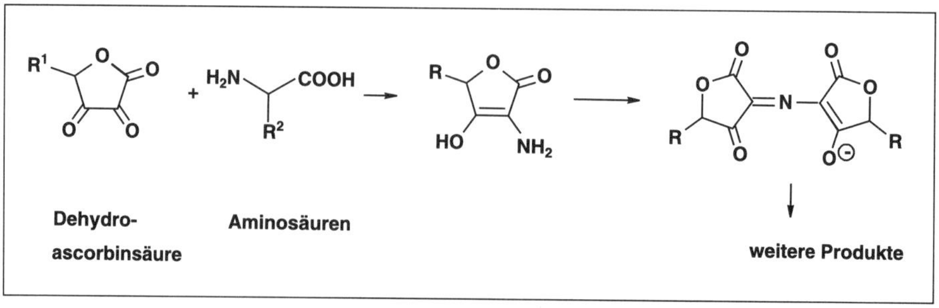

Dehydro- + Aminosäuren → → weitere Produkte
ascorbinsäure

Abb. 6-12 Reaktion von Dehydroascorbinsäure mit Aminosäuren.

2,6-Dichlorphenol-   Ascorbinsäure   Dehydro-
indophenol   ascorbinsäure

Die Biosynthese der Ascorbinsäure erfolgt bei Tieren und Pflanzen auf verschiedenen Wegen, geht aber in beiden Fällen von Glucose aus.

Die technische Synthese (Abb. 6-13) der Ascorbinsäure geht ebenfalls von D-Glucose aus und schließt eine mikrobiologische Umwandlung mit ein. D-Glucose wird zunächst katalytisch hydriert. Das gebildete D-Glucitol wird dann mikrobiologisch mit *Acetobacter suboxidans* zur L-Sorbose oxidiert, die nach Einführung einer Schutzgruppe chemisch weiter oxidiert wird. Die Schutzgruppe wird säurekatalysiert wieder abgespalten. Dabei geht die in Freiheit gesetzte 2-Oxo-L-gulonsäure sofort in die Ascorbinsäure über. Auf diesem Weg kann aus 2 bis 4 kg Glucose 1 kg Ascorbinsäure erhalten werden.

6.3.2 Thiaminpyrophosphat

Vitamin B_1 (Thiamin, Aneurin) gehört zu den Vitaminen, deren Wirkung am längsten bekannt ist. Bereits in den Jahren 1893 bis 1895 gelang es dem holländischen Arzt *Eijkman* durch Versuche an Tauben nachzuweisen, daß die in Indien verbreitete Beriberi durch Zufuhr von ungeschältem Reis heilbar ist. Später hat *Funk* aus Reisschalen ein entsprechend wirksames Substanzgemisch (Vitamin B) isolieren können. Ein Mangel an Vitamin B_1, auf den Beriberi zurückzuführen ist, äußert sich vor allem in Störungen der Nervenfunktion – zunächst in Form einer Überempfindlichkeit an Beinen und Unterkörper, später auch als Lähmungen – sowie Störungen der Herztätigkeit. Ferner kommt es zu Störungen im Kohlenhydrat-Stoffwechsel. Zu einer Thiamin-Avitaminose kommt es beim Alkoholismus.

Thiamin enthält einen Pyrimidin- und einen Thiazolring, die über eine Methylenbrücke miteinander verbunden sind. Durch die Methylengruppe ist das N-Atom des Thiazolringes quarternisiert. Thiamin konnte mit Bariumpermanganat zu einem Aminomethylpyrimidinderivat und mit Natriumsulfit zu einem Pyrimidin- und einem Thiazolderivat abgebaut werden (Abb. 6-14). Die Strukturaufklärung wurde 1937 mit der Totalsynthese abgeschlossen (*Williams*).

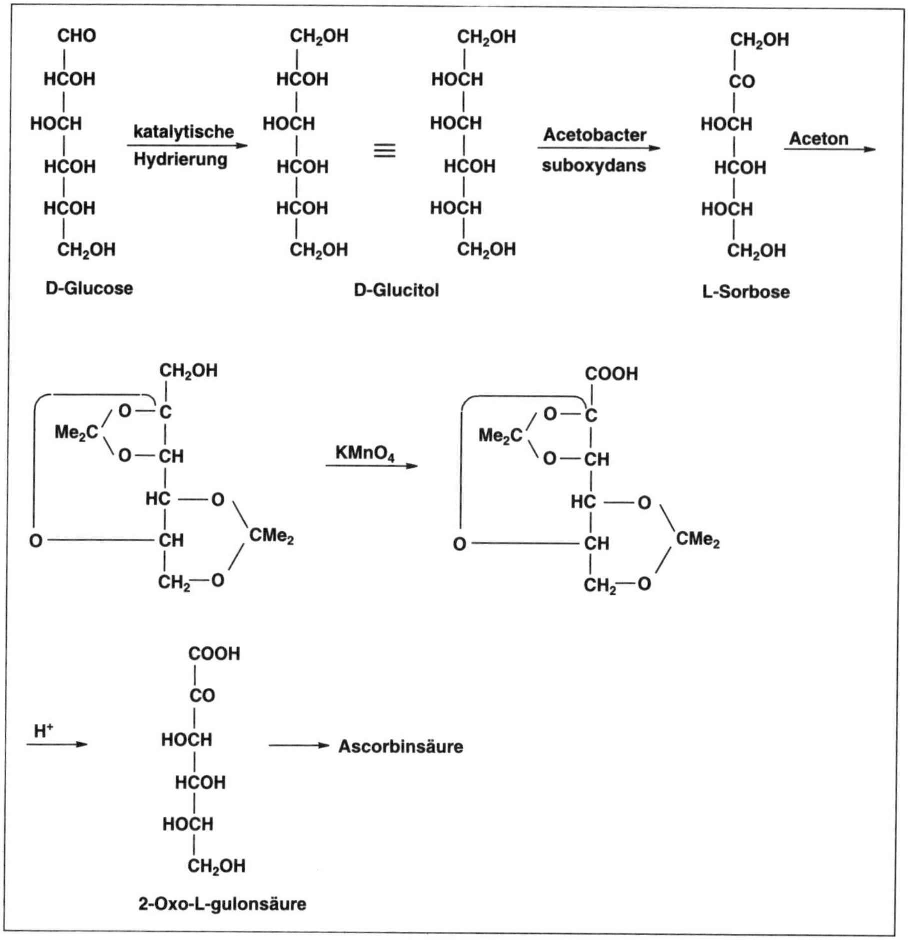

Abb. 6-13 Technische Ascorbinsäuresynthese nach *Reichstein*.

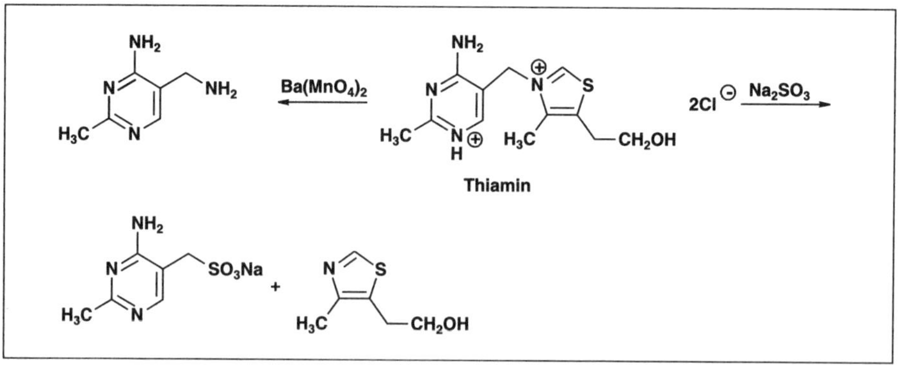

Abb. 6-14 Chemischer Abbau des Thiamins zur Strukturaufklärung.

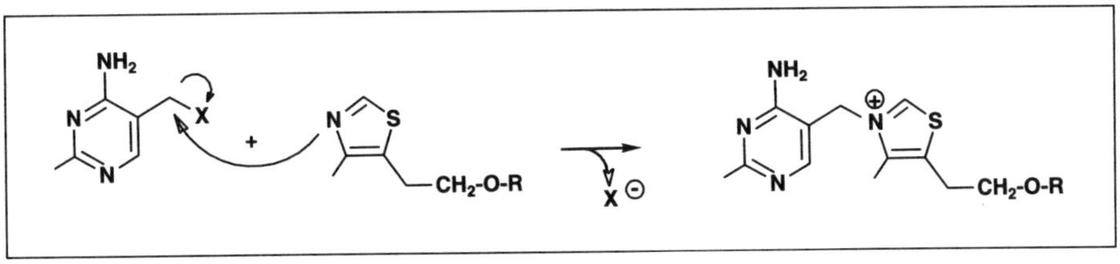

Abb. 6-15 Synthese des Thiamins. Biosynthese: X (Abgangsgruppe) = Pyrophosphat; R = Phosphat; Totalsynthese: X = Br; R = H.

Sowohl bei der Biosynthese als auch bei der Totalsynthese werden Pyrimidin- und Thiazolring getrennt synthetisiert (Abb. 6-15).

In Bakterien wird die Pyrimidinkomponente (**Pyramin**) durch Ringerweiterung, ausgehend von einem 4-Aminoimidazol-Derivat, gebildet (Abb. 6-16).

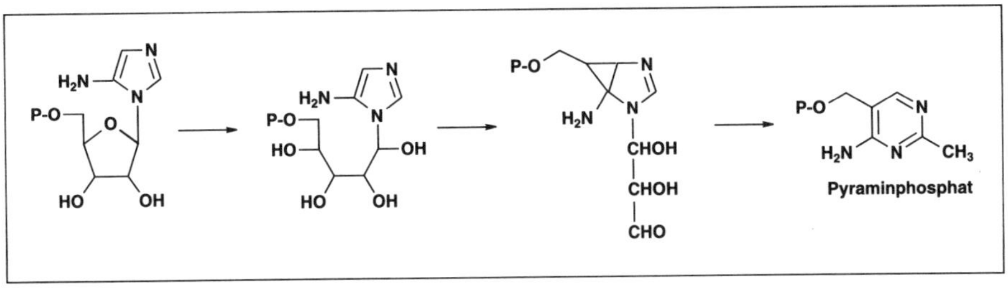

Abb. 6-16 Biosynthese der Pyrimidinkomponente des Thiamins (= Pyramin) aus 4-Aminoimidazol-ribosid-phosphat.

Die Thiazoliumverbindung liegt in wäßriger Lösung im Gleichgewicht mit der ringoffenen Thiolform vor, die wie das daraus durch Oxidation hervorgehende Thiamindisulfid biologisch aktiv ist. Abbildung 6-17 informiert über die wichtigsten Reaktionen des Thiamins in saurer und alkalischer Lösung. In alkalischer Lösung läßt sich Thiamin mit $K_3[Fe(CN)_6]$ zu Thiochrom oxidieren, was Grundlage einer fluorimetrischen Bestimmungsmethode ist.

Thiamin ist im pflanzlichen und tierischen Organismus weit verbreitet. Besonders reichlich ist es in Hefe, Brot, Reiskleie und Kartoffeln enthalten. Das zur Substitutionstherapie sowie zur Behandlung verschiedener Neuritiden benötigte Vitamin B_1 wird heute durch Totalsynthese gewonnen. Thiamin wird als Chlorid-Hydrochlorid gehandelt, bei dem das N-1 des Pyrimidinringes protoniert ist.

Bereits 1943 wurde festgestellt (*Lohmann, Schuster*), daß Vitamin B_1 in Form von Thiaminpyrophosphat (zunächst als Cocarboxylase bezeichnet) Coenzym der Pyruvat-Decarboxylase (Carboxylase) ist. Als weitere **Thiaminpyrophosphat-abhängige Enzyme** wurden später u. a. die für die oxidative Decarboxylierung verantwortliche Pyruvatdehydrogenase, die Transketolase und die Phosphoketolase gefunden. Thiaminpyrophosphat

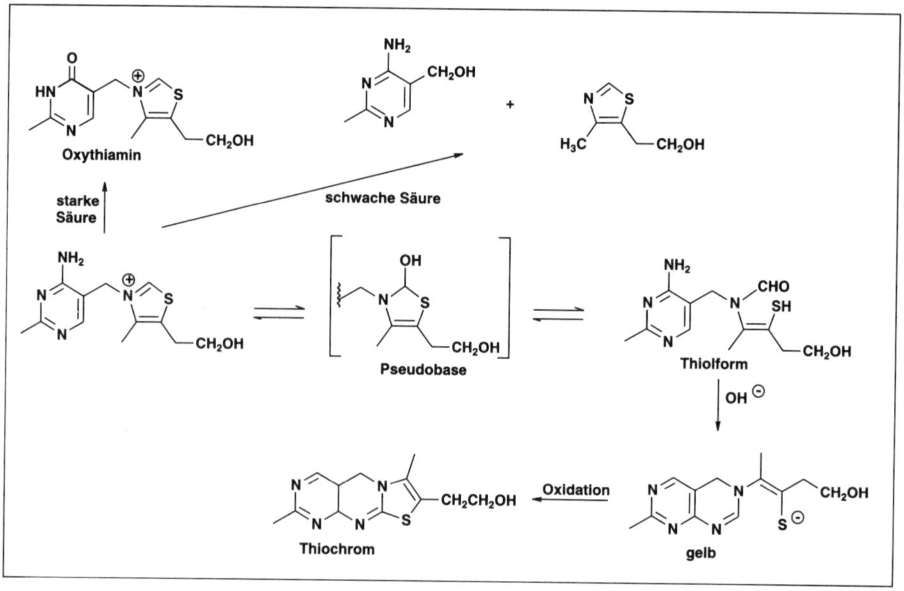

Abb. 6-17 Zersetzungsreaktionen des Thiamins in alkalischer und saurer Lösung.

spielt also eine bedeutende Rolle beim Kohlenhydratstoffwechsel der Zelle.

Die enzymatisch und nicht-enzymatisch durch Thiaminpyrophosphat katalysierten Reaktionen werden durch die Bildung eines Thiazoliumanions (**3**) ermöglicht.

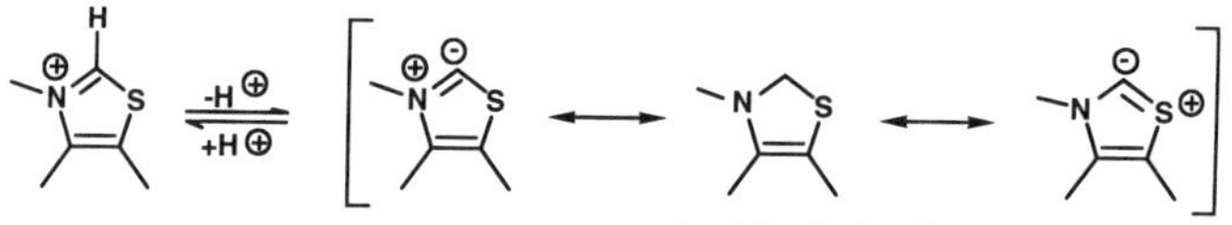

Das Wasserstoffatom in 2-Stellung des Thiazoliumrestes wird z. B. sehr leicht in D_2O gegen Deuterium ausgetauscht (*Breslow*). Das relativ stabile **Thiazoliumanion,** das in seiner Struktur einem N-Ylid ($-N^+-CH_2^-$) entspricht, wirkt gegenüber Carbonylverbindungen wie Pyruvat als nucleophiles Reagens. Das mit Pyruvat zunächst gebildete Produkt **4** spaltet sehr leicht CO_2 ab, unter Bildung des mesomeriestabilisierten Decarboxylierungsproduktes **5** (Abb. 6-18). Durch die Reaktion mit dem Thiazoliumanion erfolgte eine Umpolung des am C-Atom der Carbonylgruppe elektrophilen Pyruvats in ein nucleophil reagierendes Acylanion, das erneut mit einem Carbonylreagens reagieren kann.

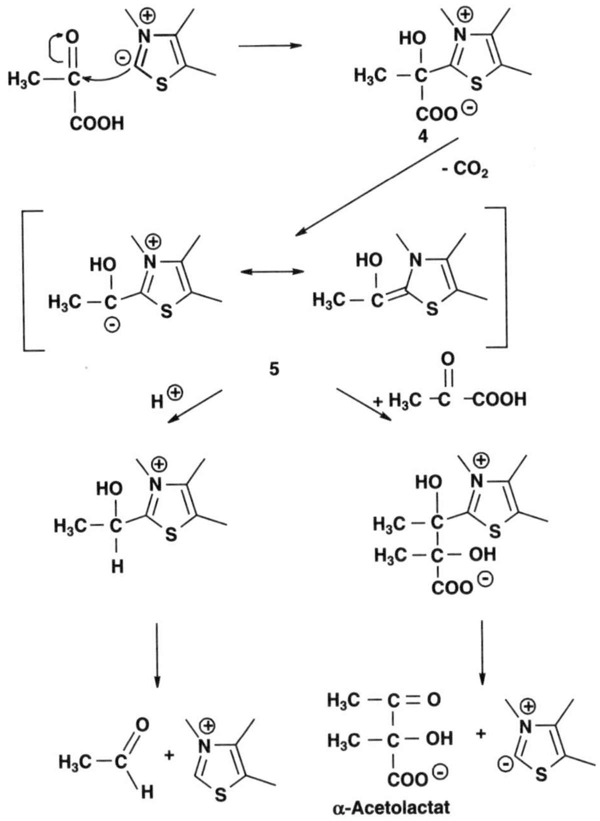

Abb. 6-18 Thiaminpyrophosphat als Coenzym.

Die Verbindung **5** kann

- enzymatisch Acetaldehyd abspalten unter Rückbildung des Thiazoliumanions,
- nicht-enzymatisch wiederum nucleophil an einer Carbonylbindung (z. B. des Pyruvat) angreifen und auf diese Weise Acyloine (z. B. Acetolactat) bilden sowie
- in Gegenwart von Liponsäure zum Acetat oxidiert werden (oxidative Decarboxylierung, vgl. Abb. 6-19).

Da in Gegenwart des Apoenzyms die Bildung von Acetaldehyd gegenüber der Acyloin-Reaktion bevorzugt ist, wird das an das Apoenzym gebundene **5** auch als „**aktiver Acetaldehyd**" bezeichnet. Hydroxyethylthiaminpyrophosphat konnte als Reaktionsprodukt von Pyruvat und Pyruvatdecarboxylase isoliert werden.

Von den Thiaminanaloga mit Vitamin-B_1-Wirkung sind vor allem die sog. **Allithiamine** (Abb. 6-20) von Bedeutung. Zu den Thiamin-Antagonisten

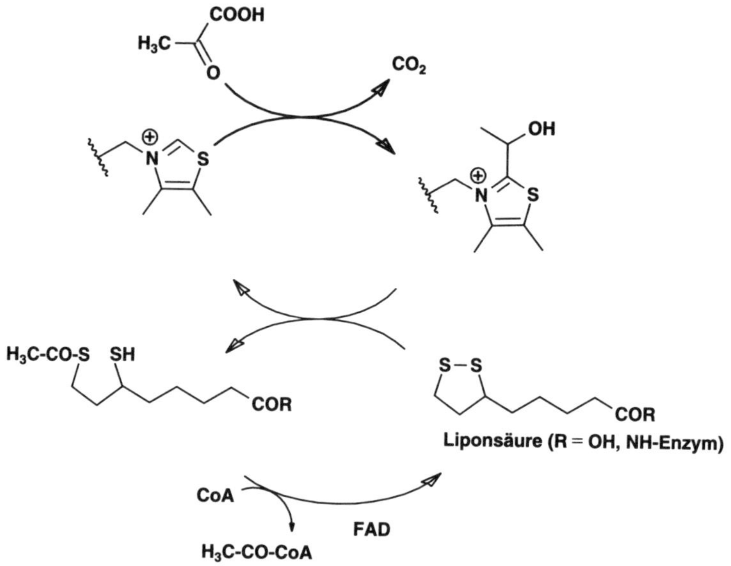

Abb. 6-19 Thiaminpyrophosphat als Überträger von „aktivem Acetaldehyd" im Zusammenspiel mit Liponsäure bei der oxidativen Decarboxylierung von α-Ketosäuren (Pyruvat) unter Bildung von Acetyl-CoA.

(Abb. 6-20) gehören Oxythiamin, Pyrithiamin und Amprolium. Im Unterschied zum Oxythiamin gelangt Pyrithiamin in das ZNS. Das dem Pyrithiamin eng verwandte Amprolium wird aufgrund seiner hohen Selektivität gegen Protozoen zur Behandlung der Geflügelkokzidiose eingesetzt.

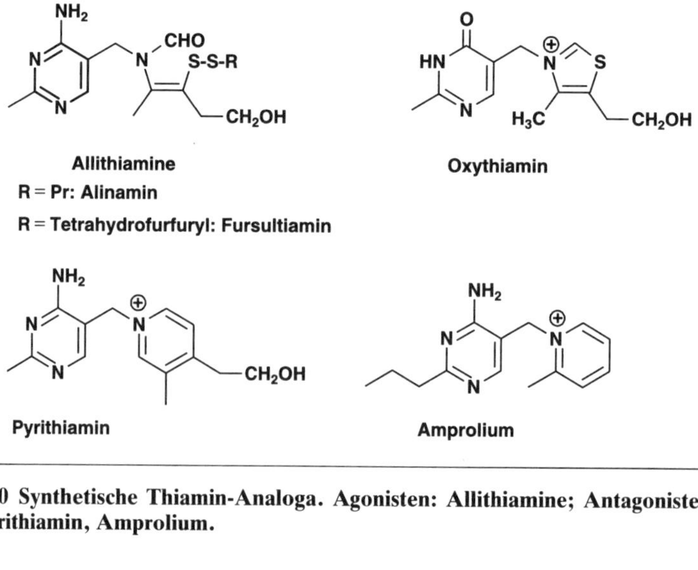

Abb. 6-20 Synthetische Thiamin-Analoga. Agonisten: Allithiamine; Antagonisten: Oxythiamin, Pyrithiamin, Amprolium.

6.3.3 Liponsäure

An der oxidativen Decarboxylierung ist außer dem Thiaminpyrophosphat noch ein weiteres Coenzym, die Liponsäure, beteiligt. α-Liponsäure wurde zuerst als Wuchsstoff von Mikroorganismen entdeckt. Bis auf Bakterien und Protozoen scheinen alle anderen Organismen die Liponsäure selbst synthetisieren zu können. Für den Menschen ist die Liponsäure also kein Vitamin. Sie hat begrenzte Bedeutung zur Behandlung diabetischer Polyneuropathien.

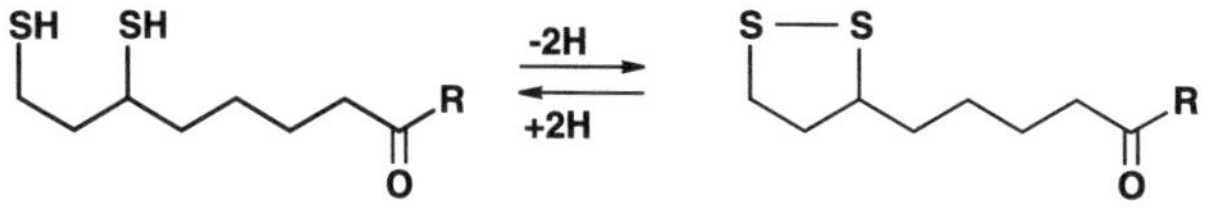

Als α-Liponsäure (Thioctsäure) wird das Disulfid der 6,8-Dithio-octansäure bezeichnet. Biologisch aktiv ist nur die (+)-Form. Das Dithiol oxidiert *in vitro* spontan zum Disulfid. Durch Entschwefelung mit *Raney*-Nickel wurde n-Octansäure erhalten. Bei der Isolierung fällt häufig als Sekundärprodukt das entsprechende Sulfoxid, die β-Liponsäure, an.

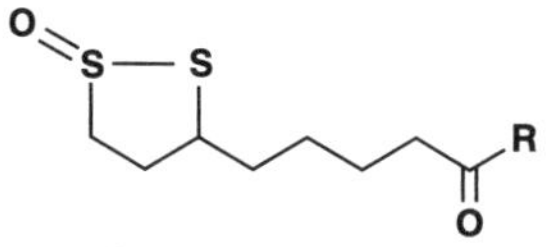

Die α-Liponsäure ist nativ über eine Amidbindung an Proteine gebunden (Lipoylproteine). Die Extraktion der lipophilen Liponsäure kann nach hydrolytischer Spaltung der Amidbindung mit 6N Mineralsäure erfolgen. Durch die 4 CH_2-Gruppen und die Bindung an die ε-Aminogruppe der Lysinreste des Trägerproteins befindet sich die Disulfidgruppe am Ende einer langen flexiblen Kette. Die Liponsäure wirkt bei der oxidativen Decarboxylierung als Redoxsystem. Unter Reduktion der Disulfidbrücke der Liponsäure wird der „aktive Acetaldehyd" zum Acetylrest oxidiert. Der Acetylrest wird dann von der Liponsäure auf das Coenzym A übertragen (Abb. 6-19).

6.3.4 Pteridin- und Benzopteridin-Derivate

6.3.4.1 Heterocyclische Grundkörper

Pteridin (Pyrazino[2,3-d]pyrimidin) unterscheidet sich vom Purin durch eine Ringerweiterung des Imidazolrings zu einem Pyrazinring. Derivate beider Ringsysteme ähneln sich sehr in ihren Eigenschaften.

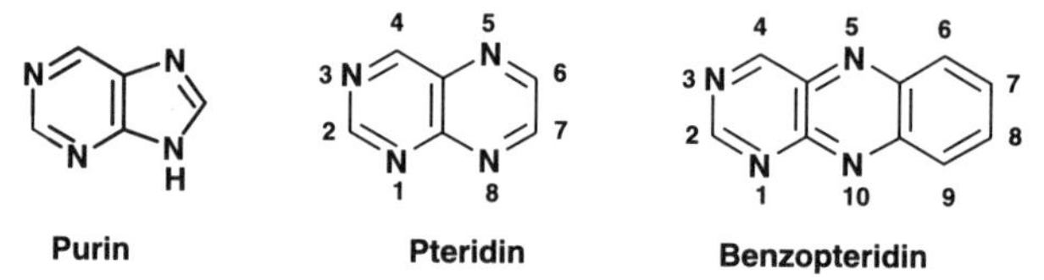

Purin   Pteridin   Benzopteridin

Auch bezüglich der Biosynthese gibt es zwischen beiden Ringsystemen enge Bindungen. Die Biosynthese des Pteridingrundgerüstes sowie des Benzopteridinderivates Isoalloxazin geht bei Mikroorganismen von Purinderivaten aus (Abb. 6-21). Durch Öffnung des Imidazolringes der Purine, z.B. des GTP, entsteht ein 4,5-Diaminopyrimidin (**6**), aus dem über eine *Amadori*-Umlagerung (**7**) durch erneuten Ringschluß ein Pteridinring und durch weitere Reaktionen ein Isoalloxazinderivat gebildet wird.

Chemisch lassen sich Pteridine durch Kondensation von 4,5-Diaminopyrimidinen mit 1,2-Dicarbonyl-Verbindungen darstellen (*Isay*-Reaktion). Das sich vom Guanin ableitende 2-Amino-4-oxo-dihydropteridin wird auch als **Pterin** bezeichnet. Während das unsubstituierte Pteridin sehr leicht unter Ringöffnung angreifbar ist, sind die Pterine relativ stabil. Pteridine sind bei neutralem pH sehr schwer löslich.

Pterine kommen ubiquitär in biologischem Material vor, allerdings meist nur in sehr geringen Mengen. Ein Vertreter dieser Pterine ist das **Biopterin** [6-(L-*erythro*-1′,2′-Dihydroxypropyl)pterin]. Biopterin wirkt für viele Mikroorganismen als Wuchsstoff. Der Dihydroxypropylrest sowie andere

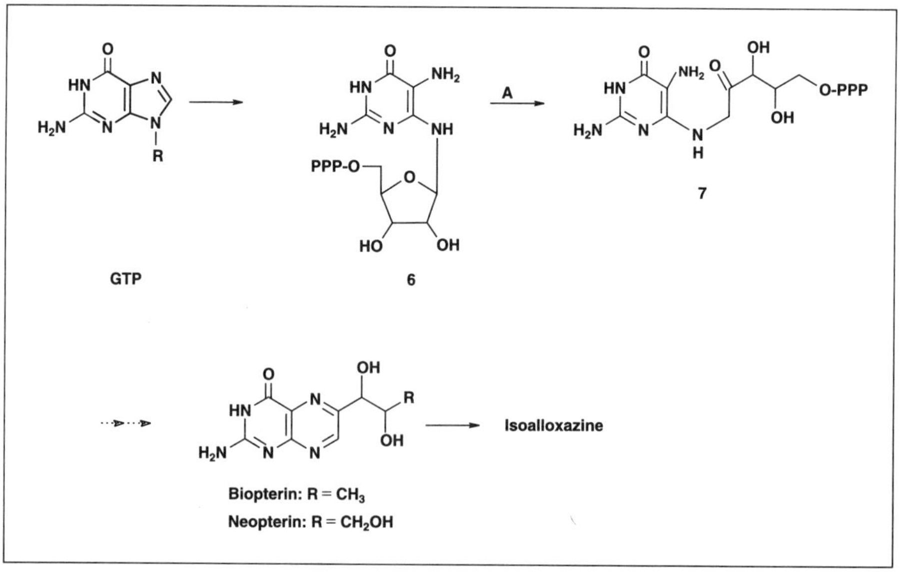

Abb. 6-21 Biosynthetische Umwandlung von Purin- in Pteridinderivate. A: *Amadori*-Umlagerung.

Hydroxy- und Oxopropyl-Reste der natürlichen Pteridine leiten sich vom Riboseanteil der als Ausgangsstoffe für die Biosynthese dienenden Purinnucleotide (Abb. 6-21) her.

In größeren Mengen wurden Pteridine als **Insektenpigmente** in der Familie der *Pieriden* (Schmetterlinge) gefunden. Dazu gehören das von *Wieland* und *Schöpf* aus den Flügeln (*pteron* = Flügel) des Kohlweißlings isolierte **Leukopterin** und das aus denen des Zitronenfalters isolierte **Xanthopterin.**

Leukopterin

Xanthopterin

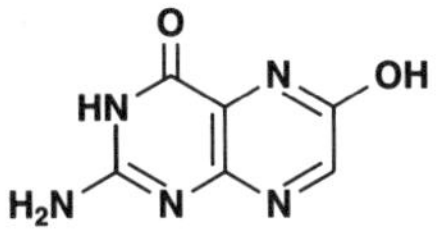

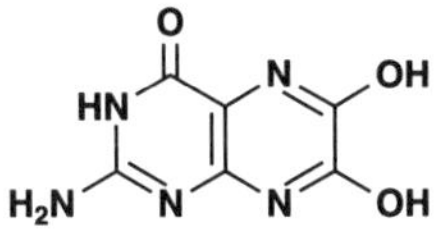

Vom Benzopteridin leitet sich das **Alloxazin** bzw. dessen tautomere Form, das **Isoalloxazin,** ab.

Alloxazin Isoalloxazin

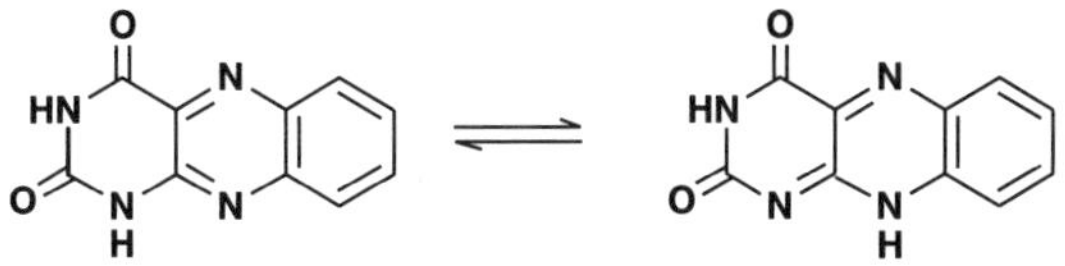

Pteridine und Isoalloxazine können relativ leicht reduziert werden. Bei den Pteridinen kann dabei der Pyrazinring bis zum Tetrahydro-Derivat hydriert werden. Das Standard-Redox-Potential liegt mit +0,15 V in der Nähe des der Cytochrome.

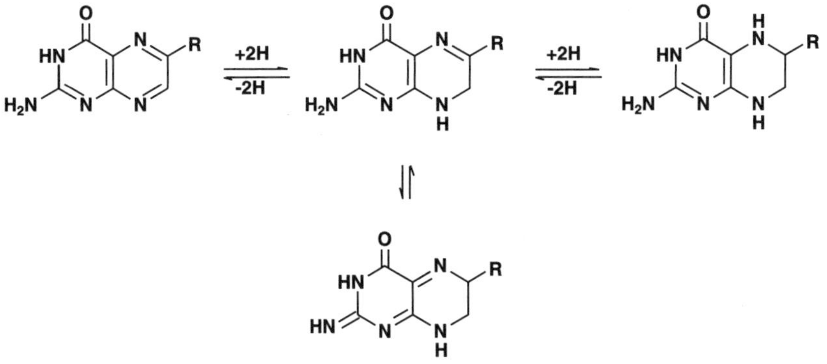

Partiell hydrierte Pteridine sind als Coenzyme von Oxidoreduktasen nachgewiesen worden, so hydriertes Biopterin als Coenzym der Phenylalanin-Hydroxylase.

$$\text{Phe} + O_2 \xrightarrow{\text{Phenylalanin-Hydroxylase}} \text{Tyr} + H_2O$$

Ferner wird eine Beteiligung der Pterine am zellulären Elektronentransport diskutiert. Die sich vom Isoalloxazin ableitenden Coenzyme sind durchweg Bestandteile von Oxidoreduktasen (Flavoenzyme).

Die natürlichen Pteridin- und Isoalloxazin-Derivate lassen sich durch ihre starke Fluoreszenz relativ leicht nachweisen. Die oxidierten und noch mehr die reduzierten Formen der Pteridine und Isoalloxazine sind außerordentlich photolabil. Die photochemischen Veränderungen verlaufen vor allem unter teilweisem bzw. vollständigem Abbau der Seitenkette. Besonders gut wurde der photochemische Abbau des Riboflavins untersucht (Abb. 6-22), der im Alkalischen zum 7,8,10-Trimethylisoalloxazin (**Lumiflavin**), im Sauren und Neutralen zum 7,8-Dimethylalloxazin (**Lumichrom**) führt. Das Riboflavin dient oft für andere photochemische Reaktionen als Sensibilisator.

Ein Thiazolopteridin ist das fluoreszierende **Urothion,** das durch Oxidation eines molybdän- und schwefelhaltigen Coenzyms von Oxidoreduktasen unterschiedlicher Herkunft (Nitratreduktase, Xanthindehydrogenase, Aldehydoxidase) gebildet wird.

6.3.4.2 Folsäure

In den dreißiger Jahren wurden in Hefen und Leber Substanzen nachgewiesen, die bei der Blutbildung in Tieren eine Rolle spielen: antianämische Faktoren wie Vitamin B_c bei der Kükenanämie (c von chick = Küken) oder Vitamin M bei der Anämie von Affen (M von monkey = Affe). Sie erwiesen sich ebenso wie verschiedene Wachstumsfaktoren von Bakterien (Teststämme: *Lactobacillus casei, Leuconostoc citrovorum*) als zur Folsäuregruppe gehörig, wobei sich später einige als Konjugate (*Lactobacillus-casei*-Faktor aus Hefe) oder Coenzyme (*Citrovorum*-Faktor: 5-Formyl-Tetrahydrofolsäure) erwiesen. Eine einheitliche Verbindung, die als Folsäure bezeichnet wurde, konnte 1941 aus Spinatblättern isoliert werden. Die endgültige Strukturaufklärung gelang *Angier* und *Wittle*.

Die Folsäure besteht aus drei Komponenten: 2-Amino-4-oxo-dihydropteridin (Pterin), p-Aminobenzoesäure und L-Glutaminsäure. Heute dient

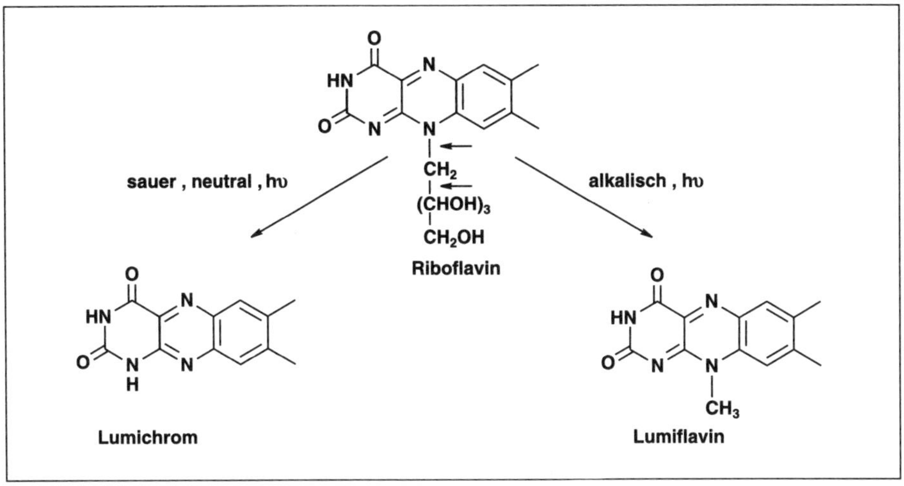

Abb. 6-22 Photochemische Veränderungen des Riboflavin.

der Name Folsäure als allgemeine Bezeichnung für die Vitamingruppe. Die Verbindung aus Pterin und p-Aminobenzoesäure wird als **Pteroinsäure** (Pte) und die Folsäure entsprechend als **Pteroylglutaminsäure** (PteGlu) bezeichnet.

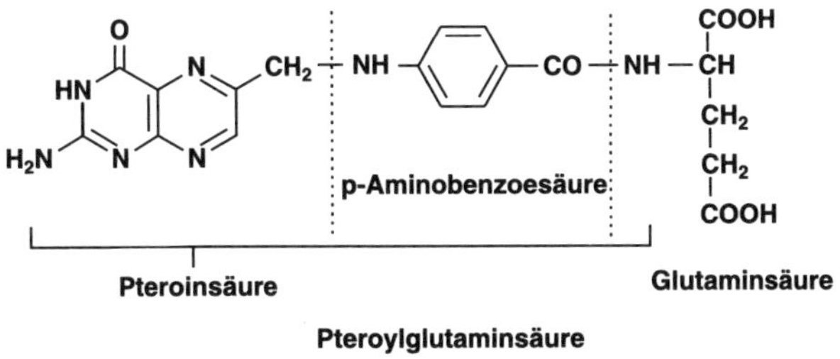

Folsäure läßt sich synthetisch aus 2,5,6-Triamino-4-hydroxypyrimidin, α,β-Dibrompropionaldehyd und p-Aminobenzoyl-L-glutaminsäure bei pH 4 erhalten (Abb. 6-23).

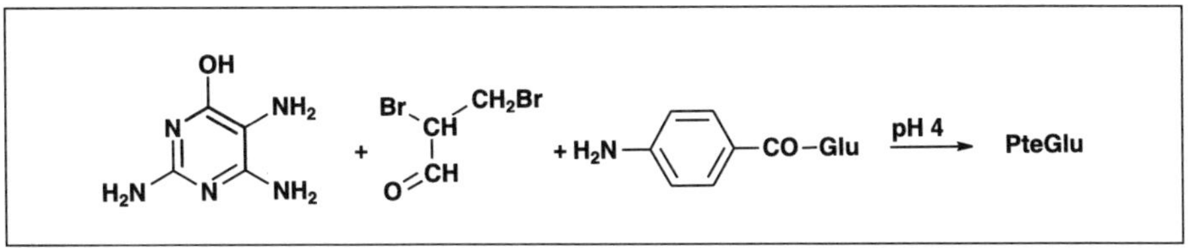

Abb. 6-23 Totalsynthese von Folsäure.

Neben der Pteroylglutaminsäure kommen sog. **Konjugate** vor, bei denen an die γ-Carboxylgruppe der Glutaminsäure noch bis zu 6 weitere Glutaminsäurereste amidartig gebunden sind (PteGlu$_n$). In vielen tierischen Geweben, insbesondere in der Leber von Säugetieren, sind spezifische Enzyme (Konjugasen) enthalten, die aus diesen Konjugaten Glutaminsäure abspalten. Anscheinend müssen die Konjugate in die Pteroylglutaminsäure übergeführt werden, um wirksam zu werden.

Die Folsäure spielt eine wichtige Rolle bei der C_1-Übertragung (Abb. 6-24). Bei vielen dieser Umsetzungen wirkt Vitamin B_{12} mit. Das eigentliche Cosubstrat für die Übertragung der C_1-Körper ist die 5,6,7,8-Tetrahydropteroylglutaminsäure (H_4PteGlu), die durch Reduktion der 7,8-Dihydropteroylglutaminsäure (7,8-H_2PteGlu) durch das Enzym Dihydrofolsäure-Reduktase im Organismus gebildet wird. Die einzelnen Coenzyme unterscheiden sich durch den Oxidationszustand des C_1-Körpers (von Methyl über Methylen bis Formyl).

Die Aufklärung der Position der Formylgruppe der Formyl-tetrahydropteroylglutaminsäure bereitete einige Probleme. Die native 10-HCO-H_4PteGlu lagert sich z. B. bei längerem Stehen oder im Alkalischen in das stabilere 5-Formyl-Derivat um. Die Behandlung der 5-Formyl-tetrahydropteroylglutaminsäure mit verdünnter Säure führt zu einem mesomeriestabilisierten Imidazolin-Ion (5,10-Methyliden-tetrahydropteroylglutamin-

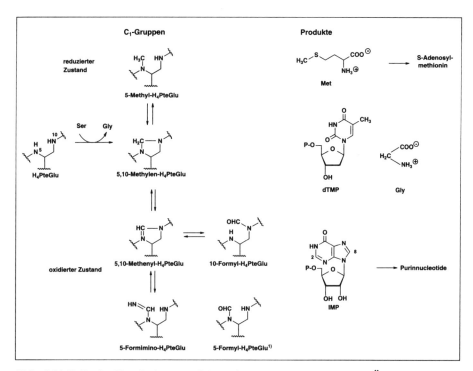

Abb. 6-24 **Rolle der Tetrahydropteroylglutaminsäure-Derivate bei der C_1-Übertragung.**

säure, 5,10-CH=H₄PteGlu, Anhydroformyl-tetrahydropteroylglutaminsäure), dessen langwelliges Absorptionsmaximum (λ_{max} = 355 nm) gegenüber der Ausgangsverbindung um 70 nm verschoben ist.

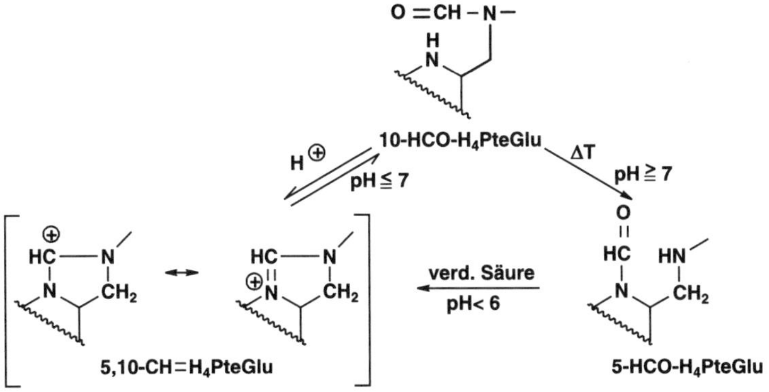

Pteroylglutaminsäure sowie deren Di- und Tetrahydroderivat können relativ leicht an der C-9/N-10-Bindung gespalten werden. Durch säurekatalysierte Spaltung der Pteroylglutaminsäure entstehen Dihydropterin-6-aldehyd und p-Aminobenzoylglutaminsäure. Das C-9 der Tetrahydropteroylglutaminsäure wird durch Luftsauerstoff zum Formaldehyd oxidiert. Alle Verbindungen der Folsäuregruppe können mit Permanganat zu Pterin-6-carbonsäure oxidiert werden, die fluorimetrisch bestimmt werden kann.

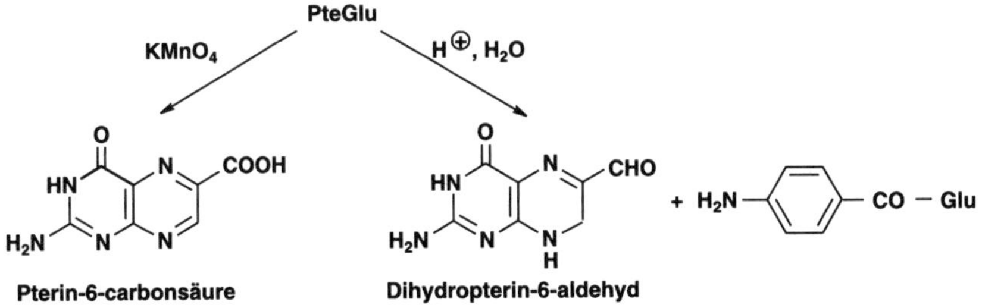

Säugetiere können Folsäure nicht selbst synthetisieren, durch das Enzym Dihydrofolsäure-Reduktase aber stufenweise in Tetrahydrofolsäure umwandeln. Der Bedarf des Menschen wird normalerweise durch die Darmbakterien gedeckt. Bei einer Schädigung der Darmflora ist allerdings eine Zufuhr notwendig. Ein Mangel an Folsäure macht sich zunächst an den Blutzellen bemerkbar. Ein frühes Symptom ist die Leukopenie. Als Avitaminose tritt beim Menschen eine makrozytäre, hyperchrome Anämie auf. Bakterien können wiederum exogene Folsäure nicht verwerten. Sie benötigen für die Synthese der Folsäure die p-Aminobenzoesäure, die für

Bakterien einen essentiellen Wachstumsfaktor darstellt (Abb. 6-25). Wichtige synthetische Chemotherapeutika greifen am Folsäuresystem an. Zur Behandlung bakterieller Infektionen dienen Sulfonamide (Abb. 6-25), die als p-Aminobenzoesäure-Antimetabolite wirken (vgl. Abb. 6-24). Dihydrofolsäure-Reduktasen sind in allen Organismengruppen enthalten, unterscheiden sich aber in ihrer Ansprechbarkeit gegenüber Inhibitoren. Zu diesen selektiv wirkenden Inhibitoren (Abb. 6-25) gehören Verbindungen, die sich unmittelbar von der Pteroylglutaminsäure ableiten (sog. klassische Folsäure-Antagonisten, wie das zur Krebsbehandlung eingesetzte Methotrexat) oder strukturell weiter entfernte (nicht-klassische Antimetabolite) Aminopyrimidin- (Trimethoprim, Pyrimethamin) oder Aminotriazin-Derivate (Cycloguanil), die als antibakterielle Chemotherapeutika (Trimethoprim) oder als Antiprotozoika (zur Malariabehandlung: Pyrimethamin) eingesetzt werden.

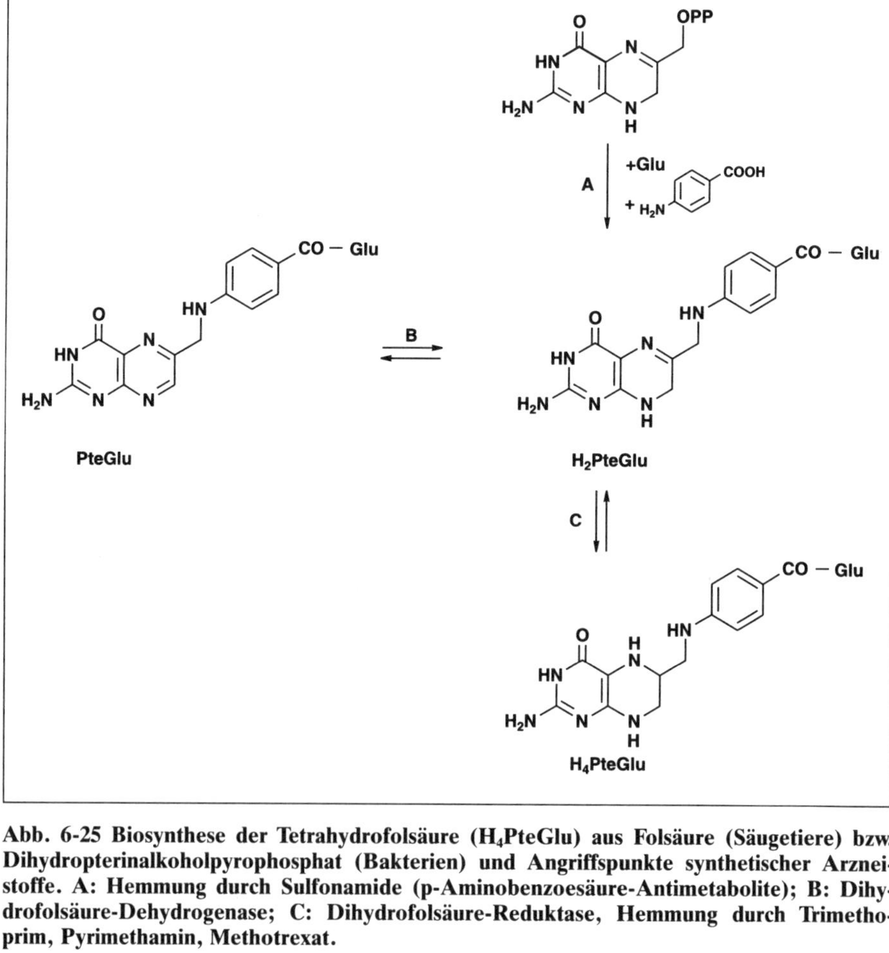

Abb. 6-25 Biosynthese der Tetrahydrofolsäure (H₄PteGlu) aus Folsäure (Säugetiere) bzw. Dihydropterinalkoholpyrophosphat (Bakterien) und Angriffspunkte synthetischer Arzneistoffe. A: Hemmung durch Sulfonamide (p-Aminobenzoesäure-Antimetabolite); B: Dihydrofolsäure-Dehydrogenase; C: Dihydrofolsäure-Reduktase, Hemmung durch Trimethoprim, Pyrimethamin, Methotrexat.

Eine der Tetrahydrofolsäure analoge Rolle bei der C_1-Übertragung spielt in methanogenen Bakterien (Abb. 1-2, S. 26) das **Tetrahydromethanopterin** (H_4MPT).

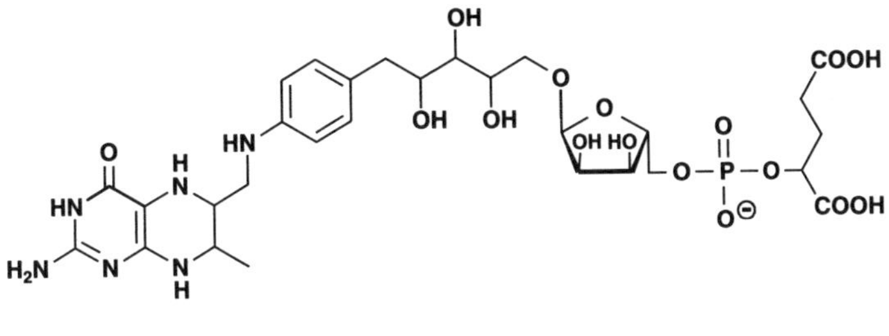

Tetrahydromethanopterin (H_4MPT)

6.3.4.3 Vitamin B_2

Auf das Vorhandensein dieses Vitamins wurde man durch Fütterungsversuche aufmerksam. Ein Fehlen in der Nahrung machte sich bei Ratten und Hühnern durch Wachstumsstillstand und Hautveränderungen bemerkbar. Substanzen, die diese Mangelerscheinungen heilen konnten, wurden in Milch, Ei und Leber entdeckt (*Kuhn, Wagner-Jauregg, Szent-Györgyi*). Sie wurden wegen ihrer gelben Farbe und nach ihrer Herkunft als Lact-, Ov- oder Hepatoflavin bezeichnet. Später erhielt das Vitamin B_2 die Bezeichnung Riboflavin nach dem Bestandteil Ribitol.

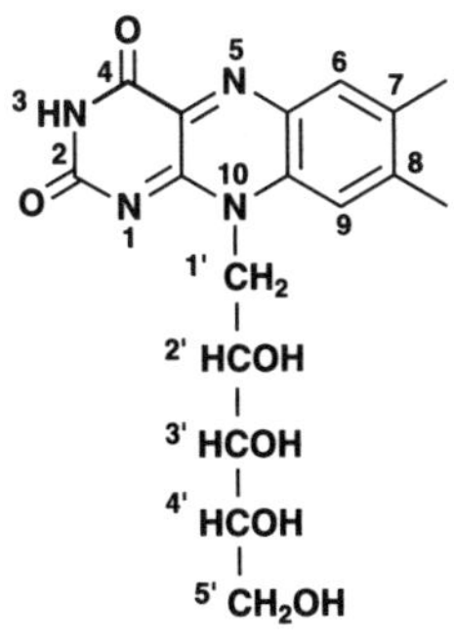

Riboflavin ist chemisch ein 7,8-Dimethyl-D-ribityl-isoalloxazin. Der Ribitolrest ist nicht glykosidisch gebunden, wird daher auch nicht durch säurekatalysierte Hydrolyse entfernt. Riboflavin und seine Derivate sind amphoter. Riboflavin wird am N-1 protoniert. Auf die Lichtempfindlichkeit wurde bereits von *Warburg* und *Christian* 1932 in Zusammenhang mit der Entdeckung des „gelben Enzyms" hingewiesen. Unter pH 7 wird die Bindung N-10/C-1', über pH 9 die Bindung C-1'/C-2' photolytisch gespalten (S. 405).

Riboflavin kommt aufgrund seiner biochemischen Funktion in allen Zellen vor. Besonders reichlich ist es in Milch und Käse enthalten. Mangelerscheinungen beim Menschen sind äußerst selten.

Riboflavin wird heute durch Synthese gewonnen (Abb. 6-26). Der Ribitolrest wird durch Umsetzen von 2,3-Dimethylanilin mit D-Ribose unter gleichzeitiger katalytischer Hydrierung eingeführt. Die für die Cyclisierung zum Pyrazinring erforderliche zweite Aminogruppe wird durch Umsetzen mit einem Diazoniumsalz und anschließende Reduktion erhalten. Der letzte Schritt ist eine Kondensation mit Alloxan oder Barbitursäure.

Riboflavin ist in allen Zellen Bestandteil der **Flavinnucleotide,** die in über 60 Enzymen als prosthetische Gruppe enthalten sind. Als prosthetische Gruppen dienen Riboflavin-5'-phosphat (Flavinmononucleotid, **FMN**) und Flavin-Adenin-Dinucleotid (**FAD**).

FAD besteht aus FMN und AMP, die über eine Pyrophosphatbindung miteinander verbunden sind. Die Flavine FAD und FMN sind Bestandteile der Flavoenzyme, die ohne oder mit Metallen (vor allem Fe, aber auch Mo) als Cofaktoren wirken. FMN ist Bestandteil des gelben Atmungsfermentes (*Warburg*), der Cytochrom-c-Reduktase und der L-Aminosäure-Oxidase. Die meisten Flavoenzyme enthalten FAD.

Der 5'-Malonylester des Riboflavins ist verantwortlich für die primäre Auslösung eines phototropen Reizes bei Pflanzen.

Die biochemische Funktion der Flavoenzyme beruht auf der Reaktion des Isoalloxazin-Anteils als Redoxsystem. Die Reaktion des Isoalloxazins mit Substraten erfolgt als Zweielektronenschritt oder in Form von zwei

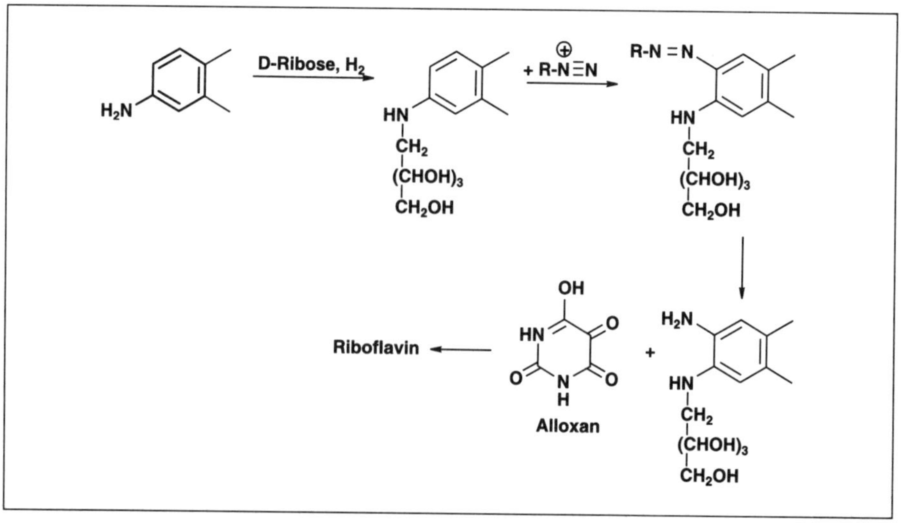

Abb. 6-26 Totalsynthese des Riboflavin.

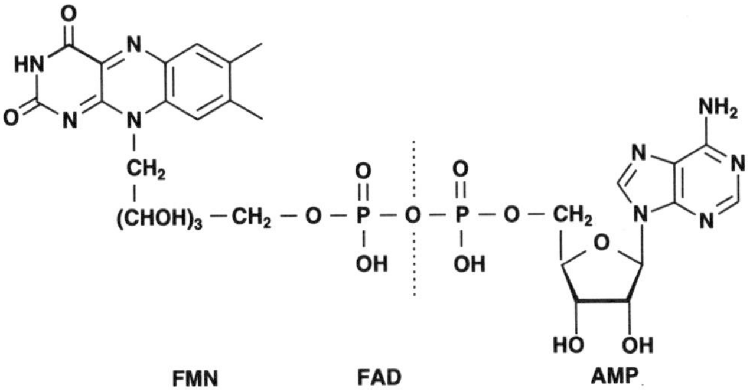

FMN FAD AMP

aufeinanderfolgenden Einelektronenschritten, was sich in den nicht-dissoziierten Formen folgendermaßen formulieren läßt:

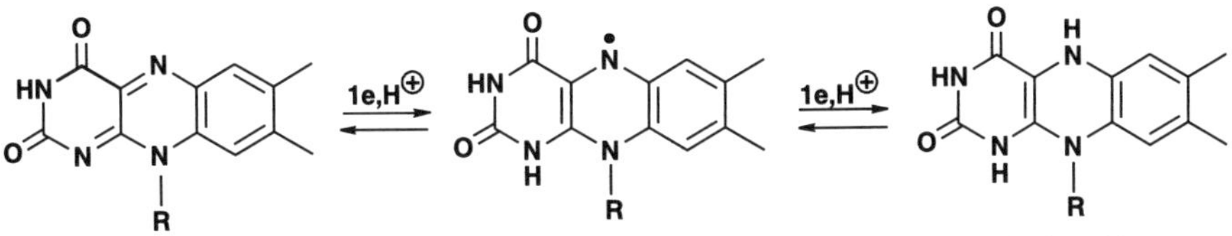

oxidierte Form	Flavinradikal	reduzierte Form
Flavochinon	Flavosemichinon	Flavohydrochinon
λ_{max} in H_2O: 447 nm	620, 590 S, 570 nm	400 S, 280 S, 250 nm

(S = Schulter)

Als Intermediat wird ein Radikal (Flavosemichinon) gebildet, das sich ESR-spektroskopisch nachweisen läßt. Die einzelnen Verbindungen unterscheiden sich deutlich in ihren Absorptionsmaxima, die allerdings aufgrund des amphoteren Charakters der Verbindungen pH-abhängig sind. Das Riboflavin läßt sich photometrisch bestimmen. Das Flavosemichinon ist auch an Protein gebunden von blauer Farbe. In konzentrierter wäßriger Lösung bilden sich vom Semichinon Assoziate (Flavochinhydron) mit einem Absorptionsmaximum > 800 nm. Hierbei handelt es sich um Charge-Transfer-Komplexe zwischen oxidiertem und reduziertem Flavin.

Das erste isolierte Flavoenzym war das von *Warburg* 1932 entdeckte gelbe Enzym der Hefe. Flavoenzyme sind Bestandteile der Atmungskette (S. 439). Dabei erfolgt ein Wasserstoffaustausch zwischen Flavoenzymen und Nicotinsäureamidnucleotiden. Die Flavoenzyme enthalten ein oder zwei FMN (nicht-kovalent gebunden) oder FAD (kovalent oder nicht-kovalent gebunden).

Von Bedeutung sind die Charge-Transfer-Komplexe mit den Nicotinsäureamidnucleotiden. Die Komplexe $Flavin_{ox}$-NAD(P)H sind rot, die Komplexe $Flavin_{red}$-NAD(P)$^+$ grün.

Zum Studium des Wirkungsmechanismus der Flavine wurden zahlreiche Flavinderivate synthetisiert. Verbindungen, bei denen die Methylgruppen in 7- oder 8-Stellung durch H, C_2H_5 oder Cl ausgetauscht sind, wirken als Antagonisten. Vieluntersuchte Flavinmodelle sind die 5-Desazariboflavine und Thiaflavine. Ein Desazariboflavin ist das Coenzym F_{420} der methanogenen Archaebakterien (Abb. 1-2, S. 26).

Durch die Bindung der Flavine an das Apoenzym wird das Absorptionsmaximum des Flavins (447 nm in der oxidierten Form) bathochrom verschoben („altes gelbes Enzym": 464 nm).

Bei der Mehrzahl der Flavoenzyme läßt sich das Flavin nach Denaturierung des Proteins durch Behandeln mit Methanol, Wärme oder Säure mit geeigneten Lösungsmitteln wie Chloroform extrahieren. Es sind aber bereits über 10 Flavoenzyme gefunden worden, in denen das Flavin kovalent an das Protein gebunden ist. Zu diesen Flavoenzymen gehört die Succinat-Dehydrogenase. Nach Behandeln des Enzyms mit Trypsin/Chymotrypsin konnten Peptide erhalten werden, die kovalent gebundenes Flavin enthalten. Die Bestrahlung der Succinat-Dehydrogenase im Alkalischen (Lumiflavin-Reaktion, S. 405) führte zu einem Derivat, das in Chloroform unlöslich war, bei dem also das photochemisch veränderte Flavin noch an das Protein gebunden war. Daraus ergab sich, daß das Protein nicht über die Position 10 des Riboflavins gebunden sein konnte. Aus Untersuchungen mit synthetischen Flavinderivaten und Veränderungen der Elektronenspektren konnte schließlich sichergestellt werden, daß die Aminosäure Histidin an das C-8α des Riboflavins gebunden ist (Struktur **8**). An anderen Enzymen konnten noch die Bindungstypen **9** und **10** (Thiohemiacetal) entdeckt werden, bei denen die kovalente Bindung über Cysteinreste erfolgt. Der Bindungstyp **9** liegt u.a. in der Monoamin-Oxidase vor.

Das C-8 des Riboflavins ist ein Zentrum geringer Elektronendichte. Die Methylgruppe am C-8 ist daher schwach azid. Sie entspricht in ihrer Reaktivität der von Nitrotoluol. Für das Zustandekommen der Bindung mit der Aminosäure könnten mesomer stabilisierte Radikale dieser Methylgruppe z. B. mit Mercaptogruppen als „Radikalfänger" in Frage kommen.

6.3.5 Vitamin B_6 – Pyridoxalphosphat

Als Vitamin B_6 wird eine Gruppe von strukturell sehr ähnlichen Pyridin-Derivaten bezeichnet, die im Organismus leicht ineinander übergeführt werden können. Zu dieser Gruppe gehören **Pyridoxin** (Pyridoxol), **Pyrid-**

oxal und **Pyridoxamin**. Das zuerst isolierte Pyridoxin (1938: *Kuhn; Keresthesy, Lepkowsky*) wurde auch als Adermin bezeichnet, da ein Vitamin-B_6-Mangel bei Tieren Hauterkrankungen hervorruft. Beim Menschen tritt ein Vitamin-B_6-Mangel sehr selten auf.

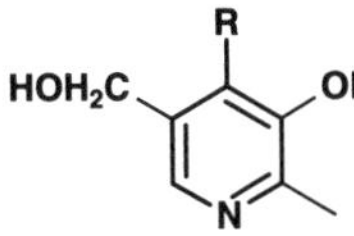

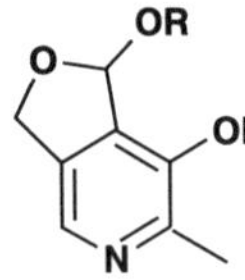

Pyridoxin: R = CH_2OH **11**: R = H
Pyridoxal: R = CHO   **12**: R = CH_3
Pyridoxamin: R = CH_2NH_2

Vitamin B_6 ist – meist an Protein gebunden – in Nahrungsmitteln pflanzlicher und tierischer Herkunft weit verbreitet. In pflanzlichem Material überwiegt Pyridoxin, in tierischem Pyridoxal und Pyridoxamin. Der Vitamin-B_6-Bedarf hängt beim Säugetier von der Proteinzufuhr mit der Nahrung ab. Wichtigstes Ausscheidungsprodukt des Vitamin B_6 ist die 4-Pyridoxinsäure.

Das Pyridoxal liegt zum Teil als inneres Halbacetal (**11**) vor. Aus diesem Grunde wird es vor dem chromatographischen Nachweis erst in das Methylacetal (**12**) übergeführt.

Vitamin B_6 läßt sich mit Hilfe chemischer oder physikochemischer (HPLC, GC) bzw. mikrobiologischer Methoden in pharmazeutischen Zubereitungen oder Nahrungsmitteln bestimmen. Die mikrobiologische Bestimmung beruht auf der Wachstumsförderung bestimmter Testkeime wie *Saccharomyces uvarum, Streptococcus faecium* oder *Lactobacillus helveticus*.

Das für therapeutische Zwecke benötigte Pyridoxin wird heute totalsynthetisch gewonnen. Das meist genutzte Verfahren nach *Harris* und *Folkers* (Abb. 6-27) geht von dem aus 1-Ethoxy-penta-2,4-dion und Cyanacetamid gewonnenen Pyridon **13** aus.

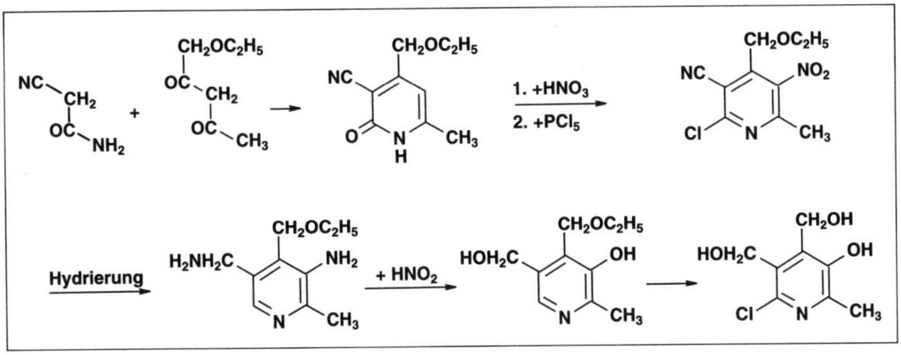

Abb. 6-27 Totalsynthese von Pyridoxin.

Vitamin B_6 ist als Pyridoxalphosphat Bestandteil zahlreicher Enzyme des Aminosäure-Stoffwechsels. Das Pyridoxalphosphat ist als *Schiff*sche Base an die ε-Aminogruppe von Lysinresten des Enzyms gebunden. Als Pyridoxalphosphat-abhängige enzymatische Reaktionen wurden u. a. Transaminierungen, Aminosäure-Decarboxylierungen oder Aminosäure-Razemisierungen (bei Mikroorganismen) erkannt. Die Rolle des Pyridoxals wurde vor allem an nicht-enzymatischen Pyridoxal-katalysierten Reaktionen untersucht, nachdem *Snell* 1945 beobachten konnte, daß Glutaminsäure in Gegenwart von Pyridoxal 2-Oxoglutarsäure bildet:
Pyridoxal + Glutaminsäure = 2-Oxoglutarsäure + Pyridoxamin.

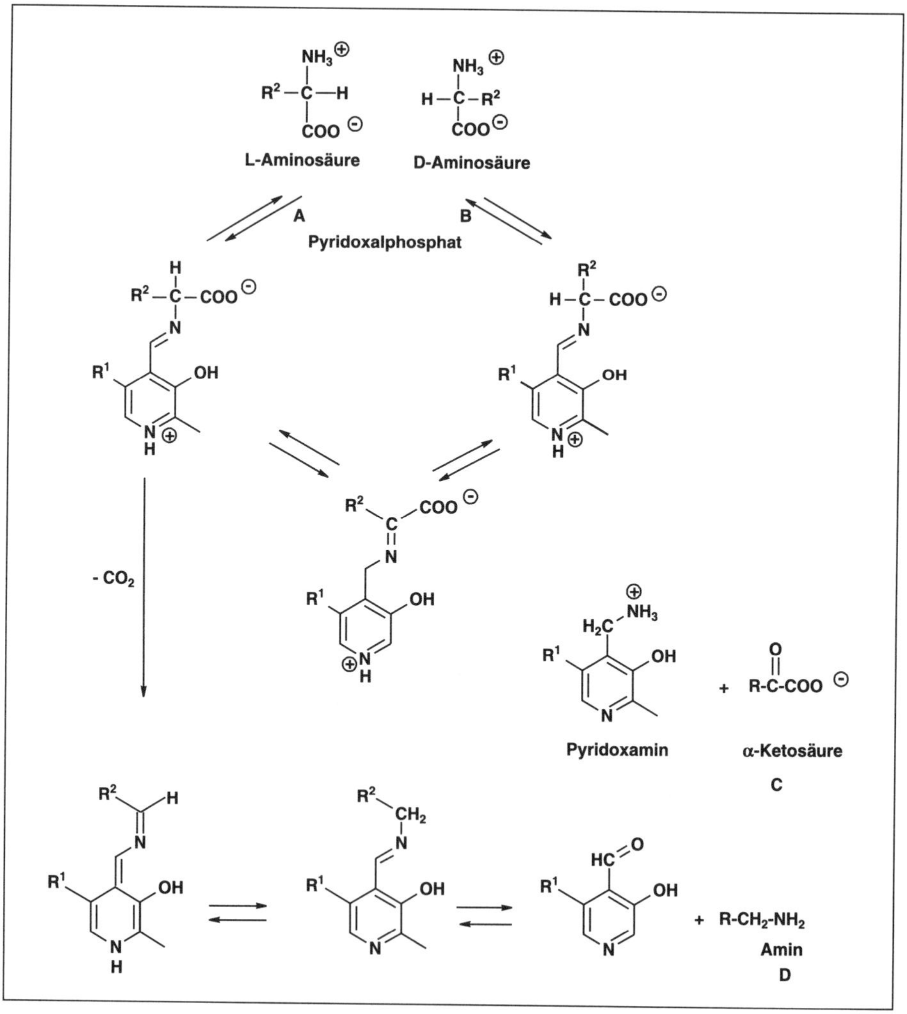

Abb. 6-28 Pyridoxalphosphat-katalysierte Reaktionen. R^1 = Aminosäurerest; R^2 = $-CH_2-OPO_3H_2$. A → B: Razemisierung; A ⇌ C: Transaminierung; A → D: Decarboxylierung.

Primär wird bei dieser Transaminierung eine *Schiff*sche Base gebildet. Die *Schiff*sche Base kann durch intramolekulare Wasserstoffbrücken oder Bildung von Metallkomplexen stabilisiert werden. Die wichtigsten Reaktionsschritte der Pyridoxalphosphat-katalysierten enzymatischen Decarboxylierung, Transaminierung und Razemisierung sind in Abb. 6-28 wiedergegeben. Ein zentraler Vorgang ist dabei die prototrope Umlagerung

Aldimin (E) $\rightleftharpoons$ Ketimin (F).

Neben den in Abb. 6-28 aufgeführten Reaktionen können noch unter Einbeziehung des Restes R der Aminosäure β- und γ-Eliminierungen stattfinden.

Der Austausch der Hydroxymethylgruppe in 4-Stellung des Pyridinrestes durch eine Methylgruppe (Desoxypyridoxin) führt zu einem sehr wirksamen **Antivitamin**. Die durch Desoxypyridoxin hervorgerufenen Vitamin-B_6-Mangelerscheinungen (u. a. Haut- und Nervenentzündungen) können durch Vitamin-B_6-Gaben schnell wieder beseitigt werden. Als Vitamin-B_6-Antagonisten (Abb. 6-29) wirken auch 4-Amino-5-hydroxymethyl-2-methylpyrimidin (Toxopyrimidin) sowie das zur Behandlung der Tuberkulose eingesetzte Isonicotinsäurehydrazid (Isoniazid, INH). Letzteres hemmt die Pyridoxal-Kinase.

6.3.6 Pantothensäure – Coenzym A

Pantothensäure kommt als Baustein des Coenzym A praktisch in jeder Zelle vor. Bei der Pantothensäure ist D-1,3-Dihydroxy-2-dimethylbuttersäure (**Pantoinsäure**) amidartig an β-Alanin gebunden. Durch alkalische Hydrolyse entsteht Pantoinsäure, die im Sauren zum **Pantolacton** cyclisiert. Pantothensäure wird mit der Nahrung im wesentlichen als Coenzym A aufgenommen, das im Darm gespalten wird. Mangelerscheinungen sind beim Menschen unbekannt. Bei Küken treten pellagraähnliche Erscheinungen (Küken-Antidermatitis-Faktor), bei Ratten u. a. ein Grauwerden des Fells (Anti-Graue-Haare-Faktor der Ratte) auf. Wirksam ist nur die D(+)-Form mit (R)-Konfiguration. Für therapeutische Zwecke wird auch der entsprechende, synthetisch gewonnene Alkohol (Dexpan-

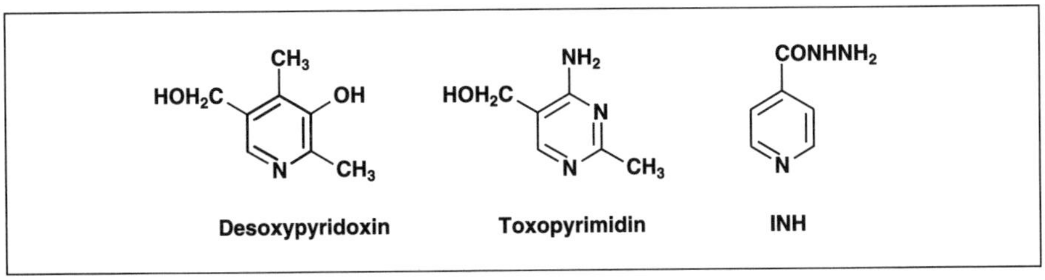

Abb. 6-29 Vitamin-B_6-Antagonisten.

thenol, **Pantothenol**) eingesetzt, der im Organismus von Vögeln und Säugetieren zu Pantothensäure oxidiert wird. Bei Bakterien wirkt Pantothenol als Antivitamin.

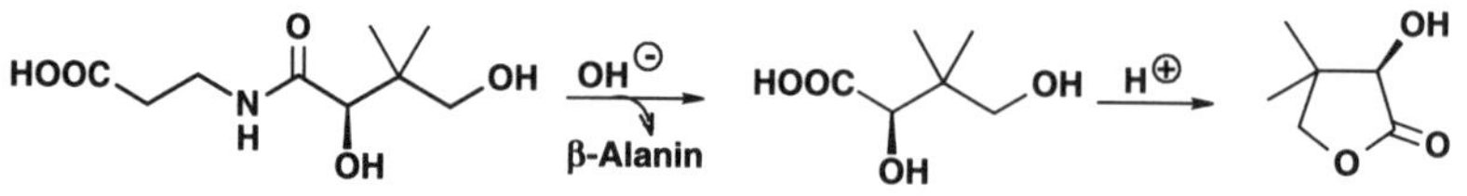

Pantothensäure → β-Alanin → Pantoinsäure → Pantolacton

Der Einbau von Pantoinsäure in Pantothensäure wird durch 2,2-Dichlorpropionsäure verhindert. Diese Säure wird zur Vernichtung einkeimblättriger Unkräuter (Gräser) in Kulturen von *Magnoliaten* (Luzerne, Rüben) eingesetzt. Ein Ersatz des β-Alanins durch andere Aminosäuren ergab unwirksame Derivate (Alanin, β-Aminobuttersäure, Leucin) bzw. Antivitamine (Taurin).

Relativ unspezifische chemische Bestimmungsmethoden für Pantothensäure bzw. Pantothenol beruhen auf der Hydrolyse zu Pantoinsäure und β-Alanin bzw. β-Alanol und anschließende Bestimmung dieser Spaltprodukte. Die primären Amine β-Alanin und β-Alanol können mit Naphtho-1,2-chinon-4-sulfonat (Aminosäurereagens nach *Folin*) bestimmt werden.

Pantothensäure ist Bestandteil des **Coenzym A** (CoA bzw. CoASH) und des ähnlich gebauten **Acyl-Carrier-Proteins** (ACP). Im Coenzym A ist die Pantothensäure amidartig an Cysteamin, einem Decarboxylierungsprodukt des Cysteins, gebunden. Dieses **Pantethein** ist über eine Pyrophosphatbrücke mit Adenosin-3'-phosphat verknüpft. Beim ACP ist das Pantethein über Phosphorsäure an einen Serinrest des Trägerproteins gebunden.

Coenzym A ist Bestandteil von Acyltransferasen. Die eigentlich reaktive Gruppe ist die endständige Mercaptogruppe, an die unter Bildung von

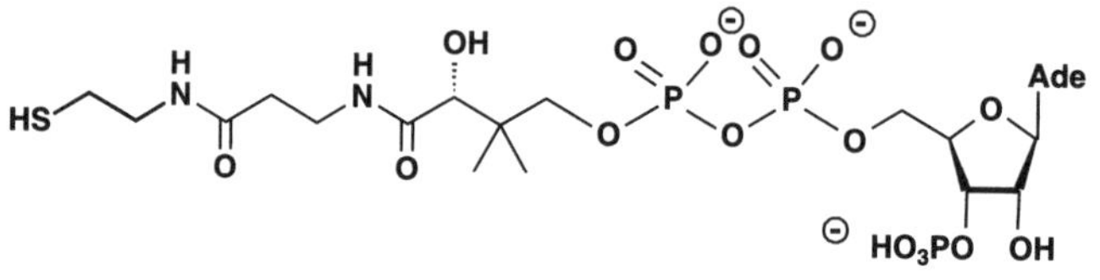

Coenzym A

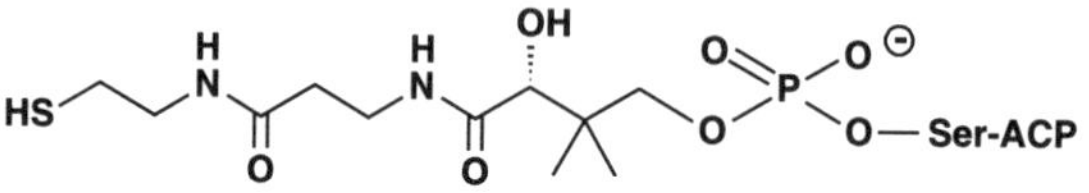

Acyl-Carrier-Protein

Thioestern Säurereste gebunden werden. Die Thioester sind wesentlich reaktionsfähiger als die entsprechenden Ester, da das S-Atom leichter polarisierbar ist. So werden bei der Hydrolyse von Thioestern 40 bis 50 kJ/mol, bei der normaler Ester nur ca. 12 kJ/mol freigesetzt. Der Acylrest wird dadurch aktiviert und kann auf andere Gruppen (Akzeptoren) übertragen werden. Das Acyl-Carrier-Protein ist Bestandteil des Fettsäure-Synthase-Komplexes.

Die Mercaptogruppe des Coenzym A kann mit 5,5′-Dithio-bis-nitrobenzoat (*Ellmans* Reagens, Abb. 2-6) titriert werden. Disulfidgruppen von Proteinen reagieren nicht (vgl. Abb. 2-6).

6.3.7 Nicotinsäureamid – Pyridinnucleotide

1934 wurde von *Warburg* entdeckt, daß wasserstoffübertragende Enzyme Nicotinsäureamid enthalten. Vom Nicotinsäureamid und der Nicotinsäure war schon bekannt, daß sie die wichtigsten Symptome der Pellagra beseitigen können. Pellagra wird durch einen Mangel an Nicotinsäureamid und anderen Vitaminen der B-Gruppe hervorgerufen und äußert sich in Form

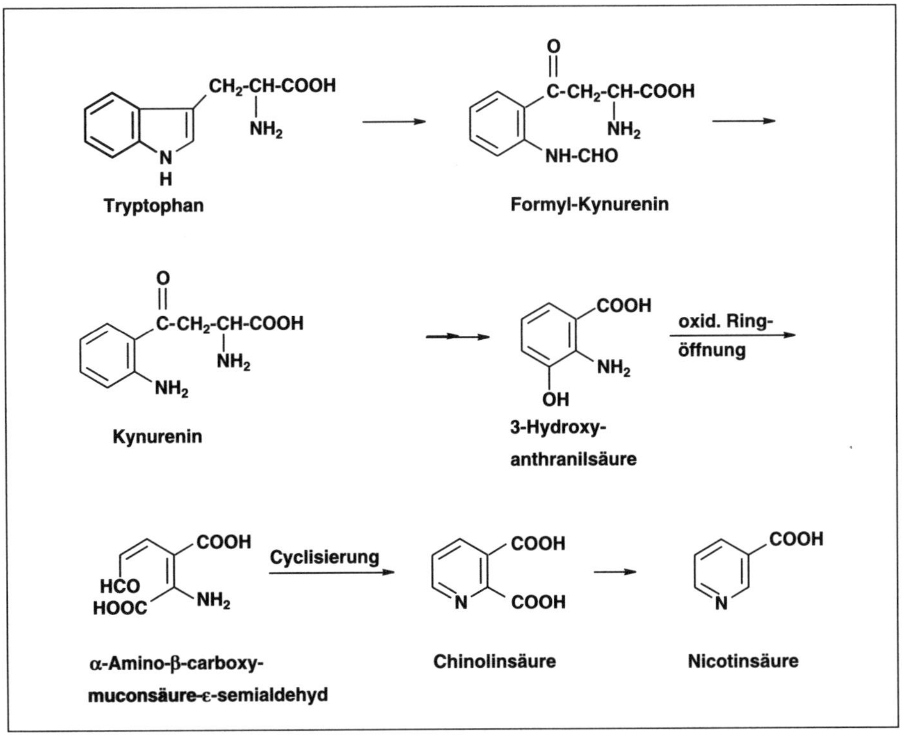

Abb. 6-30 Biosynthese der Nicotinsäure aus Tryptophan.

von Hautveränderungen (u. a. Schuppenbildung), Beeinträchtigungen der Verdauung (Diarrhoe) und der Nervenfunktion (Erregung, Bewußtseinsstörungen). Nicotinsäureamid (Niacin, früher auch Vitamin B_3) wurde deshalb auch als PP (pellagra-preventive)-Faktor bezeichnet. Auffallend war, daß Pellagra vor allem in Ländern auftrat, wo die menschliche Nahrung sehr arm an Tryptophan ist, was bei Maisprodukten der Fall ist. Tryptophan erwies sich als ebenso wirksam wie Nicotinsäureamid. Das ist darauf zurückzuführen, daß der menschliche Organismus bei unzureichender Nicotinsäureamid-Zufuhr Nicotinsäure aus Tryptophan synthetisieren kann (Abb. 6-30). Mikroorganismen und Pflanzen bilden Nicotinsäure auf anderen Wegen.

Nicotinsäure wurde zuerst durch Oxidation des Alkaloids Nicotin (S. 635) mit Salpetersäure erhalten. Technisch können Nicotinsäure und Nicotinsäureamid aus 3-Cyanopyridin gewonnen werden.

Aus Nicotinsäureamid bzw. Nicotinsäure werden im Organismus die **Pyridinnucleotide,**

- Nicotinsäureamid-Adenin-Dinucleotid (NAD^+) und
- Nicotinsäureamid-Adenin-Dinucleotid-Phosphat ($NADP^+$),

gebildet, die Bestandteile von Oxidoreduktasen sind.

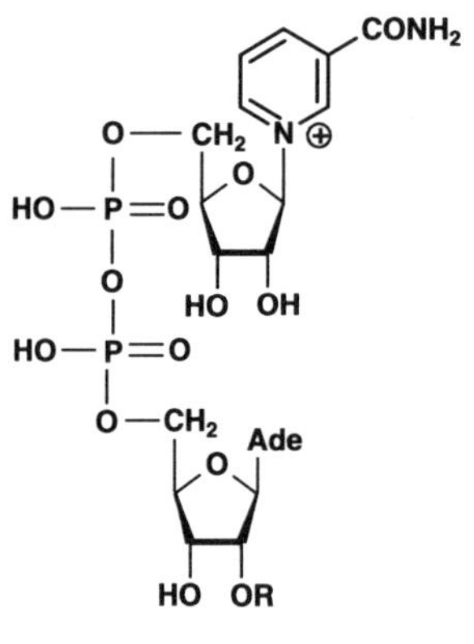

$NAD^{\oplus}$: R = H
$NADP^{\oplus}$: R = PO_3H_2

NAD^+ und $NADP^+$ sind Pyridinium-Verbindungen. Die Quarternisierung des N-Atoms erfolgt bei der Biosynthese durch Reaktion mit 5-Phosphoribosylpyrophosphat, bei der chemischen *In-vitro*-Synthese durch Umsetzen mit einem geschützten Ribosylchlorid. Die katalytische Wirkung der Pyridinnucleotide ist auf das Redox-Gleichgewicht zwischen Pyridinium- und Dihydropyridin-Verbindung (Redox-Potential $E_0 = 0{,}32$ V) zurückzuführen:

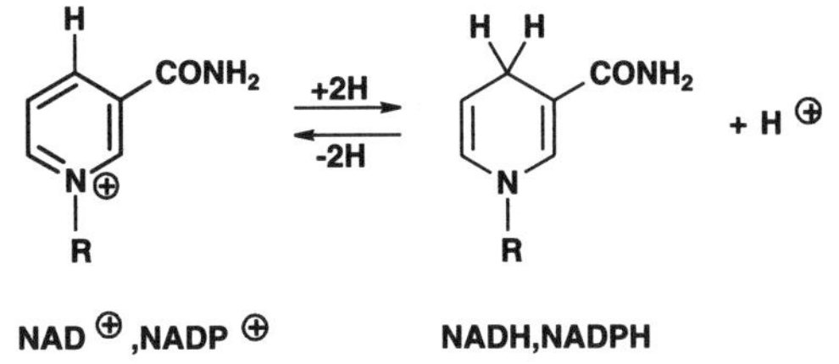

$$\text{NAD}^{\oplus}, \text{NADP}^{\oplus} \underset{-2H}{\overset{+2H}{\rightleftarrows}} \text{NADH}, \text{NADPH} + H^{\oplus}$$

Nicotinsäureamid selbst ist schwer hydrierbar ($E_0 = 1{,}57$ V). Durch den Übergang in das Dihydro-Derivat verändert sich das Elektronenspektrum der Pyridinnucleotide. Während die Pyridinium-Verbindungen bei 262 nm absorbieren, taucht bei den Dihydropyridin-Verbindungen NADH und NADPH ein zusätzliches Absorptionsmaximum bei 340 nm auf, das zur Bestimmung der reduzierten Form herangezogen wird.

Durch die Reduktion des Pyridinringes wird das C-4 sp^3-hybridisiert und damit tetragonal. Mit Hilfe Deuterium-markierter Substrate (z. B. CH_3CD_2OH) konnte nachgewiesen werden, daß der Redox-Vorgang bei den Oxidoreduktasen stereospezifisch erfolgt. Das Substrat (S bzw. SD_2) nähert sich also dem planaren Pyridinring jeweils nur von einer Seite.

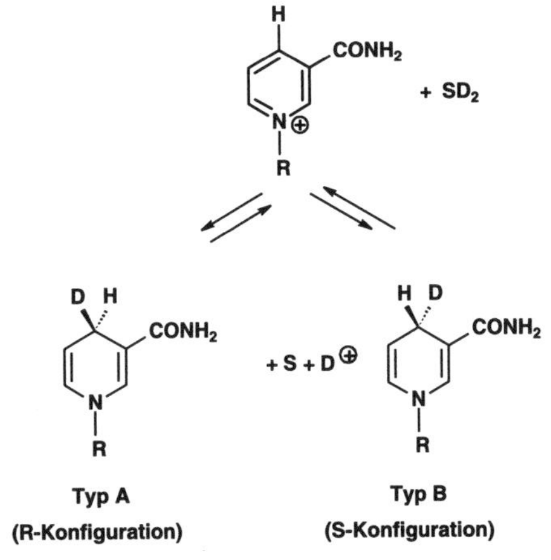

Typ A (R-Konfiguration)   Typ B (S-Konfiguration)

Die NAD^+- bzw. $NADP^+$-abhängigen Dehydrogenasen lassen sich aufgrund ihrer Stereospezifität in bezug auf das Substrat in Enzyme vom A- (pro-R) und B-Typ (pro-S) einteilen. Enzyme vom A-Typ haben meist kleinere Substrate (z. B. Alkohol-Dehydrogenase, Lactat-Dehydrogenase) als Enzyme vom B-Typ (z. B. 3α-Hydroxysteroid-Dehydrogenase, Glucose-Dehydrogenase).

Die Pyridinnucleotide sind die ersten Glieder der Atmungskette (S. 439), die den Wasserstoff unmittelbar vom Substrat bekommen. Die Pyridinnucleotide werden durch die Bindung an das Apoenzym aktiviert.

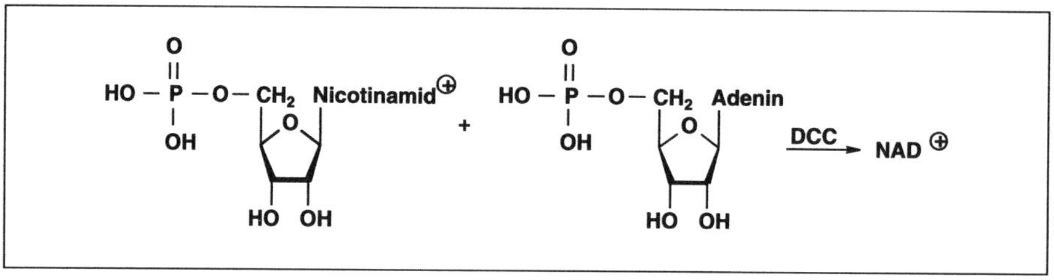

$$\text{HO}-\overset{\overset{O}{\|}}{\underset{\underset{OH}{|}}{P}}-O-CH_2\text{-[Ribose]-Nicotinamid}^{\oplus} \quad + \quad \text{HO}-\overset{\overset{O}{\|}}{\underset{\underset{OH}{|}}{P}}-O-CH_2\text{-[Ribose]-Adenin} \quad \xrightarrow{DCC} \quad NAD^{\oplus}$$

Abb. 6-31 Chemische Synthese von NAD⁺.

In Abwesenheit des Enzyms kann die reduzierte Form ihren Wasserstoff nicht auf das Substrat übertragen. Das Apoenzym bedingt auch die Spezifität der Dehydrogenase. Für die enzymatische Aktivität ist der Adeninrest unbedingt erforderlich. Zahlreiche physikalische Messungen (NMR, Fluoreszenz) deuten darauf hin, daß Pyridin- und Purinring parallel übereinander liegen. Durch die Bindung der Pyridinnucleotide an das Apoenzym werden auch die optischen Eigenschaften verändert. Während NAD⁺ keine Fluoreszenz zeigt, fluoreszieren die NAD⁺-abhängigen Dehydrogenasen bei 340 nm.

Zur chemischen Synthese (Abb. 6-31) von NAD⁺ werden die beiden Nucleotide entweder unmittelbar in Gegenwart von Dicyclohexylcarbodiimid in wäßrigem Pyridin oder nach geeigneter Aktivierung des einen Nucleotids miteinander umgesetzt. Die nach der ersten Methode mit anfallenden symmetrischen Nucleotide lassen sich durch Ionenaustauschchromatographie abtrennen.

6.3.8 Biotin

Beim Fehlen des Biotin in der Nahrung kommt es zu Hautveränderungen, vor allem einer vermehrten Talgproduktion (Seborrhoe). Biotin wurde deshalb auch als Hautvitamin (Vitamin H) bezeichnet.

Zu einem Mangel an Biotin kann es nach der reichlichen Aufnahme von rohen Eiern kommen, da das im Eiweiß enthaltene Protein **Avidin** eine hohe Affinität zum Biotin besitzt und es so der Nutzung entzieht. Der Avidin-Biotin-Komplex ist selbst bei Temperaturen von 90 bis 100 °C in wäßrigen Lösungsmitteln hoher Ionenstärke noch stabil. Avidin besteht aus 4 Polypeptidketten, besitzt eine Molmasse von ca. 70.000 und enthält 4 Bindungsstellen für Biotin.

Biotin ist in allerdings sehr geringen Mengen praktisch ubiquitär in biologischem Material verbreitet. Es konnte zuerst aus Eidotter (*Kögl*) und Leber (*Du Vigneaud*) isoliert werden. In Leber, die zu den Biotin-reichsten natürlichen Quellen zählt, ist es nur zu etwa 0,00025 % enthalten. Biotin ist ein Wuchsstoff für Mikroorganismen (Bakterien, Pilze).

Die Struktur des Biotin konnte 1942 von *Du Vigneaud* aufgeklärt werden. Die wichtigsten Schritte der strukturaufklärenden Abbaureaktionen zeigt Abbildung 6-32.

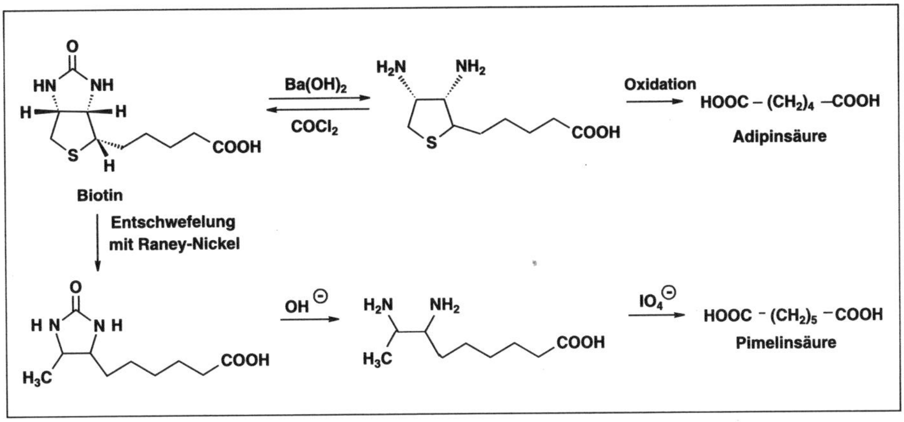

Abb. 6-32 Abbaureaktionen zur Strukturaufklärung des Biotin.

Biotin besitzt drei asymmetrische C-Atome. Das natürliche Biotin ist rechtsdrehend. (–)-Biotin und die übrigen Diastereomerenpaare (Allo-, Epi-, Epiallobiotin) sind unwirksam.

Die mikrobielle Biosynthese des Biotin geht von Cystein, Pimelinsäure und Carbamoylphosphat aus. In einigen Mikroorganismen wird ein Desthiobiotin gebildet, das in Biotin umgewandelt wird. Das synthetisch erhaltene Oxybiotin hat als Razemat etwa ¼ der Wirksamkeit des natürlichen Biotin. Durch vorsichtige Oxidation von Biotin mit Wasserstoffperoxid wird Biotinsulfoxid erhalten, das auch aus Milch isoliert werden konnte. Biotinsulfoxid besitzt ein chirales S-Atom. Nur die rechtsdrehende Form weist eine Biotin-Aktivität auf. Verkürzungen (Norbiotin mit drei CH_2-Gruppen) und Verlängerungen (Homobiotin mit fünf CH_2-Gruppen) der Seitenkette des Biotin ergeben Inhibitoren.

Biotin wurde als Coenzym von Enzymen erkannt, die an der Übertragung von CO_2 beteiligt sind. Bei diesen Enzymen handelt es sich um **Kohlendioxidligasen** (Carboxylasen):

Biotin-Enzym + ATP + HCO_3^- ⇆ CO_2^--Biotin-Enzym + ADP + P_i

CO_2^--Biotin-Enzym + A ⇆ Biotin-Enzym + A-CO_2^-

und **Carboxyltransferasen:**

Biotin-Enzym + A-CO_2^- ⇆ CO_2^--Biotin-Enzym + A,
CO_2^--Biotin-Enzym + B ⇆ Biotin-Enzym + B-CO_2^-.

Das Biotin ist bei den Enzymen amidartig an die ε-Aminogruppe eines Lysinrestes gebunden. Das ε-N-Biotinyl-L-lysin wird auch als **Biocytin** bezeichnet.

Als Bindungsort für das CO_2 konnte das N-1' des Biotin erkannt werden (*Lynen*). So konnte nach der Reaktion des CO_2^--Biotin-Enzym-Komplexes mit Diazomethan und anschließendem enzymatischen Abbau des Proteins ein relativ stabiler Carbamidsäureester (1'-N-Carbomethoxybiocytin) isoliert werden. Das „aktive CO₂" (Carboxybiotin) wird offensichtlich durch einen nucleophilen Angriff des N-1' des Biotin am C-Atom des Hydrogencarbonats gebildet. Heute wird allerdings angenommen, daß die Reaktion primär über ein O-Carboxybiotin verläuft.

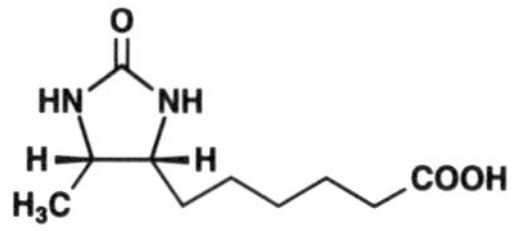

Desthiobiotin

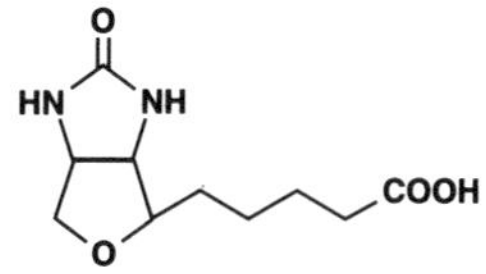

Oxybiotin

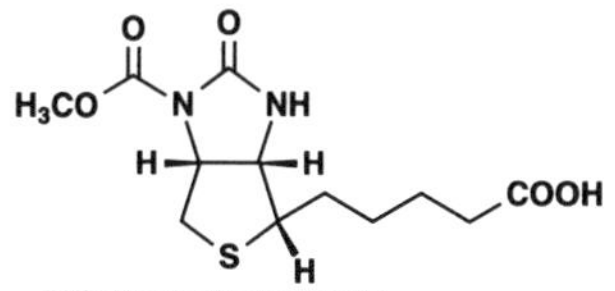

γ-Carbomethoxybiotin

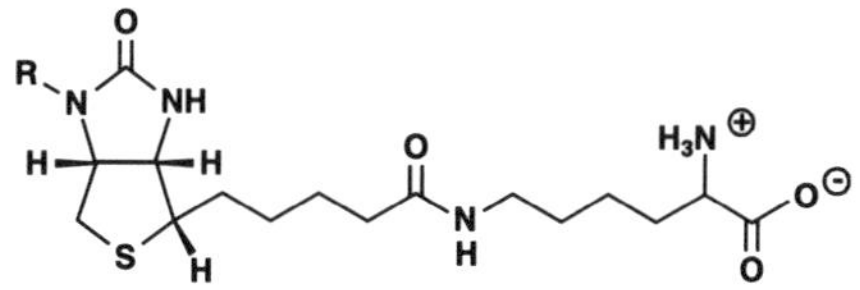

R = H : Biocytin

Zur quantitativen Bestimmung des Biotin eignen sich aufgrund der zu niedrigen Konzentrationen, in denen das Biotin in den Untersuchungsmaterialien vorkommt, vor allem enzymatische und mikrobiologische Tests. Als Testorganismen werden z. B. *Alleschria boydii* oder *Lactobacillus plantarum* herangezogen.

CO_2 ist auch Substrat der Ribulose-1,5-bisphosphat-Carboxylase, der Vitamin-K-abhängigen Carboxylasen (S. 391) und weiterer Enzyme. In methanogenen Bakterien dient **Methanofuran** (MFR) der CO_2-Fixierung. MFR wirkt als Formyl-Carrier (-NH-CHO).

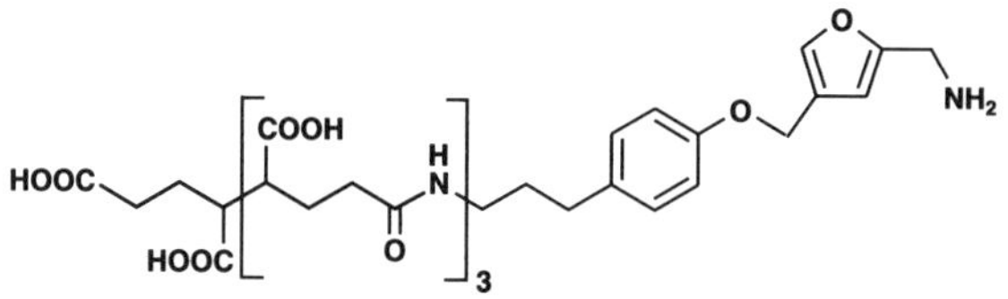

Methanofuran (MFR)

6.3.9 Pyrrolochinolinchinone

Pyrrolochinolinchinone (Pyrrolo-quinolinequinone, **PQQ**, Methoxatin) repräsentieren eine noch nicht lange bekannte Gruppe von Cofaktoren. Sie wurden zuerst als Bestandteile bakterieller Dehydrogenasen, der sog. **Quinoproteine,** aufgefunden, inzwischen aber auch als Cofaktor von Enzymen von Säugetieren. PQQ ist in der Lage, Schwermetallionen komplex zu binden. PQQ-abhängige Oxidasen (z. B. Amino-Oxidasen) enthalten zusätzlich Cu, Oxygenasen (z. B. Sojabohnen-Lipoxygenase) Fe.

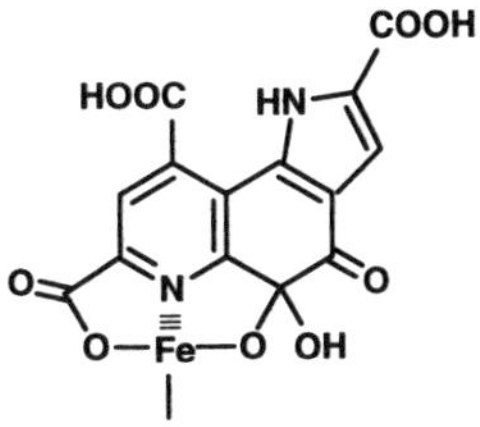

6.4 Tetrapyrrole

6.4.1 Allgemeiner Aufbau der cyclischen Tetrapyrrole

Pyrrol ist ein fünfgliedriger Heteroaromat, der unsubstituiert die Struktur **14a** bevorzugt. Die tautomeren Formen 2H- und 3H-Pyrrol (α- und β-Pyrrolenin, **14b** bzw. **14c**) kommen nur in Form von Derivaten vor. Pyrrol reagiert aufgrund seines π-Überschuß-Charakters kaum noch basisch, ist aber in der Lage, den Wasserstoff am N-Atom als Proton abzuspalten. Pyrrol ist also eine schwache Säure.

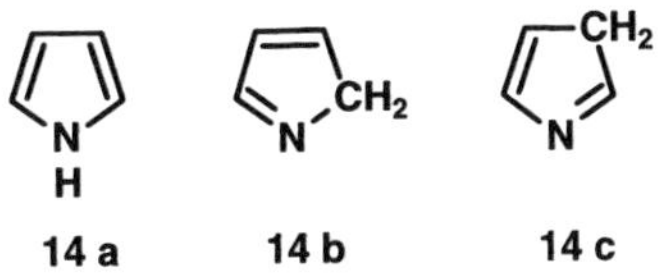

Tetrapyrrole sind bis auf einige anaerobe Mikroorganismen in allen Organismen vorhanden und werden aufgrund ihrer essentiellen Funktion als Redoxsysteme (Bestandteile von Elektronentransportketten) und bei der Umwandlung von Licht in chemische Energie (Photosynthese) als „Pigmente des Lebens" bezeichnet.

Phylogenetisch sehr alt und engstens mit den Lebensvorgängen verbunden sind die Porphinderivate. Als **Porphin** (Abb. 6-33) bezeichnet man ein spannungsfreies Ringsystem mit vier Pyrrolringen, die z. T. als Pyrrolenine vorliegen und durch vier Methingruppen miteinander verbunden sind. Die Doppelbindungen dieses Ringsystems sind fortlaufend konjugiert. Das

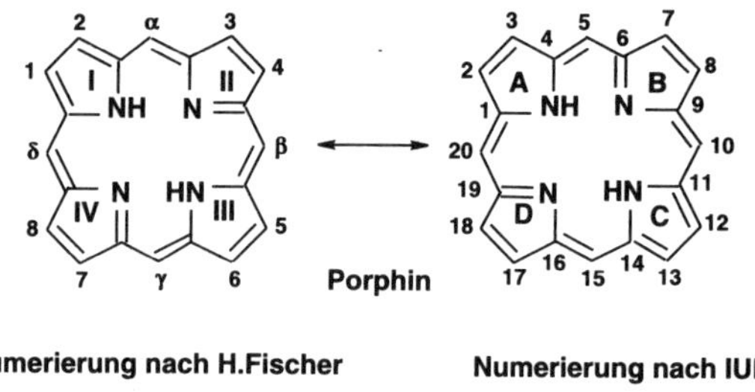

Abb. 6-33 Porphin. Bezeichnung der Ringe und Numerierung der Atome.

Porphin genügt der *Hückel*-Regel (4n + 2 π-Elektronen) und ist ein planares, aromatisches Ringsystem, dessen langwellige Absorptionsmaxima aufgrund der vielen konjugierten Doppelbindungen im sichtbaren Bereich liegen. Alle Porphinderivate sind also farbig, in der Regel tiefrot. Die scharfen, charakteristischen Absorptionsmaxima dienen zur Bestimmung und Identifizierung, insbesondere die bei allen Porphinderivaten vorhandene sog. *Soret*-Bande bei 400 nm, die nicht bei den ringoffenen Gallenfarbstoffen auftritt.

Aufgrund seines aromatischen Charakters ist das Porphin sowohl gegen Säure als auch gegen Wärme sehr beständig. Eine Zersetzung tritt erst oberhalb 360 °C ein, so daß dieses Ringsystem mit zu den hitzestabilsten organischen Verbindungen gehört. Porphine sind selbst unter den geologischen Bedingungen der Kohlebildung erhalten geblieben (**Petroporphyrine**).

6.4.2 Nomenklatur

Über die wichtigsten Grundstrukturen der natürlichen cyclischen Tetrapyrrole informiert Abb. 6-34.

Von einem Ring D hydrierten Porphin (Dihydroporphin, **Chlorin**) leiten sich die Chlorophylle ab. Auch das Dihydroporphin ist noch ein aromatisches System, da für die durchgehende Konjugation insgesamt nur 9 Doppelbindungen benötigt werden. Tetrahydroporphine kommen in Bakterien vor: **Bacteriochlorin** als Grundkörper des Bacteriochlorophylls und **Isobacteriochlorin** als Grundkörper des Sirohydrochlorins von Sulfitreduzierenden Bakterien. Hexahydroporphine (**Porphyrinogene**) treten als Zwischenprodukte bei der enzymatischen und chemischen Porphinsynthese auf. Vitamin B_{12} und dessen Derivate, die Corrinoide, leiten sich vom **Corrin** ab. Corrin ist ein partiell hydriertes cyclisches Tetrapyrrol, bei dem die Methingruppe zwischen den Ringen A und D fehlt (C-Atom 20). Strukturelemente des Corrins und Porphins sind im **Corphin** enthalten, das im Coenzym F430 (S. 431) vorliegt.

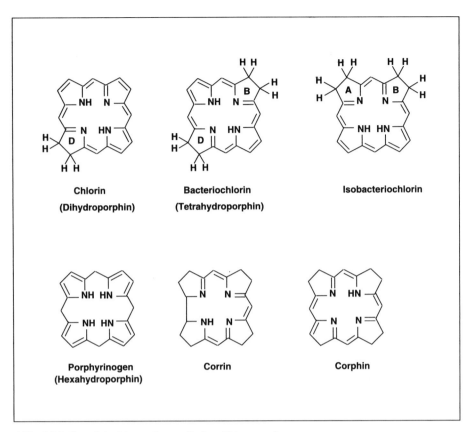

Abb. 6-34 Grundstrukturen der cyclischen Tetrapyrrole.

Porphyrine (Abb. 6-35) sind Derivate des Porphins, die Substituenten in den Positionen 2,3,7,8,12,13,17 und 18 tragen. Die verschiedenen Isomeriemöglichkeiten der natürlichen Porphyrine wurden von *H. Fischer* an einem Porphinderivat mit zwei verschiedenen Substituenten (Methyl, Ethyl) untersucht, das den Namen **Ätioporphyrin** bekam. Wenn jeder Pyrrolring des Ätioporphyrins beide Substituenten trägt, treten insgesamt vier Isomere auf, die als Typ I bis IV bezeichnet werden. Die natürlichen Porphyrine besitzen als Substituenten Essigsäure- und Propionsäurereste (**Uroporphyrin**) bzw. Methyl- und Propionsäurereste (**Koproporphyrin**) und kommen meist als Typ III, seltener als Typ I vor.

Das verbreitetste Porphyrin ist ein Porphyrinderivat, das an den Ringen A und B Methyl- und Vinylreste trägt, an den Ringen C und D dagegen Methyl- und Propionsäurereste und als **Protoporphyrin** bezeichnet wird. Von dieser Struktur sind insgesamt 15 Isomere möglich. Die natürlichen Derivate leiten sich vom **Protoporphyrin IX** ab.

Infolge der Carboxylgruppen sind die natürlichen Porphyrine amphoter. Der isoelektrische Punkt liegt zwischen 3 und 4,5.

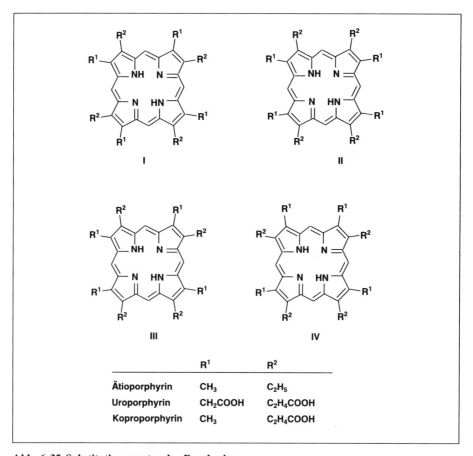

Abb. 6-35 Substitutionsmuster der Porphyrine.

6.4.3 Synthesen

Die einheitliche Art und Verteilung der Substituenten der natürlichen Porphinderivate (Porphyrine, Chlorine und auch Corrine) erklärt sich durch die **Biosynthese** (Abb. 6-36).

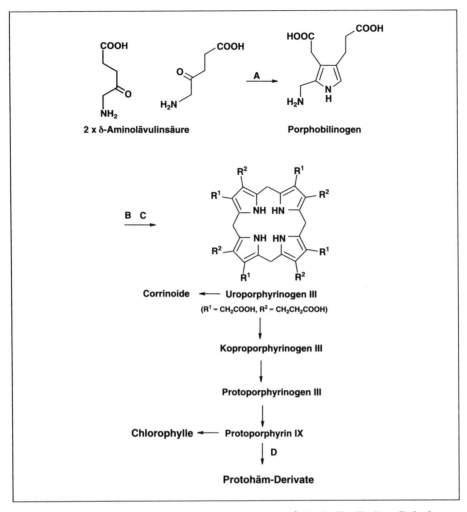

Abb. 6-36 Biosynthese der cyclischen Tetrapyrrole. A: δ-Aminolävulinsäure-Dehydratase (Porphobilinogen-Synthase); B: Porphobilinogen-Desaminase (Hydroxymethylbilan-Synthase); C: Uroporphyrinogen-III-Synthase (Cosynthase); D: Ferrochelatase.

Die Bildung des Pyrrolringes kommt durch die Kondensation von 2 Molekülen δ-Aminolävulinsäure zu **Porphobilinogen** zustande. 4 Moleküle cyclisieren dann enzymvermittelt und schrittweise (Ringe A → B → C → D) über ein noch enzymgebundenes Bilan zum Uroporphyrinogen III. Bemerkenswert ist die Inversion des Ringes D (vgl. Position der Reste), die nur in Gegenwart des Enzyms Uroporphyrinogen-III-Synthase (Cosynthase) erfolgt. Die weiteren Derivate werden durch enzymatische Umwandlung der Substituenten in Stellung 2,3,7,8,12 und 18 (Essigsäurerest → Methylgruppe, Propionsäurerest → Ethyl- oder Vinylgruppe) und anschließende Oxidation des Ringsystems zum Porphyrin gebildet. Die

Bildung des Corrinsystems erfolgt *in vivo* ausgehend von partiell hydrierten und methylierten Porphyrinogenen (Precorrine) durch Ringkontraktion.

Porphobilinogen kondensiert auch *in vitro* in Gegenwart von Säure in hoher Ausbeute zu Porphyrinogen. Hierbei entstehen allerdings Isomere.

Die Struktur vieler natürlicher Porphyrine wurde durch die Synthese zweier Dipyrrylmethane oder -methene bewiesen (*H. Fischer, MacDonald*). Als Beispiel sei die Bildung von Deuteroporphyrin IX aus bromierten Dipyrrylmethenen herausgegriffen (Abb. 6-37).

Aus Deuteroporphyrin IX konnte durch weitere Reaktionsschritte Protohäm IX synthetisiert werden (*H. Fischer*).

Wesentlich größere Probleme traten aufgrund der Substituenten, der teilweisen Hydrierung und stereochemischer Probleme bei der Totalsynthese des Chlorophylls a (*Woodward*) und Vitamins B_{12} (1972: *Woodward* und *Eschenmoser*) auf.

Um die Reaktion zweier verschiedener Dipyrryleinheiten eindeutig zu gestalten, wurde zuerst bei der Chlorophyllsynthese von zwei durch eine Brücke verbundenen Dipyrryleinheiten ausgegangen, die dann in einer eindeutig verlaufenden intramolekularen Reaktion miteinander zum cyclischen Tetrapyrrol verbunden werden können (*Woodward*). Über eine *Schiff*sche Base überbrückte Dipyrrylmethane gehen bei der Behandlung mit methanolischem HCl in ein Dihydroporphyrin-(Phlorin-) Derivat über, aus dem in weiteren Reaktionsschritten Chlorophyll a synthetisiert werden konnte (Abb. 6-38).

Noch größer waren die Probleme bei der Totalsynthese der Cobyrsäure, die bereits früher in Vitamin B_{12} überführt werden konnte. Cobyrsäure verfügt über nicht weniger als 9 Chiralitätszentren. In Zusammenhang mit der stereospezifischen, 37stufigen Synthese des A-D-Dipyrrylderivates von **15** konnten die *Woodward-Hoffmann*-Regeln über die Erhaltung der Orbitalsymmetrie aufgestellt werden. Die Cyclisierung zum corrinoiden System **17** erfolgte ausgehend vom A-B-C-D-Fragment **15** nach der Sulfid-Kon-

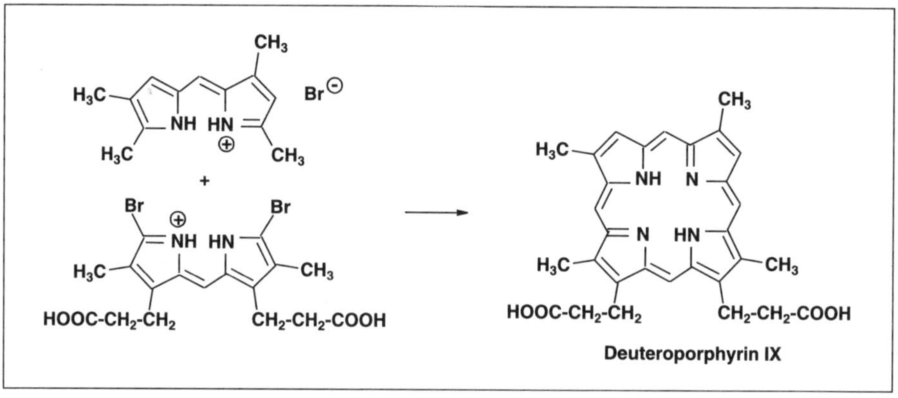

Abb. 6-37 Chemische Synthese von Deuteroporphyrin IX.

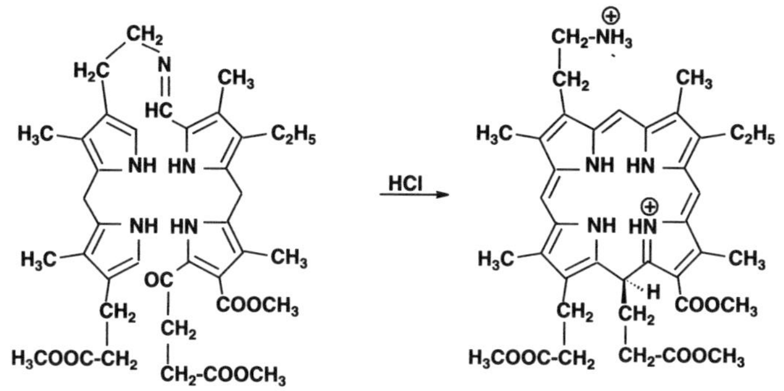

Abb. 6-38 Cyclisierung von überbrückten Dipyrrylmethanen zu cyclischen Tetrapyrrolen bei der Chlorophyllsynthese.

traktionsmethode (*Woodward*, A/B-Variante) oder durch eine unter Argon bei Raumtemperatur mit sichtbarem Licht stattfindende Photocyclisierung, die vom A-B-C-D-Fragment **16** ausging (*Eschenmoser*, A/D-Variante) (Abb. 6-39).

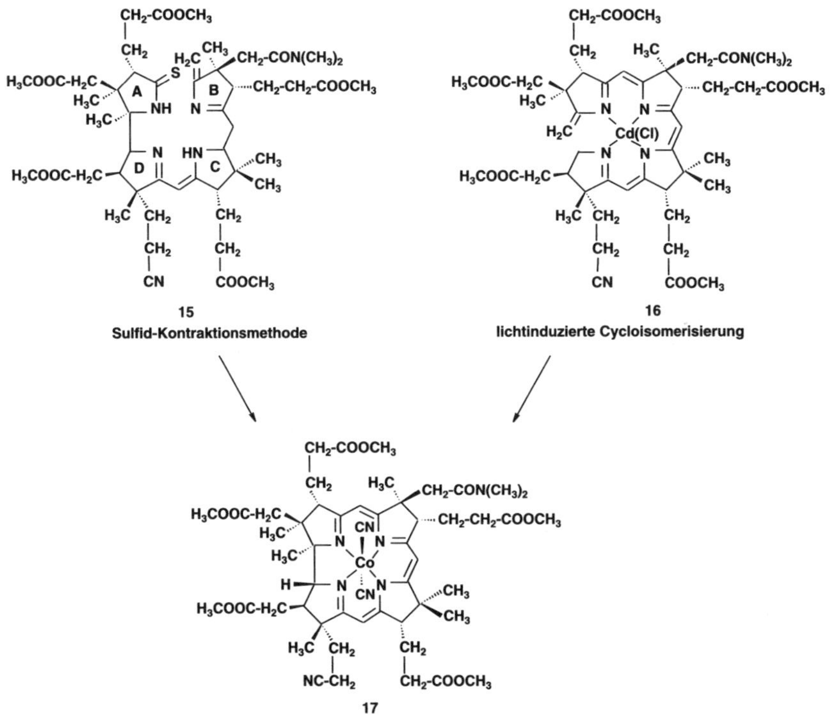

Abb. 6-39 Chemische Cyclisierung zum Corrinoidsystem.

Nach der Sulfidkontraktionsmethode werden die Ringe zunächst über eine Sulfidbrücke (**18**) miteinander verbunden, die dann durch Entschwefelung wieder entfernt wird (s. S. 429).

6.4.4 Metall-Komplexe (Metalloporphyrine)

Porphinderivate sind in der Lage, mit Metallionen Komplexe vom Chelattyp zu bilden. Die Stabilität der Metalloporphyrine hängt vom Metallion sowie von der Struktur des Porphyrinderivates ab. Während Mg(II)- oder Zn(II)-Komplexe schon durch verdünnte Säure gespalten werden können, lassen sich Fe(III)-, Cu(II)- oder Co(II)-Komplexe nur unter drastischen Bedingungen spalten. Bei diesen Komplexen ist die Stabilität oft so groß, daß keine Stabilitätskonstanten angegeben werden können, da die Komplexe unter physiologischen Bedingungen nicht nachweisbar dissoziieren. Da Fe(II) weniger fest als Fe(III) gebunden ist, werden eisenhaltige Metalloporphyrine vor der Entfernung des Metalls zunächst reduziert. Die Stabilität der Komplexe entspricht etwa folgender Reihenfolge der Zentralatome:

Pt(II) > Ni(II) > Co(II) > Cu(II) > Fe(II) > Zn(II) > Mg(II).

Die Porphyrine bilden mit fast allen Metallen Komplexe. Von größter biologischer Bedeutung sind die sauerstoff- und elektronenübertragenden Fe-Komplexe, die Mg-Komplexe (Chlorophylle) und Co-Komplexe (Vitamin B_{12}). Die Komplexe der Porphyrine und Chlorine haben wesentliche Funktionen im Energiehaushalt, die der Corrinoide bei Synthesen zu erfüllen. Cu-Porphyrin-Komplexe sind verantwortlich für die Farbe der Federn verschiedener tropischer Vögel, so des Turaco. Ein nickelhaltiger Corphinkomplex liegt im **Faktor F430** vor, dem Coenzym der Methylcoenzym-M-Reduktase aus methanogenen Bakterien, das Methylcoenzym M (2-Methylmercaptoethansulfonat) zu Methan und Coenzym M reduziert (Abb. 1-2, S. 26). Die einzelnen Cofaktoren aus der Gruppe der Metallkomplexe cyclischer Tetrapyrrole unterscheiden sich durch das Zentral-Ion sowie das Substitutionsmuster und den Oxidationszustand des Tetrapyrrols.

Wesentlicher Schritt der Strukturaufklärung der Metalloporphyrine ist die Spaltung zu identifizierbaren monocyclischen Verbindungen unter gleichzeitiger Entfernung des Metallions und labiler Seitenketten. Von Bedeutung ist die reduktive Spaltung, die zu Pyrrolderivaten (**19**), und die oxidative Spaltung, die zu Maleinsäureimiden (**20**) führt.

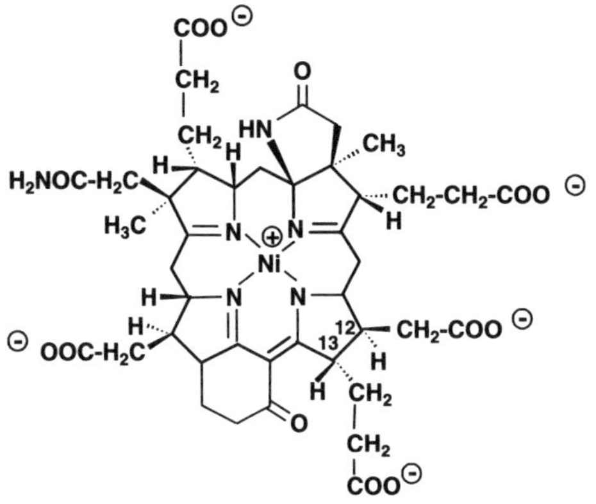

Factor F₄₃₀

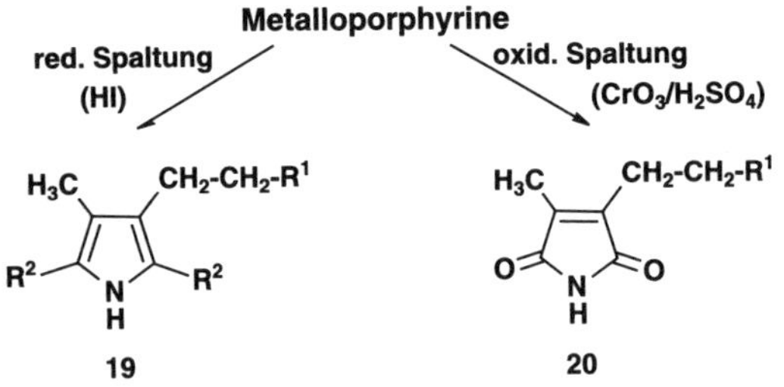

$R^1 = H, COOH \quad R^2 = H, CH_3$

Metall-Porphyrin-Komplexe bilden miteinander (vgl. S. 442) bzw. mit anderen Molekülen π-Komplexe, die sich durch geringfügige Veränderungen der Absorptionsmaxima unter Bandenverbreiterung sowie Verschiebung der NMR-Signale der Methingruppen nachweisen lassen.

6.4.5 Eisen-Porphyrin-Komplexe

6.4.5.1 Allgemeine Struktur

Eisen-Porphyrin-Komplexe können sowohl von Fe(II) als auch von Fe(III) gebildet werden. Ein Eisen(II)-Porphyrin wird als **Häm,** dessen Derivate als Hämo-Verbindungen, ein Eisen(III)-Porphyrin als **Hämin** und dessen Derivate als Hämi-Verbindungen bezeichnet. Die Eisen-Porphyrin-Komplexe sind als prosthetische Gruppen an Proteine gebunden. In freier Form liegen sie nur in sehr geringer Konzentration vor.

Die Hämo- oder Hämi-Proteine dienen

- zum **Sauerstofftransport (Hämoglobine)**
- zur **Sauerstoffspeicherung (Myoglobine)**
- als **Oxidoreduktasen (Cytochrome, Katalasen, Peroxidasen).**

Die Hämo- und Hämi-Proteine können sich in ihrer Porphyrin- und Protein-Komponente unterscheiden. Bei den natürlichen Hämen werden vor allem drei Grundkörper unterschieden:
Häm a, b und c.

In Mikroorganismen wurden noch weitere Häme gefunden. Am verbreitetsten ist das Häm b (**Protohäm**). Es ist Bestandteil der Hämoglobine, der Cytochrome b sowie der Katalasen und Peroxidasen. Die anderen Häme kommen nur bei den Cytochromen vor (Kap. 6.4.5.3).

Bei den Eisen-Komplexen steht das Eisen im Zentrum des planaren Porphyrin-Ringsystems. Die Bindungen des Eisens zu den N-Atomen des Porphyrins sind gleichberechtigt (hybridisiert). Aufgrund der Koordinationszahl 6 des Eisens können noch zwei weitere Liganden gebunden werden, die senkrecht (axial) ober- bzw. unterhalb des Porphyrinringes angeordnet sind. Die Fe-Komplexe können vom **High-spin**- oder **Low-spin**-Typ sein. Beide Typen unterscheiden sich charakteristisch in ihren physikalisch-chemischen Eigenschaften (Absorptionsmaximum, Elektronenspinresonanz) sowie in ihrer Stereochemie.

Bei den High-spin-Komplexen sind ungepaarte d-Elektronen vorhanden. Die Liganden werden nicht-kovalent gebunden. Die Low-spin-Komplexe enthalten doppelt besetzte d-Orbitale. Diese Komplexe sind diamagnetisch und EPR aktiv. Die Bindung des Zentralatoms an den Liganden erfolgt kovalent. Fe^{3+} neigt mehr zur Bildung von Low-spin-Komplexen. Die Low-spin-Komplexe wurden vor allem am Beispiel der Häme mit N-haltigen Basen als Liganden untersucht. Als Ligand derartiger **Hämochrome** dient vor allem Pyridin. Low-spin-Komplexe werden außer mit diesen Basen auch mit O_2, CO oder NO gebildet. In den High-spin-Komplexen ist das zentrale Fe-Atom um mindestens 0,03 nm außerhalb der Ebene der Pyrrolringe angeordnet.

6.4.5.2 Sauerstoffübertragende Hämoproteine

Sauerstoffübertragende Chromoproteine sind in fast allen Tieren enthalten, da die Löslichkeit des Sauerstoffs in Wasser zu gering ist, um die

Atmung zu unterhalten. Diese Chromoproteine kommen gelöst im Blutplasma oder in bestimmten Zellen des Blutes (Erythrozyten) bzw. der coelematischen Flüssigkeit (bei höher entwickelten *Metazoen*) vor. Nach ihrer chemischen Struktur lassen sich drei Typen von **sauerstoffübertragenden Chromoproteinen** unterscheiden:

- **Hämoglobine,**
- **porphyrinfreie Hämocyanine**
- **Hämoerythrine.**

Alle Sauerstoffüberträger liegen in ihrer aktiven Form als Polymere vor, intrazellulär als Oligomere, in Körperflüssigkeiten als höhere Polymere.
Hämocyanin (Hcy) ist im Blut verschiedener Weichtiere (*Cephalopoda, Gastropoda*) und Gliederfüßer (*Crustaceae, Limulus*) enthalten, von denen die meisten Meerestiere sind. Hämocyanin ist ein Metalloprotein mit einem Kupfergehalt von ca. 0,17 % bei den Gliederfüßern und 0,25 % bei den Weichtieren. Die sauerstofftragenden Hämocyanine (Oxyhämocyanine) sind kräftig blau (langwelliges Absorptionsmaximum bei 580 nm), die sauerstofffreie Form ist farblos. Ein Sauerstoffatom wird von zwei komplex gebundenen Cu(I)-Atomen reversibel gebunden. Das biologisch aktive Hämocyanin der Gliederfüßer enthält 6 sauerstoffbindende Stellen (also 12 Untereinheiten), das der Weichtiere 90 bis 100 bzw. 180 bis 200.
Hämerythrin (Hery) ist ein Eisen(II)-Protein, das in einigen meeresbewohnenden Wirbellosen, so in den Zellen der Körperhöhlen von Spritzwürmern (*Sipunculida*), Priapswürmern (*Priapulida*) und einigen schloßlosen Armfüßern (der Familie der *Lingulaceae*) vorkommt. Das Hämerythrin-Molekül besteht aus 8 Untereinheiten. Jede Untereinheit enthält zwei Eisen-Atome und eine Peptidkette aus 113 Aminosäuren, deren Sequenz aufgeklärt ist. Das Eisen ist komplex an Seitenketten der Aminosäuren gebunden (z.B. von Cys, His, Tyr). Hämerythrin ist ohne Sauerstoff farblos, als Oxyhämerythrin aber blauviolett.
Die **sauerstoffübertragenden Hämoglobine** sind Fe(II)-Porphyrin-Komplexe. Bei dem Häm handelt es sich meist um das Protohäm oder Häm b (**Protohämoglobin,** PrHb, meist einfach als Hämoglobin, Hb, bezeichnet). Lediglich im Blutplasma verschiedener Ringelwürmer (der Familien der *Flabelligeridae, Serpulidae* und *Sabellidae*) kommt **Chlorohämoglobin** (ChlHb, auch Chlorocruorin) vor. Das Chlorohäm unterscheidet sich vom Protohäm durch einen Austausch des Vinylrestes in Stellung 3 durch einen Formylrest (-CHO). Chlorohämoglobin ist im Unterschied zum roten Protohämoglobin gelbgrün.
Protohämoglobine kommen u.a.

- in den Blutkörperchen von Wirbeltieren (*Vertebraten*) und Hufeisenwürmern (*Phoronidea*);
- im Blutplasma (extrazelluläre Hämoglobine oder **Erythrocruorine)** von Würmern (*Annelida*), verschiedenen Krebstieren (*Crustacea*) und einigen Rund- oder Fadenwürmern (*Nematoda*);
- in coelematischen Korpuskeln einiger Vielborster (*Polychaeta*), Igelwürmer (*Echiurida*) und Seegurken (*Cucumaria, Caudina, Thyone*);
- in Muskelzellen (als **Myoglobin** bezeichnet) von Wirbeltieren, Daphnien, Weichtieren (*Gastropoda, Amphineura*), einigen Rund- oder Fadenwürmern und Vielborstern (der Familie der *Aphroditidae* und *Arenicolidae*)

sowie bei einigen niederen Tieren auch im Nervensystem oder anderen Zellen vor. Die intrazellulären Myoglobine dienen im Muskelgewebe – vor allem von Meerestieren – als Sauerstoffspeicher.

In den luftstickstoffverarbeitenden Wurzelknollen von *Leguminosen* wie Sojabohnen oder Lupinen kommt ein pflanzliches Hämoglobin, das **Leghämoglobin,** vor, das dem Myoglobin ähnelt.

Jedes Hämmolekül ist bei den Hämoglobinen an eine Peptidkette gebunden. Der Proteinanteil des Hämoglobins kann durch Behandeln mit Säure abgespalten werden. Dabei wird gleichzeitig das Zentralatom oxidiert (Bildung von Hämin). Durch Behandeln mit Ameisensäure kann das Zentralatom entfernt werden (Bildung von Protoporphyrin IX) (Abb. 6-40).

Proteinanteil
Das Myoglobin des Pottwals enthält 153 Aminosäuren. Charakteristisch für dieses Globin ist, daß Cystein fehlt. Im menschlichen Myoglobin fehlt eine Aminosäure in Position 9. Im Unterschied zu den Myoglobinen handelt es sich bei den Hämoglobinen der Säuger um Tetramere (Abb. 6-41);

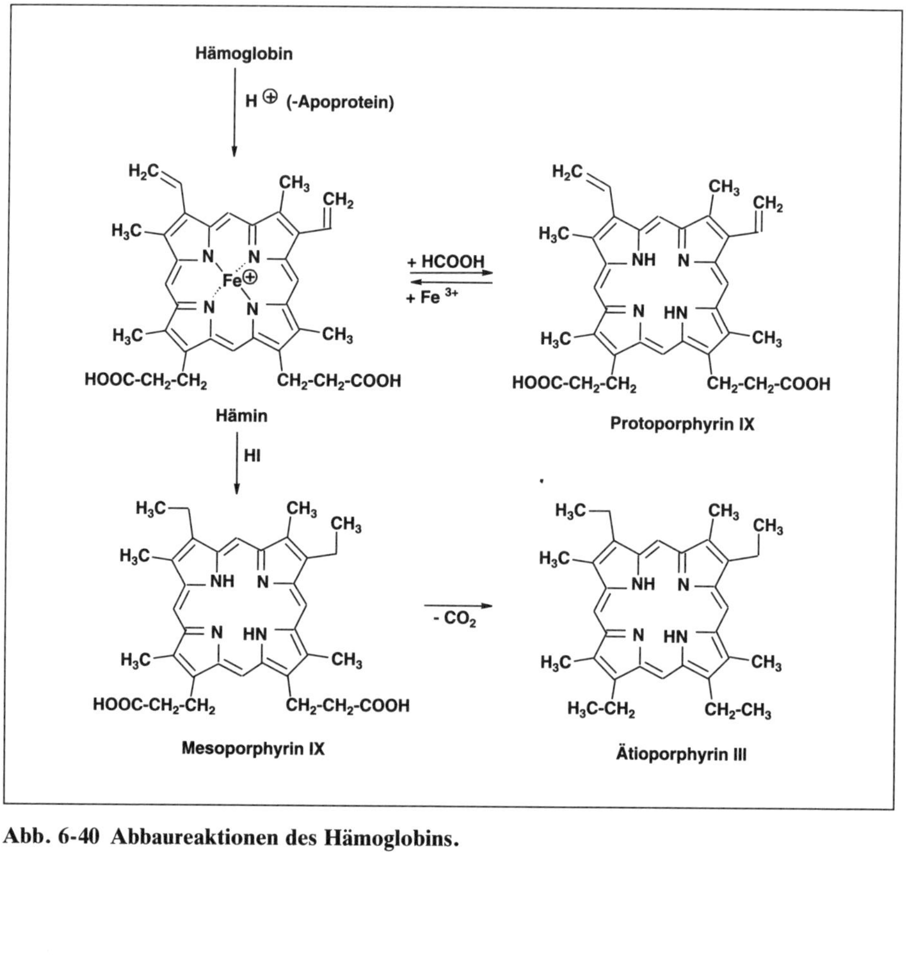

Abb. 6-40 Abbaureaktionen des Hämoglobins.

sie bestehen also aus 4 Hämen und 4 Polypeptidketten. Die Peptidketten zweier Untereinheiten entsprechen sich jeweils. Sie werden bei Säugetieren, Vögeln, Amphibien und Knochenfischen als α- (141 Aminosäuren) und β-Ketten (146 Aminosäuren) bezeichnet. In den Hämoglobinen sind zwar Cysteinreste vorhanden, sie werden aber nicht durch Disulfidbrücken miteinander verbunden. Das Hämoglobin der ursprünglichsten, fischartigen Wirbeltiere ist einfacher gebaut. So enthält das der Inger (*Myxine*) zwei Polypeptidketten mit je einem Häm und das der Neunaugen (*Lampetra*) nur ein Häm.

Das Hämoglobin des erwachsenen Menschen besteht zu 97,5 % aus Hämoglobin A_1 ($\alpha_2\beta_2$) und zu 2,5 % aus Hämoglobin A_2 ($\alpha_2\delta_2$), in dem statt der β-Ketten δ-Ketten enthalten sind. Neben den Hämoglobinen A sind beim Menschen noch fötale bzw. embryonale Hämoglobine bekannt, die noch andere Ketten (γ- bzw. ε-Ketten) enthalten. Anomale Hämoglobine des Menschen, deren Auftreten oft mit bestimmten Krankheitsbildern verbunden ist, unterscheiden sich von dem „normalen" Hämoglobin A durch Austausch oder Deletion von Aminosäuren. So ist bei dem sog. Sichelzellen-Hämoglobin Glutamin in Position 6 der β-Kette durch Valin ersetzt.

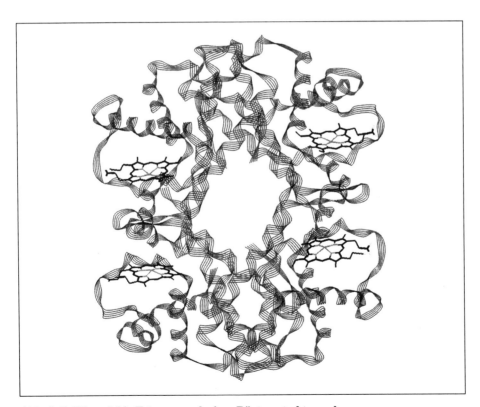

Abb. 6-41 Hämoglobin-Tetramer nach einer Röntgenstrukturanalyse.

Die Strukturen von Myoglobin und Hämoglobin wurden sehr eingehend durch Röntgenstrukturanalyse untersucht (u. a. *Watson, Kendrew, Perutz*). Obgleich sich die Myoglobine und Hämoglobine in ihrer Primärstruktur stark unterscheiden, ist ihre Tertiärstruktur sehr ähnlich. Die Untereinheiten des Hämoglobins entsprechen in ihrer Tertiärstruktur weitgehend der des Myoglobins. Die vier Untereinheiten lagern sich zu einem globulären Molekül zusammen. Im Hämoglobin-Molekül treten einzelne Abschnitte der α- und β-Ketten miteinander in Kontakt. Ein enger Kontakt besteht zwischen 19 Aminosäuren (der C- und G-Helix sowie des nicht-helikalen Abschnittes FG) der Ketten $α_1β_2$ und $α_3β_1$. Die β-Ketten sowie – zumindest im HbO_2 – die α-Ketten stehen miteinander nicht in direktem Kontakt.

Das Eisenatom steht im Zentrum des Porphyrinringes. Die 5. Koordinationsstelle des Fe(II) ist bei den Myoglobinen und Hämoglobinen der Säuger mit dem N-Atom des Imidazolrestes von His F8 besetzt (proximale Stelle des Häms). An der distalen Seite des Häms befindet sich beim Hämoglobin His E7, das allerdings für eine engere Bindung von O_2 zu weit entfernt ist (High-spin-Komplex!), so daß an dieser Stelle die Bindung von O_2 oder anderen Liganden erfolgen kann. Die Bindung des Häms wird vor allem aber durch hydrophobe Wechselwirkung mit hydrophoben Aminosäureresten im Inneren des Globin-Moleküles bewirkt.

Je Häm-Molekül, also je Fe-Atom, kann von den Hämoglobinen ein O_2 reversibel unter Bildung von **Oxyhämoglobin** (HbO_2) gebunden werden. Durch die Bindung von O_2 gehen die paramagnetischen High-spin-Komplexe in diamagnetische Low-spin-Komplexe über. Das Protein ist für die reversible Bindung des Sauerstoffs essentiell. Das Fe(II) von nicht an Globin gebundenem Häm kann Sauerstoff nicht reversibel binden. Das Fe(II) wird unter diesen Bedingungen zum Fe(III) oxidiert. Im Hämoglobin ist das Häm in einer hydrophoben „Tasche" weitgehend abgeschirmt, so daß keine Oxidation stattfinden kann.

Die Sauerstoff-Affinität des Hämoglobins, nicht aber die der Untereinheiten und des Myoglobins, ist abhängig vom pH-Wert (*Bohr*-Effekt). Als allosterische heterotrope Effektoren wirken 2,3-Bis-phosphoglycerat (bei Säugetieren), ATP (bei Fischen) oder Inositolhexaphosphat (bei Vögeln).

Hämoglobin ist orangerot, Oxyhämoglobin karmesinrot. Hämoglobin zeigt eine langwellige Absorptionsbande bei 556 bis 565 nm. Beim Oxyhämoglobin ist diese Bande in zwei Banden (α und β) aufgespalten, die bei 576 bis 578 bzw. 539 bis 545 nm liegen. Die *Soret*-Bande verschiebt sich von 414 auf 425 nm.

Außer O_2 kann Hämoglobin auch andere Liganden binden. Von toxikologischer Bedeutung ist vor allem die Bindung von CO und NO, wobei die Affinität in der Reihenfolge NO > CO > O_2 abnimmt. Die Affinität des Hämoglobins der Säuger für CO ist etwa 200mal höher als die für O_2. Die Bildung des CO-Hämoglobins ist Ursache der Giftigkeit des Stadtgases. Durch Oxidation des Fe(II) zu Fe(III) geht das Hämoglobin in **Methämoglobin** über, das Sauerstoff nicht mehr reversibel binden kann.

Hämoglobin wird im Organismus zu offenkettigen Tetrapyrrolen, den Gallenfarbstoffen (Kap. 6.4.8) abgebaut.

6.4.5.3 Elektronenübertragende Hämoproteine

Wichtigste Vertreter dieser Gruppe sind die **Cytochrome**. Als Cytochrome werden Hämoproteine bezeichnet, die infolge eines Valenzwechsels des zentralen Eisenatoms am Elektronentransport in der Zelle beteiligt sind. Gegenwärtig sind über 30 Cytochrome bekannt. Sie werden nach ihrer prosthetischen Gruppe in vier Hauptgruppen unterteilt (Tab. 6-5).

Tab. 6-5: Cytochrome.

Gruppe	Prosthetische Gruppe	λ_α [nm] des Pyridin-Hämochroms	Vertreter
Cytochrome a	Häm a (Cytohäm a)	580–590	Cytochrom-c-Oxidase der Mitochondrien (*Warburg*sches Atmungsferment Cytochrom a + a_3), a_1 der Bakterien
Cytochrome b	Protohäm (Cytohäm b)	556–558	Cytochrom b der Atmungskette, b_{1-7}, b_3 (Pflanzen) und b_5 (Leber) in Ribosomen, o, P-450; b_6 in Chloroplasten
Cytochrome c	Häm c (Cytohäm c)	549–551	Cytochrom c und c_1 der Atmungskette, c_2, c_3
Cytochrome d	Cytohäm d	600–620	Cytochrom f (c_6) der Chloroplasten, d (a_2) der Mikroorganismen

Die Cytochrome b enthalten wie Hämoglobin und Myoglobin als prosthetische Gruppe das Protohäm. Die anderen prosthetischen Gruppen leiten sich vom Protohäm ab. Häm a wird durch Reaktion des Sesquiterpens Farnesylpyrophosphat mit der Vinylseitenkette in 3-Stellung des Protohäms und Oxidation der Methylgruppe in 18-Stellung zu einer Formylgruppe gebildet. Diese Formylgruppe kann mit einer ε-Aminogruppe des Träger-Proteins unter Bildung einer *Schiff*schen Base reagieren.

Die prosthetischen Gruppen der Cytochrome a, b und d können mit Aceton/HCl vom Protein getrennt werden. Die Häme sind in Ether löslich. Im Unterschied zu diesen Cytochromen ist das Häm beim Cytochrom c fester an das Protein gebunden. Die Bindung erfolgt durch Addition der Mercaptogruppen von Cysteinresten des Trägerproteins an die Vinylseitengruppen des Häm c (Thioether). Die prosthetische Gruppe des Cytochromes d ist ein Dihydroporphyrin-Eisen-Komplex. Zur Unterscheidung der einzelnen Cytochrome dienen die α-Banden des Elektronenspektrums der Pyridin-Hämochrome, die sich in der Reihenfolge Formyl > Vinyl > substituiertes Ethyl bzw. durch Anlagerung von zwei Wasserstoffatomen (Porphin → Chlorin bei den Cytochromen d) nach längeren Wellenlängen verschieben.

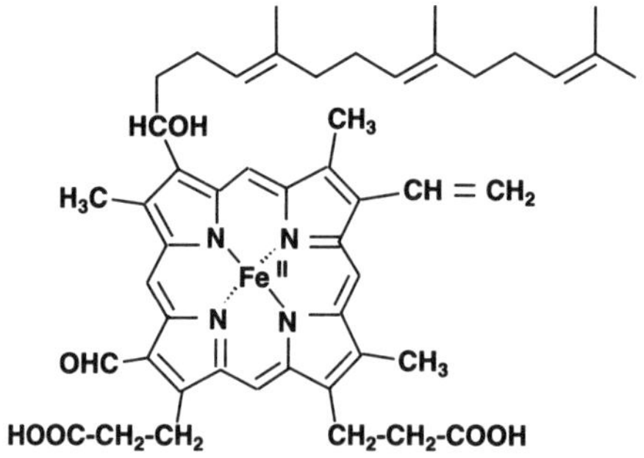

Häm a

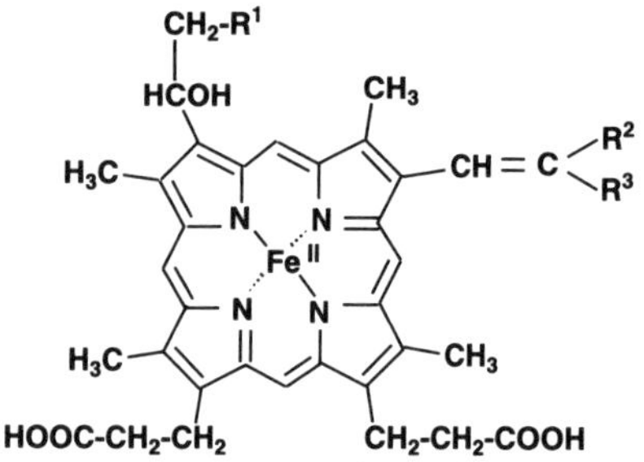

Cytohäm d (R¹, R², R³ = H, Alkyl)

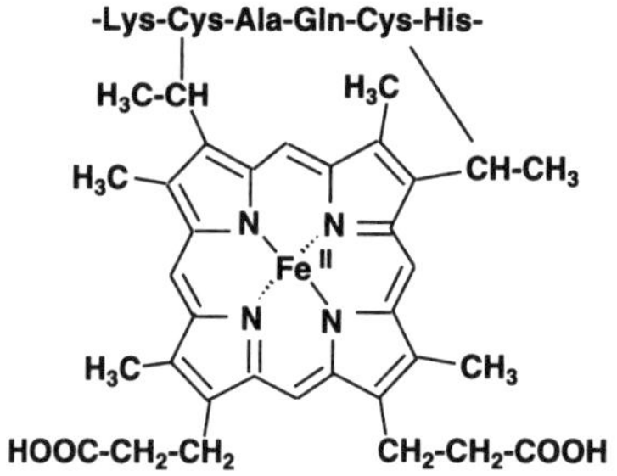

Häm c

Die Cytochrome sind in allen Organismen weit verbreitet und spielen in der Atmungskette und bei den photosynthetischen Prozessen eine entscheidende Rolle beim Elektronentransport. Je nach Substitution am Porphinring und Trägerprotein kommt es zu Unterschieden im Redoxpotential der einzelnen Cytochrome. Die Cytochrome sind meist mit anderen Oxidoreduktasen zu Funktionsketten wie der **Atmungskette** verknüpft, deren Funktion die stufenweise Oxidation des Wasserstoffs unter gleichzeitiger Bildung von ATP ist (Abb. 6-42). Terminales Enzym der Atmungskette ist das *Warburg*sche **Atmungsferment** – ein Enzymkomplex, der 2 Häme a, 2 Cu^{2+} und mehrere Polypeptidketten enthält.

Die chemischen Vorgänge beim Zusammenspiel verschiedener Oxidoreduktasen in einer Funktionskette zeigt Abbildung 6-43.

Eine gewisse Sonderstellung nehmen die **Cytochrom-P 450-abhängigen Enzyme** (Abk.: CYP) ein, die zur Gruppe der Hämthiolatproteine gehören. Es handelt sich um lösliche oder membrangebundene Oxygenasen, die nach Bindung von molekularem Sauerstoff Hydroxylierungen durchführen. Cytochrom-P 450-abhängige Enzyme spielen eine Rolle bei vielen essentiellen Biotransformationen wie der Biosynthese von Steroiden (z. B. Demethylierung von Lanosterol, Aromatisierung der Estrogene) oder dem Arachidonsäuremetabolismus (Thromboxansynthese). Von besonderem Interesse ist die Schlüsselrolle der Cytochrom-P 450-abhängigen Enzyme

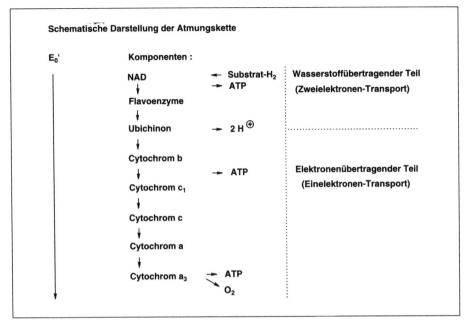

Abb. 6-42 Schematische Darstellung der Atmungskette.

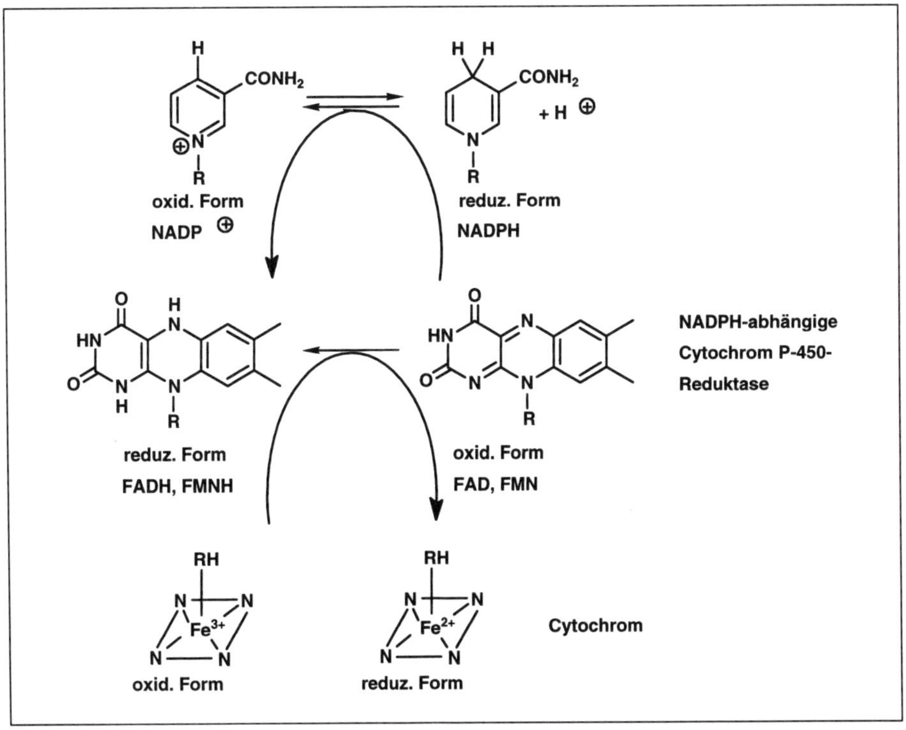

Abb. 6-43 Endoplasmatisches Monooxygenase-System der Leber.

bei der Biotransformation von Xenobiotika, u. a. der Arzneistoffe. Bis 1991 wurden 154 Gene ermittelt, die in 27 Genfamilien eingeteilt wurden, von denen aber nur 10 in Säugetieren vorkommen. Zur genaueren Kennzeichnung der individuellen Enzyme wird an CYP eine arabische Zahl für die Familie, ein Großbuchstabe für die Subfamilie und eine zweite arabische Zahl für das individuelle Enzym gefügt. Die Säugetierenzyme sind alle membranständig. Zu Hemmern Cytochrom-P450-abhängiger Enzyme gehören einige wertvolle synthetische Arzneistoffe wie die zur Krebstherapie eingesetzten Aromatase-Hemmer.

Außer bei den Cytochromen findet auch bei den Oxidoreduktasen **Katalase** und **Peroxidase** ein Valenzwechsel des Zentralatoms Eisen statt. Beide Enzyme enthalten Protohäm als prosthetische Gruppe.

6.4.6 Chlorophylle

> Die Chlorophylle (Abb. 6-44) sind die primären Photorezeptoren in den photosynthetisch aktiven Organismen, also den Pflanzen. Sie kommen vergesellschaftet mit Carotenoiden vor.

Das verbreitetste Chlorophyll, das **Chlorophyll a,** ist in allen Pflanzen enthalten, die Sauerstoff durch die Photosynthese erzeugen. Es wird bei höheren Pflanzen und Grünalgen vom **Chlorophyll b** begleitet. In Kieselalgen (*Diatomeen*) und einigen Braunalgen (*Phaeophyta*) des Meerwassers kommen neben dem Chlorophyll a noch die Chlorophylle c_1 und c_2, in einigen Rotalgen (*Rhodophyta*) des Meerwassers in geringer Menge das Chlorophyll d vor. Die grünen, photosynthetisch tätigen Bakterien (*Chlorobacteriaceen*) enthalten die **Chlorobiumchlorophylle.** Das wichtigste Chlorophyll der roten Schwefelbakterien (*Thiorhodaceen*) ist das **Bacteriochlorophyll.**

> Die Chlorophylle sind Mg-Komplexe von Dihydro- bzw. Tetrahydroporphyrin-Derivaten. Die wichtigsten Chlorophylle besitzen im Gegensatz zu den Porphyrinen keine sauren Seitenketten. Eine Carboxylgruppe der Seitenkette ist mit Methanol verestert, die andere mit dem Diterpenalkohol Phytol. Die Anwesenheit dieses C_{20}-Alkohols bedingt auch die wachsartige Beschaffenheit der Chlorophylle. Charakteristisch für alle Chlorophylle ist die Anwesenheit des alicyclischen Ringes E mit einer Carbonylgruppe am C-9.

Durch vorsichtige Säurehydrolyse läßt sich das Magnesiumion entfernen. Es bilden sich die magnesiumfreien **Phäophytine,** die mit starker Säure

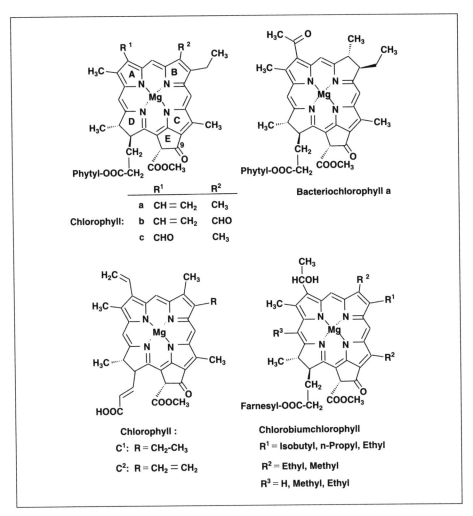

Abb. 6-44 Chlorophylle.

unter Spaltung der beiden Esterbindungen in die stabilen **Phäophorbide** übergehen. Im Alkalischen wird der Ring E aufgespalten.

Die Chlorophylle a und b besitzen drei chirale C-Atome (C-7, 8 und 10), sind also optisch aktiv. Durch die am C-9 vorhandene Carbonylgruppe kann allerdings das C-10 relativ leicht razemisieren. Die Totalsynthese des Chlorophyll a gelang *Woodward* und Mitarb. 1960.

Das Chlorophyll ist relativ lipophil. In nicht-wäßrigen Lösungsmitteln ist es oberflächenaktiv, da es aus einem apolaren (Phytylrest) und polaren Teil (Mg-Komplex) aufgebaut ist. Chlorophyll absorbiert den kurz- und langwelligen Anteil des Sonnenlichts (Chlorophyll a: λ_{max} in Ether: 433 und 662 nm, vgl. Abb. 6-45).

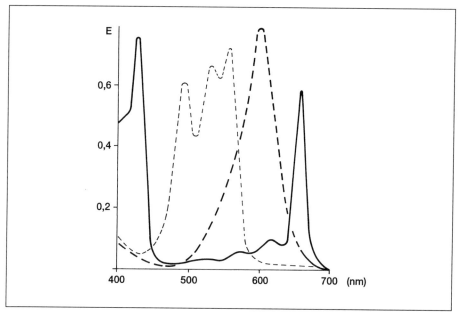

Abb. 6-45 Elektronenspektrum von Chlorophyll a in Ether (–). Als Vergleich Elektronenspektrum von C-Phycocyanin (---) und R-Phycoerythrin (....) (vgl. S. 449), beide in Phosphatpuffer, pH 7.

Das Chlorophyll kann Donator-Akzeptor-Komplexe bilden, in denen das Chlorophyll sowohl Donator (Carbonylgruppe am C-9) als auch Akzeptor (Zentralatom Mg) darstellt. Es liegt deshalb in Abwesenheit zusätzlicher Nucleophile als Oligomer (Chlorophyll$_2$)$_n$ vor. Solche Oligomere werden für das Chlorophyll in den Photosynthese-Einheiten der Pflanze (Antennen-Chlorophyll) angenommen. Die Oligomere absorbieren bei höherer Wellenlänge (Chlorophyll a: 680 nm) als das in polaren Lösungsmitteln gelöste Chlorophyll (Chlorophyll a: 662 nm). Die Bildung der Oligomeren läßt sich in Kohlenwasserstoffen als Lösungsmittel NMR-spektroskopisch verfolgen.

In den funktionellen Einheiten der Chloroplasten – die kleinste funktionsfähige Photosyntheseeinheit wird als Quantosom bezeichnet – sind außer den Chlorophyllen noch Ferredoxin (S. 138), Cytochrome (Cyt f, Cyt b$_6$), Chinone (Plastochinon, Tocopherol, Phyllochinon), Plastocyanin (ein Cu-Protein) sowie ca. 50 % Lipide, vor allem Glyceroglykolipide, enthalten. Die Porphyrinringe der Chlorophylle sind so angeordnet, daß ihre Ebenen parallel liegen und eine Energieübertragung durch induktive Resonanz erlauben. Während bei den Eisen-Porphyrin-Komplexen das Metallatom das reaktive Zentrum darstellt, bestimmt bei den Chlorophyllen der Porphin-Ligand die Reaktivität des Moleküls. Die während der Photosynthese absorbierte Lichtenergie wird durch induktive Resonanz in ein besonders langwellig absorbierendes Chlorophyll a (sog. Sammelfalle: Chlorophyll P700 im Photosystem I, Chlorophyll P680 im Photosystem II) geleitet. Das Chlorophyllmolekül wird dadurch angeregt, d.h. in den ersten Singulett-Anregungszustand gehoben.

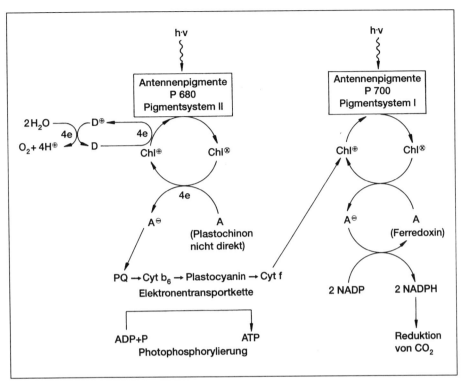

Abb. 6-46 Schematische Darstellung der Photosynthese der höheren Pflanze. Chl*: angeregte, durch Resonanz gekoppelte Chlorophyllmoleküle; Chl$^{+\bullet}$: Chlorophyll-Radikalkation; A: Elektronenakzeptor; D: Elektronendonator.

Das angeregte Elektron wird dann an ein Elektronenakzeptormolekül (A, Abb. 6-46) abgegeben. Dadurch wird das angeregte Chlorophyll (Chl*) zu einem Chlorophyll-Radikalkation (Chl$^{+\bullet}$) oxidiert, das durch ein Donatormolekül (D) wieder zum Ausgangszustand reduziert wird. In der höheren Pflanze sind zwei Photosysteme (I und II) durch eine Elektronentransportkette miteinander verbunden. Am Photosynthesesystem II greifen die meisten der klassischen Herbizide an.

6.4.7 Corrinoide (Vitamin B$_{12}$)

1925 wurde festgestellt, daß sich in roher Leber ein Faktor des Vitamin-B-Komplexes befindet, dessen Fehlen zur perniziösen Anämie führt. Dieser Antiperniziosa-Faktor (auch *animal protein factor, extrinsic factor*) erwies sich als identisch mit Faktoren, die von Bakterien (z. B. im Kuh- oder Hühnermist) produziert werden. 1948 gelang die Isolierung von kristallinem Vitamin B$_{12}$. Die Struktur konnte 1955 durch Röntgenstrukturanalyse aufgeklärt werden (*Crowfoot-Hodgkin*). Die Totalsynthese dieser äußerst kompliziert aufgebauten Verbindung konnte 1973 abgeschlossen werden (*Woodward, Eschenmoser*).

Die Gewinnung des therapeutisch eingesetzten Vitamin B_{12} erfolgt heute ausschließlich durch bakterielle Produktion aus dem Faulschlamm oder anderen Substraten wie Sojamehl bzw. als Nebenprodukt der mikrobiellen Antibiotikaproduktion. Zur vorteilhaften Isolierung wird der Nährlösung vor der Extraktion Cyanid zugesetzt. Vitamin B_{12} wird dabei als **Cyanocobalamin** isoliert. Die Biosynthese erfolgt ausschließlich durch Mikroorganismen.

Die Resorption des Vitamin B_{12} (*extrinsic factor*) im Magen-Darm-Trakt erfordert die Mithilfe eines im Magensaft befindlichen Glykoproteins (*intrinsic factor*, Molmasse ca. 40.000), das über eine hohe Affinität zum Vitamin B_{12} verfügt.

Vitamin B_{12} ist der Co-Komplex eines cyclischen Tetrapyrrols, das als **Corrin** bezeichnet wird. Im Unterschied zu den Porphyrinen sind bei den Corrinoiden die Ringe A und D direkt miteinander verbunden. Die Anordnung der Essig- und Propionsäurereste entspricht der des Uroporphyrin III, allerdings enthalten die Corrinoide zusätzliche Methylgruppen.

Beim Vitamin B_{12} ist der 5. Ligand des Co(III) ein N-Atom des 5,6-Dimethylbenzimidazol-α-D-ribofuranosids, das über eine Phosphorsäurediester-Bindung an 1-Aminopropan-2-ol gebunden ist. Alle Carboxylgrup-

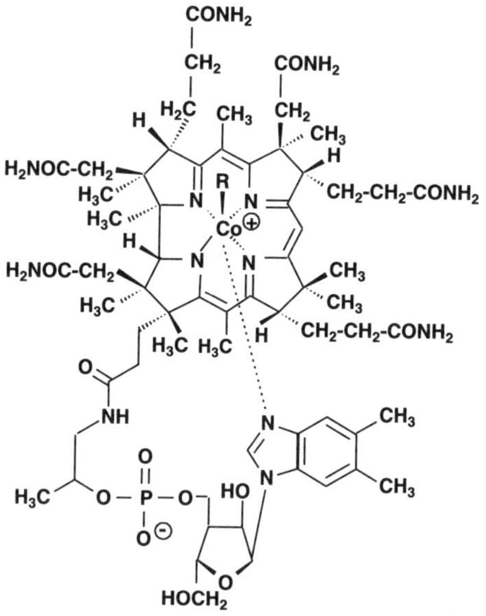

Abb. 6-47 Struktur der Cobalamine. Cyanocobalamin (Vitamin B_{12}): R = CN; Aquacobalamin (Vitamin B_{12a}): R = H_2O; Hydroxocobalamin (Vitamin B_{12b}): R = OH; 5'-Desoxyadenosylcobalamin (Coenzym B_{12}): R = 5'-Desoxyadenosin.

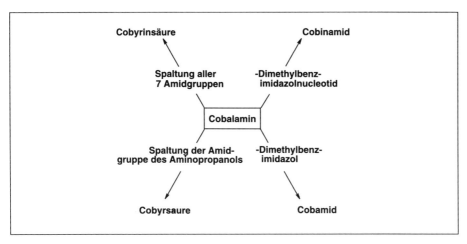

Abb. 6-48 Abbauprodukte des Cobalamins.

pen der Essig- und Propionsäurereste liegen als Amide vor. Über die Bezeichnung der wichtigsten Abbauprodukte des Vitamin B_{12} informiert Abbildung 6-48.

5,6-Dimethylbenzimidazol-Cobamide werden als **Cobalamine** bezeichnet. Ein Purin-Cobamid ist das Pseudovitamin B_{12}, das von einigen anaerob lebenden Mikroorganismen gebildet wird und Adenin als 5. Liganden enthält. In Bakterien wurden Cobamide mit anderen Benzimidazolen sowie p-Kresolresten gefunden.

Die einzelnen Cobalamine unterscheiden sich durch den 6. Liganden (vgl. Abb. 6-47). Ausgehend vom Aquacobalamin können verschiedene Komplexe gebildet werden, deren Stabilität in folgender Reihenfolge abnimmt:

CN^- ≫ SO_3^{2-} > OH^- > Cystein, Histidin ≫ Halogenide.

Diese Liganden beeinflussen auch stark das Elektronenspektrum der Cobalamine. In fast allen Komplexen ist das Co-Atom oktahedral koordiniert, allerdings mit einiger Verzerrung. Es handelt sich um diamagnetische Low-spin-Komplexe. In alkalischer Lösung können die Co(III)-Cobalamine durch Thiole reduziert werden.

Nach der IUPAC-IUB-Nomenklatur werden die Co-Komplexe allgemein als Coα-Aglykonyl-(Coβ-ligandyl)-cobamide bezeichnet, wobei α und ß die gleiche Bedeutung wie in der Steroidreihe haben. Cyano-cobalamin ist demnach ein [Coα-(5,6-Dimethylbenzimidazolyl)] – Coβ-cyano-cobamid.

Aus dem Bakterium *Clostridium tetanomorphum* wurde 1961 ein lichtempfindliches Coenzym isoliert, das sich als Co-organische Verbindung (Coenzym B_{12}) erwies. Durch Belichtung geht das **Coenzym B_{12}** in reduziertes Vitamin B_{12} (Vitamin B_{12r}), ein Co(II)-cobalamin, über. Weitere Reduktion führt zu einem Co(I)-cobalamin (Vitamin B_{12s}). Das Zentralatom Cobalt kann in den Corrinoiden drei-, zwei- und einwertig vorliegen (nach *Schrauzer*):

$$\underset{\substack{\text{Vitamin B}_{12b}\\\text{purpur}}}{\left[\overset{\text{OH}}{\underset{|}{\text{Co}^{III}}}\right]} \underset{-e}{\overset{+e}{\rightleftharpoons}} \underset{\substack{\text{Vitamin B}_{12r}\\\text{braun}}}{\left[\text{Co}^{II}\right]} \underset{-e}{\overset{+e}{\rightleftharpoons}} \underset{\substack{\text{Vitamin B}_{12s}\\\text{blaugrün}}}{\left[\text{Co}^{I}\right]^{\ominus}} \overset{CH_3I}{\longrightarrow} \left[\overset{\text{CH}_3}{\underset{|}{\text{Co}^{II}}}\right]$$

Vitamin B_{12s} kann leicht unter Bildung von Co-organischen Verbindungen alkyliert werden. Die Umsetzung mit Methyliodid führt zum Methylcobalamin (Mecobalamin), die mit 5'-Tosyl-2',3'-isopropylidenadenosin zu einem 5'-Desoxyadenosylcobalamin (Coenzym B_{12}, Abb. 6-49). Derartige Co-Alkyl-corrinoide lassen sich formal als Derivate von Co(III) mit einem Carbanion-Liganden auffassen.

Durch Photolyse gehen diese Co(III)-alkyl-cobalamine in das Co(II)-cobalamin und ein Radikal über, das sich ESR-spektroskopisch nachweisen läßt. Durch Säure wird Coenzym B_{12} zu Vitamin B_{12}, Adenin und 2,3-Dihydroxypentenal als Abbauprodukt des Riboseanteils gespalten. Die alkalische Hydrolyse ergibt Co(I)-cobalamin und 4',5'-Anhydroadenosin (Abb. 6-50).

Coenzym B_{12} spielt eine Rolle bei intramolekularen Umlagerungen (Abb. 6-51).

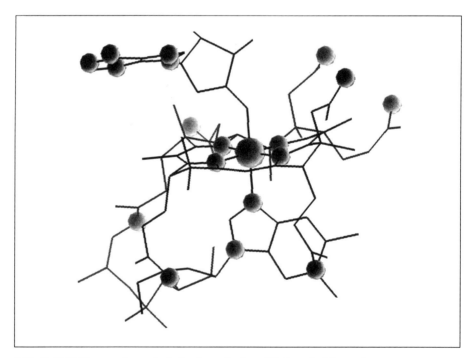

Abb. 6-49 5'-Desoxyadenosylcobalamin nach einer Röntgenstrukturanalyse.

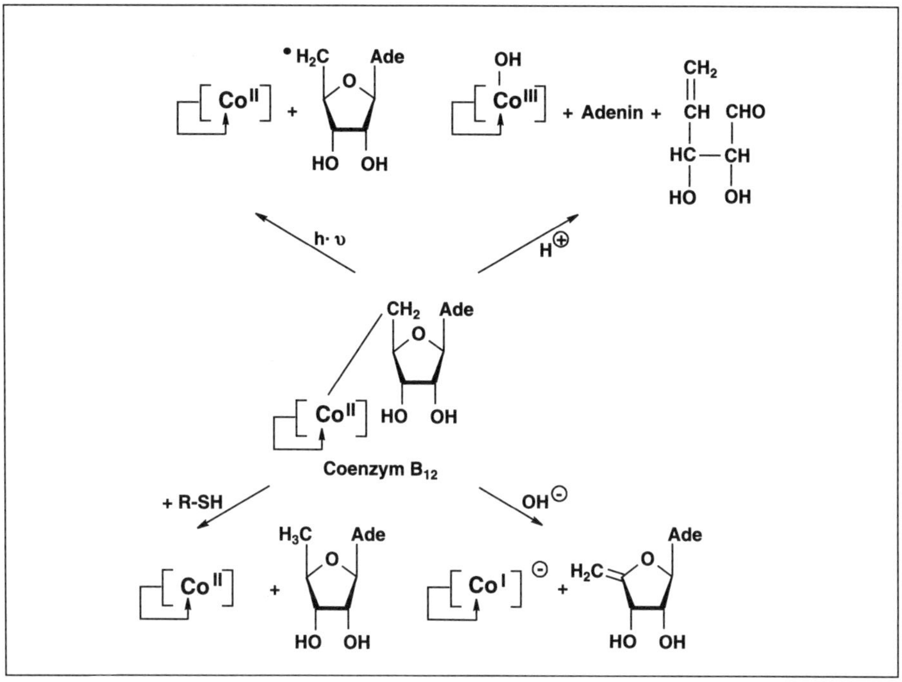

Abb. 6-50 Chemisches Verhalten des Coenzym B_{12}.

6.4.8. Offenkettige Tetrapyrrole

Die natürlichen offenkettigen Tetrapyrrole entstehen durch oxidative Ringöffnung der Porphyrine, überwiegend unter Entfernung der α-Methin-

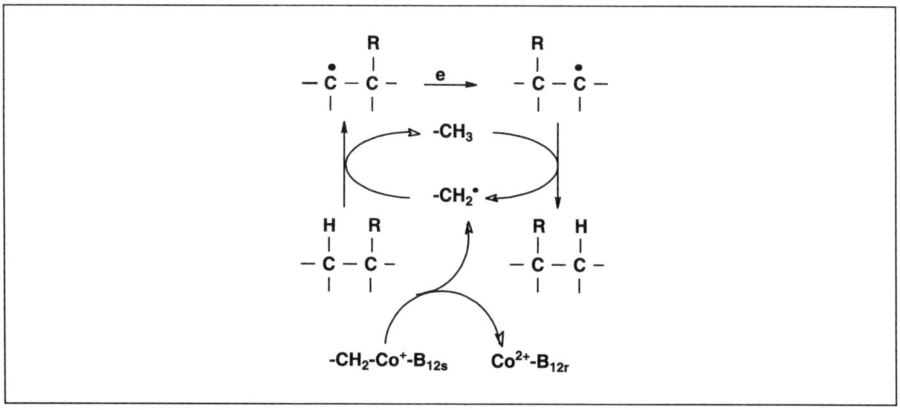

Abb. 6-51 Schematische Darstellung der Rolle des Coenzyms B_{12} bei intramolekularen Umlagerungen.

gruppe (C-5). Lediglich bei *Lepidopteren* erfolgt eine Oxidation an der γ-Methingruppe (C-15). Die natürlichen offenkettigen Tetrapyrrole leiten sich vom Protoporphyrin IX ab. Offenkettige Tetrapyrrole mit endständigen Pyrrolresten kommen lediglich als Intermediate der Porphyrin-Biosynthese vor. Alle anderen natürlichen offenkettigen Tetrapyrrole besitzen endständige Pyrrolinonreste.

Das Tetrapyrrol, bei dem alle Fünfringe durch Methylengruppen verbunden sind, also keine Konjugation zwischen den Fünfringen besteht, wird als **Bilan** (Bilinogen) bezeichnet. Ein **Bilen** (Bilien) enthält 1, ein **Biladien** (Bilidien) 2 und ein **Bilatrien** (Bilitrien) 3 Methingruppen. Bei Bilenen und Biladienen wird die Stellung der Methingruppe mit a, b oder c angegeben. Biladiene (a,c) werden als -rubin, Bilatriene als -verdin bezeichnet. Die Anzahl der in Konjugation stehenden Fünfringe bestimmt das Absorptionsmaximum der Verbindungen. Die langwelligsten Absorptionsmaxima liegen bei 400 (Bilen a), 555 (Biladiene a,b) bzw. 640 nm (Bilatrien). Die Bilane sind entsprechend farblos, die Bilene gelb bis orange, die Biladiene rot und die Bilatriene grün oder blau. Im Unterschied zu den cyclischen Tetrapyrrolen (Porphyrine) besitzen die offenkettigen Tetrapyrrole im sichtbaren Spektralbereich nur eine einzige Absorptionsbande.

In Säugetieren sind die offenkettigen Tetrapyrrole Abbauprodukte der Hämoglobine (vgl. Abb. 6-52), die wegen ihrer Ausscheidung mit der Galle als **Gallenfarbstoffe** bezeichnet werden.

Das primäre Abbauprodukt ist das **Biliverdin** (Biliverdin IXa), aus dem durch Sekundärreaktionen die anderen Gallenfarbstoffe entstehen. Der wichtigste Gallenfarbstoff ist das **Bilirubin,** das z.T. als Glucuronid vorliegt. Die durch spontane Oxidation entstandenen Bilene **Mesobilin** und **Stercobilin** sind für die Farbe des Kots verantwortlich.

Zum Nachweis der Biladiene und Bilatriene kann die Farbreaktion mit nitrithaltiger Salpetersäure (*Gmelin*-Nachweis) herangezogen werden. Mit Diazo-Reagens reagieren Biladiene (a, c), nicht aber Biliverdin, unter Rotfärbung.

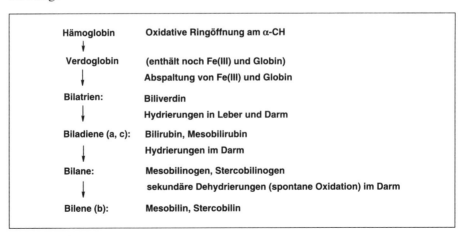

Abb. 6-52 Abbau des Hämoglobins zu den Gallenfarbstoffen.

Biliverdin IXa

Bilirubin: R = H
Bilirubin-glucuronid:
R = H, Glucuronsäure

Bilirubin ist nicht-kovalent an Serumproteine gebunden. Die Bilirubin-Proteine stellen Transportformen des Bilirubins dar. Weitere Gallenfarbstoffe wurden in anderen Tierklassen gefunden, so in Insekten und Fischen. Biliverdin IX (=**Pterobilin**) kommt z. B. als Pigment in Schmetterlingen vor.

Gallenfarbstoffe mit Ethylidengruppe kommen in zahlreichen Pflanzen als **Phycobiliproteine**, d. h. gebunden an Proteine, vor. In Rot- und Blaualgen sowie *Cryptomonales* kommen die an der Photosynthese beteiligten **Phycocyanine** und **Phycoerythrine** vor. Durch Behandeln mit konzentrierter Salzsäure entsteht aus Phycocyanin das blaue **Phycocyanobilin**. Phycoerythrin enthält zwei kovalent an das Protein gebundene Biline, **Phycoerythrobilin** und **Phycourobilin**. Durch Spaltung der Bindung an das Protein wird die Struktur des nativen Chromophors verändert. Die kovalente Bindung erfolgt wahrscheinlich über eine Thioetherbindung zwischen einer Vinylseitenkette des Tetrapyrrols und einem Cysteinrest des Proteins sowie einer Esterbindung zwischen einer Propionsäureseitengruppe und der Hydroxygruppe eines Serinrestes. Die Thioetherbindung konnte dadurch bewiesen werden, daß das entsprechende β-Phycoerythrin mit Pepsin abgebaut wurde und ein Chromopeptid isoliert werden konnte, das nur noch die Aminosäuren Cystein, Valin und Leucin enthielt.

Während vom Chlorophyll nur der kurz- und langwellige Anteil des Sonnenlichts absorbiert wird (vgl. Abb. 6-44), liegen die Absorptionsmaxima der Phycocyanine und Phycoerythrine zwischen den beiden Chlorophyllbanden bei 662 und 433 nm. Durch die Anwesenheit der Phycobiliproteine können diese Pflanzen auch dann photosynthetisieren, wenn der Rotlichtanteil des sichtbaren Lichtes durch eine Wasserschicht absorbiert wird (Wasserpflanzen). In Grünlicht wird bei einigen Algen vorwiegend Phycoerythrin, in Rotlicht dagegen Phycocyanin gebildet (chromatische Adaptation).

Im Pflanzenreich weit verbreitet scheint das **Phytochrom** zu sein, das als Photorezeptor für die Regulation von Wachstum und Entwicklung der

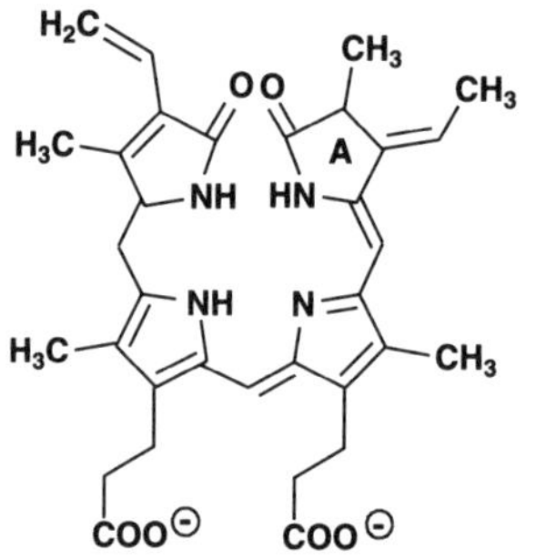

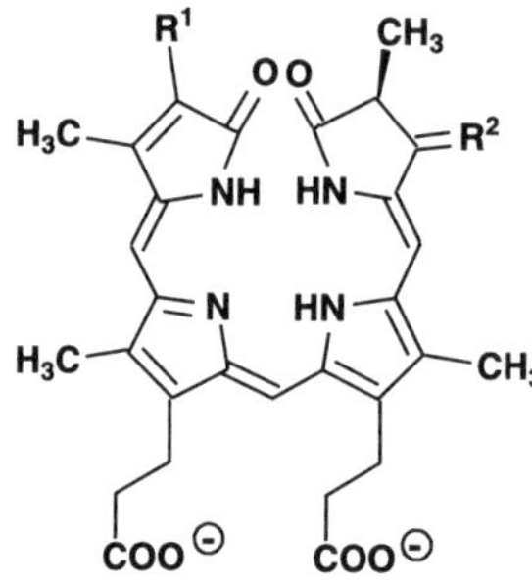

	R^1	R^2	
	C$_2$H$_5$	=CH-CH$_3$	Phycocyanobilin
	C$_2$H$_5$	H,-CH-CH$_3$ | S-Protein	Phycocyanin
	CH=CH$_2$	H,-CH-CH$_3$ | S-Protein	Phytochrom (P$_r$)
	CH=CH$_2$	=CH-CH$_3$	Phycochromobilin

Pflanzen dient. Primärsignal ist die Photokonversion der physiologisch inaktiven und bei höheren Wellenlängen absorbierenden P$_r$-Form *(red light absorbing,* λ_{max} = 724 nm) in die physiologisch aktive P$_{fr}$-Form *(far red light absorbing,* λ_{max} = 665 nm). Der Chromophor ist ein offenkettiges Tetrapyrrol, das dem Phycocyanin-Chromophor ähnelt (Austausch einer Ethyl- gegen eine Vinylgruppe).

7 Interzelluläre Regulationsstoffe

7.1 Einleitung

Chemische Substanzen können zur Kommunikation zwischen verschiedenen Organismen sowie innerhalb eines Organismus dienen. Diese Stoffe lassen sich allgemein als chemische Signalstoffe auffassen.

> **Pheromone** (Kap. 7.4) dienen zur Kommunikation zwischen Individuen einer Art. Für vielzellige, höher organisierte Organismen ist eine Koordinierung der verschiedenen Zellarten, Gewebe und Organe innerhalb des Organismus lebenswichtig. Diese interzellulären Regulationsstoffe werden ganz allgemein als **Hormone** bezeichnet.

Zum Hormonsystem als Regulationssystem gehören außer der Biosynthese der Hormone auch deren gesteuerte Freisetzung, das Vorhandensein entsprechender Rezeptoren an oder in den Zielzellen sowie Methoden zur schnellen Inaktivierung der Hormone (Biotransformation, Rückresorption) nach Reaktion mit dem Rezeptor. Die phylogenetische Entwicklung des Hormonsystems ist also ein typisches Beispiel für eine gleichzeitige oder aufeinanderfolgende Entwicklung verschiedener Stoffwechselprozesse und Funktionstypen, also für eine Coevolution.

Vor allem zur Entwicklung von Arzneistoffen hat es bei den meisten Regulationsstoffen nicht an zahlreichen Versuchen gefehlt, durch Partial- oder Totalsynthesen Analoga zu erhalten, die

- Informationen über Struktur-Wirkungs-Beziehungen zu erlangen halfen,
- wirksamer oder länger wirksam sein oder bestimmte Wirkkomponenten verstärkt bzw. abgeschwächt, d. h. selektiver aufweisen sollten,
- eine antagonistische Wirkung entfalten sollten.

7.2 Hormone der Wirbeltiere

7.2.1 Allgemeine Einführung

Hormone werden in spezialisierten Zellen gebildet, die entweder an verschiedenen Stellen des Organismus delokalisiert sind (Bildung von aglandulären oder Gewebshormonen) oder aber zu besonderen endokrinen Drüsen zusammengefaßt sind (Bildung glandulärer Hormone).

> **Endokrine** Signalstoffe werden über den Blutstrom an die spezifischen Rezeptoren der Erfolgsorgane transportiert (Hypothalamus-Neurohormone, Hypophysenvorderlappen-Hormone, glanduläre Hormone), **parakrine** Signalstoffe wirken dagegen in unmittelbarer Nähe ihrer Freisetzung (Neurotransmitter, Gewebs- oder Lokalhormone wie die gastrointestinalen Peptide, Mediatoren wie die Eicosanoide).

Eine besondere Gruppe stellen Regulationsstoffe dar, die von neurosekretorisch tätigen Nervenzellen (z. B. Hypothalamus) gebildet werden und entweder auf andere Zielorgane (Neurohormone) oder als Mediatoren der Informationsvermittlung (peptiderge Neurotransmitter) auf das Nervensystem einwirken. Auch andere Peptidhormone sind neben ihrer Hormonfunktion in der Körperperipherie noch an Informationsübertragungen im ZNS beteiligt.

> Als **Neurotransmitter** werden chemische Signalstoffe verstanden, die von einer Nervenzelle abgegeben werden und nach Diffusion an den spezifischen Rezeptor in der Empfängerzelle eine Reaktion auslösen.

Zu den Neurotransmittern im peripheren und zentralen Nervensystem gehören biogene Amine bzw. deren Derivate wie Acetylcholin, die Catecholamine (Dopamin, Noradrenalin, Adrenalin), Serotonin, Histamin, γ-Aminobuttersäure (*GABA*), Aminosäuren wie Glycin, L-Glutaminsäure, L-Aspartinsäure und zahlreiche Oligopeptide.

An der Spitze des Hormonsystems steht das Hypothalamus-Hypophysen-System. Die Steuerung der Hypophysenfunktion erfolgt durch die Regulationshormone des Hypothalamus, eines Teiles des Zwischenhirns. Die Hormone des Hypophysenvorderlappens sind meist übergeordnete (**glandotrope**) Hormone, welche die Hormonausschüttung der peripheren Hormondrüsen (**glanduläre** Hormone der Geschlechtsdrüsen, Bauchspei-

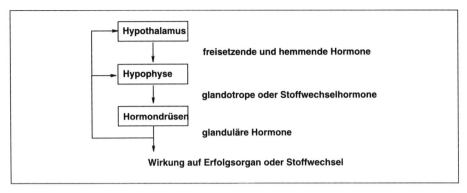

Abb. 7-1 Hierarchie der Hormone der Säugetiere.

cheldrüse, Schilddrüse, Nebenschilddrüse, Nebenniere, Tab. 7-1) beeinflussen. Die Hormone der peripheren Drüsen schließlich regulieren die Funktion der entsprechenden Erfolgsorgane oder bestimmte Stoffwechselfunktionen (Schilddrüsenhormone, Pankreashormone). Ein erhöhter Blutspiegel dieser peripheren Hormone hemmt dann wieder in Form eines Regelkreises durch Rückkoppelung die Produktion der übergeordneten Hormone (Abb. 7-1).

Tab. 7-1: Wichtigste glanduläre Hormone der Wirbeltiere (*vgl. Tab. 7.2).

Freisetzungsort	Hormon	Wirkung (Beispiele)	Struktur (AS = Aminosäure; UE = Untereinheit)
■ Hypothalamus	Liberine und Statine*	Setzen entsprechende HVL-Hormone frei bzw. hemmen deren Freisetzung	Oligopeptide
■ Hypophysenvorderlappen	Somatotropin	Regt Wachstum und Stoffwechsel an	Heterodet cyclisches Protein, 190 AS (Mensch)
	Corticotropin	Regt Ausschüttung der NNR-Hormone an	Lineares Polypeptid, 39 AS
	Thyrotropin	Regt Schilddrüse an	Glykoprotein, 2 UE: 96 und 113 AS (Rind)
	Lipotropin	Regt Lipidstoffwechsel an	Lineare Peptide, 90(α) und 58(β) AS
	Prolactin	Regt Milchdrüse an	Heterodet cyclisches Protein, 198 AS (Schaf)
	Lutropin	Regt Produktion der Estrogene bzw. Androgene an	Glykoprotein, 2 UE: 96 und 120 AS (Schaf, Rind)

Tab. 7-1: Wichtigste glanduläre Hormone der Wirbeltiere (*vgl. Tab. 7.2). (Fortsetzung)

Freisetzungsort	Hormon	Wirkung (Beispiele)	Struktur (AS = Aminosäuren; UE = Untereinheit)
	Follitropin	Regt Spermatogenese bzw. Wachstum der Follikel an	Glykoprotein, 2 UE
	Melanotropin	Regt Pigmentbildung und Farbwechsel an	Lineare Polypeptide, 13(α) und 18 bzw. 22(β) AS
▪ Hypophysenhinterlappen	Oxytocin	Wehenauslösend, uteruskontrahierend	Heterodet cyclische Nonapeptide
	Vasopressin	Antidiuretisch, blutdrucksteigernd	Heterodet cyclische Nonapeptide
▪ Pankreas			
– β-Zellen	Insulin	Blutzuckersenkend, antilipolytisch	Heterodet cyclisches Polypeptid aus 2 Ketten (21 und 30 AS)
– α-Zellen	Glucagon	Glykogenmobilisierung in der Leber	Lineares Polypeptid, 29 AS
▪ Schilddrüse	Thyroxin Triiodthyronin	Ausfall führt zu Wachstumsstillstand	Iodiertes Thyronin
	Calcitonin	Senkt Ca-Spiegel	Heterodet cyclisches Polypeptid, 32 AS
▪ Nebenschilddrüse	Parathyrin	Erhöht Ca-Spiegel und erniedrigt Phosphatspiegel im Serum	Lineares Polypeptid, 84 AS
▪ Plazenta	Choriogonadotropin	Regt Corpus luteum an	Glykoprotein, 2 UE: 92(α) und 147(β) AS (Mensch)
	Choriomammotropin	Wirkung wie Somatotropin und Prolactin	Heterodet cyclisches Protein, 190 AS
▪ Nebenniere			
– Rinde	Glucocorticoide	Stimulieren Gluconeogenese	C_{21}-Steroide
	Mineralocorticoide	Regulieren Elektrolythaushalt	C_{21}-Steroide
– Mark	Adrenalin Noradrenalin		Catecholamine
▪ Ovarien	Follikelhormone (Estrogene)	Entwicklung der weiblichen Sexualorgane	C_{18}-Steroide

Tab. 7-1: Wichtigste glanduläre Hormone der Wirbeltiere (*vgl. Tab. 7.2). (Fortsetzung)

Freisetzungsort	Hormon	Wirkung (Beispiele)	Struktur (AS = Aminosäure; UE = Untereinheit)
■ Corpus luteum	Gestagene	Fördern Schwangerschaft	C_{21}-Steroide
	Relaxin	Erweitert Geburtskanal	Heterodet cyc. Polypeptid aus 2 Ketten
■ Testes	Androgene	Entwicklung der männlichen Sexualorgane	C_{19}-Steroide
■ Niere	Erythropoietin	Stimuliert Erythropoese	Glykoprotein (165 AS)
	Calcitriol	Calcitrop, osteotrop	Seco-Steroid
■ Herz	Atriale Natriuretische Peptide	Natriuretisch	Polypeptide

Bezüglich ihres **molekularen Wirkungsmechanismus** können im wesentlichen drei Gruppen von Hormonen unterschieden werden:
1. Hormone, die aufgrund ihrer Lipophilie durch die Zellmembran in die Zelle eindringen, in der Zelle (Cytoplasma oder Zellkern) mit spezifischen Rezeptoren reagieren und nach Bildung eines Hormon-Rezeptor-Komplexes eine Genexpression auslösen (aktivierte Hormon-Rezeptoren als Transkriptionsfaktoren, vgl. Abb. 4-33, S. 314). Zu dieser Gruppe gehören die Steroidhormone, Schilddrüsenhormone und Retinoide. Die Wirkung dieser Hormone tritt erst nach Stunden ein.
2. Hormone, die an der Zellaußenseite mit membrangebundenen Rezeptoren reagieren und durch Aktivierung des Rezeptors eine drastisch erhöhte Permeabilität der Zellmembran gegenüber Ionen hervorrufen (ligandenkontrollierte Ionenkanäle). Typische Vertreter dieser **ionotropen** (Ionenfluß-regulierenden) **Rezeptoren** sind der nicotinartige Acetylcholin-Rezeptor, der einen Natriumkanal reguliert und der *GABA*-Rezeptor, der einen Chloridkanal kontrolliert. Die Wirkung tritt bereits nach Millisekunden ein.
3. Hormone, die ebenfalls mit zellmembrangebundenen Rezeptoren (vgl. S. 365) reagieren, durch diese spezifische Wechselwirkung über eine biochemische Reaktionskette in der Zelle Veränderungen der Konzentration intrazellulärer Mediatoren, der sog. **second messenger** (cAMP, cGMP, Ca^{2+}, Inositol-1,4,5-triphosphat, 1,2-Diacylglycerol) hervorrufen, die ihrerseits Funktionsänderungen bei Proteinen auslösen. Dabei spielen Phosphorylierungen und Dephosphorylierungen von Proteinen (S. 147) eine wesentliche Rolle. Mit diesen **metabotropen** (metabolismusregulierenden)

Rezeptoren reagieren die Peptidhormone und die meisten Neurotransmitter. Die Wirkung tritt im allgemeinen nach Sekunden ein.

7.2.2 Peptidhormone

Die Peptidhormone sind ihrer chemischen Struktur nach Oligo- oder Polypeptide, Proteine oder Glykoproteine (vgl. Tab. 7-1). Sie werden meist klassifiziert nach dem Ort ihrer Biosynthese bzw. Freisetzung. Es hat sich allerdings herausgestellt, daß Peptidhormone nicht nur an einer Stelle des Organismus gebildet werden. Da es sich bei den Peptidhormonen um extrazelluläre Proteine handelt, erfolgt die Biosynthese prinzipiell in der Abfolge

Präprohormon → Prohormon → Hormon

(vgl. Abb. 2-26, S. 141). Die enzymatische Spaltung erfolgt nach Paaren basischer Aminosäuren (Lys, Arg).

Nach ihrer strukturellen Verwandtschaft lassen sich die meisten Peptidhormone in folgende **Hormonfamilien** einteilen:

- Glykoproteine: Thyrotropin, Follitropin, Lutropin, Choriogonadotropin
- Somatotropin, Prolactin, Choriomammotropin
- Corticotropin, Melanotropin, Lipotropin, Endorphin, Enkephaline
- Inhibine, Activine, Transforming growth factor
- Oxytocin, Vasopressin
- Insulin, Relaxin, Somatomedine (Insulin-like growth factor I und II)
- Secretin, Vasoaktives Intestinal-Polypeptid (VIP), Gastrin-inhibierendes Peptid (GIP), Somatoliberin, Glucagon, Glucagon-like Peptid (GLP)
- Gastrin, Cholecystokinin/Pancreozymin, Caerulein.

Die für die Wirkung essentielle Gruppierung (pharmakophore Gruppe) kann durch eine zusammenhängende Aminosäuresequenz (**sychnologisch** organisierte Peptide; Beispiel: Lys-Lys-Arg-Arg von Corticotropin) oder durch Aminosäuren gebildet werden, die diskontinuierlich über die Peptidkette verteilt sind (**rhegnologisch** organisierte Peptide; Beispiel: Insulin, S. 466). Nicht-proteinartige Stoffe, die an den Rezeptoren von Peptiden angreifen, also die Wirkung von Peptiden imitieren, werden als **Peptidomimetika** bezeichnet (Beispiel: Morphin/opioide Peptide, S. 463).

7.2.2.1 Hypothalamus-Neurohormone

Der Hypothalamus ist ein Teil des Zwischenhirns. Die in den Nervenzellen des Hypothalamus produzierten Hormone (Neurohormone) steuern u. a. die Bildung der übergeordneten Hormone des Hypophysenvorderlappens (Tab. 7-2). Man unterscheidet **Liberine** (freisetzende oder releasing Hormone bzw. Faktoren; RH, RF) und **Statine** (hemmende oder inhibiting Hormone bzw. Faktoren; IH, IR). Einige Hypothalamus-Neurohormone haben Bedeutung zur Funktionsprüfung der Hypophyse erlangt.

Tab. 7-2: **Zusammenhänge zwischen Tropinen und Statinen des Hypothalamus und Tropinen des Hypophysenvorderlappens.**

Liberine	Statine	Tropine
■ Corticoliberin		Corticotropin
■ Gonadoliberin (Folliberin)		Follitropin
■ Gonadoliberin (Luliberin)		Lutropin
■ Somatoliberin	Somatostatin	Somatotropin
■ Thyroliberin		Thyrotropin
■ Melanoliberin	Melanostatin	Melanotropin

Die Entdeckung der Hypothalamushormone erfolgte erst relativ spät, da sie nur in Nanogramm-Mengen vorhanden sind. Zur Isolierung des ersten Hormons (LH-RH vom Schaf) mußten die Zwischenhirne von ca. 300.000 Schlachttieren aufgearbeitet werden. Die erhaltenen 40 µg reichten zur Strukturaufklärung aus.

Die eindeutig identifizierten Hypothalamus-Neurohormone sind Oligopeptide mit z. T. sehr niedriger Molmasse. In ihrer Struktur am längsten bekannt sind das Thyroliberin und das Gonadoliberin („Fruchtbarkeitshormon").

Thyroliberin (Thyrotropin-releasing factor, TRH) ist ein Tripeptid, das aus den Aminosäuren Glu, His und Pro besteht, wobei das N-terminale Glu als Pyroglutaminsäure und das C-terminale Pro als Prolinamid vorliegen. Das erklärt die Stabilität gegenüber Carboxypeptidase. Präpro-TRH besteht aus 225 Aminosäuren und enthält 5 TRH-Sequenzen. Synthetisches Thyroliberin (Protirelin) wird zur Schilddrüsendiagnostik eingesetzt.

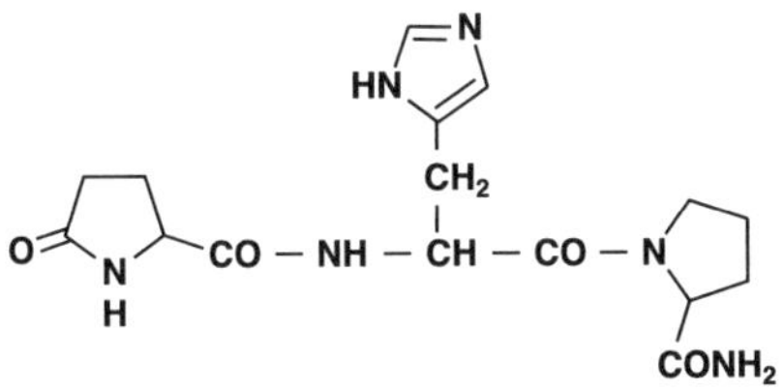

Thyroliberin

Gonadoliberin (GnRH), das Lulitropin- (LH-RH-) und Folliliberin- (FSH-RH-)Aktivität besitzt, ist ein Decapeptid, ebenfalls ohne Carboxy- und Amino-Terminus. Die Gonadoliberine der Säugetiere scheinen identisch zu sein. Bemerkenswert ist, daß TRH und GnRH einen identischen N-Terminus aufweisen. Gonadoliberin wird auch in anderen Organen gefunden (u. a. in Herz, Leber, Pankreas, Niere). Synthetisches Gonadoliberin (Gonadorelin) wird zur Differentialdiagnose von Fertilitätsstörungen eingesetzt. Synthetisch variiert wurden vor allem die Positionen 6 und 10. Durch Einbau von D-Aminosäuren in 6-Stellung läßt sich die Stabilität gegenüber Endopeptidasen und damit die Wirkungsdauer erhöhen. Lipophilere Aminosäuren (z.B. Nal = 2-Naphthyl-alanin) erhöhen die Bindungsaffinität und damit die Wirkungsstärke (Entwicklung von sog. Superagonisten). Synthetische Gonadoliberin-Analoga werden z.B. bei Endometriose eingesetzt.

Gonadoliberin	pGlu-His-Trp-Ser-Tyr- Gly	- Leu-Arg-Pro-Gly-NH$_2$
Buserelin	pGlu-His-Trp-Ser-Tyr-D-Ser^{tBu}-	Leu-Arg-Pro-NHEt
Leuprorelin	pGlu-His-Trp-Ser-Tyr-D-Leu	- Leu-Arg-Pro-NHEt
Nafarelin	pGlu-His-Trp-Ser-Tyr-D-Nal(2)-	Leu-Arg-Pro-Gly-NH$_2$
Goserelin	pGlu-His-Trp-Ser-Tyr-D-Ser^{tBu}	- Leu-Arg-Pro-azaGly
Triptorelin	pGlu-His-Trp-Ser-Tyr-D-Trp	- Leu-Arg-Pro-Gly-NH$_2$

Gonadoliberin und synthetische Gonadoliberin-Analoga, D-Nal(2) = D-(Naphthyl)-alanin; azaGly = (Azaglycin) = -NH-NH-CONH$_2$

Corticoliberin (Corticotropin-releasing Hormon, CRH) reguliert über das Corticotropin die Freisetzung der Corticoide (vgl. Abb. 7-1). Das Corticoliberin des Menschen besteht aus 41 Aminosäuren. Für die Wirkung entscheidend ist der C-Terminus.
Corticostatin wird u.a. von Granulozyten produziert. Human-Corticostatin enthält 33 Aminosäuren und zwei Disulfidbrücken.
Die Strukturaufklärung des **Somatoliberin** (Somatotropin-releasing factor, growth hormone releasing hormone, SRF, GR-RH; INN: Somatocrinin) gelang erst nach Isolierung aus einem Pankreastumorgewebe.

Derartige Hormone, die von einem Tumorgewebe gebildet werden, das sich nicht von einer endokrinen Drüse herleitet, werden auch als ektopische Hormone bezeichnet.

Human-Somatoliberin besitzt 44 Aminosäuren. Es wird auch in Gastrointestinaltrakt, Plazenta und anderen Organen produziert. Die durch Somatoliberin ausgelöste Hormonkaskade geht aus Abbildung 7-2 hervor. Somatomedine (IGF I und II) gehören mit zu der Peptidhormonfamilie des Insulins. **Galanin** (vgl. Abb. 7-2) ist ein Polypeptid aus 29 Aminosäuren, das zuerst aus Darm isoliert werden konnte, aber auch in Gehirn, Hypophyse u.a. Organen vorkommt. Der Name kommt von den terminalen Aminosäuren Gly (N-Terminus) und Ala (C-Terminus).

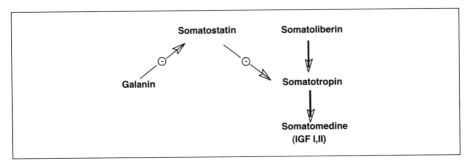

Abb. 7-2 Somatoliberin-Kaskade.

Somatostatin (Somatotropin release-inhibiting factor, growth hormone release-inhibiting hormone; SRIF, GIH) wird u. a. im Hypothalamus, Pankreas und Gastrointestinaltrakt als Tetradecapeptid (SRIF-14) freigesetzt. In Magen und Pankreas von Säugetieren wird aus dem Pro-SRIF(1-64) durch enzymatischen Abbau vom C-Terminus SRIF-28 und SRIF-14 gebildet. Neben seiner Wirkung auf die Hypophyse beeinflußt Somatostatin zahlreiche Hormon- und Stoffwechselprozesse in der Peripherie, so die Freisetzung der Pankreashormone und des Gastrins. Während Somatostatin nur eine Halbwertszeit von 1 bis 3 min besitzt, liegt die Halbwertszeit des synthetischen Somatostatin-Analogons Octreotid bei über 100 min. Octreotid hemmt die Somatotropin-Freisetzung etwa 45mal stärker als Somatostatin und wird aufgrund seiner Hemmung der endokrinen Sekretion zur Behandlung von Tumoren des Gastrointestinaltraktes eingesetzt.

```
¹ Ala → Gly — Cys → Lys — Asn— Phe — Phe — Trp      D-Phe → Cys → Phe — D-Trp
         |                                                    |              |
    ¹⁴Cys ← Ser — Thr —Phe — Thr — Lys                   Cys — Thr — Lys
                                                              |
                                                           ThrOAc
              Somatostatin                                 Octreotid
```

Als **Melanoliberin** und **Melanostatin** (MIF) wirken Teilsequenzen des Oxytocin.

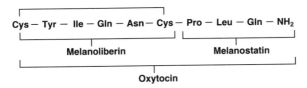

7.2.2.2 Hypophysenvorderlappen-Hormone

> Die Hypophyse ist ein innersekretorischer Hirnanhang und besteht aus dem Vorderlappen (Adenohypophyse), dem Hinterlappen (Neurohypophyse) und dem beim Menschen stark zurückgebildeten Mittellappen (*Pars intermedia*).

Zu den Hormonen des Hypophysenvorderlappens (HVL-Hormone) gehören die unmittelbar auf den Stoffwechsel der Körperzellen einwirkenden Stoffwechselhormone Somatotropin und Lipotropin sowie die glandotropen Hormone Thyrotropin, Corticotropin und die den Keimdrüsen übergeordneten Hormone, die Gonadotropine (Follitropin, Lutropin, Prolactin). Die Gonadotropine sind geschlechtsunspezifisch. Gonadotropine werden im weiblichen Organismus auch nach der Befruchtung in der Plazenta gebildet (Choriogonadotropin, Choriomammotropin).

Glykopeptid-Hormone:

- HVL-Hormone: Thyrotropin, Follitropin, Lutropin;
- Plazenta-Hormon: Choriogonadotropin.

Thyrotropin (Thyreotropes Hormon, Thyreoidea-stimulierendes Hormon, TSH, Thyreotrophin) regt die Bildung und Ausschüttung der Schilddrüsenhormone an.

Follitropin (Follikelstimulierendes Hormon, FSH) stimuliert bei weiblichen Tieren das Wachstum der Follikel, bei männlichen die Spermatogenese. Die Produktion der peripheren Geschlechtshormone (Estrogene, Androgene) wird dagegen nicht angeregt.

In den Gonaden stimuliert FSH die Freisetzung der **Inhibine** (IHB) und in den Ovarien die der **Activine** (ATV) (vgl. Abb. 7-3), die zusammen mit dem im Organismus weit verbreiteten, aber besonders in den Thrombozyten angereicherten **Transforming growth factor** (TGF-β) zu einer Peptidfamilie gehören. Diese Peptidhormone bestehen aus 2 gleichen (Activin A, TGF-β) oder verschiedenen (Inhibine) Ketten, die durch Disulfidbrücken miteinander verbunden sind. TGF-ß ist ein allgemeiner Regulator des Zellwachstums.

Lutropin (Luteinisierungshormon, LH, identisch mit dem Interstitialzellen-stimulierenden Hormon, ICSH) fördert im weiblichen und männlichen Organismus die Produktion der peripheren Geschlechtshormone (vgl. Abb. 7-3), nachdem die entsprechenden Drüsen durch das Follitropin angeregt wurden.

Die Bildung des Choriogonadotropins (human chorionic somatotropin, HCG) setzt in der Plazenta nach der Einbettung des befruchteten Eies ein. Der Nachweis des Choriogonadotropins im Harn dient daher zum Schwangerschaftstest (*Aschheim, Zondek*). Choriogonadotropin hat etwa die Wirkung des Lutropins und Prolactins.

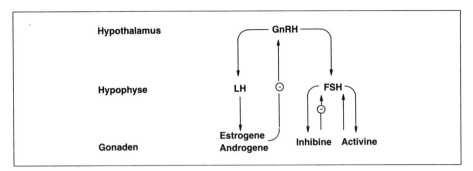

Abb. 7-3 Zusammenwirken von Hormonen, die die Funktion der Gonaden regulieren.

Thyrotropin, Follitropin, Lutropin sowie das Plazentahormon Choriogonadotropin (HCG) sind Glykopeptide, die durch verdünnte Säure in zwei Untereinheiten (α und β) aufgespalten werden können. Die Untereinheiten sind allein praktisch unwirksam. Sie lassen sich aber unter milden Bedingungen wieder zu fast voll wirksamen Hormonen rekombinieren. Beide Ketten werden getrennt als Proproteine synthetisiert und enthalten Disulfidbrücken.

Die **α-Untereinheiten** sind identisch. Die α-Ketten von Rind, Schaf und Schwein bestehen aus 96 Aminosäuren, die des Menschen aus nur 89. Kohlenhydratreste befinden sich an Asparaginresten in den Positionen 56 und 82 bzw. beim Menschen in 49 und 75. Die α-Ketten von Rind und Schaf unterscheiden sich in 23 Aminosäureresten von denen des Menschen.

Im Unterschied zu den α-Untereinheiten zeigen die **β-Untereinheiten** dieser Hormone größere Abweichungen untereinander. Die β-Untereinheiten bedingen im wesentlichen die spezifische Wirkung dieser Hormone, wie aus Untersuchungen mit Hormon-Hybriden hervorgeht (*Pierce*), bei denen die Aktivität jeweils an die β-Untereinheit gebunden war, unabhängig von der Herkunft. Das β-TSH vom Rind besteht aus 114 Aminosäuren und enthält 6 Disulfidbrücken. Nur 25 % der Aminosäuren entsprechen denen des β-LH. Allerdings handelt es sich bei den Abweichungen häufig um einen konservativen Austausch. Das β-HCG besteht aus 145 bzw. 147, das β-LH des Menschen aus 115 Aminosäuren.

Peptidhormone:

- HVL-Hormone: Somatotropin, Prolactin;
- Plazenta-Hormon: Choriomammotropin

Das Somatotropin (Wachstumshormon, somatotropes Hormon, growth hormone, STH, GH) fördert das Knochenwachstum und den Proteinaufbau (anabole Wirkung). Auf die Annahme eines Wachstumshormons kam man durch die Beobachtung, daß bei einer Hypophysektomie bei jungen Hunden Zwergwuchs auftrat. Neben dem Wachstumshormon spielen bei Wachstumsvorgängen noch weitere Hormone wie die Schilddrüsenhormone und das Insulin eine Rolle. Somatotropin wirkt artspezifisch, d. h. im Menschen wirkt nur humanes GH. Aus diesem Grunde wurde das Wachstumshormon zunächst aus menschlichen Hypophysen isoliert. Da Virusinfektionen damit nicht auszuschließen sind, wird heute gentechnisch hergestelltes hSTH (Genotropin) zur Substitutionstherapie eingesetzt. hSTH besteht aus 187 Aminosäuren. Es wird in der Hypophyse als Pro-STH gebildet und zirkuliert als monomere (little-STH), dimere (big-STH) und oligomere (big-big-STH) Form sowie in zwei STH-Varianten, die von der Plazenta gebildet werden. Alle Säugetier-Somatotropine enthalten zwei Disulfidbrücken, die sich an denselben Stellen des Moleküls befinden.

Prolactin (Mammotropes Hormon, Mammotropin, Lactotropes Hormon, Lactotropin, PRL, LTH) regt im weiblichen Organismus die Produktion der Gestagene an und wirkt zusammen mit den peripheren weiblichen Sexualhormonen auf die Milchdrüsen ein. Die Produktion des Prolactins wird durch das partialsynthetische Ergolinderivat Bromokryptin (S. 670) gehemmt. Die Primärstruktur des Prolactins ähnelt sehr dem des Somatotropins und des Plazentahormons Choriomammotropin. 85 % der Aminosäuren des menschlichen Somatotropins sind identisch mit denen des Prolactins und Choriomammotropins, darunter auch die Stellung der beiden Disulfidbrücken. Prolactin- und Somatotropin-ähnliche Hormone sind auch bei Vögeln, Reptilien und Amphibien gefunden worden.

Choriomammotropin (human chorionic somatotropin, HCS, human placental lactogen, HPL) wird gegen Ende der Schwangerschaft in der Plazenta gebildet und besitzt etwa die Wirkungen des Somatotropins und Prolactins.

Proopiomelanocortin-Gruppe
Als Reaktion auf Streß werden Corticoliberin und nachfolgend in der Adenohypophyse **Proopiomelanocortin** (POMC) freigesetzt. POMC ist Prohormon für eine ganze Familie von Peptidhormonen (Abb. 7-4), die auch als Streßhormone bezeichnet werden.

Corticotropin (Corticotrophin, Adrenocorticotropes Hormon, ACTH) regt die Nebennierenrinde zur Produktion und Abgabe der Corticoide (S. 484) an. Die volle Aktivität des nativen ACTH-(1-39) besitzt bereits der N-Terminus ACTH-(1-18). Von besonderer Bedeutung für die biologische Wirkung ist die stark basische Sequenz Lys-Lys-Arg-Arg (Positionen 15 bis 18). *In vitro* ist ACTH-(1-24) (Tetracosactid) wirksamer als das native ACTH. Corticotropin dient therapeutisch zur Anregung der Produktion dieser Steroidhormone bei sekundärer Nebenniereninsuffizienz, verschiedenen allergischen Erkrankungen oder Verbrennungen. Die Anwendung setzt allerdings die Funktionstüchtigkeit der Nebenniere voraus.

Melanotropin (Melanozyten-stimulierendes Hormon, MSH) wird bei Tieren im Hypophysenmittellappen gebildet. Es reguliert die Pigmentbildung der Haut. Beim Menschen erfolgt die Bildung im Hypophysenvorderlappen, da der Mittellappen weitgehend zurückgebildet ist. Die Funktion beim Menschen ist noch ungeklärt. α-MSH stimuliert in Melanozyten durch Aktivierung einer Tyrosinase die Bildung des melanophoren Pig-

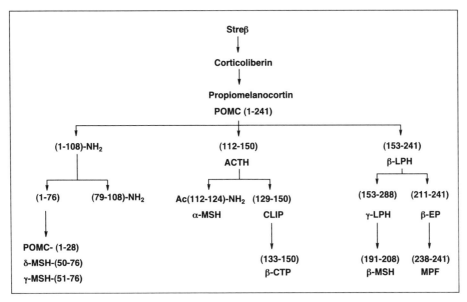

Abb. 7-4 Peptidhormone der Proopiomelanocortin-Familie (nach *W. König*: Peptide and protein hormones, VCH Weinheim, p. 51, 1993). CLIP: Corticotropin like intermediate lobe peptide; CTP: β-cell-tropin; MPF: Melanotropin potentiating factor. Andere Abkürzungen siehe Text.

ments Melanin (vgl. Kap. 9.7). β-MSH hat etwa die gleiche Aktivität, γ-MSH ist inaktiv. α-MSH ist ein Tridecapeptid; der Acetylrest am N-Terminus ist essentiell. Für die Wirkung entscheidend ist die mittelständige Sequenz -His-Phe-Arg-Trp- (messenger sequence); das N-terminale Peptid potenziert.

α-Melanotropin

1				10								
Ac — Ser — Tyr — Ser — Met	Glu — His — Phe — Arg — Trp	Gly — Lys — Pro — Val — NH₂

Potentiator   "messenger" Sequenz

Die **Lipotropine** (Lipotrope Hormone, LPH; vgl. Abb. 7-4) regen die Freisetzung von Fettsäuren aus den Fetten an, sind also fettmobilisierend (lipolytisch).

Proopiomelanocortin ist auch ein Precursor für die sog. **opioiden Peptide**.

Unter opioiden Peptiden werden Peptide verstanden, die an die Morphin-Rezeptoren binden und damit die endogenen Liganden dieser Rezeptoren darstellen („endogenes Morphin": Endorphin).

Die ersten isolierten und in ihrer Struktur aufgeklärten opioiden Peptide waren die **Enkephaline**. Sie wurden zuerst aus Schweinehirn isoliert und erwiesen sich als Gemisch zweier Pentapeptide, die sich nur in ihrem C-terminalen Aminosäurerest unterscheiden (Met- und Leu-Enkephalin). Am wirksamsten ist das Met-Enkephalin. Zu den opioiden Peptiden biogener Herkunft gehören Abbauprodukte des Proopiomelanocortin (→ β-Endorphin → Met-Enkephalin, Abb. 7-4), Präproenkephalin A (→ Met-Enkephalin) und Präproenkephalin B (→ Dynorphin, α-, β-Neoendorphin, Rimorphin: mit Leu-Enkephalin-Sequenzen, Abb. 7-5).

> Opioide Peptide, die durch enzymatische Spaltung von Proteinen der Nahrung gebildet werden, werden als Exorphine bezeichnet.

Dazu gehören die **Casomorphine** (α, β), die aus dem Casein der Milch gebildet werden. Aus der Haut von Amphibien wurden die Heptapeptide **Dermorphine** und **Deltorphine** isoliert. Gemeinsames Strukturelement ist ein N-terminaler Tyrosinrest, dessen phenolische Hydroxygruppe etwa den gleichen Abstand von dem basischen N-Atom der Aminogruppe hat wie beim Morphin, einem Peptidomimetikum.

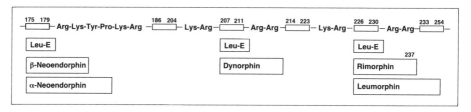

Abb. 7-5 Teilstruktur des humanen Präproenkephalin B.

Met^5-Enkephalin	Tyr — Gly — Gly — Phe — Met
Leu^5-Enkephalin	Tyr — Gly — Gly — Phe — Leu
β-Casomorphin	Tyr — Pro — Phe — Pro — Gly — Pro — Ile
Dermorphin	Tyr — D-Ala — Phe — Gly — Tyr — Pro — Ser — NH$_2$

7.2.2.3 Pankreas-Hormone

In der Bauchspeicheldrüse (Pankreas) wird der Pankreassaft gebildet, der vor allem wichtige Verdauungsenzyme (z. B. Trypsin, Chymotrypsin) enthält und dessen Absonderung durch das aglanduläre Hormon Secretin (S. 473) stimuliert wird. Inmitten des exkretorischen Gewebes befinden sich die innersekretorisch tätigen *Langerhans*schen Inseln, in deren β-Zellen das Insulin und in deren α-Zellen das Glucagon gebildet wird.

Insulin

> Insulin senkt als einziges Hormon den Blutzuckerspiegel. Es stimuliert den Glucosetransport durch die Zellmembranen, fördert den Glucoseverbrauch und die Fettsynthese (lipogenetische Wirkung) und hemmt den Protein- und Aminosäureabbau (antikatabole Wirkung). Insulin hat indirekt einen stimulierenden Effekt auf die Proteinsynthese. Insulinmangel führt zur Zuckerkrankheit (*Diabetes mellitus*).

Ein Zusammenhang zwischen gestörter Pankreasfunktion und Zuckerkrankheit wurde schon 1788 von *Cowley* erkannt. Insulin wurde 1922 durch *Banting* und *Best* aus dem Pankreas isoliert. 1952 konnte die Primärstruktur des Rinderinsulins durch *Sanger* aufgeklärt werden.

1967 wurde festgestellt (*Steiner*), daß Insulin aus einer einkettigen, wenig wirksamen Vorstufe, dem **Proinsulin,** entsteht. Proinsulin besitzt nur etwa ⅓ der blutzuckersenkenden Wirkung des Insulins, wirkt aber länger. Enzymatisch wird dann durch Herausspalten eines Zwischengliedes (Verbindungspeptid, C-Peptid) das eigentlich wirksame Insulin gebildet. Die Spaltung erfolgt an Argininresten (vgl. Abb. 7-6). Das C-Peptid weist sowohl in der Aminosäureanzahl als auch in der Sequenz größere Speziesunterschiede auf als das Insulin. Ein biosynthetischer Vorläufer des Proinsulins ist das am N-Terminus um 23 Aminosäurereste verlängerte Präproinsulin. Dem Insulin in seiner Struktur sehr ähnlich ist das ebenfalls aus zwei Peptidketten (A- und B-Kette) bestehende Gelbkörperhormon **Relaxin**.

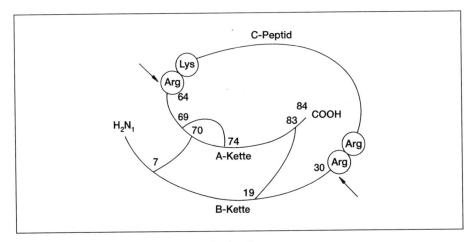

Abb. 7-6 Schematische Darstellung des Proinsulins.

Die kleinste Einheit des Insulins (Molmasse ca. 6.000) besteht aus zwei Ketten, die über zwei Disulfidbrücken miteinander verbunden sind. Die A-Kette (von *acidic*) enthält 21, die B-Kette (von *basic*) 30 Aminosäuren. Die A-Kette enthält noch eine intrachenare Disulfidbrücke. Die Insuline verschiedener Tierarten unterscheiden sich trotz Abweichungen in der Primärstruktur kaum in ihrer Wirkung. Unterschiede treten vor allem im Bereich der Disulfidbrücke der A-Kette auf (Tab. 7-3). Die Insuline niederer Tiere zeigen mehr Abweichungen gegenüber dem menschlichen Insulin. So ist das Insulin des Kabeljaus in der A-Kette um 9 und in der B-Kette um 7 Positionen bei einer zusätzlichen Aminosäure im N-Terminus verändert. Dieses Insulin besitzt am Säugetier nur etwa 10 % der Aktivität des Rinderinsulins.

Tab. 7-3: **Speziesunterschiede einiger Insuline.**

Tierart	A-Kette			B-Kette			
	8	9	10	1	2	26	30
▪ Mensch	Thr	Ser	Ile	Phe	Val	Tyr	Thr
▪ Schwein	Thr	Ser	Ile	Phe	Val	Tyr	Ala
▪ Rind	Ala	Ser	Val	Phe	Val	Tyr	Ala
▪ Schaf	Thr	Gly	Ile	Phe	Val	Tyr	Ala
▪ Huhn	His	Asp	Thr	Ala	Ala	Ser	Ala

Die für die Wirkung essentielle Bindungsregion wird von den Aminosäuren A1 (Gly), A5 (Glu), A16 (Tyr), A21 (Asp), sowie B24 (Phe), B25 (Tyr), B12 (Val) und B16 (Tyr) gebildet (Abb. 7-7), d. h. die rezeptorbindenden Aminosäuren des Insulins sind rhegnylogisch (auseinanderliegend) angeordnet.

Das Insulinmonomere assoziiert in Abhängigkeit von pH-Wert, Temperatur, Ionenstärke, Konzentration und Fremdionen. Bei Anwesenheit von Zinkionen kristallisiert Insulin als Hexamer, bei niedrigen Ionenstärken mit 2 Zn^{2+}, bei hohen Ionenstärken mit 4 Zn^{2+}.

Der Weltbedarf an Insulin beträgt 5 bis 6 Tonnen/Jahr. Der Bedarf wird durch Isolierung aus Schweine- (1/4) und Rinderdrüsen (3/4) sowie durch gentechnische Gewinnung gedeckt. Zur Isolierung werden die frischen oder tiefgefrorenen Bauchspeicheldrüsen von Schlachttieren zerkleinert und mit 60 bis 80 % Alkohol bei pH 1 bis 3 extrahiert. Durch den Säurezusatz werden die Proteasen inaktiviert. Das durch wiederholte Umkristallisation gereinigte Insulin enthält noch geringe Mengen an Proteinen des Pankreas sowie Proinsulin. Um zu besser verträglichen Insulinen zu gelangen, wurden hochgereinigte Insuline (durch Gelchromatographie gereinigt: „single-peak"-Insulin; zusätzlich durch Anionenaustauschchromatographie gereinigt: „Monocomponent-Insulin") und Humaninsulin entwickelt. **Humaninsulin,** das sich vom Schweineinsulin nur durch die Amino-

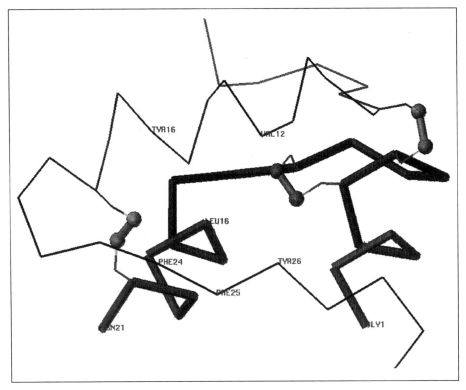

Abb. 7-7 Röntgenstrukturanalyse des Insulins (nach Biophys. J. 63 (1992); S: 1210). Die an der Rezeptorbindung beteiligten Aminosäuren sind optisch hervorgehoben.

säure B30 unterscheidet, kann durch Semisynthese aus Schweineinsulin oder gentechnisch erhalten werden.

Bei der **Semisynthese** wird enzymatisch (Trypsin) der endständige Ala-Rest durch einen veresterten Thr-Rest unter wasserarmen Bedingungen ausgetauscht (Transpeptidierung) und anschließend die Esterbindung gespalten:

$$R-Ala + Thr-OR' \xrightarrow[Ala]{Trypsin} R-Thr-OR' \longrightarrow R-Thr$$

Die Gewinnung von Humaninsulin durch **gentechnische Herstellung** erfolgt gegenwärtig auf drei Wegen:

- durch getrennte Expression der beiden Ketten in unterschiedlichen *E.-coli*-Stämmen und nachfolgende Verknüpfung durch oxidative Sulfitolyse in relativ geringer Ausbeute;

- durch Expression von Proinsulin in *E. coli,* oxidative Sulfitolyse in besserer Ausbeute und Abspaltung des C-Peptides durch Behandeln mit Carboxypeptidase B und Trypsin;
- durch Expression eines sog. **Mini-Proinsulins** in *E. coli* oder *Saccharomyces cerevisiae.*

Im Unterschied zum Proinsulin, bei dem A- und B-Kette durch ein Polypeptid aus 35 Aminosäuren verbunden werden, sind beim Mini-Proinsulin beide Ketten nur durch drei Aminosäuren (Cys-Ala-Ala) verbunden, was für die korrekte Knüpfung der Disulfidbrücken ausreicht.

Ein neuer Weg wird durch die gentechnische Produktion von Insulinen beschritten, bei denen der pI-Wert zum Neutralen verschoben ist, so daß nach subkutaner Injektion einer schwach sauren Lösung das Insulin ausfällt und so ein Depot angelegt wird. In Entwicklung ist das Insulin **Hoe 901,** das wie Humaninsulin wirkt, nicht immunogen sein soll, aber eine deutlich verlängerte Wirkung besitzt. Hoe 901 ist ein Humaninsulin, bei dem an die B-Kette zwei zusätzliche basische Aminosäuren (-Arg-Arg) angehängt sind und Asn (A21) durch Glu ersetzt ist.

Die erste erfolgreiche Insulin-Totalsynthese wurde 1963 von *Zahn* beschrieben. Wenig später gelang die Synthese auch in den USA und der VR China. In allen Fällen wurden beide Ketten durch Verknüpfung kleinerer Fragmente synthetisiert. Praktische Bedeutung haben die Synthesen nicht erlangt.

Strukturell verwandt zum Insulin und Relaxin sind die **Somatomedine** vom IGF-Typ (insulin like growth factors, IGF I und II). Im Unterschied zu Insulin und Relaxin wird bei diesen Somatomedinen das C-Peptid nicht abgespalten. In der Wirkung ähneln die Somatomedine vom IGF-Typ dem Insulin. Die Somatomedine werden an zahlreichen Stellen des Organismus gebildet.

Glucagon

Glucagon wirkt als Insulinantagonist und mobilisiert das Glykogen in der Leber. Chemisch handelt es sich um ein lineares, relativ schwer lösliches Polypeptid, das aus 29 Aminosäuren besteht. Die Biosynthese geht von Präproglucagon (PPG) aus, das zu **Glicentin** und **Enteroglucagon (Oxynto-**

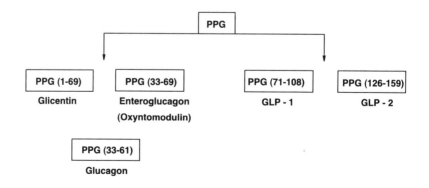

modulin), beide mit der Glucagonsequenz, sowie den Glucagon-like Peptides (GLP-1 und -2) fragmentiert wird. Glicentin und Enteroglucagon hemmen die Gastrin-induzierte Bildung von Magensalzsäure.

Pancreastatin
Im Pankreas wird als weiteres Hormon das Pancreastatin freigesetzt. Pancreastatin hemmt die Freisetzung von Insulin und Somatostatin. Es wird aus einem Prohormon gebildet, dem Chromogranin A. **Chromogranin A** ist ein Glykoprotein, das von den chromaffinen Zellen des Nebennierenmarkes freigesetzt wird. Das menschliche Pancreastatin enthält wahrscheinlich 52 Aminosäuren.

7.2.2.4 Blutdruckregulierende Hormone

Angiotensin-Kinin-System
Kinine und Angiotensine werden in Körperflüssigkeiten durch proteolytische Enzyme aus inaktiven Vorstufen gebildet (Abb. 7-8).

> Als **Kinine** bezeichnet man eine Gruppe von Peptiden, die die glatte Muskulatur kontrahieren. Sie wirken stark blutdrucksenkend durch Erweiterung der peripheren Gefäße. Die Kinine steigern die Kapillarpermeabilität und können alle Erscheinungen der Entzündung, einschließlich des Schmerzes, auslösen. Sie werden aus inaktiven Vorstufen, den Kininogenen, gebildet.

Diese Globuline werden durch Endopeptidasen, die Kininogenasen oder **Kallikreine,** zu den wirksamen niedermolekularen Kininen abgebaut. Ein endogener Kallikrein-Inhibitor ist das Aprotinin. Durch das Plasmakalli-

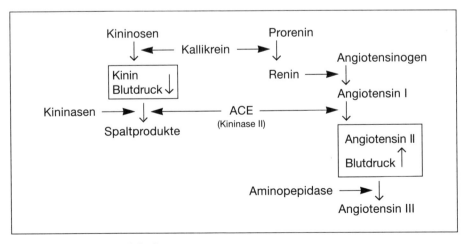

Abb. 7-8 Angiotensin-Kinin-System.

Bradykinin	Arg — Pro — Pro — Gly — Phe — Ser — Pro — Phe — Arg
Kallidin	Lys — Arg — Pro — Pro — Gly — Phe — Ser — Pro — Phe — Arg

krein wird das Nonapeptid **Bradykinin** (Kinin-9), durch das Organkallikrein z. B. des Pankreas oder der Niere das Decapeptid **Kallidin** (Kinin-10, Lys-Bradykinin) gebildet. Daneben ist noch ein Kinin-11 (Met-Lys-Bradykinin) bekannt. Kinine kommen auch in niederen Tieren vor. Die Inaktivierung der Kinine erfolgt durch Kininasen.

Eine ähnliche Wirkung wie die Kinine besitzen auch die **Neurokinine** (Substanz P, Neurokinin A, Neurokinin B) sowie die in wechselwarmen Tieren vorkommenden Tachykinine. Die aus der Darmmuskulatur oder dem Gehirn isolierte **Substanz P** ist ein Antagonist des Endorphins und wirkt u. a. als Neurotransmitter. Substanz P ähnelt sowohl in ihrer Struktur als auch in ihrer Wirkung den zu den **Tachykinin**en zählenden Undecapeptiden Physalaemin und Eledoisin. **Physalaemin** wurde aus Extrakten der Haut des Frosches *Physalaemus fuscumaculatus,* **Eledoisin** aus Kraken der Gattung *Eledone (Ocaena)* isoliert.

Substanz P	Arg — Pro — Lys — Pro — Gln — Gln — Phe — Phe — Gly — Leu — Met — NH$_2$
Neurokinin A	His — Lys — Thr — Asp — Ser — Phe — Val — Gly — Leu — Met — NH$_2$
Physalaemin	pGlu — Ala — Asp — Pro — Asn — Lys — Phe — Tyr — Gly — Leu — Met — NH$_2$
Eledoisin	pGlu — Pro — Ser — Lys — Asp — Ala — Phe — Ile — Gly — Leu — Met — NH$_2$

Die **Angiotensine** werden aus dem pharmakologisch inaktiven Angiotensinogen, einem Protein der α_2-Globulin-Fraktion, gebildet. Zunächst entsteht unter der Einwirkung der Protease **Renin,** die selbst in der Niere durch Kallikreine aus einer inaktiven Vorstufe gebildet wird, das noch unwirksame Angiotensin I (Proangiotensin). Die Spaltung erfolgt an einer Leu-Leu-Bindung. Aus dem Angiotensin I wird durch ein sog. Umwandlungsenzym (**Angiotensin converting enzyme,** ACE) unter Abspaltung von zwei C-terminalen Aminosäuren das **Angiotensin II** gebildet.

```
              Angiotensin II
  1
  Asp — Arg — Val — Tyr — Ile — His — Pro — Phe — His — Leu — Leu — Val — Tyr .....
   ⇑                                           ⇑           ⇑
  Aminopeptidase                              ACE         Renin
```

Angiotensin II wird vorwiegend in der Lunge gebildet. Angiotensin II ist die stärkste blutdrucksteigernde Substanz. Es wirkt erregend auf die glatte Muskulatur von Darm, Uterus und Gefäßen. Synthetisches [Asn^1, Val^5]-Angiotensin II wird bei Kreislaufkollaps eingesetzt. Saralasin, ein [MeGly^1, Val^5, Ala^8]-Angiotensin II, wirkt als Rezeptor-Antagonist. Synthetische ACE-Hemmer (z. B. Captopril, Enalapril) hemmen sowohl die

Bildung des blutdruckerhöhenden Angiotensin II als auch den Abbau der blutdrucksenkenden Kinine (Abb. 7-8) und werden als blutdrucksenkende Arzneistoffe eingesetzt.

Angiotensin II	^{1}Asp— Arg — Val — Tyr —^{5}Ile — His — Pro —^{8}Phe
[Asn^1,Val^5]-angiotensin II	Asn— Arg — Val — Tyr — Val — His — Pro — Phe
Saralasin	MeGly — Arg — Val — Tyr — Val — His — Pro — Ala

Vasopressin-, Oxytocin-Gruppe

Vasopressin und Oxytocin werden als Prohormone im Hypothalamus gebildet, sind also aufgrund ihres Bildungsortes Neurohormone. Die Vasopressin- bzw. Oxytocin-Sequenz ist am N-Terminus des Prohormons lokalisiert. Der C-Terminus (Neurophysin I für Oxytocin, Neurophysin II für Vasopressin) hat die Aufgabe, den Transport über den Hypophysenstiel zum Hypophysenhinterlappen zu vermitteln, wo Vasopressin und Oxytocin freigesetzt werden. Die **Neurophysine** bestehen aus 97 Aminosäuren.

Oxytocin und Vasopressin gehören zu einer Nonapeptidfamilie, deren Vertreter von allen Wirbeltierklassen gebildet werden (Tab. 7-4). Die enge Verwandtschaft dieser Hormone läßt auf eine evolutionäre Entwicklung aus einem Urpeptid schließen, aus dem durch Genduplikation die beiden Hormonlinien gebildet wurden, mit der eine Differenzierung der Wirkung dieser analogen Peptide einherging.

Tab. 7-4: Evolutionäre Entwicklung der Hypophysenhinterlappen-Hormone.

	1	2	3	4	5	6	7	8	9
Stamm-Molekül	Cys-Tyr	—	—	Asn-Cys-Pro-	—	Gly-NH$_2$			

Tiergruppe	Molekül-Linie A (3: Ile)			Molekül-Linie B (4: Gln)		
	Name	4	8	Name	3	8
■ **Cyclostomata**						
Knorpelfisch				Arg-Vasotocin	Ile	Arg
Selachii	Valitocin	Gln	Val	Arg-Vasotocin	Ile	Arg
Batoidea	Glumitocin	Ser	Glu	Arg-Vasotocin	Ile	Arg
Chimaeriformes	Aspartocin	Asn	Leu	Arg-Vasotocin	Ile	Arg
Knochenfische						
Polypteriformes	Isotocin	Ser	Ile	Arg-Vasotocin	Ile	Arg
■ **Teleostei**						
Crossopterygii	Mesotocin	Gln	Ile	Arg-Vasotocin	Ile	Arg
Amphibien, Vögel	Mesotocin	Gln	Ile	Arg-Vasotocin	Ile	Arg
Reptilien	Mesotocin	Gln	Ile	Arg-Vasotocin	Ile	Arg
■ **Säugetiere**						
außer Schwein	Oxytocin	Gln	Leu	Arg-Vasopressin	Phe	Arg
Schwein	Oxytocin	Gln	Leu	Arg-Vasopressin	Phe	Lys

Die Hormone bewirken im Säugetier eine Kontraktion der glatten Muskulatur des Uterus (Oxytocin) oder der Gefäße (Vasopressin). Oxytocin stimuliert daneben die Milchdrüse zur Milchabgabe, Vasopressin wirkt antidiuretisch (daher die ältere Bezeichnung Adiuretin) durch Förderung der Rückresorption des Wassers in den Nierentubuli. Oxytocin dient als Prohormon für Melanoliberin und Melanostatin (S. 459). Auch andere Fragmente der Hypophysenhinterlappen-Hormone sind biologisch aktiv.

Die Strukturaufklärung und Synthese des Oxytocins erfolgte 1954 durch *Du Vigneaud*. Der relativ einfache Bau der Nonapeptide hat zu zahlreichen Untersuchungen über Struktur-Wirkungs-Beziehungen Anlaß gegeben. Dabei wurde festgestellt, daß für die Vasopressin-Wirkung auf den Wasser- und Elektrolythaushalt eine basische Aminosäure (Arg, Lys) in 8-Stellung erforderlich ist. Es ist weitgehend gelungen, die antidiuretische und blutdrucksenkende Wirkung durch gezielte Variation der Struktur zu trennen. Synthetische Vasopressin-Analoga wie Argipressin (8-L-Arginin-vasopressin, Arg-Vasopressin), Desmopressin [1-(3-Mercaptopropionsäure)-8-D-arginin-vasopressin], Ornipressin (8-L-Ornithin-vasopressin) oder Terlipressin [N^α-Triglycyl-(8-lysin)-vasopressin] werden wegen ihrer vasokonstriktorischen Wirkung bei inneren Blutungen oder als Antidiuretika eingesetzt.

Argipressin	^{1}Cys — Tyr — Phe — Gln — Asn — Cys — Pro —^{8}Arg — Gly — NH$_2$
Ornipressin	Cys — Tyr — Phe — Gln — Asn — Cys — Pro — Orn — Gly — NH$_2$
Terlipressin	Gly$_3$ — Cys — Tyr — Phe — Gln — Asn — Cys — Pro — Lys — Gly — NH$_2$
Desmopressin	S-(CH$_2$)$_2$CO — Tyr — Phe — Gln — Asn — Cys — Pro — D-Arg — Gly — NH$_2$

Endothelin

In den endothelialen Zellen der Gefäße werden die Endotheline (ET 1, 2 und 3) aus entsprechenden Prohormonen gebildet. Endotheline wurden auch in Niere, Hypothalamus und Hypophyse gefunden. Die Endotheline lösen Kontraktionen der glatten Muskulatur aus. Strukturell bemerkenswert sind die beiden Disulfidbrücken am N-Terminus.

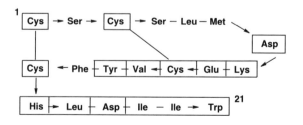

h Endothelin 1
(markiert : gemeinsame Positionen der Endotheline)

Atriale Natriuretische Faktoren
Im Vorhof (lat.: *atrium*) des Herzens werden bei Überlastung aus einem Präprohormon die Atrialen Natriuretischen Faktoren (ANF) gebildet, die in das Blutsystem abgegeben werden und durch Reduktion der Renin- und Aldosteronproduktion eine wesentliche Rolle bei der Regulation des Blutdrucks und der Flüssigkeitsmenge spielen.

Die größeren Moleküle werden als **Atriale Natriuretische Faktoren** [ANF-(1-126), auch Cardionatrin oder γ-ANP] bezeichnet, die kleineren C-terminalen Fragmente als **Atriale Natriuretische Peptide** (ANP). Die wichtigste zirkulierende Verbindung ist das α-ANP [ANF-(99-126), auch Cardilatin]. Zu den ANP gehören auch die **Atriopeptine** [Atriopeptin III: ANF-(103-126); Atriopeptin II: ANF-(103-125); Atriopeptin I: ANF-(103-123)]. Essentiell für die Wirkung ist eine Sequenz von 17 Aminosäuren, die begrenzt wird durch zwei miteinander durch eine Disulfidbrücke verbundene Cysteinreste (Cys^{105}-Cys^{121}).

7.2.2.5 Gastrointestinale Hormone

Die gastrointestinalen Peptide werden in besonderen Zellen des Magen-Darm-Traktes gebildet und sind an der Regulation der Verdauungsvorgänge beteiligt. Gastrointestinale Peptide wurden auch im Gehirn und in Nervenfasern nachgewiesen. Es handelt sich um Peptidhormone, die nach ihren Sequenzen zwei Hormonfamilien, dem Secretin- und Gastrin-Typ, zugeordnet werden können.

Secretin wird in der Schleimhaut des Zwölffingerdarmes gebildet und stimuliert die Abgabe des Pankreassaftes. Es ist ein Heptakosapeptid, dessen Sequenz in 14 Positionen mit dem Pankreashormon Glucagon identisch ist. Am C-Terminus steht Valinamid. Interessant ist, daß zur Secretin-Hormonfamilie auch **Allatostatin** gehört, ein Peptid aus dem Gehirn der Schabe (*Diploptera punctata*), das die Bildung der Juvenilhormone hemmt.

Das **vasoaktive Intestinalpeptid** (VIP) wird im Zwölffingerdarm gebildet, ist aber immunologisch auch im Gehirn nachweisbar. Es besteht aus 28 Aminosäuren mit Aspartinamid als C-Terminus. Wie beim Secretin und Glucagon beginnt der N-Terminus mit His-Ser. Das **Gastrin-inhibierende Peptid** (GIP) enthält 43 Aminosäuren. Der N-Terminus zeigt Ähnlichkeiten zum Glucagon.

Zu den Hormonen vom Gastrin-Typ gehören Gastrin und Cholecystokinin/Pancreozymin sowie Amphibienhormone wie das Caerulein. Diese Hormone sind durch das C-terminale Pentapeptid Gly-Trp-Met-Asp-Phe charakterisiert.

Gastrin wird in der Magenschleimhaut gebildet und stimuliert die Magensaftproduktion. Gastrin liegt in multiplen Formen vor. Aus einem Präprohormon werden Gastrin-34 (big gastrin), Gastrin-17 (little gastrin), Gastrin-14 (mini gastrin), Gastrin-6 und Gastrin-4 gebildet. Es handelt sich dabei um C-terminale Sequenzen. Gastrin-4 als C-terminales Tetrapeptid besitzt die für die Wirkung entscheidende Struktur Trp-Met-Asp-Phe-NH_2. Beim Gastrin-17 (auch Gastrin I), dem physiologisch bedeutendsten Gastrin, steht Pyroglutaminsäure an Position 1. Die phenolische Hydroxygruppe des Tyrosins ist mit Schwefelsäure verestert. Gastrin-4 besitzt nur etwa ⅕ der Wirksamkeit des Gastrin-17. Die Wirksamkeit konnte aber durch das Anknüpfen eines Boc-β-Ala-Restes erhöht werden. Dieses synthetische Boc-β-Ala-Trp-Met-Asp-Phe-NH₂ (**Pentagastrin**) dient zur Magen- und Pankreasdiagnostik. Ein Gastrinrezeptor-Antagonist ist das Peptidomimetikum Proglumid.

Proglumid

Cholecystokinin/Pancreozymin (CCK) stimuliert die Enzymsekretion des Pankreas (Pancreozymin-Wirkung) und regt die Kontraktion der Gallenblase (Cholecystokinin-Wirkung) an. Beide Wirkungen werden von einer Verbindung wahrgenommen, die zunächst als Präpro-CCK gebildet und als CCK-58, CCK-39, CCK-33, CCK-22, CCK-1, CCK-8, CCK-5 und CCK-4 fragmentiert wird. Es handelt sich dabei um Fragmente mit erhaltenem C-Terminus. Ein Abbau vom C-Terminus führt zu Verbindungen mit antagonistischer Wirkung. Für diagnostische Zwecke wird meist CCK-8 (Sincalid) verwendet. CCK-Fragmente sind im Organismus weit verbreitete Neuropeptide. Intensiv bearbeitet werden CCK-Antagonisten. Das synthetische Proglumid wird z. B. als Gastrin-Antagonist zur Behandlung von Magen- und Duodenalulcera eingesetzt.

			SO_3H						
hCCK - 8		Asp—	Tyr —	Met —	Gly —	Trp —	Met —	Asp —	Phe— NH₂
			SO_3H						
Caerulenin	pGlu— Gln —	Asp—	Tyr —	Thr —	Gly —	Trp —	Met —	Asp —	Phe— NH₂
			SO_3H						
Phyllocaerulenin	pGlu — — —	Asp—	Tyr —	Thr —	Gly —	Trp —	Met —	Asp—	Phe— NH₂

Die noch zu dieser Proteinfamilie gehörenden Peptide **Caerulein** und **Phyllocaerulein** wurden aus Hautextrakten des australischen Baumfrosches *Litoria caerulea* bzw. des südamerikanischen Greiffrosches *Phyllomedusa sauvagii* isoliert. Beide Peptide besitzen langanhaltende blutdrucksenkende und gastrointestinale Wirkungen. Synthetisches Caerulein (Ceruletid) wird zur Überprüfung der Gallenblasenfunktion eingesetzt.

7.2.2.6 Calcitrope/Osteotrope Hormone

Die Plasmakonzentration von Calcium- und Phosphat-Ionen sowie der Knochenstoffwechsel werden durch zwei Peptidhormone reguliert, dem von der Schilddrüse produzierten Calcitonin und dem von der Nebenschilddrüse (*Glandulae parathyreoideae,* Epithelkörperchen) gebildeten Parathyrin. Calcitonin senkt den Calciumspiegel, Parathyrin erhöht ihn und verstärkt den Knochenstoffwechsel. Parathyrin stimuliert in der Niere die Bildung des Calcitriols (vgl. Kap. 6.2.2), das ebenfalls eine wesentliche Rolle bei der Regulation des Calcium- und Knochenstoffwechsels spielt.

Calcitonin (CT) ist ein heterodet cyclisches Polypeptid aus 32 Aminosäuren und einem endständigen Prolinamid. Calcitonin-ähnliche Peptide werden auch an anderen Stellen (Gehirn, Lungen, Thymus, Leber, Gastrointestinaltrakt) gebildet. Bemerkenswert ist, daß im Menschen die Calcitonine von Fischen (Lachs, Aal) etwa 10- bis 30mal stärker hypokalzämisch wirken als das Human-Calcitonin, weshalb meist totalsynthetisches Calcitonin vom Lachs therapeutisch eingesetzt wird.

Parathyrin (Parathormon, PTH) ist ein Polypeptid aus 84 Aminosäuren, in dem Cysteinreste fehlen. Entscheidend für die Wirkung ist der N-Terminus (1-34). Für die Rezeptorbindung ist die Region 25 bis 34 verantwortlich. PTH(1-34) wird therapeutisch bei Osteoporose sowie als Diagnostikum eingesetzt.

7.2.2.7 Schilddrüsen-Hormone

In der Schilddrüse werden beim Menschen die Hormone **Thyroxin** und **Triiodthyronin** gebildet. Die Schilddrüsenhormone besitzen vielfältige physiologische Funktionen. Sie beeinflussen u. a. das Wachstum und regulieren zahlreiche metabolische Prozesse, so den Fett- und Cholesterol-Metabolismus und die Biosynthese mitochondrialer Enzyme. Bei Tieren (z. B. Amphibien) wird die Metamorphose beschleunigt. Therapeutisch werden die Schilddrüsenhormone zur Behandlung von allen Formen der Hypothyreosen eingesetzt.

Die Schilddrüsenhormone Thyroxin und Triiodthyronin sind iodhaltige Verbindungen. Sie leiten sich chemisch von der Aminosäure Thyronin ab. Die natürlichen Hormone besitzen aufgrund ihrer Synthese aus dem L-Tyrosin die L-Konfiguration. Sie enthalten 4 (Thyroxin: 3,5,3′,5′-Tetraiodthyronin, L-T_4) bzw. 3 Iodatome (3,5,3′Triiodthyronin, L-T_3, Liothyronin). Durch die voluminöse o-Substitution können die beiden Phenylringe nicht in einer Ebene liegen, sondern sind zueinander abgewinkelt. Die Alanin-Seitenkette ist nicht essentiell für die Wirkung. Die Derivate der D-Form sind weniger wirksam. Beim D-Thyroxin (Dextrothyroxin) überwiegt die lipidsenkende Wirkung vor der übrigen Schildrüsenhormonwirkung.

Die Biosynthese der in Proteinen sonst nicht vorkommenden Aminosäure Thyronin erfolgt in der Schilddrüse am Thyroglobulin, einem Glykoprotein mit zwei identischen Untereinheiten und einer Molmasse von ca. 330.000. Im ersten Schritt (Abb. 7-9) erfolgt in Gegenwart einer Häm-

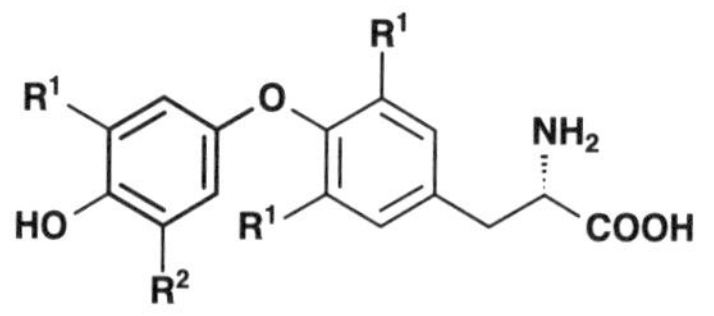

Thyronin : R¹, R² = H
L-T$_3$: R¹ = I, R² = H
L-T$_4$: R¹, R² = I

abhängigen Peroxidase (Iodoperoxidase, vgl. Abb. 1-26, S. 44) eine Iodierung von Tyrosinresten des Thyroglobulins. Im zweiten Schritt tritt dann nach dem Prinzip einer Phenolkupplung (S. 587) über radikalische Zwischenstufen die Bildung der Thyroninderivate aus je zwei Tyrosinresten ein. Thyroxin ist dabei zunächst noch am Thyroglobulin gebunden. Die Freisetzung der Schilddrüsenhormone erfolgt dann durch Proteolyse. L-T$_3$ ist etwa 4mal wirksamer als L-T$_4$. Die Umwandlung von T$_4$ in T$_3$ erfolgt durch das Enzym Thyroxin-5'-desiodinase. T$_4$ hat damit den Charakter eines Depotpräparates bzw. Prohormons. Bei Iodmangel verschiebt sich das normalerweise vorliegende Verhältnis T$_4$/T$_3$ von 4:1 zu 1:3, so daß die Folgen eines Iodmangels dadurch etwas ausgeglichen werden können.

Neben der Deiodierung in 5'-Stellung (outering deiodination), die zur Bildung von T$_3$ führt, erfolgt noch eine Deiodierung in 5-Stellung (innering deiodination) unter Bildung von rT$_3$ und ein weiterer Abbau zu Di- und Monoiodothyronin sowie Thyronin.

Eine Überfunktion der Schilddrüse kann durch Thyreostatika beeinflußt werden. Einige Anionen wie ClO$_4^-$ und SCN$^-$ hemmen die Iodaufnahme. Die meisten Thyreostatika (Synthetika: Carbimazol, Thiamazol) hemmen die Peroxidase und damit die Iodierung und Phenolkupplung. Thyreostatisch wirkt auch das Goitrin (4-Vinyl-oxazolidin-2-thion), das aus Senföl-

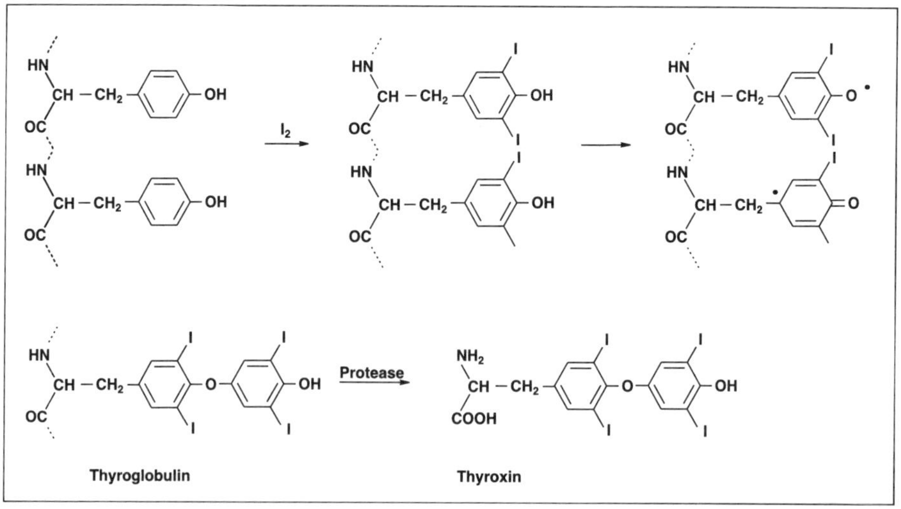

Abb. 7-9 Bildung der Schilddrüsenhormone Thyroxin (R = I) und Triiodthyronin (R = H) im Organismus.

glucosiden gebildet wird (S. 190), die im Rettich und anderen *Brassicaceen* vorkommen. Längere Einnahme von Goitrin-Bildnern, auch indirekt über den Genuß der Milch von Kühen, die größere Mengen an *Brassicaceen* gefressen haben, kann eine Kropfbildung auslösen.

7.2.3 Steroidhormone

Die Steroidhormone leiten sich formal von dem tetracyclischen Kohlenwasserstoff Gonan ab (Kap. 8.3). Die Steroidhormone der Säugetiere lassen sich nach der Anzahl der C-Atome in

- C_{21}-Steroide (Pregnanderivate): Gestagene und Corticoide;
- C_{19}-Steroide (Androstanderivate): Androgene;
- C_{18}-Derivate (Estranderivate): Estrogene und
- Seco-Steroide: Calcitriol (Kap. 6.2.2)

einteilen. Im Verlaufe der Biosynthese, die vom Cholesterol ausgeht, wird die Seitenkette am C-17 weitgehend oder vollständig abgebaut.

Zu den Steroidhormonen gehören ferner Hormone der Wirbellosen (Ecdysteroide, Kap. 7.3), der Pflanzen (Brassinosteroide, Kap. 7.5.2.4) sowie Regulationsstoffe niederer Pflanzen (Kap. 7.5.1).

Durch das Vorhandensein von Doppelbindungen im Ring A bzw. durch die *trans*-Verknüpfung der Ringe ist das Molekül bei den Steroidhormonen weitgehend eingeebnet. Die 17-Epi-Verbindungen sind bedeutend weniger wirksam.

Die Steroidhormone sind glanduläre Hormone, die in den Drüsen jeweils bei Bedarf produziert, aber nicht gespeichert werden. Die Drüsen kommen daher als Ausgangsquellen für die Gewinnung nicht in Frage. Die natürlichen Steroidhormone werden im Organismus relativ schnell abgebaut und sind oral nur sehr schlecht wirksam. Für therapeutische Zwecke und für die hormonelle Schwangerschaftsverhütung werden daher heute fast ausschließlich oral wirksame partial- oder totalsynthetisch gewonnene Derivate eingesetzt (vgl. Kap. 8.3.4). Im Unterschied zu den Peptidhormonen sind die Steroidhormone lipophil. Sie können daher die Zellmembran durch Diffusion überwinden und reagieren mit intrazellulären Rezeptoren (S. 314), wodurch eine Genexpression ausgelöst wird. Die Biosynthese aller Steroidhormone geht von Cholesterol aus (Abb. 7-10).

Weibliche Geschlechtshormone
Zu den weiblichen Geschlechtshormonen gehören die Estrogene und Gestagene. Nach ihren Hauptbildungsorten werden diese Hormone auch als Follikel- bzw. Gelbkörper-(*Corpus luteum*)-Hormone bezeichnet. Die weiblichen Geschlechtshormone werden jedoch auch in der Nebennierenrinde gebildet. Der Gelbkörper erwachsener Säugetiere produziert auch das Peptidhormon **Relaxin**, das in seiner Struktur sehr dem Insulin ähnelt. In Verbindung mit den Estrogenen bewirkt es die Erweiterung des Geburtskanals.

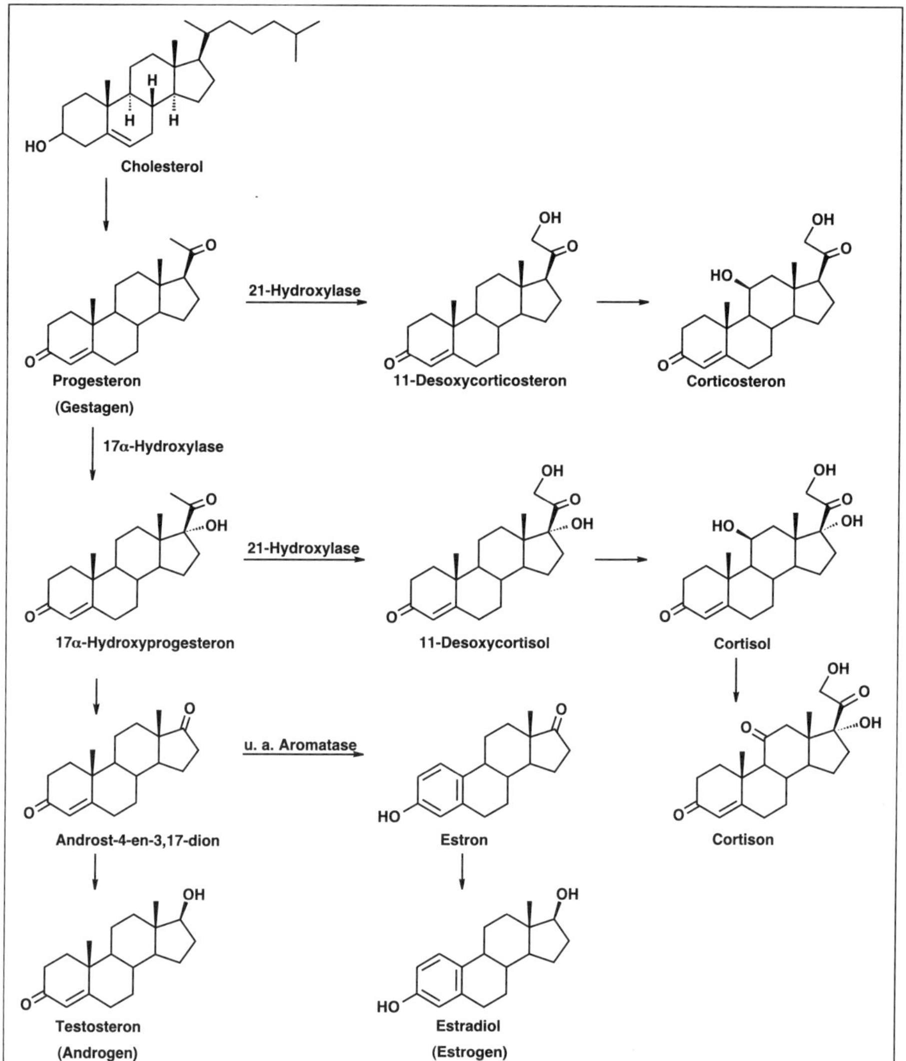

Abb. 7-10 Biogenetische Zusammenhänge zwischen den Steroidhormonen.

Die Estrogene regulieren die Entwicklung der weiblichen Sexualorgane. Sie hemmen über den Hypothalamus die Follitropin-Ausschüttung des Hypophysenvorderlappens, regen aber die Lutropin-Ausschüttung an. Ferner stimulieren sie die Lipidsynthese.

Die Gestagene bewirken eine Umwandlung der Uterusschleimhaut von der Proliferations- in die Sekretionsphase. Nach der Befruchtung des Eies erhalten sie die Schwangerschaft, indem sie eine erneute Ovulation verhindern. Sie werden deshalb auch als Schwangerschaftshormone bezeichnet. Die Lutropin-Ausschüttung des Hypophysenvorderlappens wird gehemmt.

Durch gleichzeitige Einnahme gestagener und estrogener Hormone tritt eine Ovulationshemmung ein, da Eireifung und Eisprung (Ovulation) verhindert werden. Kombinationen von oral wirksamen Gestagenen und Estrogenen werden deshalb als Kontrazeptiva eingesetzt.

Estrogene: Im menschlichen Organismus zirkulierende Estrogene (Östrogene) sind **Estradiol, Estriol** und **Estron.** Estron wurde 1929 aus Schwangerenharn (*Butenandt, Doisy*), Estradiol 1935 aus Ovarien isoliert.

Charakteristisch für die Estrogene ist, daß der Ring A aromatisch ist. Dadurch fehlt bei den Estrogenen die Methylgruppe in 10-Stellung. Die Aromatisierung erfolgt durch den Cytochrom P450-abhängigen **Aromatase**-Komplex (Abb. 7-11) und beginnt mit einer Oxidation der Methylgruppe. Das C_{19} der Steroide wird als Formiat abgespalten. Synthetische Aromatase-Hemmer wie Aminogluthetimid erniedrigen den Estradiolspiegel und werden bei Estrogen-abhängigen Mammakarzinomen eingesetzt. Aminogluthetimid reagiert mit dem Cytochrom-P450-Anteil des Enzyms (Typ-I-Hemmer) und hemmt auch andere Cytochrom-P450-abhängige Reaktionen wie den oxidativen Abbau der Seitenkette des Cholesterols, den Schlüsselprozeß der Biosynthese aller Steroidhormone. Zur Zeit werden Aromatase-Hemmer entwickelt, die spezifisch mit dem Steroid-bindenden Teil des Enzyms reagieren (Typ-II-Hemmer) und so selektiver wirken. Neben den Aromatase-Hemmern werden auch Antiestrogene (Estrogen-Rezeptorantagonisten) wie Clomifen und Tamoxifen zur Therapie hormonabhängiger Krebse eingesetzt, beides basisch substituierte synthetische Triarylethene.

Die Estrogene werden *in vivo* rasch metabolisiert (Abb. 7-12). Die Plasmahalbwertszeit beträgt beim Estradiol nur 50 min. Im Harn werden die Phenole als etherunlösliche Schwefelsäure- oder Glucuronsäure-Konjugate ausgeschieden, die sich mit Mineralsäuren spalten lassen. Im Harn trächtiger Stuten wurden noch stärker ungesättigte Estrogene – Equilin, Equilenin und Estra-5,7,9-trien-3β-ol-17-on (**1**) – nachgewiesen, im menschlichen Urin jedoch nicht. Lediglich Equilenin tritt in pathologischen Fällen auf. Diese Verbindungen besitzen eine geringere Aktivität als Estron.

Aufgrund dieser raschen Metabolisierung wird Estradiol nur in Form der länger wirksamen, stark lipophilen Ester (Benzoat, Valerat) eingesetzt. Oral wirksame synthetische Estrogene wurden durch Einführen einer Ethinylgruppe in 17α-Stellung erhalten, wodurch eine Oxidation der 17-Hydro-

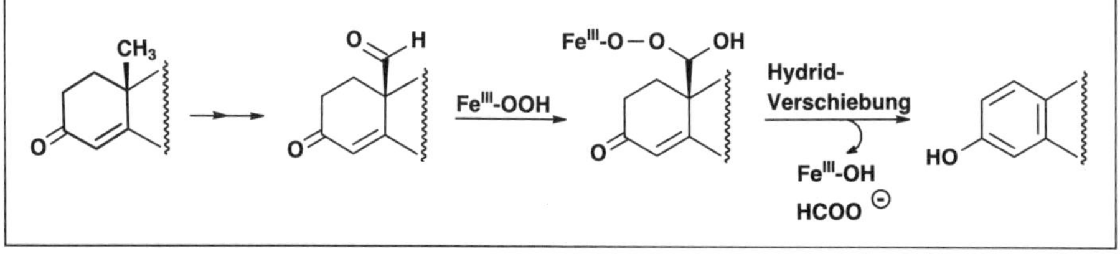

Abb. 7-11 Rolle des Aromatase-Komplexes bei der Aromatisierung des Ringes A der Estrogene.

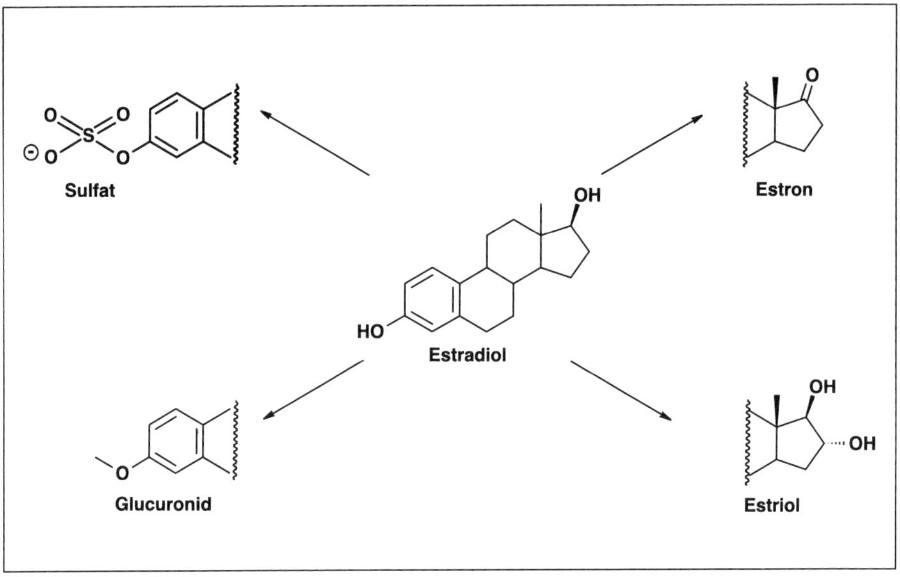

Abb. 7-12 Metabolisierung des Estradiols.

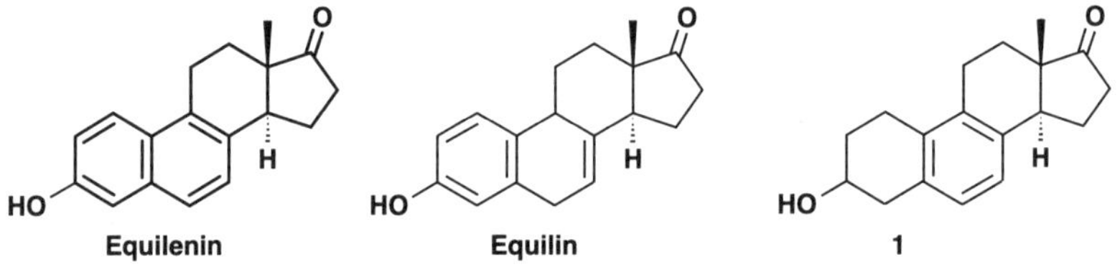

xygruppe verhindert wird. Von Bedeutung sind Ethinylestradiol und Mestranol (Blockierung der phenolischen Hydroxygruppe durch die Überführung in den Methylether, der *in vivo* gespalten wird), die als estrogene Komponente in Ovulationshemmern enthalten sind.

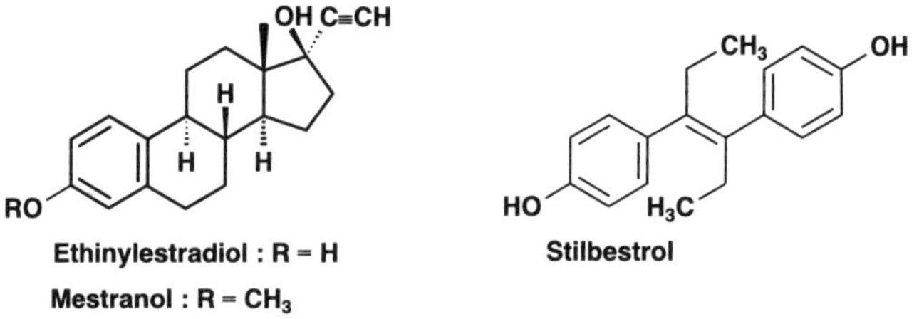

Strukturelle Voraussetzung für das Auftreten einer estrogenen Wirkung scheinen zwei Hydroxygruppen zu sein, die sich in einem bestimmten Abstand voneinander befinden. Der Abstand zwischen den O-Atomen beträgt beim Estradiol 1,245 nm. Der gleiche Abstand ist auch bei nichtsteroidalen Verbindungen gegeben. So sind verschiedene natürlich vorkommende Stilben-Derivate (z. B. Rhaponticin, S. 595), Isoflavone (z. B. Genistein, S. 607) oder das Synthetikum Stilbestrol estrogen wirksam. Estrogene in Futterpflanzen werden für das Auftreten von Fertilitätsstörungen bei Weidetieren verantwortlich gemacht. Estrogen-wirksame Verbindungen sind auch im Moor sowie in Ölschiefern („Ichth-Estron") enthalten.

Gestagene: Das wichtigste körpereigene Gestagen ist das **Progesteron** (Pregn-4-en-3,20-dion). Es wird in der Leber zum Pregnandiol abgebaut, das als Glucuronid ausgeschieden wird. Durch die rasche Metabolisierung (Plasmahalbwertszeit 20 min) ist auch das Progesteron nach oraler Applikation nur wenig wirksam. Synthetische, länger wirksame parenteral sowie oral applizierbare Gestagene, wie sie besonders als gestagene Komponente der Kontrazeptiva benötigt werden, leiten sich vom Progesteron (z. B. Hydroxyprogesteron, Medroxyprogesteron, Medrogeston, Chlormadinon, Megestrol) oder 19-Nortestosteron (z. B. Norethisteron, Allylestrenol, Norgestrel) ab (Abb. 7-13). Letztere besitzen noch eine gewisse androgene Aktivität. Bemerkenswert, daß bei Verbindungen vom Norgestrel-Typ die Methylgruppe in Position 13 des Steroidgrundkörpers durch einen Ethylrest ersetzt wurde, was nur durch Totalsynthese möglich ist (vgl. Kap. 8.3.4.2). In ähnlicher Weise wie bei den Estrogenen ist es auch bei den Gestagenen gelungen, durch Einführung eines Arylsubstituenten zu Rezeptor-Antagonisten zu gelangen. Therapeutisch spielt bisher als Antigestagen nur Mifepriston eine Rolle. Mifepriston ist in Kombination mit Prostaglandinen zum Schwangerschaftsabbruch geeignet.

Pregnandiol

Mifepriston

Androgene

Androgene sind Steroidhormone, die das Wachstum der männlichen Geschlechtsorgane und die Entwicklung der männlichen sekundären Geschlechtsmerkmale fördern. Neben dieser androgenen Wirkung wird auch die Proteinsynthese stimuliert. Die Androgene besitzen also zusätzlich eine extragenitale anabole Wirkung. Dadurch wird die Stickstoffbilanz zur positiven Seite hin verschoben, so daß die Muskelmasse vergrößert wird.

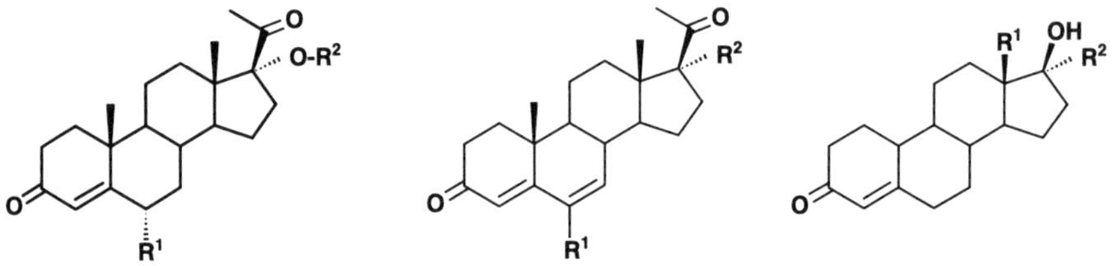

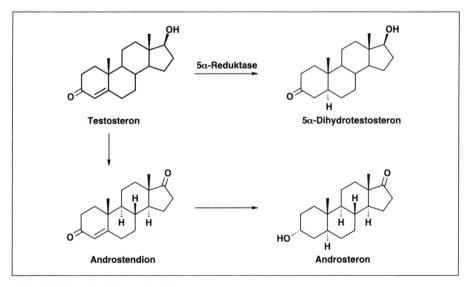

Hydroxyprogesteronacetat (R^1 = H; R^2 = Ac)	Medrogeston (R^1 ; R^2 = Me)	Norethisteron (R^1 = Me; R^2 = Ethinyl)
Hydroxyprogesteroncapronat (R^1 = H; R^2 = Capronat)	Chlormadinonacetat (R^1 = Cl; R^2 = OAc)	Allylestrenol (R^1 = Me; R^2 = Allyl)
Medroxyprogesteronacetat (R^1 = Me; R^2 = Ac)	Megesterolacetat (R^1 = Me; R^2 = OAc)	Norgestrol (R^1 = Et; R^2 = Ethinyl)

Abb. 7-13 Synthetische, als Arzneistoffe zugelassene Gestagene.

Das Hauptandrogen des Organismus ist das **Testosteron** (17β-Hydroxy-androst-4-en-3-on). Testosteron wird in den Interstitialzellen des Hodens freigesetzt. Es wurde 1935 aus Stierhoden isoliert (*Laqueur*). Das 17-Epi-Testosteron zeigt nur 3 % der Wirksamkeit des Testosteron. In der Prostata wird Testosteron durch eine 5α-Reduktase in 5-Dihydrotestosteron (17β-Hydroxy-5α-androstan-3-on) umgewandelt (Abb. 7-14). 5α-Dihydrotestosteron ist das aktive Androgen in der Prostata. Hemmer der 5α-Reduktase wie das Synthetikum Finasterid haben Bedeutung zur Behandlung von Prostataerkrankungen.

Abb. 7-14 Metabolisierung des Testosterons.

Das wichtigste Ausscheidungsprodukt des Testosterons ist das **Androsteron** (3α-Hydroxy-5α-androstan-17-on). Androsteron wurde 1931 als erstes Androgen aus Männerharn isoliert (*Butenandt*).

Testosteron ist wie alle endogenen Steroidhormone nur kurz wirksam (Plasmahalbwertszeit 10 min). Ein oral wirksames synthetisches Androgen ist das Mesterolon. Testolacton mit geringerer androgener Wirkung wird zur Behandlung von Mammakarzinomen eingesetzt. Beim Testolacton ist der Ring D des Steroidgrundgerüstes zunächst oxidativ geöffnet und dann als Lacton wieder geschlossen worden.

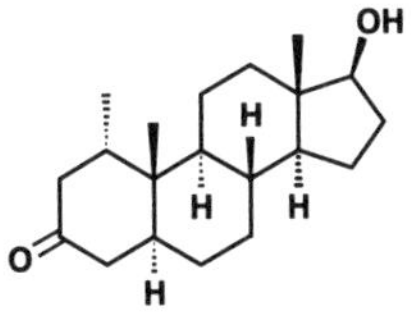

Mesterolon 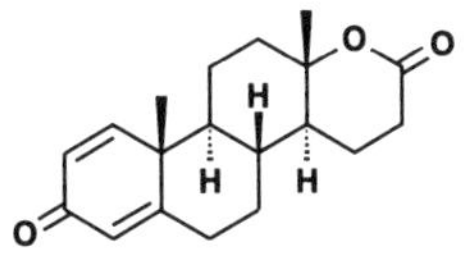   **Testolacton**

Zur Behandlung Androgen-abhängiger Tumoren (Prostata-Karzinom) sowie pathologischer Prozesse, die mit einer Androgenüberproduktion verbunden sind (Prostata-Hypertrophie, erhöhte Talgproduktion), werden Antiandrogene benötigt. Von therapeutischer Bedeutung sind Cyproteronacetat und nicht-steroidale Verbindungen wie das Flutamid. Cyproteron besitzt neben seiner antiandrogenen noch eine gestagene Aktivität.

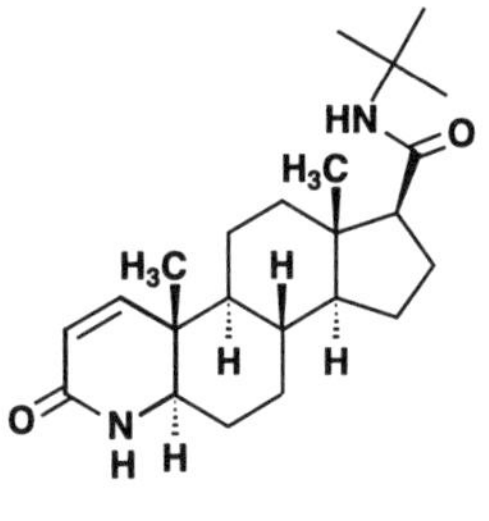

Finasterid 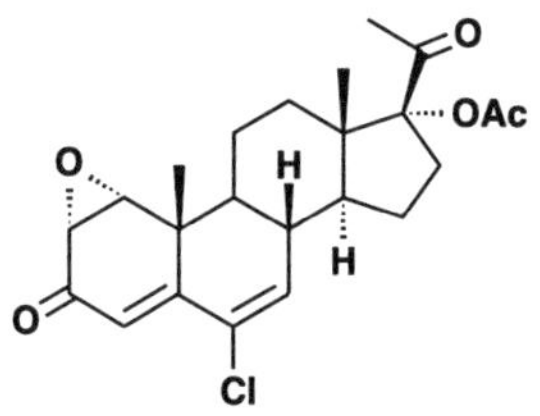   **Cyproteronacetat**

Die synthetischen Bemühungen um eine Trennung der androgenen und anabolen Wirkung haben zur Entwicklung der Anabolika (z. B. Nandrolondecanoat, Clostebolacetat, Metenolonacetat) geführt.

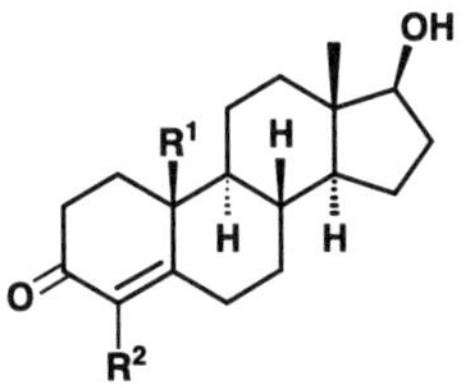

Nandrolon (R^1, R^2 = H)
Clostebol (R^1 = Me; R^2 = Cl)

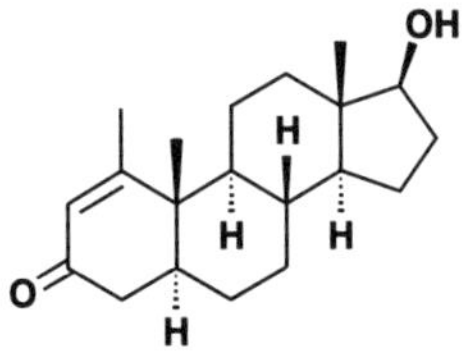

Metenolon

Corticoide (Nebennierenrinden-Hormone)
1927 zeigten Tierversuche, daß Extrakte von Nebennieren die Überlebenszeit von adrenalektomierten Tieren signifikant verlängern können. Derartige Extrakte wurden daraufhin zur Behandlung der *Addison*schen Krankheit eingesetzt, die durch einen Funktionsverlust der Nebenniere hervorgerufen wird. Mit der säulenchromatographischen Isolierung und Strukturaufklärung der Komponenten des Steroidgemisches (Cortin) der Nebennieren-Extrakte befaßten sich vor allem die Arbeitskreise um *Pfiffner, Swingle* und *Vars, Mason, Myers* und *Kendall* sowie *Reichstein* (1950 Nobelpreis zusammen mit *Kendall* und *Hench*). Bis 1943 waren bereits 28 verschiedene Steroide aus diesen Extrakten isoliert worden, unter denen sich jedoch nur 6 wirksame Steroide (Cortison, Cortisol, 11-Dehydrocorticosteron, Corticosteron, Cortexolon und Cortexon) befanden. Bei den anderen Verbindungen handelt es sich um Zwischenprodukte der Biosynthese oder Abbauprodukte. Corticosteron und Cortisol machen etwa 60 bis 95 % der Gesamtsteroide aus.

Die Corticoide werden nach ihrer Hauptwirkung in Gluco- und Mineralocorticoide eingeteilt. Die Glucocorticoide beeinflussen den Kohlenhydrat- und Proteinstoffwechsel. Sie stimulieren die Gluconeogenese und erhöhen dadurch den Blutzuckerspiegel. Die Mineralocorticoide regulieren den Elektrolythaushalt. Zur Ausschüttung der Glucocorticoide kommt es bei Streß. Unphysiologisch hohe Dosen der Glucocorticoide besitzen eine entzündungshemmende (antiphlogistische) und immunsuppressive Wirkung.

Alle Corticoide sind C_{21}-Steroide (Pregnan-Derivate). Sie unterscheiden sich chemisch vom Progesteron vor allem durch die zusätzliche Hydroxygruppe in 21-Stellung. Durch diese Hydroxylierung liegt bei den Corticoiden in 17-Stellung des Steroidgrundgerüstes eine α-Ketol-Struktur vor, die leicht oxidiert werden und eine Retroaldol-Reaktion eingehen kann (Abb. 7-15).

Die **Glucocorticoide** werden relativ schnell durch Reduktionen im Ring A (Bildung von Urocortisol als Hauptmetabolit) und oxidativen Abbau am C-17 (Bildung von 17-Keto-steroiden) metabolisiert (Abb. 7-16).

Die endogenen Glucocorticoide (**Corticosteron, Cortisol, 11-Dehydrocorticosteron, Cortison**) besitzen noch eine mineralocorticoide Wirkung. Partialsynthetisch konnten Glucocorticoide ohne diese mineralocorticoide und mit einer wesentlich stärkeren glucocorticoiden Wirkung vor allem durch Einführung einer $\Delta^{1(2)}$-Doppelbindung, eines Fluoratoms in 9α- oder 6α-Position, einer zusätzlichen Hydroxygruppe in 16α-Position oder einer Methylgruppe in 6α, 16α- oder 16β-Stellung erhalten werden (Abb. 7-17).

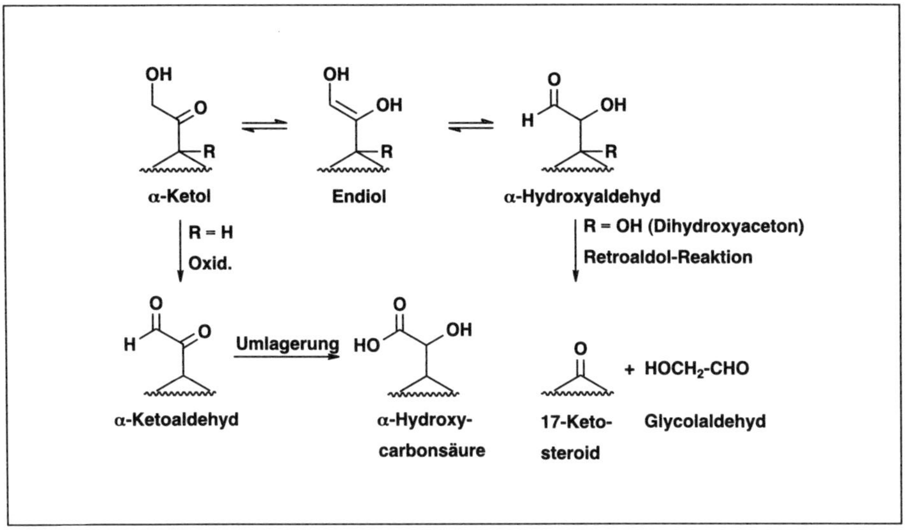

Abb. 7-15 Reaktion der α-Ketol-Gruppierung in 17-Stellung der Corticoide.

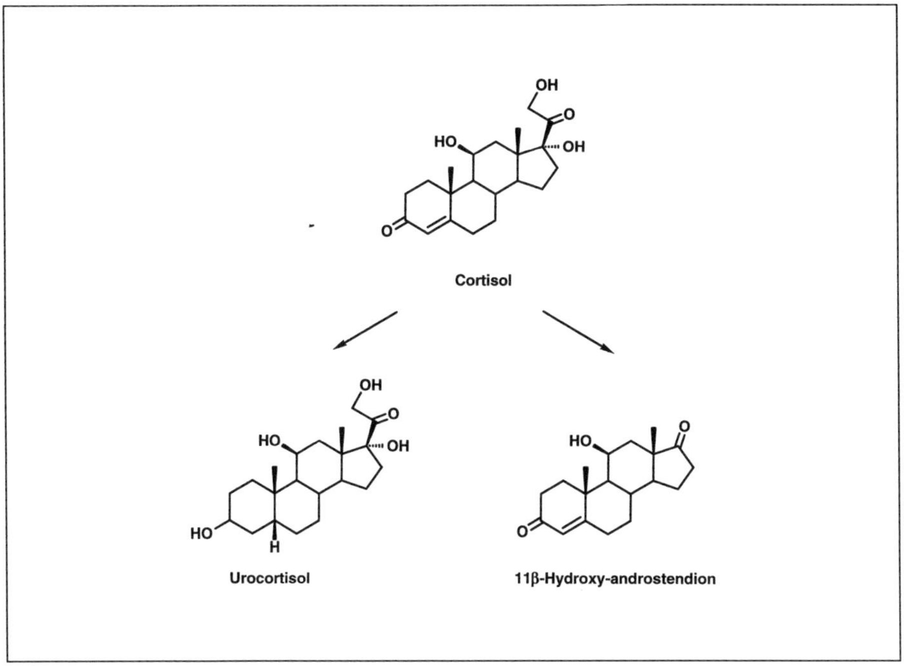

Abb. 7-16 Metabolisierung der endogenen Glucocorticoide.

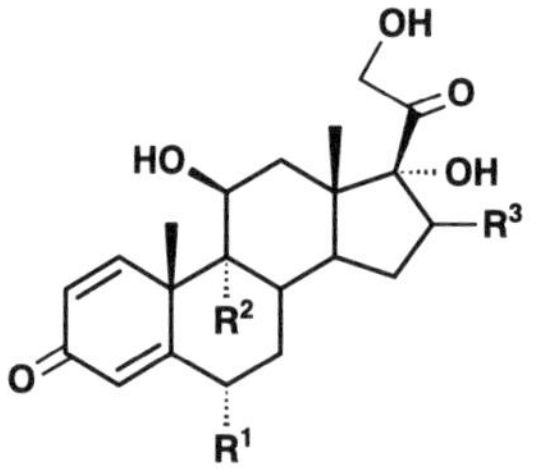

	R¹	R²	R³
Prednison	H	H	H
Triamcinolon	H	F	α OH
Dexamethason	H	F	α Me
Betamethason	H	F	β Me
Paramethason	F	H	α Me

Abb. 7-17 Partialsynthetische Glucocorticoide.

Das wirksamste endogene **Mineralocorticoid** ist das erst 1964 entdeckte **Aldosteron**. Die Aufarbeitung von 1.000 kg Rindernebennieren ergab nur 56 mg Aldosteronacetat. Aldosteron ist ein Hemiacetal, das im Gleichgewicht mit der Hydroxyaldehyd-Form liegt. Aldosteron wird kompetitiv gehemmt durch das synthetisch gewonnene 17-Spirolacton Spironolacton. Spironolacton wird bei Hyperaldosteronismus als Diuretikum eingesetzt.

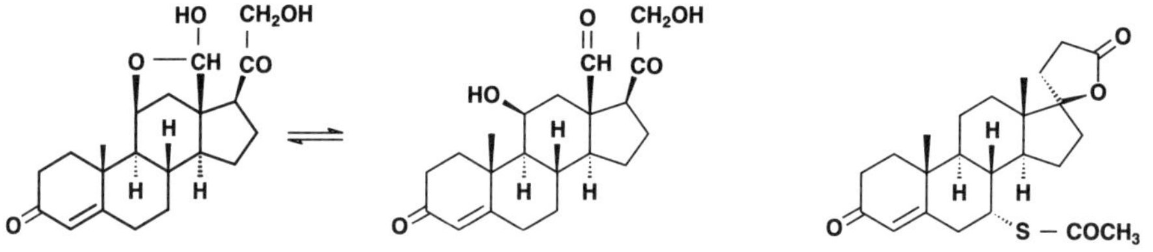

Aldosteron

Spironolacton

7.2.4 Arachidonsäure-Metabolite

Mehrfach ungesättigte Fettsäuren sind für den Menschen essentiell, d. h. lebensnotwendig und müssen mit der Nahrung zugeführt werden. Die biologische Rolle dieser essentiellen Fettsäuren läßt sich zumindest z.T. dadurch erklären, daß diese Verbindungen im Organismus Vorstufen einer ganzen Gruppe von Regulationsstoffen sind, die sich von der Arachidonsäure (Eicosatetraensäure) und wahrscheinlich auch von weiteren mehrfach ungesättigten Eicosansäuren (8,11,14-Eicosatriensäure = Dihomo-γ-linolensäure, 5,8,11,14,17-Eicosapentaensäure = Timodonsäure) ableiten und deshalb auch als **Eicosanoide** zusammengefaßt werden. Die Eicosaensäuren (C_{20}-Fettsäuren) entstehen aus den essentiellen Fettsäuren (C_{18}-Fettsäuren) durch Elongase- und Desaturase-Reaktion (S. 328). Die Aufklärung von Funktion und Struktur der Eicosanoide geht im wesentlichen auf

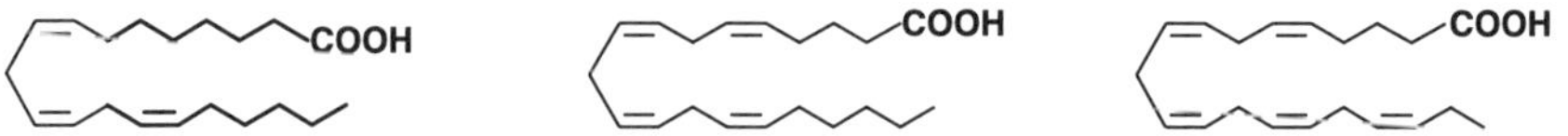

Eicosatriensäure   **Arachidonsäure**   **Eicosapentaensäure**

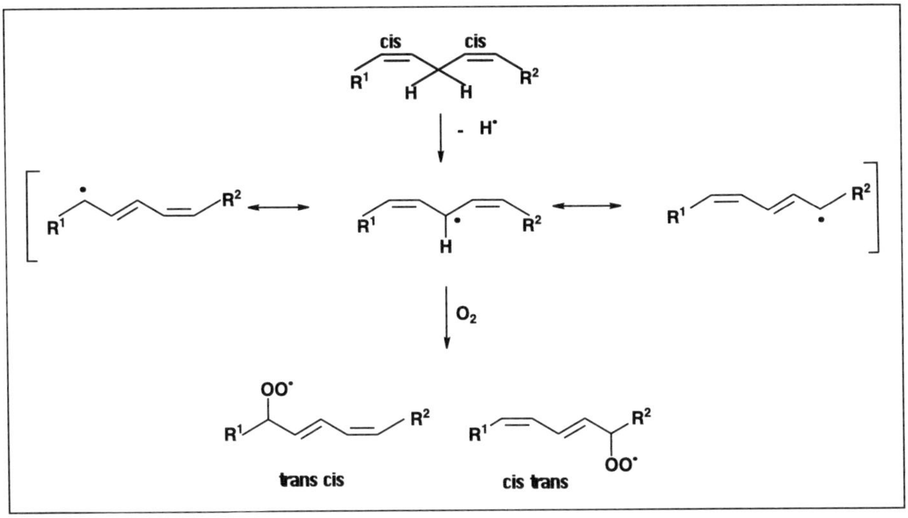

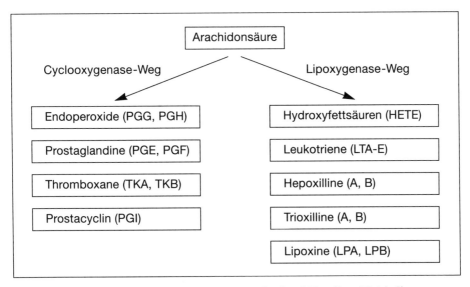

Abb. 7-18 Bildung resonanzstabilisierter Radikale aus 1,4-*cis,cis*-Dienen.

Arbeiten von *Bergström, Samuelsson* und *Vane* zurück, die dafür 1982 mit dem Nobelpreis ausgezeichnet wurden. Das 1,4-*cis,cis*-Pentadien-System der Arachidonsäure kann durch Wasserstoffabstraktion leicht resonanzstabilisierte Radikale bilden (Abb. 7-18), die bei der Cyclooxygenase- und Lipoxygenase-Reaktion als Intermediate auftreten.

Bei den Eicosanoiden muß zwischen den Produkten des Cyclooxygenase- und Lipoxygenaseweges unterschieden werden (Abb. 7-19). In beiden Fällen handelt es sich primär um die Anlagerung eines Sauerstoff-

Abb. 7-19 Cyclooxygenase- und Lipoxygenaseweg des Arachidonsäure-Metabolismus.

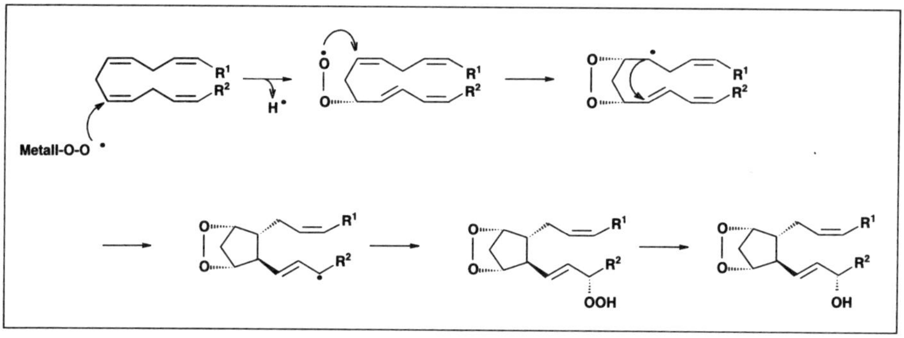

Abb. 7-20 Bildung der Endoperoxide PGG$_2$ und PGH$_2$.

atoms (Dioxygenase-Reaktion). Primärprodukte des **Cyclooxygenaseweges** sind die **Endoperoxide** (Abb. 7-20). Zunächst werden zwei Moleküle Sauerstoff unter Bildung des Endoperoxids PGG$_2$ angelagert, aus dem durch die Peroxidase-Aktivität der Cyclooxygenase (Prostaglandin-Synthase) das PGH$_2$ entsteht.

Die Endoperoxide sind sehr empfindliche Verbindungen, die durch Wasser oder Alkohole bereits nach wenigen Minuten ($t_{1/2}$ = 4 bis 5 min bei 37 °C) zersetzt werden (Abb. 7-21). Gebildet werden u.a. die **Levuglandine** (LG), eine Gruppe von Secoprostanoiden. Diese Ketoaldehyde (LGE$_2$, LGD$_2$) gehen unter Wasserabspaltung in stabilere Anhydroverbindungen über.

In vivo wird aus den Endoperoxiden enzymatisch ein ganzes Spektrum von Verbindungen gebildet (Abb. 7-22).

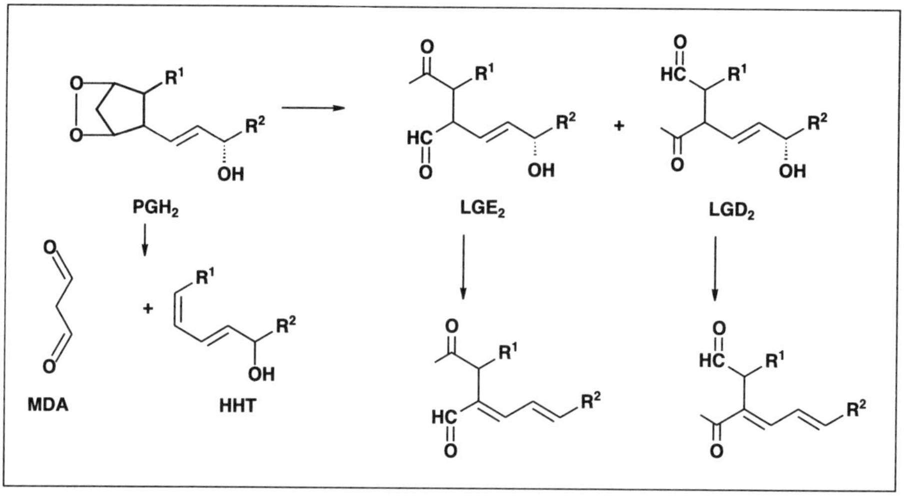

Abb. 7-21 *In-vitro*-Zersetzung der Endoperoxide. MDA: Malondialdehyd; HHT: 12-Hydroxy-5-*cis*-8-*trans*-heptadecatriensäure.

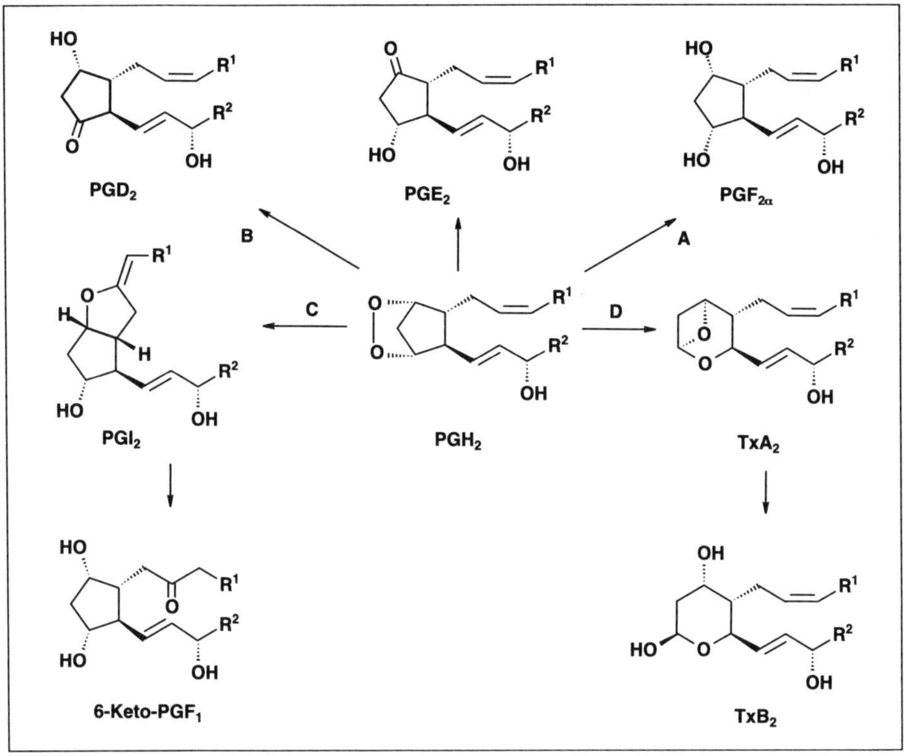

Abb. 7-22 Wichtigste Produkte des Cyclooxygenaseweges. A: Reduktase; B: Isomerase; C: Prostacyclin-Synthase; D: Thromboxan-Synthase. $R^1 = (CH_2)_3COOH$; $R^2 = (CH_2)_4CH_3$.

Die **Prostaglandine** kommen in nahezu allen Organen des Menschen in allerdings sehr geringer Konzentration (0,01 bis 1 µg/g) vor. Die höchste Konzentration erreichen sie in der Samenflüssigkeit (100 bis 300 µg/g), aus der sie auch erstmals isoliert werden konnten (*v. Euler*, 1935).

Prostaglandine sind auch in Korallen sowie in höheren Pflanzen nachgewiesen worden. 15-*epi*-PGA$_2$ konnte in hoher Ausbeute aus der karibischen Koralle *Plexaura homomalla* isoliert werden und ist als Ausgangsstoff für Partialsynthesen von Bedeutung. **Clavulone** (aus der japanischen Koralle *Clavularia viridis*) und die halogenierten **Punaglandine** (aus der Koralle *Telesto riisei*) sind zytotoxisch wirksam.

Die Strukturaufklärung konnte erst 1962 durch eine Kombination von Gaschromatographie, Massenspektrometrie und Röntgenstrukturanalyse erfolgen. Die Prostaglandine leiten sich chemisch von der **Prostansäure,** einem Cyclopentanderivat mit 20 C-Atomen, ab (Abb. 7-23). Die einzelnen Prostaglandine (PG) unterscheiden sich durch ihre Sauerstofffunktionen (Hydroxy-, Carbonylgruppe) und die Anzahl der Doppelbindungen. Nach der Struktur des Cyclopentanringes teilt man die Prostaglandine in die Gruppen A bis H ein. PGF$_\alpha$ und PGF$_\beta$ unterscheiden sich durch die

Clavulon I

Konfiguration am C-9. Die Zahl der Doppelbindungen außerhalb des Cyclopentanringes wird durch einen Index angegeben (z. B. PGE$_2$). Die Doppelbindungen der Seitenketten sind *cis*-ständig.

Prostaglandine vom E-Typ sind als β-Hydroxyketone sehr empfindlich gegenüber Säure und Lauge. Im Sauren und Alkalischen kommt es vor allem bei PGE zu Umlagerungen (Isomerisierung zu PGA und PGB, Epimerisierung am C-15 und C-8, (Abb. 7-24).

Die Prostaglandine werden wie die anderen Eicosanoide auch rasch metabolisch inaktiviert (Abb. 7-25), so daß ihre Wirkung auf die nähere Umgebung der Biosynthese beschränkt bleibt (Lokalhormone).

Die physiologischen Wirkungen der Prostaglandine sind vielfältig. Prostaglandine wirken anregend auf die glatte Muskulatur. Therapeutisch werden Prostaglandine (PGE$_2$ = Dinoproston; PGF$_{2\alpha}$ = Dinoprost; Sulproston) wegen der Uteruskontraktion zur Geburtseinleitung sowie wegen ihrer zytoprotektiven (gewebsschützenden) Wirkung auf die Magenschleimhaut zur Behandlung von Magengeschwüren (Misoprostol) eingesetzt. In der Veterinärmedizin dienen Prostaglandine zur Oestrus-Synchronisation (Cloprostenol), um dadurch ganze Herden gleichzeitig künstlich besamen zu können. Von praktischer Bedeutung sind vor allem Analoga (Abb. 7-26), bei denen durch chemische Modifikationen die chemische und metabolische Stabilität erhöht wurde, um die Wirkungsdauer zu verlängern. Prostaglandine gehören zur Gruppe der Entzündungsmediatoren. Aus diesem Grunde können Hemmer der Cyclooxygenase wie die nichtste-

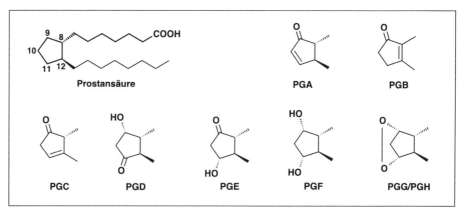

Abb. 7-23 Nomenklatur der Prostaglandine.

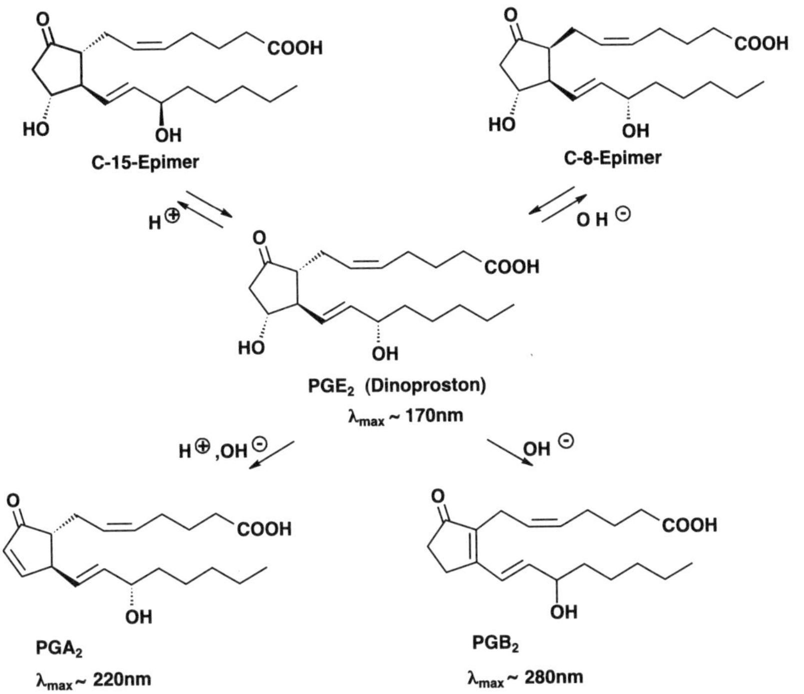

Abb. 7-24 Isomerisierung und Epimerisierung von Prostaglandinen.

roidalen Antirheumatika (z. B. Acetylsalicylsäure, Indometacin) zur Schmerzbekämpfung und Behandlung chronischer Entzündungen eingesetzt werden. Inzwischen weiß man, daß die Cyclooxygenase (COX) in mindestens zwei Isoformen vorkommt: eine konstitutionelle COX-1, die z. B. in der Magenschleimhaut das zytoprotektive PGE_2 bildet, und eine durch Entzündungsprozesse induzierbare COX-2.

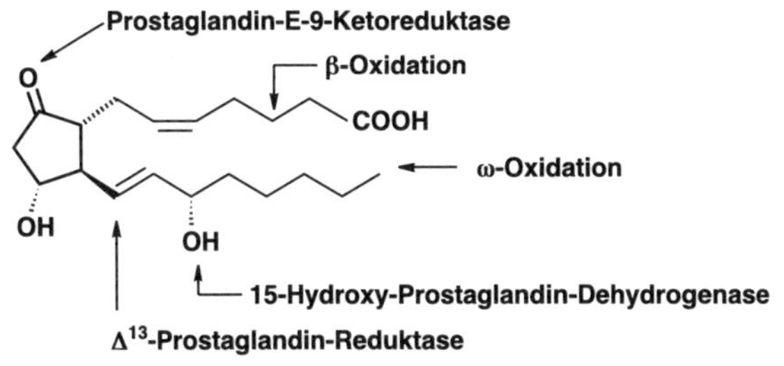

Abb. 7-25 Biotransformation der Prostaglandine.

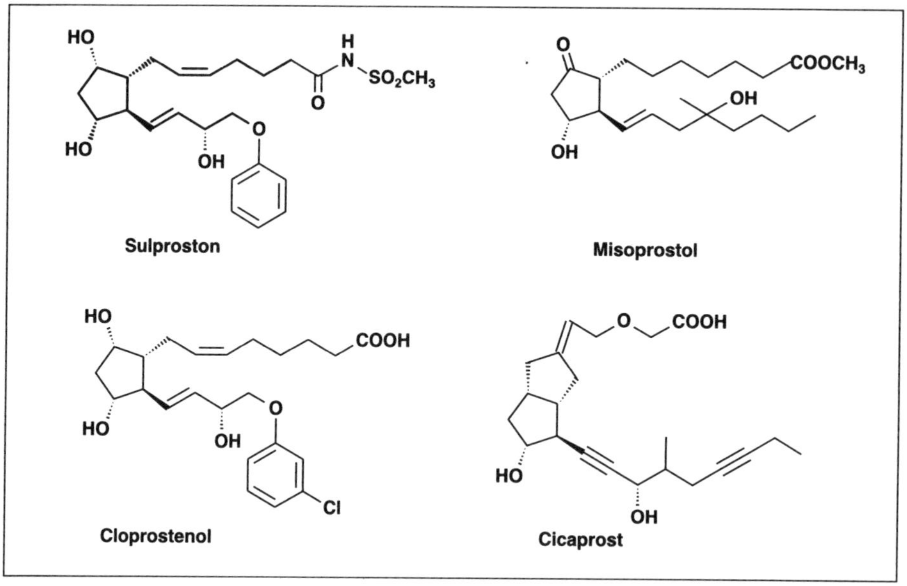

Abb. 7-26 Synthetische Analoga von Prostaglandin E (Sulproston, Misoprostol), Prostaglandin F (Cloprostenol) und Prostacyclin (Cicaprost) mit verlängerter Wirkungsdauer.

Die Prostaglandine F_2 und E_2 lassen sich kommerziell aus dem aus Korallen isolierbaren 15-*epi*-PGA$_2$ darstellen, wobei zunächst die 15-Hydroxy- und die Carboxylgruppe geschützt werden müssen:

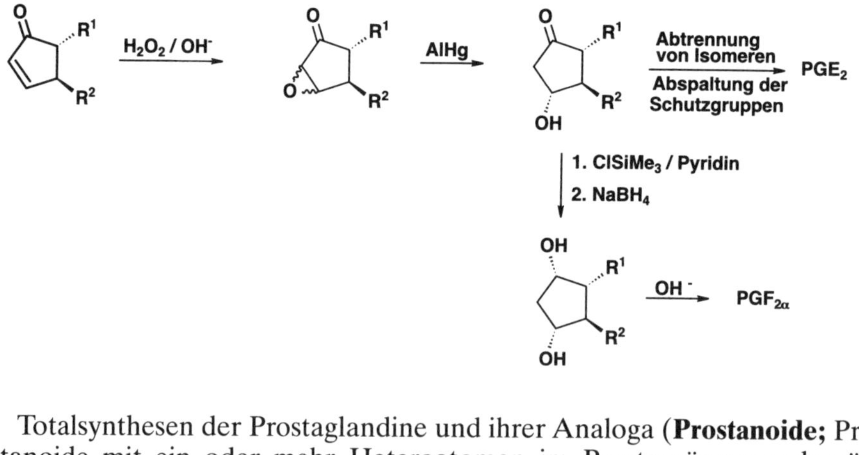

Totalsynthesen der Prostaglandine und ihrer Analoga (**Prostanoide**; Prostanoide mit ein oder mehr Heteroatomen im Prostansäuregrundgerüst werden als Heteroprostanoide bezeichnet) sind seit 1968 bekannt. Die Totalsynthesen erfordern eine hohe Stereoselektivität. Eine wichtige Ausgangsverbindung für Totalsynthesen ist **2**, das durch wenig Reaktionsschritte aus **3** erhalten werden kann. **3** ist durch eine asymmetrische *Diels-Alders*-Synthese zugänglich.

Von besonderem Interesse ist eine biomimetische Synthese (Abb. 7-27), die von den mehrfach ungesättigten Alkoholen **4a** und **4b** ausgeht, die zunächst zu den Hydroperoxiden **5a** und **5b** umgesetzt werden. **5a** und **5b** bilden durch Mercurierung die Dioxolane **6a** und **6b**. Die Cyclisierung zum Cyclopentanring erfolgt mit Sauerstoff in Gegenwart von Tri-n-butyl-zinnhydrid. Durch Reduktion mit Ph$_3$P und Behandeln mit Pyridiniumtosylat in Methanol wird ein Gemisch der Acetale **8a** und **8b** (Verhältnis 2:1) erhalten und durch weitere Reaktionen, u. a. eine säurekatalysierte Epimerisierung, zu PGF$_{2\alpha}$ oder anderen Prostaglandinen umgesetzt.

In den Blutplättchen (Thrombozyten) wird aus PGH$_2$ **Thromboxan** A$_2$ (TxA$_2$) und in den Gefäßen **Prostacyclin** (PGI$_2$, Epoprostenol) gebildet (Abb. 7-22, S. 489). Während Thromboxan A$_2$ die Aggregation der Blutplättchen stimuliert, ist Prostacyclin ein starker Aggregationshemmer. TxA$_2$ wird sehr schnell (t$_{1/2}$ ca. 32 s bei 37 °C, pH 7,4) zum wirkungslosen TxB$_2$ gespalten, das weiter metabolisiert wird. Das Acetal TxA wird also zum Halbacetal TxB hydrolysiert. Hemmer der Thromboxan-Biosynthese und Thromboxan-Antagonisten haben Bedeutung zur Prophylaxe von Thromben (z. B. Schutz vor Herzinfarkt). Prostacyclin-Analoga (z. B. Cicaprost, Abb. 7-26) sind zur Behandlung von Herz-Kreislauf-Erkrankungen von Interesse.

Durch Lipoxygenasen (**Lipoxygenaseweg,** Abb. 7-28) werden aus Arachidonsäure instabile, mehrfach ungesättigte **Hydroperoxysäuren** (HPETEs) gebildet. Im Unterschied zur Bildung der Endoperoxide nach dem Cyclooxygenaseweg erfolgt durch die Lipoxygenasen nur die Anlagerung eines Sauerstoffmoleküls. Der Angriff des aktivierten Sauerstoffs erfolgt je nach Regioselektivität der Lipoxygenase in 5-, 12- oder 15-Stellung. Durch Peroxidase-Aktivität entstehen aus den extrem instabilen HPETEs die entsprechenden ungesättigten **Hydroxyfettsäuren** (HETEs). Analoge Umsetzungen der Eicosapentaensäure ergibt HPEPEs bzw. dann HEPEs, der Linolsäure (Octadecadiensäure) HPODEs (Hydroperoxy**oc**ta**diensäuren**) und HODEs (Hydroxy**octa**diensäuren).

Die **Leukotriene** (LT) sind Produkte der 5-Lipoxygenase (Abb. 7-29). Aus 5-HPETE entsteht als instabiles Zwischenprodukt (Halbwertszeit ca. 3,5 min) das LTA$_4$. Aus diesem Epoxid werden durch nucleophilen Angriff und unter Einbeziehung der Trienkomponente die Leukotriene B$_4$ (OH-Gruppe) und C$_4$ (Glutathionrest) gebildet. Abspaltung von Aminosäureresten von LTC$_4$ führt zu den weiteren **Peptidoleukotrienen** LTD$_4$ (Cys-Gly-Rest) und LTE$_4$ (Cys-Rest). Bei den nach Stimulierung der Mastzellen frei-

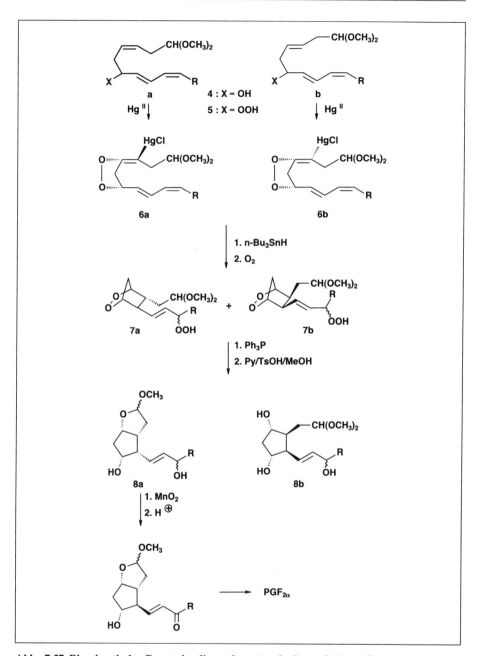

Abb. 7-27 Biomimetische Prostaglandinsynthese (nach *Corey*, J. Am. Chem. Soc. 106, S. 6425, 1984).

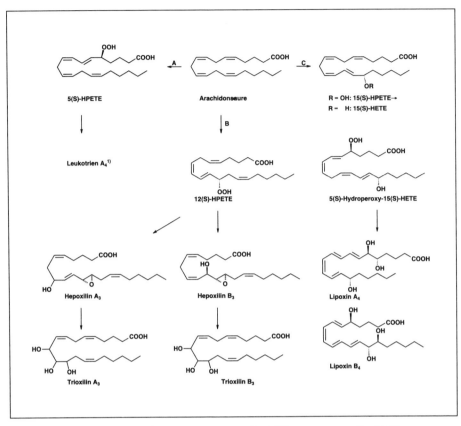

Abb. 7-28 Produkte des Lipoxygenaseweges. A: 5-Lipoxygenase; B: 12-Lipoxygenase; C: 15-Lipoxygenase.

gesetzten Mediatoren (*slow reacting substance of anaphylaxy*, SRS-A) handelt es sich um ein Gemisch, das neben der Hauptkomponente LTD$_4$ noch LTC$_4$ und LTE$_4$ enthält. LTB$_4$ isomerisiert leicht zur 6-*trans*- und 12-*epi*-Verbindung.

Eine zentrale Rolle bei der Leukotrien-Totalsynthese spielt der von *Corey* eingeführte Epoxyaldehyd **9,** der sowohl nach der Chiral-Pool-Methode (ausgehend von D-Ribose, 2-Desoxy-D-ribose oder D-Arabinoascorbinsäure) als auch durch enantioselektive Synthese ausgehend von D-Mannitol bzw. L-Arabinose (über L- bzw. D-Glyceraldehyd-acetonid, dessen Chiralitätszentren nicht im Endprodukt enthalten sind) oder dem Dienaldehyd **10** zugänglich ist (Abb. 7-30).

Von den 12- bzw. 15-HPETEs leiten sich die **Lipoxine, Hepoxiline** (von Hydroxyepoxid) und **Trioxiline** ab (Abb. 7-28). Die Lipoxine sind Tetraene (4 konjugierte Doppelbindungen). Hepoxiline sind als Mediatoren an der Insulinwirkung beteiligt und werden in den *Langerhans*schen Inseln gebildet. Aus den Hepoxilinen entstehen die Trioxiline als Trihydroxyderivate.

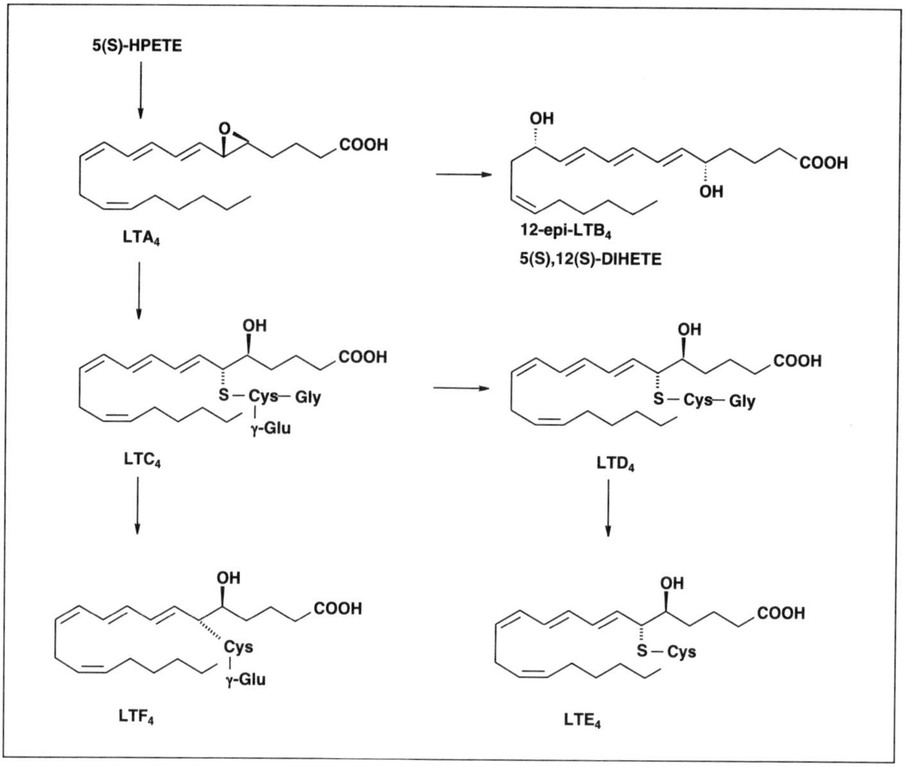

Abb. 7-29 Leukotriene.

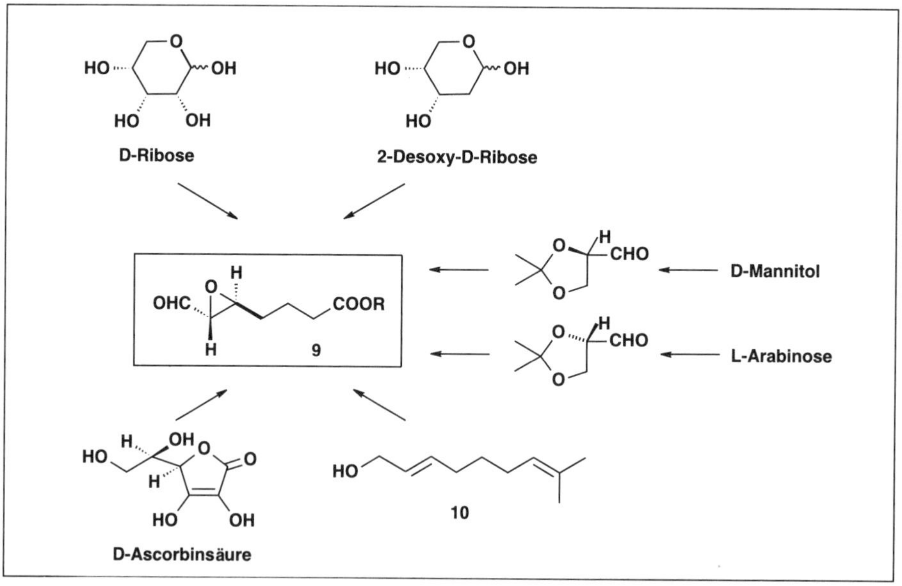

Abb. 7-30 Syntheseschema eines Bausteins (9) der Leukotriene (aus *P. Welzel*, Nachr. Chem. Techn. Lab. **31**, S. 118, 1983).

7.3 Hormone der Wirbellosen

Bei den wirbellosen Tieren ist bisher am besten das Hormonsystem der Insekten und Krebse (*Crustaceae*) untersucht worden.

Peptiderge Neurosekrete spielen bei Wirbellosen als Mediatoren der Informationsübermittlung eine große Rolle, wobei als Zielorgane neben dem Zentralnervensystem auch innere Organe betroffen werden. Derartige Neurohormone steuern z. B. Entwicklungsprozesse (Aktivierungsfaktoren), Stoffwechselprozesse, die Herztätigkeit der Insekten, das Verhalten, insbesondere das Sexualverhalten, das Eiablage-Verhalten (bei Insekten, Mollusken, Echinodermen) oder das Schlupfverhalten (bei Insekten). Wahrscheinlich werden auch die Häutungsdrüsen (Prothorakaldrüsen) durch neurosekretorische Peptide (Aktivationshormone) gesteuert. Im Unterschied zu den Wirbeltieren ist bei den Wirbellosen das System der Neurosekretion vielfältiger entwickelt.

Zu den glandulären Hormonen der Wirbellosen gehören die Juvenil- und die Häutungshormone. Die **Juvenilhormone** werden bei den Insekten von der am Kopf befindlichen *Corpora allata* ausgeschüttet. Diese auch als Jugendhormone bezeichneten Stoffe fördern die Differenzierung der Larve, hemmen aber die der Imagines. Eine erhöhte Zufuhr in einer bestimmten Entwicklungsphase hat Tod oder Sterilität zur Folge.

Aus der Gruppe der Juvenilhormone (JH) wurden aus Insekten Verbindungen isoliert (JH0 bis JHIII), die sich von der **Farnesolsäure** ableiten (Abb. 7-31).

Synthetische Analoga der Juvenilhormone (Juvenoide) sind als potentielle Insektizide von Interesse, die für andere Tiere wenig toxisch sein sollten. Starke JH-Aktivität bei Fliegen besitzt z. B. 2-Ethoxy-9-(p-isopropylphenyl)-2,6-dimethylnonan. Natürliche JH-Antagonisten werden von einigen Pflanzen produziert.

Die **Häutungshormone** (*moulting hormones*) werden bei den Insekten von den Prothorakaldrüsen ausgeschieden. Die Häutungshormone stimu-

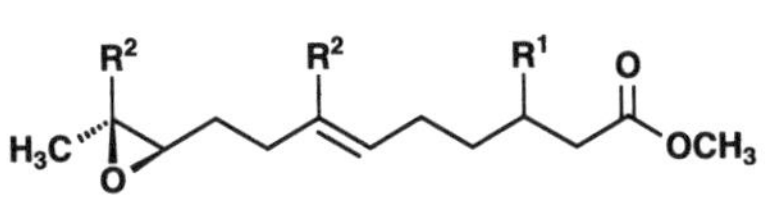

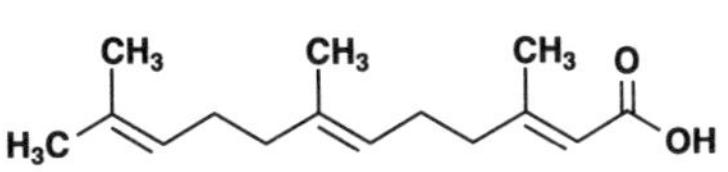

JH	R^1	R^2	R^3
0	Et	Et	Et
I	Me	Et	Et
II	Me	Me	Et
III	Me	Me	Me

Abb. 7-31 **Juvenilhormone.**

lieren das Wachstum während des Larvenstadiums und leiten die Metamorphose ein. Ihre Bildung wird von den Aktivationshormonen angeregt.

Das erste Häutungshormon, das **Ecdyson** (α-Ecdyson) wurde 1954 von *Butenandt* und *Karlson* aus Seidenspinner-Puppen isoliert. 500 kg getrocknete Puppen ergaben 25 mg kristallines Ecdyson. Die Struktur des Ecdysons konnte erst 11 Jahre nach seiner Isolierung durch eine Röntgenstrukturanalyse als 2β,3β,14α,22R,25-Pentahydroxy-5β-cholest-7-en-6-on aufgeklärt werden.

Ecdyson (α-Ecdyson): R = H
20-Hydroxyecdyson (β-Ecdyson): R = OH

Bei den Häutungshormonen handelt es sich um Steroide, deren Seitenkette am C-17 in Länge und Verzweigung der des Cholesterols entspricht. Eine Verkürzung der Seitenkette führt zu inaktiven Verbindungen. Bemerkenswert ist die α-Hydroxygruppe in 14-Stellung. Die Ecdysone (**Ecdysteroide**) sind α,β-ungesättigte Ketone (Ring B). Sie gehören zur 5β-Reihe der Steroide. Ecdysteroide wurden zunächst in Insekten, später in *Crustaceen* und anderen *Arthropoden* sowie in Mollusken, verschiedenen Würmern und *Coelenterata* entdeckt. Am weitesten verbreitet ist 20-Hydroxyecdyson. Der Abbau der Ecdysteroide in den niederen Tieren erfolgt durch Oxidation des endständigen C-Atoms der Seitenkette unter Bildung der Ecdysonsäure (Analogie zur Bildung der Gallensäuren). Auch aus Pflanzen, vorwiegend Farnen und Gymnospermen, wurden zahlreiche Steroide mit Ecdyson-Aktivität isoliert. Zu diesen **Phytoecdysonen** gehören 5β-Steroide vom Androstan-, Pregnan-, Cholestan-, Ergostan- und Stigmastan-Typ. Insekten, Krebse und andere niedere Organismen sind nicht mehr in der Lage, das Steroidgrundgerüst selbst aufzubauen. Für sie sind Steroide also Vitamine, auf deren Zufuhr sie angewiesen sind. Aus dem Cholesterol der Nahrung werden dann unter Erhalt der Seitenkette die Häutungshormone synthetisiert. Wie die Steroidhormone der Säugetiere lösen auch die Häutungshormone eine Genexpression aus.

7.4 Pheromone

> Während Hormone die Kommunikation innerhalb eines Organismus über die Körperflüssigkeiten übernehmen, dienen die Pheromone der chemischen Kommunikation zwischen Organismen einer Art (1959: *Karlson, Butenandt, Lüscher*), wobei die Anfänge der Pheromonforschung schon auf das Ende des vergangenen Jahrhunderts zurückgehen. Nach ihrer Wirkungsweise lassen sich die oral wirkenden *Primer* mit langanhaltenden physiologischen Effekten sowie die sensorisch wirkenden *Releaser* mit einer nur kurzen Verhaltensantwort (Alarm, Sexualverhalten u. a.) unterscheiden.

Das erste in seiner Struktur aufgeklärte Pheromon war das **Bombykol** des Seidenspinners (*Bombyx mori*), das *Butenandt* 1959 nach über 20jährigen Arbeiten zur Anreicherung und Isolierung als (10*E*,12*Z*)-10,12-Hexadecadienol identifizieren konnte. Daneben kommt noch der entsprechende Aldehyd (**Bombykal**) vor.

Bombykol   2,3-Dihydro-trans-farnesol

Inzwischen sind vor allem mit Hilfe der Gaschromatographie in *Protozoen, Arthropoden,* aber auch in höheren Tieren wie Fischen, Kriechtieren oder Säugetieren Pheromone nachgewiesen worden. Sie dienen diesen Organismen als Sexuallockstoffe, Aggregationsstoffe, Kastenerkennungsstoffe, Alarmstoffe oder Repellantien. Interessant sind auch die sog. Abstinone (*anti-aphrodisiac pheromones*), die eine Kopulation verhindern. Wahrscheinlich stammt zumindest ein Teil dieser Pheromone von den als Nahrung dienenden Pflanzen.

Es wird angenommen, daß der Einsatz von Pheromonen eine phylogenetisch sehr alte Form der Kommunikation darstellt. Chemisch gehören zu den Pheromonen vor allem terpenoide Verbindungen und biosynthetische Abkömmlinge von Fettsäuren (langkettige Alkohole, Aldehyde oder Ester).

Bei den Insekten dienen terpenoide Verbindungen als Spur- und Alarmpheromone der sozialen Insekten und als Aggregationspheromone der Borkenkäfer. So besteht der Lockstoff des Borkenkäfers *Ips paraconfusus* aus drei Monoterpenen: **cis-Verbenol, Ipsenol** und **Ipsdienol** (Abb. 7-32).

Der Lockstoff der gefürchteten Forstschädlinge Schwammspinner (*Lymantria dispar*) und Nonne (*L. monacha*) ist das **(+)-Disparlur**, eines der wenigen Epoxide unter den Pheromonen. Interessant ist, daß der weibliche Nonnenfalter **(-)-Disparlur** produziert, das den Anflug männlicher Schwammspinner hemmt.

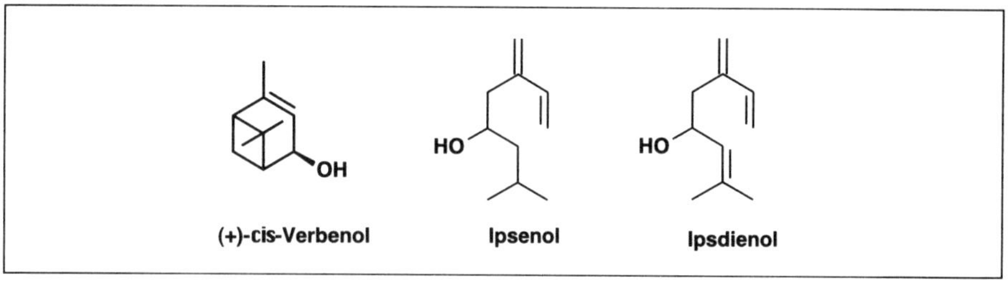

Abb. 7-32 Aggregationspheromon des Borkenkäfers.

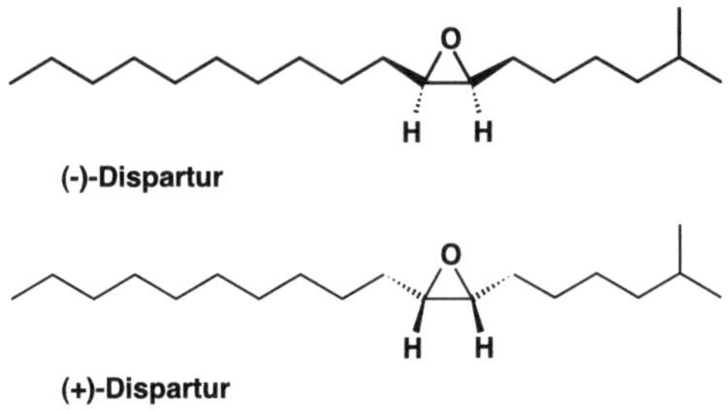

Die Hauptkomponente des Markierungsduftes der Hummel *Bombus terrestris* ist **2,3-Dihydro-*trans*-farnesol**. Es ist bemerkenswert, daß bei Insekten Farnesan-Derivate sowohl als Pheromone als auch als Juvenilhormone wirken können. Das gilt bei anderen Organismen auch für Steroide. Man nimmt an, daß die Pheromone als phylogenetisch ältere Substanzen funktionelle Vorläufer der Hormone sind.

Zahlreiche Pheromone sind langkettige Alkohole, Aldehyde oder Ester, deren Biosynthese wahrscheinlich von den Fettsäuren ausgeht. Dazu gehören die meisten Sexualpheromone der weiblichen Nacht-Schmetterlinge wie das Bombykol des Seidenspinners, der Lockstoff der Traubenwickler-Art *Parolobesia viteana* *(Z)*-9-Dodecenylacetat sowie *(Z)*-9-Tetradecenylacetat, eine Komponente des Sexualpheromons der Eulenfalter-Arten *Spodoptera frugiperda* und *Prodenia eridania* sowie mehrerer Obstwickler-Arten der Gattung *Adoxophyes*. Von diesen Verbindungen genügen oft schon wenige Moleküle, um am Männchen eine Wirkung auszulösen; beim Bombykol z.B. 100 Moleküle/cm^3. In diese Gruppe gehören auch Komponenten des **Königinnenpheromons** der Honigbiene (*Apis mellifera*). Dieses Pheromon (Abb. 7-33) besteht aus *(E)*-9-Oxo-2-decensäure (**11**), (-)- und (+)-9-Hydroxy-2(*E*)-decensäure (**12**), p-Hydroxybenzoesäuremethylester (**13**) und 4-Hydroxy-3-methoxy-phenylethanol (**14**) im Verhältnis 100:25:10:10:1.

Wirksam als Pheromone sind meist Substanzgemische, die aus über 30, chemisch oft nahe verwandten Einzelkomponenten bestehen können. So enthält z.B. das Pheromon der Mandibulardrüse der Biene *Andrena haemorrhoa* neben flüchtigen Alkoholen, Ketonen, Estern und Kohlenwasser-

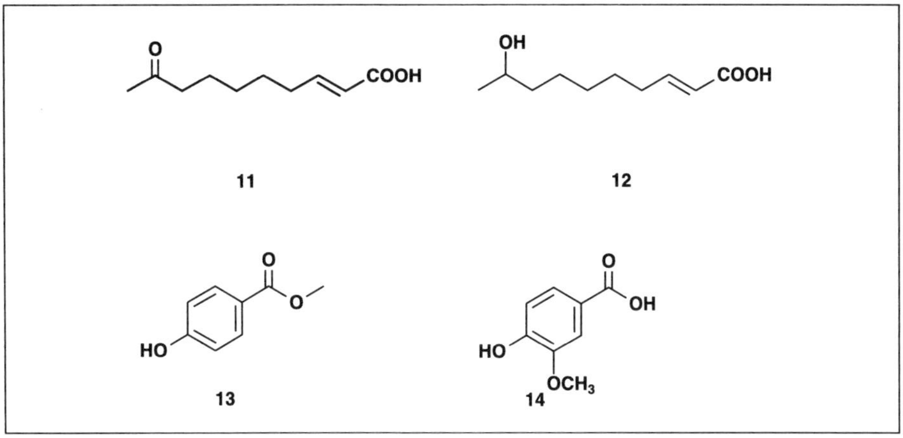

Abb. 7-33 Königinnenpheromon der Honigbiene.

stoffen noch eine Mischung aus Spiroketalen (Abb. 7-34), die sich jeweils noch in der Stereochemie (*Z, E*) und Länge des Alkylrestes (Me, Et, Pr, Bu) unterscheiden.

N-haltige Pheromone (z. B. **Danaidon,** Abb. 1-35, S. 60) wurden bei *Danaiden,* einer Familie der Schmetterlinge, gefunden, allerdings nur dann, wenn die männlichen Schmetterlinge an bestimmte Pflanzen herankommen, die Pyrrolizidin-Alkaloide führen. Wahrscheinlich können auch Mikroorganismen im Darm der Insekten an der Biotransformation von mit der Nahrung aufgenommenen Substanzen in Pheromone beteiligt sein. So wird z. B. α-Pinen im Darm von *Ips paraconfusus* durch Mikroorganismen in *cis*- und *trans*-Verbenol sowie Myrtenol umgewandelt (Abb. 7-35).

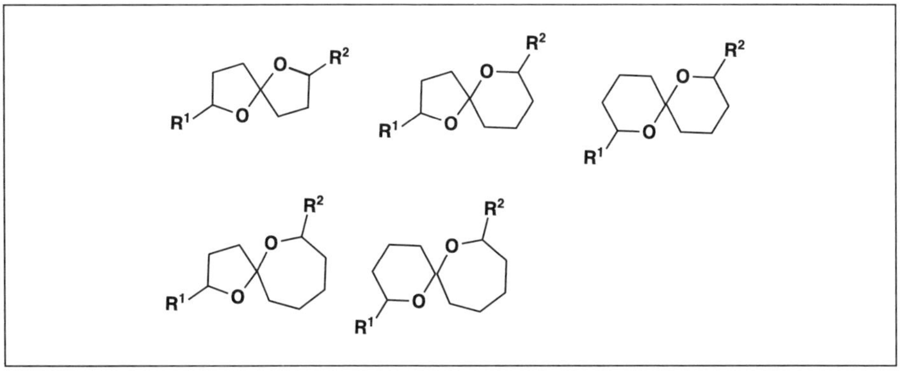

Abb. 7-34 Mischung von Spiroketalen der Pheromone von *Adrena haemorrhoa*.

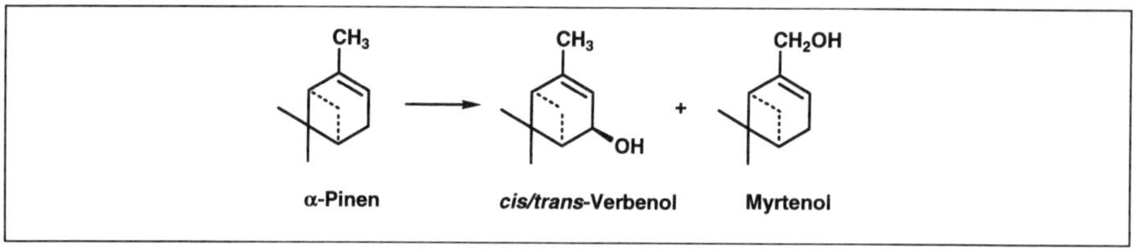

Abb. 7-35 Mikrobiologische Umwandlung von α-Pinen im Darm von *Ips paraconfusus*.

Pheromone wurden auch bei Wirbeltieren gefunden. **Androstenon (15)** ist z. B. das Sexualpheromon des Ebers.

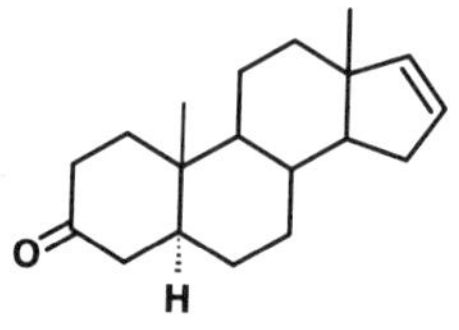

Abbildung 7-36 zeigt einige **S-haltige Markierungsstoffe** der Analsekrete von Stinktier, Nerz, Wiesel und verwandten Tieren.

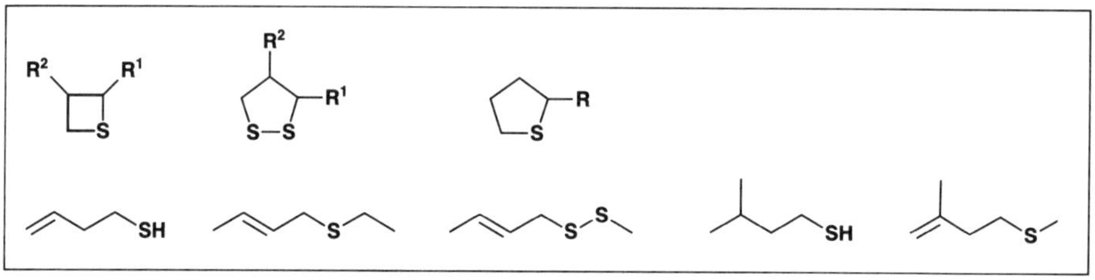

Abb. 7-36 S-haltige Verbindungen der Analsekrete einiger Säugetiere. R = kurzkettig Alkyl (Me, Et, Pr).

Beim Einsatz von Insektenpheromonen, insbesondere Sexualpheromonen oder deren synthetischen Analoga, für eine umweltfreundliche und artspezifische **Insektenbekämpfung** wurden verschiedene Methoden entwickelt. Bei der Monitortechnik, die mehr zur Erfassung der Populationsdichte (frühzeitiger Hinweis auf eine bevorstehende Populationsexplosion) dient, locken mit Sexualpheromonen präparierte Leimfallen die Insektenmännchen an. In Form der sog. Abfangtechnik, also zur drastischen Reduzierung der Männchen, hat sich diese Methode kaum bewährt. Bei der Verwirrungstechnik wird durch ein großflächiges Überangebot an Pheromonen eine Fortpflanzung erschwert. Sog. *Mating-disruptants* stören die chemische Kommunikation und damit die Kopulation. Als *mating-disruptant* wirkt z. B. bei bestimmten Eulenarten (*Heliothis virescens*) (Z)-9-Tetradecenylformiat (**16**), das große Ähnlichkeit zum natürlichen Pheromon (Z)-11-Hexadecenal (**17**) besitzt. Zum Schutz vor Mücken werden heute als synthetische Repellantien vorzugsweise Diethyltoluamid und Dimethylphthalat eingesetzt.

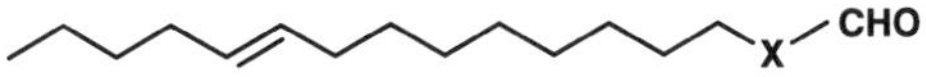

$X = CH_2$: 16
$X = O$: 17

7.5 Regulationsstoffe der Pflanzen

7.5.1 Regulationsstoffe niederer Pflanzen

Aus niederen Pflanzen wurden vereinzelt Substanzen mit der Wirkung von Sexualpheromonen isoliert. Bezüglich ihrer Wirkung können die bisher bekannten Verbindungen in zwei Gruppen eingeteilt werden. Die eine Gruppe wird von Substanzen gebildet, die von weiblichen Gameten ausgeschieden werden und chemotaktisch die männlichen Gameten anlocken. Zu dieser Gruppe gehören die **Gametenlockstoffe** der Braunalgen und das Sirenin. Die zweite Gruppe umfaßt Substanzen, die von einem Organismus gebildet werden und beim Geschlechtspartner die Entwicklung von Sexualorganen bewirken. Zu dieser Gruppe gehören das Antheridiol und die Trisporsäure.

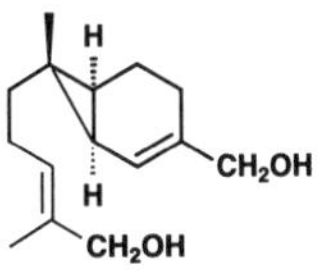

Sirenin 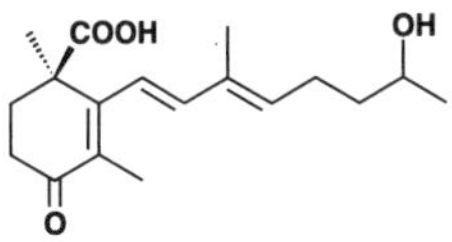 Trisporsäure 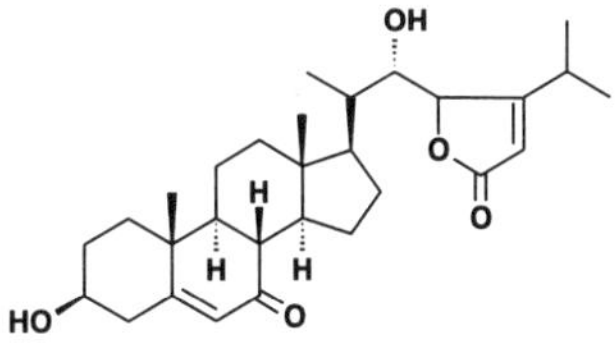 Antheridiol

Nach ihrer chemischen Struktur lassen sich diese Sexualpheromone in terpenoide Verbindungen (Sirenin, Trisporsäure), Steroide (Antheridiol) und ungesättigte Kohlenwasserstoffe mit 8 bzw. 11 C-Atomen (Gametenlockstoffe der Braunalgen, (Abb. 7-37) einteilen.

Das Sesquiterpen **Sirenin** wird von dem Flagellatenpilz *Allomyces* gebildet. Die **Trisporsäure** der Echten Pilze *Mucor* und *Blakeslea* gehört zu den C_{28}-Terpensäuren. Das Steroid **Antheridiol** wird von den weiblichen Hyphen des Algenpilzes *Achlya sexualis* ausgeschieden.

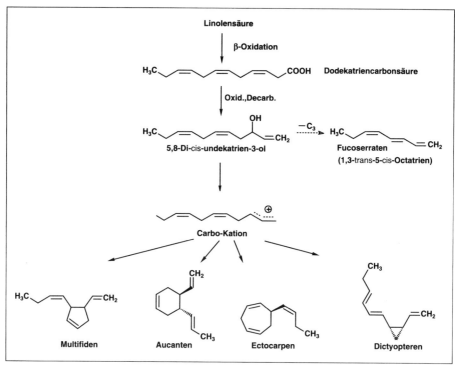

Abb. 7-37 Angenommener Biosyntheseweg einiger Gametenlockstoffe (nach *Jaenicke*).

Aus Braunalgen (*Phaeophyta*) konnten einige ungesättigte, acyclische oder cyclische Kohlenwasserstoffe isoliert werden. Dazu zählen die Sexualpheromone **Ectocarpen** aus *Ectocarpus siliculosus*, **Multifiden** und **Aucanten** aus *Cutleria multifida* und **Fucoserraten** aus *Fucus serratus*. Nahe verwandt mit diesen Sexualpheromonen sind die im ätherischen Öl der Meeresbraunalge *Dictyopteris plagiogramma* enthaltenen **Dictyoptere** (Abb. 7-37).

Ectocarpen, S(+)-(1-*cis*-Butenyl)cyclohepta-2,5-dien, ist ein optisch aktiver cyclischer Kohlenwasserstoff. Die Strukturaufklärung erfolgte durch NMR-Spektroskopie und Massenspektrometrie vor und nach der Hydrierung des ungesättigten Ringsystems. Die Struktur des Ectocarpens konnte durch Synthese gesichert werden.

7.5.2 Regulationsstoffe höherer Pflanzen

Aus höheren Pflanzen sind Stoffe mit Hormoncharakter isoliert worden (Phytohormone), welche die Stoffwechselintensität, die Streckung der Zellwände, die Entwicklung der Blätter, Blüten und Samen und andere Prozesse in der höheren Pflanze regulieren. Die Phytohormone werden eingeteilt in

- **Pflanzenwachstumshormone** (plant growth hormones): Auxine, Gibberelline, Cytokinine, Brassinosteroide
- **Pflanzenwachstumsinhibitoren** (plant growth inhibitors): Abscisinsäure, Ethen.

Daneben wird noch weiteren Substanzen Phytohormoncharakter zugeschrieben, von denen hier nur der Wachstumsstimulator 1-Triacontanol und die Jasmonsäure erwähnt werden sollen. **Jasmonsäure** hemmt das Wachstum und fördert das Altern der Pflanze. *trans*-2-Hexenal entsteht in Pflanzen durch Peroxidation von Linolensäure. Die Verbindung wirkt als Wachstumsregulator und schützt die Pflanze vor dem Befall mit Mikroorganismen.

$CH_3(CH_2)_{28}CH_2OH$

1-Triacontanol

Jasmonsäure

Mit **Systemin** wurde auch ein pflanzliches „Peptidhormon" entdeckt. Systemin besteht aus 18 Aminosäuren. Es entsteht aus einem „Prohormon" (Prosystemin). Systemin wird nach Verwundung von Pflanzenteilen gebildet und induziert die Synthese von Proteinase-Inhibitoren.

Die Kenntnis der Regulationsvorgänge in der Pflanze und deren gezielte Beeinflussung haben eine außerordentlich große volkswirtschaftliche Bedeutung durch eine mögliche Erhöhung der Erträge in der Pflanzenproduktion. Synthetische Wirkstoffe zur Steigerung der Produktivität von Kulturpflanzen werden auch als **Phytoeffektoren** bezeichnet. Dazu gehören Wirkstoffe, die Wachstum und Entwicklung der Pflanzen steuern (**Pflanzenwachstumsregulatoren**) und solche, die unerwünschtes Wachstum anderer Pflanzen bekämpfen (**selektive Herbizide**).

7.5.2.1 Auxine

Auxine fördern in kleinen Dosen das Zellstreckungswachstum, die Zellteilung und die Wurzelbildung der Pflanzen. Außerdem beeinflussen sie das Abwerfen von Blättern, Blüten und Früchten. In hohen Dosen hemmen sie das Zellstreckungswachstum.

Auxine kommen in allen Pflanzen vor, besonders reichlich im sich entwickelnden Keimling. Das wichtigste Auxin ist die β-Indolylessigsäure (**Heteroauxin**). Daneben kommen noch andere Indolderivate mit Auxinwirkung vor.

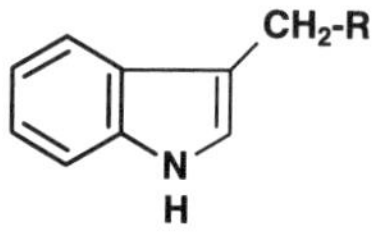

Indolylessigsäure	R = COOH
Indolylessigsäureethylester	R = COOC$_2$H$_5$
Indolylacetaldehyd	R = CHO
Indolylbuttersäure	R = (CH$_2$)$_2$-COOH

Wie die natürlichen Auxine wirken verschiedene synthetisch erhaltene Chlorphenoxyessigsäuren. Von besonderer Bedeutung ist die 2,4-Dichlorphenoxyessigsäure (2,4-D). Unter der Einwirkung von 2,4-D kommt es zu einer wesentlichen Erhöhung des RNA-Gehaltes und damit zu einer verstärkten Proteinsynthese. Das führt zu erhöhter Wachstumsgeschwindigkeit, gleichzeitig aber auch zu einem vorzeitigen Altern der Pflanze. In höheren Dosen wirkt 2,4-D als Herbizid. 2,4-D wirkt nur auf *Dicotyledonen*, so daß es zur Beseitigung von zweikeimblättrigen Unkräutern in Getreidekulturen eingesetzt werden kann. Der durch 2,4-D ausgelöste vorzeitige Laubfall war Anlaß für einen großflächigen Einsatz dieser Substanz als Entlaubungsmittel im Vietnam-Krieg.

7.5.2.2 Cytokinine

Cytokinine sind Phytohormone, die Zellteilungen beschleunigen und Wachstums- und Differenzierungsvorgänge in der Pflanze beeinflussen.

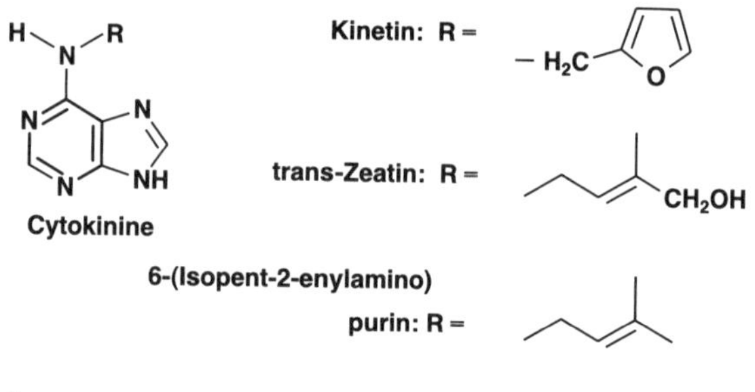

Bei den bisher aufgefundenen Verbindungen mit Cytokinin-Aktivität handelt es sich um an der primären Aminogruppe substituierte Derivate des Adenins bzw. Adenosins. Die erste Substanz mit nachgewiesener Cytokinin-Aktivität war das **Kinetin** (5-Furfurylaminopurin), das bei der

Hydrolyse von nucleinsäurehaltigem Material (Hefe) entsteht. Der Furfurylrest wird dabei aus dem Zuckerrest des Desoxyadenosins gebildet. Das erste natürliche Cytokinin, das *trans*-**Zeatin** des Maises, wurde erst 1964 entdeckt. Cytokinin-Aktivität besitzen ebenfalls einige der seltenen Purine der tRNA (etwa 0,05 bis 0,1 %), so das 6-(Isopent-2-enylamino)purin, das aus der tRNA von Mikroorganismen (Hefe, Bakterien) isoliert werden konnte. 6-(Isopent-2-enylamino)purin-ribosid ist gegenüber Säuren relativ unbeständig. Es entsteht zunächst die hydratisierte Base, die bei längerer Einwirkung von Säure cyclisiert.

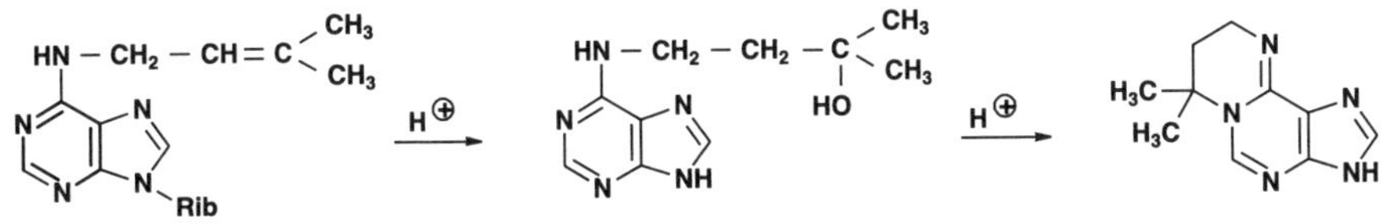

Cytokininartige Wirkung besitzen auch verschiedene Synthetika wie Benzimidazol oder N,N′-Diaryl-harnstoffe.

7.5.2.3 Gibberelline

Gibberelline führen zu einer Verlängerung der Internodien wachsender Pflanzen und fördern u. a. die Samenkeimung und Blütenbildung.

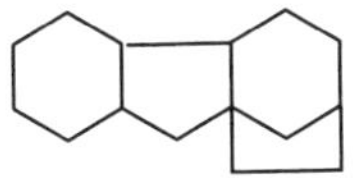

Gibberellan

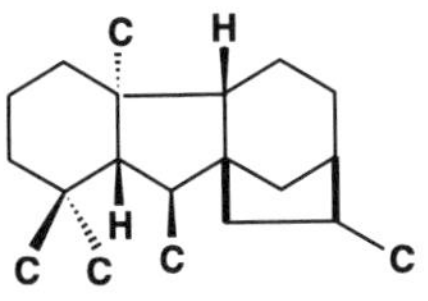

C_{20}-Gibberelline

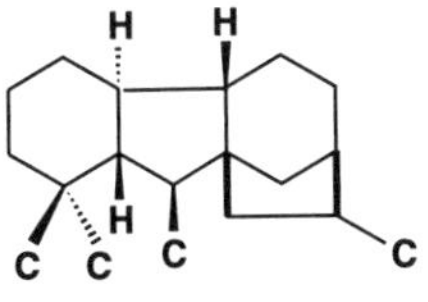

C_{19}-Gibberelline

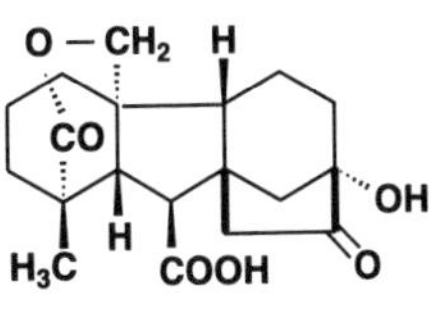

Gibberellin A_{15}

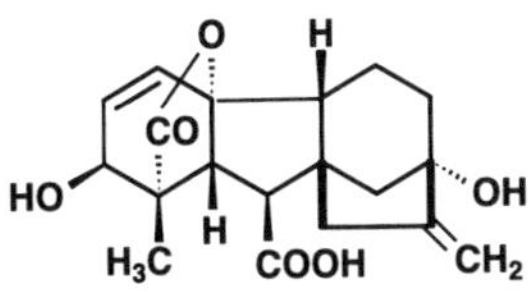

Gibberellin A_3
(Gibberellinsäure)

Das erste Gibberellin (Gibberellin A_3) wurde aus dem Pilz *Fusarium moniliforme (Gibberella fujikuroi)* gebildet. Bisher wurden mehr als 60 verschiedene Gibberelline aus Pilzen und höheren Pflanzen isoliert.

Gibberelline sind cyclische Diterpensäuren. Sie leiten sich chemisch von dem Kohlenwasserstoff Gibberellan ab und lassen sich nach der Anzahl der C-Atome in C_{19}- und C_{20}-Gibberelline (als Beispiele: Gibberellin A_3 und A_{15}) einteilen. Zur Bezeichnung der Gibberelline dient ein Zahlenindex. Am leichtesten zugänglich ist Gibberellin A_3, das auch als **Gibberellinsäure** bezeichnet wird. Gibberellinsäure wird kommerziell aus Fermentationsansätzen von *Fusarium moniliforme* gewonnen. Sie gehört zu den wenig stabilen Gibberellinen.

Die Zersetzung (Abb. 7-38) beginnt mit einer Aufspaltung der Lactongruppe. Anschließend wird die entstandene Hydroxygruppe eliminiert. In saurer Lösung führt die Wasserabspaltung bis zur Aromatisierung des Ringes A.

Unter den synthetischen Gibberellin-Antagonisten sei das **Chlorcholinchlorid** (CCC) hervorgehoben, das zu einer Reduzierung des Halmwachstums von Getreide führt und in der Pflanzenproduktion eingesetzt wird. CCC hemmt *in vitro* die Biosynthese der Gibberellinsäure.

7.5.2.4 Brassinosteroide

Das erste Brassinolid wurde 1979 aus Raps (*Brassica napus*) isoliert und führt bei Pflanzen zu einem verstärkten Längenwachstum. Inzwischen konnten weitere Verbindungen dieser Gruppe isoliert werden. Die Brassinosteroide werden heute in zwei Gruppen eingeteilt, die sich im Ring B des Steroidgrundkörpers unterscheiden. Bei der einen Gruppe liegt der Ring B als siebengliedriger Lactonring vor. Die vicinalen 2α- und 3α-Hydroxygruppen scheinen für die Phytohormonwirkung essentiell zu sein.

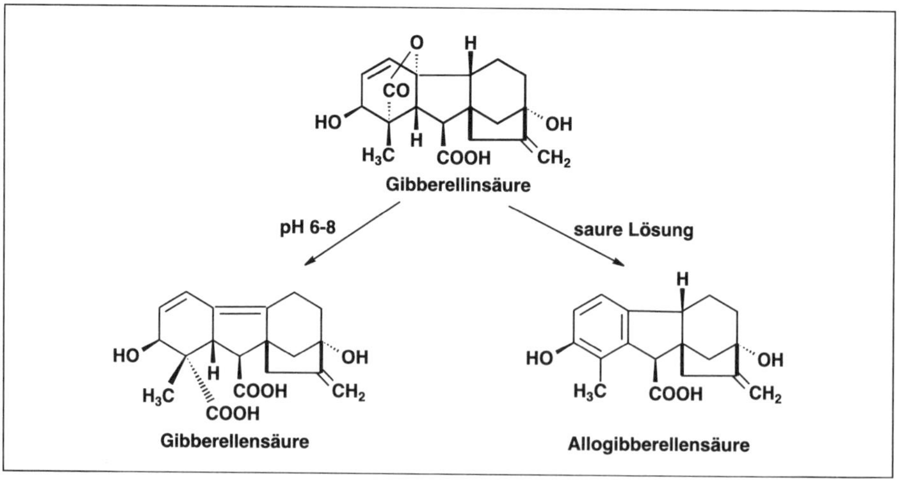

Abb. 7-38 Zersetzung von Gibberellinsäure.

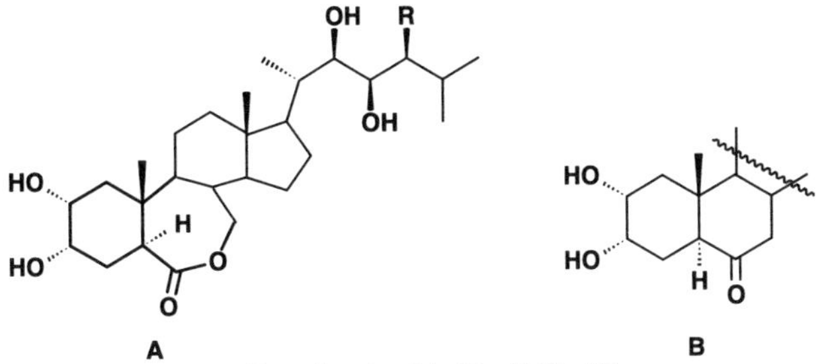

Brassinosteroide (R = H, Me, Et)

7.5.2.5 Abscisinsäure

> Abscisinsäure ist ein natürlicher Wachstumsinhibitor. Sie ist an der Induzierung und Regulierung von Samen- und Knospenruhe, Laubfall, Blütenbildung, Keimung und Altern beteiligt. Diese Wirkungen kommen durch eine Hemmung der Zellteilung zustande.

Abscisinsäure gehört chemisch zu den monocyclischen Sesquiterpenen. Biologisch wirksam ist die Verbindung mit *cis,trans*-Anordnung der Doppelbindung (auch als Abscisin II oder Dormin bezeichnet). Abscisinsäure ist ebenso wie das in seiner Struktur sehr ähnlich gebaute Vitamin A (Kap. 6.2.1) lichtempfindlich. Es erfolgt eine photochemische Umwandlung in das unwirksame *trans,trans*-Isomere.

Der Abscisinsäure in Struktur und Wirkung eng verwandt ist das **Xanthoxin**, das in Pflanzen unter der Einwirkung von Licht gebildet wird. Der wirksamste Precursor für die Bildung des Xanthoxins ist das Carotenoid Violaxanthin (S. 554). Abscisinsäure-Aktivität besitzt auch die **α-Jonilidenessigsäure.**

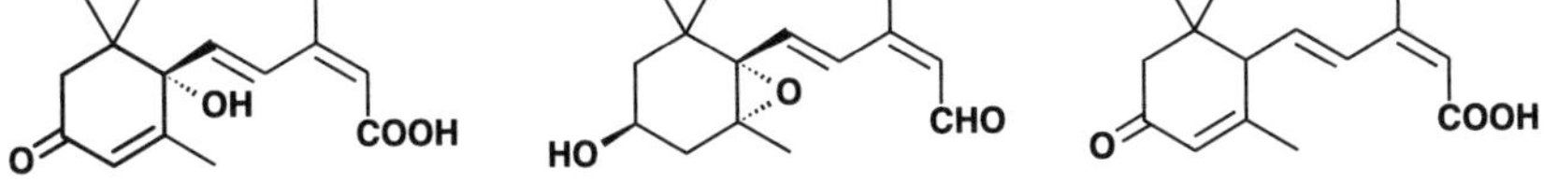

Abscisinsäure   **Xanthoxin**   **α-Jonilidenessigsäure**

7.5.2.6 Ethen

Ethen ist ein strukturell sehr einfaches Reifungshormon der Pflanzen. Es wird *in vivo* aus Methionin gebildet (Abb. 7-39).

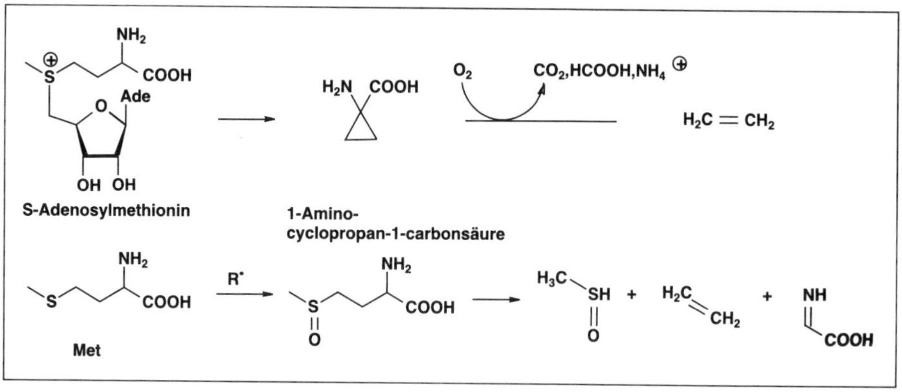

Abb. 7-39 Hypothetische, alternative Bildung von Ethen in der Pflanze.

Ein synthetischer Ethenbildner ist die **2-Chlorethylphosphonsäure** (Camposan), die zur Verbesserung der Halmfestigkeit von Getreide, aber auch zur Blüteninduktion und Reifebeschleunigung im Obstbau eingesetzt wird.

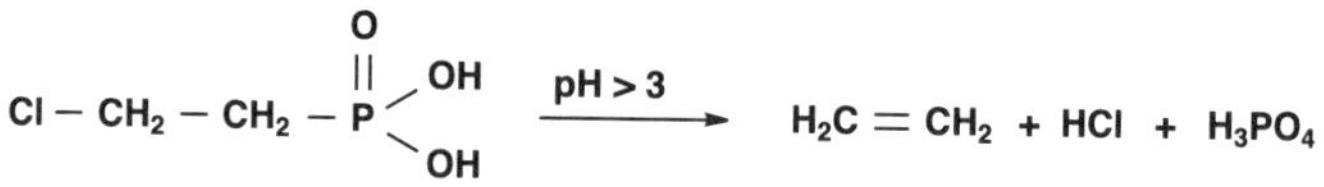

$$Cl-CH_2-CH_2-P(=O)(OH)(OH) \xrightarrow{pH > 3} H_2C=CH_2 + HCl + H_3PO_4$$

III

Sekundäre Naturstoffe

8 Isoprenoide Verbindungen: Terpene und Steroide

8.1 Allgemeine Einführung

Zahlreiche Pflanzen enthalten in Blättern, Blüten und Früchten **ätherische Öle,** die sich durch Wasserdampfdestillation, Extraktion mit organischen Lösungsmitteln oder auch Pressen gewinnen lassen. Ätherische Öle werden schon seit langem als Zusatz zu Kosmetika sowie in der Lebensmittelindustrie (Aromastoffe) und Pharmazie eingesetzt. Ätherische Öle sind komplexe Mischungen acyclischer, alicyclischer, aromatischer und seltener auch heterocyclischer Verbindungen. Die einzelnen Komponenten der ätherischen Öle gehören überwiegend zur Gruppe der Terpene. Zahlreiche ätherische Öle enthalten jedoch auch aromatische Verbindungen (Phenylpropan-Derivate, Kap. 9.2) als Hauptkomponenten. In den ätherischen Ölen der *Brassicaceen* kommen verschiedene Senföle vor. Diese Isothiocyanate werden bei der Gewinnung der ätherischen Öle aus den nativen S-Glucosiden (S. 190) gebildet.

Bei den Terpenen fiel schon frühzeitig auf (*Wallach* 1887, *Robinson*), daß sie sich formal als Polymerisationsprodukte des Kohlenwasserstoffs **Isopren** auffassen lassen.

Kopf   Schwanz
Isopren

Gegenwärtig sind über 22.000 Isoprenoide, vorwiegend pflanzlicher Herkunft, bekannt. Dazu zählen **Terpenoide** und **Isopentenoide** (Steroide), ferner können „reine" und „gemischte" Isoprenoide unterschieden werden, wobei letztere außer einem isoprenoiden Teil noch andere Bausteine enthalten. Nach der Anzahl der Isoprenreste (C_5-Einheiten) lassen sich die Terpenoide in Mono-, Sesqui-, Di-, Sester-, Tri-, Tetra- und Polyterpene (vgl. Abb. 8-1) einteilen. Die Steroide leiten sich von einer Gruppe der Triterpene, den Methylsterolen (Lanosterol), ab. Die in Säugetieren vorkommenden isoprenoiden Verbindungen gehen aus Abbildung 8-2 hervor. Isoprenoide Bausteine liegen bei Pflanzen auch in den Chlorophyllen (Kap. 6.4.6) und einigen Alkaloiden (z.B. bei einigen Indol-Alkaloiden, Kap. 10.7) vor. In Prokaryoten findet man Isoprenoide vor allem als Chinone, acyclische Polyprenole und Carotenoide, in einigen Fällen auch als Bausteine von Antibiotika (Kap. 11.5).

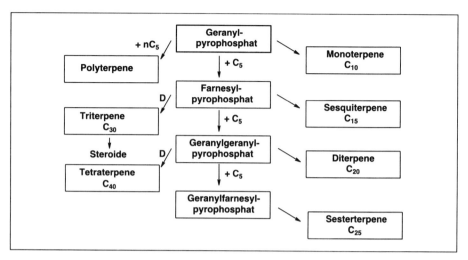

Abb. 8-1 Schematische Darstellung der biosynthetischen Zusammenhänge bei den terpenoiden Verbindungen. D: Schwanz-Schwanz-Kondensation.

8.1.1 Ausgangsstoffe der Biosynthese

Ruzicka konnte 1953 seine biogenetische **Isopren-Regel** formulieren, nach der sich die natürlichen isoprenoiden Verbindungen von acyclischen Vorstufen – Geraniol (C_{10}), Farnesol (C_{15}), Geraniolgeraniol (C_{20}) und Squalen (C_{30}) – ableiten. Ausgangsstoff der Biosynthese ist die **Mevalonsäure,** die aus 3 Molekülen Acetyl-CoA gebildet wird (Abb. 8-3).

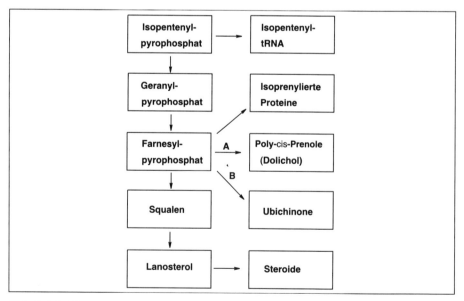

Abb. 8-2 In Säugetieren vorkommende Isoprenoide. A: *cis*-Prenyl-Transferase; B: *trans*-Prenyl-Transferase.

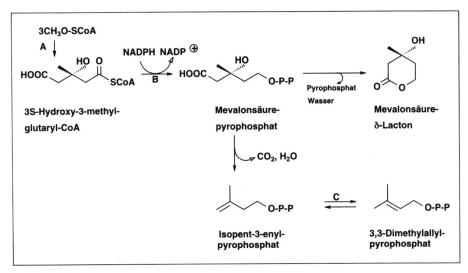

Abb. 8-3 Biosynthese des „aktiven" Isoprens. A: Hydroxymethylglutaryl-CoA-Synthase; B: Hydroxymethylglutaryl-CoA-Reduktase (HMG-CoA-Reduktase); C: Isopentenyl-diphosphat Δ^3-Δ^2-Isomerase.

Die Biosynthese verläuft über 3-Hydroxymethylglutaryl-CoA, das dann reduziert wird. Mevalonsäure konnte 1956 als Wachstumsfaktor für *Lactobacillus acidophilus* entdeckt und als δ-*Lacton* isoliert werden. Für *In-vivo*-Untersuchungen zum Verlauf der Biosynthese isoprenoider Verbindungen dienen meist [2-^{14}C]Acetat und [2-^{14}C]Mevalonat.

Durch Decarboxylierung und Eliminierung von Wasser entsteht aus dem Mevalonsäurepyrophosphat Isopent-3-enylpyrophosphat („aktives" Isopren), das durch eine Isomerase in das stabilere 3,3-Dimethylallylpyrophosphat umgelagert wird. Der 3,3-Dimethylallylalkohol wird auch als **Prenol**, 2-Methyl-but-2-enyl entsprechend als Prenyl bezeichnet. Die Entdeckung des Dimethylallylpyrophosphats geht auf *Lynen* zurück.

Von **Allylestern** ist bekannt, daß sie sehr leicht nucleophil substituierbar sind. Das bei einer S_N1-Reaktion aus Allylhalogeniden entstehende Carbeniumion (**1**) ist durch Mesomerie stabilisiert. Beim 3,3-Dimethylallylpyrophosphat wird die Reaktivität noch durch die hohe Abgangstendenz des Pyrophosphatrestes erhöht.

Allylpyrophosphate spielen eine zentrale Rolle bei der Biosynthese der Isoprenoide. Die wichtigsten Reaktionstypen gehen aus **Abbildung 8-4** hervor. Die Allylpyrophosphate sind wasserlöslich und sehr empfindlich gegenüber Säure.

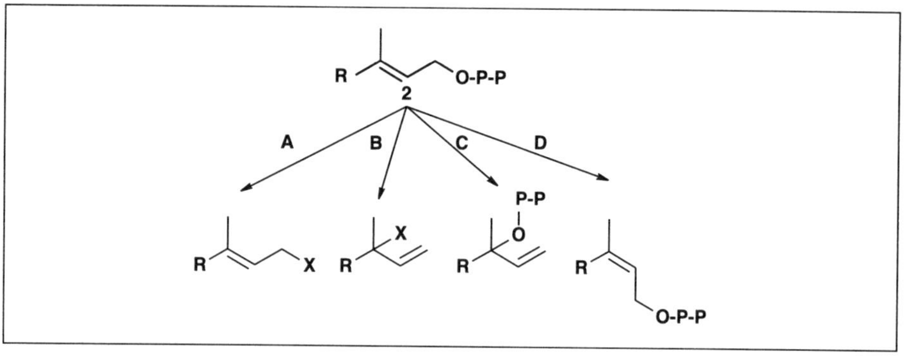

Abb. 8-4 Reaktionstypen von Allylpyrophosphaten (2). A: Direkter nucleophiler Austausch der Pyrophosphatgruppe; **B:** Nucleophiler Austausch der Pyrophosphatgruppe, verbunden mit einer Allylumlagerung; **C:** Allylumlagerung; **D:** *cis-trans*-Isomerisierung.

Neben dem klassischen Weg zum Isopentenylpyrophosphat (Acetyl-CoA → Acetoacetyl-CoA → HMG-CoA →) wird noch ein **Alternativweg**, der *Rohmer*-Weg diskutiert. Der *Rohmer*-Weg geht aus von einer Thiamin-abhängigen decarboxylativen Kondensation von Pyruvat und Triosephosphat (Dihydroxyacetonphosphat, Glyceraldehyd-3-phosphat) zu Isopentenylpyrophosphat. Damit in Zusammenhang dürfte stehen, daß Mevastatin, ein spezifischer Hemmer der HMG-CoA-Reduktase (Kap. 8.1.5), die zytoplasmatische Sterolsynthese vollständig hemmt, die Ubichinon-Biosynthese aber nur unvollständig hemmt und die Akkumulation der Isoprenoide und Prenyllipide in den Chloroplasten praktisch nicht beeinflußt.

8.1.2 Bildung acyclischer Precursoren

3,3-Dimethylallylpyrophosphat wirkt als stark elektrophiles Reagens und greift unter Addition an der als Nucleophil wirkenden Doppelbindung von Isopentenylpyrophosphat an (sog. Kopf-Schwanz-Kondensation), wobei die enzymatische Alkenylübertragung stereospezifisch erfolgt. In Gegenwart von Dimethylallyl-*trans*-Transferase (A) wird Geranylpyrophosphat, in Gegenwart von Dimethylallyl-*cis*-Transferase (B) Nerylpyrophosphat gebildet.

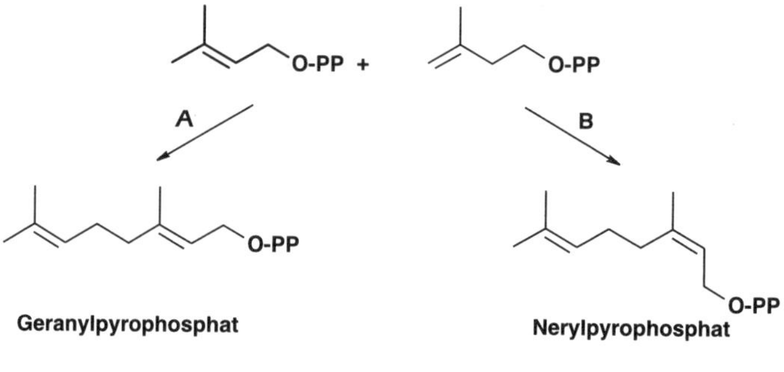

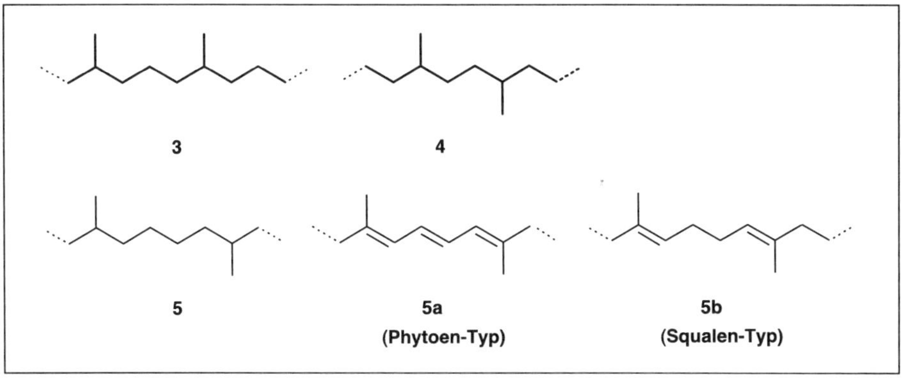

Abb. 8-5 Dimerisierungen durch Kopf-Kopf- (**4**) und Schwanz-Schwanz-Kondensation (**5**).

Durch diesen kombinierten **Substitutions-Eliminierungs-Prozeß** wird Geranylpyrophosphat gebildet, das wiederum als Allylderivat elektrophil an einem weiteren Molekül „aktives" Isopren angreifen kann. Auf diese Weise entstehen die acyclischen Precursoren der natürlichen isoprenoiden Verbindungen (Abb. 8-1). Die Doppelbindungen sind dabei *trans*-ständig angeordnet.

Neben dieser **Kopf-Schwanz-Kondensation** (**3**, Abb. 8-5) kommen noch Kopf-Kopf- (**4**) und Schwanz-Schwanz-Kondensationen (**5**, in zwei Typen: **5**a und **5**b) in Form von Dimerisierungen vor.

Eine **Kopf-Kopf-Kondensation** führen *Archaebakterien* bei der Synthese der membrandurchdringenden bipolaren Lipide (Diphytanylether, S. 350) durch.

Die **Schwanz-Schwanz-Kondensation** von zwei Molekülen Farnesylpyrophosphat, eine reduktive Dimerisierung zum Triterpen **Squalen** (**6**) in Gegenwart der Squalensynthase, führt über Präsqualenpyrophosphat (**7**) als wasserlösliches Intermediat (Abb. 8-6).

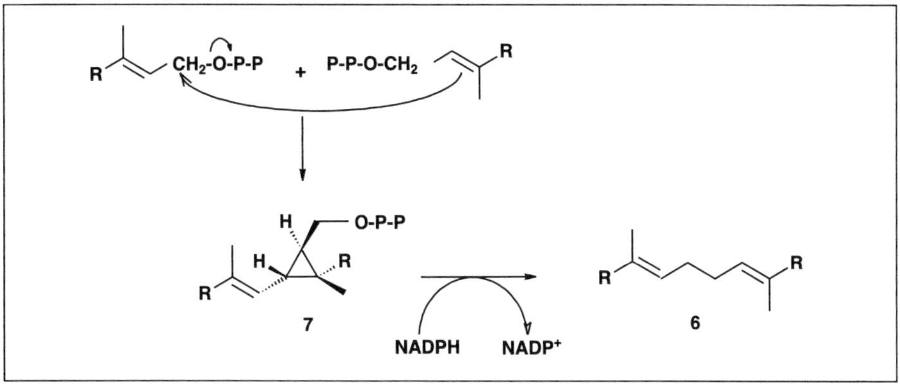

Abb. 8-6 Dimerisierung von Farnesylpyrophosphat zum Triterpen Squalen. R = $C_{11}H_{19}$.

Intermediär könnte ein Carboniumion mit einer Dreizentrenbindung (ein Bicyclobutoniumion nach *Roberts*) durchlaufen werden. Dieses nichtklassische Carboniumion ergibt durch Anlagerung von Hydroxid eine Mischung von **8, 9** und **10**. Die Kohlenstoffverteilung des Cyclopropylmethanols (Präsqualen) ist in der Säurekomponente der Pyrethrine (S. 532) enthalten.

8.1.3 Intramolekulare Cycloadditionen

Der im vorigen Kapitel geschilderte Substitutions-Eliminierungs-Prozeß, der zur Bildung acyclischer Verbindungen führt, kann sich auch innerhalb eines Moleküls abspielen.

Die zahlreichen Möglichkeiten dieser intramolekularen Cycloaddition bedingen die Vielfalt der cyclischen Strukturen innerhalb der isoprenoiden Verbindungen. Inzwischen sind zahlreiche Cyclisierungen durch Einsatz enantiospezifisch markierter Vorstufen in ihrem Verlauf weitgehend verstanden. Dabei scheint die gesamte Reaktionsfolge bei der Cyclisierung von einem einzigen Enzym, einer **Cyclase,** katalysiert zu werden, die die Isomerisierung und Faltung des Substrates und damit das Cyclisierungsprodukt determiniert. Bei den intramolekularen Cycloadditionen können zwei Typen unterschieden werden.

1. Bildung vielgliedriger Ringe
Bei den Terpenen mit geringerer Anzahl von C-Atomen (Mono-, Sesquiterpene) greift eine Doppelbindung nucleophil an dem C-Atom an, das den Pyrophosphatrest (X) trägt. Aus sterischen Gründen muß davon ausgegangen werden, daß als Precursoren für die als Beispiele herangezogenen Sesquiterpene (Abb. 8-7) sowohl 2-*cis*-6-*trans*- (**11**) als auch 2-*trans*-6-*trans*-Farnesylpyrophosphat (**12**) fungieren können. Durch Abspaltung des Pyrophosphats entstehen zunächst vielgliedrige nichtklassische Carbokationen (**13, 14, 15**), die nach Cyclisieren zu den Carbokationen **16-20** durch 1,2- und 1,3-Hydrid-Verschiebungen, „*Markownikoff*"- und „*anti-Markownikoff*"-Cyclisierungen, *Wagner-Meerwein*-Umlagerungen und 1,2-Methylverschiebungen (vgl. Kap. 8.1.4) die verschiedenen Sesquiterpengrundkörper bilden.

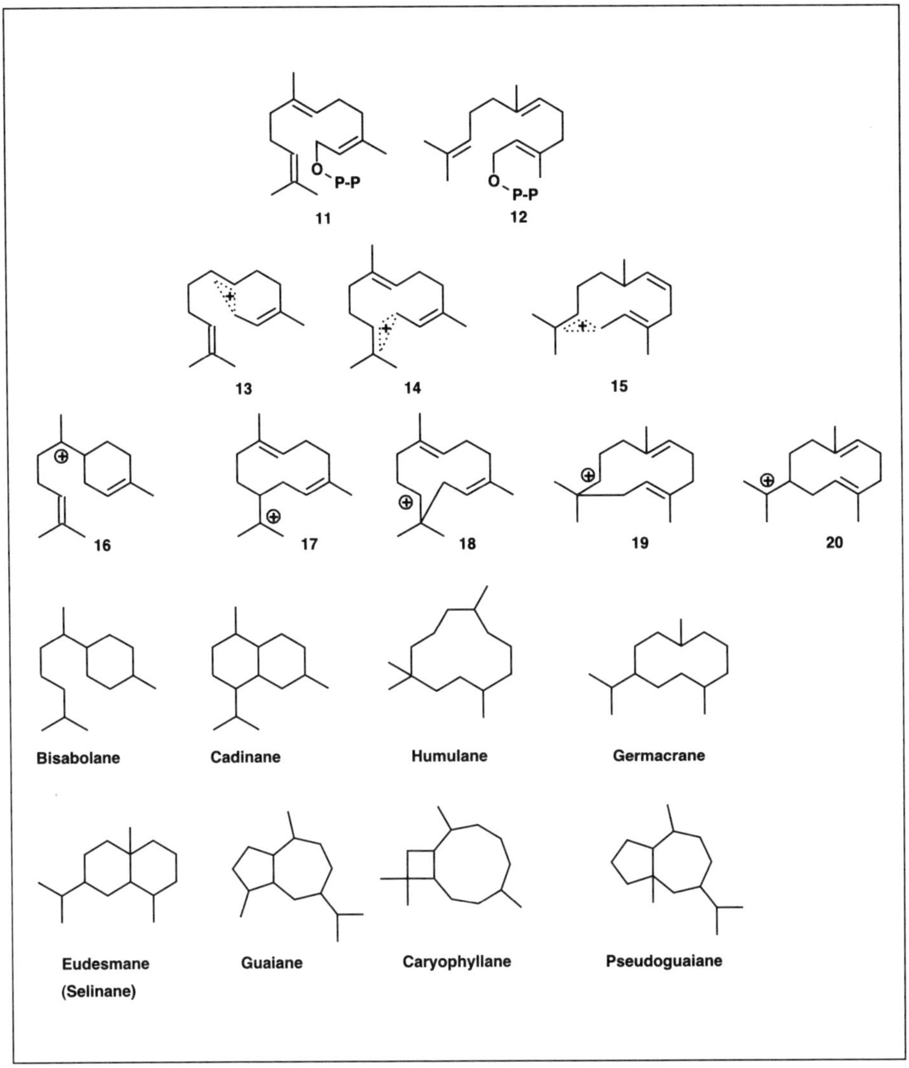

Abb. 8-7 Angenommene Bildungsmöglichkeiten einiger Sesquiterpengrundgerüste.

Bei den Sesquiterpenen können auf diese Weise bis zu 11-gliedrige Ringe (**Humulane**) gebildet werden. Geranylgeranylpyrophosphat, der Precursor der Diterpene, kann sogar zu einem 14-gliedrigen Ring (**Cembren A**) cyclisieren.

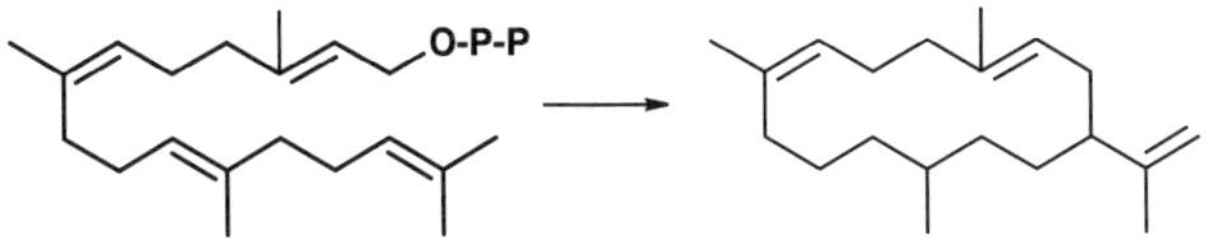

Geranylgeranylpyrophosphat **Cembren A**

2. Bildung polycyclischer Verbindungen

Von den Diterpenen ab überwiegt dagegen eine andere Art der Cyclisierung, bei der die terminale, nicht phosphorylierte Isopropyliden-Einheit als kationisches Zentrum die Reaktion einleitet. Diese Art der Cyclisierung wurde zuerst zur Erklärung der Cyclisierung des Triterpen-Kohlenwasserstoffs Squalen im Verlaufe der Biosynthese tetracyclischer Triterpene (S. 543) angenommen Die biosynthetische Reaktionskette wird eingeleitet durch die Bildung des 3(S)-2,3-Oxidosqualen (Squalenoxid) (Abb. 8-8).

Es wird angenommen, daß durch Protonierung des Sauerstoffs der Epoxidgruppierung am C-2 ein kationisches Zentrum entsteht, das durch die Doppelbindung in 6,7-Stellung angegriffen wird. Die weitere Cyclisierung kann dann als Sequenz erneuter elektrophiler Additionen an den sich bildenden kationischen Zentren aufgefaßt werden. Bei *trans*-ständigen Doppelbindungen ist eine *trans*-Verknüpfung der Ringe, bei *cis*-ständigen Doppelbindungen eine *cis*-Verknüpfung zu erwarten (*Stork, Eschenmoser*). Das bei der Cyclisierung von Squalen anfallende tetracyclische Ringsystem besitzt also eine *trans-anti-trans-anti-trans*-Geometrie (*trans*-ständige Verknüpfung der Ringe und *anti*-ständige Substituenten an den Positionen 9, 10 und 8, 14). Auf diese Weise entstehen polycyclische Verbindungen durch stereospezifische Cycloaddition acyclischer Verbindungen mit Doppelbin-

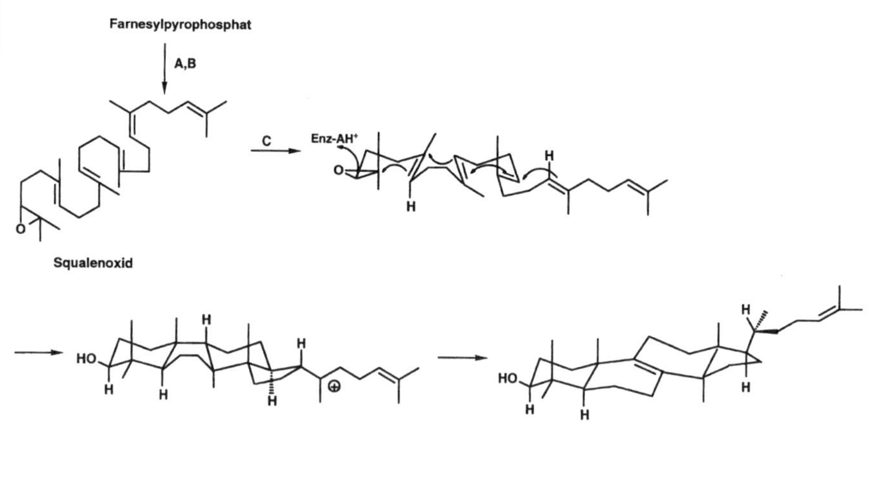

Abb. 8-8 Cyclisierung des Squalens zum tetracyclischen Triterpen Lanosterol. A: Squalen-Synthase; B: Squalen-Epoxidase; C: Oxidosqualen-Cyclase.

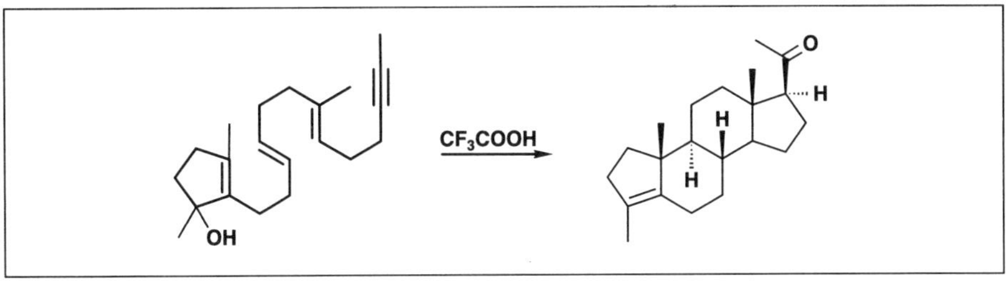

Abb. 8-9 Beispiel für eine biomimetische Cyclisierung.

dungen in 1,5-Stellung (Polyene). Derartige Cyclisierungen können auch nicht-enzymatisch ablaufen und bieten so die Möglichkeit der Bildung mehrerer Ringe in einem Reaktionsschritt.

Für die nicht-enzymatische Initiation einer Cycloaddition ist ein kationisches Zentrum erforderlich, das auf verschiedenen Wegen gebildet werden kann. Eine allgemeine Methode besteht in der Ablösung einer Gruppe mit starker Abgangstendenz, wie das beim Pyrophosphat während der Biosynthese der Fall ist. Die Initiation kann ferner durch Protonierung eines Epoxids (Squalenoxid) oder einer Doppelbindung (Abb. 8-9) eingeleitet werden. Abbildung 8-9 zeigt einen biomimetischen Zugang auf der Basis einer ionischen Olefincyclisierung mit einem tertiären Alkohol als Starter und einer Dreifachbindung als Terminator.

8.1.4 Umlagerungen von Carbokationen

Als Intermediate bei der Biosynthese cyclischer Terpene und bei zahlreichen Umlagerungen in der Terpenchemie werden Carbokationen angenommen, d.h. Verbindungen, bei denen eine positive Ladung ganz oder teilweise an einem C-Atom lokalisiert ist. Bei den Carbokationen werden Carbenium- und Carboniumionen unterschieden. Carbeniumionen besitzen ein dreibindiges C-Atom, Carboniumionen sind dagegen mit 5 Liganden koordinierte Carbokationen (*Olah*). Carboniumionen können in Carbeniumionen übergehen.

Charakteristisch für die trigonalen Carbeniumionen, die als Intermediate bei S_N1- oder E1-Reaktionen angenommen werden, ist, daß sie vor dem Eingehen weiterer Reaktionen wie einem elektrophilen Angriff an einer Doppelbindung, in stabilere Ionen umgelagert werden können. Die

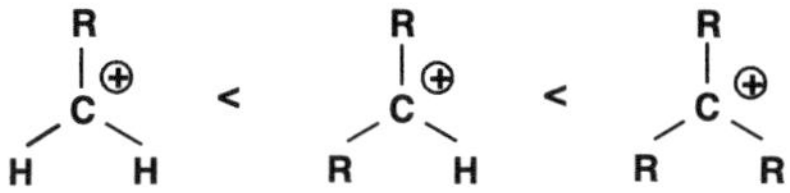

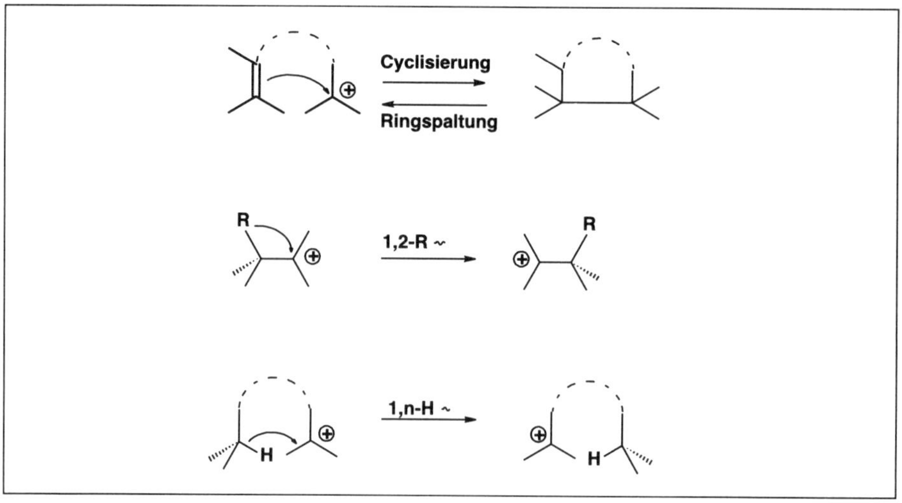

Abb. 8-10 Umlagerungen von Carbeniumionen.

Stabilität der Carbeniumionen steigt in der Reihenfolge primäres < sekundäres < tertiäres Ion:
Die wichtigsten Umlagerungen der Carbeniumionen sind außer Cyclisierungen 1,2-Alkylwanderungen und 1,n-Hydrid-Verschiebungen (Abb. 8-10). 1,2-Hydrid-Verschiebungen treten vor allem bei Di- und Triterpenen auf.
Eng zusammen mit der 1,3-Hydrid-Verschiebung hängt die 1,3-Wasserstoff-Eliminierung, die zur Bildung eines Cyclopropanringes führt. Solche Cyclopropanderivate sind relativ weit verbreitet.

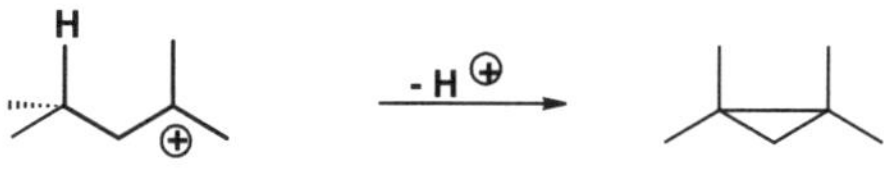

Schneller als Hydrid-Verschiebungen erfolgen 1,2-Verschiebungen einer Alkylgruppe unter Bildung eines stabileren tertiären Carbeniumions (*Wagner-Meerwein-*, *Nametkin-*Umlagerung).

Bei der *Wagner-Meerwein*-Umlagerung ist der wandernde Alkylrest Teil eines Ringes. Derartige Umlagerungen spielen vor allem bei bicyclischen Monoterpenen eine Rolle. Als Beispiele sollen hier Umlagerungen angeführt werden, die im Verlaufe der technischen Campher-Synthese aus dem Monoterpen-Kohlenwasserstoff α-Pinen auftreten (Abb. 8-11).

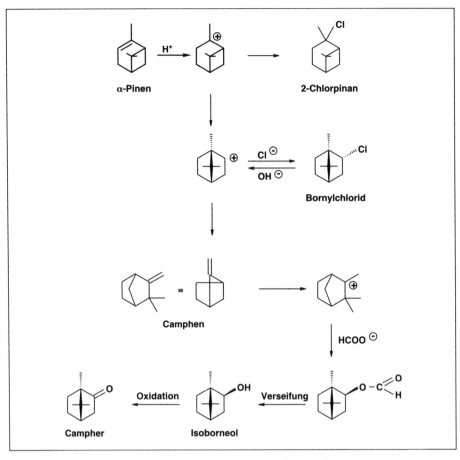

Abb. 8-11 Synthese des Camphers aus α-Pinen. Es wurde nur ein Enantiomer [(−)-Bornylchlorid, (+)Isoborneol, (−)-Campher] dargestellt, obwohl bei dieser Synthese die Razemate anfallen. A: *Wagner-Meerwein*-Umlagerung.

Als Zwischenprodukte der Biosynthese cyclischer Sesquiterpene und Triterpene werden **Carboniumionen** angenommen. Sie lassen sich als Additionsprodukte aus einem Carbeniumion an eine olefinische Doppelbindung auffassen. Es handelt sich um überbrückte, nicht-klassische Carbokationen. Die angenommene Bildung einiger Sesquiterpen-Grundgerüste über Carbonium- und Carbeniumionen als Intermediate der Biosynthese ist aus Abbildung 8-7 ersichtlich.

8.1.5 Naturstoffe, die die Synthese isoprenoider Verbindungen hemmen

Die Biosynthese der Mevalonsäure ist der Schlüsselprozeß auch für die Bildung des Cholesterols, dem eine wesentliche Rolle bei der Entstehung der Atherosklerose des Menschen zugeschrieben wird. **Hemmer der HMG-CoA-Reduktase** (vgl. Abb. 8-3) haben deshalb Bedeutung als Cholesterolsenker zur Behandlung der Atherosklerose. Natürliche Inhibitoren, die große Ähnlichkeit mit dem natürlichen Substrat des Enzyms haben, wurden erstmals mit dem aus *Penicillium-citrinum*-Kulturen isolierten **Mevastatin** (früher Compactin) entdeckt, das auch aus *P. brevicompactum* isoliert werden konnte. Eng verwandt ist das **Lovastatin** (früher Mevinolin) aus *Monascus ruber* und *Aspergillus terreus*. Als cholesterolsenkende Arzneistoffe sind heute allerdings partialsynthetische Abkömmlinge auf dem Markt (Simvastatin, Pravastatin), die aber ebenfalls über einen Hydroxylactonring verfügen (Abb. 8-12).

Im Rahmen eines Naturstoffscreenings wurden mit den **Saragossasäuren** (Zaragozic acids A, B, C) wirksame **Hemmer der Squalensynthase** aufgefunden. Die Saragossasäuren wurden aus Kulturen der Pilze *Sporormilla intermedia* und *Leptodontium elatius* gewonnen und erwiesen sich als identisch (Saragossasäure A = Squalestatin 1) bzw. nahe verwandt zu den **Squalestatinen,** die aus *Phoma-spec.*-Kulturen (*Coelomycetes*) isoliert wurden. Die Verbindungen sind dadurch charakterisiert, daß an einer zentralen hydrophilen 2,8-Dioxobicyclo[3.2.1]octan-4,6,7-trihydroxy-3,4,5-tri-

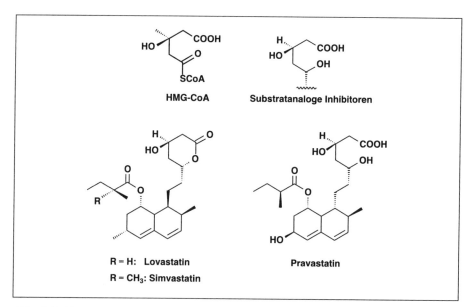

Abb. 8-12 Hemmer der Biosynthese der Mevalonsäure (HMG-CoA-Reduktase-Hemmer). HMG-CoA als Vergleich.

carbonsäure zwei hydrophobe Seitenketten unterschiedlicher Struktur sitzen. Es wird davon ausgegangen, daß diese Verbindungen Analoga des Präsqualen-diphosphats sind.

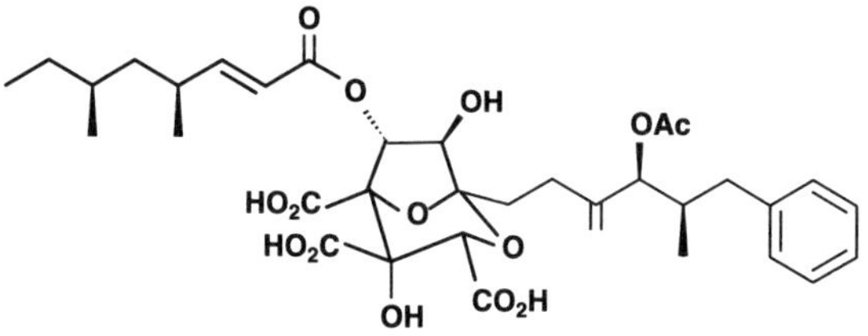

Saragossasäure A
(Squalestatin 1)

Es sind zahlreiche synthetische Hemmer der Squalen-Synthase beschrieben worden, die sich meist vom natürlichen Substrat ableiten, aber noch keine therapeutische Bedeutung besitzen. Therapeutische Bedeutung besitzen aber synthetische Hemmer der Squalen-Epoxidase. Verschiedene Allylamine (Naftifin, Terbinafin) sowie Tolnaftat hemmen die Squalen-Epoxidase der Pilze und werden als Antimykotika eingesetzt. Zur Zeit werden Hemmer der Säugetier-Squalen-Epoxidase entwickelt. Es sind auch Synthetika bekannt, die die Oxidosqualen-Cyclase hemmen.

8.2 Terpene

8.2.1 Monoterpene

Monoterpene kommen vor allem in etwa 50 Familien der höheren Pflanzen vor und werden in spezialisierten sekretorischen Zellen gespeichert. Die Monoterpene bilden die mit Wasserdampf flüchtigen Hauptkomponenten der ätherischen Öle. Einige Monoterpene liegen auch als Glykoside (Geraniol, Iridoide) oder Fettsäureester (Geraniol) vor und sind dann nicht mit Wasserdampf flüchtig. Monoterpene sind acyclisch, meist jedoch mono- oder bicyclisch.

Abbildung 8-13 zeigt einige **acyclische Monoterpene,** die als Bestandteile von ätherischen Ölen von Bedeutung sind.

Linalool ist in freier Form und als Ester in zahlreichen ätherischen Ölen enthalten. Lavendelöl (*Lavandulae aetheroleum* von *Lavandula angustifolia*) enthält bis 50 % Linalylacetat. Das ätherische Öl der Korianderfrüchte (*Coriandri fructus* von *Coriandrum sativum*) besteht zu 60 bis 70 % aus Linalool. In polaren Lösungsmitteln isomerisiert das Linalool säurekatalysiert zu Geraniol (Allylumlagerung).

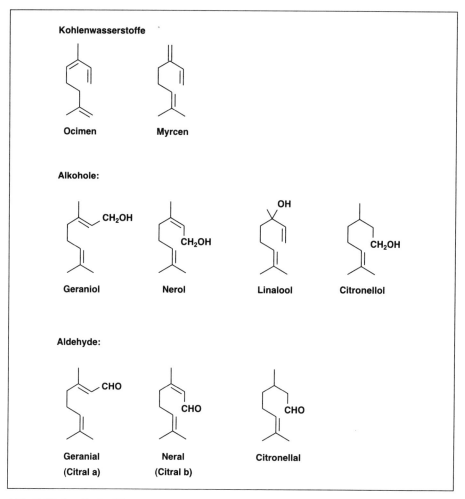

Abb. 8-13 Acyclische Monoterpene.

Geraniol ist häufiger Bestandteil von ätherischen Ölen. Im Rosenöl soll es zu mind. 20 % enthalten sein. Citronellöl (*Citronellae aetheroleum* von *Cymbopogon winterianus*) enthält ca. 35 % Geraniol neben ca. 35 % Citronellal.

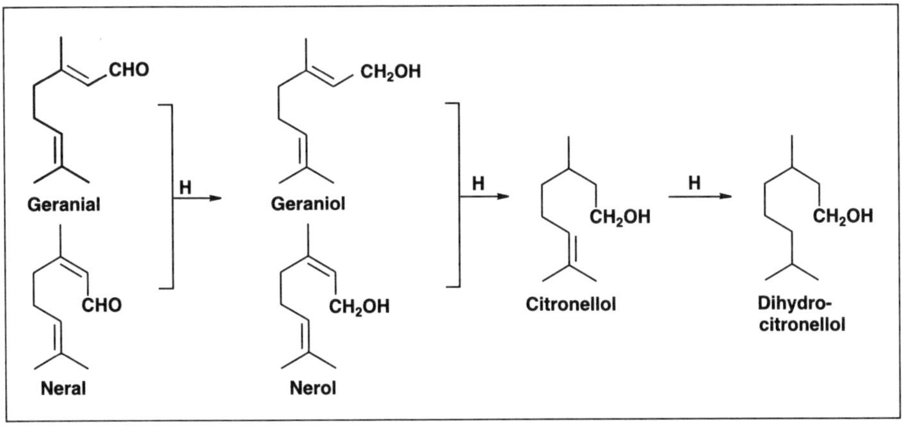

Abb. 8-14 Hydrierung von Citral.

Citral ist in den ätherischen Ölen der Früchte vieler *Citrus*-Arten enthalten. Das Lemongrasöl besteht zu 70 bis 80 % aus Citral. Zitronenöl (*Limonis aetheroleum* von *Citrus limon*) soll 2,8 bis 5 % Citral enthalten. Citral ist ein Gemisch der *cis*-(Citral a, Geranial) und *trans*-Form (Citral b, Neral) eines α,β-ungesättigten Aldehyds. Es zeigt ein charakteristisches UV-Absorptionsmaximum bei 235 nm (ε = 40.000). Die katalytische Hydrierung (Abb. 8-14) ergibt zunächst die stereoisomeren Alkohole Geraniol und Nerol. Die weitere Reduktion führt zum Citronellol und schließlich zum Dihydrocitronellol. Die selektive Hydrierung zu Citronellol aufgrund der unterschiedlichen Reaktivität der Doppelbindungen hat große Bedeutung in der Riechstoffindustrie.

Die acyclischen Alkohole Geraniol und Nerol gehen durch Behandeln mit Säure in den monocyclischen Alkohol **α-Terpineol** über. Die Cyclisierung erfolgt beim Nerol schneller.

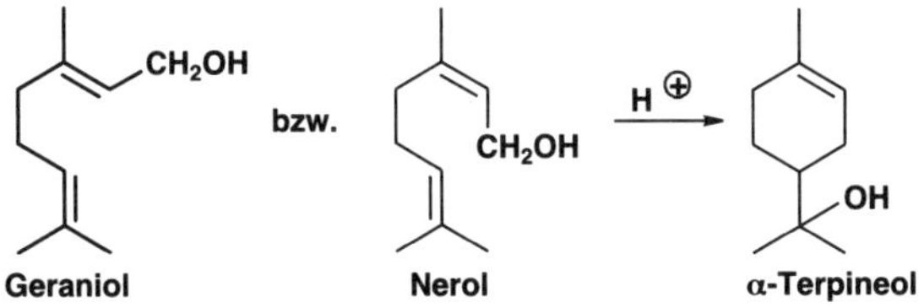

α-Terpineol ist ein kristalliner tertiärer Alkohol, der u. a. im Kardamomenöl vorkommt und große Bedeutung in der Kosmetikaindustrie besitzt. Es läßt sich leicht aus dem α-Pinen des Terpentinöls oder dem Dipenten des Fichtennadelöls darstellen. Mit verdünnter Säure entsteht aus dem α-Terpineol das Hydrat des 1,8-Terpins. **1,8-Terpin**, von dem zwei stereoisomere Formen existieren, kann in Gegenwart von Säure unter Wasserabspaltung einen intramolekularen Ether, das **1,8-Cineol,** bilden, das zu 70 bis 90 % im Eucalyptusöl (*Eucalypti aetheroleum* von *Eucalyptus*-Arten) enthalten ist. Der Cyclohexanring liegt beim Cineol in der Wannenform vor.

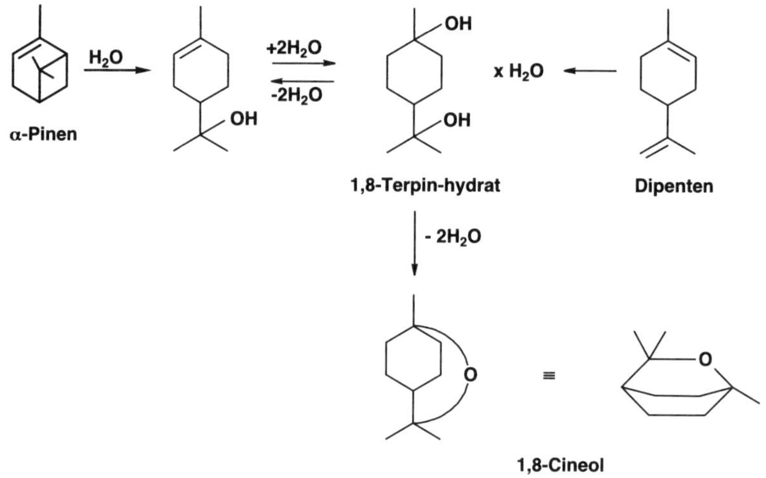

Citral cyclisiert in Gegenwart von Säure zum aromatischen Kohlenwasserstoff **p-Cymen.** Die Cyclisierung erfolgt in anderer Weise, wenn die Sauerstofffunktion nicht mehr vorhanden ist. So geht das durch Aldolkondensation aus Geranial und Aceton erhältliche Ψ-Ionon mit verdünnter Säure in ein Gemisch von α- und β-Ionon über. β-Ionon dient als Ausgangsprodukt für die Synthese des Vitamin A. β-Ionon ist thermodynamisch stabiler als die anderen Ionone. Die **Ionone** sind wegen ihres veilchenartigen Geruchs Bestandteil vieler Parfüms.

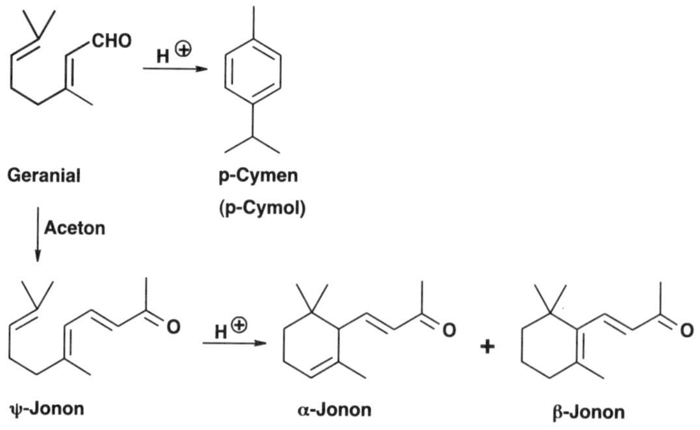

Grundkörper der **monocyclischen Monoterpene** ist das p-Menthan. Die wichtigsten monocyclischen Monoterpene sind in Abbildung 8-15 enthalten.

Die optisch aktiven Formen des Kohlenwasserstoffs **Limonen** sowie dessen Razemat (Dipenten) finden sich in zahlreichen ätherischen Ölen. Von großer Bedeutung ist der Alkohol **Menthol**, der in freier Form (35 bis 45 %) und als Acetat (3 bis 20 %) den Hauptbestandteil des Pfefferminzöls (*Menthae piperitae aetheroleum* von *Mentha piperita*) ausmacht und dessen

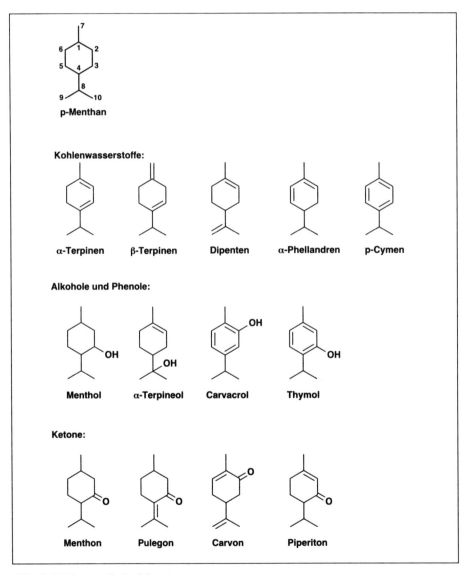

Abb. 8-15 Monocyclische Monoterpene.

charakteristischen Geruch bedingt. Menthol hat 3 chirale C-Atome, so daß 4 Razemate existieren, die sich auch geringfügig im Geruch unterscheiden.

(±)-Menthol 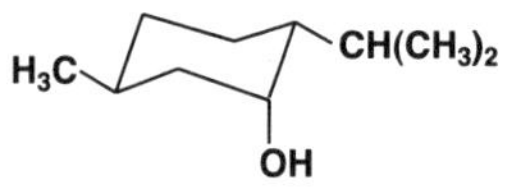   (±)-Neomenthol

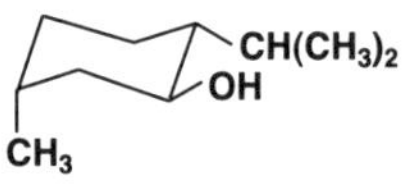

(±)-Isomenthol 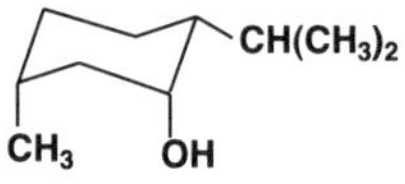   (±)-Neoisomenthol

Menthol und Neomenthol gehen durch Oxidation in **Menthon** über, das zu etwa 20 % im Pfefferminzöl enthalten ist. Das Keton **Carvon** ist der Hauptbestandteil des Kümmelöls (*Carvo aetheroleum* von *Carum carvi*), in dem es zu 45 bis 60 % vorkommt. Die Phenole **Thymol** und **Carvacrol**, die u. a. im ätherischen Öl des Thymians (*Thymi aetheroleum* von *Thymus vulgaris*) sowie im Dostenöl (*Origani aetheroleum* von *Origanum*-Arten) enthalten ist, haben als Desinfektionsmittel, z. B. in der Zahnmedizin, Bedeutung.

Eine der geruchsintensivsten Substanzen ist das p-Menthen-8-thiol (**18**), das als Aromastoff des Grapefruitsaftes identifiziert werden konnte und noch im ppb-Bereich wahrgenommen werden kann.

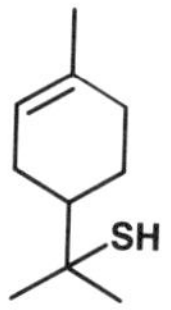

18

Ascaridol ist Hauptbestandteil des als Wurmmittel (Anthelminthikum) eingesetzten Chenopodiumöls (von *Chenopodium ambrosoides*). Ascaridol ist ein ungesättigtes Peroxid, das sich aus α-Terpinen in Gegenwart von Licht, Sauerstoff und Chlorophyll als Sensibilisator gewinnen läßt und durch Hydrierung in *cis*-1,8-Terpin übergeht.

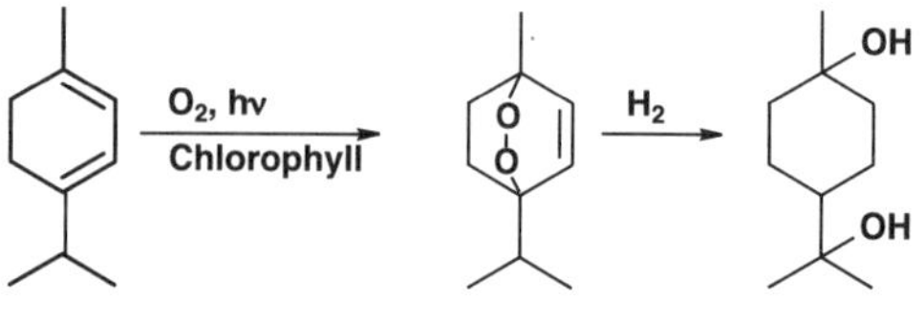

α-Terpinen   Ascaridol   1,8-Terpin

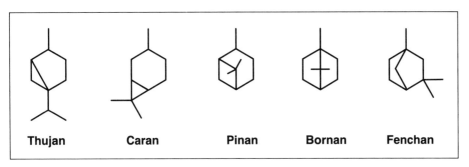

Abb. 8-16 Grundkörper der bicyclischen Monoterpene.

Grundkörper der **bicyclischen Monoterpene** (Abb. 8-16) sind Thujan, Caran, Pinan, Bornan (Camphan) und Isocamphan sowie Fenchan.

α-**Pinen** ist ein weit verbreiteter Kohlenwasserstoff, der u. a. in den ätherischen Ölen der Coniferen vorkommt. Es ist zu ca. 60% im Terpentinöl enthalten. α-Pinen ist Ausgangsstoff für die Synthese des Camphers (Abb. 8-11). **Campher** wurde früher aus dem ätherischen Öl des Campherbaums (*Cinnamomum camphora*) durch Ausfrieren gewonnen und dient u. a. zur Herstellung von Celluloid.

Cantharidin ist ein Säureanhydrid, das in den „spanischen Fliegen" (*Canthariden*), Käfern der Gattung *Mylabris*, enthalten ist. Es wirkt stark hautreizend.

Cantharidin

Zu den Monoterpenen gehören auch die **Pyrethrine** (Abb. 8-17). Sie werden aus den Blütenköpfen der in Ostafrika kommerziell angebauten *Asteraceae Chrysanthemum cineriafolium* gewonnen. Die Pyrethrine sind sehr schnell wirkende Kontakt- und Fraßgifte für Insekten. Nachteilig ist die Toxizität gegenüber Bienen und Fischen. Für andere Tiere sind sie wenig toxisch, zumal sie sehr schnell durch Hydrolyse der Esterbindung und Oxidation der ungesättigten Seitenkette abgebaut werden. Die Pyrethrine greifen am geöffneten Natriumkanal an (offene Natriumkanal-Blokker).

Der praktische Einsatz als Insektizide ist durch den hohen Preis und die schnelle Photooxidation begrenzt. Einige synthetische Derivate, die **Pyrethroide** (Abb. 8-18), sind noch wirksamer als die natürlich vorkommenden Pyrethrine und photostabil. Bei den meisten Pyrethroiden ist die Alkoholkomponente der Pyrethrine durch eine aromatische Cyanhydrinkomponente ersetzt. In der letzten Zeit wurden auch optisch aktive Verbindungen auf den Markt gebracht.

$R^1 = CH_3$: (+)-trans-**Chrysanthemum-säure (19)**

$R^1 = COOCH_3$: (+)-trans-**Pyrethrin-säure (20)**

$R^2 =$ CH_3: (+)-Jasmolon (23)
C_2H_5: (+)-Cinerolon (22)
$CH{=}CH_2$: (+)-Pyrethrolon (21)

Pyrethrin I: 19 + 21
II: 20 + 21
Cinerin I: 19 + 23
II: 20 + 23
Jasmolin I: 19 + 22
II: 20 + 20

natürliche Pyrethrine

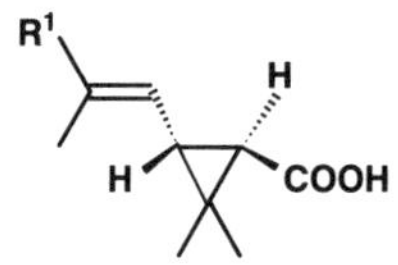

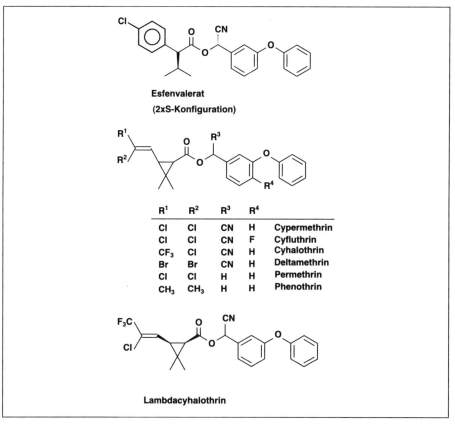

Abb. 8-17 Natürliche Pyrethrine.

Esfenvalerat
(2xS-Konfiguration)

R^1	R^2	R^3	R^4	
Cl	Cl	CN	H	Cypermethrin
Cl	Cl	CN	F	Cyfluthrin
CF_3	Cl	CN	H	Cyhalothrin
Br	Br	CN	H	Deltamethrin
Cl	Cl	H	H	Permethrin
CH_3	CH_3	H	H	Phenothrin

Lambdacyhalothrin

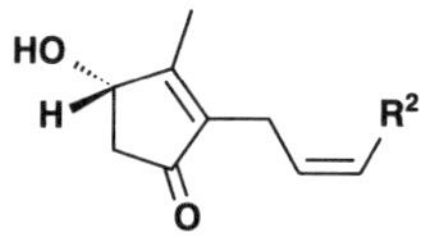

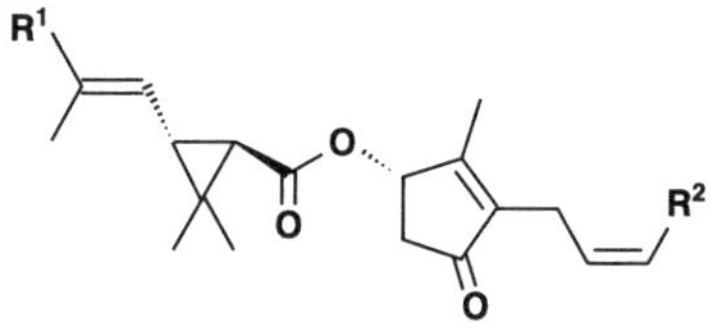

Abb. 8-18 Pyrethroide.

Geraniolpyrophosphat Iridodial

Secologanin

Loganin

Gentiopikrosid

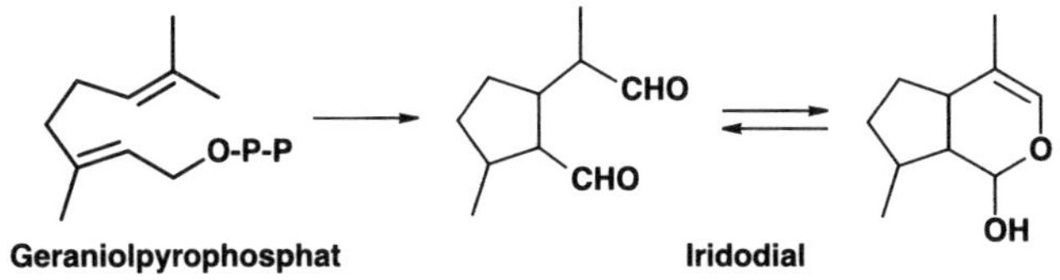

Biogenetisch leitet sich vom Geraniolpyrophosphat das **Iridodial** ab. Iridodial ist der Grundkörper der **iridoiden Verbindungen.** Der Name leitet sich von der Ameisengattung *Iridomyrmex* ab, die Wehrsekrete entsprechender Struktur produziert.

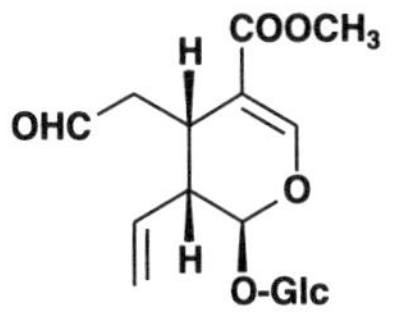

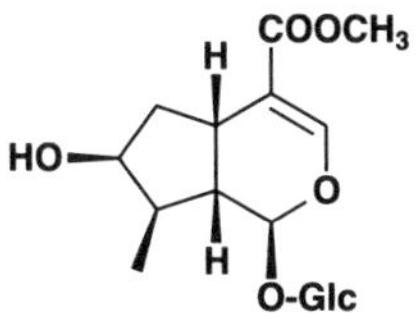

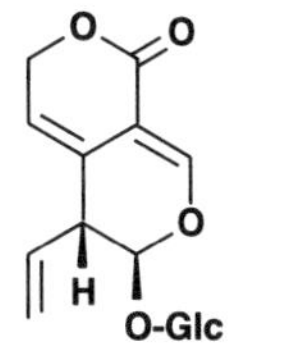

Verbindungen vom Typ des Iridodial sind als ungesättigte Halbacetale (Lactolform) bzw. Dialdehyde (Dialform) sehr reaktionsfähig. Natürlich kommen sie mit blockierter Hydroxygruppe (als O-Glykoside wie Loganin oder Gentiopikrosid oder Ester wie die Valepotriate) bzw. nach Reaktion mit Aminosäurederivaten (z.B. verschiedene Indol-Alkaloide, S. 658) vor. Precursor für die Alkaloide ist das **Secologanin.** Viele Iridoide sind Bitterstoffe, so das **Loganin** des Bitterklees (*Menyanthes trifoliata*) und das **Gentiopikrosid** der Wurzeln des Enzians (*Gentiana*-Arten). Beim Gentiopikrosid ist der Lactonring nach Öffnung des Cyclopentanringes gebildet worden.

Zu den Iridoiden gehören auch die **Valepotriate** (von Valeriana-epoxitriester), die im Baldrian (*Valeriana officinalis*) enthalten sind. Chemisch handelt es sich um Triester von ungesättigten iridoiden Alkoholen vom Monoen-(Didrovaltrat) oder Dien-Typ (Valtrat, Isovaltrat) mit verzweigten, ungeradzahligen Fettsäuren (z.B. Valerian-, Isovaleriansäure). Die Valepotriate verfügen über einen sehr reaktiven Oxiranring, der mit nucleophilen Partnern reagieren kann.

Valtrat ($R^2 = R^3$)
Isovaltrat ($R^1 = R^3$)

Didrovaltrat

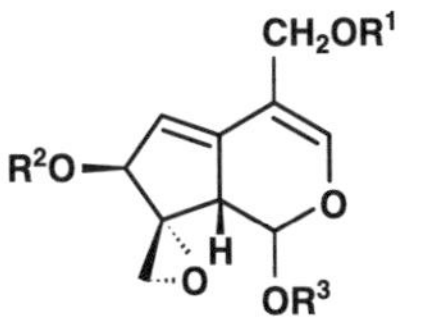

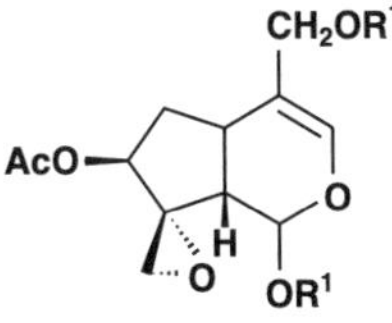

8.2.2 Sesquiterpene

Etwa 25 % aller Terpene gehören zur Gruppe der Sesquiterpene. Sie kommen überwiegend in höheren Pflanzen vor.

Unter den **acyclischen Verbindungen (Farnesane)** ist das 2-*trans*-6-*trans*-Farnesol relativ weit verbreitet. Farnesane wirken als Insektenhormone (Juvenilhormone, S. 497) und Pheromone (S. 499).

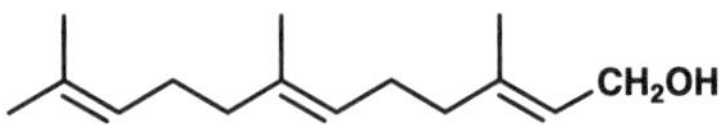

2-trans-6-trans-**Farnesol**

Die Mehrzahl der Sesquiterpene besitzt mono-, bi-, tri- oder tetracyclische Grundgerüste (Abb. 8-7, S. 519). Zu den monocyclischen Vertretern des **Bisabolan-Typs** gehört u. a. das **Sirenin**, ein Sexualpheromon (S. 503). **Bisabolen** ist ein in Pflanzen weit verbreiteter Kohlenwasserstoff, der u. a. im ätherischen Öl der Bergamotte und in Myrrhe, dem Gummiharz von *Commiphora*-Arten, enthalten ist. Bisabolol ist bis zu 20 % im ätherischen Öl der Kamille enthalten.

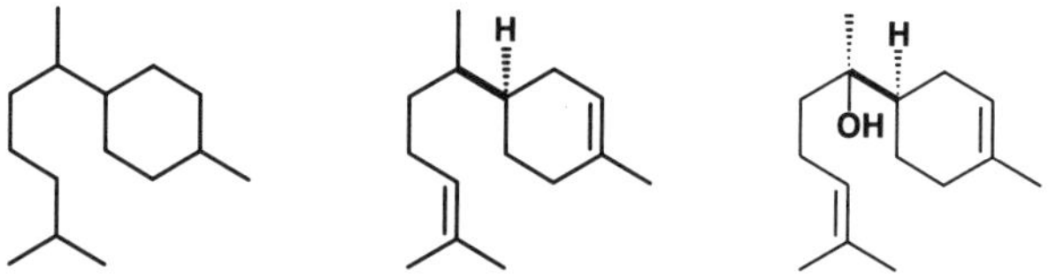

Bisabolan   **Bisabolen**   **Bisabolol**

Ein Sesquiterpen, das sich vom **Eudesman-Typ** ableitet (vgl. Abb. 8-7, S. 519), ist das **Rishitin**. Rishitin (Abb. 1-37, S. 62) wurde aus der Kartoffel (*Solanum tuberosum*) isoliert und wirkt als Phytoalexin.

Gossypol (vgl. Abb. 1-5, S. 28), das im Baumwollsamenöl enthalten ist, gehört zu den dimeren Sesquiterpenen vom Cadinan-Typ. Gossypol hemmt Stoffwechselenzyme der Spermien und wirkt dadurch fertilitätshemmend. Es wurde als Verhütungsmittel zur Anwendung am Mann getestet, besitzt aber zu viele Nebenwirkungen.

In der Pflanzenfamilie der *Asteraceen* sind zahlreiche **Sesquiterpenlactone** enthalten. Die Lactonkomponente wird durch das Suffix -olid gekennzeichnet. Viele Sesquiterpenlactone enthalten einen α-Methylen-γ-butyrolacton-Ring, der ausgehend vom Isopropylrest gebildet wird:

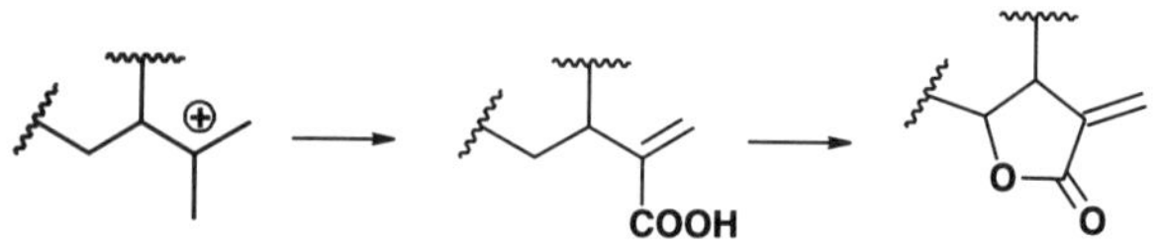

Derartige Methylenbutyrolactone sind zytotoxisch und als Phytotoxine (z. B. das in *Helianthus tuberosus,* der knolligen Sonnenblume, vorkommende **Heliangin**) oder Allergene (z. B. das in der indischen Pflanze *Parthenium hysterophorus* vorkommende **Parthenin**) wirksam. Die biologische Wirkung ist wahrscheinlich auf die Reaktion mit Thiolen und die dadurch erfolgende kovalente Bindung an Proteine zurückzuführen (vgl. Abb. 1-46, S. 73).

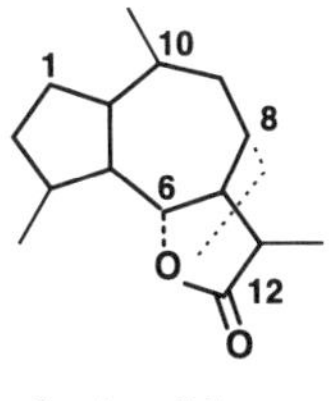

Guajanolide

Die meisten Sesquiterpenlactone gehören zur Gruppe der **Guajanolide** (Cynaropikrin), **Pseudoguajanolide** (Parthenin), **Eudesmanolide** (Heliangin) und **Germacranolide** (Cnicin). Bei den Guajanoliden ist die Carboxylgruppe mit der Hydroxygruppe in 8- oder 6-Stellung verestert (8α-, 8β- oder 6-olide). Viele Sesquiterpenlactone schmecken bitter (Abb. 8-19), einige wirken für Tiere als Fraßgifte.

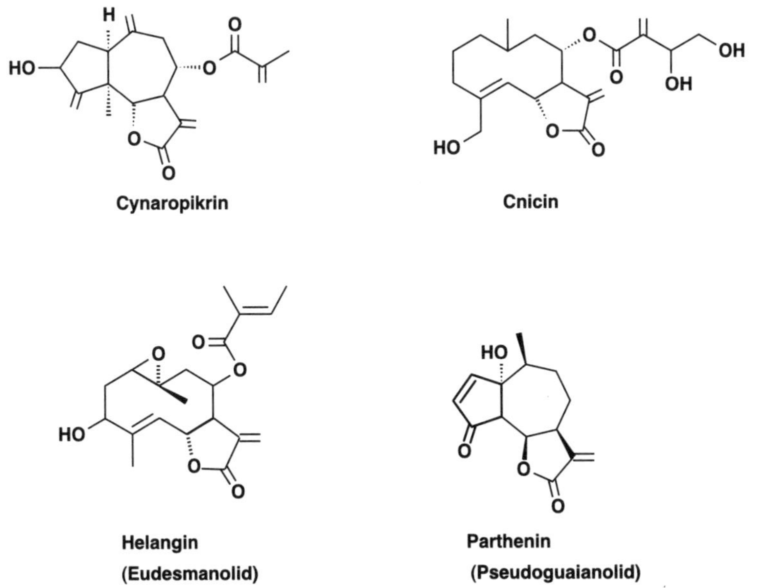

Cynaropikrin

Cnicin

Helangin
(Eudesmanolid)

Parthenin
(Pseudoguaianolid)

Abb. 8-19 Bitterstoffe aus der Gruppe der Sesquiterpenlactone.

Die Guajanolide gehen durch Dehydratisierung in **Azulene** über. Azulene sind nicht-benzoide Aromaten. Das nativ im ätherischen Öl der Kamille (*Matricaria chamomilla*) enthaltene **Matricin** geht bereits während der Wasserdampfdestillation in das **Chamazulen** über. Chamazulen bedingt die blaue Farbe dieses ätherischen Öles und wahrscheinlich auch dessen antiphlogistische Wirkung.

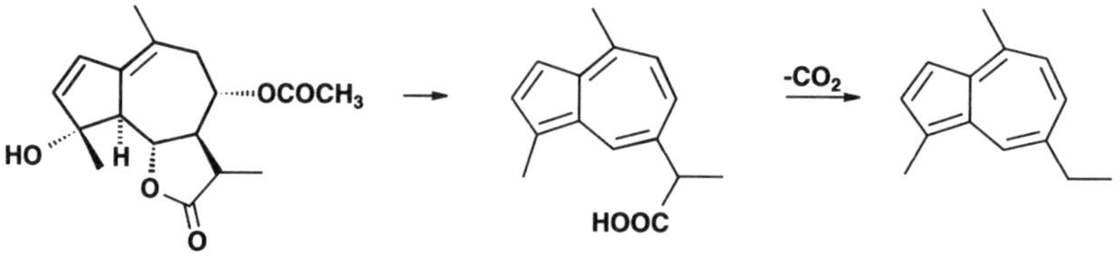

Matricin Chamazulen-carbonsäure Chamazulen

Synthetisch ist ein Zugang zur Guajanreihe möglich über Carbokationen (aus Tosylat) der Eudesmanreihe (z. B. Umlagerung von Eudesmandioltosylat in Guajandiol):

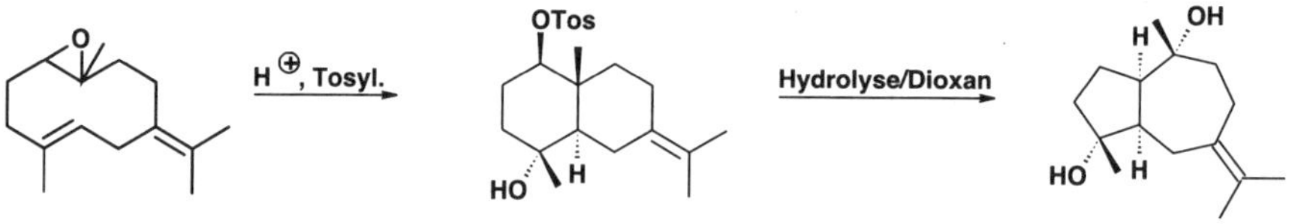

Zu den Sesquiterpenen gehören einige Verbindungen mit bemerkenswerter biologischer Aktivität. Ein Sesquiterpenlacton ist das als Malariamittel wirkende und aus dem chinesischen Arzneimittelschatz stammende **Artemisinin** (S. 30) sowie das bereits 1830 isolierte **α-Santonin.** Partialsynthetische Derivate des Artemisinins können durch Reduktion der Carbonylgruppe und anschließende Bildung eines Ethers (Artemether) oder Esters (Natrium-artesunat) erhalten werden und besitzen verbesserte pharmakokinetische Eigenschaften. Santonin ist in den Blüten von *Artemisia cina* (Zitwerblüten) enthalten und wurde zur Bekämpfung von Spulwürmern eingesetzt.

Picrotoxin ist Bestandteil der Coccelskörner, den Früchten der *Menispermaceae Anamirta cocculus.* Picrotoxin stellte sich über 100 Jahre nach der Isolierung als ein Gemisch der beiden γ-Lactone Picrotoxinin und Picrotin heraus. Picrotoxinin wirkt stark zentral erregend und besitzt eine gewisse therapeutische Bedeutung als Analeptikum, insbesondere bei Schlafmittelvergiftungen. Das durch Wasseranlagerung an die Doppelbindung des Picrotoxinins entstandene Picrotin ist unwirksam.

Artemisinin

Artemether

Natriumartesunat

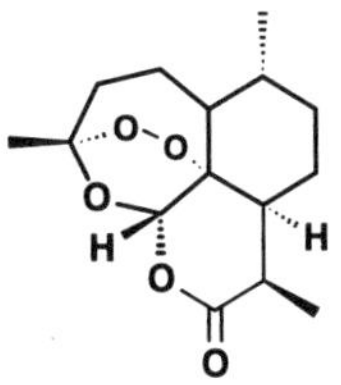

Zu den tetracyclischen Sesquiterpenen gehören die **Trichothecene,** eine Gruppe von Mykotoxinen, deren Wirkung auf die Spiro-Epoxid-Gruppierung zurückgeführt wird. Produzenten sind verschiedene Kulturen von *Fungi imperfecti* u. a. Fusarien, die auf verschimmelten Getreideprodukten wachsen. Bisher wurden über 170 Trichothecene (R^3, R^4 = Säurereste) isoliert, von denen ca. 70 eine makrocyclische Struktur besitzen (R^3-R^4 kovalent verbunden). Makrocyclische Trichothecene wurden auch in Pflanzen (z. B. *Baccharis*-Arten) gefunden.

Santonin

Trichothecene

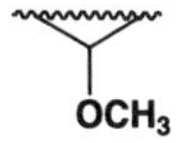

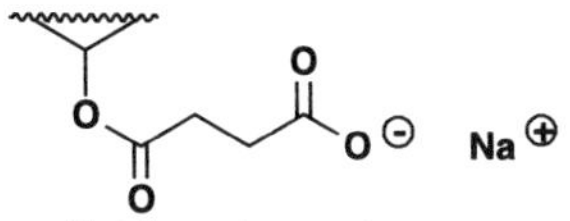

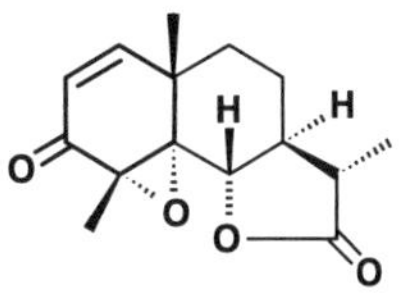

8.2.3 Diterpene

Die Diterpene sind vor allem in den höher siedenden Anteilen der ätherischen Öle und in den Harzen enthalten. Von den **acyclischen Diterpenen** ist das **Phytol,** ein partiell hydrierter Diterpenalkohol, zu erwähnen. Phytol ist eine phylogenetisch sehr alte Substanz. Es ist esterartig gebunden im Chlorophyll enthalten und bedingt dessen wachsartige Beschaffenheit. Außerdem ist Phytol Bestandteil der Vitamine K_1 und E. Durch Kopf-Kopf-Verknüpfung verbundene, etherartig gebundene Phytolreste sind in den Lipiden der *Archaebakterien* enthalten (S. 350).

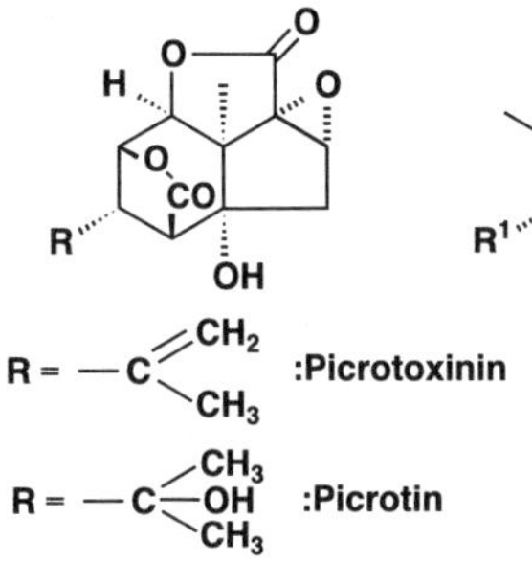

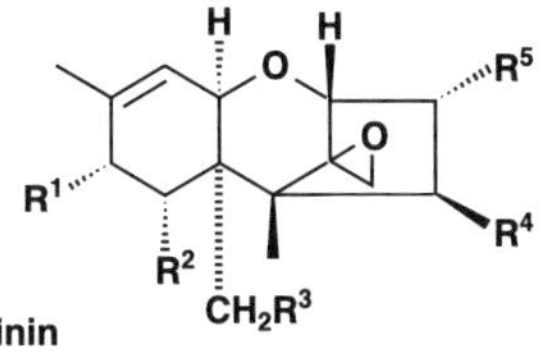

Die Mehrzahl der Diterpene ist cyclisch, wobei die meisten Perhydronaphthalen- bzw. Perhydrophenanthren-Derivate sind. Abbildung 8-20 gibt einen Überblick über einige strukturelle Zusammenhänge bei **tri- und tetracyclischen Diterpenen.**

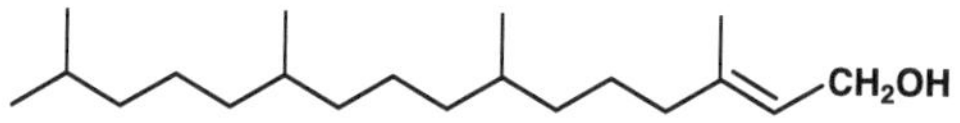

Phytol (structure with CH₂OH)

Vom **Abietin** leiten sich die in Harzen und Balsamen enthaltenen **Harzsäuren** (z. B. **Abietinsäure**) ab, die Hauptbestandteile des Coniferenharzes (*Colophonium*) sind. Cembren (S. 519) ist Grundkörper der **Cembranoide,** die in Pflanzen (Tabak), einige auch in Tieren vorkommen. **Quassin** ist ein Vertreter der **Simarubalide** – Diterpenlactone, die zu den Bitterstoffen des Bitterholzes (von *Quassia amara, Simaroubaceae*) gehören. Zu den Diterpenen gehören einige sehr interessante Wirkstoffe. Gibberellan-Derivate sind die **Gibberelline,** eine Gruppe von Phytohormonen (Kap. 7.5.2.3). Großes Interesse in der Wirkstofforschung haben das aus der Pflanze *Coelus forskohli* isolierte **Forskolin** (Colforsin), das die Adenylat-Cyclase aktiviert, sowie die aus *Ginkgo biloba* isolierten **Ginkgolide** (Lactone) hervorgerufen, die sich als Antagonisten des Plättchen-aktivierenden Faktors (PAF, S. 349) erwiesen haben und deren Synthese *Corey* gelungen ist.

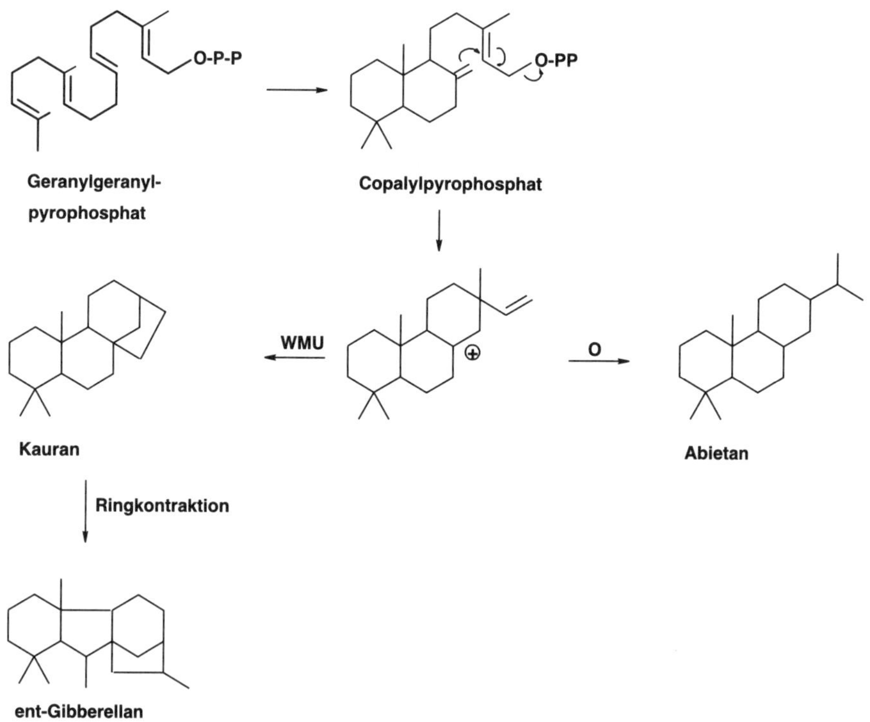

Abb. 8-20 Bildung einiger tri- und tetracyclischer Diterpene.

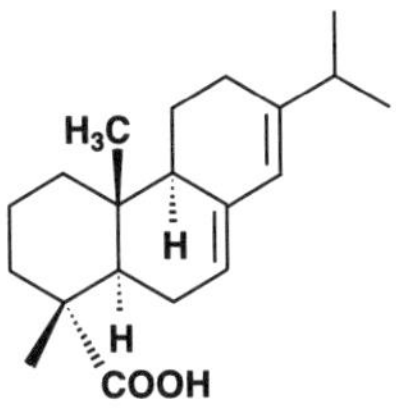

Abietinsäure

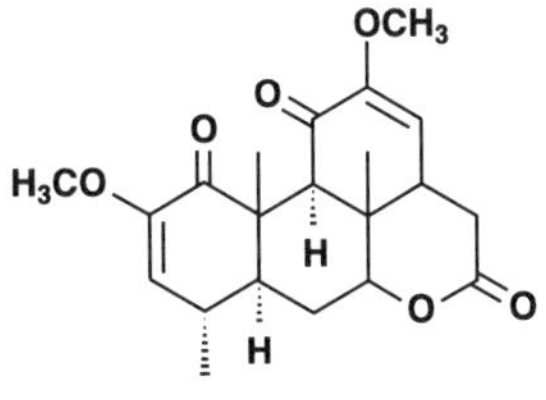

Quassin

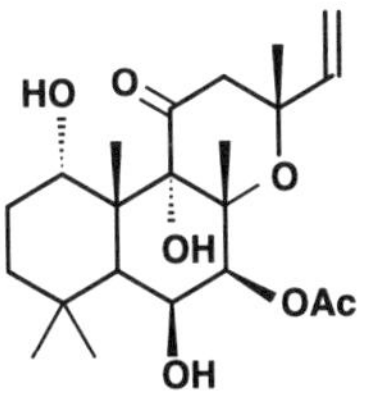

Forskolin

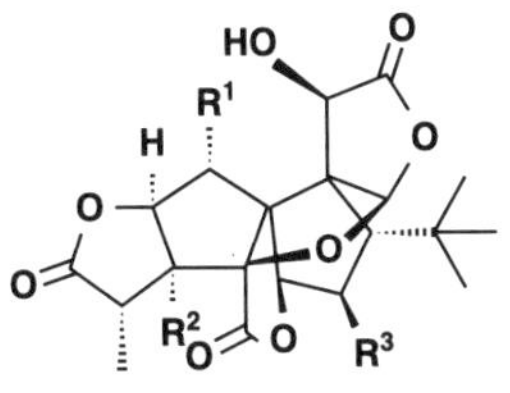

	R¹	R²	R³
Ginkgolid A	H	OH	H
Ginkgolid B	OH	OH	H
Ginkgolid C	OH	OH	OH
Ginkgolid J	H	OH	OH
Ginkgolid M	OH	H	OH

Ryanodin und das entsprechende 9,21-Didehydroryanodin sind Ester des Diterpens Ryanodol bzw. Dehydroryanodol mit Pyrrolcarbonsäure. Diese „Alkaloide" werden von der Pflanze *Ryania speciosa (Flacourtiaceae)* gebildet und blockieren Calciumkanäle des sarkoplasmatischen Retikulums.

Am Tumorgeschehen greifen einige Derivate der Grundgerüste **Daphnan** und **Tiglian** an. Daphnan-Derivate werden von der höheren Pflanze *Gnidia lamprantha* produziert. Einige Ortho-Ester wie **Gnididin** wirken tumorhemmend. Einige Vertreter der Pflanzenfamilien *Euphorbiaceen* und *Thymeliaceen* erzeugen Haut- und Schleimhautreizungen, die auf Tiglian-Derivate zurückgeführt werden. Ester des sich vom Tiglian ableitenden tetracyclischen Alkohols **Phorbol** sind im Samenöl von *Croton tiglium* enthalten. Crotonöl wirkt als drastisches Abführmittel. Aus den 12,13,20-Triestern mit kurz- bzw. langkettigen Fettsäuren werden durch hydrolytische Abspaltung der Fettsäure in 20-Stellung stark reizende und als Kokarzinogene wirkende Diester gebildet. Die stärkste Wirkung besitzt das **12-O-Tetradecanoyl-phorbol-13-acetat (TPA)**.

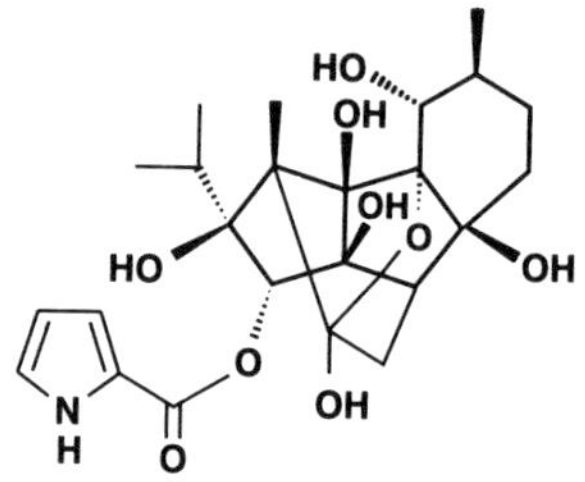

540   Isoprenoide Verbindungen: Terpene und Steroide

Ryanodin

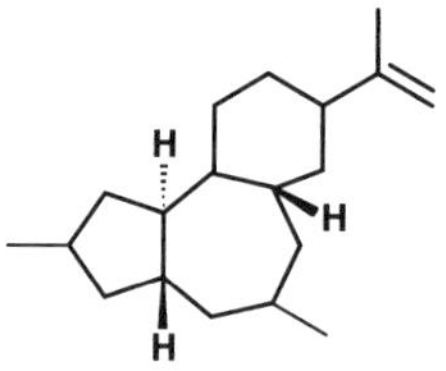

Daphnan 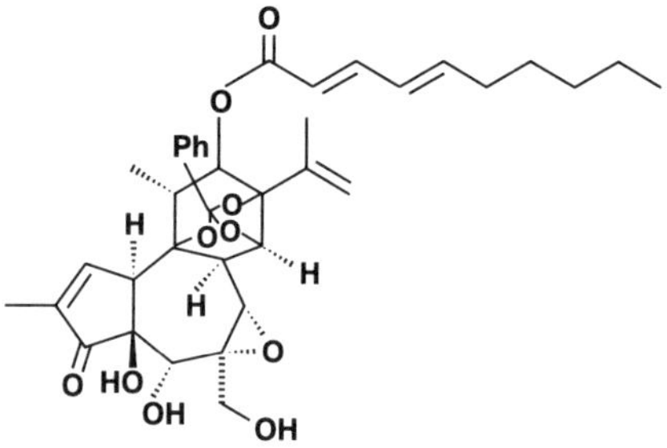   Gnididin

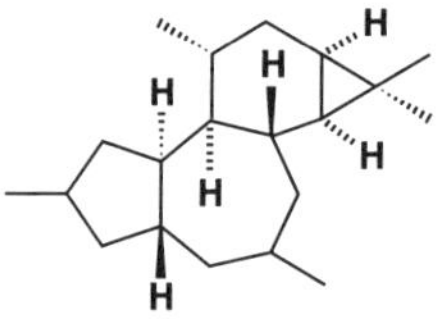

Tiglian   R¹,R² = H:Phorbol
R¹ = Tetradecanoyl;R² = Ac:
12-O-Tetradecanoyl-phorbol-13-acetat

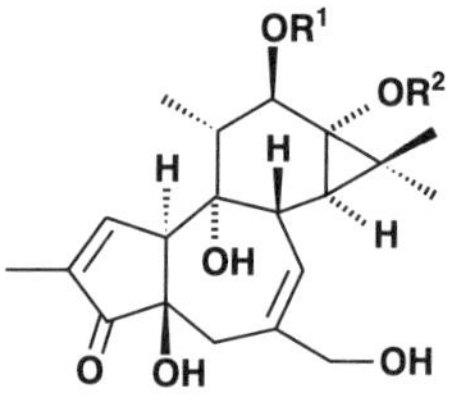

Das in den letzten Jahren am meisten bearbeitete Terpen ist das **Taxol**. Taxol wird aus dem Rindenextrakt der pazifischen Eibe *Taxus brevifolia* isoliert. Die außerordentlich starke zytostatische Wirkung wurde 1963 in Zusammenhang mit einem Screening-Programm auf krebswirksame Substanzen entdeckt. Taxol (INN: Paclitaxel) ist inzwischen zur Krebsbehandlung zugelassen. Allerdings können aus einem Kilogramm Baumrinde nur etwa 100 mg Taxol isoliert werden. Inzwischen konnte eine Partialsynthese von Taxol und weiteren Analoga (Taxotere, Docetaxel) entwickelt werden, die von 10-Desacetylbaccatin III ausgeht, das aus den nachwachsenden Nadeln anderer Eibenarten (in den Nadeln von *T. baccata* zu 0,1 %) erhalten werden kann. Eine 28stufige Totalsynthese ist 1994 veröffentlicht worden, kommerziell aber nicht begehbar. Bei der Synthese werden die Ringe A und C durch eine *McMurry*-Kupplung(a) und eine *Shapiro*-Reaktion (b) zum Ring B verknüpft. Nachteilig ist die geringe Wasserlöslichkeit des Taxols.

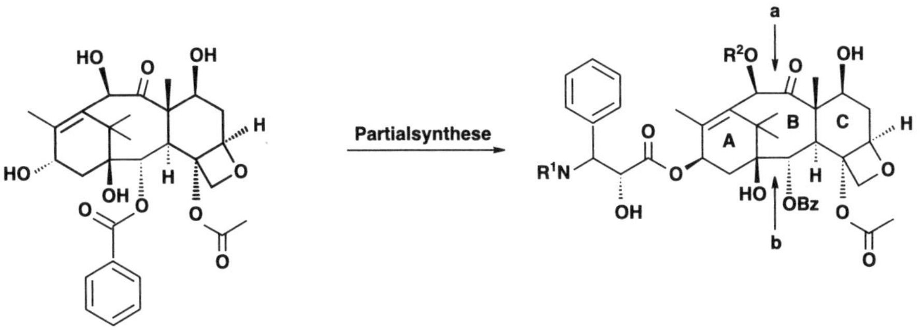

10-Deacetylbaccatin III

Partialsynthese

Docetaxel : R_1 = COOC(CH$_3$); R_2 = H
Paclitaxel : R_1 = COC$_6$H$_5$; R_2 = COCH$_3$

8.2.4 Sesterterpene

Die Sesterterpene stellen eine kleine Gruppe von Terpenen dar, deren erste Vertreter 1965 entdeckt wurden. Sie wurden zuerst aus einem Schutzwachs von Insekten und aus Pilzen isoliert.

Die **Ophioboline** leiten sich von dem tricyclischen Grundkörper Ophiobolan ab. Die Ophioboline A, B, C und F werden von den pflanzenpathogenen Pilzen *Cochliobolus miyabeanus* bzw. *Helminthosporium oryzae* produziert und wirken gegen phytopathogene Pilze.

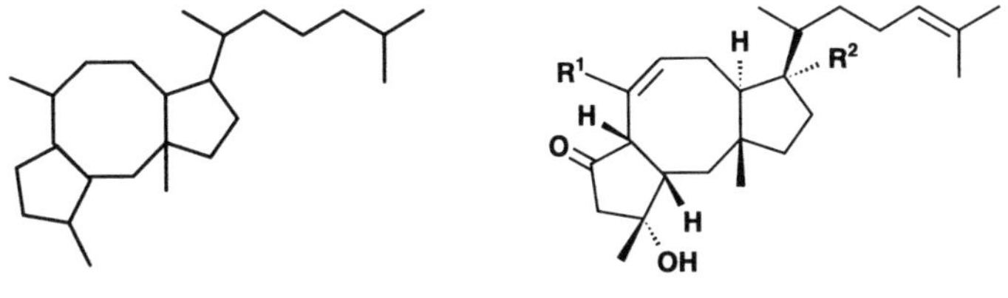

Ophiobolan

R^1 = CHO; R^2 = OH : Ophiobolin B
R^1 = CHO; R^2 = H : Ophiobolin C
R^1 = CH$_3$; R^2 = H : Ophiobolin F

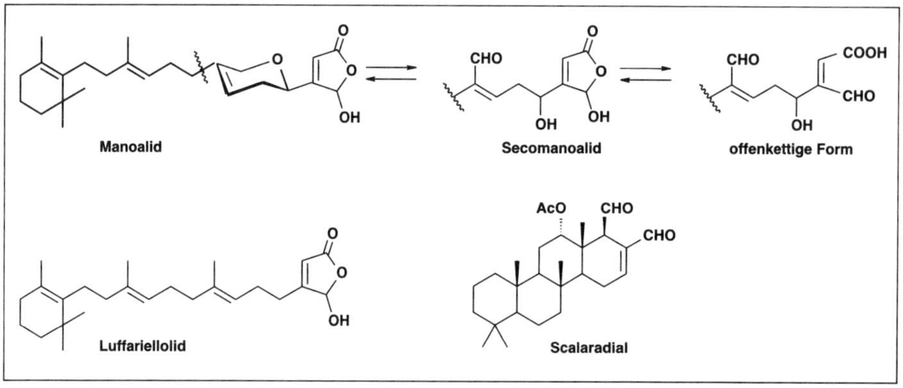

Abb. 8-21 Entzündungshemmende Stoffe aus Schwämmen.

Zur Gruppe der Sesterterpene gehören auch einige aus Schwämmen isolierte entzündungshemmende Substanzen (Abb. 8-21), deren Wirkung über eine Hemmung der Phospholipase A_2 zustande kommt. Dazu gehören die aus Meeresschwämmen der Gattung *Luffariella* isolierten Sesterterpene **Manoalid** und **Luffariellolid** sowie das aus *Cacospongia mollior* isolierte **Scalaradial**. Das gemeinsame Strukturelement ist eine α,β-ungesättigte Aldehydkomponente. Manoalid ist charakterisiert durch eine endständige γ-Hydroxybutenolid-Gruppe und einen α,β-ungesättigten Hemiacetalring, die pH-abhängig zu α,β-ungesättigten Aldehyden geöffnet werden können. Bei physiologischen pH-Werten dominiert die cyclische Form. **γ-Hydroxybutenolide** wurden auch aus anderen biologischen Quellen isoliert.

8.2.5 Triterpene

Die Triterpene entstehen durch Dimerisierung von Farnesylpyrophosphat zum acyclischen Kohlenwasserstoff Squalen über ein Cyclopropan-Derivat (Präsqualen, vgl. Abb. 8-6, S. 517).
Squalen ist ein *all-trans*-Hexaen (Abb. 8-22). Seinen Namen hat es durch sein Vorkommen im Leberöl von Haifischarten (*Squalus*) erhalten. Kleinere Mengen von Squalen sind u. a. auch in Mutterkorn, Knollenblätterpilzen und Olivenöl enthalten.
Durch Cycloaddition geht Squalen über das Squalenoxid in die Methylsterole über (Abb. 8-8). Die vierfache Cyclisierung von 2,3-Oxidosqualen zum Lanosterol (Methylsterol) erfolgt in Gegenwart nur eines Enzyms, der membrangebundenen Sterolcyclase. Unter **Methylsterolen** werden tetracyclische Verbindungen verstanden, die drei Methylgruppen mehr als die Sterole (Steroide) enthalten (vgl. Tab. 8-1). Als Intermediat bei der Synthese tetra- und pentacyclischer Triterpene wird das Carboniumion **28** diskutiert. Die gleiche Stellung der Methylgruppen wie dieses Intermediat

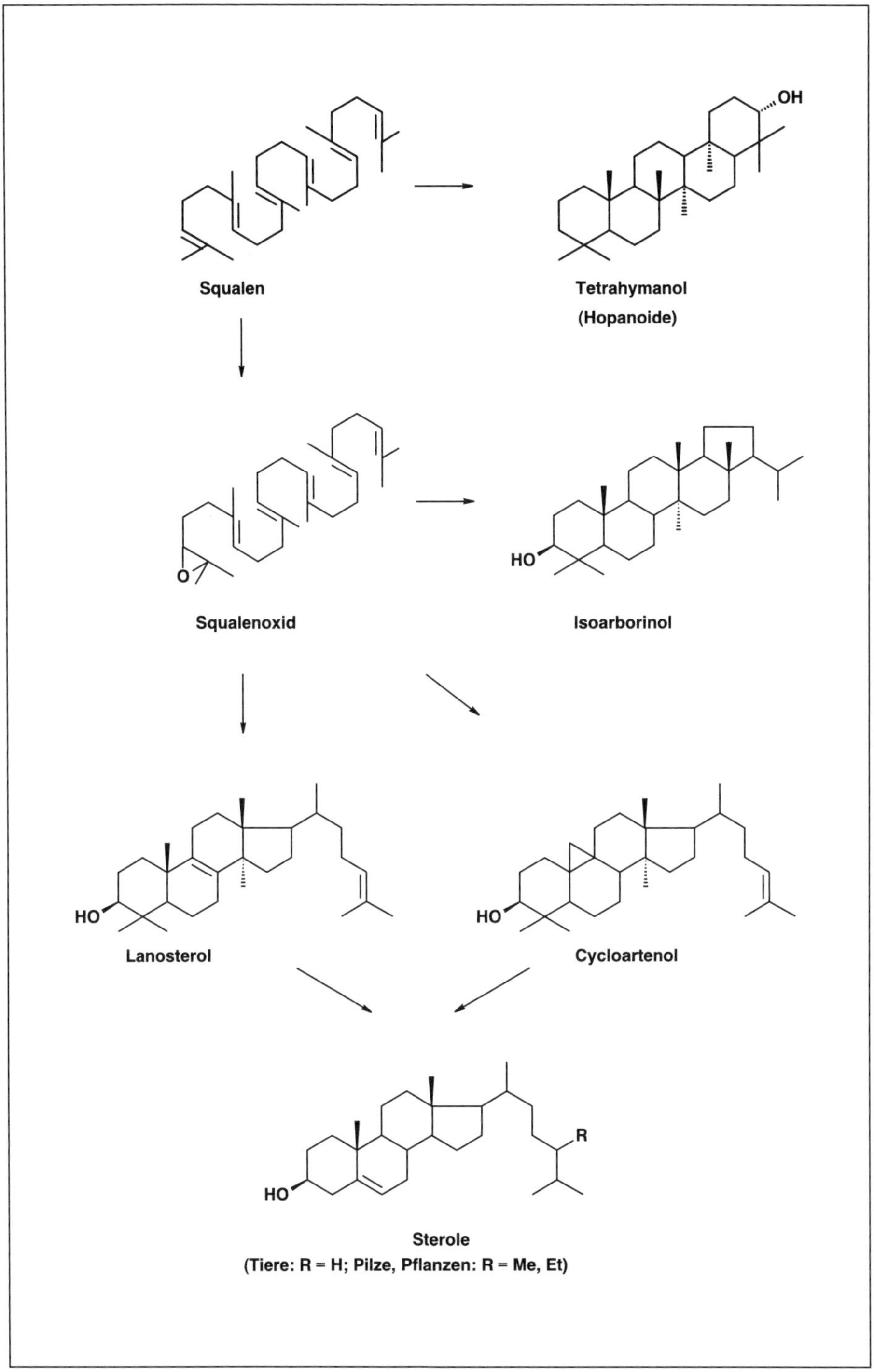

Abb. 8-22 Squalen als Ausgangsstoff der Biosynthese tetra- und pentacyclischer Terpenoide.

besitzen das aus *Cephalosporium caeruleus* isolierte **Protosterol** und das aus anderen Pflanzen isolierte **Damaradienol**. Als Derivate des Protosterols können die Antibiotika **Helvolsäure** (u. a. aus *Aspergillus*- und *Cephalosporium*-Stämmen), **Fusidinsäure** (aus *Fusidium coccineum*) und **Cephalosporin P$_1$** (aus *Cephalosporium*-Stämmen, s. S. 692) aufgefaßt werden (Abb. 8-23). Sie unterscheiden sich vom Protosterol durch das Fehlen einer Methylgruppe in 4-Stellung.

Tab. 8-1: Stellung der Methylgruppen bei verschiedenen tetracyclischen Triterpenen und Steroiden.

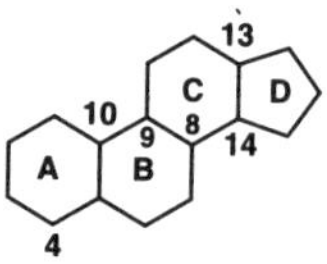

Verbindung	Stellung von Methylgruppen						Verknüpfung der Ringe		
	4	8	9	10	13	14	A/B	B/C	C/D
■ Protosterol	2	1	–	1	–	1	trans	trans	trans
■ Damaradienol	2	1	–	1	–	1	trans	trans	trans
■ Fusidinsäure	1	1	–	1	–	1	trans	trans	trans
■ Lanosterol	2	–	–	1	1	1	trans	x	trans
■ Cycloartenol	2	–	1	1	1	1	trans	cis	trans
■ Cucurbitane	2	–	1	–	1	1	x	cis	trans
■ Steroide	–	–	–	1	1	–	trans cis, x	trans x	trans cis

x = sp^2-hybridisierte C-Atome

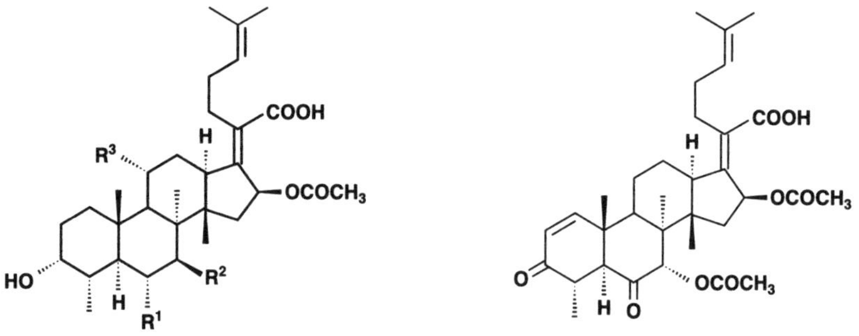

Fusidinsäure:
R^1, R^2 = H; R^3 = OH

Cephalosporin P$_1$:
R^1 = OCOCH$_3$; R^2 = OH; R^3 = H

Helvolsäure

Abb. 8-23 Steroidantibiotika.

Squalen ist auch Ausgangsstoff für die Biosynthese weiterer tetra- und pentacyclischer Triterpene (Abb. 8-24). Die Grundstrukturen tetra- und pentacyclischer Triterpene sind Abbildung 8-24 zu entnehmen.

Durch **Methylverschiebungen von 14- in 13- und 8- in 14-Stellung** sowie gleichzeitige Hydridverschiebung entstehen aus den tetracyclischen Verbindungen mit Methylgruppen in 4-, 8-, 10- und 14-Stellung solche mit Methylgruppen in 4-, 10-, 13- und 14-Stellung (vgl. Tab. 8-1). Erstes stabiles cyclisches Produkt der Biosynthese ist bei Tieren und Pilzen (nicht photosynthetisierende Eukaryoten) das **Lanosterol,** bei höheren Pflanzen und Algen (photosynthetisierende Eukaryoten) das **Cycloartenol,** ein Isomer des Lanosterols. Der unterschiedliche Reaktionsverlauf geht auf differierende 2(3)-Oxidosqualen-Cyclasen zurück. Aus dem Lanosterol wird durch oxidative Abspaltung von drei Methylgruppen (Methylgruppen in 4- und 14-Stellung) das Cholesterol (S. 558) gebildet, von dem sich die anderen Steroide ableiten (Kap. 8.3).

Bei den **Cucurbitacinen** – stark bitteren Inhaltsstoffen von *Cucurbitaceen*, von denen einige zytotoxisch wirken – steht diese Methylgruppe in 9-Stellung. Cucurbitacine sind z. B. in der Zaunrübe (*Bryonia*) oder dem Gnadenkraut (*Gratiola officinalis*) enthalten, fehlen aber in den Kulturpflanzen (Kürbis, Gurke, Melone). Die Cucurbitacine liegen meist als Glykoside vor.

Zu den Triterpenen gehört auch die **β-Boswellinsäure,** der Hauptbestandteil des Weihrauches. Weihrauch (*Olibanum*) ist das Gummiharz der Rinde von *Boswellia*-Bäumen. β-Boswellinsäure wirkt antiphlogistisch, was auf eine Hemmung der 5-Lipoxygenase (S. 493) zurückgeführt wird.

Im Unterschied zu den bisher aufgeführten polycyclischen Triterpenen und den sich von ihnen ableitenden Steroiden besitzen die **Hopanoide** die Sauerstoffunktion nicht am Ringsystem (in 3-Stellung), sondern in der Seitenkette. Bei den Bacteriohopanen sind an die Hydroxygruppen der Seitenketten noch Aminozucker, Cyclitole oder Aminosäuren gebunden. Die Bildung der Hopanoide erfolgt wie die des pentacyclischen Triterpens **Tetrahymanol** nicht über Squalenoxid (Abb. 8-22). In Bakterien überneh-

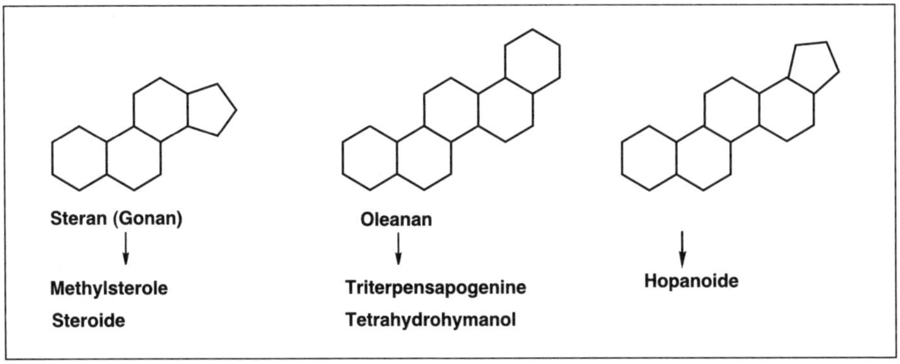

Steran (Gonan)
↓
Methylsterole
Steroide

Oleanan
↓
Triterpensapogenine
Tetrahydrohymanol

↓
Hopanoide

Abb. 8-24 Grundstrukturen tetra- und pentacyclischer Triterpene.

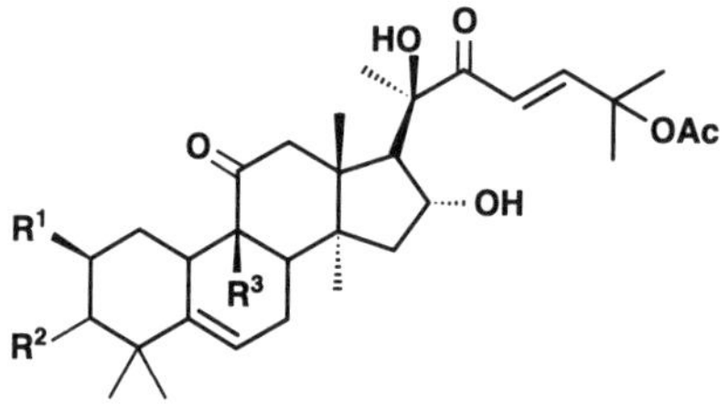

Cucurbitacine
(R^1 = H, OH; R^2 = OH, O-Glyk; R^3 = CH_3, CH_2OH)

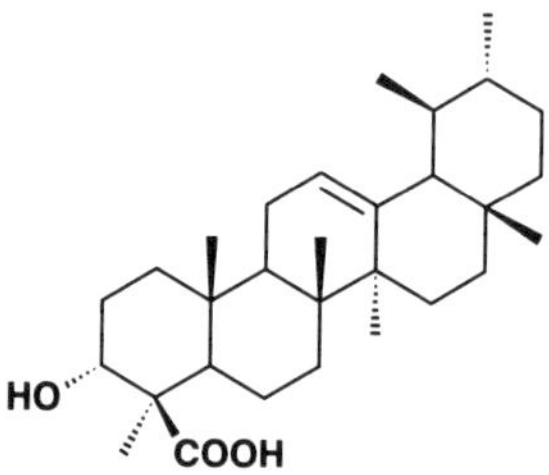

β-Boswellinsäure

men Hopanoide (z. B. **Tetrahydroxybacteriophan**) in den Membranen offenbar die Funktion der Steroide. Hopanoide kommen auch in Pflanzen (mit Sauerstofffunktion in 3-Stellung) sowie in geologischen Sedimenten und im Erdöl vor (sog. **Geohopanoide** als Biomarker).

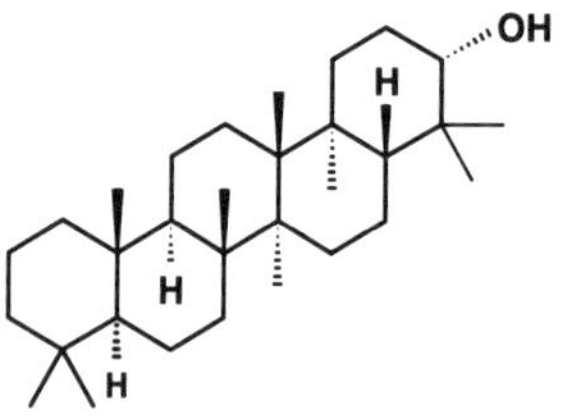

Tetrahymanol

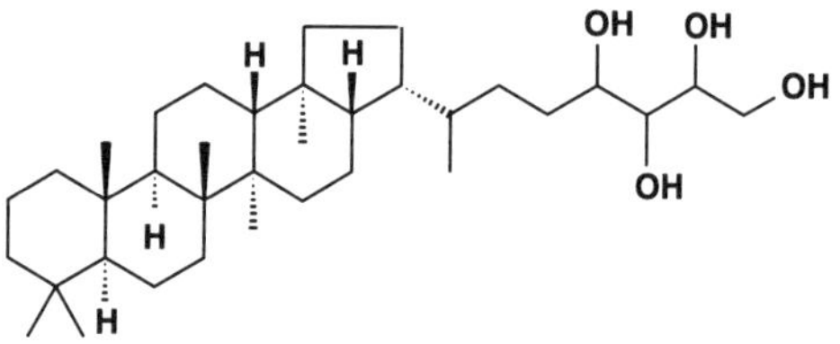

Tetrahydroxybacteriophan

Die größte Gruppe von Triterpenen wird von den Aglykonen (Sapogenine) der Saponine gebildet.

Saponine

> Als Saponine werden Glykoside hydrophober Alkohole bezeichnet, die in wäßriger Lösung stark schäumende, seifenartige Lösungen bilden können.

Sie sind oral ungiftig, können aber bei parenteraler Applikation aufgrund ihrer Oberflächenaktivität die Erythrozytenmembran zerstören und so eine Hämolyse auslösen (Bestimmung des hämolytischen Index). Saponine sind für Fische stark toxisch. Die Saponine bilden mit Sterolen schwerlösliche Komplexe.

Nach ihrem Genin werden die Saponine in **Triterpensaponine** und **Steroidsaponine** (Kap. 8.3.3.4) eingeteilt. Wie Saponine verhalten sich auch die **Glykoside der Steroidalkaloide** (Kap. 8.3.3.5).

Die verschiedenen Saponine unterscheiden sich durch ihren polycyclischen Grundkörper, das Hydroxylierungsmuster und die Position und

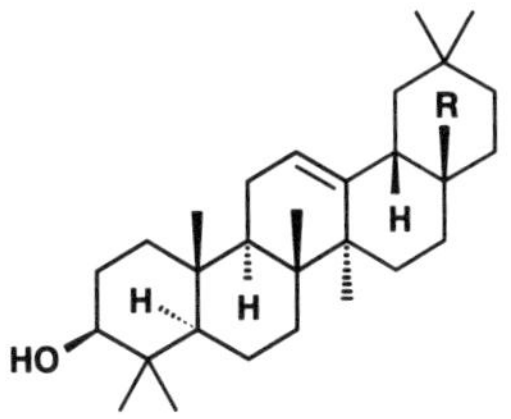

β-Amyrin*: R= CH_3
Oleanolsäure*: R= COOH

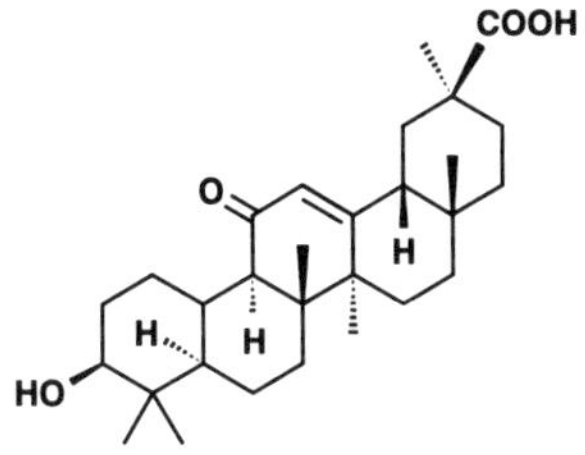

Glycyrrhetinsäure*

Glc-β(1 → 4)-GlcUA- β (1)-O

↑ β(1→2)

Glc

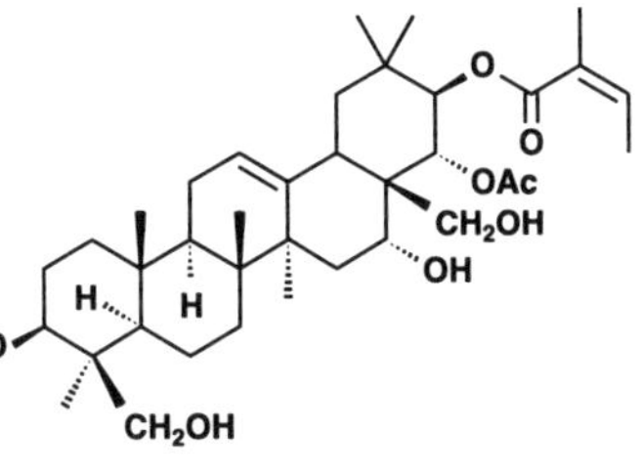

β-Aescin

Glc-β(1 → 3)-Glc-β(1 → 4)Ara-α(1)-O

↑ β(1→2) ↑ β(1→2)

Xyl Glc

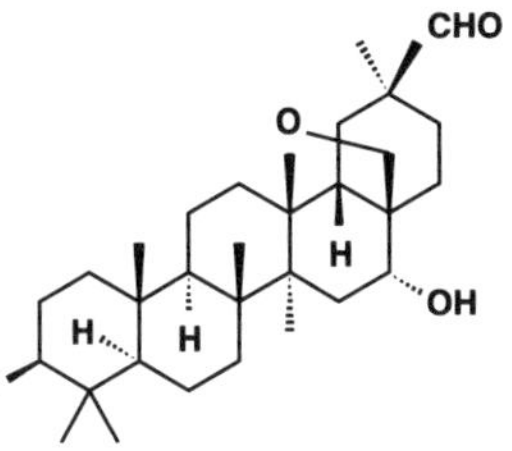

Cyclamin

Rha-α(1 → 2)-Ara-α(1)-O

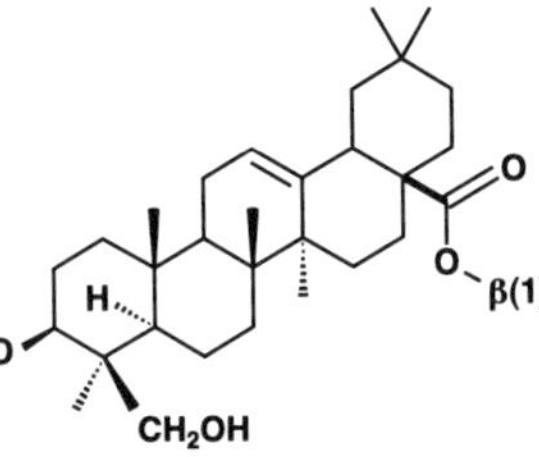

β(1)-Glc-(6 ← 1)β-Glc-(4 ← 1)α-Rha

Hederasaponin C

Abb. 8-25 Triterpensaponine. * Sapogenine.

Anzahl der Zuckerreste. Einzelne Hydroxygruppen können acyliert sein (vgl. β-Aescin). Für die Oberflächenaktivität sind 2 bis 3 Monosaccharidreste erforderlich. Saponine mit mehr als 4 Zuckerresten werden als Oligoside bezeichnet. Der Oligosaccharidrest ist bei den Saponinen meist verzweigt. Nach der Anzahl der Zuckerketten, die unmittelbar am Sapogenin gebunden sind, werden Mono- (z. B. β-Aescin), Di- (z. B. Hederasaponin C) und Tridesmoside unterschieden.

Triterpensaponine kommen vorzugsweise in zweikeimblättrigen Pflanzen (*Dicotyledonen*) vor, so in den Familien *Caryophyllaceae* (z. B. in der Kornrade, *Agrostemma githago*), *Araliaceae* (z. B. im Efeu, *Hedera*, sowie *Panax ginseng*), *Hippocastanaceae* (z. B. in der Roßkastanie, *Aesculus hippocastanum*), *Primulaceae* (z. B. im Alpenveilchen, *Cyclamen*), *Ranunculaceae*, *Chenopodiaceae* oder *Fabaceae*.

Die Triterpensapogenine leiten sich vor allem vom Oleanan-Grundgerüst (**β-Amyrin-Typ**) ab. Wegen der Carboxylgruppe bei Sapogeninen wie der **Oleanolsäure** oder **Glycyrrhetinsäure** werden deren Saponine auch als „saure Saponine" bezeichnet. Glycyrrhetinsäure kommt als Saponin (**Glycyrrhizin**) in der Süßholzwurzel (*Liquiritiae radix* von *Glycyrrhiza*-Arten), Oleanolsäure in Saponinen von *Guajacum*-Arten, des Efeus (*Hedera helix*), in Nelken sowie in verschiedenen Harzen vor. Abbildung 8-25 zeigt die Strukturen einiger Triterpensaponine, so des **β-Aescin**, des Hauptsaponins der Roßkastanie, des **Hederasaponin C**, einer Komponente des Saponingemisches des Efeus, und **Cyclamin,** einer Komponente der Saponine der Knollen des Alpenveilchens (*Cyclamen purpurescens*).

Ebenfalls zu den Triterpensaponinen gehören die Hauptwirkstoffe der aus der koreanischen und chinesischen Volksmedizin übernommenen Ginsengwurzel (*Ginseng radix* von *Panax ginseng*). Die zu etwa 2 bis 3 % in der Wurzel enthaltenen **Ginsenoside (Panaxoside)** leiten sich vom Dammaran-Typ (**Protopanaxadiol, Protopanaxatriol**) ab. Die Zuckerreste befinden sich am 3-OH und 20-OH (Protopanaxadiol) bzw. 20-OH und 6-OH (Protopanaxatriol). Die Ginsenoside wirken nur sehr schwach hämolytisch und kaum toxisch.

Saponine wurden auch **in Tieren** gefunden: Steroidsaponine bei *Echinodermata* (Stachelhäuter wie den Seesternen) und Triterpensaponine bei *Holothuroidea* (Seegurken, Seewalzen). Abbildung 8-26 zeigt als Beispiele das **Luzonicosid** des Seesterns *Echinaster luzonicus*, bei dem 3 Monosac-

Protopanaxadiol: R^1 = H, R^2 = OH, R^3 = Me
Protopanaxatriol: R^1, R^3 = OH, R^2 = Me

Panaxadiol: R^1 = H
Panaxatriol: R^1 = OH

charide eine Brücke zwischen dem C-3 und C-6 des Steroidgrundgerüstes bilden, und des **Holotoxin A** der Seegurke *Stichopus japonicus,* das sich vom **Holostan,** dem Lacton des 18-Desmethyl-18-carboxy-lanostan-20-ol, ableitet.

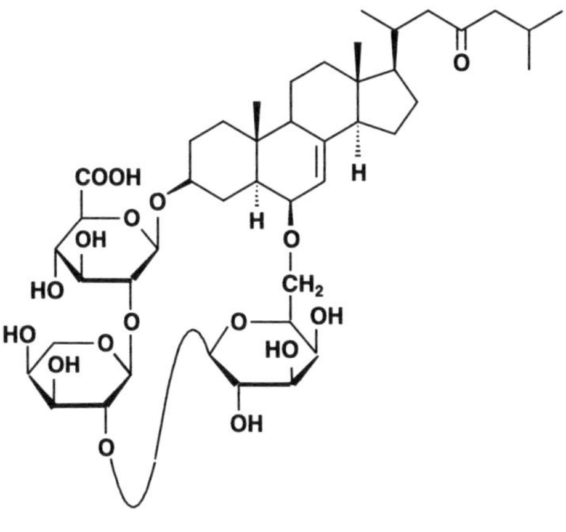

Luzonicosid

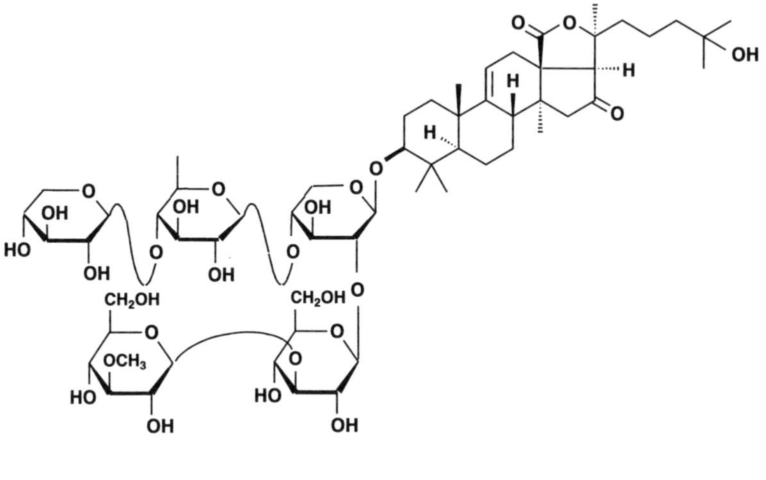

Holotoxin A

Abb. 8-26 Saponine tierischer Herkunft. * Steroidsaponin.

8.2.6 Tetraterpene

Die wichtigste Gruppe der Tetraterpene bilden die Carotenoide.

Carotenoide
Der Name Carotenoid (Carotinoid) leitet sich vom Caroten (Carotin) ab, einem Gemisch ungesättigter Kohlenwasserstoffe, das bereits 1831 von *Wackenroder* aus Karotten isoliert werden konnte. Dieses Caroten konnte später mit Hilfe der von *Tswett* eingeführten Chromatographie in drei Isomere, α-, β- und γ-Caroten, aufgetrennt werden (*Kuhn, Lederer*). An der Strukturaufklärung der Carotenoide waren vor allem *Karrer, Kuhn* und *Zechmeister* beteiligt.

Zu den Carotenoiden gehören Kohlenwasserstoffe (**Carotene**) und deren sauerstoffhaltige Derivate (**Xanthophylle**). Die Strukturaufklärung wurde vor allem ermöglicht nach Einführen einer Mikromethode zur Hydrierung (*Kuhn*) und der oxidativen Spaltung der Doppelbindung mittels Permanganat (*Karrer*).

Die Carotenoide lassen sich aus dem biologischen Material durch Extraktion mit unpolaren Lösungsmitteln gewinnen. Die Namen der Kohlenwasserstoffe richten sich nach den Endgruppen, die acyclisch oder cyclisch sein können. Sie werden mit den griechischen Buchstaben β, ε, Φ, χ und ψ bezeichnet (Abb. 8-27).

Charakteristisch für die Carotenoide sind zahlreiche konjugierte Doppelbindungen, die den Verbindungen eine gelbe bis rote Farbe verleihen. Die Wellenlänge der Absorptionsmaxima hängt von der Anzahl der konjugierten Doppelbindungen ab (Tab. 8-2). Spektroskopisch lassen sich *cis-*

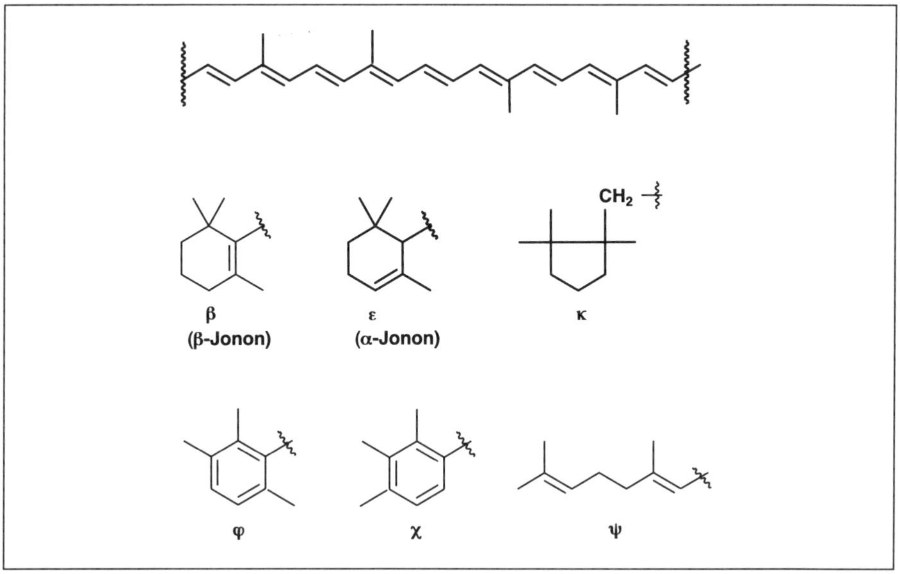

Abb. 8-27 Grundtypen der Carotene.

und *trans*-Isomere unterscheiden. Bei den Verbindungen mit *cis*-Konfiguration tritt eine neue Bande (*cis-Peak*) bei etwa 140 bis 145 nm unterhalb der langwelligsten Bande auf. *Cis-trans*-Isomerisierungen werden z. B. durch Spuren von Iod katalysiert.

Tab. 8-2: Langwellige Absorptionsmaxima einiger Carotenoide (in flüssigen Kohlenwasserstoffen).

Carotenoid	Anzahl der konjugierten Doppelbindungen	λ_{max} [nm]		
■ Phytoen	3	275	285	296
■ Phytofluen	5	331	348	367
■ ζ-Caroten	7	378	400	425
■ Neurosporen	9	416	440	470
■ Lycopen	11	446	472	505
■ β-Caroten	11	425	451	482

Bei den Carotenoiden und den sich von ihnen ableitenden Verbindungen (Vitamin A, S. 376) können zwei Typen von *cis*-ständigen Doppelbindungen unterschieden werden (*Pauling*): Doppelbindungen mit ungehinderter und sterisch gehinderter Konfiguration (Abb. 8-28). Die gehinderte *cis*-Konfiguration ist am energiereichsten.

Als Polyene verhalten sich die Carotenoide wie schwache Basen. Mit *Lewis*-Säuren (z. B. Antimon(III)-chlorid bei der *Carr-Price*-Reaktion) oder starken Säuren (H_2SO_4) werden stark farbige Komplexe gebildet.

Carotenoide werden nur in höheren Pflanzen und Mikroorganismen (Bakterien, Algen, Pilze) gebildet. Die Biosynthese wurde vor allem bei dem Schlauchpilz *Neurospora crassa* untersucht. Sie geht aus von dem Triterpen-Kohlenwasserstoff **Lycopersen,** aus dem durch Dehydrierung das erste Caroten, **Phytoen** (15-*cis*-7,8,11,12,7′,8′,11′,12′-Octahydro-caroten), gebildet wird. Das mittelständige Doppelbindungssystem des Phytoen wird dann um Doppelbindungen erweitert. In Dunkelkulturen von *Neurospora* häuft sich **Phytofluen** an (Abb. 8-29). Vom Lycopen leiten sich dann die Carotene und Xanthophylle mit cyclischen Endgruppen ab.

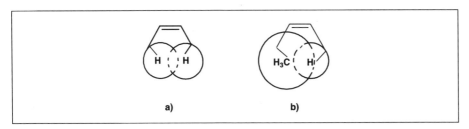

Abb. 8-28 Ungehinderte (a) und sterisch gehinderte *cis*-Konfiguration (b) bei Carotenoiden.

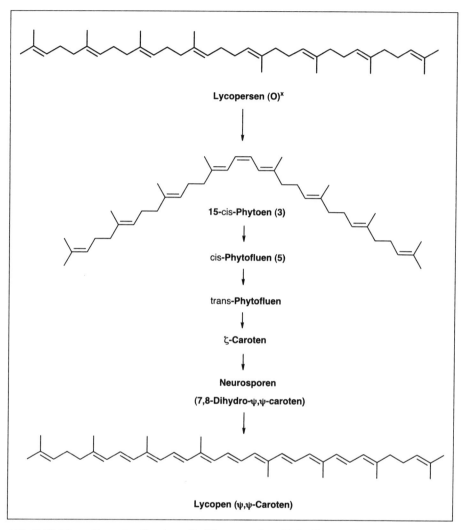

Abb. 8-29 Biosynthese der Carotene (in Klammer: Anzahl der Doppelbindungen).

Die Carotenoide gehören zu den verbreitetsten natürlichen Pigmenten. In den Granula der Chloroplasten der höheren Pflanzen liegen sie in Form von **Chromoproteinen** vor. Nach Behandeln der Chromoproteine mit polaren Lösungsmitteln sind die Carotenoide jedoch bereits mit unpolaren Lösungsmitteln extrahierbar. Die Absorptionsspektren der in den Chromoproteinen gebundenen Carotenoide unterscheiden sich von denen der ungebundenen Carotenoide. Carotenoide sind auch in den Chloroplasten der Algen enthalten. In photosynthetisierenden Bakterien sowie außerhalb der Chloroplasten der höheren Pflanzen kommen acyclische Carotenoide vor. Sie sind z. B. für die Farbe vieler Früchte verantwortlich wie das **Lycopen** der Tomate oder das **Capsanthin** des Paprikas. Das **Zeaxanthin**

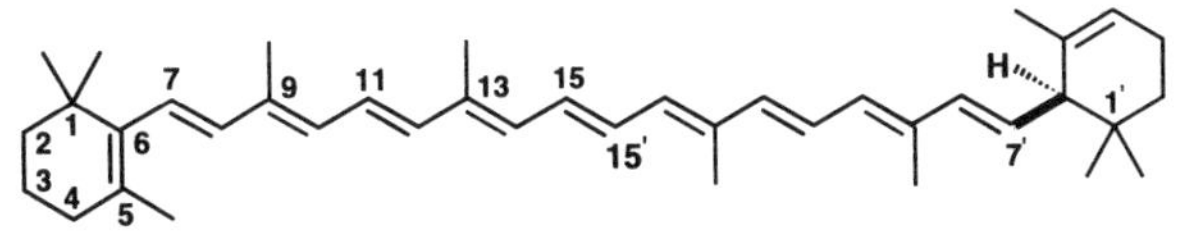

Abb. 8-30 Wichtigste Carotenoide.

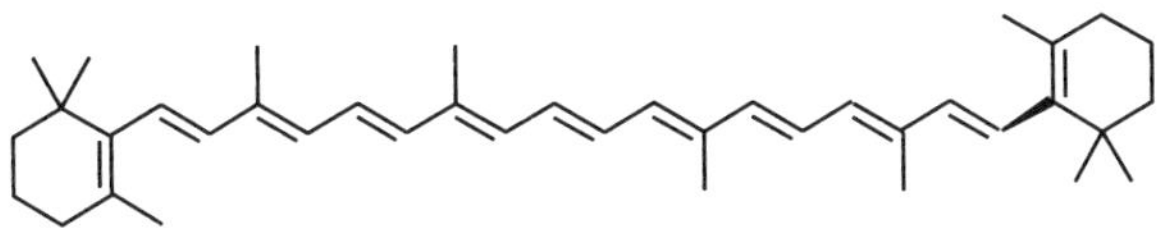

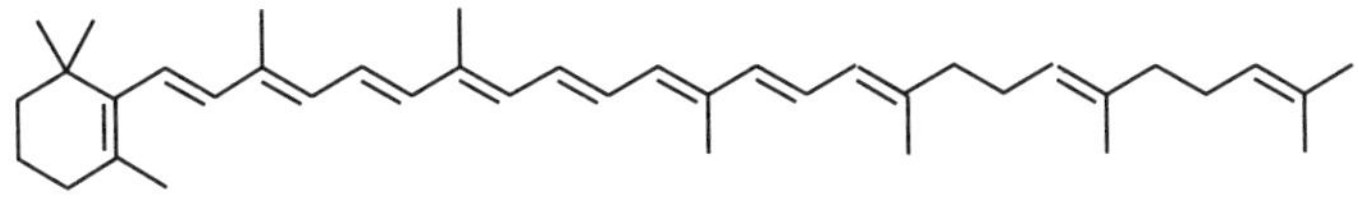

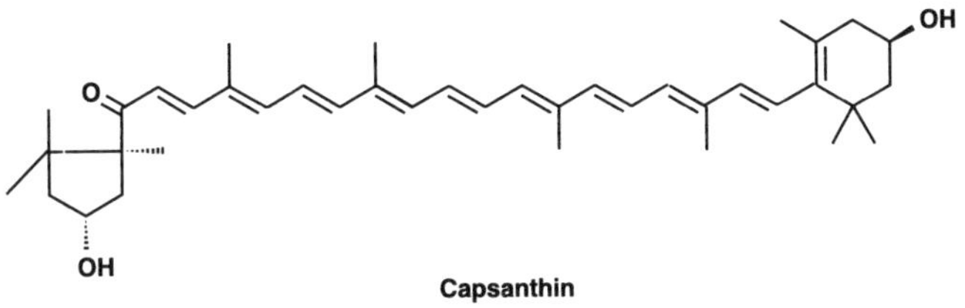

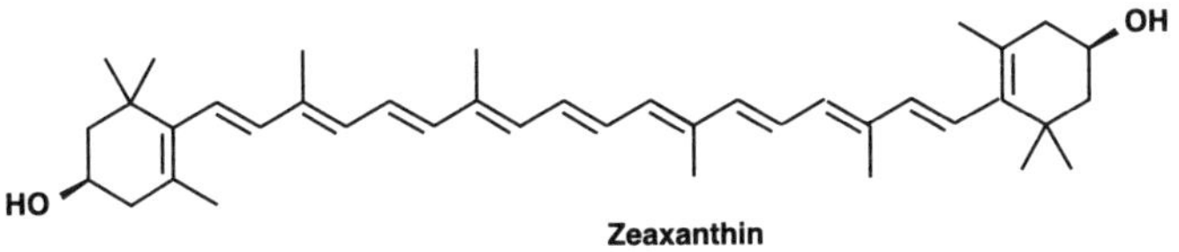

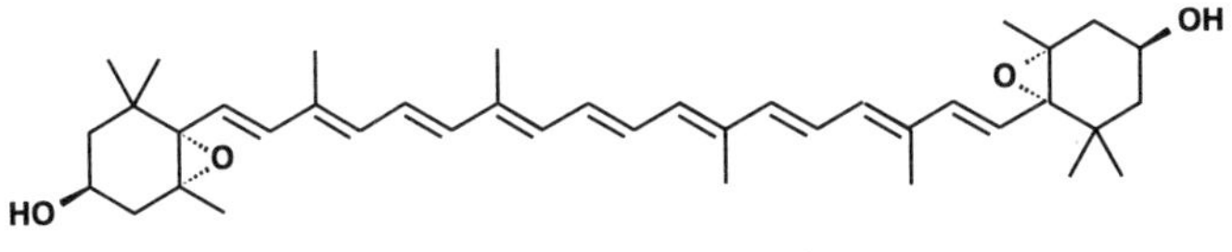

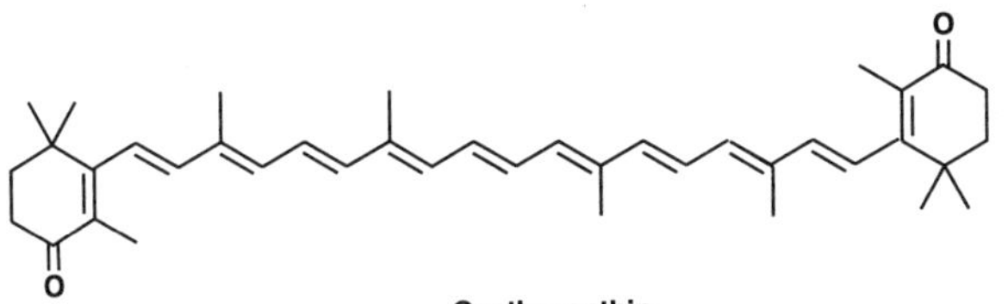

bewirkt die gelbe Farbe der Körner des Mais (*Zea mays*). Xanthophylle sind ferner die Pigmente gelber Blüten und rufen die Herbstfärbung der Blätter hervor. Pilze enthalten Carotenoide mit endständigen Carboxylgruppen. Bei den Rosen wird die gelbe Farbe durch Carotenoide, die rote durch Anthocyanine (S. 605) und die orangerote durch ein Gemisch beider erzeugt. Carotenoide kommen auch in Tieren wie Insekten oder Vögeln (u. a. Flamingos) vor.

In den Pflanzen beruht die biologische Funktion der Carotenoide vor allem auf ihrer Rolle als Begleitpigmente des Chlorophylls bei der Photosynthese (S. 442). Aufgrund ihrer Photosensibilität ermöglichen Carotenoide bei einigen höheren Pflanzen einen Phototropismus, bei Algen eine Phototaxis. Carotenoide können ferner Zellen vor Lichteinwirkung schützen.

Das in höheren Pflanzen und der Alge *Chlorella* enthaltene Epoxid-Xanthophyll **Violaxanthin** geht bei Belichtung über die Monoepoxid-Verbindung (**Antheraxanthin**) in das Zeaxanthin über (**lichtabhängiger Xanthophyll-Cyclus**). Im Dunkeln wird aus Zeaxanthin wieder Violaxanthin gebildet (Formeln s. Abb. 8-30).

Einige Carotenoide wirken bei Tieren als Provitamine, aus denen Vitamin A gebildet wird (S. 376). Auch das Phytohormon Abscisinsäure ist ein Abbauprodukt von Carotenoiden (S. 509).

Carotenoide werden in großem Maßstab als Lebensmittelfarbstoffe und als Futterzusatz, z. B. für die Hühneraufzucht, verwendet. Die Gewinnung erfolgt durch Isolierung aus pflanzlichem Material oder durch Totalsynthese. Das Xanthophyll **Canthaxanthin** (Abb. 8-30) wurde als Bräunungsmittel eingesetzt, besitzt aber schwerwiegende Nebenwirkungen.

8.2.7 Polyterpene

In einigen Pflanzen kommen hochmolekulare Polyprene vor, deren Doppelbindungen *cis*- oder *trans*-ständig angeordnet sein können.

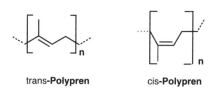

trans-**Polypren**   cis-**Polypren**

Von diesen Polyprenen hat der **Kautschuk** eine sehr große industrielle Bedeutung erlangt. Die bedeutendste Kautschukquelle ist der Baum *Helvea brasiliensis*, der wild im Amazonasbecken wächst. Zunächst wird eine milchige Suspension (**Latex**) erhalten, die mit verdünnter Säure zum festen Gummi koaguliert. Dieser Naturkautschuk der Summenformel $(C_5H_8)_n$ mit $n > 5.000$ geht als vielfach ungesättigte Verbindung alle chemischen Reaktionen der Olefine ein. So lassen sich Wasserstoff, Halogenwasserstoffe oder Halogene addieren. Einige dieser Kautschukderivate haben industrielle Bedeutung. Die Reaktion mit Schwefel und schwefelhaltigen Verbindungen wird als **Vulkanisation** bezeichnet. Dabei erfolgt eine Addition an ca. 1 bis 2% der Doppelbindungen. Der Naturkautschuk neigt wie andere Olefine zur Autoxidation. Die Ozonolyse spielte bei der Strukturaufklärung eine wesentliche Rolle:

$$-CH_2-C=CH-CH_2-C=CH-CH_2- \xrightarrow{O_2}$$
(mit CH_3-Seitenketten)

$$\xrightarrow{H_2O} H_3C-CO-CH_2-CH_2-CHO + H_3C-CO-CH_2-CH_2-COOH$$

Wie stark die Konfiguration der Doppelbindungen die physikalischen Eigenschaften dieser Polyprene beeinflußt, zeigt ein Vergleich der Eigenschaften des Naturkautschuks (*cis*-Polypren) mit denen des zähen, nicht elastischen *trans*-Polyprens **Guttapercha**. Guttapercha wird durch Eintrocknen des Milchsaftes der tropischen *Palaquium*-Bäume gewonnen. Die Molmasse liegt in der Größenordnung von 100.000.

Auch bei synthetischen Polymeren hängt die Elastizität stark von der räumlichen Strukur ab. Während z.B. *cis*-Polybutadien kautschukartige Eigenschaften besitzt, ist das entsprechende *trans*-Polymer kristallin und faserig.

Eine **stereospezifische Polymerisation** wurde erst durch die Einführung von Katalysatoren wie Triethylaluminium-Titantetrachlorid (*Ziegler, Natta*) ermöglicht. Von technischer Bedeutung sind die synthetischen Kautschuke Butadien-Styren-Kautschuk, Butadien-Kautschuk SKB, *cis*-Polyisopren (SKI) und *cis*-Polybutadien (SKD), von denen einige dem natürlichen Kautschuk in bestimmten Eigenschaften, z.B. der Abrieb- und Kältefestigkeit, überlegen sind.

8.3 Steroide

8.3.1 Nomenklatur

Die Steroide sind eine im Tier- und Pflanzenreich weit verbreitete, aber auch in Mikroorganismen (vor allem Pilzen) vorkommende Verbindungsklasse, die sich formal von dem tetracyclischen Kohlenwasserstoff **Gonan** (Ringe B/C und C/D *trans*; bei beliebiger Stereochemie früher als **Steran** bezeichnet) ableitet. Die 5α-Reihe (A/B *trans*) wurde früher als Allo-Reihe (z.B. Allopregnan), 5β-Cholestan als Coprostan bezeichnet.

Die Biosynthese der Steroide geht von dem Triterpen-Kohlenwasserstoff Squalen aus und verläuft über tetracyclische Triterpene (Abb. 8-22, S. 543). Die ausgehend von Squalenoxid synthetisierten natürlich vorkom-

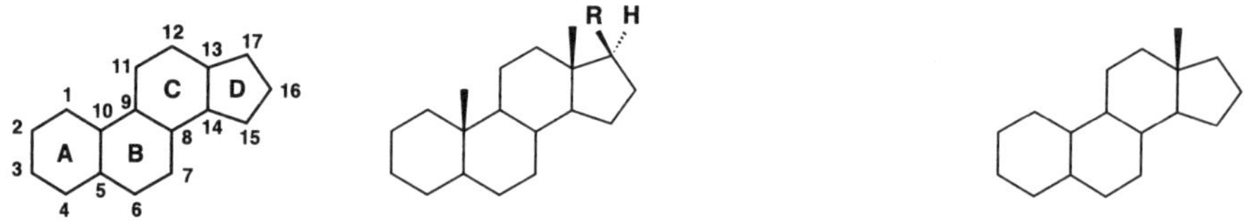

Gonan

Androstan (Androgene): R = H
Pregnan (Gestagene, NNR-Hormone): R = C_2H_5
Cholan (Gallensäuren): R = $CH(CH_3)CH_2CH_2CH_3$
Cholestan (Zoosterole): R = $CH(CH_3)CH_2CH_2CH_2CH(CH_3)_2$
Ergostan (Mycosterole): R = $CH(CH_3)CH_2CH_2CH(CH_3)CH(CH_3)_2$
Stigmastan (Phytosterole): R = $CH(CH_3)CH_2CH_2CH(C_2H_5)CH(CH_3)_2$

Estran (Estrogene)

menden Steroide besitzen alle in 3-Stellung eine Sauerstofffunktion. Die einzelnen Steroidgrundgerüste unterscheiden sich durch die Anzahl der Methylgruppen und die Länge der Alkylreste in 17-Stellung.

Fehlende C-Atome werden durch das Präfix *Nor-* angegeben, z. B. 19-Nor-Steroide für die fehlende Methylgruppe in 10-Stellung oder A-Nor-Steroide für Steroide mit einem fünfgliedrigen Ring A. Ringerweiterungen werden durch das Präfix *Homo-* (z. B. D-Homo-), Ringspaltungen durch das Präfix *Seco-* (z. B. B-Seco-Steroide: s. Vitamin D, Kap. 6.2.2) bezeichnet. Bei einer Gruppe der **Brassinosteroide** (Kap. 7.5.2.4) liegt der Ring B als siebengliedriges Lacton vor.

Eine ungewöhnliche 2-Oxaandrostadien-Struktur besitzt das **Wortmannin**. Wortmannin ist ein Metabolisierungsprodukt von verschiedenen Mikroorganismen (*Penicillium wortmanni*, *Myrothecium roridicum*) und wirkt fungizid und entzündungshemmend. Wortmannin ist biochemisch von großem Interesse, da es die Phosphatidylinositol-3-Kinase irreversibel hemmt.

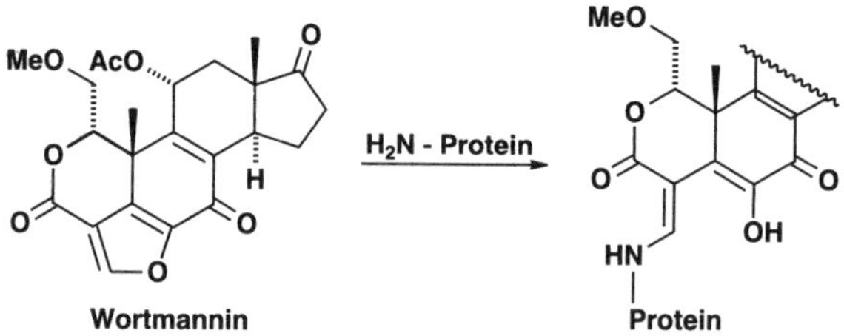

Wortmannin + H_2N - Protein → **Protein**

8.3.2 Stereochemie

Die Aufklärung der Stereochemie der Steroide geht wesentlich auf Arbeiten von *Ruzicka* zurück.

Ein Cyclohexanring liegt bevorzugt in der Sesselkonformation vor. Substituenten können also axial oder äquatorial stehen. Bei den Steroiden können entsprechend die Substituenten ober- (β-ständig) oder unterhalb (α-ständig) der Ebene des Ringsystems angeordnet sein. Als Bezugspunkt wird die Methylgruppe in 13-Stellung gewählt, die immer oberhalb der Ringebene angeordnet wird. α- und β-ständige Substituenten werden durch verschiedene Strichsymbole unterschieden (α: gestrichelt; β: fett). Die Hydroxygruppe in 3-Stellung ist meist β-ständig. Eine Ausnahme bilden die Gallensäuren. Steroide mit einer 3α-OH-Gruppe werden auch als Epi-Verbindungen bezeichnet.

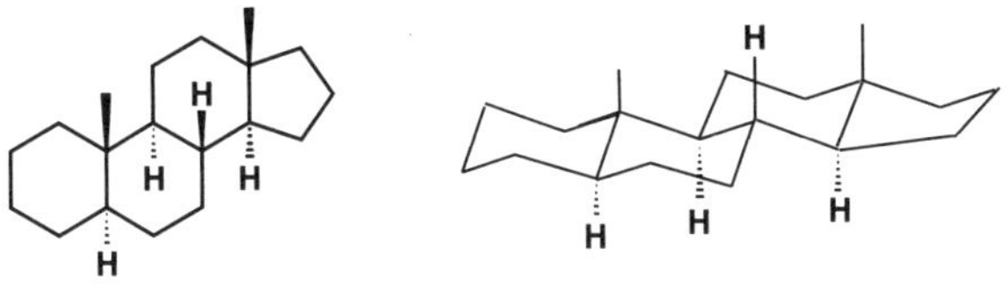

5α-Reihe

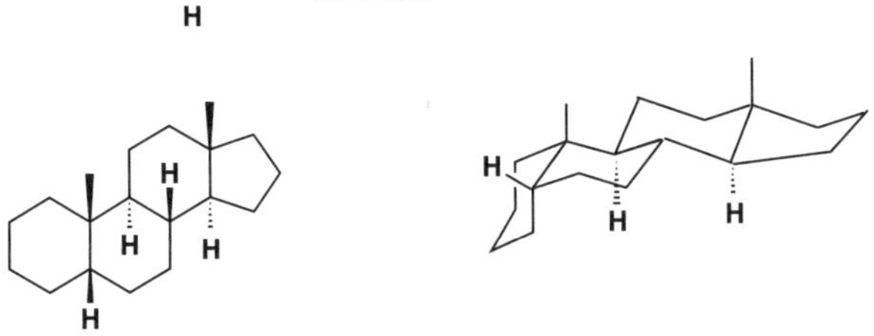

5β-Reihe

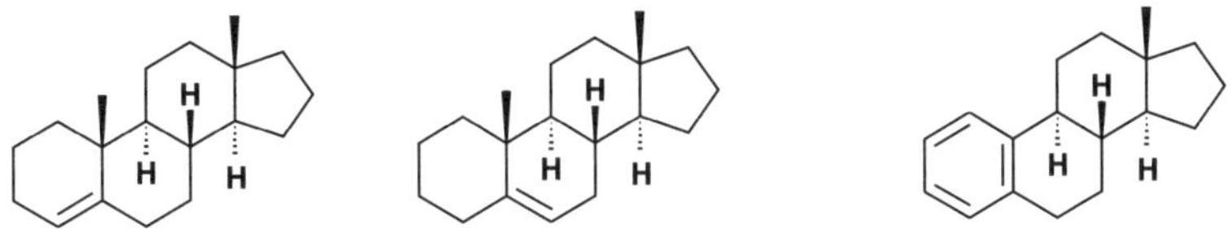

Steroide mit sp²-hybridisiertem C-5

Gonan besitzt 6 chirale C-Atome. Damit sind theoretisch $2^6 = 64$ Isomere möglich. Die Anzahl der auftretenden Grundformen wird jedoch dadurch stark reduziert, daß eine a/a-Verknüpfung zweier Cyclohexanringe aus sterischen Gründen unmöglich ist.

Nach der Verknüpfung der Ringe (*cis* oder *trans*) wird zwischen der 5α-Reihe (A/B, B/C und C/D: *trans*) und 5β-Reihe (A/B: *cis;* B/C und C/D: *trans*) unterschieden. Bei den Geninen der herzwirksamen Glykoside sind die Ringe A/B und C/D *cis*, B/C *trans*-verknüpft (Cardenolid-Reihe). Die meisten natürlichen Steroide enthalten jedoch im Ring A oder B trigonale sp²-hybridisierte C-Atome und sind damit mehr oder weniger stark eingeebnet. Die Stellung der Substituenten an den Verknüpfungsstellen der Ringe der wichtigsten natürlichen Steroide und Triterpene (Kap. 8.2.5) geht aus Tabelle 8-3 hervor.

Tab. 8-3: Stellung der Substituenten an den Verknüpfungsstellen der Ringe bei Steroiden und verschiedenen Triterpenen (X = Doppelbindungen).

Verbindung	5/10	8/9	13/14
■ Protosterol, Fusidinsäure u. a. Steroidantibiotika	α/β	α/β	α/β
■ Lanosterol	α/β	X	β/α
■ pentacycl. Triterpene	α/β	β/α	X
■ Sterole	X	β/α	
■ Cholestanol	α/β	β/α	β/α
■ Koprostanol	β/β	β/α	β/α
■ Gallensäuren	β/β	β/α	β/α
■ Steroidhormone	X	β/α	β/α
■ Steroidsapogenine	β/α, β/β oder X	β/α	β/α
■ Steroidalkaloide	β/α, β/β oder X	β/α	β/α
■ Cardenolide, Bufadienolide	β/β	β/α	β/β
■ Uzarigenin	β/α	β/α	β/β
■ Digitanole	X	β/α	β/β
■ Batrachotoxin	β/β	β/α	β/β
■ Ecdysone	β/β	X	β/α

8.3.3 Natürlich vorkommende Steroide

Zahlreiche Steroide wirken als Regulationsstoffe, auf die in Kap. 7.2.4 eingegangen wurde. Dazu zählen die Steroidhormone (Sexualhormone: Estrogene, Gestagene, Androgene; Nebennierenrindenhormone; Häutungshormone: Ecdysone; Brassinolide) sowie verschiedene Pheromone wie das pflanzliche Sexualpheromon Antheridiol (S. 503). Die Calciferole (Kap. 6.2.2) sind B-*Seco*-Steroide.

8.3.3.1 Sterole

Sterole (Abb. 8-31) sind Steroide mit einer 3β-Hydroxygruppe und einer Seitenkette mit 8 bis 10 C-Atomen am C-17. Sie werden biosynthetisch durch oxidative Entfernung von 3 Methylgruppen der Methylsterole (vgl. S. 543) gebildet und stellen die Ausgangsstoffe für die Biosynthese der anderen Steroide dar.

Verbreitung
Der Name Sterol (früher Sterin) leitet sich vom **Cholesterol** (früher Cholesterin = feste Galle) her, das der Hauptbestandteil der menschlichen Galle ist. Cholesterol ist das wichtigste Sterol der Wirbeltiere (Zoosterol). Ein erwachsener Mensch enthält ca. 240 g Cholesterol in freier Form oder als Fettsäureester (Wachs). Cholesterol kommt in fast allen Zellen als norma-

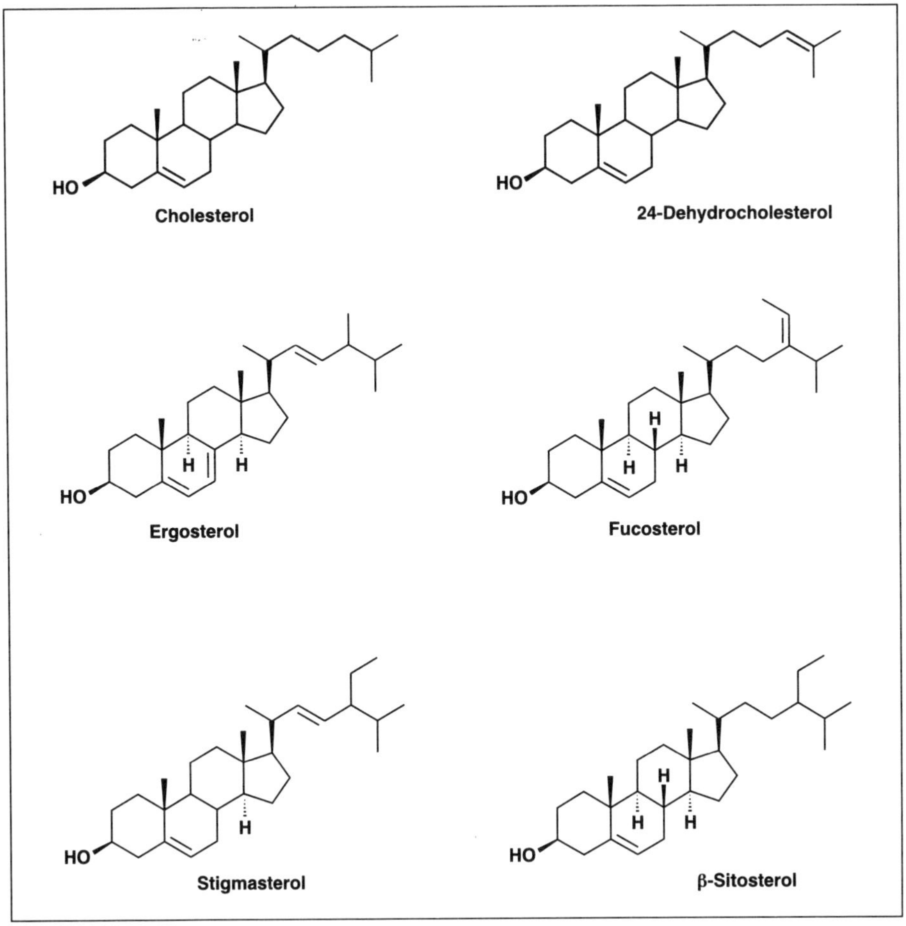

Abb. 8-31 Sterole.

ler Bestandteil der Zellmembran vor. Es spielt eine Rolle bei der Entstehung der Atherosklerose. Die atheromatösen Veränderungen der Blutgefäße enthalten hauptsächlich Cholesterol und dessen Fettsäureester.

In sehr geringen Mengen kommen bei den Wirbeltieren noch andere Sterole außer dem Cholesterol vor. So enthält das handelsübliche Cholesterol etwa 0,6 % Cholest-7-en-3β-ol. Cholesterolpräparate können ferner geringe Mengen Cerebrosterol (24β-Hydroxy-cholesterol) enthalten. In der Leber wird ein 7-Dehydro-cholesterol gebildet, aus dem durch photolytische Spaltung in der Haut Cholecalciferol (s. Vitamin D) entsteht. Während bei den Wirbeltieren Cholesterol das vorherrschende Sterol ist, enthalten die Wirbellosen noch weitere Sterole in beträchtlichen Mengen, so u. a. das 24-Dehydro-cholesterol.

In Pflanzen und Mikroorganismen kommen Sterole vor, deren Seitenkette in 24-Position noch durch eine Methylgruppe (Ergostan-Reihe) oder

Ethylgruppe (Stigmastan-Reihe) verzweigt ist und die meist noch weitere Doppelbindungen enthalten. Die Alkylierung erfolgt durch nucleophilen Angriff von AdoMet-Sterol-C-24-methyltransferase an der Doppelbindung der Seitenkette.

In den meisten Pilzen, Flechten, Algen und in vielen fetten Ölen kommt **Ergosterol** vor. Ergosterol wurde zuerst aus dem Mutterkorn isoliert (1889: *Tanret*) und ist das Hauptsterol der Hefe (Mykosterol). Ergosterol wirkt als Provitamin D (S. 380).

In Algen ist neben Ergosterol noch das **Fucosterol** enthalten, das ein weiteres C-Atom in der Seitenkette besitzt.

Unter den in Pflanzen vorkommenden Sterolen (Phytosterole) ist das **Stigmasterol** von wirtschaftlicher Bedeutung, da es einen wichtigen Ausgangsstoff für Steroid-Partialsynthesen darstellt. Stigmasterol wurde zunächst aus der Calabar-Bohne (Stammpflanze: *Physostigma venenosum*) isoliert. In größeren Mengen wurde es jedoch erst zugänglich, nachdem man feststellte, daß es im unverseifbaren Anteil des Öles der Sojabohnen zu 12 bis 25 % enthalten ist. Weit verbreitete Phytosterole sind die **Sitosterole,** die zuerst aus Getreide (*sitos* = Getreide) isoliert wurden. Hauptvertreter ist das β-Sitosterol (Stigmast-5-en-3β-ol).

Die Sterole werden meist aus dem unverseifbaren Anteil der Fette gewonnen. Zur Isolierung eignet sich auch die Ausfällung mit Digitonin oder anderen Saponinen.

Zum Nachweis von Δ^5-Steroiden wird meist die *Liebermann-Burchardt*-Reaktion herangezogen. Bei der Umsetzung mit Acetanhydrid in Gegenwart von wenig konz. Schwefelsäure wird zunächst ein $\Delta^{3/5}$-Dien (**26**) gebildet, das dann Di- und Trimere bilden soll, die nach Protonierung eine blaugrüne Farbe zeigen.

Strukturaufklärung

Die Aufklärung der allgemeinen Struktur der Steroide erfolgte zu Beginn des 20. Jahrhunderts am Cholesterol (*Windaus, Diels*) sowie an den Gallensäuren (*Wieland*), die ebenfalls in reichlichen Mengen zur Verfügung standen.

Die endgültige Aufklärung des Steroid-Grundgerüstes gelang erst nach Einführung der Selen-Dehydrierung durch *Diels*. Beim Erhitzen von Cholesterol, Ergosterol oder Cholsäure mit Selen auf 350 °C entsteht durch Aromatisierung und Abspaltung der Seitenkette am C-17 der *Diels*-Kohlenwasserstoff (17H-15,16-Dihydro-17-methyl-cyclopenta[a]phenanthren).

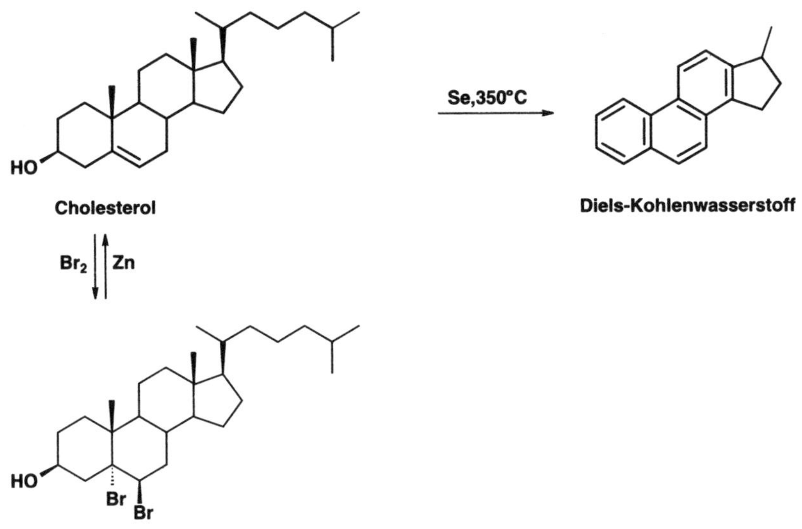

Steroide

Durch Bromierung geht Cholesterol in das 5,6-Dibromid über, das mit Zinkstaub in Essigsäure sehr leicht wieder Brom abspaltet. Diese Umwandlung wird zur Reinigung des Cholesterols herangezogen.

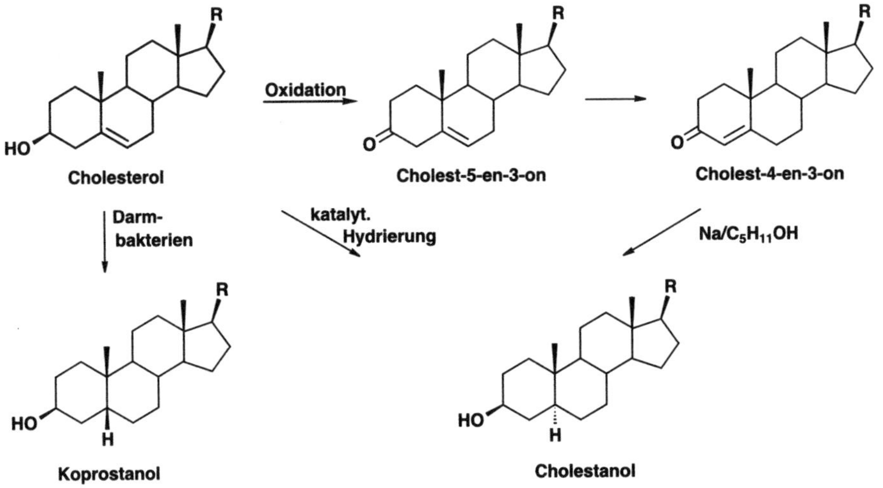

Durch Dichromat wird Cholesterol zunächst zum Cholest-5-en-3-on oxidiert, das sich als β,γ-ungesättigtes Keton leicht in das α,β-ungesättigte Keton (Cholest-4-en-3-on, Cholestenon) mit konjugierten Doppelbindungen umlagert. Weitere Oxidation führt schließlich zur Öffnung des Ringes A. Cholesterol bzw. Cholestenon lassen sich durch Hydrierung in Cholestanol überführen, das zur 5α-Reihe gehört. In den Faeces ist ein Stereoisomeres des Cholestanols, das **Koprostanol,** enthalten. Koprostanol wird aus Cholesterol durch die Darmbakterien gebildet. Die Aufklärung der strukturellen Beziehungen zwischen Cholestanol und Koprostanol hat wesentlich zur Aufklärung der Stereochemie der Steroide beigetragen. Die endgültige Klärung der Stereochemie erfolgte durch Röntgenstrukturanalyse, NMR-Spektroskopie und chiroptische Methoden (u. a. durch Einsatz der Oktantenregel).

8.3.3.2 Gallensäuren

Gallensäuren sind Derivate der Sterole, bei denen der Alkylrest am C-17 eine Carboxylgruppe trägt. Das Steroidgrundgerüst ist gesättigt und mehr oder weniger stark hydroxyliert. Die Carboxylgruppe entsteht durch Oxidation des Alkylrestes der Seitenkette in der Leber. Die Gallensäuren werden mit der Gallenflüssigkeit ausgeschieden bzw. direkt in den Darm abgegeben. Die Gallensäuren sind die Haupt-Abbauprodukte der Sterole.

Nach der Anzahl der C-Atome können die Gallensäuren in C_{24}-Säuren (Derivate der **Cholansäure**), C_{27}-Säuren (Derivate der **Koprostansäure**) und die wesentlich selteneren C_{28}-Säuren eingeteilt werden. Sie enthalten 1, 2 oder 3 Hydroxygruppen, fast ausschließlich in α-Stellung. Bemerkenswert ist vor allem, daß im Unterschied zu den meisten Steroiden die Hydroxygruppe in 3-Stellung α-ständig angeordnet ist. Die Gallensäuren gehören zur 5β-Reihe.

Tab. 8-4: Gallensäuren

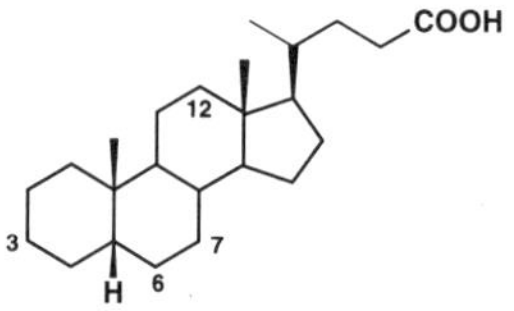

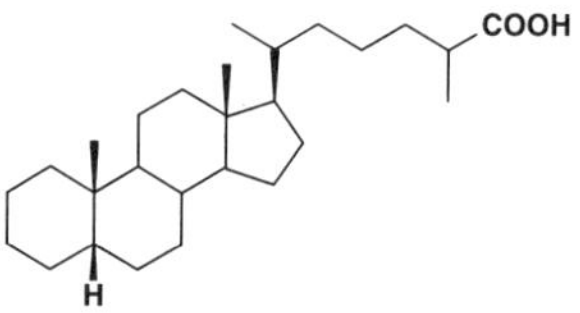

Name	Grund- körper	Substituenten in Stellung				Vorkommen	Konjuga- tion*
		3α	6α	7α	12α		
■ Cholsäure	Cholansäure	OH	H	OH	OH	Säugetiere	Tau, Gly
■ Desoxychol- säure	Cholansäure	OH	H	H	OH	Säugetiere	Tau, Gly
■ Hyodesoxy- cholsäure	Cholansäure	OH	OH	H	H	Säugetiere (Schwein)	
■ Chenodes- oxycholsäure	Cholansäure	OH	H	OH	H	Säugetiere	Tau, Gly
■ Lithochol- säure	Cholansäure	OH	H	H	H	Säuretiere (in Spuren)	Tau, Gly
■ Trihydroxy- koprostan- säure	Koprostan- säure	OH	H	OH	OH	Reptilien, Amphibien	Tau

*Tau = Taurin, Gly = Glycin

C_{24}-Steroidcarbonsäuren der 5β-Reihe sind aus einem etwa 10 Millionen Jahre alten kalifornischen Erdöl isoliert worden. Da Steroidcarbonsäuren mit *cis*-Verknüpfung der Ringe A/B in Pflanzen bisher nicht gefunden wurden, wird angenommen, daß zumindest ein Teil des Erdöls tierischer Herkunft ist.

Bei den Säugetieren kommen ausschließlich Derivate der Cholansäure vor (Tab. 8-4). In der menschlichen Galle überwiegt die **Chenodesoxycholsäure**. Daneben ist **Cholsäure** und **Desoxycholsäure** enthalten. Cholsäure und Desoxycholsäure lassen sich in größeren Mengen aus Ochsengalle, **Hyodesoxycholsäure** aus Schweinegalle isolieren. In der Galle von Amphibien und Reptilien sind C_{27}- und C_{28}-Säuren enthalten (vgl. Tab. 8-4).

Die **Unodesoxycholsäure** unterscheidet sich von der Chenodesoxycholsäure durch die β-Konfiguration der 7-Hydroxygruppe.

Die Gallensäuren liegen in der Galle als Natriumsalze ihrer **Konjugate** vor. Konjugationspartner sind Taurin oder Glycin, die amidartig an die Carboxylgruppe gebunden sind. Die relativ stark sauren Tauro-Konjugate sind die häufigeren Konjugate, lediglich bei einigen pflanzenfressenden Säugetieren überwiegen die Glyco-Konjugate.

R — CO — NH — CH_2 — COOH
Glyco-Konjugate

R — CO — NH — CH_2 — CH_2 — SO_3H
Tauro-Konjugate

R = Gallensäure-Rest

27

In der Galle von Fischen und Amphibien wurden anstelle der Gallensäure-Konjugate die Schwefelsäureester von Gallenalkoholen gefunden. So enthält die Galle von Haifischen (z. B. von *Scymnus borealis*) und anderer Knorpelfische den Schwefelsäureester des **Scymnols** (**27**).

Die Gallensäure-Konjugate sind aufgrund ihrer amphiphilen Struktur grenzflächenaktiv. Sie bilden in Lösung Micellen und spielen eine Rolle bei der Verdauung der Fette.

Die Desoxycholsäure kann mit Fettsäuren und anderen hydrophoben Verbindungen Einschlußverbindungen bilden, die als **Choleinsäuren** bezeichnet werden. Die Choleinsäuren sind in verdünnter Lauge unzersetzt löslich. Die Zusammensetzung der Choleinsäuren hängt von der Länge der Fettsäure ab. Aus der Röntgenstrukturanalyse ging hervor, daß zwei Desoxycholsäure-Moleküle einen 0,28 nm langen Kanal bilden. Für die Bindung eines Moleküls Stearinsäure (Länge ca. 2,4 nm) sind 4 solcher Kanalabschnitte, also 8 Moleküle Desoxycholsäure erforderlich (Abb. 8-32).

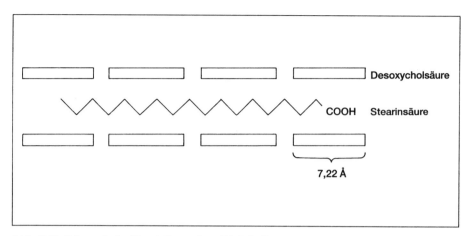

Abb. 8-32 Schematische Darstellung einer Choleinsäure.

Aus Mikroorganismen wurden zahlreiche Carbonsäuren isoliert, die sich vom Lanostan (C_{30}) bzw. 24-Methyllanostan (C_{31}) ableiten. Die Carboxylgruppe steht bei diesen Säuren in 21- oder 26-Stellung. C_{30}-Säuren (z.B. **28**) werden von *Basidiomyceten*, C_{31}-Säuren von *Ascomyceten* produziert.

Die **Withanolide**, eine Gruppe von zytostatisch wirkenden Steroidlactonen, die durch eine fehlende Sauerstoffunktion in 3-Stellung charakterisiert sind, werden wahrscheinlich durch Oxidation von 24-Methyl-cholesterol gebildet. Withanolide kommen in *Solanaceen* vor (u. a. in *Withania-*, *Physalis-*, *Datura*-Arten).

8.3.3.3 Cardenolide und Bufadienolide

Die Giftigkeit des roten Fingerhutes (*Digitalis purpurea*) war bereits im Mittelalter bekannt. Der Einsatz von Digitalis zur Herztherapie geht auf den schottischen Arzt *Withering* zurück (1785). Die Meerzwiebel (*Scilla maritima*) wurde bereits im Altertum von Ägyptern und Römern als Arzneimittel eingesetzt und Krötenextrakte sind seit langem Bestandteile des chinesischen Arzneischatzes. Die Wirkung dieser Drogen sowie verschiedener südamerikanischer und afrikanischer Pfeilgifte geht auf Steroide vom Cardenolid- oder Bufadienolid-Typ zurück.

Diese Steroide besitzen eine positiv inotrope Wirkung. Sie steigern die systolische Kontraktionskraft, senken die Schlagfrequenz und verbessern den Wirkungsgrad des Herzens. Steroide vom Cardenolid- und Bufadienolid-Typ werden in Form der herzwirksamen Glykoside daher zur Behandlung der Herzinsuffizienz eingesetzt. Die Wirkung auf den Herzmuskel konnte durch eine Hemmung des K/Na-Transportes durch die Membran der Herzmuskelzellen erklärt werden. Diese Wirkung kommt durch eine spezifische Hemmung der membrangebundenen Na^+/K^+-ATPase zustande (*Repke*, *Portius*).

Die herzwirksamen Steroide kommen in den Pflanzen als Glykoside vor. In den Krötengiften liegen sie in freier Form bzw. als Konjugate mit Suberylarginin (Bufotoxine, **29**) vor. Cardenolid-Glykoside wurden auch in Insekten gefunden. Sie stammen von den als Nahrung benutzten Pflanzen.

29

Die in 3-Stellung der Steroidgenine gebundenen Zuckerreste der herzwirksamen Glykoside beeinflussen das pharmakokinetische Verhalten dieser Steroide. Durch die Substitution in 3-Stellung wird vor allem die Metabolisierung verzögert. Die Aglykone (Genine) entwickeln im Organismus infolge ihrer raschen Metabolisierung keine nennenswerte Aktivität. Die einzelnen Glykoside unterscheiden sich hinsichtlich der Stärke und Dauer ihrer Wirkung.

Die herzwirksamen Glykoside zeigen hinsichtlich ihrer Zuckerkomponente einige Besonderheiten, die sie von anderen Glykosiden unterscheiden. Charakteristisch ist, daß sie neben D-Glucose und L-Rhamnose zahlreiche, nur in dieser Verbindungsklasse anzutreffende Desoxyzucker enthalten (vgl. Tab. 3-2, S. 172). Im Unterschied zu anderen Glykosiden sind diese Desoxyzucker immer direkt mit dem Genin verbunden, während die Glucose außen angebracht ist. Wenn mehrere Zucker glykosidisch gebunden sind, ist die Oligosaccharidkette immer unverzweigt.

Der Grundkörper der Cardenolide ist das **Digitoxigenin,** der der Bufadienolide das **Bufalin.**

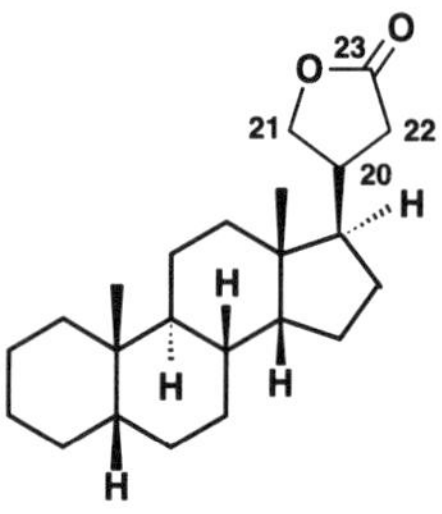

5β,14β-Cardanolid

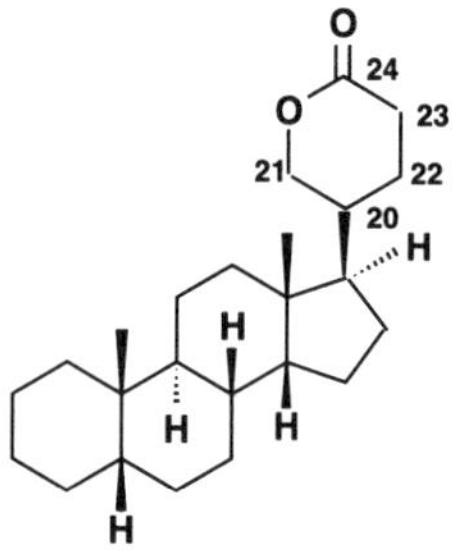

5β,14β-Bufanolid

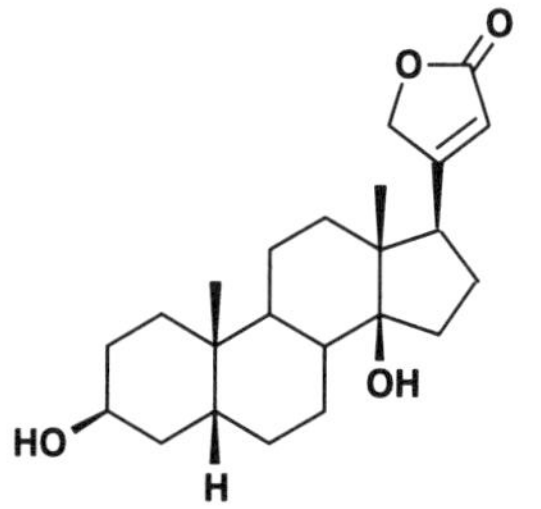

Digitoxigenin
3β,14-Dihydroxy-5β,14β-
card-20(22)-enolid

Cardenolid-Typ

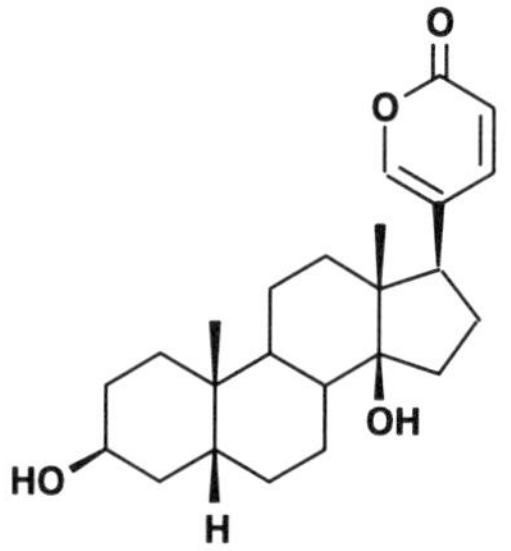

Bufalin
3β,14-Dihydroxy-5β,14β-
bufa-20,22-dienolid

Bufadienolid-Typ

Verbindungen des Cardenolid- und Bufadienolid-Typs enthalten in 17β-Stellung einen ungesättigten Lactonring, der für die Wirkung unbedingt erforderlich ist. Ein Konfigurationswechsel am C-17 (Allomerisierung) führt zu unwirksamen Verbindungen. Durch Hydrierung des Lactonringes wird die Wirkung beträchtlich herabgesetzt.

Bei den herzwirksamen Steroiden liegt eine *cis-trans-cis*-Verknüpfung vor. Verbindungen der 5α-Reihe (*trans-trans-cis*-Verknüpfung) besitzen eine geringere oder gar keine Aktivität. Zur 5α-Reihe gehören das dem Digitoxigenin entsprechende **Uzarigenin** und das **Corotoxigenin.** Eine geringe Herzwirksamkeit aus dieser Gruppe besitzen die Glykoside **Stro-**

bosid (aus den Samen von *Strophanthus Boivinii*), **Odorosid B** (aus den Samen von *Nerium oleander*) sowie **Uzarin** und **Uzarosid** (aus der südafrikanischen Uzarawurzel, *Gomphocarpus*-Arten).

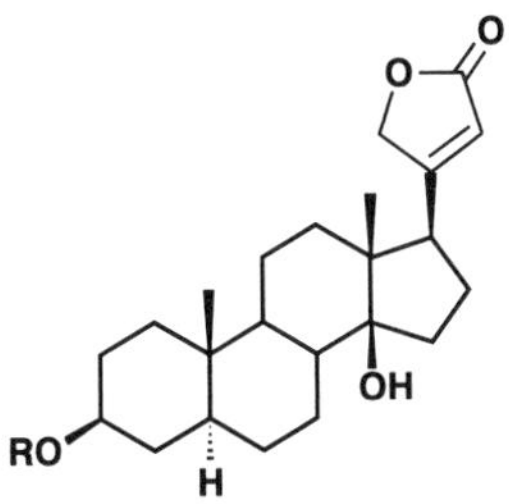

R = H: Uzarigenin
R = 2xD-Glucose: Uzarin
R = 3xD-Glucose: Uzarosid
R = D-Diginose: Odorosid B
R = D-Fucose-D-Glucose:Cheirosid A

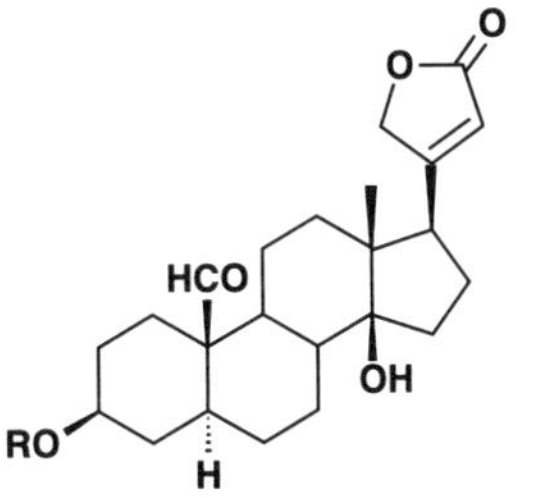

R = H: Corotoxigenin
R = D-Allomethylose: Gofrusid
R = D-Boivinose: Strobosid

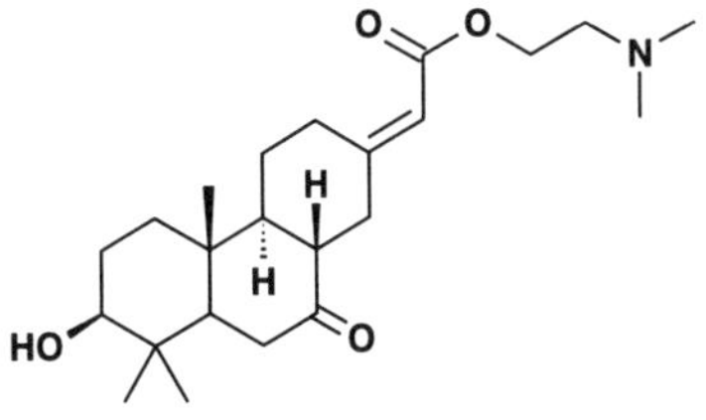

Cassain

Eine digitalisähnliche Wirkung auf den Herzmuskel zeigt auch das Diterpen-Alkaloid **Cassain,** das aus *Erythrophleum*-Arten (*Fabaceae*) isoliert wurde.

Die Biosynthese der herzwirksamen Glykoside geht von Pregnanglykosiden (**30**) aus, die in den entsprechenden Pflanzen ebenfalls vorkommen.

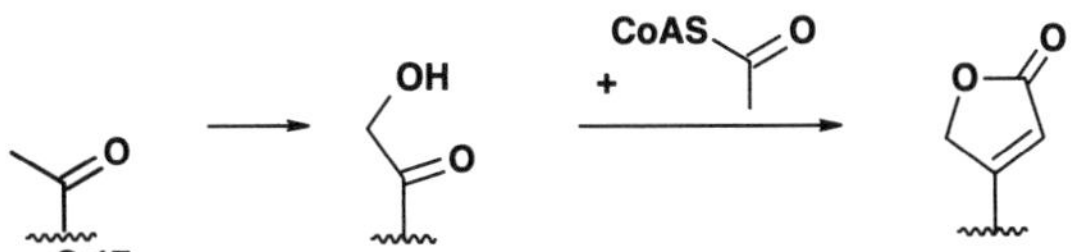

Solche **Pregnanglykoside** konnten in *Digitalis*-Arten, *Asclepiadaceen* und *Apocynaceen* nachgewiesen werden: Aus *Digitales purpurea* wurden z.B. bisher 6 Pregnanderivate (**Digitanole**) isoliert, u.a. Glykoside des Diginigenins (Diginin: Diginose; Digitalonin: Digitalose) und Digipurpurogenins (Digipurpurin: 3 × Digitoxose).

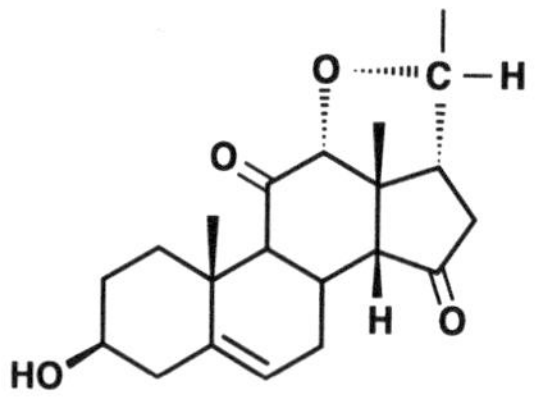

Isoprenoide Verbindungen: Terpene und Steroide

Diginigenin 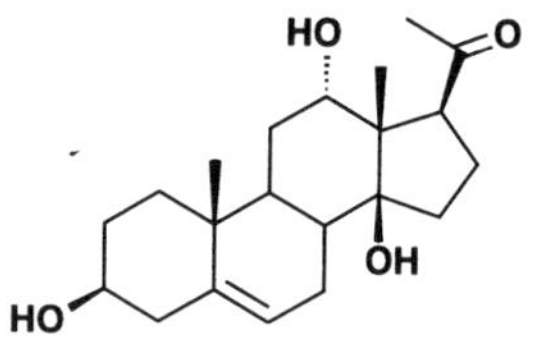 **Digipurpurogenin**

Die wichtigsten Nachweismethoden beruhen auf der Reaktivität der Methylengruppe (C-21) der Cardenolide. Aus ihr entsteht im Alkalischen ein Carbanion, das mit Polynitroaromaten im Überschuß zunächst unter Ausbildung eines gefärbten δ-Komplexes (*Meisenheimer*-Komplex) reagiert.

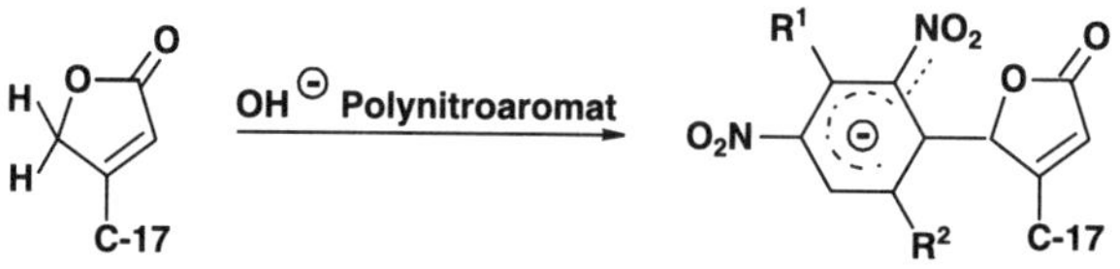

R^1 = H; R^2 = H: Raymond-Reaktion
R^1 = OH; R^2 = NO_2: Baljet-Reaktion
R^1 = H; R^2 = COOH: Kedde-Reaktion

8.3.3.3.1 Cardenolide

Cardenolide kommen in den Pflanzenfamilien der *Liliaceen, Ranunculaceen, Asclepiadaceen* und *Apocynaceen* vor. Die einzelnen Genine unterscheiden sich vom Digitoxigenin vor allem durch zusätzliche Sauerstofffunktionen (vgl. Tab. 8-5). Die Hydroxygruppe in 16-Stellung kann eine Formyl- oder Acetylgruppe tragen.

Tab. 8-5: Cardenolid-Genine (Grundkörper: Digitoxigenin).

Name	Zusätzliche Substituenten in Stellung					
	1	5	10	11	12	16
■ Gitoxigenin						OH
■ Oleandogenin						$OCOCH_3$
■ Gitaloxigenin						OCOH
■ Digoxigenin					OH	
■ Diginatigenin					OH	OH
■ k-Strophanthidin		OH	CHO			
■ Ouabagenin	OH	OH	CH_2OH	OH		
■ Adonitoxigenin			CHO			OH

Tab. 8-6: Herzwirksame Glykoside vom Cardenolid-Typ (Dig = Digitoxose; The = Thevetose; Ole = Oleandrose; Cym = Cymarose; Rha = Rhamnose; Lyx = Lyxose).

Stammpflanze	Genin	Glykosid	Zucker
■ Digitalis purpurea	Digitoxigenin	Purpureaglykosid A	Dig-Dig-Dig-Glc
	Digitoxigenin	Digitoxin*	Dig-Dig-Dig
	Gitoxigenin	Purpureaglykosid B	Dig-Dig-Dig-Glc
■ Digitalis lanata	Digitoxigenin	Lanatosid A	Dig-Dig-AcDig-Glc
	Gitoxigenin	Lanatosid B	Dig-Dig-AcDig-Glc
	Digoxigenin	Deslanosid*	Dig-Dig-Dig-Glc
	Digoxigenin	Digoxin*	Dig-Dig-Dig
■ Thevetia neriifolia	Digitoxigenin	Thevetin	The-Glc-Glc
	Digitoxigenin	Neriifolin	The
■ Nerium oleander	Oleandrigenin	Oleandrin	Ole
■ Strophanthus kombé	Strophanthidin	k-Strophanthosid	Cym-Glc(β)-Glc(β)
■ Strophanthus gratus	Ouabagenin	Ouabain (= g-Strophanthin)	Rha
■ Convallaria majalis	Strophanthidin	Convallatoxin	Rha
	Strophanthidin	Convallosid	Rha-Glc
	Strophanthidol	Convallatoxol	Rha
■ Cheiranthus cheiri	Strophanthidol	Cheirotoxin	Lyx
■ Adonis vernalis	Adonitoxigenin	Adonitoxin	Rha
*Spaltprodukt			

Die größte Bedeutung in der Therapie haben die Glykoside des roten und wolligen Fingerhutes (*Digitales purpurea* und *lanata*). Die Struktur der Glykoside geht aus den Tabellen 8-5 und 8-6 hervor. Die **Lanata-Glykoside** unterscheiden sich von den Purpurea-Glykosiden durch die Anwesenheit einer Acetylgruppe am 3. Digitoxose-Molekül. Bei den nativen **Purpurea-Glykosiden** (Purpurea-Glykosid A und B) wird der endständige Glucoserest sehr leicht durch das in den Blättern enthaltene Enzym Digipurpidase abgespalten. Zur Gewinnung dieser nativen Glykoside muß das Enzym durch einen entsprechenden Trockenvorgang unmittelbar nach der Ernte inaktiviert werden. Die Glykoside lassen sich aus den Blättern durch Extraktion mit Essigsäureethylester oder Chloroform isolieren.

Bei den Glykosiden der Strophanthus-Gruppe ist das C-19 oxidiert. Die Samen von *Strophanthus gratus* (Fam.: *Apocynaceae*) enthalten ca. 4%

g-Strophanthin (Ouabain), ein Oubagenin-rhamnosid. k-Strophanthidin ist u. a. das Aglykon von Glykosiden des Maiglöckchens (*Convallaria majalis*) sowie verschiedener *Strophanthus*-Arten. Die vollständige Synthese des Digitoxigenins gelang 1962 (*Daniel*, *Mazur* und *Sondheimer*).

Bei Synthesen in der Cardenolid-Reihe treten einige Probleme auf. Die eine Schwierigkeit liegt in der leichten Eliminierung der Hydroxygruppe in 14β-Stellung unter Bildung von Anhydro-Verbindungen. Ferner ist die Seitenkette in 17-Stellung bei *CD-cis*-verknüpften Steroiden in der α-Stellung thermodynamisch stabiler als in der β-Stellung, so daß leicht ein Konfigurationswechsel am C-17 erfolgen kann (Bildung der Allo-Verbindungen). Ein weiteres Problem liegt darin, daß aufgrund der sterischen Anordnung die 14β-Hydroxygruppe nucleophil am Butenolidring in 17-Stellung unter Bildung von Iso-Verbindungen angreifen kann.

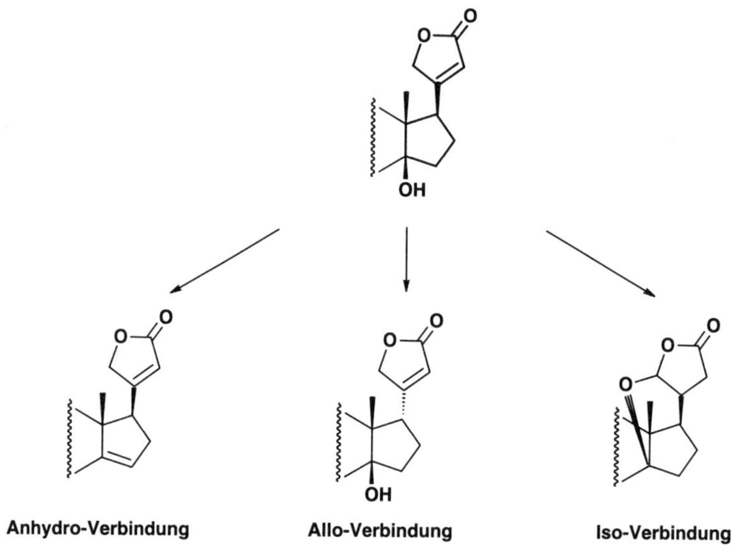

Anhydro-Verbindung   Allo-Verbindung   Iso-Verbindung

8.3.3.3.2 *Bufadienolide*

Bufadienolide kommen in den Pflanzenfamilien der *Liliaceen* (*Scilla*- und *Bowiea*-Arten) und *Ranunculaceen* (*Helleborus*-Arten) sowie in den Hautdrüsen von Kröten (*Bufa*) vor, von denen sich auch ihr Name herleitet. Sie unterscheiden sich von den Cardenoliden durch ihr langwelliges Absorptionsmaximum bei 290 bis 300 nm.

Die Strukturaufklärung der **Scilla-Glykoside** wurde durch das Vorliegen der Δ^4-Doppelbindung sehr erschwert. Durch säurekatalysierte Spaltung wird nämlich nicht das eigentliche Aglykon, das **Scillarenin,** sondern dessen Anhydro-Derivat, das **Scillaridin A,** erhalten. Scillarenin konnte erst durch enzymatische Spaltung der glykosidischen Bindungen erhalten werden:

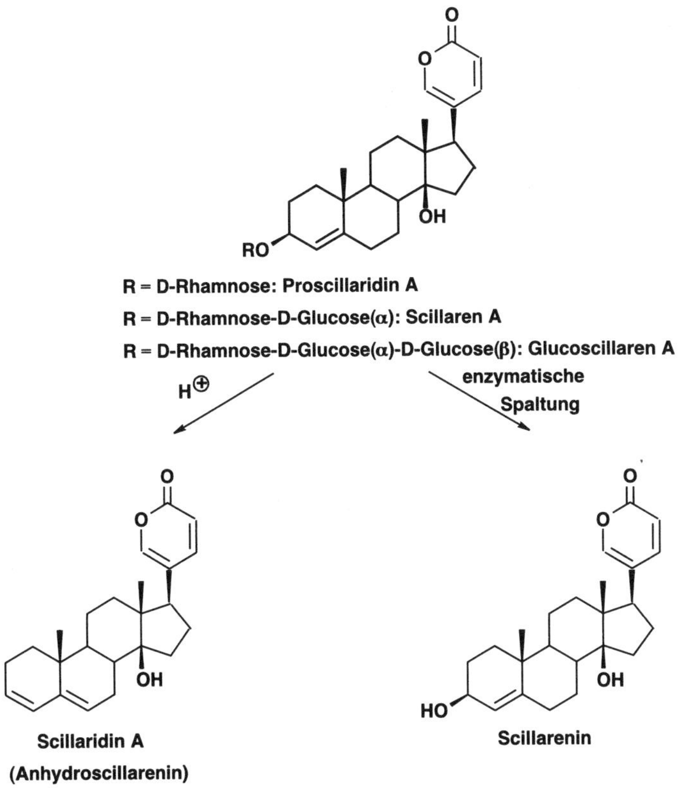

R = D-Rhamnose: Proscillaridin A
R = D-Rhamnose-D-Glucose(α): Scillaren A
R = D-Rhamnose-D-Glucose(α)-D-Glucose(β): Glucoscillaren A

H$^⊕$ ↙   ↘ enzymatische Spaltung

Scillaridin A
(Anhydroscillarenin)

Scillarenin

Die **Krötengifte** lassen sich durch Ausdrücken der Ohrspeicheldrüsen gewinnen. Die Kröten enthalten in ihren Hautdrüsen neben Bufadienoliden verschiedene Sterole, Adrenalin und Indolylalkylamine. Die Bufadienolide liegen in freier Form (Bufogenine) oder als Suberylarginyl-Konjugate (Bufotoxine) vor. Sie leiten sich vom **Bufalin** ab, das bis auf den ungesättigten Lactonring in 17-Stellung in seiner Struktur dem Digitoxigenin entspricht. Die einzelnen Bufadienolide unterscheiden sich vom Bufalin durch die Anwesenheit zusätzlicher Hydroxygruppen (vgl. Tab. 8-7).

Tab. 8-7: Bufadienolide der Kröten (Grundkörper = Bufalin).

Name	Zusätzliche Substituenten in Stellung				Herkunft
	5	14	15	16	
■ Bufalin		βOH			Bufo bufo gargarizans
■ Bufotalin		βOH		βOH	Bufo vulgaris
■ Marinobufagin	βOH		β-O-β		Bufo marinus
■ Resibufogenin			β-O-β		Bufo marinus
■ Cinobufagin			β-O-β	βOCOCH$_3$	Bufo bufo gargarizans

Cinobufagin ist das Haupt-Bufadienolid der ostasiatischen Kröte *Bufo bufo gargarizans,* deren Haut seit langem in der chinesischen Medizin zur Behandlung der Wassersucht eingesetzt wird. In der europäischen Kröte *(Bufo vulgaris)* ist vor allem das **Bufotalin** enthalten. Die aus der brasilianischen Kröte *Bufo marinus* isolierten Verbindungen Marinobufagin und Resibufogenin mit einer 14,15-Epoxy-Gruppe sind nur schwach oder gar nicht wirksam. Die Bufogenine wirken stark lokalanästhetisch.

8.3.3.4 Steroidsaponine

Im Unterschied zu den Triterpensaponinen (Kap. 8.2.5), die vorzugsweise in zweikeimblättrigen Pflanzen vorkommen, werden die Steroidsaponine vor allem von einkeimblättrigen Pflanzen (*Monocotyledonen*) gebildet. Wir finden Steroidsaponine u. a. in den Familien *Liliaceae* (z. B. in Pflanzen der Gattungen *Asparagus, Paris, Polygonatum*), *Agavaceae* (z. B. *Sanseviera*-Arten), *Amaryllidaceae* oder *Dioscoreaceae* (*Dioscorea*-Arten). Unter den zweikeimblättrigen Pflanzen ist vor allem das Vorkommen in *Digitalis*-Arten (Fingerhut) bemerkenswert. **Digitonin,** das aus den Samen von *D. lanata* oder *D. purpurea* isolierbar ist, besteht aus 1 Mol **Digitogenin,** 2 Mol Glucose und 2 Mol Galaktose. Steroidsaponine wurden auch in Tieren gefunden (Abb. 8-26, S. 549).

Spirostan

R^1 = Me, R^2 = H: **Normal-Reihe (25S)**
R^1 = H, R^2 = Me: **Iso-Reihe (25R)**

Furostan

Die meisten Genine der Steroidsaponine sind vom **Spirostan-Typ,** einige auch vom **Furostan-Typ.** Bei beiden Typen ist die Seitenkette des Cholesterols erhalten geblieben. Die Spiranstruktur des Spirostans kommt durch die Ketalbildung zustande. Bei den Geninen vom Furostan-Typ (z. B. **Sarsaparillosid** von *Smilax*-Arten) ist der Tetrahydropyranring geöffnet. Die hydrolytische Abspaltung des Zuckerrestes von der primären Hydroxygruppe führt sofort zur Bildung der Spiranstruktur (→ **Sarsapogenin**). Die Genine gehören der 5α-, 5β- oder Δ^5-Reihe an. Die Methylgruppe am C-25 kann axial (Normal- oder 25S-Reihe: Sarsapogenin) oder äquatorial (Iso- oder 25R-Reihe: Diosgenin, Digitonin) angeordnet sein. Die Genine tragen außer in 3β-Stellung Sauerstofffunktionen in 1,2,5,6,12- oder 15-Stellung.

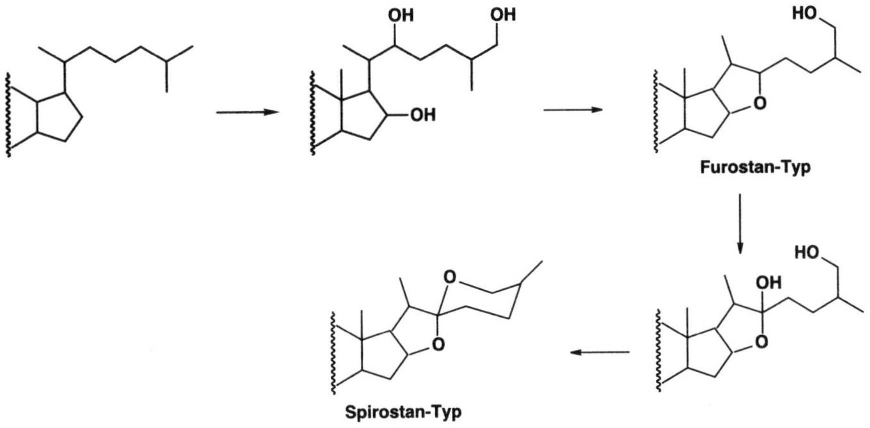

Von großer wirtschaftlicher Bedeutung ist das **Diosgenin** als der wichtigste Ausgangsstoff für Steroid-Partialsynthesen. Diosgenin ist zu etwa 5 bis 6 % in den getrockneten Wurzeln mehrerer *Dioscorea*-Arten enthalten. Die Wurzeln werden in Mexiko, China, Indien und Südafrika von wildwachsenden Pflanzen gesammelt.

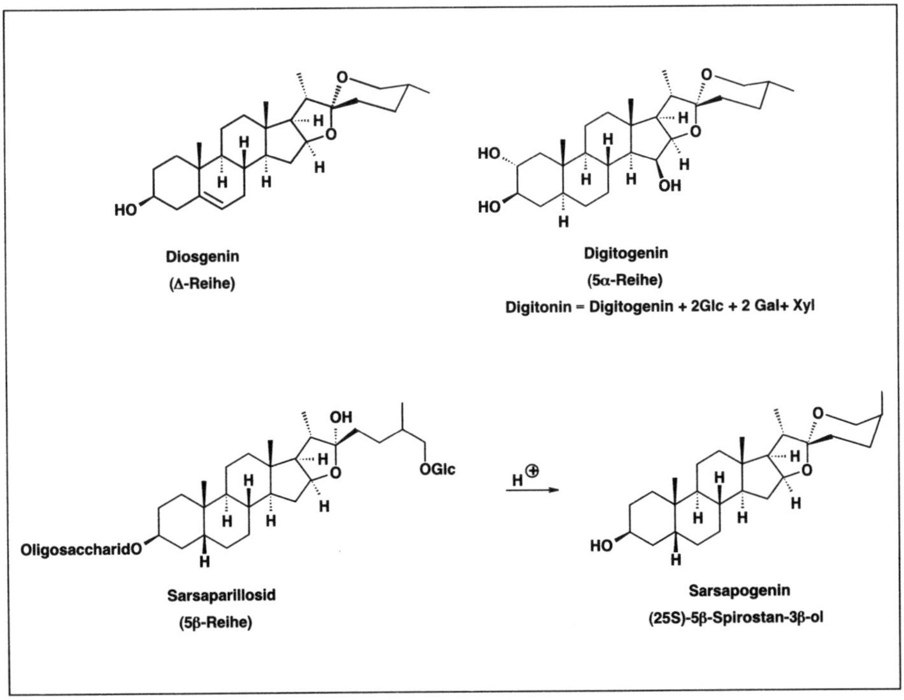

Abb. 8-33 Steroidsaponine bzw. -sapogenine.

8.3.3.5 Steroidalkaloide

Als Steroidalkaloide bezeichnet man N-haltige und deshalb basisch reagierende Steroide, die vorwiegend in höheren Pflanzen, daneben aber auch in einigen Tieren vorkommen. Die in *Solanaceen, Liliaceen, Apocynaceen* und *Buxaceen* enthaltenen Steroidalkaloide liegen überwiegend als Glykoside (Glykoalkaloide) vor und verhalten sich wie Saponine. Die meisten Steroidalkaloide leiten sich vom C-Gerüst des Cholesterols ab, sind also C_{27}-Steroide.

Tomatidin

Spirosolan-Typ

Solanidin (R = H)
Rubijervin (R = OH)

Solanidan-Typ

Die Alkaloide vom **Spirosolan-Typ** unterscheiden sich von den Sapogeninen des **Spirostan-Typs** nur durch den Austausch eines O- durch ein N-Atom. Die Spiranstruktur wird durch Reaktion der Carbonylgruppe am C-22 mit der Hydroxygruppe bzw. Aminogruppe am C-16 bzw. C-26 unter Entstehen von Ketalen bzw. Aminoketalen gebildet.

Zu den Steroidalkaloiden der *Solanum-Gruppe* gehören die Vertreter des Spirosolan- und Solanidan-Typs. Die **Spirosolane,** die in ihrer Struktur den sauerstoffanalogen Spirostanen entsprechen, lassen sich relativ leicht in 20-Oxopregnane überführen. Zu den Alkaloiden vom Spirosolantyp gehört das aus Tomatenblättern (*Lycopersicon esculentum*) isolierte **Tomatin,** bei dem an das Tomatidin 2 Glucosereste sowie je ein Galaktose- und Xyloserest gebunden sind.

Bei den **Solanidanen** ist das N-Atom Teil eines Indolizidinringes. Vertreter dieses Typs sind Glykoalkaloide, die sich vom Solanidin ableiten und aus der Kartoffel (*Solanum tuberosum*) und anderen *Solanum*-Arten isoliert wurden.

Die insbesondere aus *Veratrum*- und *Schoenocaulon*-Arten isolierten **Steroidalkaloide der *Veratrum*-Gruppe** wirken z. T. stark blutdrucksenkend und brechenerregend. Die Alkaloide dieser Gruppe werden in die sauerstoffarmen **Jerveratrum-Alkaloide** (1-3 O-Atome) und die sauerstoffreichen **Ceveratrum-Alkaloide** (7-9 O-Atome) eingeteilt. Die Jerveratrum-Alkaloide kommen als Glykoalkaloide sowie als freie Alkamine vor. Ein Vertreter ist das zum Solanidan-Typ gehörende **Rubijervin.** Die **Ceveratrum-Alkaloide** liegen gewöhnlich als Ester vor. Die für die Therapie wichtigsten Veratrum-Alkaloide leiten sich von der C-*Nor*-D-*homo*-cholestan-

Reihe ab. Dazu zählen die als Ester vorliegenden Alkaloide **Germitrin** (Germin-Ester) sowie die **Protoveratrine** A und B (Protoverin-Ester mit veresterten Hydroxygruppen in 3-, 6-, 7- und 15-Stellung). Wirksam sind nur die Ester. Die Verbindungen liegen als 4,9-Hemiketale vor. Dadurch sind die Ringe A/B cis-verknüpft. Germin und Protoverin können relativ leicht durch Alkali in Iso-Verbindungen umgelagert werden, wobei die axiale 3β-OH-Gruppe die stabilere äquatoriale 3α-Position (5α-Reihe!) einnimmt. Die Umlagerung verläuft unter Beteiligung der als Ketal vorliegenden Carbonylgruppe am C-4.

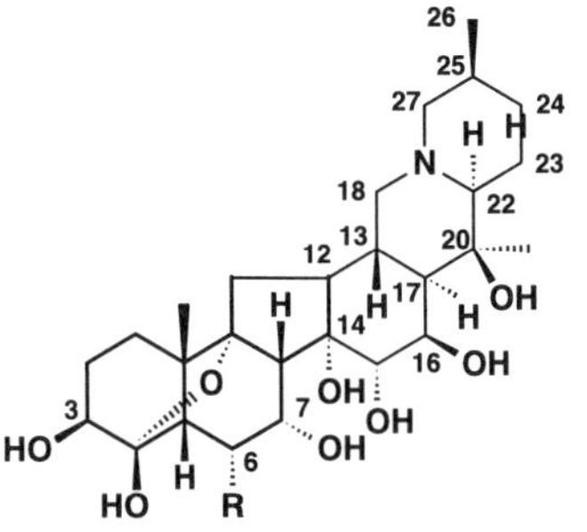

R = H: Germin
R = OH: Protoverin

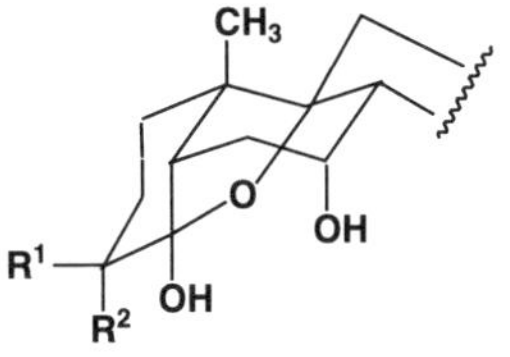

R^1 = OH; R^2 = H: Protoverin
R^1 = H; R^2 = OH: Iso-Protoverin

Stickstoffhaltige Steroide wurden auch in einigen Tieren gefunden. Die Salamander sind bereits seit langem als giftig bekannt. Als Haupttoxin des Hautdrüsensekrets von *Salamandra maculosa* konnte das **Samandarin** isoliert werden, dessen endgültige Strukturaufklärung durch Röntgenstrukturanalyse gelang. Samandarin ist ein A-*Homo*-Steroid, das auf das ZNS einwirkt. Der Tod tritt durch Atemlähmung ein.

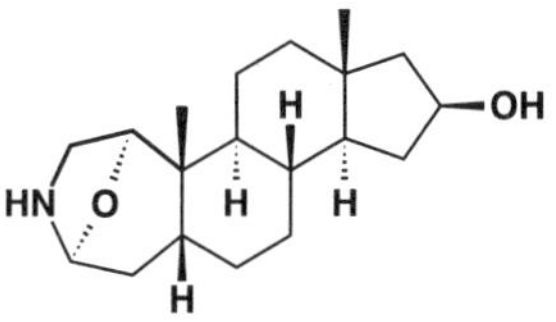

Samandarin

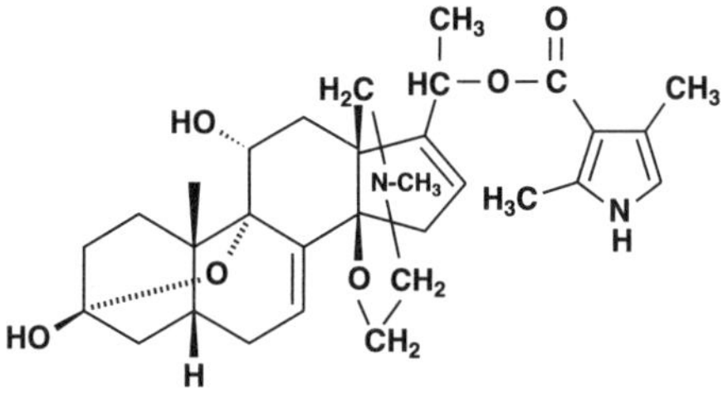

Batrachotoxin

Eine außerordentlich interessante Verbindung ist das aus dem kolumbianischen Pfeilgiftfrosch *Phyllobates aurotaenia* isolierte **Batrachotoxin**. Batrachotoxin ist ein in seiner Struktur ungewöhnliches Pregnanderivat, dessen Hydroxygruppe in 20-Stellung mit einer Pyrrol-3-carbonsäure verestert ist. Die Struktur dieses Steroidalkaloids konnte endgültig durch

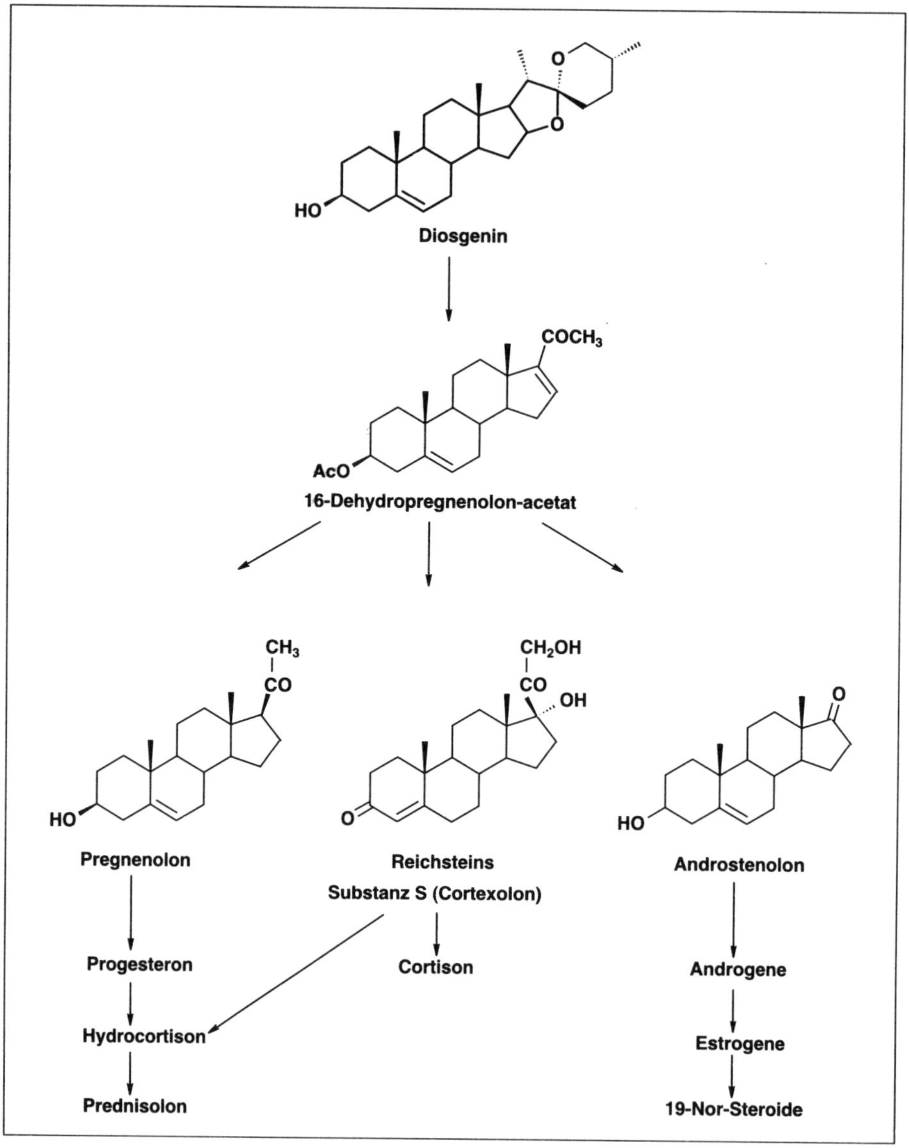

Abb. 8-34 Schematische Darstellung einiger Steroidpartialsynthesen.

Röntgenstrukturanalyse eines nur 0,1 mm langen Kristalls (*Karle*) aufgeklärt werden. Daneben kommt noch Homobatrachotoxin vor, das anstelle einer Methylgruppe am Pyrrol einen Ethylrest trägt. Bemerkenswert ist, daß in Terrarien gehaltene Pfeilgiftfrösche dieses Toxin nicht enthalten. Batrachotoxin gehört zu den stärksten Kardiotoxinen. Es kommt durch Batrachotoxin zu einer irreversiblen Blockierung der Nervenendplatten. Als Antagonist wirkt das Tetrodotoxin (S. 675).

8.3.4 Steroidsynthesen

Von den Steroiden werden die herzwirksamen Glykoside und die Steroidhormone therapeutisch in außerordentlich breitem Umfang eingesetzt. Während die herzwirksamen Glykoside auch heute noch – trotz erfolgreicher Partialsynthesen – ausschließlich aus pflanzlichem Material gewonnen werden, eignen sich die Hormondrüsen nicht für eine Gewinnung der Steroidhormone (S. 477). Verschiedene partialsynthetische Abwandlungsprodukte der natürlichen Steroidhormone sind außerdem aufgrund ihrer stärkeren (z. B. bestimmte Corticoide) oder spezifischeren Wirkung (z. B. Anabolika) oder ihrer besseren oralen Wirksamkeit (z. B. 17α-Alkylderivate) besser für den therapeutischen Einsatz geeignet als ihre natürlichen Vorbilder. Aus diesen Gründen werden die Steroidhormone bzw. ihre Derivate heute ausschließlich partial- oder totalsynthetisch gewonnen.

8.3.4.1 Partialsynthesen

Für ökonomisch vertretbare Partialsynthesen werden möglichst billige Rohstoffe benötigt. Als Ausgangsmaterial dient vor allem das in größerer Menge aus *Dioscorea*-Wurzeln isolierbare **Diosgenin** (Hauptproduktionsland ist Mexiko). In Abbildung 8-34 sind schematisch einige vom Diosgenin ausgehende Partialsynthesen dargestellt.

Wesentlich teurer ist Cholesterol als Ausgangsmaterial, das aus dem Rückenmark der Rinder oder dem Wollwachs der Schafe gewonnen werden kann. Als Ausgangsstoffe für Steroidpartialsynthesen dienen ferner Gallensäuren (z. B. Desoxycholsäure), das in afrikanischen Pflanzen vorkommende Saponin Hecogenin und das Steroidalkaloid Solasodin. Größere Bedeutung gewinnen die Phytosterole Stigmasterol (aus Sojabohnen oder Zuckerrohrwachs) und Sitosterol. Sitosterol kommt in größeren Mengen im unverseifbaren Anteil des bei der Papierherstellung als Abfallprodukt anfallenden Tallöls vor.

Hecogenin

Solasodin

Wichtige und auch handelsübliche Zwischenprodukte sind

- 16-Dehydropregnenolon (3β-Hydroxy-pregna-5,16-dien-20-on)
- Pregnenolon (3β-Hydroxy-pregn-5-en-20-on), das auch aus Stigmasterol gebildet werden kann

- Androstenolon (3β-Hydroxy-androst-5-en-17-on), für das auch Cholesterol als Ausgangsmaterial dienen kann
- *Reichsteins* Substanz S (17α,21-Dihydroxy-pregn-5-en-20-on = Cortexolon).

Die einzelnen Umwandlungen können chemisch oder mikrobiologisch erfolgen. Auf einige der wichtigsten Umwandlungen soll auf den folgenden Seiten eingegangen werden.

8.3.4.1.1 *Chemische Umwandlungen*
Abbau der Seitenkette
Alle Rohstoffe biogener Herkunft enthalten am C-17 eine Seitenkette, die vor Veränderungen am Steroidgrundgerüst auf 2C-Atome verkürzt (Pregnan-Reihe) oder ganz entfernt werden muß (Androstan- und Estran-Reihe).
Beim Abbau des Diosgenins nach *Marker* wird zunächst das Ketal durch Erhitzen mit Essigsäureanhydrid unter Eliminierung gespalten. Die Doppelbindung in 20,22-Stellung wird dann mit Chromsäure und der so entstandene Säurerest durch Essigsäure unter Bildung vom 3β-Acetoxy-pregna-5,16-dien-20-on (**31**) abgespalten.

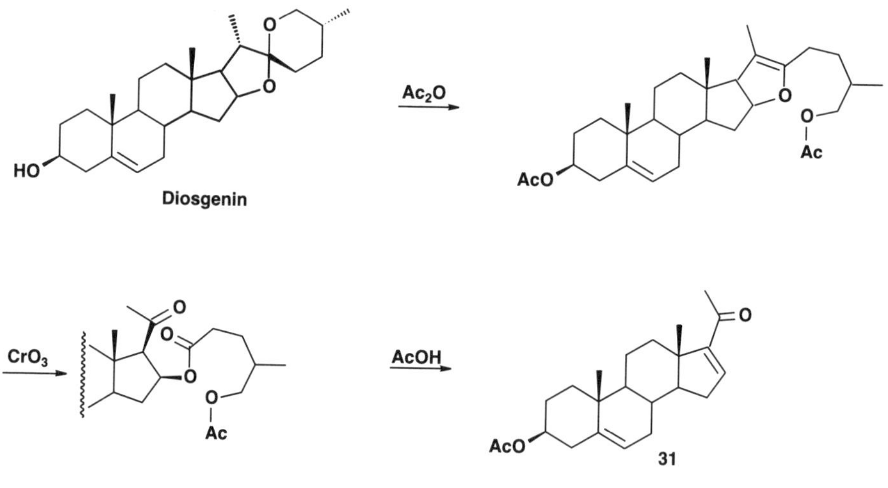

Der Abbau der Seitenkette von Sterolen läßt sich chemisch in höheren Ausbeuten nur bei Vorliegen einer Doppelbindung in der Seitenkette realisieren. So kann die Seitenkette des Ergosterols durch Ozonspaltung abgebaut werden:

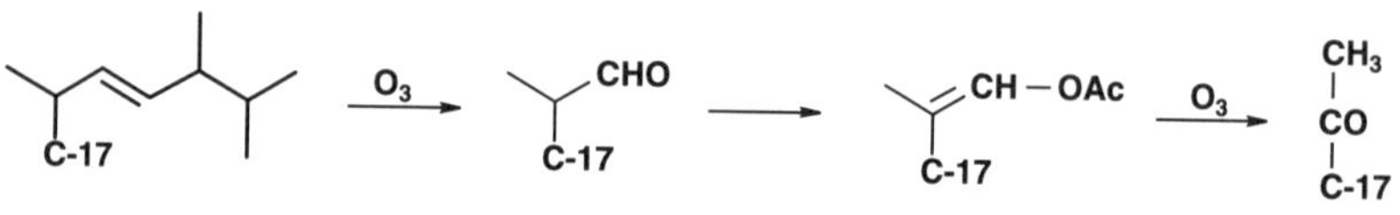

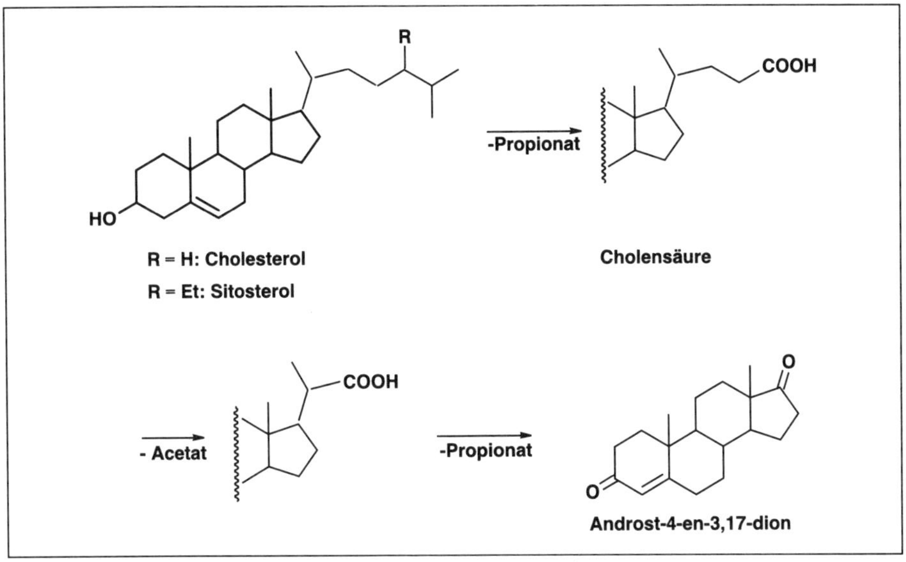

Abb. 8-35 Mikrobiologischer Seitenkettenabbau.

Durch den biotechnologisch gelösten mikrobiologischen Seitenkettenabbau (Abb. 8-35) sind die Sterole in den letzten Jahren zu den wichtigsten Ausgangsstoffen für die Steroidhormonproduktion geworden.

Oxidationen und Reduktionen
Sekundäre Alkohole lassen sich zu Ketonen oxidieren. Aufgrund der unterschiedlichen Reaktivität äquatorialer und axialer Hydroxygruppen können solche Oxidationen bei Vorliegen mehrerer Hydroxygruppen unter Einhaltung bestimmter Bedingungen auch selektiv durchgeführt werden. Als Oxidationsmittel werden Chrom(VI)-Verbindungen (vgl. S. 561), Mangan(VI)-oxid oder N-Bromsuccinimid eingesetzt. Chrom(VI)-Verbindungen und N-Bromsuccinimid oxidieren axiale Hydroxygruppen schneller als äquatoriale. Dagegen werden durch die viel angewandte *Oppenauer*-Oxidation äquatoriale Hydroxygruppen schneller als axiale oxidiert. Zur Durchführung der *Oppenauer*-Oxidation wird das Hydroxysteroid in Gegenwart eines Aluminiumalkoxids (z.B. Aluminiumisopropylat) mit einem Keton (z.B. Cyclohexanon) umgesetzt. Unter Hydrierung des Ketons entsteht das entsprechende Oxosteroid. Die *Oppenauer*-Oxidation beruht auf einer Hydrid-Übertragung vom C-Atom der sekundären Hydroxygruppe auf die Carbonylgruppe des Ketons. Zur Umwandlung von Carbonylgruppen in – vorwiegend äquatoriale – Hydroxygruppen dient vor allem $NaBH_4$.

Alkylierungen
Durch Einführung einer Methyl- oder Ethinylgruppe in 17α-Stellung entstehen oral wirksame Steroidhormone. Diese 17α-Alkylierung kann durch Umsetzen eines 17-Ketosteroids mit einer *Grignard*-Verbindung (CH_3MgI) bzw. mit K-Acetylid in flüssigem Ammoniak erfolgen.

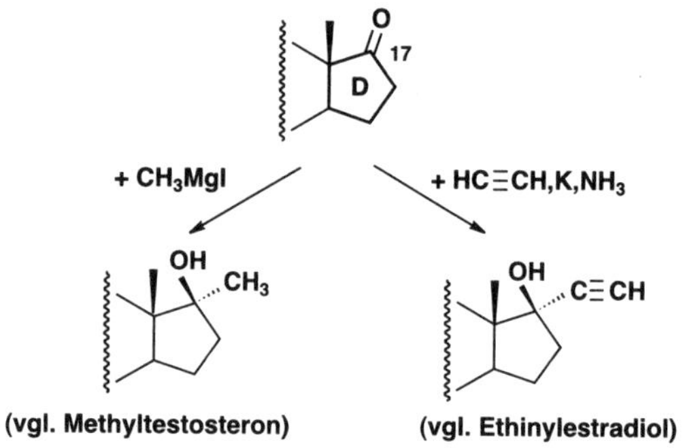

(vgl. Methyltestosteron)   (vgl. Ethinylestradiol)

Wirkungsverstärkende Methylgruppen können durch Umsetzen entsprechender Dehydroverbindungen mit *Grignard*-Verbindungen eingeführt werden (z. B. Partialsynthese des Glucocorticoids Dexamethason oder des Androgens Mesterolon):

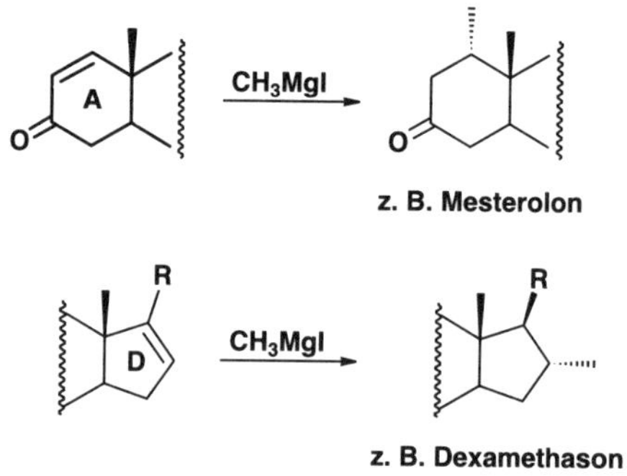

z. B. Mesterolon

z. B. Dexamethason

Fluorierungen
Ebenfalls in der Corticoidreihe spielt die Einführung eines Fluoratoms eine größere Rolle (vgl. Dexamethason). Ein Fluoratom in 9α-Stellung wird durch Umsetzen einer 9,11-Epoxy-Verbindung mit HF erhalten.

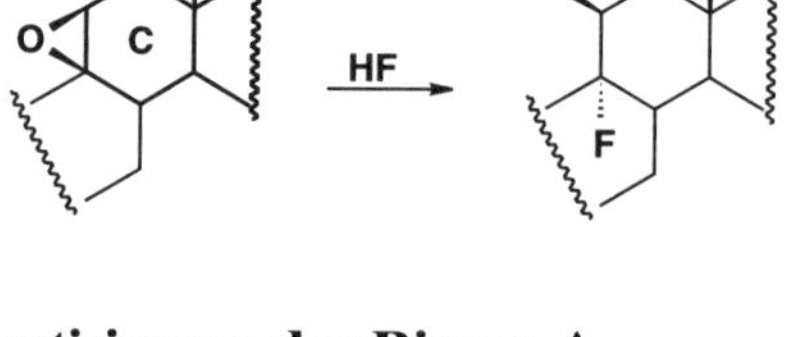

Dehydrierung, Aromatisierung des Ringes A
Zur Partialsynthese der Estrogene muß der Ring A unter Abspaltung der Methylgruppe in 10-Stellung aromatisiert werden. Dabei wird von 1,4-Dien-3-onen ausgegangen, deren Doppelbindung in 1-Stellung vorteilhaft mikrobiologisch eingeführt wird. 1,4-Dien-3-one werden auch durch

Dehydrierung von 4-En-3-onen (**32**) mit 2,3-Dichloro-5,6-dicyano-benzo-1,4-chinon (DDQ) gebildet. Dagegen entstehen mit Tetrachloro-benzo-1,4-chinon (Chloranil) die entsprechenden 4,6-Dien-3-one.

1,4-Dien-3-one 4,6-Dien-3-one

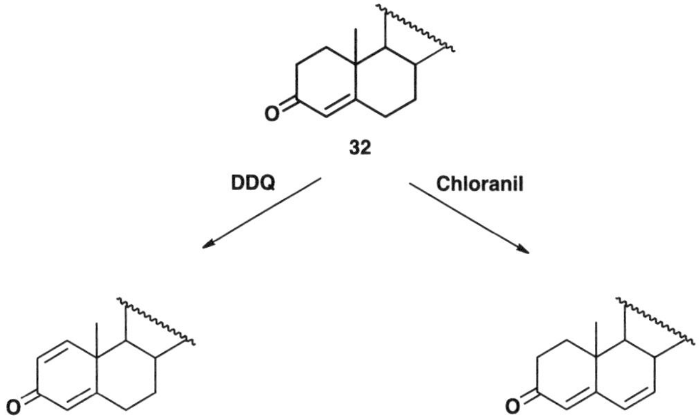

Die erste Methode zur Aromatisierung des Ringes A unter Abspaltung der Methylgruppe am C-10 war eine thermisch ausgelöste radikalische Reaktion, die *Inhoffen* 1941 zur Synthese des Estradiols einsetzte. Bei niedrigeren Temperaturen erfolgt, z.B. in Gegenwart von Li in Biphenyl-Lösung, eine ionische Aromatisierung.

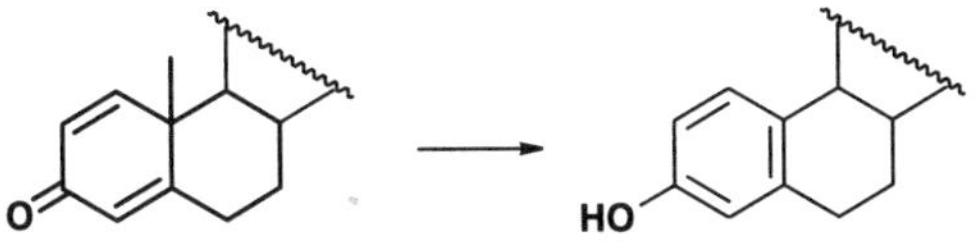

Eine durch Säure katalysierte Dienon-Phenol-Umlagerung führt unter Spaltung der Bindung C-9/C-10 und Neuverknüpfung C-9/C-4 zu 1-Hydroxy-4-methyl-Derivaten (**33**) bzw. unter Wanderung der Methylgruppe vom C-10 zum C-1 zu 1-Methyl-3-hydroxy-Derivaten (**34**).

33 34

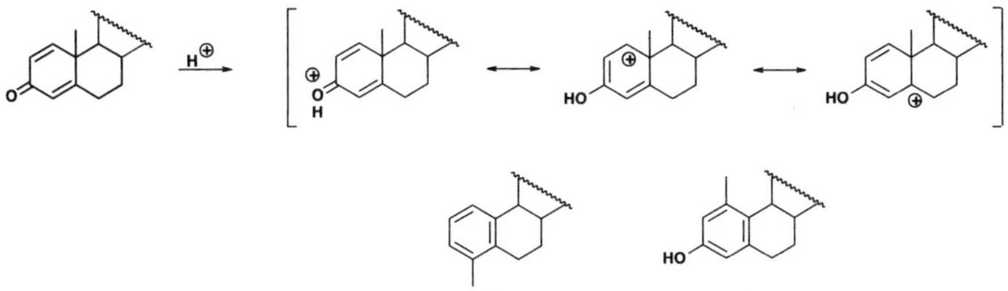

Synthese von 19-Nor-Steroiden

Die Estrogene dienen wiederum zur Synthese von 19-Nor-Steroiden. Zur Reduktion des aromatischen Ringes wird das Verfahren nach *Birch* heran-

gezogen. Bei der *Birch*-Reduktion wird das Estrogen als 3-O-Methylether mit Li/Ethanol in flüssigem Ammoniak behandelt. Die Reduktion verläuft über ein 3-Methoxy-2,5(10)-dien (**35**) und 5(10)-En-3-on (**36**). Dabei werden die entsprechenden 19-Nor-Steroide in Ausbeuten von 70 bis 80% gebildet.

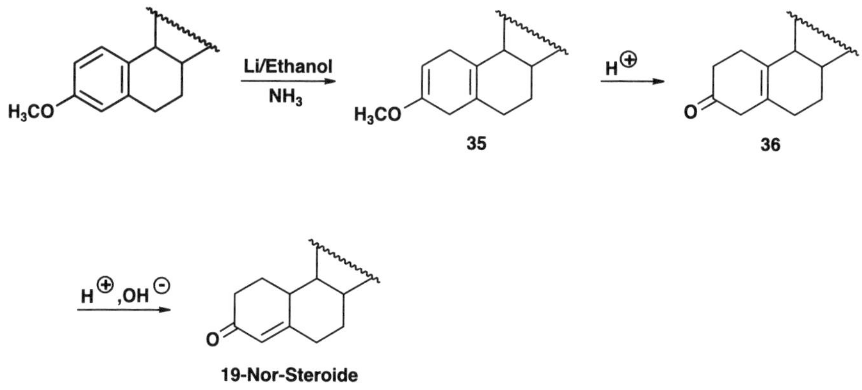

8.3.4.1.2 *Mikrobiologische Umwandlungen*

Mikroorganismen können exogene Steroide in vielfältiger Weise verändern, vor allem durch

- Spaltung und Verknüpfung von C-C-Bindungen (z. B. Öffnung von einzelnen Ringen, Abbau der Seitenkette am C-17)
- Einführung, Verlagerung oder Hydrierung von Doppelbindungen
- Einführung, Oxidation, Abspaltung oder Veresterung von Hydroxygruppen
- Bildung und Hydrierung von Carbonylgruppen.

Von praktischer Bedeutung für Partialsynthesen im Laboratorium oder in der pharmazeutischen Industrie sind diese mikrobiologischen Umwandlungen dann, wenn

- entsprechende chemische Umwandlungen nicht oder nur sehr aufwendig und dann in zu geringer Ausbeute durchgeführt werden können oder
- höhere Anforderungen an die Selektivität gestellt werden, die durch chemische Umwandlungen nicht erfüllt werden können (z. B. 11α-Hydroxylierung).

Die mikrobiologischen Umwandlungen können heute in Fermentern von 50.000 bis 75.000 l Fassungsvermögen durchgeführt werden. Zur Durchführung der Reaktion wird das Steroid in einem mit Wasser mischbaren organischen Lösungsmittel gelöst und der Kulturlösung geeigneter Mikroorganismen zugegeben. Nach einigen Tagen wird dann nach erfolgreicher Umwandlung das Steroid mit einem organischen, mit Wasser nicht mischbaren Lösungsmittel (vorzugsweise Methyl-isobutyl-keton) extrahiert.

Industrielle Bedeutung haben vor allem

- Hydroxylierungen in 11-(α oder β), 16-(α oder β), 17α- und 21-Stellung (Synthese von Corticoiden)
- Einführung einer Doppelbindung in 1-Stellung (Synthese von Corticoiden)
- Hydrierung einer Carbonyl- zu einer Hydroxygruppe
- Abspaltung der Seitenkette am C-17. Der Abbau der Seitenkette des Cholesterols oder β-Sitosterols ist mikrobiologisch in Ausbeuten von über 70 % gelungen.

8.3.4.2 Totalsynthesen

Durch die steigenden Preise der Rohstoffe für die Steroidpartialsynthesen auf der einen Seite und die Fortschritte insbesondere auf dem Gebiet der stereospezifischen Synthesen auf der anderen Seite gewinnen Steroidtotalsynthesen zunehmend an Interesse. Bereits gegenwärtig wird ein nicht unbeträchtlicher Anteil an Estrogenen totalsynthetisch gewonnen.

Bei den Steroidtotalsynthesen können mehrere strategische Varianten unterschieden werden:

1. Bildung aller 4 Ringe in einem Reaktionsschritt (→ *ABCD*) durch stereospezifische Cycloaddition in Analogie zur Biosynthese (vgl. S. 520). Diese Variante ist bisher noch nicht industriell verwertbar.
2. Start der Synthese von vorgefertigten 1- oder 2-Ring-Einheiten. Dabei können wiederum 2 Varianten unterschieden werden. Bei der linearen Synthese geht man von einem Ringsystem aus, an das nach und nach die anderen Ringe angegliedert werden (z.B. *AB → ABC → ABCD*). Im Unterschied dazu werden bei einer konvergierenden Synthese 2 cyclische Bausteine getrennt synthetisiert und schließlich in einem späteren Reaktionsschritt miteinander kombiniert (z.B. *AB + D → ABD → ABCD*). Die letztere Methode ist vorteilhafter und wird heute meist angewandt, weil die „Montage" zum teuren Endprodukt hinausgezögert wird.

Folgende Wege für die Totalsynthese von Steroiden sind realisiert worden:

Die erste erfolgreiche Totalsynthese eines Steroids war die Synthese des Equilenins (1939: *Bachmann*). Es handelte sich um eine lineare Synthese der Variante *AB → ABC → ABCD:*

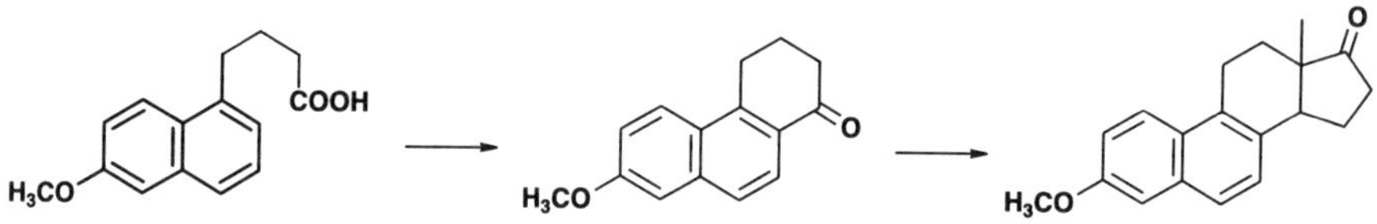

Wesentlichen Anteil an der Erarbeitung wirtschaftlicher Totalsynthesen haben die Arbeitsgruppen um *Velluz*, *H. Smith* sowie *Torgov* und *Anachenko*. Voraussetzung für eine wirtschaftliche Synthese ist eine möglichst frühe Razematspaltung sowie eine hohe Stereospezifität auf jeder Synthesestufe. Durch die Razematspaltung bereits nach der Einführung des ersten Chiralitätszentrums wird die Stereospezifität der folgenden Syntheseschritte erhöht. Bei einer konvergierenden Synthese des Typs *D* → *CD* → *ACD* → *ABCD*, die auf *Crispin* und *Whitehurst* sowie *Hughes* und *Smith* zurückgeht, wird von 2-Methyl-cyclopenta-1,3-dion als Ring D-Baustein ausgegangen. Dieses CH-azide cyclische Keton wird in Form einer *Michael*-Addition basenkatalysiert an ein α,β-ungesättigtes Keton (Methylvinylketon) angelagert. Die Aldoladdition von **37** zu **38** erfolgt in Gegenwart von L-Prolin asymmetrisch, so daß nach Wasserabspaltung der *CD*-Baustein **39** mit der natürlichen S-Konfiguration der Methylgruppe anfällt. An den *CD*-Baustein wird die Ring-*A*-Komponente als 3-Methoxyphenylethylbromid angefügt und schließlich zum fertigen Steroid cyclisiert.

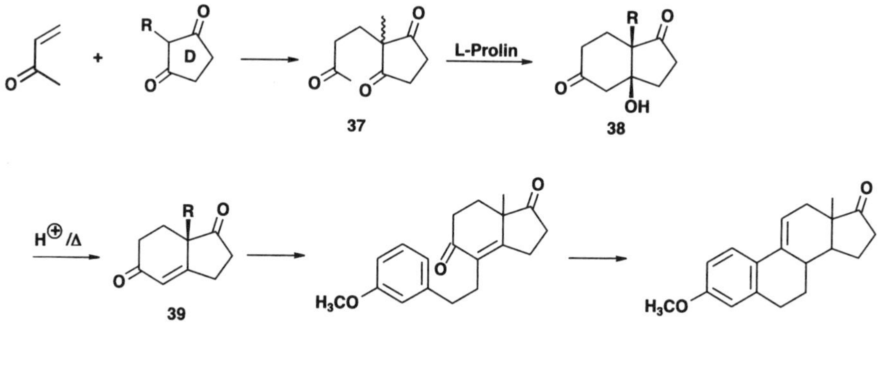

Bei der auf *Torgov* sowie *Windholz* zurückgehenden Variante *AB* → *ABD* → *ABCD* wird ebenfalls von dem 2-Methyl-cyclo-penta-1,3-dion als *D*-Komponente ausgegangen. Dieses Keton wird säurekatalysiert (*Torgov*-Reaktion) an den Allylalkohol **40** addiert, der über eine *Grignard*-Synthese aus dem entsprechenden Keton zugänglich ist. Durch mikrobiologische asymmetrische Reduktion läßt sich **41** in Ausbeuten bis zu 75 % zu der Verbindung **42** reduzieren, bei der die C-Atome 13 und 17 bereits die Konfiguration der natürlichen Steroide besitzen und das sich durch weitere Reaktionen in **43** umwandeln läßt. **43** ist das Ausgangsmaterial für die Synthese von Estrogenen und 19-Nortestosteronen.

Auch für die Einführung der Methylgruppe in 10-Stellung und den Aufbau der Seitenkette am C-17 (Synthese von Pregnan-Derivaten) wurden bereits zahlreiche Methoden beschrieben.

9 Aromatische Verbindungen

9.1 Allgemeine Einführung

Carbocyclische aromatische Verbindungen sind in Mikroorganismen, Pflanzen und Tieren weit verbreitet. Die eigentliche Aromatisierung erfolgt durch aufeinanderfolgende Dehydratationen und Dehydrierungen (vgl. S. 37). Die Biosynthese der Ausgangsstoffe für die Aromatisierung erfolgt auf zwei Wegen (vgl. Abb. 1-17, S. 38). Der erste Weg geht aus vom Kohlenhydrat-Stoffwechsel und verläuft über die Shikimisäure (**Shikimisäureweg**). Dieser Weg wird vor allem von den höheren Pflanzen beschritten.

Der zweite Weg schließt sich dagegen an die Fettsäuresynthese an. Im Unterschied zur Fettsäuresynthese jedoch werden die zunächst gebildeten β-Ketocarbonsäure-Derivate nicht reduziert, sondern als Polyketo-Verbindungen zu mono- bis polycyclischen Verbindungen cyclisiert (**Polyketidweg**), die aromatisiert werden können. Der Polyketid-Weg wird vorzugsweise von Mikroorganismen beschritten.

In einigen Fällen dienen auch isoprenoide Verbindungen als Ausgangsstoffe für die Biosynthese von Aromaten (z. B. Thymol, Estrogene, Φ- und χ-Carotenoide).

Der tierische Organismus kann nur in Ausnahmefällen aromatische Verbindungen synthetisieren. Eine solche Ausnahme stellt die Synthese der Estrogene dar. Tiere sind auf die Zufuhr essentieller aromatischer Verbindungen (aromatische Aminosäuren, Vitamine) mit der Nahrung angewiesen. Wahrscheinlich ist die Fähigkeit zur Synthese aromatischer Verbindungen durch die heterotrophe Ernährungsweise der Tiere verlorengegangen.

9.1.1 Oxidative Kupplung von Phenolen

Die meisten der nach den verschiedenen Biosynthesewegen gebildeten aromatischen Verbindungen enthalten phenolische Hydroxygruppen. Die nach dem Polyketidweg entstandenen Verbindungen sind häufig noch durch eine 1,3-Stellung der Sauerstofffunktionen erkenntlich.

Phenole können leicht zu Arylradikalen oxidiert werden. Das ungepaarte Elektron dieser Radikale ist delokalisiert (Abb. 9-1). Die höchste

Spindichte wird am O-Atom und in p-Stellung zum O-Atom gefunden. Besonders stabil sind die Radikale des Hydrochinons (Semichinon), die ESR-spektroskopisch nachweisbar sind.

Die Arylradikale dimerisieren leicht unter Ausbildung von C-C- oder C-O-Bindungen (Abb. 9-1). Diese oxidative Kupplung kann intermolekular oder bei größeren Verbindungen auch intramolekular (z.B. bei Alkaloiden) stattfinden. Intermolekulare C-O-Kupplungen finden nur dann statt, wenn eine C-C-Kupplung sterisch behindert ist. Eine C-O-Kupplung tritt z.B. bei der Biosynthese des Thyroxins (S. 475) auf.

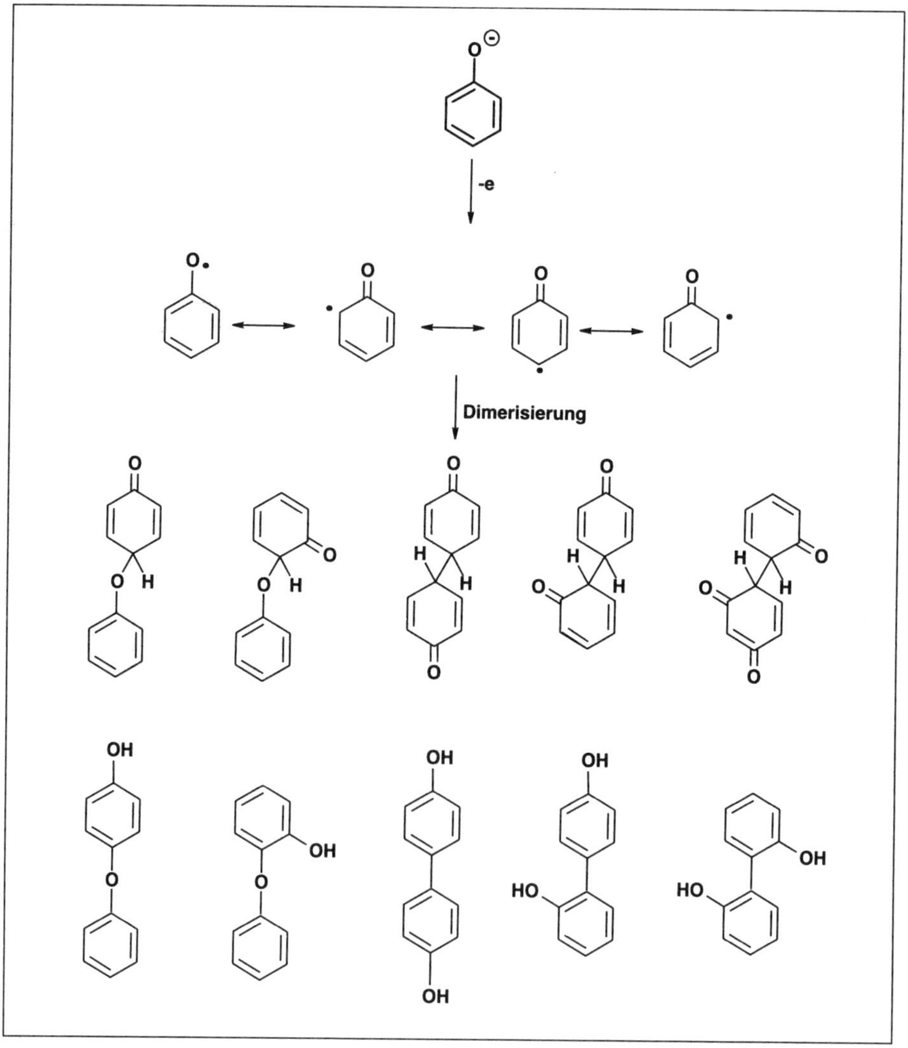

Abb. 9-1 Bildung und Dimerisierung von Arylradikalen.

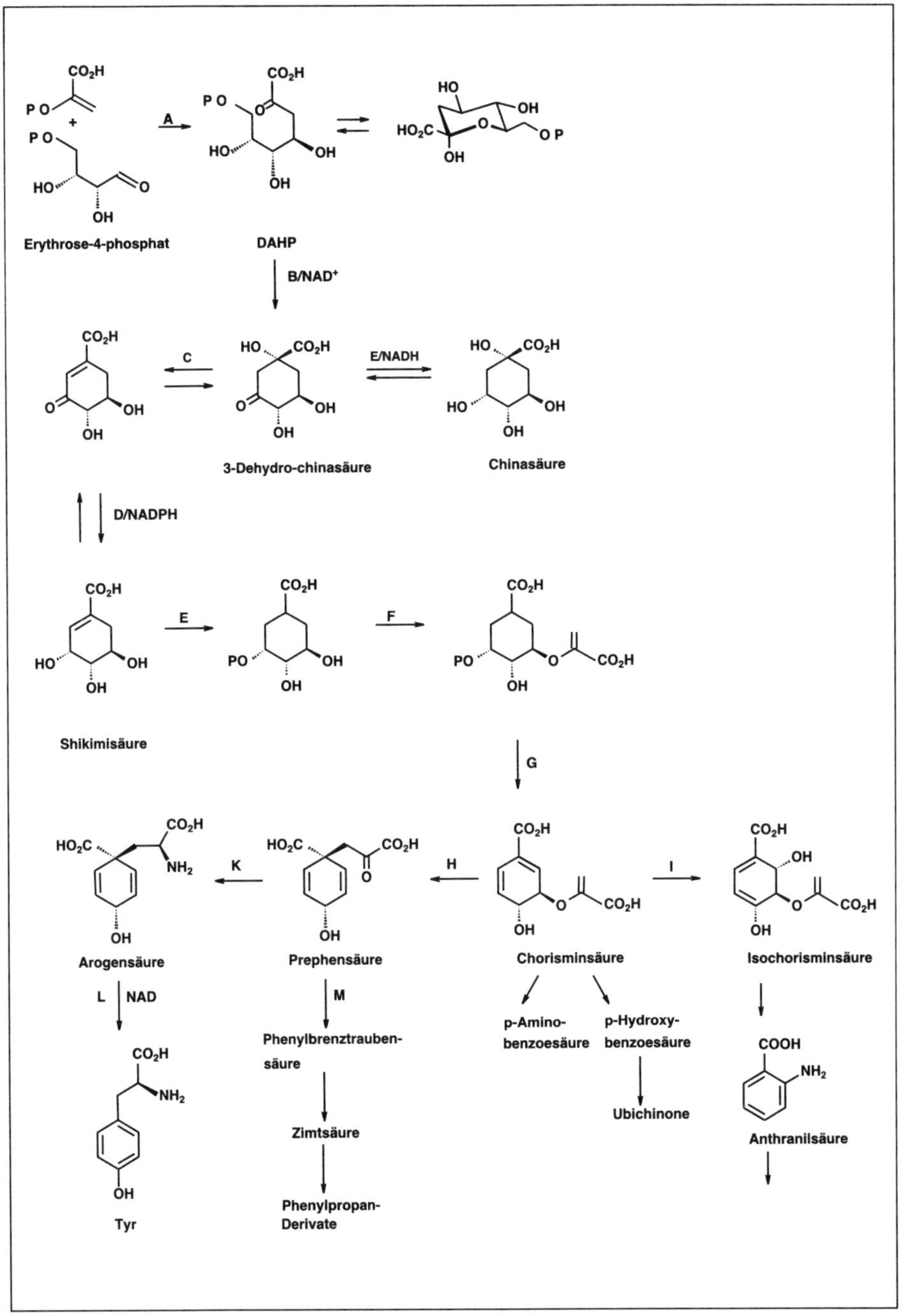

Abb. 9-2 Shikimisäureweg zur Biosynthese von Aromaten. A: DAHP-Synthase; B: 3-Dehydroquinat-Synthase; C: 3-Dehydroquinase; D: Shikimat-Dehydrogenase; E: Shikimat-Kinase; F: 5-Enolpyruvylshikimat-3-phosphat-Synthase; G: Chorismat-Synthase; H: Chorismat-Mutase; I: Isochorismat-Synthase; K: Prephenat-Aminotransferase; L: Arogenat-Dehydrogenase; M: Prephenat-Dehydratase.

Die oxidative Kupplung von Phenolen spielt eine Rolle u.a. bei der Bildung der Bisanthrone, des Lignins und der Lignane, der Gerbstoffe und vieler Alkaloide. Sie ist ferner die Schlüsselreaktion beim Braunwerden angeschnittener Früchte und bei der Teebereitung. An der Oxidation der Phenole sind die Enzyme Monophenol-Monooxygenase (Laccase, Tyrosinase) und Peroxidase beteiligt.

9.1.2 Shikimisäureweg

Die Biosynthese der **Shikimisäure** (Abb. 9-2) geht aus von Erythrose-4-phosphat, aus dem durch Reaktion mit Phosphoenolpyruvat die Heptose 3-Desoxy-D-*arabino*-heptulosonsäure-7-phosphat (DAHP) gebildet wird. Deren Cyclisierung führt zu 5-Dehydro-chinasäure, aus der die Shikimisäure entsteht.

Nach Phosphorylierung wird aus der Shikimisäure die **Chorisminsäure** gebildet, aus der wiederum durch eine enzymkatalysierte pericyclische *Claisen*-Umlagerung die chinoide **Prephensäure** bzw. die **Anthranilsäure** entstehen. Diese Säuren sind die Precursoren für die Biosynthese der essentiellen Aminosäuren **Tryptophan** (Biosynthese s. Abb. 9-3) bzw. **Phenylalanin** und Tyrosin (Biosynthese s. Abb. 9-2, S. 589). In Pflanzen scheint bei der Tyrosinsynthese vorwiegend der Weg über Arogensäure beschritten zu werden.

Von Zwischenprodukten des Shikimisäureweges leiten sich etliche in Pflanzen weit verbreitete Säuren ab, so die **Chinasäure**, die **Protocatechusäure** (vgl. Abb. 1-16, S. 37) und die **Gallussäure**. Chinasäure kommt in der Chinarinde sowie in 3-Stellung mit Kaffeesäure verestert als **Chlorogensäure** im Kaffee vor. Gallussäure ist Bestandteil der hydrolysierbaren Gerbstoffe (Kap. 9.4.2).

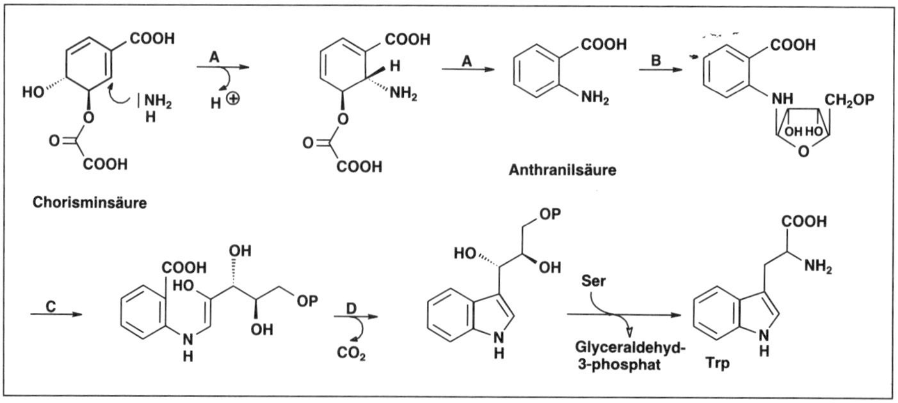

Abb. 9-3 Biosynthese von Tryptophan aus Anthranilsäure. A: Aminotransferase; B: Anthranilat-phosphoribosyl-Transferase; C: Phosphoribosylanthranilat-Isomerase; D: Indolglycerolphosphat-Synthase; E: Tryptophan-Synthase (Reaktion verläuft wahrscheinlich über freies Indol).

Etwa 20 % des von den Pflanzen fixierten Kohlenstoffs wird über den Shikimisäureweg gebunden. Die 5-Enolpyruvylshikimat-3-phosphat-Synthase, die die Umsetzung von Shikimisäure-phosphat mit Phosphoenolpyruvat katalysiert, wird durch das Herbizid **Glyphosat** gehemmt. Es kommt zu einer Anreicherung von Shikimisäure.

Glyphosat

9.1.3 Polyketidweg

Unter Polyketiden werden Naturstoffe verstanden, die potentiell über Polyketosäuren als Intermediate gebildet werden. Da β-Ketosäurederivate auch als Intermediate bei der Fettsäuresynthese gebildet werden (S. 324), bestehen enge Beziehungen zwischen der Biosynthese der Fettsäuren und der der Polyketide, die inzwischen auch auf der Ebene der jeweils beteiligten Enzymkomplexe bestätigt werden konnten. Der Polyketidweg wird nur in Mikroorganismen und höheren Pflanzen begangen.

Während bei der Fettsäuresynthese die β-ständige Carbonylgruppe in drei Schritten zur CH_2-Gruppe reduziert wird, bleiben bei der Polyketidsynthese in β-Stellung meist Sauerstofffunktionen erhalten. Als Startmolekül dient meist Acetyl-CoA, es kann aber auch von anderen Säureresten ausgegangen werden wie Propionyl- (Anthracycline), Malonyl- (Cycloheximid), Caproyl- (Cannabinoide) oder Cinnamoyl-CoA (Flavanoide). Bakterielle Polyketide werden ausgehend von Acetat, Propionat, Butyrat und 2-Methylbutyrat sowie den entsprechenden α-carboxylierten Formen gebildet, Polyketide der Pilze nur von Acetat und Malonat. Prinzipiell können zwei Gruppen von Polyketid-Synthesen unterschieden werden: 1. Synthesen, bei denen mehrere Reaktionen am aktiven Zentrum (Multienzymkomplexe) stattfinden, die zur Bildung von Aromaten führen; 2. Snthesen, bei denen nur eine Reaktion am aktiven Zentrum stattfindet und die zu Lactonen (Makrolide, vgl. Kap. 11.6.7) führen.

Der Multienzymkomplex einer **Polyketid-Synthase** enthält Transferasen (Acetyl-, Malonyl-) zur Kettenverlängerung, eine β-Ketoacyl-Synthase als kondensierendes Enzym, eine Keto-Reduktase und -Dehydratase wie bei der Fettsäure-Synthase, aber keine Enoyl-Reduktase, sowie zusätzliche Enzymaktivitäten wie Cyclasen oder Aromatasen und für die Freisetzung vom Enzymkomplex eine Thioesterase. Die wichtigsten C_2-C_4-Bausteine der Polyketidsynthese zeigt Abbildung 9-4.

Etliche Polyketid-Synthasen sind inzwischen kloniert worden, so die der Tetracyclin-, Daunorubicin-, Erythromycin- oder Avermectin-Biosynthese. Einer der am besten untersuchten Enzymkomplexe ist die **6-Methylsalicylsäure-Synthase** (Abb. 9-5).

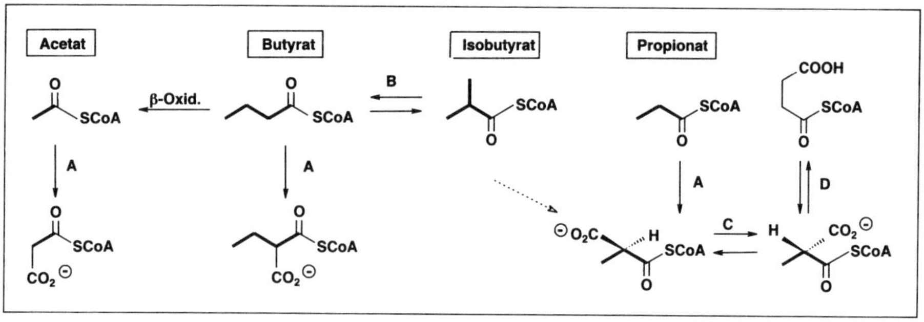

Abb. 9-4 C_2-, C_3- und C_4-Bausteine der Polyketidbiosynthese. A: Carboxylase; B: Mutase; C: Epimerase; D: Methylmalonyl-CoA-Mutase.

Wertvolle Erkenntnisse zum Polyketidweg konnten aus **biomimetischen Synthesen** gewonnen werden. Wegen der extremen Instabilität der Polyketo-Verbindungen wird für derartige Synthesen von geschützten Verbindungen ausgegangen. Als geschützte Ketone werden Pyrone oder Ketale eingesetzt. Ein Beispiel einer biomimetischen Synthese eines Aromaten ist die Synthese des Emodin **2** (**Emodine** kommen in Pilzen und Flechten vor), wobei das als instabiles Zwischenprodukt auftretende Polyketon **1** aus Oxoglutarsäureester und dem Dienolat des Acetylacetons gebildet wird. **1** cyclisiert zu einem Naphthalenderivat, aus dem durch weitere Reaktionen **2** entsteht (Abb. 9-6).

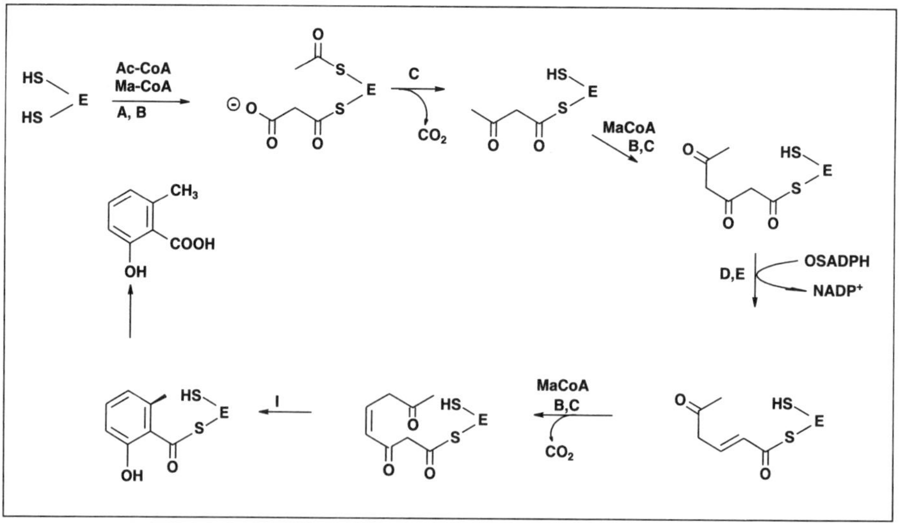

Abb. 9-5 Angenommene Reaktionsschritte des 6-Methylsalicylsäure-Synthase-Cyclus. A, B: Acetyl-, Malonyl-Transferasen; C: Kondensierendes Enzym: β-Ketoacyl-Synthase; D: β-Ketoacyl-Reduktase; E: 3-Hydroxyacyl-Dehydratase; I: Cyclase, Aromatase; K: Thioesterase.

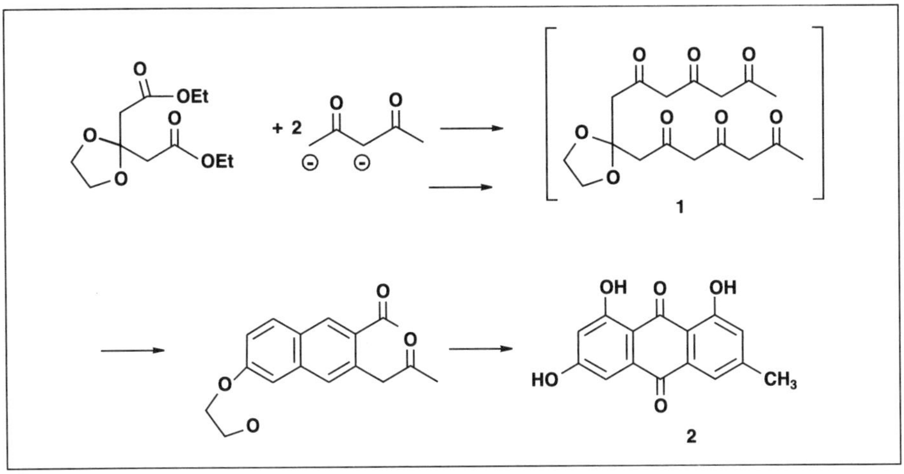

Abb. 9-6 Biomimetische Synthese eines Naphthochinons.

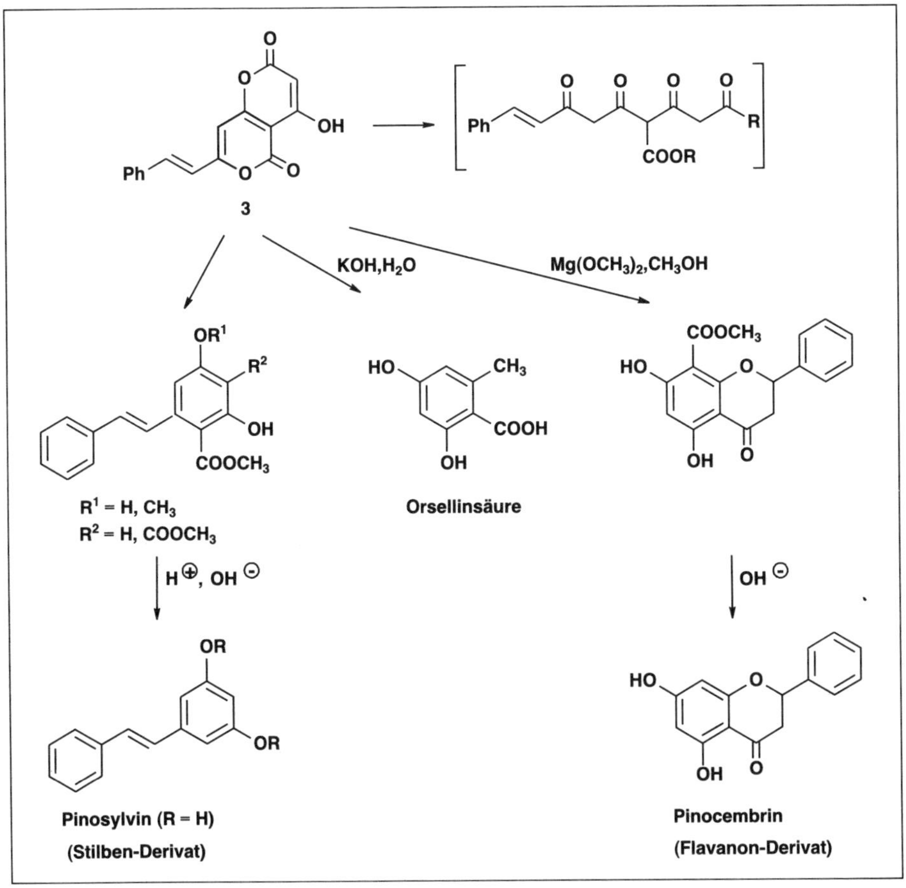

Abb. 9-7 Biomimetische Umsetzungen einer geschützten Triketo-Verbindung.

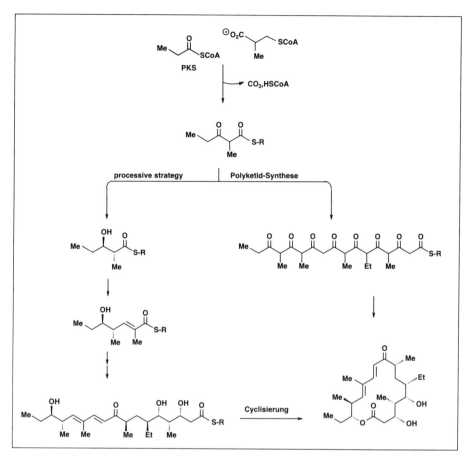

Abb. 9-8 **Alternative Wege zur Biosynthese von Makroliden** (nach *S. Yue, J. S. Duncan, Y. Yamamoto, C. R. Hutchinson*, J. Am. Chem. Soc. **109**, S. 1253, 1987). PKS: Polyketid-Synthase.

Aus dem Dipyron **3**, das als geschützte Triketo-Verbindung aufgefaßt werden kann, wurden in Abhängigkeit von den Reaktionsbedingungen die in Abbildung 9-7 dargestellten Verbindungen gebildet.

Bei den nativen Polyketiden, zu denen zahlreiche Antibiotika gehören (vgl. Kap. 11.6), kann die ursprüngliche Verteilung der Sauerstoffunktionen im β-Takt durch sekundäre Reaktionen verändert sein. So können Sauerstoffatome fehlen oder zusätzliche Hydroxylierungen sowie Alkylierungen oder auch Chlorierungen (z. B. Griseofulvin, Chlortetracyclin) eingetreten sein, was zu einer enormen Vielfalt an Strukturen führt. Offen ist noch, in welcher zeitlichen Abfolge die Veränderungen an den β-Ketogruppen erfolgen, was am Beispiel der Biosynthese eines Makrolides (vgl. Kap. 11.6.7) demonstriert werden soll (Abb. 9-8).

9.2 Phenylpropan-Derivate

9.2.1 Einfache Phenylpropan-Derivate

Durch Decarboxylierung entstehen aus der Prephensäure des Shikimisäureweges die Phenylpropan-Derivate, von denen sich zahlreiche von der Zimtsäure ableiten.

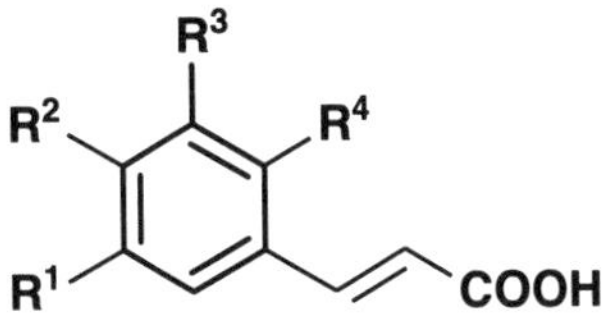

R^1	R^2	R^3	R^4	
H	H	H	H	Zimtsäure
H	H	H	OH	o-Cumarsäure
H	OH	H	H'	p-Cumarsäure
OH	OH	H	H	Kaffeesäure
OCH₃	OH	H	H	Ferulasäure
OH	OCH₃	H	H	Isoferulasäure
OCH₃	OH	OCH₃	H	Sinapinsäure

Zimtsäure bzw. deren Derivate sind in der höheren Pflanze auch die Ausgangsstoffe für die Biosynthese der Stilben-Derivate. **Stilbene** entstehen durch Kondensation der Zimtsäurederivate mit drei Molekülen Acetat. Zahlreiche Stilbene sind estrogen wirksam (S. 481), darunter auch das aus Rhabarber-Arten (*Rheum rhaponticum*) isolierte **Rhaponthicin.** Nicht estrogen wirksam sind die im Holz von Kiefern (*Pinus*) vorkommenden **Pinosylvine**, die das Holz vor Fäulnis und Insektenfraß schützen. **Kaffeesäure** und vor allem **Ferulasäure**, aber auch andere Verbindungen wie Cumarin, verhindern die Samenkeimung. Derartige Keimhemmstoffe oder **Blastokiline** sind z. B. dafür verantwortlich, daß die Samen nicht bereits in der Frucht keimen. Aus Kalmusöl (Stammpflanze: *Acorus calamus*) wurde β-**Asaron** isoliert, das auf Insekten als Chemosterilans wirkt. **Precocen**, ein

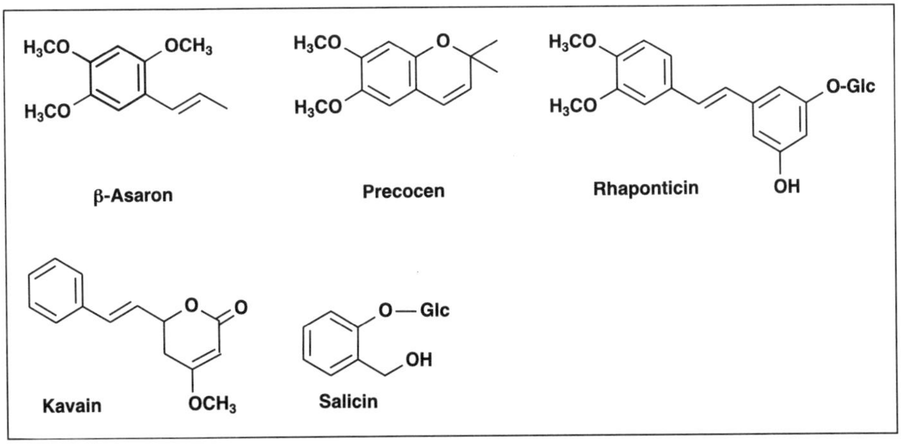

Abb. 9-9 Biologisch aktive Phenylpropan-Derivate.

Chromen aus *Ageratum*-Arten, hemmt die Biosynthese der Juvenilhormone von Insekten und ist als Leitsubstanz für die Wirkstoffentwicklung interessant geworden.

Abkömmlinge der Zimtsäure sind die **Kavapyrone** – Inhaltsstoffe der Kava-Extrakte aus dem Rauschpfeffer (*Piper methysticum, Piperaceae*). Kavapyrone, z. B. **Kavain** (5,6-Dihydro-4-methoxy-6-styryl-2H-pyran-2-on, Abb. 9-9) wirken angstlösend (anxiolytisch).

Durch β-Oxidation werden aus Hydroxyzimtsäuren auch Phenolglykoside wie **Salicin** (Aglykon: Saligenin) gebildet, die z. B. in *Salicaceen* vorkommen:

R^1	R^2	R^3		Vorkommen
H	OH	H	Chavicol	Schwarzer Pfeffer
H	OCH$_3$	H	Estragol	Lamiaceen
OCH$_3$	OH	H	Eugenol	Lamiaceen (z. B. Nelkenöl)
O-CH$_2$-O		H	Safrol	Sassafrasöl
O-CH$_2$-O		OCH$_3$	Myristicin	Muskatnuß

Aus den Phenylpropansäuren entstehen *in vivo* **Phenylallyl-Derivate.** Phenylallyl-Derivate sind neben den Terpenen die wichtigsten Bestandteile der ätherischen Öle. **Myristicin** und weitere im ätherischen Öl der Muskatnuß enthaltene Phenylallyl-Derivate sind für die psychotrope Wirkung dieser Droge verantwortlich. **Safrol** (S. 69) ist Bestandteil einiger ätherischer Öle und kann nach Biotransformation bei der Ratte kanzerogen wirken (Abb. 1-45, S. 73).

Furo[2',3':7,6]-cumarine   Furo[2',3':7,8]-cumarine

	R^1	R^2		R^1	R^2
Psoralen	H	H	Isopsoralen	H	H
Xanthotoxin (Methoxsalen)	OCH$_3$	H	Isobergapten	OCH$_3$	H
Xanthotoxol	OH	H	Sphondin	H	OCH$_3$
Bergapten	H	OCH$_3$	Pimpinellin	OCH$_3$	OCH$_3$
Bergaptol	H	OH			

9.2.2 Cumarine

Ebenfalls von der Zimtsäure ausgehend erfolgt die Biosynthese der Cumarine. **Cumarin** selbst entsteht aus o-**Cumarsäure.** Das β-D-Glucosid der *trans*-o-Cumarsäure lagert sich unter Lichteinfluß zur entsprechenden *cis*-

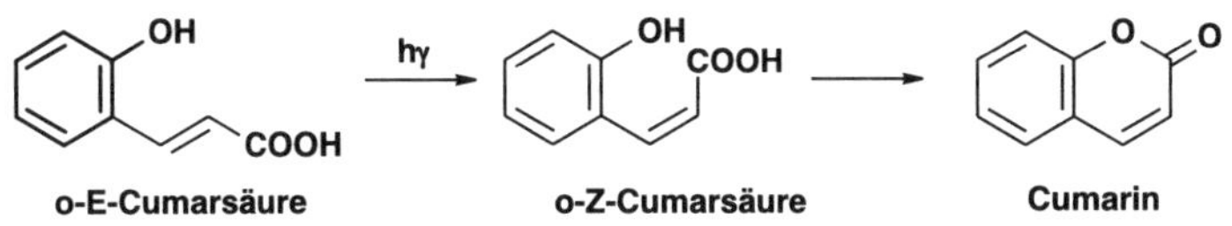

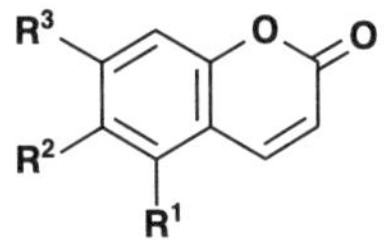

Abb. 9-10 Bildung und Struktur natürlich vorkommender Cumarine.

R¹	R²	R³	
H	H	H	Cumarin
H	OH	H	Umbelliferon
H	OH	OH	Aesculetin
H	OCH₃	OH	Scopoletin
OH	OH	H	Daphnetin

Verbindung um. Enzymatische Abspaltung des Zuckerrestes führt zur o-Cumarsäure, die spontan zum Cumarin cyclisiert. Die enzymatische Spaltung findet beim Trocknen der Pflanzen statt. Das dabei entstehende Cumarin ist für den typischen Geruch von Heu, Waldmeister und Steinklee verantwortlich. Unter der Einwirkung von Pilzen wird das Dicumarol (S. 392) gebildet. In Pflanzen kommen zahlreiche substituierte Cumarine vor (Abb. 9-10).

Zu den photodynamisch aktiven (S. 54) **Furocumarinen** gehören das **Psoralen** und das im Bergamotteöl enthaltene **Bergapten**. Der Furanring ist linear (Psoralenreihe) oder angulär (Isopsoralenreihe) an das Cumarin kondensiert. Die Biosynthese der Furocumarine geht von Cumarinen aus (Abb. 9-11).

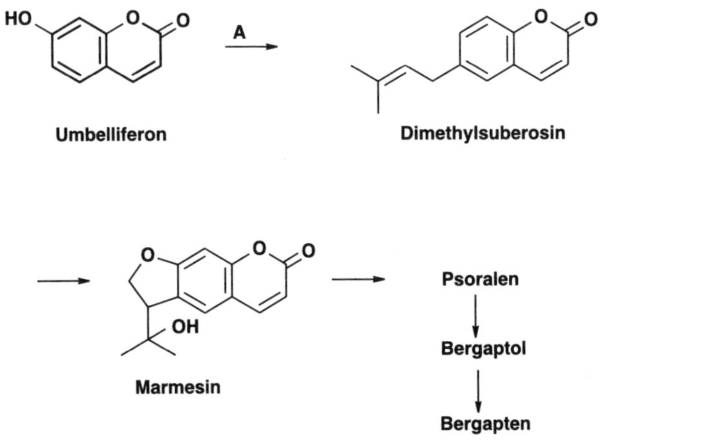

Abb. 9-11 Biosynthese von Bergapten. A: Dimethylallyldiphosphat/Prenyltransferase.

9.2.3 Lignane

Durch oxidative Kupplung von 2 Phenylpropan-Einheiten über das β-Atom der Seitenkette entstehen die Lignane. Zu den Lignanen gehört u. a. die **Nordihydroguajaretsäure** (Norguajalignan), die als Antioxidans eingesetzt wird.

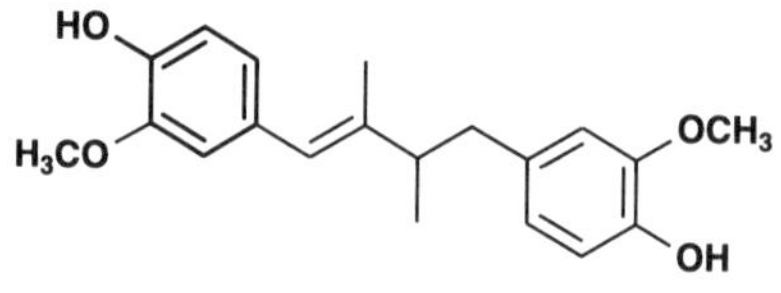

Guajaretsäure

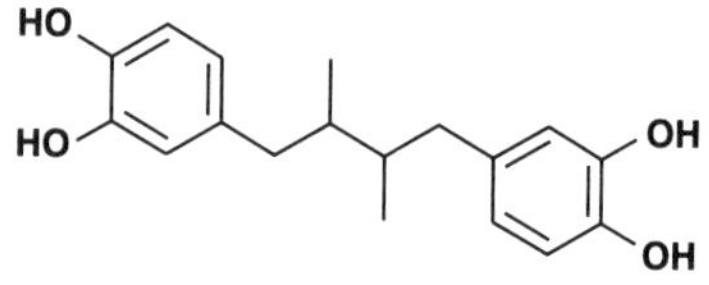

Nordihydroguajaretsäure

Vertreter der Cyclolignane sind die Inhaltsstoffe des Podophyllin-Harzes, das aus den unterirdischen Organen der *Berberidaceae Podophyllum peltatum* gewonnen wird. Aus der ursprünglich als Abführmittel und zur Behandlung von verschiedenen Hauterkrankungen eingesetzten Droge konnten zytostatisch wirksame Verbindungen wie das **Podophyllotoxin** und die **Peltatine** isoliert werden. Als Antitumormittel wird das partialsynthetische **Etoposid** eingesetzt, das sich vom Epipodophyllotoxin (andere Konfiguration am C-4) ableitet. Etoposid wird im Menschen durch hydrolytische Öffnung des Lactonringes und nachfolgende Epimerisierung der Carboxylgruppe inaktiviert.

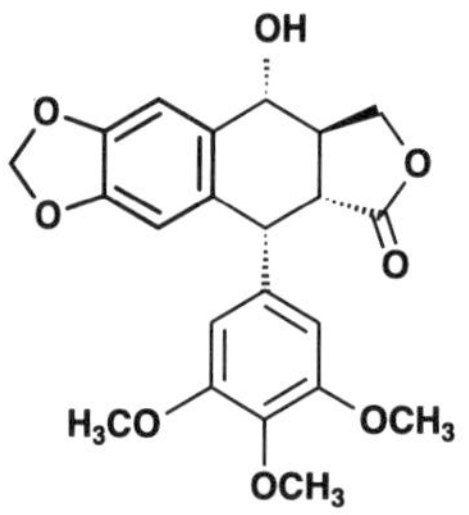

Podophyllotoxin

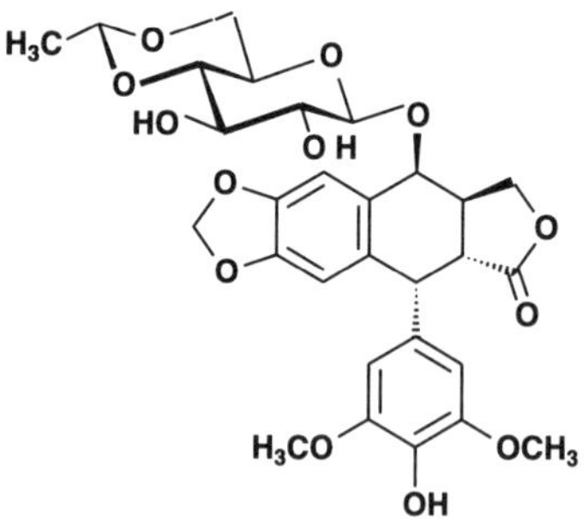

Etoposid

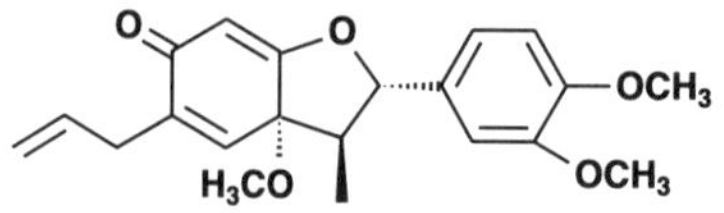

Katsurenon

Aus zwei Phenylpropan-Einheiten wie die Lignane ist höchstwahrscheinlich auch das **Kadsurenon** entstanden, das als PAF-Antagonist (S. 349) für die Wirkstofforschung interessant geworden ist. Kadsurenon wurde aus der chinesischen Pflanze Haifenteng (*Piper futokadsura*) isoliert.

Die Phenylpropansäuren können *in vivo* zu Alkoholen (p-Cumaryl-, Coniferyl-, Sinapinalkohol) reduziert werden, aus denen das Lignin (Kap. 9.2.4) gebildet wird. Phenylpropane sind auch an der Biosynthese der Flavanoide (Kap. 9.3) beteiligt.

9.2.4 Lignin

Lignin ist in den meisten höheren Pflanzen – zumindest in den Gefäßwänden und der Wurzel – enthalten und verleiht ihnen die für das Landleben erforderliche Festigkeit und Elastizität. Etwa 20 bis 30 % des Trockengewichtes verholzter Pflanzen besteht aus Lignin.

Lignin ist ein amorphes, dreidimensionales Polymer, in das die zweidimensionalen Cellulosefasern eingelagert sind. Zwischen den Phenylpropan-Einheiten des Lignins und den Hemicellulosen bestehen Etherbrücken.

1910 äußerte *Klason* die Vermutung, daß das Lignin ein Oxidationsprodukt des Coniferylalkohols sei. Er stützte sich dabei vor allem auf Bestimmungen der Methoxygruppen und auf den oxidativen Abbau eines aus *Coniferen* isolierten polymeren Coniferylalkohols, der zu Vanillin führte. Bereits 1861 war aus dem Kambialsaft der Lärche (*Larix europaea*), später auch aus anderen *Coniferen*, das **Coniferin** isoliert worden, das sich als 4-β-D-Glucopyranosid des *trans*-Coniferylalkohols erwies.

R¹	R²	R³	
H	H	H	p-Cumaralkohol
Glc	H	H	p-Cumaralkohol-β-D-glucosid
H	OCH$_3$	H	Coniferylalkohol
Glc	OCH$_3$	H	Coniferin
H	OCH$_3$	OCH$_3$	Sinapinalkohol
Glc	OCH$_3$	OCH$_3$	Syringin

Der oxidative Abbau des Lignins in alkalischer Lösung ergab für das *Gymnospermen*-Lignin Vanillin neben wenig p-Hydroxybenzaldehyd. Bei dem Lignin der *Liliatae* ist letzterer das Hauptoxidationsprodukt. Das Lignin der *Magnoliophytina* ergibt beim oxidativen Abbau Vanillin und Syringaaldehyd. Die höchsten Ausbeuten an diesen Produkten werden durch Oxidation mit Nitrobenzol bei 160 °C unter Druck erzielt.

R¹	R²	
H	H	p-Hydroxybenzaldehyd
OCH$_3$	H	Vanillin
OCH$_3$	OCH$_3$	Syringaaldehyd

Wesentlichen Anteil an der Strukturaufklärung des Lignins hat vor allem der Arbeitskreis um *Freudenberg*. Diesem Arbeitskreis gelang es 1948, aus Coniferylalkohol *in vitro* mit Hilfe der im Champignon enthaltenen Monophenol-Monooxygenase ein Dehydrierungsprodukt herzustellen, das in seinen chemischen und physikalischen Eigenschaften weitgehend einem aus Fichtenholz isolierten Lignin (Milled-Wood-Lignin) entsprach. Spätere Versuche ergaben, daß radioaktiv markierter Coniferylalkohol von jungen Fichten in Lignin eingebaut wird.

Wenn die enzymatische Umwandlung des Coniferylalkohols unterbrochen wird, bevor das hochpolymere ligninähnliche Produkt entsteht, werden niedermolekulare Verbindungen gebildet, die als **Lignole** bezeichnet werden. Diese Lignole stellen Zwischenprodukte der Ligninbildung dar. Einige dieser Lignole konnten isoliert und identifiziert werden, so die

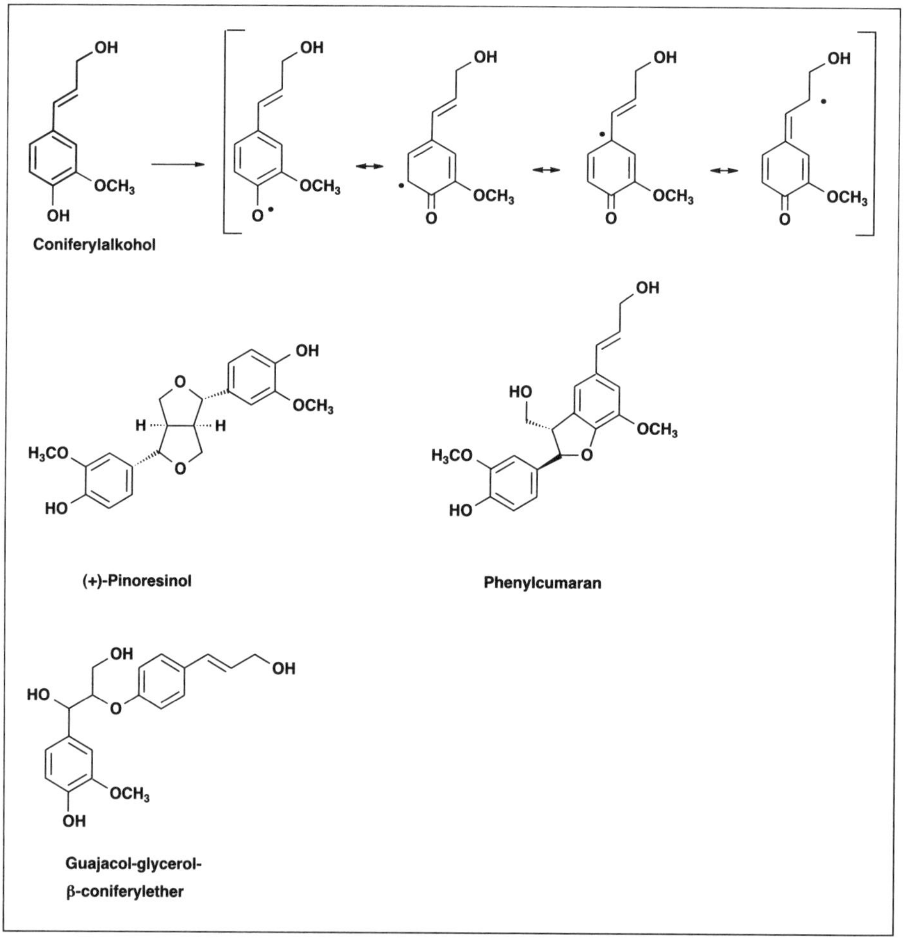

Abb. 9-12 Bei der Oxidation von Coniferylalkohol mit Monophenol-Monooxygenase entstehende Lignole.

Dilignole **Phenylcumaran, Pinoresinol** und **Guajacylglycerol-β-coniferylether** (Abb. 9-12). Primärprodukt der Einwirkung von Monophenol-Monooxygenase auf Coniferylalkohol ist ein mesomer stabilisiertes Radikal, das durch die Erweiterung des Doppelbindungssystems durch die C_3-Seitenkette eine relativ lange Lebensdauer besitzt. Durch Dimerisierung dieses Radikals entstehen Lignole mit C-O- und C-C-Bindung. Die häufigste Bindung ist die Arylether-Bindung (β-O-4-Bindung). Der Radikalmechanismus erklärt auch, weshalb Lignin optisch inaktiv ist. Konstitutionsschemata für Lignine wurden auf der Grundlage der bei der enzymatischen Dehydrierung des Coniferylalkohols sowie beim Ligninabbau anfallenden Lignole aufgestellt. Ein partieller Ligninabbau kann durch milde Hydrolyse oder mit Thioessigsäure erfolgen. Letztere Methode ermöglicht vor allem die Spaltung von β-O-4-Bindungen.

Zur Cellulose-Gewinnung muß das Holz aufgeschlossen, d.h. von Lignin befreit werden. Industrielle Methoden verwenden zum Entfernen des Lignins Hydrogensulfit-Lösungen (saures Aufschlußverfahren oder Sulfit-Verfahren) oder kochen das Holz mit Natronlauge, der Natriumsulfid und -sulfat zugefügt sind (alkalisches Aufschlußverfahren oder Sulfat-Verfahren). Beim Sulfit-Verfahren entstehen wasserlösliche, niedermolekulare **Ligninsulfonsäuren.** Diese Produkte sind biologisch schwer abbaubar. Weltweit am meisten wird das Sulfat-Verfahren eingesetzt. Intensiv wird an schwefelfreien Verfahren zum Holzaufschluß gearbeitet.

Teil einer Ligninsulfonsäure

Die chemische Holzverwertung gewinnt zunehmende Bedeutung. Neben der Cellulose und einem Teil des Sulfatlignins wird industriell auch das nach dem Sulfat-Verfahren anfallende **Tallöl** genutzt, aus dem sich u.a. Sterole für Steroidpartialsynthesen gewinnen lassen. Aus dem Sulfatlignin läßt sich durch milde Oxidation Vanillin herstellen. Die bisher nur schwer verarbeitbaren Lignin-Abbauprodukte werden als Zusatzstoffe für Straßenbelege oder zur Brikettierung verwendet.

Dem Lignin chemisch ähnlich ist das Suberin. **Suberin** und **Cutin** sind Biopolyester, die die höhere Pflanze gegenüber äußeren Einflüssen schützen. Cutin ist Baustein der pflanzlichen Kutikula an der Außenseite der Epidermiszellen. Suberin schützt die unterirdischen Organe der Pflanze. Es ist Bestandteil des Kork. Beide Polymere enthalten als monomere

Bestandteile C_{16}- und C_{18}-Fettsäuren sowie die entsprechenden ω-Hydroxyfettsäuren. Cutin enthält daneben noch 10-Hydroxyfettsäuren sowie Epoxyfettsäuren. Diese Fettsäuren sind beim Suberin esterartig an eine phenolische Matrix gebunden, die ähnlich wie das Lignin aus Lignolen aufgebaut ist. Oxidation dieser Matrix ergibt Vanillin und 4-Hydroxybenzaldehyd.

9.3 Flavanoide

Flavanoide sind Derivate des 2-Phenylchromans (**Flavan**). Sie gehören zu den verbreitetsten sekundären Pflanzeninhaltsstoffen, werden aber nicht von Bakterien und Pilzen gebildet.

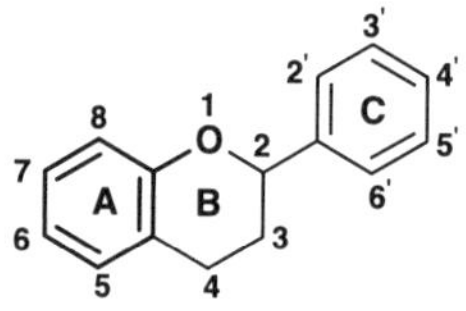

Flavan(2-Phenylchroman)

Der Ring A wird in der Pflanze auf dem Polyketidweg, der Ring C sowie die C-Atome des Ringes B stammen von einem Phenylpropanderivat (Zimtsäure). Die Biosynthese geht wie die der Stilbene von einem Molekül Zimtsäure und drei Molekülen Malonyl-CoA aus (Abb. 9-13) und verläuft über die **Chalcone,** bei denen der Ring B noch geöffnet ist.

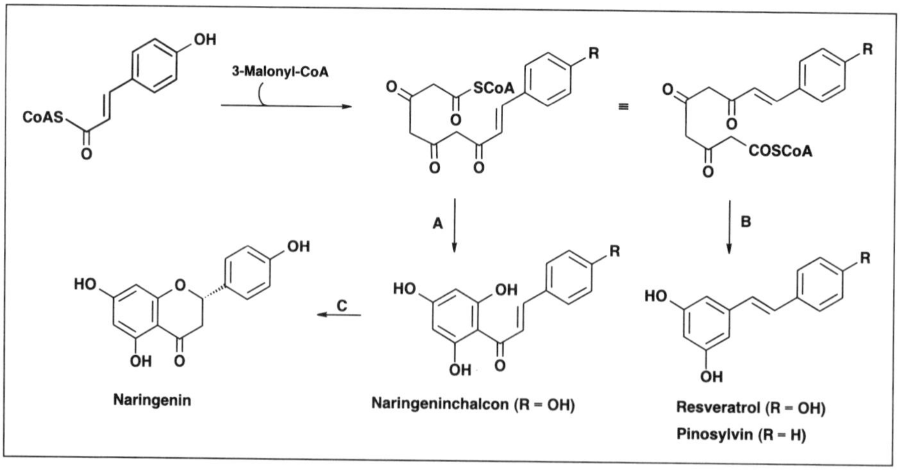

Abb. 9-13 Bildung von Stilbenen (Resveratrol) und Chalconen (Naringenin-Chalcon) aus Zimtsäure und Malonyl-CoA. A: Resveratrol-Synthase; B: Chalcon-Synthase; C: Chalcon-Isomerase.

Abbildung 9-13 und 9-14 informieren über die wichtigsten Strukturtypen und ihre biogenetischen Zusammenhänge. Die einzelnen Verbindungen der verschiedenen Strukturtypen unterscheiden sich durch ihr Substitutionsmuster (Tab. 9-1).Die nativen Verbindungen enthalten Hydroxy-, seltener auch Methoxygruppen, bevorzugt in den Positionen 3,5,7,3' und 4'. Die Stellung der Sauerstoffatome am Ring A ergibt sich durch die Biosynthese. Zwischen der Reaktivität der einzelnen phenolischen Hydroxygruppen bestehen geringfügige Unterschiede.

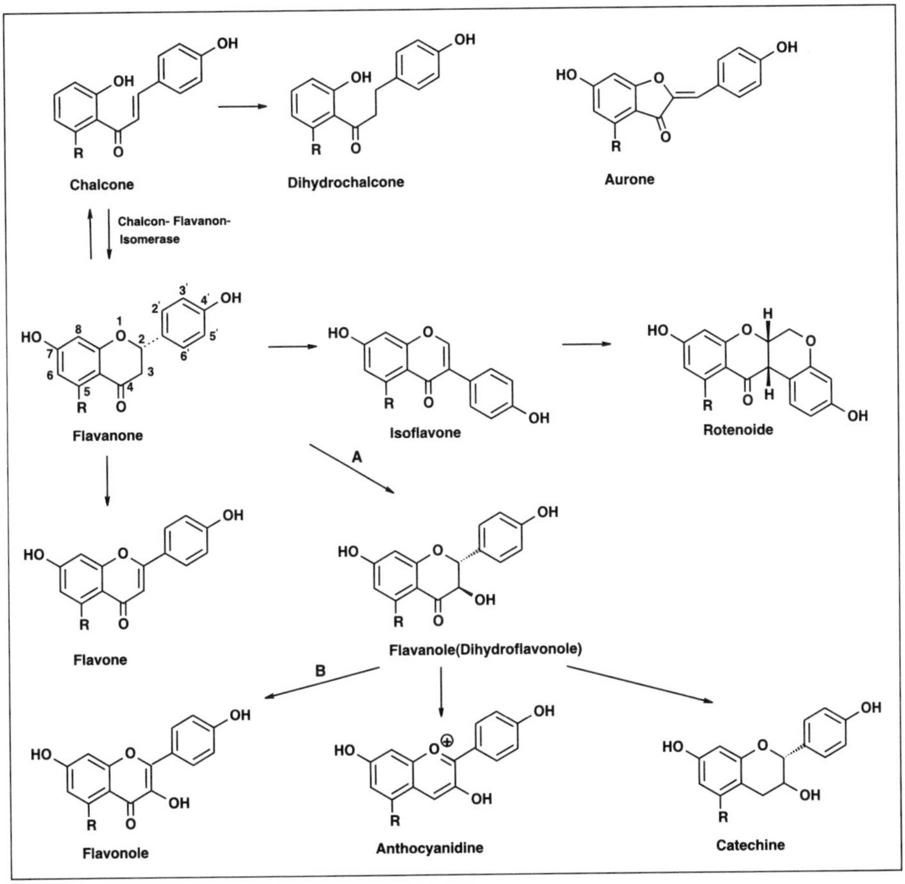

Abb. 9-14 Strukturen und biogenetischer Zusammenhang der Flavanoide (R = H,OH). A: Flavanon-3-Hydroxylase; B: Flavonol-Synthase.

Tab. 9-1: Substitutionsmuster der verbreitetsten Flavanoide (Formeln s. Abb. 9-14).

Flavanoid-Typ	Name	Substituenten in Stellung				
		5	7	3′	4′	5′
■ Flavon	Apigenin	OH	OH	H	OH	H
	Luteolin	OH	OH	OH	OH	H
■ Flavonole	Galangin	OH	OH	H	H	H
	Kämpferol	OH	OH	H	OH	H
	Quercetin	OH	OH	OH	OH	H
	Isorhamnetin	OH	OH	OCH_3	OH	H
	Rhamnetin	OH	OCH_3	OH	OH	H
	Myricetin	OH	OH	OH	OH	OH
■ Flavanone	Naringenin	OH	OH	H	OH	H
	Eriodyctiol	OH	OH	OH	OH	H
	Hesperitin	OH	OH	OH	OCH_3	H
	Liquiritigenin	H	OH	H	OH	H
■ Anthocyanidine	Pelargonin	OH	OH	H	OH	H
	Cyanidin	OH	OH	OH	OH	H
	Delphinidin	OH	OH	OH	OH	OH
	Päonidin	OH	OH	OCH_3	OH	H
	Petunidin	OH	OH	OCH_3	OH	OH
	Malvidin	OH	OH	OCH_3	OH	OCH_3
	Hirsutidin	OH	OCH_3	OCH_3	OH	OCH_3
■ Isoflavone	Genistein	OH	OH	H	OH	H
	Daidzein	H	OH	H	OH	H

Die meisten Verbindungen liegen in der Pflanze als O-Glykoside vor. In der Regel handelt es sich um O-Monoside mit Monosaccharidresten in den Positionen 3,5,7, seltener auch 4′ oder 3′. Daneben sind auch einige „C-Glykoside“ isoliert worden, so das von Weißdorn-Arten (*Crataegus*) gebildete **Vitexin.**

Vitexin

R = H: Phloretin

R = Glc: Phlorizin

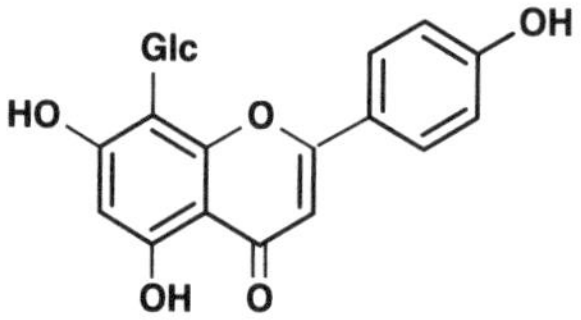

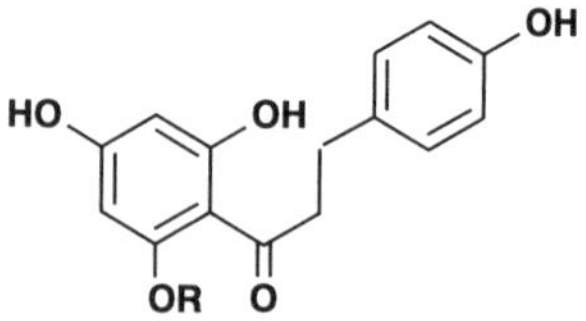

Als Zucker treten D-Glucose, D-Galaktose, D-Glucuronsäure, D-Galakturonsäure, D-Xylose, D-Apiose, L-Rhamnose und L-Arabinose auf. Neben O-Monosiden kommen auch O-Bioside und seltener O-Trioside vor.

Zu den **Dihydrochalconen** gehört das **Phloretin,** das als β-D-Glucopyranosid (**Phlorizin,** auch Phloridzin oder Phlorhizin) z.B. in den Früchten von *Rosaceen* vorkommt. Phlorizin hemmt spezifisch das Carrierprotein für den Transport der Aldosen durch die biologische Membran der Epithelzellen. Bei den **Auronen,** die sich chemisch vom Benzalcumaran-3-on ableiten, liegt der Ring B als 5-Ring vor. Auron-Glykoside kommen in *Asteraceen* vor.

Die verbreitetsten Flavanoide sind die **Flavonole.** Sie und ihre Glykoside beeinflussen die Membranpermeabilität und wurden deshalb auch als Vitamin P bezeichnet. Ferner wird durch sie die Hyaluronidase gehemmt. Flavonol-Glykoside werden deshalb therapeutisch verwendet. Am meisten wird als Reinsubstanz das **Rutin** (Quercetin-3-rhamnoglucosid) eingesetzt, das zuerst aus *Ruta graveolens (Rutaceae)* isoliert wurde, heute aber aus *Fagopyrum*-Arten (Buchweizen, *Polygonaceae*) oder *Sophora japoni*ca (*Fabaceae*) gewonnen wird.

Aus Catechinen und Leukoanthocyanidinen werden die kondensierten Gerbstoffe (Kap. 9.5) gebildet.

Neben den gelben bis orangefarbenen Carotenoiden sind die Anthocyane die verbreitetsten Blütenfarbstoffe. Die orange bis tiefblauen **Anthocyane** sind Glykoside, deren in 3- oder 5-Stellung befindliche Zuckerreste säurekatalysiert leicht unter Bildung der entsprechenden Aglykone (**Anthocyanidine**) abgespalten werden können. Die einzelnen Anthocyanidine unterscheiden sich durch ihr Substitutionsmuster (Tab. 9-1). Die Anthocyanidine gehören zu den Flavyliumsalzen. Sie werden im Alkalischen gespalten:

Cyanidinchlorid → Phloroglucinol + 3,4-Dihydroxybenzoesäure

Die Farbe der Anthocyanidine ist pH-abhängig (Abb. 9-15). Im vorwiegend sauren Zellsaft der Pflanze liegen sie als rote Oxoniumsalze vor.

Die blaue Farbe bestimmter Blütenblätter, z.B. der Kornblume (*Centaurea cyanus*), ist nicht auf ein basisches Milieu im Zellsaft der Pflanzen wie ursprünglich *Willstätter* annahm, sondern auf Komplexbildung zurückzuführen. Die Anthocyane sind durch Selbstassoziation, Copigmentierung mit Flavonen und intermolekulare, sandwichartige Stapelung stabilisiert. Besonders intensiv ist der blaue Farbstoff (**Protocyanin**) der Kornblume untersucht worden. Dieser Komplex besteht aus 6 Anthocyan- (Cyanin und Succinylcyanin) und 6 Flavonmolekülen (Malonyl-Apigenin-4′-O-glucosid-7-O-glucuronid) sowie 2 Metallionen (Fe(III), Al).

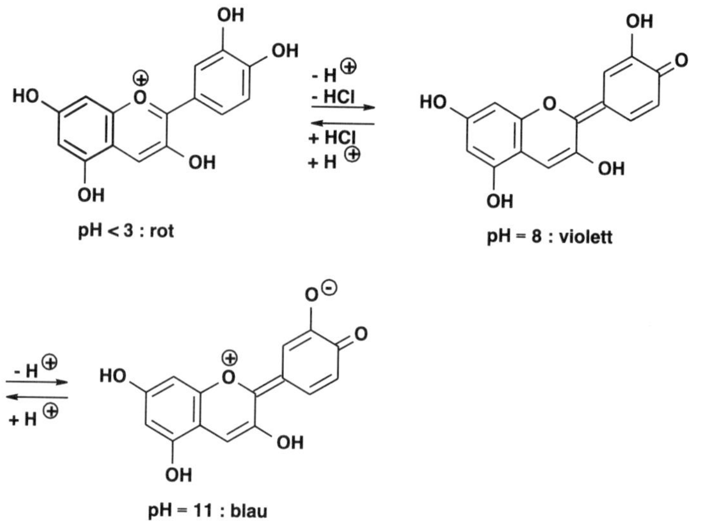

Abb. 9-15 pH-Abhängigkeit der Anthocyanidine.

Die Anthocyanidine gehen durch Reduktion in die Catechine und durch Oxidation in die Flavonole über.

Durch eine 1,2-Verschiebung des Phenylrestes werden in verschiedenen Pflanzen **Isoflavone** gebildet (Abb. 9-16). Die Umlagerung erfolgt in zwei Schritten. Der erste Schritt findet in Anwesenheit einer Cytochrom-P450-

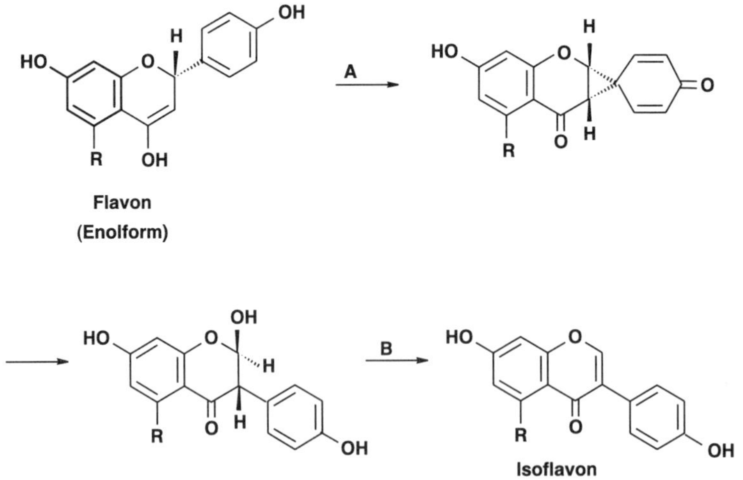

Abb. 9-16 Biosynthetische Umlagerung von Flavonen in Isoflavone unter 1,2-Phenylverschiebung. A: Isoflavon-Synthase; B: Dehydratase.

abhängigen Monooxygenase in Gegenwart von Sauerstoff und NADPH statt. Als Intermediat wird ein Cyclopropan-Derivat angenommen. Der zweite Schritt ist eine Dehydratisierung. Isoflavon-Glykoside kommen meist in *Fabales* vor. Die häufigsten Aglykone sind **Genistein** und **Daidzein**.

Von den Isoflavonen leiten sich die **Rotenoide** ab. Von diesen ist das **Rotenon** wegen seiner biologischen Aktivität von besonderem Interesse. Rotenon ist ein für Säugetiere ungiftiges Insektizid, das in den Wurzeln der in Südostasien und Afrika angebauten *Fabaceae Derris elliptica* vorkommt.

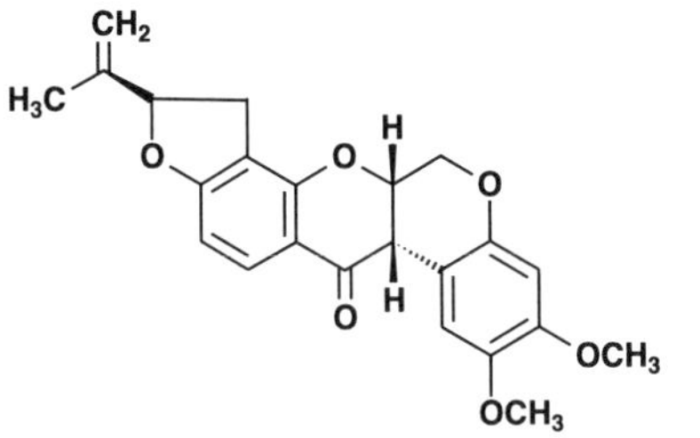

Rotenon

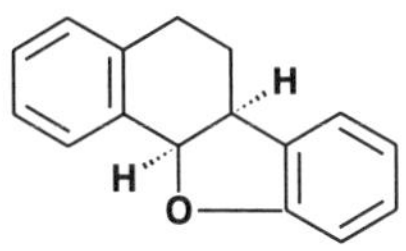

Pterocarpen

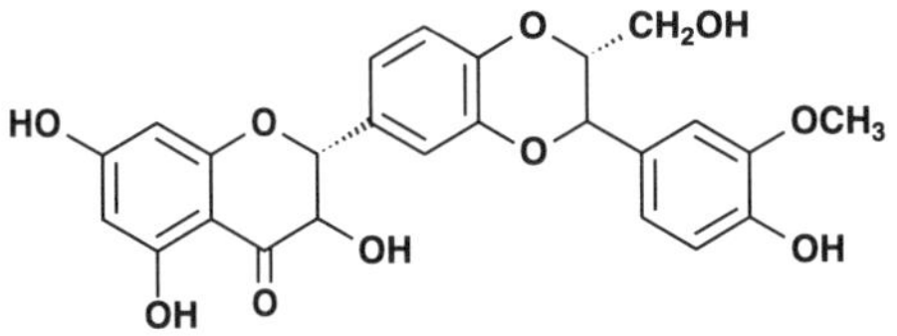

Silibinin

Ebenfalls von den Isoflavonen leiten sich die **Pterocarpene** ab, bei denen wie bei den Rotenoiden zusätzliche O-haltige Ringe vorliegen. Zu den Pterocarpenen gehören die Phytoalexine **Phaseolin** und **Pisatin** (Abb. 1-37, S. 62).

Flavanoide können mit einer weiteren Phenylpropan-Einheit gekoppelt sein. Als Beispiel für ein **Flavolignan** soll das **Silibinin** (Silybin, Silymarin) aufgeführt werden, das aus der Marien- oder Silberdistel (*Silybum marianum*) isoliert wurde und als Antidot bei Vergiftungen durch Knollenblätterpilze diskutiert wird. Silibinin soll dabei die Aufnahme des Amanitins (S. 142) in die Leber hemmen.

9.4 Gerbstoffe

Als Gerbstoffe werden anorganische und organische Verbindungen bezeichnet, die tierische Häute gerben, also in Leder verwandeln können. Die Wirkung beruht auf einer Denaturierung der Proteine. Von den organischen Gerbstoffen pflanzlicher Herkunft können zwei Gruppen unterschieden werden:

- die kondensierten Gerbstoffe, auch Catechingerbstoffe oder Proanthocyanidine, die sich von dem Flavanderivat **Catechin** ableiten
- die hydrolysierbaren Gerbstoffe oder Gallotannine, die sich von der **Gallussäure** ableiten.

Die Vertreter beider Gruppen zeichnen sich chemisch dadurch aus, daß sie zahlreiche phenolische Hydroxygruppen enthalten.

Gerbstoffe kommen vor allem in *Pinidae* und *Magnoliophytinae* (Familien *Rosaceae, Fagaceae, Salicaceae, Polygonaceae, Fabaceae, Ericaceae, Anacardiaceae*) vor.

9.4.1 Catechingerbstoffe

Die kondensierten Gerbstoffe leiten sich von Flavan-3-olen (Catechine) ab. Diese Grundkörper tragen phenolische Hydroxgruppen bevorzugt in 5-, 7-, 3'-, 4'- und 5'-Stellung. **Catechin** (5,7,3',4'-Tetrahydroxyflavan-3-ol) ist in Rinden, Hölzern und Früchten weit verbreitet. Von den 4 optischen Isomeren kommen natürlich nur (+)-Catechin und (-)-Epicatechin vor, beide mit (2R)-Konfiguration. Die Monomeren besitzen noch keinen Gerbstoffcharakter. Erst durch säurekatalysierte Selbstkondensation (*in vitro*) oder durch Polyphenol-Oxidasen entstehen die Gerbstoffe.

Bei der dehydrierenden Polymerisation bilden sich dimere, oligomere bis polymere **Proanthocyanidine.** Mit steigendem Polymerisationsgrad sinkt die Wasserlöslichkeit. **Phlobaphene,** an deren Bildung noch andere Strukturen beteiligt sind, sind wasserunlösliche Polymere. Oligomere Proanthocyanidine sind in Tee, Kakao, Wein und weiteren pflanzlichen Nahrungs- und Genußmitteln enthalten. Pharmazeutische Zubereitungen, die oligomere Proanthocyanidine enthalten und z.B. aus Eichenrinde (von *Quercus*-Arten, *Fagaceae*), Tormentillwurzel (von *Potentilla erecta, Rosaceae*) oder Ratanhiawurzel (von *Krameria triandra, Krameriaceae*) bereitet werden, werden u.a. als Gurgelmittel (Gargarisma) bei Entzündungen im Mundraum eingesetzt. Weißdornpräparate (vor allem aus *Crataegus laevigata = oxyacantha, Rosaceae*) enthalten neben Flavon- und Flavonolglykosiden (u.a. Rutin) etwa 2,9% Proanthocyanidine. Crataegus-Präparate sind „Mittel für das alternde Herz".

Die C-C-Bindung zwischen den Flavanbausteinen ist säurelabil. Durch Erhitzen mit verdünnten Säuren entstehen rote **Anthocyanidine** (Abb. 9-17).

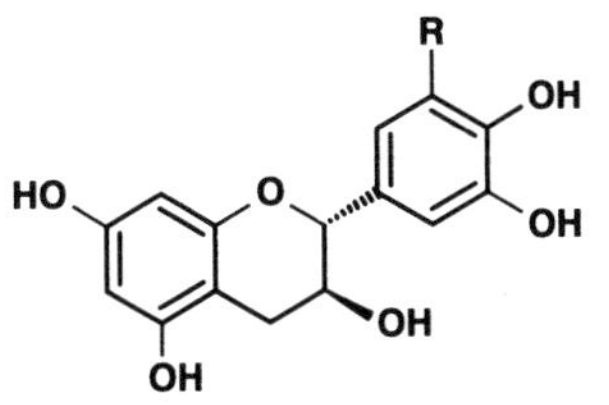

R= H : (+)-Catechin
R= OH : (+)-Gallocatechin

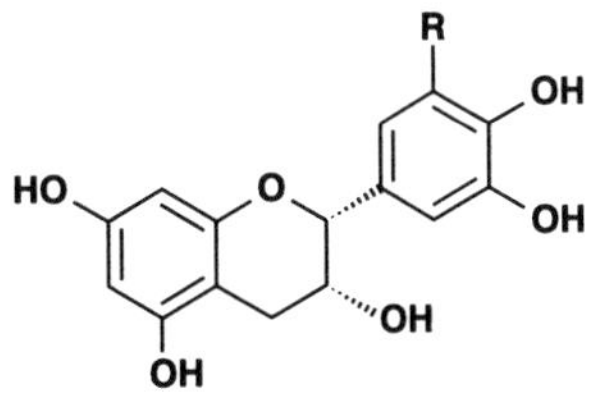

R= H : (-)-Catechin
R= OH : (-)-Gallocatechin

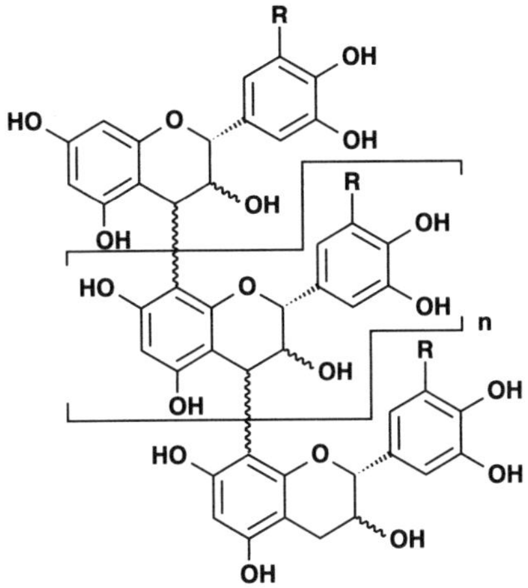

Oligo-polymere
Proanthocyanidine

9.4.2 Hydrolysierbare Gerbstoffe

Allgemein lassen sich die hydrolysierbaren Gerbstoffe als Ester oder seltener auch Glykoside von Monosacchariden (D-Glucopyranose, in Hamamelisblättern auch die verzweigte Hamamelose) oder auch Zuckeralkoho-

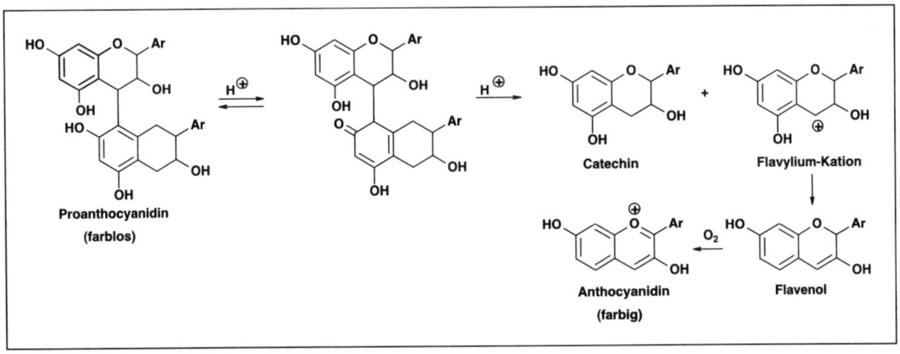

Proanthocyanidin
(farblos)

Catechin

Flavylium-Kation

Anthocyanidin
(farbig)

Flavenol

Abb. 9-17 Säurekatalysierte Bildung von Anthocyanidin aus Proanthocyanidin.

len mit Gallussäure oder von der Gallussäure abgeleiteten polymeren Phenolcarbonsäuren definieren (Abb. 9-18).

Die Gallussäure wird in den Pflanzen ausgehend von Shikimisäure gebildet. Aus dem chinesischen Rhabarber (*Rheum officinale*) konnte mit dem β-**Glucogallin** das einfachste Gallotannin isoliert werden. Die meisten Gallotannine enthalten jedoch als Acylreste intermolekulare Gallussäureester (**Depside:** Ester aromatischer Hydroxycarbonsäuren), deren Ether (**Depsidone**) oder dimere Gallussäurederivate mit C-C-Verknüpfungen. So enthält der Gerbstoff der **chinesischen Gallen** (chinesisches Tannin), die pathologisch durch den Stich einer Blattlaus in die Blätter von *Rhus chinensis* ausgebildet werden, 7 bis 10 Gallussäurereste pro Glucose (vgl. Abb. 9-19). Die **Hexahydroxydiphensäure,** die durch oxidative Kupplung aus 2 Molekülen Gallussäure gebildet wird, ist Bestandteil des Gallotannins der **türkischen Gallen.** Diese entstehen durch den Stich der Gallwespe in Blätter der Eichenart *Quercus infectoria*. Bei der Hydrolyse der Gerbstoffe spaltet die Hexahydroxydiphensäure 2 Moleküle Wasser unter Bildung der **Ellagsäure** ab. Die aus *Quercus aegilops* isolierte **Valonsäure** enthält eine Ether- und C-C-Brücke.

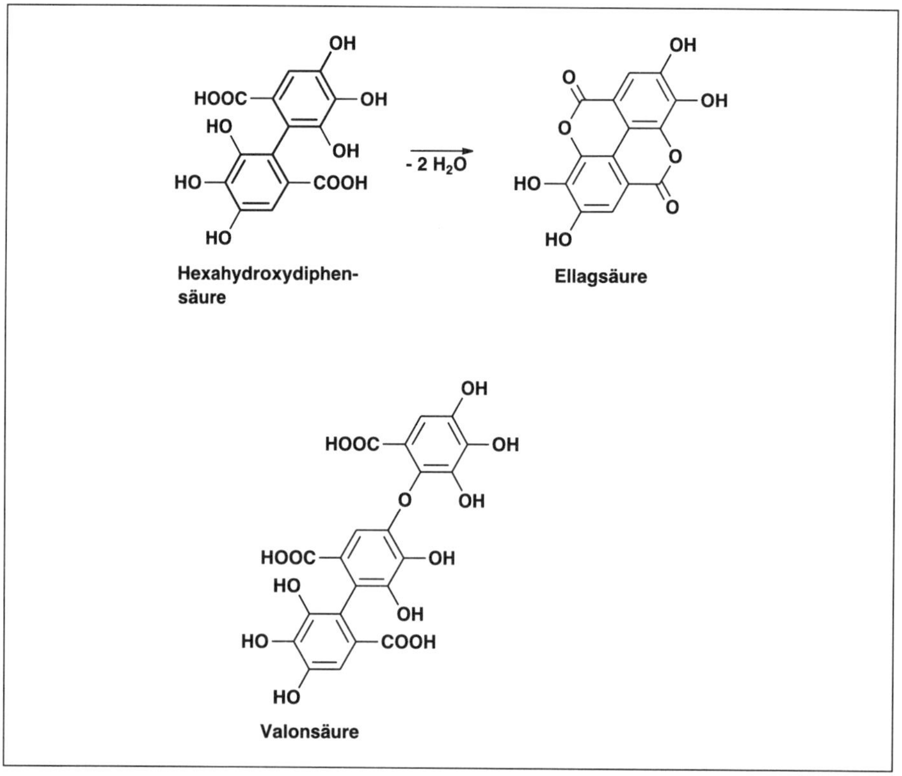

Abb. 9-18 Acylreste der Gallotannine.

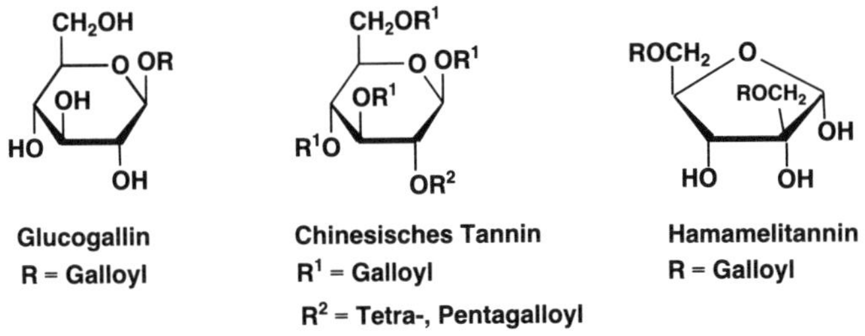

Abb. 9-19 Strukturen einiger Gallotannine.

9.5 Polyketide

In Analogie zu den Terpenoiden lassen sich die Polyketide nach der Anzahl der monomeren Bausteine (C_2-Einheiten) in verschiedene Gruppen einteilen (Tab. 9-2).

Tab. 9-2: Sekundäre Naturstoffe der Pilze, die wahrscheinlich nach dem Polyketidweg gebildet werden.

Anzahl der C_2-Einheiten	Gruppe	Beispiele
3	Triketide	Selten
4	Tetraketide	6-Methylsalicylsäure
		Orsellinsäure, Usninsäure, als dimere Verbindung Patulin
5	Pentaketide	Naphthalen- und Naphthochinon-Derivate
6	Hexaketide	Selten
7	Heptaketide	Griseofulvin (Antibiotikum, S. 710)
		Xanthon-Derivate
8	Octaketide	Anthrachinone und dimere Anthrachinone
9	Nonaketide	Aflatoxine und verwandte Verb.
		Tetracycline (Antibiotika, S. 710), Citreoviridin
10	Decaketide	Anthracycline (Antibiotika, S. 713)
< 10	Polyketide	Polyen-Antibiotika (S. 723)

Orsellinsäure kommt frei oder als intermolekularer Ester (Depsid) in Flechten vor. Aus dem durch Methylierung des 2,4,6-Trihydroxyacetophenons (Phloracetophenon) gebildeten 2,4,6-Trihydroxy-5-methylacetophenon entsteht durch oxidative Kupplung die ebenfalls in Flechten vorkommende **Usninsäure**. Usninsäure entsteht auch *in vitro* durch Oxidation mit $K_3[Fe(CN)_6]$. Das zunächst gebildete stabilisierte Radikal bildet Usninsäure-Hydrat, aus dem durch Wasserabspaltung die Usninsäure entsteht. Usninsäure wirkt antibiotisch, wird aber wegen ihrer geringen therapeutischen Breite kaum eingesetzt.

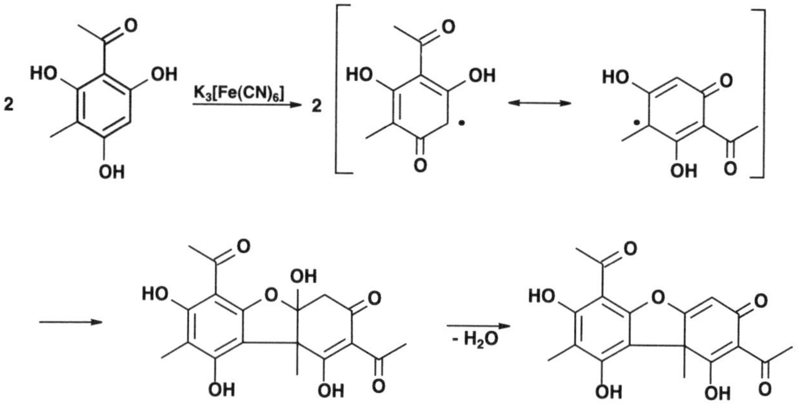

Phloroglucinolderivate sind in einigen anthelminthisch wirkenden Drogen enthalten, von denen das Rhizom des Wurmfarns (*Dryopteris filix mas*) die größte Bedeutung hat. Im etherischen Extrakt des Rhizoms sind monomere, dimere und tetramere Phloroglucinolderivate enthalten, die sich u. a. im Methylierungs- und Oxidationsgrad unterscheiden. Hauptbestandteile sind die **Flavaspid**- und **Filixsäure**.

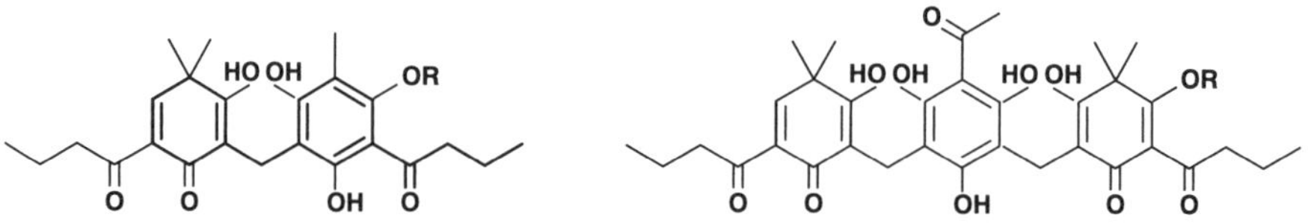

R = H: Flavaspidsäure
R = CH$_3$: Aspidin

Filixsäure

Patulin, dessen Biosynthese von der in Pilzen weit verbreiteten 6-Methylsalicylsäure ausgeht (vgl. Abb. 9-5), wird von zahlreichen Vertretern der sog. *Fungi imperfecti* gebildet. Patulin wirkt *in vitro* antibakteriell. **Gingerole** und davon abgeleitete Verbindungen sind die Scharfstoffe des Ingwer (Wurzelstock von *Zingiber officinale, Zingiberaceae*).

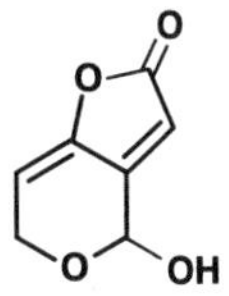

Patulin 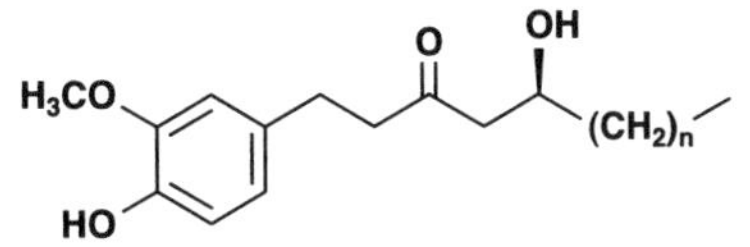 **Gingerole (n = 4, 6, 8)**

9.5.1 Anthracen-Derivate

Oxidierte Anthracen-Derivate (Anthrone, Dianthrone, Anthrachinone) werden von Flechten und Pilzen (z. B. *Penicillium, Aspergillus*) nach dem Polyketidweg aus 1 Molekül Acetyl-CoA und 7 Molekülen Malonyl-CoA gebildet (vgl. Abb. 9-6).

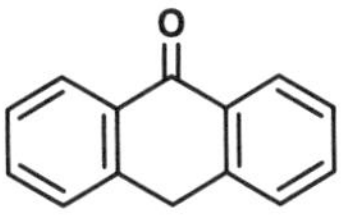

Anthron 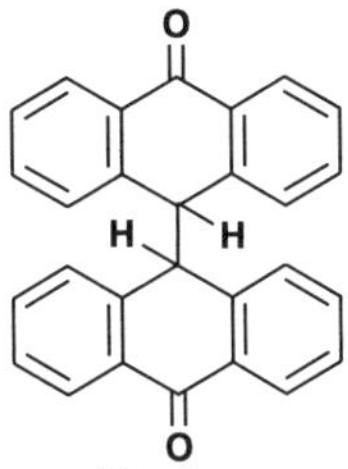   **Dianthron** 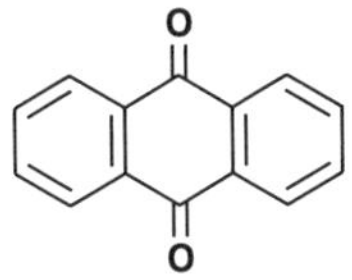   **Anthrachinon**

Die von höheren Pflanzen gebildeten Anthracen-Derivate (Abb. 9-20) entstehen dagegen über den Shikimisäure-Weg. Die so gebildeten Anthrachinone enthalten meist Hydroxygruppen in 1- und 8-Stellung sowie C_1-Gruppen in 3-Stellung (Anthrachinone der Chrysophanolgruppe). In den Familien der *Polygonaceae, Fabaceae, Rhamnaceae* und *Liliaceae* liegen diese Verbindungen als O- oder C-Glykoside (z. B. **Frangulin A** oder **Aloin**, Abb. 9-20) von **1,8-Dihydroxyanthrachinon-Derivaten** bzw. der entsprechenden Dianthrone vor. Diese Verbindungen sind für die Abführwirkung von Drogen wie Rhabarberwurzel (*Rhei radix* von *Rheum palmatum* oder *R. officinale*), Faulbaumrinde (*Frangulae cortex* von *Rhamnus frangula*), Sennesblätter (*Sennae folium* von *Cassia senna* oder *C. angustifolia*) oder Aloe (*Aloe capensis*) verantwortlich.

Der Farbstoff des Krapps (*Rubia tinctorum*) wurde bereits im geschichtlichen Altertum in Ägypten und Griechenland als Textilfarbstoff verwendet. Er besteht aus **Alizarin, Purpurin** und Pseudopurpurin. Alizarin liegt in der Pflanze als Bisglucosid (Ruberythrinsäure) vor. Alizarin bildet farbige Komplexe mit verschiedenen Metallen.

Einige Anthrachinone kommen auch in Tieren vor. Kommerzielle Bedeutung hatten Pigmente von Insekten der Unterordnung *Coccina* (Schildläuse). In den Lackdrüsen der in Südostasien lebenden Schildlaus *Tachar-*

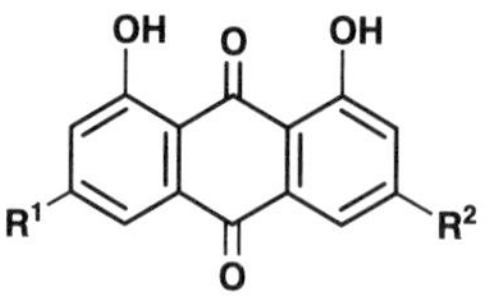

	R^1	R^2
Danthron	H	H
Crysophanol	CH_3	H
Aloe-Emodin	CH_2OH	H
Rhein	COOH	H
Emodin	CH_3	OH
Physcion	CH_3	OCH_3

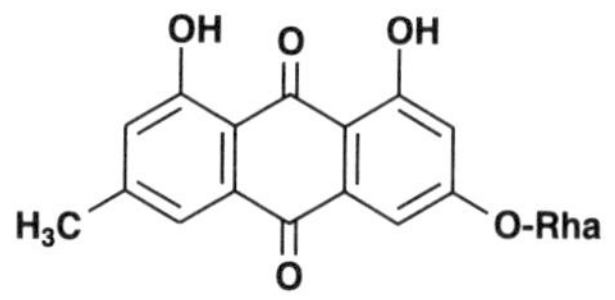

Frangulin A

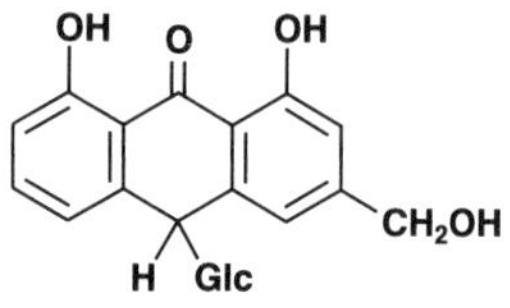

Aloin

Abb. 9-20 In Drogen mit Abführwirkung vorkommende 1,8-Dihydroxyanthrachinone.

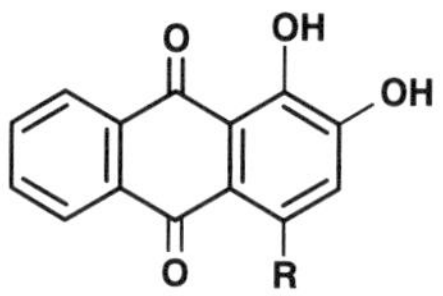

R = H: Alizarin

R = OH: Purpurin

Rubia-Anthrachinone

dia lacca ist die **Lacksäure** enthalten. Aus diesen Drüsen werden die Lackfarben gewonnen. Vor der Einführung der synthetischen Anilinfarben waren der Farbstoff (**Carminsäure**) der auf einer Kaktee parasitierenden

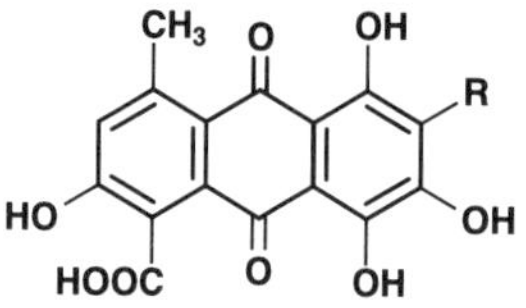

Kermesinsäure: R = $COCH_3$

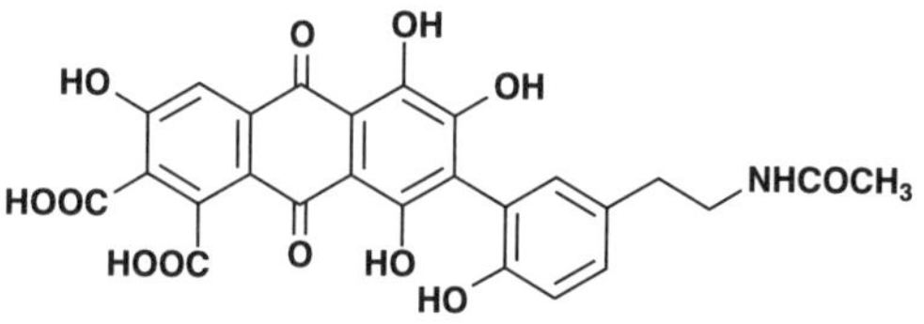

Lacksäure

Carminsäure: R =

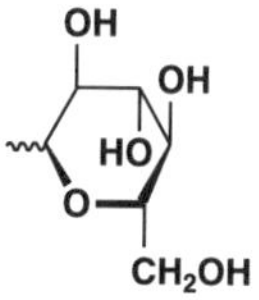

Cochenillelaus (*Dactylopius coccus*) und das von den an Eichenarten lebenden *Kermes*-Arten produzierte **Karmesinrot** (Kermesinsäure) für die Textilindustrie begehrte Farbstoffe.

9.5.2 Ergochrome

Die Sklerotien von auf Roggen wachsenden *Claviceps purpurea* enthalten ein Gemisch von Farbstoffen, deren Bildung aus Anthrachinon-Derivaten erfolgt. Diese Ergochrome (früher auch als Ergochrysine, Secalonsäure oder Chrysergonsäure bezeichnet) sind 2,2'- oder 4,4'-Dimere der Monomeren A, B, C oder D. Das Ergochrom CC (Ergoflavin) z. B. ist ein 2,2'-Dimeres von **4**.

9.5.3 Aflatoxine

Die Aflatoxine wurden als bisher stärkste Leberkarzinogene entdeckt. Auf diese fluoreszierenden Mykotoxine wurde man Anfang der 60er Jahre nach einem Massensterben von Truthühnern aufmerksam, das nach dem Verfüttern von verschimmelten Erdnüssen auftrat. Aflatoxine werden von *Aspergillus flavus*, aber auch von anderen Schimmelpilzen gebildet, die z. B. auf verdorbenen Erdnüssen, Käse oder Getreideerzeugnissen wachsen. Die hochtoxischen Verbindungen sind dadurch besonders gefährlich, weil sie aufgrund ihrer Lipophilie in die Lebens- oder Futtermittel diffundieren. Von den Aflatoxinen sind verschiedene Gruppen bekannt. Bei den Aflatoxinen mit dem Index 2 (B_2, G_2 oder M_2) ist der äußere Furanring hydriert.

Toxikologisch sind insbesondere Aflatoxin B_1 sowie die Aflatoxine B_2, G_1 und G_2 von Bedeutung. Aflatoxin M_1 wird erst im Säugetierorganismus durch Biotransformation gebildet. Die Aflatoxine sind relativ hitzestabil, werden also beim Erwärmen nicht völlig abgebaut. In Deutschland ist für Lebensmittel eine Höchstmenge von 2 µg Aflatoxin B_1 auf 1 kg zugelassen. Betroffen können u. a. Pistazien, Nüsse, Cayenne-Pfeffer oder Gewürzpaprika sein. Den Aflatoxinen verwandt sind die **Sterigmatocystine,** die hepato- und nephrotoxisch sind.

Es wurde wahrscheinlich gemacht, daß die Aflatoxine nach einer Oxidation zu den entsprechenden 2,3-Epoxy-Verbindungen an die RNA von Lebermikrosomen gebunden werden. Die Biosynthese der Aflatoxine erfolgt auf dem Polyketidweg.

9.6 Cannabinoide

Hanf (*Cannabis sativa*) wird sowohl zur Gewinnung von Fasern und Öl als auch zur Rauschmittelgewinnung angebaut. Als Rauschmittel dienen die weiblichen Blütenspitzen (Marijuana, Kif oder Dagga), das aus ihnen gewonnene Harz (Haschisch oder Chara) oder ein Petrolätherextrakt in Speiseöl (Haschischöl). Das Harz wurde sehr gründlich chemisch und pharmakologisch untersucht. Es enthält vor allem Derivate des Dibenzopyrans, die als Cannabinoide bezeichnet werden. Es werden neutrale und saure (Anwesenheit einer Carboxylgruppe) Cannabinoide unterschieden. Die stärkste psychoaktive Wirkung besitzt (-)-Δ^9- *trans*-**Tetrahydrocannabinol** (THC). THC ist in Marijuana zu 0,5 bis 2%, im Haschisch zu 2 bis 10% und im Haschischöl zu >25% enthalten. Geringe Dosen induzieren einen Stimmungswechsel, in der Regel Euphorie, höhere Dosen erzeugen Seh- und Hörstörungen und LSD-ähnliche (S. 669) Halluzinationen. Die entsprechende Verbindung mit aromatischem Ring C (Cannabinol) ist inaktiv. Beim **Cannabidiol** ist der Ring B geöffnet. Diese zu etwa 3% im Haschisch enthaltene Verbindung wirkt gegen grampositive Bakterien antibiotisch.

1988 wurde ein spezifischer cannabinoider Rezeptor charakterisiert, der 1990 kloniert wurde, und 1992 wurde mit dem **Anandamid** (Arachidonylethanolamin) ein endogen cannabinoides Eicosanoid entdeckt.

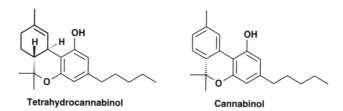

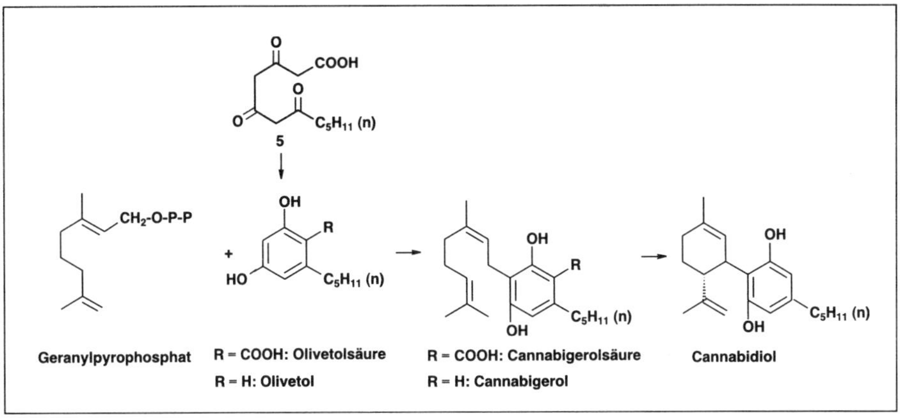

Abb. 9-21 Biosynthese der Cannabinoide.

Zum raschen Nachweis der Cannabinoide dienen Farbreaktionen mit p-Dimethylaminobenzaldehyd und konz. Schwefelsäure (*Ghamrawy*-Test) oder mit Vanillin und konz. Salzsäure (*Duquenoiss*-Test).

Die Biosynthese der Cannabinoide geht wahrscheinlich von einer Triketo-Verbindung (**5**) aus, die aus n-Capronsäure als Startmolekül gebildet wird. Aus diesem Triketid entstehen die Resorcinolderivate **Olivetolsäure** und **Olivetol,** die mit Geranylpyrophosphat die offenkettigen Verbindungen **Cannabigerolsäure** bzw. **Cannabigerol** bilden (Abb. 9-21). Diese beiden Muttersubstanzen der sauren bzw. neutralen Cannabinoide wurden zu 0,5 bzw. 0,3 % im Haschisch gefunden.

9.7 Melanine

Melanine sind hochmolekulare Farbstoffe, die durch Oxidation von Phenolen entstehen. Die natürlich vorkommenden Melanine sind unlöslich und amorph. Dadurch ist die Strukturaufklärung außerordentlich erschwert. Vorstellungen über die Struktur sind daher vor allem durch die Untersuchung synthetischer Melanine entwickelt worden, die durch Autoxidation oder enzymatische Oxidation entsprechender Precursoren erhältlich sind. Polyphenol-Oxidasen, die Diphenole aerob oxidieren, sind im Pflanzen- und Tierreich weit verbreitet und können z.B. aus Pilzen, Bakterien, Algen oder höheren Pflanzen (Kartoffeln) gewonnen werden.

Die nativen Melanine werden in Eumelanine, Phäomelanine und Allomelanine unterteilt.

Die **Eumelanine** kommen vor allem in Tieren vor. Sie sind gewöhnlich schwarz. Zu dieser Gruppe gehören die Pigmente der Haut, der Haare und der Federn. Auch die Farbe der malignen Melanome ist auf Eumelanine zurückzuführen. Die Eumelanine enthalten Stickstoff. Bei der Alkalischmelze wird 5,6-Dihydroxyindol, durch Oxidation mit Permanganat werden verschiedene Pyrrolcarbonsäuren gebildet.

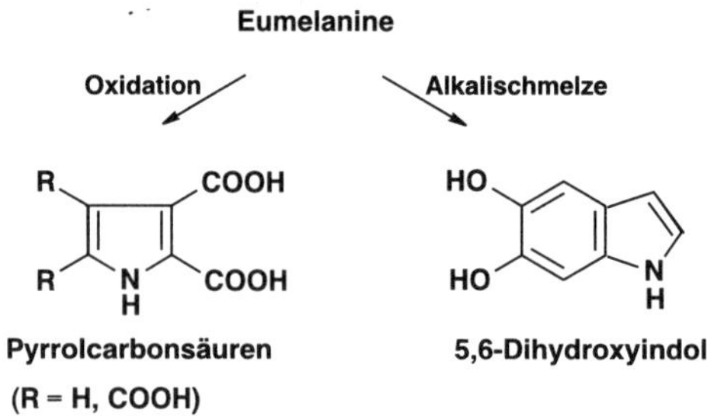

Nach den Vorstellungen von *Raper* und *Mason* handelt es sich bei den Eumelaninen im wesentlichen um Polymere des 5,6-Dihydroxyindols, das aus Dihydroxyphenylalanin (Dopa) gebildet werden kann (Abb. 9-22).

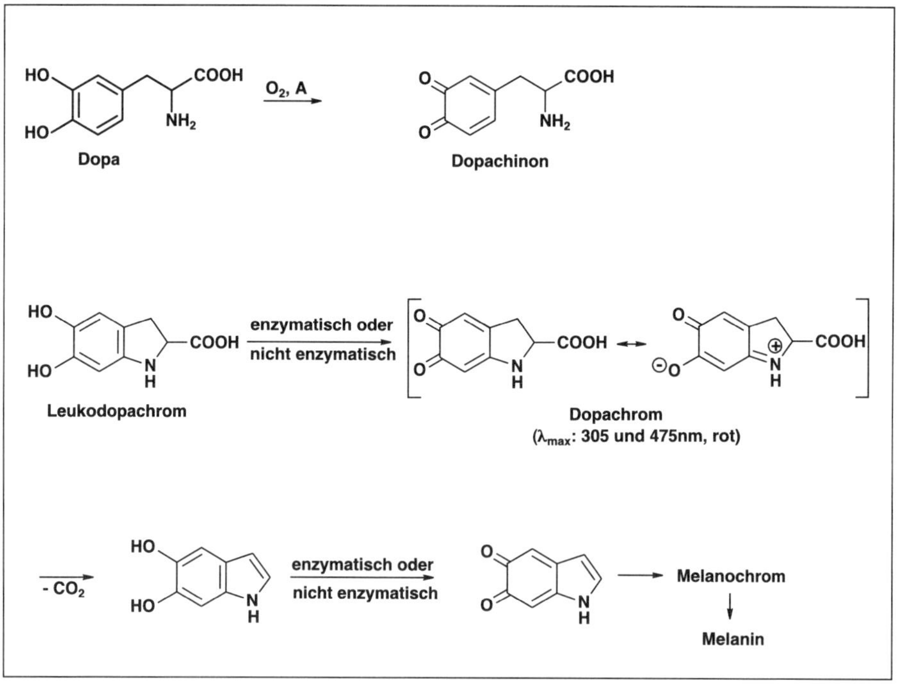

Abb. 9-22 Bildung von Melaninen aus Dopa. A: Tyrosinase (Polyphenol-Oxidase).

Das Indolchinon kann bifunktionell reagieren und wiederholt mit seinem Pyrrolanteil nucleophil am Chinonanteil des nächsten Moleküls angreifen. Die Bildung derartiger Polymerer konnte durch Modellversuche mit Indol und o-Benzochinon wahrscheinlich gemacht werden.

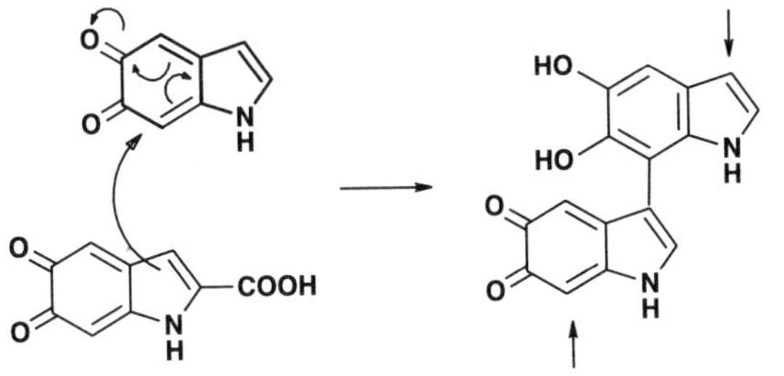

Die Eumelanine werden beim Menschen und bei Tieren in spezialisierten Zellen, den Melanozyten, gebildet. Die natürlichen Eumelanine können in ihrer Struktur durch verschiedene Precursoren (Tyrosin, Dopa, Dopamin, 5,6-Dihydroxyindol), unterschiedliche Bedingungen während der Bildung (pH-Wert, Konzentration) sowie den Einbau anderer Moleküle stark variieren. Sie liegen meist als Protein-Konjugate vor (Chromoproteine).

Zusammenhänge zwischen der Melanogenese und dem Catecholaminstoffwechsel wurden bereits länger vermutet, da bei der *Addison*-Krankheit, die auf eine Unterfunktion der Nebenniere, dem Bildungsort der Catecholamine, zurückgeht, starke Pigmentierungen auftreten und im Urin bestimmter Patienten mit metastasierenden Melanomen Catecholamine enthalten sind.

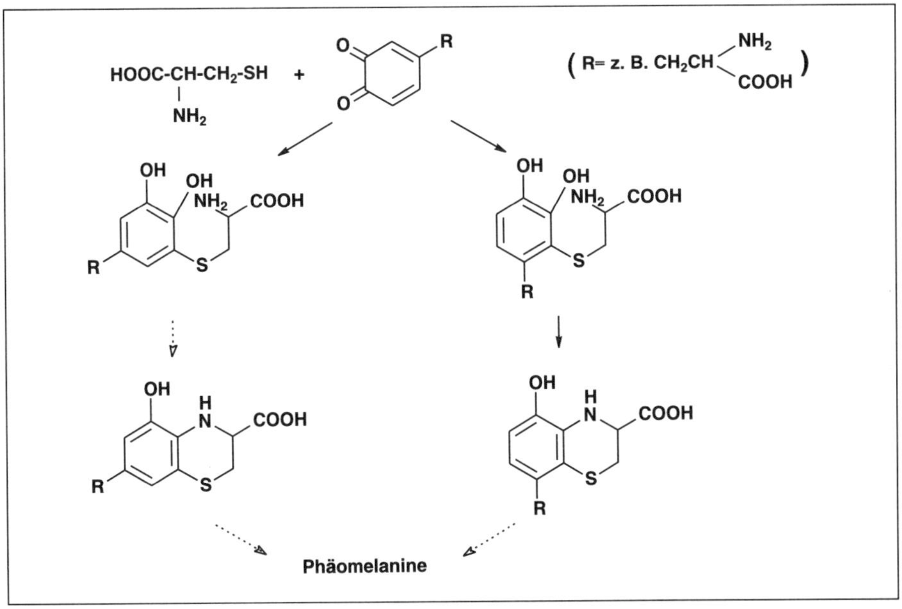

Abb. 9-23 Bildung von Phäomelaninen aus o-Chinonen.

In den Haaren der Säuger und in Vogelfedern liegen die Eumelanine oft vergesellschaftet mit den roten **Phäomelaninen** vor. Im Unterschied zu den Eumelaninen enthalten die Phäomelanine außer Stickstoff noch Schwefel. Die Bildung der Phäomelanine wird wahrscheinlich durch einen nucleophilen Angriff der SH-Gruppe von Cysteinresten an o-Benzochinonen eingeleitet, wobei sich durch nachfolgende Cyclisierung Benzothiazin-Derivate bilden (Abb. 9-23).

Die **Allomelanine** sind schwarze Pigmente, die in Pflanzen (Samen, Sporen) vorkommen. Sie enthalten im Unterschied zu den tierischen Eumelaninen keinen Stickstoff. Bei der Alkalischmelze werden mehrwertige Phenole wie Brenzcatechin oder 1,8-Dihydroxynaphthalen erhalten.

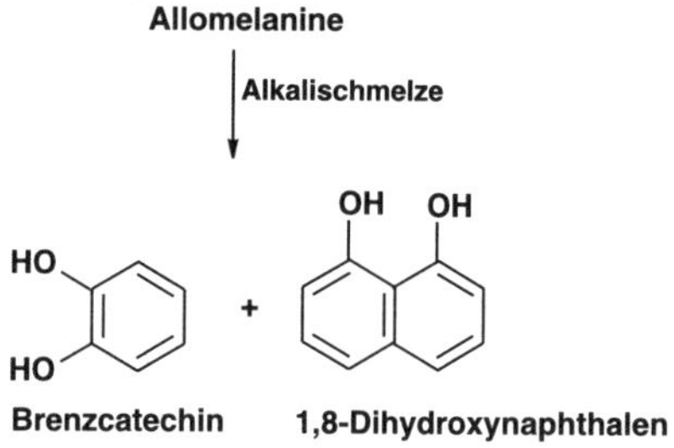

Allomelanine
↓ Alkalischmelze

Brenzcatechin + 1,8-Dihydroxynaphthalen

An der Bildung des durch Polyphenol-Oxidase erhaltenen Brenzcatechin-Melanins sind intermolekulare C-C- und C-O-C-Bindungen beteiligt. Die enzymatisch ausgelöste Melaninbildung bedingt auch die Bräunung der Laubblätter im Herbst. Während der Vegetationsperiode sind Substrat (Polyphenole) und Enzym (Polyphenol-Oxidase) in verschiedenen Zellkompartimenten lokalisiert.

10 Alkaloide

10.1 Allgemeine Einführung

Der Begriff Alkaloid geht auf *Meissner* (1819) zurück, der darunter basisch reagierende (alkaliähnliche) Pflanzenstoffe verstand. Die Alkaloide erwiesen sich in der Folgezeit als chemisch und biochemisch außerordentlich heterogen. Im allgemeinen versteht man heute unter Alkaloiden N-heterocyclische Verbindungen, die sich von Aminosäuren ableiten (*Hegnauer*), obwohl auch andere Verbindungen wie Anthranilsäure als Precursoren dienen können (*Mothes*).

> Eine moderne Definition gibt *Pelletier:* Ein Alkaloid ist eine cyclische organische Verbindung, die Stickstoff in negativer Oxidationsstufe enthält und unter Organismen nur begrenzt verbreitet ist.

Damit werden allgemein in den Organismen verbreitete N-haltige Verbindungen wie Aminosäuren, Aminozucker, Peptide, Nucleoside und Nucleinsäuren, Porphyrine und Vitamine ausgeschlossen, während die Herkunft (Pflanze, Tier, Mikroorganismus) keine Bedeutung bei der Zuordnung einer Substanz als Alkaloid hat.

> Als **Pseudoalkaloide** bezeichnet man Verbindungen, deren C-Grundgerüst nicht von Aminosäuren herrührt.

Das C-Gerüst der Pseudoalkaloide wird vor allem von isoprenoiden Verbindungen (Aconitin u.a. Diterpen-Alkaloide von *Ranunculaceen,* Steroid-Alkaloide, S. 574) oder Polyketiden gebildet. Zu dieser Gruppe gehören auch die hier nicht weiter erwähnten Peptid-Alkaloide. Der Stickstoff wird bei den Pseudoalkaloiden meist erst in einer späteren Phase der Biosynthese eingebaut.

Als Beispiel soll die Biosynthese des Pseudoalkaloids **Coniin** angeführt werden, die ausgehend von vier Molekülen Acetat über das hypothetische Polyketid **1** erfolgen soll. Coniin und das zunächst gebildete **γ-Conicein** sind leicht ineinander überführbar.

4 Acetat ⟶ [Polyketid **1**] $\xrightarrow{NH_3}$ [γ-Conicein] $\underset{-2H}{\overset{+2H}{\rightleftarrows}}$ [Coniin]

Isoprenoide Verbindungen und Polyketide können aber auch neben Aminosäuren als Bausteine von Alkaloiden dienen (vgl. Biosynthese der Indol-Alkaloide, S. 657).

> Von den „echten" Alkaloiden werden meist die Decarboxylierungsprodukte der Aminosäuren (biogene Amine) und deren Substitutionsprodukte (Alkyl-, Hydroxyderivate) abgetrennt. Zusammen mit anderen Aminosäurederivaten, bei denen das N-Atom noch acyclisch vorliegt, werden diese Verbindungen auch als **Protoalkaloide** bezeichnet.

Die Alkaloide leiten sich biogenetisch fast ausschließlich von den Aminosäuren Phenylalanin, Tryptophan, Lysin und Prolin bzw. Ornithin ab. Die Bildung der Alkaloide aus den Protoalkaloiden bzw. Aminosäuren läßt sich auf relativ wenig Reaktionstypen zurückführen (Abb. 10-1).

1. Cyclisierung durch Bildung von Azomethinen (*Schiff*sche Basen):
Dieser Weg der Biosynthese wird vor allem bei der Bildung der Pyrrolidin- und Piperidin-Alkaloide ausgehend von den Aminosäuren Ornithin bzw. Lysin beschritten. Meist handelt es sich dabei um intramolekulare Cyclisierungen eines Aminoaldehyds (vgl. Hygrin-Biosynthese), dessen Aldehydgruppen durch oxidative Desaminierung einer Aminogruppe eines Diamins (z. B. Putrescin, N-Methyl-putrescin, Cadaverin) gebildet wird.

2. Cyclisierung durch *Mannich*-Reaktion:
Bei der *Mannich*-Reaktion reagiert eine Carbonylgruppe mit einem Amin und einer CH-aziden Verbindung. Wenn das Amin der nucleophilste Partner ist, entsteht zunächst unter Wasserabspaltung ein mesomer stabilisiertes Iminium-Carbenium-Ion, das praktisch ein quartäres Azomethin ist. Dieses Kation wirkt aminomethylierend auf eine CH-azide Gruppierung. Eine Biosynthese nach diesem Reaktionstyp wird vor allem bei der Bildung der Isochinolin-Alkaloide aus Phenylethylaminen und der Indol-Alkaloide aus Indolylethylaminen angenommen. Diese Precursoren wirken dabei als Amin- und CH-azide Komponente (p-Stellung zu einer phenolischen Hydroxygruppe bzw. α-Stellung des Indolringes).

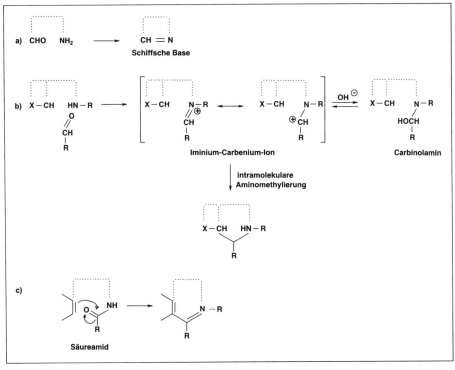

Abb. 10-1 Bildung von C-N-Bindungen bei der Alkaloidsynthese. a) Bildung einer *Schiff*-schen Base; b) *Mannich*-Reaktion (X = elektronenziehende Gruppe); c) Cyclisierung von Säureamiden.

Derartige *Mannich*-Reaktionen lassen sich unter physiologischen Bedingungen auch *in vitro* realisieren (S. 637). Eine nicht-enzymatische Alkaloidsynthese nach diesem Reaktionsweg ist die *Pictet-Spengler*-Synthese, nach der Aldehyde mit β-Carbolinen (S. 624) umgesetzt werden. Die gleichen Cyclisierungsprodukte werden auch erhalten, wenn die Reaktion nicht nach Art der *Mannich*-Reaktion, sondern über ein Säureamid als Zwischenprodukt verläuft. Dadurch lassen sich beide Wege bei der Aufklärung der Biosynthese der Alkaloide meist nicht unterscheiden.

3. Cyclisierung über die Bildung von Säureamiden
Eine bedeutende nicht-enzymatische Synthese nach diesem Weg ist die Isochinolin-Synthese nach *Bischler-Napieralski* (S. 646).

Weitere Reaktionen, die die Vielfalt der Alkaloid-Strukturen bedingen, sind vor allem die oxidative Kupplung phenolischer Zwischenprodukte (vgl. S. 654) sowie Methylierungen.

Auf die Aufklärung der Struktur und Biosynthese einiger Alkaloide hat sich sehr die von *Woodward* 1947 aufgestellte Hypothese ausgewirkt, wonach eine benzoide C-C-Bindung zwischen zwei phenolischen Hydroxygruppen (Benzcatechinsystem) oxidativ aufgespalten werden kann. Die

Bildung von Intermediaten durch eine derartige *Woodward*-Spaltung wird u. a. bei der Biosynthese von Strychnin, Emetin und den China-Alkaloiden angenommen.

Alkaloide sind vor allem in höheren Pflanzen und hier vorzugsweise in *Magnoliatae*, weniger häufig in *Liliatae* oder *Pinidae* (z. B. in *Ephedra*) enthalten. Besonders alkaloidreich sind Vertreter der Familien *Apocynaceae* (ca. 800 Alkaloide), *Buxaceae, Asteraceae, Euphorbiaceae, Loganiaceae, Menispermaceae, Papaveraceae, Rutaceae* und *Solanaceae* der *Magnoliatae* und der *Liliaceae* der *Liliatae*. Unter den niederen Pflanzen sind alkaloidführend u. a. die Bärlappe (*Lycopodium*), Schachtelhalme (*Equisetum*) und bestimmte Pilze (*Claviceps*, s. Ergolin-Alkaloide). Verbindungen mit heterocyclischem Stickstoff wurden auch vereinzelt in Tieren gefunden, so in Salamandern (Salamander-Alkaloide), verschiedenen Fröschen (s. Batrachotoxin, Pumiliotoxine), Kröten (Indolylalkylamine), Fischen (Tetrodotoxin) oder Tausendfüßern (Chinazolinderivate).

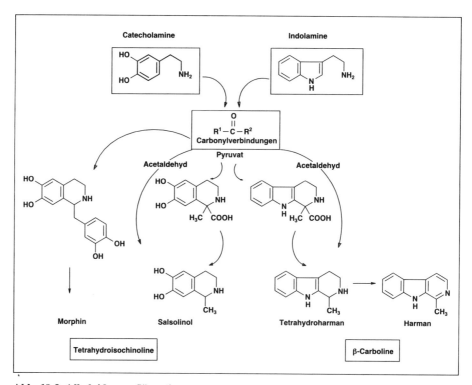

Abb. 10-2 Alkaloide von Säugetieren.

Zu Alkaloiden der Säugetiere gehören β-Carboline und Isochinoline (Abb. 10-2), die durch nicht-enzymatische Reaktion von Aminen (Catecholamine, Indolamine) mit Carbonylverbindungen gebildet werden. Nach Alkoholeinnahme (Bildung von Acetaldehyd) ist eine verstärkte Bildung derartiger Alkaloide nachweisbar. Die Einnahme von L-Dopa (zur Behandlung des Parkinsonismus) führt zu einer verstärkten Bildung beider Enantiomerer des Salsolinols.

Die alkaloidführenden höheren Pflanzen enthalten meist neben den Hauptalkaloiden zahlreiche mit diesen biogenetisch nahe verwandte Nebenalkaloide, die sich z. B. im Methylierungs- oder Hydrierungsgrad von diesen unterscheiden. Man schätzt, daß ca. 20% aller höheren Pflanzen alkaloidführend sind. Etliche Alkaloide sind pharmakologisch außerordentlich wirksam, so daß zunächst die alkaloidhaltigen Drogen bzw. deren Zubereitungen (Extrakte, Tinkturen), heute jedoch vorzugsweise die Reinsubstanzen fester Bestandteil des Arzneimittelschatzes sind. Dazu zählen Analgetika (Morphin), Lokalanästhetika (Cocain), Spasmolytika (Papaverin), Muskelrelaxantien (Curare-Alkaloide), Amöbizide (Emetin), Malariamittel (Chinin), Antihypertonika (Rauwolfia-Alkaloide) oder Zytostatika (Catharanthus-Alkaloide). Diese Alkaloide dienten als Leitbilder für die Entwicklung zahlreicher synthetischer Arzneimittel (vgl. Tab. 1-5, S. 56 und 1-11, S. 77).

Die Alkaloide kommen in der Pflanze als Salze anorganischer oder organischer Säuren vor. Zur Isolierung wird meist das pflanzliche Material mit Alkali behandelt und anschließend die Base mit organischen Lösungsmitteln extrahiert. Die Trennung der Alkaloidgemische kann durch fraktionierte Kristallisation geeigneter Salze (z. B. Hydrohalogenide, Perchlorate, Pikrate, Oxalate) oder chromatographische Methoden erfolgen.

Unter den chemischen Methoden der Strukturaufklärung sind die Methoden bemerkenswert, die zu einer Lokalisierung des Stickstoffs im Molekül beitragen. Von besonderer Bedeutung ist hierbei der *Hofmann*-sche Abbau (Abb. 10-3). Dieser Abbau beruht darauf, daß die nach vollständiger Methylierung erhaltenen quartären Ammoniumbasen beim Erwärmen unter Spaltung einer N-C-Bindung Wasser eliminieren. Durch Wiederholung der Reaktion läßt sich das N-Atom entfernen. Voraussetzung für diese Reaktion ist, daß sich in β-Stellung zum N-Atom ein abspaltbares H-Atom befindet. Ungesättigte Ringsysteme lassen sich erst nach Hydrierung einem *Hofmann*-Abbau unterziehen.

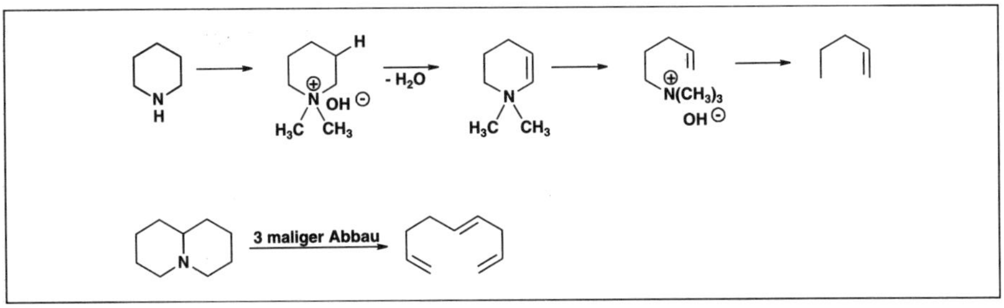

Abb. 10-3 *Hofmann*-Abbau.

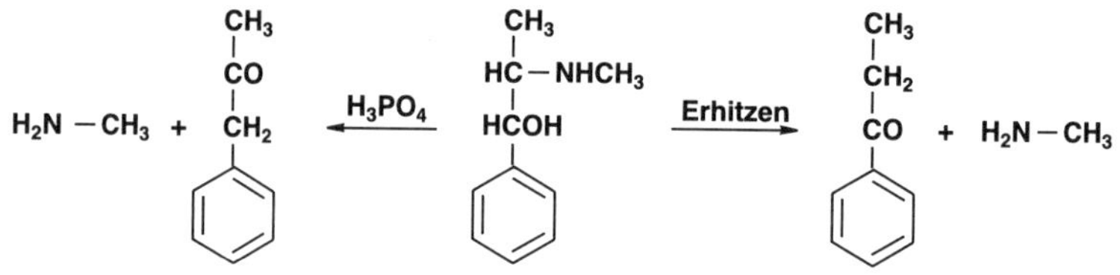

Abb. 10-4 Hydraminspaltung.

Verbindungen, die an benachbarten C-Atomen Amino- und Hydroxygruppen tragen, unterliegen einer **Hydraminspaltung** (Abb. 10-4). Diese Reaktion tritt z. B. beim Ephedrin oder Chinin (S. 673) ein.

Unter den physikalischen Methoden spielt die Massenspektrometrie bei der Strukturaufklärung von Alkaloiden eine herausragende Rolle.

Bis auf die Verbindungen, bei denen das N-Atom amidartig gebunden ist (z. B. Colchicin, Piperin), reagieren die Alkaloide basisch. Die Basizität hängt vom heterocyclischen Grundkörper und von Substituenten ab (vgl. Tab. 10-1). Zum Beispiel erniedrigt eine zum N-Atom α-ständige Doppelbindung den pK_s-Wert um 2 bis 3 Einheiten.

Tab. 10-1: pK_s-Werte einiger Alkaloide und ihrer Grundkörper.

Grundkörper	pK_s	Davon abgeleitete Alkaloide	pK_s
Quart. Ammoniumbasen	> 12	Berberin	11,8
Aliph. Amine	9 ... 11	Ephedrin	9,6
		Spartein	11,4 und 3,3*
Triethylamin	9,8	Atropin	10,0
Piperidin	11,0	Coniin	11,1
Pyrrolidin	11,3	Nicotin (Pyrrolidinring)	8,2
Tetrahydroisochinolin		Morphin	8,2
		Codein	8,9
		Narcotin	6,5
		Hydrastinin (Carbinolamin)	11,2
Benzylamin	9,4		
N-Heteroaromaten			
Pyridin	5,2	Nicotin (Pyridinring)	3,4
Chinolin	4,7	Chinin (Chinolinring)	4,1
Isochinolin	5,3	Papaverin	6,2
Amide	ca. 2	Piperin	ca. 2,1
		Colchicin	ca. 2

*In wäßrigem Dimethylformamid

Die meisten Alkaloidbasen kristallisieren. Einige Basen (Nicotin, Hygrin, Arecolin, Spartein) sind flüssig. Für den Nachweis geringer Alkaloidmengen werden sog. Alkaloidreagenzien herangezogen (Tab. 10-2). Es kommt hierbei zu Fällungen oder manchmal recht spezifischen Farbreaktionen.

Tab. 10-2: Alkaloidreagenzien.

Name des Reagens	Zusammensetzung	Reaktion
▪ *Mayers* Reagens	$K_2[HgI_4]$	Gelblichweißer Niederschlag
▪ *Dragendorffs* Reagens	$K[BiI_4]$	Orangefarbener Niederschlag
▪ *Sonnenscheins* Reagens	Phosphormolybdänsäure	Gelber Niederschlag, der blaugrün wird
▪ *Scheiblers* Reagens	Phosphorwolframsäure	Niederschlag, hohe Empfindlichkeit
▪ *Wagners* Reagens	KI_3	Brauner Niederschlag
▪ *Erdmanns* Reagens	HNO_3/H_2SO_4	Färbung
▪ *Fröhdes* Reagens	Molybdänsäure/H_2SO_4	Färbung
▪ *Marquis* Reagens	Formaldehyd/H_2SO_4	Violettfärbung (Opium-Alkaloide)

10.2 Biogene Amine, Protoalkaloide

Biogene Amine sind in Mikroorganismen, Pflanzen und Tieren frei oder gebunden relativ weit verbreitet (Tab. 10-3). Einige sind Bestandteile von Lipiden (Colamin, Cholin) oder Coenzymen (Cysteamin, β-Alanin, Propanolamin). In Tieren dienen Derivate der biogenen Amine als Neurotransmitter (Acetylcholin, Catecholamine, Tryptamin, Serotonin, Histamin. Die Diamine **Putrescin** und **Cadaverin** sind Fäulnisprodukte. Vom Putrescin leiten sich die Polyamine **Spermidin** [Mono-(γ-aminopropyl)putrescin] und **Spermin** [Di-(γ-aminopropyl)-putrescin] ab, die mit DNA Assoziate bilden können. Putrescin, Spermidin und Spermin sind im Tierreich und in Mikroorganismen weit verbreitet.

Die beiden bedeutendsten Gruppen von Protoalkaloiden stellen die Phenylethylamine und Indolylalkylamine dar, von denen sich die Isochinolin- bzw. Indol-Alkaloide ableiten.

Tab. 10-3: Biogene Amine, die durch Decarboxylierung von Aminosäuren gebildet werden.

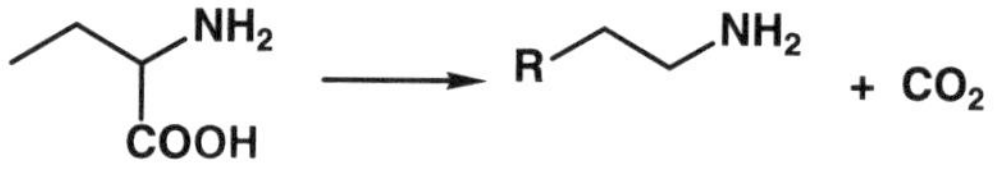

$$\underset{COOH}{\overset{NH_2}{\diagdown\!\!\diagup}} \longrightarrow R\diagdown\!\!\diagup NH_2 + CO_2$$

Aminosäure	Amin	R	Vorkommen
■ Leucin	Isoamylamin	$(CH_3)_2CH-$	Mikroorganismen, höhere Pflanzen
■ Serin	Colamin	HO-	Mikroorganismen Pflanzen, Tiere
■ Threonin	Propanolamin	$HO-CH_2-$	Mikroorganismen
■ Cystein	Cysteamin	HS-	Tiere
■ Aspartinsäure	β-Alanin	HOOC-	⎫
■ Glutaminsäure	γ-Amino-buttersäure	$HOOC-CH_2-$	⎬ Mikroorganismen Pflanzen, Tiere
■ Ornithin	Putrescin	$H_2N-(CH_2)_2-$	⎭
■ Lysin	Cadaverin	$H_2N-(CH_2)_3-$	Mikroorganismen
■ Phenylalanin	Phenylethylamin		Mikroorganismen, höhere Pflanzen
■ Tyrosin	Tyramin	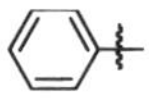 (phenyl)	Mikroorganismen, höhere Pflanzen, Tiere
■ Dopa	Dopamin (→ Noradrenalin, Adrenalin)	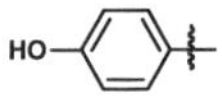 HO-(phenyl)	Tiere
■ Tryptophan	Tryptamin	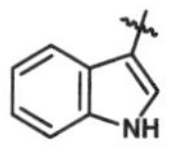 (indol)	höhere Pflanzen, Tiere, Mikroorganismen
■ Histidin	Histamin	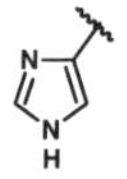 (imidazol)	Mikroorganismen, Tiere

10.2.1 Phenylethylamine

N-Methyl-tyramin und **Hordenin** wurden aus Gerstenkeimlingen isoliert. Ein Trimethoxyderivat des Phenylethylamins, das **Mescalin,** wurde als halluzinogene Komponente des mexikanischen Kaktus *Anhalonium lewinii* identifiziert.

Ebenfalls erregend auf das ZNS, wenn auch in erheblich geringerem Maße, wirkt das **Ephedrin.** Ephedrin wurde neben weiteren Basen, die sich in Methylierungsgrad und Konfiguration (z.B. **Norpseudoephedrin**) unterscheiden, zuerst aus *Ephedra vulgaris* isoliert. Ephedrin wirkt außer-

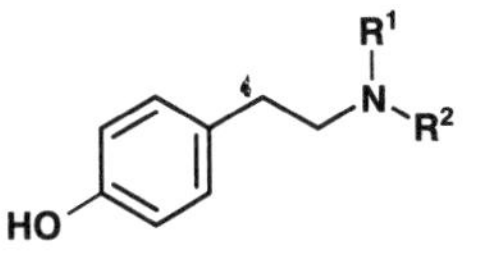

R[1]	R[2]	
H	CH_3	N-Methyltyramin
CH_3	CH_3	Hordenin

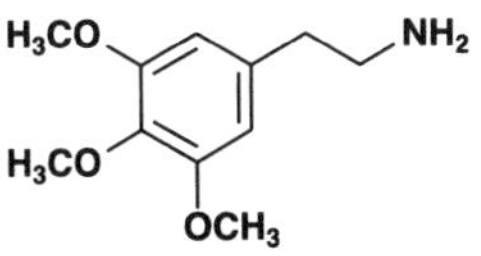

Mescalin

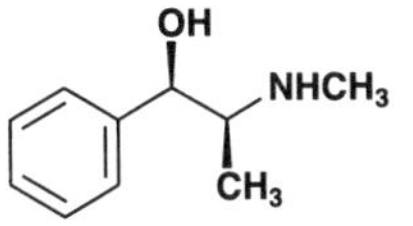

Ephedrin

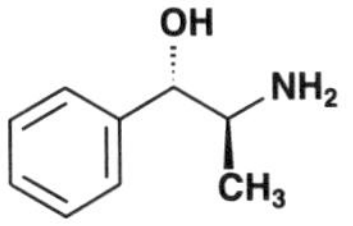

Norpseudoephedrin

dem sympathikomimetisch, also – in allerdings abgeschwächter Weise – wie die **Catecholamine.** Diese wesentlich hydrophileren Phenylethylamine sind wichtige Neurotransmitter.

Das therapeutisch vor allem bei Schnupfen zur Abschwellung der Schleimhäute und bei Bronchialasthma eingesetzte Ephedrin wird heute ausschließlich totalsynthetisch gewonnen. Von den zahlreichen Synthesen soll hier nur eine von Phenylethylketon ausgehende erwähnt werden (*Eberhard, Fourneau*). Nach Bromierung, Umsetzen des Bromderivates mit Methylamin und Hydrieren entsteht ein Gemisch von raz. Ephedrin und raz. Pseudoephedrin. Pseudoephedrin läßt sich zum Teil durch Behandeln mit konz. Salzsäure in Ephedrin umlagern.

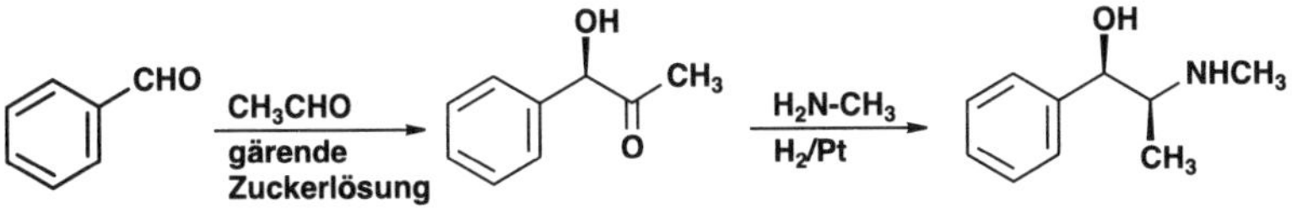

Acyloin L-Ephedrin

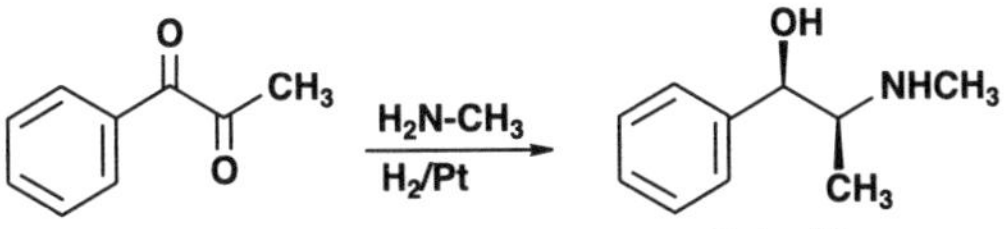

raz. Ephedrin

10.2.2 Indolylalkylamine

Die Indolylalkylamine leiten sich von der Aminosäure Tryptophan ab. Das Decarboxylierungsprodukt (**Tryptamin**) und dessen 5-Hydroxyderivat

(**Serotonin**) dienen bei Wirbeltieren als Neurotransmitter. Aus Serotonin wird durch O-Methylierung und N-Acetylierung das **Melatonin** gebildet. Melatonin ist das Hormon der Epiphyse (Zirbeldrüse, Pinealkörper), das vorwiegend nachts freigesetzt wird und als „Zeitgeber" für endogene Rhythmen des Menschen („innere Uhr") diskutiert wird.

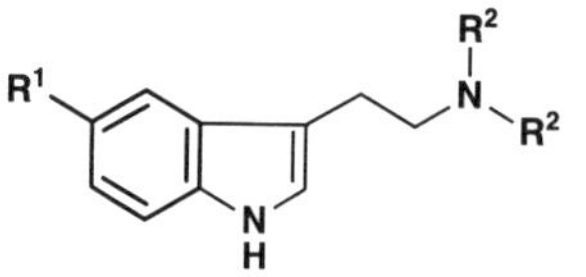

	R^1	R^2
Tryptamin	H	H
Serotonin	OH	H
Bufotenin	OH	CH_3
O-Methylbufotenin	OCH_3	CH_3
Melitonin	OCH_3	$COCH_3$

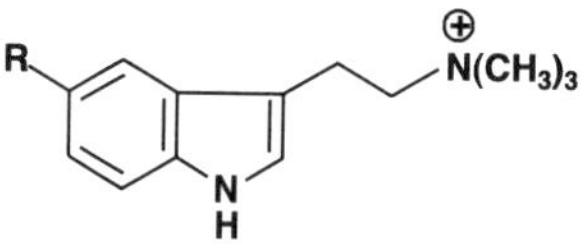

$R = O^\ominus$: Bufotenidin
$R = O\text{-}SO_3^\ominus$: Bufoviridin

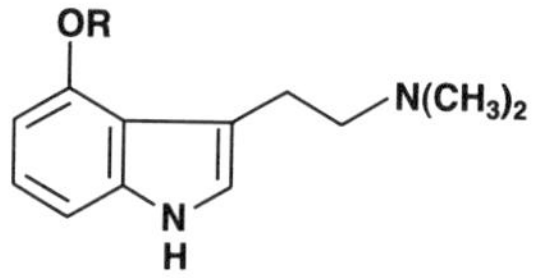

$R = H$: Psilocin
$R = PO_3H_2$: Psilocybin

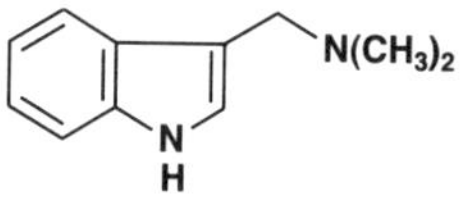

Gramin

In den Hautdrüsensekreten verschiedener Krötenarten (*Bufo*) sind Indolylalkylamine mit gefäßverengender und blutdrucksteigernder Wirkung enthalten. Zu diesen **Krötengiften** (s. auch S. 570) gehören neben Aminen wie **Bufotenin** auch Betaine wie **Bufotenidin** oder Bufoviridin.

Einige Indolylalkylamine wirken halluzinogen. Dazu gehören das aus *Bufo alvarius* isolierte **O-Methyl-bufotenin** sowie die Hauptinhaltsstoffe der mexikanischen Zauberdroge Teonanácatl, **Psilocin** und **Psilocybin.** Teonanácatl wird aus Pilzen der Familie der *Strophariaceen* (*Psilocybe, Stropharia, Conocybe*) gewonnen. Im Unterschied zu den meisten anderen natürlichen Indolderivaten ist bei Psilocin und Psilocybin das Indolringsystem in 4-Stellung substituiert.

Indolylalkylamine kommen auch in höheren Pflanzen vor, so Tryptamin, N-Methyltryptamin (Dipterin) oder N,N-Dimethyltryptamin. In der Struktur der Seitenkette weicht das **Gramin** von den übrigen Indolylalkylaminen ab. Gramin wurde aus Gerste und anderen Grasarten (*Poales*) sowie aus Ahornarten (*Acer*) isoliert.

Ein Indolderivat ohne basische Seitenkette ist die Indolylessigsäure, die als Pflanzenwuchsstoff wirkt (S. 505).

10.2.3 Inhaltsstoffe des Fliegenpilzes

Der Fliegenpilz (*Amanita muscaria*) ist wegen seines charakteristischen Aussehens und seiner Toxizität allgemein bekannt. Von den biologisch aktiven Inhaltsstoffen ist am längsten das **Muscarin** bekannt (1869: *Schmiedeberg*). Muscarin ist zu etwa 0,0003 % des Frischgewichtes im Fliegenpilz enthalten, es wurde aber auch in Pilzen der Gattung *Inocybe* gefunden. Muscarin ist eine quartäre Ammoniumbase, die in ihrer Struktur dem Acetylcholin sehr ähnelt und wie Acetylcholin wirkt, allerdings nur auf die glatte Muskulatur und die exkretorischen Drüsen („muscarinartige" Wirkung). Da Muscarin kein Ester ist, wird es von der Acetylcholinesterase nicht gespalten. Die Wirkung ist sehr strukturspezifisch. Muscarin besitzt drei Chiralitätszentren. Natürlich kommt die (+)-(2*S*, 3*R*, 5*S*)-Form vor. Die Struktur wurde von *Eugster* und *Kögl* aufgeklärt. Die Biosynthese geht von einer Hexose aus.

Als weitere quartäre Ammoniumbasen sind im Fliegenpilz noch Cholin, Acetylcholin und **Muscaridin** enthalten.

Für die Vergiftungserscheinungen nach Einnahme des Fliegenpilzes sind Verbindungen mit zentraler Wirkung wie die 3-Hydroxyisoxazole **Ibotensäure** und deren Decarboxylierungsprodukt **Muscimol** sowie das Oxazol-2-on **Muscazon** (Abb. 10-5) verantwortlich (*Eugster*).

10.2.4 Colchicin-Gruppe

Colchicin ist der wichtigste Inhaltsstoff der Herbstzeitlosen (*Colchicum autumnale*), kommt aber auch in anderen *Liliaceen* vor. Die Biosynthese des Colchicins geht von Phenylalanin bzw. Tyrosin aus (Abb. 10-6). Als Nebenbasen kommen in *Colchicum* neben strukturell dem Colchicin sehr nahe verwandten Verbindungen wie dem **Demecolcin** auch Isochinolin-Derivate vor.

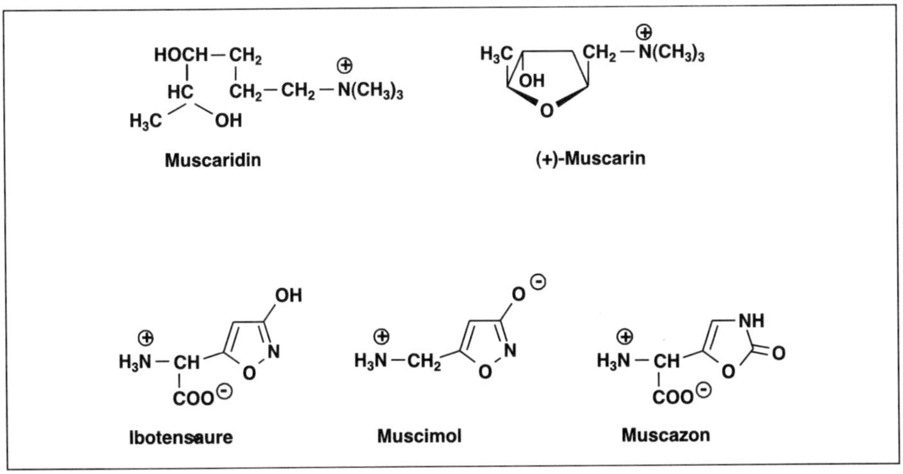

Abb. 10-5 Inhaltsstoffe des Fliegenpilzes.

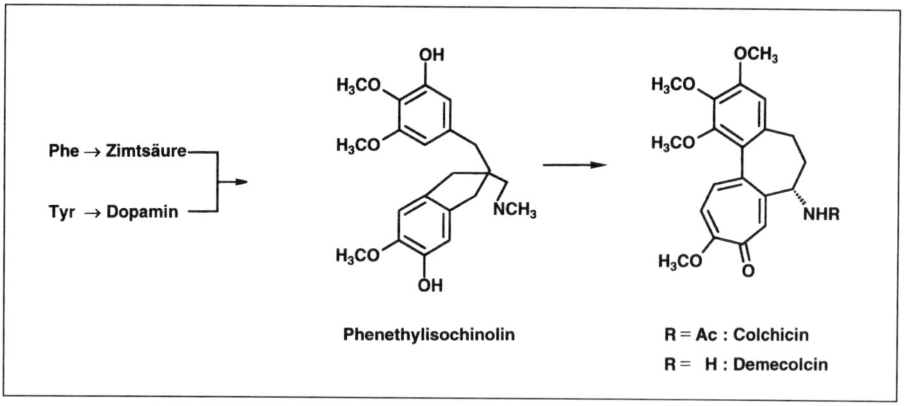

Abb. 10-6 Biosynthese des Colchicins.

Die Strukturaufklärung des Colchicins geht vor allem auf Arbeiten von *Windaus* und *Cook* zurück. Colchicin ist durch die Acetylierung der Aminogruppe nicht basisch. Es enthält vier Methoxygruppen, von denen eine säurekatalysiert sehr leicht abgespalten werden kann. Der Ring C reagiert dabei wie ein vinyloger Säureester. Diese Methoxygruppe am Ring C läßt sich auch durch Amine leicht nucleophil austauschen. Es entstehen dabei Derivate des Colchiceinamids. In wäßrigen Lösungen wird Colchicin photochemisch in α-, β- und γ-Lumicolchicin umgewandelt (Abb. 10-7).

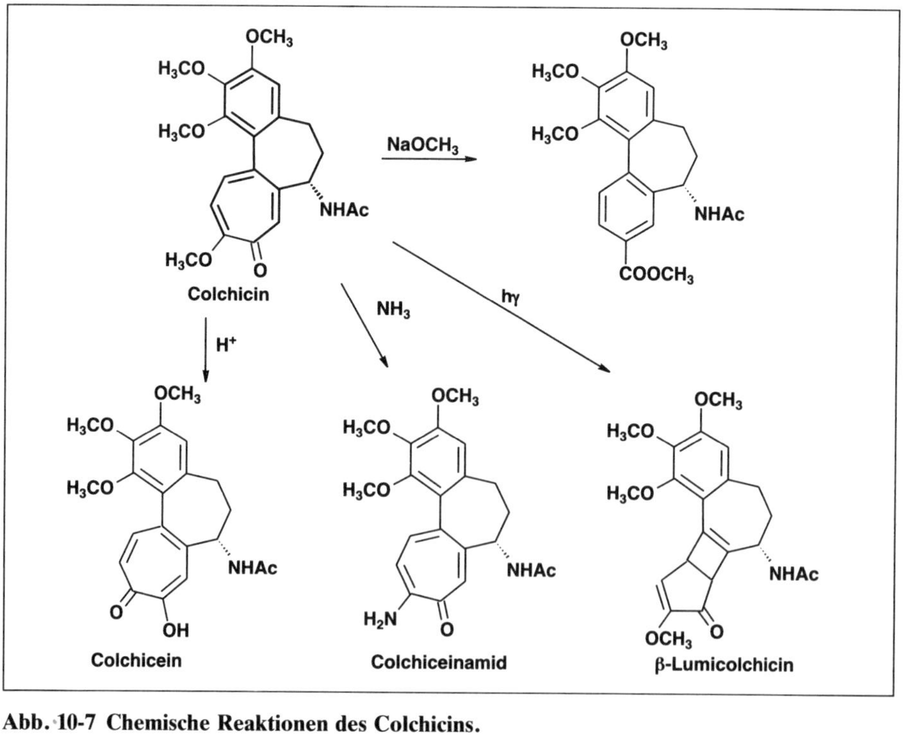

Abb. 10-7 Chemische Reaktionen des Colchicins.

Colchicin wirkt als Mitosegift. Es hemmt die Zellteilung in der Metaphase; die Chromosomenteilung wird jedoch nicht beeinflußt. Colchicin wird in der Pflanzenzucht zur Erzeugung polyploider Pflanzen eingesetzt. In der Humanmedizin diente es früher zur Behandlung der Gicht.

10.3 Pyrrolidin-, Piperidin- und Pyridin-Alkaloide

Die Biosynthese vieler Pyrrolidin- und Piperidin-Alkaloide (Abb. 10-8) hängt eng mit dem Stoffwechsel der Aminosäuren Ornithin-Glutaminsäure-Prolin bzw. Lysin zusammen (Abb. 10-9). Daneben werden Piperidin-Derivate biosynthetisch auch auf anderen Wegen gebildet, so z.B. durch Cyclisierung von Polyketosäuren (vgl. Coniin, S. 635 und Glutarimid-Antibiotika, S. 709). Einfache Pyrrolidin-Alkaloide sind relativ selten. **Hygrin** und **Cuscohygrin** kommen vergesellschaftet mit den Tropan-Alkaloiden, z.B. in *Erythroxylon*, vor.

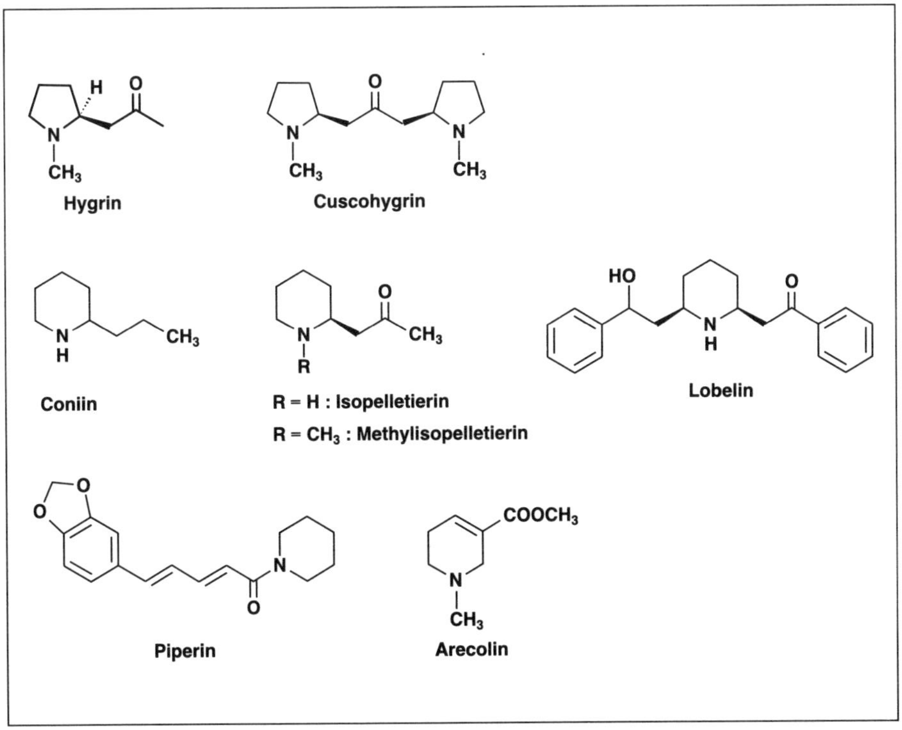

Abb. 10-8 Pyrrolidin- und Piperidin-Alkaloide.

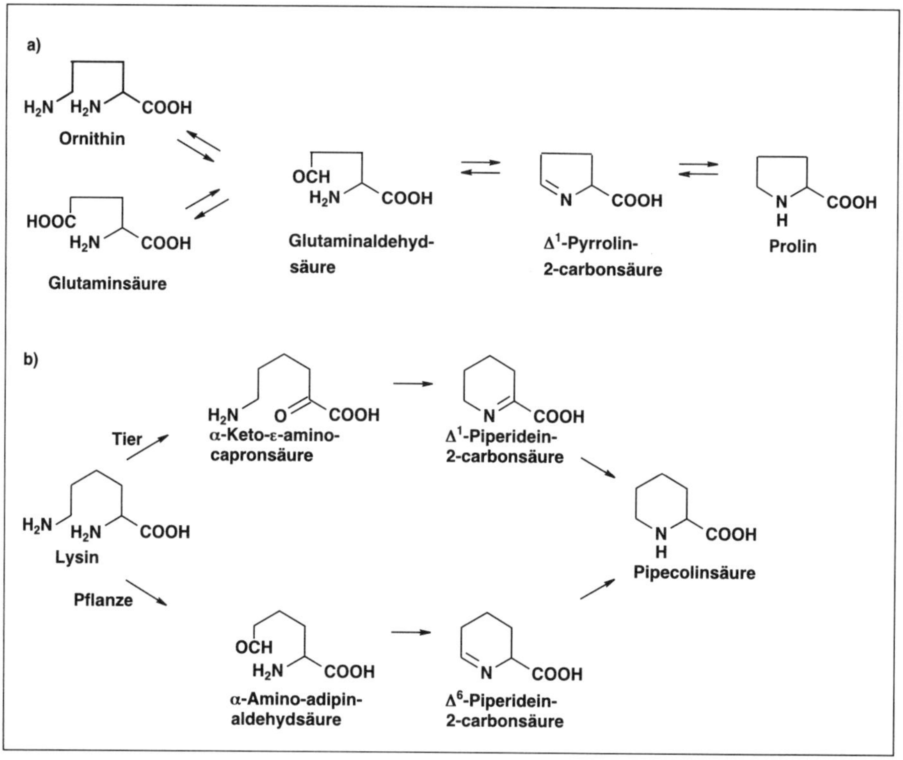

Abb. 10-9 Ornithin- (a) und Lysin-Metabolismus (b).

Hygrin ist der Precursor für die Biosynthese von Cuscohygrin und der Tropa-Alkaloide. Es wird gebildet aus N-Methylputrescin (Abb. 10-10). Die cyclische Form des Aminoaldehyds (N-Methylpyrrolinium) ist ein Iminium-Carbenium-Ion (vgl. Abb. 10-1), das Acetoacetyl-CoA, „aminoalky-

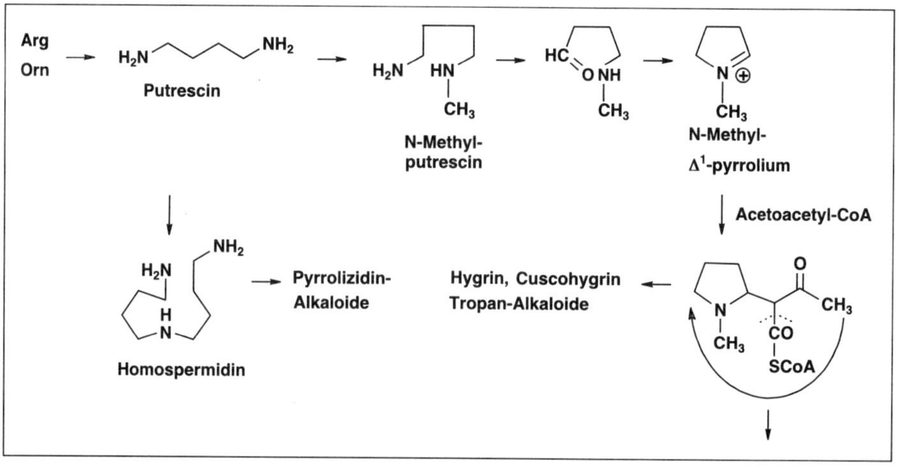

Abb. 10-10 Biosynthese von Pyrrolidin-Alkaloiden.

liert" und eine zentrale Rolle bei der Biosynthese der Pyrrolidin- und Tropan-Alkaloide spielt.

Die **Pipecolinsäure** (Abb. 10-9) ist ein in höheren Pflanzen, Mikroorganismen und Tieren weit verbreitetes Piperidin-Derivat. Die meisten Piperidin-Alkaloide sind dagegen nur in relativ wenig Arten der höheren Pflanzen enthalten. Sie sind häufig vergesellschaftet mit Tropan- und Chinolizidin-Alkaloiden.

Hauptbestandteil der **Lobelia-Alkaloide** (*Lobelia inflata*, *Campanulaceae*) ist das **Lobelin.** Lobelin regt beim Säugetier die Atmung an. Es wird von zahlreichen weiteren Piperidin- und Piperidein-Alkaloiden begleitet, die sich durch Oxidation der Hydroxygruppe oder Reduktion der Carbonylgruppe vom Lobelin unterscheiden.

Auch der scharfe Geschmack des Pfeffers (*Piper nigrum*) geht auf ein Piperidin-Alkaloid, das **Piperin,** zurück. Piperin ist ein Piperidinsäurepiperidid, das als Amid nicht basisch reagiert. Durch Hydrolyse (1849: *Wertheim*) entsteht Piperidin (daher dessen Name!) und Piperinsäure.

Die Rinde des Granatapfelbaumes (*Punica granatum*) enthält als Hauptalkaloide **Isopelletierin,** Methylisopelletierin und das daraus durch erneute Cyclisierung entstandene **Pseudopelletierin** (S. 639). Diese Alkaloide wurden von *Tanret* 1878 zu Ehren des bekannten französischen Alkaloidforschers *Pelletier* benannt, der u. a. Strychnin und Chinin isolierte.

In der Betelnuß, den Samen der Palme *Areca catechu*, ist als Hauptalkaloid das **Arecolin** enthalten. Arecolin wirkt muscarinartig (S. 631).

Zu den Piperidin-Alkaloiden gehören auch die Conium-Alkaloide. **Coniin** ist das Gift des gefleckten Schierlings (*Conium maculatum*, *Apiaceae*). Es wirkt stark lähmend.

Mehrere Pyrrolidin- und Piperidin-Derivate sind direkt oder auch über eine C-Brücke mit anderen Heterocyclen verbunden. Beispiele für eine Bindung an den Pyridinring liefern die Alkaloide des Tabaks (*Nicotiana tabacum*, *Solanaceae*). Hauptalkaloid ist das **L-Nicotin,** das u. a. von Nornicotin, Anabasin und Nicotyrin begleitet wird.

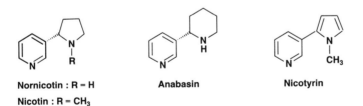

Nornicotin : R = H   Anabasin   Nicotyrin
Nicotin : R = CH₃

L-Nicotin ist eine ölige Base. Die Strukturaufklärung erfolgte durch oxidativen Abbau zu Nicotinsäure bzw. nach Methylierung zu **L-Hygrinsäure** (Abb. 10-11). Die Synthese des Nicotins gelang bereits 1905 (*Pictet*).

Nicotin reagiert mit bestimmten Rezeptoren des Acetylcholins. Es ist sehr stark toxisch und wird zur Schädlingsbekämpfung eingesetzt. Für den Menschen sind bereits 40 mg tödlich. Die Tabakblätter enthalten durchschnittlich 4 % Nicotin, von dem ein Teil während des Rauchens verbrennt.

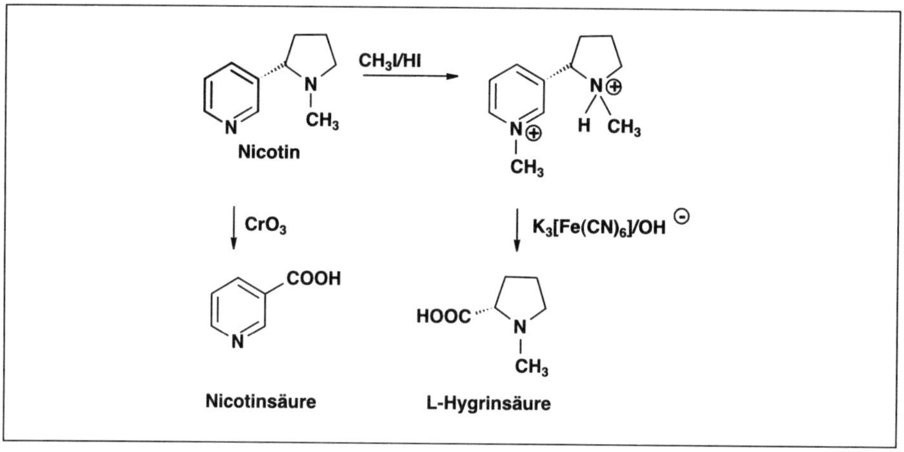

Abb. 10-11 Chemischer Abbau des Nicotins.

Der Pyridinring des Nicotins stammt von der Nicotinsäure. Zur Biosynthese der **Nicotinsäure** werden verschiedene Wege beschritten (Abb. 10-12). Die Biosynthese des Nicotins erfolgt in der Wurzel. Es wird von hier in die Blätter transportiert.

Piperidin-Alkaloide tierischer Herkunft sind aus Fröschen der Gattung *Dendrobates* isoliert worden (*Habermehl*), die mittelamerikanischen Indianern zur Bereitung von Pfeilgiften dienten. Die Toxine beeinflussen die Permeabilität der Zellmembran für Kationen. **Pumiliotoxin B,** ein Alkylidenindolizidin-Derivat aus *D. pumilio*, erleichtert die Calciumaufnahme. Die **Histrionicotoxine** (aus *D. histrionicus*) sind wegen ihrer Reaktion mit dem Acetylcholin-Rezeptor interessant geworden (S. 675).

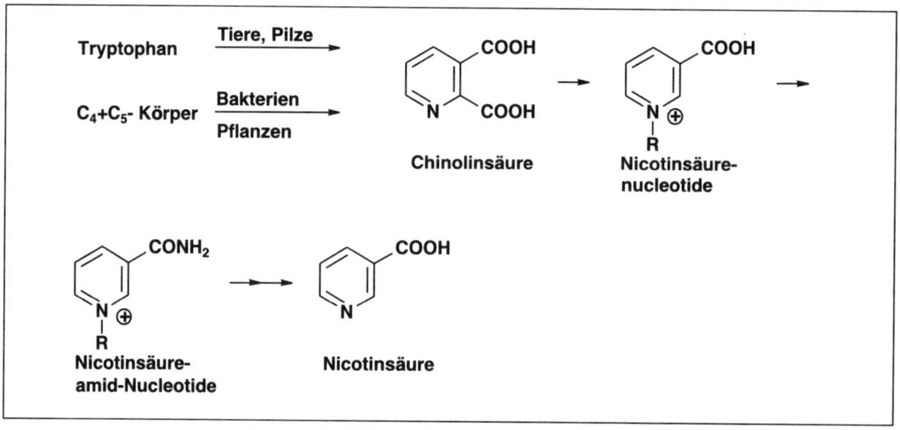

Abb. 10-12 Biosynthese der Nicotinsäure.

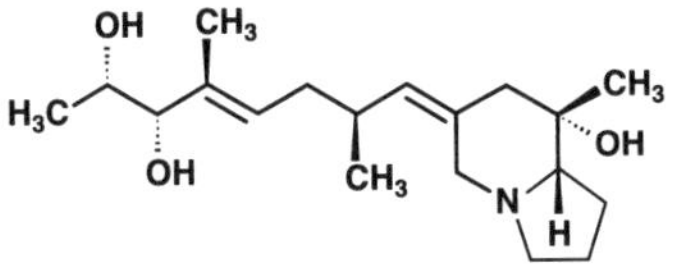

Pumiliotoxin

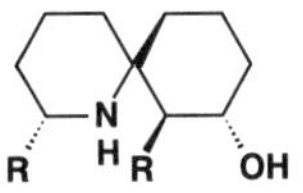

Histrionicotoxin R = $CH_2-CH=CH-C\equiv CH$

10.4 Tropan-Alkaloide

Die Tropan-Alkaloide sind eine relativ kleine Gruppe von Alkaloiden, die aber wegen ihrer physiologischen Wirkung am Säugetier eine große Bedeutung besitzen. Tropan-Alkaloide kommen in den Gattungen *Atropa, Datura, Hyoscyamus, Duboisia, Mandragora* und *Scopolia* der *Solanaceen* und in *Erythoxylon*-Arten (Familie: *Erythroxylaceae*) vor. Ihr Grundkörper ist das als **Tropan** bezeichnete 8-Methyl-8-azabicyclo[3.2.1.]-octan. Die Strukturaufklärung dieser Alkaloidgruppe geht wesentlich auf Arbeiten von *Willstätter* zurück.

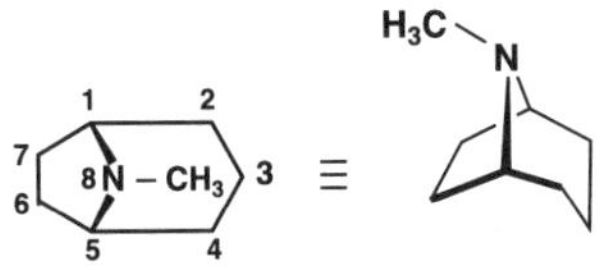

Tropan

Nortropin: R = H
Tropin: R = CH₃

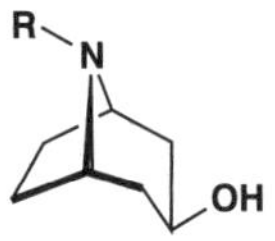

Norpseudotropin: R = H
Pseudotropin: R = CH₃

Die natürlichen Alkaloide leiten sich vom Tropan-3-ol ab. Die Hydroxygruppe kann α- (**Tropin**) oder β-ständig (**Pseudotropin**) angeordnet sein. Die Konfiguration der Hydroxygruppe konnte zuerst auf chemischem Wege (*Fodor*) durch eine nur beim Norpseudotropin erfolgende Wanderung einer Acylgruppe vom N- zum O-Atom geklärt werden. Die Wanderung ist nur bei einer *cis*-ständigen Anordnung beider Atome möglich. Diese Ergebnisse konnten auch durch NMR-spektroskopische Untersuchungen bestätigt werden.

Die erste Synthese des Tropins gelang *Willstätter*. *Robinson*, ein Schüler *Willstätters*, konnte Tropinon nach Art einer *Mannich*-Reaktion durch Umsetzen von Succindialdehyd, Methylamin und Acetondicarbonsäuredimethylester erhalten (Abb. 10-13). *Schöpf* konnte diese Synthese auch bei Raumtemperatur durchführen. Damit gelang die erste biomimetische Synthese unter physiologischen Bedingungen.

Derivate des Tropins sind die Ester-Alkaloide Hyoscyamin bzw. Atropin und Scopolamin. **L-Hyoscyamin** ist in der Tollkirsche (*Atropa belladonna*), im Bilsenkraut (*Hyoscyamus niger*) sowie in den Blättern des Stechapfels

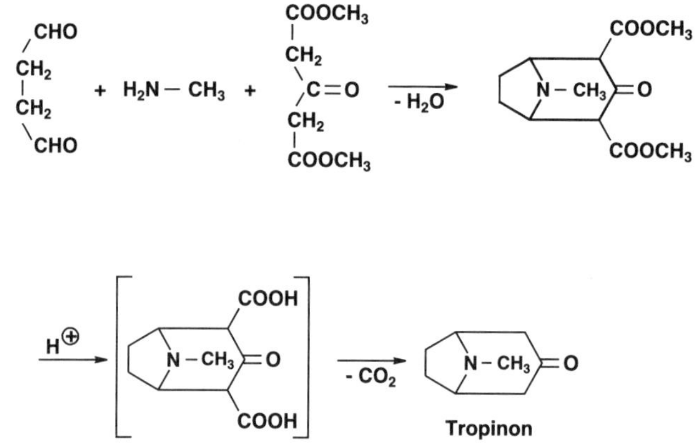

Abb. 10-13 Chemische Synthese von Tropinon.

(*Datura stramonium*) enthalten. L-Hyoscyamin ist der Ester des Tropins mit der L-Tropasäure. Diese Säure razemisiert sehr leicht, so daß sich bereits beim Trocknen der Pflanzen das entsprechende Razemat (D,L-Hyoscyamin = **Atropin**) bilden kann.

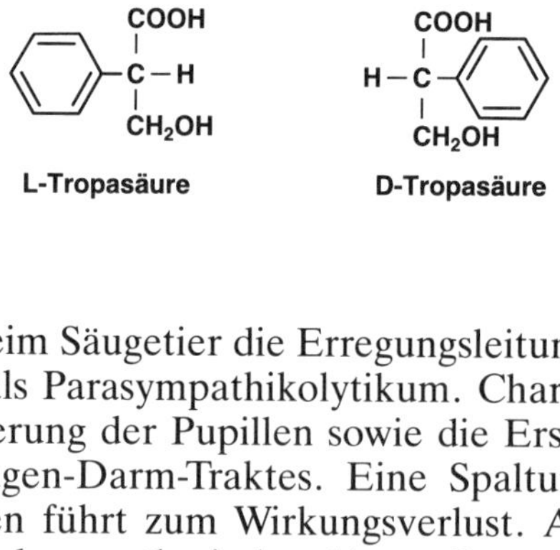

Atropin hemmt beim Säugetier die Erregungsleitung durch Acetylcholin und wirkt dadurch als Parasympathikolytikum. Charakteristische Wirkungen sind die Erweiterung der Pupillen sowie die Erschlaffung der glatten Muskulatur des Magen-Darm-Traktes. Eine Spaltung des Esters durch Säure oder Esterasen führt zum Wirkungsverlust. Am Auge wird außer dem Atropin auch das synthetische Abwandlungsprodukt **Homatropin** (Tropinmandelsäureester) eingesetzt.

(-)-Scopolamin (Hyoscin) kommt in *Duboisia*- und *Scopolia*-Arten, aber auch als Nebenalkaloid in *Datura stramonium* vor. Der bei der schonenden Hydrolyse des L-Tropasäureesters zunächst gebildete Alkohol **Scopin** wird sehr leicht zum Scopolin umgelagert. Scopolamin wirkt im wesentlichen wie Atropin. Auf das ZNS wirkt Scopolamin stark lähmend.

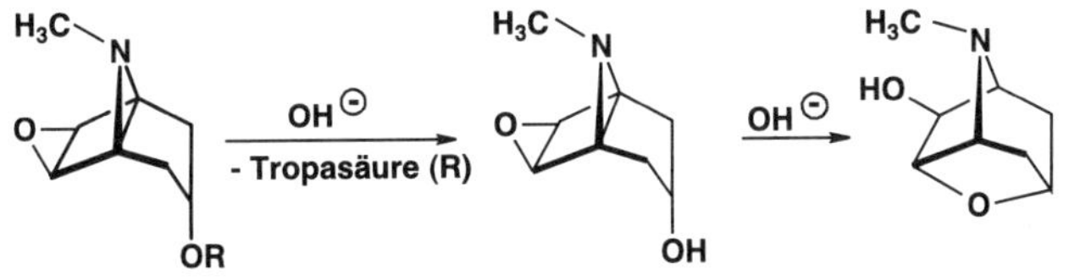

[Scopolamin] —OH⁻, −Tropasäure (R)→ [Scopin] —OH⁻→ [Scopolin]

Das wichtigste Derivat des Pseudotropins ist das **Cocain.** Cocain ist der Hauptinhaltsstoff des südamerikanischen Kokastrauches (*Erythroxylon coca*). Dieses Ester-Alkaloid wird durch Säure zu Ecgonin, Methanol und Benzoesäure gespalten.

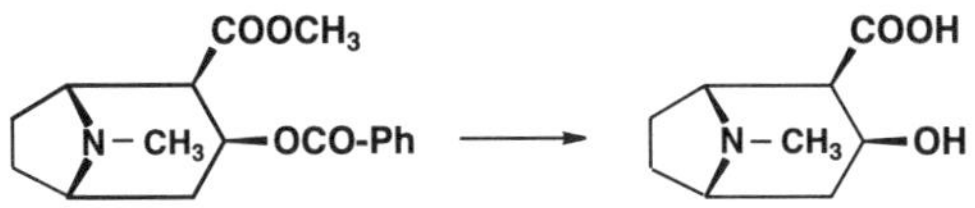

[Cocain → Ecgonin]

Cocain wirkt sehr stark lokalanästhetisch. Zentral wirkt es in kleineren Dosen erregend, in größeren lähmend. Wegen der auftretenden Euphorie wird Cocain als Rauschgift mißbraucht, was zu einem schnellen psychischen und physischen Verfall des Cocainisten führt. Heute werden in der medizinischen Praxis anstelle des Cocains synthetische Lokalanästhetika eingesetzt.

Eng verwandt mit den Tropan-Alkaloiden ist das **Pseudopelletierin,** das neben anderen Alkaloiden (S. 635) in der Rinde des Granatapfelbaumes (*Punica granata*) vorkommt.

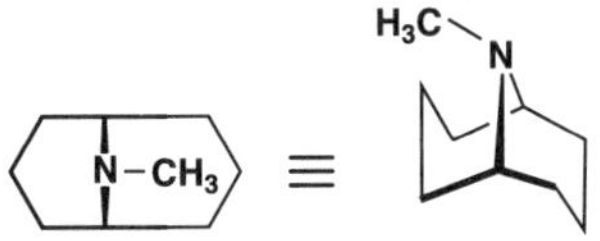

[Pseudopelletierin]

10.5 Pyrrolizidin- und Chinolizidin-Alkaloide

Pyrrolizidin und Chinolizidin sind bicyclische Ringsysteme, deren beide 5- bzw. 6-Ringe ein gemeinsames N-Atom besitzen. Beim Chinolizidin wird eine *trans*-Verknüpfung bevorzugt, wie aus NMR-Untersuchungen hervorgeht.

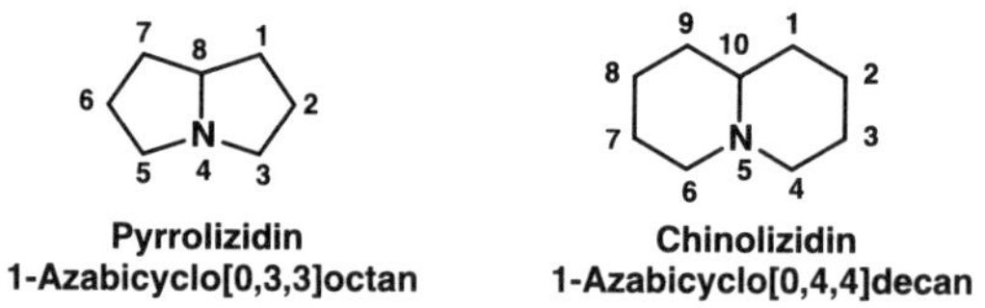

Pyrrolizidin
1-Azabicyclo[0,3,3]octan

Chinolizidin
1-Azabicyclo[0,4,4]decan

Aus Untersuchungen mit radioaktiv markierten Verbindungen geht hervor, daß der Pyrrolizidin- bzw. Chinolizidinring aus jeweils 2 Molekülen Putrescin bzw. Cadaverin (Abb. 10-10) gebildet wird.

Pyrrolizidin-Alkaloide (Abb. 10-14) sind im Pflanzenreich weit verbreitet (vgl. Tab. 1-9, S. 70), insbesondere in den Familien *Asteraceae, Boraginaceae* und *Fabaceae*, und wegen ihrer Toxizität von besonderer Bedeutung (vgl. S. 72). Chemisch handelt es sich um Esteralkaloide, bei denen eine **Necinbase** mit mindestens einer Necinsäure verestert ist. Pyrrolizidin-Alkaloide ohne Doppelbindungen im Necinteil (z. B. **Platynecin**, Abb. 10-14) sind im allgemeinen untoxisch. Toxikologisch von Bedeutung sind Necinbasen, die eine Doppelbindung enthalten (z. B. **Retronecin**) und durch Biotransformation (Biotoxifikation) hochreaktive Acyloxymethylpyrrolizidine bilden (Abb. 1-45, S. 73), die mit Nucleophilen reagieren können. Necinsäuren sind gesättigte und ungesättigte Mono- und Dicarbonsäuren. **Pyrrolizidinoide** (z. B. **Otonecin**) sind Azacycloocten-4-one, die durch transannulare Reaktion Pyrrolizidine bilden können (Abb. 10-14).

Interessant ist, daß einige Schmetterlinge (*Lepidopteren*) Pyrrolizidin-Alkaloide mit der Nahrung aufnehmen und zu Sexualpheromonen transformieren (S. 501). Die Pyrrolizidine dienen ferner als Fraßschutz (antifeedant).

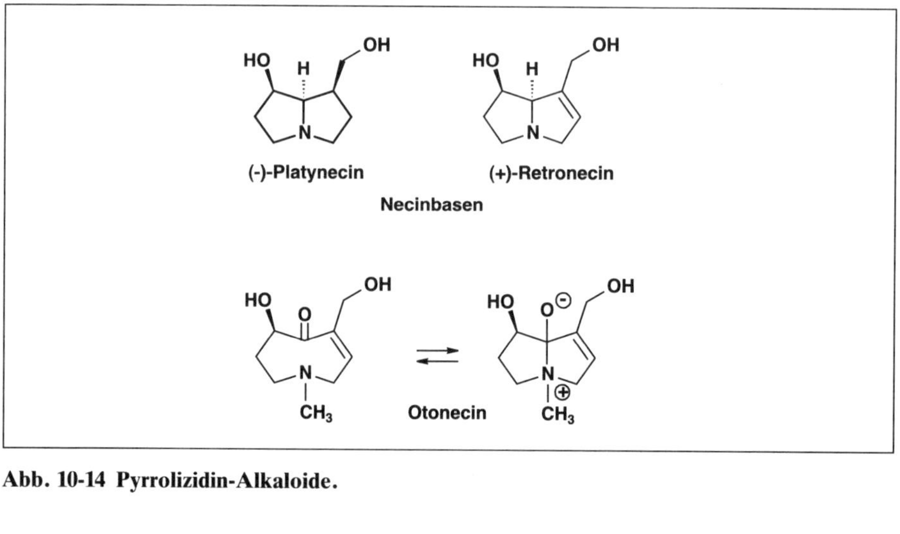

(−)-Platynecin   (+)-Retronecin

Necinbasen

Otonecin

Abb. 10-14 Pyrrolizidin-Alkaloide.

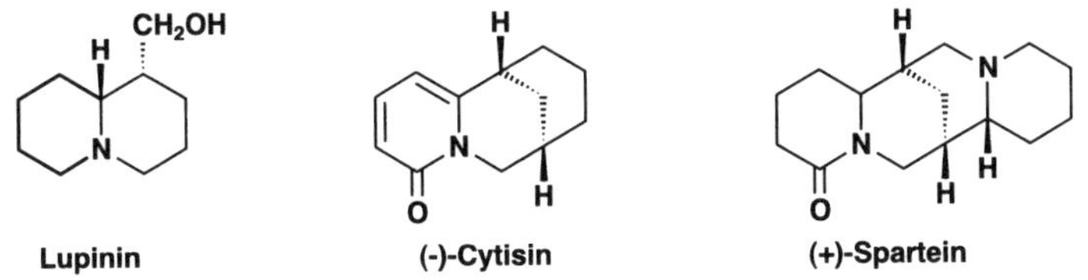

Abb. 10-15 Chinolizidin-Alkaloide.

Chinolizidin-Alkaloide (Abb. 10-15) kommen insbesondere in den Gattungen *Lupinus, Cytisus* und *Genista* der *Fabaceen* vor. Einige typische Vertreter sind das **Lupinin, Cytisin** und **Spartein.** Spartein, das Hauptalkaloid des Besenginsters (*Cytisus scoparius*) wird bei Reizleitungsstörungen des Herzens eingesetzt.

10.6 Isochinolin-Alkaloide

Die Isochinolin-Alkaloide stellen eine der größten Gruppen der Alkaloide dar. Bisher wurden aus *Magnoliaphytina* über 600 Isochinolin-Alkaloide isoliert, vor allem aus Vertretern der Ordnungen *Magnoliales, Ranunculales, Aristolochiales, Papaverales, Fabales, Rutales, Myrtales* und *Polemoniales* sowie der Familien *Cactaceae* und *Chenopodiaceae*.

Das Grundgerüst der Alkaloide dieser Gruppe ist das Isochinolin bzw. 1,2,3,4-Tetrahydroisochinolin. In vielen Fällen sind noch weitere Ringe ankondensiert.

10.6.1 Synthesen

10.6.1.1 Biosynthesen

Das dieser Alkaloidgruppe zugrunde liegende heterocyclische Ringsystem entsteht wahrscheinlich durch Reaktion eines Phenylethylamins mit einem Aldehyd.

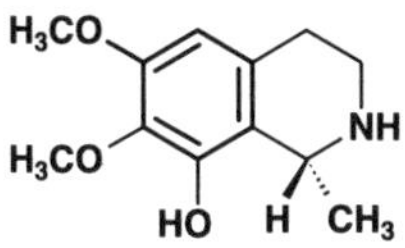

Bis auf einige einfache Isochinolin-Derivate wie die Alkaloide (z. B. **Anhalonidin**) aus *Anhalonium lewinii (Lophophora williamsii)* leiten sich die Isochinolin-Alkaloide vom 1-Benzylisochinolin ab. Durch den Einbau von 2-^{14}C-Tyrosin konnte sichergestellt werden, daß sowohl die Phenylethylamin-Komponente als auch der Aldehyd (4-Hydroxyphenylacetaldehyd) aus Tyrosin gebildet werden (Abb. 10-16).

Reticulin ist die Vorstufe der Biosynthese der Opium-Alkaloide des Thebain-Morphin-Typs. Durch Dehydrierung werden aus den Tetrahydroisochinolin-Derivaten die entsprechenden heteroaromatischen Isochinolin-Alkaloide gebildet.

Die strukturelle Vielfalt der Isochinolin-Alkaloide kommt u. a. durch die Möglichkeit der **oxidativen Kupplung** aufgrund der Anwesenheit phenolischer Hydroxygruppen sowohl am Isochinolin- als auch am Benzylrest zustande.

Die zunächst entstehenden, durch Mesomerie stabilisierten Radikale (Abb. 10-17) können

- intramolekular unter Ausbildung von C-C-Bindungen zu Alkaloiden des Proaporphin-, Aporphin- oder Thebain-Morphin-Typs
- intermolekular vor allem unter Ausbildung von C-O-Bindungen zu den verschiedenen Typen der Bis-benzylisochinolin-Gruppe

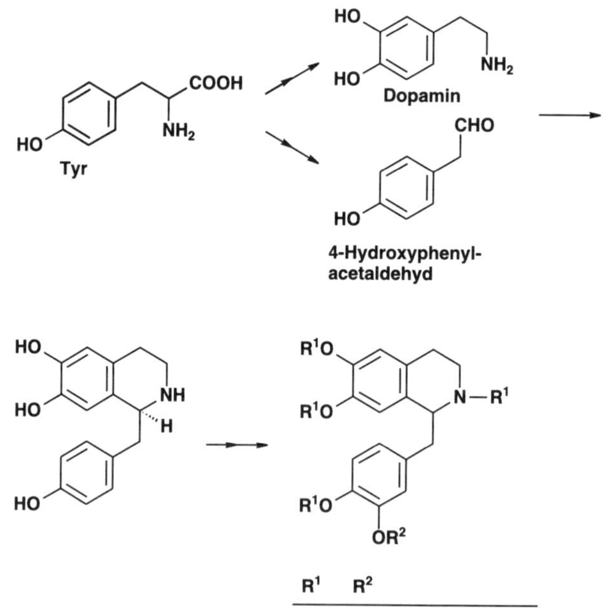

R^1	R^2	
H	H	Norlaudanosolin
H	CH_3	Reticulin

Abb. 10-16 Biosynthese der Benzylisochinolin-Alkaloide.

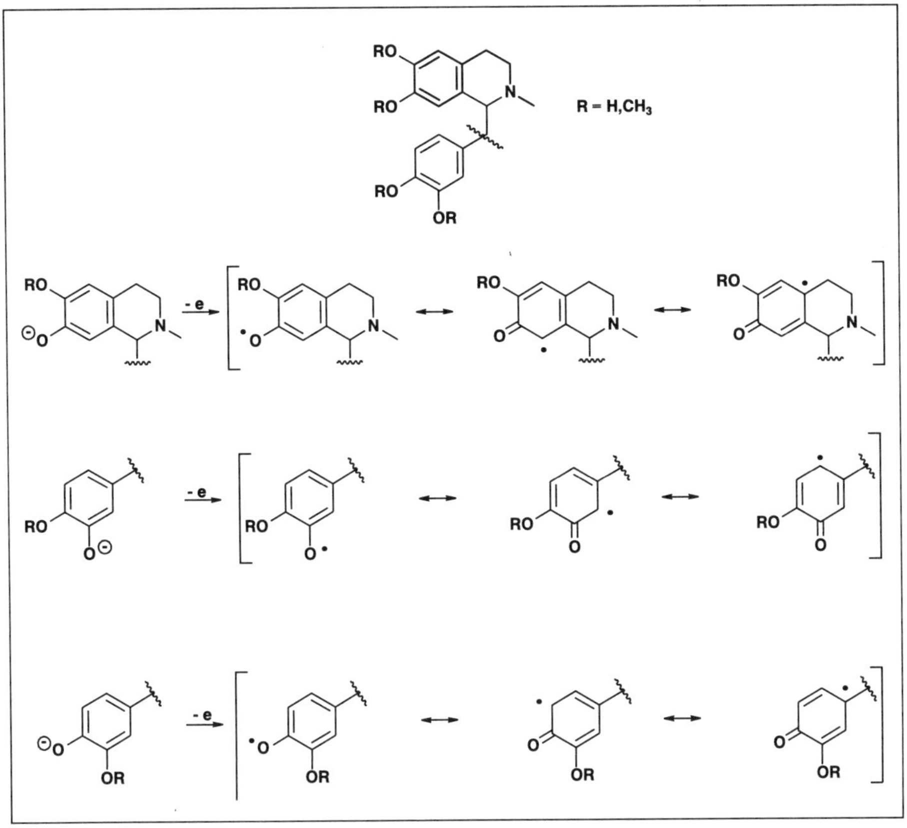

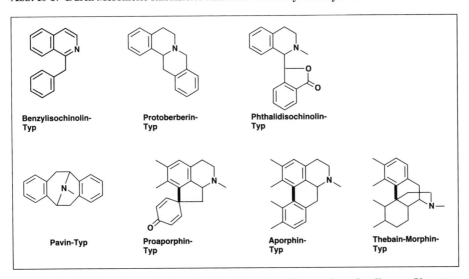

Abb. 10-17 Durch Mesomerie stabilisierte Radikale von Benzyl-tetrahydroisochinolin-Derivaten.

Abb. 10-18 Wichtigste Typen der Isochinolin-Alkaloide mit Ausnahme der dimeren Vertreter. Optisch hervorgehoben: C-C-Bindungen durch oxidative Kupplung.

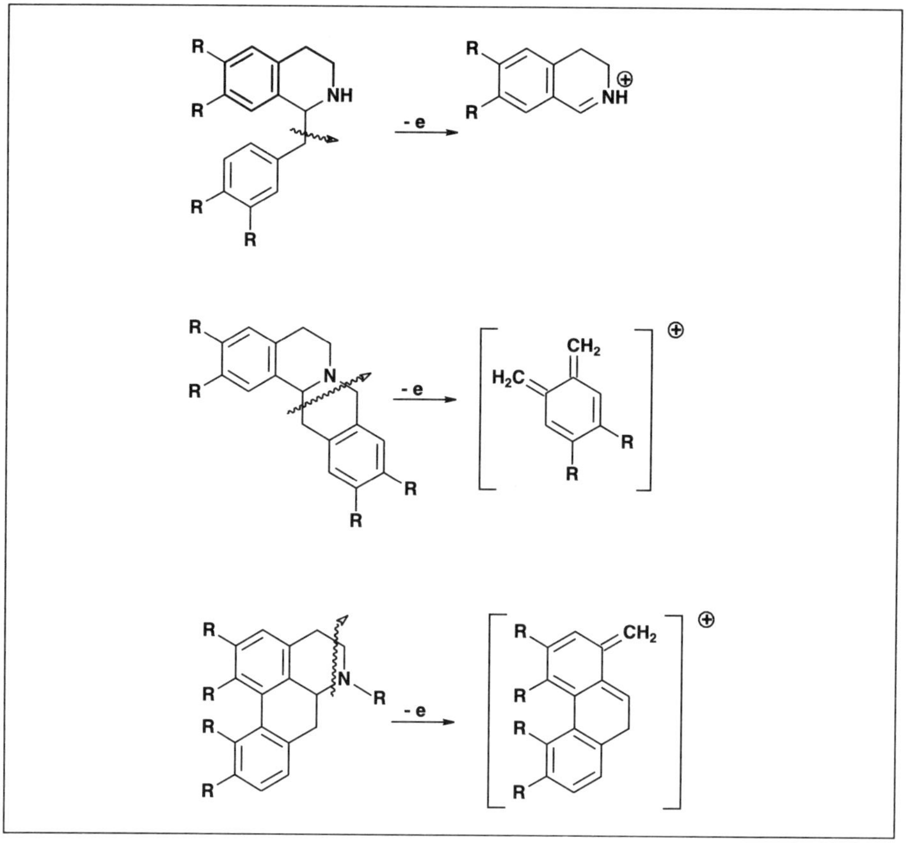

Abb. 10-19 Massenspektrometrische Fragmentierung einiger Isochinolin-Alkaloide.

reagieren. Die wichtigsten Typen der monomeren Isochinolin-Alkaloide zeigt die Abbildung 10-18. Die einzelnen Typen lassen sich durch das Auf-

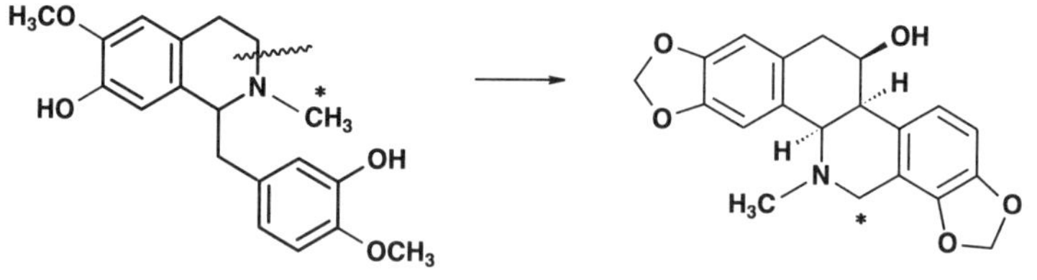

Reticulin

Chelidonin

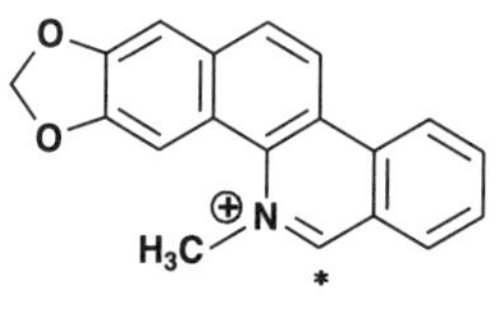

Sanguinarin

treten charakteristischer Bruchstücke massenspektrometrisch unterscheiden (Abb. 10-19).

Ausgehend von dem Reticulin erfolgt auch die Biosynthese der **Benzophenanthridin-Alkaloide Chelidonin** und **Sanguinarin**.

10.6.1.2 Chemische Synthesen

Zur Synthese des Isochinolin-Ringes dienen vor allem die *Pictet-Spengler-*, *Bischler-Napieralski-* und *Pomeranz-Fritsch*-Reaktion.

Nach *Pictet-Spengler* wird ein Phenylethylamin mit einem Aldehyd zunächst zur *Schiff*schen Base umgesetzt, die dann über ein Spiro-Intermediat zum Tetrahydroisochinolin cyclisiert. Durch Dehydrierung entsteht daraus das entsprechende Isochinolin-Derivat. So lassen sich Homoveratrumaldehyd und Homoveratrylamin bei Raumtemperatur in Gegenwart von Säure zum (±)-Norlaudanosin umsetzen (Abb. 10-20). Auf diese Weise konnte von *Späth* eine der ersten biogeneseähnlichen Synthesen unter physiologischen Bedingungen realisiert werden.

Pictet-Spengler-Reaktionen lassen sich auch zur stereoselektiven Synthese von Tetrahydroisochinolinen und β-Carbolinen durch asymmetrische Induktion, z. B. mittels eines Aminosäurederivates durchführen. Das induzierende Chiralitätszentrum der Aminosäure ist dabei im Endprodukt nicht mehr enthalten.

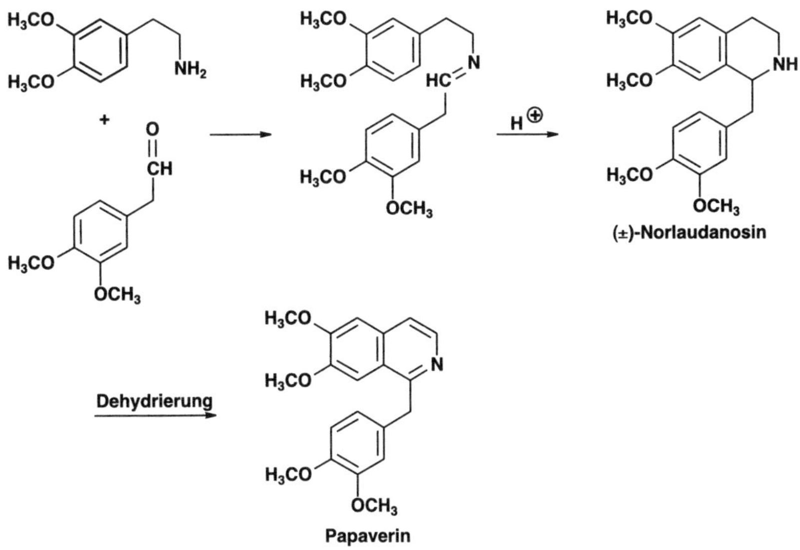

Abb. 10-20 *Pictet-Spengler*-Synthese von **Papaverin**.

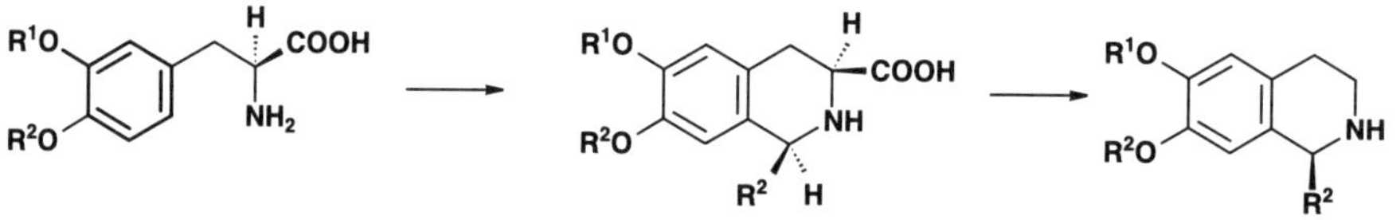

Die *Bischler-Napieralski*-Synthese ist die gebräuchlichste Methode zur Synthese der Benzylisochinoline. Diese Reaktion beruht auf der Cyclisierung eines N-acylierten Phenylethylamins in Gegenwart einer *Lewis*-Säure. Zur Synthese des Papaverins (Abb. 10-21) wird zunächst das Phenylethylamin-Derivat ausgehend von einem substituierten Nitrostyren synthetisiert, das nach Anlagerung von Methanol zum Amin reduziert werden kann. Dieses Homoveratrylamin-Derivat wird dann mit Homoveratrumsäurechlorid zum Amid umgesetzt, das durch Behandeln mit P_2O_5 in Toluol Papaverin ergibt.

10.6.2 Benzylisochinolin-Typ

Benzylisochinolin-Alkaloide wie **Norlaudanosolin, Laudanosin** oder **Reticulin** wurden u. a. in *Papaver*-Arten gefunden.

Als Beispiel für chemische Methoden der Strukturaufklärung von Alkaloiden dieser Gruppe sollen einige Abbaureaktionen des Laudanosin-Methiodids angeführt werden, die zu identifizierbaren Produkten geführt haben (Abb. 10-22).

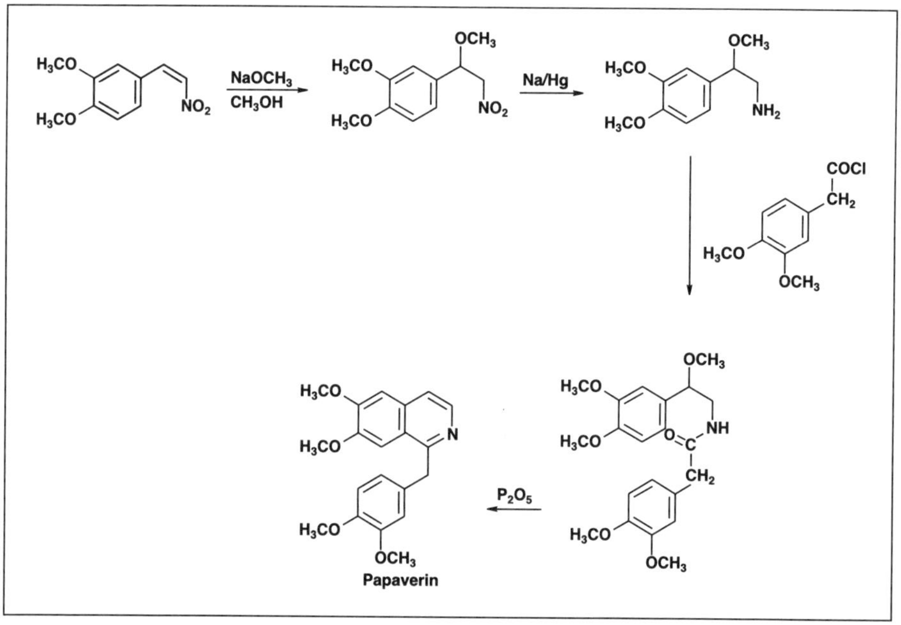

Abb. 10-21 *Bischler-Napieralski*-Synthese von Papaverin.

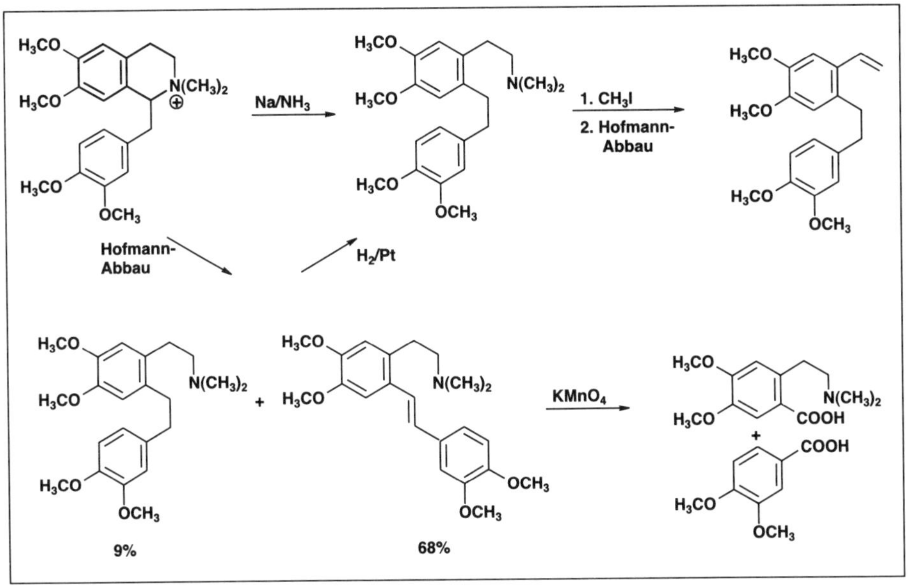

Abb. 10-22 Chemische Abbaureaktionen des Laudanosin-Methiodids.

Das bekannteste Benzylisochinolin-Alkaloid ist das **Papaverin**. Papaverin kommt neben vielen anderen Isochinolin-Alkaloiden im Opium vor. Papaverin ist der Prototyp der peripher angreifenden Spasmolytika, von dem sich viele synthetische Spasmolytika ableiten. Papaverin wird heute synthetisch dargestellt und bei Spasmen des Magen-Darm-Traktes therapeutisch eingesetzt.

Durch Oxidation mit Fe(III) entstehen *in vitro* – wenn auch in oft recht geringen Ausbeuten – aus Benzylisochinolin-Derivaten Alkaloide des Aporphin-, Proaporphin- oder Morphin-Typs (Abb. 10-23).

10.6.3 Pavin-Typ

Das Benzylisochinolin-Alkaloid Papaverin läßt sich mit Sn und HCl zum Tetrahydroisochinolin-Derivat hydrieren. Gleichzeitig wird dabei durch intramolekulare Cyclisierung **Pavin** gebildet (Abb. 10-24). Alkaloide dieses Typs kommen in *Lauraceen, Papaveraceen* und *Ranunculaceen* vor.

10.6.4 Protoberberin-Typ

Durch Umsetzen mit Formaldehyd können aus Benzylisochinolin-Alkaloiden Alkaloide des Tetrahydroprotoberberin-Typs synthetisiert werden.

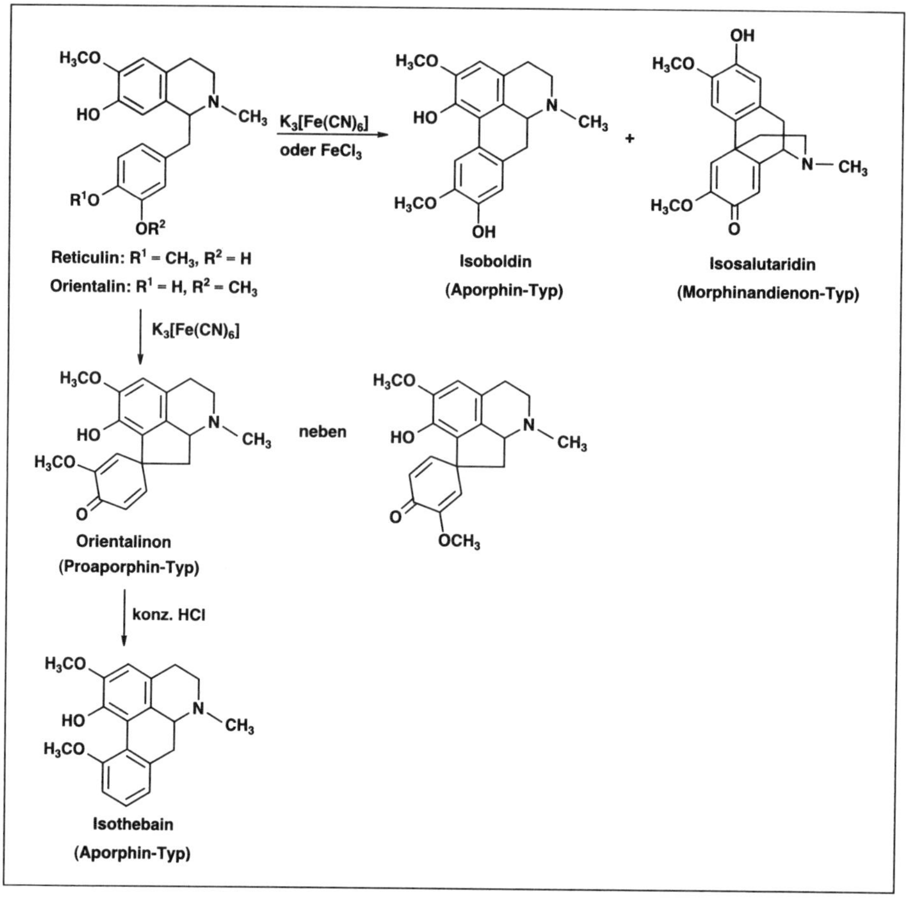

Abb. 10-23 Reaktionsprodukte der *In-vitro*-Oxidation von Benzylisochinolin-Alkaloiden.

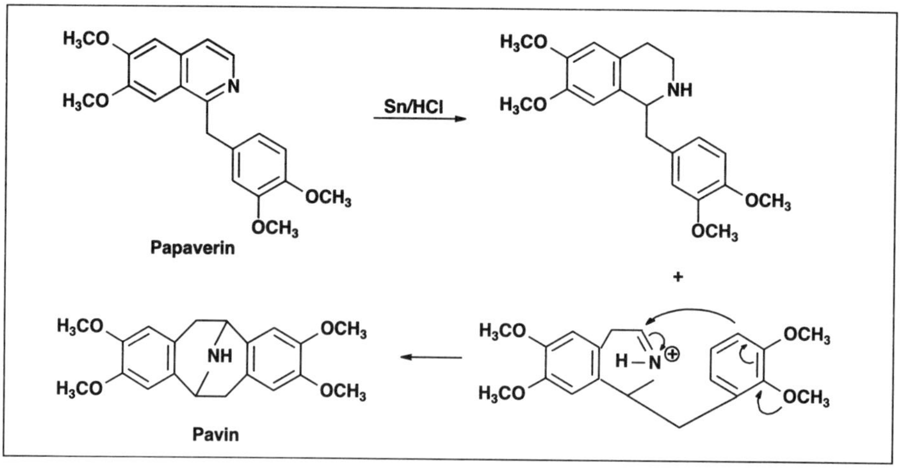

Abb. 10-24 Chemische Umwandlung von Papaverin in Pavin.

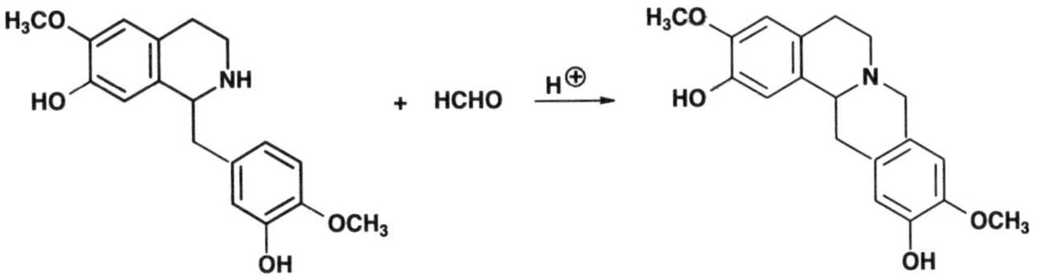

Als quartäre Verbindung liegt das **Berberin** vor, dessen Biosynthese vom Reticulin ausgeht. Das für die Cyclisierung benötigte C-Atom stammt dabei von der N-Methylgruppe.

Das Berberin ist durch die Erweiterung des Chromophors gelb gefärbt. In alkalischer Lösung liegt die Ammonium-Form im Gleichgewicht mit der Carbinolamin- und Aminoaldehyd-Form vor.

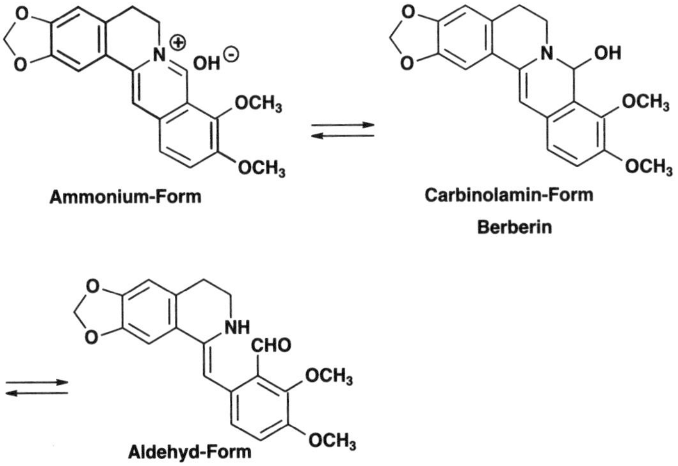

10.6.5 Phthalidisochinolin-Typ

Dieser Typ von Isochinolin-Alkaloiden kommt vor allem in *Papaveraceen* vor. Zu den Phthalidisochinolin-Alkaloiden gehören das **Narcotin**, ein Hauptalkaloid des Opiums, sowie das aus *Hydrastis canadensis* isolierte **Hydrastin**. Charakteristisch ist das Verhalten dieser Alkaloide bei der oxidativen Spaltung (Abb. 10-25).

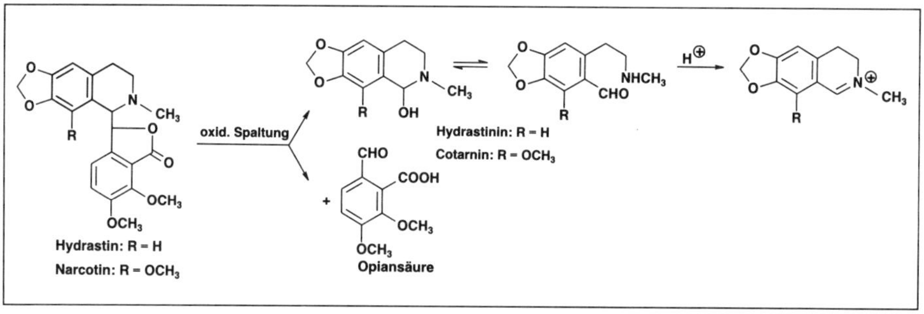

Abb. 10-25 Oxidative Spaltung von Phthalidisochinolin-Alkaloiden.

Die bei der Spaltung entstehenden Isochinolin-Derivate **Cotarnin** bzw. **Hydrastinin** können als Carbinolamin oder Aminoaldehyd reagieren. Im Sauren liegen die Verbindungen als Imoniumsalze vor.

10.6.6 Thebain-Morphin-Typ

Die Alkaloide des Thebain-Morphin-Typs entstehen durch oxidative Kupplung aus Benzylisochinolin-Alkaloiden (S. 642). Dabei werden zunächst Alkaloide der **Morphinandienon-Reihe** gebildet. Aus dem Morphinandienon **Salutaridin** entsteht durch nucleophilen Angriff der phenolischen Hydroxygruppe an dem chinoiden System und gleichzeitiger Reduktion das **Thebain** (Abb. 10-26).

Alkaloide des Thebain-Morphin-Typs wurden vor allem aus dem Opium isoliert. **Opium** ist der getrocknete Milchsaft des Arzneimohns (*Papaver somniferum*). Es enthält neben Morphin noch Narcotin, Papaverin, Codein, Thebain und zahlreiche weitere Alkaloide. Arzneibücher fordern für Opium einen Gehalt von mind. 12 % Morphin. Im Unterschied dazu besteht das Alkaloidgemisch des rauschgiftfreien Mohns *P. bracteatum Halle III (Mothes)* zu ca. 98 % aus Thebain. Morphin wurde bereits 1805 aus dem Opium in kristalliner Form erhalten (*Sertürner*) und war damit die erste isolierte Pflanzenbase. Eine gesicherte Formel konnte jedoch erst

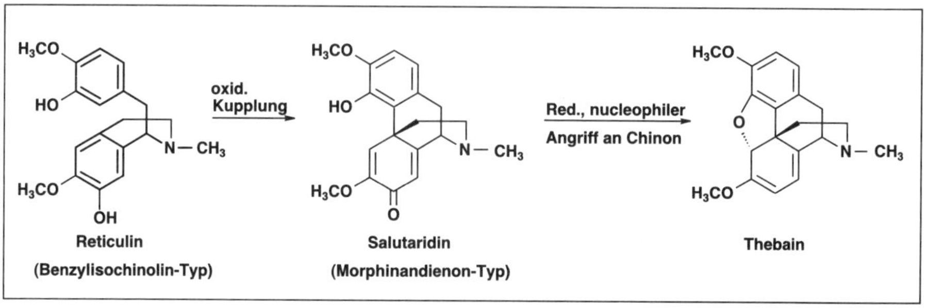

Abb. 10-26 Biosynthese von Alkaloiden des Morphinandienon- und Thebain-Typs.

1927 aufgestellt werden (*Robinson*). Einen wesentlichen Hinweis auf die Struktur des Ringsystems ergab die Zinkstaubdestillation, bei der Phenanthren gebildet wird (*Vongerichten* und *Schrötter*). Morphin besitzt die (5R, 6S, 9R, 13S, 14R)-Konfiguration.

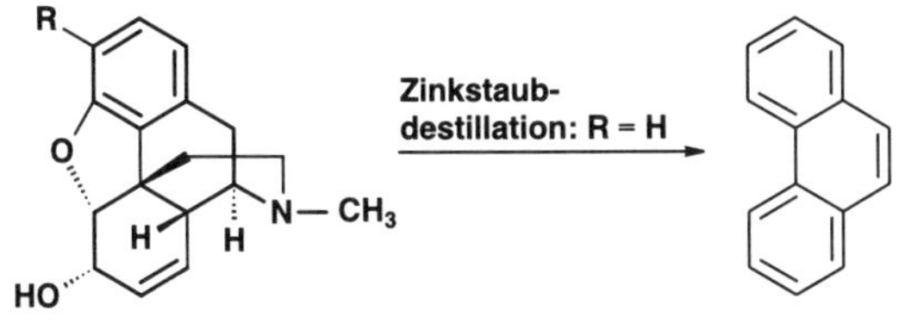

Morphin: R = H
Codein: R = CH$_3$

Phenanthren

Die Synthese des Morphinan-Grundgerüstes gelang *Grewe*, wobei der wesentliche Schritt die Cyclisierung von N-Methyl-1-benzyl-octahydroisochinolin mit Phosphorsäure zum N-Methylmorphinan darstellt. 1952 gelang die Totalsynthese des Morphins (*Gates* und *Tschudi*).

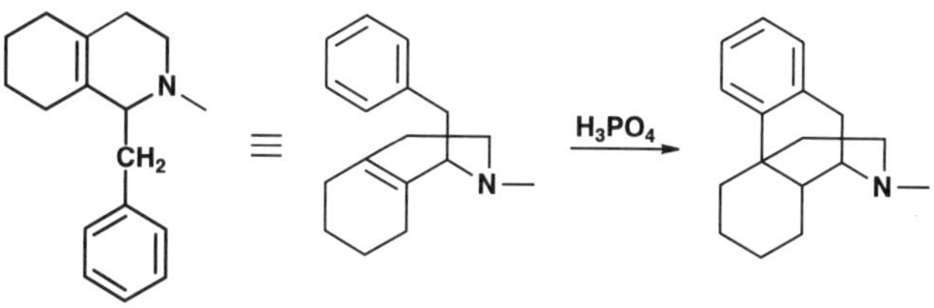

Morphin wirkt sehr stark schmerzstillend (analgetisch). Schmerz- sowie Husten- und Atmungszentrum des ZNS werden depressiv beeinflußt. Die Einnahme von Morphin ist verbunden mit einer Euphorie, die mit verantwortlich für die Ausbildung der Morphinsucht ist. Morphinisten zeigen bei plötzlichem Entzug des Morphins Abstinenzerscheinungen. Codein wirkt schwächer analgetisch, wirkt aber noch in gleicher Stärke hemmend auf das Hustenzentrum. Es wird daher als Antitussivum eingesetzt. Durch Acetylierung der beiden Hydroxygruppen des Morphins wird das **Heroin**

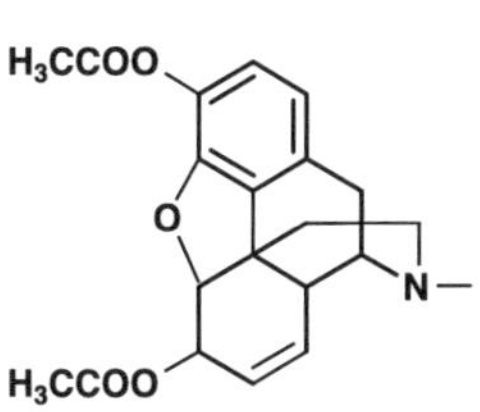

Heroin

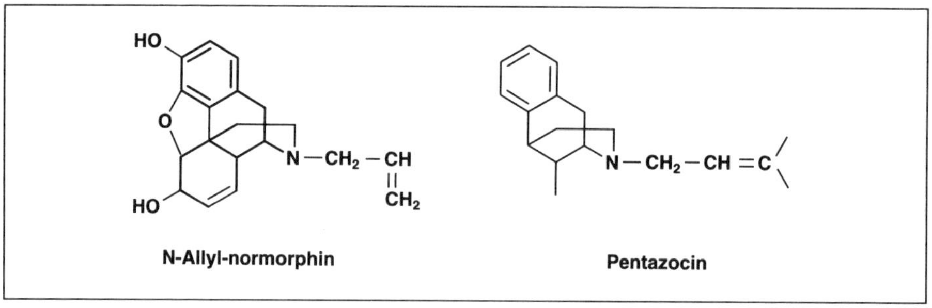

652 Alkaloide

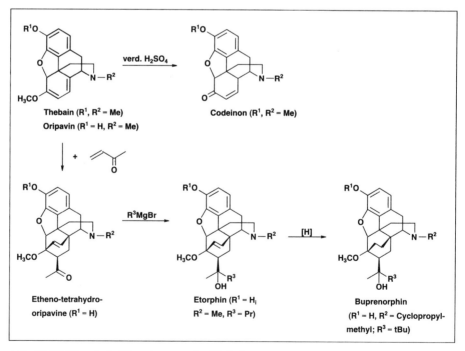

Abb. 10-27 Morphin-Antagonisten.

erhalten, das besonders stark suchterregend wirkt. Morphin reagiert im ZNS mit Rezeptoren von körpereigenen Oligopeptiden (Endorphine, S. 463). Als **Morphin-Antagonisten** (Abb. 10-27) reagieren die synthetisch erhaltenen Verbindungen N-Allylnormorphin (Nalorphin) und das Pentazocin. Bei Einnahme dieser Morphin-Antagonisten treten bei Süchtigen Abstinenzerscheinungen auf.

Thebain, das zu etwa 0,2 bis 1 % im Opium enthalten ist, wirkt krampferregend. Die Enolethergruppierung wird durch Säure sehr leicht gespalten. Thebain geht bei der Behandlung mit verdünnter Schwefelsäure in Codeinon über (Abb. 10-28). Thebain verfügt über ein 1,4-Dien-System, an das Dienophile angelagert werden können. Durch eine derartige *Diels-*

Abb. 10-28 Chemische Umsetzungen des Thebain.

Alder-Reaktion (Umsetzung mit Vinylmethylketon, Abb. 10-28) und nachfolgende Umsetzung der Carbonylgruppe mit *Grignard*-Verbindungen werden die **Etheno-tetrahydro-oripavine (Etorphine)** gebildet, die ca. 10.000mal stärker analgetisch als Morphin wirken, aber auch entsprechend toxisch sind.

10.6.7 Aporphin-Typ

Die Alkaloide des Aporphin-Typs stellen nach den Bisbenzylisochinolinen die zweitgrößte Gruppe der Isochinolin-Alkaloide dar. Bisher wurden 85 Alkaloide aus Pflanzen von 15 Familien isoliert. Aporphin-Alkaloide werden biosynthetisch sowie *in vitro* durch oxidative Kupplung von Benzylisochinolin-Alkaloiden gebildet. *In vitro* entsteht das recht energiearme Ringsystem auch durch Behandeln von Alkaloiden des Proaporphin- (s. Abb. 10-23) oder Thebain-Morphin-Typs mit konz. Säure.

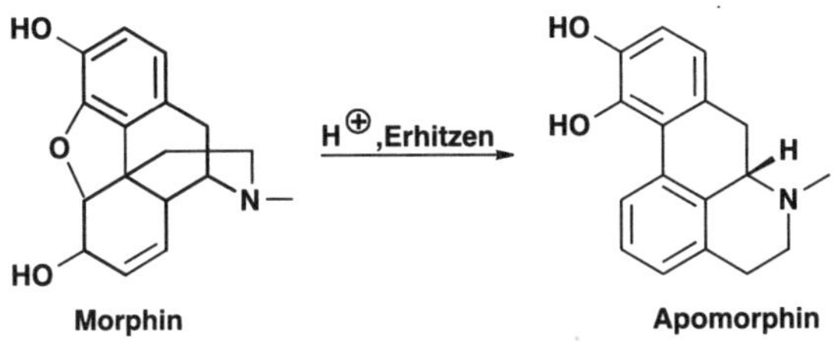

Aus Morphin entsteht auf diese Weise das **Apomorphin,** das als Brenzcatechin-Derivat leicht oxidiert werden kann. Apomorphin kommt nicht natürlich vor. Die bei natürlichen Verbindungen üblichen Sauerstofffunktionen am C-6 und C-7 des Isochinolinringes fehlen. Ähnliche Umlagerungen erfolgen auch mit Thebain (→ Morphothebain) oder Codein.

10.6.8 Bisbenzylisochinolin-Alkaloide

Die Bisbenzylisochinolin-Alkaloide stellen die größte Gruppe innerhalb der Isochinolin-Alkaloide dar. Bisher wurden über 100 Vertreter in Pflanzen der Familien *Annonaceae, Berberidaceae, Hernandiaceae, Lauraceae, Magnoliaceae, Menispermaceae, Monimiaceae, Nymphaeaceae* und *Ranunculaceae* gefunden. Meist enthalten diese Pflanzen Alkaloidgemische, deren Einzelkomponenten sich vor allem durch den Grad der Methylierung der O- und N-Atome unterscheiden.

Die beiden Benzylisochinolin-Komponenten können durch 1, 2 oder seltener auch 3 C–O- bzw. seltener C–C-Bindungen miteinander verknüpft sein. Die häufigsten Bindungsmöglichkeiten sind der schematischen Struktur zu entnehmen:

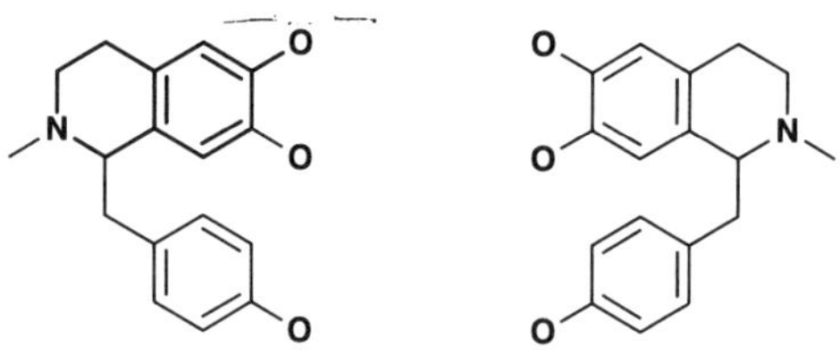

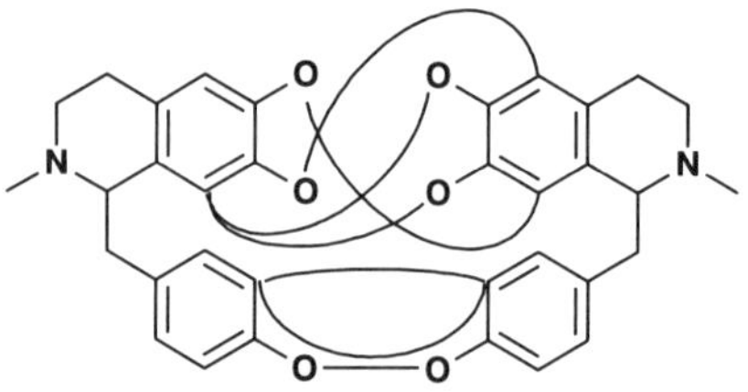

Von toxikologischer und therapeutischer Bedeutung ist das **(+)-Tubocurarin,** das vergesellschaftet mit anderen Bisbenzylisochinolin-Alkaloiden des **Curin-Chondocurin-Typs** in *Chondrodendron*-Arten (Fam.: *Menispermaceae*) vorkommt. Extrakte dieser Pflanzen, die unter dem Namen Tubo-Curare bekannt geworden sind, dienen den südamerikanischen Indianern als Pfeilgifte. (+)-Tubocurarin ist ein Muskelrelaxans, das Acetylcholin an den Rezeptoren der quergestreiften Muskulatur kompetitiv verdrängt. Es kommt dadurch zu einer Lähmung der Muskulatur. 2- bis 4mal wirksamer als (+)-Tubocurarin ist die bisquartäre Verbindung (+)-Chondocurarin. Neben diesen quartären Verbindungen sind noch die entsprechenden tertiären Basen in der Pflanze enthalten (**Curine**).

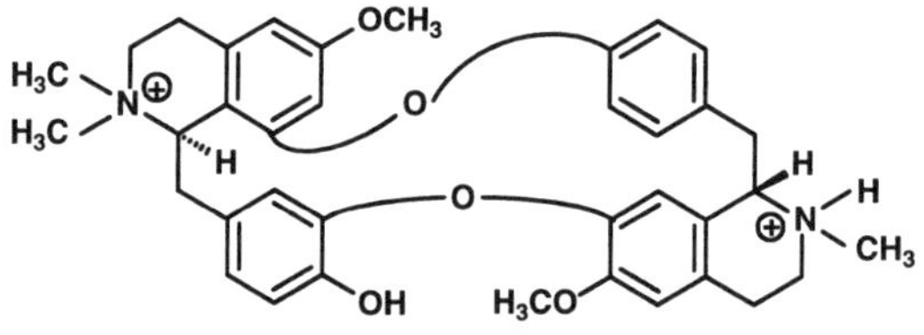

(+)-Tubocurarin

10.6.9 Ipecacuanha-Alkaloide

Die Wurzeln der mittelamerikanischen *Rubiaceae Cephaelis ipecacuanha (Uragoga ipecacuanha)* enthalten die Isochinolin-Alkaloide **Emetin** und **Cephaelin.** Emetin hat wegen seiner amöbiziden Wirkung therapeutische Bedeutung.

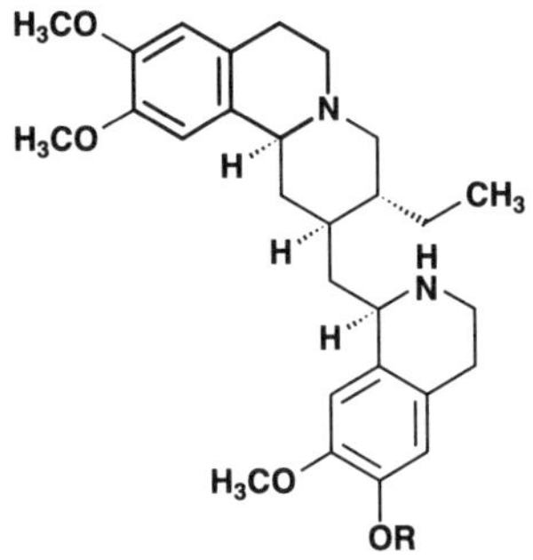

(-)-Emetin: R = CH₃
Cephaelin: R = H

Die Ipecacuanha-Alkaloide weichen in ihrem Grundgerüst von den anderen Isochinolin-Alkaloiden ab. Trotz vieler Abbauversuche konnte die richtige Struktur erst 1948 von *Robinson* aufgrund biogenetischer Zusammenhänge unter Zugrundelegen der *Woodward*schen Spaltung eines aromatischen Ringes aufgestellt werden.

10.7 Indol-Alkaloide

Die Indol-Alkaloide sind neben den Isochinolin-Alkaloiden die größte Alkaloidgruppe. Im Unterschied zu den innerhalb der *Magnoliaphytina* relativ weit verbreiteten Isochinolin-Alkaloiden kommen die Indol-Alkaloide aber fast ausschließlich in *Apocynaceen (Vinca, Catharanthus, Rauwolfia, Aspidosperma, Iboga), Loganiaceen (Strychnos)* und *Rubiaceen*, also nur in der Ordnung der *Gentiales* vor. Zu den Ausnahmen gehören die Ergolin-Alkaloide (Kap. 10.7.8), verschiedene Indolylalkylamine und das Lyngbyatoxin.

Lyngbyatoxin wird von der Blaualge *Lyngbya majuscula* gebildet und erzeugt Hauterkrankungen.

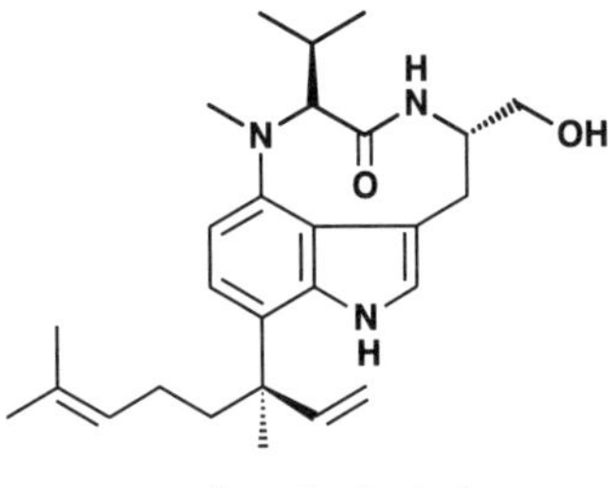

Lyngbyatoxin A

Grundkörper der Indol-Alkaloide ist das Indol bzw. Indolin (2,3-Dihydroindol). Durch die Biosynthese, die vom Tryptophan ausgeht, enthalten fast alle Indol-Alkaloide 2 bzw. 2 × 2 N-Atome (dimere Alkaloide), wobei das zweite N-Atom durch 2 C-Atome vom Indol- bzw. Indolinring getrennt ist.

Bis auf die Indolylalkylamine sind bei den Indol-Alkaloiden noch weitere Ringe in 2,3-Stellung an den Indolring angegliedert. Eine Ausnahme machen hier die Ergolin-Alkaloide, die 3,4-substituierte Indole sind. Das N-Atom der Aminogruppe der Indolylalkylamine ist bei den Indol-Alkaloiden Teil eines 5-, 6- oder 7-Ringes. In einigen Fällen ist zusätzlich noch das N-Atom des Indolringes in das Ringsystem einbezogen (Strychnos-Alkaloide, Vincamin). Die wichtigsten Gruppen der Indol-Alkaloide sind in der Abbildung 10-29 zusammengefaßt.

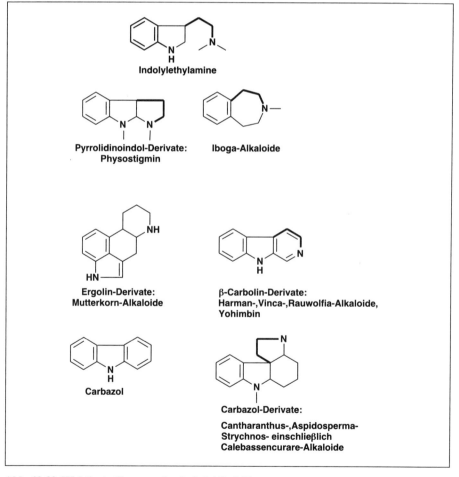

Abb. 10-29 Wichtigste Gruppen der Indol-Alkaloide.

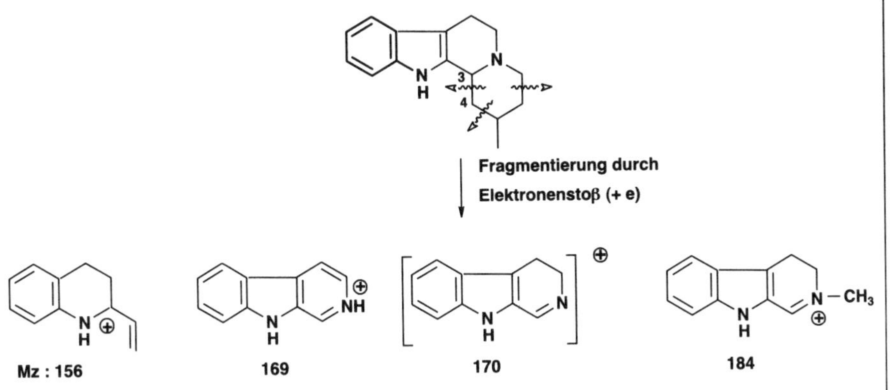

Abb. 10-30 Massenspektrometrische Fragmentierung von Indol-Alkaloiden.

Eine große Rolle bei der Strukturaufklärung der Indol-Alkaloide spielt die Massenspektrometrie. Charakteristische Bruchstücke (Abb. 10-30) besitzen die Massenzahlen 156, 169, 170 und 184. Die Spaltung erfolgt bevorzugt zwischen den C-Atomen 3 und 14.

10.7.1 Synthesen

10.7.1.1 Biosynthese

Die Aufklärung der Biosynthese der Indol-Alkaloide geht vor allem auf Arbeiten von *Arigoni, Battersby* und *Scott* zurück.

Das Indolringsystem wird von der Aminosäure Tryptophan geliefert. Unmittelbar vom Tryptophan leiten sich die Indolylalkylamine ab. Die meisten Indol-Alkaloide enthalten jedoch noch zusätzliche C-Atome. Während bei den Isochinolin-Alkaloiden die Vielfalt der Strukturen vor allem durch intramolekulare C–C- und intermolekulare C–O-Bindungen infolge oxidativer Kupplung phenolischer Ausgangsprodukte hervorgerufen wird, unterscheiden sich die Indol-Alkaloide durch Art und Verknüpfung der zusätzlich an das Indolylalkylamin gebundenen C-Fragmente.

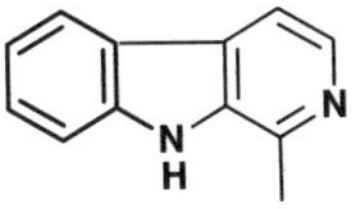

Harman

Bei einer kleinen Gruppe, den Alkaloiden des Harman-Typs (z. B. **Harman**) besteht dieses C-Fragment aus nur 2 C-Atomen. Die meisten Indol-Alkaloide enthalten iridoide C_{10}-Fragmente, die manchmal zu 9 C-Atomen (unterbrochene Linie, Abb. 10-31) abgebaut sein können. Nach diesem Fragment lassen sich die Indol-Alkaloide in

- Alkaloide mit unverändertem Loganin-Grundgerüst bzw. Secologanin-Grundgerüst (Typ *A*) und
- Alkaloide mit umgelagertem Secologanin-Grundgerüst (Typ *B* und *C*) einteilen (vgl. Abb. 10-31).

Die Alkaloide des Strychnin-Typs (Strychnin, Calebassencurare-Alkaloide) werden aus einem Indolylethylamin und einer C_{11}-Einheit gebildet. Bei den Ergolin-Alkaloiden wird der heterocyclische Grundkörper aus Tryptophan und Isopentenylpyrophosphat gebildet (S. 667).

10.7.1.2 Chemische Synthesen

Chemische Synthesen in der Reihe der Indol-Alkaloide, die von Indolylethylaminen ausgehen, haben wesentliche Beiträge zur Aufklärung der Struktur dieser Verbindungsklasse sowie der Biosynthese geliefert. Der Ringschluß von Indolylethylaminen zu β-Carbolinen kann nach Art der Isochinolin-Synthese nach *Pictet-Spengler* mit einem Aldehyd bzw. nach

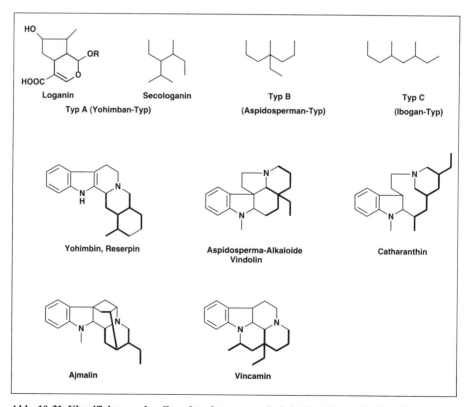

Abb. 10-31 Klassifizierung der Grundstrukturen von Indol-Alkaloiden mit $C_{10(9)}$-Fragment.

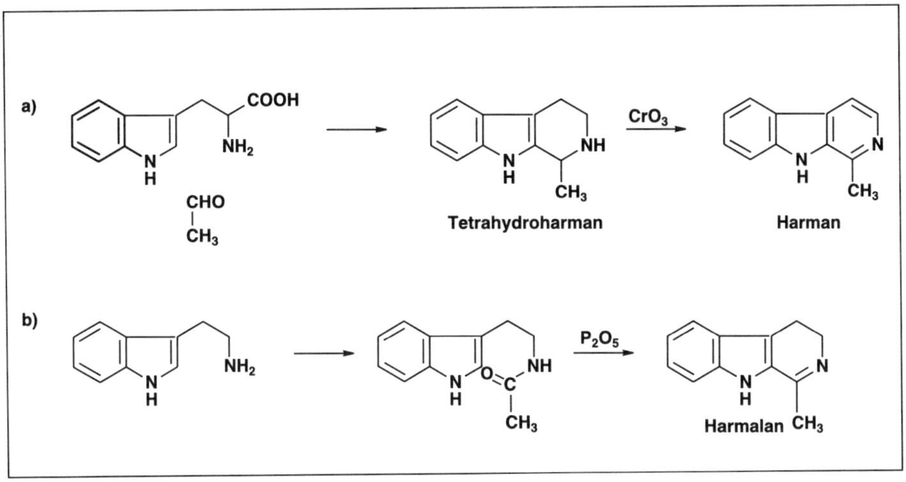

Abb. 10-32 Synthese von Harman nach *Pictet-Spengler* (a) und Harmalan nach *Bischler-Napieralski* (b).

Bischler-Napieralski über ein Säureamid erfolgen. Beide Wege wurden z.B. zur Synthese der relativ einfach gebauten Harman-Alkaloide beschritten (Abb. 10-32). Die Umsetzung mit Acetaldehyd zum Tetrahydroharman läßt sich unter zellähnlichen Bedingungen realisieren (*Schöpf*).

Ein wichtiges Ausgangsprodukt für Synthesen ist der Ketoester **2**, der aus Glutaconester und Acetessigester erhältlich ist. Das Amid **3** läßt sich zu einem β-Carbolin cyclisieren, das nach Reduktion, Verseifung und Decarboxylierung das für die Reserpin-Synthese wichtige Zwischenprodukt **4** ergibt.

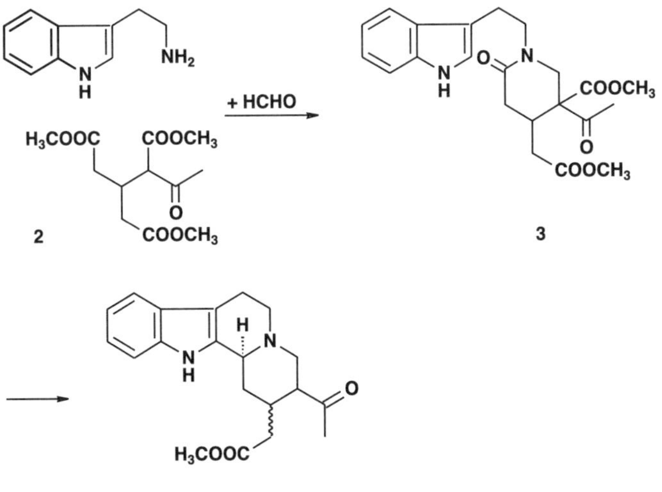

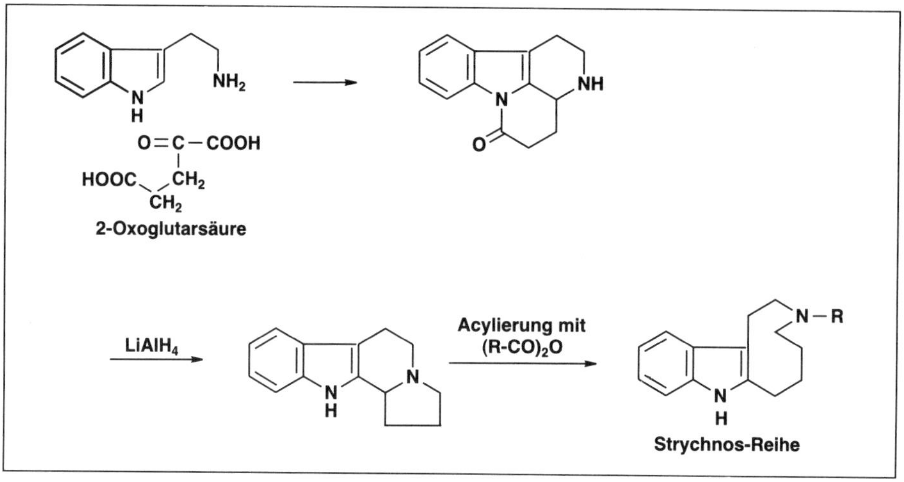

Abb. 10-33 Synthesen von Indol-Alkaloiden (nach *Mason*).

Einige weitere synthetische Möglichkeiten in der Reihe der Indol-Alkaloide sind in Abb. 10-33 aufgeführt.

Die β-Carboline lassen sich in andere Strukturtypen umlagern. So geht z. B. das β-Carbolin-Derivat **5** durch Erhitzen mit konz. HCl in das Carbazol-Derivat **6** über.

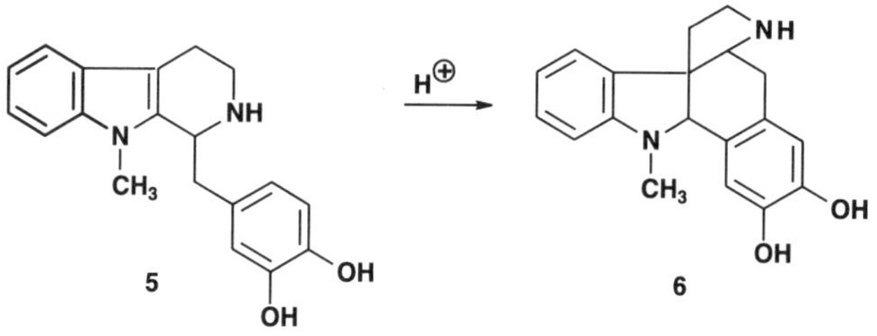

Als erstes Indol-Alkaloid wurde das Carbazol-Derivat **Strychnin** synthetisiert (*Woodward*, 1954), das mit seinen sieben Ringen und sechs stereogenen Zentren eine echte Herausforderung für die Synthesechemiker war. Entscheidender Schritt dieser Synthese (Abb. 10-34) ist die Cyclisierung der *Schiff*schen Base **7** in Pyridin in Gegenwart von Toluolsulfochlorid zum Indolenin-Derivat **8**. Im Unterschied zu den Synthesen der β-Carbolin-Derivate erfolgt hier ein elektrophiler Angriff in β-Stellung des Indol-Derivates.

10.7.2 Yohimban-Typ

Prototyp der Alkaloide dieser Gruppe ist das **Yohimbin**, das aus der Rinde von *Corynanthe yohimbe (Rubiaceae)* gewonnen wird. Es wirkt lokalanäs-

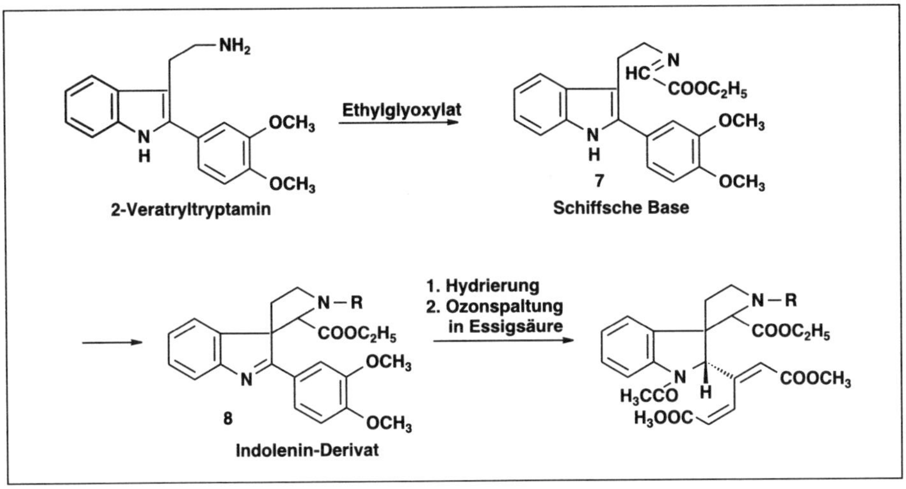

Abb. 10-34 Teilschritte der Strychnin-Synthese nach *Woodward*.

thetisch und wird wegen seiner gefäßerweiternden Wirkung an den Geschlechtsorganen auch gelegentlich als Aphrodisiakum eingesetzt.

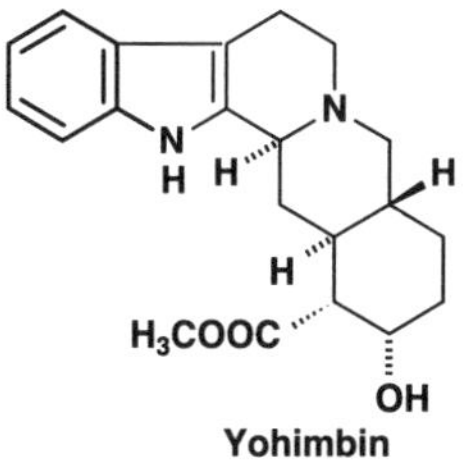

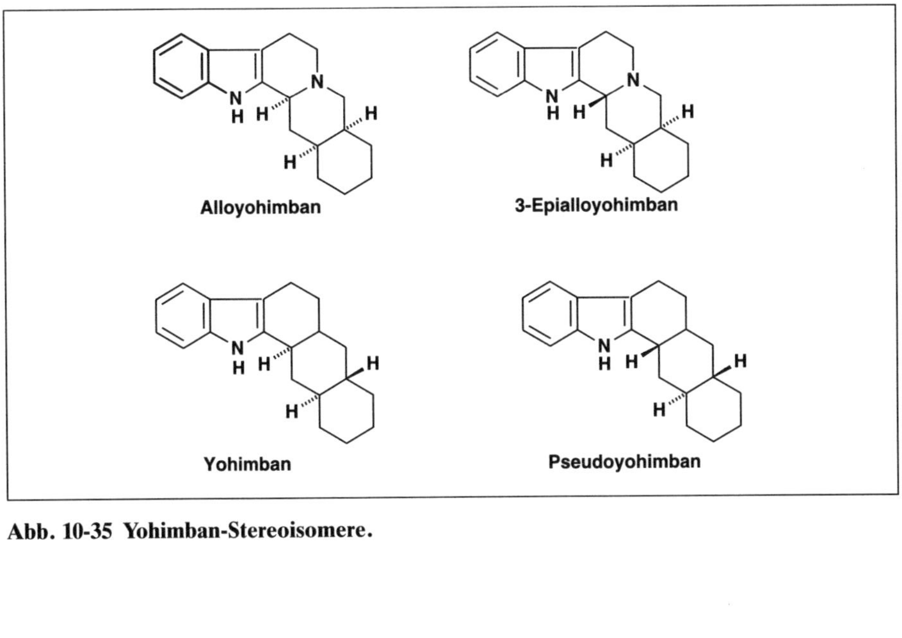

Yohimbin

Alloyohimban

3-Epialloyohimban

Yohimban

Pseudoyohimban

Abb. 10-35 Yohimban-Stereoisomere.

Vom Yohimbin leiten sich zahlreiche stereoisomere Verbindungen ab, die sich durch die Verknüpfung der Ringe *C/D* und *D/E* unterscheiden (Abb. 10-35). Zu den natürlichen Stereoisomeren gehören auch einige Rauwolfia-Alkaloide.

Die **Rauwolfia-Alkaloide** werden vor allem aus den unterirdischen Organen der in Indien beheimateten *Apocynacee Rauwolfia serpentina* gewonnen. Wichtigster Inhaltsstoff ist das **Reserpin**, das zur Epialloyohimban-Reihe (*C/D: trans; D/E: cis*) gehört.

Reserpin ist ein Esteralkaloid, das wegen seiner blutdrucksenkenden und sedativen Wirkung therapeutisch eingesetzt wird. Ähnlich wirken auch die natürlichen Rauwolfia-Alkaloide **Deserpidin** und **Rescinnamin.** Reserpin führt im ZNS zu einer Verminderung des Gehaltes an Catecholaminen und Serotonin. In höheren Dosen wirkt Reserpin neuroleptisch.

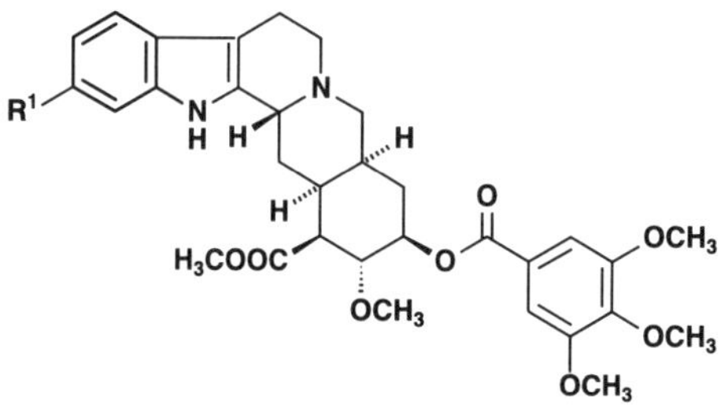

R¹ = OCH₃ : Reserpin
R¹ = H : Deserpin

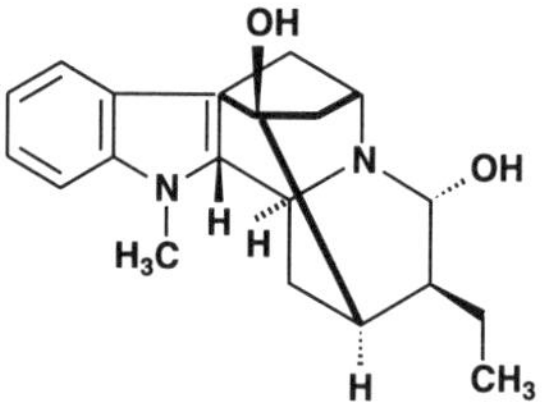

Ajmalin

Neben diesen Indolbasen kommen in der Droge noch quartäre Anhydroniumbasen sowie Indolinbasen vor. Zu letzteren gehört das Ajmalin, das vor allem bei Herzarrythmien eingesetzt wird. Trotz des Strukturelements N–C–OH zeigt das **Ajmalin** nicht die charakteristischen Reaktionen der Carbinolamine. Die N–C-Bindung ist beim Ajmalin stabiler.

10.7.3 Aspidosperman-Typ

Zu dieser Gruppe gehören vor allem Alkaloide der Gattungen *Aspidosperma, Pleiocarpa, Rhazya* und *Vinca*.

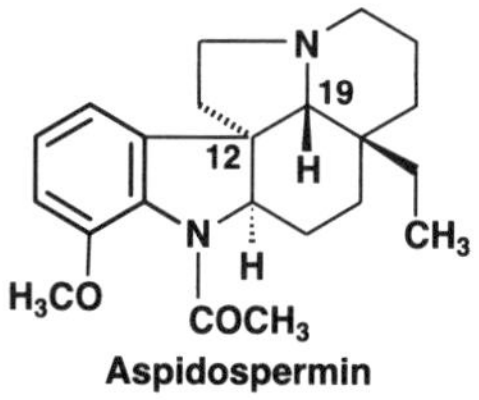

Aspidospermin

Bei der Strukturaufklärung der Alkaloide von *Aspidosperma quebrachoblanco* hat erstmals die Massenspektroskopie eine entscheidende Rolle gespielt (*Biemann, Djerassi* und *Spiteller*). Am längsten bekannt ist von diesen Alkaloiden das **Aspidospermin**, dessen N-Acetylgruppe leicht säurekatalysiert abgespalten werden kann. Bei der Massenspektrometrie wird bevorzugt die Bindung zwischen den C-Atomen 12 und 19 gespalten. Ein charakteristisches Fragment ist der Peak mit der Massenzahl 124.

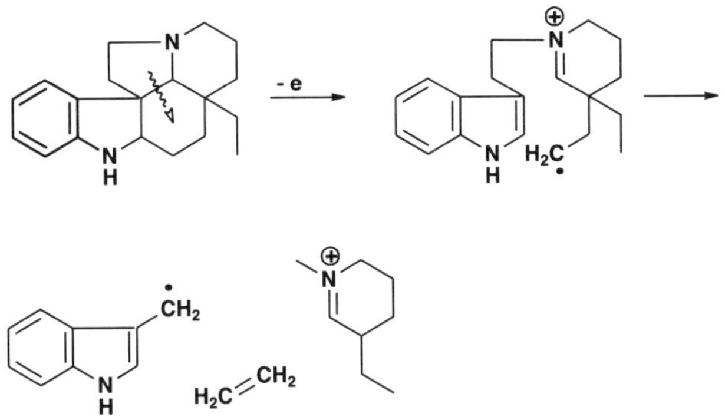

Vinca-Alkaloide

Aus dem Immergrün (*Vinca minor*) wurde neben vielen anderen Indol-Alkaloiden **Vincamin** (Vincaminsäuremethylester) isoliert, das wegen seiner hypotensiven und sedativen Wirkung therapeutisch eingesetzt wird. Die Hydroxygruppe am tertiären C-Atom kann relativ leicht unter Bildung von Apovincamin eliminiert werden.

10.7.4 Catharanthus-Alkaloide

Aus *Catharanthus roseus* (früher *Vinca rosea*), einem auf Madagaskar beheimateten Strauch, wurden bisher über 70 Alkaloide isoliert. Diese jetzt über die ganzen Tropen verbreitete Pflanze zog die Aufmerksamkeit vieler Arbeitsgruppen auf sich, nachdem in einer Alkaloidfraktion eine antimitotische Aktivität festgestellt werden konnte (*Nobl,* 1967). Die wirksamen Substanzen erwiesen sich als Indol-Indolin-Alkaloide, von denen besonders **Vinblastin** (Vincaleukoblastin) und **Vincristin** (Leurocristin) zur

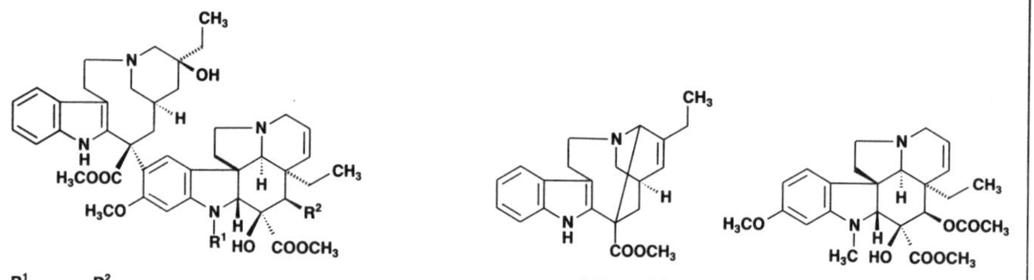

Catharanthin

Vindolin

R¹	R²	
CH_3	$OCOCH_3$	Vinblastin (Vincaleukoblastin)
CHO	$OCOCH_3$	Vincristin (Leurocristin)
CH_3	$OCOCH_2N(CH_3)_2$	Vinglycinat (Vinblastin-4-[N,N-dimethyl-aminoacetat])

Abb. 10-36 Catharanthus-Alkaloide.

Behandlung der Leukämie und der *Hodgkin*-Krankheit eingesetzt werden. Eine verringerte Toxizität besitzt das partialsynthetische Vinglycinat (Vinblastin-4-[N,N-dimethyl-aminoacetat]).

Die Strukturaufklärung dieser dimeren Alkaloide gelang unter Einbeziehung der Röntgenstrukturanalyse. Die dimeren Alkaloide leiten sich vom **Catharanthin** und **Vindolin** ab, die zu den Hauptalkaloiden der Pflanze gehören.

10.7.5 Strychnos-Typ

Hauptvertreter dieser Gruppe von Alkaloiden, die vor allem in *Strychnos*-Arten (*Loganiaceae*) und *Catharanthus*-Arten (*Apocynaceae*) vorkommen, ist das Strychnin. **Strychnin** ist neben **Brucin** und weiteren Alkaloiden in der Brechnuß, den Samen von *Strychnos nux-vomica*, enthalten.

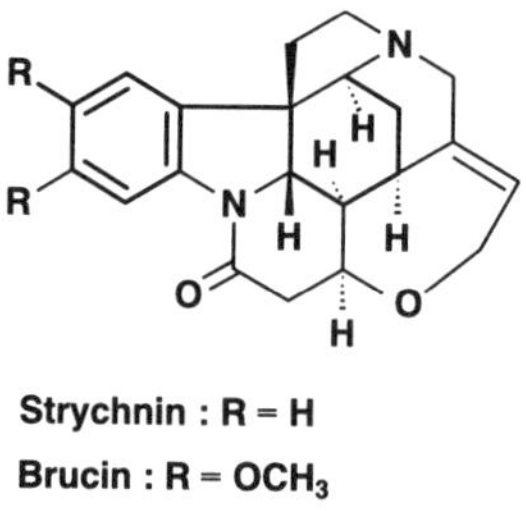

Strychnin : R = H

Brucin : R = OCH_3

Strychnin wurde bereits 1818 von *Pelletier* und *Caventou* aus der Brechnuß isoliert. An der Strukturaufklärung des Strychnins, die beträchtliche Schwierigkeiten bereitete, waren vor allem *Leuchs, Robinson* und *H. Wieland* beteiligt (Abb. 10-37). Endgültig wurde die Struktur durch die Totalsynthese (*Woodward,* 1954) gesichert.

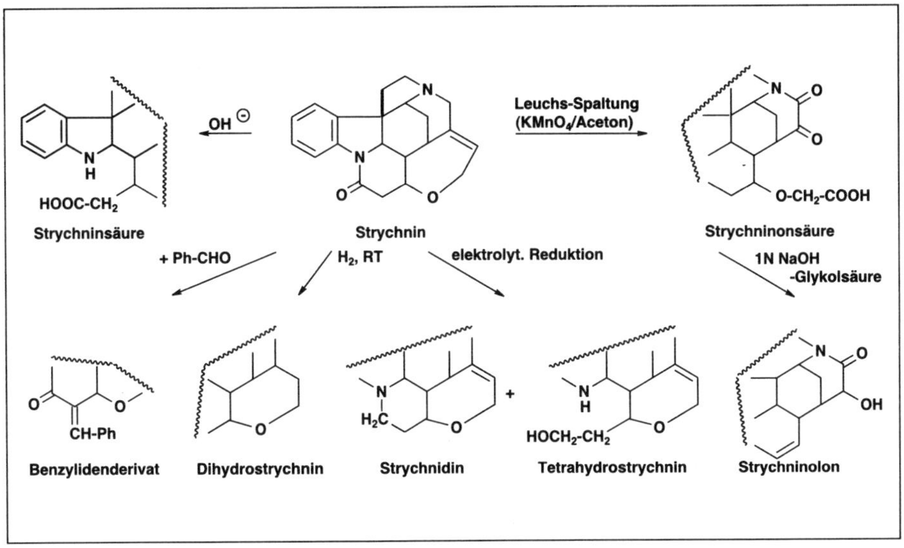

Abb. 10-37 Abbaureaktionen, die zur Strukturaufklärung des Strychnins beigetragen haben.

Zu den Alkaloiden vom Strychnos-Typ gehören auch die **Alkaloide aus Calebassen-Curare.** Calebassen-Curare ist wie Tubo-Curare (S. 654) ein Pfeilgift südamerikanischer Indianer. Es wird aus Rinden verschiedener *Strychnos*-Arten gewonnen.

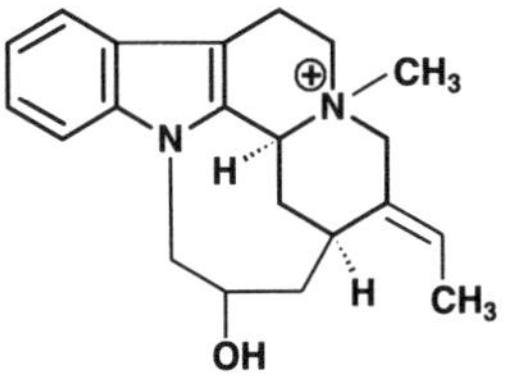

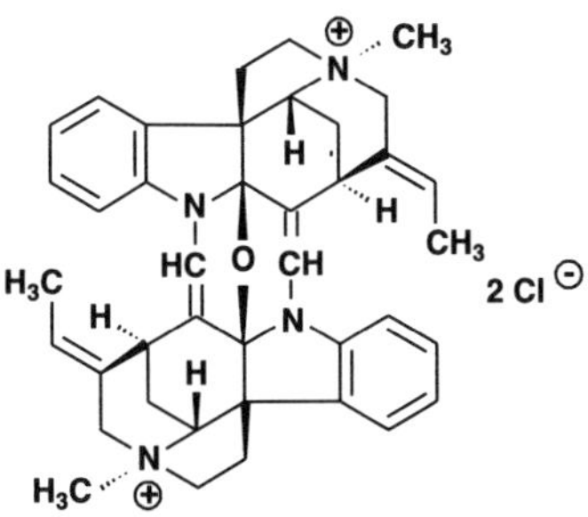

C-Curarin-I-dichlorid
(Toxiferin)

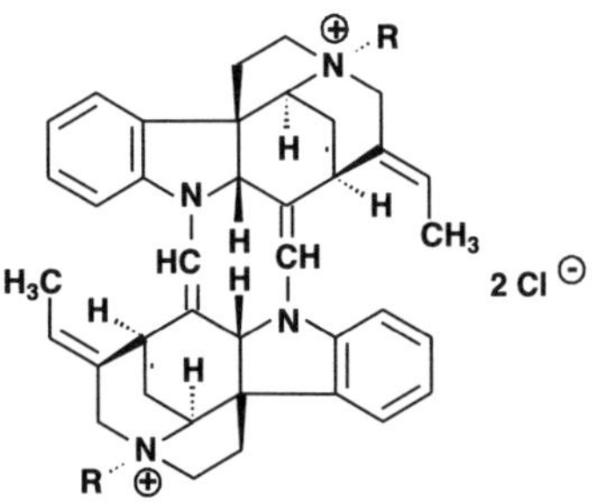

C-Toxiferin-I-dichlorid : R = CH$_3$
Diallyl-nortoxiferin
(Alkuroniumchlorid) : R = CH$_2$-CH=CH$_2$

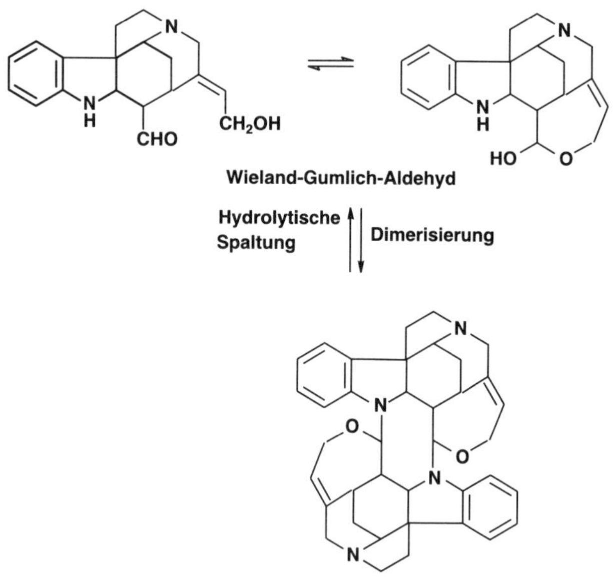

Abb. 10-38 Dimerisierung des *Wieland-Gumlich*-Aldehyds.

Calebassen-Curare enthält Alkaloide mit 2 N- und 20 C-Atomen (z. B. **Mavacurin**) sowie solche mit 4 N- und 40 C-Atomen. Zur letzteren Gruppe gehören die außerordentlich toxischen bisquartären Verbindungen **C-Curarin, C-Toxiferin, C-Dihydrotoxiferin** und **C-Calebassin**, deren Strukturaufklärung vor allem auf die Arbeitsgruppe von *Karrer* zurückgeht. Ein Zusammenhang mit den Strychnos-Alkaloiden ergab sich dadurch, daß sich der *Wieland-Gumlich*-Aldehyd – ein Abbauprodukt des Strychnins – zu derartigen C_{40}-Alkaloiden dimerisieren ließ (Abb. 10-38).

Die quartären Calebassen-Curare-Alkaloide wirken wie Tubocurarin (S. 654) muskelerschlaffend durch Blockade von Acetylcholin-Rezeptoren. Ihre Wirkung ist aber noch stärker. Therapeutisch eingesetzt wird auch das partialsynthetisch erhaltene Alkuroniumchlorid.

10.7.6 Pyridocarbazol-Alkaloide

Diese Gruppe von Indol-Alkaloiden ist durch Entdeckung der Antitumor-Aktivität des **Ellipticins**, eines Alkaloids aus *Ochrosia*- und *Aspidosperma*-Arten, interessant geworden. Ellipticin hemmt auch die Monooxygenasen der Mikrosomen.

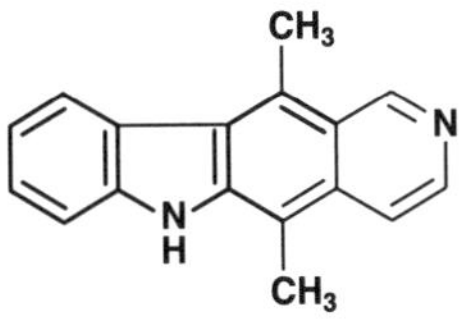

Ellipticin

10.7.7 Pyrrolidinoindol-Alkaloide

Hauptvertreter dieser kleinen Gruppe von Indol-Alkaloiden ist das **Physostigmin** (Eserin). Physostigmin ist in der Kalabarbohne, dem Samen von *Physostigma venenosum (Fabaceae)*, enthalten. Der N-Methyl-carbamidsäureester wird im Alkalischen leicht unter Bildung des entsprechenden Phenols gespalten.

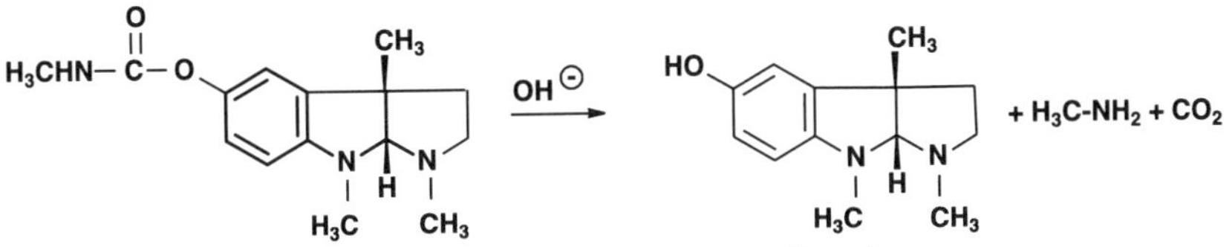

Physostigmin → Eserolin + H_3C-NH_2 + CO_2

Physostigmin hemmt die Acetylcholinesterase und wirkt deshalb als Parasympathikomimetikum. Eserolin ist unwirksam. Ähnlich wie Physostigmin wirken auch verschiedene Synthetika wie Neostigmin oder Pyridostigmin.

10.7.8 Ergolin-Alkaloide

Ergolin-Alkaloide kommen in verschiedenen Pilzen *(Claviceps, Aspergillus, Penicillium, Rhizopus)* sowie in einigen *Convolvulaceen* vor. Von größter Bedeutung sind die Alkaloide der Sklerotien (**Mutterkorn,** *Secale cornutum*) des auf Roggen und Gräsern schmarotzenden *Claviceps purpurea*. Der Pilz läßt sich jedoch auch saprophytisch züchten. Mutterkorn gab im Mittelalter Anlaß zu Massenvergiftungen durch infizierte Getreidekörner. Die Vergiftungen (*Ignis sacer*, Antoniusfeuer) äußern sich zunächst in spastischen Gefäßkontraktionen. Die Biosynthese des Grundgerüstes der Ergolin-Alkaloide erfolgt aus Tryptophan und „aktiviertem Isopren" (vgl. Abb. 10-39).

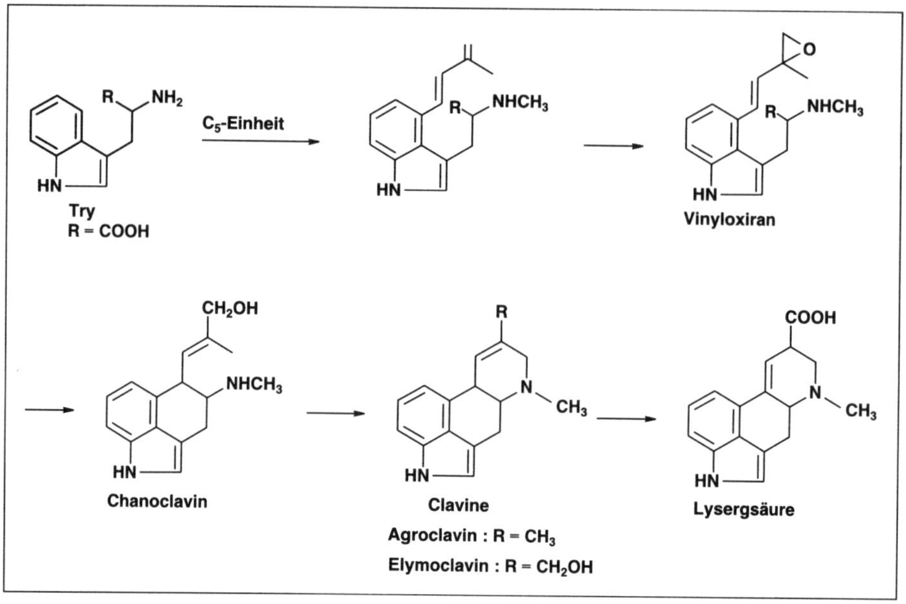

Abb. 10-39 Biosynthese der Ergolin-Alkaloide.

Grundkörper ist das **Ergolin,** ein partiell hydriertes Indolo[4,3-f,g]chinolin. Die Ergolin-Alkaloide lassen sich in folgende 2 Hauptgruppen einteilen:

- **Clavine und Chanoclavine** (letztere mit geöffnetem Ring *D*)
- **Lysergsäureamide.**

Mykotoxine vom Ergolin-Typ (z. B. **Chanoclavin, Agroclavin, Elymoclavin**) werden von Fadenpilzen (z. B. *Balansia*-Arten, *Epichloe typhinum*) gebildet, die auf Weidegräsern schmarotzen. Diese Clavinalkaloide wirken zytostatisch und können zu Vergiftungen der Weidetiere führen.

Von therapeutischer Bedeutung sind nur die **Lysergsäure-Derivate des Mutterkorns.**

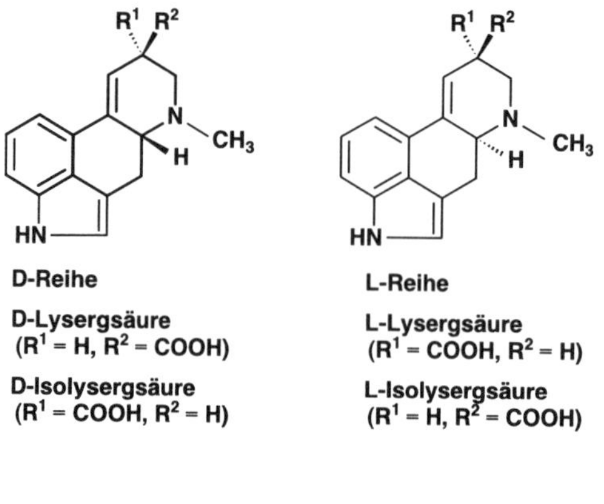

D-Reihe

D-Lysergsäure
(R^1 = H, R^2 = COOH)

D-Isolysergsäure
(R^1 = COOH, R^2 = H)

L-Reihe

L-Lysergsäure
(R^1 = COOH, R^2 = H)

L-Isolysergsäure
(R^1 = H, R^2 = COOH)

Die Lysergsäure besitzt zwei Chiralitätszentren (C-5 und C-8). Die natürlichen Verbindungen leiten sich von der D-Reihe ab. Die Namen der D-Lysergsäure-Derivate (5R, 8R-Konfiguration) enden mit -in, die der D-Isolysergsäure mit -inin. Eine reversible Umlagerung der Lysergsäure- in die Isolysergsäure-Reihe erfolgt durch Erwärmen der wäßrigen Lösungen oder in Gegenwart von Säure. Wirksam sind die Derivate der D-Lysergsäure.

Die im Mutterkorn enthaltenen Lysergsäureamide werden in wasserlösliche und wasserunlösliche Alkaloide eingeteilt. Die wasserlöslichen Alkaloide sind einfache Amide der Lysergsäure mit Ammoniak (**Ergin**), L-2-Aminopropanol (Ergobasin, **Ergometrin**) oder 2-Aminoethanol. Ergometrin und das partialsynthetische Methylergometrin werden in der Geburtshilfe zur Wehenanregung eingesetzt. Ergotamin war das erste in reiner Form isolierte Mutterkorn-Alkaloid (*Stoll*, 1918).

	R
Lysergsäure	OH
Lysergsäureamid (Ergin)	NH_2
Lysergsäurehydroxyethylamid	$NH-CH_2-CH_2OH$
Ergobasin, Ergometrin	$NH-CH(CH_3)CH_2OH$
Lysergsäurediethylamid (LSD)	$N(C_2H_5)_2$

Das partialsynthetische **Lysergsäurediethylamid** (LSD) ist eines der stärksten Halluzinogene. Zur Auslösung der Wirkung am Menschen genügen 0,03 bis 0,05 mg. LSD wirkt als Serotonin-Antagonist. Die halluzinogene Aktivität wurde von *A. Hofmann* 1943 in Selbstversuchen entdeckt, nachdem LSD von ihm bereits 1938 im Rahmen der systematischen Untersuchung partialsynthetischer Derivate der Lysergsäure synthetisiert wurde. Psychotomimetisch schwächer wirksame Lysergsäurederivate wie Lysergsäureamid und Lysergsäure-1-hydroxyethylamid sind Bestandteile der mexikanischen Zauberdroge Ololiuqui, der Samen verschiedener Windengewächse (u. a. von *Rivea corymbosa*).

Die **wasserunlöslichen Mutterkorn-Alkaloide** sind Peptid-Alkaloide. Zu dieser Gruppe gehören die **Alkaloide der Ergotamin- und Ergotoxin-Gruppe** (Tab. 10-4). Die Strukturaufklärung, die durch die Ausbildung von Mischkristallen, die Instabilität der Verbindungen und Unterschiede im Alkaloidspektrum je nach Herkunft des Mutterkorns sehr erschwert war, geht vor allem auf die Arbeitsgruppe um *Hofmann* zurück.

Tab. 10-4: Wasserunlösliche Mutterkorn-Alkaloide.

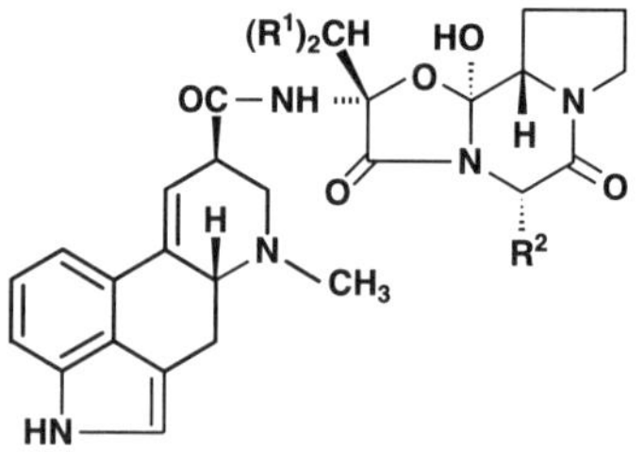

Gruppe	Alkaloid	Oxosäure	R¹	Aminosäuren	R²
● Ergotamin-Gruppe	Ergotamin	Brenztraubensäure	H	L-Prolin, L-Phenylalanin	CH_2-C_6H_5
	Ergosin	Brenztraubensäure	H	L-Prolin, L-Leucin	CH_2-$CH(CH_3)_2$
● Ergotoxin-Gruppe	Ergocristin	Dimethylbrenz-traubensäure	CH_3	L-Prolin, L-Phenylalanin	CH_2-C_6H_5
	α-Ergo-cryptin	Dimethylbrenz-traubensäure	CH_3	L-Prolin, L-Leucin	CH_2-$CH(CH_3)_2$
	Ergocornin	Dimethylbrenz-traubensäure	CH_3	L-Prolin, L-Valin	CH_2-$CH(CH_3)_2$

Die Peptid-Alkaloide enthalten mit der α-Amino-α-hydroxysäure- und der Cyclol-Gruppierung zwei ungewöhnliche Strukturelemente. Die Bildung der α-Amino-α-hydroxysäure-Gruppierung geht von einer Oxosäure (Brenztraubensäure bzw. Dimethylbrenztraubensäure) aus. An der Bildung des Peptidanteils sind die Aminosäuren Prolin, Phenylalanin, Leucin oder Valin beteiligt. Die Mutterkorn-Alkaloide wirken sympatholytisch. Wirksamer sind die partialsynthetisch erhaltenen 9,10-Dihydroalkaloide. Therapeutisch werden Dihydroergotamin und Dihydroergotoxin eingesetzt. Durch die Hydrierung wird das langwellige Absorptionsmaximum von 310 nach 280 nm verschoben.

Bromokryptin, ein 2-Brom-α-ergocryptin, ist ein partialsynthetisches Secale-Alkaloid, das beim Menschen die Produktion des Prolactins hemmt, ohne aber eine kontrazeptive Wirkung auszulösen.

10.7.9 Tremorgene Indol-Alkaloide

Zahlreiche Indol-Alkaloide, die von Fadenpilzen (*Acremonium-*, *Aspergillus-*, *Penicillium-*, *Claviceps-*Arten) gebildet werden und von Weidepflanzen wahrscheinlich mit den Wurzeln aufgenommen werden, führen bei Weidetieren durch Angriff an ZNS-Rezeptoren zu einer zentralen Überer-

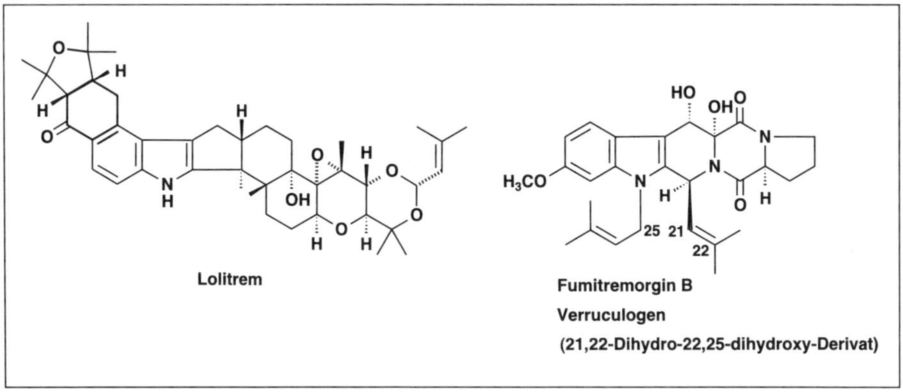

Abb. 10-40 Tremorgene Indol-Alkaloide.

regbarkeit, die zu Tremor (Zittern), Krämpfen bis zum Tode führen kann. Zu diesen tremorgenen Indol-Alkaloiden (Abb. 10-40) gehören die **Lolitreme,** gebildet von *Acremonium loliae,* die **Fumitremorgine,** gebildet von *Aspergillus fumigatus,* und **Verruculogen,** gebildet von *Aspergillus-* und *Penicillium*-Arten.

10.8 Chinolin-Alkaloide

Chinolin-Derivate sind als Naturstoffe nicht sehr weit verbreitet, werden aber sowohl von Pflanzen und Mikroorganismen als auch von Tieren gebildet. Die Biosynthese der meisten Chinolin-Derivate hängt eng mit dem Tryptophan-Stoffwechsel zusammen (Abb. 10-41). Unmittelbare Precursoren für die Bildung des Chinolinringes sind Anilinderivate wie 2-Aminobenzoylpyruvat oder Anthranilsäure.

Die Chinolin-Derivate **Kynurenin** und **Xanthurensäure** werden von Tieren (Säugetiere, Vögel, Insekten) sowie verschiedenen Mikroorganismen und Pflanzen gebildet. **Anthranilsäure** dient auch als Precursor für die Biosynthese des Acridin- oder Phenoxazinringes.

Chinolin-Alkaloide kommen u. a. in *Rubiaceen (Cinchona), Rutaceen (Lunasia)* und *Asteraceen (Echinops)* vor.

10.8.1 China-Alkaloide

Therapeutisch wichtige Chinolin-Alkaloide sind unter den Alkaloiden der Chinarinde (*Cinchonae cortex*) zu finden, die von verschiedenen *Cinchona*-Arten (*Rubiaceae*) gewonnen wird. Zu diesen China-Alkaloiden gehören die Chinolin-Derivate **Chinin, Chinidin, Cinchonin** und **Cin-**

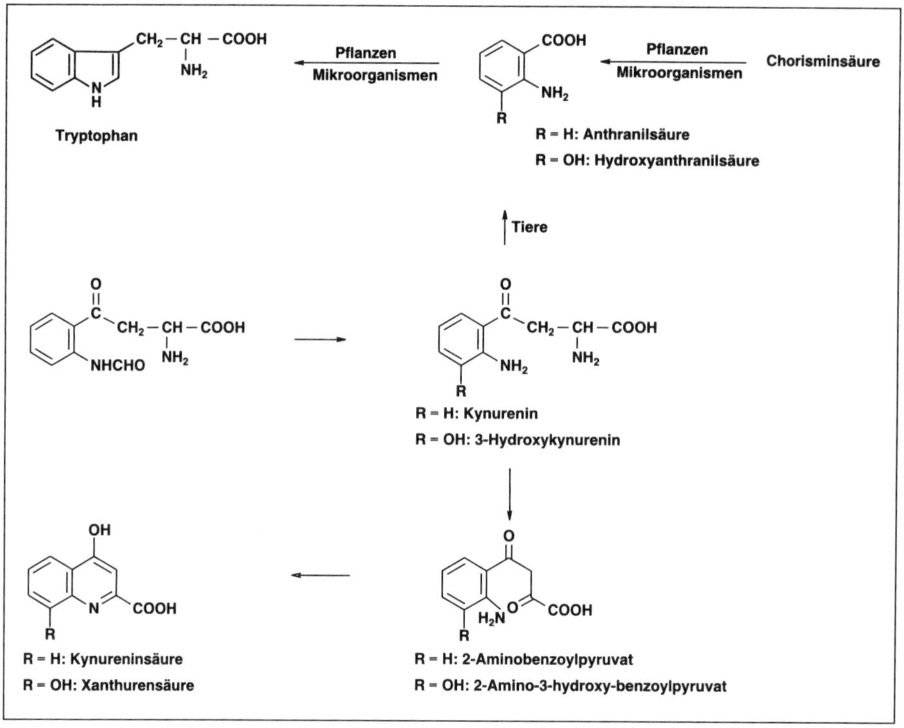

Abb. 10-41 Bildung von Precursoren für die Bildung des Chinolinringes sind Anilinderivate wie 2-Aminobenzoylpyruvat oder Anthranilsäure.

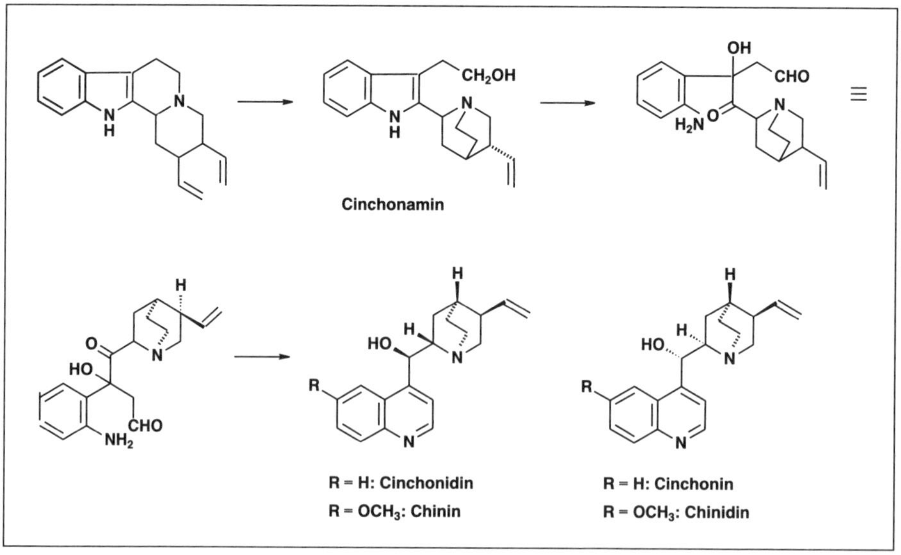

Abb. 10-42 Biosynthetische Umwandlungen bei Chinolin-Alkaloiden.

chonidin (Abb. 10-42). Sie werden begleitet von Indol-Alkaloiden (z. B. **Cinchonamin**). Ein hypothetisches Indol-Alkaloid mit C_{10}-Fragment wird auch als Ausgangsprodukt für die Biosynthesen der Chinolin-Alkaloide angenommen.

Bei den Chinolin-Alkaloiden ist der Chinolinring über eine C-Brücke mit dem tricyclischen Chinuclidinring (1-Aza-bicyclo[2.2.2.]octan) verbunden. Chinin und Cinchonin konnten bereits 1820 aus der Chinarinde isoliert werden (*Pelletier* und *Caventou*). Die Strukturaufklärung (*Skraup, Königs, Rabe*) erfolgte vor allem durch Abbau zu identifizierbaren Produkten (Abb. 10-43).

Der Vinylrest am Chinuclidinring läßt sich zur Ethylgruppe hydrieren. Derartige Dihydro-Verbindungen kommen auch als Nebenalkaloide natürlich vor. Die Totalsynthese des Chinins gelang 1944 (*Woodward, Doering*), nachdem *Rabe* schon 1931 das Dihydrochinin synthetisieren konnte.

Chinin und Chinidin sowie Cinchonin und Cinchonidin unterscheiden sich durch die Konfiguration an den C-Atomen 8 und 9. Chinin und Cinchonidin besitzen die 3R,4S,8S,9R-, Chinidin und Cinchonin die 3R,4S,8R,9S-Konfiguration. Die als Nebenalkaloide vorkommenden Epibasen besitzen eine andere Konfiguration am C-9 als die Normalbasen. Daneben ist noch das N-Atom des Chinuclidinringes chiral.

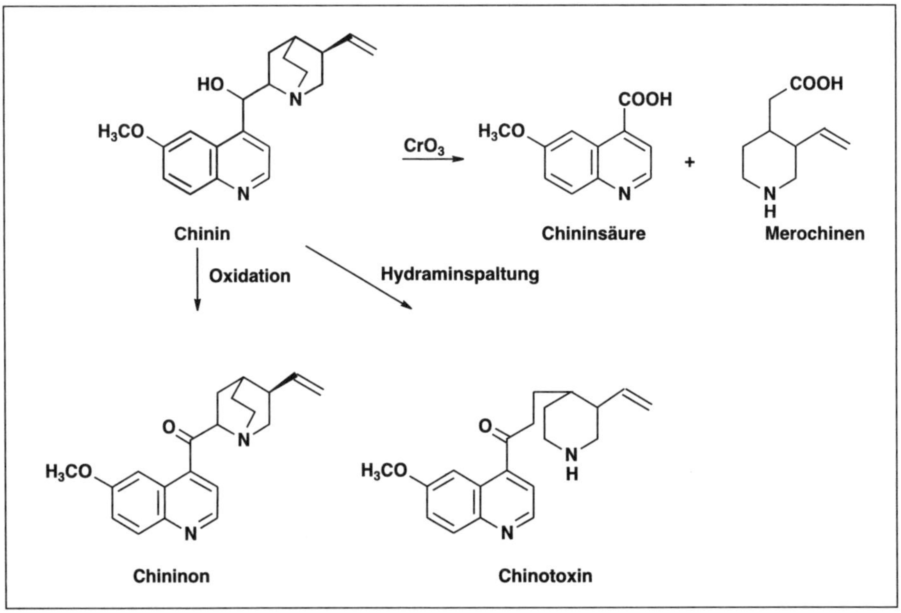

Abb. 10-43 Chemische Abbaureaktionen des Chinins.

Die vier Diastereomeren je Reihe (R = H und OCH$_3$) unterscheiden sich charakteristisch in ihrer spezifischen Drehung [α]$_D$:

8R, 9S:	Cinchonin	+224°	Chinin	+254°
8R, 9R:	Epicinchonin	+120°	Epichinidin	+102°
8S, 9S:	Epicinchonidin	+ 63°	Epichinin	+ 43°
8S, 9R:	Cinchonidin	– 111°	Chinin	– 158°

Chinin ist ein allgemeines Zellgift, das zahlreiche enzymatische Vorgänge hemmt. Es wird zur Malaria-Behandlung eingesetzt. Chinin wirkt dabei als Schizonten-Mittel, d. h. es hemmt das Wachstum der ungeschlechtlichen Formen der Malaria-Erreger. Auch zahlreiche synthetische Antimalaria-Mittel wie Chlorochin sind Chinolinderivate. Chinidin wird bei Herzrhythmusstörungen eingesetzt.

10.8.2 Camptothecin

Camptothecin ist ein sehr toxisches Chinolin-Alkaloid, das aus dem Holz von *Camptotheca acuminata (Nyssaceae)* gewonnen wird. Die Biosynthese soll wie die der China-Alkaloide von Indol-Alkaloiden ausgehen. Camptothecin ist ein Lacton. Es wirkt antileukämisch und antineoplastisch.

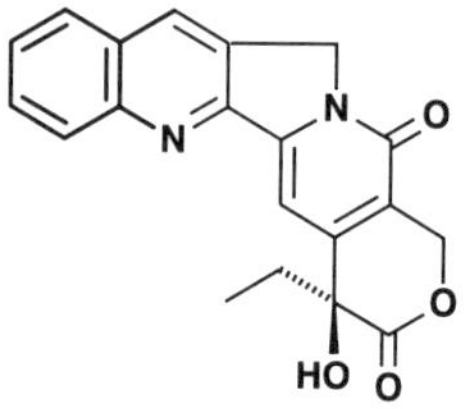

Camptothecin

10.9 Chinazolin-Alkaloide

Verbindungen mit Chinazolinring kommen relativ selten vor. Chinazolinderivate sind als sekundäre Naturstoffe vereinzelt in Mikroorganismen, höheren Pflanzen und auch Tieren gefunden worden. So bildet der Eitererreger *Pseudomonas aeruginosa* verschiedene Chinazolinderivate (**9**) beim Abbau des Tryptophans, wahrscheinlich über N-Formyl-kynurenin. Zu den pflanzlichen Alkaloiden gehören das **Febrifugin** aus der *Saxifragaceae Dichroa febrifuga*, das wegen seiner Antimalaria-Aktivität eine gewisse Bedeutung hatte, und das in den Samen der Steppenraute (*Peganum harmala*, einer *Zygophyllaceae*) enthaltene **Peganin** (= Vasicin).

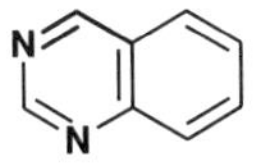

Chinazolin-Alkaloide

Chinazolin

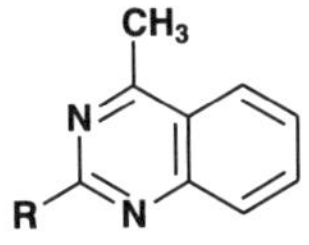

9 : R = H, CH₃, C₂H₅

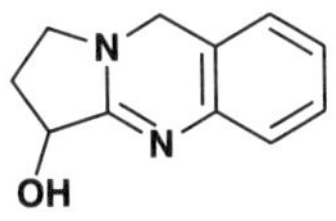

Peganin

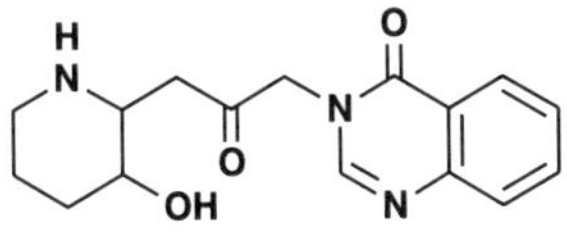

Febrifugin

Eine hinsichtlich ihrer biologischen Wirkung und chemischen Struktur sehr interessante Verbindung, das **Tetrodotoxin,** konnte aus dem japanischen Kugelfisch (Familie der *Tetraodontidae*), später auch aus anderen Fischen sowie Fröschen und Molchen isoliert werden. Tetrodotoxin ist außerordentlich neurotoxisch. Es blockiert den Transport von Natriumionen durch die Nervenzellmembran und wirkt als Antagonist des Batrachotoxins (S. 575).

Tetrodotoxin ist ein Hydrochinazolinderivat, das sich von dem Aldehyd **10** ableitet und praktisch ein Carbinolamin darstellt (Abb. 10-44). Die Carboxylgruppe bildet ein pH-abhängiges Gleichgewicht zwischen Lacton und Orthocarbonsäurederivat aus.

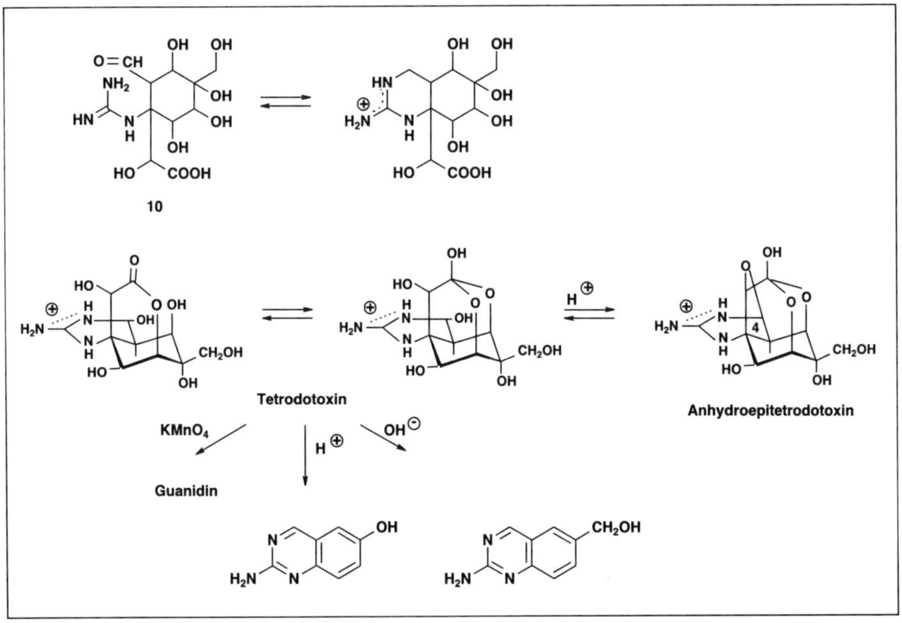

Abb. 10-44 Chemie des Tetrodotoxins.

Die Strukturaufklärung gelang *Woodward* durch physikalische Untersuchungen (IR, ^{1}H-NMR) sowie Abbaureaktionen. Die energische Behandlung mit Lauge oder Säure führt zu Chinazolinderivaten. Tetrodotoxin wird durch verdünnte Säure in Anhydroepitetrodotoxin umgewandelt (Abb. 10-44), das durch die Etherbildung zwischen den Hydroxygruppen am C-9 und C-4 unter Konfigurationsumkehr am C-4 nicht mehr toxisch ist.

10.10 Betalaine

Zu den alkaloidähnlichen Verbindungen können die Betalaine gezählt werden. Betalaine sind Farbstoffe, die relativ begrenzt in höheren Pflanzen (*Caryophyllales*) vorkommen. Die verbreitetste Gruppe der Betalaine sind die roten **Betacyanine.** Es handelt sich bei den Betacyaninen um Glykoside bzw. acylierte Glykoside des Indol-Derivates **Betanidin.**

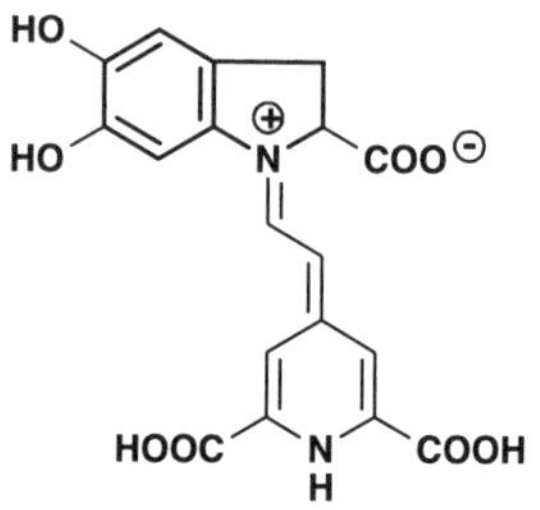

Betanidin

11 Antibiotika

11.1 Allgemeine Einführung

Als Antibiotika werden Substanzen bezeichnet, die von Mikroorganismen produziert werden und das Wachstum anderer Mikroorganismen hemmen können.

Tab. 11-1: Antibiotika-produzierende Organismen.

	Gattung	Antibiotika
■ **Bakterien**		
Eubacteriales	Bacillus	Polypeptid-Antibiotika
Actinomycetales	Streptomyces	Chloramphenicol
		Cycloserin
		Aminoglykoside
		Fosfomycin
		Mitomycin-Gruppe
		Anthracyclin-Gruppe
		Tetracycline
		Makrolid-Antibiotika
		Distamycin
		Valinomycin
		Actinomycine
		Nucleosid-Antibiotika (Puromycin, Psicofuranin, Tubercidin, Showdomycin)
	Nocardia	Rifamycine
	Micromonospora	Gentamycin
■ **Pilze**		
Ascomycetes		
Hypocreales	Cordyceps	Nucleosid-Antibiotika (Cordycepin, 3'-Amino-3'-desoxyadenosin und Derivate)
Eurotales	Penicillium	β-Lactam-Antibiotika (Penicilline)
	Aspergillus	β-Lactam-Antibiotika (Penicilline)
	Cephalosporium	β-Lactam-Antibiotika (Cephalosporine)

Eingeschlossen werden auch partial- oder totalsynthetische Analoga der nativen Verbindungen. Die wichtigsten **Antibiotika-produzierenden Organismen** sind in der Tabelle 11-1 zusammengefaßt. Es handelt sich meist um sporenbildende Organismen. Die Mehrzahl der über 7.000 bekannten Antibiotika wird von Actinomyceten der Gattung *Streptomyces* produziert.

Gewinnung
Bis auf einige relativ einfach gebaute Antibiotika wie Chloramphenicol werden die in der Human- oder Veterinärmedizin bzw. für nutritive Zwecke benötigten Antibiotika trotz meist bekannter Totalsynthesen durch mikrobiologische Verfahren gewonnen. Dazu werden die Mikroorganismen zunächst in geeigneten Nährlösungen (z. B. Maisquellwasser) gezüchtet. Dieser Schritt wird als Fermentation bezeichnet. Die Produktion wird durch Infektion mit Fremdkeimen gefährdet. Die Züchtung erfolgt an der Oberfläche oder zweckmäßiger im Tieftankverfahren unter Belüftung. In vielen Fällen ließ sich die Ausbeute an Antibiotika durch den Einsatz mutierter Stämme, die z.B. durch *UV*- oder Röntgenbestrahlung erhalten wurden, verbessern. Nach Beendigung der Fermentation werden die Mikroorganismen durch Filtration abgetrennt und die in der Kulturflüssigkeit enthaltenen Antibiotika durch Flüssig-Flüssig-Extraktion oder Ionenaustausch-Chromatographie (Aminoglykosid-Antibiotika) abgetrennt.

Wirkungsspektren, Anwendung
Das Wirkungsspektrum (Tab. 11-2) der einzelnen Antibiotika ist verschieden. Die meisten Antibiotika wirken gegen Bakterien, nur wenige gegen große Viren bzw. Rickettsien, Protozoen oder Pilze. Einige Antibiotika sind auch bei Säugetierzellen zytostatisch wirksam (Adriamycin, Daunomycin, Actinomycine, Mitomycine) und werden als Kanzerostatika eingesetzt.

Die überragende praktische Bedeutung der Antibiotika liegt in ihrer Anwendung zur Bekämpfung bakterieller Infektionen bei Mensch und Tier. Wenngleich die überwiegende Zahl der bisher isolierten Antibiotika zu toxisch für einen therapeutischen Einsatz ist, stellen die Antibiotika heute neben den Sulfonamiden (S. 408) die wichtigsten antibakteriellen Chemotherapeutika dar. Sie können die Bakterien in ihrem Wachstum hemmen (bakteriostatische Wirkung) oder abtöten (bakteriozide Wirkung). Einige Antibiotika haben ein relativ breites Wirkungsspektrum (Breitbandantibiotika: Tetracycline, Chloramphenicol), andere sind nur bei einer sehr begrenzten Anzahl von Erregern wirksam genug für einen therapeutischen Einsatz.

In der Tierproduktion werden Antibiotika vor allem als Kokzidiostatika in der Geflügelhaltung sowie als Ergotropika zur Gewichtszunahme infolge verbesserter Futterausnutzung eingesetzt. Ferner haben sie Bedeu-

Tab. 11-2: Wirkungsspektren einiger Antibiotika.

Antibiotika	Wirksam gegen					
	Grampositive Bakterien	Gramnegative Bakterien	Rickettsien, best. Viren	Pilze	Protozoen	Karzinome, Leukämie
β-Lactam-Antibiotika	+	(+)				
Polypeptid-Antibiotika	+					
Polyoxine		+				
Aminoglykosid-Antibiotika	+	+				
Griseofulvin				+		
Tetracycline	+	+	+		(+)	
Erythromycin	+				(+)	
Polyen-Antibiotika				+		
Rifamycine	+	(+)	+			+
Chloramphenicol	+	+	+			
Xanthocillin	+	+		(+)		
Distamycin			+			+
Anthracyclin-Gruppe			+			+
Mitomycin-Gruppe						+

tung erlangt zur Konservierung von Lebensmitteln sowie als Pflanzenschutzmittel.

Diese Einsatzmöglichkeiten müssen jedoch stark eingeschränkt bzw. auf nichtmedizinisch eingesetzte Antibiotika beschränkt werden, um eine Allergisierung der Bevölkerung sowie die Ausbildung resistenter Krankheitserreger zu vermeiden.

Resistenz

Obwohl bei der Behandlung bakterieller Infektionserkrankungen durch die Einführung der Sulfonamide und später der Antibiotika gewaltige Fortschritte erzielt werden konnten, kommt es immer wieder vor, daß bestimmte pathogene Stämme nicht mehr auf diese Chemotherapeutika ansprechen, resistent sind. Insbesondere gramnegative Bakterien stellen dabei ein echtes klinisches Risiko dar. Die biochemischen Grundlagen dieser erworbenen Resistenz sind unterschiedlich.

Bakterien können resistent werden durch

- chromosomale Mutation,
- induktive Expression eines sonst latenten chromosomalen Gens,
- Austausch genetischen Materials durch DNA-Austausch, Transduktion (Bakteriophagen) oder Konjugation an Plasmide (extrachromosomale DNA, S. 286).

Die Inaktivierung des Antibiotikums erfolgt dann im wesentlichen nach drei Mechanismen:

1. Inaktivierung des Antibiotikums durch Abbau oder chemische Umwandlung (Synthese von inaktivierenden Enzymen);
   Hydrolasen: β-Lactamasen bei den β-Lactam-Antibiotika, Lactonase bei Actinomycin D;
   Transferasen: Aminoglykoside, Chloramphenicol;
   Oxidoreduktasen: Anthracycline, Griseofulvin;
2. Behinderung des Antibiotikums auf dem Weg zum Ziel (Eindringungsresistenz, z. B. durch Veränderung der Membranpermeabilität: Tetracycline, Chloramphenicol);
3. Veränderung am Zielmolekül (Targetmodifikation, z. B. durch Aminosäureaustausch beim Targetprotein: veränderte Penicillin-bindende Proteine, Rifamycine).

Aufgrund der klinischen Bedeutung der β-Lactam-Antibiotika spielt das Auftreten von β-Lactamase-produzierenden Keimen eine besondere Rolle. Die β-Lactamase-Aktivität läßt sich kolorimetrisch ermitteln (Abb. 11-1).

Inzwischen sind auch natürliche (Clavulansäure) und synthetische β-Lactamase-Hemmer bekannt geworden, die zur Überwindung der Resistenz eingesetzt werden können. Es ist Anliegen der Wirkstofforschung, das Molekül des Chemotherapeutikums so zu verändern, daß ein Angriff inaktivierender Enzyme erschwert wird (vgl. S. 691, 704).

Wirkungsmechanismus
Die Antibiotika unterscheiden sich beträchtlich in ihrem Wirkungsmechanismus. Im wesentlichen können folgende Gruppen unterschieden werden.

1. Antibiotika, die die Biosynthese der bakteriellen Zellwand stören.
Hierzu gehören vor allem die β-Lactam-Antibiotika (Penicilline und Cephalosporine), die die Quervernetzung des Peptidoglykans durch Hemmung der Peptidoglykan-Transpeptidase verhindern (vgl. Abb. 3-47, S. 248). Die β-Lactam-Antibiotika wirken daher nur in der Wachstumsphase der Bakterien. Die abbauenden Enzyme (Lysozym) werden dagegen nicht gehemmt, so daß es unter der

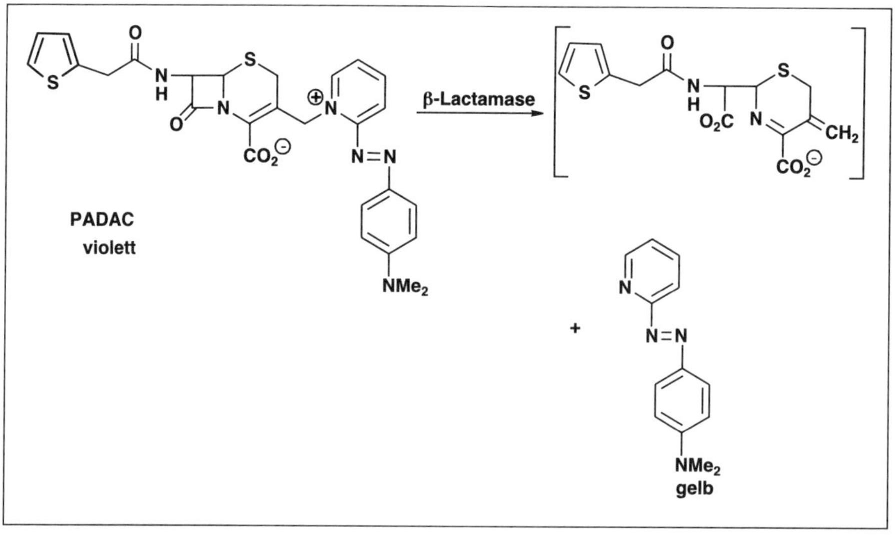

Abb. 11-1 Bestimmung der β-Lactamase-Aktivität.

Einwirkung der β-Lactam-Antibiotika zur Bildung zellwandloser Bakterien (sog. L-Formen) kommt. Diese L-Formen können u. U. überleben und nach dem Abklingen der Antibiotika-Einwirkung eine neue Zellwand aufbauen (Persistenz der Bakterien). Cycloserin und Bacitracin greifen in ein früheres Stadium der Peptidoglykan-Synthese ein (vgl. Abb. 3-47, S. 248). Cycloserin verhindert als D-Ala-Antagonist die Synthese der D-Ala-enthaltenen Pentapeptidketten (vgl. S. 248).

2. Antibiotika, die an der DNA angreifen.
Die Antibiotika der Mitomycin-Gruppe alkylieren die DNA und führen zu Quervernetzungen. Die Actinomycine und Anthracyclin-Antibiotika wirken als Einschubreagenzien (S. 310).

3. Antibiotika, die in die Proteinsynthese eingreifen.
Chloramphenicol, die Tetracycline und Aminoglykosid-Antibiotika hemmen selektiv die Proteinsynthese der bakteriellen 70-S-Ribosomen, nicht aber die der 80-S-Ribosomen der Säugetierzellen. Im Unterschied zu diesen Verbindungen hemmt Cycloheximid die Proteinsynthese an den 80-S-Ribosomen der eukaryoten Zelle, nicht aber die an den 70-S-Ribosomen der prokaryoten Zelle. Unter der Einwirkung der Aminoglykosid-Antibiotika kommt es zu Fehlablesungen an der mRNA und damit zur Synthese von „Nonsense"-Proteinen. Die Tetracycline stören die Bindung der Aminoacyl-tRNA an die Ribosomen (vgl. Abb. 4-36, S. 318). Die Rifamycine unterbrechen die Transkription in der Bakterienzelle durch Blockierung der DNA-abhängigen RNA-Polymerase (S. 313).

4. Antibiotika, die die Funktion der Membranen beeinflussen.
In diese Gruppe gehören die ionenselektiven Antibiotika, die Polyen-Antibiotika sowie die Polypeptid-Antibiotika. Die ionenselektiven Antibiotika bewirken eine erhöhte Durchlässigkeit der Membran für Alkalimetall-Ionen. Die Polyen-Antibiotika bilden Komplexe mit Sterolen und verändern damit die Membranen von Pilzen, aber auch von Erythrozyten. Bakterienmembranen enthalten keine Sterole.

11.2 Antibiotika, die sich vom Aminosäurestoffwechsel ableiten

11.2.1 Aminosäure-Antagonisten

Unter den natürlich vorkommenden Aminosäure-Antagonisten haben vor allem D-Cycloserin und L-Azaserin Bedeutung erlangt.

D-Cycloserin ist ein Stoffwechselprodukt verschiedener *Streptomyces*-Stämme, wird aber heute synthetisch dargestellt. D-Cycloserin ist chemisch ein D-4-Aminoisoxazolidin-3-on. Wirksam ist nur die D-Form. Sie hemmt die Alanin-Razemase der Bakterien und verhindert dadurch die Bildung der D-Ala-haltigen Pentapeptidketten des bakteriellen Peptidoglykans. D-Cycloserin ist wasserlöslich und basisch. Durch Säuren wird es in Serin und Hydroxylamin gespalten. Es wird in begrenztem Umfang als Tuberkulostatikum eingesetzt. Interessant ist, daß Cycloserin neuerdings auch als Nootropikum getestet wird, da es die Blut-Hirn-Schranke überwinden kann und im ZNS mit N-Methyl-D-aspartat-Rezeptoren reagiert.

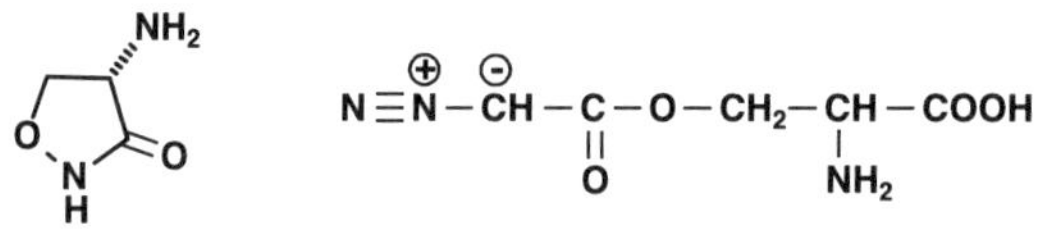

L-Azaserin (O-Diazoacetyl-L-serin) wurde als Produkt von *Streptomyces*-Stämmen auf der Suche nach kanzerostatisch wirkenden Verbindungen entdeckt. Als aliphatische Diazoverbindung wirkt Azaserin alkylierend, insbesondere auf Thiole (Cysteinreste).

11.2.2 Chloramphenicol

Die erfolgreiche Isolierung und Testung des Penicillins und Streptomycins waren der Anlaß für die systematische Suche nach Antibiotika-produzierenden Mikroorganismen. Im Rahmen eines derartigen Forschungsprogramms wurde 1949 aus Kulturen von *Streptomyces venezuelae* das Chloramphenicol (Chloromycetin, Levomycetin) isoliert. Chloramphenicol war das erste Breitbandantibiotikum. Chloramphenicol hemmt die Proteinsynthese durch Besetzung der Bindungsstelle für Peptidyl-tRNA oder Aminoacyl-tRNA an den Ribosomen.

Chloramphenicol ist D(-)-*threo*-2-Dichloracetamido-1-(4-nitrophenyl)-propan-1,3-diol. Ungewöhnlich für eine biogene Verbindung sind die Nitrogruppe und der Dichloracetylrest. Die Biosynthese leitet sich von der der aromatischen Aminosäuren ab (Abb. 11-2).

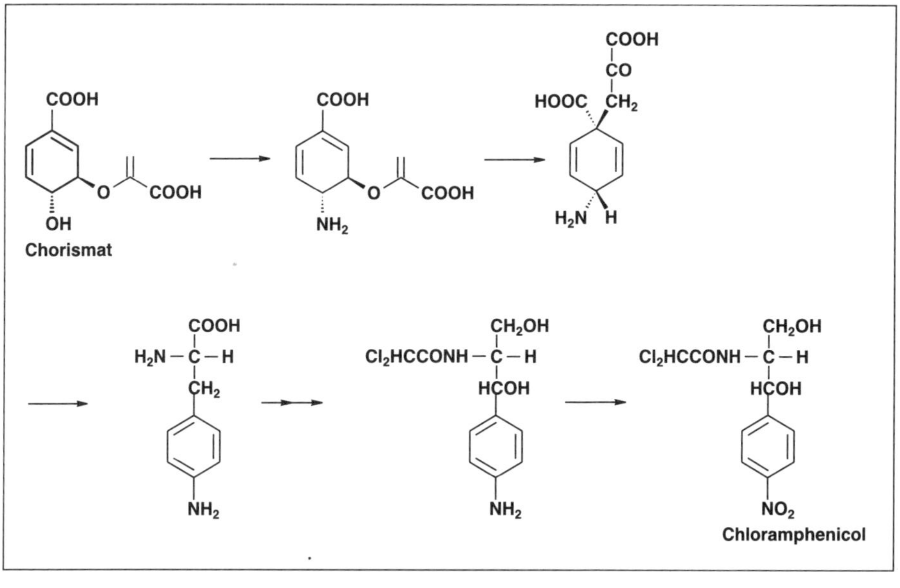

Abb. 11-2 Biosynthese des Chloramphenicol.

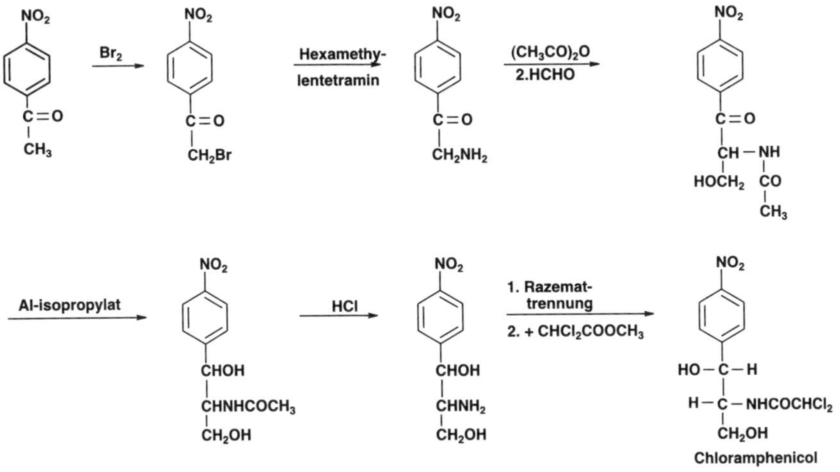

Abb. 11-3 Chloramphenicol-Synthese.

Wirksam ist nur das D(−)-*threo*-Derivat. Die L(+)-Form ist jedoch toxischer als die D(−)-Form. Der Dichloracetylrest kann ohne wesentliche Veränderung der biologischen Aktivität durch einen Dibromacetyl-, Trichloracetyl- oder Tribromacetylrest ersetzt werden. Lokal am Auge wird das Azidoacetylderivat (**Azidamphenicol**) eingesetzt.

Chloramphenicol schmeckt stark bitter. Durch Veresterung mit Fettsäuren erhält man schwerlösliche, geschmacklose Chloramphenicolderivate (z. B. Chloramphenicolpalmitat), die oral applizierbar sind. Parenteral wird das Mononatriumsalz des Chloramphenicolhemisuccinats eingesetzt.

Chloramphenicol ist sehr stabil und praktisch unbegrenzt haltbar. Als Nitrobenzolderivat besitzt es ein Absorptionsmaximum bei 278 nm. Aufgrund seiner relativ einfachen Struktur wird Chloramphenicol heute ausschließlich synthetisch gewonnen. Eine wichtige Chloramphenicol-Synthese geht von p-Nitroacetophenon aus (Abb. 11-3). Ein wesentlicher Schritt ist die Razematspaltung, die z. B. mit D-Camphersulfonsäure durchgeführt werden kann.

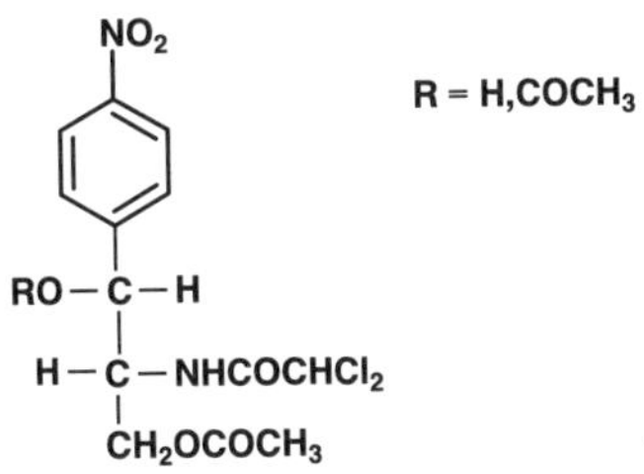

Die Ausbildung der Resistenz ist auf die Chloramphenicol-Acetyl-Transferase zurückzuführen, durch die das inaktive 3-Acetyl- und 1,3-Diacetylderivat (**1**) gebildet werden.

11.2.3 Mitomycin-Gruppe

Die Biosynthese dieser Antibiotika leitet sich ebenfalls vom Shikimisäureweg, dem Biosyntheseweg der aromatischen Aminosäuren ab. Die **Mitomycine** werden wie die ihnen nahe verwandten **Porphyromycine** von *Streptomyces*-Arten produziert. Es handelt sich bei den Antibiotika der Mitomycin-Gruppe um recht ungewöhnlich gebaute Indolderivate, für deren stark zytotoxische Wirkung der Aziridinring verantwortlich ist.

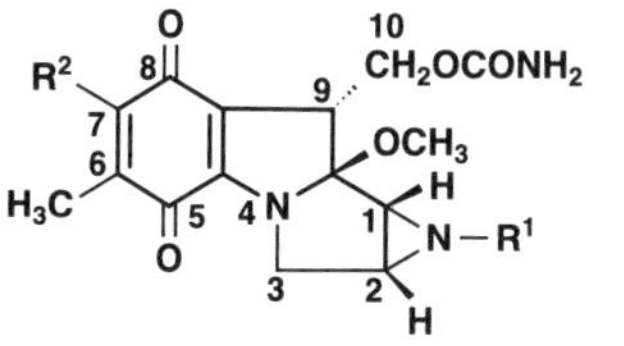

	R^1	R^2
Mitomycin C	H	NH_2
Porphyromycin	CH_3	NH_2
7-Hydroxyporphyromycin	CH_3	OH

Die Antibiotika der Mitomycin-Gruppe wirken nach enzymatischer oder chemischer Reduktion zu Hydrochinon-Derivaten alkylierend auf die DNA ein. Der protonierte Aziridinring kann durch nucleophile Gruppen (X^-, z. B. der DNA) geöffnet werden. Durch Abspaltung des Carbamatrestes bildet sich ein mesomer stabilisiertes Kation, das wiederum mit nucleophilen Gruppen reagieren kann. Das wird als wahrscheinlicher Reaktionsmechanismus für eine Quervernetzung der DNA angesehen (Abb. 11-4).

11.2.4 β-Lactam-Antibiotika

Chemisch läßt sich diese Gruppe auch als Derivate cyclischer Dipeptide auffassen. Als β-Lactam-Antibiotika oder allgemeiner β-Lactamoide, um auch nicht antibiotisch wirksame Verbindungen einzubeziehen, werden Verbindungen mit einem β-Lactam-Ring (Azetidin-2-on) zusammengefaßt. Die wichtigsten Grundkörper der natürlich vorkommenden β-Lactamoide sind in Abbildung 11-5 zusammengefaßt. Neben den klassischen β-Lactam-Antibiotika der Penam- (Penicilline) und Cephem-Reihe (Cephalosporine) wurden und werden zahlreiche neue β-Lactamoide mit bakterizider und erweiterter antimikrobieller sowie β-Lactamase-hemmender Wirkung entdeckt.

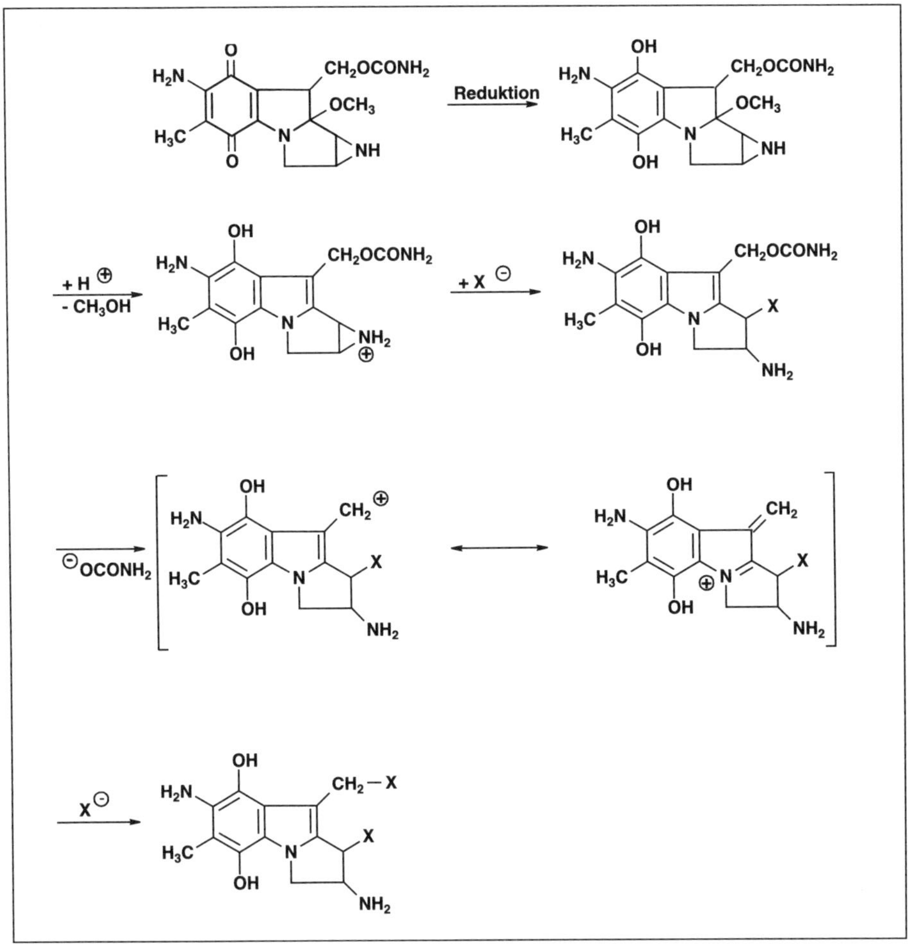

Abb. 11-4 Angenommener Wirkungsmechanismus des Mitomycin.

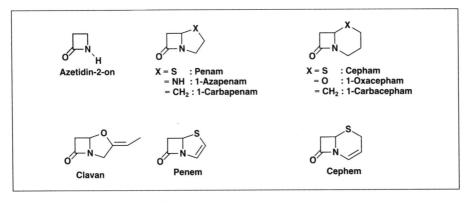

Abb. 11-5 Grundkörper der β-Lactamoide.

Die β-Lactamoide werden von Pilzen der Gattungen *Penicillium, Aspergillus* und *Cephalosporium* gebildet. Eine Ausnahme machen die **Monobactame** (von *mono*cyclic *bac*terially produced β-lact*am*), die von Bakterien (*Agrobacterium, Gluconobacter, Acetobacter*) produziert werden.

Zu den monocyclischen β-Lactamoiden gehören die therapeutisch bedeutungslosen **Nocardicine** (vgl. Abb. 11-6) und die Monobactame (früher auch als Sulfazecine bezeichnet), Derivate der 1981 entdeckten Azetidin-2-on-1-sulfonsäure. Von therapeutischem Interesse ist das totalsynthetisch erhaltene, nicht natürlich vorkommende **Aztreonam,** das vor allem gegen gramnegative Bakterien wirksam ist. Bekannteste Vertreter der Carbapeneme sind das **Thienamycin** (aus Kulturflüssigkeiten von *Streptomyces cattleya*) und die **Olivansäuren** (produziert von *Streptomyces olivaceus*). Die Carbapeneme sind chemisch äußerst reaktiv und wirken auch als β-Lactamase-Hemmer. Thienamycin unterscheidet sich durch die Stereoche-

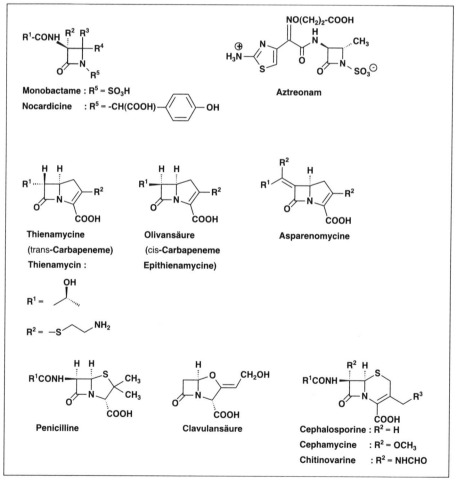

Abb. 11-6 Zusammenstellung der wichtigsten β-Lactamoide.

mie des Ringsystems und die fehlende Acylaminogruppe von anderen β-Lactamoiden. Thienamycin ist wirksam gegen grampositive und gramnegative Bakterien einschließlich *Pseudomonas aeruginosa*. **Clavulansäure** (produziert von *Streptomyces clavuligerus*) ist ein sehr wirksamer β-Lactamase-Hemmer mit nur schwacher antibakterieller Wirksamkeit.

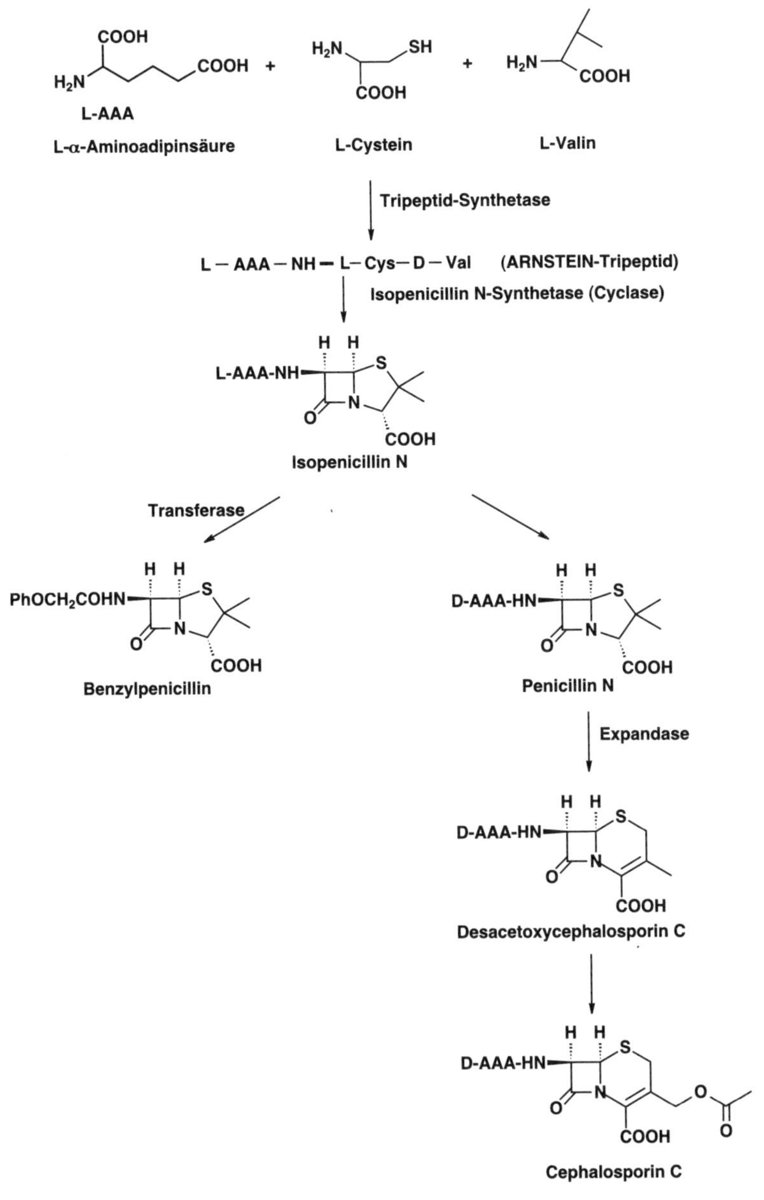

Abb. 11-7 Schematische Darstellung der Penicillin- und Cephalosporin-Biosynthese.

Die Biosynthese (Abb. 11-7) der Penicilline und Cephalosporine geht von einem Tripeptid (sog. *Arnstein*-Tripeptid) mit β-Lactam-Ring aus, das aus L-α-Aminoadipinsäure, L-Cystein und L-Valin gebildet wird. Durch weitere Cyclisierung, Konfigurationsumkehr und Austausch des Acylrestes entstehen aus diesem Tripeptid die verschiedenen Antibiotika des Penam- oder Cephem-Typs.

Die β-Lactamoide sind heute auf 3 Wegen zugänglich:
1. durch Isolierung aus entsprechenden Kulturansätzen,
2. durch Partialsynthese aus den relativ billigen Penicillinen (Benzylpenicillin) und
3. durch Totalsynthese, meist aus optisch aktiven Aminosäuren.

Die erste enantiomerenreine Totalsynthese wurde 1965 von *Woodward* mit der Synthese des (6R, 7R)-Cephalosporin C aus L-Cystein realisiert.

Penicillin ist ein nicht-klassischer D-Alanin-Antimetabolit, der durch Reaktion mit der Peptidoglykan-Transpeptidase in die Biosynthese des bakteriellen Peptidoglykans (S. 246) eingreift und so selektiv die Biosynthese der Bakterienzellwand blockiert.

Penicilline

Die Entdeckung der Penicilline geht auf *Fleming* zurück, der 1928 beobachtete, daß das Wachstum von *Staphylokokken* in der Umgebung eines Schimmelpilzes gehemmt wird. Diese bedeutende Beobachtung wurde jedoch erst nach Ausbruch des 2. Weltkrieges weiter verfolgt, als man auf der Suche nach wirksamen Mitteln zur Bekämpfung bakterieller Infektionen war. 1940 gelang die Isolierung des ersten, noch unreinen Penicillins durch die Arbeitskreise um *Chain* und *Florey*. Die genaue Struktur konnte u. a. durch eine Röntgenstrukturanalyse aufgeklärt werden (Abb. 11-8).

Die β-Lactam-Struktur konnte vor allem durch die charakteristische Carbonylbande bei 1765 bis 1790 cm^{-1} im IR-Spektrum nachgewiesen werden. Diese Bande verschwindet bei der Aufspaltung des β-Lactamringes unter Bildung der Penicillosäureester oder -amide. Es tritt dann die übliche Carbonylbande der Ester bzw. Amide bei ca. 1740 cm^{-1} auf. Die Protonen der beiden Methylgruppen am C-2 geben im ^{1}H-NMR-Spektrum getrennte Signale.

Die verschiedenen nativen Penicilline unterscheiden sich durch den Acylrest der Seitenkette (*R*). Sie wurden in den USA mit Großbuchstaben (*G, K, X, F*), in Großbritannien mit römischen Zahlen (*I* bis *IV*) bezeichnet.

Die biologische Aktivität der Penicilline ist an das Vorhandensein des β-Lactamringes gebunden. Die Stabilität dieses Ringes ist jedoch durch die bicyclische β-Lactam-Thiazolidin-Struktur noch geringer als die einfacher β-Lactame.

Der β-Lactamring wird sehr leicht durch nucleophile Reagenzien wie Hydroxidionen (Bildung von Penicillosäure), Alkohole (Bildung von Penicillosäureestern) oder Amine (Bildung von Penicillosäureamiden) gespalten (Abb. 11-9). Die Penicilline sind weiterhin sehr empfindlich gegenüber

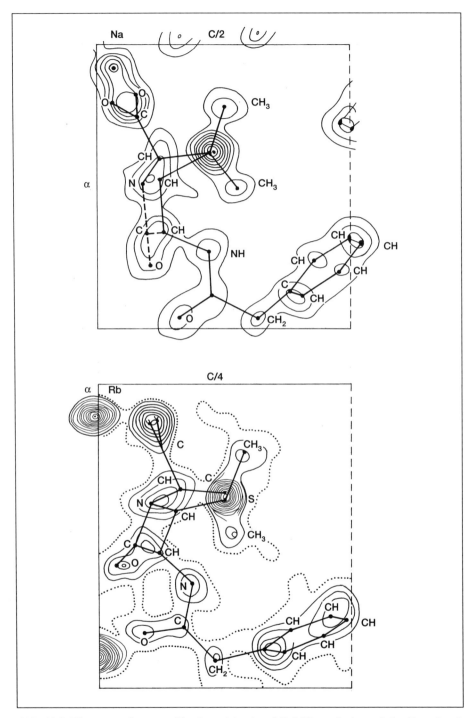

Abb. 11-8 Röntgenstruktur vom Natrium- (oben) und Rubidiumsalz (unten) des Benzylpenicillins (nach *Crowfoot, Bunn, Rogers-Low, Turner*).

der Einwirkung von Säure. Ferner erfolgt eine Inaktivierung durch bakterielle Enzyme (β-Lactamase oder Penicillinase: Spaltung des β-Lactamringes; Penicillin-Amidase: Bildung der nur wenig wirksamen 6-Amino-penicillansäure). Auf die Wirkung dieser Enzyme ist die Penicillinresistenz zurückzuführen.

Eine Gehaltsbestimmung der Penicilline kann durch kolorimetrische Bestimmung der beim Umsetzen von Penicillosäure mit Hydroxylamin anfallenden Hydroxamsäure (Hydroxamatmethode, vgl. Abb. 11-9) oder durch amperometrische Bestimmung von Hg^{2+} nach Bildung von Mercaptiden aus Hg^{2+} und dem Thioalkohol Penicillamin erfolgen.

Der Versuch, durch Zugabe von Carbonsäuren als Precursoren zur Kulturflüssigkeit zu säurestabileren und Penicillinase-resistenten Penicillinen zu gelangen, war nur zum Teil erfolgreich. Lediglich Säuren der allgemeinen Struktur R-CH_2-COOH werden dabei als Acylreste eingebaut. Von

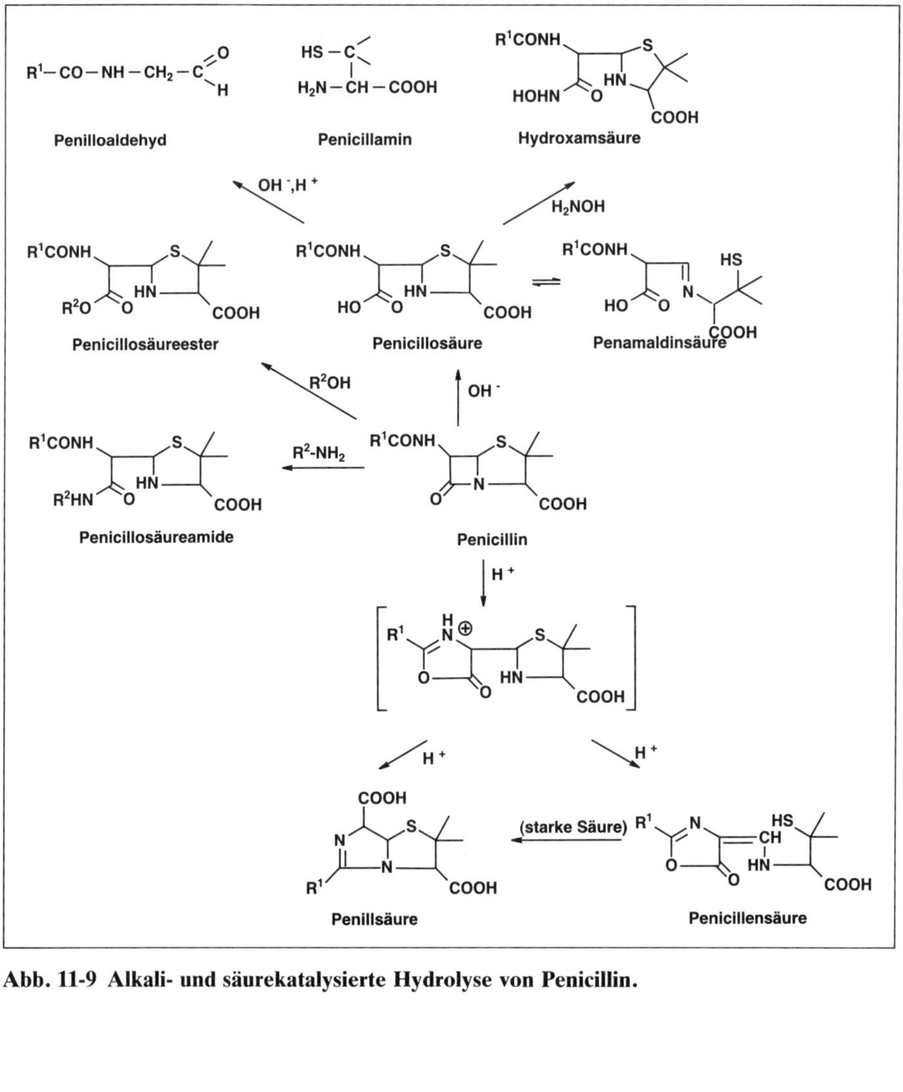

Abb. 11-9 Alkali- und säurekatalysierte Hydrolyse von Penicillin.

therapeutischem Wert ist lediglich das **Phenoxymethylpenicillin**. Wesentlich erfolgreicher war die Partialsynthese von Penicillinen ausgehend von 6-Aminopenicillansäure. Diese Säure läßt sich durch selektive Abspaltung des Seitenketten-Acylrestes mit einem Enzym von *Escherichia coli* oder nach einem chemischen Verfahren (*Delfter*-Verfahren, Abb. 11-10) gewinnen. Nach letzterem Verfahren wird zunächst unter absolut wasserfreien Bedingungen die Carboxylgruppe durch Überführung in den Trimethylsilylester geschützt. Anschließend wird die Säureamidgruppierung der Seitenkette mit PCl_5 unter Bildung eines Imidochlorids umgesetzt, das mit Methanol den Imidoester ergibt, aus dem durch Hydrolyse die freie 6-Aminopenicillansäure erhalten werden kann. Diese kann dann mit einem beliebigen Säurechlorid umgesetzt werden.

Als vorteilhaft haben sich aromatisch oder heteroaromatisch substituierte Acylreste mit Hydroxy-, Carboxy-, Sulfo- und Ureidogruppen herausgestellt. Sperrige Acylreste erhöhen die Stabilität gegenüber Penicillinase.

Auf diese Weise konnten säurestabilere und deshalb oral applizierbare (u. a. Oxacillin, Ampicillin), weitgehend gegen Penicillinase resistente Penicilline (u. a. Oxacillin, Dicloxacillin) sowie Penicilline mit einem breiteren Wirkungsspektrum (Ampicillin, Acylureidopenicilline) entwickelt werden (Tab. 11-3).

Während die meisten Penicilline nur gegen grampositive Bakterien wirksam sind, wirken Ampicillin und die Acylureidopenicilline (Azlocillin, Mezlocillin, Piperacillin) auch gegen gramnegative Bakterien. Die mangel-

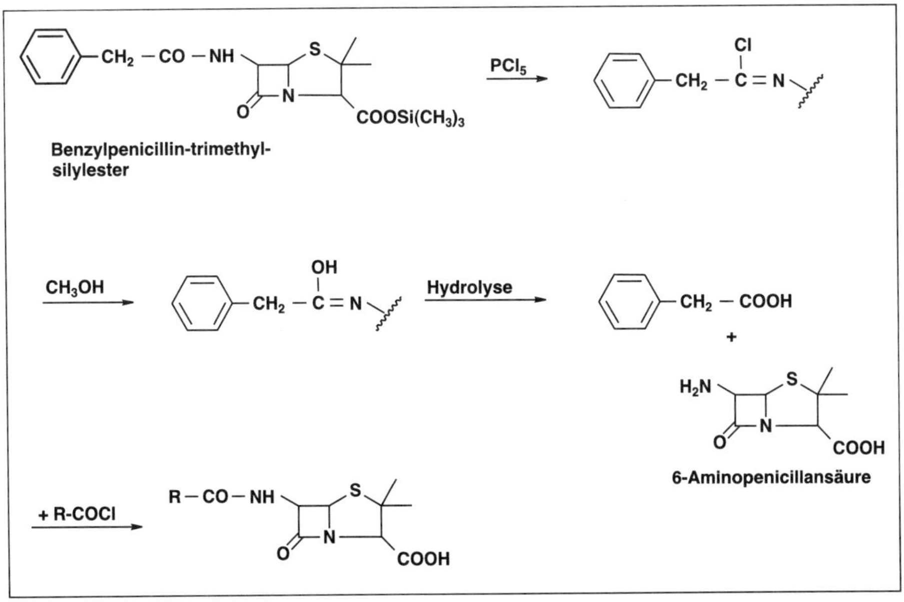

Abb. 11-10 Partialsynthese der 6-Aminopenicillansäure.

hafte Resorption des Ampicillins konnte durch Veresterung der Carboxylgruppe verbessert werden (Pivampicillin). Die Ester werden durch unspezifische Esterasen wieder gespalten. Unter den Acylureidopenicillinen ist das Azlocillin besonders wirksam bei Infektionen durch *Pseudomonas aeruginosa*.

Die Penicilline bilden mit verschiedenen Basen schwer lösliche Salze, die als Depotformen dienen. Von Bedeutung sind die Basen Procain (Benzylpenicillin-Procain) und Benzathin (Benzylpenicillin-Benzathin, Phenoxymethylpenicillin-Benzathin).

Die Totalsynthese der Penicilline ist gelungen (*Sheehan*), hat aber durch die partialsynthetischen Möglichkeiten keine Bedeutung erlangt.

Cephalosporine

Aus Kulturen von *Cephalosporium*-Stämmen konnten einige gegen grampositive und gramnegative Bakterien wirksame Verbindungen isoliert werden, die als Cephalosporine N, C und P_1 bis P_5 bezeichnet wurden. Cephalosporin N wurde wegen seiner Zugehörigkeit zum Penam-Typ später als Penicillin N bezeichnet (vgl. Abb. 11-7). Die Cephalosporine P erwiesen sich als tetracyclische Triterpene (vgl. S. 544). Cephalosporin C unterscheidet sich von den Penicillinen durch den Austausch des Thiazolidinringes durch einen Dihydrothiazinring. Eine Hydrierung der Doppelbindung dieses Ringes führt zu wirkungslosen Verbindungen. Cephalosporine mit β-Lactamstruktur werden ähnlich wie Penicilline durch nucleophile Reagenzien gespalten, sind aber gegenüber Säure relativ stabil.

Die natürlichen Cephalosporine besitzen in 3-Stellung des Dihydrothiazinringes eine Acetoxymethylgruppe, die sich an der Reaktion mit einem Nucleophil beteiligen kann (Abb. 11-11) und durch Esterasen leicht gespalten wird. Die entstehende Hydroxymethylverbindung ist nur wenig wirksam und cyclisiert zum unwirksamen Lacton.

Durch einen Austausch der Acetoxymethyl- gegen eine Methylgruppe konnte die biologische Halbwertszeit ganz wesentlich verlängert werden. Die ersten oral wirksamen Cephalosporine wie Cefalexin, Cefradin, Cefadroxil oder Cefaclor enthalten in 3-Stellung kleine lipophile Gruppen (-CH_3, -Cl) und einen D-Phenylglycinrest. Die 3-Methyl-cephalosporine ließen sich ausgehend von Penicillinen herstellen, nachdem festgestellt

Tab. 11-3: Auswahl therapeutisch eingesetzter Penicilline (Struktur A) und Cephalosporine (Struktur B). [1] = oral wirksam; [2] = erweitertes Wirkungsspektrum; [3] = Lactamase-stabil

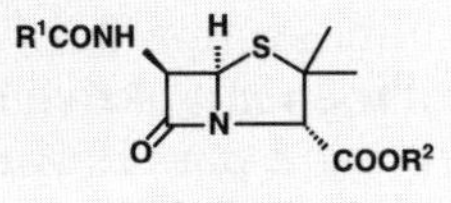 Struktur A R^1:	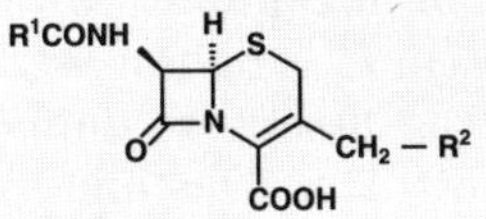 Struktur B R^1 (R^2 vgl. Abb. 11-11):
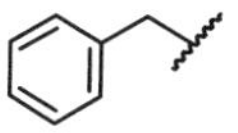 Benzylpenicillin	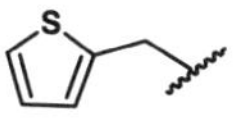 Cephaloridin Cefoxitin[2]
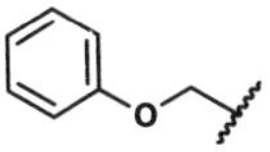 Phenoxymethyl-penicillin[1]	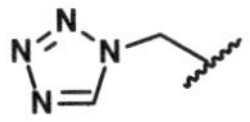 Cefazolin
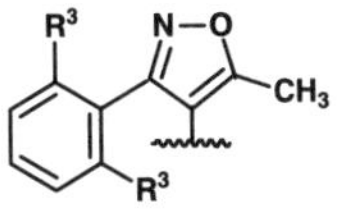 Oxacillin (R^3 = H)[1],[3] Dicloxacillin (R^3 = Cl)[1],[3]	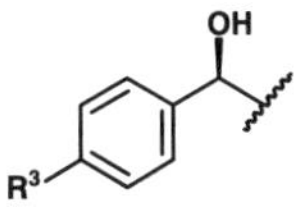 Cefamandol[3]
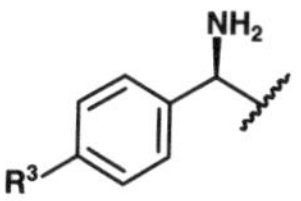 Ampicillin (R^3 = H)[1],[2] Amoxicillin (R^3 = OH)[1],[2]	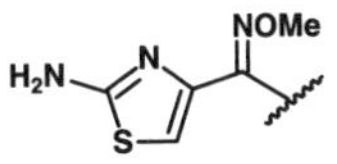 Cefotiam · Cefatriaxon[2],[3] Cefmenoxim[2],[3] · Cefotaxim (R^2 = OAc)[2],[3]
	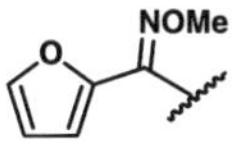 Cefuroxim[3]
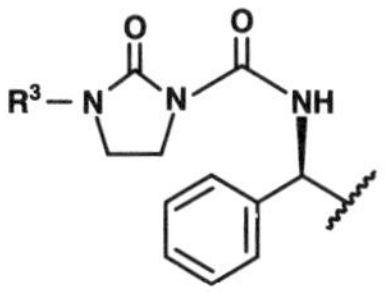 Azlocillin (R^3 = H)[2] Mezlocillin (R^3 = SO$_2$Me)[2]	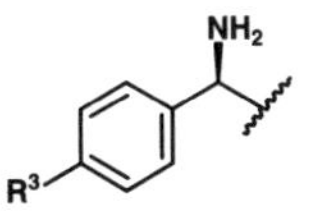 Cefalexin (R^3 = H)[1] Cefadroxil (R^3 = OH)[1] Cefaclor (R^3 = H)[1]
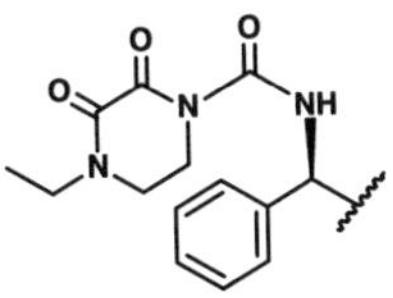 Piperacillin[2]	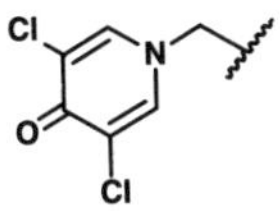 Cefazedon 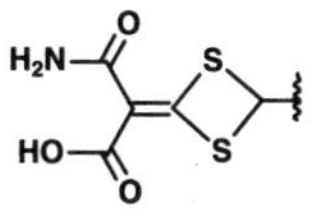 Cefotetan[2],[3]

wurde, daß sich Penicillin-S-oxide thermisch zu 3-Methyl-cephalosporinen umlagern lassen (Abb. 11-12).

Die meisten **partialsynthetischen Cephalosporine** (Tab. 11-3) leiten sich von der **7-Aminocephalosporansäure** ab, die durch chemische Spaltung aus Cephalosporin C erhalten werden kann. Die Aminogruppe der 7-Aminocephalosporansäure wird dann analog den Penicillinen mit aktivierten Carbonsäuren acyliert. Das erste zur Therapie eingesetzte partialsynthetische Cephalosporin war das Cefalotin. Eine Ausweitung des Wirkungsspektrums (Breitbandcephalosporine) konnte insbesondere mit den Hetarylmethoxyiminoacetamiden (Oximether) erreicht werden (Cefotaxim, Ceftrizoxim, Ceftazidin u.a.). Wirksam sind nur Verbindungen der *syn(Z)*-Form.

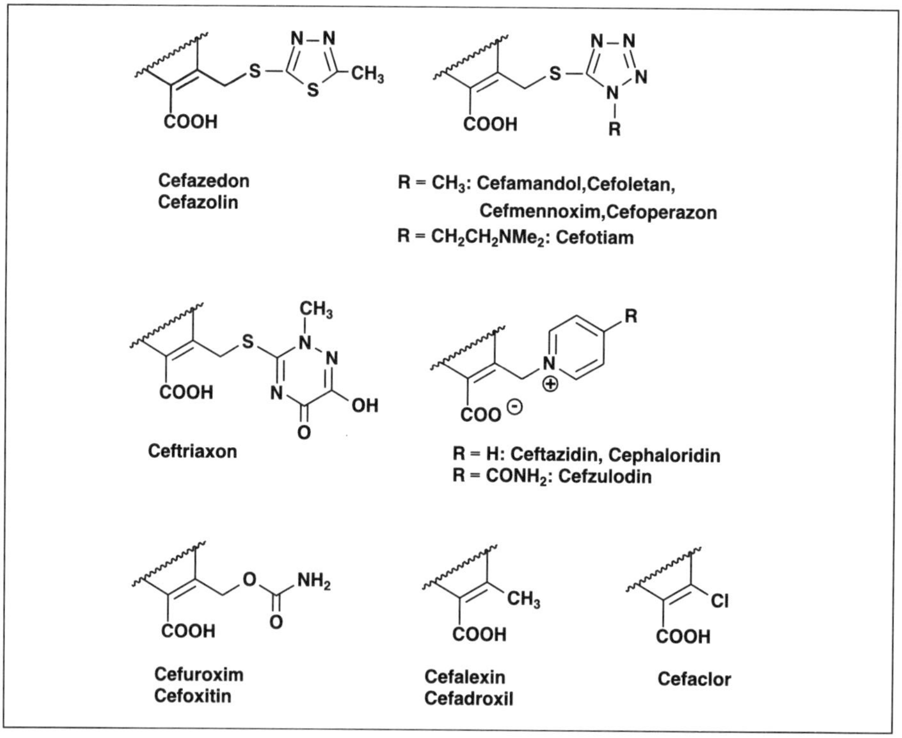

Abb. 11-11 Partialsynthetische Cephalosporine mit veränderten Substituenten in 3-Stellung des Dihydrothiazinringes.

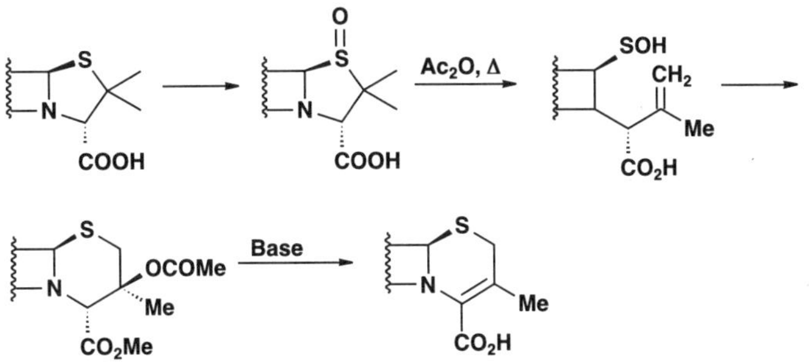

Abb. 11-12 Umwandlungen von Penicillinen in Cephalosporine.

Eine erhöhte Stabilität gegenüber β-Lactamase weisen die 1971 entdeckten **Cephamycine** auf, die in 7α-Stellung eine Methoxygruppe tragen. Cephamycine sind auch gegen Anaerobier wirksam (Cefoxitin, Cefotetan). Cephamycin C wird von *Streptomyces clavuligerus* produziert. Partialsynthetisch läßt sich die Methoxylierung bei Penicillinen und Cephalosporinen mit Li-Methanolat und tert.-Butylhypochlorit durchführen.

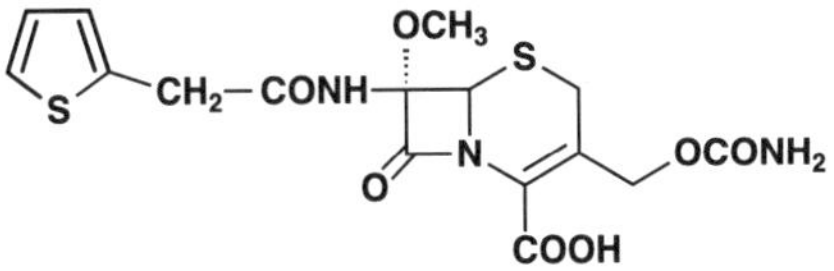

Cefoxitin

11.2.5 Peptid-Antibiotika

Die Peptid-Antibiotika unterscheiden sich hinsichtlich ihrer Struktur deutlich von den üblichen Peptiden. Die meisten Peptid-Antibiotika sind cyclische Peptide und besitzen weder eine terminale Amino- noch Carboxylgruppe. Charakteristisch für alle Peptid-Antibiotika ist ferner das Vorhandensein von Aminosäuren, die sonst nicht in Proteinen vorkommen (z.B. D-Aminosäuren, N-methylierte Aminosäuren, Ornithin). Viele Peptid-Antibiotika enthalten neben Aminosäuren noch andere Komponenten wie einen Thiazolinrest (Bacitracin), Fettsäuren (Polymyxine) oder heterocyclische Ringsysteme (Actinomycine). Die Molmassen liegen zwischen 350 und 3000. Die Peptid-Antibiotika sind wirksam gegen grampositive und gramnegative Bakterien, sind aber hoch toxisch.

Aufgrund ihrer von den Proteinen abweichenden Struktur werden die Peptid-Antibiotika nicht durch tierische oder pflanzliche Peptidasen oder Proteasen hydrolysiert. Ihre Biosynthese erfolgt am Ende der Wachstumsperiode nach der Proteinsynthese. Im Unterschied zu den Proteinen werden sie nicht an ribosomaler RNA, sondern durch Multienzymsysteme synthetisiert. Die meisten Peptid-Antibiotika kommen in der Familie der *Bacillaceen* vor, einige auch in *Streptomyces*-Arten (Actinomycine).

Stämme von *Bacillus brevis* produzieren ein Gemisch von Peptid-Antibiotika (Tyrorhricin), das zu 80% **Tyrocidine** und zu 20% **Gramicidine** enthält. Die linearen Gramicidine (A, B, C) sind gekennzeichnet durch einen Formylrest am N-Terminus und einen Ethanolaminrest am C-Terminus. Gramicidin S ist ein cyclisches Decapeptid mit zwei identischen Pentapeptidsequenzen.

HCO – Val – Gly – Ala – D-Leu – Ala – D-Val – Val – D-Val – Trp – D-Leu – Trp – D-Leu – Trp – D-Leu – Trp – NHCH$_2$CH$_3$OH

Gramicidin A (B: 1 = Val, 11 = Phe; C: 1 = Ile, 11 = Tyr)

```
Val → Orn → Leu → D-Phe → Pro           Val → Orn → Leu → D-Phe → Pro
↑                          ↓             ↑                          ↓
Pro ← D-Phe ← Leu ← Orn ← Val            Tyr ← Glu ← Asn ← D-Phe ← Phe
        Gramicidin S                            Tyrocidin A
```

Bacitracine (A bis F) werden von *Bacillus-licheniformis*-Stämmen gebildet. Die Bacitracine enthalten einen Thiazolinrest, der an ein verzweigtes Polypeptid gebunden ist. Der Thiazolinring entstand durch Ringschluß zwischen einem Cystein- und Isoleucinrest.

```
                                                    Ile
                                                     ↗
 H₃C                                          D-Orn    D-Phen
    \CH – CH    S                              ↑         ↓
 H₅C₂    |   \ /                              Lys       His
         NH₂  N                                ↑ε        |
              \CO – Leu → D-Glu → Ile →       Asn ← D-Asp

                    Bacitracin A
```

Die **Polymyxine** werden von verschiedenen *Bacillus*-Arten gebildet und enthalten außer einem verzweigten Cyclopeptid noch eine verzweigte Fettsäure. Das bei *Coli*- und *Pyocyaneus*-Infektionen eingesetzte **Colistin A** (Polymyxin E$_1$) enthält am N-Terminus amidartig gebunden die (+)-6-Methyloctansäure.

```
        O
        ‖
  ⋏⋏⋏⋏–C–A₂bu-Thr-A₂bu-A₂bu-D-Phe-Leu-A₂bu-A₂bu-Thr
                 ↑γ                              |
                 └───────────────────────────────┘
```

Polymyxin B$_1$

(A$_2$bu = L-2,4-Diaminobuttersäure)

Zu den Peptid-Antibiotika gehört auch das immunsuppressiv wirkende **Cyclosporin A** (S. 76), das durch seine Cyclopeptidstruktur und starke Hydrophobie (N-methylierte Aminosäuren) sogar oral wirksam ist.

Distamin ist ein Gemisch antibiotisch wirksamer Substanzen, das durch Extraktion der Mycelien von *Streptomyces*-Arten mit Butanol gewonnen wird. Distamycin enthält ebenso wie das aus *Streptomyces disthallicus* isolierte **Netropsin** (auch Congocidin) 4-Amino-1-methylpyrrol-2-carbonsäure-Einheiten, die über eine Amidbindung miteinander verbunden sind.

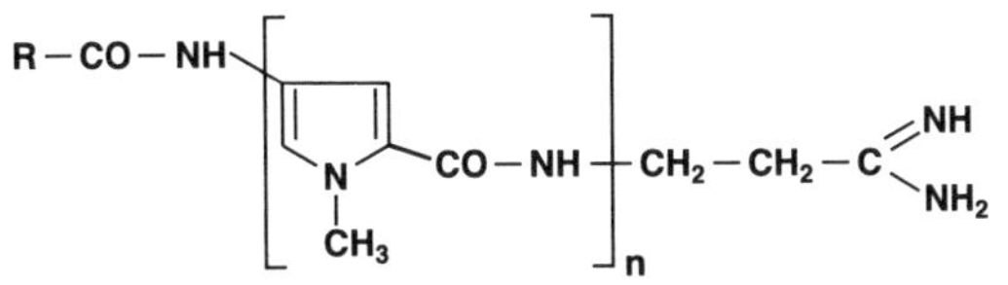

Distamycin A: R = H, n = 3
Netropsin: R = H$_2$N−C(=NH)−NH−CH$_2$−, n = 2

Distamycin wirkt sowohl gegen Pilze als auch gegen Viren. Die Formylgruppe ist essentiell für die Wirkung. Distamycin stabilisiert die DNA-Doppelhelix. Phasenübergangstemperatur und Hyperchromizität der DNA steigen mit wachsendem Distamycin/DNA-Verhältnis.

Actinomycine wurden 1940 von *Waksman* und *Woodruff* aus *Streptomyces*-Arten isoliert. Es handelt sich um orangerote Verbindungen, die aus einem Phenoxazinderivat (Actinocin) und zwei daran amidartig gebundenen cyclischen Peptidlactonen bestehen. Die Zusammensetzung der Peptidlactone unterscheidet sich bei den einzelnen Actinomycinen. Actinomycine mit zwei gleichen Peptidlactonresten werden als *iso-*, solche mit zwei verschiedenen als *aniso-*Actinomycine bezeichnet. Bisher sind über 30 native Actinomycine bekannt. Actinomycin C$_1$ (Actinomycin D, Dactinomycin, D) enthält als ungewöhnliche Peptidkomponenten außer D-Valin N-Methyl-L-Valin (MeVal) und Sarcosin (Sar).

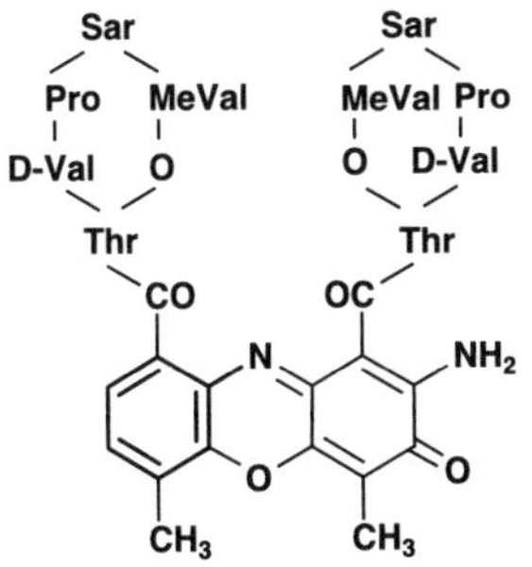

Actinomycin C$_1$ (D)

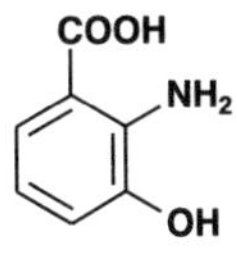

3-Hydroxyanthranilsäure

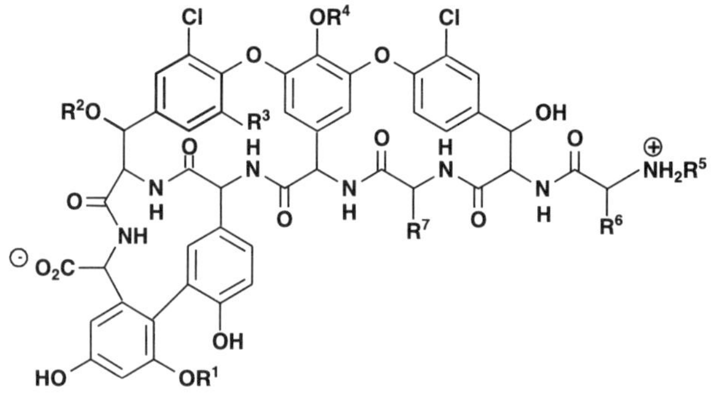

Abb. 11-13 Glykopeptid-Antibiotika.

	Glykopeptid-Antibiotika:	
	Vancomycin	Teicoplanin
R^1	H	O-D-Mannosyl
R^2	H	O-(N-Acetylglucosaminyl)
R^3	H	
R^4	O-α-L-Vancosaminyl-(1→2)-O-β-D-glucosyl-	O-(N-Acylglucosaminyl)
R^5	CH_3	H
R^6	$-CH_2CONH_2$	
R^7	$-CH_2-CH(CH_3)_2$	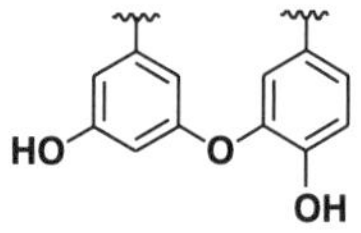

Die Biosynthese des Phenoxazonringsystems geht aus von Tryptophan, aus dem zunächst 3-Hydroxyanthranilsäure gebildet wird.

Stark gefärbte Phenoxazonderivate, die **Ommochrome,** wurden auch aus den Sehkeilen (Ommatiden) der Augen von Gliederfüßern isoliert.

Die Actinomycine sind schwache einsäurige Basen, die mit DNA Einschiebungs-Komplexe bilden können. Dadurch wird das Absorptionsmaximum der Actinomycine (440 nm) etwa 10 nm bathochrom verschoben. Die hohe Aktivität gegenüber grampositiven Bakterien und die zytotoxische Wirkung hängt mit dieser Komplexbildung zusammen.

Die Actinomycine werden unter Verlust ihrer Wirkung bereits durch 10 % Salzsäure bei 20 °C in kurzer Zeit hydrolysiert.

Glykopeptid-Antibiotika, auch bezeichnet als Dalbaheptide (von Dal = D-alanyl-D-alanine, B = binding, A = antibiotics, He = heptapeptide), weil sie an den D-Alanyl-D-Alanin-Rest des Muramylpeptides (vgl. Biosynthese der bakteriellen Zellwand, S. 246) binden, sind lineare Peptide aus 5 ungewöhnlich durch Hydroxygruppen und Chloratome substituierten Aminosäuren, die über Phenolkupplung (C-O-C-, C-C-Bindungen) miteinander verbunden sind. Therapeutisch von Bedeutung sind **Vancomycin** und **Teicoplanin** (Abb. 11-13).

> **Depsipeptide** sind Stoffwechselprodukte von Bakterien und Pilzen, die alternierend aus Aminosäuren und Hydroxycarbonsäuren aufgebaut sind und meist eine cyclische Struktur besitzen.

```
D-Val — Lac — Val — D-Hyv
 |                    |
D-Hyv                D-Val      Lac: L-Milchsäure
 |                    |         D-Hyv: D-α-Hydroxyisovaleriansäure
Val                  Lac
 |                    |
Lac — D-Val — D-Hyv — Val
```

Die erste antibiotisch wirkende Substanz dieser Gruppe, das **Valinomycin**, wurde aus dem Mycel von *Streptomyces-fulvissimus*-Kulturen isoliert (*Brockmann* und *Schmidt-Kastner*). Valinomycin ist ein Cyclodepsipeptid mit einem 36gliedrigen Ring (*Shemyakin*). Durch Wasserstoffbindungen zwischen den NH- und CO-Gruppen der Amide werden bestimmte Konformationen bevorzugt. Die Lage des Gleichgewichtes zwischen diesen Konformeren hängt stark vom Lösungsmittel ab (*Ovchinnikov*). Während in unpolaren Lösungsmitteln alle möglichen H-Brücken eingegangen werden (Form *A*), werden in polaren Lösungsmitteln keine intramolekularen H-Brücken ausgebildet (Form *C*) (Abb. 11-14).

Valinomycin gehört zu den **ionenselektiven Antibiotika,** die mit Alkaliionen käfigartige Komplexe zu bilden vermögen. Die Komplexbildung mit dem Valinomycin wird dadurch ermöglicht, daß die Carbonylsauerstoffatome im Inneren, die hydrophoben Seitenketten der Amino- bzw. Hydroxysäuren aber an der Außenseite des Moleküls angeordnet sind. Der

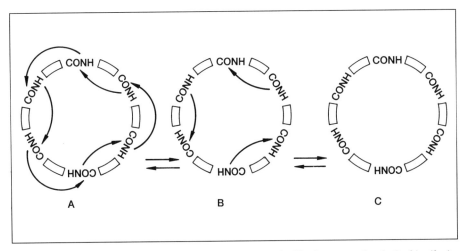

Abb. 11-14 a) Schematische Darstellung von Valinomycin-Konformeren (nach *Ovchinnikov*).

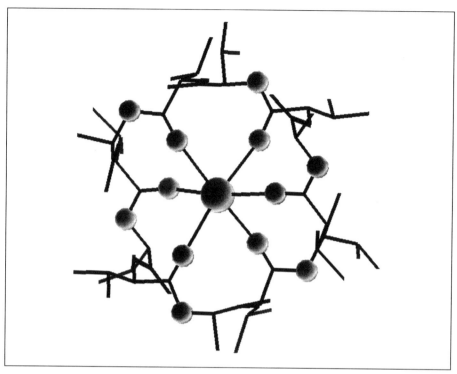

Abb. 11-14 b) Röntgenstrukturanalyse eines Cäsium-Valinomycin-Komplexes (nach Isr. J. Chem. 24, S. 290, 1984).

innere Durchmesser erlaubt die selektive Komplexbindung des Kaliumions. Die hydrophobe Außenseite des Komplexes ermöglicht den Transport von Kaliumionen durch die biologische Membran, auf dem der Wirkungsmechanismus des Valinomycins beruht.

Die Antibiotika der **Enniatin**-Gruppe werden von *Fusarium*-Stämmen produziert. Die cyclische Hexapeptidstruktur dieser Antibiotika wird von D-Hydroxyisovaleriansäure und N-Methyl-Aminosäuren gebildet.

Enniatin A: $R^1, R^2 = CH(CH_3)C_2H_5$
Enniatin B: $R^1, R^2 = CH(CH_3)_2$
Enniatin C: $R^1 = CH(CH_3)_2$; $R^2 = CH(CH_3)_2$

Zu den Ionophoren gehören außer cyclischen Depsipeptiden (Valinomycin, Enniatine) und Peptiden (z. B. Antamanid, S. 142) auch acyclische Peptide (auch bezeichnet als Quasiionophore; z. B. Gramicidine, Alamethicin) sowie Polyether-Antibiotika (Kap. 11.6.6). Die acyclischen Verbindungen wickeln sich wie ein Pseudocyclus um das Kation. Gramicidin A und Alamethicin bilden im Unterschied zu den in der Membran mobilen Carriern stationäre Poren. Als Ionophore wirken auch zahlreiche synthetische Kronenether und Krakenverbindungen.

11.3 Aminoglykosid-Antibiotika

Als Aminoglykosid-Antibiotika werden Antibiotika zusammengefaßt, die aus einem basisch substituierten Cyclitol sowie zwei oder drei daran glykosidisch gebundenen Monosacchariden, meist Aminozuckern, bestehen. Sie kommen in Actinomyceten (*Streptomyces-* und *Micromonospora*-Arten) vor. Glykosidisch gebundene Aminozucker sind aber auch in vielen Makrolid-Antibiotika und in den Antibiotika der Anthracyclin-Gruppe enthalten.

Die therapeutisch wichtigsten Verbindungen leiten sich vom Streptomycin-, Neomycin- und Kanamycin-Typ ab. Die Antibiotika des Streptomycin-Typs enthalten als Cyclitol das **Streptidin** (1,3-Didesoxy-1,3-diguanidino-*myo*-inositol), das durch die beiden Guanidingruppen stark basisch reagiert. In den Antibiotika der beiden anderen Gruppen kommt 2-Desoxystreptamin (1,3-Diamino-1,2,3-tridesoxy-*myo*-inositol) vor. Die Vertreter des Streptomycin- und Kanamycin-Typs enthalten meist zwei, die des Neomycin-Typs drei Monosaccharide (meist Aminozucker). Alle Aminoglykosid-Antibiotika reagieren durch das basisch substituierte Cyclitol und die Aminozucker basisch.

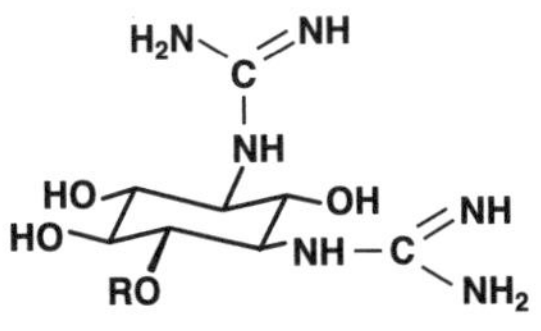

Streptomycin-Typ
R = Glyc-Glyc
(R = H: Streptidin)

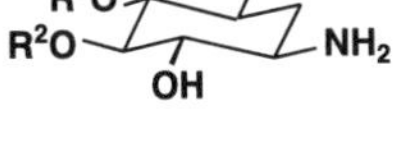

Neomycin-Typ
R^1 = Glyc; R^2 = Glyc-Glyc
(R^1, R^2 = H: 2-Desoxystreptamin)

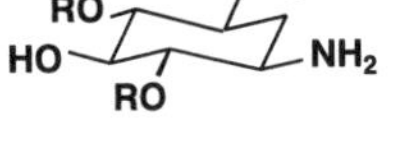

Kanamycin-Typ
R = Glyc
(R = H: 2-Desoxystreptamin)

Eine chemische Modifizierung der Aminoglykosid-Antibiotika läßt sich durch die sog. *Mutasynthese* realisieren. Nach dieser Technik werden zunächst Mutanden des Antibiotikum-synthetisierenden Stammes gesucht, die die Aminoglykosid-Antibiotika nur noch produzieren können, wenn das Aminocyclitol dem Nährmedium zugesetzt wird. Durch Zugabe anderer Aminocyclitole werden dann biosynthetisch strukturell veränderte (mutasynthetische) Antibiotika erhalten.

Resistenz gegenüber den Aminoglykosid-Antibiotika wird durch Acetyl-Transferasen (Kanamycine, Neomycine, Gentamycine), Phosphat-Transferasen (Kanamycine, Neomycine, Streptomycine) oder Adenylat-Transferasen (Streptomycine, Neomycine, Gentamycine, Kanamycine) hervorgerufen. Durch die Acylierung von Hydroxy- oder Aminogruppen werden die Antibiotika inaktiviert.

11.3.1 Streptomycin-Typ

Am längsten bekannt ist das **Streptomycin** (Streptomycin A), das bereits 1944 auf der Suche nach Antibiotika-produzierenden Mikroorganismen von *Waksman* als Stoffwechselprodukt von *Streptomyces griseus* entdeckt werden konnte. Als Nebenprodukt wird Streptomycin B (Mannosido-Streptomycin) gebildet. Aus anderen *Streptomyces*-Stämmen wurde Hydroxystreptomycin (= Reticulin) isoliert.

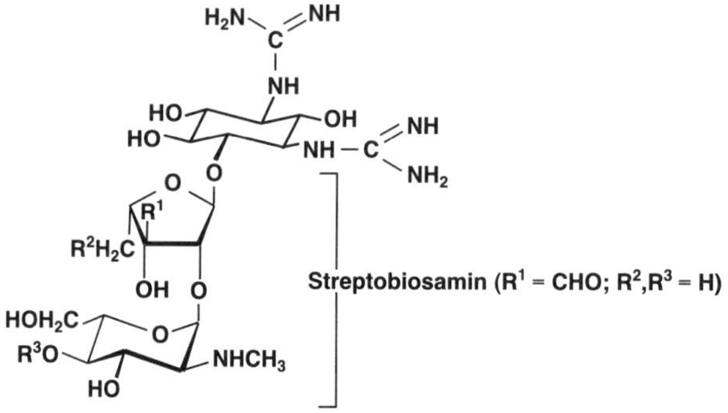

Streptobiosamin (R^1 = CHO; R^2, R^3 = H)

Streptomycin: R = CHO; R^2, R^3 = H
Dihydrostreptomycin: R = CH$_2$OH; R^2, R^3 = H
Hydroxystreptomycin: R = CHO; R^2 = OH, R^3 = H
Streptomycin B: R = CHO; R^2 = H, R^3 = Man

Streptomycin enthält als Monosaccharide den verzweigtkettigen Zucker L-Streptose sowie 2-Desoxy-2-methylamino-L-glucose. Das von beiden Zuckern gebildete Disaccharid wird als Streptobiosamin bezeichnet.

Streptomycin bildet zwei Formen von Salzen: eine amorphe α-Form sowie eine kristalline, aber schlecht in Wasser lösliche β-Form.

Ein partialsynthetisches Derivat ist das Dihydrostreptomycin, das durch katalytische Hydrierung der Aldehydgruppe der Streptose erhalten werden kann, aber auch aus Kulturlösungen von *Streptomyces humidus* isoliert wurde. Seine Anwendung kann zu irreversiblen Gehörschädigungen führen.

11.3.2 Neomycin-Typ

Der Neomycin-Komplex wird von *Streptomyces-fradiae*-Stämmen produziert. Hauptbestandteil ist das **Neomycin B (Framycetin).** Handelspräparate enthalten es meist im Gemisch mit Neomycin C. Neomycin A ist identisch mit Neamin, einem Abbauprodukt der Neomycine B und C.

Die Antibiotika der **Paromomycin**-Gruppe werden von einigen *Streptomyces*-Stämmen gebildet. Wichtigster Vertreter ist das Paromomycin I. Das therapeutisch eingesetzte Paromomycin enthält meist noch geringe Mengen Paromomycin II.

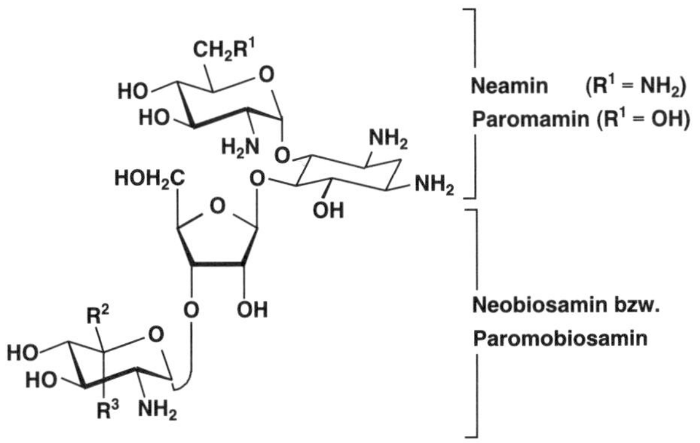

	R¹	R²	R³
Neomycin B	NH$_2$	H	CH$_2$NH$_2$
Neomycin C	NH$_2$	CH$_2$NH$_2$	H
Paromomycin I	OH	H	CH$_2$NH$_2$
Paromomycin II	OH	CH$_2$NH$_2$	H

11.3.3 Kanamycin-Typ

Hauptkomponente der von *Streptomyces kanamyceticus* produzierten Antibiotika ist das **Kanamycin A.** Daneben werden noch Kanamycin C und das toxischere Kanamycin B gebildet. Die Kanamycine werden oral kaum resorbiert. Sie werden bei Infektionen mit Salmonellen und Shigellen eingesetzt.

Amikacin ist ein in Japan entwickeltes partialsynthetisches Kanamycin-A-Derivat, bei dem die 1-Aminogruppe der 2-Desoxystreptaminkomponente mit L(−)-γ-Amino-α-hydroxybuttersäure verestert ist. Durch diese Substitution wird es durch Transferasen nicht mehr angegriffen, so daß es auch gegen Aminoglykosid-resistente Keime wirksam ist.

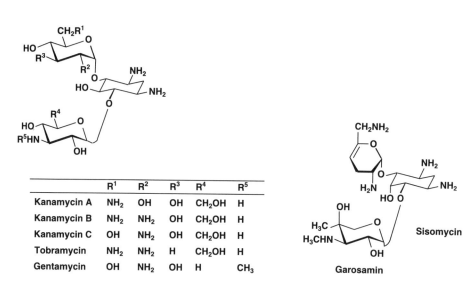

	R^1	R^2	R^3	R^4	R^5
Kanamycin A	NH_2	OH	OH	CH_2OH	H
Kanamycin B	NH_2	NH_2	OH	CH_2OH	H
Kanamycin C	OH	NH_2	OH	CH_2OH	H
Tobramycin	NH_2	NH_2	H	CH_2OH	H
Gentamycin	OH	NH_2	OH	H	CH_3

Die **Gentamycine** werden von *Micromonospora purpurea* und *M. echinospora* produziert. Gentamycin besitzt wie auch **Tobramycin** und **Sisomycin** ein relativ breites Wirkungsspektrum. Gentamycin wirkt besonders gut gegen gramnegative Bakterien und ist recht thermostabil.

Im Unterschied zu den anderen Antibiotika des Kanamycin-Typs ist beim Gentamycin in Stellung 6 des 2-Desoxystreptamins ein Xylosederivat (Gentosamin) glykosidisch gebunden.

Tobramycin ist Bestandteil eines Antibiotika-Komplexes, der von *Streptomyces tenebrarius* gebildet wird. Es wirkt auch gegen *Pseudomonas-aeruginosa-* und *Proteus*-Arten. Beim **Sisomycin** ist in Stellung 4 des 2-Desoxystreptamins ein ungesättigter Zucker glykosidisch gebunden.

11.3.4 Aminoglykoside anderer Strukturen

Kasugamycin ist ein in Japan zugelassenes Pflanzenschutzmittel, das gegen phytopathogene Pilze wirksam ist.

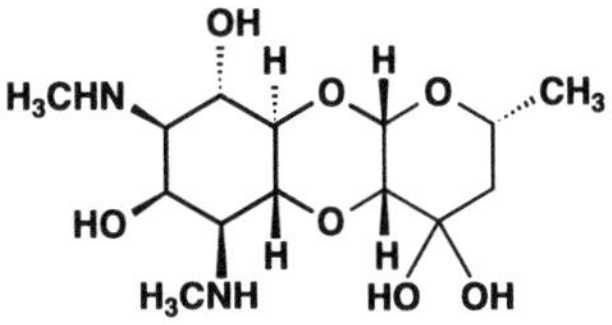

Spectinomycin weicht in seiner Struktur, die vollständig erst durch Röntgenstrukturanalyse aufgeklärt werden konnte, wesentlich von den anderen Aminoglykosid-Antibiotika ab. Die Desoxyhexose Actinospectose ist über zwei kovalente Bindungen an ein Aminocyclitol (Actinamin) gebunden. Eine freie Carbonylgruppe ist nicht nachweisbar. Sie liegt hydratisiert vor. Spectinomycin dient vor allem zur Behandlung der Gonorrhoe bei Penicillin-resistenten Fällen. **Lincamycin** (aus *Streptomyces lincolnensis*) und das besser resorbierbare partialsynthetische **Clindamycin** leiten sich von einer 6-Aminooctose ab. Die Aminogruppe ist mit einer substituierten Hygrinsäure acyliert.

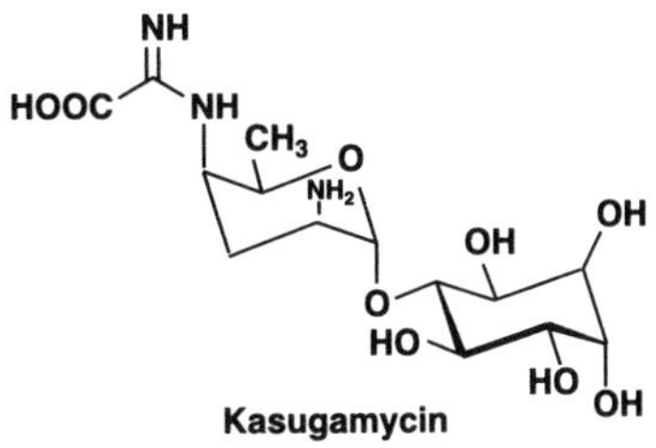

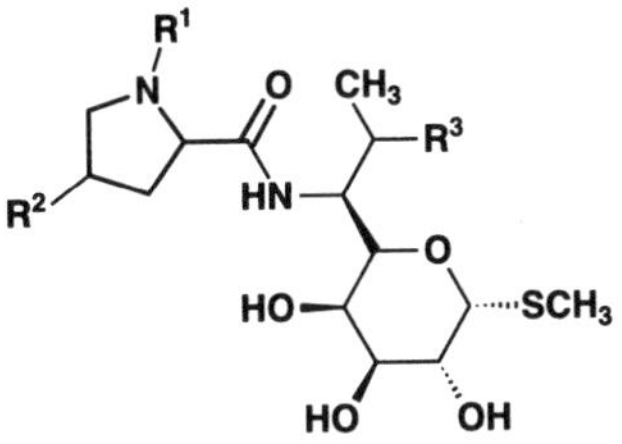

R^1	R^2	R^3	
Me	Pr	OH	Lincomycin
Me	Pr	Cl	Clindamycin

11.4 Nucleosid-Antibiotika

Bei den Nucleosid-Antibiotika bzw. den ihnen chemisch eng verwandten Nucleosiden ohne antibiotische Aktivität (z. B. **Nebularin**) kann sowohl die Struktur der Base als auch die des Zuckeranteils der Nucleoside der Nucleinsäuren modifiziert sein (Abb. 11-15). Am weitesten verbreitet sind entsprechende Purinnucleosid-Derivate.

Extrem toxisch gegenüber Bakterien, tierischen Zellkulturen, Tumoren oder Viren sind Purinnucleoside mit strukturellen Veränderungen am C-3'. Das erste, 1951 isolierte Nucleosid dieser Gruppe ist das aus Kulturfiltraten

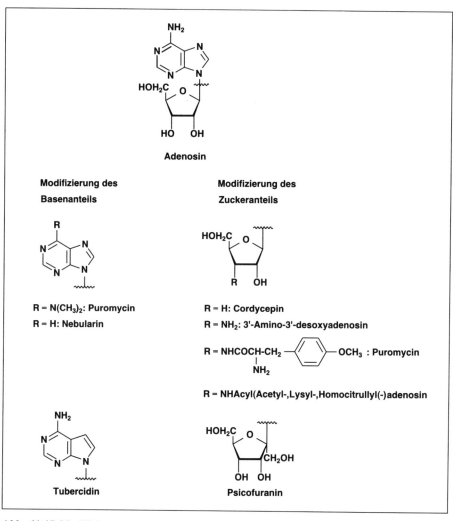

Abb. 11-15 Modifizierung der Struktur der Purinnucleoside der Nucleinsäuren bei Nucleosid-Antibiotika.

von *Cordyceps militaris* und *Aspergillus nidulans* gewonnene **Cordycepin** (3'-Desoxy-adenosin). *3'-Amino-3'-desoxy-adenosin* und dessen N-Acylderivate werden von *Cordyceps militaris* (Lysylamino-, Homocitrullylamino-) bzw. *Helminthosporium sp.* (Acetylamino-) produziert.

Die interessanteste Verbindung ist das 1952 aus Kulturfiltraten von *Streptomyces alboniger* isolierte **Puromycin.** Bei der Spaltung mit methanolischer HCl entsteht aus dem Puromycin 6-Dimethylaminopurin, die in Proteinen nicht vorkommende Aminosäure O-Methyl-L-tyrosin und 3-Amino-3-desoxyribose. Puromycin ist ein am Basen- und Zuckerrest modifiziertes Analogon der endständigen Nucleosideinheit der Aminoacyl-tRNA. Es reagiert anstelle der Aminoacyl-tRNA mit den Ribosomen und blockiert auf diese Weise die Proteinsynthese.

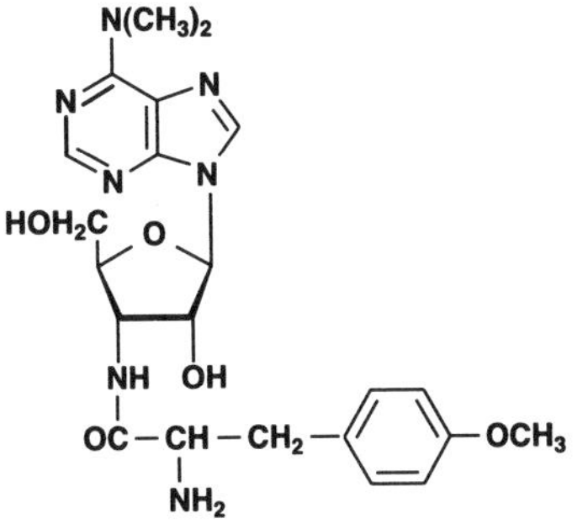

Puromycin

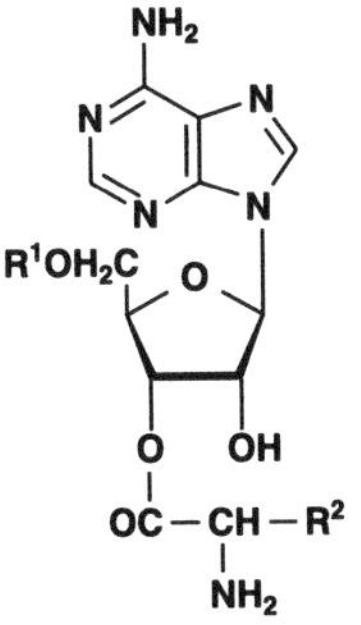

Aminoacyl-tRNS (R^1 = tRNS-Rest, R^2 = Aminosäurerest)

Das aus *Streptomyces hygroscopicus* isolierte **Psicofuranin** ergibt bei der säurekatalysierten Hydrolyse Adenin und die Ketohexose Psicose. **Tubercidin** (aus *Streptomyces tubercidicus*) gehört zur Gruppe der Pyrrolopyrimidin-Nucleoside, bei denen ein N-Atom des Imidazolringes des Purins durch CH ersetzt ist. Im Unterschied zu dem stark toxischen Nucleosid ist das Aglykon praktisch unwirksam.

Antibiotisch wirkende Pyrimidinnucleoside sind bisher nur in relativ geringer Anzahl aufgefunden worden. Die aus Extrakten des Schwammes *Cryptothetica crypta* isolierten Arabinoside **Spongouridin** (1-β-D-Arabinofuranosyluracil, Ara-Ura) und **Spongothymidin** (1-β-D-Arabinofuranosylthymin, Ara-Thy) unterscheiden sich nur durch die Konfiguration am C-2' von den entsprechenden Nucleosiden der Nucleinsäuren. Die größte Bedeutung in der Reihe der Arabinoside hat jedoch das synthetisch erhaltene 1-β-D-Arabinofuranosylcytosin (Cytarabin, Ara-Cyt) erlangt.

In der Struktur dem Uridin bzw. Pseudouridin verwandt ist das **Showdomycin,** das in Japan aus Kulturmedien von *Streptomyces showdoensis* isoliert wurde. Showdomycin gehört zu den C-Glykosyl-Verbindungen (Kap. 3.1.3.8). Die am C-3 des Maleinsäureimids gebundene Ribofuranose läßt sich durch Säurehydrolyse nicht entfernen. Die Abspaltung der Ribose gelingt aber wie beim Pseudouridin mit wäßrigem Hydrazin bei 100 °C.

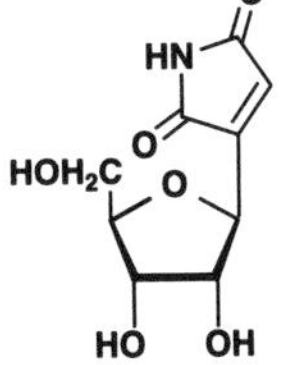

Snowdomycin

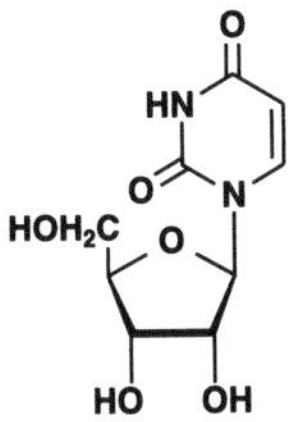

Uridin

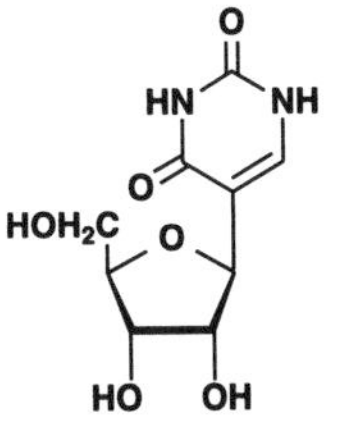

Pseudouridin

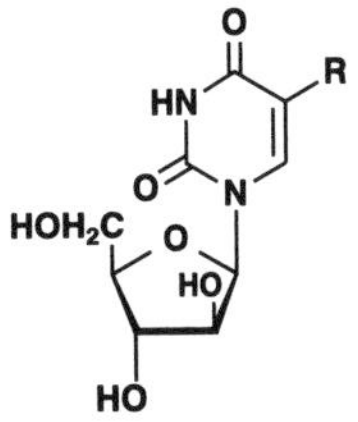

R = H: **Spongouridin**
R = CH_3: **Spongothymidin**

Die **Polyoxine A-G** (Grundstruktur: R^1 = CH_2OH, COOH) sind interessant wegen ihrer Hemmng der Chitin-Biosynthese. Polyoxine werden von *Streptomyces cacaoi* und *S. piomogenes* gebildet. Sie leiten sich vom Uridin ab. Polyoxine werden in Japan zur Bekämpfung von Blattmehltau bei Reispflanzen eingesetzt, wirken aber auch insektizid.

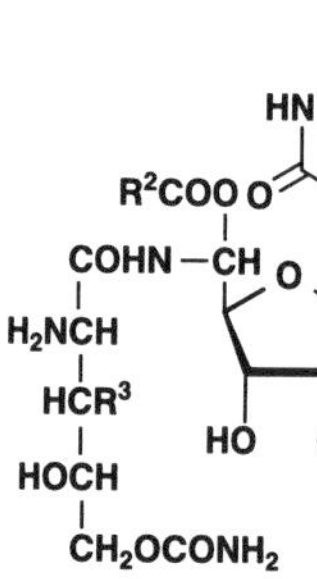

Polyoxine

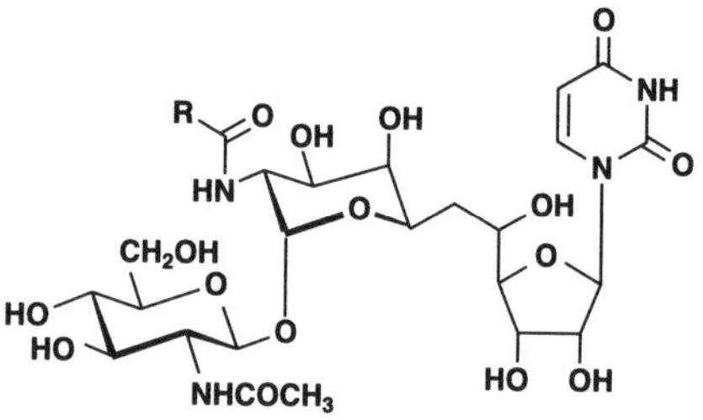

Corynetoxin U 17a: R = $-CH=CH-(CH_2)_{10}-CH-CH_2-CH_3$
                                                       |
                                                      CH_3

Corynetoxin H 17a: R = $-CH_2$ $CHOH(CH_2)_{10}$ $CH-CH_2-CH_3$
                                                    |
                                                   CH

Die **Corynetoxine** sind Uracilderivate mit einer ungewöhnlichen Zuckerkomponente, bestehend aus dem C_{11}-Aminozucker Tunicamin, an den amidartig eine methylverzweigte Hydroxyfettsäure gebunden ist, und einen endständigen N-Acetylglucosamin-Rest. Die Corynetoxine werden

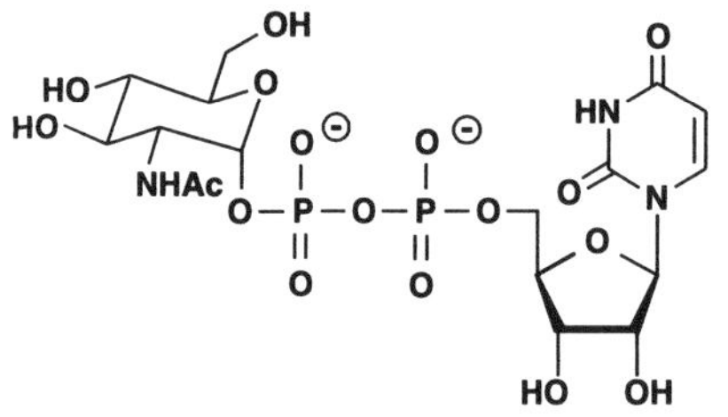

UDP-MurNAc

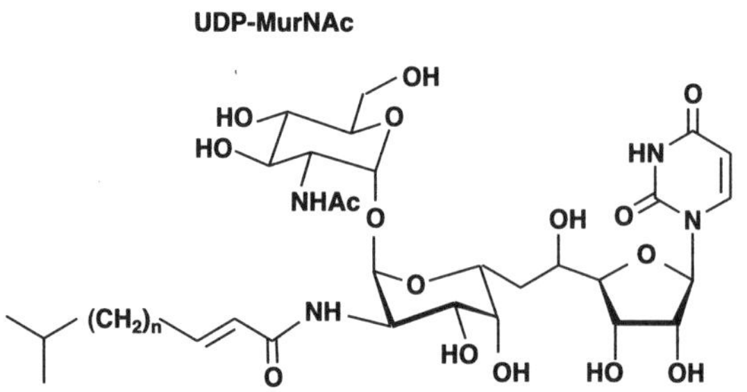

n = 8, 9, 10 oder 11   **Tunicamycin**

von *Corynebacterium rathayi* gebildet, das auf einem Gras (Einjähriges Raygras, *Lolium rigidum*) schmarotzt und vor allem in Australien zu Vergiftungen von Weidetieren („annual rye grass toxicity") führt.

Die Corynetoxine sind wie das ähnlich gebaute **Tunicamycin** (produziert von *Streptomyces lysosuperficus*) Analoga der UDP-Monosaccharide (UDP-MurNAc), die bei Glykosidierungsreaktionen benötigt werden (S. 253). Sie hemmen daher z. B. die N-Glykosidierung von Proteinen und die Biosynthese der bakteriellen Zellwand.

11.5 Antibiotika aus isoprenoiden Vorstufen

Hierbei handelt es sich um eine relativ kleine Gruppe von Antibiotika. Unter den antibiotisch wirkenden Terpenoiden sind vor allem die **Trichothecene** (S. 537), die gegen phytopathogene Pilze wirksamen **Ophioboline** (S. 541) sowie einige Steroide (**Helvolsäure, Fusidinsäure, Cephalosporin P**, S. 544) zu nennen.

11.6 Polyketid-Antibiotika

Die Grundkörper der Antibiotika dieser Gruppe werden durch cyclisierende Kondensation von β-Ketosäuren gebildet (vgl. Kap. 9). Diese Art der Biosynthese bedingt die charakteristische Verteilung der Sauerstofffunktionen. Biogenetisch gehören zu den Polyketiden auch die Polyether-Antibiotika und wesentliche Strukturelemente der Makrolid-Antibiotika.

11.6.1 Glutarimid-Antibiotika

Für die Biosynthese des **Cycloheximid** (Actidion), des wichtigsten Vertreters der Glutarimid-Antibiotika, wird der Weg über das hypothetische

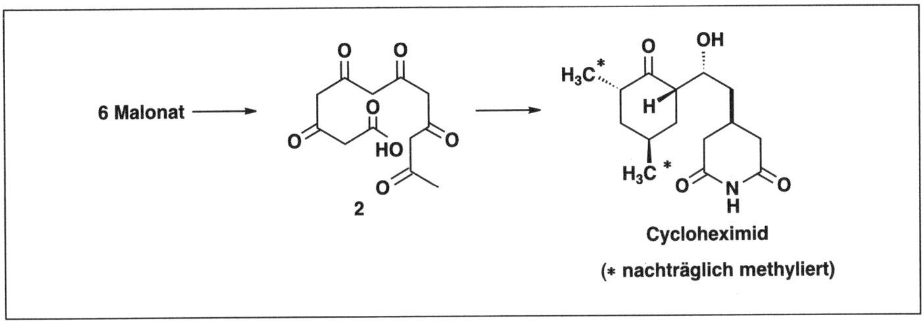

Abb. 11-16 Biosynthese von Cycloheximid.

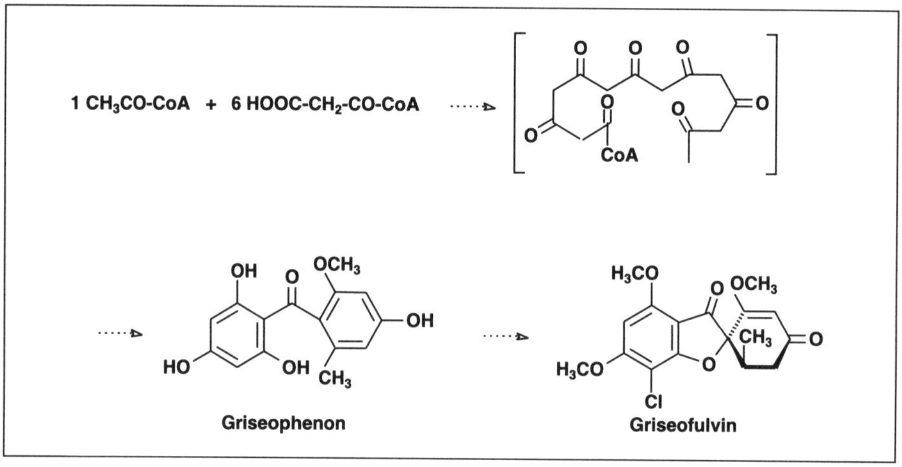

Abb. 11-17 Biosynthese des Griseofulvin.

Polyketid **2** angenommen (Abb. 11-16). Cycloheximid wurde aus Kulturlösungen eines Streptomycin-produzierenden Stammes von *Streptomyces griseus* gewonnen. Cycloheximid wirkt nicht gegen pathogene Bakterien, hemmt aber das Wachstum von Pilzen. Für eine therapeutische Anwendung ist es jedoch zu toxisch.

11.6.2 Griseofulvin

Das Griseofulvin wurde bereits 1939 aus Kulturen von *Penicillium griseofulvum*, später auch aus denen anderer Pilze isoliert. Der Grundkörper trägt den Trivialnamen Grisan. Es handelt sich um eine Spiro-Verbindung. Griseofulvin ist optisch aktiv und enthält ein kovalent gebundenes Chloratom. Bei Chloridmangel im Kulturmedium wird in geringer Menge auch Deschlorogriseofulvin, bei Zusatz von Bromid ein Bromanalogon gebildet. Die enolische Methoxygruppe kann leicht säure- oder basenkatalysiert abgespalten werden.

Griseofulvin ist eines der wenigen Antibiotika, die gegen Pilzinfektionen eingesetzt werden können. Für die Biosynthese des Griseofulvins (Abb. 11-17) wird ein Weg ausgehend von 7 C_2-Einheiten angenommen.

11.6.3 Tetracycline

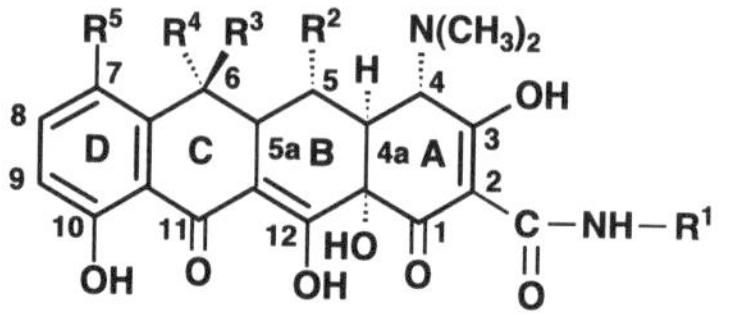

Die Tetracycline leiten sich von einem linear annelierten tetracyclischen Ringsystem ab. Als erster Vertreter dieser Gruppe wurde 1948 aus dem Kulturfiltrat von *Streptomyces aureofaciens* das **Chlortetracyclin** isoliert (*Duggar*). 1950 wurde mit Hilfe von *Streptomyces rimosus* **Oxytetracyclin** gewonnen. **Tetracyclin** wurde zuerst durch hydrogenolytische Abspaltung des Chloratoms von Chlortetracyclin, später auch aus Kulturfiltraten gewonnen. Eine Mutante von *Streptomyces aureofaciens* bildet das 6-Desmethylchlortetracyclin. Die Tetracycline werden biosynthetisch aus 10 C_2-Einheiten aufgebaut (Abb. 11-18).

Die Tetracycline sind durch die Anwesenheit der Dimethylaminogruppe und der sauren Enolgruppierungen amphoter. Der isoelektrische Punkt liegt bei 4,8. Die Tetracycline sind nicht sehr stabil. Bei pH-Werten unter 2 werden unter Aromatisierung des Ringes C Anhydro-Tetracycline gebildet, die toxischer als die Ausgangsverbindungen sind. Im Alkalischen entstehen unter Öffnung des Ringes C die *in vivo* wirkungslosen Iso-Tetracycline. Besonders leicht isomerisiert Chlortetracyclin. Wesentlich stabiler ist die entsprechende Verbindung ohne Methylgruppe am C-6 (Demeclocyclin). Ebenfalls zu wirkungslosen Derivaten führt die Epimerisierung am C-4 (Abb. 11-19).

Die Tetracycline sind gelb gefärbt. Der eine Chromophor (Ringe *BCD*) absorbiert bei 225, 285 und 360 nm, der andere (Ring *A*) bei 262 nm. Mit verschiedenen Kationen (Be^{2+}, Ca^{2+}, Mg^{2+}) entstehen stark fluoreszierende Komplexe.

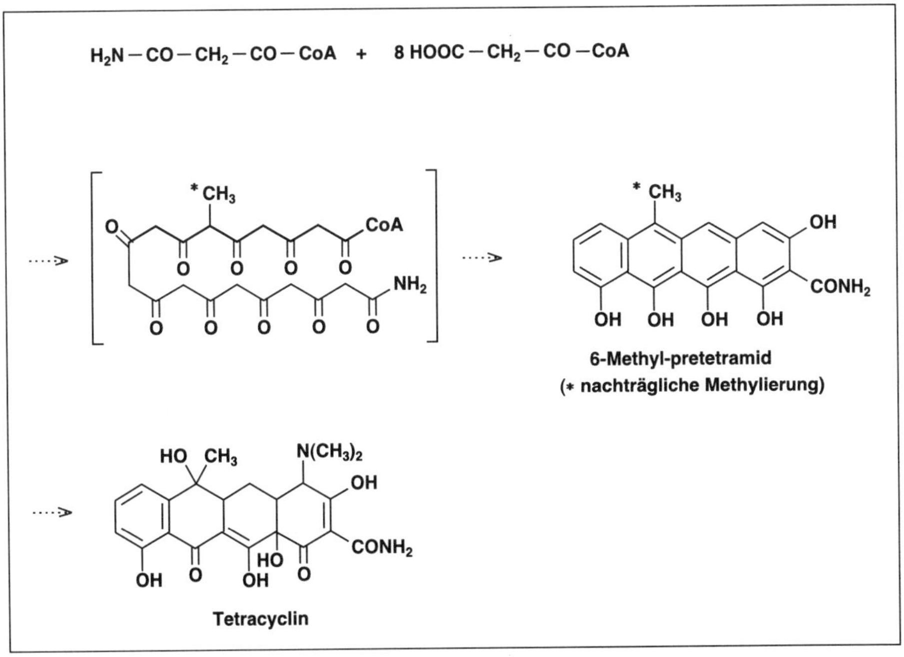

Abb. 11-18 Biosynthese der Tetracycline.

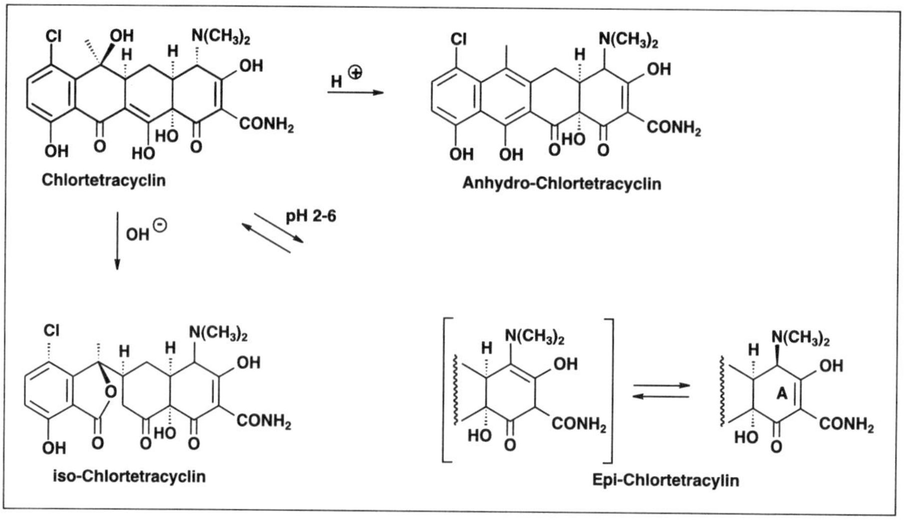

Abb. 11-19 Chemische Umwandlungen von Chlortetracyclin.

Die Tetracycline haben ein breites Wirkungsspektrum. Sie sind wirksam gegen grampositive und gramnegative Bakterien, Kokken, Spirochäten, Rickettsien, große Viren und Mykoplasmen, sind aber wenig wirksam gegen Pseudomonaden, Proteus und Salmonellen.

Die Wirkung kommt durch eine Hemmung der Bindung der Aminoacyl-tRNA an die spezifischen Rezeptorstellen der Ribosomen zustande.

Die Tetracycline erlauben nur relativ geringe Variationen ihrer Struktur, ohne daß ein Verlust der Wirkung eintritt. Die erste partialsynthetische

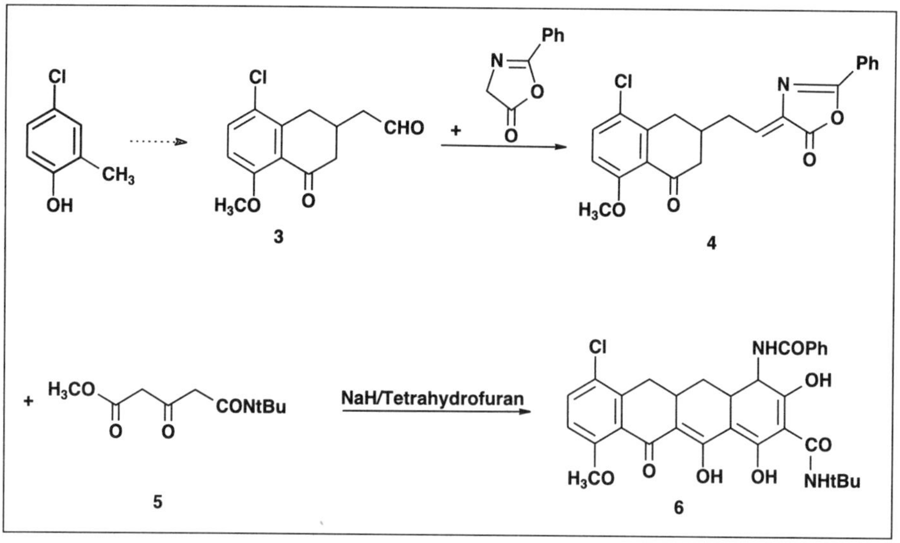

Abb. 11-20 Totalsynthese der Tetracycline.

Abwandlung, die zu therapeutisch einsetzbaren Derivaten führte, war die Aminomethylierung (*Mannich*-Reaktion) der Amidgruppierung am C-2. Die Umsetzung mit Formaldehyd und Pyrrolidin ergibt Rolitetracyclin. Diese Tetracyclin-*Mannich*-Base ist im Unterschied zu den Ausgangsverbindungen im physiologischen Bereich wasserlöslich. Sie hydrolysiert langsam.

Erfolgreich waren ferner partialsynthetische Abwandlungen am C-6 (Metacyclin, Doxycyclin). Die Entfernung der Hydroxygruppe führt zu lipophilen, säurestabileren Derivaten.

Mit der Totalsynthese der Tetracycline beschäftigten sich vor allem die Arbeitsgruppen um *Shemyakin, Woodward* und *Muxfeldt*. Die *Woodward*-Synthese beginnt mit dem aromatischen Ring D und fügt die anderen Ringe schrittweise an. Bei der Totalsynthese nach *Muxfeldt* (Abb. 11-20) wird zunächst ausgehend von 4-Chlor-2-methylphenol die DC-Komponente **3** aufgebaut, die dann mit dem Azlacton **4** umgesetzt wird. In einem stereounspezifischen Schritt wird dann dieses Produkt mit Glutaramat (**5**) zum tetracyclischen Ringsystem **6** umgesetzt.

11.6.4 Antibiotika der Anthracyclin-Gruppe

Chemisch eng verwandt mit den Tetracyclinen sind die Antibiotika der Anthracyclin-Gruppe. Bereits seit den fünfziger Jahren werden aus *Streptomyces*-Arten verschiedene gelbrote bis rote, optisch-aktive Anthrachinonfarbstoffe isoliert, die als **Anthracyclinone** (*Brockmann*) bezeichnet wurden. Dazu gehören die **Rhodomycinone, Isorhodomycinone** und **Pyrromycinone.** Sie unterscheiden sich durch die Substituenten in 7- und 10-Stellung (z.B. OH oder COOH). Die wasserunlöslichen Anthracyclinone liegen nativ als wasserlösliche, basische Aminoglykoside vor (**Anthracycline**).

Die Anthracyclinone lassen sich retrosynthetisch über eine *Friedel-Crafts*-Synthese erhalten:

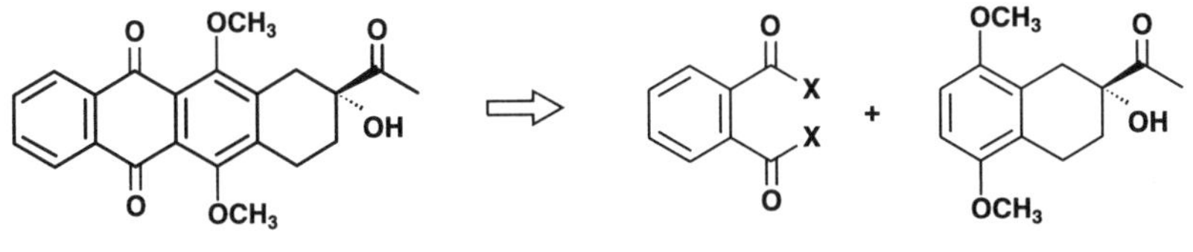

Diese Anthracycline wirken antibiotisch, sind aber für eine klinische Anwendung zu toxisch. 1962 wurde aus Stämmen von *Streptomyces coeruleorubidus* und *Streptomyces peuceticus* das **Daunomycin** (Daunorubicin) und später aus einem *Streptomyces-peuceticus*-Stamm, der mit dem mutagenen Reagens N-Nitroso-N-methylurethan behandelt wurde, das **Adriamycin** (Doxorubicin, Adriblastin) isoliert. Beide Anthracycline haben wegen ihrer antineoplastischen Aktivität Bedeutung bei der Behandlung der akuten Leukämie erlangt.

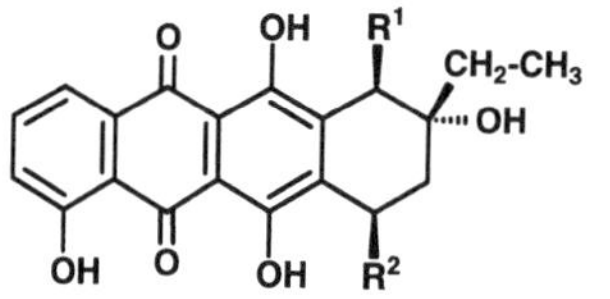

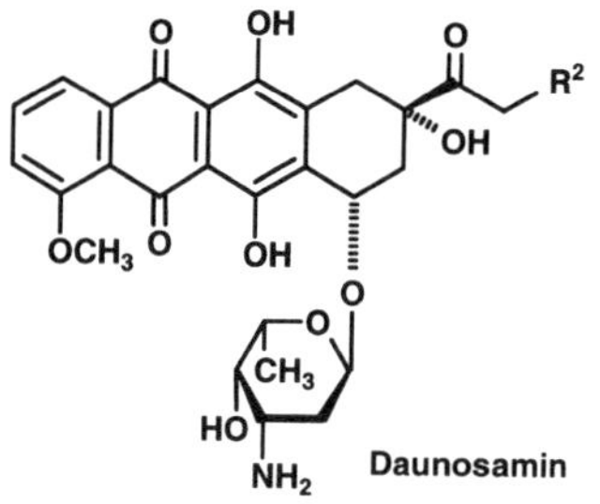

	R¹	R²
Daunorubicin	OCH₃	H
Doxorubicin	OCH₃	OH
Idarubicin	H	H

Die antibiotische Aktivität dieser Antibiotika kommt durch Wechselwirkung mit der DNA zustande. Die Anthracycline wirken als Einschubreagenzien, was u. a. durch die starke Erhöhung der Phasenübergangstemperatur der DNA nach Einbau dieser Verbindungen nachweisbar ist. Zur Wirkung der Anthracycline tragen jedoch noch andere Effekte bei wie die Hemmung von DNA- und RNA-Polymerasen sowie der Topoisomerase II und Wirkungen, die über die Bildung freier Radikale verlaufen (Abb. 11-21). Dazu gehören kovalente Bindungen an DNA und Proteine, DNA-Strangbrüche (vgl. S. 277) sowie Membranveränderungen (vgl. S. 40).

11.6.5 Cytochalasane

Die Cytochalasane wurden zunächst aus dem Schimmelpilz *Helminthosporium dematioideum* (Cytochalasin A und B), später auch aus anderen Schimmelpilzen isoliert (Cytochalasine A bis F). Die Cytochalasane sind wegen ihrer biologischen Wirkung sehr interessant. Sie hemmen die der

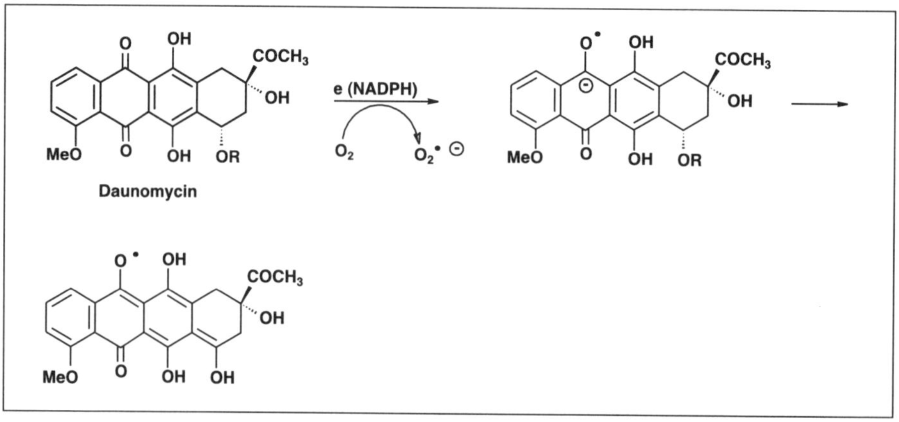

Abb. 11-21 Bildung von Radikalen aus Anthracyclinen.

Mitose des Zellkerns normalerweise folgende Spaltung des Cytoplasmas (Cytokinose) bei Säugetierzellkulturen und können zu einem Austritt des Kerns aus der Zelle (Denucleation) führen. Im Unterschied zum Colchicin (S. 631) wird die Mitose nicht gestört.

Die Biosynthese der Cytochalasine A und B (Abb. 11-22) geht höchstwahrscheinlich aus von Phenylalanin und einem Nonaketid, das aus Acetat- oder Malonat-Einheiten gebildet wird (*Tamm*). Die Methylgruppen stammen vom Methionin. Andere Cytochalasane (Cytochalasin C, D und E, Zygosporine) werden wahrscheinlich aus einem Oktaketid gebildet.

11.6.6 Polyether-Antibiotika

Die Polyether-Antibiotika (auch Carboxylsäure-Ionophore) sind charakterisiert durch die Anwesenheit von Tetrahydrofuran- und/oder -pyranringen, meist als Hemi- oder Spiroketale vorliegend. Die Verbindungen sind stark lipophil. Sie bilden lipidlösliche Komplexe mit ein- oder zweiwertigen Kationen. Sie gehören damit zu den Ionophoren Antibiotika (vgl. S. 699). Abbildung 11-23 zeigt die Röntgenstruktur des Natriumkomplexes von Monensin A, dessen Käfig genau Platz für das Natriumion hat. Der Cyclus wird durch Wasserstoffbrücken zwischen dem Carboxylat und den Hydroxygruppen am C-25 und C-26 gebildet. Von besonderem Interesse für biochemische Untersuchungen sind Calcium-Ionophore wie Lasalocid A (X-537A) oder Calcimycin. Die Polyether-Antibiotika sind aufgrund dieser drastischen Erhöhung der Kationenpermeabilität in biologischen Membranen stark toxisch und für einen therapeutischen Einsatz ungeeignet. Einige werden als Kokzidiostatika in der Geflügelzucht eingesetzt.

Die meisten der bisher bekannten (1994 über 120) Polyether-Antibiotika werden von Mikroorganismen der Gattung *Streptomyces* gebildet (Abb. 11-24). Daneben gibt es aber auch eine geringe Anzahl von Verbindungen, die von Meeresorganismen wie Schwämmen oder Dinoflagellaten produziert werden (Tab. 1-2, S. 22, Abb. 1-3, S. 27, Abb. 1-41, S. 68). Dazu gehören die Brevetoxine (A, B), die Okadainsäure und die Dinophysistoxine, Palytoxin und das erst vor kurzem entdeckte Maitotoxin (S. 26).

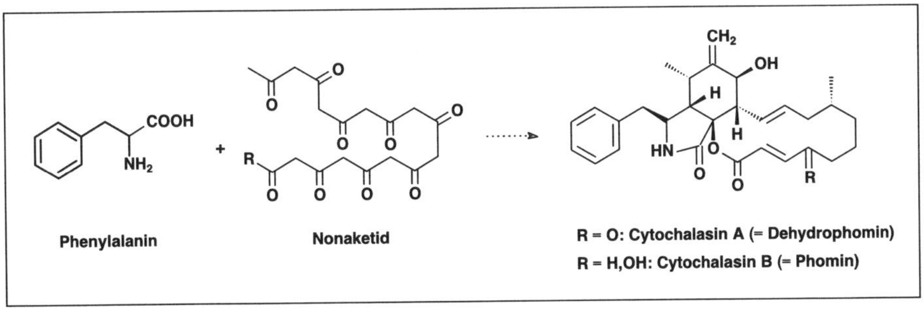

Abb. 11-22 Biosynthese der Cytochalasane.

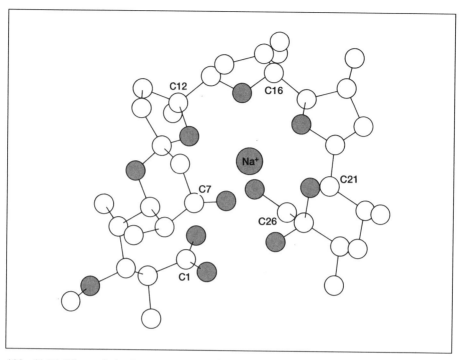

Abb. 11-23 Röntgenkristallstruktur von Na$^+$-Monensin (nach *J. A. Robinson*, Progr. Chem. Org. Nat. Prod. 58, S. 3, 1991).

Die **Bryostatine** (z. B. Bryostatin 1 aus dem Moostier *Bugula neretina*) sind von biologischem Interesse, weil sie wie die Phorbolester an die Proteinkinase C binden.

Die Biosynthese der Polyether-Antibiotika erfolgt aus Polyketid-Vorstufen in der schematischen Reihenfolge

Polyketid → Polyen → Polyepoxid → Polyether .

Abbildung 11-25 zeigt den angenommenen Verlauf der Biosynthese des Monensin.

Zu den Polyether-Antibiotika gehören u. a. **Nigericin, Monensin, Ionomycin, Calcimycin (A23287), Lasalocid A** (X-537A) und **Cationomycin** (Abb. 11-24). Monensin bevorzugt Na- vor K-Ionen, Nigericin K- vor Na-Ionen. Calcimycin, Lasalocid A und Ionomycin sind Ca^{2+}-Ionophore. Calcimycin wird aus Kulturen von *Streptomyces chartreusensis* gewonnen. Die Struktur ist gekennzeichnet durch das Vorhandensein von 7 Chiralitätszentren, einer Cycloketalstruktur und je einem Acylpyrrol- und Benzoxazolrest. Lasalocid A wird von *Str. lasaliensis,* Ionomycin von *Str. conglobactus* produziert. Borhaltig ist das **Boromycin.**

Chemisch können Polyether vom Monensin-Typ (**8**) durch eine biomimetische Cyclisierung von Polyepoxiden (**7**), die durch *Sharpless*-Epoxidation

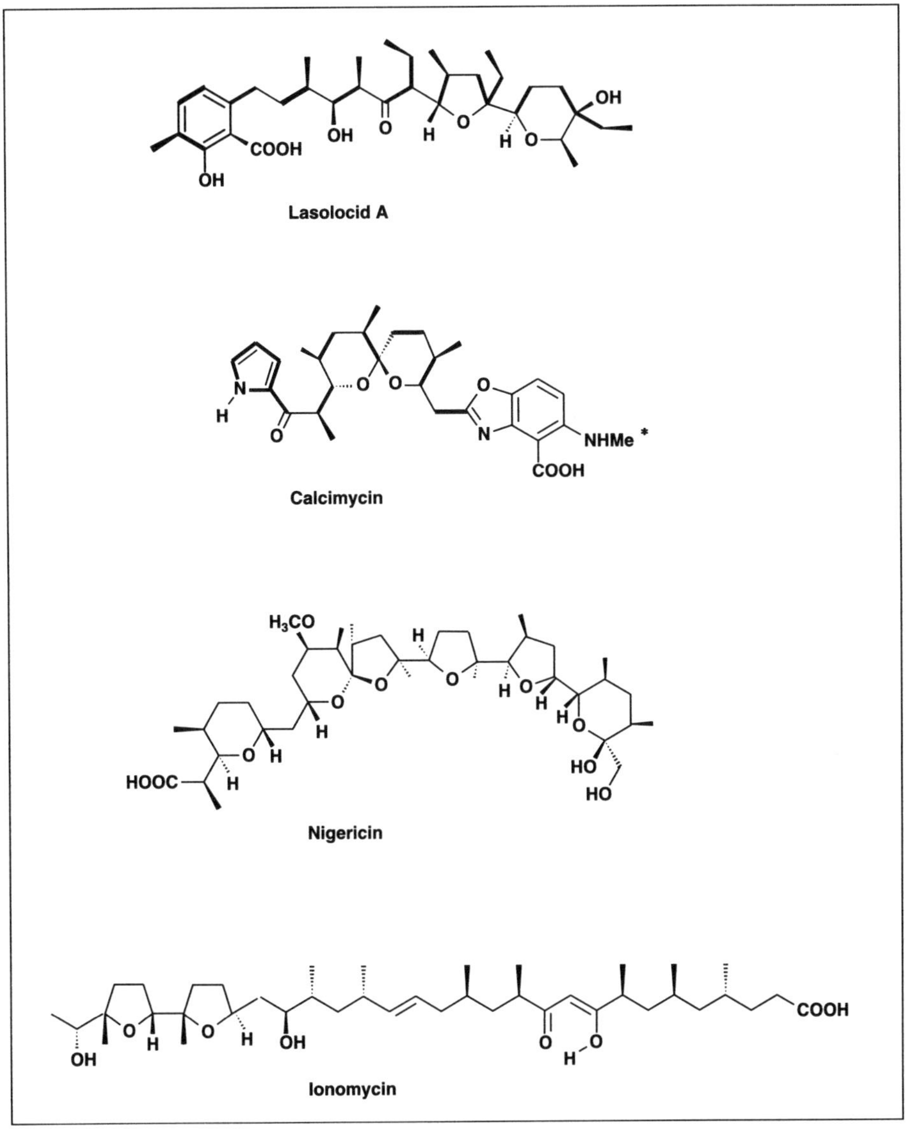

Polyketid-Antibiotika 717

Abb. 11-24 Polyether-Antibiotika mikrobieller Herkunft.

zugänglich sind, in Form einer sequentiellen Transformation erhalten werden (Abb. 11-26).

Ebenfalls kationenbindend wirken die **Antibiotika der Actinreihe.**

Nonactin ist ein cyclischer Ester und läßt sich daher auch den Antibiotika der Makrolid-Gruppe zurechnen. Nonactin wird von *Actinomyceten* produziert und wurde zuerst von *Prelog* und *Keller-Schierlein* isoliert.

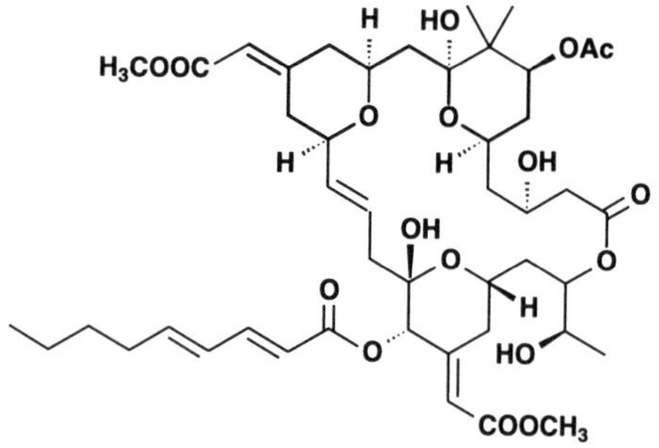

Bryostatin 1

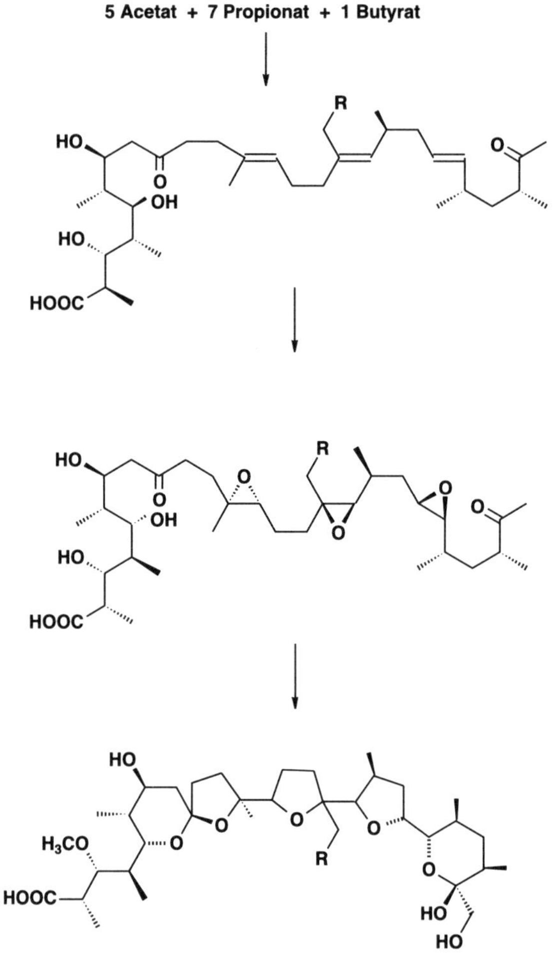

R = Me: Monensin A

R = H: Monensin B

Abb. 11-25 Angenommener Verlauf der Biosynthese des Polyether-Antibiotikums Monensin.

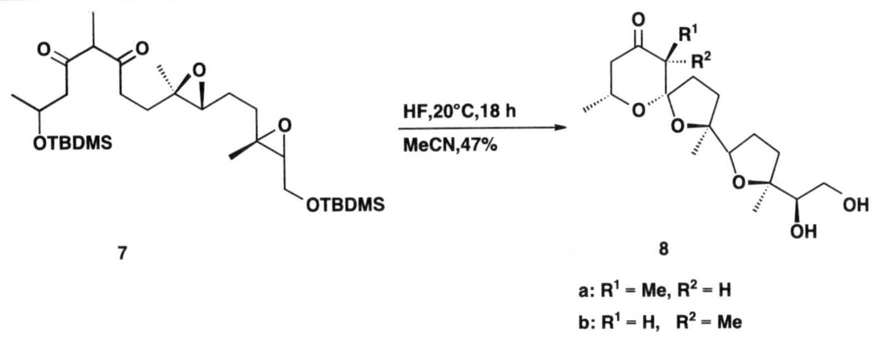

Abb. 11-26 Chemische Synthese von Polyethern vom Monensin-Typ.

Nonactin besteht aus einem 32gliedrigen Ring, der aus je zwei Molekülen links- und rechts-drehender **Nonactinsäure** aufgebaut ist und daher als meso-Form vorliegt (Abb. 11-27). Nonactin wird begleitet von den homologen Actinen **Monactin, Dinactin** und **Trinactin** (1 bis 3 Methylgruppen sind durch Ethylgruppen ersetzt).

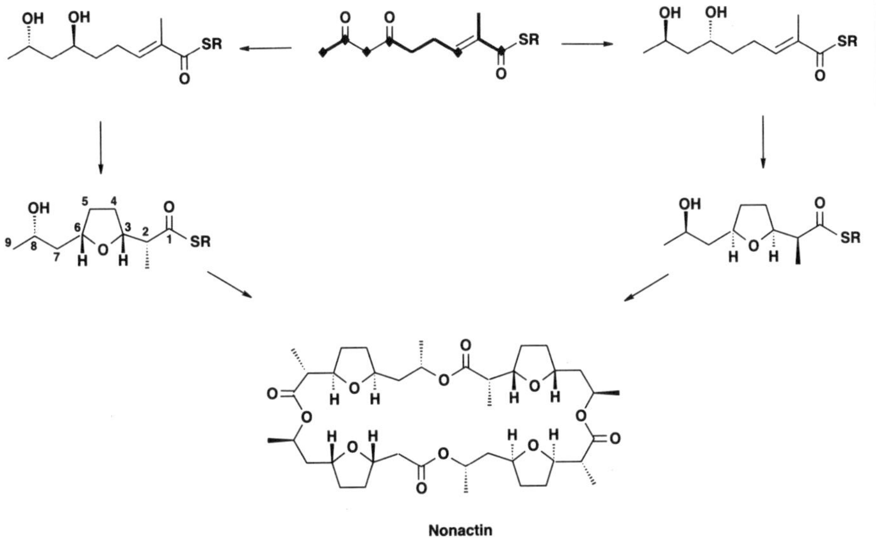

Abb. 11-27 Biosynthese von Nonactin.

11.6.7 Makrolid-Antibiotika

Das gemeinsame Strukturmerkmal der fast ausschließlich von *Actinomyceten* gebildeten Makrolid-Antibiotika ist ein makrocyclischer Lactonring. Der Lactonring wird aus einer verzweigten Polyhydroxyfettsäure gebildet, die aus Acetyl-CoA bzw. Propionyl-CoA entsteht (vgl. Abb. 11-28). Es gelang, das Polyketid-Synthase-Gen eines Erythromycin-Produzenten zu analysieren und Einblicke in die Biosynthese des 6-Desoxyerythronolid B zu erhalten (Abb. 11-28). Das Gen exprimiert Proteine mit Domänen unterschiedlicher Funktion (vgl. S. 591). Die Biosynthese startet mit einem Propionyl-CoA, an das 6 Methylmalonyl-CoA kondensiert werden. Abschließend erfolgt die Cyclisierung zum Lacton durch eine C-terminale Thioesterase.

Die meisten Makrolid-Antibiotika reagieren durch die Anwesenheit glykosidisch gebundener Aminozucker basisch.

Zu den Makroliden werden Lactone mit einer Ringgröße über 10 gezählt. Entsprechend der Größe des Lactonringes lassen sich die Makrolid-Antibiotika in zwei Gruppen einteilen:

- Kleine Makrolide, die gegen Bakterien wirksam sind:
  14gliedrig: Erythromycin, Clarithromycin, Oleandomycin;
  16gliedrig: Carbomycin A, Spiramycin (Avermectine);
- Große Makrolide (Polyen-Antibiotika), die gegen Pilze wirksam sind:
  26gliedrig: Natamycin,

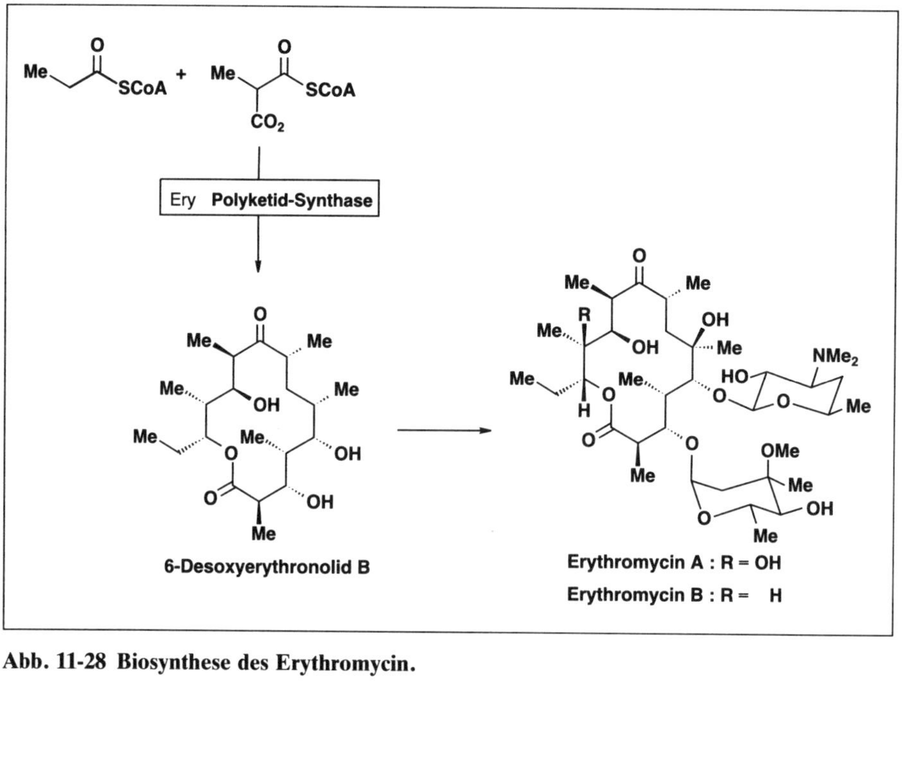

Abb. 11-28 Biosynthese des Erythromycin.

28gliedrig: Filipin,
38gliedrig: Amphothericin B, Nystatin.

Kleine Makrolide

Zur **Erythromycin-Gruppe** gehören außer dem aus *Streptomyces erythreus* schon 1952 isolierten **Erythromycin** (Erythromycin A) noch weitere aus *Streptomyces*-Arten isolierte Antibiotika wie **Oleandomycin** und **Pikromycin**.

Die Strukturaufklärung war erst nach einer Hydrierung der Keto-Gruppe in 9-Stellung des Lactonringes möglich, da sich sonst das Aglykon bereits unter den Bedingungen der Glykosidspaltung zersetzte. Die vollständige Konfigurationsaufklärung erfolgte durch eine Röntgenstrukturanalyse.

Das erste faßbare Zwischenprodukt (6-Desoxyerythronolid B, vgl. Abb. 11-28) wird aus einem Propionsäurerest und 6 Methylmalonatresten gebildet. Daran sind O-glykosidisch sauerstoffarme Zucker gebunden. Die Erythromycine enthalten Cladinose und den Aminozucker Desosamin, beim Oleandomycin tritt an die Stelle der Cladinose die L-Oleandrose. Oleandomycin besitzt sonst die gleichen Chiralitätszentren wie Erythromycin. Es zeichnet sich durch einen Epoxidring aus.

Die Antibiotika der Erythromycin-Gruppe greifen in die Proteinsynthese ein. Sie verhindern die Translokation am 70-S-Ribosom.

Erythromycin ist gegenüber Säure nicht sehr stabil, was die orale Anwendung beeinträchtigt. Die Säurelabilität hängt damit zusammen, daß

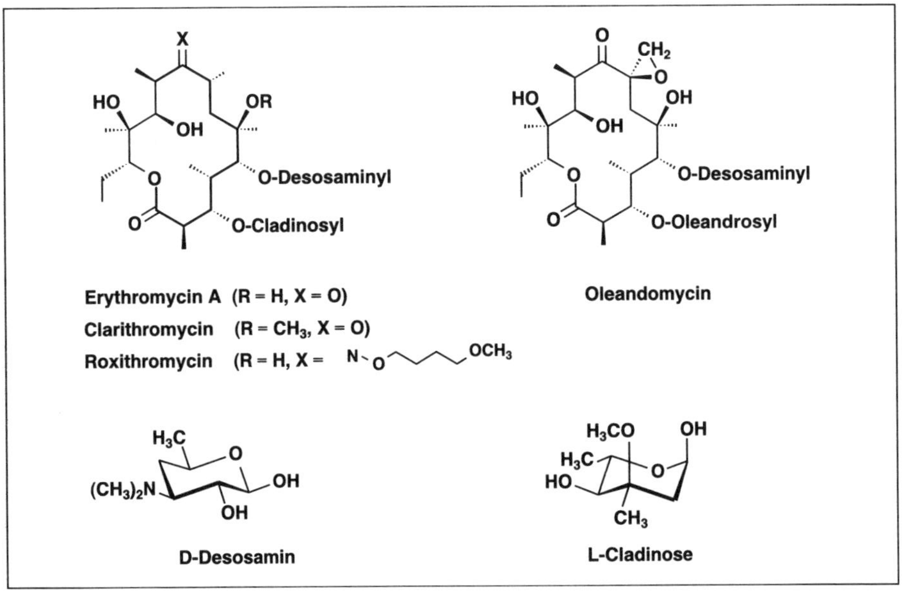

Abb. 11-29 Antibiotika der Erythromycin-Gruppe.

primär die Hydroxygruppe am C-7 an der Carbonylgruppe am C-10 unter Bildung eines Hemiketals angreift, was in Folgereaktionen (Dehydratisierung) zur Inaktivierung führt. Ein besseres pharmakokinetisches Verhalten haben halbsynthetische Erythromycin-Derivate, bei denen die 7-Hydroxygruppe verethert ist (**Clarithromycin**) oder die Ketogruppe als Oxim vorliegt (**Roxithromycin**).

Zur **Carbomycin-Gruppe** gehören u. a. die **Carbomycine** A und B (auch Magnamycine A und B), **Spiramycine** und **Leucomycine** (Abb. 11-30).

Die **Avermectine** sind 16gliedrige makrocyclische Lactone, die aus Kulturflüssigkeiten des japanischen Keims *Streptomyces avermitilis* isoliert wurden. Die Avermectine bestehen aus einem Gemisch von bis zu 8 chemisch eng verwandten Verbindungen (A- und B-Gruppe). Das als Aglykon fungierende Lacton gehört biosynthetisch zu den Polyketiden. Diese Antibiotika unterscheiden sich in ihren Wirkungsspektren deutlich von anderen Antibiotika. Sie sind stark wirksam gegen *Nematoden* (Würmer), dagegen nicht antibakteriell wirksam. Die Avermectine verstärken die GABAerge Übertragung (GABA als „hemmender" Neurotransmitter), was zur Lähmung der Insekten und Würmer führt. Das GABAerge System im ZNS der Säuger wird nicht beeinflußt, da die Avermectine die Blut-Hirn-Schranke nicht überwinden können. Eingesetzt werden Mischungen, deren Hauptbestandteil Avermectin B_1 α ist.

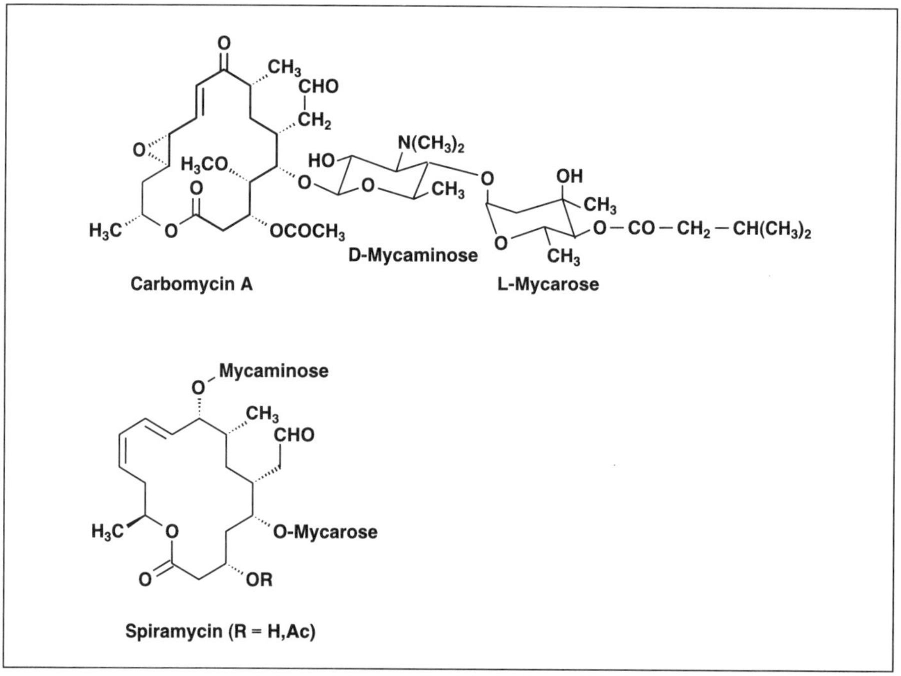

Abb. 11-30 Antibiotika der Carbomycin-Gruppe.

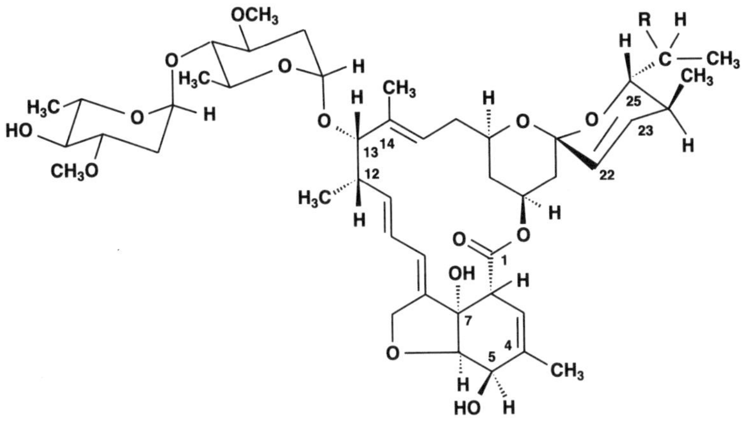

Avermectine

Polyen-Antibiotika

Die Polyen-Antibiotika (Abb. 11-31) kommen meist als Gemische strukturell eng verwandter Verbindungen vor, die nur sehr schwer zu trennen sind und oft nur amorph anfallen. Dazu kommt, daß diese Antibiotika in organischen Lösungsmitteln sehr schwer löslich sind. Die Strukturaufklärung hat in dieser Substanzklasse daher viele Schwierigkeiten bereitet. So konnte die Struktur des Nystatins erst 20 Jahre nach der ersten Beschreibung der Substanz endgültig aufgeklärt werden. Der makrocyclische Lactonring wird bei den Polyen-Antibiotika durch eine vielfach ungesättigte Polyhydroxyfettsäure gebildet. Die Verbindungen besitzen ein charakteristisches UV-Spektrum mit drei intensiven, langwelligen Absorptionsbanden.

Nach der Anzahl der in Konjugation vorliegenden *trans*-ständigen Doppelbindungen können sie in Tetraene (**Nystatin, Natamycin**), Pentaene (**Filipin**), Hexaene und Heptaene (**Amphotericin B**) eingeteilt werden. Zu den Trienen kann auch das immunsuppressiv wirkende **Rapamycin** (Abb. 1-47, S. 76) gezählt werden. Einige Polyen-Antibiotika besitzen außer dieser Polyen-Gruppe noch weitere Chromophore. Im Unterschied zu den Makroliden der anderen Gruppen kann bei den Polyen-Antibiotika eine apolare (planare Polyengruppierung) und eine polare Region unterschieden werden. Nystatin (Fungicidin) und Amphotericin B sind chemisch eng verwandt. Beim Nystatin ist die Konjugation der Doppelbindungen an einer Stelle unterbrochen, so daß es nur das Absorptionsspektrum eines Tetraens zeigt. Die Ketogruppe liegt wahrscheinlich bei beiden Antibiotika in der Hemiketalform (s. Amphotericin B) vor. Die genaue Konfiguration ist beim Amphotericin durch Röntgenstrukturanalyse ermittelt worden.

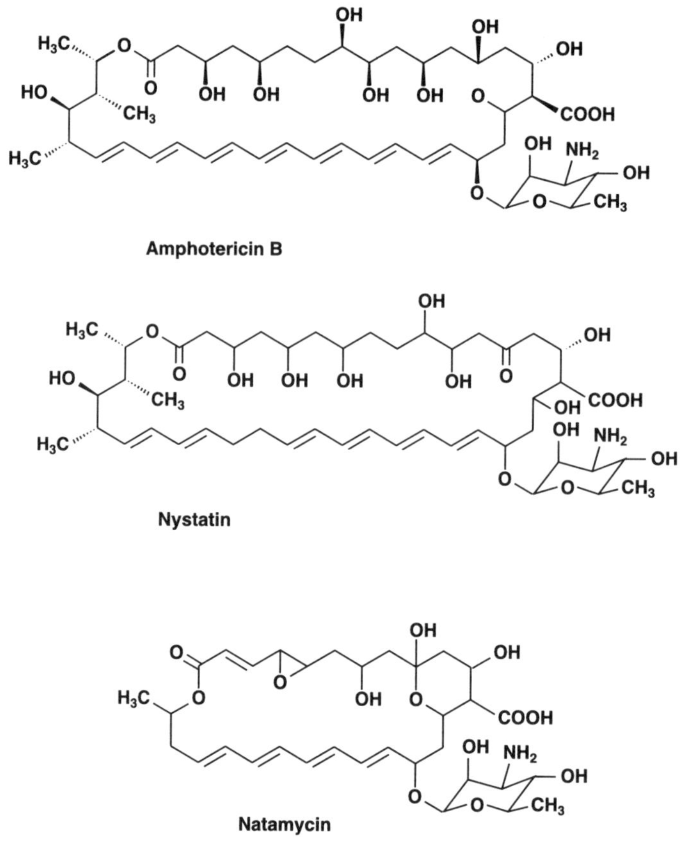

Abb. 11-31 Polyen-Antibiotika.

Die Polyen-Antibiotika sind wirksam gegen Pilze und Hefen. Die Verbindungen sind jedoch stark toxisch, so daß sie am Menschen nur lokal angewandt werden. Der Wirkungsort ist die cytoplasmatische Membran. Durch Komplexbildung mit dem Cholesterol der Membran kommt es zu einer Desintegration der Membran.

11.7 Ansamycine

Eine eigene Untergruppe bilden einige Ansa-Verbindungen (ansa = Henkel). Diese Ansamycine sind Naphthalen- (Rifamycine) oder Benzol-Derivate (Maytansine). Der Aromat ist ein Shikimisäure-Abkömmling.

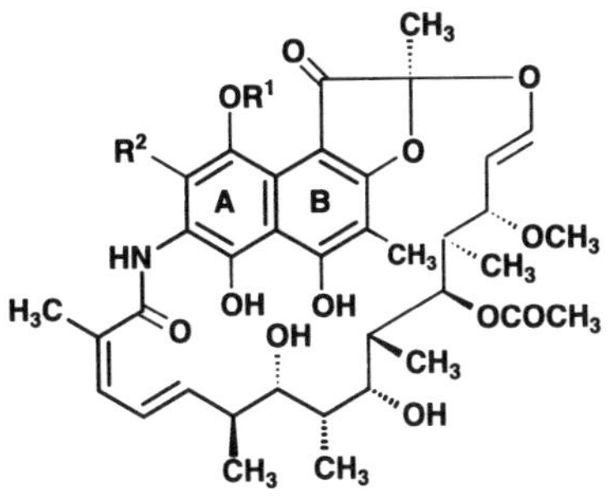

Rifamycin B: R^1 = CH$_2$-COOH; R^2 = H
Rifamycin SV: R^1 = H; R^2 = H
Rifamid: R^1 = CH$_2$-CO-N(C$_2$H$_5$)$_2$; R^2 = H
Rifampicin: R^1 = H; R^2 = H$_3$C—N⟨ ⟩N—N=CH$_2$

Bei den **Rifamycinen** wird die aromatische Komponente ausgehend von 3-Amino-5-hydroxy-benzoesäure gebildet. Die Rifamycine werden von *Nocardia*-Arten produziert. Meist werden mindestens fünf Verbindungen, die Rifamycine A, B, C, D und E gebildet, von denen nur die Verbindung B kristallin erhalten wurde. Bei den Rifamycinen handelt es sich um stark substituierte Naphthochinon- oder -hydrochinon-Derivate, die durch eine langkettige, verzweigte Hydroxyfettsäure zu Ansa-Verbindungen cyclisiert wurden.

Das native Rifamycin B bildet in Gegenwart von Sauerstoff in wäßriger Lösung spontan Verbindungen mit größerer antibiotischer Aktivität, die

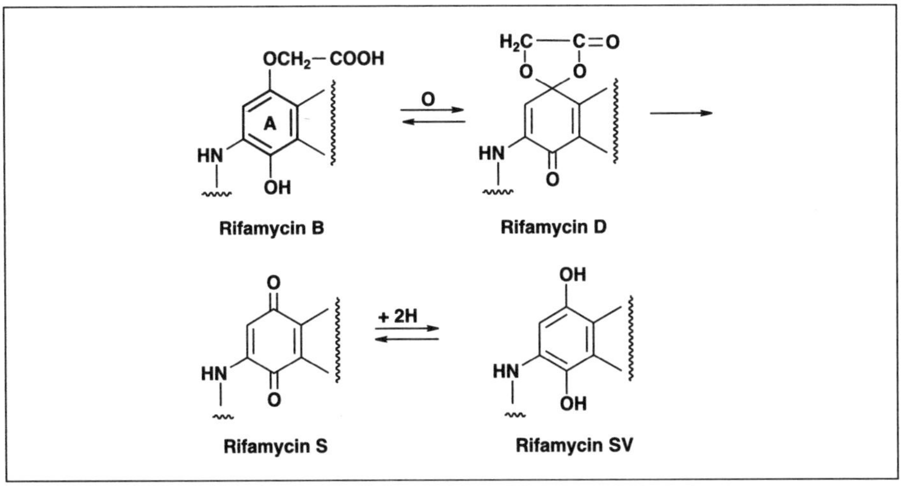

Abb. 11-32 Partialsynthetische Umwandlungen des Rifamycin B.

Rifamycine O und S (Abb. 11-32). Klinisch werden partialsynthetische Derivate wie das durch milde Reduktion des Rifamycin S erhältliche **Rifamycin SV,** das Rifamycin-B-diethylamid (Rifamid) sowie das oral wirksame **Rifampicin** angewandt.

Die Rifamycine wirken gegen grampositive Bakterien und besonders gegen Mykobakterien (z. B. *Mycobacterium tuberculosis).* Ihr Angriffspunkt ist die RNA-Polymerase. Sie hemmen die DNA-gesteuerte RNA-Synthese der Bakterien. Ähnlich gebaut wie die Rifamycine sind die **Streptovaricine.**

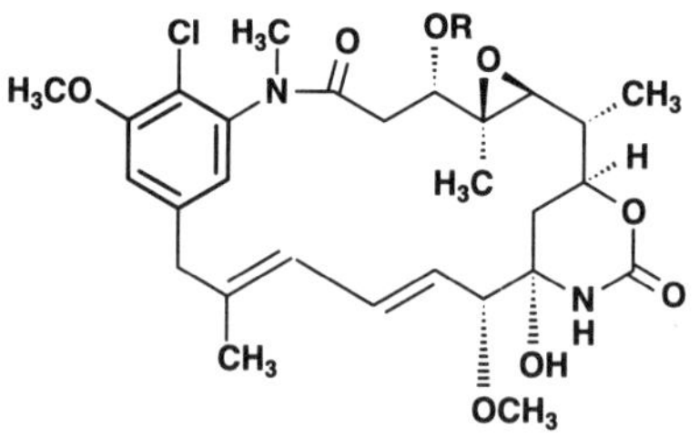

Maytansinol: R = H
Maytansin: R = COCH — N — COCH$_3$
                    | |
                   CH$_3$ CH$_3$

Die **Maytansine** werden ebenfalls von *Nocardia*-Arten produziert, wurden zuerst aber aus Pflanzen der Gattung *Maytenus (Celastraceae)* isoliert, die Wirte für parasitäre *Nocardia*-Arten sind. Maytansin wirkt als Krebschemotherapeutikum bei Leukämie.

Anhang

Regeln und Regelvorschläge der IUPAC-IUB-Kommission für Biochemische Nomenklatur (CBN) für die Nomenklatur von Naturstoffen

Zitiert nach European Journal of Biochemistry.
Deutschsprachige Zusammenfassung in: Internationale Regeln für die chemische Nomenklatur und Terminologie, Verlag Chemie, Weinheim ab 1976 (Naturstoffe: Band 1, Gruppe 6, 7, 8; Band 2: Gruppe 4, 5).

Allgemeine Regeln
A Guide to IUPAC: Nomenclature of Organic Compounds. Recommendations 1993. Blackwell Sci. Publ., Oxford 1993;
Nomenclature of organic chemistry. Section E: Stereochemistry: **18**, 151–170 (1971);
Nomenclature of organic chemistry. Section F: Natural products and related compounds (1976): **86**, 1–8 (1978);
Nomenclature of organic chemistry. Section H: Isotopically modified compounds (1977): **86**, 9–25 (1978); Amendments: **102**, 315–316 (1979);
Nomenclature of phosphorus-containing compounds of biochemical importance (1976): **79**, 1–9 (1977);
Recommendations for measurement and presentation of biochemical equilibrium data (1976): **72**, 1–7 (1977);
Abbreviations and symbols: a compilation (1976): **74**, 1–6 (1977);
Newsletters of nomenclature committees of IUB: **104**, 321–322 (1980); **114**, 1–4 (1981); **122**, 437–438 (1982); **131**, 1–3 (1983); **138**, 5–7 (1984); **146**, 237–239 (1985); **154**, 485–487 (1986); **170**, 7–9 (1987); **182**, 1–4 (1989); **204**, 1–3 (1992);
Announcements and corrections to nomenclature documents: **213**, 1–3 (1993);

Aminosäuren, Peptide und Proteine
Nomenclature of α-amino acids (1974): **53**, 1–14 (1975); Corrections: **58**, 1 (1975);
Nomenclature and symbolism for amino acids and peptides (1983): **138**, 9–37 (1984);
Abbreviated nomenclature of synthetic polypeptides (polymerized amino acids) (1971): **26**, 301–304 (1972);
Abbreviation and symbols for the description of the conformation of polypeptide chains (1969): **17**, 193–201 (1970);
Recommendations for the nomenclature of human immunoglobins: **45**, 5–6 (1974);
Nomenclature of glycoproteins, glycopeptides and peptidoglycans: **159**, 1–6 (1986); Corrections to recommendations 1985: **185**, 485 (1989);

Nomenclature of electron-transfer Proteins; Recommendations 1989: **200**, 599–611 (1991);
Enzyme nomenclature 1992, Academic Press, San Diego 1992;
Enzyme Nomenclature. Recommendations 1984; Suppl. 1: corrections and additions: **157**, 1–26 (1986); Suppl. 2: corrections and additions: **179**, 489–533 (1989); Suppl. 3: corrections and additions: **187**, 263–281 (1990);
Nomenclature of multienzymes. Recommendations 1989 of the nomenclature: **185**, 485–486 (1989);
Nomenclature of multiple forms of enzymes: **82**, 1–3 (1978);
Units of enzyme activity (1978): **97**, 319–320 (1979); Erratum: **104**, 1–4 (1980);
Symbolism and terminology in enzyme kinetics (1981): **128**, 281–291 (1982);
Protein data bank. A computer-based archival file for macromolecular structures (1977): **80**, 319–324 (1977);
Nomenclature of iron-sulfur proteins (1978): **93**, 427–430 (1979); Erratum: **102**, 315–316 (1979);
Nomenclature of initiation, elongation and termination factors for translation in eukaryotes. Recommendations 1988: **186**, 1–3 (1989).

Kohlenhydrate
Tentative rules for carbohydrate nomenclature. Part 1 (1969): **21**, 455–477 (1971); Corrections: **25**, 4 (1972);
Nomenclature of cyclitols (1973): **57**, 1–7 (1975);
Numbering of atoms in myo-inositol. Recommendations 1988: **180**, 486–495 (1989);
Conformational nomenclature for five and six-membered ring forms of monosaccharides and their derivatives (1980): **111**, 295–298 (1980);
Nomenclature of unsaturated monosaccharides (1980): **119**, 1–3 (1981); Corrections: **125**, 1 (1982);
Nomenclature of branched-chain monosaccharides (1980): **119**, 5–9 (1981); Corrections: **125**, 1 (1982);
Abbreviated terminology of oligosaccharide chains (1980): **126**, 433–437 (1982);
Polysaccharide nomenclature (1980): **126**, 439–441 (1982);
Symbols for specifying the conformation of polysaccharide chains (1981): **131**, 5–7 (1983).

Nucleoside, Nucleotide und Nucleinsäuren
Abbreviations and symbols for nucleic acids, polynucleotides and their constituents (1970): **15**, 203–208 (1970); Corrections: **25**, 1 (1972);
Abbreviations and symbols for the description of conformations of polynucleotide chains (1982): **131**, 9–15 (1983);
Nomenclature for incompletely specified bases in nucleic acid sequences (1984): **150**, 1–5 (1985); Corrections to Recommendations 1984: **157**, 1 (1986).

Lipide
The nomenclature of lipids (1976): **79**, 11–21 (1977); Recommendations 1976: **79**, 11–21 (1977).

Vitamine, Coenzyme und Tetrapyrrole
Nomenclature of vitamins, coenzymes and related compounds. Tentative rules: **2**, 1–8 (1967);
Nomenclature of quinones with isoprenoid side chains (1973): **53**, 15–18 (1975);
Nomenclature of tocopherols and related compounds (1981): **123**, 473–475 (1982);
Nomenclature of vitamin D (1981): **124**, 223–227 (1982);
Nomenclature of retinoids (1981): **129**, 1–5 (1982);
Nomenclature for vitamin B_6 and related compounds (1973): **40**, 325–327 (1973);
Nomenclature and symbols for folic acid and related compounds (1965): **2**, 5–6 (1967); Recommendations 1986: **168**, 251–253 (1987);
Nomenclature of tetrapyrrols (1978): **108**, 1–30 (1980); Recommendations 1986: **178**, 277–328 (1988);
The nomenclature of corrinoids (1973): **45**, 7–12 (1974).

Hormone
Nomenclature of peptide hormones (1974): **55**, 485–486 (1975).

Isoprenoide Verbindungen
Tentative rules for the nomenclature of carotenoides (1970): **25**, 397–408 (1972); Amendments: **57**, 317–318 (1975);
Prenol nomenclature: **167**, 181–4 (1987); Recommendations 1986: **167**, 181–184 (1987);
The nomenclature of steroids (1967): **10**, 1–19 (1969); Amendments and corrections: **25**, 1–3 (1972); Steroid Reference Collection. Announcement: **157**, 1–26 (1986); The nomenclature of steroids. Recommendations 1989: **186**, 429–458 (1989).

Abkürzungsverzeichnis

Einige Abkürzungen entsprechen nicht den IUPAC-IUB-Empfehlungen (z. B. NNR, HVL, HHL)

A	Adenosin	Crn	Corrin
Abu	2-Aminobuttersäure	Cyd	Cytidin
A_2bu	2,4-Diaminobuttersäure	Cys	Cystein
		Cyt	Cytosin
Ac	Acetyl		
Ach	Arachinsäure	D	Aspartinsäure, Dihydrouridin
ACTH	Corticotropin		
Ade	Adenin	d	vor Symbolen der Nucleoside: 2'-Desoxy
Ado	Adenosin		
Ala	Alanin		
AMP, ADP, ATP	Adenosin-5'-mono-, di- bzw. triphosphat	Dansyl	5-Dimethylaminonaphthalen-sulfonyl
An	Anisoyl	DCC	Dicyclohexylcarbodiimid
Ara	Arabinose		
Arg	Arginin	Dec	Decansäure (Caprinsäure)
A_2pm^3	2,2'-Diaminopimelinsäure		
AS (AA)	Aminosäurerest	DFP	Diisopropylfluorophosphat
Asn	Asparagin	dmt	Dimethoxytrityl
Asp	Aspartinsäure	DNP	2,4-Dinitrophenyl
Asx	Aspartinsäure oder Asparagin	DNA	Desoxyribonucleinsäure
		DOPA	2,4-Dihydroxyphenylalanin
B	Aspartinsäure oder Asparagin	dT	Thymidin
Beh	Behensäure		
Boc	Butyloxycarbonyl	E	Glutaminsäure
Bu	Butyl	EGF	Epithelienwachstumsfaktor
Bz	Benzoyl		
Bzl	Benzyl		
		F	Phenylalanin
C	Cystein, Cytidin	FAD	Flavin-Adenin-Dinucleotid
cAMP	Adenosin-3',5'-phosphat	Fd	Ferredoxin
		FMN	Riboflavin-5'-phosphat
Cba	Cobamid		
Cbi	Cobinamid	Fru	Fructose
Cbl	Cobalamin	FSH	Follitropin
Cbz	Benzyloxycarbonyl	Fuc	Fucose
Cer	Ceramid		
Cho	Cholin	G	Glycin, Guanosin
CMP, CDP, CTP	Cytidin-5'-mono-, -di- bzw. -triphosphat	Gal	Galactose
		GH-RF	Somatoliberin
CNEt	Cyanoethoxy	GIP	gastric inhibitory peptide
CoA	Coenzym A		
CoASAc	Acetyl-Coenzym A	Glc	Glucose
CRF (CRH)	Corticoliberin	GlcA	Gluconsäure

GlcN	Glucosamin	M	Methionin
GlcUA	Glucuronsäure	Man	Mannose
Gln	Glutamin	Mb	Myoglobin
Glu	Glutaminsäure	Me	Methyl
Glx	Glutaminsäure oder Glutamin	Me$_2$C	Isopropyliden
		Mes	Mesyl
Gly	Glycin	Met	Methionin
GMP, GDP, GTP	Guanosin-5'-mono-, -di- oder -triphosphat	MetHb	Methämoglobin
		MeVal	Methylvalin
Gua	Guanin	MIF	Melanostatin
Guo	Guanosin	MK	Menachinon
		mmt	Monomethoxytrityl
H	Histidin	MRF	Melanoliberin
Hb	Hämoglobin	mRNA	Messenger RNA
HbO$_2$	Oxyhämoglobin	MS	Mesitylensulfonyl-chlorid
HCG	Choriogonadotropin		
HCS	Choriomammotropin	MSH	Melanotropin
HHL	Hypophysenhinter-lappen	mtDNA	Mitochondrien-DNA
		mtRNA	Mitochondrien-RNA
His	Histidin	Mur	Muraminsäure
Hyl	Hydroxylysin	Myr	Myristinsäure
HVL	Hypophysenvorder-lappen		
		N	Asparagin, Nucleosid
Hyp	Hydroxyprolin, Hypoxanthin	NAD (NAD$^+$, NADH)	Nicotinamid-Adenin-Dinucleotid (oxid. und red. Form)
Hyv	2-Hydroxy-isovaleri-ansäure		
		NADP (NADP$^+$, NADPH)	Nicotinamid-Adenin-Dinucleotid-Phosphat (oxid. und red. Form)
I	Isoleucin, Inosin		
Ido	Idose		
IdoUA	Iduronsäure	nDNA	Kern-DNA
Ig(A, G, D, E, M)	Immunoglobulin	nRNA	Kern-RNA
Ile	Isoleucin	Ner	Nervonsäure
IMP, IDP, ITP	Inosin-5'-mono-, -di- bzw. -triphosphat	Neu	Neuraminsäure
		NGF	Nervenwachstums-faktor
Ino	Inosin		
Ins	Inositol	NNR	Nebennierenrinde
		NP	4-Nitrophenyl
K	Lysin, Phyllochinon	Nuc	Nucleosid
L	Leucin	O	Orotidin
Lac	L-Milchsäure	Ord	Orotidin
Lau	Laurinsäure	Orn	Ornithin
Leu	Leucin	Oro	Orotsäure
Lig	Lignocerinsäure		
Lin	Linolsäure	P	Prolin, Phosphat
Lnn	Linolensäure	p	Pyranosyl
LPH	Lipotropin	Pam	Palmitinsäure
L-T	Thyroglobulin	PG (A, B, E, F)	Prostaglandine
Lys	Lysin	Ph	Phenyl

Phe	Phenylalanin	Thy	Thymin
PQ	Plastochinon	Tol	Toluyl
Pr	Propyl	Tos	Tosyl
PRL	Prolactin	TPS	Triisopropylbenzol-sulfonsäurechlorid
Pro	Prolin		
Ptd	Phosphatidyl	TQ	Tocopherolchinon
PtdCho	Phosphatidylcholin	tr	Trityl
PtdEtn	Phosphatidyletha-nolamin	TRF	Thyroliberin
		tRNA	Transfer-RNA
PtdGro	Phosphatidylglycerol	Trp	Tryptophan
Pte	Pteroyl	Trt	Trityl
PteGlu	Pteroylglutaminsäure	TSH	Thyrotropin
Puo	Purinnucleosid	Tyr	Tyrosin
Pur	Purinbase		
Pxy	Pyridoxyl	U	Uridin
Pyd	Pyrimidinnucleosid	UDPGlc	Uridindiphospho-glucose
Pyr	Pyrimidinbase		
		UMP, UDP, UTP	Uridin-5′-mono-, -di- bzw. -triphosphat
Q	Pseudouridin, Ubi-chinon		
		Ura	Uracil
		Urd	Uridin
R	Arginin, Purin-nucleosid		
		V	Valin
RF (RH)	Liberine (Releasing-Faktoren bzw. Hor-mone)	Val	Valin
		VIP	vasoactive intestinal polypeptide
Rha	Rhamnose		
Rib	Ribose	W	Tryptophan
rRNA	ribosomale RNA		
		X	Xanthosin
		Xan	Xanthin
S	Serin	Xao	Xanthosin
Sar	Sarcosin		
Ser	Serin	Y	Tyrosin, Pyrimidin-nucleosid
Sia	Sialinsäure		
SRF	Somatoliberin		
Ste	Stearinsäure	Z	Glutaminsäure oder Glutamin Benzyloxycarbonyl
T	Threonin, Ribosyl-thymin, Tocopherol		
Tau	Taurin	ψ	Pseudouridin
Thd	Ribosylthymin	ψ_{rd}	Pseudouridin
Thr	Threonin		

Literatur

Die Anordnung der Literaturzitate erfolgt in der Reihenfolge der in den Kapiteln behandelten Themen. [P] = Periodika

Kapitelüberschreitende Darstellungen

Fortschritte in der Chemie organischer Naturstoffe (Progress in the Chemistry of Organic Natural Products). Springer-Verlag, Wien [P]
Annual Review of Biochemistry. Annual Rev. Inc., Palo Alto [P]
Progress in Phytochemistry. Wiley, London [P]
Recent Advances in Phytochemistry. Plenum Press, New York [P]
Karrer, W., E. Cherbuliez, C. H. Eugster: Konstitution und Vorkommen der organischen Pflanzenstoffe (exklusive Alkaloide). Birkhäuser-Verlag, Basel: Erg. Bd. 1 1977, Erg. Bd. 12 1981, 1986
Atta-ur-Rahman (Hrsg.): Advances in Natural Product Chemistry. Harwood Academic Publishers, Switzerland 1992
Atta-ur-Rahman (Hrsg.): Studies in Natural Products Chemistry. Elsevier, Amsterdam Vol. 10 (1992)
Dictionary of Natural Compounds. Chapman & Hall, London 1992, 8 Volume printed work; CD-ROM
Glasby, J. S.: Dictionary of Plants Containing Secondary Metabolites. Taylor & Francis, London 1991
Habermehl, G., Hammann, P. E.: Naturstoffchemie, Springer-Verlag, Berlin 1992
Mann, J., R. S. Davidson, J. B. Hobbs, D. V. Banthrope, J. B. Harborne: Natural Products: Their Chemistry and Biological Significance. Longman Scientific & Technical, 1994
Stahl, E., W. Schild: Isolierung und Charakterisierung von Naturstoffen. Fischer-Verlag, Stuttgart 1986
Römpp Lexikon Naturstoffe (Hrsg.: B. Steglich, B. Fugmann, S. Lang-Fugmann). Thieme-Verlag, Stuttgart 1994

Literatur zum Kapitel „Einleitung – Verbreitung und strukturelle Vielfalt der Naturstoffe"

Hegnauer, R.: Chemotaxonomie der Pflanzen, Birkhäuser-Verlag, Basel: Bd. 1 1962; Bd. 10 (General Register) 1991
Gibbs, R. D.: Chemotaxonomy of Flowering Plants. McGill-Queens University, Montreal 1974
Luckner, M.: Secondary Metabolism in Microorganisms, Plants and Animals. Fischer-Verlag, Jena 1984
Mann, J.: Secondary Metabolism. Oxford Press, New York 1987
Lam, J., H. Breteler, T. Arnason, L. Hansen (Hrsg.): Chemistry and Biology of Naturally-Occuring Acetylenes and Related Compounds (Bioactive Molecules Vol. 7). Elsevier, Amsterdam 1988
Kagan, J.: Naturally Occuring Di- and Trithiophenes. Prog. Chem. Org. Nat. Prod. 56 (1991) 88–169
Gill, M., W. Steglich: Pigments of Fungi (Macromycetes). Prog. Chem. Org. Nat. Prod. 51 (1987) 1–298
Nicolaou, K. C., W. M. Dai: Chemie und Biologie von Endiin-Cytostatica-Antibiotika, Angew. Chem. 103 (1991) 1453–1481

Rücker, G.: Malariawirksame Verbindungen aus Pflanzen, insbesondere Peroxide. Pharmazie unserer Zeit 24 (1995) 189–195

Michael, J. P., G. Pattenden: Marine Metaboliten und die Komplexierung von Metall-Ionen: Tatsachen und Hypothesen. Angew. Chem. 105 (1993) 1–24

Marine Natural Products Chemistry. Chem. Rev. 93 (1993) Nr. 5, 1671–1944

Krebs, H. C.: Recent Developments in the Field of Marine Natural Products with Emphasis on Biologically Active Products. Prog. Chem. Org. Nat. Prod. 49 (1986)

Scheuer, P. J. (Hrsg.): Marine Natural Products, Diversity and Biosynthesis (Topics in Current Chem. Vol. 167). Springer-Verlag, Berlin 1993

Wenger, R. M.: Cyclosporine and Analogues – Isolation and Synthesis – Mechanism of Action and Structural Requirements for Pharmacological Activity. Prog. Chem. Org. Nat. Prod. 50 (1986) 123–168

Ohloff, G.: Riechstoffe und Geruchssinn. Die molekulare Welt der Düfte. Springer-Verlag, Berlin 1990

Schweppe, H.: Handbuch der Naturfarbstoffe. ecomed, Landsberg/Lech 1992

Stadtman, T. C.: Selenium Biochemistry. Annu. Rev. Biochem. 59 (1990) 111–128

DiMarco, A. A., T. A. Bobi, R. S. Wolfe: Unusual Coenzymes of Methanogenesis. Annu. Rev. Biochem. 59 (1990) 355–394

Doi, Y.: Microbial Polyesters. Verlag Chemie, Weinheim 1990

Mussinan, C. J., M. E. Keelan (Hrsg.): Sulfur Compounds in Foods. ACS Publications, Washington 1994

Literatur zum Kapitel „Einleitung – Synthesen"

Torsell, K. B. G.: Natural Product Chemistry. A Mechanistic and Biosynthetic Approach to Secondary Metabolism. Wiley, Chichester 1984

Hanessian, S.: Total Synthesis of Natural Products. The „Chiron" Approach. Pergamon Press, Oxford 1983

Corey, E. J., X. M. Cheng: The Logic of Chemical Synthesis. Wiley, New York 1989

Corey, E. J.: Die Logik der chemischen Synthese: Vielstufige Synthesen komplexer „carbogener" Moleküle (Nobel-Vortrag). Angew. Chem. 103 (1991) 469–479

Eschenmoser, A.: Organische Naturstoffsynthese heute. Vitamin B_{12} als Beispiel. Naturwissenschaften 61 (1974) 513–525

Hesse, M.: Ring-closure methods in the synthesis of macrocyclic natural products. Top. Curr. Chem. 161 (1992) 107–176

Kôcovský, P., F. Turbeček, J. Hajiček: Synthesis of Natural Products: Problems of Stereoselectivity. Vol. I and II. CRC Press, Boca Raton 1986

Tse-Lok Ho: Enantiomeric Synthesis: Natural Products from Chiral Terpenes. Wiley, New York 1992

Koskinen, A.: Asymmetric Synthesis of Natural Products. Wiley, Chichester 1993

Tietze, L. F., U. Beifuss: Sequentielle Transformationen in der Organischen Chemie – eine Synthesestrategie mit Zukunft. Angew. Chem. 105 (1993) 137–170

Whitesides, G. M., C.-H. Wong: Enzyme in der organischen Synthese. Angew. Chem. 97 (1985) 617–638

Winkelmann, G. (Hrsg.): Microbial Degradation of Natural Products. Verlag Chemie, Weinheim 1992

Eggersdorfer, M., S. Warwel, G. Wulff (Hrsg.): Nachwachsende Rohstoffe. Perspektiven für die Chemie. Verlag Chemie, Weinheim 1993

Jasperse, C. P., D. P. Curran, T. L. Fevig: Radical Reactions in Natural Product Synthesis. Chem. Rev. 91 (1991) 1237–1286

Literatur zum Kapitel „Einleitung – Biologische Wirkung von Naturstoffen"

Hostettmann, K., P.J. Kea (Hrsg.): Biologically Active Natural Products. Clarendon Press, Oxford 1987

Voelter W., D.G. Daves (Hrsg.): Biologically Active Principles of Naturally Producs. Thieme-Verlag, Stuttgart 1984

Nahrstedt, A.: The Significance of Secondary Metabolites for Interactions between Plants and Insects. Planta med. 55 (1989) 333–338

Kuc, J., J.S. Rush: Phytoalexins. Arch. Biochem. Biophys. 286 (1985) 455–472

Schlee, D.: Chemische Konkurrenz zwischen höheren Pflanzen. Allelopathie 55 Jahre nach Molisch. Naturwiss. Rdsch. 45 (1992) 468–474

Habermehl G.: Mitteleuropäische Giftpflanzen und ihre Giftstoffe. Springer-Verlag, Berlin 1985

Habermehl, G.: Gift-Tiere und ihre Waffen. Springer-Verlag, Berlin 1994

Rimpler, H.: Biogene Arzneistoffe (Pharmazeutische Biologie II), Thieme-Verlag, Stuttgart 1990

Chung K., K. Chu, H.G. Cutler (Hrsg.): Natural Products as Antiviral Compounds. Plenum Press, New York 1992

Neuwinger, H.D.: Afrikanische Arzneipflanzen und Jagdgifte. Wiss. Verlagsgesellschaft, Stuttgart 1994

D'Mello, J.P.F., C.M. Duffus, J.H. Duffus (Hrsg.): Toxic Substances in Crop Plants. Royal Soc. Chem., London 1991

Teuscher, E., U. Lindequist: Biogene Gifte. Biologie, Chemie, Pharmakologie. Fischer-Verlag, Stuttgart 1994

Wieland, T.: Peptides of Poisonous Amanita Mushrooms. Springer-Verlag, Berlin 1986

Hucho, F.: Toxine als Werkzeuge in der Neurochemie. Angew. Chem. 107 (1995) 23–36

Natori, S., K. Hashimoto, Y. Ueno (Hrsg.): Mycotoxins and Phycotoxins '88 (Bioactive Molecules Vol. 10). Elsevier, Amsterdam 1989

Literatur zum Kapitel „Einleitung – Molekulare Evolution"

Miller, S.L., L.E. Orgel: The Origins of Life on the Earth. Prentice-Hall, Englewood Cliffs 1974

Lemmon, R.M.: Chemical Evolution. Chem. Rev. 70 (1970) 95–109

Nagy, B.: Organic Chemistry in the Young Earth. Naturwissenschaften 63 (1976) 499–505

Dose, K., H. Rauchfuss: Chemische Evolution und der Ursprung lebender Systeme. Wiss. Verlagsgesellschaft, Stuttgart 1975

Kuhn, H., J. Waser: Molekulare Selbstorganisation und Ursprung des Lebens. Angew. Chem. 93 (1981) 495–515

de Duve, C.: Ursprung des Lebens. Präbiotische Evolution und die Entstehung der Zelle. Spectrum, Heidelberg 1994

Bernal, J.D.: The Origin of Life. Weidenfeld & Nicolson, London 1967

Oparin, A.I.: Das Leben – Seine Natur, Herkunft und Entwicklung. Fischer-Verlag, Jena 1963

Sidow, A., B.H. Bowman: Molecular Phylogeny. Curr. Opin. Genet. Dev. 1 (1991) 451–6

Joyce, G.G.: RNA evolution and the origin of life. Nature 338 (1989) 217–223

Gesteland, R.F., J.F. Atkins (Hrsg.): The RNA World. Cold Spring Harbor Laboratory Press, 1993

Literatur zum Kapitel „Aminosäuren, Peptide und Proteine"

Advances in Protein Chemistry. Academic Press, New York [P]

Lande, S. (Hrsg.): Progress in Peptide Research. Academic Press, New York [P]

Amino Acids, Peptides and Proteins. Specialist Periodical Reports. Chemical Society. [P]

Krudy, E. S., P. Clare (Hrsg.): Amino-acid, Peptide and Protein Abstracts. Oxford: IRL, London [P]

Techniques in Protein Chemistry. I–IV (Hrsg.: R. H. Angeletti) 1993, V (Hrsg.: J. W. Crabb) 1994, Academic Press, New York

Tschesche, H. (Hrsg.): Modern Methods in Protein Chemistry. De Gruyter, Berlin 1985

Jakubke, H. D., H. Jeschkeit: Aminosäuren – Peptide – Proteine. Akademie-Verlag, Berlin 1982

Vickery, H. B.: The History of the Discovery of the Amino Acids. Advances Protein Chem. 26 (1972) 81–172

Hatanaka, S.-I.: Amino Acids from mushrooms. Prog. Chem. Org. Nat. Prod. 59 (1992) 1–140

Wagner, I., H. Musso: Neue natürliche Aminosäuren. Angew. Chem. 95 (1983) 827–839

Fontana, A., C. Toniolo: The Chemistry of Tryptophan in Peptides and Proteins. Fortschr. Chem. org. Naturstoffe (Wien) 33 (1976) 309–450

Hamaguchi, K.: The Protein Molecule. Conformation, Stability and Folding. Springer-Verlag, Berlin 1992

Wittmann-Liebold, B. (Hrsg.): Advanced Methods in Protein Microsequence Analysis. Springer-Verlag, Berlin 1986

Jörnvall, H., J. O. Höög, A. M. Gustavsson (Hrsg.): Methods in Protein Sequence Analysis. Birkhäuser-Verlag, Basel 1991

Voelter, W., E. Schmid-Siegmann: Peptides – Synthesis – Physical Data. Vol. 1–6. Thieme-Verlag, Stuttgart 1983

Bodanszky, M., A. Bodanszky: The Practice of Peptide Synthesis. Springer-Verlag, Berlin 1994

Bodanszky. M.: Principles of Peptide Synthesis, Springer-Verlag, Berlin 1984

Jones, J.: The Chemical Synthesis of Peptides. Clarendon Press, Oxford 1991

Bayer, E.: Auf dem Weg zur chemischen Synthese von Proteinen. Angew. Chem. 103 (1991) 117–133

Merrifield, R. B.: Festphasen-Synthese (Nobel-Vortrag). Angew. Chem. 97 (1985) 801–812

Jung, G., A. G. Beck-Sickinger: Methoden der multiplen Peptidsynthese und ihre Anwendungen. Angew. Chem. 104 (1992) 375–391

Means, G. E., R. E. Feeney: Chemical Modifications of Proteins: History and Applications. Bioconjugate Chem. 1 (1990) 2–12

Lundblad, R. L., C. M. Noyes: Chemical Reagents for Protein Modification. Vol 1 und 2. CRC Press, Boca Raton 1984

Ji, T. H.: Bifunctional reagents. Methods Enzymol. 91 (1983) 580–609

Eyzaguirro, J.: Chemical Modification of Enzymes: Active Site Studies. Wiley, New York 1987

Gerhartz, W. (Hrsg.): Enzymes in Industry, Production and Applications. Verlag Chemie, Weinheim 1990

Williams, W. V. (Hrsg.): Biologically active peptides: design, synthesis and utilization. Technomic Publ., Lancaster 1993

Literatur zum Kapitel „Kohlenhydrate"

Advances in Carbohydrate Chemistry, seit 1968 Advances in Carbohydrate Chemistry and Biochemistry. Academic Press, New York [P]
Carbohydrate Chemistry. Specialist Periodical Reports. Chemical Society. [P]
Freudenberg, K.: Emil Fischer and his Contribution to Carbohydrate Chemistry. Advances Carbohydrate Chem. 21 (1966) 2–38
Collins, P. M. (Hrsg.): Carbohydrates. Chapman & Hall, London 1987
Kennedy, J. F.: Carbohydrate Chemistry. Clarendon Press, Oxford 1988
Ogura, H., A. Hasegawa, T. Suami (Hrsg.): Carbohydrates. Synthetic Methods and Applications in Medicinal Chemistry. Verlag Chemie, Weinheim 1993
El Khadem, H. S.: Carbohydrate Chemistry: Monosaccharides and their Oligomers. Academic Press, San Diego 1988
Haines, A. H.: Relative Reactivities of Hydroxyl Groups, Advances Carbohydrate Chem. Biochem. 33 (1976) 11–110
Goodman, L.: Neighbouring-group Participation in Sugars. Advances Carbohydrate Chem. 22 (1967) 109–176
Feather, M. S., J. F. Harris: Dehydration Reactions of Carbohydrates. Advances Carbohydrate Chem. Biochem. 28 (1973) 161–224
Pelyvás, I. F., C. Menneret, P. Herczegh: Synthetic Aspects of Aminodeoxy Sugars of Antibiotics. Springer-Verlag, Berlin 1988
Billington, D. C.: The Inositol Phosphates. Chemical Synthesis and Biological Significance. Verlag Chemie, Weinheim 1993
Hudlicky, T., M. Cebulak: Cyclitols and their Derivatives. A Handbook of Physical, Spectral and Synthetic Data. Verlag Chemie, Weinheim 1993
Hanessian, S., A. G. Pernet: Synthesis of Natural Occuring C-Nucleosides, Their Analogs, and Functionalized C-Glycosyl Precursors. Advances Carbohydrate Chem. Biochem. 33 (1976) 111–189
Benn, M.: Glucosinolates. Pure appl. Chem. 49 (1977) 197–210
Mizuno, T., A. H. Weis: Synthesis and Utilization of Formose Sugars. Advances Carbohydrate Chem. Biochem. 29 (1974) 173–229.
Aspinall, G. O.: The Polysaccharides, Vol. 1–3, Academic Press, Orlando 1985
Burchard, W. (Hrsg.): Polysaccharide. Eigenschaften und Nutzung. Springer-Verlag, Berlin 1985
Franz, G. (Hrsg.): Polysaccharide. Springer-Verlag, Berlin 1991
Menser, F., D. J. Manners, W. Seibel (Hrsg.): Plant Polymeric Carbohydrates. Royal Soc. Chem., London 1993
Yalpani, M. (Hrsg.): Industrial Polysaccharides. Elsevier, Amsterdam 1987
Rees, D. A., E. J. Welsh: Sekundär- und Tertiärstruktur von Polysachariden in Lösungen und in Gelen. Angew. Chem. 89 (1977) 228–239
Lichtenthaler, F. W. (Hrsg.): Carbohydrates as Organic Raw Materials. Verlag Chemie, Weinheim 1991, Vol. II 1993
Waechter, C. J., W. J. Lennarz: The Role of Polyprenol linked Sugars in Glycoprotein Synthesis. Annu. Rev. Biochem. 45 (1976) 95–112
Schmidt, R. R.: Neue Methoden zur Glycosid- und Oligosaccharidsynthese – gibt es Alternativen zur Koenigs-Knorr-Synthese? Angew. Chem. 98 (1986) 213–236
Kunz, H.: Synthese von Glycopeptiden, Partialstrukturen biologischer Erkennungskomponenten. Angew. Chem. 99 (1987) 297–311
Ruiz-Herrera, J.: Fungal Cell Wall: Structure, Synthesis and Assembly. CRC Press, Boca Raton 1992
Garegg, P. J., A. A. Lindberg (Hrsg.): Carbohydrate Antigens (ACS Symposium Ser. No. 519). ACS Publications, Washington 1993

Toshima, K., K. Tatsuta: Recent Progress in O-Glycosylation Methods and Its Application to Natural Products Syntheses. Chem. Rev. 93 (1993) 1503–1531

Literatur zum Kapitel „Nucleoside, Nucleotide und Nucleinsäuren"

Progress in Nucleic Acid Research and Molecular Biology. Academic Press, New York [P]
Advances in Cyclic Nucleotide Research. Raven Press, New York [P]
Guschlbauer, W.: Nucleic Acid Structure. Springer-Verlag, Berlin 1976
Saenger, W.: Principles of Nucleotide and Nucleic Acid Structure. Springer-Verlag, Berlin 1988
Mizuno, Y.: The Organic Chemistry of Nucleic Acids. (Studies in Organic Chemistry Vol. 24) Elsevier, Amsterdam 1986
Towsend, L. B. (Hrsg.): Chemistry of Nucleosides and Nucleotides, Vol 2. Plenum Press, New York 1991
Shabarova, Z. A., A. A. Bogdanov: Advanced Organic Chemistry of Nucleic Acid. Verlag Chemie, Weinheim 1994
Watson, J. D.: Die Doppelhelix. Rowohlt-Verlag, Reinbek 1969
Nirenberg, M.: Der genetische Code. Angew. Chem. 81 (1969) 1017–1027
Doerfler, W.: DNA-Methylierung: Genaktivierung durch sequenzspezifische DNA-Methylierung. Angew. Chem. 96 (1984) 917–929
Roberts, R. J.: Eine verblüffende Verzerrung von DNA, hervorgerufen durch eine Methyltransferase (Nobel-Vortrag). Angew. Chem. 106 (1994) 1285–1291
Sanger, F.: Bestimmung von Nucleotidsequenzen der DNA. Angew. Chem. 93 (1981) 937–944
Gilbert, W.: DNA-Sequenzierung und Gen-Struktur. Angew. Chem. 93 (1981) 1037–1046
Herrmann, B., S. Hummel: Ancient DNA. Recovery and Analysis of Genetic Material from Paleontological, Archeological, Museum, Medical and Forensic Specimens. Springer-Verlag, Berlin 1994
Kevles, D. J., L. Hood: Der Supercode. Die genetische Karte des Menschen. Artemis & Winkler Verlag, München 1993
Engels, J. W., E. Uhlmann: Gensynthese. Angew. Chem. 101 (1989) 733–752
Smith, M.: Synthetische DNA und die Biologie (Nobel-Vortrag). Angew. Chem. 106 (1994) 1277–1284
Mullis, K. B.: Die Polymerase-Kettenreaktion (Nobel-Vortrag). Angew. Chem. 106 (1994) 127–276
Kössel, J., H. Seliger: Recent Advances in Polynucleotide Synthesis. Fortschr. Chem. org. Naturstoffe (Wien) 32 (1975) 297–508
Rosenthal, A., D. Cech: Chemische Synthese von DNA-Sequenzen. Z. Chem. 23 (1983) 317–327
Wengenmayer, F.: Gewinnung von Peptidhormonen durch DNA-Rekombination. Angew. Chem. 95 (1983) 874–891

Literatur zum Kapitel „Lipide und Membranen"

Progress in The Chemistry of Fats and Other Lipids (Progr. Chem. Fats other Lipids). Pergamon Press, Oxford [P]
Advances in Lipid Research. Academic Press, New York [P]
Gunstone, F. D., J. L. Harwood, F. B. Padley: The Lipid Handbook, 2. Ausg., Chapman & Hall, London 1994
Thiele, O. W.: Lipide, Isoprenoide und Steroide. Thieme-Verlag, Stuttgart 1979

Larsson, K.: Lipids: Molecular organization, physical functions and technical applications. Oily Press, Dundee 1994
Fedeli, E., G. Jacini: Lipid Composition of Vegetable Oils. Advances Lipid Res. 9 (1971) 335–382
Tevini, M., M. K. Lichtenthaler (Hrsg.): Lipids and Lipid Polymers in Higher Plants. Springer-Verlag, Berlin 1977
Cevc, G. (Hrsg.): Phospholipids Handbook. Marcel Dekker, New York 1993
Lie Ken Jie, M. S. F.: The Synthesis of Rare and Unusual Fatty Acids. Prog. Lipid Res. 32 (1993) 151–194
Criegee, R.: Mechanismus der Ozonolyse. Angew. Chem. 87 (1975) 765–771
Gunstone, F. D., F. A. Morris: Lipids in Foods: Chemistry, Biochemistry and Technology. Pergamon Press, Oxford 1983
Siegenthaler, P.-A., W. Eichenberger: Structure, Function and Metabolism of Plant Lipids. Elsevier, Amsterdam 1984
Kolattukudy, P. E. (Hrsg.): Chemistry and Biochemistry of Natural Waxes. Elsevier, Amsterdam 1976
Hawthorne, J. N., G. B. Ansell (Hrsg.): Phospholipids. Elsevier, Amsterdam 1982
Mangold, H. K., F. Paltauf (Hrsg): Ether Lipids. Academic Press, London 1983
Snyder, F.: Chemical and biochemical aspects of platelet activating factor. Med. Res. Rev. 5 (1985) 107–140
Bergelson, L. D.: Diol Lipids. Progr. Chem. Fats other Lipids 10 (1969) 239–335
Singer, S. J.: The Molecular Organization of Membranes. Annu. Rev. Biochem. 48 (1974) 805–834
Sandermann, H.: Membranbiochemie. Eine Einführung. Springer-Verlag, Berlin 1983
Yeagle, P. L.: The Structure of Biological Membranes. CRC Press, Boca Raton 1991
Shinitzky, M. (Hrsg.): Biomembranes. Physical Aspects. Verlag Chemie, Weinheim 1993
Op den Kamp, J. A. F.: Biological Membranes: Structure, Biogenesis and Dynamics. Springer-Verlag, Berlin 1994

Literatur zum Kapitel „Vitamine, Coenzyme, Tetrapyrrole"

Vitamins and Hormones. Academic Press, New York [P]
Ammon, R., W. Dirscherl (Hrsg.): Fermente, Hormone, Vitamine und die Beziehungen dieser Wirkstoffe zueinander. Bd. III/2. Thieme-Verlag, Stuttgart 1975
Koser, S. A.: Vitamin Requirements of Bacteria and Yeasts. Thomas, Springfield 1965
Friedrich, W.: Handbuch der Vitamine. Urban & Schwarzenberg, München 1987
Munson, P. L., J. Glover, E. Diczfalusy, K. Olson (Hrsg.): Vitamins and Hormones: Advances in Research and Applications, Vol. 39. Academic Press, New York I: 1982; II: 1988
Isler, O., G. Brubacher: Vitamine. Thieme-Verlag, Stuttgart: Vitamine I – Fettlösliche Vitamine: 1982; Vitamine II – Wasserlösliche Vitamine: 1988
Orfanos, C. E., O. Braun-Falco u. a.: Retinoids: Advances in Basic Research and Therapy. Springer-Verlag, Berlin 1981
Sumper, M., H. Reitmeier, D. Oesterhelt: Zur Biosynthese der Purpurmembran von Halobakterien. Angew. Chem. 88 (1976) 203–210
Wald, G.: Die molekulare Basis des Sehvorgangs. Angew. Chem. 80 (1968) 857–867

Sporn, M. B., A. B. Roberts, D. S. Goodman (Hrsg.): The Retinoids. Academic Press, Orlando Vol. 1 u. 2, 1984

Jones, H., G. H. Rasmusson: Recent Advances in the Biology and Chemistry of Vitamin D. Fortschr. Chem. Org. Naturstoffe 80 (1980) 63–121

Thomson, R. H.: Naturally Occuring Quinones. Academic Press, New York 1971

Patai, S.: The Chemistry of the Quinoid Compounds. Wiley, Chichester 1974

Dowd, P., R. Hershline, S. W. Ham, S. Naganathan: Mechanism of Action of Vitamin K. Nat. Prod. Rep. 11 (1994) 251–264

Clemetson: Vitamin C, Vol. 1-3. CRC Press, Boca Raton 1989

Davies, M. B., J. Austin, D. A. Partridge: Vitamin C – Its Chemistry and Biochemistry. Royal Soc. Chem., London 1991

Ayling, J. E., M. G. Nair, C. M. Baugh (Hrsg.): Chemistry and Biology of Pteridines and Folates. Plenum Press, New York 1993

Kaim, W.: Die vielseitige Chemie der 1,4-Diazine: Organische, anorganische und biochemische Aspekte. Angew. Chem. 95 (1983) 201–221

Blakeley, R. L., S. J. Benkovic (Hrsg.): Folates and Pterins. Wiley. 1985

Hemmrich, P.: The Present Status of Flavin and Flavoenzyme Chemistry. Fortschr. Chem. org. Naturstoffe [Wien] 33 (1976) 451–528

Singer, T. P., W. C. Kenney: Biochemistry of Covalent Bound Flavins. Vitamins and Hormones 32 (1974) 1–45

Alizade, M. A., K. Brendel: Tentative Classification of NAD(P)-Linked Dehydrogenases in Regard to their Stereochemistry of Hydrogen Transfer to the Coenzyme. Naturwissenschaften 62 (1976) 346–348

Marquet, A.: New aspects of the chemistry of biotin and of some analogs. Pure appl. Chem. 49 (1977) 183–196

Knowles, R.: The Mechanism of Biotin-Dependent Enzymes. Annu. Rev. Biochem. 58 (1989) 195–221

Bitsch, R., K. Bartel: Biotin. Wissenschaftliche Grundlagen, klinische Erfahrungen und therapeutische Einsatzmöglichkeiten. Wiss. Verlagsgesellschaft, Stuttgart 1994

Duine, J. A., J. A. Jongejan: Quinoproteins, Enzymes with Pyrrolo-Quinoline Quinone as Cofactor. Annu. Rev. Biochem. 58 (1989) 403–426

Smith, K. M. (Hrsg.): Porphyrins and Metalloporphyrins. Elsevier, Amsterdam 1975

Lavalle, G. K. (Hrsg.): The Chemistry and Biochemistry of N-Substituted Porphyrins. Verlag Chemie, Weinheim 1988

Jordan, P. M. (Hrsg.): Biosynthesis of Tetrapyrroles (New Comprehensive Biochemistry Vol. 19), Elsevier, Amsterdam 1991

Dickerson, R. E., I. Geis: Hemoglobin: Structure, Function, Evolution and Pathology. Benjamin/Cumings Publ., Menlo Park 1983

Buchler, J. W.: Hämoglobin als Wegweiser der Forschung in der Komplexchemie. Angew. Chem. 90 (1978) 425–441

Decker, H., R. Sterner: Hierarchien in der Struktur und Funktion von sauerstoffbindenden Proteinen. Naturwissenschaften 77 (1990) 561–568

Draber, W., J. F. Kluth, K. Tietjen, A. Trebst: Herbizide in der Photosyntheseforschung. Angew. Chem. 103 (1991) 1650–1663

Ruckpaul, K., H. Rein: Cytochrome P-450. Akademie-Verlag, Berlin 1984

Omura, T., Y. Ishimura, Y. Fujii-Kuriyama (Hrsg.): Cytochrome P-450. Verlag Chemie, Weinheim 1993

Yamanaka, T.: The Biochemistry of Bacterial Cytochromes. Springer-Verlag, Berlin 1992

Schneider, Z., A. Stroinski: Comprehensive B_{12}. Chemistry – Biochemistry – Nutrition – Ecology – Medicine. De Gruyter, Berlin 1987
Eschenmoser, A.: Vitamin B_{12}: Experimente zur Frage nach dem Ursprung seiner molekularen Struktur. Angew. Chem. 100 (1988) 6–40
Blanche, F., B. Cameron, J. Crouzet, L. Debussche, D. Thibaut, M. Vuilhorgne, F.J. Leeper, A.R. Battersby: Vitamin B_{12}: Wie das Problem seiner Biosynthese gelöst wurde. Angew. Chem. 107 (1995) 421–452
Dolphin, D. (Hrsg.): Vitamin B_{12} Vol. 1: Chemistry, Vol. 2: Biochemistry and Medicine. Wiley-Interscience, Chichester 1982
Scheer, H.: Biliproteine. Angew. Chem. 93 (1981) 230–250
Braslavsky, S.E., A.R. Holzwarth, K. Schaffner: Konformationsanalyse, Photophysik und Photochemie der Gallenpigmente. Angew. Chem. 95 (1983) 670–689
Beale, S.I.: Biosynthesis of Phycobilins. Chem. Rev. 93 (1993) 785–802

Literatur zum Kapitel „Interzelluläre Regulationsstoffe"

Karlson, P.: Was sind Hormone? Naturwissenschaften 69 (1982) 3–14
Vitamins and Hormones. Advances in Research and Applications. Academic Press, New York [P]
Recent Progress in Hormone Research, Academic Press, New York [P]
Butt, W.R.: Hormone Chemistry, Vol. 1 und 2. Wiley, Chichester 1975, 1977
Sutherland, E.W.: Untersuchungen zur Wirkungsweise der Hormone. Angew. Chem. 84 (1972) 1117–1125.
Hucho, F.: Einführung in die Neurochemie. Verlag Chemie, Weinheim 1982
Voelter, W.: Hypothalamus-Regulationshormone. Fortschr. Chem. org. Naturstoffe [Wien] 34 (1977) 439–533
Blundell, T.L., R.E. Humbel: Hormone families: Pancreatic hormones and homologous growth factors. Nature 287 (1980) 781–785
Henderson, G., I. McFadzean: Opioids – a review of recent developments. Chem. Brit. 21 (1985) 1094–1097
König, W.: Peptide and Protein Hormones. Structure, Regulation, Activity. A Reference Manual. Verlag Chemie, Weinheim 1993
Zahn, H.: Insulin: Von der Strukturaufklärung zur chemischen Synthese. Münch. Med. Wochenschr. 125 (Suppl.) (1983) 3–13
Whitehead, D.L.: Steroids – the earliest hormones. Nature 306 (1983) 540
Szantay, C., L. Novak: Synthesis of Prostaglandins. Akademiai Kiado, Budapest 1978
Nicolaou, K.C., G.P. Gasic, W.E. Barnette: Synthesen und biologische Eigenschaften von Prostaglandinendoperoxiden, Thromboxanen und Prostacyclinen. Angew. Chem. 90 (1978) 360–379
Roberts. S.M., F. Scheimann: New Synthetic Routes to Prostaglandins and Thromboxanes. Academic Press, London 1982
Lee, J.B.: Prostaglandins. Elsevier, New York 1982
Vane, J.R.: Bioassay-Abenteuer auf dem Weg zum Prostacyclin. (Nobel-Vortrag) Angew. Chem. 95 (1983) 782–794
Corey, E.J., A.E. Barton: Chemical conversion of arachidonic acid to slow reacting substances. Tetrahedron Lett. 23 (1982) 2351–2354
Samuelsson, B.: Von Untersuchungen biochemischer Mechanismen zu neuen biologischen Mediatoren: Prostaglandinendoperoxide, Thromboxane und Leukotriene. (Nobel-Vertrag), Angew Chem. 95 (1983) 854–864

Rokach, J. (Hrsg.): Leukotrienes and Lipoxygenases. Chemical, Biological and Clinical Aspects. (Bioactive Molecules Vol. 11). Elsevier, Amsterdam 1989

Serhan, C. N., M. Hamberg, B. Samuelsson: Lipoxins: Novel series of biologically active compounds formed from arachidonic acid in human leukocytes. Proc. Natl. Acad. Sci. 81 (1984) 5335–5342

Menn, J. J., T. J. Kelly, E. P. Masler (Hrsg.): Insect Neuropeptides: Chemistry, Biology, and Action (ACS Symposium Ser. No. 453). ACS Publications, Washington 1991

Collins, P. W., S. W. Djuric: Synthesis of Therapeutically Useful Prostaglandins and Prostacyclin Analogs. Chem. Rev. 93 (1993) 1533–1564

Acree, T. E., D. M. Soderlund (Hrsg.): Semiochemistry – Flavors and Pheromones. De Gruyter, Berlin 1985

Takahashi, T. (Hrsg.): Chemistry of Plant Hormones. CRC Press, Boca Raton 1986

Cutler, H. G., T. Yokota, G. Adam (Hrsg.): Brassinosteroids: Chemistry, Bioreactivity, and Applications (ACS Symposium Ser. No. 474). ACS Publications, Washington 1991

Schildknecht, H.: Reiz- und Abwehrstoffe höherer Pflanzen – ein chemisches Herbarium. Angew. Chem. 93 (1981) 164–183

Nickell, L. Q.: Plant Growth Regulating Chemicals. Vol. 1 und 2. CRC Press, Boca Raton 1983

Mauder, L. N.: The Chemistry of Gibberellins: An Overview. Chem. Rev. 92 (1992) 573–612

Takahashi, N., B. O. Phinney, J. MacMillan (Hrsg.): Gibberellins. Springer-Verlag, Berlin 1991

Hedin, P. A. (Hrsg.): Naturally Occuring Pest Bioregulators. (ACS Symposium Ser. No. 449). ACS Publications, Washington 1991

Prestwich, G. D., Blomguist: Pheromone Biochemistry, Academic Press, London 1987

Literatur zum Kapitel „Isoprenoide Verbindungen: Terpene und Steroide"

Gildemeister, E., F. Hoffmann: Die Ätherischen Öle. Akademie-Verlag, Berlin 1955–1960, 8 Bd.

Linskens, H. E., J. F. Jackson: Essential Oils and Waxes (Modern Methods of Plant Analysis, Vol. 12). Springer-Verlag, Berlin 1991.

Carle, R. (Hrsg.): Ätherische Öle. Anspruch und Wirklichkeit, Wiss. Verlagsgesellschaft, Stuttgart 1993

Newman, A. A.: Chemistry of Terpenes and Terpenoids. Academic Press, London 1972

Dev, S., A. P. S., J. S. Yadav: Handbook of Terpenoids. Monoterpenoids. Vol. I + II, CRC Press, Boca Raton 1982

Dictionary of Terpenoids. Vol. 1–3. Chapman & Hall, London 1991

Nes, W. D. (Hrsg.): Isopentenoids and Other Natural Products: Evolution and Function (ACS Symposium Ser. No. 562). ACS Publications, Washington 1994

Cane, D. E.: The Stereochemistry of Allylic Pyrophosphate Metabolism. Tetrahedron 36 (1980) 1109–1159

Coates, R. M.: Biogenetic-type Rearrangements of Terpenes. Fortschr. Chem. org. Naturstoffe [Wien] 88 (1976) 73–230

Schwab, J. M., B. S. Henderson: Enzyme-Catalyzed Allylic Rearrangements. Chem. Rev. 90 (1990) 1203–1245

Johnson, W. S.: Biomimetische Cyclisierungen von Polyenen. Angew. Chem. 88 (1976) 33–41

Hoffmann, H. M. R., J. Rabe: Synthese und biologische Aktivität von α-Methylen-γ-butyrolactonen. Angew. Chem. 97 (1985) 96—112

Lavie, I., Abe, J. C. Tomesch, S. Wattansin, G. D. Prestwich: Inhibitors of Squalene Biosynthesis and Metabolism. Nat. Prod. Rep. 11 (1994) 279–302

Erman, W. F.: Chemistry of the Monoterpenes (Studies in Org. Chem. Ser. Vol. 11). Marcel Dekker, New York 1985

Croteau, R.: Biosynthesis and Catabolism of Monoterpenoids. Chem. Rev. 87 (1987) 929–954

Tietze, L.; Secologanin – eine biogenetische Schlüsselverbindung. Angew. Chem. 95 (1983) 840–851

Junior, P.: Recent Developments in the Isolation and Structure Elucidation of Naturally Occuring Iridoid Compounds. Planta med. 56 (1990) 1–13

Arlt, D., M. Jautelat, R. Lantzsch: Synthesen von Pyrethrinsäuren. Angew. Chem. 93 (1981) 719–738

McDougal, P. G., N. R. Schmuff: Chemical Synthesis of the Trichothecenes. Prog. Chem. Org. Nat. Prod. 47 (1985) 153–220

Kingston, D. G. I., A. A. Molinero, J. M. Rimoldi: The Taxane Diterpenoids. Prog. Chem. Org. Nat. Prod. 61 (1993) 1–206

Zahlreiche Autoren: Taxol. Tetrahedron 48 (1992) 6953–7056

Wessjohann, L.: Die ersten Totalsynthesen von Taxol. Angew. Chem. 106 (1994) 1011–1013

Sukh Dev: Diterpenoids (CRC Handbook of Terpenoids), Vol. I–IV. CRC Press, Boca Raton 1986

Evans, F. J. (Hrsg.): Naturally occuring phorpholester. CRC Press, Boca Raton 1986

Bhat, S. V.: Forskolin and Congeners. Prog. Chem. Org. Nat. Prod. 62 (1993) 1–74

Crews, P., S. Naylor: Sesterterpenes: An Emerging Group of Metabolites from Marine and Terrestrial Organisms. Prog. Chem. Org. Nat. Prod. 48 (1985) 203–270

Rohmer, M., P. Bisseret, B. Sutter: The hopanoids, bacterial triterpenoids, and the biosynthesis of isoprenic units in prokaryotes. Progr. Drug. Res. 37 (1991) 271–285

Tanaka, O., R. Kasai: Saponins of Ginseng and Related Plants. Prog. Chem. Org. Nat. Prod. 46 (1984) 1–76

Isler, O.: Carotenoids. Birkhäuser-Verlag, Basel 1971

Straub, O., H. Pfander: Key to Carotenoids. Birkhäuser-Verlag, Basel 1987

Fieser, L. F., M. Fieser: Steroide. Verlag Chemie, Weinheim 1961

Dictionary of Steroids. Vol. 1–2. Chapman & Hall, London 1991

Nes, W. R., M. L. McKean: Biochemistry of Steroids and Other Isopentenoids. University Park, Baltimore 1977

Danielsson, H., J. Sjoevall (Hrsg.): Sterols and Bile Acids. Vol. 12 von New Comprehensive Biochemistry. Elsevier, Amsterdam 1985

Karlson, P.: Vor 50 Jahren: Die endgültige Formulierung des Ringsystems der Sterine und Gallensäuren. Naturwiss. Rdsch. 35 (1982) 484–6

Literatur zum Kapitel „Aromatische Verbindungen"

Harborne, J. B.: Biochemistry of Phenolic Compounds. Academic Press, London 1964

Taylor, W. I., A. R. Battersby: Organic substances of natural origin. Vol. 1: Oxidative coupling of phenols. Marcel Dekker, New York 1967

Weiss, U., M. Edwards: The Biosynthesis of Aromatic Compounds. Wiley, New York 1980

Dewick, P. M.: Phenolic compounds derived from shikimate. Biosynthesis 7 (1983) 45–84

Bentley, R.: The Shikimate Pathway – A Metabolic Tree with Many Branches. Crit. Rev. Biochem. Mol. Biol. 25 (1990) 307–384

Haslam, E.: The Shikimate Pathway. Wiley, New York 1974

Conn, E. E. (Hrsg.): The Shikimic Acid Pathway. Rec. Adv. Phytochem. 20 (1986) Plenum Press

Hagan, D. O.: Biosynthesis of Polyketide Metabolites. Nat. Prod. Rep. 9 (1992) 447–479

Billek, G.: Stilbene im Pflanzenreich. Fortschr. Chem. org. Naturstoffe [Wien] 22 (1964) 115–152

Sarkanen, K. V., C. H. Ludwig: Lignins, occurence, formation structure and reactions. Wiley, New York 1971

Nimz, H.: Das Lignin der Buche – Entwurf eines Konstitutionsschemas. Angew. Chem. 86 (1974) 336–344

Fengel, D., G. Wegener: Wood. Chemistry, Ultrastructure, Reactions. De Gruyter, Berlin 1984

Lin, S. Y., C. W. Dence: Methods in Lignin Chemistry (Springer Series in Wood Science). Springer-Verlag, Berlin 1992

Harborne, J. B. (Hrsg.): The Flavonoids: Advances in Research Since 1986. Chapman & Hall, London 1993.

Heathcote, J. G., J. R. Hibbert: Aflatoxine: Chemical and Biological Aspects. (Developments in Food Sciences Vol. 1). Elsevier, Amsterdam 1978

Agurell, S., W. L. Dewey, R. E. Willette (Hrsg.): The Cannabinoids. Academic Press 1984

Prota, G.: Progress in the Chemistry of Melanins and Related Metabolites. Med. Res. Rev. 8 (1988) 525–556

Literatur zum Kapitel „Alkaloide"

Manske, R. H. F., H. L. Holmes (Hrsg.): The Alkaloids. Academic Press, New York [P] (ab 1950)

The Alkaloids. Specialist Periodical Reports. Chemical Society London [P] (ab 1969)

Pelletier, S. W. (Hrsg.): Alkaloids. Chemical and Biological Perspectives. Vol. 1–6: Wiley, Vol. 8: Springer-Verlag, Berlin 1993

Cordell, G. A. (Hrsg.): The Alkaloids. Academic Press, San Diego Vol. 44 (1993)

Swan, G. A.: An introduction to the alkaloids. Blackwell Scientific Publ., Oxford 1967

Saxton, J. E. (Hrsg.): The Alkaloids. Chemical Society Burlington House, London [P]

Boit, H. G.: Ergebnisse der Alkaloid-Chemie bis 1960. Akademie-Verlag, Berlin 1961

Döpke, W.: Ergebnisse der Alkaloid-Chemie 1960-1968, 2 Bde., Akademie-Verlag, Berlin 1976
Glasby, J. S.: Encyclopedia of the alkaloids. Plenum Press, New York Vol. 1 (1975)
Hesse, M.: Alkaloidchemie. Thieme, Stuttgart 1978
Robinson, T.: The biochemistry of alkaloids. Springer-Verlag, Berlin 1968
Mothes, K., H. R. Schütte, M. Luckner (Hrsg.): Biochemistry of Alkaloids. Deutscher Verlag der Wissenschaften, Berlin 1985
Warnhoff, E. W.: Rearrangements in the chemistry of alkaloids. In: P. DeMayo (Hrsg.): Molecular Rearrangements, Vol. 2, S. 841–964, Wiley, New York 1967
Battersby, A. R.: Phenol oxidation in the alkaloid field. In: W. I. Taylor und A. R. Battersby: Oxidative coupling of Phenols. Marcel Dekker, New York 1967
Steyn, P. S., R. Vleggaar: Tremorgenic Mycotoxins. Prog. Chem. Org. Nat. Prod. 48 (1985) 1–80
Johne, S.: The Quinazoline Alkaloids. Prog. Chem. Org. Nat. Prod. 46 (1984) 159–230
Leete, E.: Recent Developments in the Biosynthesis of the Tropan Alkaloids. Planta med. 56 (1990) 339–352
Pachaly, P.: Neuere Ergebnisse auf dem Gebiet der Bis-benzylisochinolin-Alkaloide. Planta Med. 56 (1990) 135–151
Taylor, W. I., N. R. Farnsworth: The Catharanthus Alkaloids: Botany, Chemistry, Pharmacology, and Clinical Use. Marcel Dekker, New York 1975
Beifuss, U.: Neue Totalsynthesen von Strychnin. Angew. Chem. 106 (1994) 1204
Potmesil, M., H. Pinedo (Hrsg.): Camptothecins: New Anticancer Agents. CRC Press, Boca Raton 1995

Literatur zum Kapitel „Antibiotika"

Gottlieb, D., P. D. Shaw, J. W. Corcoran (Hrsg.): Antibiotics. Springer-Verlag, New York 1975
Betina, V.: The Chemistry and Biology of Antibiotics. (Pharmacochemistry Library, Vol. 5). Elsevier, Amsterdam 1983
Weinstein, M. J., G. H. Wagman (Hrsg.): Antibiotics. Isolation, Separation and Purification (Journal of Chromatography Library, Vol. 15). Elsevier, Amsterdam 1978
Lukacs, G., M. Ohno (Hrsg.): Recent Progress in the Chemical Synthesis of Antibiotics. Springer-Verlag, Berlin 1990
Gräfe, U.: Biochemie der Antibiotika. Spektrum Akademischer Verlag, Heidelberg 1992
Glasby, J. S.: Encyclopedia of Antibiotics. Wiley, Chichester 1992
Krohn, K., H. A. Kirst, H. Maag (Hrsg.): Antibiotics and Antiviral Compounds. Chemical Synthesis and Modification. Verlag Chemie, Weinheim 1993
Morin, R. B., M. Gorman (Hrsg.): Chemistry and Biology of β-Lactam-Antibiotics. Academic Press, Orlando 1982
Greenwood, D.: Antibiotics of the Beta-Lactam Group. Wiley, New York 1982
Dückheimer, W., J. Blumbach, R. Lattrell, K. H. Scheunemann: Neuere Entwicklungen auf dem Gebiet der β-Lactam-Antibiotica. Angew. Chem. 97 (1985) 183–205
Demain, A. L., N. A. Solomon: Antibiotics Containing the Beta-Lactam Structure. Springer-Verlag, New York 1983
Georg, G. I. (Hrsg.): The Organic Chemistry of β-Lactams. Verlag Chemie Publ., New York 1993

Mitschler, L. A.: The Chemistry of the Tetracycline Antibiotics (Med. Res. Ser. Vol. 9). Marcel Dekker, New York 1978

Hollstein, U: Actinomycin. Chemistry and mechanism of action. Chem. Reviews 74 (1974) 625–652

Lackner, H.: Die Raumstruktur der Actinomycine. Angew. Chem. 87 (1975) 400–411

Omura, S. (Hrsg.): Macrolide Antibiotics – Chemistry, Biology and Practice. Academic Press, New York 1984

Martin, J. F.: Polyenes. Biotechnol. Ser. 2 (1983) 207–229

Westley, J. W. (Hrsg.): Polyether Antibiotics: Naturally Occuring Acid Ionophors. Vol. 1: Biology; Vol. 2: Chemistry. Marcel Dekker, New York 1982, 1983

Robinson, A. J.: Chemical and Biochemical Aspects of Polyether-Ionophor Antibiotic Biosynthesis. Prog. Chem. Org. Nat. Prod. 58 (1991) 1–82

Button, C. J., B. J. Banks, C. B. Cooper: Polyether Antibiotics. Nat. Prod. Rep. 12 (1995) 165–178

Moore, R. E.: Structure of Palytoxin. Prog. Chem. Org. Nat. Prod. 48 (1985) 81–202

Lancani, G.: Ansamycins. Biotechnol Ser. 2 (1983) 231–254

Wagner, W. H.: Avermectine. Pharm. Ind. 46 (1984) 507–609

Takeya, K.: Bacteriocins. Microbiol. Ser. 15 (1984) 663–669

Krohn, K.: Totalsynthese von Anthracyclinonen. Angew. Chem. 98 (1986) 788–805

Priebe, W. (Hrsg.): Anthracycline Antibiotics: New Analogues, Methods of Delivery, and Mechanisms of Action (ACS Symposium Ser. No. 574). ACS Publications, Washington 1995

Borders, C. B., T. W. Doyle: Endyne Antibiotics as Antitumor Agents. Marcel Dekker, New York 1994

Stichwortverzeichnis

A

Abequose 172
Abführmittel 613
Abietan 538
Abietin 538
Abietinsäure 538
Abrin 145
Abscisinsäure 509
Acarbose 217
ACE 470
Acesulfam-Kalium 216
Acetaldehyd, aktiver 399
Acetonzucker 187
Acetylose 209
Acotriose 172
Acovenose 172
Acriflavin 311
ACTH 462
Actidion 709
Actinamin 705
Actine 717
Actinocin 697
Actinomycin D 697
Actinomycine 311
Actinospectose 705
Activine 460
Acyl-Carrier-Protein 416
Acyloin-Reaktion 37
Acyloxoniumionen 184, 193
Acylureidopenicilline 691
Adenin 81, 257
Adenosin 259
Adenosin-3'-phosphat-5'-phosphosulfat 263
Adenosintriphosphat 263
S-Adenosylmethionin 510
Adenylsäure 262
Adonitoxigenin 568
Adonitoxin 569

adrenocorticotropes Hormon 462
Adriamycin 713
Adriblastin 713
Aequorin 53
β-Aescin 547
Aesculetin 597
A-Faktor 24
Affinitätschromatographie 221
Aflatoxine 72, 615
Agar 234
Agargel 226
Agarose 224, 227, 235
Aglykon 188
Agroclavin 668
Ajmalin 662
Ajoene 32
Akabori-Methode 115
aktiver Acetaldehyd 399
aktives Sulfat 263
aktivierte Ester 156
Alanin 89
β-Alanin 89
Alarmon 278
Albumine 128
Alditole 198
Aldobioronsäuren 213
Aldoladdition 48
Aldolreaktion 37, 203
Aldonsäuren 195
Aldosen 165
Aldosteron 486
Alginsäure 238
Alizarin 613
Alkaloid 621
Alkaloide, tremorgene 670
Alkaloidreagenzien 627
Alkane 339
Alkylanzien 273
Alkylierung 272
Alkylwanderungen 522

Allantoin 265
Allatostatin 473
Allelochimica 61
Allergene 72, 535
Allergie 70
Allicin 32
Alliin 32, 93
Allithiamine 399
allo-Lactose 215
Allomelanine 620
Allomone 61
Allose 166
Alloxazin 403
Allylester 515
Allylsenföl 190
Allylumlagerung 516, 525
Allysin 101
Aloe 613
Aloe-Emodin 614
Aloin 613f.
Alpenveilchen 548
Altrose 166
Amadori-Umlagerung 194, 402
Amatoxine 142
Amicyanine 139
Amidgruppe 98
Amidoschwarz 113
Amikacin 704
Amine, biogene 627
p-Aminobenzoesäure 405
γ-Aminobuttersäure 452
7-Aminocephalosporansäure 694
Aminocyclitole 702
Aminocyclopropancarbonsäure 93
Amino-cyclopropan-1-carbonsäure 510
Aminogluthetimid 479
Aminoglykosid-Antibiotika 701

Aminogruppenbestimmung 100
δ-Aminolävulinsäure 427
Amino-Oxidasen 139
Aminopenicillansäure 691
Aminosäure-N-carbonsäure-Anhydride 102
Aminosäuren 89
–, essentielle 94
Aminozucker 173
Amphotericin B 723
Ampicillin 691
Amprolium 400
Amygdalin 191
Amyloide 236
Amylopektin 226, 231
Amylose 226, 231
β-Amyrin 547
Anabasin 635
Anabolika 483
Analogie 83
Anandamid 616
Anatoxin 69
Androgene 481
Androstan 556
Androstenon 502
Androsteron 482
Aneurin 395
Angiotensin II 470
Angiotensin converting enyzme 470
Anhalonidin 642
Anhydride 263
–, gemischte 157, 264, 312
Anhydrobiosis 216
Anhydro-L-galaktose 209
Anhydrozucker 187
Anisoylchlorid 281
Anomere 166
anomerer Effekt 170
Anomerisierung 168
Ansamycine 724
Antamanid 142
Anthecotulid 74
Antheridiol 503
Anthocyane 605
Anthocyanidine 603ff., 608
Anthracen-Derivate 613
Anthrachinone 613
Anthracyclin-Antibiotika 311
Anthracycline 713
Anthracyclinone 713

Anthranisäure 589
Anthranilat 43
Anthranilsäure 671
Anthrone 613
Anthron-Reaktion 201
Antiarose 172
Antibiotika 677
–, ionenselektive 699
Antiestrogene 479
Antikoagulantien 392
anti-Konformation 269
Anti-Sense-Oligonucleotide 316
Antoxidantien 394
Apamin 141
Apigenin 604
Apiose 171
Aplasmomycin 34
Apomorphin 653
Apovincamin 663
Aprotinin 469
Apurinsäuren 277
Apyrimidin-DNA 275
Arabinose 166, 170
Arabinoside 260, 707
Arabinoxylanen 219
arabisches Gummi 239
Arachidonsäure 327f., 486
Arachidonsäure-Metabolite 486
Arachinsäure 326
Arbutin 25
Archaebakterien 249, 350
Arecolin 635
Arginin 90, 105
Argipressin 472
Aristolochiasäure 69
Arnstein-Tripeptid 688
Arogensäure 589
Aromastoffe 64
Aromatase 479
Aromatisierung 580
Arsenobetain 33
Arteannuin 31
Artemether 536
Artemisinin 31, 536
Arzneimittel 74
β-Asaron 69, 595
Ascaridol 31, 530
Ascarylose 172
Ascorbinsäure 393
Asparagin 90, 241, 315
Asparaginsäure 89

Asparenomycine 686
Aspartam 216
Aspartat 135
Aspartinsäure 89, 95
Aspidin 612
Aspidospermin 663
ätherische Öle 19, 513
Ätioporphyrin 425
Atmungskette 438
atriale natriuretische Faktoren 473
– – Peptide 473
Atriopeptine 473
Atropin 638
Aucanten 504
Aurone 603
Aussalzeffekt 129
Auxine 505
Avermectine 722
Avidin 420
Axerophthol 376
Azadirachtin 62
Azaserin 682
Azazucker 217
Azetidin-2-carbonsäure 93
Azetidin-2-on 684
Azidamphenicol 683
Azid-Methode 156
Aziridine 273, 684
Azlocillin 691
Azomethine 101
Aztreonam 686
Azulene 536
Azurine 139

B

Bacitracine 696
backing-off-Verfahren 156
Bacteriochlorin 424
Bacteriorhodopsin 379
Bactoprenol 254
bakterielle Zellwand 246
Baldrian 533
Barbaloin 195
Barry-Spaltung 212
Basenstapelungen 302
Basenverhältnisse 287
Batrachotoxin 575
Baumwollsamenöl 534
Behensäure 326
Benedict-Probe 200

Stichwortverzeichnis

bent chain-Konformation 223
o-Benzochinin 618
Berberin 649
Bergapten 596f.
Bergaptol 596
Bergman-Cyclisierung 28
Bestatin 94, 136
Bestrahlung 276
Betacyanine 676
Betalaine 676
Betamethason 486
Betanidin 676
Betulaprenole 254
Bialaphos 33
Bial-Reaktion 201, 286
Bicyclobutoniumion 518
Bienengift 141
Bifidus-Faktor 244
Biladien 448
Bilan 448
Bilatrien 448
bilayer 359
Bilen 448
Bilinogen 448
Bilirubin 448
Biliverdin 448
Biocytin 421
biogene Amine 627
Biolumineszenz 52
biomimetrische Cyclisierung 521
biomimetrische Synthese 48, 592
Biopolymere 27, 42
–, Grundstrukturen 28
Biopterin 402
biotechnologische Verfahren 50
Biotin 420
Biotoxifikation 70
Biotransformation 197
Biovinose 172
Birch-Reduktion 582
Bisabolane 519, 534
Bisabolen 534
Bisabolol 534
Bischler-Napieralski-Synthese 622, 645
Bitterholz 538
Bitterstoffe 65, 533, 535
Biuret-Reaktion 113
Blastokiline 595

Bleomycin 277
Blütenfarbstoffe 605
Blutgerinnung 391
Blutgruppensubstanzen 244, 356
Bombykol 499
Bornan 531
Boromycin 716
Boswellinsäure 545
Botulinustoxine 143
Brachiose 207, 215
Bradykinin 470
Brassinosteroide 508
Brevetoxin B 67
Bromcyan 110
Bromokryptin 670
Brucin 664
Bryostatine 716
Bufadienolide 565, 570
Bufalin 566, 571
Bufotalin 571
Bufotenidin 630
Bufotenin 630
Bufotoxine 565
Buprenorphin 652
Buserelin 458
Buttersäure 326
Butylhydroxyanisol 337
Butylhydroxytoluol 337

C

Cadaverin 627
Cadinane 519
Caerulein 474
Ca^{2+}-Ionophore 716
Calcidiol 382
Calcimycin 716
Calciol 381
Calcipotriol 383
Calcitonin 475
Calcitriol 382
calcitrope Hormone 383, 475
Caldifediol 382
Calebassen-Curare 665
Calebassin 666
Calicheamicine 28
Camphan 531
Campher 522, 531
Camposan 510
Camptothecin 674

Canavanin 93
Canhydride 191
Cannabidiol 616
Cannabigerol 617
Cannabigerolsäure 617
Cannabinoide 616
Cannabinol 616
Canthariden 531
Cantharidin 531
Canthaxanthin 553
Caprinsäure 326
Capronsäure 326
Caprylsäure 326
Capsanthin 552f.
Carabron 74
Caran 531
Carbapeneme 686
Carbeniumion 515, 521
Carbinolamin 649
Carbodiimide 282
Carbodiimid-Methode 157
Carbokationen 521
Carbomycine 722
Carboniumion 518, 521
γ-Carboxylglutaminsäure 391
γ-Carboxylierung 391
β-Carboline 624
Carboxymethyl-Cellulose 220
Cardenolide 565, 568
Cardilatin 473
Cardiolipine 348
Carminsäure 614
Carnauba-Wachs 338
Caroten 376, 550
β-Caroten 551
Carotenoide 550
Carotin 550
Carotinoid 550
Carrageenane 224, 227, 236
Carr-Price-Methode 377
Carr-Price-Reaktion 551
Carvacrol 529
Carvon 529f.
Caryophyllane 519
Casomorphine 464
Cassain 567
Catechine 603, 608
Catecholamine 629
Catharanthus-Alkaloide 663
Cationomycin 716
Caynocobalamin 444

CCK 474
Cefalotin 694
Cefotaxim 694
Cefotetan 695
Cefoxitin 695
Ceftazidin 694
Ceftrizoxim 694
Cellobiose 206, 215
Cellulose 226, 228
Celluloseacetat 220
Cembranoide 538
Cembren 519
Cephaelin 654
Cephalosporin C 687
Cephalosporin P 692
Cephalosporin N 692
Cephalosporin P_1 544
Cephalosporine 692
Cephamycine 686, 695
Ceramid 353
Cerebronsäure 331, 353
Cerebroside 355
Cerebrosterol 559
Cerotinsäure 339
Cerulenin 332
Cerveratrum-Alkaloide 574
Cetaceum 339
C-Glykoside 194
Chalcone 602f.
Chamazulen 536
Chanoclavin 668
Chaperonine 124
Chargaffsche Regeln 300
Charge-Transfer-Komplexe 411
Chaulmograöl 341
Chaulmograsäure 331
Chavicol 596
Cheirotoxin 569
Chelidonin 644
Chelrosid A 567
Chemoökologie 60
Chenodesoxycholsäure 562
Chenopodiumöl 530
China-Alkaloide 671
Chinasäure 200, 589
Chinazolin-Alkaloide 674
Chinidin 671
Chinin 311, 671
Chininsäure 673
Chinolin-Alkaloide 671
Chinolinsäure 417, 636

Chinolizidin-Alkaloide 639, 641
Chinone 384
Chiralität 27
chiral pool 46
Chirone 46
Chitin 227, 230
Chitinovarine 686
Chitosan 230
Chitose 175
Chloramphenicol 682
Chlorcholinchlorid 508
Chlorethylphosphonsäure 510
Chlorierungen 594
Chlorin 424
Chlorochin 311
Chlorogensäure 590
Chlorohämoglobin 433
Chlorophylle 440
Cholan 556
Cholansäure 562
Cholecalciferol 381
Cholecystokinin 474
Choleinsäure 563
Cholera-Enterotoxin 143
Cholestan 556
Cholestanol 561
Cholesterol 364, 558
Cholsäure 562
Chondroitin 241
Chondroitinsulfat 242
Choriogonadotropin 460
Choriomammotropin 462
Chorismat 43
Chorisminsäure 589
Chromatin 286
Chromogranin A 469
Chromoproteine 552
Chromosomen 286
Chrysanthemumsäure 532
Chrysergonsäure 615
Chrysophanol 614
Cicaprost 493
Ciliatin 350
Cinchonamin 673
Cinchonidin 673
Cinchonin 671
1,8-Cineol 528
Cinerin 532
Cinerolon 532
Cinobufagin 571
Cis-trans-Isomerisierungen 551

Cis-trans-Umlagerungen 334
Citral 527
Citral a 526
Citral b 526
Citreoviridin 67
Citronellal 526
Citronellol 526
Citronellöl 526
Citrullin 25, 95
Cladinose 171, 721
Clarithromycin 722
Clavine 668
Clavulone 489
Clelands-Reagens 104
Clindamycin 705
Cloprostenol 490
Clostebol 484
Cnicin 74, 535
Cobalamine 445
Cocain 639
Coccelskörner 536
Cochenillelaus 615
code blockers 316
Code, genetischer 317
Codein 651
Codeinon 652
Coenzym A 415
Coenzym B_{12} 445
Coenzym Q 385
Coenzym F_{420} 412
Coenzyme 136, 375
Coevolution 451
Coffein 265
Cola 266
Colchicin 631
Colecalciferol 381
Colforsin 538
Colistin A 696
Colitose 172
Columbinsäure 328
Compactin 524
Concanavalin A 144
Congocidin 697
Conicein 622
Coniferenharz 538
Coniferin 599
Coniferylalkohol 599
Coniin 621, 635
connective tissue factor 148
Convallatoxin 569
Convallatoxol 569
Convallosid 569
Copalylpyrophosphat 538

Cord-Faktor 357
Cordycepin 706
Coreximin 649
Corotoxigenin 566
Corphin 424
Corpus-luteum-Hormone 477
Corrin 424, 444
Corrinoide 443
Cortexolon 576
Corticoide 484
Corticoliberin 458
Corticostatin 458
Corticosteron 485
Corticotropin 462
Cortin 484
Cortisol 485
Cortison 485
Corynetoxine 708
Costunolid 74
Cotarnin 650
Cotton-Effekt 178, 271
Crepenynsäure 30
Crotonöl 539
Cucurbitane 544
Cumarin 596f.
Cumarsäure 595, 597
Curarin 666
Curine 654
Cuscohygrin 633
Cutin 601
Cyanhydrine 80
Cyanidin 604
Cyanidinchlorid 605
β-Cyanoethylphosphat 267, 281
cyanogene Glykoside 191
Cyclamat 216
Cyclamin 547
Cyclase 518
cyclische Peptide 99
Cyclisierung, biomimetische 521
Cyclitole 199
Cycloadditionen 518, 542
Cycloartenol 543, 545
Cyclobrassininsulfoxid 61
Cyclobutanderivate 276
Cyclodextrine 231
Cycloheximid 709
Cyclonucleoside 260
Cyclooxygenase 488
Cyclopentenolone 329

Cyclopentensäure 331
Cyclophilin 76
Cyclopropanderivate 522
Cyclosporin A 76, 697
Cyfluthrin 532
Cyhalothrin 532
Cylonucleotide 262
Cymarose 172
p-Cymen 528f.
Cynaropikrin 74, 535
CYP 438
Cypermethrin 532
Cyproteron 483
Cystein 89, 104, 106, 134, 314, 620
Cystin 104
Cytarabin 707
Cytidin 259
Cytisin 641
Cytochalasane 714
Cytochalasin 714
Cytochrom c 85
Cytochrom P450 382, 438, 479
Cytochrome 437
Cytokinine 506
Cytosin 257, 275

D

Dactinomycin 697
Daidzein 604, 607
Dalbaheptide 698
Damaradienol 544
D-Aminosäuren 151
Danaidon 60, 501
Dansylchlorid 115
Danthron 614
Daphnan 539
Daphnetin 597
Darzens-Reaktion 376
Datenbanken 292
Daunomycin 713
Daunorubicin 713
Daunosamin 174
D-Cycloserin 681
DEAE-Cellulose 220
Decarboxylierungen 414
Dehydrocostuslacton 74
Delfter-Verfahren 691
Delphinidin 604
Deltamethrin 532
Deltorphine 464

Demecolein 631
Denaturierung 112, 123, 129, 307
Depside 610
Depsidone 610
Depsipeptide 98, 699
Dermatansulfat 242
Dermorphine 464
Desacetylbaccatin 541
Desaturase 486
Deserpidin 662
Desertomycin 26
Desmopressin 472
Desosamin 174, 721
Desoxycholsäure 562
Desoxyribonucleinsäure 285f.
Desoxyribose 172
Desoxyzucker 171
Deuteroporphyrin 428
Dexamethason 486
Dextrane 211, 226, 234
Dextrin 231
D-Glucitol 198
Dianthrone 613
Diazomethan 273
Dicarbonylbindung 207
Dichlorphenol-indophenol 394
Dicloxacillin 691
Dictyopterene 504
Dicumarol 392, 597
Dicyandiamid 81
Dicyclohexylcarbodiimid 157, 262, 282
Didesoxymethode 297
Didrovaltrat 533
Diels-Alders-Synthese 48, 492
Diels-Kohlenwasserstoff 561
Diginatigenin 568
Diginigenin 568
Digipurpurogenin 568
Digitalose 172
Digitanole 567
Digitogenin 572f.
Digitonin 572f.
Digitoxigenin 566
Digitoxin 569
Digitoxose 172
Dignose 172
Digoxin 569
Dihydrofarnesol 500

Dihydrofolsäure-Reduktase 408
Dihydrouracil 258, 289
Dihydrouridin 259
Dihydroxyaceton 165
5,6-Dihydroxyindol 618
Dimerisierung 588
Dimethylallylpyrophosphat 515
Dimethyl-(2-hydroxy-5-nitrobenzyl)-sulfoniumbromid 107
Dimethylsuberosin 597
Dimethylsulfat 273, 298
Dimethylsulfat-Hydrazin-Methode 298
Dinactin 719
Dinitro-fluorbenzol 102
Dinitrophenyl-Methode 115
Dinophysistoxine 67
Dinoprost 490
Dinoproston 490
Dinucleotide 278
Diol-Lipide 323, 343
Diosgenin 573, 576, 578
Dioxetane 30
1,2-Dioxetane 39, 52
Dioxoene 329
Dioxopiperazine 98, 102
Dipenten 529
Diphosphate 183
Diphterietoxin 143
Dipterin 630
Dische-Reaktion 201, 286
Disparlur 499
Distamin 697
Diterpene 537
1,2-Dithiine 32
Dithiobis(2-nitrobenzoat) 104
Dithiophene 30
Dithiothreitol 104
D-Mannitol 198
DNA-Doppelhelix 300
DNA-Ligase 285
DNA-Methylierung 257
DNA-Strangbruch 277
Docetaxel 540
Docosahexaensäure 328
Dogma, molekulargenetisches 317
Dolichole 254
Domoinsäure 68

Dopachinon 618
Dopachrom 618
Dostenöl 530
Doxorubicin 713
D-Sorbitol 198
Dynemicin A 29

E

Ecdyson 498
Ecdysteroide 498
Ecgonin 639
Echinocandin 254
ECTEOLA-Cellulose 220
Ectocarpen 504
Edman-Abbau 116
Efeu 548
Effekt, anomaler 170
Eibe 540
Eicosanoide 486
Eierkarton-Modell 224, 239
Einschlußverbindungen 231, 325
Einschubreagens 310
Eisen-Komplexe 431
Eisen-Schwefel-Proteine 137
ektopische Hormone 458
Elaidinsäure 327, 334
Elastin 148
Eledoisin 470
Ellagsäure 610
Ellipticin 666
Elongase 328, 486
Elymoclavin 668
Emetin 654
Emodine 592, 614
Endgruppenbestimmung 294
Endiin 28
Endiol 393
Endopeptidasen 111
Endoperoxide 488
Endorphin 463
Endothelin 472
Endotoxine 143
Enkephaline 464
Enniatin 700
En-Reaktion 37
Enteroglucagon 468
Enzian 533
Enzyme 132
Ephedrin 628
Epimerisierung 179

Epithienamycine 686
Equilenin 480, 583
Equilin 480
Ercalciol 381
Erdnußöl 326
Ergin 669
Ergobasin 669
Ergocalciferol 381
Ergochrome 615
Ergochrysine 615
Ergocornin 670
Ergocristin 670
Ergocryptin 670
Ergolin 668
Ergolin-Alkaloide 667
Ergometrin 669
Ergosin 670
Ergostan 556
Ergosterol 559
Ergotamin 670
Ergotropika 678
Eriodyctiol 604
Erlenmeyer-Synthese 97
Erucasäure 327
Erythrocruorine 433
Erythromycin 721
Erythrose 166
Erythrulose 166
Esfenvalerat 532
Esperamycine 29
essentielle Aminosäuren 94
essentielle, polyungesättigte Fettsäuren 328
Ester, aktivierte 156
Esterkondensation 37
Esterzahl 342
Estradiol 479
Estragol 596
Estran 556
Estriol 479
Estrogene 479
Estron 479
Ethen 509
Etheno-tetrahydro-oripavine 653
Etherlipide 348
Ethidiumbromid 311
Ethinylestradiol 480
Ethnopharmakologie 75
Etoposid 598
Etorphin 652
Etorphine 653
Etretinat 378

Eucalyptusöl 528
Eudesmane 519, 534
Eudesmanolide 535
Eugenol 596
Eumelanine 617
Evolution 80
Exon 320
Exopeptidasen 111
Exotoxine 143
extrinsic factor 443

F

Factor F_{430} 431
FAD 410
Faktor XIIIa 148
Faktoren, atriale natriuretische 473
Faltblattstrukturen 121
Farnesane 534
Farnesolsäure 497
Faulbaumrinde 613
Febrifugin 674
Fecapentaene 349
Fehling-Probe 200
Fenchan 531
Ferredoxine 137
Ferritin 139
Ferulasäure 595
Festkörpersynthese 161
Fettaldehyd 352
Fette 338, 340
fette Öle 340
Fettsäuren 324
–, essentielle, polyungesättigte 328
Fettsäure-Synthase 324
Fettsäuresynthese 324
Feulgen-Reaktion 278
fibrilläre Proteine 123
Fibrin 123, 148
Ficapenole 254
Ficoll 216
Filipin 723
Filixsäure 612
Finasterid 483
Fischleberöle 376
Fischtranen 326
FK 506 76
Flavan 602
Flavanoide 602
Flavanole 603

Flavanone 603f.
Flavaspidsäure 612
Flavin-Adenin-Dinucleotid 410
Flavinomononucleotid 410
Flavinnucleotide 410
Flavolignan 607
Flavon 604
Flavone 603
Flavonole 603f.
Flavyliumsalze 605
Fliegenpilz 631
Fliegen, spanische 531
Fluorierungen 580
Fluorverbindungen 32
Flüssigphasensynthese 163
Flutamid 483
FMN 410
Follikel-Hormone 477
Folsäure 404
Formaldehyd 274
Formose-Reaktion 203
Forskolin 538
Fosfomycin 33
Fragmentierung 295
Framycetin 703
Frangulin A 613f.
Friedel-Crafts-Synthese 713
Fructane 219, 236
Fructose 166, 171
F-Säuren 329
Fucolipide 355
Fucose 172
Fucoserraten 504
Fucosterol 559f.
Fumagillin 75
Fumitremorgine 671
Furanfettsäuren 329
Furanosen 168
Furfuralderivate 200
Furocumarine 54, 597
Furostan 572
Fusicoccin 61
Fusidinsäure 544

G

GABA 452
Gabriel-Synthese 96
Galabiose 355
Galaktane 234
Galaktosamin 175, 242

Galaktose 166, 170
Galangin 604
Galanin 458
Galatriaose 355
Gallen 610
Gallenfarbstoffe 448
Gallensäure 562
Gallocatechin 609
Gallotannine 610
Gallussäure 590, 610
Gametenlockstoffe 503
Ganglioside 355f.
Gangliotetraose 355
Gangliotriaose 355
Gastrin 473
Gastrin-inhibierendes Peptid 473
gastrointestinale Hormone 473
Gelbildung 225
Gelbkörper-Hormone 477
Gelchromatographie 220
gemischte Anhydride 157, 264, 312
Gene 313
genetischer Code 317
Genine 188, 565
Genistein 604, 607
Genom 291
Genotoxizität 314
Genregulation 314
Gentamycine 704
Gentechnik 319, 467
gentechnische Verfahren 51
Gentianose 215, 217
Gentiobiose 207, 215, 217
Gentiopikrosid 533
Gentosamin 174
Geohopanoide 546
Geranial 526
Geraniol 526
Geranylpyrophosphat 516
Gerbstoffe 608
Germacrane 519
Germin 575
Germitrin 575
Gerüsteiweiße 123
Geschmacksstoffe 64
geschützte Ketone 592
Gestagene 481
Gibberellan 538
Gibberelline 507, 538
Gifte 61, 65

Gingerole 612
Ginkgolide 538
Ginseng 548
Ginsenoside 548
Gitaloxigenin 568
Gitoxigenin 568
glandotrope Hormone 452
glanduläre Hormone 452
Gliadine 128
Glicentin 468
Globotetraose 355
globuläre Proteine 123
Globuline 128
Glucagon 468
Glucane 219, 227
Glucocorticoide 484
Glucogallin 610
Glucomannanen 219
Gluconsäure 196
Glucosamin 175, 242
Glucose 166, 170
Glucosidase-Inhibitoren 217
Glucosinolate 190
Glucuron 197
Glucuronanen 219
Glucuronide 197
Glucuronsäure 197
Glumitocin 471
Glutamin 90
Glutaminsäure 90, 95, 126, 634
Glutaraldehyd 150
Glutarimid-Antibiotika 709
Glutathion 336
Gluteline 128
Glyceraldehyd 165
Glycerolphosphat 345
Glycin 89, 126
Glycyrrhetinsäure 547
Glycyrrhizin 548
Glykogen 226, 233
Glykolipide 353
Glykopeptid-Antibiotika 698
Glykopeptid-Hormone 460
Glykoproteine 240, 244
Glykoside 188
-, cyanogene 191
Glykosidsynthesen 192
Glykosylphosphatidyl-inositol-Anker 366
Glykosylphosphopoly-prenole 253
Glykuronane 237

Glyoxalsäure 106
Glyphosat 591
Gmelin-Nachweis 448
Gnididin 539
Gobotriaose 355
Gofrusid 567
Goitrin 476
Gonadoliberin 457
Gonadorelin 457
Gonan 555
Goserelin 458
Gossypol 27, 534
Gramicidine 696
Gramin 630
Grapefruitsaft 530
Grignard-Synthese 584
Grignard-Verbindungen 580
Griseofulvin 710
Grossheimin 74
Gruppe, prosthetische 375
g-Strophanthin 569
Guaiane 519
Guajanolide 535
Guajaretsäure 598
Guanin 257
Guanosin 259
Guarana 266
Gulose 166
Gummen 239
Gummi, arabisches 239
Guttapercha 555
Gymnochrome 27

H

Haarnadelbiegung 118
Haarnadel-Strukturen 305
Hagedorn-Jensen-Probe 200
Haifenteng 599
Haloperoxidase-Reaktion 42
Häm 431
Hamamelitannin 611
Hämerythrin 433
Hämin 431
Hämochrome 432
Hämocyanin 433
Hämoproteine 432
Hämosiderin 139
Hanf 616
Harman 624, 657, 659
Harzsäuren 265, 538
Haschisch 616

Häutungshormone 497
HCG 460
Hecogenin 577
Hederasaponin C 547
Helangin 535
Helenalin 74
Heliangin 535
Helices 303
Helixstrukturen 120
Helminthosporosid A 61
Helvolsäure 544
Hemicellulosen 599
Heparansulfat 242
Heparin 241f.
Heparinsulfat 243
Hepoxiline 495
Heptosen 165
Herbizide 79, 332, 591
Herbstzeitlose 631
Hermanns-Konformation 223
Herniarin 74
Heroin 651
Hesperitin 604
Heteroauxin 505
heterodete Peptide 98
heteromere Peptide 98
heteropolymere Proteine 125
Heteropolysaccharide 219, 236
Heteroside 188
Hexahydroxydiphensäure 610
Hexenal 505
Hexosen 165
Hilditch-Methode 340
Himbeerketon 64
Hirsutidin 604
Histidin 90
Histone 85, 128, 286
Histrionicotoxine 636
Hitzeschock-Proteine 124
HMG-CoA-Reduktase-Hemmer 524
Hofmannscher Abbau 625
Holoside 188, 206
Holostan 549
Holotoxin 549
Holz 228, 599
Holzaufschluß 601
Homatropin 638
homodete Peptide 98
Homologie 83
homöomere Peptide 98

homopolymere Proteine 125
Homopolysaccharide 219
Homoserin 92
Homospermidin 634
Hoogsteen-Paarungen 301
Hopanoide 543, 545
Hordenin 628
Hormone 451
-, adrenocorticotrope 462
-, calcitrope 383, 475
-, ektopische 458
-, gastrointestinale 473
-, glandotrope 452
-, glanduläre 452
-, osteotrope 383, 475
Hormonfamilien 456
Hormonrezeptoren 314
Hudsonsche Isorotationsregel 271
Hudsonsche Regeln 177
human genome project 291
Humulane 519
Hyaluronidase 243
Hyaluronsäure 242
Hybrid-Biosynthese 51
Hybriden 125, 284
Hybridisierung 296, 308
Hydraminspaltung 626, 673
Hydrastin 649
Hydratation 129, 224
Hydrazin 275
Hydrid-Verschiebungen 518, 522
Hydrocarpussäure 331
Hydrolasen 134
Hydroperoxysäuren 493
Hydroxyallylverbindungen 69
Hydroxyanthranilsäure 417
Hydroxybutenolide 542
Hydroxyfettsäuren 331, 493
Hydroxyisovaleriansäure 700
Hydroxylamin 275
Hydroxy-L-lysin 241
Hydroxylzahl 342
Hydroxymethylierung 274
2-Hydroxy-5-nitrobenzylbromid 106
Hygrin 633
Hygrinsäure 635
Hyodesoxycholsäure 562
Hyoscyamin 638
Hyperchromizität 302

Hypericin 54
Hypophysenvorderlappen-Hormone 460
Hypothalamus-Neurohormone 456
Hypoxanthin 257
Hysterese 225

I

Ibotensäure 631
Idose 166
Immunoglobuline 245
Immunophiline 76
Immunsuppressiva 76
Indigo 21
Indol-Alkaloide 655
Indolchinon 618
Indolylalkylamine 629
Ingwer 612
Inhibine 460
Inosamine 199
Inosin 259, 265, 318
Inosinsäure 262
Inositole 199
insect antifeedants 62
Insektizide 62, 531, 607
Insulin 321, 465
Interkalation 310
Intestinalpeptid, vasoaktives 473
Intron 320
Inulin 227, 236
Iodacetamid 110
Iodeinschlußverbindungen 231
Iodzahl 342
ionenselektive Antibiotika 699
Ionomycin 716
Ionone 528
Ionophoren 701
ionotrope Rezeptoren 455
Ipecacuanha-Alkaloide 654
Ipsdienol 499
Ipsenol 499
Iridodial 533
Iridoide 533
Isoalloxazin 403
Isoarborinol 543
Isobergapten 596
Isoboldin 648

Isochinolin-Alkaloide 641
Isochorisminsäure 589
Isoferulasäure 595
Isoflavone 603f., 606
Isoglobotriaose 355
Isoglykane 219
Isogobotetraose 355
Isoleucin 89
Isolichenan 227
Isologie 83
Isomaltose 207, 215
Isomerasen 135
Isomerisierung 179
Isopeletierin 635
Isopenicillin N 687
Isopentenoide 513
Isopentenyladenin 257
Isopent-enylpyrophosphat 515
Isopren 513
Isopren-Regel 514
Isoprenylierung 367
Isopsoralen 596
Isorhamnetin 604
Isorhodomycinone 713
Isosalutaridin 648
Isothebain 648
Isotocin 471

J

Jagdgifte 66
Jasmolin I 532
Jasmolon 532
Jasmonsäure 505
Jerveratrum-Alkaloid 574
Jonilidenessigsäure 509
Jonon 550
junction zones 225
Juvenilhormone 497

K

Kadsurenon 599
Kaffee 266
Kaffeesäure 595
Kaffeesäureester 74
Kainsäure 79
Kakao 266
Kalabarbohne 667

Kallidin 470
Kallikreine 469
Kamille 534, 536
Kämpferol 604
Kanamycin 703
Kanosamin 174
Kanzerogene 69
Kapsel-Polysaccharide 252
Karmesinrot 615
Karplus-Gleichung 179
Kartoffeln 574
Kaskaden-Reaktion 49
Kasugamycin 63, 704
Katalase 440
katalytische Triade 134
Kauran 538
Kautschuk 554
Kavain 596
Kavapyrone 596
KDO 250
Kennzahlen 343
Kerasin 355
Keratansulfat 242
Keratine 123
Ketone, geschützte 592
Ketosen 165
Kettenabbruchmethode 297
Kinetin 506
Kinine 469
Kleeblatt-Anordnung 305
Klonieren 320
Knäuel, statistisches 118
Knollenblätterpilz 141
Koenigs-Knorr-Synthese 193, 254
Kohlenmonoxid 26
Kojobiose 215
Kokosfett 341
Kokzidiostatika 678, 715
Kollagen 123, 148, 241
β-Konformation 121
Kondensationsmittel 267, 282, 352
Kondensationsreagenzien 81
Königinnenpheromon 500
konjugierte Proteine 100, 113
Kopf-Kopf-Kondensation 517
Kopf-Schwanz-Kondensation 516
Koproporphyrin 425
Koprostanol 561
Koprostansäure 562
Kornblume 605

Koshlands-Reagens 106
Krötengifte 571, 630
Kuhmilchfett 341
Kupfer-Proteine 139
Kupplung, oxidative 589
Kynurenin 417, 671

L

Lacksäure 614
β-Lactam-Antibiotika 684
β-Lactamase 680, 690
β-Lactamase-Hemmer 680
β-Lactamoide 684
Lactose 215, 217
Lactotetraose 355
Lactotriaose 355
Lactotropin 462
Lambdacyhalothrin 532
Laminaran 226f.
Lanata-Glykoside 569
Lanatosid A 569
Lanatosid B 569
Lanosterol 520, 543
Lasalocid A (X-537A) 716
Latex 554
Laudanosin 646
Laurinsäure 326
Lavendelöl 525
Lävoglucosan 188
Lecithine 344, 346
Lectine 143
Leghämoglobin 434
Leinöl 341
Lemongrasöl 527
Leuchssche Anhydride 102, 154
Leucin 89, 315
Leucin-Reißverschluß 316
Leucomycine 722
Leukopterin 403
Leukotriene 493
Leupeptin 136
Leuprorelin 458
Levane 227, 236
Levuglandine 488
LH 460
Liberine 456
Lichenan 226f.
Liebermann-Burchardt-Reaktion 560
Ligasen 136

Lignane 598
Lignin 599
Ligninsulfonsäuren 601
Lignocerinsäure 326, 353
Lignole 600
Linalool 525f.
Linamarin 191
Lincamycin 705
Linolensäure 327
Linolsäure 327
Lipide 323, 338
Lipidperoxidation 334
Lipoide 343
Liponsäure 401
Lipopolysaccharide 250
Liposomen 360
Lipotropine 463
Lipoxine 495
Lipoxygenase-Reaktion 329
Lipoxygenaseweg 493
Lipoylproteine 401
Liquiritigenin 604
Lithocholsäure 562
Lobelia-Alkaloide 635
Lobelin 635
Lobry de Bruyn-Van Eckenstein-Umlagerung 179
Loganin 533, 658
Lolitreme 671
Longifolen 45
Lossen-Umlagerung 190
Loste 273
Lotaustralin 191
Lovastatin 524
LPH 463
LSD 669
Lucidin 38
Luciferase 52
Luciferine 52
Luffariellolid 542
Lumichrom 404
Lumiflavin 404
Lumisterol 381
Lupinin 641
Luteinisierungshormon 460
Luteolin 604
Lutropin 460
Luzonicosid 549
Lyasen 135
Lycopen 551f.
Lycopersen 551
Lyngbyatoxin 655
Lysergsäure 668

Lysergsäurediethylamid 669
Lysin 90, 97, 126, 634
Lysinaldehyd 101
Lysophospholipide 347
Lysozyme 247
Lyxose 166

M

Maillard-Reaktion 194, 240
Maitotoxin 26, 67
Makrolid-Antibiotika 720
Makroliden 594
Malondialdehyd 336, 488
Maltose 206, 215
Malvidin 604
Mammotropin 462
Mannanen 219
Mannich-Reaktion 37, 49,
 622, 637, 713
Mannosamin 175
Mannose 166
Manoalid 542
Margarine 334
Marijuana 616
Marinobufagin 571
Markownikoff-Cyclisie-
 rungen 518
Marmesin 597
Mating-disruptant 502
Matricin 536
Mavacurin 666
Maytansine 726
McLafferty-Umlagerung 334
McMurry-Kupplung 541
Meisenheimer-Komplex 568
Melanine 617
Melanochrom 618
Melanoliberin 459
Melanostatin 459
Melanotropin 462
Melatonin 630
Melibiose 215
Melissinsäure 339
Melittin 141
Membranen 358
Membranproteine 365
Menachinone 389
Menadion 391
p-Menthan 529
p-Menthen-8-thiol 530
1-p-Menthen-8-thiol 64

Menthol 529
Menthon 529f.
Mepacrin 311
Mercaptoethanol 104
Mercaptolyse 209
Merrifield-Synthese 162
Mescalin 628
Mesitylensulfonylchlorid
 282
Mesobilin 448
Mesoporphyrin 434
Mesotocin 471
Mesterolon 483
Mestranol 480
Mesylrest 185
metabolic channel 35
metabotrope Rezeptoren 455
Metall-Komplexe 34, 430
Metalloproteine 137
Metallothioneine 140
Metaphosphat 282
Metenolon 484
Methämoglobin 436
Methan 26
Methanofuran 422
Methanolyse 209
Methionin 89, 105
Methode nach Akabori 115
Methode von Sanger 115
Methoxatin 422
Methoxsalen 596
Methylcoenzym M 430
Methylenblau 113
Methylenbutyrolactone 535
2-Methylencyloperopyl-
 glycin 93
Methylguanosin 318
1-Methylimidazol 282
Methyloctansäure 696
Methylosen 172
Methylphosphonat 316
Methylsalicylsäure 591
Methylsterolen 542
Methylverschiebungen 518,
 545
Mevalonsäure 514
Mevastatin 524
Mevinolin 524
Mezlocillin 691
Mg-Komplex 440
Michael-Addition 584
Michael-Reaktion 49, 71f.
Mifepriston 481

mikrobiologische Trans-
 formationen 51
Milchfette 342
Milchzucker 217
Mimosin 93
Mineralocorticoid 486
Mitomycin 684
mittlere Ringe 26
molekulargenetisches
 Dogma 317
Molisch-Reaktion 201
Molmassen 309
Molybdän-Proteine 139
Monactin 719
Monensin 716
Monobactame 686
Monocarbonylbindung 207
Mononucleotide 262
Monooxygenasesystem
 39, 439
Monophenol-Monooxy-
 genase 600
Monosaccharide 165
Monoterpene 525
Montansäure 339
Morgan-Elson-Methode 175
Morphinandienon-Alka-
 loide 650
Morphin-Antagonisten 652
Morphothebain 653
moulting hormones 497
Mucopolysaccharide 240, 242
Mucotetraose 355
Mucotriaose 355
Multifiden 504
Muraminsäure 175
Muramyldipeptid 247
Murein 246
Muscaridin 631
Muscarin 631
Muscazon 631
Muschelgifte 67
Muscimol 631
Mutagene 69
Mutarotation 169
Mutasynthese 51, 702
Mutationen 319
Mutterkorn 667
Mycaminose 174
Mycarose 171
Mycosamin 174
Mykolsäuren 252, 330
Mykoside 358

Mykotoxine 66
Myoglobin 4332f.
Myrcen 526
Myricetin 604
Myristicin 596
Myristinsäure 326

N

Nachbargruppenbeteiligung 184
Nachbarschaftsanalyse 287
nachwachsende Rohstoffe 50
NAD^+ 418
$NADP^+$ 418
Nafarelin 458
Nametkin-Umlagerung 522
Nandrolon 484
Naphthochinon 389
Naphtho-1,2-chinon-4-sulfonsäure 103
Narcotin 649
Naringenin 602, 604
Natamycin 723
Naturstoffe, primäre 23
Naturstoffe, sekundäre 24
Neamin 703
Neamphin 31
Nebenbasen 257
Nebennierenrinden-Hormone 484
Nebularin 705
Necinbase 640
Necinsäuren 640
Neocarzinostatin 29
Neolactotetraose 355
Neomycin 703
Neosamin 174
Neral 526
Neriifolin 569
Nerol 526
Nervon 356
Nervonsäure 327, 353
Nerylpyrophosphat 516
Netropsin 697
Neuraminsäure 176
Neurohormone 452
Neurokinine 470
Neurophysine 471
Neurosporen 551

Neurotransmitter 452
Newman-Projektion 179
Nicotin 635
Nicotinsäure 417, 636
Nicotinsäureamid 417
Nicotyrin 635
Nigeran 227f.
Nigericin 716
Nigerose 215
Ninhydrin-Reaktion 101
Nitro-Cellulose 220
Nitrogenase 137
Nitrogruppen 42
2-Nitrophenylsulfenylchlorid 106
3-Nitropropansäure 42
Nitrosomethylharnstoff 273
Nocardicine 686
Nojirmycine 217
Nonactin 717
Nonactinsäure 719
Nonadienal 65
Nordihydroguajaretsäure 337, 598
Norgujalignan 598
Norlaudanosolin 642, 646
Norleucin 92
Norpseudoephedrin 628
19-Nor-Steroide 581
Nucleinsäure-Modell 284
Nucleinsäuresynthese 311
Nucleocidin 32
Nucleoproteine 309
Nucleosid-Antibiotika 705
Nucleoside 257
Nucleosid Q 289
Nucleosidsynthesen 260
Nucleosomen 287
Nylander-Probe 200
Nystatin 723

O

Ochratoxine 67
Ocimen 526
Octreotid 459
Odorosid B 567
Okaidinsäure 67
Öle, ätherische 19, 513
Öle, fette 340
Oleanan 545

Oleandogenin 568
Oleandomycin 721
Oleandrin 569
Oleandrose 172
Oleanolsäure 547
Olestra 184
Olibanum 545
Olingonucleotide 278
Olivansäuren 686
Olivenöl 341
Olivetol 617
Olivetolsäure 617
Ölsäure 327
Ommochrome 698
Ophioboline 541
Opiansäure 650
opioide Peptide 463
Opium 650
Oppenauer-Oxidation 579
Opsin 378
Orientalin 648
Orientalinon 648
Orientin 195
Oripavin 652
Ornipressin 472
Ornithin 95, 634
Orotidin 259, 264
Orotsäure 257
Orsellinsäure 593, 611
Osazone 181
Osmiumtetroxid 337
osteotrope Hormone 383, 475
Östrogene 479
Otonecin 640
Ouabain 569
Oubagenin 568
Ovulationshemmer 480
Oxacillin 691
Oxazolidin-2,5-dione 102
oxidative Kupplung 589
Oxidoreduktasen 133
Oxirane 72, 273
oxo-cyclo-Tautomerie 166
α-Oxoendiole 394
Oxoniumsalze 605
Oxyhämoglobin 436
Oxynervon 356
Oxynervonsäure 331, 353
Oxyntomodulin 468
Oxytocin 160, 459, 471
Ozonolyse 555
Ozonspaltung 334

P

PAF 349
Palmitinsäure 326
Palmitölsäure 327
Palmitoyl-Cystein 366
Palytoxin 26, 68
Panaxoside 548
Pancreastatin 469
Pancreozymin 474
Pankreas-Hormone 464
Pantethein 416
Pantoinsäure 415
Pantolacton 415
Pantothenol 416
Pantothensäure 415
Päonidin 604
Papaverin 36, 645, 647
Paprika 552
Paraffine 339
Paramethason 486
Parathormon 475
Parathyrin 475
Paratose 172
Paromamin 174
Paromomycin 703
Paromose 174
Parthenin 535
Patulin 67, 612
Pavin 647
Paxlitaxel 540
Peganin 674
Pektin 238
Pektinsäuren 238
Pektinsubstanzen 237
Pelargonin 604
Peltatine 598
Penicillinase 690
Penicillin N 687
Penicillin-S-oxide 694
Pentagastrin 474
Pentazocin 652
Pentosen 165
Pepstatin 136
Peptid-Antibiotika 695
Peptidasen 134
Peptide 97
–, atriale natriuretische 473
–, cyclische 99
–, Gastrin-inhibierende 473
–, heterodete 98
–, heteromere 98

–, homodete 98
–, homöomere 98
–, opioide 463
–, verzweigtkettige 99
peptide nuclein acids 284
Peptidhormone 456
Peptidoglykane 246
Peptidoleukotriene 493
Peptidomimetika 456, 474
Peptidsynthesen 151
Peptidyl-Prolin-cis-trans-
 Isomerase 124
Peptolide 98
Periodat 262, 294
Periodatoxidation 211
periodic leaf movement
 factors 191
Permethrin 532
Permethylierung 211
Peroxidase 440
Peroxide 39
Peroxidzahl 342
α-Peroxylactone 52
Peroxylradikalen 388
α-Peroxynachifolid 74
Peroxy-Verbindungen 30
Pestizide 62
Petroporphyrine 424
Petunidin 604
Pfefferminzöl 529
Pflanzenwachstumsregu-
 latoren 505
Pfropfpolymere 100
Phalloidin 142
Phallotoxine 142
Phäomelanine 620
Phäophorbide 441
Phäphytine 440
Phasenübergang 307
Phasenübergangstempe-
 ratur 302
Phasenumwandlung 360
Phaseolin 61, 607
PHA 27
α-Phellandren 529
Phenole 337, 589
Phenothrin 532
Phenoxazin 697
Phenoxymethylpenicillin 691
Phenylalanin 90, 590
–, UV-Spektrum 131
Phenylalanin-tRNA 305
Phenylallyl-Derivate 596

Phenylcumaran 600
Phenylosazone 212
Pheromone 451, 499
Phlein 236
Phleomycin 277
Phlobaphene 608
Phloretin 604
Phlorizin 604
Phloroglucinolderivate 612
Phorbol 539
Phosphatidsäuren 344f.
Phosphatidylcholine 344, 346
Phosphatidylinositole 347
Phosphatidylserine 347
Phospholipide 343
Phosphonolipide 350
Phosphonomycin 33
Phosphonsäuren 33
Phosphoproteine 146
Phosphoramidon 136
Phosphorsäureester 182, 262
Phosphorylierung 132, 147
Phosphorylierungsmittel 267
photoaffinity labeling 54
Photoallergie 54
Photoisomerisierung 381
Photorezeptoren 52
Photosynthese 442
Photomorphogenese 52
Phototoxizität 54
Phrenosin 355
Phsophatidylethanolamine
 347
Phthalidisochinolin-Alka-
 loide 649
Phthalidisochinolin-Typ 649
Phthiensäure 330
Phthiocerol 339
Phycobiliproteine 449
Phycocyanine 449
Phycocyanobilin 449
Phycoerythrine 449
Phycoerythrobilin 449
Phycourobilin 449
Phyllocaerulein 474
Phyllochinon 389
Phyllodulcin 216
Physalaemin 470
Physcion 614
Physostigmin 667
Phytinsäure 199
Phytoalexine 61
Phytochrom 449

Phytoecdysonen 498
Phytoeffektoren 505
Phytoen 551
Phytofluen 551
Phytoglykogen 233
Phytol 537
Phytotoxine 61
Picrotin 536
Picrotoxin 536
Pictet-Spengler-Synthese 645
Pikromycin 721
Pilzgifte 69
Pimpinellin 596
Pinan 531
α-Pinen 523
Pinocembrin 593
Pinoresinol 600
Pinosylvin 593, 595, 602
Pipecolinsäure 634
Piperacillin 691
Piperidin-Alkaloide 633
Piperin 635
Piperiton 529
Pisatin 61, 607
Pivaloylchlorid 281
Pivampicillin 692
Plasmalogene 348
Plasmalreaktion 348
Plasmide 286, 320
Plastochinon 386
Plastochromanole 386
Plastochromenole 386
Plastocyanine 139
platelet activating factor 349
Platynecin 640
pleated sheet 121
Plus-Minus-Methode 296
PNA 284
Podophyllin-Harz 598
Podophyllotoxin 598
Polenske-Zahl 342
Polyacetylene 30
Polyen-Antibiotika 723
Polyether 67
Polyether-Antibiotika 715
Polyglykosen 254
Polyhydroxyalkansäuren 27
Polyine 30
Polyketid-Antibiotika 709
Polyketide 611
Polyketid-Synthase 591
Polyketid-Synthesen 591
Polyketidweg 591

Polykondensation 42
Polymerase-Kettenreaktion 292
Polymyxine 696
Polynucleotide 279
Polyoxine 708
Polyphenol-Oxidasen 617
Polyphosphate 81
Polyprene 554
Polysaccharide 217
Polyterpene 554
Polyuronide 237
Pomeranz-Fritsch-Synthese 645
Porphin 423
Porphobilinogen 427
Porphyran 235
Porphyrine 425
Porphyrinogene 424
Porphyromycine 684
Posphorothioate 316
PQQ 422
Präsqualenpyrophosphat 517
Pravastatin 524
Precocen 595
Predniston 486
Pregnan 556
Pregnandiol 481
Pregnanglykoside 567
Prenol 515
Prenyl 515
Prephensäure 589
primäre Naturstoffe 23
Primärstruktur 113
Primer 284, 314, 499
Primin 72
Proanthocyanidine 608
Progesteron 481
Proglumid 474
Progoitrin 190
Prohormon 456
Proinsulin 465
Prolactin 462
Prolamine 128
Prolin 90, 634
Proopiomelanocortin 462
Propencysteinsulfoxid 94
Prostacyclin 493
Prostaglandine 489
Prostanoide 492
Prostansäure 489
prosthetische Gruppe 375

Protein-Disulfid-Isomerase 125
Proteine 100
–, fibrilläre 123
–, globuläre 123
–, heteropolymere 125
–, homopolymere 125
–, konjugierte 100, 113
Proteinoid 81
Protein-Processing 140
Proteinsynthese 312
Proteoglykane 240
Protirelin 457
Protoalkaloide 622, 627
Protocatechusäure 37, 590
Protocyanin 605
Protohäm 432
Protohämoglobine 433
Protopanaxadiol 548
Protopanaxatriol 548
Protopektin 238
Protoporphyrin 425
Protosterol 544
Protoveratrine 575
Prunasin 191
Pseudoalkaloide 621
Pseudoguaiane 519
Pseudoguajanolide 535
Pseudopelletierin 635, 639
Pseudotropin 637
Pseudouridin 195, 257, 259, 289, 707
Psicofuranin 707
Psicose 166
Psilocin 630
Psilocybin 630
Psoralen 55, 596f.
Psychosin 355
Ptaquilosid 69
Pteridin 401
Pterin 402
Pterobilin 449
Pterocarpene 607
Pteroinsäure 405
Pteroylglutaminsäure 405
Pulegon 529
Pullulan 227
Pumiliotoxin 636
Punaglandine 489
Purin-Alkaloide 265
Purinnucleotide 264
Puromycin 706
Purpurea-Glykoside 569

Purpureaglykosid A 569
Purpureaglykosid B 569
Purpurin 613
Purpurmembran 52, 379
Pustulan 226f.
Putrescin 627, 634
Pyramin 397
Pyranosen 168
Pyrethrine 518, 531
Pyrethrin I 532
Pyrethrinsäure 532
Pyrethroide 531
Pyrethrolon 532
Pyridin-Alkaloide 633
Pyridinium-Verbindungen 418
Pyridinnucleotide 417
Pyridoxalphosphat 412
Pyridoxamin 413
Pyridoxin 412
Pyrimidinnucleotide 264
Pyrithiamin 400
Pyroglutaminsäure 102
Pyrrol 423
Pyrrolcarbonsäure 618
Pyrrolidin-Alkaloide 633
Pyrrolizidin-Alkaloide 72, 639
Pyrrolizidinoide 640
Pyrrolochinolinchinone 422
Pyrromycinone 713

Q

Qinghaosu 31
Quartärstruktur 113, 122
Quassin 538
Quellung 225
Quercetin 604
Quercitol 199
Quervernetzungen 148, 274, 336
Quinoproteine 133, 422
Quinovose 172
Quisqualsäure 79

R

Radikale 108, 276, 334, 589, 714
Radikalfänger 337
Raffinose 215, 217

Ramachandran-Diagramme 118
random coiled structure 118
Rapamycin 76, 723
Rauschmittel 64
Rauwolfia-Alkaloide 662
Razemattrennung 96
Razemisierungen 91, 414, 638
Reduktone 394
Reichert-Meissl-Zahl 342
Reichstein Substanz S 576
Relaxin 465, 477
Releaser 499
Renin 470
Reparaturmechanismen 277
Replikation 313
Rescinnamin 662
Reserpin 662
Resibufogenin 571
Resistenz 679, 684, 690, 702
Restriktionsenzyme 296
Resveratrol 602
Reticulin 642, 646
Retinal 376
Retinoide 378
Retinoinsäure 376
Retinol 376
Retinsäure 378
Retronecin 640
Retrosynthese 45
Rezeptoren, ionotrope 455
–, metabotrope 455
Rhabarberwurzel 613
Rhamnose 172
Rhaponticin 595
rhegnologisch 456
Rhein 614
Rhodomycinone 713
Rhodopsin 379
Riboflavin 409
Ribonucleinsäure 285, 287
Ribonucleinsäuren 304
Ribose 166, 170
Ribosomen 288
Ribozyme 82
Ribulose 166
Ricin 145
Ricinolsäure 331
Ricinusöl 331, 341
Rifampicin 726
Rifamycine 725
Rindertalg 341
Ringe, mittlere 26

Rishitin 61, 534
Rohmer-Weg 516
Rohrzucker 215
Rohstoffe, nachwachsende 50
Rolitetracyclin 713
Rosenöl 526
Rotamase 124
Rotenoide 603, 607
Rotenon 607
Roxithromycin 722
Ruberythrinsäure 613
Rubijervin 574
Rubredoxine 137
Rutin 605
Ryanodin 539

S

Saccharin 216
Saccharinsäuren 181
Saccharose 215
Safrol 69, 72, 596
Sakaguchi-Nachweis 105
Salicin 596
Saligenin 596
Salsolinol 624
Salutaridin 650
Samandarin 575
Sanger-Methode 115
Sanguinarin 644
α-Santonin 536
Sapogenine 546
Saponine 546
Saragossasäuren 524
Sarmentose 172
Sarsaparillosid 572f.
Sarsapogenin 572f.
Satelliten-DNA 286
Sauerstoffspezies, reaktive 40
Säurezahl 342
Saxitoxin 267
Scalaradial 542
Schardinger-Dextrine 231
Scharfstoffe 612
Schiffsche Basen 101, 150, 378, 415, 437, 622
Schilddrüsen-Hormone 475
Schildlaus 614
Schlangengifte 141
Schleifen 305
Schleime 239
Schmelztemperatur 308

Schutzgruppen 152, 280
Schwanz-Schwanz-Kondensation 517
Schwefelverbindungen 502
Schweineschmalz 341
Schweitzers Reagens 228
Scilla-Glykoside 570
Scillarenin 570
Scillaridin A 570
Scopin 638
Scopolamin 638
Scopoletin 597
Scymnol 563
Secale cornutum 667
Secalonsäure 615
Secologanin 533, 658
second messenger 455
Secretin 473
Sehpigmente 379
Sehvorgang 378
Seiden-Fibroin 123
Seifen 332
sekundäre Naturstoffe 24
Sekundärstrukturen 113, 118
Selen-Dehydrierung 560
Selenocystein 33, 92, 317
Selinane 519
Senfölglykoside 190
Sennesblätter 613
Sephadex® 220
Sepharose 221
sequentielle Transformation 49, 717
Sequenzanalyse 291, 293, 296
Serin 89, 134, 241, 352
Serotonin 630
Sesquiterpenlactone 534
Sesterterpene 541
Shapiro-Reaktion 541
Shikimisäure 589f.
Shikimisäureweg 590
Showdomycin 707
Sialinsäure 176, 356
Sideramine 34
Siderochrome 34
Sideromycine 34
Siderophilin 139
Silibinin 607
Simarubalide 538
Simvastatin 524
Sinapinsäure 595
Sinigrin 190
Sirenin 503

Sirolimus 76
Sisomycin 704
β-Sitosterol 559
Skleroproteine 123
Smith-Spaltung 213
Solanachromen 386
Solanidan 574
Solanidin 574
Solasodin 577
Somatocrinin 458
Somatoliberin 458
Somatomedine 468
Somatostatin 459
Somatotropin 461
Sophorose 215
Soraphen 332
Sorbose 166
Soret-Bande 424
spanische Fliegen 531
Spartein 641
Spectinomycin 705
Spermidin 627
Spermin 627
Sphinganin 352
Sphingoide 352
Sphingolipide 352
Sphingolipidosen 357
Sphingomyeline 353
Sphingosin 352
Sphondin 596
Spiramycine 722
Spirosolan 574
Spirostan 572
Spongothymidin 707
Spongouridin 707
Squalen 517, 542
Squalenoxid 520
Squalestatine 524
Stärke 231
Statine 136, 456
statistisches Knäuel 118
Stearinsäure 326
Stellettamid A 62
Steptobiosamin 702
Steran 555
Stercobilin 448
stereospecific-numbering-System 345
Sterigmatocystine 615
Steroidalkaloide 574
Steroide 555
Steroidhormone 477
Steroidsaponine 572

Steroidsynthese 577
Sterole 558
Stickstoffmonoxid 25
Stigmastan 556
Stigmasterol 559
Stilbene 595
Streckerschen Synthese 96
Streptidin 701
Streptomycin 702
Streptose 171, 702
Streptovaricine 726
Streptozotocin 31
Streß-Proteine 124
Strobosid 567
k-Strophantidin 568
k-Strophanthosid 569
Strychnin 21, 660, 664
Suberin 601
Substanz P 470
Subunits 125
Sucralose 216
Sucrose 215
Sulfat, aktives 263
Sulfatassimilation 40
Sulfatide 355
Sulfazecine 686
Sulfid-Kontraktionsmethode 429
Sulfolipide 354
Sulfonamide 408
Sulfonsäureester 273
Sulfosalicylsäure 112
Sulproston 490
Superhelices 121
Superoxid-Dismutase 139
Supersekundärstrukturen 123
Suprasterolen 381
surfactant lipids 346
Süßholzwurzel 548
Süßstoffe 216
sychnologisch 456
syn-Konformation 269
Synthesen, biomimetische 48, 592
Systemin 505

T

Tachykinine 470
Tachysterol 381
Tacrolimus 76
Tagatose 166

Stichwortverzeichnis

Tallöl 601
Talose 166
Tandem-Reaktion 49
Tautomerie 268
Taxol 540
Taxotere 540
tea-bag-Methode 163
Tee 266
Teichonsäuren 249
Teichuronsäuren 250
Teicoplanin 698
Telomere 287
Template 296, 314
Teonanácatl 630
Terlipressin 472
Terpene 525
Terpenoide 513
Terpentinöl 531
1,8-Terpin 527
α-Terpinen 529
β-Terpinen 529
α-Terpineol 527, 529
Tertiärstruktur 113, 122
Testolacton 483
Testosteron 482
Tetanustoxin 143
Tetracosactid 462
Tetracycline 710
Tetradecanoyl-phorbol-13-acetat 539
Tetrahydrocannabinol 616
Tetrahydromethanopterin 409
Tetrahymanol 543, 545
Tetrapyrrole 423
Tetraterpene 550
Tetrazol 282
Tetrodotoxin 675
Tetrosen 165
Thamnetin 604
Thebain 650, 652
Theobromin 266
Theophylin 265
Thevetin 569
Thevetose 172
Thiamin 395
Thiaminpyrophosphat 395
Thiarubin A 31
Thiazoliumanion 398
Thienamycin 686
Thioctsäure 401
Thioglycolsäure 104
Thiolactomycin 332

Thiophenylester 156
Thiouracil 257, 268
Threonin 89
Threose 166
Thromboxan 493
Thujan 531
Thymidin 259
Thymin 257
Thymol 529
Thyreostatika 476
Thyroglobulin 475
Thyroliberin 457
Thyronin 475
Thyroxin 475
Tiglian 539
Tillman's Reagens 394
Tiloron 311
Timodonsäure 486
Titin 98
Tobramycin 704
Tocol 388
Tocopherol 387
Tocotrienole 387
Tollens-Probe 200
Tollkirsche 638
Tomaten 552, 574
Tomatidin 574
Torgov-Reaktion 585
Tosylrest 185
Toxiferin 666
Toxine 140
Toxisterol 381
Toxoide 148
Tragant 239
Transaminierungen 414
Transferasen 134
Transferrin 139
Transformationen, mikrobiologische 51
-, sequentielle 49, 717
transforming growth factor 460
Transkription 314
Transkriptionsfaktoren 314
Translation 316
Trehalose 206, 215f., 357
tremorgene Alkaloide 670
TRH 457
Triacylglycerole 340
Triade, katalytische 134
Trialkylbenzolsulfoazolide 282
Triamcinolon 486

Trichlor-s-triazin 223
Trichothecene 537
Triglyceride 340
2,4,8-Trihydroxytetralon 62
Triiodthyronin 475
Triisopropylbenzolsulfonsäurechlorid 282
Trimethylsilylether 187, 261
Trinactin 719
Trinitrobenzolsulfonsäure 103
Trioxiline 495
Tripelhelix 121
Triphenylmethylchlorid 281
Triphosphate 183
Triplett 317
Triptorelin 458
Trisporsäure 503
Triterpene 542
Triterpensaponine 546
Tritylchlorid 281
Tritylether 187
Trommer-Probe 200
Tropan 637
Tropan-Alkaloide 637
Tropasäure 638
Tropin 637
Tryptamin 629
Tryptophan 90, 106, 590
-, UV-Spektrum 131
Tubercidin 707
Tuberculostearinsäure 330
Tubocurarin 654
Tunicamin 708
Tunicamycin 709
Turgorine 191
Tyramin 628
Tyrocidine 696
Tyrosin 90
-, UV-Spektrum 131
Tyrosinase 139
Tyvelose 172

U

Ubichinone 385
Ubichromenole 386
Ubidecarenon 386
Umbelliferon 597
Umkehrgenetik 316
Undecaprenol 254

Untereinheiten 125
Uracil 257
Ureido-Verbindungen 275, 299
Uridin 259, 261, 264
Urocortisol 484
Uronsäuren 196
Uroporphyrin 425
Urothion 404
Urushiole 72
Usninsäure 612
Uzarigenin 566
Uzarin 567
Uzarosid 567

V

Vaccensäure 327
Valepotriate 533
Valin 89
Valinomycin 699
Valitocin 471
Valonsäure 610
Valtrat 533
Vancomycin 698
Vanillin 64
Varacin 31
vasoaktives Intestinalpeptid 473
Vasopressin-Gruppe 471
Vasotocin 471
Vektoren 320
Verbenol 499
Verbenon 60
Verdickungsmittel 220
Verfahren, biotechnologische 50
Verfahren, gentechnische 51
Verruculogen 671
Verseifung 325
Verseifungszahl 342
verzweigte Fettsäuren 329
verzweigtkettige Peptide 99
Vinblastin 663
Vinca-Alkaloide 663
Vincamin 663

Vincristin 663
Vinglycinat 664
Violaxanthin 553
Viren 290
Viroide 300
Viskoseseide 228
Vitalismus 19
Vitamin A 376
Vitamin B_1 395
Vitamin B_2 409
Vitamin B_6 412
Vitamin B_{12} 44, 443
Vitamin C 392
Vitamin D 380
–, photochemische Bildung 381
Vitamin E 387
Vitamin K 389
Vitamin Q 373
Vitamin U 373
Vitamine 371
Vitexin 195, 604
Vulkanisation 555

W

Wachse 338
Wachstumshormon 461
Wagner-Meerwein-Umlagerungen 518, 522
Walrate 339
Warburgsches Atmungsferment 438
Warfarin 392
Wasserblüte 68
Watson-Crick-Paarungen 301
Weihrauch 545
Wieland-Gumlich-Aldehyd 666
Withanolide 564
Wittig-Reaktion 376
wobble-Paare 318
Wollwachs 338
Woodward-Hoffmann-Regeln 428

Woodwardsche Spaltung 624, 655
Woodward-Spaltung 624
Wortmanin 556
Wurmfarn 612

X

Xanthan 237
Xanthin 257, 265
Xanthocillin 31
Xanthophylle 550
Xanthoprotein-Reaktion 108
Xanthopterin 403
Xanthosin 259
Xanthotoxin 596
Xanthotoxol 596
Xanthoxin 509
Xanthurensäure 671
Xylose 166, 170

Y

Yingzhaosu A 31
Yingzhaosu C 31
Yohimban 661
Yohimbin 660

Z

Zeatin 507
Zeaxanthin 552
Zellwand, bakterielle 246
Zimtsäure 595
Zinkfinger 314
Zitronenöl 527
Zitwerblüten 536
Zuckeralkohole 198
Zuckeranhydride 187
Zuckerester 182
Zuckerether 187
Zuckernucleotide 183, 252, 263
Zytostatika 75